Cartela Pedagógica Colorida

Mecânica e Termodinâmica

Vetores deslocamento e posição	→
Componente de vetores deslocamento e posição	→
Vetores velocidade linear ($\vec{v}$) e angular ($\vec{\omega}$)	→
Componente de vetores velocidade	→
Vetores força ($\vec{F}$)	→
Componente de vetores força	→
Vetores aceleração ($\vec{a}$)	→
Componente de vetores aceleração	→
Setas de transferência de energia	↷ W_{maq}
	↷ Q_f
	↷ Q_q
Seta de processo	→
Vetores momento linear ($\vec{p}$) e angular ($\vec{L}$)	→
Componente de vetores momento linear e angular	→
Vetores torque $\vec{\tau}$	→
Componente de vetores torque	→
Direção esquemática de movimento linear ou rotacional	↷ →
Seta dimensional de rotação	↻
Seta de alargamento	↷
Molas	⌇⌇⌇
Polias	(imagem)

Eletricidade e Magnetismo

Campos elétricos	→
Vetores campo elétrico	→
Componentes de vetores campo elétrico	→
Campos magnéticos	→
Vetores campo magnético	→
Componentes de vetores campo magnético	→
Cargas positivas	⊕
Cargas negativas	⊖
Resistores	⌇⌇⌇
Baterias e outras fontes de alimentação DC	⊢⊣
Interruptores	⊸/⊸
Capacitores	⊣⊢
Indutores (bobinas)	⌇⌇⌇
Voltímetros	Ⓥ
Amperímetros	Ⓐ
Fontes AC	Ⓥ
Lâmpadas	💡
Símbolo de terra	⏚
Corrente	→

Luz e Óptica

Raio de luz	→
Raio de luz focado	→
Raio de luz central	→
Lente convexa	◇
Lente côncava	⟆⟅
Espelho	▬
Espelho curvo	⌣
Corpos	↑
Imagens	↑

Algumas constantes físicas

Quantidade	Símbolo	Valor[a]
Unidade de massa atômica	u	$1,660538782(83) \times 10^{-27}$ kg $931,494028(23)$ MeV/c^2
Número de Avogadro	N_A	$6,02214179(30) \times 10^{23}$ partículas/mol
Magneton de Bohr	$\mu_B = \dfrac{e\hbar}{2m_e}$	$9,27400915(23) \times 10^{-24}$ J/T
Raio de Bohr	$a_0 = \dfrac{\hbar^2}{m_e e^2 k_e}$	$5,2917720859(36) \times 10^{-11}$ m
Constante de Boltzmann	$k_B = \dfrac{R}{N_A}$	$1,3806504(24) \times 10^{-23}$ J/K
Comprimento de onda Compton	$\lambda_C = \dfrac{h}{m_e c}$	$2,4263102175(33) \times 10^{-12}$ m
Constante de Coulomb	$k_e = \dfrac{1}{4\pi\epsilon_0}$	$8,987551788 \ldots \times 10^9$ N $\times$ m^2/C^2 (exato)
Massa do dêuteron	m_d	$3,34358320(17) \times 10^{-27}$ kg $2,013553212724(78)$ u
Massa do elétron	m_e	$9,10938215(45) \times 10^{-31}$ kg $5,4857990943(23) \times 10^{-4}$ u $0,510998910(13)$ MeV/c^2
Elétron-volt	eV	$1,602176487(40) \times 10^{-19}$ J
Carga elementar	e	$1,602176487(40) \times 10^{-19}$ C
Constante dos gases perfeitos	R	$8,314472(15)$ J/mol $\times$ K
Constante gravitacional	G	$6,67428(67) \times 10^{-11}$ N $\times$ m^2/kg^2
Massa do nêutron	m_n	$1,674927211(84) \times 10^{-27}$ kg $1,00866491597(43)$ u $939,565346(23)$ MeV/c^2
Magneton nuclear	$\mu_n = \dfrac{e\hbar}{2m_p}$	$5,05078324(13) \times 10^{-27}$ J/T
Permeabilidade do espaço livre	μ_0	$4\pi \times 10^{-7}$ T $\times$ m/A (exato)
Permissividade do espaço livre	$\epsilon_e = \dfrac{1}{\mu_0 c^2}$	$8,854187817 \ldots \times 10^{-12}$ C^2/N $\times$ m^2 (exato)
Constante de Planck	h	$6,62606896(33) \times 10^{-34}$ J $\times$ s
	$\hbar = \dfrac{h}{2\pi}$	$1,054571628(53) \times 10^{-34}$ J $\times$ s
Massa do próton	m_p	$1,672621637(83) \times 10^{-27}$ kg $1,00727646677(10)$ u $938,272013(23)$ MeV/c^2
Constante de Rydberg	R_H	$1,0973731568527(73) \times 10^7$ m^{-1}
Velocidade da luz no vácuo	c	$2,99792458 \times 10^8$ m/s (exato)

Observação: Essas constantes são os valores recomendados em 2006 pela CODATA com base em um ajuste dos dados de diferentes medições pelo método de mínimos quadrados. Para uma lista mais completa, consulte P. J. Mohr, B. N. Taylor e D. B. Newell, CODATA Recommended Values of the Fundamental Physical Constants: 2006. *Rev. Mod. Fís.* **80**:2, 633-730, 2008.

[a] Os números entre parênteses nesta coluna representam incertezas nos últimos dois dígitos.

Dados do Sistema Solar

Corpo	Massa (kg)	Raio médio (m)	Período (s)	Distância média a partir do Sol (m)
Mercúrio	$3,30 \times 10^{23}$	$2,44 \times 10^6$	$7,60 \times 10^6$	$5,79 \times 10^{10}$
Vênus	$4,87 \times 10^{24}$	$6,05 \times 10^6$	$1,94 \times 10^7$	$1,08 \times 10^{11}$
Terra	$5,97 \times 10^{24}$	$6,37 \times 10^6$	$3,156 \times 10^7$	$1,496 \times 10^{11}$
Marte	$6,42 \times 10^{23}$	$3,39 \times 10^6$	$5,94 \times 10^7$	$2,28 \times 10^{11}$
Júpiter	$1,90 \times 10^{27}$	$6,99 \times 10^7$	$3,74 \times 10^8$	$7,78 \times 10^{11}$
Saturno	$5,68 \times 10^{26}$	$5,82 \times 10^7$	$9,29 \times 10^8$	$1,43 \times 10^{12}$
Urano	$8,68 \times 10^{25}$	$2,54 \times 10^7$	$2,65 \times 10^9$	$2,87 \times 10^{12}$
Netuno	$1,02 \times 10^{26}$	$2,46 \times 10^7$	$5,18 \times 10^9$	$4,50 \times 10^{12}$
Plutão[a]	$1,25 \times 10^{22}$	$1,20 \times 10^6$	$7,82 \times 10^9$	$5,91 \times 10^{12}$
Lua	$7,35 \times 10^{22}$	$1,74 \times 10^6$	—	—
Sol	$1,989 \times 10^{30}$	$6,96 \times 10^8$	—	—

[a] Em agosto de 2006, a União Astronômica Internacional adotou uma definição de planeta que separa Plutão dos outros oito planetas. Plutão agora é definido como um "planeta anão" (a exemplo do asteroide Ceres).

Dados físicos frequentemente utilizados

Distância média entre a Terra e a Lua	$3,84 \times 10^8$ m
Distância média entre a Terra e o Sol	$1,496 \times 10^{11}$ m
Raio médio da Terra	$6,37 \times 10^6$ m
Densidade do ar (20 °C e 1 atm)	$1,20$ kg/m^3
Densidade do ar (0 °C e 1 atm)	$1,29$ kg/m^3
Densidade da água (20 °C e 1 atm)	$1,00 \times 10^3$ kg/m^3
Aceleração da gravidade	$9,80$ m/s^2
Massa da Terra	$5,97 \times 10^{24}$ kg
Massa da Lua	$7,35 \times 10^{22}$ kg
Massa do Sol	$1,99 \times 10^{30}$ kg
Pressão atmosférica padrão	$1,013 \times 10^5$ Pa

Observação: Esses valores são os mesmos utilizados no texto.

Alguns prefixos para potências de dez

Potência	Prefixo	Abreviação	Potência	Prefixo	Abreviação
10^{-24}	iocto	y	10^1	deca	da
10^{-21}	zepto	z	10^2	hecto	h
10^{-18}	ato	a	10^3	quilo	k
10^{-15}	fento	f	10^6	mega	M
10^{-12}	pico	p	10^9	giga	G
10^{-9}	nano	n	10^{12}	tera	T
10^{-6}	micro	μ	10^{15}	peta	P
10^{-3}	mili	m	10^{18}	exa	E
10^{-2}	centi	c	10^{21}	zeta	Z
10^{-1}	deci	d	10^{24}	iota	Y

Abreviações e símbolos padrão para unidades

Símbolo	Unidade	Símbolo	Unidade
A	ampère	K	kelvin
u	unidade de massa atômica	kg	quilograma
atm	atmosfera	kmol	quilomol
Btu	unidade térmica britânica	L ou l	litro
C	coulomb	Lb	libra
°C	grau Celsius	Ly	ano-luz
cal	caloria	m	metro
d	dia	min	minuto
eV	elétron-volt	mol	mol
°F	grau Fahrenheit	N	newton
F	faraday	Pa	pascal
pé	pé	rad	radiano
G	gauss	rev	revolução
g	grama	s	segundo
H	henry	T	tesla
h	hora	V	volt
hp	cavalo de força	W	watt
Hz	hertz	Wb	weber
pol.	polegada	yr	ano
J	joule	Ω	ohm

Símbolos matemáticos usados no texto e seus significados

Símbolo	Significado
$=$	igual a
$\equiv$	definido como
$\neq$	não é igual a
$\propto$	proporcional a
$\sim$	da ordem de
$>$	maior que
$<$	menor que
$>>(<<)$	muito maior (menor) que
$\approx$	aproximadamente igual a
Δx	variação em x
$\sum_{i=1}^{N} x_i$	soma de todas as quantidades x_i de $i=1$ para $i=N$
$\|x\|$	valor absoluto de x (sempre uma quantidade não negativa)
$\Delta x \to 0$	Δx se aproxima de zero
$\dfrac{dx}{dt}$	derivada x em relação a t
$\dfrac{\partial x}{\partial t}$	derivada parcial de x em relação a t
$\int$	integral

Física
para cientistas e engenheiros
Volume 3 ▪ Eletricidade e magnetismo

Dados Internacionais de Catalogação na Publicação (CIP)

S492f Serway, Raymond A.
         Física para cientistas e engenheiros : volume
       3 : eletricidade e magnetismo / Raymond A.
       Serway, John W. Jewett Jr ; tradução: Solange
       Aparecida Visconte ; revisão técnica: Carlos
       Roberto Grandini. – São Paulo, SP : Cengage,
       2017.
         416 p. : il. ; 28 cm.

         Inclui índice e apêndice.
         Tradução de: Physics for scientists and
       engineers (9. ed.).
         ISBN 978-85-221-2710-8

         1. Física. 2. Eletricidade. 3. Magnetismo.
       I. Jewett Jr., John W. II. Visconte, Solange
       Aparecida. III. Grandini, Carlos Roberto. IV.
       Título.

                                              CDU 537
                                              CDD 537

Índice para catálogo sistemático:
1. Magnetismo : Eletricidade 537
2. Eletricidade : Magnetismo 537
(Bibliotecária responsável: Sabrina Leal Araujo - CRB 10/1507)

Física

para cientistas e engenheiros
Volume 3 ▪ Eletricidade e magnetismo

Tradução da 9ª edição norte-americana

Raymond A. Serway
Professor Emérito, James Madison University

John W. Jewett, Jr.
Professor Emérito, California State Polytechnic University, Pomona

Com contribuições de Vahé Peroomian, *University of California, Los Angeles*

Tradução: Solange Aparecida Visconte

Revisão técnica: Carlos Roberto Grandini, FBSE
Professor Titular do Departamento de Física da UNESP, câmpus de Bauru

Austrália • Brasil • México • Cingapura • Reino Unido • Estados Unidos

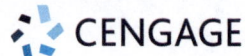

Física para cientistas e engenheiros
Volume 3 – Eletricidade e magnetismo
Tradução da 9ª edição norte-americana
Raymond A. Serway; John W. Jewett, Jr.
2ª edição brasileira

Gerente editorial: Noelma Brocanelli

Editora de desenvolvimento: Gisela Carnicelli

Supervisora de produção gráfica: Fabiana Alencar Albuquerque

Editora de aquisições: Guacira Simonelli

Especialista em direitos autorais: Jenis Oh

Título original: *Physics for Scientists and Engineers*
Vol. 2 (ISBN 13: 978-1-285-07031-5)

Tradução da 8ª edição norte-americana: All Tasks

Tradução da 9ª edição norte-americana: Solange Aparecida Visconte

Revisão técnica: Carlos Roberto Grandini

Revisão: Fábio Gonçalves e Luicy Caetano de Oliveira

Indexação: Casa Editorial Maluhy

Diagramação: PC Editorial Ltda.

Pesquisa Iconográfica: Tempo Composto

Imagem da capa: Anna RubaK/Shutterstock

Capa: BuonoDisegno

© 2014, 2010, 2008 por Raymond A. Serway
© 2018 Cengage Learning Edições Ltda.

Todos os direitos reservados. Nenhuma parte deste livro poderá ser reproduzida, sejam quais forem os meios empregados, sem a permissão, por escrito, da Editora. Aos infratores aplicam-se as sanções previstas nos artigos 102, 104, 106 e 107 da Lei nº 9.610, de 19 de fevereiro de 1998.

Esta editora empenhou-se em contatar os responsáveis pelos direitos autorais de todas as imagens e de outros materiais utilizados neste livro. Se porventura for constatada a omissão involuntária na identificação de algum deles, dispomo-nos a efetuar, futuramente, os possíveis acertos.

A Editora não se responsabiliza pelo funcionamento dos sites contidos neste livro que possam estar suspensos.

Para informações sobre nossos produtos, entre em contato pelo telefone **0800 11 19 39**

Para permissão de uso de material desta obra, envie seu pedido para
direitosautorais@cengage.com

© 2018 Cengage Learning. Todos os direitos reservados.

ISBN-13 978-85-221-2710-8
ISBN-10 85-221-2710-7

Cengage Learning
Condomínio E-Business Park
Rua Werner Siemens, 111 – Prédio 11 – Torre A – cj. 12
Lapa de Baixo – CEP 05069-900 – São Paulo – SP
Tel.: (11) 3665-9900 – Fax: (11) 3665-9901
SAC: 0800 11 19 39

Para suas soluções de curso e aprendizado, visite
www.cengage.com.br

Impresso no Brasil.
Printed in Brazil.
1ª impressão – 2017

*Dedicamos este livro a nossas esposas, Elizabeth e Lisa,
e todos os nossos filhos e netos pela compreensão
quando estávamos escrevendo este livro em vez de estarmos com eles.*

Sumário

Eletricidade e magnetismo 1

1 Campos elétricos 2

1.1 Propriedades das cargas elétricas 2
1.2 Carga de objetos por indução 4
1.3 Lei de Coulomb 5
1.4 Modelo de análise: partícula em um campo (elétrico) 11
1.5 Campo elétrico de uma distribuição contínua de cargas 15
1.6 Linhas de campo elétrico 20
1.7 Movimento de uma partícula carregada em um campo elétrico uniforme 22

2 Lei de Gauss 35

2.1 Fluxo elétrico 35
2.2 Lei de Gauss 38
2.3 Aplicação da Lei de Gauss a várias distribuições de cargas 41
2.4 Condutores em equilíbrio eletrostático 45

3 Potencial elétrico 55

3.1 Potencial elétrico e diferença de potencial 56
3.2 Diferença de potencial em um campo elétrico uniforme 57
3.3 Potencial elétrico e energia potencial gerados por cargas pontuais 60
3.4 Obtenção do valor do campo elétrico com base no potencial elétrico 63
3.5 Potencial elétrico gerado por distribuições de cargas contínuas 65
3.6 Potencial elétrico gerado por um condutor carregado 69
3.7 Experimento da gota de óleo de Millikan 72
3.8 Aplicações da eletrostática 73

4 Capacitância e dielétricos 84

4.1 Definição de capacitância 84
4.2 Cálculo da capacitância 86
4.3 Associações de capacitores 89
4.4 Energia armazenada em um capacitor carregado 92
4.5 Capacitores com dielétricos 96
4.6 Dipolo elétrico em um campo elétrico 100
4.7 Uma descrição atômica dos dielétricos 102

5 Corrente e resistência 115

5.1 Corrente elétrica 116
5.2 Resistência 118
5.3 Um modelo de condução elétrica 123
5.4 Resistência e temperatura 125
5.5 Supercondutores 126
5.6 Potência elétrica 126

6 Circuitos de corrente contínua 139

6.1 Força eletromotriz 139
6.2 Resistores em série e paralelo 142
6.3 Regras de Kirchhoff 149
6.4 Circuitos *RC* 152
6.5 Fiação residencial e segurança elétrica 158

7 Campos magnéticos 172

7.1 Modelo de análise: partícula em um campo (magnético) 173
7.2 Movimento de uma partícula carregada em um campo magnético uniforme 178
7.3 Aplicações envolvendo partículas carregadas movendo-se em um campo magnético 182

7.4	Força magnética agindo em um condutor transportando corrente 184		11.2	Resistores em um circuito CA 292
7.5	Torque em uma espira de corrente em um campo magnético uniforme 186		11.3	Indutores em um circuito CA 295
7.6	O efeito Hall 190		11.4	Capacitores em um circuito CA 297

8 Fontes de campo magnético 204

- 8.1 Lei de Biot-Savart 204
- 8.2 Força magnética entre dois condutores paralelos 209
- 8.3 Lei de Ampère 211
- 8.4 Campo magnético de um solenoide 215
- 8.5 Lei de Gauss no magnetismo 216
- 8.6 Magnetismo na matéria 218

9 Lei de Faraday 234

- 9.1 Lei da Indução de Faraday 234
- 9.2 Fem em movimento 238
- 9.3 Lei de Lenz 243
- 9.4 Fem induzida e campos elétricos 245
- 9.5 Geradores e motores 248
- 9.6 Correntes de Foucault 251

10 Indutância 266

- 10.1 Autoindução e indutância 266
- 10.2 Circuitos *RL* 268
- 10.3 Energia em um campo magnético 272
- 10.4 Indutância mútua 274
- 10.5 Oscilações em um circuito *LC* 275
- 10.6 O circuito *RLC* 279

11 Circuitos de corrente alternada 291

- 11.1 Fontes CA 292
- 11.2 Resistores em um circuito CA 292
- 11.3 Indutores em um circuito CA 295
- 11.4 Capacitores em um circuito CA 297
- 11.5 O circuito *RLC* em série 299
- 11.6 Potência em um circuito CA 303
- 11.7 Ressonância em um circuito *RLC* em série 305
- 11.8 O transformador e a transmissão de energia 307
- 11.9 Retificadores e filtros 309

12 Ondas eletromagnéticas 321

- 12.1 Corrente de deslocamento e forma geral da Lei de Ampère 322
- 12.2 As equações de Maxwell e as descobertas de Hertz 323
- 12.3 Ondas eletromagnéticas no plano 325
- 12.4 Energia transportada por ondas eletromagnéticas 329
- 12.5 Quantidade de movimento e pressão de radiação 332
- 12.6 Produção de ondas eletromagnéticas por uma antena 334
- 12.7 Espectro das ondas eletromagnéticas 335

Apêndices

- A Tabelas A1
- B Revisão matemática A4
- C Unidades do SI A21
- D Tabela periódica dos elementos A22

Respostas aos testes rápidos e problemas ímpares R1

Índice Remissivo I1

Sobre os autores

Raymond A. Serway recebeu o grau de doutor no Illinois Institute of Technology, e é Professor Emérito na James Madison University. Em 2011, ele foi premiado com o grau de doutor *honoris causa*, concedido pela Utica College. Em 1990, recebeu o prêmio Madison Scholar na James Madison University, onde lecionou por 17 anos. Dr. Serway começou sua carreira de professor na Clarkson University, onde realizou pesquisas e lecionou de 1967 a 1980. Recebeu o prêmio Distinguished Teaching na Clarkson University em 1977, e o Alumni Achievement da Utica College, em 1985. Como cientista convidado no IBM Research Laboratory em Zurique, Suíça, trabalhou com K. Alex Müller, que recebeu o Prêmio Nobel em 1987. Dr. Serway também foi pesquisador visitante no Argonne National Laboratory, onde colaborou com seu mentor e amigo, o falecido Dr. Sam Marshall. É é coautor de *College Physics*, 9ª edição; *Principles of Physics*, 5ª edição; *Essentials of College Physics*; *Modern Physics*, 3ª edição, e do livro didático para o ensino médio: *Physics,* publicado por Holt McDougal. Além disso, publicou mais de 40 trabalhos de pesquisa na área de Física da Matéria Condensada e ministrou mais de 60 palestras em encontros profissionais. Dr. Serway e sua esposa, Elizabeth, gostam de viajar, jogar golfe, pescar, cuidar do jardim, cantar no coro da igreja e, especialmente, passar um tempo precioso com seus quatro filhos e dez netos. E, recentemente, um bisneto.

John W. Jewett, Jr. concluiu a graduação em Física na Drexel University e o doutorado na Ohio State University, especializando-se nas propriedades ópticas e magnéticas da matéria condensada. Dr. Jewett começou sua carreira acadêmica na Richard Stockton College, de Nova Jersey, onde lecionou de 1974 a 1984. Atualmente, é Professor Emérito de Física da California State Polytechnic University, em Pomona. Durante sua carreira de professor, tem atuado na promoção de um ensino efetivo de física. Além de receber quatro subvenções da National Science Foundation, ajudou no ensino da física, a fundar e dirigir o Southern California Area Modern Physics Institute (SCAMPI) e o Science IMPACT (Institute for Modern Pedagogy and Creative Teaching). Os títulos honoríficos do Dr. Jewett incluem Stockton Merit Award, na Richard Stockton College, em 1980, quando foi selecionado como Outstanding Professor na California State Polytechnic University em 1991/1992; e, ainda, recebeu o Excellence in Undergraduate Physics Teaching Award, da American Association of Physics Teachers (AAPT) em 1998. Em 2010, recebeu um prêmio Alumni Lifetime Achievement Award da Dresel University em reconhecimento de suas contribuições no ensino da física. Já apresentou mais de 100 palestras, tanto no país como no exterior, incluindo múltiplas apresentações nos encontros nacionais da AAPT. É autor de *The World of Physics: Mysteries, Magic, and Myth,* que apresenta muitas conexões entre a Física e várias experiências do dia a dia. É coautor de *Física para Cientistas e Engenheiros,* de *Principles of Physics,* 5ª edição, bem como de *Global Issues,* um conjunto de quatro volumes de manuais de instrução em ciência integrada para o ensino médio. Dr. Jewett gosta de tocar teclado com sua banda formada somente por físicos, gosta de viagens, fotografia subaquática, aprender línguas estrangeiras e de colecionar aparelhos médicos antigos que possam ser utilizados como instrumentos em suas aulas. E, o mais importante, ele adora passar o tempo com sua esposa, Lisa, e seus filhos e netos.

Prefácio

Ao escrever esta 9ª edição de *Física para Cientistas e Engenheiros*, continuamos nossos esforços progressivos para melhorar a clareza da apresentação e incluir novos recursos pedagógicos que ajudem nos processos de ensino e aprendizagem. Utilizando as opiniões dos usuários da 8ª edição, dados coletados, tanto entre os professores como entre os alunos, além das sugestões dos revisores, aprimoramos o texto para melhor atender às necessidades dos estudantes e professores.

Este livro destina-se a um curso introdutório de Física para estudantes universitários de Ciências ou Engenharia. Todo o conteúdo poderá ser abordado em um curso de três semestres, mas é possível utilizar o material em sequências menores, com a omissão de alguns capítulos e algumas seções. O ideal seria que o estudante tivesse como pré-requisito um semestre de cálculo. Se isso não for possível, deve-se entrar simultaneamente em um curso introdutório de cálculo.

Conteúdo

O material desta coleção aborda tópicos fundamentais na física clássica e apresenta uma introdução à física moderna. Esta coleção está dividida em quatro volumes. O Volume 1 compreende os Capítulos 1 a 14 e trata dos fundamentos da mecânica Newtoniana e da física dos fluidos; o Volume 2 aborda as oscilações, ondas mecânicas e o som, além do calor e da termodinâmica. O Volume 3 aborda temas relacionados à eletricidade e ao magnetismo. O Volume 4 trata de temas relacionados à luz e à óptica, além da relatividade e da física moderna.

Objetivos

A coleção Física para Cientistas e Engenheiros tem os seguintes objetivos: fornecer ao estudante uma apresentação clara e lógica dos conceitos e princípios básicos da Física (para fortalecer a compreensão de conceitos e princípios por meio de uma vasta gama de aplicações interessantes no mundo real) e desenvolver fortes habilidades de resolução de problemas por meio de uma abordagem bem organizada. Para atingir estes objetivos, enfatizamos argumentos físicos organizados e focamos na resolução de problemas. Ao mesmo tempo, tentamos motivar o estudante por meio de exemplos práticos que demonstram o papel da Física em outras disciplinas, entre elas, Engenharia, Química e Medicina.

Alterações nesta edição

Uma grande quantidade de alterações e melhorias foi realizada nesta edição. Algumas das novas características baseiam-se em nossas experiências e em tendências atuais do ensino científico. Outras mudanças foram incorporadas em resposta a comentários e sugestões oferecidas pelos leitores da oitava edição e pelos revisores. Os aspectos aqui relacionados representam as principais alterações:

Integração Aprimorada da Abordagem do Modelo de Análises para a Resolução de Problemas. Os estudantes são desafiados com centenas de problemas durante seus cursos de Física. Um número relativamente pequeno de princípios fundamentais forma a base desses problemas. Quando desafiado com um novo problema, um físico forma um *modelo* do problema que pode ser resolvido de uma maneira simples, identificando o princípio fundamental que é aplicável ao problema. Por exemplo, muitos problemas envolvem a conservação de energia, a Segunda Lei de Newton, ou equações de cinemática. Como os físicos estudam extensivamente estes princípios e suas aplicações, eles podem aplicar este conhecimento como modelo para a resolução de um novo problema. Embora fosse ideal que os estudantes seguissem este mesmo processo, a maioria deles têm dificuldade em se familiarizar com todo o conjunto de princípios fundamentais que estão disponíveis. É mais fácil para os estudantes identificar uma *situação*, em vez de um princípio fundamental.

A *abordagem do Modelo de Análise* estabelece um conjunto padrão de situações que aparecem na maioria dos problemas de Física. Tais situações têm como base uma entidade em um de quatro modelos de simplificação: partícula, sistema, corpo rígido e onda. Uma vez que o modelo de simplificação é identificado, o estudante pensa sobre o que a entidade está fazendo ou como ela interage com seu ambiente. Isto leva o estudante a identificar um Modelo de Análise específico para o problema. Por exemplo, se um objeto estiver caindo, ele é reconhecido como uma partícula experimentando uma aceleração devida à gravidade, que é constante. O estudante aprendeu que o Modelo de Análise de uma *partícula sob aceleração constante* descreve esta situação. Além do mais, este modelo tem um pequeno número de equações associadas a ele para uso nos problemas iniciais – as equações de cinemática apresentadas no Capítulo 2 do Volume 1. Portanto, um entendimento da situação levou a um Modelo de Análise, que, então, identifica um número muito pequeno de equações para iniciar o problema, em vez de uma infinidade de equações que os estudantes veem no livro. Dessa maneira, o uso de Modelo de Análise leva o estudante a identificar o princípio fundamental. À medida que ele ganhar mais experiência, dependerá menos da abordagem do Modelo de Análise e começará a identificar princípios fundamentais diretamente.

Para melhor integrar a abordagem do Modelo de Análise para esta edição, **caixas descritivas de Modelo de Análise** foram acrescentadas no final de qualquer seção que introduza um novo Modelo de Análise. Este recurso recapitula o Modelo de Análise introduzido na seção e fornece exemplos dos tipos de problema que um estudante poderá resolver utilizando o Modelo de Análise. Estas caixas funcionam como um "lembrete" antes que os estudantes vejam os Modelos de Análise em uso nos exemplos trabalhados para determinada seção.

Os exemplos trabalhados no livro que utilizam Modelo de Análise são identificados com um ícone MA para facilitar a referência. As soluções desses exemplos integram a abordagem do Modelo de Análise para resolução de problemas. A abordagem é ainda mais reforçada no resumo do final de capítulo, com o título *Modelo de Análise para Resolução de Problemas*.

Analysis Model Tutorial, ou Tutoriais de Modelo de Análise (Disponível no Enhanced WebAssign).[1] John Jewett desenvolveu 165 tutoriais (indicados no conjunto de problemas de cada capítulo com o ícone AMT) que fortalecem as habilidades de resolução de problemas dos estudantes orientando-os através das etapas neste processo de resolução. As primeiras etapas importantes incluem fazer previsões e focar em conceitos de Física antes de resolver o problema quantitativamente. O componente crucial desses tutoriais é a seleção de um Modelo de Análise apropriado para descrever o que acontece no problema. Esta etapa permite que os alunos façam um link importante entre a situação no problema e a representação matemática da situação. Os tutoriais incluem um *feedback* significativo em cada etapa para ajudar os estudantes a praticar o processo de resolução de problemas e melhorar suas habilidades. Além disso, o *feedback* soluciona equívocos dos alunos e os ajuda a identificar erros algébricos e outros erros matemáticos. As soluções são desenvolvidas simbolicamente pelo maior tempo possível, com valores numéricos substituídos no final. Este recurso ajuda os estudantes a compreenderem os efeitos de mudar os valores de cada variável no problema, evita a substituição repetitiva desnecessária dos mesmos números e elimina erros de arredondamento. O *feedback* no final do tutorial encoraja os alunos a compararem a resposta final com suas previsões originais.

Novos itens Master It foram adicionados ao Enhanced WebAssign. Aproximadamente 50 novos itens Master It do Enhanced WebAssign foram acrescentados nesta edição, nos conjuntos de problemas de fim de capítulo.

Destaques desta edição

A lista a seguir destaca algumas das principais alterações para esta edição.

Capítulo 1

- Um novo Modelo de Análise foi introduzido: *Partícula em um Campo (Elétrico)*. Este modelo vem a seguir da introdução do modelo Partícula em um Campo (Gravitacional), incluído no Capítulo 13 do Volume 1. Uma caixa descritiva do Modelo de Análise foi acrescentada, na Seção 1.4.
- Uma nova seção E se? foi acrescentada ao Exemplo 1.9, para fazer uma conexão com os planos de carga infinitos, que serão estudados mais detalhadamente em capítulos posteriores.
- Várias seções de texto e exemplos trabalhados foram revisados para tornar mais explícitas as referências aos Modelos de Análise.
- Um novo item Master It foi adicionado ao conjunto de problemas de final de capítulo.

Capítulo 2

- A Seção 2.1 foi significativamente revisada para esclarecer a geometria de área de elementos através da qual linhas de campo elétrico passam para gerar um fluxo elétrico.

---

[1] O Enhanced WebAssign está disponível em inglês e o ingresso à ferramenta ocorre por meio de cartão de acesso. Para mais informações sobre o cartão e sua aquisição, contate vendas.brasil@cengage.com.

- Duas novas figuras foram adicionadas ao Exemplo 2.5, a fim de melhor explorar os campos elétricos devidos a planos de carga infinitos individuais e emparelhados.
- Dois novos itens Master It foram adicionados ao conjunto de problemas de final de capítulo.

Capítulo 3
- As Seções 3.1 e 3.2 foram significativamente revisadas para fazer conexões com os novos Modelos de Análise de Partícula em um Campo, introduzidos nos Capítulos 13 do Volume 1 e 1 do Volume 3.
- O Exemplo 3.4 foi transferido e agora é exibido depois da Estratégia de Resolução de Problemas, na Seção 3.5, permitindo que os estudantes comparem campos elétricos decorrentes de um pequeno número de cargas e de uma distribuição de carga contínua.
- Dois novos itens Master It foram adicionados ao conjunto de problemas de final de capítulo.

Capítulo 4
- A discussão sobre capacitores em série e paralelos, na Seção 4.3, foi revisada para dar mais clareza.
- O debate a respeito de energia potencial associada com um dipolo elétrico em um campo elétrico, na Seção 4.6, foi revisada para dar maior clareza.

Capítulo 5
- A discussão referente ao modelo de Drude para condução elétrica, na Seção 5.3, foi revisada para seguir o esboço de modelos estruturais, introduzido no Capítulo 7 do Volume 2.
- Várias seções textuais foram revisadas para tornar mais explícitas as referências aos Modelos de Análise.
- Cinco novos itens Master It foram acrescentados ao conjunto de problemas de final de capítulo.

Capítulo 6
- A discussão sobre resistores em série e em paralelo, na Seção 6.2, foi revisada para dar mais clareza.
- Carga, corrente e tensão variáveis ao longo do tempo são agora representadas com letras minúsculas para maior clareza ao distingui-las de valores constantes.
- Cinco novos Master It foram adicionados ao conjunto de problemas de final de capítulo.

Capítulo 7
- Um *novo* Modelo de Análise foi introduzido: *Partícula em um Campo (Magnético)*. Este modelo está a seguir da introdução do modelo de Partícula em um Campo (Gravitacional), apresentado no Capítulo 13 do Volume 1, e do modelo de Partícula em um Campo (Elétrico), no Capítulo 1. Uma caixa descritiva do Modelo de Análise foi adicionada, na Seção 7.1. Além disso, um novo cartão de resumo para consulta rápida foi adicionado no final do capítulo, e parte do texto foi revisada para fazer referência ao novo modelo.
- Um novo item Master It foi adicionado ao conjunto de problemas de final de capítulo.

Capítulo 8
- Várias seções de texto foram revisadas para tornar mais explícitas as referências aos Modelos de Análise.
- Um novo item Master It foi adicionado ao conjunto de problemas de final de capítulo.

Capítulo 9
- Várias seções de texto foram revisadas para tornar mais explícitas as referências aos Modelos de Análise.
- Um novo item Master It foi adicionado ao conjunto de problemas de final de capítulo.

Capítulo 10
- Várias seções de texto foram revisadas para tornar mais explícitas as referências aos Modelos de Análise.
- Carga, corrente e tensão variáveis ao longo do tempo são agora representadas com letras minúsculas para maior clareza ao distingui-las de valores constantes.
- Dois novos itens Master It foram adicionados ao conjunto de problemas de final de capítulo.

Capítulo 11
- As cores de impressão foram revisadas em muitas figuras para melhorar a clareza da apresentação.

Capítulo 12
- Várias seções de texto foram revisadas para tornar mais explícitas as referências aos Modelos de Análise.
- O *status* da espaçonave em relação à navegação solar foi atualizado na Seção 12.5.

Características do texto

A maioria dos professores acredita que o livro didático selecionado para um curso deve ser o guia principal do estudante para a compreensão e aprendizagem do tema. Além disso, o livro didático deve ser facilmente acessível e escrito num estilo que facilite o ensino e a aprendizagem. Com esses pontos em mente, incluímos muitos recursos pedagógicos, relacionados a seguir, que visam melhorar sua utilidade tanto para estudantes quanto para professores.

Resolução de Problemas e Compreensão Conceitual

Estratégia Geral de Resolução de Problemas. Descrita no final do Capítulo 2 do Volume 1, oferece aos estudantes um processo estruturado para a resolução de problemas. Em todos os outros capítulos, a estratégia é empregada em cada exemplo, de maneira que os estudantes possam aprender como é aplicada. Os estudantes são encorajados a seguir esta estratégia ao trabalhar os problemas de final de capítulo.

Exemplos Trabalhados. Apresentados em um formato de duas colunas para reforçar os conceitos da Física, a coluna da esquerda mostra informações textuais que descrevem os passos para a resolução do problema; a da direita, as manipulações matemáticas e os resultados destes passos. Este esquema facilita a correspondência do conceito com sua execução matemática e ajuda os estudantes a organizarem seu trabalho. Os exemplos seguem estritamente a Estratégia Geral de Resolução de Problemas apresentada no Capítulo 2 do Volume 1 para reforçar hábitos eficazes de resolução de problemas. Todos os exemplos trabalhados no texto podem ser passados como tarefa de casa no Enhanced WebAssign.

São dois os exemplos. O primeiro (e o mais comum) apresenta um problema e uma resposta numérica. O segundo é de natureza conceitual. Para enfatizar a compreensão dos conceitos da Física, os muitos exemplos conceituais são assim marcados e elaborados para ajudar os estudantes a se concentrar na situação física do problema. Os exemplos trabalhados no livro que utilizam Modelos de Análise agora são marcados com um ícone **MA** para facilitar a referência, e as soluções desses exemplos estão completamente integradas à abordagem do Modelo de Análise para a Resolução de Problemas.

Com base no *feedback* de um revisor da oitava edição, fizemos revisões cuidadosas dos exemplos trabalhados, de modo que as soluções são apresentadas simbolicamente tanto quanto possível, com valores numéricos substituídos no final. Esta abordagem ajudará os estudantes a pensar simbolicamente quando resolverem problemas, em vez de desnecessariamente inserir números em equações intermediárias.

E se? Aproximadamente um terço dos exemplos trabalhados no texto contêm o recurso **E se?**. Como uma complementação à solução do exemplo, esta pergunta oferece uma variação da situação apresentada no texto do exemplo. Esse recurso encoraja os estudantes a pensarem sobre os resultados e também ajuda na compreensão conceitual dos princípios, além de prepará-los para encontrar novos problemas que podem ser incluídos nas provas. Alguns dos problemas do final de capítulo também incluem este recurso.

Testes Rápidos. Os estudantes têm a oportunidade de testar sua compreensão dos conceitos da Física apresentados por meio destes testes. As perguntas pedem que eles tomem decisões com base no raciocínio sólido, e algumas foram elaboradas para ajudá-los a superar conceitos errôneos. Os Testes Rápidos foram moldados num formato objetivo, incluindo testes de múltipla escolha, falso e verdadeiro e de classificação. As respostas de todos os testes rápidos encontram-se no final do livro. Muitos professores preferem utilizar tais perguntas em um estilo de *peer instruction* (interação com colega) ou com a utilização do sistema de respostas pessoais por meio de *clickers*, mas elas podem ser usadas também em um sistema padrão de teste. Um exemplo de Teste Rápido é apresentado a seguir.

> ***Teste Rápido 7.5*** Um dardo é inserido em uma arma movida a mola e empurra a mola a uma distância x. Na próxima carga, a mola é comprimida a uma distância $2x$. Com que velocidade escalar o segundo dardo deixa a arma em comparação ao primeiro? **(a)** quatro vezes mais rápido **(b)** duas vezes mais rápido **(c)** a mesma **(d)** metade da velocidade **(e)** um quarto da velocidade.

> **Prevenção de Armadilhas 1.1**
> **Valores sensatos**
> Intuir sobre valores normais de quantidades ao resolver problemas é importante porque se deve pensar no resultado final e determinar se ele parece sensato. Por exemplo, se ao calcular a massa de uma mosca chega-se a 100 kg, esta resposta é *insensata* e há um erro em algum lugar.

Prevenções de Armadilhas. Mais de duzentas Prevenções de Armadilhas são fornecidas para ajudar os estudantes a evitar erros e equívocos comuns. Esses recursos, que são colocados nas margens do texto, tratam tanto dos conceitos errôneos mais comuns dos estudantes quanto de situações nas quais eles frequentemente seguem caminhos que não são produtivos.

Exemplo 3.2 — Uma viagem de férias

Um carro percorre 20,0 km rumo ao norte e depois 35,0 km em uma direção 60,0° a noroeste como mostra a Figura 3.11a. Encontre o módulo e a direção do deslocamento resultante do carro.

SOLUÇÃO

Conceitualização Os vetores $\vec{A}$ e $\vec{B}$ desenhados na Figura 3.11a nos ajudam a conceitualizar o problema.
O vetor resultante $\vec{R}$ também foi desenhado. Esperamos que sua grandeza seja de algumas dezenas de quilômetros. Espera-se que o ângulo β que o vetor resultante faz com o eixo y seja menor do que 60°, o ângulo que o vetor $\vec{B}$ faz com o eixo y.

Categorização Podemos categorizar este exemplo como um problema de análise simples de adição de vetores. O deslocamento $\vec{R}$ é resultante da adição de dois deslocamentos individuais $\vec{A}$ e $\vec{B}$. Podemos ainda categorizá-lo como um problema de análise de triângulos. Assim, apelamos para nossa experiência em geometria e trigonometria.

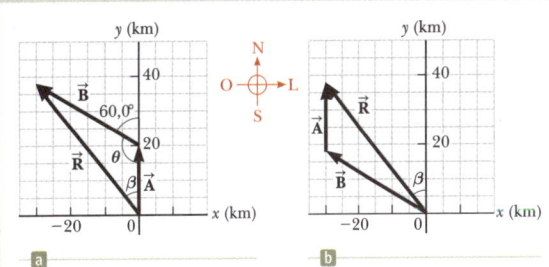

Figura 3.11 (Exemplo 3.2) (a) Método gráfico para encontrar o vetor deslocamento resultante $\vec{R} = \vec{A} + \vec{B}$. (b) Adicionando os vetores na ordem reversa ($\vec{B} + \vec{A}$) fornece o mesmo resultado para $\vec{R}$.

Análise Neste exemplo, mostramos duas maneiras de analisar o problema para encontrar a resultante de dois vetores. A primeira é resolvê-lo geometricamente com a utilização de papel milimetrado e um transferidor para medir o módulo de $\vec{R}$ e sua direção na Figura 3.11a. Na verdade, mesmo quando sabemos que vamos efetuar um cálculo, deveríamos esboçar os vetores para verificar os resultados. Com régua comum e transferidor, um diagrama grande normalmente fornece respostas com dois, mas não com três dígitos de precisão. Tente utilizar essas ferramentas em $\vec{R}$ na Figura 3.11a e compare com a análise trigonométrica a seguir.

A segunda maneira de resolver o problema é analisá-lo utilizando álgebra e trigonometria. O módulo de $\vec{R}$ pode ser obtido por meio da lei dos cossenos aplicada ao triângulo na Figura 3.11a (ver Apêndice B.4).

Use $R^2 = A^2 + B^2 - 2AB \cos\theta$ da lei dos cossenos para encontrar R:

$$R = \sqrt{A^2 + B^2 - 2AB \cos\theta}$$

Substitua os valores numéricos, observando que $\theta = 180° - 60° = 120°$:

$$R = \sqrt{(20,0 \text{ km})^2 + (35,0 \text{ km})^2 - 2(20,0 \text{ km})(35,0 \text{ km}) \cos 120°}$$

$$= \boxed{48,2 \text{ km}}$$

Utilize a lei dos senos (Apêndice B.4) para encontrar a direção de $\vec{R}$ a partir da direção norte:

$$\frac{\sen\beta}{B} = \frac{\sen\theta}{R}$$

$$\sen\beta = \frac{B}{R}\sen\theta = \frac{35,0 \text{ km}}{48,2 \text{ km}} \sen 120° = 0,629$$

$$\beta = \boxed{38,9°}$$

O deslocamento resultante do carro é 48,2 km em uma direção 38,9° a noroeste.

Finalização O ângulo β que calculamos está de acordo com a estimativa feita a partir da observação da Figura 3.11a, ou com um ângulo real medido no diagrama com a utilização do método gráfico? É aceitável que o módulo de $\vec{R}$ seja maior que ambos os de $\vec{A}$ e $\vec{B}$? As unidades de $\vec{R}$ estão corretas?

Embora o método da triangulação para adicionar vetores funcione corretamente, ele tem duas desvantagens. A primeira é que algumas pessoas acham inconveniente utilizar as leis dos senos e cossenos. A segunda é que um triângulo só funciona quando se adicionam dois vetores. Se adicionarmos três ou mais, a forma geométrica resultante geralmente não é um triângulo. Na Seção 3.4, exploraremos um novo método de adição de vetores que tratará de ambas essas desvantagens.

E SE? Suponha que a viagem fosse feita com os dois vetores na ordem inversa: 35,0 km a 60,0° a oeste em relação ao norte primeiramente, e depois 20,0 km em direção ao norte. Qual seria a mudança no módulo e na direção do vetor resultante?

Resposta Elas não mudariam. A lei comutativa da adição de vetores diz que a ordem dos vetores em uma soma é irrelevante. Graficamente, a Figura 3.11b mostra que a adição dos vetores na ordem inversa nos fornece o mesmo vetor resultante.

Resumos. Cada capítulo contém um resumo que revisa os conceitos e equações importantes nele vistos, dividido em três seções: Definições, Conceitos e Princípios, e Modelos de Análise para Resolução de Problemas. Em cada seção, caixas chamativas focam cada definição, conceito, princípio ou modelo de análise.

Perguntas e Conjuntos de Problemas. Para esta edição, os autores revisaram cada pergunta e problema e incorporaram revisões elaboradas para melhorar a legibilidade e a facilidade de atribuição. Mais de 10% dos problemas são novos nesta edição.

Perguntas. A seção de Perguntas está dividida em duas: *Perguntas Objetivas* e *Perguntas Conceituais*. O professor pode selecionar itens para deixar como tarefa de casa ou utilizar em sala de aula, possivelmente fazendo uso do método de interação com um colega ou dos sistemas de respostas pessoais. Muitas Perguntas Objetivas e Conceituais foram incluídas nesta edição.

As Perguntas *Objetivas*. São de múltipla escolha, verdadeiro/falso, classificação, ou outros tipos de múltiplas suposições. Algumas requerem cálculos elaborados para facilitar a familiaridade dos estudantes com as equações, as variáveis utilizadas, os conceitos que as variáveis representam e as relações entre os conceitos. Outras são de natureza mais conceitual, elaboradas para encorajar o pensamento conceitual. As perguntas objetivas também são escritas tendo em mente as respostas pessoais dos usuários do sistema, e muitas das perguntas poderiam ser facilmente utilizadas nesses sistemas.

As Perguntas *Conceituais*. São mais tradicionais, com respostas curtas, do tipo dissertativas, requerendo que os estudantes pensem conceitualmente sobre uma situação física.

Problemas. Um conjunto extenso de problemas foi incluído no final de cada capítulo. As respostas dos problemas de número ímpar são fornecidas no final do livro. Eles são organizados por seções em cada capítulo (aproximadamente dois terços dos problemas são conectados a seções específicas do capítulo). Em cada seção, os problemas levam os estudantes a um pensamento de ordem superior, apresentando primeiro todos os problemas simples da seção, seguidos pelos problemas intermediários.

PD Os *Problemas Dirigidos* ajudam os estudantes a dividir os problemas em etapas. Tipicamente, um problema de Física pede uma quantidade física em determinado contexto. Entretanto, com frequência, diversos conceitos devem ser utilizados e vários cálculos são necessários para obter a resposta final. Muitos estudantes não estão acostumados a esse nível de

O problema é identificado com um ícone **PD**.

38. **PD** Uma viga uniforme apoiada sobre dois pivôs tem comprimento $L = 6,00$ m e massa $M = 90,0$ kg. O pivô sob a extremidade esquerda exerce uma força normal n_1 sobre a viga, e o segundo, localizado a uma distância $\ell = 4,00$ m desta extremidade, exerce uma força normal n_2. Uma mulher de massa $m = 55,0$ kg sobe na extremidade esquerda da viga e começa a caminhar para a direita, como mostra a Figura P12.38. O objetivo é encontrar a posição da mulher quando a viga começa a inclinar. (a) Qual é o modelo de análise apropriado para a viga antes que ela comece a inclinar? (b) Esboce um diagrama de forças para a viga, indicando as forças gravitacional e normal que agem sobre ela e que coloca a mulher a uma distância x à direita do primeiro pivô, que é a origem. (c) Onde está a mulher quando a força normal n_1 é a maior? (d) Qual é o valor de n_1 quando a viga está na iminência de inclinar? (e) Use a Equação 12.1 para encontrar o valor de n_2 quando a viga está na iminência de inclinar. (f) Utilizando o resultado da parte (d) e a Equação 12.2, com torques calculados em torno do segundo pivô, encontre a posição da mulher, x, quando a viga está na iminência de inclinar. (g) Verifique a resposta da parte (e) calculando torques em torno do ponto do primeiro pivô.

O objetivo do problema é identificado.

A análise começa com a identificação do modelo de análise apropriado.

São fornecidas sugestões de passos para resolver o problema.

O cálculo associado ao objetivo é solicitado.

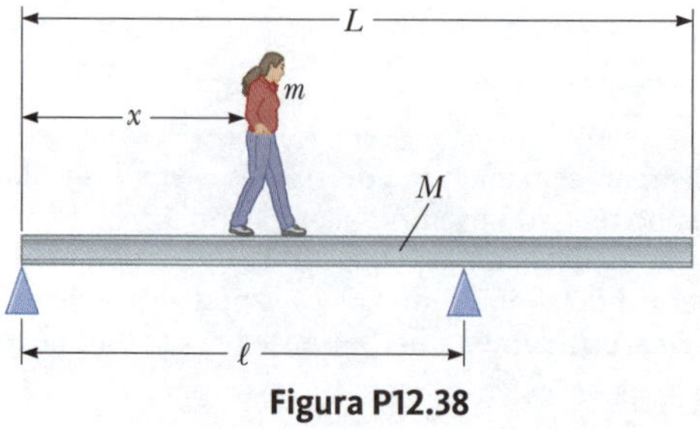

Figura P12.38

complexidade e, muitas vezes, não sabem por onde começar. Estes Problemas Dirigidos dividem um problema-padrão em passos menores, permitindo que os estudantes apreendam todos os conceitos e estratégias necessários para chegar à solução correta. Diferente dos problemas de Física padrão, a orientação é, em geral, incorporada no enunciado do problema. Os Problemas Dirigidos são exemplos de como um estudante pode interagir com o professor em sala de aula. Esses problemas ajudam a treinar os estudantes a decompor problemas complexos em uma série de problemas mais simples, uma habilidade essencial para a resolução de problemas. Segue aqui um exemplo de Problema Dirigido:

Problemas de impossibilidade. A pesquisa em ensino de Física enfatiza pesadamente as habilidades dos estudantes para a resolução de problemas. Embora a maioria dos problemas deste livro esteja estruturada de maneira a fornecer dados e pedir um resultado de cálculo, em média, dois em cada capítulo são estruturados como problemas de impossibilidade. Eles começam com a frase *Por que a seguinte situação é impossível?*, seguida pela descrição da situação. O aspecto impactante desses problemas é que não é feita nenhuma pergunta aos estudantes, a não ser o que está em itálico inicial. O estudante deve determinar quais perguntas devem ser feitas e quais cálculos devem ser efetuados. Com base nos resultados desses cálculos, o estudante deve determinar por que a situação descrita não é possível. Esta determinação pode requerer informações de experiência pessoal, senso comum, pesquisa na Internet ou em material impresso, medição, habilidades matemáticas, conhecimento das normas humanas ou pensamento científico. Esses problemas podem ser aplicados para criar habilidades de pensamento crítico nos estudantes. Eles também são divertidos, pelo seu aspecto de "mistérios da Física" para serem resolvidos pelos estudantes individualmente ou em grupos. Um exemplo de problema de impossibilidade aparece aqui:

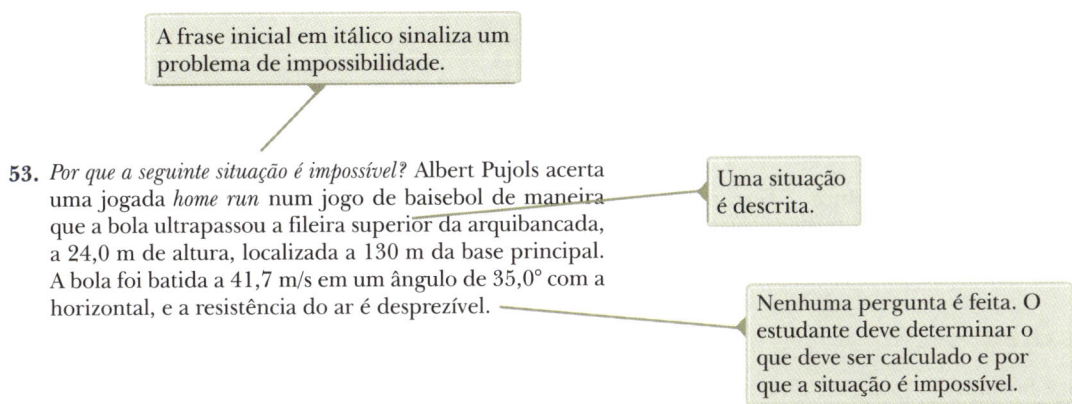

Problemas de Revisão. Muitos capítulos incluem a revisão de problemas que requerem que o estudante combine conceitos abordados no capítulo com aqueles discutidos em capítulos anteriores. Estes problemas (marcados com a identificação: **Revisão**) refletem a natureza coesa dos princípios no livro e verificam que a Física não é um conjunto disperso de ideias. Ao nos depararmos com problemas do mundo real, como o aquecimento global ou a questão das armas nucleares, pode ser necessário recorrer a ideias referentes à Física de várias partes de um livro como este.

Problemas "de Fermi". Na maioria dos capítulos, um ou mais problemas pedem que o estudante raciocine em termos de ordem de grandeza.

Problemas de Design. Diversos capítulos contêm problemas que solicitam que o estudante determine parâmetros de design para um dispositivo prático, de modo que este funcione conforme requerido.

Problemas Baseados em Cálculos. Cada capítulo contém pelo menos um problema que aplica ideias e métodos de cálculo diferencial e um problema que utiliza cálculo integral.

Integração com o Enhanced WebAssign. A integração estreita deste livro com o conteúdo do Enhanced WebAssign (em inglês) propicia um ambiente de aprendizagem on-line que ajuda os estudantes a melhorar suas habilidades de resolução de problemas, oferecendo uma variedade de ferramentas para satisfazer seus estilos individuais de aprendizagem. Extensivos dados obtidos dos usuários, coletados por meio do WebAssign, foram utilizados para assegurar que problemas mais frequentemente designados foram mantidos nesta nova edição. Novos Tutoriais de Modelo de Análise acrescentados nesta edição já foram discutidos. Os Tutoriais *Master It* ajudam os estudantes a resolver problemas por meio de uma solução desenvolvida passo a passo. Ajudam os estudantes a resolver problemas, fazendo-os trabalhar por meio de uma solução por etapas. Problemas com estes tutoriais são identificados em cada capítulo por um ícone M. Além disso, vídeos *Watch It* são indicados no conjunto de problemas de cada capítulo com um ícone W e explicam estratégias fundamentais para a resolução de problemas a fim de ajudar os estudantes a solucioná-los.

Ilustrações. As ilustração estão em estilo moderno, ajudando a expressar os princípios da Física de maneira clara e precisa.

Indicadores de foco estão incluídos em muitas figuras no livro; mostram aspectos importantes de uma figura ou guiam os estudantes por um processo ilustrado – desenho ou foto. Este formato ajuda os estudantes, que aprendem mais facilmente utilizando o sentido visual. Um exemplo de uma figura com um indicador de foco aparece a seguir.

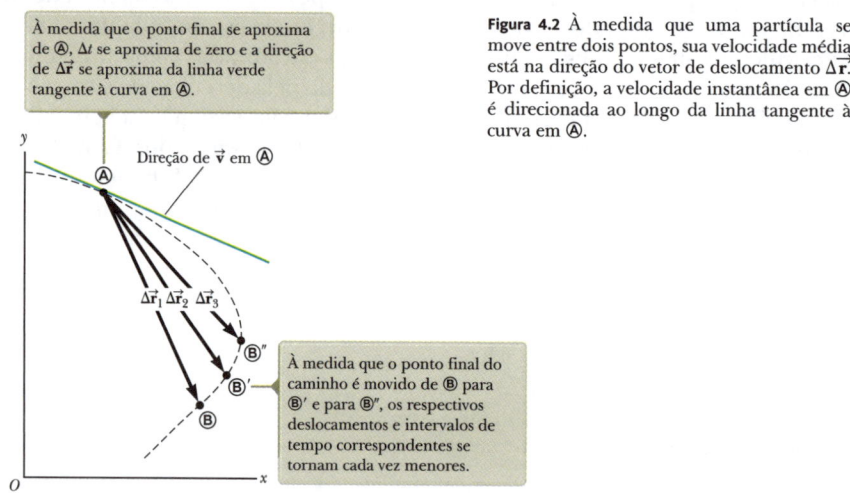

Figura 4.2 À medida que uma partícula se move entre dois pontos, sua velocidade média está na direção do vetor de deslocamento $\vec{\Delta r}$. Por definição, a velocidade instantânea em Ⓐ é direcionada ao longo da linha tangente à curva em Ⓐ.

Apêndice B – Revisão Matemática. Ferramenta valiosa para os estudantes, mostra os recursos matemáticos em um contexto físico. Ideal para estudantes que necessitam de uma revisão rápida de tópicos, como álgebra, trigonometria e cálculo.

Aspectos Úteis

Estilo. Para facilitar a rápida compreensão, escrevemos o livro em um estilo claro, lógico e atrativo. Escolhemos um estilo de escrita que é um pouco informal e descontraído, e os estudantes encontrarão textos atraentes e agradáveis de ler. Os termos novos são cuidadosamente definidos, evitando a utilização de jargões.

Definições e equações importantes. A maioria das definições é colocada em negrito ou destacada para dar mais ênfase e facilitar a revisão, assim como são também destacadas as equações importantes para facilitar a localização.

Notas de margem. Comentários e notas que aparecem na margem com o ícone ▶ podem ser utilizados para localizar afirmações, equações e conceitos importantes no texto.

Uso pedagógico da cor. Os leitores devem consultar a **cartela pedagógica colorida** para uma lista dos símbolos de código de cores utilizados nos diagramas do texto. O sistema é seguido consistentemente em todo o texto.

Nível matemático. Introduzimos cálculo gradualmente, lembrando que os estudantes, em geral, fazem cursos introdutórios de Cálculo e Física ao mesmo tempo. A maioria dos passos é mostrada quando equações básicas são desenvolvidas, e frequentemente se faz referência aos anexos de Matemática do final do livro. Embora os vetores sejam abordados em detalhe no Capítulo 3 deste volume, produtos de vetores são apresentados mais adiante no texto, onde são necessários para aplicações da Física. O produto escalar é apresentado no Capítulo 7 deste volume, que trata da energia de um sistema; o produto vetorial é apresentado no Capítulo 11 deste volume, que aborda o momento angular.

Algarismos significativos. Tanto nos exemplos trabalhados quanto nos problemas do final de capítulo, os algarismos significativos foram manipulados com cuidado. A maioria dos exemplos numéricos é trabalhada com dois ou três algarismos significativos, dependendo da precisão dos dados fornecidos. Os problemas do final de capítulo regularmente exprimem dados e respostas com três dígitos de precisão. Ao realizar cálculos estimados, normalmente trabalharemos com um único algarismo significativo. Mais discussão sobre algarismos significativos encontra-se no Capítulo 1.

Unidades. O sistema internacional de unidades (SI) é utilizado em todo o texto. O sistema comum de unidades nos Estados Unidos só é utilizado em quantidade limitada nos capítulos de Mecânica e Termodinâmica.

Anexos. Diversos anexos são fornecidos no começo e no final do livro. A maior parte do material anexo representa uma revisão dos conceitos de matemática e técnicas utilizadas no texto, incluindo notação científica, álgebra, geometria, trigonometria, cálculos diferencial e integral. A referência a esses anexos é feita em todo o texto. A maioria das seções de revisão de Matemática nos anexos inclui exemplos trabalhados e exercícios com respostas. Além das revisões de Matemática, os anexos contêm tabela de dados físicos, fatores de conversão e unidades no SI de quantidades físicas, além de uma tabela periódica dos elementos. Outras informações úteis – dados físicos e constantes fundamentais, uma lista de prefixos padrão, símbolos matemáticos, o alfabeto grego e abreviações padrão de unidades de medida – também estão disponíveis.

Soluções de curso que se ajustam às suas metas de ensino e às necessidades de aprendizagem dos estudantes

Avanços recentes na tecnologia educacional transformaram os sistemas de gestão de tarefas para casa em ferramentas poderosas e acessíveis que vão ajudá-lo a incrementar seu curso, não importando se você oferece um curso mais tradicional com base em texto, se está interessado em utilizar ou se atualmente utiliza um sistema de gestão de tarefas para casa, tal como o Enhanced WebAssign.

Sistemas de gestão de tarefas para casa

Enhanced WebAssign. O Enhanced WebAssign oferece um programa on-line destinado à Física para encorajar a prática que é tão importante para o domínio de conceitos. A pedagogia e os exercícios meticulosamente trabalhados em nossos textos comprovadamente se tornam ainda mais eficazes ao se utilizar a ferramenta. Enhanced WebAssign inclui Cengage YouBook, um e--Book interativo altamente personalizável, assim como:

- **Problemas selecionados aprimorados, com *feedback* direcionado.** Eis um exemplo de *feedback* preciso:

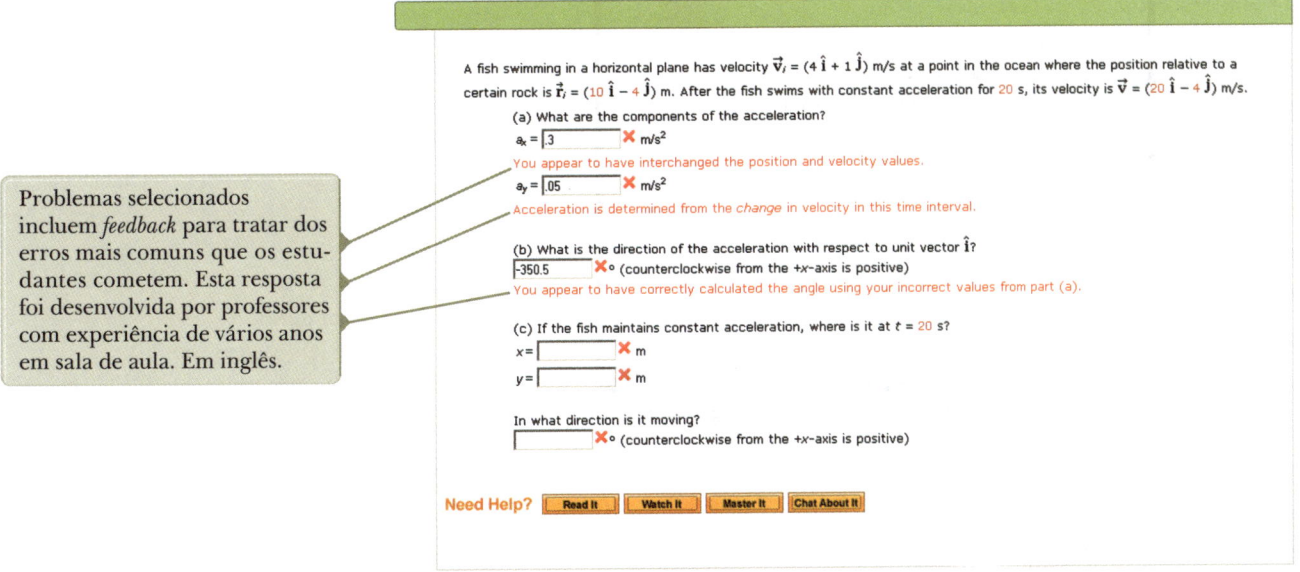

Problemas selecionados incluem *feedback* para tratar dos erros mais comuns que os estudantes cometem. Esta resposta foi desenvolvida por professores com experiência de vários anos em sala de aula. Em inglês.

- **Tutoriais Master It** (indicados no livro por um ícone M) para ajudar os estudantes a trabalhar no problema um passo de cada vez. Um exemplo de tutorial Master It:

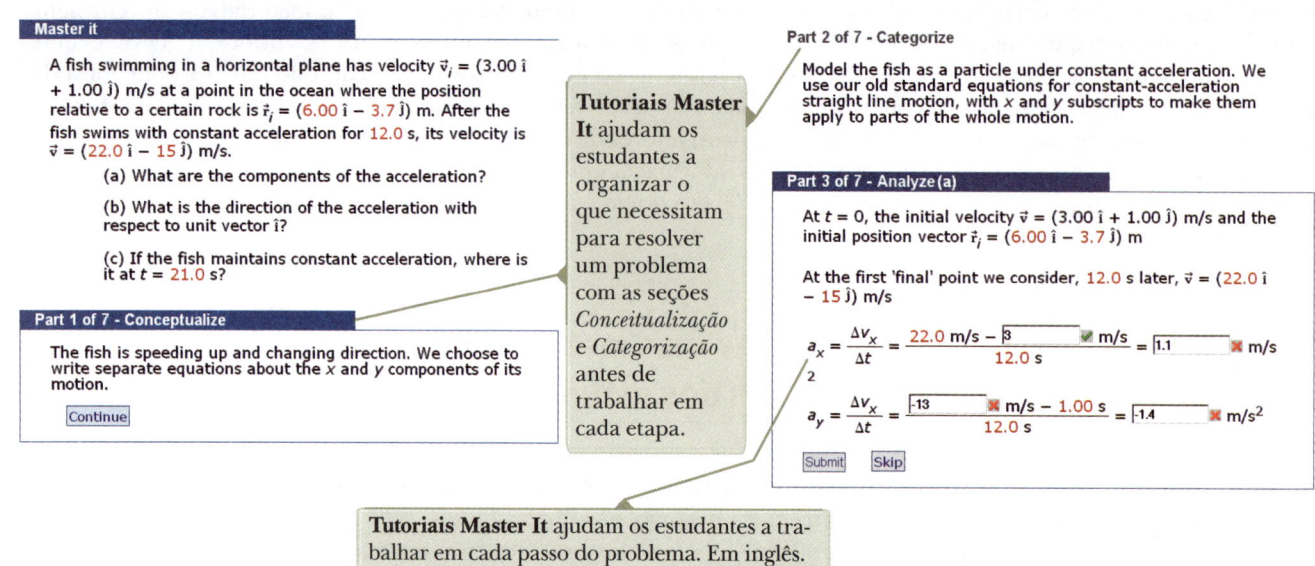

Tutoriais Master It ajudam os estudantes a organizar o que necessitam para resolver um problema com as seções *Conceitualização* e *Categorização* antes de trabalhar em cada etapa.

Tutoriais Master It ajudam os estudantes a trabalhar em cada passo do problema. Em inglês.

- **Vídeos de resolução Watch It** (indicados no livro por um ícone W), que explicam estratégias fundamentais de resolução de problemas para ajudar os alunos a passarem por todas as suas etapas. Além disso, os professores podem optar por incluir sugestões de estratégias de resolução de problemas. Uma tela de uma resolução Watch It aparece a seguir:

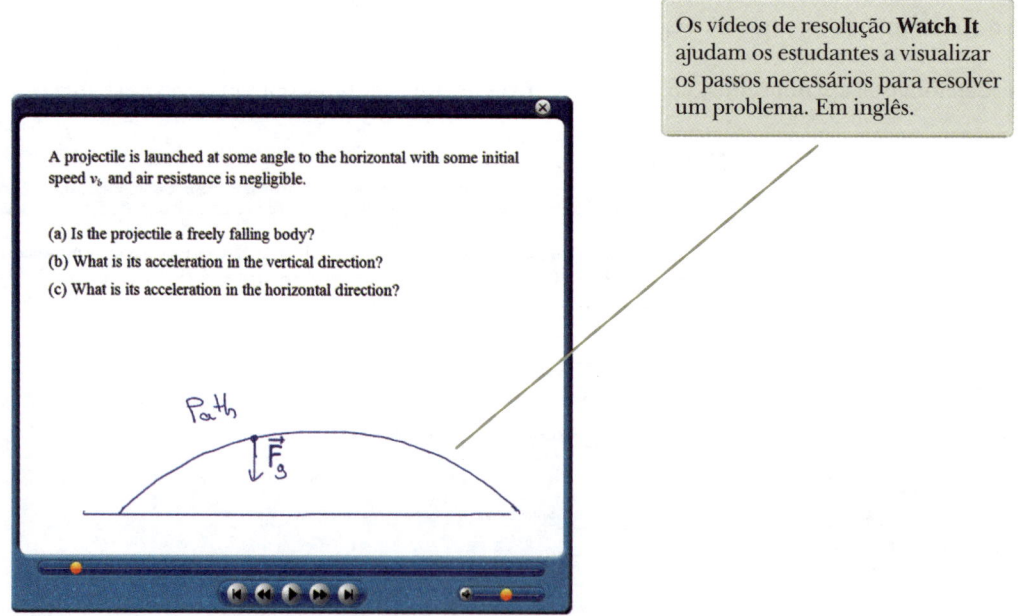

Os vídeos de resolução **Watch It** ajudam os estudantes a visualizar os passos necessários para resolver um problema. Em inglês.

- **Verificação de Conceitos**.
- **Simulações de PhET**.
- **A maioria dos exemplos trabalhados**, aperfeiçoados com dicas e *feedback*, para ajudar a fortalecer as habilidades dos estudantes para a resolução de problemas.
- **Todos os testes rápidos**, proporcionando aos estudantes uma ampla oportunidade de testar seu entendimento conceitual.

- **Tutoriais de Modelo de Análises.** John Jewett desenvolveu 165 tutoriais (indicados nos conjuntos de problemas de cada capítulo com um ícone AMT), que fortalece as habilidades dos estudantes para a solução de problemas, orientando-os através das etapas necessárias no processo de resolução de problemas. Primeiras etapas importantes incluem fazer previsões e focar a estratégia sobre conceitos de Física, antes de começar a resolver o problema quantitativamente. Um componente fundamental desses tutoriais é a seleção de um apropriado Modelo de Análises para descrever qual é o propósito do problema. Esta etapa permite aos estudantes fazer o importante link entre a situação no problema e a representação matemática da situação. Tutoriais de Modelo de Análise incluem *feedback* significativo em cada etapa para auxiliar os estudantes na prática do processo de solução de problemas e aprimorar suas habilidades. Além disso, o *feedback* aborda equívocos dos alunos e os ajuda a identificar erros algébricos e outros erros matemáticos. As soluções são desenvolvidas simbolicamente o maior tempo possível, com valores numéricos substituídos no final. Este recurso auxilia os estudantes a entenderem os efeitos de modificar os valores de cada variável no problema, evita a substituição repetitiva desnecessária dos mesmos números, e elimina erros de arrendondamento. O *feedback* no final do tutorial incentiva os estudantes a pensarem sobre como as respostas finais se comparam a suas previsões originais.
- **Plano de estudo personalizado.** Oferece avaliações de capítulos e seções, que mostram aos estudantes que material eles conhecem e quais áreas exigem maior trabalho. Para os itens que forem respondidos incorretamente, os estudantes podem clicar nos links que levam a recursos de estudos relacionados, como vídeos, tutoriais ou materiais de leitura. Indicadores de progresso codificados por cores possibilitam que eles vejam como está seu desempenho em diferentes tópicos. Você decide quais capítulos e seções irá incluir – e se deseja incluir o plano como parte da nota final ou como um guia de estudos, sem nenhuma pontuação envolvida.
- **Cengage YouBook.** WebAssign tem um e-Book personalizável e interativo, o **Cengage YouBook**, que permite a você adaptar o livro para se adequar ao seu curso e se conectar com seus alunos. É possível remover e rearranjar capítulos no sumário e adequar leituras designadas que correspondem exatamente ao seu currículo. Poderosas ferramentas de edição possibilitam fazer as modificações que você quiser – ou mantê-lo como deseja. Você pode destacar as passagens principais ou acrescentar "notas adesivas" a páginas para comentar sobre um conceito durante a leitura e, então, compartilhar qualquer um desses destaques e notas individuais com seus alunos, ou mantê-los para si mesmo. Também é possível editar conteúdo narrativo no livro, adicionando uma caixa de texto ou excluindo texto. Com uma útil ferramenta de link, você pode adicionar um ícone em qualquer ponto no e-Book, que permitirá vincular a suas próprias notas para dar aulas, resumos em áudio, aulas em vídeo, ou outros arquivos em um site pessoal ou em qualquer parte na Web. Um simples dispositivo no YouTube permite facilmente encontrar e inserir vídeos do YouTube diretamente nas páginas do e-Book. O Cengage YouBook ajuda os estudantes a ir além de simplesmente ler o livro, pois eles podem também destacar o texto, adicionar suas próprias anotações e marcadores de texto. Animações são reproduzidas na página, no ponto exato de aprendizagem, de modo que não sejam empecilhos à leitura, mas verdadeiras melhorias.
- Oferecido exclusivamente no WebAssign, a **Quick Prep (Preparação Rápida)** para a Física é a retificação matemática da álgebra e da trigonometria no âmbito das aplicações e princípios da Física. A Quick Prep ajuda os estudantes a obter sucesso utilizando narrativas ilustradas completas, com exemplos em vídeo. Os problemas do Master It tutorial permitem aos estudantes avaliar e redefinir sua compreensão do material. Os problemas práticos que acompanham cada tutorial possibilitam alunos e instrutores a testarem a compreensão obtida do material.

A Quick Prep inclui os seguintes recursos: 67 tutoriais interativos, 67 problemas práticos adicionais e visão geral completa de cada tópico, incluindo exemplos em vídeo. Pode ser realizada antes do início do semestre ou durante as primeiras semanas do curso, além de poder ser designada ao longo de cada capítulo para uma remediação "just in time". Os tópicos incluem unidades, notação científica e figuras significativas; o movimento dos objetos ao longo de uma linha; funções; aproximação e representação gráfica; probabilidade e erro; vetores, deslocamento e velocidade; esferas; força e projeções de vetores.

Opções de Ensino

Os tópicos nesta coleção são apresentados na seguinte sequência: mecânica clássica, oscilações e ondas mecânicas, calor e termodinâmica, seguidos por eletricidade e magnetismo, ondas eletromagnéticas, óptica, relatividade e Física Moderna. Esta apresentação representa uma sequência tradicional com o assunto de ondas mecânicas sendo apresentado antes de eletricidade e magnetismo. Alguns professores podem preferir discutir tanto mecânica como ondas eletromagnéticas após a conclusão de eletricidade e magnetismo. Neste caso, os Capítulos 2 a 4 do Volume 2 poderiam ser abordados com o Capítulo 12 do Volume 3. O capítulo sobre relatividade é colocado perto do final do livro, pois este tópico é frequentemente tratado como uma introdução à era da "Física Moderna". Se houver tempo, os professores podem escolher abordar o Capítulo 5 do Volume 4 após completar o Capítulo 13 do Volume 1 como conclusão ao material sobre mecânica newtoniana. Para os professores que trabalham numa sequência de dois semestres, algumas seções e capítulos poderiam ser excluídos sem qualquer perda de continuidade.

Agradecimentos

Esta coleção foi preparada com a orientação e assistência de muitos professores, que revisaram seleções do manuscrito, o texto de pré-revisão, ou ambos. Queremos agradecer aos seguintes professores e expressar nossa gratidão por suas sugestões, críticas e incentivo:

Benjamin C. Bromley, University of Utah; Elena Flitsiyan, University of Central Florida; Yuankun Lin, University of North Texas; Allen Mincer, New York University; Yibin Pan, University of Wisconsin-Madison; N. M. Ravindra, New Jersey Institute of Technology; Masao Sako, University of Pennsylvania; Charles Stone, Colorado School of Mines; Robert Weidman, Michigan Technological University; Michael Winokur, University of Wisconsin-Madison.

Antes do nosso trabalho nesta revisão, realizamos um levantamento entre professores. Suas opiniões e sugestões ajudaram a compor a revisão das perguntas e problemas e, portanto, gostaríamos de agradecer aos que participaram do levantamento:

Elise Adamson, Wayland Baptist University; Saul Adelman, The Citadel; Yiyan Bai, Houston Community College; Philip Blanco, Grossmont College; Ken Bolland, Ohio State University; Michael Butros, Victor Valley College; Brian Carter, Grossmont College; Jennifer Cash, South Carolina State University; Soumitra Chattopadhyay, Georgia Highlands College; John Cooper, Brazosport College; Gregory Dolise, Harrisburg Area Community College; Mike Durren, Lake Michigan College; Tim Farris, Volunteer State Community College; Mirela Fetea, University of Richmond; Susan Foreman, Danville Area Community College; Richard Gottfried, Frederick Community College; Christopher Gould, University of Southern California; Benjamin Grinstein, University of California, San Diego; Wayne Guinn, Lon Morris College; Joshua Guttman, Bergen Community College; Carlos Handy, Texas Southern University; David Heskett, University of Rhode Island; Ed Hungerford, University of Houston; Matthew Hyre, Northwestern College; Charles Johnson, South Georgia College; Lynne Lawson, Providence College; Byron Leles, Northeast Alabama Community College; Rizwan Mahmood, Slippery Rock University; Virginia Makepeace, Kankakee Community College; David Marasco, Foothill College; Richard McCorkle, University of Rhode Island; Brian Moudry, Davis & Elkins College; Charles Nickles, University of Massachusetts Dartmouth; Terrence O'Neill, Riverside Community College; Grant O'Rielly, University of Massachusetts Dartmouth; Michael Ottinger, Missouri Western State University; Michael Panunto, Butte College; Eugenia Peterson, Richard J. Daley College; Robert Pompi, Binghamton University, State University of New York; Ralph Popp, Mercer County Community College; Craig Rabatin, West Virginia University at Parkersburg; Marilyn Rands, Lawrence Technological University; Christina Reeves-Shull, Cedar Valley College; John Rollino, Rutgers University, Newark; Rich Schelp, Erskine College; Mark Semon, Bates College; Walther Spjeldvik, Weber State University; Mark Spraker, North Georgia College and State University; Julie Talbot, University of West Georgia; James Tressel, Massasoit Community College; Bruce Unger, Wenatchee Valley College; Joan Vogtman, Potomac State College.

A precisão deste livro foi cuidadosamente verificada por Grant Hart, Brigham Young University; James E. Rutledge, University of California at Irvine; *Riverside;* e Som Tyagi, *Drexel University*. Agradecemo-lhes por seus esforços sob a pressão do cronograma.

Belal Abas, Zinoviy Akkerman, Eric Boyd, Hal Falk, Melanie Martin, Steve McCauley e Glenn Stracher fizeram correções nos problemas obtidos nas edições anteriores. Harvey Leff forneceu inestimável orientação para a reestruturação da discussão sobre entropia, no Capítulo 8 do Volume 2. Somos gratos aos autores John R. Gordon e Vahé Peroomian, a Vahé Peroomian, Susan English e Linnea Cookson.

Agradecimentos especiais e reconhecimento à equipe profissional da Brooks/Cole – em particular, Charles Hartford, Ed Dodd, Stephanie VanCamp, Rebecca Berardy Schwartz, Tom Ziolkowski, Alison Eigel Zade, Cate Barr e Brendan Killion (que se responsabilizaram pelo programa auxiliar) – por seu excelente trabalho durante o desenvolvimento, a produção e a promoção deste livro. Reconhecemos o habilidoso serviço de produção e o ótimo trabalho de arte, proporcionados pela equipe da Lachina Publishing Services, e os dedicados esforços de pesquisa de fotografias feitos por Christopher Arena, no Bill Smith Group.

Finalmente, estamos profundamente em débito com nossas esposas, filhos e netos por seu amor, apoio e sacrifícios de longo prazo.

Raymond A. Serway
St. Petersburg, Flórida

John W. Jewett, Jr.
Anaheim, Califórnia

Materiais de apoio para professores

Estão disponíveis para download na página deste livro no site da Cengage os seguintes materiais para professores:

- Banco de testes;
- Manual do instrutor;
- Slides em ppt.

Todos os materiais estão disponíveis em inglês.

Ao Estudante

É apropriado oferecer algumas palavras de conselho que sejam úteis para você, estudante. Antes de fazê-lo, supomos que tenha lido o Prefácio, que descreve as várias características deste livro e dos materiais de apoio que o ajudarão durante o curso.

Como Estudar

Com frequência, os estudantes perguntam aos professores: "Como eu deveria estudar Física e me preparar para as provas?". Não há resposta simples para esta pergunta, mas podemos oferecer algumas sugestões com base em nossas experiências de ensino e aprendizagem durante anos.

Primeiro, mantenha uma atitude positiva em relação ao tema, tendo em mente que a Física é a mais fundamental das ciências naturais. Outros cursos de ciência no futuro utilizarão os mesmos princípios físicos, portanto, é importante entender e ser capaz de aplicar os vários conceitos e teorias discutidos neste livro.

Conceitos e Princípios

É essencial entender os conceitos e princípios básicos antes de tentar resolver os problemas. Você poderá alcançar esta meta com a leitura cuidadosa do capítulo do livro antes de assistir à aula sobre o assunto em questão. Ao ler o texto, anote os pontos que não lhe estão claros. Certifique-se, também, de tentar responder às perguntas dos Testes Rápidos durante a leitura. Trabalhamos muito para preparar perguntas que possam ajudá-lo a avaliar sua compreensão do material. Estude cuidadosamente os recursos **"E se?"** que aparecem em muitos dos exemplos trabalhados. Eles ajudarão a estender sua compreensão além do simples ato de chegar a um resultado numérico. As Prevenções de Armadilhas também ajudarão a mantê-lo longe dos erros mais comuns na Física. Durante a aula, tome nota atentamente e faça perguntas sobre as ideias que não entender com clareza. Tenha em mente que poucas pessoas são capazes de absorver todo o significado de um material científico após uma única leitura; várias leituras do texto, com suas anotações, podem ser necessárias. As aulas e o trabalho em laboratório suplementam o livro, e devem esclarecer as partes mais difíceis do assunto. Evite a simples memorização, porque, mesmo que bem-sucedida em relação às passagens do texto, equações e derivações, não indica necessariamente que você entendeu o assunto. Esta compreensão se dará melhor por meio de uma combinação de hábitos de estudo eficientes, discussões com outros estudantes e com professores, e sua capacidade de resolver os problemas apresentados no livro-texto. Faça perguntas sempre que acreditar que o esclarecimento de um conceito é necessário.

Horário de Estudo

É importante definir um horário regular de estudo, de preferência diariamente. Leia o programa do curso e cumpra o cronograma estabelecido pelo professor. As aulas farão muito mais sentido se você ler o material correspondente à aula *antes* de assisti-la. Como regra geral, seria bom dedicar duas horas de estudo para cada hora de aula. Caso tenha algum problema com o curso, peça a ajuda do professor ou de outros estudantes que fizeram o curso. Se achar necessário, você também pode recorrer à orientação de estudantes mais experientes. Com muita frequência, os professores oferecem aulas de revisão além dos períodos de aula regulares. Evite a prática de deixar o estudo para um dia ou dois antes da prova. Muito frequentemente esta prática tem resultados desastrosos. Em vez de empreender uma noite toda de estudo antes de uma prova, revise brevemente os conceitos e equações básicos, e tenha uma boa noite de descanso.

Use os Recursos

Faça uso dos vários recursos do livro discutidos no Prefácio. Por exemplo, as notas de margem são úteis para localizar e descrever equações e conceitos importantes, e o **negrito** indica definições importantes. Muitas tabelas úteis estão contidas nos anexos, mas a maioria é incorporada ao texto, onde são mencionadas com mais frequência. O Apêndice B é uma revisão conveniente das ferramentas matemáticas utilizadas no texto.

O sumarinho, no começo de cada capítulo, fornece uma visão geral de todo o texto, e o índice remissivo permite localizar um material específico rapidamente. Notas de rodapé são muitas vezes utilizadas para complementar o texto ou para citar outras referências sobre o assunto discutido.

Depois de ler um capítulo, você deve ser capaz de definir quaisquer quantidades novas apresentadas neste capítulo e discutir os princípios e suposições que foram utilizados para chegar a certas relações-chave. Você deve ser capaz de associar a cada quantidade física o símbolo correto utilizado para representar a quantidade e a unidade na qual ela é especificada. Além disso, deve ser capaz de expressar cada equação importante de maneira concisa e precisa.

Resolução de Problemas

R. P. Feynman, prêmio Nobel de Física, uma vez disse: "Você não sabe nada até que tenha praticado". Concordando com esta afirmação, aconselhamos que você desenvolva as habilidades necessárias para resolver uma vasta gama de problemas. Sua capacidade de resolver problemas será um dos principais testes de seus conhecimentos sobre Física; portanto, tente resolver tantos problemas quanto possível. É essencial entender os conceitos e princípios básicos antes de tentar resolvê-los. Uma boa prática consiste em tentar encontrar soluções alternativas para o mesmo problema. Por exemplo, podem-se resolver problemas de mecânica com a utilização das leis de Newton, mas frequentemente um método alternativo que se inspira nas considerações de energia é mais direto. Você não deve se enganar pensando que entende um problema meramente porque acompanhou sua resolução na aula. Mas, sim, ser capaz de resolver o problema e outros problemas similares sozinho.

A abordagem para resolver problemas deve ser cuidadosamente planejada. Um plano sistemático é especialmente importante quando um problema envolve vários conceitos. Primeiro, leia o problema várias vezes até que esteja confiante de que entendeu o que se está perguntando. Procure quaisquer palavras-chave que ajudarão a interpretar o problema e talvez permitir que sejam feitas algumas suposições. Sua capacidade de interpretar uma pergunta adequadamente é parte integrante da resolução do problema. Segundo, adquira o hábito de anotar as informações fornecidas em um problema e as quantidades que precisam ser encontradas; por exemplo, pode-se construir uma tabela listando as quantidades fornecidas e as quantidades a serem encontradas. Este procedimento é às vezes utilizado nos exemplos trabalhados do livro. Finalmente, depois que decidiu o método que acredita ser apropriado para determinado problema, prossiga com sua solução. A Estratégia Geral de Resolução de Problemas o orientará nos problemas complexos. Se seguir os passos deste procedimento (*conceitualização, categorização, análise, finalização*), você facilmente chegará a uma solução e terá mais proveito de seus esforços. Essa estratégia, localizada no final do Capítulo 2 deste volume, é utilizada em todos os exemplos trabalhados nos capítulos restantes, de maneira que você poderá aprender a aplicá-la. Estratégias específicas de resolução de problemas para certos tipos de situações estão incluídas no livro e aparecem com um título especial. Essas estratégias específicas seguem a essência da Estratégia Geral de Resolução de Problemas.

Frequentemente, os estudantes não reconhecem as limitações de certas equações ou leis físicas em uma situação específica. É muito importante entender e lembrar as suposições que fundamentam uma teoria ou formalismo em particular. Por exemplo, certas equações da cinemática aplicam-se apenas a uma partícula que se move com aceleração constante. Essas equações não são válidas para descrever o movimento cuja aceleração não é constante, tal como o de um objeto conectado a uma mola ou o de um objeto através de um fluido. Estude cuidadosamente o Modelo de Análise para Resolução de Problemas nos resumos do capítulo para saber como cada modelo pode ser aplicado a uma situação específica. Os modelos de análise fornecem uma estrutura lógica para resolver problemas e ajudam a desenvolver suas habilidades de pensar para que fiquem mais parecidas com as de um físico. Utilize a abordagem de modelo de análise para economizar tempo buscando a equação correta e resolva o problema com maior rapidez e eficiência.

Experimentos

Física é uma ciência baseada em observações experimentais. Portanto, recomendamos que você tente suplementar o texto realizando vários tipos de experiências práticas, seja em casa ou no laboratório. Tais experimentos podem ser utilizados para testar as ideias e modelos discutidos em aula ou no livro-texto. Por exemplo, a tradicional mola de brinquedo é excelente para estudar as ondas progressivas; uma bola balançando no final de uma longa corda pode ser utilizada para investigar o movimento de pêndulo; várias massas presas no final de uma mola vertical ou elástico podem ser utilizadas para determinar sua natureza elástica; um velho par de óculos de sol polarizado, algumas lentes descartadas e uma lente de aumento são componentes de várias experiências de óptica; e uma medida aproximada da aceleração da gravidade pode ser determinada simplesmente pela medição, com um cronômetro, do intervalo de tempo necessário para uma bola cair de uma altura conhecida. A lista dessas experiências é infinita. Quando modelos físicos não estão disponíveis, seja criativo e tente desenvolver seus próprios modelos.

Novos meios

Se disponível, incentivamos muito a utilização do **Enhanced WebAssign**, que é disponibilizado em inglês. É bem mais fácil entender Física se você a vê em ação, e os materiais disponíveis no Enhanced WebAsign permitirão que você se torne parte desta ação. Para mais informações sobre como adquirir o cartão de acesso à ferramenta, contate vendas.brasil@cengage.com.

Esperamos sinceramente que você considere a Física uma experiência excitante e agradável, e que se beneficie dessa experiência independentemente da profissão escolhida. Bem-vindo ao excitante mundo da Física!

> *O cientista não estuda a natureza porque é útil; ele a estuda porque se realiza fazendo isso e tem prazer porque ela é bela. Se a natureza não fosse bela, não seria suficientemente conhecida, e se não fosse suficientemente conhecida, a vida não valeria a pena.*
>
> **—Henri Poincaré**

Eletricidade e magnetismo

parte 1

Trem *Transrapid Maglev* estacionado em uma estação de Xangai, na China. Maglev é uma forma abreviada do termo em inglês *magnetic levitation* (levitação magnética). Esse tipo de trem não tem contato físico com os trilhos; seu peso é totalmente suportado por forças eletromagnéticas. Nesta parte do livro, estudaremos essas forças. (*oyfull/Shutterstock*)

Vamos estudar o ramo da Física que trata dos fenômenos elétricos e magnéticos. As leis da Eletricidade e do Magnetismo têm um papel central no funcionamento de smartphones, televisores, motores elétricos, computadores, aceleradores de alta energia e outros dispositivos eletrônicos. Em um plano mais fundamental, as forças interatômicas e intermoleculares responsáveis pela formação dos sólidos e líquidos são elétricas por natureza.

Evidências encontradas em documentos chineses sugerem que o Magnetismo foi observado em 2000 a.C. Os gregos antigos observaram fenômenos elétricos e magnéticos possivelmente por volta de 700 a.C. Eles conheciam as forças magnéticas graças a observações que indicavam que a *magnetita* (Fe_3O_4), minério que ocorre de modo natural, é atraída pelo ferro (*elétrico* vem de *elecktron*, palavra grega para "âmbar"; *magnético* vem de *Magnésia*, o nome da região da Grécia onde a magnetita foi descoberta).

Somente no começo do século XIX os cientistas determinaram que Eletricidade e Magnetismo são fenômenos relacionados. Em 1819, Hans Oersted descobriu que a ponta de uma bússola é defletida quando colocada próximo de um circuito conduzindo corrente elétrica. Em 1831, Michael Faraday e, quase simultaneamente, Joseph Henry demonstraram que, ao posicionarmos um fio metálico perto de um ímã (ou, de modo equivalente, quando um ímã é colocado próximo a um fio metálico), uma corrente elétrica é estabelecida no fio. Em 1873, James Clerk Maxwell baseou-se nessas observações e em outros fatos experimentais para formular as leis do eletromagnetismo como as conhecemos hoje (*eletromagnetismo* é o nome dado ao estudo combinado da Eletricidade e do Magnetismo).

As contribuições de Maxwell no campo do Eletromagnetismo foram especialmente importantes, porque as leis formuladas formam a base de *todas* as formas de fenômenos eletromagnéticos. Seu trabalho é tão importante quanto o de Newton, que formulou as leis do movimento e a teoria da gravitação. ∎

capítulo 1

Campos elétricos

1.1 Propriedades das cargas elétricas
1.2 Carga de objetos por indução
1.3 Lei de Coulomb
1.4 Modelo de Análise: partícula em um campo (elétrico)
1.5 Campo elétrico de uma distribuição contínua de cargas
1.6 Linhas de campo elétrico
1.7 Movimento de uma partícula carregada em um campo elétrico uniforme

Neste capítulo, começaremos o estudo do Eletromagnetismo. O primeiro link que faremos com nosso estudo anterior é o conceito de *força*. A força eletromagnética entre as partículas carregadas é uma das forças fundamentais da natureza. Iniciaremos pela descrição de algumas propriedades básicas da manifestação da força eletromagnética, a força elétrica. Depois, discutiremos a Lei de Coulomb, a lei fundamental que descreve a força elétrica entre quaisquer duas partículas carregadas. Na próxima etapa, introduziremos o conceito de um campo elétrico associado a uma distribuição de cargas e descreveremos seu efeito sobre outras partículas carregadas. Na sequência, demonstraremos como aplicar a Lei de Coulomb para calcular o campo elétrico a uma determinada distribuição de cargas. O capítulo será concluído com uma discussão sobre o movimento de uma partícula carregada em um campo elétrico uniforme.

O segundo link entre o magnetismo e nosso estudo anterior é feito por meio do conceito de *energia*. Discutiremos esta conexão no Capítulo 3 deste volume.

Esta jovem está se divertindo com os efeitos de carregar eletricamente seu corpo. Cada fio de cabelo em sua cabeça fica carregado e exerce uma força repulsiva nos outros fios de cabelo, resultando nos cabelos eriçados, vistos aqui. *(Ted Kinsman/Science Source/A&B Photo Library)*

1.1 Propriedades das cargas elétricas

Vários experimentos simples demonstram a existência das forças elétricas. Por exemplo, após esfregar um balão em seu cabelo em um dia seco, você notará que o balão atrai fragmentos de papel. Muitas vezes, a força atrativa é forte o suficiente para fazer o papel pairar acima do balão.

Quando os materiais assim se comportam, diz-se que estão *eletrizados*, ou que se tornaram **eletricamente carregados**. Você pode eletrizar o corpo facilmente, ao esfregar vigorosa-

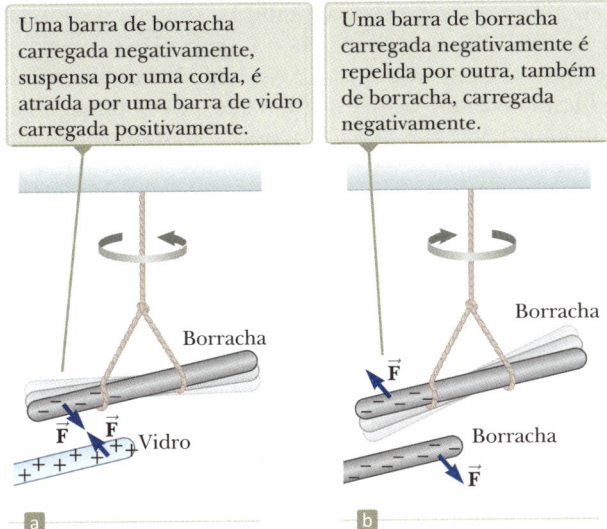

Figura 1.1 A força elétrica entre (a) objetos carregados com cargas opostas e (b) objetos carregados com cargas iguais.

mente os sapatos em um tapete de lã e detectar a presença de carga elétrica em seu corpo tocando ligeiramente (e surpreendendo) um amigo. Sob as condições adequadas, você verá uma faísca ao tocar a pessoa, e os dois sentirão uma leve picada (experimentos como este funcionam melhor em um dia seco, porque uma quantidade de umidade excessiva no ar pode fazer com que qualquer carga acumulada no corpo "vaze" para a Terra).

Uma série de experimentos simples mostrou que existem dois tipos de cargas elétricas, nomeadas **positiva** e **negativa** por Benjamin Franklin (1706-1790). Os elétrons são identificados por possuírem carga negativa, e os prótons, por serem positivamente carregados. Para confirmar a existência de dois tipos de carga, suponha que uma barra de borracha rígida tenha sido esfregada em um pedaço de pele e esteja suspensa por uma corda, como mostra a Figura 1.1. Quando uma barra de vidro é esfregada em um retalho de seda e colocada próximo de uma barra de borracha, as duas peças se atraem (Fig. 1.1a). Por outro lado, se duas barras de borracha (ou vidro) carregadas são colocadas uma próxima da outra, como mostra a Figura 1.1b, as duas se repelem. Essa observação mostra que a borracha e o vidro possuem dois tipos de carga diferentes. Com base nesses resultados, concluímos que **cargas de mesmo sinal se repelem, e cargas de sinais opostos se atraem**.

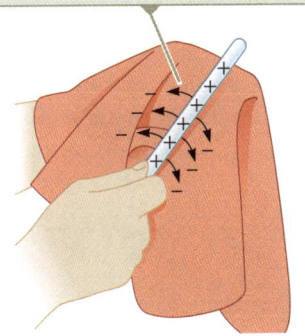

Figura 1.2 Quando uma barra de vidro é esfregada em seda, elétrons são transferidos do vidro para a seda.

De acordo com a convenção proposta por Franklin, a carga elétrica na barra de vidro é chamada positiva, e a carga na barra de borracha, negativa. Dessa forma, qualquer objeto carregado atraído por uma barra de borracha carregada (ou repelido por uma barra de vidro carregada) deve ter uma carga positiva, e qualquer objeto carregado repelido por uma barra de borracha carregada (ou atraído por uma barra de vidro carregada) deve ter uma carga negativa.

Outro aspecto importante da Eletricidade, evidenciado pelas observações experimentais, é o fato de que **a carga elétrica é sempre conservada** em um sistema isolado, isto é, quando um objeto é esfregado contra outro, a carga não é criada no processo. O estado eletrificado é estabelecido pela *transferência* de carga de um objeto para outro.

◀ **Carga elétrica é conservada**

Um objeto ganha uma quantidade de cargas negativas, enquanto o outro, quantidade igual de cargas positivas. Por exemplo, quando uma barra de vidro é esfregada num retalho de seda, como mostra a Figura 1.2, este ganha uma carga negativa igual em módulo à positiva na barra de vidro. Atualmente, graças ao nosso conhecimento sobre a estrutura atômica, sabemos que os elétrons são transferidos do vidro para a seda quando estes são esfregados um contra o outro. De modo similar, quando uma peça de borracha é esfregada num pedaço de pele, elétrons são transferidos da pele para a borracha, estabelecendo uma carga negativa líquida na borracha e positiva líquida na pele. Esse processo ocorre porque a matéria neutra não carregada contém quantidades iguais de cargas positivas (prótons no centro dos átomos) e negativas (elétrons). A conservação da carga elétrica para um sistema isolado é como a conservação da energia, o momento e o momento angular, mas não identificamos um modelo de análise para este princípio de conservação porque ele não é utilizado com frequência suficiente na solução matemática de problemas.

Em 1909, Robert Millikan (1868-1953) descobriu que a carga elétrica sempre ocorre na forma de múltiplos inteiros de uma quantidade de carga fundamental e (consulte a Seção 3.7 deste volume). Aplicando termos modernos, dizemos que a carga elétrica q está **quantizada**, sendo q o símbolo padrão utilizado para carga como uma variável. Em outras palavras, a carga elétrica existe na forma de "pacotes" discretos, e podemos escrever $q = \pm Ne$, onde N é um valor inteiro. Outros experimentos no mesmo período demonstraram que o elétron tem uma carga $-e$ e o próton, carga de módulo igual mas de sinal oposto, $+e$. Algumas partículas, como o nêutron, não possuem carga.

Teste Rápido **1.1** Três corpos são colocados próximos um do outro, dois de cada vez. Quando A e B são colocados juntos, se repelem, assim como B e C. Quais das afirmações a seguir são verdadeiras? **(a)** A e C têm cargas de mesmo sinal. **(b)** A e C têm cargas de sinais opostos. **(c)** Todos os três corpos possuem cargas de mesmo sinal. **(d)** Um corpo é neutro. **(e)** Outros experimentos devem ser conduzidos para a determinação do sinal das cargas.

1.2 Carga de objetos por indução

É conveniente classificar os materiais de acordo com a capacidade de os elétrons se moverem através deles:

Condutores elétricos são materiais nos quais alguns elétrons são livres,[1] não estão ligados aos átomos e podem se mover de modo relativamente livre. **Isolantes** elétricos são materiais nos quais todos os elétrons estão ligados aos átomos e não podem se mover livremente.

Materiais como vidro, borracha e madeira seca pertencem à categoria dos isolantes elétricos. Quando carregados por atrito, apenas a área esfregada se torna carregada, e as partículas carregadas não são capazes de se deslocar para outras partes do material.

Em contraste, materiais como cobre, alumínio e prata são bons condutores elétricos. Quando uma pequena parte desses materiais é carregada, a carga se distribui imediatamente sobre toda a superfície.

Semicondutores são uma terceira classe de materiais, e suas propriedades elétricas são uma combinação entre as dos isolantes e as dos condutores. O silício e o germânio são exemplos bem conhecidos de semicondutores comumente utilizados na fabricação de uma variedade de chips eletrônicos utilizados em computadores, telefones celulares e sistemas de *home theater*. As propriedades elétricas dos semicondutores podem ser alteradas em muitas ordens de grandeza por meio da adição de quantidades controladas de determinados átomos aos materiais.

Para entender como carregar um condutor por meio do processo chamado **indução**, considere uma esfera condutora neutra (não carregada) isolada do aterramento, como mostra a Figura 1.3a. Existe um número igual de elétrons e prótons nela, caso sua carga seja exatamente igual a zero. Quando uma barra de borracha negativamente carregada é colocada próximo da esfera, os elétrons na região mais próxima à barra são repelidos por uma força repulsiva e migram para o lado oposto da esfera. Essa migração deixa o lado da esfera próximo da barra com uma carga efetiva positiva, estabelecida pelo menor número de elétrons, como mostra a Figura 1.3b (o lado esquerdo da esfera na Figura 1.3b fica carregado positivamente, *como se* as cargas positivas houvessem se deslocado para essa região. Entretanto, lembre-se de que apenas os elétrons estão livres para se mover). Esse processo ocorre mesmo que a barra nunca toque na esfera. Se o mesmo experimento for realizado com um fio condutor ligando a esfera à Terra (Fig. 1.3c), alguns dos elétrons no condutor serão repelidos com tanta intensidade pela presença da carga negativa na barra que sairão da esfera através do fio em direção à Terra. O símbolo ⏚ na extremidade do fio na

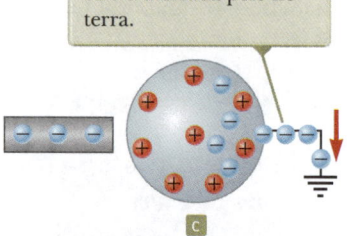

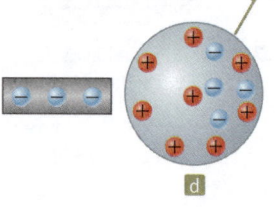

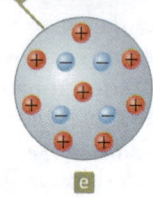

Figura 1.3 Carga de um objeto metálico por *indução*. (a) Esfera metálica neutra. (b) Uma barra de borracha carregada é colocada próxima da esfera. (c) A esfera é aterrada. (d) A conexão de aterramento é retirada. (e) A barra é removida.

---

[1] Um átomo de metal contém um ou mais elétrons externos, fracamente ligados ao núcleo. Quando muitos átomos se combinam para formar um metal, os elétrons externos são *elétrons livres*, que não estão ligados a nenhum átomo. Eles se movem no metal de modo similar ao de moléculas de gás deslocando-se em um recipiente.

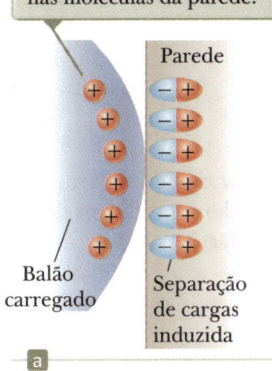
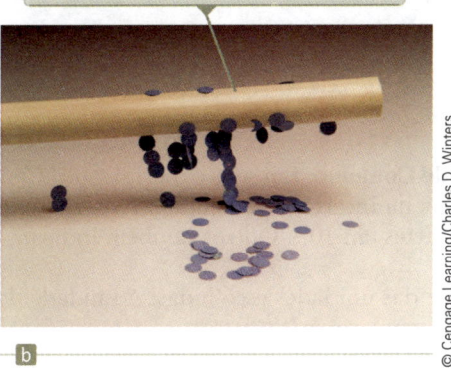

Figura 1.4 (a) O balão carregado é posicionado próximo de uma parede isolante. (b) A barra carregada é colocada próxima de fragmentos de papel.

Figura 1.3c indica a conexão com a **terra**, isto é, um reservatório, como a Terra, que pode receber ou fornecer elétrons de modo livre com um efeito desprezível sobre suas características elétricas. Se o fio terra for removido (Fig. 1.3d), a esfera condutora conterá um excesso de cargas positivas *induzidas*, pois terá menos elétrons que o necessário para cancelar a carga positiva dos prótons. Quando a barra de borracha é removida da vizinhança da esfera (Fig. 1.3e), essa carga positiva induzida permanece na esfera não aterrada. Observe que, durante esse processo, a barra de borracha não perde nenhuma carga negativa.

Carregar um objeto por indução não requer o contato com outro que induza carga. Isto contrasta com a carga de um objeto por atrito (isto é, por *condução*), que requer o contato entre os dois.

Um processo similar à indução em condutores ocorre em isolantes. Na maioria das moléculas neutras, o centro de cargas positivas coincide com o de cargas negativas. Entretanto, na presença de um objeto carregado, esses centros dentro de cada molécula em um isolante podem se deslocar ligeiramente, resultando um número maior de cargas positivas em um lado da molécula. Esse realinhamento de cargas em cada molécula produz uma camada de carga na superfície do isolante, como mostra a Figura 1.4a. A proximidade das cargas positivas na superfície do objeto e das cargas negativas na superfície do isolante resulta em uma força atrativa entre o objeto e o isolante. Seus conhecimentos sobre indução em isolantes devem ajudá-lo a explicar por que uma barra carregada atrai fragmentos de papel eletricamente neutros, como mostra a Figura 1.4b.

 Teste Rápido **1.2** Três corpos são colocados próximos um do outro, dois de cada vez. Quando A e B são colocados juntos, atraem-se. Quando colocados juntos, B e C se repelem. Quais das afirmações a seguir são necessariamente verdadeiras? **(a)** A e C têm cargas de mesmo sinal. **(b)** A e C têm cargas de sinais opostos. **(c)** Todos os três corpos possuem cargas de mesmo sinal. **(d)** Um corpo é neutro. **(e)** Outros experimentos devem ser realizados para a determinação de informações sobre as cargas nos corpos.

1.3 Lei de Coulomb

Charles Coulomb mediu as intensidades das forças elétricas entre corpos carregados utilizando uma balança de torção inventada por ele (Fig. 1.5). O princípio de funcionamento da balança de torção é o mesmo do aparelho utilizado por Cavendish para medir a densidade da Terra (consulte a Seção 13.1, do Volume 1), com esferas eletricamente neutras trocadas por outras carregadas. A força elétrica entre as esferas carregadas A e B na Figura 1.5 faz com que as esferas se atraiam ou se repilam, e o movimento resultante torce o fio suspenso. Uma vez que o torque de restauração do fio torcido é proporcional ao seu ângulo de rotação, a medida desse ângulo fornece um valor quantitativo da força de atração ou repulsão elétrica. Após as esferas terem sido carregadas por atrito, a força elétrica entre elas será muito grande em comparação com a atração gravitacional, de modo que a força gravitacional poderá ser desprezada.

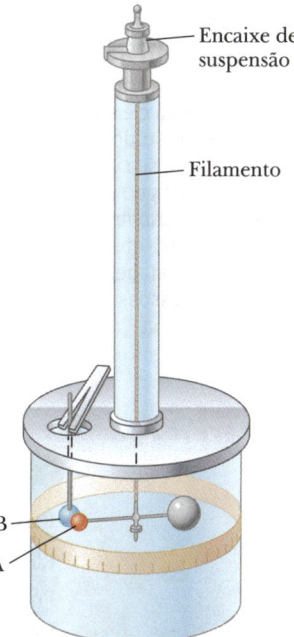

Figura 1.5 Balança de torção de Coulomb, utilizada para estabelecer a lei do inverso do quadrado para a força elétrica entre duas cargas.

Com base nos experimentos de Coulomb, podemos generalizar as propriedades da **força elétrica** (às vezes chamada *força eletrostática*) entre duas partículas carregadas estacionárias. Utilizamos o termo **carga pontual** para nos referir a uma partícula carregada de dimensões iguais a zero. O comportamento elétrico dos elétrons e prótons é mais bem descrito quando essas partículas são modeladas como cargas pontuais. Observações experimentais nos mostram que o módulo da força elétrica (às vezes chamada *força de Coulomb*) entre duas cargas pontuais é dado pela **Lei de Coulomb**.

Lei de Coulomb ▶
$$F_e = k_e \frac{|q_1||q_2|}{r^2} \tag{1.1}$$

onde k_e é uma constante chamada **constante de Coulomb**. Em seus experimentos, Coulomb foi capaz de demonstrar que o valor do expoente de r era 2 com uma pequena incerteza percentual. Experimentos modernos demonstraram que o expoente é 2 com uma incerteza de poucas partes em 10^{16}. Outros também indicam que a força elétrica, assim como a gravitacional, é conservativa.

O valor da constante de Coulomb depende das unidades escolhidas. A unidade do SI para a carga é o **coulomb** (C). A constante de Coulomb k_e em unidades do SI tem o valor

Constante de Coulomb ▶
$$k_e = 8{,}9876 \times 10^9 \text{ N} \times \text{m}^2/\text{C}^2 \tag{1.2}$$

Essa constante também é expressa na forma

$$k_e = \frac{1}{4\pi\varepsilon_0} \tag{1.3}$$

onde a constante ε_0 (letra grega épsilon) é conhecida como **permissividade do espaço livre**, e tem o valor

$$\varepsilon_0 = 8{,}8542 \times 10^{-12} \text{ C}^2/\text{N} \times \text{m}^2 \tag{1.4}$$

A menor unidade de carga livre e conhecida na natureza,[2] a carga de um elétron ($-e$) ou um próton ($+e$), tem um módulo dado por

$$e = 1{,}60218 \times 10^{-19} \text{ C} \tag{1.5}$$

Charles Coulomb
Físico francês (1736-1806)
As principais contribuições de Coulomb para a ciência foram nas áreas da eletrostática e do magnetismo. Durante sua vida, Coulomb também investigou a resistência dos materiais, contribuindo para o campo da mecânica estrutural. Na ergonomia, sua pesquisa estabeleceu os modos pelos quais pessoas e animais podem trabalhar melhor.

Portanto, 1 C de carga é igual a aproximadamente a carga de $6{,}24 \times 10^{18}$ elétrons ou prótons. Esse número é muito pequeno quando comparado com o de elétrons livres em 1 cm³ de cobre, que é da ordem de 10^{23}. Não obstante, 1 C é uma quantidade substancial de carga. Em experimentos típicos nos quais uma barra de borracha ou vidro é carregada por atrito, uma carga líquida da ordem de 10^{-6} C é obtida. Em outras palavras, apenas uma fração muito pequena da carga total disponível é transferida entre a barra e o material utilizado para esfregá-la.

As cargas e as massas do elétron, do próton e do nêutron estão relacionadas na Tabela 1.1. Observe que elétron e próton são idênticos no que se refere ao módulo de sua carga, mas vastamente diferentes em se tratando de sua massa. Por outro lado, próton e nêutron são similares em massa, mais muito diferentes em carga. O Capítulo 12 do Volume 4 nos ajudará a entender essas propriedades interessantes.

TABELA 1.1 *Carga e massa do elétron, do próton e do nêutron*

Partícula	Carga (C)	Massa (kg)
Elétron (e)	$-1{,}6021765 \times 10^{-19}$	$9{,}1094 \times 10^{-31}$
Próton (p)	$+1{,}6021765 \times 10^{-19}$	$1{,}67262 \times 10^{-27}$
Nêutron (n)	0	$1{,}67493 \times 10^{-27}$

---

[2] Nenhuma unidade de carga menor que e foi detectada em uma partícula livre. Entretanto, as teorias atuais propõem a existência de partículas chamadas *quarks*, que possuem cargas $-e/3$ e $2e/3$. Apesar de haver provas experimentais consideráveis da existência de tais partículas na matéria nuclear, quarks *livres* nunca foram detectados. Discutiremos outras propriedades dos quarks no Capítulo 12 do Volume 4 desta coleção.

Exemplo 1.1 — O átomo de hidrogênio

O elétron e o próton de um átomo de hidrogênio estão separados (em média) por uma distância de aproximadamente $5{,}3 \times 10^{-11}$ m. Determine o módulo das forças elétrica e gravitacional entre as duas partículas.

SOLUÇÃO

Conceitualização Considere as duas partículas mencionadas no enunciado do problema, separadas por uma distância muito pequena. No Capítulo 13 do Volume 1, vimos que a força gravitacional entre um elétron e um próton é muito pequena em comparação com a força elétrica entre eles, desse modo, esperamos que seja este o caso com os resultados deste exemplo.

Categorização As forças elétrica e gravitacional serão determinadas por meio da aplicação de leis universais, de modo que categorizamos este exemplo como de substituição.

Utilize a Lei de Coulomb para calcular o módulo da força elétrica:

$$F_e = k_e \frac{|e||-e|}{r^2} = (8{,}988 \times 10^9\,\text{N} \cdot \text{m}^2/\text{C}^2)\frac{(1{,}60 \times 10^{-19}\,\text{C})^2}{(5{,}3 \times 10^{-11}\,\text{m})^2}$$

$$= 8{,}2 \times 10^{-8}\,\text{N}$$

Aplique a lei da gravitação universal de Newton e a Tabela 1.1 (de massas de partícula) para determinar o módulo da força gravitacional:

$$F_g = G \frac{m_e m_p}{r^2}$$

$$= (6{,}674 \times 10^{-11}\,\text{N} \cdot \text{m}^2/\text{kg}^2)\frac{(9{,}11 \times 10^{-31}\,\text{kg})(1{,}67 \times 10^{-27}\,\text{kg})}{(5{,}3 \times 10^{-11}\,\text{m})^2}$$

$$= 3{,}6 \times 10^{-47}\,\text{N}$$

A proporção $F_e/F_g \approx 2 \times 10^{39}$. Portanto, a força gravitacional entre as partículas atômicas carregadas é desprezível quando comparada com a força elétrica. Note a similaridade entre as formas das leis da gravitação universal de Newton e das forças elétricas de Coulomb. Além da diferença de módulo das forças entre as partículas elementares, qual é outra diferença fundamental entre as duas forças?

Ao trabalhar com a Lei de Coulomb, lembre-se de que a força é uma grandeza vetorial, e deve ser tratada como tal. Essa lei, expressa na forma vetorial para a força elétrica exercida por uma carga q_1 sobre uma segunda carga q_2, representada por $\vec{F}_{12}$, é

$$\vec{F}_{12} = k_e \frac{q_1 q_2}{r^2} \hat{r}_{12} \quad (1.6)$$

◀ **Forma vetorial da Lei de Coulomb**

onde $\hat{r}_{12}$ é um vetor unitário direcionado de q_1 a q_2, como mostra a Figura 1.6a. Uma vez que a força elétrica obedece à Terceira Lei de Newton, a exercida por q_2 sobre q_1 é igual em módulo à exercida por q_1 sobre q_2 e tem sentido oposto, isto é, $\vec{F}_{21} = -\vec{F}_{12}$. Finalmente, a Equação 1.6 mostra que se q_1 e q_2 têm o mesmo sinal, como na Figura 1.6a, o produto $q_1 q_2$ é positivo, e a força elétrica em uma partícula é direcionada no sentido oposto ao da outra. Se q_1 e q_2 possuem sinais opostos, como mostra a Figura 1.6b, o produto $q_1 q_2$ é negativo, e a força elétrica em uma partícula é direcionada no sentido da outra. Esses sinais descrevem o sentido *relativo* da força, mas não o sentido *absoluto*. Um produto negativo indica uma

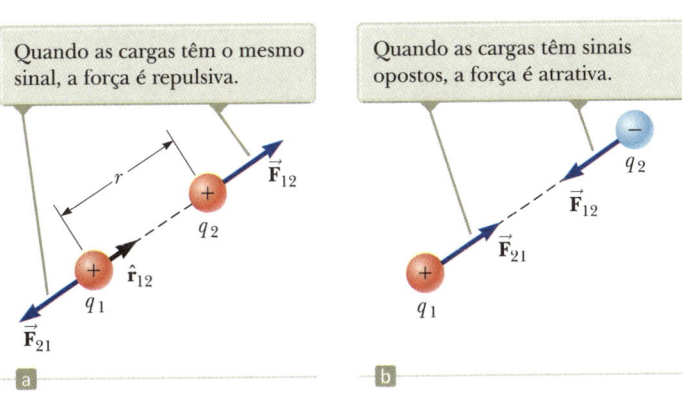

Figura 1.6 Duas cargas pontuais separadas por uma distância r exercem uma força uma sobre a outra, definida pela Lei de Coulomb. A força $\vec{F}_{21}$ exercida por q_2 sobre q_1 é igual em módulo e de sentido oposto à força $\vec{F}_{12}$ exercida por q_1 sobre q_2.

força atrativa, e um produto positivo, uma força repulsiva. O sentido *absoluto* da força em uma carga depende da localização da outra. Por exemplo, se um eixo x contém as duas cargas na Figura 1.6a, o produto q_1q_2 é positivo, mas $\vec{F}_{12}$ aponta no sentido x positivo, e $\vec{F}_{21}$, no sentido x negativo.

Quando existem mais de duas cargas, a força entre quaisquer pares de cargas é expressa pela Equação 1.6. Portanto, a força resultante em qualquer delas é igual à soma vetorial das forças exercidas pelas outras cargas individuais. Por exemplo, na presença de quatro cargas, a força resultante exercida pelas partículas 2, 3 e 4 sobre a 1 é

$$\vec{F}_1 = \vec{F}_{21} + \vec{F}_{31} + \vec{F}_{41}$$

Teste Rápido **1.3** O objeto A possui uma carga de $+2\ \mu C$ e o B, de $+6\ \mu C$. Qual afirmação é verdadeira acerca das forças elétricas aplicadas aos objetos? **(a)** $\vec{F}_{AB} = -3\vec{F}_{BA}$, **(b)** $\vec{F}_{AB} = -\vec{F}_{BA}$, **(c)** $3\vec{F}_{AB} = -\vec{F}_{BA}$, **(d)** $\vec{F}_{AB} = 3\vec{F}_{BA}$, **(e)** $\vec{F}_{AB} = \vec{F}_{BA}$, **(f)** $3\vec{F}_{AB} = \vec{F}_{BA}$.

Exemplo 1.2 — Determine a força resultante

Considere três cargas pontuais localizadas nos vértices de um triângulo retângulo, como mostra a Figura 1.7, onde $q_1 = q_3 = 5{,}00\ \mu C$, $q_2 = -2{,}00\ \mu C$ e $a = 0{,}100$ m. Determine a força resultante exercida sobre q_3.

SOLUÇÃO

Conceitualização Considere a força resultante aplicada a q_3. Uma vez que está próxima de outras duas cargas, a q_3 será afetada por duas forças elétricas. Essas forças são exercidas em sentidos diferentes, como mostra a Figura 1.7. Com base nas forças mostradas na figura, estime a direção do vetor de força líquida.

Categorização Sendo que duas forças são aplicadas à carga q_3, categorizamos este exemplo como um problema de adição vetorial.

Análise O sentido de cada força exercida por q_1 e q_2 sobre q_3 é mostrada na Figura 1.7. A força $\vec{F}_{23}$ exercida por q_2 sobre q_3 é atrativa, pois q_2 e q_3 têm sinais opostos. No sistema de coordenadas mostrado na Figura 1.7, a força atrativa $\vec{F}_{23}$ aponta para a esquerda (no sentido negativo de x).

A força $\vec{F}_{13}$ exercida por q_1 sobre q_3 é repulsiva, pois ambas as cargas são positivas. A força repulsiva $\vec{F}_{13}$ forma um ângulo de $45{,}0°$ com o eixo x.

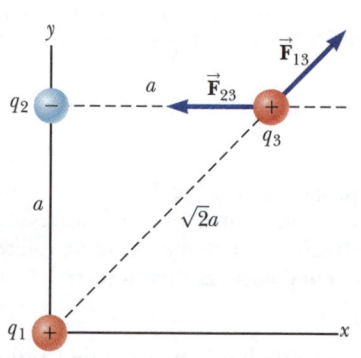

Figura 1.7 (Exemplo 1.2) A força exercida por q_1 sobre q_3 é $\vec{F}_{13}$. A força exercida por q_2 sobre q_3 é $\vec{F}_{23}$. A força resultante $\vec{F}_3$ exercida sobre q_3 é a soma vetorial $\vec{F}_{13} + \vec{F}_{23}$.

Utilize a Equação 1.1 para determinar o módulo de $\vec{F}_{23}$:

$$F_{23} = k_e \frac{|q_2||q_3|}{a^2}$$

$$= (8{,}998 \times 10^9\ \text{N} \cdot \text{m}^2/\text{C}^2)\frac{(2{,}00 \times 10^{-6}\ \text{C})(5{,}00 \times 10^{-6}\ \text{C})}{(0{,}100\ \text{m})^2} = 8{,}99\ \text{N}$$

Determine o módulo da força $\vec{F}_{13}$:

$$F_{13} = k_e \frac{|q_1||q_3|}{(\sqrt{2}\,a)^2}$$

$$= (8{,}998 \times 10^9\ \text{N} \cdot \text{m}^2/\text{C}^2)\frac{(5{,}00 \times 10^{-6}\ \text{C})(5{,}00 \times 10^{-6}\ \text{C})}{2(0{,}100\ \text{m})^2} = 11{,}2\ \text{N}$$

Determine as componentes x e y da força $\vec{F}_{13}$:

$$F_{13x} = (11{,}2\ \text{N})\cos 45{,}0° = 7{,}94\ \text{N}$$
$$F_{13y} = (11{,}2\ \text{N})\operatorname{sen} 45{,}0° = 7{,}94\ \text{N}$$

Determine as componentes da força resultante que atua sobre q_3:

$$F_{3x} = 11{,}2\ \text{N} + F_{23x} = 7{,}94\ \text{N} + (-8{,}99\ \text{N}) = -1{,}04\ \text{N}$$
$$F_{3y} = 11{,}2\ \text{N} + F_{23y} = 7{,}94\ \text{N} + 0 = 7{,}94\ \text{N}$$

Expresse a força resultante que atua sobre q_3 na forma de vetor unitário:

$$\vec{F}_3 = \boxed{(-1{,}04\,\hat{\mathbf{i}} + 7{,}94\,\hat{\mathbf{j}})\ \text{N}}$$

1.2 cont.

Finalização A força resultante sobre q_3 é direcionada para cima e para a esquerda na Figura 1.7. Se q_3 se move em resposta à força resultante, as distâncias entre q_3 e as outras cargas mudam, de modo que a força resultante muda. Portanto, se estiver livre para se deslocar, q_3 poderá ser modelada como uma partícula sob uma força resultante, se reconhecermos que a força exercida sobre q_3 *não* é constante. Lembre-se de que indicamos a maioria dos valores numéricos com três dígitos significativos, o que leva a operações como 7,94 N + (–8,99 N) = –1,04 N mostradas na página anterior. Se aplicarmos mais dígitos significativos a todos os resultados intermediários, notaremos que a operação está correta.

E SE? E se o sinal de todas as três cargas fosse invertido? Como isso afetaria o resultado para $\vec{F}_3$?

Resposta A carga q_3 ainda seria atraída pela q_2 e repelida por q_1 com forças de mesmo módulo. Assim, o resultado final para $\vec{F}_3$ seria o mesmo.

Exemplo 1.3 — Onde a força resultante é zero? **MA**

Três cargas pontuais estão localizadas no eixo x, como mostra a Figura 1.8. A carga positiva $q_1 = 15{,}0\ \mu C$ está em $x = 2{,}00$ m, a $q_2 = 6{,}00\ \mu C$ na origem e a força resultante sobre q_3 é zero. Qual é a coordenada x de q_3?

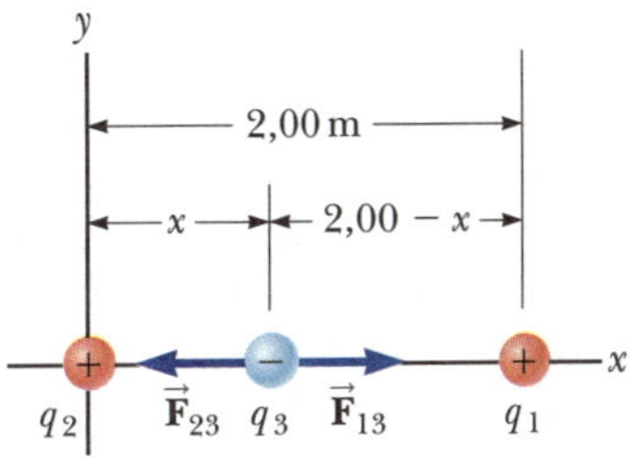

Figura 1.8 (Exemplo 1.3) Três cargas pontuais estão posicionadas no eixo x. Se a força resultante que atua sobre q_3 for zero, a força $\vec{F}_{13}$ exercida por q_1 sobre q_3 deverá ser igual em módulo e de sentido oposto à força $\vec{F}_{23}$ exercida por q_2 sobre q_3.

SOLUÇÃO

Conceitualização Por se localizar próxima a outras duas cargas, q_3 é afetada por duas forças elétricas. No entanto, diferente do exemplo anterior, as forças são aplicadas na mesma linha neste problema, como indicado na Figura 1.8. Uma vez que q_3 é negativa e q_1 e q_2 são positivas, as forças $\vec{F}_{13}$ e $\vec{F}_{23}$ são ambas atrativas. Uma vez que q_2 é a carga menor, a posição de q_3 na qual a força é zero deve estar mais próxima de q_2 do que de q_1.

Categorização Sendo a força resultante sobre q_3 igual a zero, modelamos a carga pontual como uma *partícula em equilíbrio*.

Análise Escreva uma expressão para a força resultante na carga q_3, quando essa está em equilíbrio:

$$\vec{F}_3 = \vec{F}_{23} + \vec{F}_{13} = -k_e \frac{|q_2||q_3|}{x^2}\hat{\mathbf{i}} + k_e \frac{|q_1||q_3|}{(2{,}00 - x)^2}\hat{\mathbf{i}} = 0$$

Mova o segundo termo para o lado direito da equação e iguale os coeficientes do vetor unitário $\hat{\mathbf{i}}$ a:

$$k_e \frac{|q_2||q_3|}{x^2} = k_e \frac{|q_1||q_3|}{(2{,}00 - x)^2}$$

Elimine k_e e $|q_3|$ e redefina a equação:

$$(2{,}00 - x)^2 |q_2| = x^2 |q_1|$$

Obtenha a raiz quadrada de ambos os lados da equação:

$$(2{,}00 - x)\sqrt{|q_2|} = \pm x\sqrt{|q_1|}$$

Resolva para x:

$$x = \frac{2{,}00\sqrt{|q_2|}}{\sqrt{|q_2|} \pm \sqrt{|q_1|}}$$

Substitua valores numéricos, escolhendo o sinal de mais:

$$x = \frac{2{,}00\sqrt{6{,}00 \times 10^{-6}\,\text{C}}}{\sqrt{6{,}00 \times 10^{-6}\,\text{C}} + \sqrt{15{,}0 \times 10^{-6}\,\text{C}}} = \boxed{0{,}775\ \text{m}}$$

Finalização Observe que a carga móvel na verdade está mais próxima de q_2, conforme previmos na etapa Conceitualização. A segunda solução para a equação (se escolhermos o sinal negativo) é $x = 344$ m. Este é outro local em que as intensidades das forças sobre q_3 são iguais, mas ambas as forças estão na mesma direção, por isso elas não se cancelam.

E SE? Suponha que q_3 esteja limitada a se mover apenas ao longo do eixo x. De sua posição inicial em $x = 0{,}775$ m, a carga é puxada ao longo de uma pequena distância no eixo x. Ao ser solta, a carga volta à posição de equilíbrio ou se desloca para mais longe dessa posição? Isto é, o equilíbrio é estável ou instável?

continua

1.3 cont.

Resposta Se q_3 for deslocada para a direita, $\vec{F}_{13}$ se tornará maior, e $\vec{F}_{23}$, menor. O resultado é uma força resultante para a direita, no mesmo sentido do deslocamento. Portanto, a carga q_3 continuaria a se mover para a direita e o equilíbrio seria *instável*. Consulte a Seção 7.9 do Volume 1 para uma revisão dos equilíbrios estável e instável.

Se q_3 está limitada a permanecer em uma coordenada *x fixa*, mas pode se mover para cima e para baixo na Figura 1.8, o equilíbrio é estável. Neste caso, se for puxada para cima (ou para baixo) e solta, a carga se moverá de volta para a posição de equilíbrio e oscilará em torno desse ponto.

Exemplo 1.4 — Determine a carga nas esferas   MA

Duas pequenas e idênticas esferas carregadas, cada uma com uma massa de $3{,}00 \times 10^{-2}$ kg, estão suspensas em equilíbrio, como mostra a Figura 1.9a. O comprimento L de cada corda é de 0,150 m e o ângulo θ é de 5,00°. Determine o módulo da carga em cada esfera.

SOLUÇÃO

Conceitualização A Figura 1.9a nos ajuda a conceituar este exemplo. As duas esferas exercem forças repulsivas uma sobre a outra. Ao serem colocadas próximas uma da outra e, depois, soltas, elas se afastam do centro e se estabilizam na configuração mostrada na Figura 1.9a, após as oscilações terem cessado por causa da resistência do ar.

Categorização A expressão-chave "em equilíbrio" nos ajuda a modelar cada esfera como uma *partícula em equilíbrio*. Este exemplo é similar aos problemas de partículas em equilíbrio no Capítulo 5 do Volume 1, com a característica de que uma das forças aplicadas a uma esfera é elétrica.

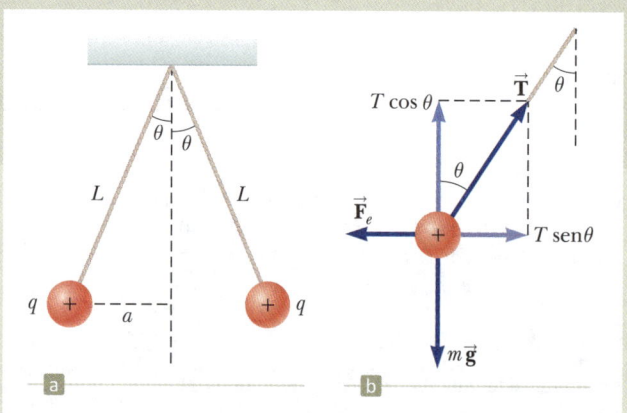

Figura 1.9 (Exemplo 1.4) (a) Duas esferas idênticas, cada uma possuindo a mesma carga q, suspensas em equilíbrio. (b) Diagrama das forças que atuam sobre a esfera na parte esquerda de (a).

Análise O diagrama de forças para a esfera à esquerda é mostrado na Figura 1.9b. A esfera permanece em equilíbrio sob a aplicação da força $\vec{T}$ da corda, da força elétrica $\vec{F}_e$ da outra esfera e da força gravitacional $m\vec{g}$.

A partir do modelo da partícula em equilíbrio, defina a força resultante na esfera do lado esquerdo como sendo igual a zero para cada componente:

(1) $\sum F_x = T\,\text{sen}\,\theta - F_e = 0 \;\rightarrow\; T\,\text{sen}\,\theta = F_e$

(2) $\sum F_y = T\cos\theta - mg = 0 \;\rightarrow\; T\cos\theta = mg$

Divida a Equação (1) pela (2) para determinar F_e:

(3) $\text{tg}\,\theta = \dfrac{F_e}{mg} \;\rightarrow\; F_e = mg\,\text{tg}\,\theta$

Aplique a geometria do triângulo retângulo na Figura 1.9a para determinar uma relação entre a, L e θ:

(4) $\text{sen}\,\theta = \dfrac{a}{L} \;\rightarrow\; a = L\,\text{sen}\,\theta$

Resolva a equação da Lei de Coulomb (Eq. 1.1) para a carga $|q|$ em cada esfera e substitua a partir das Equações (3) e (4):

$$|q| = \sqrt{\dfrac{F_e r^2}{k_e}} = \sqrt{\dfrac{F_e (2a)^2}{k_e}} = \sqrt{\dfrac{mg\,\text{tg}\,\theta\,(2L\,\text{sen}\,\theta)^2}{k_e}}$$

Introduza os valores numéricos:

$$|q| = \sqrt{\dfrac{(3{,}00\times 10^{-2}\,\text{kg})(9{,}80\,\text{m/s}^2)\,\text{tg}(5{,}00°)\,[2(0{,}150\,\text{m})\,\text{sen}(5{,}00°)]^2}{8{,}99\times 10^9\,\text{N}\cdot\text{m}^2/\text{C}^2}}$$

$$= 4{,}42 \times 10^{-8}\,\text{C}$$

Finalização Se o sinal das cargas não fosse indicado na Figura 1.9, não poderíamos determiná-lo. De fato, o sinal da carga não é importante. A situação é a mesma, independente de as esferas serem carregadas positiva ou negativamente.

Campos elétricos   **11**

> **1.4** cont.
>
> **E SE?** Suponha que sua colega proponha resolver este problema sem supor que as cargas têm o mesmo módulo. Ela afirma que a simetria do problema seria desfeita se as cargas não fossem iguais, de modo que as cordas formariam dois ângulos diferentes com a vertical, tornando o problema muito mais complexo. Qual seria sua resposta?
>
> **Resposta** A simetria não seria desfeita e os ângulos não seriam diferentes. A Terceira Lei de Newton determina que o módulo das forças elétricas nas duas esferas seja a mesma, independente de as cargas serem iguais ou não. A resolução do exemplo permanece a mesma, com uma exceção: o valor de $|q|$ agora é substituído por $\sqrt{|q_1 q_2|}$ na nova situação, onde q_1 e q_2 são os valores de carga nas duas esferas. A simetria do problema seria desfeita se as esferas tivessem *massas* diferentes. Neste caso, as cordas formariam ângulos diferentes com a vertical e o problema seria mais complexo.

1.4 Modelo de análise: partícula em um campo (elétrico)

Na Seção 5.1 do Volume 1, discutimos as diferenças entre as forças de contato e as de campo. Duas forças de campo – a gravitacional, no Capítulo 13 do Volume 1, e a elétrica, neste – foram introduzidas em nossos estudos até agora. Como já mostrado, as forças de campo podem atuar através do espaço, produzindo efeito mesmo quando não há contato físico entre os objetos em interação. Esta interação pode ser modelada como um processo de duas etapas: uma partícula-fonte estabelece um campo e, então, a partícula carregada interage com o campo e experimenta uma força. O campo gravitacional $\vec{g}$ em um ponto do espaço gerado por uma partícula de origem foi definido, na Seção 13.4 do Volume 1, como igual à força gravitacional $\vec{F}_g$ que atua sobre uma partícula de teste de massa m dividida por essa massa: $\vec{g} \equiv \vec{F}_g/m$. Então, a força exercida pelo campo é $\vec{F} = m\vec{g}$ (Equação 5.5).

O conceito de campo foi desenvolvido por Michael Faraday (1791-1867), no contexto das forças elétricas, e seu valor prático é tão grande que lhe dedicaremos muita atenção nos próximos capítulos. Nessa abordagem, consideramos que existe um **campo elétrico** na região do espaço em torno de um corpo carregado, a **fonte de carga**. A presença do campo elétrico pode ser detectada colocando-se uma **carga teste** no campo e observando-se a força elétrica nele. Por exemplo, considere a Figura 1.10, que mostra uma pequena carga de teste positiva q_0 colocada próxima de um segundo corpo que possui uma carga positiva muito maior, Q. Definimos o campo elétrico gerado pela fonte de carga na posição da de teste como a força elétrica que atua sobre a carga de teste *por carga unitária* ou, de modo mais específico, o **vetor campo elétrico** $\vec{E}$ em um ponto do espaço é definido como a força elétrica $\vec{F}_e$ que atua sobre uma carga de teste positiva q_0 localizada neste ponto dividida pela carga de teste:[3]

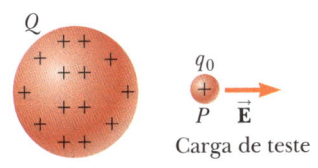

Figura 1.10 Uma pequena carga de teste positiva q_0 colocada em um ponto P, próximo de um corpo contendo uma carga positiva muito maior Q, é afetada por um campo elétrico $\vec{E}$ no ponto P estabelecido pela fonte de carga Q. *Sempre* iremos supor que a carga de teste é tão pequena que o campo da fonte de carga não é afetado por sua presença.

$$\vec{E} \equiv \frac{\vec{F}_e}{q_0} \qquad (1.7)$$

◀ **Definição de campo elétrico**

O vetor $\vec{E}$ tem as unidades do SI de newtons por coulomb (N/C). O sentido de $\vec{E}$, como indicado na Figura 1.10, é o da força que atua sobre uma carga de teste positiva quando esta é colocada no campo. Observe que $\vec{E}$ é o campo produzido por alguma carga ou distribuição de cargas *separada da* de teste, não se tratando do campo produzido pela carga de teste. Note também que a existência de um campo elétrico é uma propriedade de sua origem, e que a presença da carga de teste não é necessária para que o campo exista. Essa carga serve como um *detector* do campo elétrico – um campo elétrico existe em um ponto se uma carga de teste neste ponto é afetada por uma força elétrica.

Se uma carga arbitrária q for colocada em campo elétrico $\vec{E}$, ela experimenta uma força elétrica dada por:

$$\vec{F}_e = q\vec{E} \qquad (1.8)$$

Relâmpago está associado a campos elétricos muito fortes na atmosfera.

---

[3] Ao utilizar a Equação 1.7, devemos supor que a carga de teste q_0 seja pequena o suficiente para que não perturbe a distribuição de cargas que estabelece o campo elétrico. Se for suficientemente grande, as cargas na esfera metálica serão redistribuídas, e o campo elétrico por elas estabelecido será diferente de um campo gerado na presença de uma carga de teste muito menor.

Prevenção de Armadilhas 1.1
Apenas partículas
A Equação 1.8 é válida apenas para uma *partícula* de carga q, isto é, um objeto de dimensões iguais a zero. Para um *corpo* carregado de dimensões finitas em um campo elétrico, este pode variar em módulo e sentido ao longo da sua extensão, de modo que a equação de força correspondente pode ser mais complexa.

Essa equação é a representação matemática da versão elétrica do modelo de análise de **partícula em um campo**. Se q for positiva, a força terá o mesmo sentido do campo. Se negativa, a força e o campo terão sentidos opostos. Observe a similaridade entre a Equação 1.8 e a correspondente a partir da versão gravitacional do modelo de partícula em um campo, $\vec{F}_g = m\vec{g}$ (Seção 5.5 do Volume 1). Uma vez conhecidos o sentido e o módulo do campo elétrico em um ponto, a força elétrica exercida sobre *qualquer* partícula carregada colocada neste ponto pode ser calculada por meio da Equação 1.8.

Para determinar o sentido de um campo elétrico, considere uma carga pontual q uma fonte de carga. Essa carga cria um campo elétrico em todos os pontos ao seu redor no espaço. Uma carga de teste q_0 é colocada no ponto P, a uma distância r da de origem, como mostra a Figura 1.11a. Consideramos a utilização da carga de teste para determinar o sentido da força elétrica e, portanto, o do campo elétrico. Segundo a Lei de Coulomb, a força exercida por q sobre a carga de teste é

$$\vec{F}_e = k_e \frac{qq_0}{r^2}\hat{r}$$

onde $\hat{r}$ é um vetor unitário direcionado de q para q_0. Na Figura 1.11a, essa força aponta para o sentido oposto ao da fonte de carga q. Uma vez que o campo elétrico em P, a posição da carga de teste, é definido por $\vec{E} = \vec{F}_e/q_0$, o campo elétrico em P criado por q é

$$\vec{E} = k_e \frac{q}{r^2}\hat{r} \qquad (1.9)$$

Se a fonte de carga q for positiva, a Figura 1.11b mostra a situação com a carga de teste removida: a fonte de carga estabelece um campo elétrico em P, direcionado para o lado oposto a q. Se negativa, como na Figura 1.11c, a força aplicada à carga de teste apontará para a fonte, de modo que o campo elétrico em P apontará na direção desta carga, como mostra a Figura 1.11d.

Para determinar o campo elétrico em um ponto P gerado por um pequeno número de cargas pontuais, primeiro calculamos os vetores campo elétrico em P individualmente, utilizando a Equação 1.9, e, depois, realizamos sua adição vetorial. Em outras palavras, em qualquer ponto P o campo elétrico total estabelecido por uma fonte de cargas é igual à soma vetorial dos campos elétricos de todas as cargas. Este princípio de superposição aplicado aos campos resulta diretamente da adição vetorial das forças elétricas. Desta forma, o campo elétrico no ponto P gerado por uma fonte de cargas pode ser expresso como a soma vetorial

Campo elétrico estabelecido por um número finito de cargas pontuais ▶
$$\vec{E} = k_e \sum_i \frac{q_i}{r_i^2}\hat{r}_i \qquad (1.10)$$

onde r_i é a distância da i-ésima fonte de carga q_i ao ponto P, e $\hat{r}_i$ um vetor unitário direcionado de q_i para P.

No Exemplo 1.6, estudaremos o campo elétrico estabelecido por duas cargas, aplicando o princípio da superposição. A parte (B) do exemplo enfoca um **dipolo elétrico**, definido como uma carga positiva q e outra negativa $-q$ separadas por uma distância $2a$. O dipolo elétrico é um bom modelo para muitas moléculas, como as do ácido clorídrico (HCl). As moléculas e os átomos neutros comportam-se como dipolos quando colocados em um campo elétrico externo. Além

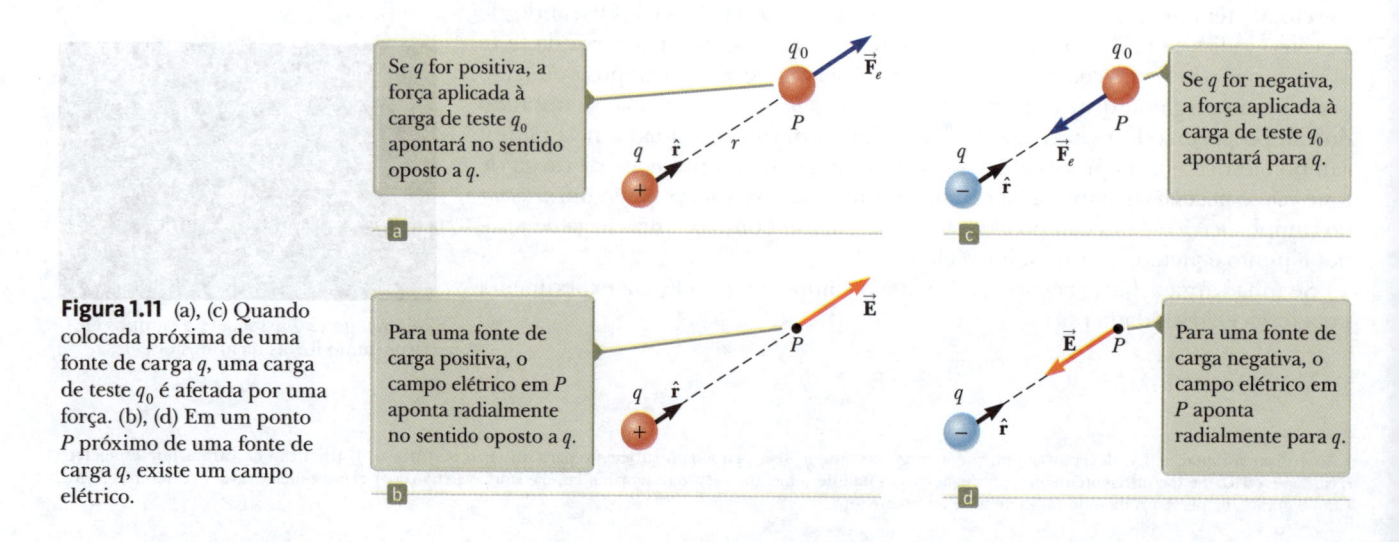

Figura 1.11 (a), (c) Quando colocada próxima de uma fonte de carga q, uma carga de teste q_0 é afetada por uma força. (b), (d) Em um ponto P próximo de uma fonte de carga q, existe um campo elétrico.

disso, muitas moléculas, como as do HCl, são dipolos permanentes. O efeito de tais dipolos sobre o comportamento dos materiais sujeitos aos campos elétricos é discutido no Capítulo 4 deste volume.

Teste Rápido **1.4** Uma carga de teste de +3 μC está em um ponto *P* onde um campo elétrico externo está direcionado para a direita e tem uma intensidade de 4×10^6 N/C. Se essa carga for substituída por outra de teste de –3 μC, o que ocorrerá com o campo elétrico externo em *P*? **(a)** Ele permanecerá sem ser afetado. **(b)** Inverterá o sentido. **(c)** Será alterado de modo indeterminado.

Modelo de Análise — Partícula em um campo (elétrico)

Imagine um objeto com carga, que denominamos *carga-fonte*. A carga-fonte estabelece um **campo elétrico** $\vec{E}$ por todo o espaço. Agora imagine que uma partícula com uma carga *q* é colocada no campo. A partícula interage com o campo elétrico, de modo que a partícula experimenta uma força elétrica dada por

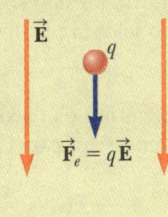

$$\vec{F}_e = q\vec{E} \qquad (1.8)$$

Exemplos:

- um elétron se move entre as placas de deflexão de um osciloscópio de raios catódicos e é desviado de seu caminho original
- íons carregados experimentam uma força elétrica a partir do campo elétrico em um seletor de velocidade antes de entrar em um espectrômetro de massa (Capítulo 7 do Volume 3)
- um elétron se move em torno do núcleo no campo elétrico estabelecido pelo próton em um átomo de hidrogênio, conforme modelado pela teoria de Bohr (Capítulo 8 do Volume 4)
- um orifício em um material semicondutor se move em resposta ao campo elétrico estabelecido pela aplicação de uma tensão ao material (Capítulo 9 do Volume 4)

Exemplo **1.5** — Uma gotícula de água suspensa   MA

Uma gotícula de água suspensa, de massa $3,00 \times 10^{-12}$ kg, está localizada no ar próximo do solo, durante um dia tempestuoso. Um campo elétrico atmosférico de grandeza $6,00 \times 10^3$ N/C aponta verticalmente para baixo nas proximidades da gota d'água. A gotícula permanece suspensa em repouso no ar. Qual é a carga elétrica na gotícula?

SOLUÇÃO

Conceitualização Imagine a gota de água, pairando em repouso no ar. Esta situação não é o que normalmente se observa, então algo deve estar segurando a gota de água no ar.

Categorização A gotícula pode ser modelada como uma partícula e é descrita por dois modelos de análise associados com campos: a *partícula em um campo* (*gravitacional*) e a *partícula em um campo* (*elétrico*). Além disso, como a gotícula está sujeita a forças, mas permanece em repouso, ela também é descrita pelo modelo da *partícula em equilíbrio*.

Análise Escreva a Segunda Lei de Newton a partir do modelo de partícula em equilíbrio na direção vertical:

(1) $\quad \sum F_y = 0 \rightarrow F_e - F_g = 0$

Utilizando os dois modelos de partícula em um campo, mencionados na etapa Categorização, substitua para as forças na Equação (1), reconhecendo que a componente vertical do campo elétrico é negativo:

$q(-E) - mg = 0$

Resolva para a carga na gotícula de água:

$q = -\dfrac{mg}{E}$

Substitua valores numéricos:

$q = -\dfrac{(3,00 \times 10^{-12}\,\text{kg})(9,80\,\text{m/s}^2)}{6,00 \times 10^3\,\text{N/C}} = \boxed{-4,90 \times 10^{-15}\,\text{C}}$

Finalização Observando a menor unidade de carga livre na Equação 1.5, a carga sobre a gotícula de água é um grande número destas unidades. Observe que a *força* elétrica está direcionada para cima para equilibrar a força da gravidade que se dirige para baixo. O enunciado do problema afirma que o *campo* elétrico está no sentido descendente. Portanto, a carga encontrada acima é negativa, de modo que a força elétrica está na direção oposta ao campo elétrico.

Exemplo 1.6 — Campo elétrico estabelecido por duas cargas

As cargas q_1 e q_2 estão localizadas no eixo x, a distâncias a e b, respectivamente, da origem, como mostra a Figura 1.12.

(A) Determine as componentes do campo elétrico resultante no ponto P, que está na posição $(0, y)$.

SOLUÇÃO

Conceitualização Compare este exemplo com o 1.2, no qual somamos as forças vetoriais para determinar a força resultante aplicada a uma partícula carregada. Neste caso, somamos os vetores campo elétrico para calcular o campo elétrico resultante em um ponto no espaço. Se uma partícula carregada fosse colocada em P, poderíamos utilizar o modelo da partícula em um campo para encontrar a força elétrica na partícula.

Categorização Temos duas fontes de carga, e desejamos determinar o campo elétrico resultante, de modo que categorizamos este exemplo como um no qual podemos aplicar o princípio da superposição representado pela Equação 1.10.

Análise Determine o módulo do campo elétrico em P gerado pela carga q_1:

$$E_1 = k_e \frac{|q_1|}{r_1^2} = k_e \frac{|q_1|}{a^2 + y^2}$$

Determine o módulo do campo elétrico em P gerado pela carga q_2:

$$E_2 = k_e \frac{|q_2|}{r_2^2} = k_e \frac{|q_2|}{b^2 + y^2}$$

Expresse os vetores campo elétrico para cada carga na forma de vetor unitário:

$$\vec{E}_1 = k_e \frac{|q_1|}{a^2 + y^2} \cos\phi\, \hat{i} + k_e \frac{|q_1|}{a^2 + y^2} \sen\phi\, \hat{j}$$

$$\vec{E}_2 = k_e \frac{|q_2|}{b^2 + y^2} \cos\theta\, \hat{i} - k_e \frac{|q_2|}{b^2 + y^2} \sen\theta\, \hat{j}$$

Escreva as componentes do vetor campo elétrico resultante:

$$(1)\quad E_x = E_{1x} + E_{2x} = k_e \frac{|q_1|}{a^2 + y^2} \cos\phi + k_e \frac{|q_2|}{b^2 + y^2} \cos\theta$$

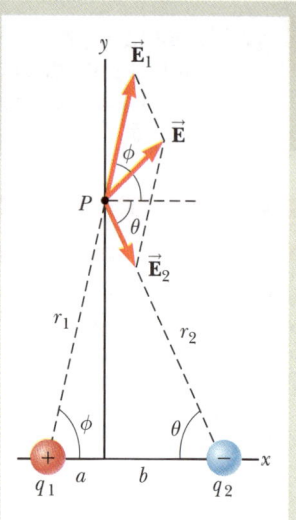

$$(2)\quad E_y = E_{1y} + E_{2y} = k_e \frac{|q_1|}{a^2 + y^2} \sen\phi - k_e \frac{|q_2|}{b^2 + y^2} \sen\theta$$

Figura 1.12 (Exemplo 1.6) O campo elétrico total vetorial $\vec{E}$ em P é igual à soma vetorial $\vec{E}_1 + \vec{E}_2$, onde $\vec{E}_1$ é o campo estabelecido pela carga positiva q_1 e $\vec{E}_2$ é o campo gerado pela carga negativa q_2.

(B) Avalie o campo elétrico no ponto P para o caso especial em que $|q_1| = |q_2|$ e $a = b$.

SOLUÇÃO

Conceitualização A Figura 1.13 mostra a situação neste caso especial. Observe a simetria da situação, e que a distribuição de cargas é, agora, um dipolo elétrico.

Categorização Uma vez que a Figura 1.13 ilustra um caso especial do geral mostrado na Figura 1.12, podemos categorizar este exemplo como um no qual consideramos o resultado da parte (A) e introduzimos os valores adequados das variáveis.

Análise Com base na simetria da Figura 1.13, calcule as Equações (1) e (2) da parte (A) com $a = b$, $|q_1| = |q_2| = q$ e $\phi = \theta$:

$$(3)\quad E_x = k_e \frac{q}{a^2 + y^2} \cos\theta + k_e \frac{q}{a^2 + y^2} \cos\theta = 2k_e \frac{q}{a^2 + y^2} \cos\theta$$

$$E_y = k_e \frac{q}{a^2 + y^2} \sen\theta - k_e \frac{q}{a^2 + y^2} \sen\theta = 0$$

Com base na geometria da Figura 1.13, calcule $\cos\theta$:

$$(4)\quad \cos\theta = \frac{a}{r} = \frac{a}{(a^2 + y^2)^{1/2}}$$

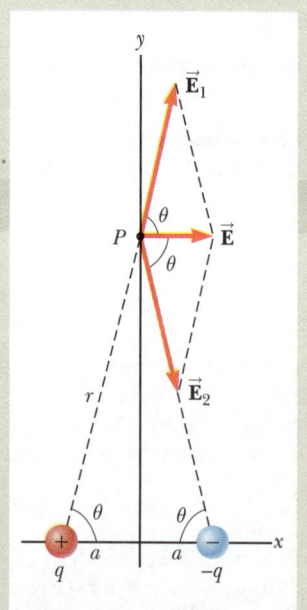

Figura 1.13 (Exemplo 1.6) Quando as cargas na Figura 1.12 são iguais em módulo e estão equidistantes da origem, a situação se torna simétrica como mostrado.

1.6 cont.

Substitua a Equação (4) na (3):

$$E_x = 2k_e \frac{q}{a^2 + y^2}\left[\frac{a}{(a^2+y^2)^{1/2}}\right] = \boxed{k_e \frac{2aq}{(a^2+y^2)^{3/2}}}$$

(C) Determine o campo elétrico estabelecido pelo dipolo elétrico quando o ponto P está a uma distância $y \gg a$ da origem.

SOLUÇÃO

Na resolução da parte (B), sendo $y \gg a$, despreze a^2 comparado com y^2 e escreva a expressão para E para este caso:

$$(5)\quad E \approx \boxed{k_e \frac{2aq}{y^3}}$$

Finalização A Equação (5) mostra que em pontos afastados de um dipolo, mas posicionados ao longo do bissetor perpendicular da linha que liga as duas cargas, o módulo do campo elétrico criado pelo dipolo varia em uma proporção $1/r^3$, enquanto o campo de variação mais lenta de uma carga pontual muda em uma proporção $1/r^2$ (veja a Eq. 1.9). Isto se deve ao fato de que, em pontos distantes, os campos das duas cargas de mesmo módulo e sinais opostos quase se cancelam. A variação $1/r^3$ em E para o dipolo também é obtida para um ponto distante ao longo do eixo x e para qualquer ponto distante em geral.

1.5 Campo elétrico de uma distribuição contínua de cargas

A Equação 1.10 é útil para calcular o campo elétrico devido a um pequeno número de cargas. Em muitos casos, temos uma distribuição contínua de carga, em vez de um conjunto de cargas discretas. A carga nessas situações pode ser descrita como continuamente distribuída ao longo de alguma linha, sobre alguma superfície, ou em algum volume.

Para preparar o processo de avaliação do campo elétrico criado por uma distribuição contínua de cargas, adotaremos o procedimento descrito a seguir. Primeiro, divida a distribuição de cargas em pequenos elementos, cada um contendo uma pequena carga Δq, como mostra a Figura 1.14. Depois, utilize a Equação 1.9 para calcular o campo elétrico gerado por um desses elementos em um ponto P. Finalmente, calcule o campo elétrico total em P estabelecido pela distribuição de cargas, somando as contribuições de todos os elementos de carga (isto é, aplicando o princípio da superposição).

O campo elétrico em P gerado por um elemento de carga com carga Δq é

$$\Delta \vec{E} = k_e \frac{\Delta q}{r^2}\hat{r}$$

onde r é a distância do elemento de carga ao ponto P, e $\hat{r}$, um vetor unitário direcionado do elemento ao ponto P. O campo elétrico total em P gerado por todos os elementos na distribuição de cargas é aproximadamente

$$\vec{E} \approx k_e \sum_i \frac{\Delta q_i}{r_i^2}\hat{r}_i$$

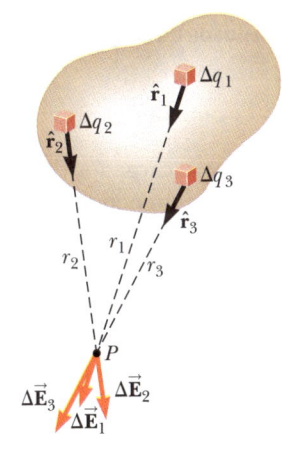

Figura 1.14 O campo elétrico em P estabelecido por uma distribuição contínua de cargas é a soma vetorial dos campos $\Delta \vec{E}_i$ estabelecidos por todos os elementos Δq_i da distribuição de cargas. Três elementos de exemplo são mostrados.

onde o índice i refere-se ao i-ésimo elemento na distribuição. Visto que o número de elementos é muito grande e a distribuição de cargas é modelada como contínua, o campo total em P no limite $\Delta q_i \to 0$ é

$$\vec{E} = k_e \lim_{\Delta q_i \to 0} \sum_i \frac{\Delta q_i}{r_i^2}\hat{r}_i = k_e \int \frac{dq}{r^2}\hat{r} \qquad (1.11)$$

◀ **Campo elétrico estabelecido por uma distribuição contínua de cargas**

onde a integração é feita sobre toda a distribuição de cargas. A integração na Equação 1.11 é uma operação vetorial, e deve ser tratada de forma adequada.

Ilustraremos esse tipo de cálculo por meio de vários exemplos nos quais a carga é distribuída ao longo de uma linha, sobre uma superfície ou em todo um volume. Para realizar tais cálculos, é conveniente aplicar o conceito de *densidade de carga* juntamente com as notações a seguir:

- Se uma carga Q for distribuída uniformemente em todo um volume V, a **densidade de carga volumétrica** ρ será definida por

Densidade de carga volumétrica ▶
$$\rho \equiv \frac{Q}{V}$$

onde ρ é expressa em unidade de coulombs por metro cúbico (C/m^3).

- Se uma carga Q for distribuída uniformemente sobre uma superfície de área A, a **densidade de carga superficial** σ (letra grega sigma) será definida por

Densidade de carga superficial ▶
$$\sigma \equiv \frac{Q}{A}$$

onde σ é expressa em unidade de coulombs por metro quadrado (C/m^2).

- Se uma carga Q for distribuída uniformemente ao longo de uma linha de comprimento ℓ, a **densidade de carga linear** λ será definida por

Densidade de carga linear ▶
$$\lambda \equiv \frac{Q}{\ell}$$

onde λ é expressa em unidades de coulombs por metro (C/m).

- Se a carga for distribuída de modo não uniforme em um volume, superfície ou linha, as quantidades de carga dq em um pequeno elemento de volume, superfície ou comprimento serão dadas por

$$dq = \rho\, dV \qquad dq = \sigma\, dA \qquad dq = \lambda\, d\ell$$

Estratégia para resolução de problemas

CÁLCULO DO CAMPO ELÉTRICO

O procedimento a seguir é recomendado para a resolução de problemas que envolvem a determinação de um campo elétrico gerado por cargas individuais ou uma distribuição de cargas.

1. Conceitualização. Estabeleça uma representação mental do problema: pense cuidadosamente sobre as cargas individuais ou a distribuição de cargas e imagine que tipo de campo elétrico seria criado. Considere qualquer simetria na disposição das cargas para ajudá-lo a visualizar o campo elétrico.

2. Categorização. Estamos analisando um grupo de cargas individuais ou uma distribuição contínua de cargas? A resposta a essa questão nos informa como proceder no passo "Análise".

3. Análise.

(a) Se estivermos analisando um grupo de cargas individuais, utilize o princípio da superposição: quando várias cargas pontuais estão presentes, o campo resultante em um ponto no espaço é a *soma vetorial* dos campos individuais criados pelas cargas individuais (Eq. 1.10). Tenha muito cuidado ao manipular grandezas vetoriais. Pode ser útil revisar o material sobre adição vetorial no Capítulo 3 do Volume 1. O Exemplo 1.6 demonstrou este procedimento.

(b) Se estivermos analisando uma distribuição contínua de cargas, o princípio de superposição é aplicado substituindo-se as somas vetoriais para avaliação do campo elétrico total de cargas individuais por integrais vetoriais. A distribuição de cargas é dividida em partes infinitesimais, e a soma vetorial é efetuada por meio da integração ao longo de toda a distribuição de cargas (Eq. 1.11). Os Exemplos 1.7 a 1.9 demonstram tais procedimentos.

Considere a simetria ao trabalhar com uma distribuição de cargas pontuais ou contínua de cargas. Tome como base qualquer simetria no sistema observada no passo "Conceitualização" para simplificar os cálculos. O cancelamento das componentes de campo perpendiculares ao eixo no Exemplo 1.8 é um modelo de aplicação de simetria.

4. Finalização. Verifique se sua expressão de campo elétrico está consistente com a representação mental e se reflete qualquer simetria observada anteriormente. Imagine parâmetros variáveis, como a distância do ponto de observação às cargas ou o raio de quaisquer objetos circulares, para verificar se o resultado matemático muda de modo lógico.

Exemplo 1.7 — Campo elétrico gerado por uma barra carregada

Uma barra de comprimento ℓ tem carga positiva uniforme por unidade de comprimento λ e carga total Q. Calcule o campo elétrico em um ponto P localizado ao longo do eixo geométrico da barra e a uma distância a de uma extremidade (Fig. 1.15).

SOLUÇÃO

Conceitualização O campo $d\vec{E}$ em P, gerado por um segmento de carga na barra, está no sentido negativo de x, porque cada segmento tem uma carga positiva. A Figura 1.15 mostra a geometria apropriada. Em nosso resultado, esperamos que o campo elétrico se torne menor à medida que a distância a se torna maior porque o ponto P está mais longe que a distribuição da carga.

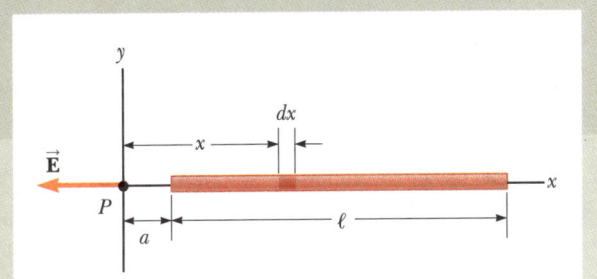

Figura 1.15 (Exemplo 1.7) O campo elétrico em P estabelecido por uma barra uniformemente carregada posicionada ao longo do eixo x.

Categorização Visto que a barra é contínua, estamos avaliando o campo estabelecido por uma distribuição contínua de cargas, em vez de um grupo de cargas individuais. Já que cada segmento da barra produz um campo elétrico no sentido negativo de x, a soma de suas contribuições pode ser tratada sem a necessidade da adição de vetores.

Análise Vamos supor que a barra esteja posicionada ao longo do eixo x; seja dx o comprimento de um pequeno segmento, e dq, a carga no segmento em questão. Uma vez que a barra tem carga por unidade de comprimento λ, a carga dq no segmento pequeno é $dq = \lambda\, dx$.

Determine o módulo do campo elétrico em P estabelecido por um segmento da barra com carga dq:

$$dE = k_e \frac{dq}{x^2} = k_e \frac{\lambda\, dx}{x^2}$$

Determine o campo total em P, aplicando[4] a Equação 1.11:

$$E = \int_a^{\ell+a} k_e \lambda \frac{dx}{x^2}$$

Observando que k_e e $\lambda = Q/\ell$ são constantes e podem ser retiradas da integral, avalie a integral:

$$E = k_e \lambda \int_a^{\ell+a} \frac{dx}{x^2} = k_e \lambda \left[-\frac{1}{x}\right]_a^{\ell+a}$$

$$(1) \quad E = k_e \frac{Q}{\ell}\left(\frac{1}{a} - \frac{1}{\ell+a}\right) = \boxed{\frac{k_e Q}{a(\ell+a)}}$$

Finalização Vemos que nossa previsão está correta; se a se tornar maior, o denominador da fração se tornará maior, e E se tornará menor. Por outro lado, se $a \to 0$, o que corresponde a deslocar a barra para a esquerda até sua extremidade esquerda alcançar a origem, $E \to \infty$. Isto representa a condição na qual o ponto de observação P está a uma distância igual a zero da carga na extremidade da barra, de modo que o campo se torna infinito. Exploramos grandes valores de a a seguir.

E SE? Suponha que o ponto P esteja muito afastado da barra. Qual é a natureza do campo elétrico em tal ponto?

Resposta Se P estiver afastado da barra ($a \gg \ell$), o ℓ no denominador da Equação (1) pode ser desprezado, e $E \approx k_e Q/a^2$. Essa é exatamente a forma que seria esperada para uma carga pontual. Portanto, para valores grandes de a/ℓ, a distribuição de cargas parece ser uma carga pontual de módulo Q; o ponto P está tão afastado da barra que não podemos notar suas dimensões. A aplicação da técnica do limite ($a/\ell \to \infty$) é, em geral, um bom método para verificar uma expressão matemática.

---

[4] Para realizar integrações como essa, primeiro expresse o elemento de carga dq em função das outras variáveis na integral. No exemplo, existe uma variável, x, de modo que fizemos a troca $dq = \lambda\, dx$. A integral deve ser definida em grandezas escalares. Dessa forma, expresse o campo elétrico como função de componentes, se necessário. No exemplo, o campo tem apenas uma componente x e, portanto, este detalhe não é importante. Depois, reduza sua expressão a uma integral de única variável ou a múltiplas integrais, cada uma de única variável. Nos exemplos que envolvem uma simetria esférica ou cilíndrica, a variável única é uma coordenada radial.

Exemplo 1.8 — Campo elétrico de um anel de carga uniforme

Um anel de raio a possui carga total positiva, Q, distribuída uniformemente. Calcule o campo elétrico gerado pelo anel em um ponto P localizado a uma distância x de seu centro ao longo do eixo central perpendicular ao plano do anel (Fig. 1.16a).

SOLUÇÃO

Conceitualização A Figura 1.16a mostra a contribuição do campo elétrico $d\vec{E}$ em P gerada por um único segmento de carga na parte superior do anel. Esse vetor campo pode ser resolvido nas componentes dE_x paralela ao eixo do anel e $dE_\perp$ perpendicular ao eixo. A Figura 1.16b mostra as contribuições do campo elétrico de dois segmentos em lados opostos do anel. Por causa da simetria da situação, as componentes perpendiculares do campo se cancelam. Isto é verdadeiro para todos os pares de segmentos em torno do anel, de modo que podemos ignorar a componente perpendicular do campo e nos concentrar apenas nas componentes paralelas, que são simplesmente somadas.

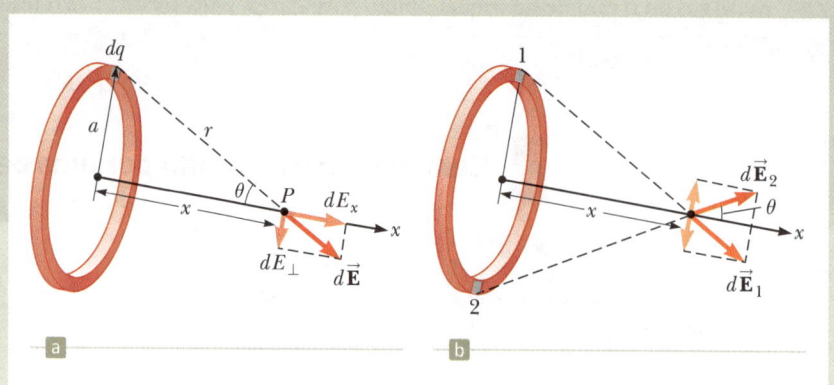

Figura 1.16 (Exemplo 1.8) Um anel de raio a carregado uniformemente. (a) Campo em P no eixo x gerado por um elemento de carga dq. (b) Campo elétrico total em P está localizado ao longo do eixo x. A componente perpendicular do campo em P estabelecida pelo segmento 1 é cancelada pela estabelecida pelo segmento 2.

Categorização Visto que o anel é contínuo, estamos avaliando o campo gerado por uma distribuição contínua de cargas, em vez de um grupo de cargas individuais.

Análise Avalie a componente paralela de uma contribuição de campo elétrico de um segmento de carga dq no anel:

$$(1)\quad dE_x = k_e \frac{dq}{r^2}\cos\theta = k_e \frac{dq}{a^2 + x^2}\cos\theta$$

Com base na geometria da Figura 1.16a, determine $\cos\theta$:

$$(2)\quad \cos\theta = \frac{x}{r} = \frac{dq}{(a^2 + x^2)^{1/2}}$$

Substitua a Equação (2) na (1):

$$dE_x = k_e \frac{dq}{a^2 + x^2}\left[\frac{x}{(a^2 + x^2)^{1/2}}\right] = \frac{k_e x}{(a^2 + x^2)^{3/2}} dq$$

Todos os segmentos do anel fornecem a mesma contribuição para o campo em P, porque estão todos equidistantes dele. Integre para obter o campo total em P:

$$E_x = \int \frac{k_e x}{(a^2 + x^2)^{3/2}} dq = \frac{k_e x}{(a^2 + x^2)^{3/2}} \int dq$$

$$(3)\quad E = \boxed{\frac{k_e x}{(a^2 + x^2)^{3/2}} Q}$$

Finalização Este resultado demonstra que o campo é igual a zero em $x = 0$. Isto é consistente com a simetria do problema? Além disso, observe que a Equação (3) se reduz a $k_e Q/x^2$ se $x \gg a$, de modo que o anel atua como uma carga pontual para locais distantes de sua posição, de um ponto distante, não conseguimos distinguir o formato de anel da carga.

E SE? Suponha que uma carga negativa seja colocada no centro do anel na Figura 1.16 e deslocada ligeiramente ao longo de uma distância $x \ll a$ no eixo x. Ao ser liberada, que tipo de movimento a carga descreve?

Resposta Na expressão do campo gerado por um anel de carga considere $x \ll a$, o que resulta em

$$E = \frac{k_e Q}{a^3} x$$

1.8 *cont.*

Portanto, com base na Equação 1.8, a força que atua sobre uma carga $-q$ colocada próxima do centro do anel é

$$F_x = -\frac{k_e qQ}{a^3} x$$

Visto que a força tem a forma da Lei de Hooke (Eq. 1.1 do Volume 2), o movimento da carga negativa é descrito com o *modelo de partícula em movimento harmônico simples*!

Exemplo **1.9** Campo elétrico de um disco uniformemente carregado

Um disco de raio R tem uma densidade de carga superficial uniforme σ. Calcule o campo elétrico em um ponto P localizado ao longo do eixo perpendicular central do disco e a uma distância x do centro do disco (Fig. 1.17).

SOLUÇÃO

Conceitualização Se o disco for considerado um conjunto de anéis concêntricos, podemos aplicar nosso resultado do Exemplo 1.8 – que determina o campo criado por um anel de raio a – e somar as contribuições de todos os anéis que formam o disco. Por simetria, o campo em um ponto axial deve estar ao longo do eixo central.

Categorização Uma vez que o disco é contínuo, estamos avaliando o campo gerado por uma distribuição contínua de cargas, em vez de um grupo de cargas individuais.

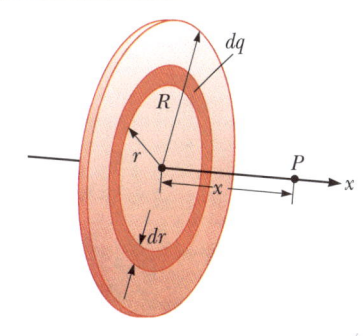

Figura 1.17 (Exemplo 1.9) Um disco uniformemente carregado de raio R. O campo elétrico em um ponto axial P está direcionado ao longo do eixo central, perpendicular ao plano do disco.

Análise Determine a quantidade de cargas dq na área de superfície de um anel de raio r e largura dr, como mostra a Figura 1.17:

$$dq = \sigma\, dA = \sigma(2\pi r\, dr) = 2\pi\sigma r\, dr$$

Utilize este resultado na equação dada para E_x no Exemplo 1.8 (com a substituído por r e Q por dq) para determinar o campo gerado pelo anel:

$$dE_x = \frac{k_e x}{(r^2 + x^2)^{3/2}} (2\pi\sigma r\, dr)$$

Para obter o campo total em P, integre essa expressão para os limites $r = 0$ a $r = R$, observando que x é uma constante nessa situação:

$$E_x = k_e x \pi \sigma \int_0^R \frac{2r\, dr}{(r^2 + x^2)^{3/2}}$$

$$= k_e x \pi \sigma \int_0^R (r^2 + x^2)^{-3/2}\, d(r^2)$$

$$= k_e x \pi \sigma \left[\frac{(r^2 + x^2)^{-1/2}}{-1/2} \right]_0^R = \boxed{2\pi k_e \sigma \left[1 - \frac{x}{(R^2 + x^2)^{1/2}} \right]}$$

Finalização Este resultado é válido para todos os valores de $x > 0$. Para grandes valores de x, o resultado anterior pode ser avaliado por uma expansão em série e mostrado como sendo equivalente ao campo elétrico de uma carga pontual Q. Podemos calcular o campo próximo do disco ao longo do eixo, supondo $x \ll R$. Portanto, a expressão entre colchetes reduz-se a unidade, fornecendo a aproximação de campo vizinho

$$E_x = 2\pi k_e \sigma = \frac{\sigma}{2\varepsilon_0}$$

onde ε_0 é a permissividade do espaço livre. No Capítulo 2 deste volume, obteremos o mesmo resultado para o campo criado por um plano de carga infinita com densidade de carga superficial uniforme.

continua

1.9 cont.

E SE? E se deixarmos o raio do disco aumentar para que o disco se torne um plano de carga infinito?

Resposta O resultado de deixar $R \to \infty$ no resultado final do exemplo é que a intensidade do campo elétrico se torna

$$E = 2\pi k_e \sigma = \frac{\sigma}{2\varepsilon_0}$$

Esta é a mesma expressão que obtivemos para $x \ll R$. Se $R \to \infty$, *em todos os pontos* perto do campo – o resultado é independente da posição em que se mede o campo elétrico. Portanto, o campo elétrico devido a um plano infinito da carga é uniforme por todo o espaço.

Na prática, um plano infinito de carga é impossível. No entanto, se dois planos de carga são colocados perto um do outro, com um plano positivamente carregado e o outro negativamente carregado, o campo elétrico entre as placas está muito perto de ser uniforme em pontos longe das bordas. Esta configuração será investigada no Capítulo 4 deste volume.

Prevenção de Armadilhas 1.2

Linhas de campo elétrico não são percursos de partícula!
As linhas de campo elétrico representam o campo em diversas posições. Exceto em casos muito especiais, as linhas *não* representam o percurso percorrido por uma partícula carregada em um campo elétrico.

Prevenção de Armadilhas 1.3

Linhas de campo elétrico não são reais
As linhas de campo elétrico não são corpos materiais, são utilizadas apenas como representações gráficas para fornecer uma descrição qualitativa do campo elétrico. Apenas um número finito de linhas de cada carga pode ser desenhado, o que faz o campo parecer quantizado e existente apenas em certas partes do espaço. De fato, ele é contínuo, e existe em cada ponto. Devemos evitar a impressão errônea de um desenho bidimensional de linhas de campo utilizado para descrever uma situação tridimensional.

1.6 Linhas de campo elétrico

Definimos o campo elétrico de modo matemático por meio da Equação 1.7. Vamos agora estudar um meio de visualizá-lo em uma representação gráfica. Um modo conveniente de visualizar padrões do campo elétrico é desenhar linhas, chamadas **linhas de campo elétrico**, primeiramente introduzidas por Faraday, que se relacionam com o campo elétrico em uma região do espaço da seguinte maneira:

- O vetor campo elétrico $\vec{E}$ é tangente à linha do campo elétrico em cada ponto. A linha tem um sentido, indicado por uma seta, que é o mesmo do vetor campo elétrico. O sentido da linha é o da força que atua sobre uma carga positiva colocada no campo de acordo com o modelo de partícula em um campo.
- O número de linhas por unidade de área através de uma superfície perpendicular a elas é proporcional ao módulo do campo elétrico na região em questão. Desta forma, as linhas de campo ficam próximas uma da outra onde o campo elétrico é intenso e afastadas onde este é fraco.

Essas propriedades são ilustradas na Figura 1.18. A densidade das linhas de campo através da superfície A é maior que a das da superfície B. Portanto, o módulo do campo elétrico é maior na superfície A que na B. Além disso, uma vez que as linhas em diferentes locais apontam para sentidos diferentes, o campo não é uniforme.

Essa relação entre a intensidade do campo elétrico e a densidade das linhas de campo é consistente com a Equação 1.9, a expressão que obtivemos para E aplicando a Lei de Coulomb? Para responder a essa questão, considere uma superfície esférica imaginária de raio r concêntrica com uma carga pontual. Com base na simetria, observamos que a intensidade do campo elétrico é a mesma em qualquer parte da superfície da esfera. O número de linhas N que emergem da carga é igual ao de linhas que penetram na superfície esférica. Assim, o número de linhas por unidade de área na esfera é $N/4\pi r^2$ (onde a área superficial da esfera é $4\pi r^2$). Visto que E é proporcional ao número de linhas por unidade de área, observamos que E varia com a proporção $1/r^2$. Essa definição é consistente com a Equação 1.9.

Linhas de campo elétrico representativas para o campo criado por uma única carga pontual positiva são mostradas na Figura 1.19a. O desenho, bidimensional, mostra apenas as linhas de campo localizadas no plano que contém a carga pontual. Na realidade, as linhas estão direcionadas radialmente para fora da carga em todas as direções. Portanto, em vez da "roda" achatada de linhas mostrada, devemos imaginar toda uma distribuição esférica de linhas. Uma vez que uma carga de teste positiva colocada nesse campo seria repelida pela fonte positiva, as linhas são direcionadas radialmente para fora da fonte. As linhas de campo elétrico que representam o campo estabelecido por uma única carga pontual negativa são direcionadas para

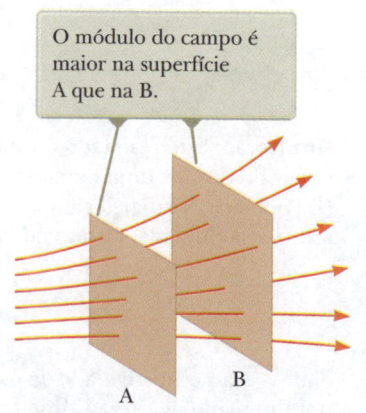

Figura 1.18 Linhas de campo elétrico penetrando em duas superfícies.

O módulo do campo é maior na superfície A que na B.

Para uma carga pontual positiva, as linhas de campo são direcionadas radialmente para fora.

Para uma carga pontual negativa, as linhas de campo são direcionadas radialmente para dentro.

O número de linhas de campo saindo da carga positiva é igual ao de linhas chegando à carga negativa.

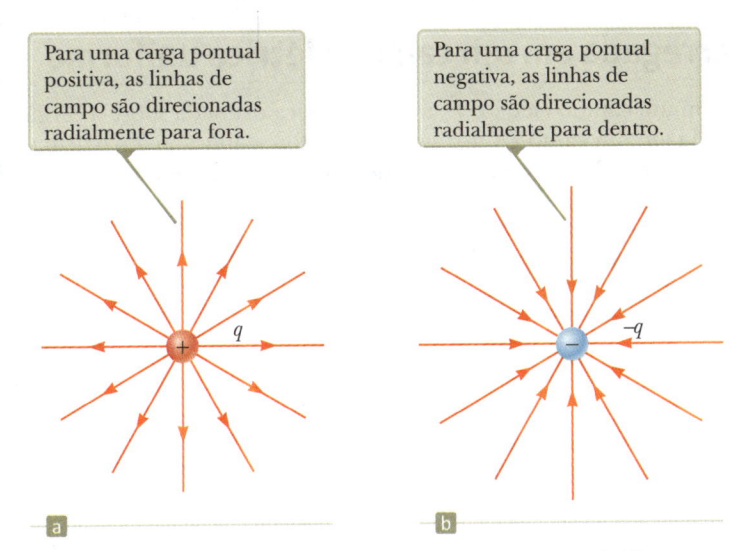

Figura 1.19 As linhas de campo elétrico de uma carga pontual. Observe que as figuras mostram apenas as linhas de campo que estão no plano da página.

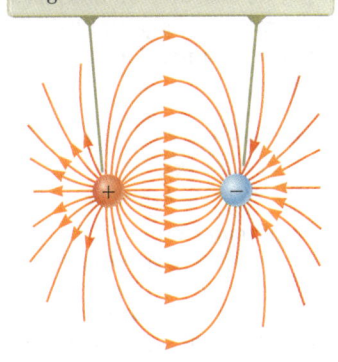

Figura 1.20 Linhas de campo elétrico de duas cargas pontuais de mesmo módulo e sinais opostos (um dipolo elétrico).

a carga (Fig. 1.19b). Em todos os casos, as linhas estão ao longo da direção radial e se estendem para o infinito. Observe que elas se aproximam uma da outra à medida que se aproximam da carga, indicando que a intensidade do campo aumenta quando nos deslocamos em direção à fonte.

As regras para traçar linhas de campo elétrico são as seguintes:

- Elas devem ter origem em uma carga positiva e terminar em uma negativa. Em caso de excesso de um tipo de carga, algumas linhas terão origem ou terminarão no infinito.
- O número de linhas traçadas que saem de uma carga positiva ou se aproximam de uma negativa é proporcional à intensidade da carga.
- Nenhuma linha de campo deve cruzar outra.

Optamos por definir o número de linhas de campo que se originam em qualquer corpo com uma carga positiva q_+ como Cq_+, e o das que terminam em qualquer corpo com carga negativa q_- como $C|q_-|$, onde C é uma constante de proporcionalidade arbitrária. Uma vez escolhida a constante C, o número de linhas é fixo. Por exemplo, em um sistema de duas cargas, se o corpo 1 tem carga Q_1 e o 2, Q_2, a proporção dos números de linhas em contato com as cargas é $N_2/N_1 = |Q_2/Q_1|$. As linhas de campo elétrico para duas cargas pontuais de mesma intensidade e sinais opostos (um dipolo elétrico) são mostradas na Figura 1.20. Visto que as cargas são de mesmo módulo, o número de linhas que se originam na carga positiva deve ser igual ao das que terminam na negativa. Nos pontos muito próximos das cargas, as linhas são quase radiais, como no caso de uma única carga isolada. A alta densidade das linhas entre as cargas indica uma região de campo elétrico intenso.

A Figura 1.21 mostra as linhas de campo elétrico na vizinhança de duas cargas pontuais positivas e idênticas. Novamente, as linhas são quase radiais em pontos próximos de quaisquer das cargas, e o mesmo número de linhas emerge de cada carga, pois as cargas são iguais em módulo. Uma vez que não há cargas negativas disponíveis, as linhas do campo elétrico terminam no infinito. A grande distância das cargas, o campo é aproximadamente igual ao de uma única carga pontual de módulo $2q$.

Finalmente, na Figura 1.22, esboçamos as linhas do campo elétrico associadas a uma carga positiva $+2q$ e uma carga negativa $-q$. Neste caso, o número de linhas que saem de $+2q$ é duas vezes maior que o das que terminam em $-q$. Assim, apenas metade das linhas que saem da carga positiva alcança a carga negativa. A outra metade termina em uma carga negativa, que supomos estar no infinito. A uma distância muito maior que a separação entre as cargas, as linhas do campo elétrico são equivalentes às de uma única carga $+q$.

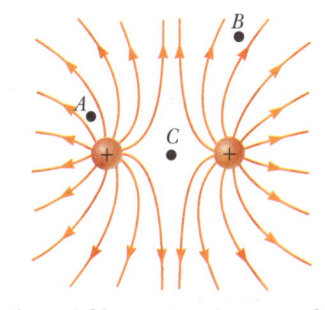

Figura 1.21 As linhas de campo elétrico de duas cargas pontuais positivas. (As localizações A, B e C são discutidas no Teste Rápido 1.5.)

Duas linhas de campo saem de $+2q$ para cada linha que termina em $-q$.

Figura 1.22 As linhas do campo elétrico de uma carga pontual $+2q$ e uma segunda carga pontual $-q$.

Teste Rápido **1.5** Classifique as intensidades do campo elétrico nos pontos A, B e C mostrados na Figura 1.21 (a maior intensidade primeiro).

1.7 Movimento de uma partícula carregada em um campo elétrico uniforme

Quando uma partícula de carga q e massa m é colocada em um campo elétrico $\vec{E}$, a força elétrica exercida sobre a carga é $q\vec{E}$, de acordo com a Equação 1.8 no modelo de partícula em um campo. Caso seja a única força aplicada à partícula, ela deve ser a força resultante, que faz com que a partícula acelere de acordo com o modelo da partícula afetada por uma força resultante. Portanto,

$$\vec{F}_e = q\vec{E} = m\vec{a}$$

e a aceleração da partícula é

$$\vec{a} = \frac{q\vec{E}}{m} \qquad (1.12)$$

Prevenção de Armadilhas 1.4
Apenas outra força
As forças e os campos elétricos podem lhe parecer abstratos. Porém, uma vez avaliada a força $\vec{F}_e$, esta faz com que a partícula se mova segundo nossos modelos bem estabelecidos de força e movimento dos capítulos 2 a 6 do Volume 1. Manter este vínculo com o passado deve ajudá-lo a resolver problemas neste capítulo.

Se $\vec{E}$ for uniforme (isto é, for constante em módulo e sentido), e a partícula está livre para se mover, a força elétrica aplicada à partícula será constante, e podemos aplicar o modelo da partícula em aceleração constante ao movimento da partícula. Portanto, a partícula nesta situação é descrita por *três* modelos de análise: partícula em um campo, partícula sob uma força líquida e partícula sob aceleração constante! Se a partícula tiver uma carga positiva, sua aceleração terá o sentido do campo elétrico. Se possuir uma carga negativa, sua aceleração terá o sentido oposto ao do campo elétrico.

Exemplo 1.10 | Uma carga positiva em aceleração: dois modelos MA

Um campo elétrico uniforme $\vec{E}$ está direcionado ao longo do eixo x entre placas carregadas paralelas separadas por uma distância d, como mostra a Figura 1.23. Uma carga pontual positiva q de massa m é liberada do repouso em um ponto Ⓐ próximo da placa positiva e acelera em direção a um ponto Ⓑ próximo da placa negativa.

(A) Determine a velocidade escalar da partícula em Ⓑ, modelando-a como em aceleração constante.

SOLUÇÃO

Conceitualização Quando colocada em Ⓐ, a carga positiva é afetada por uma força elétrica direcionada para a direita na Figura 1.23, estabelecida pelo campo elétrico direcionado para a direita. Como resultado, ela irá acelerar para a direita e chegará em Ⓑ com alguma velocidade.

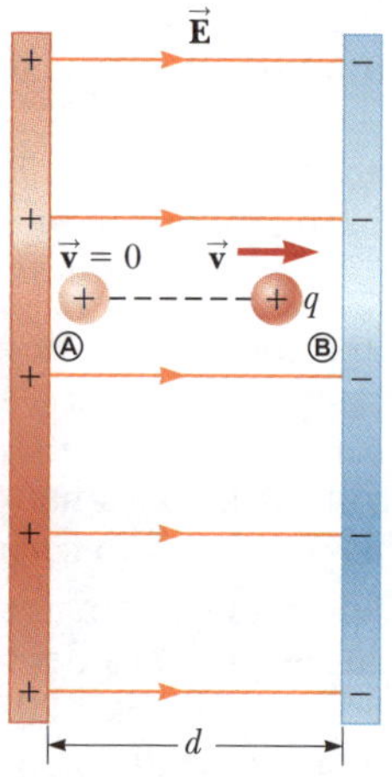

Figura 1.23 (Exemplo 1.10) Uma carga pontual positiva q em um campo elétrico uniforme $\vec{E}$ apresenta aceleração constante no sentido do campo.

Categorização Já que o campo elétrico é uniforme, uma força elétrica constante atua sobre a carga. Portanto, como sugerido na discussão anterior ao exemplo e no enunciado do problema, a carga pontual pode ser modelada como *uma partícula carregada em aceleração constante*.

Análise Aplique a Equação 2.17 do Volume 1 para expressar a velocidade vetorial da partícula como função da posição:

$$v_f^2 = v_i^2 + 2a(x_f - x_i) = 0 + 2a(d - 0) = 2ad$$

Resolva para v_f e aplique a definição da Equação 1.12 ao módulo da aceleração:

$$v_f = \sqrt{2ad} = \sqrt{2\left(\frac{qE}{m}\right)d} = \boxed{\sqrt{\frac{2qEd}{m}}}$$

(B) Determine a velocidade escalar da partícula em Ⓑ, modelando-a como um sistema não isolado em termos de energia.

SOLUÇÃO

Categorização O enunciado do problema informa que a carga é um *sistema não isolado* para *energia*. A força elétrica, como qualquer força, pode realizar trabalho em um sistema. A energia é transferida para o sistema da carga por meio do trabalho da força elétrica exercida sobre ela. A configuração inicial do sistema posiciona a partícula em Ⓐ, e a configuração final está se movendo com alguma velocidade em Ⓑ.

1.10 cont.

Análise Expresse a redução adequada da equação de conservação da energia, Equação 8.2 do Volume 1, para o sistema da partícula carregada:

$$W = \Delta K$$

Substitua o trabalho e as energias cinéticas por valores adequados para esta situação:

$$F_e \Delta x = K_{\circledB} - K_{\circledA} = \tfrac{1}{2} m v_f^2 - 0 \quad \rightarrow \quad v_f = \sqrt{\frac{2 F_e \Delta X}{m}}$$

Substitua pela grandeza da força elétrica F_e da partícula em um modelo de campo e o deslocamento Δx:

$$v_f = \sqrt{\frac{2(qE)(d)}{m}} = \sqrt{\frac{2qEd}{m}}$$

Finalização A resposta para a parte (B) é a mesma da (A), como esperado. Este problema pode ser resolvido com abordagens diferentes. Vimos as mesmas possibilidades com problemas mecânicos.

Exemplo 1.11 Um elétron acelerado MA

Um elétron entra na região de um campo elétrico uniforme, como mostra a Figura 1.24, com $v_i = 3{,}00 \times 10^6$ m/s e $E = 200$ N/C. O comprimento horizontal das placas é $\ell = 0{,}100$ m.

(A) Determine a aceleração do elétron enquanto ele está no campo elétrico.

SOLUÇÃO

Conceitualização Este exemplo é diferente do anterior, pois a velocidade vetorial da partícula carregada é inicialmente perpendicular às linhas do campo elétrico. No Exemplo 1.10, a velocidade vetorial da partícula carregada é sempre paralela às linhas do campo elétrico. Como resultado, o elétron neste exemplo descreve um percurso curvo, como mostra a Figura 1.24. O movimento do elétron é o mesmo de uma partícula massiva projetada horizontalmente em um campo gravitacional próximo da superfície da Terra.

Categorização O elétron é uma *partícula em um campo* (*elétrico*). Visto que o campo elétrico é uniforme, uma força elétrica constante é exercida sobre o elétron. Para determinar a aceleração do elétron, podemos modelá-lo como uma *partícula à qual uma força resultante* é aplicada.

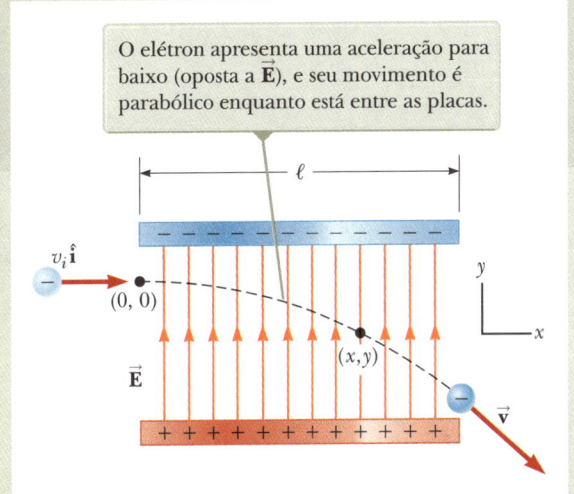

Figura 1.24 (Exemplo 1.11) Um elétron é projetado horizontalmente em um campo elétrico uniforme produzido por duas placas carregadas.

O elétron apresenta uma aceleração para baixo (oposta a $\vec{E}$), e seu movimento é parabólico enquanto está entre as placas.

Análise A partir da partícula em um modelo de campo, sabemos que a direção da força elétrica sobre o elétron é dirigida para baixo, na Figura 1.24, em oposição à direção das linhas do campo elétrico. A partir do modelo de partícula sob uma força líquida, desse modo, a aceleração do elétron é dirigida para baixo.

A partícula em um modelo de força resultante foi utilizada para desenvolver a Equação 1.12 no caso em que a força elétrica em uma partícula é a única força. Utilize esta equação para avaliar a componente y da aceleração do elétron:

$$a_y = -\frac{eE}{m_e}$$

Aplique os valores numéricos:

$$a_y = -\frac{(1{,}60 \times 10^{-19}\,\text{C})(200\,\text{N/C})}{9{,}11 \times 10^{-31}\,\text{kg}} = -3{,}51 \times 10^{13}\,\text{m/s}^2$$

(B) Supondo que o elétron entre no campo no instante $t = 0$, determine o instante no qual o elétron sai do campo.

SOLUÇÃO

Categorização Já que a força elétrica atua apenas na direção vertical na Figura 1.24, podemos analisar o movimento da partícula na horizontal, modelando-a como em velocidade constante.

continua

1.11 cont.

Análise Resolva a Equação 2.7, do Volume 1, para o instante no qual o elétron alcança a borda direita das placas:

$$x_f = x_i + v_x t \rightarrow t = \frac{x_f - x_i}{v_x}$$

Aplique os valores numéricos:

$$t = \frac{\ell - 0}{v_x} = \frac{0{,}100\ \text{m}}{3{,}00 \times 10^6\ \text{m/s}} = \boxed{3{,}33 \times 10^{-8}\ \text{s}}$$

(C) Supondo que a posição vertical do elétron ao entrar no campo seja $y_i = 0$, qual será sua posição vertical ao sair do campo?

SOLUÇÃO

Categorização Uma vez que a força elétrica é constante na Figura 1.24, podemos analisar o movimento da partícula na direção vertical, modelando-a como em aceleração constante.

Análise Aplique a Equação 2.16 do Volume 1 para descrever a posição da partícula em qualquer instante t:

$$y_f = y_i + v_{yi} t + \tfrac{1}{2} a_y t^2$$

Aplique os valores numéricos:

$$y_f = 0 + 0 + \tfrac{1}{2}(-3{,}51 \times 10^{13}\ \text{m/s}^2)(3{,}33 \times 10^{-8}\ \text{s})^2$$
$$= -0{,}0195\ \text{m} = \boxed{-1{,}95\ \text{cm}}$$

Finalização Se o elétron entrar abaixo da placa negativa na Figura 1.24 e a separação entre as placas for menor que o valor calculado, o elétron atingirá a placa positiva.

Observe que utilizamos *quatro* modelos de análise para descrever o elétron nas várias partes deste problema. Desprezamos a força gravitacional que atua sobre o elétron, o que é uma boa aproximação para o trabalho com partículas atômicas. Para um campo elétrico de 200 N/C, a proporção entre o módulo da força elétrica, eE, e o módulo da força gravitacional, mg, é da ordem de 10^{12} para um elétron, e de 10^9 para um próton.

Resumo

Definições

O **campo elétrico** $\vec{\mathbf{E}}$ em um ponto no espaço é definido como a força elétrica $\vec{\mathbf{F}}_e$ que atua sobre uma pequena carga de teste positiva colocada neste ponto dividida pelo módulo q_0 da carga de teste:

$$\vec{\mathbf{E}} \equiv \frac{\vec{\mathbf{F}}_e}{q_0} \tag{1.7}$$

Conceitos e Princípios

As **cargas elétricas** têm as seguintes propriedades importantes:

- Cargas com sinais opostos se atraem, e com o mesmo sinal se repelem.
- A carga total em um sistema isolado é conservada.
- A carga é quantizada.

A **Lei de Coulomb** determina que a força elétrica exercida por uma carga pontual q_1 sobre uma segunda carga pontual q_2 é

$$\vec{F}_{12} = k_e \frac{q_1 q_2}{r^2} \hat{r}_{12} \quad (1.6)$$

onde r é a distância entre as duas cargas, e $\hat{r}_{12}$ um vetor unitário direcionado de q_1 a q_2; k_e. A chamada **constante de Coulomb** tem o valor $k_e = 8{,}988 \times 10^9$ N × m²/C².

A uma distância r de uma carga pontual q, o campo elétrico criado pela carga é

$$\vec{E} = k_e \frac{q}{r^2} \hat{r} \quad (1.9)$$

onde $\hat{r}$ é um vetor unitário direcionado da carga para o ponto em questão. O campo elétrico é direcionado radialmente para fora de uma carga positiva e radialmente para dentro de uma negativa.

O campo elétrico criado por um grupo de cargas pontuais pode ser determinado por meio da aplicação do princípio da superposição, isto é, o campo elétrico total em um ponto é igual à soma vetorial dos campos elétricos de todas as cargas:

$$\vec{E} = k_e \sum_i \frac{q_i}{r_i^2} \hat{r}_i \quad (1.10)$$

O campo elétrico em um ponto estabelecido por uma distribuição contínua de cargas é

$$\vec{E} = k_e \int \frac{dq}{r^2} \hat{r} \quad (1.11)$$

onde dq é a carga em um elemento da distribuição de cargas, e r é a distância do elemento ao ponto em questão.

Modelo de Análise para Resolução de Problemas

Partícula em um campo (Elétrico) Uma partícula-fonte com alguma carga elétrica estabelece um campo elétrico $\vec{E}$ no espaço. Quando uma partícula com carga q é colocada nesse campo, ela experimenta uma força elétrica dada por

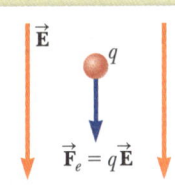

$$\vec{F}_e = q\vec{E} \quad (1.8)$$

Perguntas Objetivas

1. Um elétron e um próton, ambos livres, são liberados em campos elétricos idênticos. **(i)** Como comparamos os módulos da força elétrica exercida sobre as duas partículas? (a) O módulo é milhões de vezes maior para o elétron. (b) O módulo é milhares de vezes maior para o elétron. (c) Os módulos são iguais. (d) O módulo é milhares de vezes menor para o elétron. (e) O módulo é milhões de vezes menor para o elétron. **(ii)** Compare seus módulos de aceleração. Escolha entre as mesmas alternativas da parte (i).

2. O que impede a gravidade de puxá-lo do solo em direção ao centro da Terra? Escolha a melhor resposta. (a) A densidade da matéria é muito grande. (b) Os núcleos positivos dos átomos do seu corpo repelem os núcleos positivos dos átomos do solo. (c) A densidade do solo é maior que a do seu corpo. (d) Ligações químicas mantêm os átomos unidos. (e) Os elétrons nas superfícies do solo e dos seus pés se repelem.

3. Uma bola muito pequena tem massa de $5{,}00 \times 10^{-3}$ kg e carga de $4{,}00$ μC. Determine o módulo do campo elétrico direcionado para cima que equilibrará o peso da bola, de modo que ela permaneça suspensa e imóvel acima do chão.

(a) $8{,}21 \times 10^2$ N/C (b) $1{,}22 \times 10^4$ N/C (c) $2{,}00 \times 10^{-2}$ N/C (d) $5{,}11 \times 10^6$ N/C (e) $3{,}72 \times 10^3$ N/C.

4. Um elétron a uma velocidade escalar de $3{,}00 \times 10^6$ m/s entra em um campo elétrico uniforme de módulo $1{,}00 \times 10^3$ N/C. As linhas do campo são paralelas à velocidade vetorial do elétron e apontam no mesmo sentido da velocidade vetorial. Qual a distância percorrida pelo elétron antes de parar em um ponto de repouso? (a) $2{,}56$ cm (b) $5{,}12$ cm (c) $11{,}2$ cm (d) $3{,}34$ m (e) $4{,}24$ m.

5. Uma carga pontual de $-4{,}00$ nC está localizada em $(0, 1{,}00)$ m. Qual o valor da componente x do campo elétrico criado pela carga pontual em $(4{,}00, -2{,}00)$ m? (a) $1{,}15$ N/C (b) $-0{,}864$ N/C (c) $1{,}44$ N/C (d) $-1{,}15$ N/C (e) $0{,}864$ N/C.

6. Um anel de carga circular com raio b tem uma carga total q distribuída de modo uniforme ao seu redor. Qual é o módulo do campo elétrico no centro do anel? (a) 0 (b) $k_e q/b^2$ (c) $k_e q^2/b^2$ (d) $k_e q/b$ (e) nenhuma das alternativas.

7. O que ocorre quando um isolante carregado é colocado próximo de um objeto metálico não carregado? (a) Eles se repelem. (b) Eles se atraem. (c) Eles podem se atrair ou repelir, dependendo do sinal (positivo ou negativo) da

carga no isolante. (d) Eles não exercem força eletrostática um sobre o outro. (e) O isolante carregado sempre se descarrega espontaneamente.

8. Calcule o módulo do campo elétrico estabelecido pelo próton de um átomo de hidrogênio a uma distância de 5,29 × 10^{-11} m, a posição esperada do elétron no átomo. (a) 10^{-11} N/C (b) 10^8 N/C (c) 10^{14} N/C (d) 10^6 N/C (e) 10^{12} N/C.

9. (i) Uma moeda de metal recebe uma carga elétrica positiva. Sua massa (a) aumenta de modo mensurável, (b) aumenta uma quantidade muito pequena para ser medida diretamente, (c) permanece inalterada, (d) diminui uma quantidade muito pequena para ser medida diretamente, ou (e) diminui de modo mensurável? (ii) Suponha que a moeda receba uma carga elétrica negativa. O que acontece com a massa? Escolha entre as mesmas alternativas da parte (i).

10. Suponha que os objetos carregados na Figura PO1.10 estejam fixos. Observe que não há linha de visão da posição de q_2 para a de q_1. Se você estivesse em q_1, não seria capaz de ver q_2, pois este está atrás de q_3. Como você calcularia a força elétrica exercida sobre o objeto com carga q_1? (a) Determinando apenas a força exercida por q_2 sobre a carga q_1. (b) Determinando apenas a força exercida por q_3 sobre a carga q_1. (c) Adicionando a força que q_2 exerceria por si sobre a carga q_1 à que q_3 exerceria por si sobre a q_1. (d) Adicionando a força que q_3 exerceria por si a uma determinada fração da força que q_2 exerceria por si. (e) Não existe um modo definido pelo qual calcular a força aplicada à carga q_1.

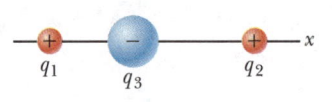

Figura PO1.10

11. Três partículas carregadas estão dispostas nos vértices de um quadrado, como mostra a Figura PO1.11, com a carga $-Q$ na partícula no vértice superior esquerdo e na partícula no vértice inferior direito, e a carga $+2Q$ na partícula no vértice inferior esquerdo. (i) Qual é o sentido do campo elétrico no vértice superior direito, que é um ponto no espaço vazio? (a) Para cima e para a direita. (b) Direto para a direita. (c) Direto para baixo. (d) Para baixo e para a esquerda. (e) Perpendicular ao plano da figura e para fora. (ii) Suponha que a carga $+2Q$ no vértice inferior esquerdo seja removida. Neste caso, o módulo do campo no vértice superior direito (a) torna-se maior,

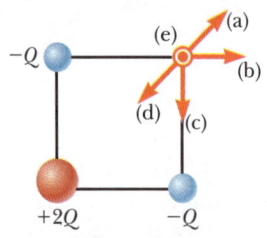

Figura PO1.11

(b) diminui, (c) permanece o mesmo, ou (d) muda de modo imprevisível?

12. Duas cargas pontuais atraem-se com uma força elétrica de módulo F. Se a carga em uma das partículas for reduzida a um terço do seu valor original, e a distância entre as partículas for dobrada, qual será o módulo resultante da força elétrica entre elas? (a) 1/12 F (b) 1/3 F (c) 1/6 F (d) 3/4 F (e) 3/2 F.

13. Suponha que um anel uniformemente carregado com raio R e carga Q produza um campo elétrico E_{anel} em um ponto P em seu eixo, a uma distância x do centro do anel, como na Figura PO1.13a. Agora, suponha que a mesma carga Q esteja distribuída uniformemente sobre a área circular encerrada pelo anel, formando um disco de carga plano com o mesmo raio como mostrado na Figura PO1.13b. Como podemos comparar o campo E_{disco} produzido pelo disco em P com o produzido pelo anel no mesmo ponto? (a) $E_{disco} < E_{anel}$ (b) $E_{disco} = E_{anel}$ (c) $E_{disco} > E_{anel}$ (d) impossível determinar.

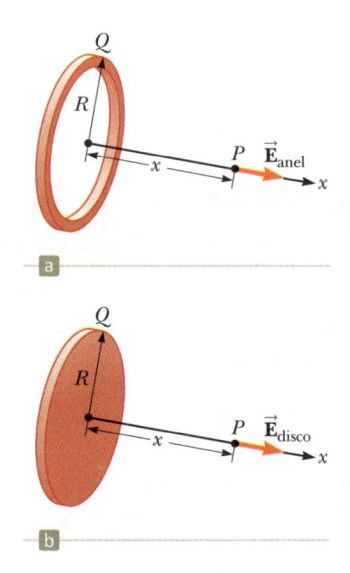

Figura PO1.13

14. Um objeto com carga negativa é colocado em uma região do espaço onde o campo elétrico está direcionado verticalmente para cima. Qual é o sentido da força elétrica exercida sobre essa carga? (a) Para cima. (b) Para baixo. (c) Não há força. (d) A força pode ter qualquer sentido.

15. O módulo da força elétrica entre dois prótons é 2,30 × 10^{-26} N. Qual é a distância entre os prótons? (a) 0,100 m (b) 0,0220 m (c) 3,10 m (d) 0,00570 m (e) 0,480 m.

Perguntas Conceituais

1. (a) A vida seria diferente se o elétron fosse positivamente carregado, e o próton negativamente carregado? (b) A escolha de sinais tem algum significado nas interações físicas e químicas? Explique suas respostas.

2. Muitas vezes, um pente carregado atrai pequenos fragmentos de papel seco, que, após tocarem o pente, são lançados para longe. Explique por que isso ocorre.

3. Uma pessoa é colocada em uma grande esfera de metal oca, isolada do solo. Se a esfera receber uma grande carga, a pessoa será ferida ao tocar a parte interna da esfera?

4. Um estudante que cresceu em um país tropical e estuda nos EUA pode não ter experiência com faíscas e choques causados por eletricidade estática até seu primeiro inverno norte-americano. Explique.

5. Se um corpo A suspenso é atraído por um B carregado, podemos concluir que A está carregado? Explique.

6. Considere o ponto A na Figura PC1.6, localizado a uma distância arbitrária das duas cargas pontuais positivas em um espaço vazio. (a) É possível que um campo elétrico exista no

ponto A no espaço vazio? Explique. (b) Existe carga neste ponto? Explique. (c) Existe força neste ponto? Explique.

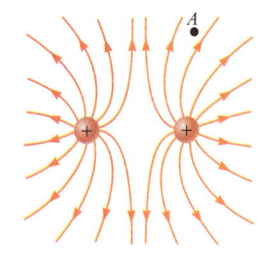

Figura PC1.6

7. No clima ameno, existe um campo elétrico na superfície da Terra apontado para baixo na direção do solo. Qual é o sinal da carga elétrica no solo em tal situação?

8. Por que a equipe de um hospital deve usar calçados condutores especiais ao trabalhar próximo a recipientes de oxigênio, em uma sala de cirurgia? O que pode ocorrer se a equipe usar calçados com solados de borracha?

9. Um balão fica preso a uma parede após ser carregado negativamente por atrito. (a) Isto ocorre porque a parede está positivamente carregada? (b) Por que, finalmente, o balão cai?

10. Considere dois dipolos elétricos no espaço vazio. Cada dipolo tem uma carga líquida igual a zero. (a) Existe força elétrica entre os dipolos, isto é, dois objetos com carga líquida igual a zero podem exercer forças elétricas um sobre o outro? (b) Em caso afirmativo, a força é de atração ou repulsão?

11. Um objeto de vidro recebe uma carga positiva quando esfregado com um retalho de seda. Durante esse processo, prótons foram adicionados ao objeto ou elétrons foram removidos?

Problemas

WebAssign Os problemas que se encontram neste capítulo podem ser resolvidos *on-line* no Enhanced WebAssign (em inglês)

1. denota problema simples;
2. denota problema intermediário;
3. denota problema de desafio;

AMT *Analysis Model Tutorial* disponível no Enhanced WebAssign (em inglês);

M denota tutorial *Master It* disponível no Enhanced WebAssign (em inglês);

PD denota problema dirigido;

W solução em vídeo *Watch It* disponível no Enhanced WebAssign (em inglês).

Seção 1.1 Propriedades das cargas elétricas

1. Determine a carga e a massa das partículas a seguir com três dígitos significativos. *Sugestão*: Comece procurando a massa de um átomo neutro na tabela periódica dos elementos químicos no Apêndice C. (a) um átomo de hidrogênio ionizado, representado como H^+ (b) um átomo de sódio ionizado individualmente, Na^+ (c) um íon de cloreto Cl^- (d) um átomo de cálcio ionizado duplamente, $Ca^{++} = Ca^{2+}$ (e) o centro de uma molécula de amônia, modelado como um íon N^{3-} (f) átomos de nitrogênio ionizados quadruplamente, N^{4+}, encontrados no plasma de uma estrela quente (g) o núcleo de um átomo de nitrogênio (h) o íon molecular H_2O^-.

2. **W** (a) Calcule o número de elétrons em um pequeno alfinete de prata eletricamente neutro com massa de 10,0 g. A prata tem 47 elétrons por átomo, e sua massa molar é de 107,87 g/mol. (b) Considere a adição de elétrons ao alfinete até a carga negativa alcançar o valor muito alto de 1,00 mC. Quantos elétrons são adicionados para cada 10^9 elétrons presentes?

Seção 1.2 Carga de objetos por indução

Seção 1.3 Lei de Coulomb

3. Dois prótons em um núcleo atômico são tipicamente separados por uma distância de 2×10^{-15} m. A força elétrica repulsiva entre os prótons é enorme, mas a força nuclear atrativa é ainda mais forte e mantem o núcleo longe de explodir. Qual é a intensidade da força elétrica entre dois prótons separados por $2,00 \times 10^{-15}$ m?

4. Uma partícula carregada A exerce uma força de 2,62 μN à direita na partícula B carregada quando as partículas estão separadas por uma distância de 13,7 mm. A partícula B afasta-se imediatamente de A fazendo com que a distância entre elas seja 17,7 mm. Qual é a força vetorial que B exerce em A?

5. Em uma nuvem, pode haver cargas elétricas de +40,0 C perto da parte superior da nuvem e −40,0 C perto da parte inferior da nuvem. Estas cargas são separadas por 2,00 km. Qual é a força elétrica sobre a carga na parte superior da nuvem?

6. (a) Determine o módulo da força elétrica entre um íon Na^+ e um íon Cl^- separados por 0,50 nm. (b) A resposta seria diferente se o íon de sódio fosse trocado por Li^+, e o íon de cloreto por Br^-? Explique.

7. **Revisão.** Uma molécula de DNA (ácido desoxirribonucleico) tem um comprimento de 2,17 μm. As extremidades da molécula se tornam individualmente ionizadas – uma negativa e a outra positiva. A molécula helicoidal atua como uma mola e se retrai 1,00% ao ser carregada. Determine a constante elástica efetiva da molécula.

8. Certa vez, o ganhador do prêmio Nobel Richard Feynman (1918-1988) disse que, se duas pessoas permanecessem à distância de um braço uma da outra e cada uma tivesse 1% mais elétrons do que prótons, a força de repulsão entre elas seria suficiente para erguer um "peso" igual ao de toda a Terra. Efetue um cálculo de ordem de grandeza para fundamentar essa afirmação.

9. Uma carga pontual de 7,50 nC está localizada a 1,80 m de outra de 4,20 nC. (a) Determine o módulo da força elétrica

que uma partícula exerce sobre a outra. (b) A força é atrativa ou repulsiva?

10. **W** (a) Dois prótons em uma molécula estão separados por $3,80 \times 10^{-10}$ m. Calcule o módulo da força elétrica exercida por um próton sobre o outro. (b) Compare o módulo dessa força com o da força gravitacional exercida por um próton sobre o outro. (c) **E se?** Qual deve ser a relação carga/massa de uma partícula se o módulo da força gravitacional entre duas dessas partículas é igual ao da força elétrica entre elas?

11. **M** Três cargas pontuais estão dispostas como mostra a Figura P1.11. Determine (a) o módulo e (b) o sentido da força elétrica aplicada à partícula na origem.

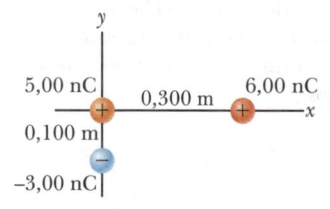

Figura P1.11 Problemas 11 e 35.

12. Três cargas pontuais estão localizadas em uma linha reta, como mostra a Figura P1.12, onde $q_1 = 6,00$ μC, $q_2 = 1,50$ μC e $q_3 = -2,00$ μC. As distâncias que as separam são $d_1 = 3,00$ cm e $d_2 = 2,00$ cm. Calcule o módulo e o sentido da força elétrica resultante exercida sobre (a) q_1, (b) q_2 e (c) q_3.

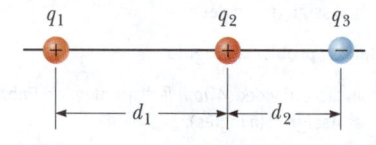

Figura P1.12

13. **W** Duas contas pequenas com cargas positivas $q_1 = 3q$ e $q_2 = q$ estão fixas nas extremidades de uma barra isolante horizontal de comprimento $d = 1,50$ m. A com carga q_1 está na origem. Como mostra a Figura P1.13, uma terceira conta carregada está livre para deslizar sobre a barra. (a) Em que posição x a terceira conta permanece em equilíbrio? (b) O equilíbrio pode ser estável?

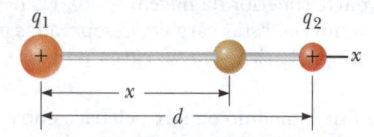

Figura P1.13 Problemas 13 e 14.

14. Duas contas pequenas com cargas de mesmo sinal q_1 e q_2 estão fixas nas extremidades de uma barra isolante horizontal de comprimento d. A com carga q_1 está na origem. Como mostra a Figura P1.13, uma terceira conta carregada está livre para deslizar sobre a barra. (a) Em que posição x a terceira conta permanece em equilíbrio? (b) O equilíbrio pode ser estável?

15. **M** Três partículas carregadas estão nos vértices de um triângulo equilátero, como mostra a Figura P1.15. Calcule a força elétrica total que atua sobre a carga de 7,00 μC.

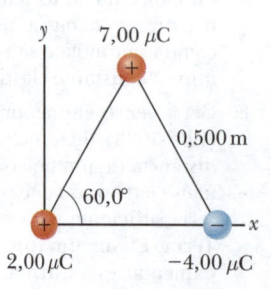

Figura P1.15 Problemas 15 e 30.

16. Duas pequenas esferas de metal, cada uma com massa $m = 0,200$ g, estão suspensas como pêndulos por cordas leves de comprimento L, como mostra a Figura P1.16. As esferas recebem a mesma carga elétrica de 7,2 nC e permanecem em equilíbrio quando cada corda forma um ângulo $\theta = 5,00°$ com a vertical. Qual é o comprimento das cordas?

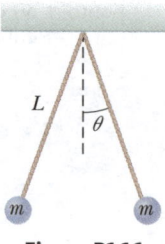

Figura P1.16

17. **Revisão.** Na teoria de Bohr do átomo de hidrogênio, um elétron se move em uma órbita circular em torno de um próton, sendo que o raio da órbita é de $5,29 \times 10^{-11}$ m. (a) Determine o módulo da força elétrica exercida sobre cada partícula. (b) Se essa força causar a aceleração centrípeta do elétron, qual será a velocidade escalar dessa partícula?

18. **PD** Uma partícula A de carga $3,00 \times 10^{-4}$ C está na origem, uma partícula B de carga $-6,00 \times 10^{-4}$ C está em (4,00 m, 0) e uma partícula C de carga $1,00 \times 10^{-4}$ C está em (0, 3,00 m). Desejamos determinar a força elétrica resultante exercida sobre C. (a) Qual é a componente x da força elétrica exercida por A sobre C? (b) Qual é a componente y da força exercida por A sobre C? (c) Calcule o módulo da força exercida por B sobre C. (d) Calcule a componente x da força exercida por B sobre C. (e) Calcule a componente y da força exercida por B sobre C. (f) Some as duas componentes x das partes (a) e (d) para obter a componente x da força elétrica resultante que atua sobre C. (g) De modo similar, determine a componente y do vetor força resultante que atua sobre C. (h) Determine o módulo e o sentido da força elétrica resultante exercida sobre C.

19. Uma carga pontual $+2Q$ está na origem, e uma carga pontual $-Q$, localizada ao longo do eixo x em $x = d$, como mostra a Figura P1.19. Determine uma expressão simbólica para a força líquida que atua sobre uma terceira carga pontual $+Q$ localizada ao longo do eixo y em $y = d$.

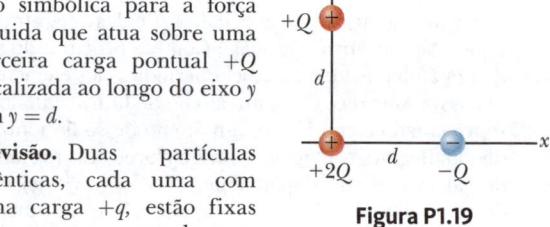

Figura P1.19

20. **Revisão.** Duas partículas idênticas, cada uma com uma carga $+q$, estão fixas no espaço e separadas por uma distância d. Uma terceira partícula com carga $-Q$ está livre para se mover e, inicialmente, em repouso no bissetor perpendicular das duas cargas fixas a uma distância x do ponto central entre elas (Fig. P1.20). (a) Demonstre que, se x é pequena comparada com d, o movimento de $-Q$ é harmônico simples ao longo do bissetor perpendicular. (b) Determine o período do movimento. (c) O quão rápido a carga $-Q$ se deslocará quando estiver no ponto central entre as duas cargas fixas se, inicialmente, for solta a uma distância $a \ll d$ do ponto central?

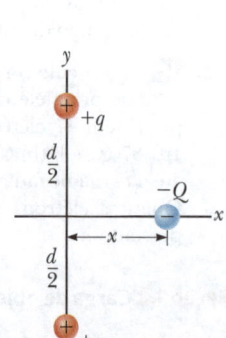

Figura P1.20

21. **W** Duas pequenas esferas condutoras idênticas estão posicionadas com os respectivos centros separados por 0,300 m. Uma esfera recebe uma carga de 12,0 nC, e a outra, uma

carga de –18,0 nC. (a) Determine a força elétrica exercida por uma esfera sobre a outra. (b) **E se?** As esferas estão conectadas por um fio condutor. Calcule a força elétrica que cada uma exerce sobre a outra após terem estabelecido o equilíbrio.

22. *Por que a seguinte situação é impossível?* Duas partículas de poeira idênticas de massa 1,00 μg flutuam no espaço vazio, longe de qualquer fonte externa de campos gravitacionais ou elétricos grandes e em repouso uma em relação à outra. Ambas possuem cargas elétricas idênticas em módulo e sinal. As forças gravitacional e elétrica entre as partículas têm o mesmo módulo e, assim, cada partícula não é afetada por nenhuma força resultante, e a distância entre elas permanece constante.

Seção 1.4 Modelo de análise: partícula em um campo (elétrico)

23. Quais são o módulo e a direção do campo elétrico que irá equilibrar o peso de (a) um elétron e (b) um próton? Você pode utilizar os dados na Tabela 1.1.

24. Um objeto pequeno de massa 3,80 g e carga –18,0 μC está suspenso e imóvel acima do solo quando é imerso em um campo elétrico uniforme perpendicular ao solo. Determine o módulo e o sentido do campo elétrico.

25. Quatro partículas carregadas estão localizadas nos vértices de um quadrado de lado a, como mostra a Figura P1.25. Determine (a) o campo elétrico na posição da carga q e (b) a força elétrica total exercida sobre q.

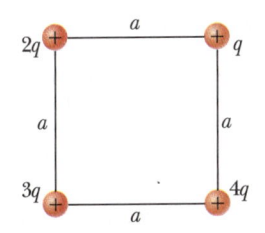

Figura P1.25

26. Três cargas pontuais estão posicionadas em um círculo de raio r nos ângulos de 30°, 150° e 270°, como mostra a Figura P1.26. Determine uma expressão simbólica para o campo elétrico resultante no centro do círculo.

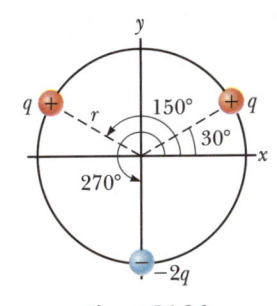

Figura P1.26

27. Duas partículas idênticas positivamente carregadas estão localizadas em vértices opostos de um trapezoide, como mostra a Figura P1.27. Determine expressões simbólicas para o campo elétrico total (a) no ponto P e (b) no ponto P'.

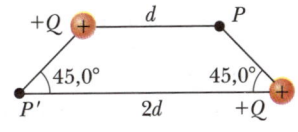

Figura P1.27

28. Considere n partículas idênticas positivamente carregadas, cada uma com módulo Q/n, posicionadas simetricamente em torno de um círculo de raio a. (a) Calcule o módulo do campo elétrico em um ponto a uma distância x do centro do círculo e na linha que passa através deste centro e é perpendicular ao seu plano. (b) Explique por que esse resultado é idêntico ao do cálculo feito no Exemplo 1.8.

29. **M** Na Figura P1.29, determine o ponto (que não o infinito) no qual o campo elétrico é igual a zero.

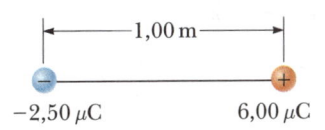

Figura P1.29

30. **W** Três partículas carregadas estão localizadas nos vértices de um triângulo equilátero, como mostra a Figura P1.15. (a) Calcule o campo elétrico na posição da carga de 2,00 μC gerado pelas cargas de 7,00 μC e –4,00 μC. (b) Aplique seu resultado à parte (a) para calcular a força exercida sobre a carga 2,00 μC.

31. Três cargas pontuais estão localizadas em um arco de círculo, como mostra a Figura P1.31. (a) Qual é o campo elétrico total em P, o centro do arco? (b) Determine a força elétrica que seria exercida sobre uma carga pontual de –5,00 nC posicionada em P.

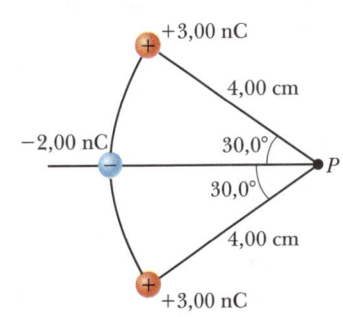

Figura P1.31

32. Duas partículas carregadas estão localizadas no eixo x. A primeira é uma carga $+Q$ em $x = -a$. A segunda é uma carga desconhecida localizada em $x = +3a$. O campo elétrico resultante produzido por essas cargas na origem tem um módulo de $2k_eQ/a^2$. Responda quantos valores são possíveis para a carga desconhecida e determine-os.

33. **AMT** Uma pequena bola plástica, de 2,00 g, é suspensa por uma corda com 20,0 cm de comprimento em um campo elétrico uniforme, como mostra a Figura P1.33. Se a bola estiver em equilíbrio quando a corda faz um ângulo de 15,0° com a vertical, qual é a carga líquida na bola?

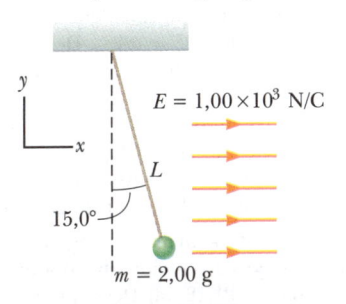

Figura P1.33

34. Duas cargas pontuais de 2,00 μC estão localizadas no eixo x. Uma delas está em $x = 1,00$ m, e a outra está em $x = -1,00$ m. (a) Determine o campo elétrico no eixo y em

$y = 0{,}500$ m. (b) Calcule a força elétrica sobre uma carga de $-3{,}00\ \mu$C colocada no eixo y em $y = 0{,}500$ m.

35. Três cargas pontuais são arranjadas conforme mostra a Figura P1.11. (a) Determine o campo vetor campo elétrico que as cargas de 6,00 nC e –3,00 nC, juntas, criam na origem. (b) Determine o vetor força sobre a carga de 5,00 nC.

36. Considere o dipolo elétrico mostrado na Figura P1.36. Mostre que o campo elétrico em um ponto *distante* sobre o eixo $+x$ é $E_x \approx 4k_e qa/x^3$.

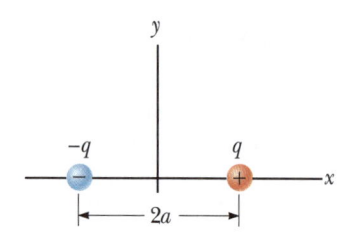

Figura P1.36

Seção 1.5 Campo elétrico de uma distribuição contínua de cargas

37. **W** Uma barra de 14,0 cm de comprimento está uniformemente carregada e tem uma carga total de $-22{,}0\ \mu$C. Determine (a) o módulo e (b) o sentido do campo elétrico ao longo do eixo da barra em um ponto a 36,0 cm de seu centro.

38. Um disco uniformemente carregado de raio 35,0 cm possui uma carga com densidade de $7{,}90 \times 10^{-3}$ C/m². Calcule o campo elétrico no eixo do disco a (a) 5,00 cm, (b) 10,0 cm, (c) 50,0 cm e (d) 200 cm do centro do disco.

39. **M** Um anel uniformemente carregado de raio 10,0 cm possui uma carga total de 75,0 μC. Determine o campo elétrico no eixo do anel a (a) 1,00 cm, (b) 5,00 cm, (c) 30,0 cm e (d) 100 cm do centro do anel.

40. O campo elétrico ao longo do eixo de um disco uniformemente carregado de raio R e carga total Q foi calculado no Exemplo 1.9. Demonstre que o campo elétrico a distâncias x, grandes comparadas com R, se aproxima do gerado por uma partícula com carga $Q = \sigma\pi R^2$. *Sugestão*: Primeiro, demonstre que $x/(x^2 + R^2)^{1/2} = (1 + R^2/x^2)^{-1/2}$ e aplique a expansão binomial $(1 + \delta)^n \approx 1 + n\delta$, quando $\delta \ll 1$.

41. O Exemplo 1.9 deriva a expressão exata do campo elétrico em um ponto no eixo de um disco uniformemente carregado. Considere um disco de raio $R = 3{,}00$ cm com uma carga uniformemente distribuída de $+5{,}20\ \mu$C. (a) Aplicando o resultado do Exemplo 1.9, calcule o campo elétrico em um ponto no eixo e a 3,00 mm do centro. (b) **E se?** Explique como a resposta da parte (a) pode ser comparada com o campo calculado com base na aproximação do campo vizinho $E = \sigma/2\varepsilon_0$. Derivaremos essa expressão no Exemplo 1.9 deste volume. (c) Aplicando o resultado do Exemplo 1.9, calcule o campo elétrico em um ponto no eixo e a 30,0 cm do centro do disco. (d) **E se?** Explique como a resposta da parte (c) pode ser comparada com o campo elétrico obtido ao considerarmos o disco uma partícula carregada de $+5{,}20\ \mu$C à distância de 30,0 cm.

42. Uma barra uniformemente carregada de comprimento L e carga total Q está posicionada ao longo do eixo x, como mostra a Figura P1.42. (a) Determine as componentes do campo elétrico no ponto P no eixo y a uma distância d da origem. (b) Quais são os valores aproximados das componentes do campo quando $d \gg L$? Explique por que esses resultados são esperados.

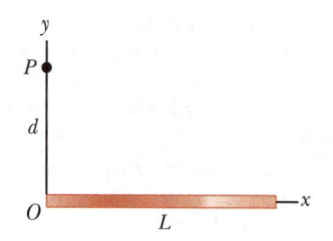

Figura P1.42

43. **W** Uma linha de carga contínua ao longo do eixo x estende-se de $x = +x_0$ ao infinito positivo. A linha possui carga positiva com uma densidade de carga linear uniforme λ_0. Determine (a) o módulo e (b) o sentido do campo elétrico na origem.

44. Uma barra delgada de comprimento ℓ e carga uniforme por unidade de comprimento λ está posicionada ao longo do eixo x, como mostra a Figura P1.44. (a) Demonstre que o campo elétrico em P, a uma distância d da barra ao longo de seu bissetor perpendicular, não tem componente x e é definido por $E = 2k_e\lambda\ \text{sen}\ \theta_0/d$. (b) **E se?** Aplicando seu resultado da parte (a), demonstre que o campo de uma barra de comprimento infinito é $E = 2k_e\lambda/d$.

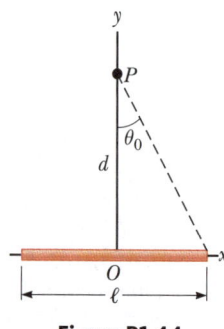

Figura P1.44

45. **M** Uma barra isolante uniformemente carregada de 14,0 cm de comprimento é curvada na forma de um semicírculo, como mostra a Figura P1.45. A barra tem uma carga total de $-7{,}50\ \mu$C. Determine (a) o módulo e (b) o sentido do campo elétrico em O, o centro do semicírculo.

46. (a) Considere uma carcaça cilíndrica de revolução com parede delgada e uniformemente carregada com uma carga total Q, raio R e comprimento ℓ. Determine o campo elétrico em um ponto a uma distância d do lado direito do cilindro, como mostra a Figura P1.46. *Sugestão*: Aplique o resultado do Exemplo 1.8 e trate o cilindro como um conjunto de cargas anulares. (b) **E se?** Agora, considere um cilindro sólido com as mesmas dimensões e a mesma carga, uniformemente distribuída em seu volume. Aplique o resultado do Exemplo 1.9 para determinar o campo criado no mesmo ponto.

Figura P1.45

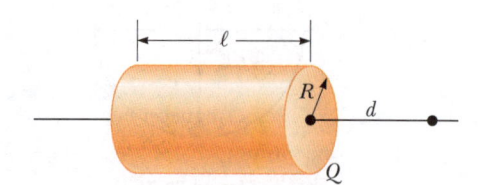

Figura P1.46

Seção 1.6 Linhas de campo elétrico

47. Uma barra negativamente carregada de comprimento finito possui uma carga uniforme por unidade de comprimento. Esboce as linhas do campo elétrico em um plano que contém a barra.

48. Um disco positivamente carregado tem uma carga uniforme por unidade de área σ, como descrito no Exemplo

1.9. Esboce as linhas do campo elétrico em um plano perpendicular ao do disco que passa através de seu centro.

49. **W** A Figura P1.49 mostra as linhas do campo elétrico de duas partículas carregadas separadas por uma pequena distância. (a) Determine a razão q_1/q_2. (b) Quais são os sinais de q_1 e q_2?

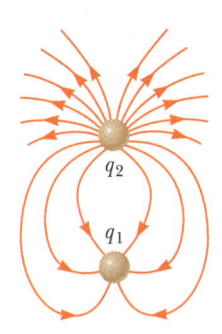

Figura P1.49

50. Três cargas positivas idênticas q estão localizadas nos vértices de um triângulo equilátero de lado a, como mostra a Figura P1.50. Suponha que as três, em conjunto, criem um campo elétrico. (a) Esboce as linhas do campo no plano das cargas. (b) Determine a localização de um ponto (que não o ∞) onde o campo elétrico seja igual a zero. Calcule (c) o módulo e (d) o sentido do campo elétrico em P estabelecido pelas duas cargas na base.

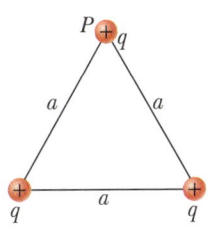

Figura P1.50

Seção 1.7 Movimento de uma partícula carregada em um campo elétrico uniforme

51. **AMT M** Um próton acelera do repouso em um campo elétrico uniforme de 640 N/C. Em um instante posterior, sua velocidade escalar é de 1,20 Mm/s (não relativística, porque v é muito menor que a velocidade da luz). (a) Calcule a aceleração do próton. (b) Ao longo de qual intervalo de tempo o próton alcança essa velocidade? (c) Qual a distância percorrida pela partícula nesse intervalo de tempo? (d) Qual é a energia cinética da partícula ao fim desse intervalo de tempo?

52. **W** Um próton é projetado no sentido x positivo para dentro de uma região de campo elétrico uniforme $\vec{E} = (-6,00 \times 10^5)\hat{i}$ N/C em $t = 0$. O próton percorre 7,00 cm até o repouso. Determine (a) a aceleração do próton, (b) sua velocidade escalar inicial e (c) o intervalo de tempo decorrido até o próton permanecer em repouso.

53. Um elétron e um próton são colocados em repouso em um campo elétrico uniforme de módulo 520 N/C. Calcule a velocidade escalar de cada partícula 48,0 ns após ser liberada.

54. **PD** Prótons são projetados com uma velocidade escalar inicial $v_i = 9{,}55$ km/s de uma região sem campo através de um plano para dentro de outra, onde um campo elétrico uniforme $\vec{E} = -720\hat{j}$ N/C está presente acima do plano, como mostra a Figura P1.54. O vetor velocidade inicial dos prótons forma um ângulo θ com o plano. Os prótons atingirão um ponto localizado a uma distância horizontal de $R = 1{,}27$ mm do ponto, em que cruzarão o plano e entrarão no campo elétrico. Desejamos determinar o ângulo θ com o qual os prótons devem passar através do plano para atingir o ponto alvo. (a) Que modelo de análise descreve o movimento horizontal dos prótons acima do plano? (b) Que modelo de análise descreve o movimento vertical dos prótons acima do plano? (c) Demonstre que a Equação 4.13 do Volume 1 seria aplicável aos prótons nesta situação. (d) Aplique essa equação para expressar R em função de v_i, E, da carga e da massa do próton e do ângulo θ. (e) Determine os dois valores possíveis do ângulo θ. (f) Determine o intervalo de tempo durante o qual o próton está acima do plano na Figura P1.54 para cada um dos dois valores possíveis de θ.

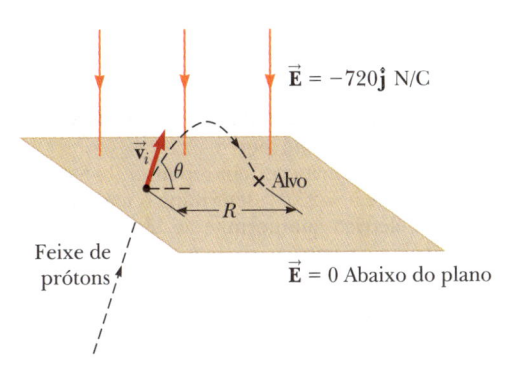

Figura P1.54

55. Cada elétron em um feixe de partículas tem uma energia cinética K. Determine (a) o módulo e (b) o sentido do campo elétrico que detém esses elétrons a uma distância d.

56. Duas placas de metal horizontais, cada uma com 10,0 cm quadrados, estão alinhadas com um espaçamento de 1,00 cm uma acima da outra. Ambas recebem cargas de mesmo módulo e sinais opostos, de modo que um campo elétrico uniforme descendente de $2{,}00 \times 10^3$ N/C é estabelecido na região entre elas. Uma partícula com massa $2{,}00 \times 10^{-16}$ kg e carga positiva de $1{,}00 \times 10^{-6}$ C sai do centro da placa negativa inferior com uma velocidade escalar inicial de $1{,}00 \times 10^5$ m/s a um ângulo de 37,0° acima da horizontal. (a) Descreva a trajetória da partícula. (b) Qual placa a partícula atinge? (c) Em que ponto, em relação ao ponto de partida, a placa é atingida?

57. **M** Um próton se move a $4{,}50 \times 10^5$ m/s na direção horizontal. A partícula entra em um campo elétrico uniforme vertical com um módulo de $9{,}60 \times 10^3$ N/C. Ignorando quaisquer efeitos gravitacionais, determine (a) o intervalo de tempo requerido para que o próton percorra 5,00 cm na horizontal, (b) seu deslocamento vertical durante o intervalo de tempo no qual percorre 5,00 cm na horizontal e (c) as componentes horizontal e vertical de sua velocidade vetorial após percorrer 5,00 cm na horizontal.

Problemas Adicionais

58. Três cilindros de plástico sólidos têm raio de 2,50 cm e comprimento de 6,00 cm. Calcule a carga de cada cilindro com base nas informações adicionais a seguir referentes a cada um deles. O cilindro (a) tem uma carga com densidade uniforme de 15,0 nC/m² em toda a superfície. O (b), de 15,0 nC/m² apenas na superfície lateral curva. O (c), de 500 nC/m³ em todo o volume de plástico.

59. Considere um número infinito de partículas idênticas, cada uma com carga q, posicionadas ao longo do eixo x a distâncias a, $2a$, $3a$, $4a$,... da origem. Qual é o campo elétrico na origem gerado por essa distribuição? *Sugestão*: Aplique

$$1 + \frac{1}{2^2} + \frac{1}{3^2} + \frac{1}{4^2} + \ldots = \frac{\pi^2}{6}$$

60. Uma partícula com carga –3,00 nC está localizada na origem, e outra, com carga negativa de módulo Q, está posicionada em $x = 50,0$ cm. Uma terceira partícula com carga positiva está em equilíbrio em $x = 20,9$ cm. Qual é o valor de Q?

61. **AMT** Um bloco pequeno de massa m e carga Q é colocado em um plano inclinado, isolado e sem atrito com ângulo θ, como mostra a Figura P1.61. Um campo elétrico é aplicado paralelamente à rampa. (a) Determine uma expressão para o módulo do campo elétrico que permita ao bloco permanecer em repouso. (b) Se $m = 5,40$ g, $Q = -7,00$ μC e $\theta = 25,0°$, determine o módulo e o sentido do campo elétrico que permite ao bloco permanecer em repouso sobre a rampa.

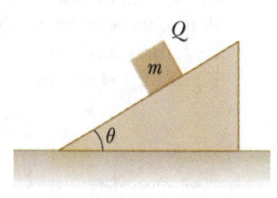

Figura P1.61

62. Uma esfera pequena de carga $q_1 = 0,800$ μC está presa na extremidade de uma mola, como mostra a Figura P1.62a. Quando outra, de carga $q_2 = -0,600$ μC, é suspensa abaixo da primeira esfera, como na Figura P1.62b, a mola se estica $d = 3,50$ cm em relação ao seu comprimento original e alcança uma nova posição de equilíbrio com uma separação entre as cargas de $r = 5,00$ cm. Qual é a constante de força da mola?

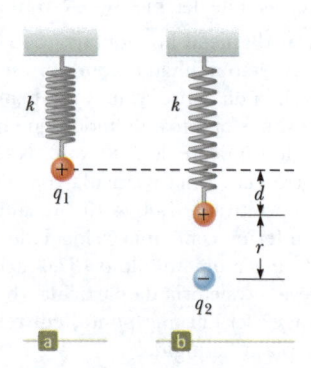

Figura P1.62

63. Uma linha de carga tem origem em $x = +x_0$ e se estende ao infinito positivo. A densidade de carga linear é $\lambda = \lambda_0 x_0/x$, onde λ_0 é uma constante. Determine o campo elétrico na origem.

64. Uma pequena esfera, de massa $m = 7,50$ g e carga $q_1 = 32,0$ nC é conectada à extremidade de uma corda e pendurada verticalmente, como mostra a Figura P1.64. Uma segunda carga de massa igual e carga $q_2 = -58,0$ nC está localizada abaixo da primeira carga a distância $d = 2,00$ cm abaixo da primeira carga, como mostra a Figura 1.64. (a) Determine a tensão na corda. (b) Se a corda pode suportar uma tensão máxima de 0,180 N, qual é o menor valor que d pode ter antes de a corda se romper?

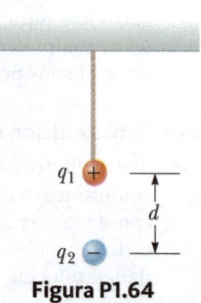

Figura P1.64

65. **AMT** Um campo elétrico uniforme de módulo 640 N/C está presente entre duas placas paralelas separadas por 4,00 cm. Um próton é liberado do repouso na placa positiva no mesmo instante em que um elétron é liberado do repouso na placa negativa. (a) Determine a distância da placa positiva quando as duas partículas passam uma pela outra. Ignore a atração elétrica entre o próton e o elétron. (b) **E se?** Repita a parte (a) para um íon sódio (Na$^+$) e um íon cloreto (Cl$^-$).

66. Duas pequenas esferas de prata, cada uma com massa de 10,0 g, estão separadas por 1,00 m. Calcule a fração de elétrons em uma esfera que deve ser transferida à outra para que uma força atrativa de $1,00 \times 10^4$ N (cerca de 1 tonelada) seja produzida entre elas. O número de elétrons por átomo de prata é 47.

67. **M** Uma bola de cortiça carregada de massa 1,00 g está suspensa por uma corda leve na presença de um campo elétrico uniforme, como mostra a Figura P1.67. Quando $\vec{E} = (3,00\hat{i} + 5,00\hat{j}) \times 10^5$ N/C, a bola está em equilíbrio a um ângulo $\theta = 37,0°$. Determine (a) a carga na bola e (b) a tensão na corda.

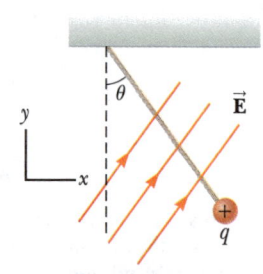

Figura P1.67
Problemas 67 e 68.

68. Uma bola de cortiça carregada de massa m está suspensa por uma corda leve na presença de um campo elétrico uniforme, como mostra a Figura P1.67. Quando $\vec{E} = A\hat{i} + B\hat{j}$, onde A e B são números positivos, a bola está em equilíbrio a um ângulo θ. Determine (a) a carga na bola e (b) a tensão na corda.

69. Três partículas carregadas estão alinhadas ao longo do eixo x, como mostra a Figura P1.69. Calcule o campo elétrico (a) na posição (2,00 m, 0) e (b) na posição (0, 2,00 m).

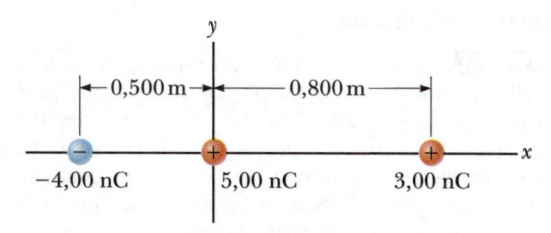

Figura P1.69

70. Duas cargas pontuais $q_A = -12,0$ μC e $q_B = 45,0$ μC e uma terceira partícula com carga desconhecida q_C estão localizadas no eixo x. A q_A está na origem, e q_B em $x = 15,0$ cm. A terceira será posicionada de modo que cada partícula esteja em equilíbrio sob a ação das forças elétricas exercidas pelas outras duas partículas. (a) Essa situação é possível? Em caso afirmativo, isto é possível em mais de um modo? Explique. Determine (b) a localização requerida e (c) o módulo e o sinal da carga da terceira partícula.

71. Uma linha de carga positiva forma um semicírculo de raio $R = 60,0$ cm, como mostra a Figura P1.71. A carga por unidade de comprimento ao longo do semicírculo é descrita pela expressão $\lambda = \lambda_0 \cos\theta$. A carga total no semicírculo é de 12,0 μC. Calcule

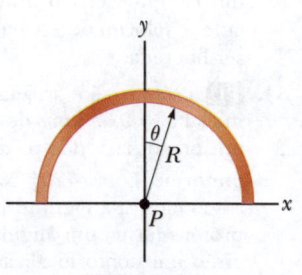

Figura P1.71

a força total exercida sobre uma carga de 3,00 μC colocada no centro de curvatura P.

72. Quatro partículas carregadas idênticas ($q = +10,0$ μC) estão posicionadas nos vértices de um retângulo, como mostra a Figura P1.72. As dimensões do retângulo são $L = 60,0$ cm e $W = 15,0$ cm. Calcule (a) o módulo e (b) o sentido da força elétrica total exercida sobre a carga no vértice inferior esquerdo pelas outras três cargas.

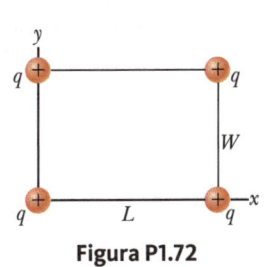

Figura P1.72

73. Duas esferas pequenas estão suspensas em equilíbrio nas extremidades inferiores de filamentos de 40,0 cm de comprimento, cujas extremidades superiores estão amarradas ao mesmo ponto fixo. Uma esfera tem massa de 2,40 g e carga de +300 nC. A outra tem a mesma massa e carga de +200 nC. Determine a distância entre os centros das esferas.

74. *Por que a seguinte situação é impossível?* Um elétron entra em uma região de campo elétrico uniforme entre duas placas paralelas. Estas são utilizadas em um tubo de raios catódicos para ajustar a posição de um feixe de elétrons em uma tela fluorescente distante. O módulo do campo elétrico entre as placas é de 200 N/C. Elas têm 0,200 m de comprimento e estão separadas por 1,50 cm. O elétron entra na região a uma velocidade de $3,00 \times 10^6$ m/s, deslocando-se paralelamente ao plano das placas na direção de seu comprimento. A partícula deixa as placas em direção à sua posição correta na tela fluorescente.

75. **Revisão.** Dois blocos idênticos em repouso sobre uma superfície horizontal sem atrito estão ligados por uma mola leve de constante elástica $k = 100$ N/m e um comprimento não estendido $L_i = 0,400$ m, como mostra a Figura P1.75a. Uma carga Q é colocada cuidadosamente sobre cada bloco, fazendo com que a mola se estique até um comprimento de equilíbrio $L = 0,500$ m, como mostra a Figura P1.75b. Determine o valor de Q, modelando os blocos como partículas carregadas.

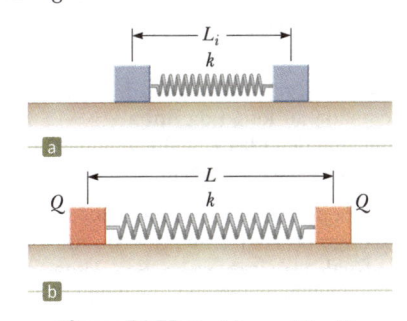

Figura P1.75 Problemas 75 e 76.

76. **Revisão.** Dois blocos idênticos em repouso sobre uma superfície horizontal sem atrito estão ligados por uma mola leve de constante elástica k e um comprimento não estendido L_i, como mostra a Figura P1.75a. Uma carga Q é colocada cuidadosamente sobre cada bloco, fazendo com que a mola se estique até um comprimento de equilíbrio L, como mostra a Figura P1.75b. Determine o valor de Q, modelando os blocos como partículas carregadas.

77. Três cargas pontuais idênticas, cada uma com massa $m = 0,100$ kg, estão suspensas por três cordas, como mostra a Figura P1.77. Se o comprimento das cordas esquerda e direita for $L = 30,0$ cm e o ângulo θ for 45,0°, determine o valor de q.

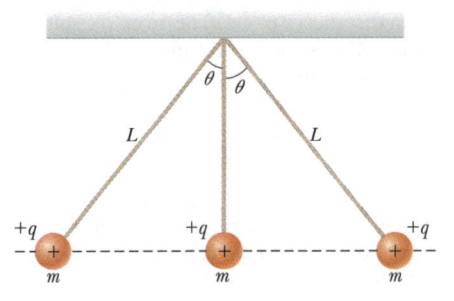

Figura P1.77

78. Demonstre que o módulo máximo $E_{máx}$ do campo elétrico ao longo do eixo de um anel uniformemente carregado ocorre a $x = a/\sqrt{2}$ (veja a Fig. 1.16) e tem um valor $Q/(6\sqrt{3}\pi\varepsilon_0 a^2)$.

79. Duas esferas de borracha dura, cada uma com massa $m = 15,0$ g, são esfregadas com um pedaço de pele em um dia seco e, depois, suspensas por duas cordas isolantes de comprimento $L = 5,00$ cm, cujos pontos de apoio estão a uma distância $d = 3,00$ cm um do outro, como na Figura P1.79. Ao ser esfregada, uma das esferas recebe exatamente o dobro da carga da outra. As esferas suspensas são observadas em equilíbrio, cada uma a um ângulo $\theta = 10,0°$ com a vertical. Determine a quantidade de carga em cada esfera.

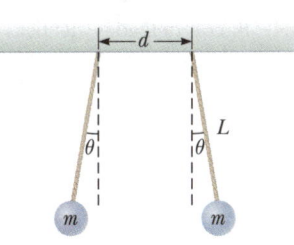

Figura P1.79

80. Duas contas idênticas têm massa m e carga q. Ao serem colocadas em uma bacia hemisférica de raio R com paredes não condutoras e sem atrito, elas se deslocam e, em equilíbrio, permanecem separadas por uma distância d (Fig. P1.80). (a) Determine a carga q em cada conta. (b) Determine a carga requerida para que d se iguale a $2R$.

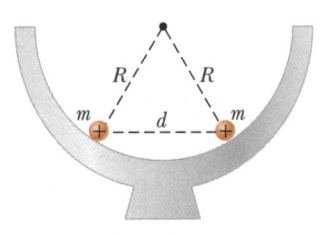

Figura P1.80

81. Duas esferas pequenas de massa m estão suspensas por cordas de comprimento ℓ ligadas em um ponto comum. Uma esfera tem carga Q e a outra, $2Q$. As cordas formam ângulos θ_1 e θ_2 com a vertical. (a) Explique como θ_1 e θ_2 se relacionam. (b) Suponha que θ_1 e θ_2 sejam pequenos. Demonstre que a distância r entre as esferas é aproximadamente

$$r \approx \left(\frac{4k_e Q^2 \ell}{mg}\right)^{1/3}$$

82. **Revisão.** Uma partícula negativamente carregada $-q$ é colocada no centro de um anel uniformemente carregado que possui uma carga positiva total Q, como mostra a Figura P1.82. A partícula, limitada a se mover ao longo do eixo x, é deslocada a

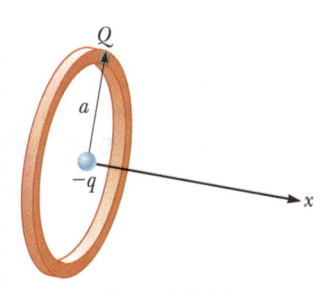

Figura P1.82

uma curta distância x ($x \ll a$) nesse eixo e solta. Demonstre que a partícula oscila em um movimento harmônico simples com uma frequência definida por

$$f = \frac{1}{2\pi}\left(\frac{k_e qQ}{ma^3}\right)^{1/2}$$

83. Uma bola de cortiça de 1,00 g com carga de μC 2,00 está suspensa verticalmente em uma corda leve de 0,500 m de comprimento, na presença de um campo elétrico uniforme descendente de intensidade $E = 1,00 \times 10^5$ N/C. Se a bola for deslocada ligeiramente em relação à vertical, ela oscila como um pêndulo simples. (a) Determine o período dessa oscilação. (b) O efeito da gravitação deve ser incluído no cálculo para a parte (a)? Explique.

Problemas de Desafio

84. Barras delgadas idênticas de comprimento $2a$ possuem cargas iguais $+Q$ distribuídas uniformemente ao longo de sua extensão. As barras estão posicionadas ao longo do eixo x, e seus centros, separados por uma distância $b > 2a$ (Fig. P1.84). Demonstre que o módulo da força exercida pela barra esquerda sobre a direita é

$$F = \left(\frac{k_e Q^2}{4a^2}\right)\ln\left(\frac{b^2}{b^2 - 4a^2}\right)$$

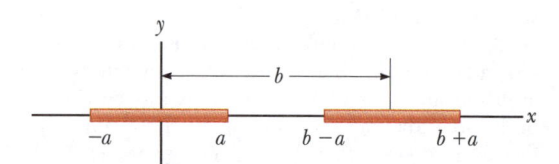

Figura P1.84

85. Oito partículas carregadas, cada uma com módulo q, estão posicionadas nos cantos de um cubo de borda s, como mostra a Figura P1.85. (a) Determine as componentes x, y e z da força total exercida sobre a carga localizada no ponto A pelas outras cargas. Qual é (b) o módulo e (c) o sentido da força total?

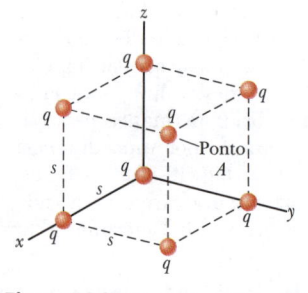

Figura P1.85 Problemas 85 e 86.

86. Considere a distribuição de cargas mostrada na Figura P1.85. (a) Demonstre que o módulo do campo elétrico no centro de qualquer face do cubo tem um valor de 2,18 $k_e q/s^2$. (b) Qual é o sentido do campo elétrico no centro da face superior do cubo?

87. **Revisão.** Um dipolo elétrico em um campo elétrico horizontal uniforme é ligeiramente deslocado de sua posição de equilíbrio, como mostra a Figura P1.87, onde θ é pequeno. A separação entre as cargas é $2a$, e cada uma das duas partículas possui massa m. (a) Supondo que o dipolo seja liberado dessa posição, demonstre que sua orientação angular descreve um movimento harmônico simples com uma frequência

$$f = \frac{1}{2\pi}\sqrt{\frac{qE}{ma}}$$

E se? (b) Suponha que, apesar de continuar a ter a mesma carga q, as duas partículas carregadas do dipolo tenham massas diferentes. Suponha que as massas das partículas sejam m_1 e m_2. Demonstre que a frequência da oscilação, neste caso, é dada por

$$f = \frac{1}{2\pi}\sqrt{\frac{qE(m_1 + m_2)}{2am_1 m_2}}$$

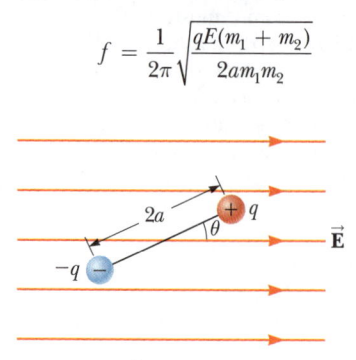

Figura P1.87

88. Inez prepara a decoração para a festa de debutante de sua irmã. Ela amarra três fitas de seda juntas no alto de um pórtico e pendura um balão de borracha em cada fita (Fig. P1.88). Para incluir os efeitos das forças gravitacionais e de empuxo no esquema, cada balão pode ser modelado como uma partícula de massa igual a 2,00 g, com seu centro a 50,0 cm do ponto de apoio. Inez esfrega toda a superfície de cada balão com seu cachecol de lã, fazendo com que os balões fiquem suspensos e separados um do outro. Olhando diretamente para cima, Inez nota que os centros dos balões suspensos formam um triângulo equilátero horizontal com lados de 30,0 cm. Qual é a carga comum de cada balão?

Figura P1.88

89. Uma linha de carga com densidade uniforme 35,0 μC/m está posicionada ao longo da linha $y = -15,0$ cm entre os pontos com coordenadas $x = 0$ e $x = 40,0$ cm. Calcule o campo elétrico criado na origem.

90. Uma partícula de massa m e carga q move-se com alta velocidade ao longo do eixo x. Sua posição inicial é próxima a $x = -\infty$ e final, próxima a $x = +\infty$. Uma segunda carga Q está fixa no ponto $x = 0$, $y = -d$. Quando a carga móvel passa pela carga estacionária, a componente x de sua velocidade vetorial não muda de modo significativo, mas adquire uma pequena velocidade no sentido y. Determine o ângulo de deflexão da carga móvel em relação ao sentido de sua velocidade inicial.

91. Duas partículas, cada uma com carga de 52,0 nC, estão localizadas no eixo y em $y = 25,0$ cm e $y = -25,0$ cm. (a) Determine o campo elétrico vetorial em um ponto do eixo x como uma função de x. (b) Calcule o campo em $x = 36,0$ cm. (c) Em que posição o campo é igual a 1,00$\hat{\mathbf{i}}$ kN/C? Pode ser necessário utilizar um computador para resolver essa equação. (d) Em que posição o campo é igual a 16,0$\hat{\mathbf{i}}$ kN/C?

capítulo 2

Lei de Gauss

2.1 Fluxo elétrico
2.2 Lei de Gauss
2.3 Aplicação da Lei de Gauss a várias distribuições de cargas
2.4 Condutores em equilíbrio eletrostático

No Capítulo 1, demonstramos como calcular o campo elétrico estabelecido por dada distribuição de cargas, realizando a integração sobre a distribuição. Neste, descreveremos a *Lei de Gauss* e um procedimento alternativo para calcular os campos elétricos. Esta lei tem como base o comportamento inverso do quadrado da força elétrica entre cargas pontuais. Não obstante ser uma consequência direta da Lei de Coulomb, a de Gauss é mais conveniente para o cálculo dos campos elétricos de distribuições de cargas altamente simétricas, o que possibilita o trabalho com problemas complicados por meio do raciocínio qualitativo. Como demonstraremos aqui, a Lei de Gauss é importante para o entendimento e a verificação das propriedades dos condutores em equilíbrio eletrostático.

Em um globo de plasma de mesa, as linhas coloridas que dele emanam evidenciam a presença de campos elétricos intensos. Aplicando a Lei de Gauss, demonstraremos neste capítulo que o campo elétrico ao redor de uma esfera uniformemente carregada é idêntico ao de uma carga pontual.
(Steve Cole/Getty Images)

2.1 Fluxo elétrico

O conceito de linhas de campo elétrico foi descrito de modo qualitativo no Capítulo 1. Agora, trataremos delas de modo mais quantitativo.

Considere um campo elétrico uniforme em módulo e sentido, como mostra a Figura 2.1. As linhas de campo penetram uma superfície retangular de área A, cujo plano está direcionado perpendicularmente ao campo. Lembre-se de que, na Seção 1.6, vimos que o número de linhas por unidade de área (ou seja, a *densidade de linhas*) é proporcional à intensidade

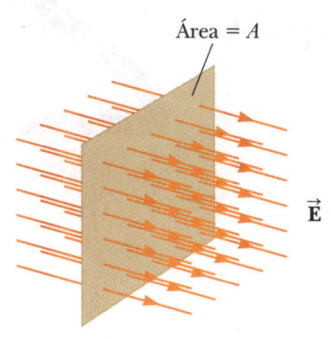

Figura 2.1 Linhas de campo representando um campo elétrico uniforme penetrando um plano de área A perpendicular ao campo.

do campo elétrico. Portanto, o número total de linhas que penetram a superfície é proporcional ao produto EA. Este produto do módulo do campo elétrico E pela área superficial A perpendicular ao campo é chamado **fluxo elétrico** Φ_E (letra grega maiúscula fi):

$$\Phi_E = EA \tag{2.1}$$

Com base nas unidades do SI de E e A, observamos que Φ_E é expresso em unidades de newton-metro quadrado por coulomb (N × m²/C). O fluxo elétrico é proporcional ao número de linhas de campo elétrico que penetram alguma superfície.

Se a superfície em questão não for perpendicular ao campo, o fluxo que a atravessa deverá ser inferior ao determinado pela Equação 2.1. Considere a Figura 2.2, onde a normal à superfície da área A está a um ângulo θ em relação ao campo elétrico uniforme. Observe que o número de linhas que atravessam a área A é igual ao das que atravessam a área $A_\perp$, que é uma projeção da área A sobre um plano direcionado perpendicularmente ao campo. A área A é o produto do comprimento pela largura da superfície: $A = \ell w$. Ao lado esquerdo da figura, vemos que as larguras das superfícies estão relacionadas por $w_\perp = w \cos \theta$. A área $A_\perp$ é dada por $A_\perp = \ell w_\perp = \ell w \cos \theta$, e vemos que as duas áreas estão relacionadas por $A_\perp = A \cos \theta$. Uma vez que o fluxo através de A é igual àquele através de $A_\perp$, o fluxo através de A é

$$\Phi_E = EA_\perp = EA \cos \theta \tag{2.2}$$

> O número de linhas de campo que passam através da área $A_\perp$ é o mesmo das que passam através da área A.

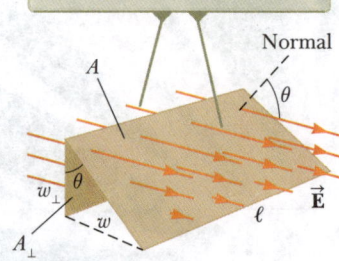

Figura 2.2 Linhas de campo representando um campo elétrico uniforme que penetra uma área A e cuja normal forma um ângulo θ com o campo.

Com base neste resultado, observamos que o fluxo através de uma superfície de área fixa A tem um valor máximo EA, quando a superfície é perpendicular ao campo (quando a normal à superfície é paralela ao campo, isto é, quando $\theta = 0°$ na Fig. 2.2). O fluxo é igual a zero quando a superfície é paralela ao campo (quando a normal à superfície é perpendicular ao campo, isto é, quando $\theta = 90°$).

Nesta discussão, o ângulo θ é utilizado para descrever a orientação da superfície da área A. Também podemos interpretar o ângulo como aquele entre o vetor campo elétrico e o normal à superfície. Neste caso, o produto $E \cos \theta$ na Equação 2.2 é a componente do campo elétrico perpendicular à superfície. O fluxo através da superfície pode então ser escrito como $\Phi_E = (E \cos \theta) A = E_n A$, onde utilizamos E_n como a componente do campo elétrico normal para a superfície.

Na discussão precedente, assumimos um campo elétrico uniforme. Em situações mais gerais, o campo elétrico pode variar sobre uma superfície grande. Portanto, a definição de fluxo dada pela Equação 2.2 tem significado apenas para um elemento de área pequeno sobre o qual o campo é aproximadamente constante. Considere uma superfície geral dividida em um grande número de pequenos elementos, cada um com área ΔA_i. É conveniente definir um vetor $\Delta \vec{A}_i$ cujo módulo represente a área do i-ésimo elemento da superfície grande, e cujo sentido seja definido como *perpendicular* ao elemento de superfície, como mostra a Figura 2.3. O campo elétrico $\vec{E}_i$ na posição deste elemento forma um ângulo θ_i com o vetor $\Delta \vec{A}_i$. O fluxo elétrico $\Phi_{E,i}$ através deste elemento é

$$\Phi_{E,i} = E_i \Delta A_i \cos \theta_i = \vec{E}_i \cdot \Delta \vec{A}_i$$

> O campo elétrico faz um ângulo θ_i com o vetor $\Delta \vec{A}_i$, definido como a normal em relação ao elemento de superfície.

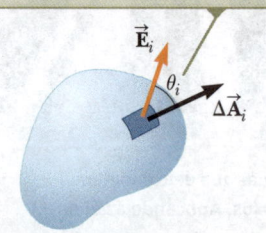

Figura 2.3 Um pequeno elemento de área de superfície ΔA_i.

onde aplicamos a definição do produto escalar de dois vetores ($\vec{A} \times \vec{B} \equiv AB \cos \theta$; consulte o Capítulo 7 do Volume 1). Ao somarmos as contribuições de todos os elementos, obtemos uma aproximação do fluxo total através da superfície:

$$\Phi_E \approx \sum \vec{E}_i \cdot \Delta \vec{A}_i$$

Se a área de cada elemento se aproximar de zero, o número de elementos se aproximará do infinito, e a soma será substituída por uma integral. Portanto, a definição geral do fluxo elétrico é

Definição de fluxo elétrico ▶
$$\Phi_E \equiv \int_{\text{superfície}} \vec{E} \cdot d\vec{A} \tag{2.3}$$

A Equação 2.3 é uma *integral de superfície*, o que significa que deve ser calculada sobre a superfície em questão. Em geral, o valor de Φ_E depende do padrão do campo e da superfície.

Em muitos casos, estamos interessados em avaliar o fluxo através de uma *superfície fechada,* definida como uma que divide o espaço em uma região interna e outra externa, de modo que não é possível passar de uma para outra sem atravessar a superfície. A superfície de uma esfera, por exemplo, é do tipo fechada. Por convenção, se o elemento da área na Equação 2.3 for parte de uma superfície fechada, a direção do vetor de área é escolhida de modo que o vetor aponta para fora da superfície. Se o elemento da área não for parte de uma superfície fechada, a direção do vetor de área é escolhida de modo que o ângulo entre o vetor de área e o vetor campo elétrico é menor ou igual a 90°.

Considere a superfície fechada na Figura 2.4. Os vetores $\Delta \vec{A}_i$ apontam para diferentes sentidos para os vários elementos de superfície, mas em cada ponto são normais à superfície e, por convenção, sempre apontam para fora. No elemento identificado como ①, as linhas de campo atravessam a superfície da região interna para a externa, e $\theta < 90°$. Desta forma, o fluxo $\Phi_{E,1} = \vec{E} \times \Delta \vec{A}_1$ através deste elemento é positivo. Para o elemento ②, as linhas de campo resvalam a superfície (perpendicular a $\Delta \vec{A}_2$). Portanto, $\theta = 90°$, e o fluxo é igual a zero. Para elementos como ③, onde as linhas de campo atravessam a superfície da região externa para a interna, $180° > \theta > 90°$, e o fluxo é negativo, porque $\cos \theta$ é negativo. O fluxo *líquido* através da superfície é proporcional ao número líquido de linhas que saem dela, onde o termo número líquido significa o *número de linhas que saem da superfície menos o número de linhas que entram nela.* Se mais linhas saem do que entram, o fluxo líquido é positivo. Se mais linhas entram do que saem, é negativo. Ao utilizar o símbolo $\oint$ para representar uma integral sobre uma superfície fechada, podemos expressar o fluxo líquido Φ_E através de uma superfície fechada como

$$\Phi_E = \oint \vec{E} \cdot d\vec{A} = \oint E_n dA \qquad (2.4)$$

onde E_n representa a componente do campo elétrico normal à superfície.

> *Teste Rápido* **2.1** Suponha que uma carga pontual esteja localizada no centro de uma superfície esférica. O campo elétrico na superfície da esfera e o fluxo total através dela são determinados. Agora, o raio da esfera é reduzido à metade. O que ocorre com o fluxo através da esfera e com o módulo do campo elétrico na superfície da esfera? **(a)** O fluxo e o campo aumentam. **(b)** O fluxo e o campo diminuem. **(c)** O fluxo aumenta e o campo diminui. **(d)** O fluxo diminui e o campo aumenta. **(e)** O fluxo permanece o mesmo e o campo aumenta. **(f)** O fluxo diminui e o campo permanece o mesmo.

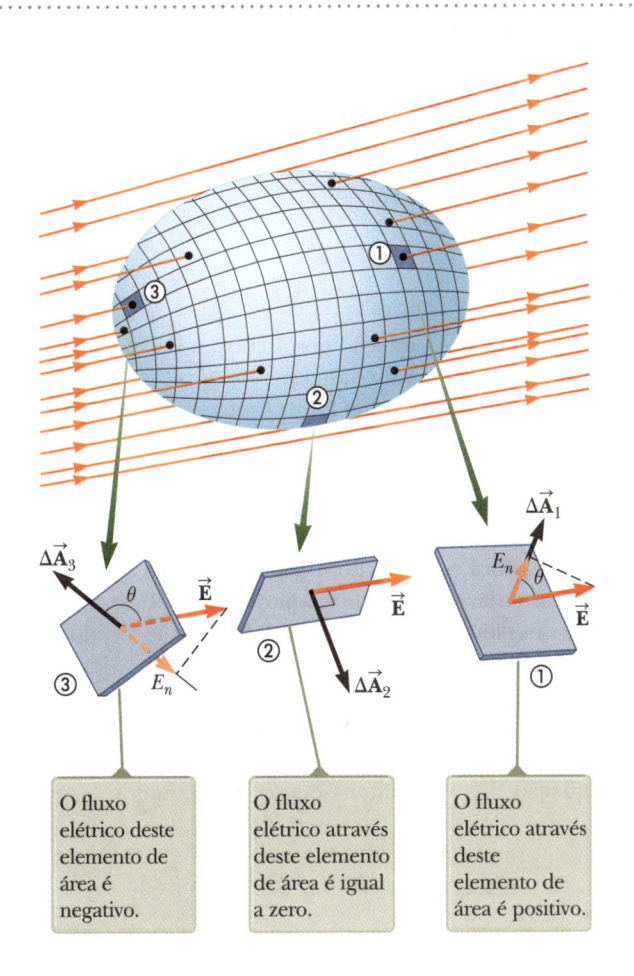

Figura 2.4 Uma superfície fechada em um campo elétrico. Os vetores área são, por convenção, normais à superfície e apontam para fora.

Exemplo 2.1 — Fluxo através de um cubo

Considere um campo elétrico uniforme $\vec{E}$ orientado no sentido x no espaço vazio. Um cubo de comprimento de aresta ℓ é colocado no campo, orientado como mostra a Figura 2.5. Determine o fluxo elétrico líquido através da superfície do cubo.

SOLUÇÃO

Conceitualização Examine atentamente a Figura 2.5. Note que as linhas do campo elétrico passam através de duas faces perpendicularmente e são paralelas às outras quatro faces do cubo.

Categorização Avaliamos o fluxo com base em sua definição e, assim, categorizamos este exemplo como um problema de substituição.

O fluxo através das quatro faces (③, ④ e as faces não numeradas) é igual a zero, pois $\vec{E}$ é paralelo a elas e, deste modo, perpendicular a $d\vec{A}$ nessas faces.

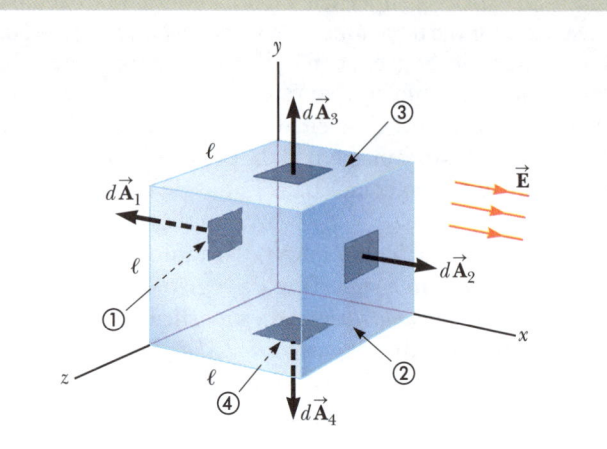

Figura 2.5 (Exemplo 2.1) Uma superfície fechada na forma de um cubo em um campo elétrico uniforme, posicionado em paralelo ao eixo x. O lado ④ é a base do cubo, e o ① é oposto ao ②.

Expresse as integrais para o fluxo líquido através das faces ① e ②:

$$\Phi_E = \int_1 \vec{E} \cdot d\vec{A} + \int_2 \vec{E} \cdot d\vec{A}$$

Para a face ①, $\vec{E}$ é constante e direcionado para dentro, mas $d\vec{A}_1$ é direcionado para fora ($\theta = 180°$). Determine o fluxo através desta face:

$$\int_1 \vec{E} \cdot d\vec{A} = \int_1 E(\cos 180°)\, dA = -E\int_1 dA = -EA = -E\ell^2$$

Para a face ②, $\vec{E}$ é constante, direcionado para fora e no mesmo sentido de $d\vec{A}_2$ ($\theta = 0°$). Determine o fluxo através dessa face:

$$\int_2 \vec{E} \cdot d\vec{A} = \int_2 E(\cos 0°)\, dA = E\int_2 dA = +EA = E\ell^2$$

Determine o fluxo líquido, adicionando os fluxos sobre todas as seis faces:

$$\Phi_E = -E\ell^2 + E\ell^2 + 0 + 0 + 0 + 0 = \boxed{0}$$

2.2 Lei de Gauss

Nesta seção, descreveremos uma relação geral entre o fluxo elétrico líquido através de uma superfície fechada (em geral chamada *superfície gaussiana*) e a carga por ela encerrada. Esta relação, conhecida como *Lei de Gauss*, é de importância fundamental no estudo dos campos elétricos.

Considere uma carga pontual positiva q localizada no centro de uma esfera de raio r, como mostra a Figura 2.6. Da Equação 1.9, sabemos que o módulo do campo elétrico em toda a superfície da esfera é $E = k_e q/r^2$. As linhas do campo são direcionadas radialmente para fora e, portanto, perpendiculares à superfície em todos os seus pontos. Em outras palavras, em cada ponto da superfície, $\vec{E}$ é paralelo ao vetor $\Delta\vec{A}_i$, representando um elemento de área local $\Delta\vec{A}_i$ em torno do ponto da superfície. Portanto,

$$\vec{E} \cdot \Delta\vec{A}_i = E\Delta A_i$$

e, com base na Equação 2.4, concluímos que o fluxo líquido através da superfície gaussiana é

$$\Phi_E = \oint \vec{E} \cdot d\vec{A} = \oint E\, dA = E \oint dA$$

Quando a carga está no centro da esfera, o campo elétrico é normal à superfície e constante em módulo em todos os pontos.

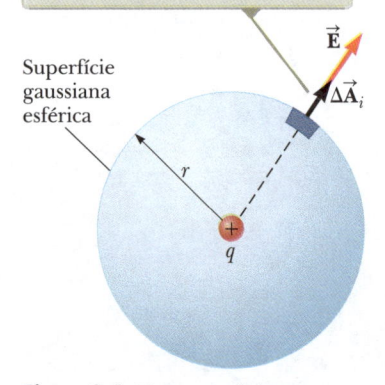

Figura 2.6 Uma superfície gaussiana esférica de raio r em torno de uma carga pontual positiva q.

onde retiramos E da integral, porque, por simetria, E é constante sobre a superfície. O valor de E é dado por $E = k_e q/r^2$. Além disso, visto que a superfície é esférica, $\oint dA = A = 4\pi r^2$. Assim, o fluxo líquido através da superfície gaussiana é

$$\Phi_E = k_e \frac{q}{r^2}(4\pi r^2) = 4\pi k_e q$$

Recordando a Equação 1.3, que define $k_e = 1/4\pi\varepsilon_0$, podemos expressar esta equação na forma

$$\Phi_E = \frac{q}{\varepsilon_0} \qquad (2.5)$$

A Equação 2.5 demonstra que o fluxo líquido através da superfície esférica é proporcional à carga que ela contém. O fluxo é independente do raio r, porque a área da superfície esférica é proporcional a r^2, enquanto o campo elétrico é a $1/r^2$. Portanto, no produto da área pelo campo elétrico, a dependência de r é cancelada.

Agora, considere várias superfícies fechadas em torno de uma carga q, como mostra a Figura 2.7. A superfície S_1 é esférica, mas as S_2 e S_3 não. De acordo com a Equação 2.5, o fluxo que passa através de S_1 tem o valor q/ε_0. Como discutido na seção anterior, o fluxo é proporcional ao número de linhas do campo elétrico que passam através de uma superfície. A estrutura ilustrada na Figura 2.7 mostra que o número de linhas através de S_1 é igual ao das superfícies não esféricas S_2 e S_3. Portanto,

> o fluxo líquido através de *qualquer* superfície fechada em torno de uma carga pontual q é dado por q/ε_0 e é independente da forma da superfície em questão.

Vamos considerar uma carga pontual localizada *fora* de uma superfície fechada de forma arbitrária, como mostra a Figura 2.8. Como podemos notar nesta estrutura, qualquer linha de campo elétrico que entra através da superfície sai desta em outro ponto. O número de linhas de campo elétrico que entram através da superfície é igual ao das que saem. Desta forma, o fluxo elétrico líquido através de uma superfície fechada que não encerra nenhuma carga é igual a zero. Ao aplicarmos este resultado ao Exemplo 2.1, observamos que o fluxo líquido através do cubo é igual a zero, pois não há carga dentro dele.

Podemos estender este raciocínio a dois casos generalizados: (1) o de várias cargas pontuais, e (2) o de uma distribuição contínua de cargas. Novamente, aplicamos o princípio da superposição, que determina que o campo elétrico gerado por muitas cargas é a soma vetorial dos campos elétricos produzidos pelas cargas individuais. Portanto, o fluxo através de qualquer superfície fechada pode ser expresso como

$$\oint \vec{E} \cdot d\vec{A} = \oint (\vec{E}_1 + \vec{E}_2 + \cdots) \cdot d\vec{A}$$

Karl Friedrich Gauss
Matemático e astrônomo alemão (1777-1855)

Gauss recebeu seu doutorado em Matemática pela Universidade de Helmstedt em 1799. Além de seu trabalho em Eletromagnetismo, contribuiu para a Matemática e a Ciência nas áreas da teoria dos números, estatística, geometria não euclidiana e mecânica orbital cometária. Gauss foi um dos fundadores da German Magnetic Union, que estuda continuamente o campo magnético da Terra.

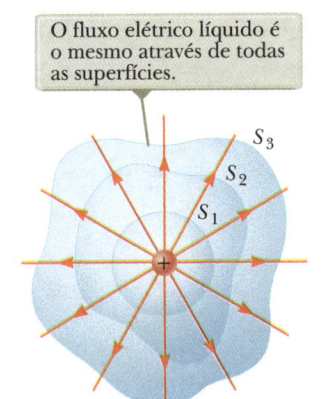

Figura 2.7 Superfícies fechadas de várias formas em torno de uma carga positiva.

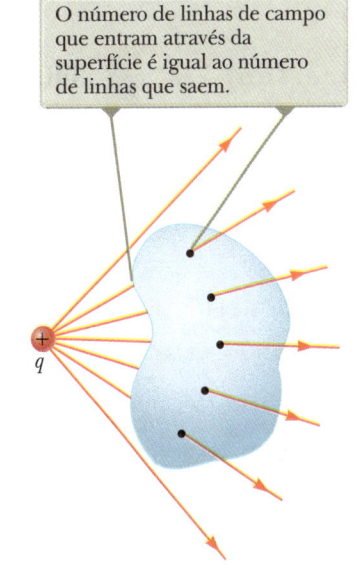

Figura 2.8 Uma carga pontual localizada *fora* de uma superfície fechada.

A carga q_4 não contribui para o fluxo através de nenhuma superfície, pois está do lado de fora de todas as superfícies.

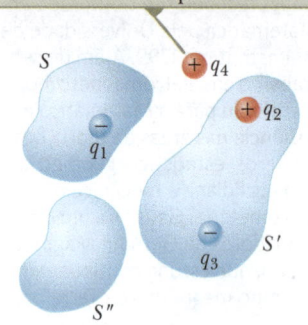

Figura 2.9 O fluxo elétrico líquido através de qualquer superfície fechada depende apenas da carga *no interior* dela. O fluxo elétrico líquido através da superfície S é q_1/ε_0, aquele da S' é $(q_2+q_3)/\varepsilon_0$, e o através da S'' é igual a zero.

onde $\vec{E}$ é o campo elétrico total em qualquer ponto da superfície, produzido pela adição vetorial dos campos elétricos no ponto em questão estabelecidos pelas cargas individuais. Considere o sistema de cargas mostrada na Figura 2.9. A superfície S encerra apenas uma carga, q_1, e, assim, o fluxo líquido através de S é q_1/ε_0. O fluxo através de S gerado pelas cargas q_2, q_3 e q_4 no lado externo é igual a zero, porque cada linha do campo elétrico dessas cargas que entra através de S em um ponto sai em outro. A superfície S' encerra as cargas q_2 e q_3. Portanto, o fluxo líquido através dela é $(q_2+q_3)/\varepsilon_0$. Finalmente, o fluxo líquido através da superfície S'' é igual a zero, pois não há carga dentro dela. Em outras palavras, *todas* as linhas do campo elétrico que entram através de S'' em um ponto saem por outro. A carga q_4 não contribui para o fluxo líquido através de nenhuma das superfícies.

A forma matemática da **Lei de Gauss** é uma generalização do que descrevemos, e afirma que o fluxo líquido através de *qualquer* superfície fechada é

$$\Phi_E = \oint \vec{E} \cdot d\vec{A} = \frac{q_{in}}{\varepsilon_0} \quad (2.6)$$

onde $\vec{E}$ representa o campo elétrico em qualquer ponto sobre a superfície, e q_{in}, a carga líquida no interior da superfície.

Ao utilizarmos a Equação 2.6, devemos observar que, apesar de a carga q_{in} ser a líquida no interior da superfície gaussiana, $\vec{E}$ representa o *campo elétrico total*, que inclui as contribuições de cargas em ambos os lados, interno e externo, da superfície.

A princípio, podemos resolver a Lei de Gauss para $\vec{E}$, a fim de determinar o campo elétrico estabelecido por um sistema de cargas ou uma distribuição contínua delas. Na prática, entretanto, este tipo de resolução aplica-se apenas a um número limitado de situações altamente simétricas. Na próxima seção, aplicaremos esta lei para calcular o campo elétrico das distribuições de cargas que possuem simetria esférica, cilíndrica ou planar. Se escolhermos cuidadosamente a superfície gaussiana que encerra a distribuição de cargas, a integral na Equação 2.6 pode ser simplificada, e o campo elétrico determinado.

Prevenção de Armadilhas 2.1

Fluxo zero não é campo zero
Em duas situações o fluxo é igual a zero através de uma superfície fechada: (1) quando não há partículas carregadas internas à superfície, ou (2) quando existem partículas carregadas no interior, mas a carga líquida no interior da superfície é igual a zero. Em qualquer dessas situações é *incorreto* concluir que o campo elétrico na superfície é igual a zero. A Lei de Gauss determina que o *fluxo* elétrico é proporcional à carga no interior da superfície, não o *campo* elétrico.

Teste Rápido **2.2** Se o fluxo líquido através de uma superfície gaussiana fosse igual a *zero*, as quatro afirmações a seguir *poderiam ser verdadeiras*. Quais das afirmações *devem ser verdadeiras*? **(a)** Não há cargas no interior da superfície. **(b)** A carga líquida no interior da superfície é igual a zero. **(c)** O campo elétrico é igual a zero em todos os pontos da superfície. **(d)** O número de linhas do campo elétrico que entram através da superfície é igual ao número de linhas que saem.

Exemplo conceitual **2.2** **Fluxo criado por uma carga pontual**

Uma superfície gaussiana esférica envolve uma carga pontual q. Descreva o que ocorre com o fluxo total através da superfície se: **(A)** a carga for triplicada, **(B)** o raio da esfera for duplicado, **(C)** a forma da superfície for alterada para um cubo, e **(D)** a carga for deslocada para outra posição no interior da superfície.

SOLUÇÃO

(A) O fluxo através da superfície será triplicado, porque é proporcional à quantidade de carga no interior da superfície.

(B) O fluxo não será alterado, porque todas as linhas do campo elétrico originadas na carga passam através da esfera, independente do seu raio.

(C) O fluxo não será alterado quando a forma da superfície gaussiana for alterada, pois todas as linhas do campo elétrico originadas na carga passam através da superfície, independente da sua forma.

(D) O fluxo não será alterado quando a carga for deslocada para outra posição no interior da superfície, pois a Lei de Gauss refere-se à carga total envolvida, independente de onde a carga está localizada no interior da superfície.

2.3 Aplicação da Lei de Gauss a várias distribuições de cargas

> **Prevenção de Armadilhas 2.2**
> **As superfícies gaussianas não são reais**
> Uma superfície gaussiana é do tipo imaginária, que podemos construir para satisfazer às condições relacionadas neste capítulo, e não tem de coincidir com uma superfície física na situação.

Como mencionado, a Lei de Gauss é útil na determinação de campos elétricos quando a distribuição de cargas é altamente simétrica. Os exemplos a seguir demonstram modos de escolha da superfície gaussiana sobre a qual a integral de superfície dada pela Equação 2.6 pode ser simplificada, e o campo elétrico determinado. Ao escolher a superfície, sempre utilize a simetria da distribuição de cargas, de modo que E possa ser removido da integral. O objetivo deste tipo de cálculo é determinar a superfície para a qual cada porção sua satisfaça uma ou mais das seguintes condições:

1. Pode-se demonstrar que o valor do campo elétrico é, por simetria, constante sobre a porção da superfície.
2. O produto escalar na Equação 2.6 pode ser expresso como um produto algébrico simples $E\,dA$, porque $\vec{E}$ e $d\vec{A}$ são paralelos.
3. O produto escalar na Equação 2.6 é igual a zero, pois $\vec{E}$ e $d\vec{A}$ são perpendiculares.
4. O campo elétrico é igual a zero sobre a porção da superfície.

Diferentes porções da superfície gaussiana poderão satisfazer diferentes condições, se cada uma satisfizer, pelo menos, uma condição. Todas as quatro condições serão utilizadas nos exemplos em todo o restante deste capítulo, identificadas pelos números. Se a distribuição de cargas não for suficientemente simétrica para que uma superfície gaussiana que satisfaça essas condições possa ser encontrada, a Lei de Gauss não será útil para a determinação do campo elétrico para a distribuição de cargas em questão.

Exemplo 2.3 — Uma distribuição de cargas esfericamente simétrica

Uma esfera sólida isolante de raio a tem uma densidade volumétrica de carga uniforme ρ e carga total positiva Q (Fig. 2.10).

(A) Calcule o módulo do campo elétrico em um ponto fora da esfera.

SOLUÇÃO

Conceitualização Observe como este problema é diferente da nossa discussão anterior sobre a Lei de Gauss. O campo elétrico estabelecido por cargas pontuais foi discutido na Seção 2.2. Agora, consideramos o campo elétrico criado por uma distribuição de cargas. Determinamos o campo para várias distribuições de carga no Capítulo 1, integrando sobre a distribuição. Este exemplo demonstra uma diferença em relação às nossas discussões no Capítulo 1. Aqui determinaremos o campo elétrico aplicando a Lei de Gauss.

Categorização Visto que a carga está distribuída de modo uniforme em toda a esfera, a distribuição de cargas tem uma simetria esférica, por isso podemos aplicar a Lei de Gauss para determinar o campo elétrico.

Para pontos fora da esfera, uma superfície gaussiana esférica grande é traçada de modo concêntrico com a esfera.

Para pontos dentro da esfera, uma superfície gaussiana esférica menor que a esfera é traçada.

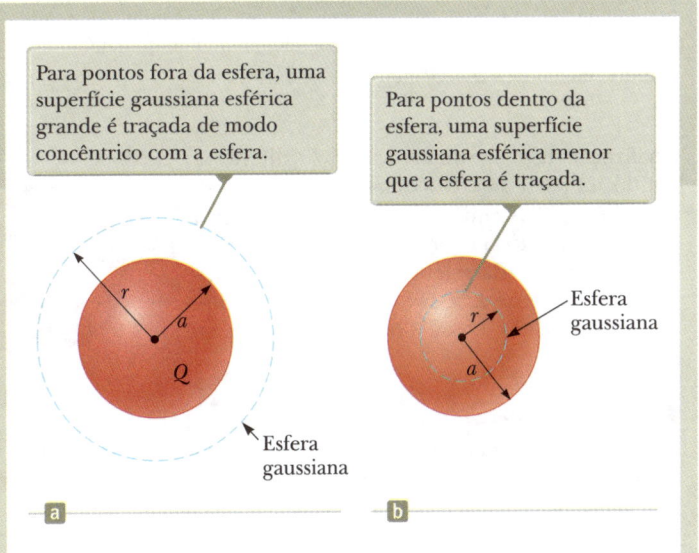

Figura 2.10 (Exemplo 2.3) Uma esfera isolante uniformemente carregada de raio a e carga total Q. Em diagramas como este, a linha pontilhada representa a intersecção da superfície gaussiana com o plano da página.

Análise Para refletir a simetria esférica, escolhemos uma superfície gaussiana esférica de raio r, concêntrica com a esfera, como mostra a Figura 2.10a. Para esta opção, a condição (2) é satisfeita em todos os pontos da superfície, e $\vec{E} \times d\vec{A} = E\,dA$.

Substitua $\vec{E} \times d\vec{A}$ na Lei de Gauss por $E\,dA$:

$$\Phi_E = \oint \vec{E} \cdot d\vec{A} = \oint E\,dA = \frac{Q}{\varepsilon_0}$$

continua

2.3 cont.

Por simetria, E é constante em todos os pontos da superfície, o que satisfaz a condição (1), de modo que podemos remover E da integral:

$$\oint E\, dA = E \oint dA = E(4\pi r^2) = \frac{Q}{\varepsilon_0}$$

Resolva para E:

$$(1) \quad E = \frac{Q}{4\pi\varepsilon_0 r^2} = \boxed{k_e \frac{Q}{r^2}} \quad (\text{para } r > a)$$

Finalização Esse campo é idêntico ao de uma carga pontual. Portanto, **o campo elétrico estabelecido por uma esfera uniformemente carregada na região externa a ela é *equivalente* ao de uma carga pontual localizada no seu centro.**

(B) Determine o módulo do campo elétrico em um ponto no interior da esfera.

SOLUÇÃO

Análise Neste caso, vamos escolher uma superfície gaussiana esférica com raio $r < a$, concêntrica com a esfera isolante (Fig. 2.10b). Seja V' o volume da esfera menor. Para aplicar a Lei de Gauss a esta situação, considere a carga q_{in} dentro da superfície gaussiana de volume V' inferior a Q.

Calcule q_{in}, utilizando $q_{in} = \rho V'$:

$$q_{in} = \rho V' = \rho(\tfrac{4}{3}\pi r^3)$$

Observe que as condições (1) e (2) são satisfeitas em todos os pontos da superfície gaussiana na Figura 2.10b. Aplique a Lei de Gauss à região $r < a$:

$$\oint E\, dA = E \oint dA = E(4\pi r^2) = \frac{q_{in}}{\varepsilon_0}$$

Resolva para E e substitua q_{in} pelo valor calculado:

$$E = \frac{q_{in}}{4\pi\varepsilon_0 r^2} = \frac{\rho(\tfrac{4}{3}\pi r^3)}{4\pi\varepsilon_0 r^2} = \frac{\rho}{3\varepsilon_0} r$$

Aplique os valores $\rho = Q/\tfrac{4}{3}\pi a^3$ e $\varepsilon_0 = 1/4\pi k_e$:

$$(2) \quad E = \frac{Q/\tfrac{4}{3}\pi a^3}{3(1/4\pi k_e)} r = \boxed{k_e \frac{Q}{a^3} r} \quad (\text{para } r < a)$$

Finalização Este resultado para E difere do obtido na parte (A). Isto demonstra que $E \to 0$ quando $r \to 0$. Assim, o resultado elimina o problema que existiria em $r = 0$, se E variasse como $1/r^2$ no interior da esfera como o faz na parte externa. Isto é, se $E \propto 1/r^2$ para $r < a$, o campo será infinito em $r = 0$, o que é fisicamente impossível.

E SE? Suponha que a posição radial $r = a$ seja aproximada dentro e fora da esfera. Obteremos o mesmo valor de campo elétrico nos dois sentidos?

Resposta A Equação (1) demonstra que o campo elétrico se aproxima de um valor de fora para dentro dado por

$$E = \lim_{r \to a}\left(k_e \frac{Q}{r^2}\right) = k_e \frac{Q}{a^2}$$

De dentro para fora, a Equação (2) fornece

$$E = \lim_{r \to a}\left(k_e \frac{Q}{a^3} r\right) = k_e \frac{Q}{a^3} a = k_e \frac{Q}{a^2}$$

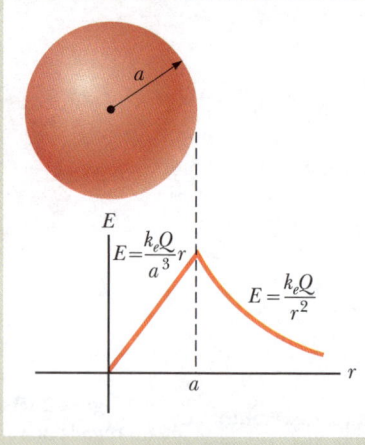

Figura 2.11 (Exemplo 2.3) Um gráfico de E em função de r para uma esfera isolante uniformemente carregada. O campo elétrico dentro da esfera ($r < a$) varia de modo linear com r. O campo fora da esfera ($r > a$) é o mesmo de uma carga pontual Q localizada em $r = 0$.

Portanto, o valor do campo é o mesmo quando a superfície é aproximada em ambos os sentidos. Um gráfico de E em função de r é mostra a Figura 2.11. Observe que a intensidade do campo é contínua.

Exemplo 2.4 — Distribuição de cargas cilindricamente simétrica

Determine o campo elétrico a uma distância r de uma linha de cargas positivas de comprimento infinito e carga constante por unidade de comprimento λ (Fig. 2.12a).

SOLUÇÃO

Conceitualização A linha de cargas é *infinitamente* longa. Assim, o campo é o mesmo em todos os pontos equidistantes da linha, independente da posição vertical do ponto na Figura 2.12a.

Categorização Visto que a carga está distribuída uniformemente ao longo da linha, a distribuição de cargas tem uma simetria cilíndrica, e podemos aplicar a Lei de Gauss para determinar o campo elétrico.

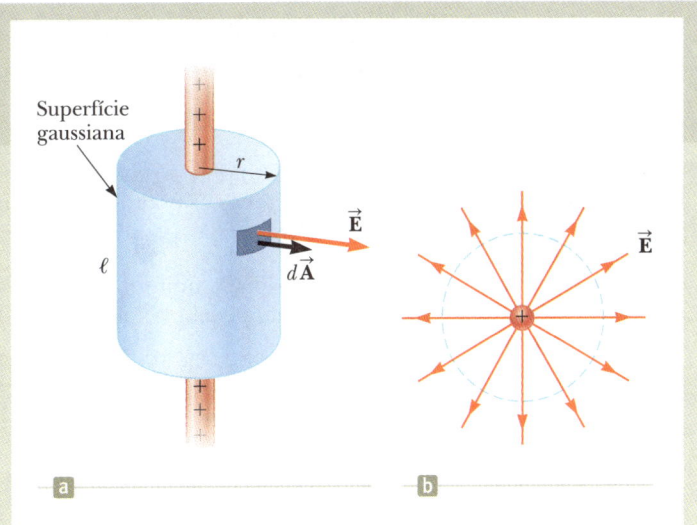

Figura 2.12 (Exemplo 2.4) (a) Uma linha de cargas infinita envolvida por uma superfície gaussiana cilíndrica e concêntrica com a linha. (b) Uma vista da extremidade mostra que o campo elétrico na superfície cilíndrica é constante em módulo e perpendicular à superfície.

Análise A simetria da distribuição de cargas requer que $\vec{E}$ seja perpendicular à carga linear e direcionado para fora, como mostra a Figura 2.12b. Para refletir a simetria da distribuição de cargas, vamos escolher uma superfície gaussiana cilíndrica de raio r e comprimento ℓ que seja coaxial com a carga linear. Para a parte curva desta superfície, $\vec{E}$ é constante em módulo e perpendicular a ela em cada ponto, satisfazendo às condições (1) e (2). Além disso, o fluxo através das extremidades do cilindro gaussiano é igual a zero, porque $\vec{E}$ é paralelo a essas superfícies. Esta é a primeira aplicação que observamos da condição (3).

Devemos calcular a integral de superfície da Lei de Gauss sobre toda a superfície gaussiana. Entretanto, uma vez que $\vec{E} \times d\vec{A}$ é igual a zero para as extremidades planas do cilindro, restringiremos nossa atenção apenas à superfície curva do cilindro.

Aplique a Lei de Gauss e as condições (1) e (2) à superfície curva, observando que a carga total dentro da nossa superfície gaussiana é $\lambda \ell$:

$$\Phi_E = \oint \vec{E} \cdot d\vec{A} = E \oint dA = EA = \frac{q_{in}}{\varepsilon_0} = \frac{\lambda \ell}{\varepsilon_0}$$

Aplique a área $A = 2\pi r \ell$ da superfície curva:

$$E(2\pi r \ell) = \frac{\lambda \ell}{\varepsilon_0}$$

Resolva para o módulo do campo elétrico:

$$E = \frac{\lambda \ell}{2\pi \varepsilon_0 r} = \boxed{2k_e \frac{\lambda}{r}} \qquad (2.7)$$

Finalização Este resultado demonstra que o campo elétrico estabelecido por uma distribuição de cargas cilindricamente simétrica varia como $1/r$, enquanto o campo externo a uma distribuição de cargas esfericamente simétrica varia como $1/r^2$. A Equação 2.7 também pode ser derivada por meio da integração direta sobre a distribuição de cargas. Consulte o Problema 44 no Capítulo 1.

E SE? O que ocorreria se o segmento de linha neste exemplo não fosse infinitamente longo?

Resposta Se a carga linear neste exemplo fosse de comprimento finito, o campo elétrico não seria definido pela Equação 2.7. Uma carga linear finita não possui simetria suficiente para a aplicação da Lei de Gauss, pois o módulo do campo elétrico não é mais constante sobre a superfície do cilindro gaussiano – o campo próximo das extremidades da linha seria diferente do campo afastado delas. Portanto, a condição (1) não seria satisfeita nesta situação. Além disso, $\vec{E}$ não é perpendicular à superfície cilíndrica em todos os pontos – os vetores campo próximos das extremidades teriam uma componente paralela à linha. Desta forma, a condição (2) não seria satisfeita. Para pontos próximos de uma carga linear finita e afastados das extremidades, a Equação 2.7 fornece uma boa aproximação do valor do campo.

Demonstre (consulte o Problema 33) que o campo elétrico em uma haste uniformemente carregada de raio finito e comprimento infinito é proporcional a r.

Exemplo 2.5 — Um plano de carga

Determine o campo elétrico estabelecido por um plano infinito de carga positiva com densidade superficial de carga uniforme σ.

SOLUÇÃO

Conceitualização Observe que o plano de carga é *infinitamente* grande. Portanto, o campo elétrico deve ser o mesmo em todos os pontos equidistantes do plano. Como você esperaria que o campo elétrico dependesse da distância do plano?

Categorização Visto que a carga é distribuída uniformemente sobre o plano, a distribuição de cargas é simétrica. Assim, podemos aplicar a Lei de Gauss para determinar o campo elétrico.

Análise Por simetria, $\vec{E}$ deve ser perpendicular ao plano em todos os pontos. O sentido de $\vec{E}$ é contrário às cargas positivas, indicando que seu sentido $\vec{E}$ em um lado do plano deve ser oposto ao seu sentido no outro, como mostra a Figura 2.13. Uma superfície gaussiana que reflete a simetria é um cilindro pequeno cujo eixo é perpendicular ao plano e cujas extremidades têm uma área A e estão equidistantes do plano. Uma vez que $\vec{E}$ é paralelo à superfície curva – e, portanto, perpendicular a $d\vec{A}$ em todos os pontos da superfície –, a condição (3) é satisfeita e não há contribuição desta superfície para a integral de superfície. Para as extremidades planas do cilindro, as condições (1) e (2) são satisfeitas. O fluxo através de cada extremidade do cilindro é EA. Assim, o fluxo total através de toda a superfície gaussiana é apenas aquele através das extremidades, $\Phi_E = 2EA$.

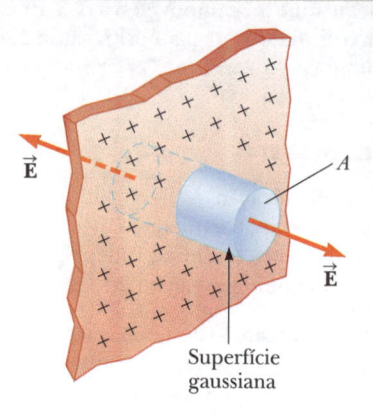

Figura 2.13 (Exemplo 2.5) Superfície gaussiana cilíndrica penetrando um plano de carga infinito. O fluxo é EA através de cada extremidade da superfície gaussiana e zero através da superfície curva.

Expresse a Lei de Gauss para essa superfície, observando que a carga encerrada é $q_{in} = \sigma A$:

$$\Phi_E = 2EA = \frac{q_{in}}{\varepsilon_0} = \frac{\sigma A}{\varepsilon_0}$$

Resolva para E:

$$E = \boxed{\frac{\sigma}{2\varepsilon_0}} \qquad (2.8)$$

Finalização Visto que a distância de cada extremidade plana do cilindro ao plano não aparece na Equação 2.8, concluímos que $E = \sigma/2\varepsilon_0$ a *qualquer* distância do plano. Isto é, o campo é uniforme em todos os pontos. A Figura 2.14 mostra este campo uniforme devido a um plano de carga infinito, visto na borda.

E SE? Suponha que dois planos de carga infinitos sejam paralelos um em relação ao outro, um positivamente e o outro negativamente carregado. As densidades da carga de superfície de ambos têm a mesma intensidade superficial de carga. Qual é a aparência do campo elétrico nesta situação?

Resposta Os campos elétricos gerados pelos dois planos somam-se na região que os separam, resultando em um campo uniforme de módulo σ/ε_0, e se cancelam em outros pontos, gerando um campo igual a zero. A Figura 2.15 mostra as linhas do campo para esta configuração. Este método é uma forma prática de estabelecimento de campos elétricos uniformes com planos de dimensões finitas posicionados próximos um do outro.

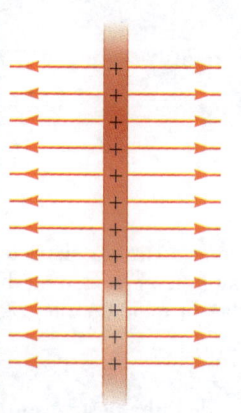

Figura 2.14 (Exemplo 2.5) As linhas do campo elétrico devidas a um plano de carga positiva infinito.

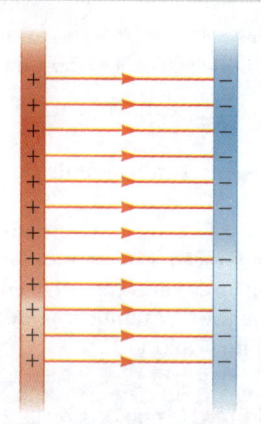

Figura 2.15 (Exemplo 2.5) As linhas do campo elétrico entre dois planos de carga infinitos, um positivo e um negativo. Na prática, as linhas do campo próximas das bordas de folhas de carga de tamanho finito se curvarão para fora.

> **Exemplo conceitual 2.6** Não aplique a Lei de Gauss neste caso!

Explique por que a Lei de Gauss não pode ser aplicada para o cálculo do campo elétrico próximo a um dipolo elétrico, um disco carregado ou um triângulo com uma carga pontual em cada vértice.

SOLUÇÃO

As distribuições de cargas de todas essas configurações não têm simetria suficiente para a aplicação prática da Lei de Gauss. Não podemos determinar uma superfície fechada em torno de nenhuma dessas distribuições para a qual todas as suas porções satisfaçam a uma ou mais das condições (1) a (4) relacionadas no começo desta seção.

2.4 Condutores em equilíbrio eletrostático

Como discutimos na Seção 1.2, um bom condutor elétrico contém cargas (elétrons) que não estão ligadas a nenhum átomo e, portanto, são livres para se mover no material. Quando não há movimento líquido de cargas em um condutor, este está em **equilíbrio eletrostático**. Um condutor nesta condição tem as seguintes propriedades:

◀ **Propriedades de um condutor em equilíbrio eletrostático**

1. O campo elétrico é igual a zero em todos os pontos no interior do condutor, seja ele sólido ou oco.
2. Se o condutor for isolado e tiver uma carga, esta se localizará sobre sua superfície.
3. O campo elétrico em um ponto fora de um condutor carregado e próximo a este é perpendicular à sua superfície e tem um módulo σ/ε_0, onde σ é a densidade superficial de carga no ponto em questão.
4. Em um condutor de forma irregular, a densidade superficial de carga é maior em pontos nos quais o raio de curvatura da superfície é menor.

Verificaremos as três primeiras propriedades na discussão a seguir. A quarta será apresentada neste capítulo (mas não será verificada até o Capítulo 3) a fim de oferecer uma relação completa de propriedades de condutores em equilíbrio eletrostático.

Podemos entender a primeira propriedade considerando uma placa condutora colocada em um campo externo $\vec{E}$ (Fig. 2.16). O campo elétrico interno ao condutor *deve* ser igual a zero, supondo que exista equilíbrio eletrostático. Se o campo não fosse igual a zero, os elétrons livres no condutor seriam afetados por uma força elétrica ($\vec{F} = q\vec{E}$) e acelerados por ela. Entretanto, esse deslocamento dos elétrons significa que o condutor não está em equilíbrio eletrostático. Portanto, a existência do equilíbrio eletrostático é consistente apenas com um campo igual a zero no condutor.

Vamos estudar como esse campo igual a zero é estabelecido. Antes de o campo externo ser aplicado, os elétrons livres estão distribuídos de modo uniforme em todo o condutor. Após a aplicação, os elétrons livres aceleram para a esquerda na Figura 2.16, resultando no acúmulo de um plano de carga negativa na superfície esquerda. O movimento dos elétrons para a esquerda resulta um plano de carga positiva na superfície direita. Esses planos de carga criam um campo elétrico adicional no interior do condutor, que é oposto ao campo externo. Quando os elétrons se movem, as densidades superficiais de carga nas superfícies esquerda e direita aumentam até a intensidade do campo interno se igualar à do campo externo, resultando um campo líquido igual a zero no condutor. O tempo requerido para que um bom condutor alcance o equilíbrio é da ordem de 10^{-16} s, o que para a maioria dos propósitos pode ser considerado instantâneo.

Se o condutor for oco, o campo elétrico em seu interior também será igual a zero, ao considerarmos pontos no condutor ou na cavidade dele. O valor zero do campo elétrico na cavidade é mais fácil de ser demonstrado por meio do conceito de potencial elétrico; portanto, discutiremos esta questão na Seção 3.6.

A Lei de Gauss pode ser aplicada para a verificação da segunda propriedade de um condutor em equilíbrio eletrostático. A Figura 2.17 mostra um condutor de forma arbitrária. Uma superfície gaussiana está traçada dentro do condutor, e pode estar muito próxima da sua superfície. Como foi demonstrado, o campo elétrico em todos os pontos no interior do condutor é igual a zero quando este está em equilíbrio eletrostático. Portanto, o campo elétrico deve ser igual a zero em todos os pontos sobre a superfície gaussiana, de acordo com a condição (4) na Seção 2.3, e o fluxo líquido através dessa superfície gaussiana é igual

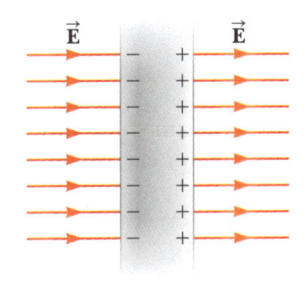

Figura 2.16 Uma placa condutora em um campo elétrico externo $\vec{E}$. As cargas induzidas nas duas superfícies da placa produzem um campo elétrico que tem sentido oposto ao do externo, gerando um campo resultante igual a zero dentro da placa.

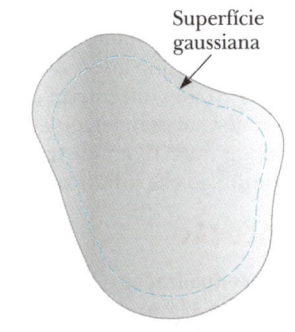

Figura 2.17 Um condutor de forma arbitrária. A linha tracejada representa uma superfície gaussiana que pode estar localizada no lado interno, próximo da superfície do condutor.

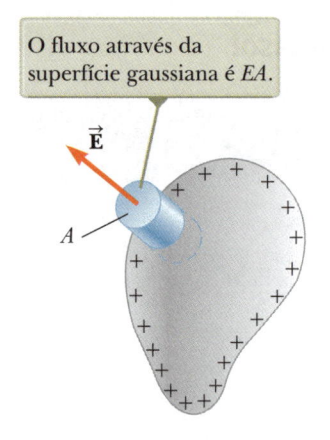

Figura 2.18 Uma superfície gaussiana na forma de um cilindro pequeno é utilizada no cálculo do campo elétrico imediatamente fora de um condutor carregado.

O fluxo através da superfície gaussiana é EA.

a zero. Com base neste resultado e na Lei de Gauss, concluímos que a carga líquida no interior da superfície gaussiana é igual a zero. Visto que pode não existir carga líquida dentro da superfície gaussiana (que está arbitrariamente próxima da superfície do condutor), qualquer carga líquida no condutor deve estar localizada em sua superfície. A Lei de Gauss não indica como essa carga em excesso é distribuída sobre a superfície do condutor, apenas que está localizada exclusivamente sobre a superfície.

Para verificar a terceira propriedade, vamos começar pela perpendicularidade do campo em relação à superfície. Se o vetor campo elétrico $\vec{E}$ tivesse uma componente paralela à superfície do condutor, os elétrons livres seriam afetados por uma força elétrica e se deslocariam ao longo da superfície. Neste caso, o condutor não estaria em equilíbrio. Assim, o vetor campo elétrico deve ser perpendicular à superfície.

Para determinar o módulo do campo elétrico, aplicamos a Lei de Gauss e traçamos uma superfície gaussiana na forma de um cilindro pequeno, cujas faces nas extremidades são paralelas à superfície do condutor (Fig. 2.18). Parte do cilindro localiza-se no lado externo, próximo do condutor, e a outra, no lado interno. O campo é perpendicular à superfície do condutor, de acordo com a condição de equilíbrio eletrostático. Portanto, a condição (3) na Seção 2.3 é satisfeita para a parte curva da superfície gaussiana cilíndrica – não há fluxo através desta parte da superfície gaussiana, porque $\vec{E}$ é paralelo a ela. Não há fluxo através da face plana do cilindro no interior do condutor, pois nessa região $\vec{E} = 0$, o que satisfaz a condição (4). Assim, o fluxo líquido através da superfície gaussiana é igual àquele através apenas da face plana fora do condutor, onde o campo é perpendicular à superfície gaussiana. Ao aplicarmos as condições (1) e (2) a esta face, observamos que o fluxo é EA, onde E é o campo elétrico no lado externo, próximo do condutor, e A é a área da face do cilindro. A aplicação da Lei de Gauss a esta superfície fornece

$$\Phi_E = \oint E\, dA = EA = \frac{q_{in}}{\varepsilon_0} = \frac{\sigma A}{\varepsilon_0}$$

onde utilizamos $q_{in} = \sigma A$. Resolvendo para E, obtemos o seguinte resultado para o campo elétrico imediatamente fora de um condutor carregado:

$$E = \frac{\sigma}{\varepsilon_0} \tag{2.9}$$

Teste Rápido 2.3 Seu irmão mais novo gosta de esfregar os pés sobre o carpete e, depois, tocá-lo para lhe dar um choque. Ao tentar escapar do tratamento de choque, você descobre um cilindro de metal oco no porão, grande o suficiente para que entre nele. Em quais dos casos a seguir você *não* receberá um choque? **(a)** Você entra no cilindro, tocando a superfície interna, e seu irmão carregado tocando a superfície de metal externa. **(b)** Seu irmão carregado está dentro do cilindro, em contato com a superfície de metal interna, e você, no lado de fora, tocando a superfície de metal externa. **(c)** Vocês dois estão fora do cilindro, em contato com a superfície de metal externa, mas não diretamente em contato um com o outro.

Exemplo 2.7 | Uma esfera dentro de uma carcaça esférica

Uma esfera isolante sólida de raio a tem uma carga líquida positiva Q uniformemente distribuída em todo o volume. Uma carcaça condutora esférica de raio interno b e externo c é concêntrica com a esfera sólida e tem uma carga líquida $-2Q$. Aplicando a Lei de Gauss, determine o campo elétrico nas regiões identificadas como ①, ②, ③ e ④ na Figura 2.19 e a distribuição de cargas na carcaça quando todo o sistema estiver em equilíbrio eletrostático.

SOLUÇÃO

Conceitualização Observe como este problema difere do Exemplo 2.3. A esfera carregada na Figura 2.10 aparece na Figura 2.19, mas, agora, envolta por uma carcaça com carga $-2Q$. Reflita em como a presença da carga afeta o campo elétrico na esfera.

Categorização A carga está uniformemente distribuída em toda a esfera, e sabemos que a carga na carcaça condutora se distribui de modo uniforme sobre as superfícies. Portanto, o sistema tem uma simetria esférica, e podemos aplicar a Lei de Gauss para determinar o campo elétrico nas várias regiões.

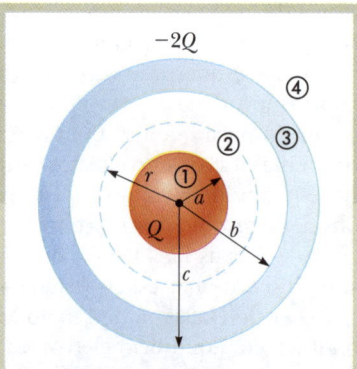

Figura 2.19 (Exemplo 2.7) Uma esfera isolante de raio a com carga Q envolta por uma carcaça condutora esférica com carga $-2Q$.

2.7 cont.

Análise Na região ② – entre as superfícies da esfera sólida e a interna da carcaça – traçamos uma superfície gaussiana esférica de raio r, onde $a < r < b$, observando que a carga dentro desta superfície é $+Q$ (a carga na esfera sólida). Uma vez que a simetria é esférica, as linhas do campo elétrico devem ser direcionadas radialmente para fora e constantes em módulo sobre a superfície gaussiana.

A carga na carcaça condutora cria um campo elétrico igual a zero na região $r < b$, de modo que a carcaça não tem efeito sobre o campo na região ② estabelecido pela esfera. Portanto, escreva uma expressão para o campo na região ② como aquela referente à esfera da parte (A) do Exemplo 2.3:

$$E_2 = k_e \frac{Q}{r^2} \quad (\text{para } a < r < b)$$

Visto que a carcaça condutora cria um campo igual a zero em seu interior, ela também não tem efeito sobre o campo dentro da esfera. Assim, escreva uma expressão para o campo na região ① como aquela referente à esfera da parte (B) do Exemplo 2.3:

$$E_1 = k_e \frac{Q}{a^3} r \quad (\text{para } r < a)$$

Na região ④, onde $r > c$, trace uma superfície gaussiana esférica. Esta superfície envolve uma carga total $q_{in} = Q + (-2Q) = -Q$. Sendo assim, modele a distribuição de cargas como uma esfera com carga $-Q$ e escreva uma expressão para o campo na região ④ da parte (A) do Exemplo 2.3:

$$E_4 = -k_e \frac{Q}{r^2} \quad (\text{para } r > c)$$

Na região ③, o campo elétrico deve ser igual a zero, pois a carcaça esférica é um condutor em equilíbrio:

$$E_3 = 0 \quad (\text{para } b < r < c)$$

Trace uma superfície gaussiana de raio r, onde $b < r < c$, e observe que q_{in} deve ser zero, porque $E_3 = 0$. Determine a quantidade de carga $q_{interna}$ na superfície interna da carcaça:

$$q_{in} = q_{esfera} + q_{interna}$$
$$q_{interna} = q_{in} - q_{esfera} = 0 - Q = -Q$$

Finalização A carga na superfície interna da carcaça esférica deve ser $-Q$ para cancelar a $+Q$ na esfera sólida e estabelecer um campo elétrico igual a zero no seu material. Visto que a carga líquida na carcaça é $-2Q$, sua superfície externa deve ter uma carga $-Q$.

E SE? Como os resultados deste problema seriam alterados se a esfera fosse condutora em vez de isolante?

Resposta A única alteração seria na região ①, onde $r < a$. Uma vez que poderia não existir carga em um condutor em equilíbrio eletrostático, $q_{in} = 0$ para uma superfície gaussiana de raio $r < a$. Portanto, com base na Lei de Gauss e na simetria, $E_1 = 0$. Nas regiões ②, ③ e ④, não haveria modo de determinar se a esfera fosse condutora ou isolante com base em observações do campo elétrico.

Resumo

Definições

Fluxo elétrico é proporcional ao número de linhas do campo elétrico que penetram uma superfície. Se o campo elétrico for uniforme e formar um ângulo θ com a normal de uma superfície de área A, o fluxo elétrico através da superfície será

$$\Phi_E = EA \cos \theta \tag{2.2}$$

Em geral, o fluxo elétrico através de uma superfície é

$$\Phi_E \equiv \int_{\text{superfície}} \vec{E} \cdot d\vec{A} \tag{2.3}$$

Conceitos e Princípios

A **Lei de Gauss** determina que o fluxo elétrico líquido, Φ_E, através de qualquer superfície gaussiana fechada é igual à carga *líquida*, q_{in}, dentro dela dividida por ε_0:

$$\Phi_E = \oint \vec{E} \cdot d\vec{A} = \frac{q_{in}}{\varepsilon_0} \quad (2.6)$$

Aplicando a Lei de Gauss, podemos calcular o campo elétrico criado por várias distribuições simétricas de cargas.

Um condutor em **equilíbrio eletrostático** tem as seguintes propriedades:

1. O campo elétrico é igual a zero em todos os pontos no interior do condutor, seja ele sólido ou oco.
2. Se o condutor for isolado e tiver uma carga, esta se localizará sobre sua superfície.
3. O campo elétrico em um ponto fora de um condutor carregado e próximo a este é perpendicular à sua superfície e tem um módulo σ/ε_0, onde σ é a densidade superficial de carga no ponto em questão.
4. Em um condutor de forma irregular, a densidade superficial de carga é maior em pontos nos quais o raio de curvatura da superfície é menor.

Perguntas Objetivas

1. Uma superfície gaussiana cúbica envolve um filamento carregado longo e reto, que passa perpendicularmente através de duas faces opostas. Não há nenhuma outra carga próxima. **(i)** Sobre quantas faces do cubo o campo elétrico é igual a zero? (a) 0 (b) 2 (c) 4 (d) 6 **(ii)** Através de quantas faces do cubo o fluxo elétrico é igual a zero? Escolha entre as mesmas alternativas da parte (i).

2. Um cabo coaxial consiste em um filamento longo e reto envolto por uma carcaça condutora coaxial longa e cilíndrica. Suponha que uma carga Q esteja no filamento, uma carga líquida igual a zero na carcaça, e o campo elétrico seja $E_1\hat{i}$ em determinado ponto P intermediário entre o filamento e a superfície interna da carcaça. Depois, o cabo é colocado em um campo externo uniforme $-E\hat{i}$. Qual é a componente x do campo elétrico em P? (a) 0 (b) entre 0 e E_1 (c) E_1 (d) entre 0 e $-E_1$ (e) $-E_1$.

3. A quais dos contextos a seguir a Lei de Gauss *não* pode ser aplicada de modo direto para a determinação do campo elétrico? (a) próximo a um fio longo uniformemente carregado (b) acima de um plano grande uniformemente carregado (c) dentro de uma bola uniformemente carregada (d) fora de uma esfera uniformemente carregada (e) a Lei de Gauss pode ser aplicada diretamente para a determinação do campo elétrico em todos esses contextos.

4. Uma partícula com carga q está localizada no interior de uma superfície gaussiana cúbica. Não há outras cargas próximas. **(i)** Se a partícula estiver no centro do cubo, qual será o fluxo através de cada uma das suas faces? (a) 0 (b) $q/2\varepsilon_0$ (c) $q/6\varepsilon_0$ (d) $q/8\varepsilon_0$ (e) depende das dimensões do cubo. **(ii)** Se a partícula puder ser deslocada para qualquer ponto dentro do cubo, de qual valor máximo o fluxo através de uma face poderá se aproximar? Escolha entre as mesmas alternativas da parte (i).

5. Cargas de 3,00 nC, –2,00 nC, –7,00 nC e 1,00 nC estão dentro de uma caixa retangular de 1,00 m de comprimento, 2,00 m de largura e 2,50 m de altura. Fora da caixa existem cargas de 1,00 nC e 4,00 nC. Qual é o fluxo elétrico através da superfície da caixa? (a) 0 (b) $-5{,}64 \times 10^2$ N × m²/C (c) $-1{,}47 \times 10^3$ N × m²/C (d) $1{,}47 \times 10^3$ N × m²/C (e) $5{,}64 \times 10^2$ N × m²/C.

6. Uma carcaça de metal esférica de grandes dimensões e sem carga líquida, com um pequeno furo no topo, está apoiada sobre um suporte isolante. Um pequeno percevejo com carga Q, preso a um fio de seda, é baixado através do furo dentro da carcaça. **(i)** Qual é a carga na superfície interna da carcaça, (a) Q (b) $Q/2$ (c) 0 (d) $-Q/2$ ou (e) $-Q$? Para responder às questões a seguir, escolha entre as mesmas alternativas. **(ii)** Qual é a carga na superfície externa da carcaça? **(iii)** Agora o percevejo pode tocar a superfície interna da carcaça. Após o contato, qual será a carga no percevejo? **(iv)** Qual é a carga na superfície interna da carcaça agora? **(v)** Qual é a carga na superfície externa da carcaça agora?

7. Duas esferas sólidas, ambas com raio de 5 cm, possuem cargas totais idênticas de 2 μC. A esfera A é um bom condutor. A esfera B é um isolante e sua carga está distribuída uniformemente em todo seu volume. **(i)** Como podemos comparar os módulos dos campos elétricos criados separadamente a uma distância radial de 6 cm? (a) $E_A > E_B = 0$ (b) $E_A > E_B > 0$ (c) $E_A = E_B > 0$ (d) $0 < E_A < E_B$ (e) $0 = E_A < E_B$ **(ii)** Como podemos comparar os módulos dos campos elétricos criados separadamente a um raio de 4 cm? Escolha entre as mesmas alternativas da parte (i).

8. Um campo elétrico uniforme de 1,00 N/C é estabelecido por uma distribuição uniforme de cargas no plano xy. Qual é o campo elétrico no interior de uma bola de metal posicionada 0,500 m acima deste plano? (a) 1,00 N/C (b) –1,00 N/C (c) 0 (d) 0,250 N/C (e) depende da posição dentro da bola.

9. Uma esfera isolante sólida de raio 5 cm tem uma carga elétrica distribuída uniformemente em todo seu volume. A Figura PO2.9 mostra uma carcaça condutora esférica sem carga líquida, concêntrica com a esfera. O raio interno da carcaça é 10 cm e o externo, 15 cm. Não há outras cargas próximas. (a) Classifique o módulo do campo elétrico nos pontos A (a um raio de 4 cm), B (a um raio

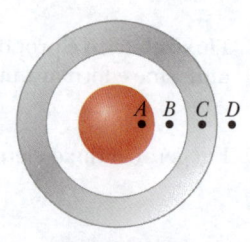

Figura PO2.9

de 8 cm), *C* (a um raio de 12 cm) e *D* (a um raio de 16 cm) do maior ao menor valor. Indique quaisquer casos de igualdade em sua classificação. (b) De modo similar, classifique o fluxo elétrico através das superfícies esféricas concêntricas, através dos pontos *A*, *B*, *C* e *D*.

10. Uma superfície gaussiana cúbica é seccionada por uma grande chapa de carga paralela às suas faces superior e inferior. Não há outras cargas próximas. (i) Sobre quantas faces do cubo o campo elétrico é igual a zero? (a) 0 (b) 2 (c) 4 (d) 6 (ii) Através de quantas faces do cubo o fluxo elétrico é igual a zero? Escolha entre as mesmas alternativas da parte (i).

11. Classifique os fluxos elétricos através de cada superfície gaussiana mostrada na Figura PO2.11 do maior ao menor valor. Indique quaisquer casos de igualdade em sua classificação.

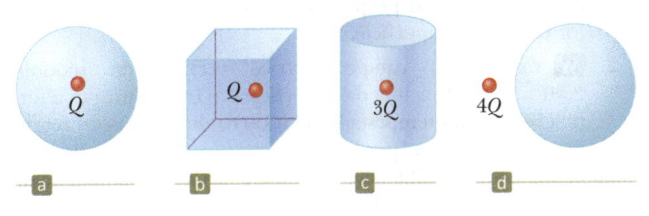

Figura PO2.11

Perguntas Conceituais

1. Considere um campo elétrico que tenha sentido uniforme em todo um volume. O campo pode ter módulo uniforme? O campo deve ter módulo uniforme? Responda a estas questões, (a) supondo que o volume esteja cheio de um material isolante com carga descrita por uma densidade volumétrica de carga e (b) que o volume seja de espaço vazio. Exponha seu raciocínio para comprovar suas repostas.

2. Uma superfície cúbica envolve uma carga pontual *q*. Descreva o que ocorre com o fluxo total através da superfície, se (a) a carga for duplicada, (b) o volume do cubo for duplicado, (c) a forma da superfície for alterada para uma esfera, (d) a carga for deslocada para outra posição no interior da superfície e (e) a carga for deslocada para fora da superfície.

3. Um campo elétrico uniforme está presente em uma região do espaço que não contém cargas. O que podemos concluir sobre o fluxo elétrico líquido através de uma superfície gaussiana nesta região?

4. Se a carga total no interior de uma superfície fechada for conhecida, mas a distribuição de cargas não for especificada, podemos aplicar a Lei de Gauss para determinar o campo elétrico? Explique.

5. Explique por que o fluxo elétrico através de uma superfície fechada com uma determinada carga encerrada é independente do tamanho ou da forma da superfície.

6. Se mais linhas de campo elétrico saem de uma superfície gaussiana do que entram, o que podemos concluir acerca da carga líquida encerrada pela superfície?

7. Uma pessoa é colocada em uma grande esfera de metal oca, longe do solo. (a) Se a esfera receber uma grande carga, a pessoa será ferida ao tocar sua parte interna? (b) Explique o que ocorreria se a pessoa também tivesse uma carga inicial cujo sinal fosse oposto ao da existente na esfera.

8. Considere duas esferas condutoras idênticas cujas superfícies sejam separadas por uma pequena distância. Uma delas recebe grande carga líquida positiva, e a outra, pequena carga líquida positiva. É determinado que a força entre as esferas é atrativa, mesmo que ambas tenham cargas líquidas de mesmo sinal. Explique como esta atração é possível.

9. Uma demonstração comum envolve a carga de um balão de borracha, que é um isolante. O balão é esfregado contra o cabelo e, depois, encostado no teto ou em uma parede, que também são isolantes. Por causa da atração elétrica entre o balão carregado e a parede neutra, ele fica preso à parede. Agora, suponha que tenhamos duas chapas planas de material isolante infinitamente grandes, uma carregada e a outra neutra. Se forem colocadas em contato, existirá alguma força atrativa entre elas como no caso do balão e da parede?

10. Com base na natureza repulsiva da força entre cargas iguais e na liberdade de movimento da carga em um condutor, explique por que a carga em excesso em um condutor isolado deve estar localizada sobre sua superfície.

11. O Sol fica mais baixo no céu durante o inverno do que no verão. (a) Como essa alteração afeta o fluxo de luz solar que alcança uma determinada área na superfície da Terra? (b) Como essa alteração afeta o clima?

Problemas

WebAssign Os problemas que se encontram neste capítulo podem ser resolvidos *on-line* no Enhanced WebAssign (em inglês)

1. denota problema simples;
2. denota problema intermediário;
3. denota problema de desafio;

AMT *Analysis Model Tutorial* disponível no Enhanced WebAssign (em inglês);

M denota tutorial *Master It* disponível no Enhanced WebAssign (em inglês);

PD denota problema dirigido;

W solução em vídeo *Watch It* disponível no Enhanced WebAssign (em inglês).

Seção 2.1 Fluxo elétrico

1. Uma superfície plana de área 3,20 m² é girada em um campo elétrico uniforme de módulo $E = 6,20 \times 10^5$ N/C. Determine o fluxo elétrico através desta área (a) quando o campo elétrico for perpendicular à superfície e (b) quando for paralelo à superfície.

2. **W** Existe um campo elétrico vertical de módulo $2,00 \times 10^4$ N/C acima da superfície da Terra durante a formação de uma tempestade. Um carro de dimensões retangulares de 6,00 m por 3,00 m desloca-se ao longo de uma estrada de cascalho seco com uma rampa descendente de 10,0°. Determine o fluxo elétrico através do fundo do carro.

3. **M** Um circuito circular de 40,0 cm de diâmetro é girado em um campo elétrico uniforme até alcançar a posição onde o fluxo elétrico é o máximo. O fluxo medido nesta posição é de $5,20 \times 10^5$ N × m²/C. Qual é o módulo do campo elétrico?

4. **W** Considere uma caixa triangular fechada em repouso no interior de um campo elétrico horizontal de módulo $E = 7,80 \times 10^4$ N/C, como mostra a Figura P2.4. Calcule o fluxo elétrico através (a) da superfície retangular vertical (b) da superfície inclinada e (c) de toda a superfície da caixa.

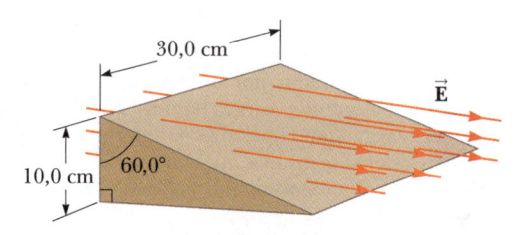

Figura P2.4

5. **M** Um campo elétrico de módulo 3,50 kN/C é aplicado ao longo do eixo x. Calcule o fluxo elétrico através de um plano retangular de 0,350 m de largura e 0,700 m de comprimento, quando (a) o plano estiver paralelo ao plano yz, (b) o plano estiver paralelo ao plano xy e (c) o plano contiver o eixo y e sua normal formar um ângulo de 40,0° com o eixo x.

6. Um campo eléctrico não uniforme, é dado pela expressão

$$\vec{E} = ay\hat{i} + bz\hat{j} + cx\hat{k}$$

onde a, b, e c são constantes. Determinar o fluxo elétrico através de uma superfície retangular no plano xy, estendendo-se a partir de x para $x = 0$ para $x = w$ e de $y = 0$ para $y = h$.

Seção 2.2 Lei de Gauss

7. Uma esfera oca não carregada e não condutora de raio de 10,0 cm envolve uma carga de 10,0 μC localizada na origem de um sistema de coordenadas cartesianas. Uma broca de raio de 1,00 mm é alinhada ao longo do eixo z e um furo é aberto na esfera. Calcule o fluxo elétrico através do orifício.

8. Determine o fluxo elétrico líquido através da superfície esférica fechada mostrada na Figura P2.8. As duas cargas no lado direito estão no seu interior.

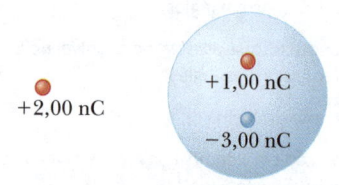

Figura P2.8

9. **M** As cargas a seguir estão localizadas dentro de um submarino: 5,00 μC, –9,00 μC, 27,0 μC e –84,0 μC. (a) Calcule o fluxo elétrico líquido através do seu casco. (b) O número de linhas de campo elétrico que saem do submarino é superior, igual ou inferior ao número de linhas que entram?

10. **W** O campo elétrico em cada ponto da superfície de uma carcaça esférica delgada de raio 0,750 m tem módulo de 890 N/C e aponta radialmente para o centro da esfera. (a) Qual é a carga líquida no interior da superfície da esfera? (b) Qual é a distribuição de cargas no seu interior?

11. **W** Quatro superfícies fechadas, S_1 a S_4, juntamente com as cargas $-2Q$, Q e $-Q$, estão esboçadas na Figura P2.11. As linhas coloridas são as intersecções das superfícies com a página. Determine o fluxo elétrico através de cada superfície.

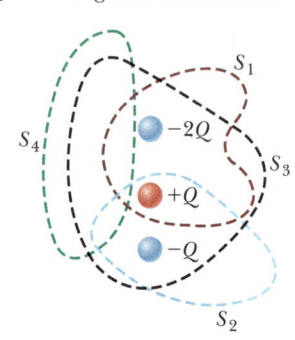

Figura P2.11

12. Uma carga de 170 μC está posicionada no centro de um cubo de aresta de 80,0 cm. Não há outras cargas próximas. (a) Determine o fluxo através de cada face do cubo. (b) Determine o fluxo através de toda sua superfície. (c) **E se?** Suas respostas à parte (a) ou (b) mudariam se a carga não estivesse no centro? Explique.

13. No ar, sobre determinada região a uma altitude de 500 m acima do solo, o campo elétrico é de 120 N/C e direcionado para baixo. A 600 m acima do solo, é de 100 N/C e direcionado para baixo. Qual é a densidade volumétrica de carga média na camada de ar entre essas duas elevações? O sinal é positivo ou negativo?

14. Uma partícula com carga de 12,0 μC é colocada no centro de uma carcaça esférica de raio 22,0 cm. Qual é o fluxo elétrico total através (a) da superfície da carcaça e (b) de qualquer superfície hemisférica da carcaça? (c) Os resultados dependem do raio? Explique.

15. (a) Determine o fluxo elétrico líquido através do cubo como mostra a Figura P2.15. (b) Podemos aplicar a Lei de Gauss para determinar o campo elétrico sobre a superfície desse cubo? Explique.

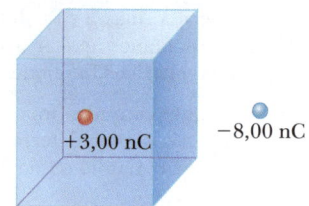

Figura P2.15

16. (a) Uma partícula com carga q está localizada a uma distância d de um plano infinito. Determine o fluxo elétrico estabelecido pela partícula carregada através do plano. (b) **E se?** Uma partícula de carga q está localizada a uma distância *muito curta* do centro de um quadrado *muito grande* na linha perpendicular a ele que passa por seu centro. Determine o fluxo elétrico aproximado através do quadrado estabelecido pela partícula carregada. (c) Como podemos comparar as respostas das partes (a) e (b)? Explique.

17. Uma carga linear infinitamente longa com uma carga uniforme por unidade de comprimento λ está posicionada a uma distância d do ponto O, como mostra a Figura P2.17. Determine o fluxo elétrico total através da superfície de uma esfera de raio R centralizada em O, criado por essa carga linear. Considere os casos em que (a) $R < d$ e (b) $R > d$.

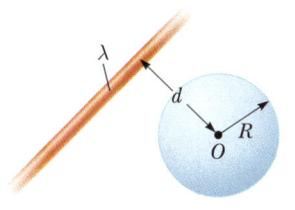

Figura P2.17

18. Determine o fluxo elétrico líquido através (a) da superfície esférica fechada em um campo elétrico uniforme, mostrada na Figura P2.18a, e (b) da superfície cilíndrica fechada, mostrada na Figura P2.18b. (c) O que podemos concluir sobre as cargas, se existirem, no interior da superfície cilíndrica?

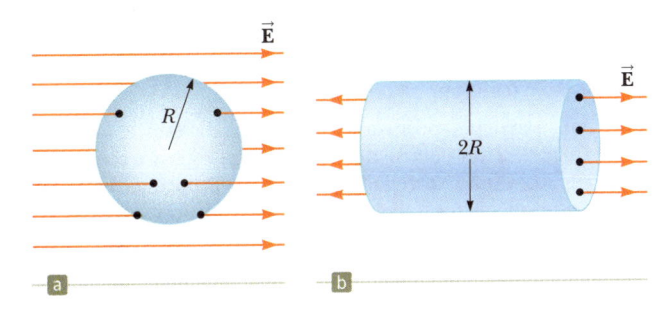

Figura P2.18

19. Uma partícula com carga $Q = 5{,}00\ \mu C$ está localizada no centro de um cubo de aresta $L = 0{,}100$ m. Além disso, seis outras partículas carregadas idênticas com carga $q = -1{,}00\ \mu C$ estão posicionadas simetricamente em torno de Q, como mostra a Figura P2.19. Determine o fluxo elétrico através de uma face do cubo.

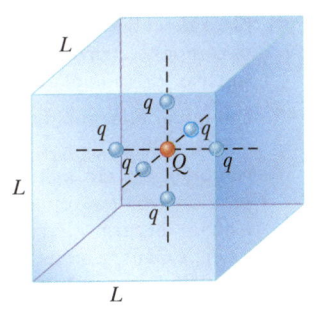

Figura P2.19
Problemas 19 e 20.

20. Uma partícula com carga Q está localizada no centro de um cubo de aresta L. Além disso, seis outras partículas carregadas idênticas com carga q estão posicionadas simetricamente em torno de Q, como mostra a Figura P2.19. Para cada uma dessas partículas, q é um número negativo. Determine o fluxo elétrico através de uma face do cubo.

21. Uma partícula com carga Q está posicionada a uma curta distância δ imediatamente acima do centro da face plana de um hemisfério de raio R, como mostra a Figura P2.21. Qual é o fluxo elétrico (a) através da superfície curva e (b) através da face plana quando $\delta \to 0$?

Figura P2.21

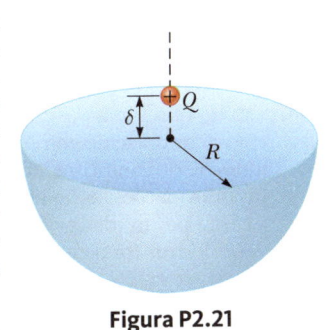

22. A Figura P2.22 representa a vista superior de uma superfície gaussiana cúbica em um campo elétrico uniforme $\vec{E}$ direcionado paralelamente às faces superior e inferior do cubo. O campo forma um ângulo θ com o lado ① e a área de cada face é A. Na forma simbólica, determine o fluxo elétrico através (a) da face ①, (b) da face ②, (c) da face ③ (d) da face ④ e (e) das faces superior e inferior do cubo. (f) Qual é o fluxo elétrico líquido através do cubo? (g) Quanta carga a superfície gaussiana encerra?

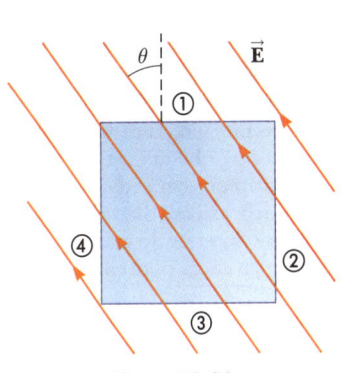

Figura P2.22

Seção 2.3 Aplicação da Lei de Gauss a várias distribuições de cargas

23. Na fissão nuclear, um núcleo de urânio-238, que contém 92 prótons, pode se dividir em duas esferas menores, cada uma delas com 46 prótons e um raio de $5{,}90 \times 10^{-15}$ m. Qual é o módulo da força elétrica repulsiva que separa as duas esferas?

24. **W** A carga por unidade de comprimento em um filamento reto e longo é de $-90{,}0\ \mu C/m$. Calcule o campo elétrico a (a) 10,0 cm, (b) 20,0 cm e (c) 100 cm do filamento, cujas distâncias são medidas perpendicularmente ao seu comprimento.

25. **AMT** Um pedaço de isopor de 10,0 g tem carga líquida de $-0{,}700\ \mu C$ e está suspenso em equilíbrio acima do centro de uma grande chapa horizontal de plástico, que tem uma densidade uniforme de carga em sua superfície. Qual é a carga por unidade de área na chapa de plástico?

26. Determine o módulo do campo elétrico na superfície de um núcleo de chumbo 208, que possui 82 prótons e 126 nêutrons. Suponha que o núcleo de chumbo tenha um volume 208 vezes maior que o de um próton, e considere um próton uma esfera de raio de $1{,}20 \times 10^{-15}$ m.

27. **M** Uma chapa de carga horizontal grande e plana tem uma carga por unidade de área de $9{,}00\ \mu C/m^2$. Determine o campo elétrico localizado a uma pequena distância acima do seu ponto central.

28. Suponha que você encha com ar dois balões de borracha, pendure-os de um mesmo ponto, amarrados a cordas de mesmo comprimento. Depois, esfregue cada balão, utilizando lã ou seu cabelo, de modo que permaneçam separados por uma distância que pode ser percebida. Calcule a ordem de grandeza (a) da força aplicada a cada um, (b) da carga de cada um, (c) do campo que cada um cria no centro do outro e (d) do fluxo total do campo elétrico que cada um estabelece. Na resolução, indique as grandezas tomadas como dados e os valores medidos ou calculados para elas.

29. **M** Considere uma carcaça esférica delgada de raio 14,0 cm com carga total de $32{,}0\ \mu C$ distribuída uniformemente sobre sua superfície. Determine o campo elétrico a (a) 10,0 cm e (b) 20,0 cm do centro da distribuição de cargas.

30. **W** Uma parede não condutora tem carga com densidade uniforme de $8{,}60\ \mu C/cm^2$. (a) Qual é o campo elétrico a

7,00 cm em frente à parede, se 7,00 cm for uma distância pequena comparada com as dimensões da parede? (b) Seu resultado mudará se a distância à parede variar? Explique.

31. **M** Um filamento reto uniformemente carregado, de 7,00 m de comprimento, tem carga total positiva de 2,00 μC. Um cilindro de papelão não carregado de 2,00 cm de comprimento e raio 10,0 cm cerca o filamento, localizado em seu centro, ao longo de seu eixo. Aplicando aproximações adequadas, determine (a) o campo elétrico na superfície do cilindro e (b) o fluxo elétrico total através dele.

32. Suponha que o módulo do campo elétrico em cada face do cubo de aresta $L = 1,00$ m na Figura P2.32 seja uniforme e o sentido dos campos em cada face seja o indicado. Determine (a) o fluxo elétrico líquido através do cubo e (b) a carga líquida no interior do cubo. (c) A carga líquida poderia ser uma única carga pontual?

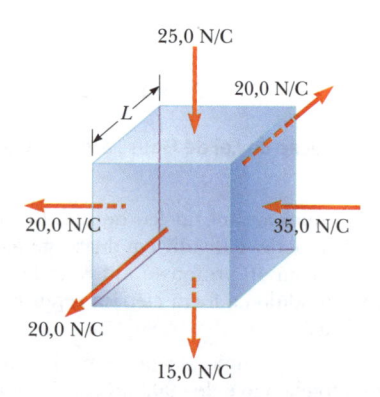

Figura P2.32

33. Considere uma longa distribuição de cargas cilíndrica de raio R com uma densidade uniforme de carga ρ. Determine o campo elétrico a uma distância r do eixo, onde $r < R$.

34. **W** Uma carcaça cilíndrica de raio 7,00 cm e comprimento 2,40 m tem cargas distribuídas uniformemente sobre sua superfície curva. O módulo do campo elétrico em um ponto à distância de 19,0 cm do eixo em uma posição radialmente externa (medida do ponto central da carcaça) é de 36,0 kN/C. Determine (a) a carga líquida sobre a carcaça e (b) o campo elétrico em um ponto à distância de 4,00 cm do eixo, medida radialmente de dentro para fora do ponto central da carcaça.

35. **W** Uma esfera sólida de raio de 40,0 cm tem carga total positiva de 26,0 μC distribuída uniformemente em todo o volume. Calcule o módulo do campo elétrico a (a) 0 cm, (b) 10,0 cm, (c) 40,0 cm e (d) 60,0 cm do centro da esfera.

36. **AMT** **Revisão.** Uma partícula com carga –60,0 nC é colocada no centro de uma carcaça esférica não condutora de raios interno 20,0 cm e externo 25,0 cm. Esta carcaça tem carga com densidade uniforme de –1,33 μC/m³. Um próton se move em uma órbita circular no lado externo, próximo dela. Calcule a velocidade escalar do próton.

Seção 2.4 Condutores em equilíbrio eletrostático

37. **M** Uma haste de metal reta e longa tem raio de 5,00 cm e carga por unidade de comprimento de 30,0 nC/m. Determine o campo elétrico a (a) 3,00 cm, (b) 10,0 cm e (c) 100 cm do eixo da haste, onde as distâncias são medidas perpendicularmente ao seu eixo.

38. *Por que a seguinte situação é impossível?* Uma esfera de cobre sólida de raio 15,0 cm está em equilíbrio eletrostático e tem carga de 40,0 nC. A Figura P2.38 mostra o módulo do campo elétrico como função da posição radial r medida do centro da esfera.

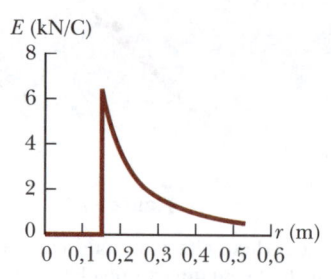

Figura P2.38

39. **W** Uma esfera de metal sólida de raio a tem uma carga total Q. Não existem outras cargas próximas. O campo elétrico no lado externo, próximo à superfície, é $k_e Q/a^2$ radialmente para fora. Nesse ponto próximo, a superfície uniformemente carregada da esfera parece exatamente a de uma chapa de carga plana e uniforme. O campo elétrico nesse ponto é dado por σ/ε_0 ou $\sigma/2\varepsilon_0$?

40. Uma partícula positivamente carregada está a uma distância $R/2$ do centro de uma carcaça esférica condutora, delgada e não carregada, de raio R. Esboce as linhas do campo elétrico estabelecido por esta disposição, dentro e fora da carcaça.

41. Uma placa de alumínio plana, delgada e muito grande de área A tem carga total Q distribuída uniformemente sobre suas superfícies. Supondo que a mesma carga esteja distribuída de modo uniforme sobre a superfície *superior* de uma placa de vidro, que de outra forma seria idêntica, compare os campos elétricos próximos acima do centro da superfície superior de cada placa.

42. Em uma determinada região do espaço, o campo elétrico é $\vec{E} = 6,00 \times 10^3\, x^2 \hat{i}$, onde $\vec{E}$ é expresso em newtons por coulomb, e x em metros. As cargas elétricas nessa região permanecem em repouso. (a) Determine a densidade volumétrica da carga elétrica em $x = 0,300$ m. *Sugestão*: Aplique a Lei de Gauss a uma caixa entre $x = 0,300$ m e $x = 0,300$ m $+ dx$. (b) Essa região do espaço poderia estar no interior de um condutor?

43. **AMT** Duas esferas condutoras idênticas, cada uma com raio 0,500 cm, estão ligadas por um fio condutor leve de 2,00 m de comprimento. Uma carga de 60,0 μC é colocada em um dos condutores. Suponha que a distribuição de cargas superficial em cada esfera seja uniforme. Determine a tensão no fio.

44. Uma placa de cobre quadrada de lados 50,0 cm não tem carga líquida e é colocada em uma região de um campo elétrico uniforme de 80,0 kN/C direcionado perpendicularmente à placa. Determine (a) a densidade de carga de cada face da placa e (b) a carga total em cada face.

45. Um fio reto e longo é envolto por um cilindro de metal oco, cujo eixo coincide com o do fio. Este tem uma carga por unidade de comprimento λ, e o cilindro, 2λ. Com base nessas informações, aplique a Lei de Gauss para determinar (a) a carga por unidade de comprimento na superfície interna do cilindro, (b) a carga por unidade de comprimento na superfície externa do cilindro e (c) o campo elétrico fora do cilindro a uma distância r do eixo.

46. **M** Uma placa condutora quadrada e delgada de lados 50,0 cm está localizada no plano xy. Uma carga total de $4,00 \times 10^{-8}$ C é colocada sobre a placa. Determine (a) a densidade de carga em cada face da placa, (b) o campo elé-

trico a uma pequena distância acima da placa e (c) o campo elétrico a uma pequena distância abaixo da placa. Podemos supor que a densidade de carga é uniforme.

47. **M** Uma esfera condutora sólida de raio 2,00 cm tem uma carga de 8,00 μC. Uma concha esférica condutora de raio interno igual 4,00 cm e raio externo de 5,00 cm é concêntrica com a esfera sólida e tem uma carga de 24,00 μC. Determine o campo elétrico em (a) $r = 1,00$ cm, (b) $r = 3,00$ cm, (c) $r = 4,50$ cm, e (d) $r = 7,00$ cm a partir do centro desta configuração de carga.

Problemas Adicionais

48. Considere uma superfície plana em um campo elétrico uniforme, como na Figura P2.48, onde $d = 15,0$ cm e $\theta = 70,0°$. Se o fluxo líquido através da superfície for 6,00 N × m²/C, determine o módulo do campo elétrico.

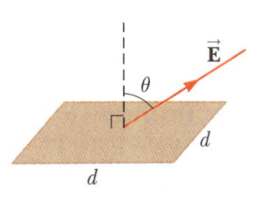

Figura P2.48
Problemas 48 e 49.

49. Determine o fluxo elétrico através da superfície plana mostrada na Figura P2.48, para $\theta = 60,0°$, $E = 350$ N/C e $d = 5,00$ cm. O campo elétrico é uniforme sobre toda a área da superfície.

50. Uma carcaça metálica, esférica e oca tem raio externo 0,750 m, não possui carga líquida, e está apoiada sobre um suporte isolante. O campo elétrico em todos os pontos no lado externo, próximo à superfície, é de 890 N/C radialmente em direção ao centro da esfera. Explique o que podemos concluir acerca (a) da quantidade de carga na superfície externa da esfera e da distribuição dessa carga, (b) da quantidade de carga na superfície interna da esfera e de sua distribuição e (c) da quantidade de carga no interior da carcaça e de sua distribuição.

51. Uma esfera de raio $R = 1,00$ m envolve uma partícula de carga $Q = 50,0$ μC localizada em seu centro, como mostra a Figura P2.51. Determine o fluxo elétrico através de uma calota circular de meio ângulo $\theta = 45,0°$.

52. Uma esfera de raio R envolve uma partícula de carga Q localizada em seu centro, como mostra a Figura P2.51. Determine o fluxo elétrico através de uma calota circular de meio ângulo θ.

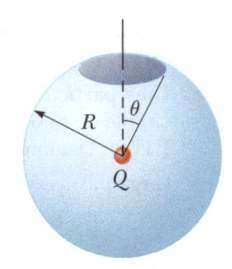

Figura P2.51
Problemas 51 e 52.

53. Uma placa condutora muito grande apoiada no plano xy tem uma carga por unidade de área de σ. Uma segunda placa localizada acima da primeira placa em $z = z_0$ e orientada paralelamente ao plano xy tem uma carga por unidade de área de -2σ. Determine o campo elétrico para (a) $z < 0$, (b) $0 < z < z_0$, e (c) $z > z_0$.

54. **PD** Uma esfera isolante sólida de raio a tem densidade uniforme de carga em todo seu volume e carga total Q. Concêntrica com esta esfera temos outra condutora oca sem carga, cujos raios interno e externo são b e c, como mostra a Figura P2.54. Desejamos entender totalmente as cargas e os campos elétricos em todos os pontos. (a) Determine a carga interna a uma esfera de raio $r < a$. (b) Com base neste valor, calcule o módulo do campo elétrico para $r < a$. (c) Qual é a carga interna a uma esfera de raio r quando $a < r < b$? (d) Com base neste valor, calcule o módulo do campo elétrico para r quando $a < r < b$. (e)

Agora, considere r quando $b < r < c$. Qual é o módulo do campo elétrico para esta faixa de valores de r? (f) Com base neste valor, determine a carga sobre a superfície interna da esfera oca. (g) Considerando o resultado da parte (f), determine a carga na superfície externa da esfera oca. (h) Considere as três superfícies esféricas de raios a, b e c. Qual delas tem o maior módulo de densidade superficial de carga?

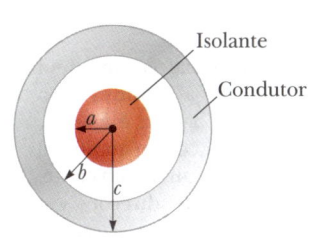

Figura P2.54
Problemas 54, 55 e 57.

55. Uma esfera isolante sólida de raio $a = 5,00$ cm tem carga líquida positiva $Q = 3,00$ μC uniformemente distribuída em todo seu volume. Uma carcaça condutora esférica de raios interno $b = 10,0$ cm e externo $c = 15,0$ cm é concêntrica com a esfera sólida, como mostra a Figura P2.54, e tem uma carga líquida $q = -1,00$ μC. Trace um gráfico do módulo do campo elétrico estabelecido por essa configuração em função de r para $0 < r < 25,0$ cm.

56. Duas chapas de carga, não condutoras e infinitas, são paralelas uma em relação à outra, como mostra a Figura P2.56. A da esquerda tem densidade superficial de carga uniforme σ, e a da direita tem densidade de carga uniforme $-\sigma$. Calcule o campo elétrico nos pontos (a) à esquerda, (b) entre e (c) à direita das duas chapas. (d) **E se?** Determine os campos elétricos em todas as três regiões, no caso em que as duas chapas tenham densidades superficiais de carga *positivas* e uniformes de valor σ.

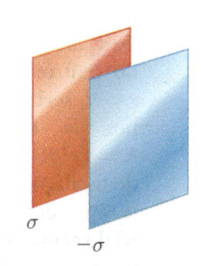

Figura P2.56

57. **W** Para a configuração mostrada na Figura P2.54, suponha que $a = 5,00$ cm, $b = 20,0$ cm e $c = 25,0$ cm. E, mais, que o campo elétrico em um ponto a 10,0 cm do centro tenha um valor de $3,60 \times 10^3$ N/C radialmente para dentro, e que o campo elétrico em um ponto a 50,0 cm do centro tenha um módulo de 200 N/C e aponte radialmente para fora. Com base nessas informações, determine (a) a carga na esfera isolante, (b) a carga líquida na esfera condutora oca, (c) a carga na superfície interna desta esfera e (d) a carga na sua superfície externa.

58. Uma esfera sólida isolante de raio a tem densidade volumétrica de carga uniforme e carga total positiva Q. Uma superfície gaussiana esférica de raio r, que compartilha o centro comum com a esfera isolante, começa a ser inflada em $r = 0$. (a) Determine uma expressão para o fluxo elétrico que passa através da superfície da esfera gaussiana como uma função de r para $r < a$. (b) Determine uma expressão para o fluxo elétrico para $r > a$. (c) Faça um gráfico do fluxo em função de r.

59. Uma carcaça esférica uniformemente carregada com densidade superficial de carga positiva σ tem um furo circular em sua superfície. O raio r do furo é pequeno comparado com o raio R da esfera. Qual é o campo elétrico no cen-

tro do furo? *Sugestão*: Este problema pode ser resolvido por meio da aplicação do princípio da superposição.

60. Uma carcaça isolante, cilíndrica e infinitamente longa, de raios interno a e externo b, tem densidade volumétrica de carga uniforme ρ. Uma linha de densidade linear de carga uniforme λ é posicionada ao longo do eixo da carcaça. Determine o campo elétrico para (a) $r < a$, (b) $a < r < b$ e (c) $r > b$.

Problemas de Desafio

61. Uma placa de material isolante tem densidade de carga positiva não uniforme $\rho = Cx^2$, onde x é medido do centro da placa, como mostra a Figura P2.61, e C é uma constante. A placa é infinita nas direções y e z. Derive expressões para o campo elétrico (a) nas regiões externas ($|x| > d/2$) e (b) na região interna da placa ($-d/2 < x < d/2$).

62. **AMT** **Revisão.** Um dos primeiros modelos (incorreto) do átomo de hidrogênio, sugerido por J. J. Thomson, propunha que existia uma nuvem de cargas positivas $+e$ uniformemente distribuída em todo o volume de uma esfera de raio R, com o elétron (uma partícula negativamente carregada de mesmo módulo $-e$) localizado no centro. (a) Aplicando a Lei de Gauss, demonstre que o elétron estaria em equilíbrio no centro; e, se fosse deslocado do centro uma distância $r < R$, seria afetado por uma força de restauração expressa por $F = -Kr$, onde K é uma constante. (b) Demonstre que $K = k_e e^2/R^3$. (c) Encontre uma expressão para a frequência f de oscilações harmônicas simples que um elétron de massa m_e apresentaria se fosse deslocado uma curta distância ($< R$) do centro e, depois, solto. (d) Calcule um valor numérico para R que resultaria em uma frequência de $2,47 \times 10^{15}$ Hz, a frequência da luz irradiada na linha mais intensa no espectro do hidrogênio.

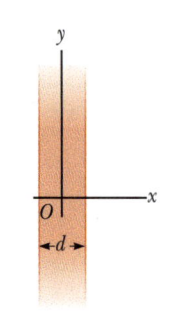

Figura P2.61
Problemas 59 e 69.

63. Uma superfície fechada com dimensões $a = b = 0,400$ m e $c = 0,600$ m está posicionada como mostra a Figura P2.63. A borda esquerda da superfície fechada está localizada na posição $x = a$. O campo elétrico em toda a região não é uniforme, definido por $\vec{E} = (3,00 + 2,00\ x^2)\ \hat{i}$ N/C, onde x é expresso em metros. (a) Calcule o fluxo elétrico líquido que sai da superfície fechada. (b) Qual é a carga líquida envolta pela superfície?

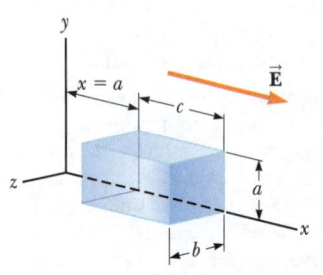

Figura P2.63

64. Uma esfera de raio $2a$ é feita de um material não condutor que tem densidade volumétrica de carga uniforme ρ. Suponha que o material não afete o campo elétrico. Uma cavidade esférica de raio a é aberta na esfera, como mostra a Figura P2.64. Demonstre que o campo elétrico dentro da cavidade é uniforme e dado por $E_x = 0$ e $E_y = \rho a/3\varepsilon_0$.

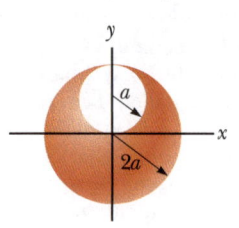

Figura P2.64

65. Uma distribuição de cargas esfericamente simétrica tem densidade de carga dada por $\rho = a/r$, onde a é constante. Determine o campo elétrico dentro da distribuição de cargas como uma função de r. *Observação*: O elemento de volume dV para uma carcaça esférica de raio r e espessura dr é igual a $4\pi r^2 dr$.

66. Uma esfera isolante sólida de raio R tem uma densidade de carga não uniforme que varia com r de acordo com a expressão $\rho = Ar^2$, onde A é uma constante e $r < R$ é medido do centro da esfera. (a) Demonstre que o módulo do campo elétrico no lado de fora ($r > R$) da esfera é $E = AR^5/5\varepsilon_0 r^2$. (b) Demonstre que o módulo do campo elétrico no lado de dentro ($r < R$) da esfera é $E = Ar^3/5\varepsilon_0$. *Observação*: O elemento de volume dV para uma carcaça esférica de raio r e espessura dr é igual a $4\pi r^2 dr$.

67. Um cilindro isolante infinitamente longo de raio R tem densidade volumétrica de carga que varia com o raio, de acordo com a equação a seguir

$$\rho = \rho_0\left(a - \frac{r}{b}\right)$$

onde ρ_0, a e b são constantes positivas, e r é a distância ao eixo do cilindro. Aplique a Lei de Gauss para determinar o módulo do campo elétrico a distâncias radiais de (a) $r < R$ e (b) $r > R$.

68. Uma partícula com carga Q está localizada no eixo de um círculo de raio R a uma distância b do plano do círculo (Fig. P2.68). Demonstre que, se um quarto do fluxo elétrico da carga passasse através do círculo, teríamos $R = \sqrt{3}b$.

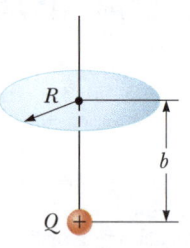

Figura P2.68

69. **Revisão.** Uma placa de material isolante (infinita nas direções y e z) tem espessura d e densidade de carga positiva uniforme ρ. Uma vista da borda da placa é mostrada na Figura P2.61. (a) Demonstre que o módulo do campo elétrico a uma distância x do centro e no interior da placa é $E = \rho x/\varepsilon_0$. (b) **E se?** Suponha que um elétron de carga $-e$ e massa m_e possa se deslocar livremente na placa. O elétron é liberado do repouso a uma distância x do centro. Demonstre que o elétron apresenta um movimento harmônico simples com uma frequência dada por

$$f = \frac{1}{2\pi}\sqrt{\frac{\rho e}{m_e \varepsilon_0}}$$

capítulo

3

Potencial elétrico

- **3.1** Potencial elétrico e diferença de potencial
- **3.2** Diferença de potencial em um campo elétrico uniforme
- **3.3** Potencial elétrico e energia potencial gerados por cargas pontuais
- **3.4** Obtenção do valor do campo elétrico com base no potencial elétrico
- **3.5** Potencial elétrico gerado por distribuições de cargas contínuas
- **3.6** Potencial elétrico gerado por um condutor carregado
- **3.7** Experimento da gota de óleo de Millikan
- **3.8** Aplicações da eletrostática

No Capítulo 1, relacionamos o novo estudo do eletromagnetismo aos nossos primeiros estudos da *força*. Agora, faremos uma nova ligação com nossas primeiras investigações referentes à *energia*. O conceito de energia potencial foi introduzido no Capítulo 7 do Volume 1, relacionado com forças conservativas, tais como a gravitacional e a elástica

Processos que ocorrem durante tempestades produzem grandes diferenças de potencial elétrico entre as nuvens e o solo. O resultado dessa diferença de potencial é uma descarga elétrica que chamamos relâmpago, como a mostrada acima. Observe no canto esquerdo que um canal de relâmpago descendente (início da descarga) está prestes a fazer contato com um canal originário do solo (uma descarga de retorno).
(Costazzurra/Shutterstock.com)

exercida por uma mola. Aplicando a lei da conservação da energia, pudemos resolver vários problemas da Mecânica, que seriam insolúveis por meio de um método com base em forças. O conceito de energia potencial também é de grande valia no estudo da Eletricidade. Visto que a força eletrostática é conservativa, os fenômenos eletrostáticos podem ser descritos de modo conveniente em função de uma energia potencial elétrica. Essa ideia nos permite definir uma grandeza chamada *potencial elétrico*. Uma vez que o potencial elétrico em qualquer ponto de um campo elétrico é uma grandeza escalar, podemos aplicá-lo para descrever fenômenos eletrostáticos de modo mais simples do que se utilizássemos apenas o campo e as forças elétricas. O conceito de potencial elétrico tem um grande valor prático no funcionamento de circuitos e dispositivos elétricos que estudaremos em capítulos posteriores.

3.1 Potencial elétrico e diferença de potencial

Quando uma carga de teste q é colocada em um campo elétrico $\vec{E}$ gerado por alguma distribuição de fontes de cargas, o modelo da partícula em um campo nos diz que existe uma força elétrica $q\vec{E}$ atuando sobre a carga. Esta força é conservativa porque a força entre cargas descrita pela Lei de Coulomb é conservativa. Vamos identificar a carga e o campo como um sistema. Se a carga estiver livre para se mover, ela fará isso em resposta à força elétrica. Portanto, o campo elétrico estará realizando trabalho sobre a carga. Esta situação é semelhante à de um sistema gravitacional: quando um objeto é liberado perto da superfície da Terra, a força gravitacional realiza trabalho sobre o objeto. Este trabalho é interno ao sistema corpo-Terra, conforme discutido nas Seções 7.7 e 7.8 do Volume 1 desta coleção.

Ao analisarmos os campos elétrico e magnético, é prática comum aplicar a notação $d\vec{s}$ para representar um vetor deslocamento infinitesimal orientado tangencialmente a um percurso através do espaço. Esse percurso pode ser reto ou curvo, e uma integral calculada ao longo dele é chamada *integral de caminho* ou *integral de linha* (ambos sinônimos).

Para um deslocamento infinitesimal $d\vec{s}$ de uma carga pontual q imersa em um campo elétrico, o trabalho realizado no sistema carga-campo pelo campo elétrico sobre a carga é $W_{int} = \vec{F}_e \times d\vec{s} = q\vec{E} \times d\vec{s}$. Lembre-se, a partir da Equação 7.26, que o trabalho interno realizado em um sistema é igual ao negativo da mudança na energia potencial elétrica do sistema: $W_{int} = -\Delta U$. Assim, à medida que a carga q é deslocada, a energia elétrica potencial do sistema carga-campo é modificada em uma quantidade $dU = -W_{int} = -q\vec{E} \times d\vec{s}$. Para um deslocamento finito da carga a partir de algum ponto Ⓐ no espaço para algum outro ponto Ⓑ, a mudança na energia potencial elétrica do sistema é

Variação na energia potencial ▶
elétrica de um sistema
$$\Delta U = -q \int_{Ⓐ}^{Ⓑ} \vec{E} \cdot \vec{ds} \qquad (3.1)$$

A integração é efetuada ao longo do caminho que q percorre ao se deslocar de Ⓐ para Ⓑ. Uma vez que a força $q\vec{E}$ é conservativa, essa integral de linha não depende do percurso de Ⓐ para Ⓑ.

Para uma determinada posição da carga de teste no campo, o sistema carga-campo tem uma energia potencial U relativa à configuração do sistema, que é definida como $U = 0$. Dividindo a energia potencial pela carga de teste, obtemos uma grandeza física que depende apenas da distribuição de cargas de origem, e tem um valor em cada ponto em um campo elétrico, chamada **potencial elétrico** (ou simplesmente **potencial**) V:

$$V = \frac{U}{q} \qquad (3.2)$$

> **Prevenção de Armadilhas 3.1**
> **Potencial e energia potencial**
> O *potencial é característico apenas do campo*, independente de uma partícula de teste carregada que pode ser colocada no campo. A *energia potencial é característica do sistema carga-campo* estabelecido por uma interação entre o campo e uma partícula carregada colocada no campo.

Visto que a energia potencial é uma grandeza escalar, o potencial elétrico também é.

A **diferença de potencial** $\Delta V = V_Ⓑ - V_Ⓐ$ entre dois pontos Ⓐ e Ⓑ em um campo elétrico é definida como a variação na energia potencial do sistema quando uma carga de teste q é deslocada entre os pontos (Eq. 1.1) dividida pela carga de teste:

Diferença de potencial entre ▶
dois pontos
$$\Delta V \equiv \frac{\Delta U}{q} = -\int_{Ⓐ}^{Ⓑ} \vec{E} \cdot \vec{ds} \qquad (3.3)$$

Nesta definição, o deslocamento infinitesimal $d\vec{s}$ é interpretado como aquele entre dois pontos no espaço, em vez do deslocamento de uma carga pontual definido na Equação 3.1.

Assim como no caso da energia potencial, apenas as *diferenças* no potencial elétrico são significativas. Em geral, definimos o valor do potencial elétrico como zero em algum ponto conveniente em um campo elétrico.

> **Prevenção de Armadilhas 3.2**
> **Tensão**
> Uma variedade de expressões é utilizada para descrever a diferença de potencial entre dois pontos; a mais comum é **"tensão"**, originada da unidade aplicada ao potencial. Uma tensão *aplicada* a um dispositivo, como um televisor, ou *entre as extremidades* de um dispositivo, é igual à diferença de potencial entre as extremidades do dispositivo. Diferente da crença popular, tensão *não* é algo que se mova *através* de um dispositivo.

A diferença de potencial não deve ser confundida com a de energia potencial. A *diferença* de potencial entre Ⓐ e Ⓑ existe apenas por causa de uma fonte de carga, e depende da distribuição da fonte de carga (considere os pontos Ⓐ e Ⓑ na discussão anterior *sem* a presença da carga q). Para que a *energia* potencial exista, devemos ter um sistema de duas ou mais cargas. A energia potencial pertence ao sistema, e muda apenas se uma carga for deslocada em relação ao restante do sistema. Esta situação é semelhante à do campo elétrico. Existe um campo elétrico apenas devido a uma carga de origem. Uma força elétrica requer duas cargas: a de origem para configurar o campo e outra carga colocada dentro desse campo.

Vamos agora considerar a situação na qual um agente externo move a carga no campo. Se um agente externo mover uma carga de teste de Ⓐ para Ⓑ, sem alterar a energia cinética da carga de teste, um agente externo realiza trabalho que altera a energia potencial do sistema: $W = \Delta U$. De acordo com a Equação 3.3, o trabalho realizado por um agente externo ao deslocar uma carga q através de um campo elétrico a uma velocidade constante é

$$W = q\Delta V \quad (3.4)$$

Visto que o potencial elétrico é uma medida da energia potencial por unidade de carga, a unidade do SI do potencial elétrico e da diferença de potencial é o joule por coulomb, definida como **volt** (V):

$$1 \text{ V} \equiv 1 \text{ J/C}$$

Ou seja, como podemos ver a partir da Equação 3.4, 1 J de trabalho deve ser realizado para que uma carga de 1 C seja deslocada através de uma diferença de potencial de 1 V.

A Equação 3.3 demonstra que a diferença de potencial também tem unidades de campo elétrico multiplicadas pela distância. Portanto, a unidade do SI do campo elétrico (N/C) também pode ser expressa em volts por metro:

$$1 \text{ N/C} = 1 \text{ V/m}$$

Portanto, podemos dar uma nova interpretação para campo elétrico:

> O campo elétrico é uma medida da taxa de variação do potencial elétrico com relação à posição.

Uma unidade de energia comumente utilizada na física atômica e nuclear é o **elétron-volt** (eV), definido como a energia que um sistema carga-campo ganha ou perde quando uma carga de módulo e (isto é, um elétron ou próton) se desloca através de uma diferença de potencial de 1 V. Uma vez que 1 V = 1 J/C e a carga fundamental é igual a $1{,}60 \times 10^{-19}$ C, a relação entre o elétron-volt e o joule é expressa pela seguinte equação:

$$1 \text{ eV} = 1{,}60 \times 10^{-19} \text{ C} \times \text{V} = 1{,}60 \times 10^{-19} \text{ J} \quad (3.5)$$

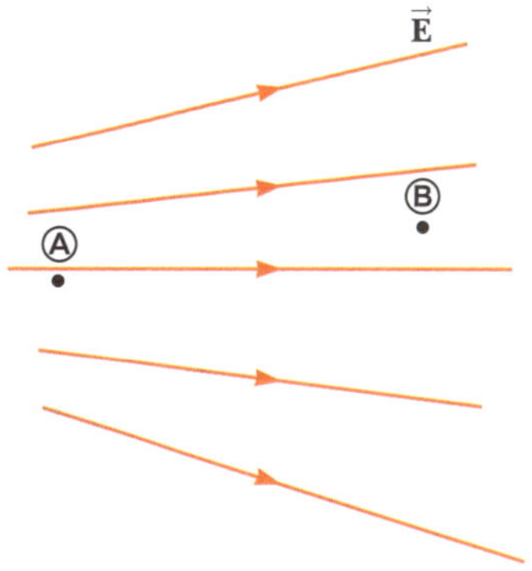

Por exemplo, um elétron em um típico feixe de máquina de raio X de exame odontológico pode ter uma velocidade de $1{,}4 \times 10^{8}$ m/s. Essa velocidade corresponde a uma energia cinética de $1{,}1 \times 10^{-14}$ J (calculada de modo relativístico, como será discutido no Capítulo 5 do Volume 4), que é equivalente a $6{,}7 \times 10^{4}$ eV. Esse elétron deve ser acelerado do repouso através de uma diferença de potencial de 67 kV para alcançar essa velocidade.

> **Prevenção de Armadilhas 3.3**
> **Elétron-volt**
> Elétron-volt é uma unidade de *energia*, NÃO de potencial. A energia de qualquer sistema pode ser expressa em eV, mas essa unidade é mais conveniente para a descrição da emissão e da absorção da luz visível dos átomos. As energias dos processos nucleares são, em geral, expressas em MeV.

Figura 3.1 (Teste Rápido 3.1) Dois pontos em um campo elétrico.

> *Teste Rápido* **3.1** Na Figura 3.1, dois pontos Ⓐ e Ⓑ estão localizados em uma região na qual existe um campo elétrico. **(i)** Como você descreveria a diferença de potencial $\Delta V = V_{\text{Ⓑ}} - V_{\text{Ⓐ}}$? (a) É positiva. (b) É negativa. (c) É igual a zero. **(ii)** Uma carga negativa é colocada em Ⓐ e, depois, deslocada para Ⓑ. Como descreveria a variação na energia potencial do sistema carga-campo para este processo? Escolha entre as mesmas alternativas.

3.2 Diferença de potencial em um campo elétrico uniforme

As Equações 3.1 e 3.3 são válidas para todos os campos elétricos, sejam eles uniformes ou variáveis, mas podem ser simplificadas para um campo uniforme. Primeiro, considere um campo elétrico uniforme direcionado ao longo do eixo y negativo, como mostra a Figura 3.2a. Vamos calcular a diferença de potencial entre dois pontos Ⓐ e Ⓑ, separados por uma distância d, onde o deslocamento $\vec{s}$ aponta de Ⓐ para Ⓑ e é paralelo às linhas do campo. A Equação 3.3 fornece

$$V_{\text{Ⓑ}} - V_{\text{Ⓐ}} = \Delta V = -\int_{\text{Ⓐ}}^{\text{Ⓑ}} \vec{E} \cdot d\vec{s} = -\int_{\text{Ⓐ}}^{\text{Ⓑ}} E\, ds (\cos 0°) = -\int_{\text{Ⓐ}}^{\text{Ⓑ}} E\, ds$$

Visto que é constante, E pode ser removido da integral, o que fornece

$$\Delta V = -E \int_{\text{Ⓐ}}^{\text{Ⓑ}} ds \quad (3.6)$$

$$\Delta V = -Ed$$

◀ Diferença de potencial entre dois pontos em um campo elétrico uniforme

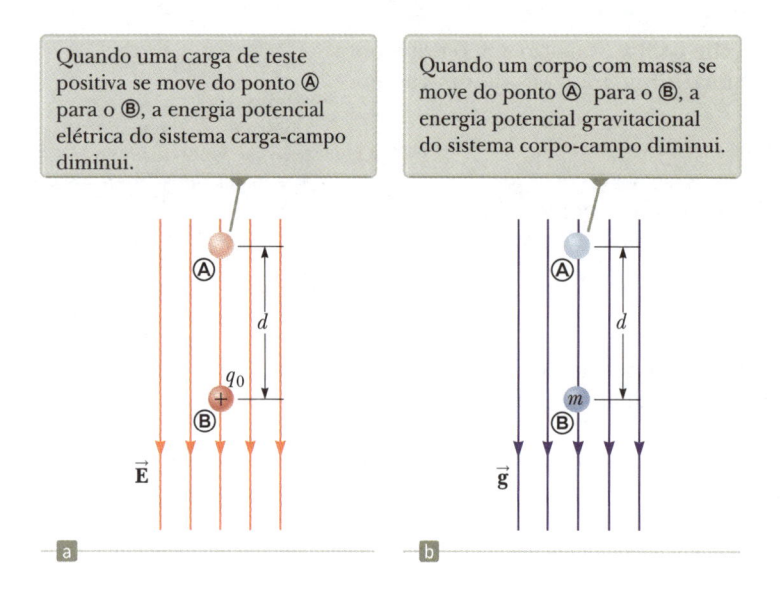

Figura 3.2 (a) Quando o campo elétrico $\vec{E}$ é direcionado para baixo, o ponto Ⓑ está a um potencial elétrico inferior ao do Ⓐ. (b) Um análogo gravitacional da situação em (a).

Quando uma carga de teste positiva se move do ponto Ⓐ para o Ⓑ, a energia potencial elétrica do sistema carga-campo diminui.

Quando um corpo com massa se move do ponto Ⓐ para o Ⓑ, a energia potencial gravitacional do sistema corpo-campo diminui.

Prevenção de Armadilhas 3.4

O sinal de ΔV

O sinal negativo na Equação 3.6 se deve ao fato de que iniciamos no ponto Ⓐ e movemos para um novo ponto na *mesma* direção que as linhas do campo elétrico. Se começássemos de Ⓑ e movêssemos para Ⓐ, a diferença potencial seria $+Ed$. Em um campo elétrico uniforme, a intensidade da diferença potencial é Ed e o sinal pode ser determinado pela direção percorrida.

O sinal negativo indica que o potencial elétrico no ponto Ⓑ é inferior ao do Ⓐ, isto é, $V_Ⓑ < V_Ⓐ$. As linhas do campo elétrico *sempre* apontam no sentido do potencial elétrico decrescente, como mostra a Figura 3.2a.

Agora, suponha que uma carga de teste q se desloque de Ⓐ para Ⓑ. Podemos calcular a variação na energia potencial do sistema carga-campo a partir das Equações 3.3 e 3.6:

$$\Delta U = q \, \Delta V = -qEd \tag{3.7}$$

Este resultado mostra que, se q for positiva, então ΔU será negativa. Portanto, em um sistema que consiste em uma carga positiva e um campo elétrico, a energia potencial elétrica do sistema decresce quando a carga se move no sentido do campo. Se for liberada do repouso nesse campo elétrico, uma carga de teste positiva será afetada por uma força elétrica $q\vec{E}$ no sentido de $\vec{E}$ (sentido descendente na Figura 3.2a). Desta forma, a carga acelera para baixo, ganhando energia cinética. À medida que a partícula carregada ganha energia cinética, a energia potencial do sistema carga-campo diminui uma quantidade igual. Essa equivalência não deveria ser algo surpreendente, pois trata-se, simplesmente, da conservação da energia mecânica em um sistema isolado, como apresentado no Capítulo 8 do Volume 1.

A Figura 3.2b mostra uma situação análoga com um campo gravitacional. Quando uma partícula com massa m é liberada em um campo gravitacional, ela acelera para baixo, ganhando energia cinética. Ao mesmo tempo, a energia potencial do sistema corpo-campo diminui.

A comparação entre um sistema de carga positiva situado em um campo elétrico e um corpo com massa situado em um campo gravitacional, na Figura 3.2, é útil para conceitualizar o comportamento elétrico. A situação elétrica, entretanto, tem uma característica inexistente na gravitacional: a carga pode ser negativa. Se q for negativa, ΔU na Equação 3.7 será positiva, e a situação será invertida. Um sistema que consiste em uma carga negativa e um campo elétrico *ganha* energia potencial elétrica quando a carga se desloca no sentido do campo. Se for liberada do repouso em um campo elétrico, uma carga negativa acelerará no sentido *oposto* ao do campo. Para que a carga negativa se mova no sentido do campo, um agente externo deve aplicar uma força e realizar um trabalho positivo sobre a carga.

Agora, considere o caso mais geral de uma partícula carregada que se move entre Ⓐ e Ⓑ em um campo elétrico uniforme, de modo que o vetor $\vec{s}$ *não* é paralelo às linhas do campo, como mostra a Figura 3.3. Neste caso, a Equação 3.3 fornece

Variação de potencial entre dois pontos em um campo elétrico uniforme ▶

$$\Delta V = -\int_Ⓐ^Ⓑ \vec{E} \cdot d\vec{s} = -\vec{E} \cdot \int_Ⓐ^Ⓑ d\vec{s} = -\vec{E} \cdot \vec{s} \tag{3.8}$$

onde, novamente, $\vec{E}$ foi removido da integral, porque é constante. A variação da energia potencial do sistema carga-campo é

$$\Delta U = q_0 \Delta V = -q_0 \vec{E} \times \vec{s} \tag{3.9}$$

Potencial elétrico **59**

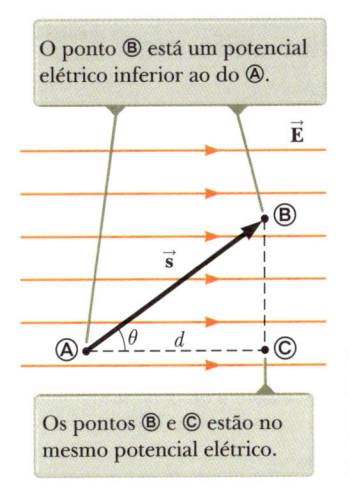

Figura 3.3 Um campo elétrico uniforme direcionado ao longo do eixo *x* positivo. Os três pontos no campo elétrico estão identificados.

O ponto Ⓑ está um potencial elétrico inferior ao do Ⓐ.

Os pontos Ⓑ e Ⓒ estão no mesmo potencial elétrico.

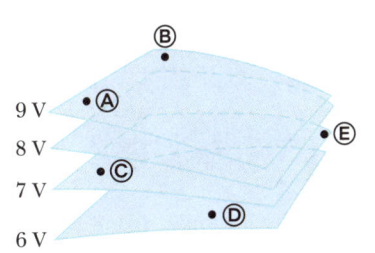

Figura 3.4 (Teste Rápido 3.2) Quatro superfícies equipotenciais.

Finalmente, com base na Equação 3.8, concluímos que todos os pontos em um plano perpendicular a um campo elétrico uniforme têm o mesmo potencial elétrico. Na Figura 3.3, podemos observar onde a diferença de potencial $V_Ⓑ - V_Ⓐ$ é igual à de potencial $V_Ⓒ - V_Ⓐ$. Confirme este fato calculando dois produtos escalares para $\vec{E} \times \vec{s}$: um para $\vec{s}_{Ⓐ \to Ⓑ}$, onde o ângulo θ entre $\vec{E}$ e $\vec{s}$ é arbitrário, como mostra a Figura 3.3; e outro para $\vec{s}_{Ⓐ \to Ⓒ}$, onde $\theta = 0$. Portanto, $V_Ⓑ = V_Ⓒ$. O termo **superfície equipotencial** é utilizado para se referir a qualquer superfície que consista em uma distribuição contínua de pontos com o mesmo potencial elétrico.

As superfícies equipotenciais associadas a um campo elétrico uniforme consistem de uma família de planos paralelos que são todos perpendiculares ao campo. As superfícies equipotenciais associadas a campos com outras simetrias serão descritas em seções posteriores.

Teste Rápido **3.2** Os pontos identificados na Figura 3.4 estão em uma série de superfícies equipotenciais associadas a um campo elétrico. Classifique (do maior para o menor) o trabalho realizado pelo campo elétrico sobre uma partícula positivamente carregada que se desloca de Ⓐ para Ⓑ, Ⓑ para Ⓒ, Ⓒ para Ⓓ e Ⓓ para Ⓔ.

Exemplo **3.1** O campo elétrico entre duas placas paralelas de cargas opostas

Uma bateria tem uma diferença de potencial especificada ΔV entre seus terminais e estabelece essa diferença de potencial entre os condutores ligados aos terminais. Uma bateria de 12 V está conectada entre duas placas paralelas, como mostra a Figura 3.5. A separação entre as placas é $d = 0{,}30$ cm, e supomos que o campo elétrico entre as placas seja uniforme. Essa suposição é válida se a separação entre as placas for pequena em relação às suas dimensões e não considerarmos locais próximos das bordas das placas. Determine a intensidade do campo elétrico entre as placas.

SOLUÇÃO

Conceitualização No Exemplo 3.5, ilustramos o campo elétrico uniforme entre placas paralelas. A nova característica deste problema é que o campo elétrico está relacionado com o novo conceito de potencial elétrico.

Categorização O campo elétrico é calculado com base em uma relação entre o campo e o potencial dado nesta seção, de modo que categorizamos este exemplo como um problema de substituição.

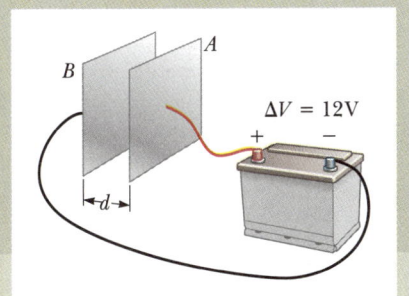

Figura 3.5 (Exemplo 3.1) Uma bateria de 12 V conectada a duas placas paralelas. O campo elétrico entre as placas tem um módulo definido pela diferença de potencial ΔV dividida pela separação entre as placas d.

Aplique a Equação 3.6 para calcular a intensidade do campo elétrico entre as placas:

$$E = \frac{|V_B - V_A|}{d} = \frac{12\text{ V}}{0{,}30 \times 10^{-2}\text{m}} = 4{,}0 \times 10^3 \text{ V/m}$$

A configuração das placas na Figura 3.5 é chamada *capacitor de placas paralelas*, descrita mais detalhadamente no Capítulo 4.

Exemplo 3.2 — Movimento de um próton em um campo elétrico uniforme MA

Um próton é liberado do repouso no ponto Ⓐ em um campo elétrico uniforme que tem módulo de $8,0 \times 10^4$ V/m (Fig. 3.6). O próton apresenta um deslocamento de módulo $d = 0,50$ m em direção ao ponto Ⓑ no sentido de $\vec{E}$. Determine a velocidade escalar do próton após concluir o deslocamento.

SOLUÇÃO

Conceitualização Visualize o próton na Figura 3.6 deslocando-se para baixo através da diferença de potencial. A situação é análoga à de um corpo em queda através de um campo gravitacional. Compare também este exemplo, no Exemplo 1.10, deste volume, onde uma carga positiva se movia em um campo elétrico uniforme. Naquele exemplo, aplicamos os modelos de partícula sob aceleração constante e sistemas não isolados. Agora que investigamos a energia elétrica potencial, que modelo podemos utilizar aqui?

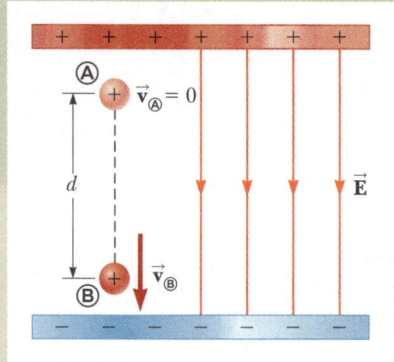

Figura 3.6 (Exemplo 3.2) Um próton acelera de Ⓐ para Ⓑ no sentido do campo elétrico.

Categorização O sistema do próton e das duas placas na Figura 3.6 não interage com o ambiente, de modo que o modelamos como um sistema isolado.

Análise

Expresse a redução adequada da Equação 8.2 do Volume 1 – a equação da conservação da energia – para o sistema isolado da carga e do campo elétrico:

$$\Delta K + \Delta U = 0$$

Substitua as variações de energia nos dois termos:

$$(\tfrac{1}{2}mv^2 - 0) + e\Delta V = 0$$

Resolva para a velocidade escalar final do próton e substitua para ΔV a partir da Equação 3.6:

$$v = \sqrt{\frac{-2e\Delta V}{m}} = \sqrt{\frac{-2e(-Ed)}{m}} = \sqrt{\frac{2eEd}{m}}$$

Substitua os valores numéricos:

$$v = \sqrt{\frac{2(1,6 \times 10^{-19}\,\text{C})(8,0 \times 10^4\,\text{V})(0,50\,\text{m})}{1,67 \times 10^{-27}\,\text{kg}}}$$

$$= 2,8 \times 10^6 \text{ m/s}$$

Finalização Visto que ΔV é negativa para o campo, ΔU também assim é para o sistema próton-campo. O valor negativo de ΔU significa que a energia potencial do sistema diminui quando o próton se move no sentido do campo elétrico. À medida que acelera no sentido do campo, ele ganha energia cinética, enquanto, ao mesmo tempo, a energia potencial elétrica do sistema decresce.

A Figura 3.6 está orientada de modo que o próton se mova para baixo. Este movimento é análogo ao de um corpo em queda em um campo gravitacional. Apesar de o campo gravitacional estar sempre voltado para baixo na superfície da Terra, um campo elétrico pode estar direcionado em qualquer sentido, dependendo da orientação das placas que criam o campo. Portanto, a Figura 3.6 poderia ser girada 90° ou 180° e o próton poderia se deslocar horizontalmente para cima no campo elétrico!

3.3 Potencial elétrico e energia potencial gerados por cargas pontuais

Como discutido na Seção 1.4, uma carga pontual, positiva e isolada, q, produz um campo elétrico direcionado radialmente para fora da carga. Para determinar o potencial elétrico em um ponto localizado a uma distância r da carga, comecemos pela expressão geral da diferença de potencial,

$$V_Ⓑ - V_Ⓐ = -\int_Ⓐ^Ⓑ \vec{E} \cdot d\vec{s}$$

onde Ⓐ e Ⓑ são os dois pontos arbitrários mostrados na Figura 3.7. Em qualquer ponto do espaço, o campo elétrico estabelecido pela carga pontual é $\vec{E} = (k_e q/r^2)\,\hat{r}$ (Eq. 1.9), onde $\hat{r}$ é um vetor unitário direcionado radialmente para fora da carga. A grandeza $\vec{E} \times d\vec{s}$ pode ser expressa como

Potencial elétrico | **61**

$$\vec{E} \cdot d\vec{s} = k_e \frac{q}{r^2} \hat{r} \cdot d\vec{s}$$

Uma vez que o módulo de $\hat{r}$ é 1, o produto escalar $\hat{r} \times d\vec{s} = ds \cos \theta$, onde θ é o ângulo entre $\hat{r}$ e $d\vec{s}$. Além disso, $ds \cos \theta$ é a projeção de $d\vec{s}$ sobre $\hat{r}$. Portanto, $ds \cos \theta = dr$. Isto é, qualquer deslocamento $d\vec{s}$ ao longo do percurso do ponto Ⓐ ao Ⓑ produz uma variação dr no módulo de $\hat{r}$, o vetor posição do ponto em relação à carga que gera o campo. Efetuando essas substituições, determinamos que $\vec{E} \times d\vec{s} = (k_e q/r^2) dr$. Assim, a expressão para a diferença de potencial se torna

$$V_Ⓑ - V_Ⓐ = -k_e q \int_{r_Ⓐ}^{r_Ⓑ} \frac{dr}{r^2} = k_e \frac{q}{r}\bigg|_{r_Ⓐ}^{r_Ⓑ}$$

$$V_Ⓑ - V_Ⓐ = k_e q \left[\frac{1}{r_Ⓑ} - \frac{1}{r_Ⓐ}\right] \qquad (3.10)$$

A Equação 3.10 demonstra que a integral $\vec{E} \times d\vec{s}$ é *independente* do percurso entre os pontos Ⓐ e Ⓑ. Multiplicando por uma carga q_0 que se move entre os pontos Ⓐ e Ⓑ, observamos que a integral de $q_0 \vec{E} \times d\vec{s}$ também é assim. Essa última integral, que é o trabalho realizado pela força elétrica sobre a carga q_0, demonstra que a força elétrica é conservativa (consulte a Seção 7.7 do Volume 1). Definimos o campo relacionado a uma força conservativa como **campo conservativo**. Assim, a Equação 3.10 nos informa que o campo elétrico de uma carga pontual fixa q é conservativo. Além disso, a Equação 3.10 expressa o importante resultado que mostra que a diferença de potencial entre quaisquer dois pontos Ⓐ e Ⓑ em um campo criado por uma carga pontual depende apenas das coordenadas radiais $r_Ⓐ$ e $r_Ⓑ$. Normalmente, escolhemos $V = 0$ em $r_Ⓐ = \infty$ como referência do potencial elétrico para uma carga pontual. Ao optarmos por essa referência, o potencial elétrico estabelecido por uma carga pontual a qualquer distância r da carga é

$$V = k_e \frac{q}{r} \qquad (3.11)$$

Obtemos o potencial elétrico resultante de duas ou mais cargas pontuais por meio da aplicação do princípio da superposição. Em outras palavras, o potencial elétrico total em algum ponto P estabelecido por várias cargas pontuais é a soma dos potenciais criados pelas cargas individuais. Para um grupo de cargas pontuais, podemos expressar o potencial elétrico total em P como

▶ **Potencial elétrico criado por várias cargas pontuais**

$$V = k_e \sum_i \frac{q_i}{r_i} \qquad (3.12)$$

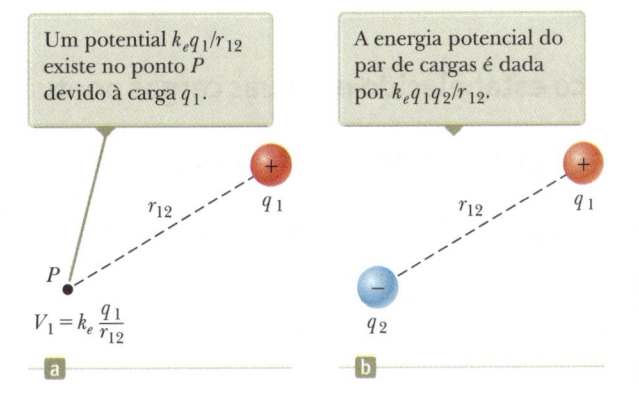

Figura 3.7 A diferença de potencial entre os pontos Ⓐ e Ⓑ estabelecida por uma carga pontual q depende *apenas* das coordenadas radiais inicial e final $r_Ⓐ$ e $r_Ⓑ$.

Os dois círculos tracejados representam as intersecções das superfícies equipotenciais esféricas com a página.

Prevenção de Armadilhas 3.5

Advertência sobre equações similares
Não confunda a Equação 3.11 do potencial elétrico de uma carga pontual com a 1.9 do campo elétrico de uma carga pontual. O potencial é proporcional a $1/r$, enquanto o módulo do campo, a $1/r^2$. O efeito de uma carga sobre o espaço que a cerca pode ser descrito de duas formas. A carga estabelece um campo elétrico vetorial $\vec{E}$, que está relacionado à força aplicada a uma carga de teste colocada no campo. A carga também cria um potencial escalar V, que está relacionado à energia potencial do sistema de duas cargas, quando uma carga de teste é colocada no campo.

Um potencial $k_e q_1/r_{12}$ existe no ponto P devido à carga q_1.

A energia potencial do par de cargas é dada por $k_e q_1 q_2/r_{12}$.

$V_1 = k_e \dfrac{q_1}{r_{12}}$

Figura 3.8 (a) A carga q_1 estabelece um potencial elétrico V_1 no ponto P. (b) A carga q_2 é trazida do infinito para o ponto P.

A Figura 3.8a mostra uma carga q_1, que estabelece um campo elétrico por todo o espaço. A carga também estabelece um potencial elétrico em todos os pontos, incluindo o ponto P, onde o potencial elétrico é V_1. Agora, imagine que um agente externo traz uma carga q_2 do infinito para o ponto P. O trabalho que deve ser realizado para conseguir isto é dado pela Equação 3.4, $W = q_2 \Delta V$. Este trabalho representa uma transferência de energia através do limite entre o sistema de duas cargas, e a energia aparece no sistema como energia potencial U quando as partículas são separadas por uma distância r_{12}, conforme mostra a Figura 3.8b. A partir da Equação 8.2 do Volume 1, temos $W = \Delta U$. Desse modo, a **energia elétrica potencial** de um par de cargas pontuais[1] pode ser determinada da seguinte maneira:

$$\Delta U = W = q_2 \Delta V \quad \rightarrow \quad U - 0 = q_2 \left(k_e \frac{q_1}{r_{12}} - 0 \right)$$

$$U = k_e \frac{q_1 q_2}{r_{12}} \tag{3.13}$$

Se as cargas tiverem o mesmo sinal, U será positiva. O trabalho positivo deve ser realizado por um agente externo sobre o sistema a fim de colocar as duas cargas próximas uma da outra (porque cargas de mesmo sinal se repelem). Se as cargas tiverem sinais opostos, como na Figura 3.8b, U será negativa. O trabalho negativo é realizado por um agente externo contra a força atrativa entre as cargas de sinais opostos, quando estas são colocadas uma próxima da outra. Uma força deve ser aplicada no sentido oposto ao deslocamento para impedir q_2 de acelerar em direção a q_1.

Se o sistema consistir em mais de duas partículas carregadas, podemos obter a energia potencial total do sistema calculando U para cada *par* de cargas e somando os termos algebricamente. Por exemplo, a energia potencial total do sistema de três cargas mostrado na Figura 3.9 é

$$U = k_e \left(\frac{q_1 q_2}{r_{12}} + \frac{q_1 q_3}{r_{13}} + \frac{q_2 q_3}{r_{23}} \right) \tag{3.14}$$

A energia potencial desse sistema de cargas é definida pela Equação 3.14.

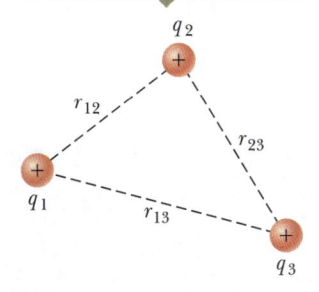

Figura 3.9 Três cargas pontuais estão fixas nas posições mostradas.

Fisicamente, o resultado pode ser interpretado como a seguir. Suponha que q_1 esteja fixa na posição mostrada na Figura 3.9, mas q_2 e q_3 no infinito. O trabalho que um agente externo deve realizar para deslocar q_2 do infinito para sua posição próxima de q_1 é $k_e q_1 q_2 / r_{12}$, o primeiro termo na Equação 3.14. Os últimos dois termos representam o trabalho requerido para deslocar q_3 do infinito para sua posição próxima de q_1 e q_2. O resultado é independente da ordem em que as cargas são transportadas.

> **Teste Rápido 3.3** Na Figura 3.8b, seja q_2 uma fonte de carga negativa e q_1 a segunda carga cujo sinal pode ser modificado. **(i)** Se q_1 for inicialmente positiva e alterada para uma carga de mesmo módulo mas negativa, o que acontecerá com o potencial na posição de q_1 como consequência da ação de q_2? (a) Aumenta. (b) Diminui. (c) Permanece o mesmo. **(ii)** Quando q_1 muda de positiva para negativa, o que acontece com a energia potencial do sistema de duas cargas? Escolha entre as mesmas alternativas.

Exemplo 3.3 | Potencial elétrico estabelecido por duas cargas pontuais

Como mostra a Figura 3.10a, uma carga $q_1 = 2,00\ \mu C$ está localizada na origem e uma carga $q_2 = -6,00\ \mu C$, posicionada em $(0, 3,00)$ m.

(A) Calcule o potencial elétrico total gerado por essas cargas no ponto P cujas coordenadas são $(4,00, 0)$ m.

---

[1] A expressão da energia potencial elétrica de um sistema composto por duas cargas pontuais, Equação 3.13, tem a *mesma* forma da equação da energia potencial gravitacional de um sistema que consiste em duas massas pontuais, $-Gm_1 m_2/r$ (consulte o Capítulo 13 do Volume 1). A similaridade não é surpreendente, ao considerarmos que as duas expressões foram derivadas de uma lei de força do inverso do quadrado.

3.3 cont.

SOLUÇÃO

Conceitualização Primeiro, reconheça que as cargas de 2,00 μC e –6,00 μC são as fontes de carga e criam um campo elétrico, além de um potencial em todos os pontos no espaço, incluindo o ponto P.

Categorização O potencial é calculado por meio de uma equação desenvolvida neste capítulo, de modo que categorizamos este exemplo como de substituição.

Aplique a Equação 3.12 para o sistema de duas fontes de carga:

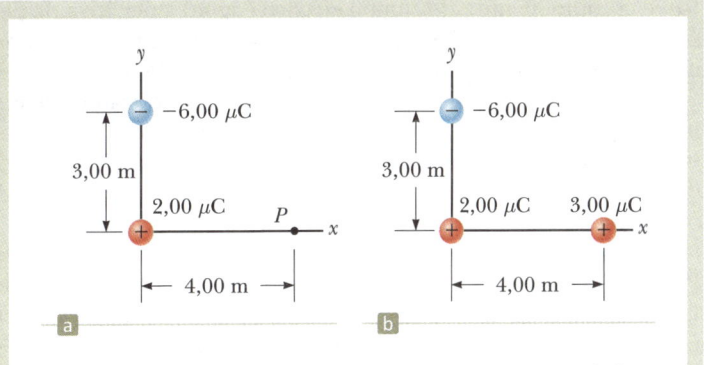

$$V_P = k_e \left(\frac{q_1}{r_1} + \frac{q_2}{r_2} \right)$$

Figura 3.10 (Exemplo 3.3) (a) O potencial elétrico em P estabelecido pelas duas cargas q_1 e q_2 é a soma algébrica dos potenciais gerados pelas cargas individuais. (b) Uma terceira carga $q_3 = 3,00$ μC é deslocada do infinito até o ponto P.

Substitua os valores numéricos:

$$V_P = (8,988 \times 10^9 \,\text{N} \cdot \text{m}^2/\text{C}^2) \left(\frac{2,00 \times 10^{-6}\,\text{C}}{4,00\,\text{m}} + \frac{-6,00 \times 10^{-6}\,\text{C}}{5,00\,\text{m}} \right)$$

$$= -6,29 \times 10^3 \,\text{V}$$

(B) Determine a variação na energia potencial do sistema de duas cargas, mais uma terceira, $q_3 = 3,00$ μC, quando a última carga se desloca do infinito para o ponto P (Fig. 3.10b).

SOLUÇÃO

Aplique $U_i = 0$ para o sistema à configuração na qual a carga q_3 está no infinito. Utilize a Equação 3.2 para calcular a energia potencial para a configuração na qual a carga está em P:

$$U_f = q_3 V_P$$

Substitua os valores numéricos para calcular ΔU:

$$\Delta U = U_f - U_i = q_3 V_P - 0 = (3,00 \times 10^{-6}\,\text{C})(-6,29 \times 10^3\,\text{V})$$

$$= -1,89 \times 10^{-2} \,\text{J}$$

Portanto, visto que a energia potencial do sistema diminuiu, um agente externo deve realizar um trabalho positivo para remover a carga q_3 do ponto P e levá-la de volta ao infinito.

E SE? Você está resolvendo este exemplo junto com uma colega de classe e ela diz: "Espere um pouco! Na parte (B) ignoramos a energia potencial associada ao par de cargas q_1 e q_2!". Como você responderia?

Resposta De acordo com o enunciado do problema, não é necessário incluir essa energia potencial, porque a parte (B) pergunta sobre a *variação* na energia potencial do sistema quando q_3 é trazida do infinito. Já que a configuração das cargas q_1 e q_2 não muda no processo, não há ΔU associada a essas cargas. Entretanto, se a parte (B) solicitasse a determinação da variação na energia potencial quando *todas as três* cargas saíssem de suas posições infinitamente separadas para se posicionar como mostra a Figura 3.10b, você teria de calcular a variação, aplicando a Equação 3.14.

3.4 Obtenção do valor do campo elétrico com base no potencial elétrico

O campo elétrico $\vec{E}$ e o potencial elétrico V estão relacionados de acordo com a Equação 3.3, que define como o valor de ΔV é determinado se o campo elétrico $\vec{E}$ for conhecido. E se a situação for revertida? Como calculamos o valor do campo elétrico se o potencial elétrico for conhecido em uma região específica?

Aplicando a Equação 3.3, a diferença de potencial dV entre dois pontos separados por uma distância ds como

$$dV = -\vec{E} \cdot d\vec{s} \tag{3.15}$$

Se o campo elétrico tiver apenas uma componente E_x, $\vec{E} \times d\vec{s} = E_x \, dx$. Portanto, a Equação 3.15 se torna $dV = -E_x \, dx$, ou

$$E_x = -\frac{dV}{dx} \tag{3.16}$$

Isto é, a componente *x* do campo elétrico é igual à negativa da derivada do potencial elétrico em relação a *x*. Enunciados similares podem ser feitos sobre as componentes *y* e *z*. A Equação 3.16 é o enunciado matemático do campo elétrico como uma medida da razão da variação com a posição do potencial elétrico, como mencionado na Seção 3.1.

Experimentalmente, o potencial elétrico e a posição podem ser medidos facilmente com um voltímetro (dispositivo para medição da diferença de potencial) e uma vareta medidora. Por consequência, um campo elétrico pode ser determinado por meio da medida do potencial elétrico em várias posições no campo e da confecção de um gráfico dos resultados. De acordo com a Equação 3.16, a inclinação de um gráfico de *V* em função de *x* em um determinado ponto fornece o módulo do campo elétrico nesse ponto.

Imagine iniciar em um ponto e, então, mover através do deslocamento $d\vec{s}$ ao longo de uma superfície equipotencial. Para este movimento, $dV = 0$, porque o potencial é constante ao longo de uma superfície equipotencial. De acordo com a Equação 3.15, $dV = -\vec{E} \times d\vec{s} = 0$. Portanto, $\vec{E}$ deve ser perpendicular ao deslocamento ao longo da superfície equipotencial. Este resultado demonstra que as superfícies equipotenciais sempre devem ser perpendiculares às linhas do campo elétrico que as atravessam.

Como mencionado no fim da Seção 3.2, as superfícies equipotenciais associadas a um campo elétrico uniforme consistem em uma família de planos perpendiculares às linhas de campo. A Figura 3.11a mostra algumas superfícies equipotenciais representativas para essa situação.

Se a distribuição de cargas que cria um campo elétrico tiver simetria esférica, de modo que a densidade de carga volumétrica dependa apenas da distância radial *r*, o campo elétrico será radial. Neste caso, $\vec{E} \times d\vec{s} = E_r\, dr$, e podemos expressar *dV* como $dV = -E_r\, dr$. Portanto,

$$E_r = -\frac{dV}{dr} \quad (3.17)$$

Por exemplo, o potencial elétrico de uma carga pontual é $V = k_e q/r$. Visto que *V* é uma função apenas de *r*, a função do potencial tem uma simetria esférica. Aplicando a Equação 3.17, determinamos que o módulo do campo elétrico estabelecido pela carga pontual é $E_r = k_e q/r^2$, um resultado familiar. Observe que o potencial varia apenas na direção radial, não em qualquer direção perpendicular a *r*. Portanto, *V* (como E_r) é uma função apenas de *r*, o que, novamente, é consistente com a ideia de que as superfícies equipotenciais são perpendiculares às linhas de campo. Neste caso, as superfícies equipotenciais são uma família de esferas concêntricas com distribuição de cargas esfericamente simétrica (Fig. 3.11b). As superfícies equipotenciais de um dipolo elétrico estão esboçadas na Figura 3.11c.

Em geral, o potencial elétrico é uma função de todas as três coordenadas espaciais. Se *V(r)* for expresso por coordenadas cartesianas, as componentes E_x, E_y e E_z do campo elétrico podem ser determinadas diretamente de $V(x, y, z)$ na forma das derivadas parciais[2]

$$E_x = -\frac{\partial V}{\partial x} \qquad E_y = -\frac{\partial V}{\partial y} \qquad E_z = -\frac{\partial V}{\partial z} \quad (3.18)$$

◀ **Determinação do campo elétrico com base no potencial**

Um campo elétrico uniforme produzido por uma chapa de carga infinita

Um campo elétrico esfericamente simétrico produzido por uma carga pontual

Um campo elétrico produzido por um dipolo elétrico

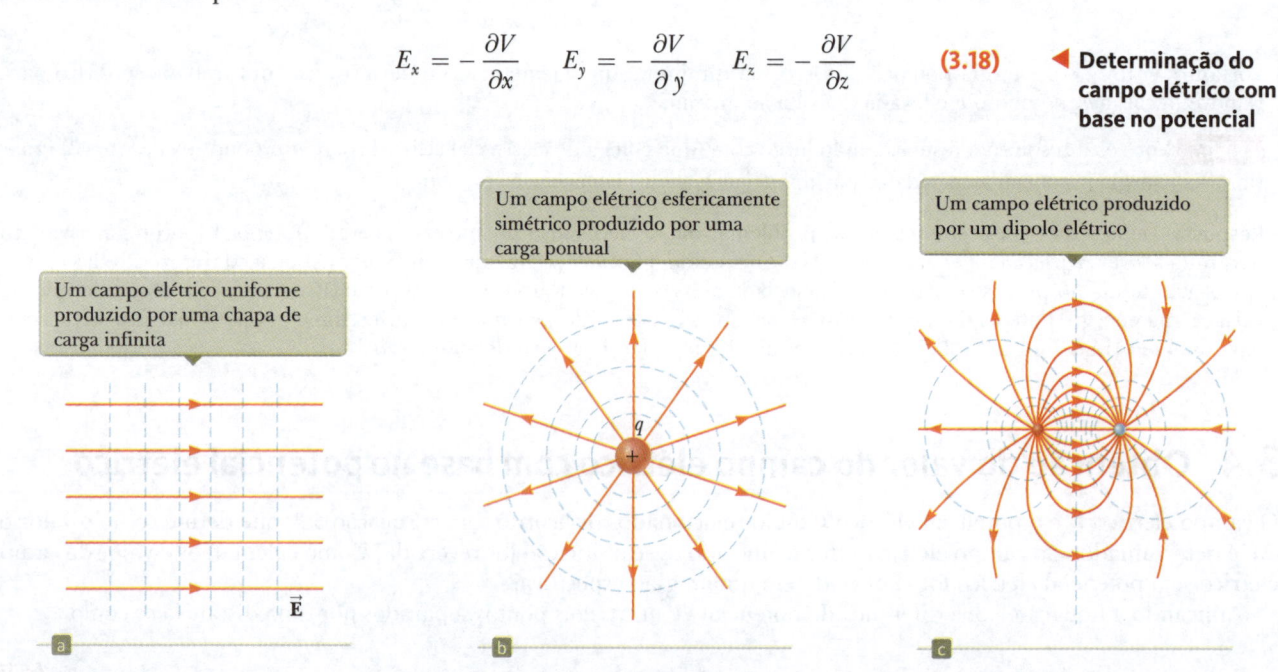

Figura 3.11 Superfícies equipotenciais (as linhas tracejadas azuis são intersecções das superfícies com a página) e linhas de campo elétrico. Em todos os casos, as superfícies equipotenciais são *perpendiculares* às linhas do campo elétrico em todos os pontos.

---

[2] Na notação vetorial $\vec{E}$ é, em geral, expressa em sistemas de coordenadas cartesianas como $\vec{E} = -\nabla V = -\left(\hat{i}\frac{\partial}{\partial x} + \hat{j}\frac{\partial}{\partial y} + \hat{k}\frac{\partial}{\partial z}\right)V$, onde ∇ é chamado *operador gradiente*.

> **Teste Rápido 3.4** Em uma determinada região do espaço, o potencial elétrico é igual a zero em todos os pontos ao longo do eixo x. **(i)** Com base nesta informação, podemos concluir que a componente x do campo elétrico nessa região é (a) igual a zero, (b) está no sentido x positivo, ou (c) está no sentido x negativo. **(ii)** Suponha que o potencial elétrico seja +2 V em todos os pontos ao longo do eixo x. Escolha entre as mesmas alternativas e responda: O que podemos concluir acerca da componente x do campo elétrico agora?

3.5 Potencial elétrico gerado por distribuições de cargas contínuas

Na Seção 3,3, descobrimos como determinar o potencial elétrico devido a um pequeno número de cargas. E se quisermos determinar o potencial devido a uma distribuição contínua de carga? O potencial elétrico nesta situação pode ser calculado por meio de dois métodos diferentes. O primeiro é descrito a seguir. Se a distribuição de cargas for conhecida, consideraremos o potencial gerado por um pequeno elemento de carga dq, tratando-o como uma carga pontual (Fig. 3.12). De acordo com a Equação 3.11, o potencial elétrico dV em um determinado ponto P estabelecido pelo elemento de carga dq é

$$dV = k_e \frac{dq}{r} \quad (3.19)$$

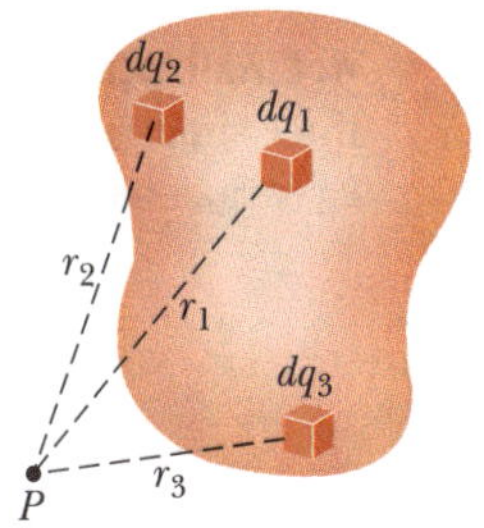

onde r é a distância do elemento de carga ao ponto P. Para obter o potencial total no ponto P, integramos a Equação 3.19, para incluir as contribuições de todos os elementos da distribuição de cargas. Uma vez que cada elemento está, em geral, a uma distância diferente do ponto P e k_e é constante, podemos expressar V como

Potencial elétrico gerado ▶
por uma distribuição de
cargas contínua

$$V = k_e \int \frac{dq}{r} \quad (3.20)$$

Figura 3.12 O potencial elétrico no ponto P gerado por uma distribuição de cargas contínua pode ser calculado por meio da divisão da distribuição de cargas em elementos de carga dq e da soma das contribuições de potencial elétrico de todos os elementos. Três elementos de carga são mostrados como exemplo.

Na prática, substituímos a soma na Equação 3.12 por uma integral. Nesta expressão para V, o potencial elétrico é igualado a zero quando o ponto P está infinitamente distante da distribuição de cargas.

O segundo método é utilizado se o campo elétrico for conhecido em outras considerações, como a Lei de Gauss. Se a distribuição de cargas tiver simetria suficiente, primeiro calculamos $\vec{E}$, aplicando a Lei de Gauss, e, depois, substituindo o valor obtido na Equação 3.3, para determinar a diferença de potencial ΔV entre quaisquer dois pontos. A seguir, igualamos o potencial elétrico V a zero em um ponto conveniente.

Estratégia para resolução de problemas

CÁLCULO DO POTENCIAL ELÉTRICO

O procedimento a seguir é recomendado para a resolução de problemas que envolvem a determinação de um potencial elétrico estabelecido por uma distribuição de cargas.

1. Conceitualização. Considere atentamente as cargas individuais ou a distribuição de cargas do problema e pense sobre o tipo de potencial que seria criado. Tome como base qualquer simetria na disposição das cargas para ajudá-lo a visualizar o potencial.

2. Categorização. Analisaremos um grupo de cargas individuais ou uma distribuição de cargas contínua? A resposta a essa questão informará como proceder no passo "Análise".

3. Análise. Ao trabalhar com problemas que envolvem o potencial elétrico, lembre-se de que este é uma *grandeza escalar*, de modo que não há componentes a ser considerados. Desta forma, ao aplicar o princípio da superposição para determinar o potencial elétrico em um ponto, simplesmente calcule a soma algébrica dos potenciais criados individualmente pelas cargas. Entretanto, é necessário se manter atento aos sinais.

Assim como no caso da energia potencial na Mecânica, apenas as *variações* no potencial elétrico são significativas. Portanto, o ponto onde o potencial é igual a zero é arbitrário. Ao trabalhar com cargas pontuais ou distribuições de cargas de dimensões finitas, em geral, definimos $V = 0$ em um ponto infinitamente distante das cargas. Entretanto, se a distribuição de cargas se estender para o infinito, algum outro ponto próximo deverá ser selecionado como de referência.

(a) *Para analisar um grupo de cargas individuais*: Aplique o princípio da superposição, que determina que, na presença de várias cargas pontuais, o potencial resultante em um ponto P no espaço é a *soma algébrica* dos potenciais individuais em P criados pelas cargas individuais (Eq. 3.12). O Exemplo 3.4 demonstra este procedimento.

(b) *Para analisar uma distribuição de cargas contínua*: Substitua as somas para o cálculo do potencial total em um determinado ponto P gerado por cargas individuais por integrais (Eq. 3.20). O potencial total em P é obtido por meio da integração sobre toda a distribuição de cargas. Para muitos problemas, durante a integração, é possível expressar dq e r por meio de uma única variável. Para simplificar a integração, considere com atenção a geometria envolvida no problema. Os Exemplos 3.5 a 3.7 demonstram tal procedimento.

Para obter o potencial do campo elétrico: Outro método utilizado para determinar o potencial é começar pela definição da diferença de potencial dada pela Equação 3.3. Se $\vec{E}$ for conhecido ou puder ser determinado com facilidade (como no caso da Lei de Gauss), a integral de linha de $\vec{E} \times d\vec{s}$ poderá ser calculada.

4. Finalização. Verifique se sua expressão de potencial está consistente com a representação mental e se reflete qualquer simetria observada anteriormente. Imagine parâmetros variáveis, tais como a distância do ponto de observação às cargas ou o raio de quaisquer corpos circulares, para verificar se o resultado matemático muda de modo lógico.

Exemplo 3.4 | Potencial elétrico estabelecido por um dipolo

Um dipolo elétrico consiste em duas cargas de mesmo módulo e sinais opostos separadas por uma distância $2a$, como mostra a Figura 3.13. O dipolo está posicionado ao longo do eixo x e centrado na origem.

(A) Calcule o potencial elétrico no ponto P no eixo y.

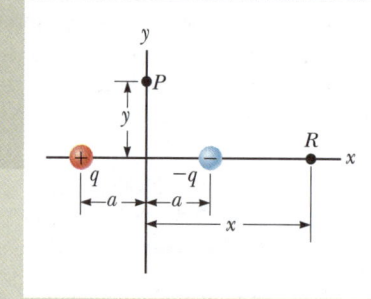

Figura 3.13 (Exemplo 3.4) Um dipolo elétrico localizado no eixo x.

SOLUÇÃO

Conceitualização Compare essa situação com a da parte (B) do Exemplo 1.6. É a mesma, mas, neste caso, determinaremos o potencial elétrico, em vez do campo elétrico.

Categorização Categorizamos o problema como um problema no qual temos um pequeno número de partículas, em vez de uma distribuição contínua de carga. O potencial elétrico pode ser calculado por meio da soma dos potenciais criados pelas cargas individuais.

Análise Aplique a Equação 3.12 para determinar o potencial elétrico em P estabelecido pelas duas cargas:

$$V_P = k_e \sum_i \frac{q_i}{r_i} = k_e \left(\frac{q}{\sqrt{a^2 + y^2}} + \frac{-q}{\sqrt{a^2 + y^2}} \right) = \boxed{0}$$

(B) Calcule o potencial elétrico no ponto R no eixo x positivo.

SOLUÇÃO

Aplique a Equação 3.12 para determinar o potencial elétrico em R estabelecido pelas duas cargas:

$$V_R = k_e \sum_i \frac{q_i}{r_i} = k_e \left(\frac{-q}{x-a} + \frac{q}{x+a} \right) = \boxed{-\frac{2k_e q a}{x^2 - a^2}}$$

(C) Calcule V e E_x em um ponto sobre o eixo x distante do dipolo.

SOLUÇÃO

Para o ponto R distante do dipolo, a uma distância $x \gg a$, despreze a^2 no denominador da resposta da parte (B) e expresse V nesse limite:

$$V_R = \lim_{x \gg a} \left(-\frac{2k_e q a}{x^2 - a^2} \right) \approx \boxed{-\frac{2k_e q a}{x^2}} \quad (x \gg a)$$

3.4 cont.

Utilize a Equação 3.16 e este resultado para calcular a componente x do campo elétrico em um ponto no eixo x distante do dipolo:

$$E_x = -\frac{dV}{dx} = -\frac{d}{dx}\left(-\frac{2k_e qa}{x^2}\right)$$

$$= 2k_e qa \frac{d}{dx}\left(\frac{1}{x^2}\right) = \boxed{-\frac{4k_e qa}{x^3}} \quad (x \gg a)$$

Finalização Os potenciais nas partes (B) e (C) são negativos, porque os pontos no eixo x positivo estão mais próximos da carga negativa que da positiva. Pelo mesmo motivo, a componente x do campo elétrico é negativa. Observe que temos uma queda de $1/r^3$ do campo elétrico com grande distância do dipolo, de modo similar ao comportamento do campo elétrico sobre o eixo y, no Exemplo 1.6.

E SE? Suponha que desejemos determinar o campo elétrico em um ponto P no eixo y. Na parte (A), o potencial elétrico calculado era igual a zero para todos os valores de y. O campo elétrico é igual a zero em todos os pontos no eixo y?

Resposta Não. O fato de que não há variação no potencial ao longo do eixo y nos diz apenas que a componente y do campo elétrico é igual a zero. Analise a Figura 1.13 no Exemplo 1.6, no qual demonstramos que o campo elétrico de um dipolo no eixo y tem apenas uma componente x. Não pudemos determinar a componente x neste exemplo porque não temos uma expressão para o potencial próximo do eixo y como uma função de x.

Exemplo 3.5 — Potencial elétrico gerado por um anel uniformemente carregado

(A) Obtenha uma expressão para o potencial elétrico em um ponto P localizado no eixo central perpendicular de um anel uniformemente carregado de raio a e carga total Q.

SOLUÇÃO

Conceitualização Analise a Figura 3.14, na qual o anel está orientado de modo que seu plano é perpendicular ao eixo x e seu centro está na origem. Observe que a simetria da situação determina que todas as cargas no anel estejam à mesma distância do ponto P. Compare este exemplo ao Exemplo 1.8. Observe que, aqui, não são necessárias considerações sobre o vetor, porque o potencial elétrico é escalar.

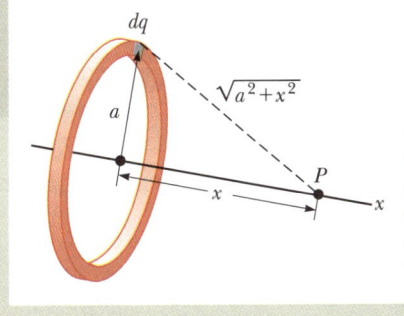

Figura 3.14 (Exemplo 3.5) Um anel uniformemente carregado de raio a está localizado em um plano perpendicular ao eixo x. Todos os elementos dq do anel estão à mesma distância de um ponto P localizado no eixo x.

Categorização Visto que o anel consiste em uma distribuição de cargas contínua em vez de um conjunto de cargas discretas, devemos aplicar a técnica da integração representada pela Equação 3.20 neste exemplo.

Análise Consideramos o ponto P a uma distância x do centro do anel, como mostra a Figura 3.14.

Utilize a Equação 3.20 para expressar V de acordo com a geometria:

$$V = k_e \int \frac{dq}{r} = k_e \int \frac{dq}{\sqrt{a^2 + x^2}}$$

Observando que a e x não variam para uma integração sobre o anel, coloque $\sqrt{a^2 + x^2}$ à frente do símbolo da integral e integre sobre o anel:

$$V = \frac{k_e}{\sqrt{a^2 + x^2}} \int dq = \boxed{\frac{k_e Q}{\sqrt{a^2 + x^2}}} \quad (3.21)$$

(B) Defina uma expressão para o módulo do campo elétrico no ponto P.

SOLUÇÃO

Com base na simetria, observe que ao longo do eixo x $\vec{E}$ pode ter apenas uma componente x. Portanto, aplique a Equação 3.16 à 3.21:

$$E_x = -\frac{dV}{dx} = -k_e Q \frac{d}{dx}(a^2 + x^2)^{-1/2}$$

$$= -k_e Q\left(-\tfrac{1}{2}\right)(a^2 + x^2)^{-3/2}(2x)$$

continua

3.5 cont.

$$E_x = \frac{k_e x}{(a^2 + x^2)^{3/2}} Q \qquad (3.22)$$

Finalização A única variável nas expressões para V e E_x é x. Isto é esperado, porque nosso cálculo é válido apenas para pontos ao longo do eixo x, onde y e z são ambos iguais a zero. Este resultado para o campo elétrico está de acordo com o obtido por integração direta (consulte o Exemplo 1.8). Por questões práticas, utilize o resultado da parte (B) na Equação 3.3 para verificar se o potencial é dado pela expressão na parte (A).

Exemplo 3.6 — Potencial elétrico gerado por um disco uniformemente carregado

Um disco uniformemente carregado tem raio R e densidade de carga superficial σ.

(A) Determine o potencial elétrico em um ponto P ao longo do eixo central perpendicular do disco.

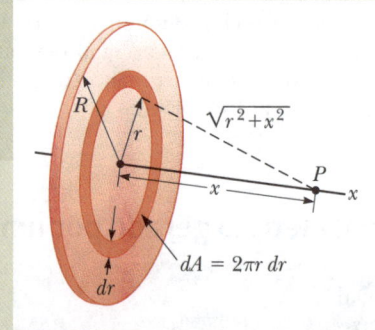

Figura 3.15 (Exemplo 3.6) Um disco uniformemente carregado de raio R está localizado em um plano perpendicular ao eixo x. O cálculo do potencial elétrico em qualquer ponto P no eixo x é simplificado por meio da divisão do disco em vários anéis de raio r e largura dr, com área $2\pi r\, dr$.

SOLUÇÃO

Conceitualização Se o disco for considerado um conjunto de anéis concêntricos, poderemos aplicar nosso resultado do Exemplo 3.5 – que determina o potencial criado por um anel de raio a – e somar as contribuições de todos os anéis que formam o disco. A Figura 3.15 mostra um anel como este. Visto que o ponto P está no eixo central do disco, a simetria, novamente, mostra que todos os pontos em um determinado anel estão à mesma distância de P.

Categorização Já que o disco é contínuo, calculamos o potencial estabelecido por uma distribuição de cargas contínua, em vez de um grupo de cargas individuais.

Análise Determine a quantidade de carga dq em um anel de raio r e largura dr, como mostra a Figura 3.15:

$$dq = \sigma\, dA = \sigma(2\pi r\, dr) = 2\pi\sigma r\, dr$$

Utilize este resultado na Equação 3.21 do Exemplo 3.5 (com a substituído por r e Q por dq) para determinar o potencial criado pelo anel:

$$dV = \frac{k_e dq}{\sqrt{r^2 + x^2}} = \frac{k_e 2\pi\sigma r\, dr}{\sqrt{r^2 + x^2}}$$

Para determinar o potencial total em P, integre essa expressão para os limites $r = 0$ a $r = R$, observando que x é uma constante:

$$V = \pi k_e \sigma \int_0^R \frac{2r\, dr}{\sqrt{r^2 + x^2}} = \pi k_e \sigma \int_0^R (r^2 + x^2)^{-1/2}\, 2r\, dr$$

Essa integral é da forma comum $\int u^n\, du$, onde $n = -\tfrac{1}{2}$ e $u = r^2 + x^2$, e tem o valor $u^{n+1}/(n+1)$. Aplique este resultado para calcular a integral:

$$V = 2\pi k_e \sigma [(R^2 + x^2)^{1/2} - x] \qquad (3.23)$$

(B) Determine a componente x do campo elétrico em um ponto P ao longo do eixo central perpendicular do disco.

SOLUÇÃO

Como no Exemplo 3.5, aplique a Equação 3.16 para determinar o campo elétrico em qualquer ponto axial:

$$E_x = -\frac{dV}{dx} = 2\pi k_e \sigma \left[1 - \frac{x}{(R^2 + x^2)^{1/2}}\right] \qquad (3.24)$$

Finalização Compare a Equação 3.24 com o resultado do Exemplo 1.9. O cálculo de V e $\overline{\mathbf{E}}$ para um ponto arbitrário fora do eixo x é mais difícil em decorrência da falta de simetria. Tal situação não é analisada neste livro.

Exemplo 3.7 — Potencial elétrico gerado por uma linha de carga finita

Uma haste de comprimento ℓ localizada ao longo do eixo x tem carga total Q e densidade de carga linear uniforme λ. Determine o potencial elétrico em um ponto P localizado no eixo y a uma distância a da origem (Fig. 3.16).

SOLUÇÃO

Conceitualização O potencial em P criado por segmento de carga na haste é positivo, pois cada um tem carga positiva. Observe que não contamos com a simetria neste caso, mas a geometria simples deve permitir a resolução do problema.

Categorização Visto que a haste é contínua, calculamos o potencial estabelecido por uma distribuição de cargas contínua, em vez de um grupo de cargas individuais.

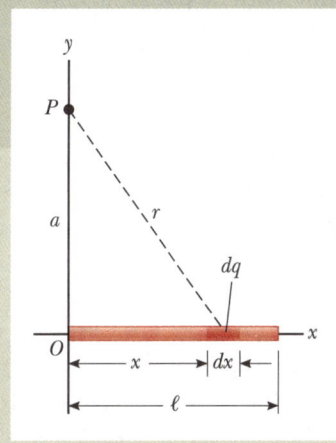

Figura 3.16 (Exemplo 3.7) Uma carga linear uniforme de comprimento ℓ localizada ao longo do eixo x. Para calcular o potencial elétrico em P, a carga linear é dividida em segmentos, cada um com comprimento dx e carga $dq = \lambda\, dx$.

Análise Na Figura 3.16, a haste está posicionada ao longo do eixo x, dx é o comprimento de um segmento pequeno, e dq, a carga nesse segmento. Já que a haste tem uma carga por unidade de comprimento λ, a carga dq no segmento pequeno é $dq = \lambda\, dx$.

Determine o potencial em P estabelecido por um segmento da haste e uma posição arbitrária x:

$$dV = k_e \frac{dq}{r} = k_e \frac{\lambda\, dx}{\sqrt{a^2 + x^2}}$$

Determine o potencial total em P, integrando essa expressão para os limites $x = 0$ a $x = \ell$:

$$V = \int_0^\ell k_e \frac{\lambda\, dx}{\sqrt{a^2 + x^2}}$$

Observando que k_e e $\lambda = Q/\ell$ são constantes e podem ser removidos da integral, calcule a integral com a ajuda do Apêndice B:

$$V = k_e \lambda \int_0^\ell \frac{dx}{\sqrt{a^2 + x^2}} = k_e \frac{Q}{\ell} \ln\left(x + \sqrt{a^2 + x^2}\right)\Big|_0^\ell$$

Calcule o resultado entre os limites:

$$V = k_e \frac{Q}{\ell}\left[\ln\left(\ell + \sqrt{a^2 + \ell^2}\right) - \ln a\right] = \boxed{k_e \frac{Q}{\ell} \ln\left(\frac{\ell + \sqrt{a^2 + \ell^2}}{a}\right)} \quad (3.25)$$

Finalização Se $\ell \ll a$, o potencial em P deve se aproximar do estabelecido por uma carga pontual, pois a haste é muito curta ao ser comparada com sua distância a P. Utilizando uma expansão em série para o logaritmo natural do Apêndice B.5, é fácil demonstrar que a Equação 3.25 se torna $V = k_e Q/a$.

E SE? E se você tivesse que determinar o campo elétrico no ponto P? O cálculo seria simples?

Resposta O cálculo do campo elétrico por meio da Equação 1.11 seria um tanto complicado. Não há simetria que sirva de ajuda, e a integração sobre a linha de carga representaria uma adição vetorial de campos elétricos no ponto P. Ao aplicarmos a Equação 3.18, podemos determinar E_y, substituindo a por y na Equação 3.25 e efetuando a diferenciação em relação a y. Visto que toda a haste carregada na Figura 3.16 está localizada à direita de $x = 0$, o campo elétrico no ponto P teria uma componente x à esquerda, se a haste fosse positivamente carregada. Porém, não podemos aplicar a Equação 3.18 para determinar a componente x do campo, porque o potencial criado pela haste foi avaliado com um valor específico de x ($x = 0$), em vez de um valor geral de x. Teríamos de determinar o potencial como função de x e y para podermos calcular as componentes x e y do campo elétrico, aplicando a Equação 3.18.

3.6 Potencial elétrico gerado por um condutor carregado

Na Seção 2.4, descobrimos que, no caso de um condutor sólido em equilíbrio com uma carga líquida, a carga se localiza na superfície externa do condutor. Além disso, o campo elétrico no lado de fora, próximo ao condutor, é perpendicular à superfície, e o campo no interior é igual a zero.

Agora, definiremos outra propriedade de um condutor carregado, relacionada ao potencial elétrico. Considere dois pontos Ⓐ e Ⓑ na superfície de um condutor carregado, como mostra a Figura 3.17. Ao longo de um percurso de super-

> **Prevenção de Armadilhas 3.6**
> **O potencial pode não ser igual a zero**
> O potencial elétrico no interior do condutor não é necessariamente igual a zero na Figura 3.17, mesmo que o campo elétrico seja igual a zero. A Equação 3.15 demonstra que um valor zero do campo não resulta em *variações* no potencial de um ponto para outro dentro do condutor. Portanto, o potencial em todos os pontos no interior do condutor, incluindo a superfície, tem o mesmo valor, que pode ou não ser igual a zero, dependendo de onde o potencial zero esteja definido.

fície que liga esses pontos, $\vec{E}$ é sempre perpendicular ao deslocamento $d\vec{s}$. Desse modo, $\vec{E} \times d\vec{s} = 0$. Utilizando este resultado e a Equação 3.3, concluímos que a diferença de potencial entre Ⓐ e Ⓑ é necessariamente igual a zero:

$$V_Ⓑ - V_Ⓐ = -\int_Ⓐ^Ⓑ \vec{E} \cdot d\vec{s} = 0$$

Este resultado se aplica a quaisquer dois pontos na superfície. Portanto, V é constante em todos os pontos da superfície de um condutor carregado em equilíbrio. Isto é,

> a superfície de qualquer condutor carregado em equilíbrio eletrostático é uma superfície equipotencial; cada ponto na superfície de um condutor carregado em equilíbrio tem o mesmo potencial elétrico. Além disso, visto que o campo elétrico é igual a zero dentro do condutor, o potencial elétrico é constante em todos os pontos no interior do condutor e igual ao seu valor na superfície.

Graças ao valor constante do potencial, nenhum trabalho é necessário para deslocar uma carga de teste do interior de um condutor carregado para sua superfície.

Considere uma esfera condutora sólida de metal, de raio R e carga total positiva Q, como mostra a Figura 3.18a. Como determinado na parte (A) do Exemplo 2.3, o campo elétrico fora da esfera é $k_e Q/r^2$ e aponta radialmente para o exterior. Uma vez que o campo fora de uma distribuição de cargas esfericamente simétrica é idêntico ao de uma carga pontual, esperamos que o potencial também seja o de uma carga pontual, $k_e Q/r$. Na superfície da esfera condutora na Figura 3.18a, o potencial deve ser $k_e Q/R$. Visto que toda a esfera deve ter o mesmo potencial, o potencial em qualquer ponto dentro dela também deve ser $k_e Q/R$. A Figura 3.18b é um gráfico do potencial elétrico em função de r, e a Figura 3.18c mostra como o campo elétrico varia com r.

Quando uma carga líquida é colocada em um condutor esférico, a densidade de carga superficial é uniforme, como indicado na Figura 3.18a. Entretanto, se o condutor não for esférico, como na Figura 3.17, a densidade de carga superficial será alta onde o raio de curvatura for pequeno (como descrito na Seção 2.4), e baixa onde for grande. O campo elétrico imediatamente fora do condutor é proporcional à densidade de carga superficial e, portanto, o campo elétrico é grande próximo a pontos convexos do raio de curvatura pequeno e alcança valores muito altos em pontas afiadas. No Exemplo 3.8, a relação entre o campo elétrico e o raio de curvatura é examinada de modo matemático.

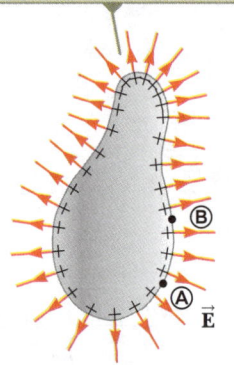

Figura 3.17 Um condutor de forma arbitrária tem carga positiva. Quando ele está em equilíbrio eletrostático, toda a carga se localiza na superfície, $\vec{E} = 0$ no interior do condutor, e o sentido de $\vec{E}$ imediatamente fora do condutor é perpendicular à superfície. O potencial elétrico é constante dentro do condutor e igual ao potencial na superfície.

Figura 3.18 (a) A carga em excesso em uma esfera condutora de raio R é distribuída uniformemente sobre sua superfície. (b) O potencial elétrico em função da distância r do centro da esfera condutora carregada. (c) O módulo do campo elétrico em função da distância r do centro da esfera condutora carregada.

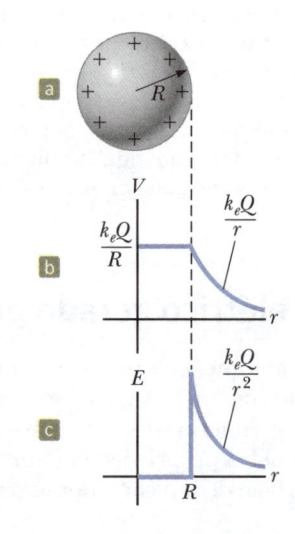

Exemplo 3.8 — Ligação entre duas esferas carregadas

Dois condutores esféricos de raios r_1 e r_2 estão separados por uma distância muito maior que o raio de qualquer das esferas. Estas estão ligadas por um fio condutor, como mostra a Figura 3.19. As cargas nas esferas em equilíbrio são q_1 e q_2, respectivamente, e estão uniformemente carregadas. Determine a proporção dos módulos dos campos elétricos na superfície das esferas.

SOLUÇÃO

Conceitualização Suponha que as esferas estejam separadas por uma distância muito maior que a da Figura 3.19. Por causa da grande distância, o campo de uma não afeta a distribuição de cargas na outra. O fio condutor entre as esferas garante que ambas tenham o mesmo potencial elétrico.

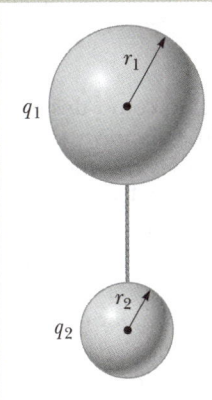

Figura 3.19 (Exemplo 3.8) Dois condutores esféricos carregados ligados por um fio condutor. As esferas têm o *mesmo* potencial elétrico V.

Categorização Visto que as esferas estão tão distantes uma da outra, modelamos sua distribuição de cargas como esfericamente simétrica, e o campo e o potencial fora das esferas como aqueles de cargas pontuais.

Análise Iguale os potenciais elétricos na superfície das esferas:

$$V = k_e \frac{q_1}{r_1} = k_e \frac{q_2}{r_2}$$

Resolva para a proporção de cargas nas esferas:

(1) $\dfrac{q_1}{q_2} = \dfrac{r_1}{r_2}$

Escreva as expressões dos módulos dos campos elétricos na superfície de cada esfera:

$$E_1 = k_e \frac{q_1}{r_1^2} \quad \text{e} \quad E_2 = k_e \frac{q_2}{r_2^2}$$

Calcule a proporção desses dois campos:

$$\frac{E_1}{E_2} = \frac{q_1}{q_2}\frac{r_2^2}{r_1^2}$$

Substitua a proporção de cargas da Equação (1):

(2) $\dfrac{E_1}{E_2} = \dfrac{r_1}{r_2}\dfrac{r_2^2}{r_1^2} = \boxed{\dfrac{r_2}{r_1}}$

Finalização O campo é mais intenso na vizinhança da esfera menor, apesar de os potenciais elétricos na superfície de ambas as esferas serem iguais. Se $r_2 \to 0$, então $E_2 \to \infty$, confirmando a afirmação acima de que o campo elétrico é muito grande em pontas afiadas.

Cavidade no interior de um condutor

Suponha que um condutor de forma arbitrária contenha uma cavidade, como mostra a Figura 3.20. Consideremos o caso em que não há cargas dentro dela. Neste caso, o campo elétrico no interior da cavidade deve ser igual a *zero*, independente da distribuição de cargas na superfície externa do condutor, como mencionado na Seção 2.4. Além disso, o campo na cavidade é zero, mesmo que exista um campo elétrico fora do condutor.

Para confirmar essa afirmação, lembre-se de que cada ponto no condutor tem o mesmo potencial elétrico. Assim, quaisquer dois pontos Ⓐ e Ⓑ na superfície da cavidade devem ter o mesmo potencial. Agora, suponha que nela exista um campo $\vec{E}$ e calcule a diferença de potencial $V_Ⓑ - V_Ⓐ$ definida pela Equação 3.3:

$$V_Ⓑ - V_Ⓐ = -\int_Ⓐ^Ⓑ \vec{E} \cdot d\vec{s}$$

O campo elétrico na cavidade é igual a zero, independentemente da carga no condutor.

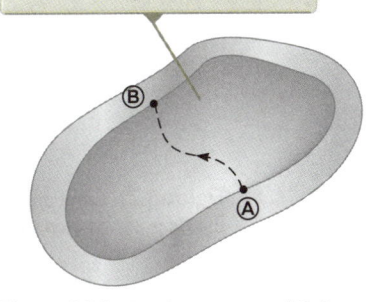

Figura 3.20 Condutor em equilíbrio eletrostático com cavidade.

Visto que $V_{\circledB} - V_{\circledA} = 0$, a integral de $\vec{E} \times d\vec{s}$ deve ser zero para todos os percursos entre quaisquer dois pontos Ⓐ e Ⓑ no condutor. A única situação verdadeira para *todos* os percursos é se $\vec{E}$ for zero *em todos os pontos* da cavidade. Portanto, uma cavidade cercada por paredes condutoras será uma região sem campos enquanto não existirem cargas em seu interior.

Descarga corona

Com frequência, um fenômeno conhecido como **descarga corona** é observado próximo a um condutor; por exemplo, uma linha de transmissão de alta tensão. Quando o campo elétrico na vizinhança do condutor é suficientemente intenso, elétrons resultantes de ionizações aleatórias das moléculas do ar próximo do condutor aceleram, afastando-se de suas moléculas de origem. Esses elétrons, que se deslocam rapidamente, podem ionizar outras moléculas próximas do condutor, criando mais elétrons livres. A luminescência observada (ou descarga corona) resulta da recombinação desses elétrons livres com as moléculas de ar ionizado. Se um condutor tiver uma forma irregular, o campo elétrico poderá ser muito alto próximo de pontas ou bordas afiadas do condutor e, como consequência, a probabilidade de o processo de ionização e a descarga corona ocorrerem é maior em torno de tais pontos.

A descarga corona é utilizada no setor de transmissão de energia elétrica para localizar componentes danificados ou defeituosos. Por exemplo, um isolante danificado em uma torre de transmissão tem bordas afiadas onde essa descarga pode ocorrer. De modo similar, ela ocorre em extremidades afiadas de fios condutores danificados. A observação dessas descargas é difícil, pois a radiação visível emitida é fraca, e a maior parte da radiação, ultravioleta. Discutiremos a radiação ultravioleta e outras porções do espectro eletromagnético na Seção 12.7. Mesmo a utilização de câmeras ultravioletas convencionais é de pouca ajuda, porque a radiação da descarga corona é sobreposta pela ultravioleta do Sol. Dispositivos de espectro duplo recém-desenvolvidos combinam uma câmera ultravioleta de banda estreita com outra de luz visível para exibir uma imagem de luz natural desta descarga no local real em uma torre ou cabo de transmissão. A parte ultravioleta da câmera foi projetada para funcionar em uma faixa de comprimento de onda na qual a radiação do Sol é muito tênue.

3.7 Experimento da gota de óleo de Millikan

Robert Millikan executou uma brilhante série de experimentos de 1909 a 1913 na qual mediu *e*, a quantidade de carga elementar em um elétron, e demonstrou a natureza quantizada dessa carga. Seu aparelho, mostrado na Figura 3.21, contém duas placas metálicas paralelas. Gotículas de óleo de um pulverizador passam através de um pequeno orifício na placa superior. Millikan utilizou raios X para ionizar o ar na câmara, de modo que elétrons livres aderissem às gotas de óleo, fornecendo-lhes uma carga negativa. Um feixe de luz direcionado horizontalmente é aplicado para iluminar as gotículas, que são observadas através de um telescópio cujo eixo principal é perpendicular ao feixe de luz. Vistas assim, as gotículas parecem estrelas brilhantes contra um fundo escuro, e a velocidade com a qual cada gota cai pode ser determinada.

Suponhamos que uma única gota com massa m e carga q seja observada, e que a carga seja negativa. Caso nenhum campo elétrico esteja presente entre as placas, as duas forças que atuam sobre a carga são a gravitacional $m\vec{g}$, que atua para baixo,[3] e a de arrasto viscosa $\vec{F}_D$, que atua para cima, como indicado na Figura 3.22a. A força de arrasto é proporcional à velocidade escalar da gota, como discutido na Seção 6.4 do Volume 1. Quando a gota alcança sua velocidade escalar terminal v_T, as duas forças se compensam ($mg = F_D$).

Agora, suponha que uma bateria conectada às placas estabeleça um campo elétrico entre elas, de modo que a superior tenha o potencial elétrico mais alto. Neste caso, uma terceira força $q\vec{E}$ atua sobre a gota carregada. O modelo da

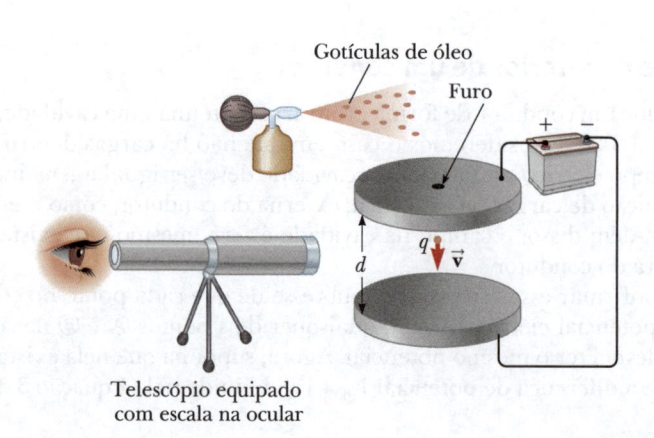

Figura 3.21 Esquema do aparelho de gotas de óleo de Millikan.

Telescópio equipado com escala na ocular

---

[3] Também existe uma força de empuxo aplicada à gota de óleo pelo ar a sua volta. Essa força pode ser incorporada como uma correção na força gravitacional $m\vec{g}$ atuando sobre a gota, mas, por isso, não a consideramos em nossa análise.

partícula em um campo é aplicado duas vezes à partícula: em um campo gravitacional e em um campo elétrico. Visto que q é negativa e $\vec{E}$ está direcionado para baixo, essa força elétrica está direcionada para cima, como mostra a Figura 3.22b. Se essa força ascendente for suficientemente forte, a gota se moverá para cima, e a força de arrasto $\vec{F}'_D$ atuará para baixo. Quando a força elétrica ascendente $q\vec{E}$ compensa a soma da força gravitacional e da de arrasto descendente $\vec{F}'_D$, a gota alcança uma nova velocidade escalar terminal v'_T no sentido ascendente.

Com o campo ativado, a gota move-se vagarosamente para cima, em geral a velocidades de centésimos de centímetro por segundo. A velocidade de queda na ausência de um campo é semelhante. Desta forma, podemos acompanhar uma única gotícula por horas, subindo e descendo de modo alternado, simplesmente ligando e desligando o campo elétrico.

Após registrar medições de milhares de gotículas, Millikan e seus colaboradores determinaram que todas as gotículas, com uma precisão de cerca de 1%, tinham carga igual a algum múltiplo inteiro da carga elementar e:

$$q = ne \quad n = 0, -1, -2, -3, \ldots$$

onde $e = 1{,}60 \times 10^{-19}$ C. O experimento de Millikan fornece uma evidência conclusiva de que a carga é quantizada. Por este trabalho, o cientista recebeu o Prêmio Nobel de Física em 1923.

3.8 Aplicações da eletrostática

A aplicação prática da eletrostática é representada por dispositivos como para-raios e precipitadores eletrostáticos, e por processos como a xerografia e a pintura de automóveis. Dispositivos científicos com base nos princípios da eletrostática incluem geradores eletrostáticos, o microscópio iônico de campo e os motores de propulsão iônica de foguetes. Dois dispositivos são detalhados a seguir.

Gerador de Van de Graaff

Resultados experimentais mostram que, quando um condutor carregado é colocado em contato com o interior de outro oco, toda sua carga é transferida para este último. Em princípio, a carga no condutor oco e seu potencial elétrico podem ser aumentados de modo ilimitado por meio da repetição do processo.

Em 1929, Robert J. Van de Graaff (1901-1967) aplicou este princípio ao projetar e construir um gerador eletrostático. Uma representação esquemática desse equipamento é mostrada na Figura 3.23. Esse tipo de gerador foi utilizado extensivamente na pesquisa da Física Nuclear. A carga é fornecida de modo contínuo a um eletrodo de alto potencial por meio de uma correia móvel feita de material isolante. O eletrodo de alta tensão é um domo de metal oco montado em uma coluna isolante. A correia é carregada no ponto Ⓐ por uma descarga corona entre agulhas metálicas dispostas em forma de pente e uma grade aterrada. As agulhas são mantidas com um potencial elétrico positivo, que, em geral, é de 10^4 V. A carga positiva na correia móvel é transferida para o domo por um segundo pente de agulhas no ponto Ⓑ. Visto que o campo elétrico dentro do domo é desprezível, a carga positiva na correia é facilmente transferida para o condutor, independentemente de seu potencial. Na prática, é possível aumentar o potencial elétrico do domo até uma descarga elétrica ocorrer através do ar. Sendo o campo elétrico de "ruptura" no ar igual a cerca de 3×10^6 V/m, uma esfera com raio de 1,00 m

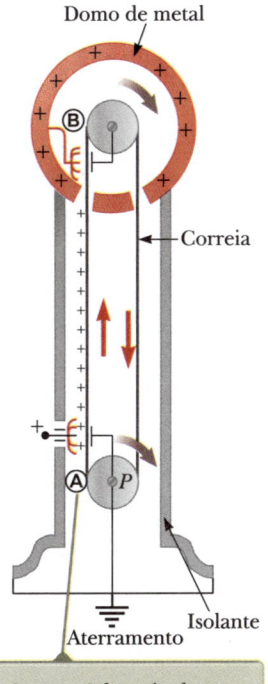

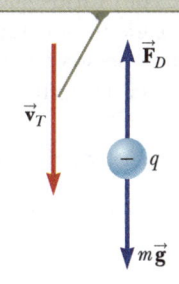

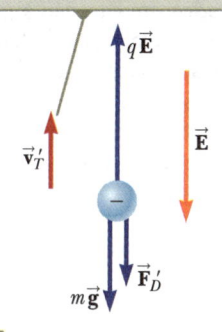

Figura 3.22 As forças que atuam sobre uma gotícula de óleo negativamente carregada no experimento de Millikan.

Figura 3.23 Diagrama esquemático de um gerador de Van de Graaff. A carga é transferida para o domo de metal no topo por meio de uma correia móvel.

pode alcançar um potencial máximo de 3×10^6 V. O potencial pode ser aumentado ainda mais por meio da extensão do raio do domo e da colocação de todo o sistema em um recipiente cheio de gás a alta pressão.

Os geradores de Van de Graaff podem produzir diferenças de potencial de até 20 milhões de volts. Prótons acelerados através de diferenças de potencial tão grandes quanto estas recebem energia suficiente para iniciar reações nucleares entre si e com vários núcleos-alvo. Geradores menores podem ser vistos em salas de aula de ciências e museus. Se uma pessoa isolada do solo tocar a esfera de um gerador de Van de Graaff, seu corpo pode alcançar um potencial elétrico alto. O cabelo da pessoa adquirirá uma carga líquida positiva, e cada fio será repelido pelos outros, como mostra a fotografia de abertura do Capítulo 1.

Precipitador eletrostático

Uma aplicação importante da descarga elétrica em gases é o *precipitador eletrostático*. Este dispositivo remove matéria particulada de gases de combustão, reduzindo a poluição do ar. Precipitadores são especialmente úteis em usinas de queima de carvão e operações industriais que geram grandes volumes de fumaça. Os sistemas atuais são capazes de eliminar mais de 99% das cinzas da fumaça.

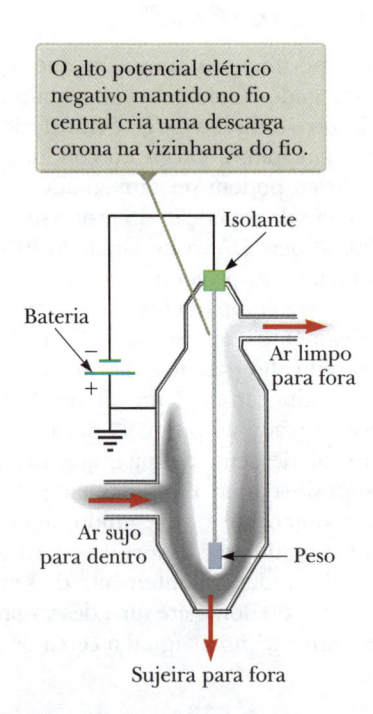

A Figura 3.24 mostra um diagrama esquemático de um precipitador eletrostático. Uma diferença de potencial alta (tipicamente de 40 a 100 kV) é mantida entre um fio que percorre a linha central de um duto e as paredes deste, que estão aterradas. O fio é mantido a um potencial elétrico negativo em relação às paredes, de modo que o campo elétrico é direcionado para o fio. Os valores do campo próximo do fio tornam-se suficientemente altos para criar uma descarga corona em torno do fio. O ar próximo do fio contém íons positivos, elétrons e íons negativos como o O_2^-. O ar a ser limpo entra no duto e se desloca próximo ao fio. À medida que os elétrons e os íons negativos criados pela descarga são acelerados em direção à parede externa pelo campo elétrico, as partículas de sujeira no ar se tornam carregadas pelas colisões e pela captura de íons. Sendo em sua maioria negativas, as partículas de sujeira carregadas também são arrastadas para as paredes do duto pelo campo elétrico. Quando o duto é periodicamente agitado, as partículas se soltam e são coletadas no fundo.

Além de reduzir o nível de matéria particulada na atmosfera, o precipitador eletrostático recupera materiais valiosos na forma de óxidos de metal.

Figura 3.24 Diagrama esquemático de um precipitador eletrostático.

Potencial elétrico   75

Resumo

Definições

A **diferença de potencial** ΔV entre os pontos Ⓐ e Ⓑ em um campo elétrico $\vec{E}$ é definida como

$$\Delta V \equiv \frac{\Delta U}{q} = -\int_{Ⓐ}^{Ⓑ} \vec{E} \cdot d\vec{s} \qquad (3.3)$$

onde ΔU é calculada pela Equação 3.1 a seguir. O **potencial elétrico** $V = U/q$ é uma grandeza escalar, expresso em unidades de joules por coulomb, onde $1 \text{ J/C} \equiv 1 \text{ V}$.

Uma **superfície equipotencial** é aquela na qual todos os pontos têm o mesmo potencial elétrico. Superfícies equipotenciais são perpendiculares às linhas do campo elétrico.

Conceitos e Princípios

Quando uma carga de teste positiva q se desloca entre os pontos Ⓐ e Ⓑ em um campo elétrico $\vec{E}$, a variação na energia potencial do sistema carga-campo é

$$\Delta U = -q \int_{Ⓐ}^{Ⓑ} \vec{E} \cdot d\vec{s} \qquad (3.1)$$

A diferença de potencial entre dois pontos separados por uma distância d em um campo elétrico uniforme $\vec{E}$ é

$$\Delta V = -Ed \qquad (3.6)$$

se a direção percorrida entre os dois pontos for igual à direção no campo elétrico.

Se definirmos $V = 0$ em $r = \infty$, o potencial elétrico gerado por uma carga pontual a qualquer distância r da carga será

$$V = k_e \frac{q}{r} \qquad (3.11)$$

O potencial elétrico associado a um grupo de cargas pontuais é determinado por meio da soma dos potenciais estabelecidos pelas cargas individuais.

A energia potencial elétrica associada a um par de cargas pontuais separadas por uma distância r_{12} é

$$U = k_e \frac{q_1 q_2}{r_{12}} \qquad (3.13)$$

Determinamos a energia potencial de uma distribuição de cargas pontuais por meio da soma de termos como a Equação 3.13 para todos os pares de partículas.

Se o potencial elétrico é conhecido como uma função das coordenadas x, y e z, podemos determinar as componentes do campo elétrico calculando a derivada negativa do potencial elétrico em relação às coordenadas. Por exemplo, a componente x do campo elétrico é

$$E_x = -\frac{dV}{dx} \qquad (3.16)$$

O potencial elétrico estabelecido por uma distribuição de cargas contínua é

$$V = k_e \int \frac{dq}{r} \qquad (3.20)$$

Cada ponto da superfície de um condutor carregado em equilíbrio eletrostático tem o mesmo potencial elétrico. O potencial é constante em todos os pontos no interior do condutor e igual ao seu valor na superfície.

Perguntas Objetivas

1. Em uma determinada região do espaço, o campo elétrico é igual a zero. Com base neste fato, o que podemos concluir sobre o potencial elétrico nessa região? (a) É igual a zero. (b) Não varia com a posição. (c) É positivo. (d) É negativo. (e) Nenhuma das alternativas é necessariamente verdadeira.

2. Considere as superfícies equipotenciais mostradas na Figura 3.4. Nessa região do espaço, qual é o sentido aproximado do campo elétrico? (a) Para fora da página. (b) Para dentro da página. (c) Para o topo da página. (d) Para o fim da página. (e) O campo é igual a zero.

3. (i) Uma esfera metálica A de raio de 1,00 cm está a vários centímetros de uma carcaça esférica de metal B de raio de 2,00 cm. Uma carga de 450 nC é colocada em A, com nenhuma carga em B e em nenhum ponto próximo. A seguir, os dois corpos são ligados por um fio metálico longo e delgado, como mostra a Fig. 3.19, e, finalmente, o fio é removido. Como a carga é compartilhada entre A e B? (a) 0 em A, 450 nC em B (b) 90,0 nC em A e 360 nC em B, com densidades superficiais de carga iguais (c) 150 nC em A e 300 nC em B (d) 225 nC em A e 225 nC em B (e) 450 nC em A e 0 em B. (ii) Uma esfera metálica A de raio de 1 cm com carga de 450 nC está suspensa por um fio isolante dentro de uma carcaça esférica metálica B, delgada e sem carga, de raio de 2 cm. Depois, A toca temporariamente a superfície interna de B. Como a carga é compartilhada neste caso? Escolha entre as mesmas possibilidades. Arnold Arons, o único professor de Física que ainda não saiu na capa da *Time*, sugeriu essa questão.

4. O potencial elétrico em $x = 3,00$ m é de 120 V e em $x = 5,00$ m é de 190 V. Qual é a componente x do campo elétrico nessa região, supondo que o campo seja uniforme? (a) 140 N/C (b) –140 N/C (c) 35,0 N/C (d) –35,0 N/C (e) 75,0 N/C.

5. Classifique a energia potencial dos quatro sistemas de partículas mostrados na Figura PO3.5, do maior para o menor. Inclua as igualdades, se for pertinente.

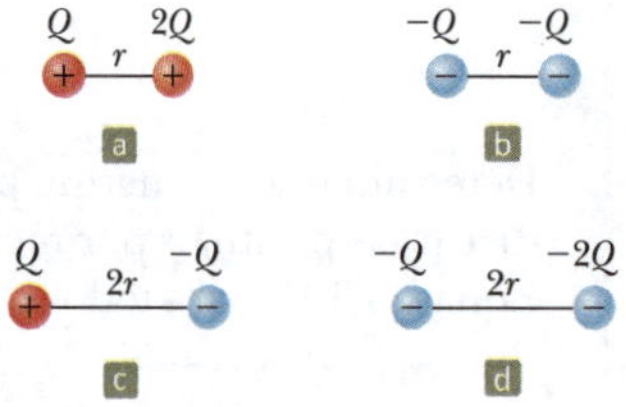

Figura PO3.5

6. Em uma determinada região do espaço, um campo elétrico uniforme está direcionado no sentido x. Uma partícula com carga negativa é deslocada de $x = 20,0$ cm para $x = 60,0$ cm. (i) A energia potencial elétrica do sistema carga-campo (a) aumenta, (b) permanece constante, (c) diminui ou (d) varia de modo imprevisível? (ii) A partícula se deslocou para uma posição onde o potencial elétrico é (a) maior que antes, (b) inalterado, (c) menor que antes ou (d) imprevisível?

7. Classifique o potencial elétrico nos quatro pontos mostrados na Figura PO3.7, do maior para o menor.

Figura PO3.7

8. Um elétron em uma máquina de raio X é acelerado através de uma diferença de potencial de $1,00 \times 10^4$ V antes de atingir o alvo. Qual é a energia cinética do elétron em elétron- -volts? (a) $1,00 \times 10^4$ eV (b) $1,60 \times 10^{-15}$ eV (c) $1,60 \times 10^{-22}$ eV (d) $6,25 \times 10^{22}$ eV (e) $1,60 \times 10^{-19}$ eV.

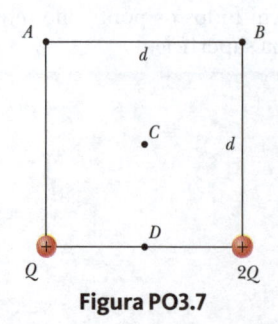

9. Classifique a energia potencial elétrica dos sistemas de cargas mostrados na Figura PO3.9, da maior para a menor. Indique as igualdades, se for pertinente.

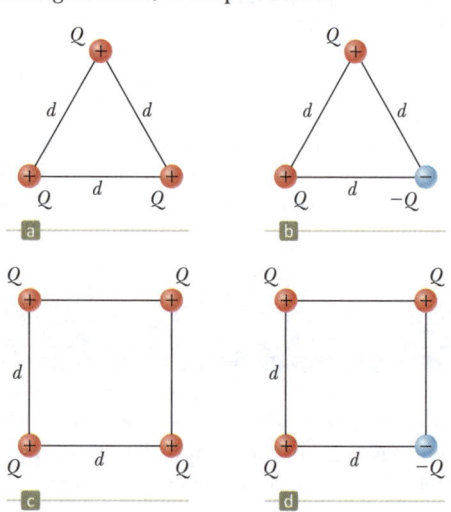

Figura PO3.9

10. Quatro partículas estão posicionadas na borda de um círculo. As cargas nas partículas são de +0,500 μC, +1,50 μC, –1,00 μC e –0,500 μC. Se o potencial elétrico no centro do círculo estabelecido apenas pela carga de +0,500 μC for $4,50 \times 10^4$ V, qual será o potencial elétrico total no centro criado pelas quatro cargas? (a) $18,0 \times 10^4$ V (b) $4,50 \times 10^4$ V (c) 0 (d) $-4,50 \times 10^4$ V (e) $9,00 \times 10^4$ V.

11. Um próton é liberado do repouso na origem em um campo elétrico uniforme no sentido x positivo com módulo 850 N/C. Qual é a variação na energia potencial elétrica do sistema próton-campo quando o próton se desloca para $x = 2,50$ m? (a) $3,40 \times 10^{-16}$ J (b) $-3,40 \times 10^{-16}$ J (c) $2,50 \times 10^{-16}$ J (d) $-2,50 \times 10^{-16}$ J (e) $-1,60 \times 10^{-19}$ J.

12. Uma partícula com carga –40,0 nC está no eixo x no ponto de coordenada $x = 0$. Uma segunda partícula, com carga –20,0 nC, está no eixo x em $x = 0,500$ m. (i) O ponto a uma distância finita onde o campo elétrico é igual a zero está (a) à esquerda de $x = 0$, (b) entre $x = 0$ e $x = 0,500$ m, ou (c) à direita de $x = 0,500$ m? (ii) O potencial elétrico é zero nesse ponto? (a) Não, é positivo. (b) Sim. (c) Não, é negativo. (iii) Existe um ponto a uma distância finita onde o potencial elétrico é zero? (a) Sim, à esquerda de $x = 0$. (b) Sim, entre $x = 0$ e $x = 0,500$ m. (c) Sim, à direita de $x = 0,500$ m. (d) Não.

13. Um filamento que percorre o eixo x da origem a $x = 80,0$ cm tem uma carga elétrica com densidade uniforme. No ponto P com coordenadas ($x = 80,0$ cm, $y = 80,0$ cm), ele cria um potencial elétrico de 100 V. Agora, adicionamos outro filamento ao longo do eixo y, percorrendo da origem a $y = 80,0$ cm, com a mesma quantidade de carga e mesma densidade uniforme. No mesmo ponto P, o potencial elétrico criado pelo par de filamentos (a) é maior que 200 V, (b) 200 V, (c) 100 V, (d) está entre 0 e 200 V ou (e) é igual a 0?

14. Em diferentes ensaios, um elétron, um próton ou um átomo de oxigênio duplamente carregado (O^{--}) é disparado em uma válvula eletrônica. A trajetória da partícula a leva a

um ponto onde o potencial elétrico é de 40,0 V e, depois, a um ponto com potencial diferente. Classifique cada caso a seguir de acordo com a variação da energia cinética da partícula nesta parte de seu deslocamento, do maior aumento para a maior diminuição da energia cinética. Em sua classificação, indique quaisquer casos de igualdade. (a) Um elétron se desloca de 40,0 V para 60,0 V. (b) Um elétron se desloca de 40,0 V para 20,0 V. (c) Um próton se desloca de 40,0 V para 20,0 V. (d) Um próton se desloca de 40,0 V para 10,0 V. (e) Um íon de O^{--} se desloca de 40,0 V para 60,0 V.

15. Um núcleo de hélio (carga = $2e$, massa = $6,63 \times 10^{-27}$ kg) deslocando-se a $6,20 \times 10^5$ m/s entra em um campo elétrico, indo do ponto Ⓐ, com um potencial de $1,50 \times 10^3$ V, para o ponto Ⓑ, a $4,00 \times 10^3$ V. Qual é sua velocidade escalar no ponto Ⓑ? (a) $7,91 \times 10^5$ m/s (b) $3,78 \times 10^5$ m/s (c) $2,13 \times 10^5$ m/s (d) $2,52 \times 10^6$ m/s (e) $3,01 \times 10^8$ m/s.

Perguntas Conceituais

1. O que determina o potencial elétrico máximo que pode ser estabelecido no domo de um gerador de Van de Graaff?

2. Descreva o movimento de um próton (a) após sua liberação do repouso em um campo elétrico uniforme. Descreva as variações (se existirem) em (b) sua energia cinética e (c) na energia potencial elétrica do sistema próton-campo.

3. Quando partículas carregadas estão separadas por uma distância infinita, a energia potencial elétrica do par é zero. Quando as partículas são colocadas próximas uma da outra, a energia potencial elétrica de um par com o mesmo sinal é positiva, enquanto a de um par com sinais opostos é negativa. Forneça uma explicação física para essa afirmação.

4. Analise a Figura 1.3 e o respectivo texto sobre a carga por indução. Quando o fio terra é ligado à extremidade direita da esfera na Figura 1.3c, os elétrons são retirados da esfera, deixando-a positivamente carregada. Suponha que o fio terra seja conectado à extremidade esquerda da esfera. (a) Os elétrons continuarão a ser removidos, movendo-se para perto da haste negativamente carregada? (b) Que tipo de carga, se existir, permanece na esfera?

5. Mostre a diferença entre o potencial elétrico e a energia potencial elétrica.

6. Descreva as superfícies equipotenciais para (a) uma linha de carga infinita e (b) uma esfera uniformemente carregada.

Problemas

WebAssign Os problemas que se encontram neste capítulo podem ser resolvidos on-line no Enhanced WebAssign (em inglês)

1. denota problema simples;
2. denota problema intermediário;
3. denota problema de desafio;

AMT *Analysis Model Tutorial* disponível no Enhanced WebAssign (em inglês);

M denota tutorial *Master It* disponível no Enhanced WebAssign (em inglês);

PD denota problema dirigido;

W solução em vídeo *Watch It* disponível no Enhanced WebAssign (em inglês).

Seção 3.1 Potencial elétrico e diferença de potencial

Seção 3.2 Diferença de potencial em um campo elétrico uniforme

1. M Placas paralelas opostamente carregada são separadas por 5,33 mm. Uma diferença potencial de 600 V existe entre as placas. (a) qual é a intensidade do campo elétrico entre as placas? (b) qual é a intensidade da força sobre um elétron entre as placas? c) Quanto trabalho deve ser feito no elétron para movê-lo para a placa negativa se ela for inicialmente posicionada a 2,90 mm da placa positiva?

2. Um campo elétrico uniforme de módulo 250 V/m é voltado para a direção x positiva. Uma carga de $+12,0$ μC se move da origem para o ponto $(x, y) = (20,0$ cm, $50,0$ cm$)$. (a) Qual é a variação na energia potencial do sistema carga-campo? (b) Através de que diferença de potencial a carga se move?

3. M (a) Calcule a velocidade escalar de um próton que é acelerado do repouso através de uma diferença de potencial elétrico de 120 V. (b) Calcule a velocidade escalar de um elétron que é acelerado através da mesma diferença de potencial elétrico.

4. W Quanto trabalho é realizado (por uma bateria, um gerador ou outra fonte de diferença de potencial) para deslocar o número de Avogadro de elétrons de um ponto inicial onde o potencial elétrico é 9,00 V para outro onde o potencial elétrico é –5,00 V? O potencial em cada caso é medido em relação a um ponto de referência comum.

5. W Um campo elétrico uniforme de módulo 325 V/m está direcionado no sentido y negativo na Figura P3.5. As coordenadas do ponto Ⓐ são $(-0,200, -0,300)$ m, e as do Ⓑ, $(0,400, 0,500)$ m. Calcule a diferença de potencial elétrico $V_Ⓑ - V_Ⓐ$ utilizando o percurso da linha tracejada.

6. Começando pela definição de trabalho, prove que em cada ponto de uma superfície equipotencial essa deve ser perpendicular ao campo elétrico.

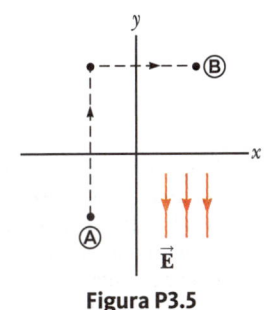

Figura P3.5

7. **AMT M** Um elétron que se desloca paralelamente ao eixo x tem velocidade escalar inicial de $3{,}70 \times 10^6$ m/s na origem. Essa velocidade é reduzida para $1{,}40 \times 10^5$ m/s no ponto $x = 2{,}00$ cm. (a) Calcule a diferença de potencial elétrico entre a origem e esse ponto. (b) Em qual ponto o potencial é mais alto?

8. (a) Determine a diferença de potencial elétrico ΔV_e requerida para parar um elétron ("potencial de parada") que se desloca a uma velocidade escalar inicial de $2{,}85 \times 10^7$ m/s. (b) Um próton deslocando-se à mesma velocidade requer um módulo maior ou menor de diferença de potencial elétrico? Explique. (c) Determine uma expressão simbólica para a razão entre o potencial de parada do próton e o do elétron, $\Delta V_p/\Delta V_e$.

9. **AMT** Uma partícula com carga $q = +2{,}00$ μC e massa $m = 0{,}0100$ kg está conectada a um fio de comprimento $L = 1{,}50$ m amarrado ao ponto pivô P, como mostra a Figura P3.9. A partícula, o fio e o ponto pivô estão todos localizados sobre uma mesa horizontal sem atrito. A partícula é liberada do repouso quando o fio forma um ângulo $\theta = 60{,}0°$ com um campo elétrico uniforme de módulo $E = 300$ V/m. Determine a velocidade escalar da partícula quando o fio está paralelo ao campo elétrico.

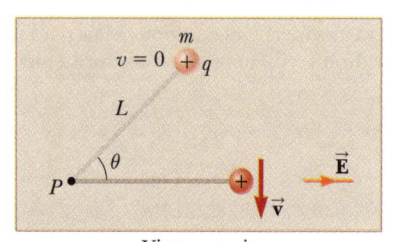

Figura P3.9

10. **PD** Revisão. Um bloco com massa m e carga $+Q$ está conectado a uma mola isolante com constante de força k. O bloco está posicionado em uma pista horizontal, isolante e sem atrito, e o sistema, imerso em um campo elétrico uniforme de módulo E direcionado como mostra a Figura P3.10. O bloco é liberado do repouso quando a mola não está esticada (em $x = 0$). Desejamos demonstrar que o movimento resultante do bloco é harmônico simples. (a) Considere o sistema bloco, mola e campo elétrico. Este sistema é isolado ou não isolado? (b) Quais tipos de energia potencial existem nele? (c) Suponha que a configuração inicial do sistema seja a do instante em que o bloco é liberado do repouso. A configuração final é a do instante em que o bloco permanece em um novo ponto de repouso momentaneamente. Qual é o valor de x quando o bloco alcança o repouso momentâneo? (d) Em um valor de x, que chamaremos de $x = x_0$, o bloco tem uma força resultante igual a zero. Qual modelo de análise descreve a partícula nesta situação? (e) Qual é o valor de x_0? (f) Defina um novo sistema de coordenadas x', de modo que $x' = x - x_0$. Demonstre que x' satisfaz uma equação diferencial para o movimento harmônico simples. (g) Determine o período do movimento harmônico simples. (h) Como o período depende do módulo do campo elétrico?

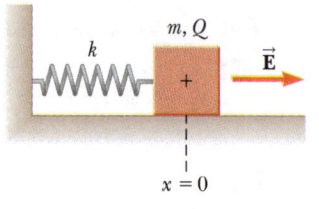

Figura P3.10

11. Uma haste isolante com densidade de carga linear $\lambda = 40{,}0$ μC/m e densidade de massa linear $\mu = 0{,}100$ kg/m é liberada do repouso em um campo elétrico uniforme $E = 100$ V/m direcionado perpendicularmente à haste (Fig. P3.11). (a) Determine a velocidade escalar da haste após esta ter se deslocado 2,00 m. (b) **E se?** Como sua resposta para a parte (a) mudaria se o campo elétrico não fosse perpendicular à haste? Explique.

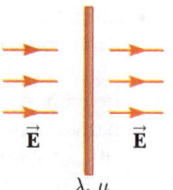

Figura P3.11

Seção 3.3 Potencial elétrico e energia potencial gerados por cargas pontuais

Observação: A menos que indicado de outra forma, suponha que o nível de referência do potencial seja $V = 0$ em $r = \infty$.

12. (a) Calcule o potencial elétrico a 0,250 cm de um elétron. (b) Qual é a diferença de potencial elétrico entre dois pontos que estão a 0,250 cm e 0,750 cm de um elétron? (c) Como as respostas mudariam se o elétron fosse substituído por um próton?

13. Duas cargas pontuais estão localizadas no eixo y. Uma, de 4,50 μC, está posicionada em $y = 1{,}25$ cm, e a outra, de –2,24 μC, em $y = -1{,}80$ cm. Determine o potencial elétrico total (a) na origem e (b) no ponto cujas coordenadas são (1,50 cm, 0).

14. As duas cargas na Figura P3.14 estão separadas por $d = 2{,}00$ cm. Calcule o potencial elétrico no (a) ponto A e no (b) ponto B, que está no ponto intermediário entre as cargas.

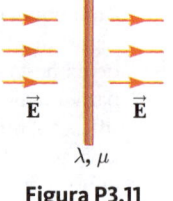

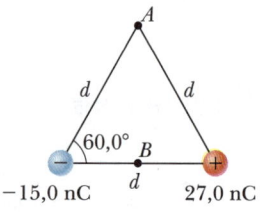

Figura P3.14

15. Três cargas positivas estão localizadas nos vértices de um triângulo equilátero, como na Figura P3.15. Determine uma expressão para o potencial elétrico no centro do triângulo.

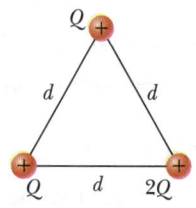

Figura P3.15

16. **M** Duas partículas carregadas, $Q_1 = +5{,}00$ nC e $Q_2 = -3{,}00$ nC, estão separadas por 35,0 cm. (a) Qual é a energia potencial elétrica do par? Explique o significado do sinal algébrico de sua resposta. (b) Qual é o potencial elétrico em um ponto intermediário entre as partículas carregadas?

17. Duas partículas, com cargas de 20,0 nC e –20,0 nC, são colocadas nos pontos com coordenadas (0, 4,00 cm) e (0, –4,00 cm), como mostra a Figura 3.17. Uma partícula com carga 10,0 nC está localizada na origem. (a) Determine a energia elétrica da configuração das três cargas fixas. (b) Uma quarta partícula, com

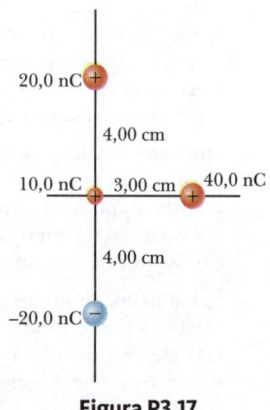

Figura P3.17

uma massa de 2,00 × 10⁻¹³ kg e uma carga de 40,0 nC, é liberada do repouso no ponto (3,00 cm, 0). Determine sua velocidade depois de a partícula ter se movido livremente para um ponto a uma distância muito afastada.

18. As duas cargas na Figura P3.18 estão separadas por uma distância $d = 2,00$ cm e $Q = +5,00$ nC. Calcule (a) o potencial elétrico em A, (b) o potencial elétrico em B e (c) a diferença de potencial elétrico entre B e A.

Figura P3.18

19. **W** Dadas duas partículas com cargas de 2,00 μC, como mostra a Figura P3.19, e uma partícula com carga $q = 1,28 \times 10^{-18}$ C na origem, (a) qual é a força resultante exercida pelas duas cargas de 2,00 μC sobre a carga de teste q? (b) Qual é o campo elétrico na origem estabelecido pelas duas partículas de 2,00 μC? (c) Qual é o potencial elétrico na origem estabelecido pelas duas partículas de 2,00 μC?

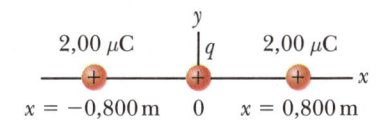

Figura P3.19

20. **M** A determinada distância de uma partícula carregada, o módulo do campo elétrico é de 500 V/m e o potencial elétrico é de –3,00 kV. (a) Qual é a distância até a partícula? (b) Qual é o módulo da carga?

21. Quatro cargas pontuais, cada uma com carga Q, estão localizadas nos vértices de um quadrado com lados de comprimento a. Determine as expressões para (a) o potencial elétrico total no centro do quadrado criado pelas quatro cargas, e (b) o trabalho requerido para deslocar uma quinta carga q do infinito para o centro do quadrado.

22. **M** As três partículas carregadas na Figura P3.22 estão nos vértices de um triângulo isósceles (onde $d = 2,00$ cm). Considerando $q = 7,00$ μC, calcule o potencial elétrico em A, o ponto intermediário da base.

23. Uma partícula com carga $+q$ está posicionada na origem. Uma partícula com carga $-2q$ está localizada em $x = 2,00$ m no eixo x. (a) Para qual(is) valor(es) finito(s) de x o campo elétrico é igual a zero? (b) Para qual(is) valor(es) finito(s) de x o potencial elétrico é igual a zero?

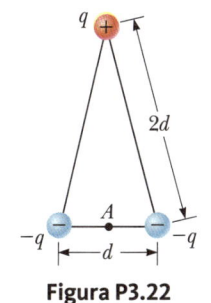

Figura P3.22

24. Demonstre que a quantidade de trabalho requerida para reunir quatro partículas carregadas idênticas de módulo Q nos vértices de um quadrado de lado s é igual a $5,41k_eQ^2/s$.

25. Duas partículas, cada uma com carga +2,00 μC, estão localizadas no eixo x. Uma está em $x = 1,00$ m e a outra, em $x = -1,00$ m. (a) Determine o potencial elétrico no eixo y em $y = 0,500$ m. (b) Calcule a variação na energia potencial elétrica do sistema quando uma terceira partícula carregada de –3,00 μC é trazida de uma posição infinitamente distante para uma no eixo y em $y = 0,500$ m.

26. Duas partículas carregadas de mesmo módulo estão localizadas ao longo do eixo y à mesma distância acima e abaixo do eixo x, como mostra a Figura P3.26. (a) Faça um gráfico do potencial elétrico nos pontos ao longo do eixo x no intervalo $-3a < x < 3a$. Use para o potencial unidades de k_eQ/a. (b) Considere a carga da partícula localizada em $y = -a$ negativa. Faça o gráfico do potencial ao longo do eixo y no intervalo $-4a < y < 4a$.

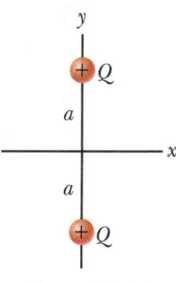

Figura P3.26

27. **W** Quatro partículas carregadas idênticas ($q = +10,0$ μC) estão posicionadas nos vértices de um retângulo, como mostra a Figura P3.27. As dimensões do retângulo são $L = 60,0$ cm e $W = 15,0$ cm. Calcule a variação na energia potencial elétrica do sistema quando a partícula no vértice inferior esquerdo da Figura P3.27 é trazida do infinito para essa posição. Suponha que as outras três partículas na Figura P3.27 permaneçam fixas no lugar.

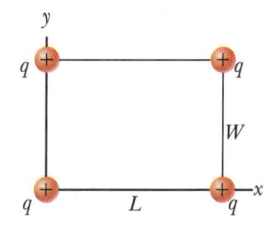

Figura P3.27

28. Três partículas com cargas positivas iguais q estão posicionadas nos vértices de um triângulo equilátero de lado a, como mostra a Figura P3.28. (a) Em que ponto, se existir, no plano das partículas o potencial elétrico é igual a zero? (b) Qual é o potencial elétrico na posição de uma das partículas criado pelas duas outras partículas no triângulo?

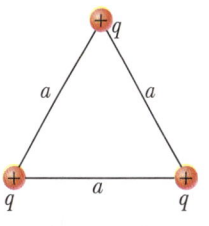

Figura P3.28

29. Cinco partículas com cargas negativas iguais $-q$ estão posicionadas simetricamente em torno de um círculo de raio R. Calcule o potencial elétrico no centro do círculo.

30. **Revisão.** Uma mola leve não tensionada tem comprimento d. Duas partículas idênticas, cada uma com carga q, estão conectadas às extremidades da mola. As partículas são mantidas estacionárias, separadas por uma distância d e, depois, liberadas simultaneamente. Então, o sistema oscila sobre uma mesa horizontal e sem atrito. A mola tem atrito cinético interno, de modo que a oscilação é amortecida. Finalmente, as partículas param de vibrar quando a distância que as separa é $3d$. Suponha que o sistema da mola e das duas partículas carregadas seja isolado. Determine o aumento na energia interna na mola durante as oscilações.

31. **AMT Revisão.** Duas esferas isolantes têm raios de 0,300 cm e 0,500 cm, massas de 0,100 kg e 0,700 kg e cargas uniformemente distribuídas de –2,00 μC e 3,00 μC. Elas são liberadas do repouso quando seus centros estão separados

por 1,00 m. (a) Quão rápido cada esfera estará se movendo ao colidirem? (b) **E se?** Se as esferas fossem condutoras, as velocidades escalares seriam maiores ou menores que as calculadas na parte (a)? Explique.

32. **Revisão.** Duas esferas isolantes têm raios r_1 e r_2, massas m_1 e m_2 e cargas uniformemente distribuídas $-q_1$ e q_2. Elas são liberadas do repouso quando seus centros estão separados por uma distância d. (a) Quão rápido cada esfera estará se movendo ao colidirem? (b) **E se?** Se as esferas fossem condutoras, as velocidades escalares seriam maiores ou menores que as calculadas na parte (a)? Explique.

33. Quanto trabalho é requerido para reunir oito partículas carregadas idênticas, cada uma com módulo q, nos vértices de um cubo de aresta s?

34. Quatro partículas idênticas, cada uma com carga q e massa m, são liberadas do repouso nos vértices de um quadrado de lado L. Qual é a velocidade de cada partícula ao se deslocar quando sua distância ao centro do quadrado dobrar?

35. **AMT** Em 1911, Ernest Rutherford e seus assistentes Geiger e Marsden conduziram um experimento no qual espalharam partículas alfa (núcleos de átomos de hélio) de chapas delgadas de ouro. Uma partícula alfa, com carga $+2e$ e massa $6{,}64 \times 10^{-27}$ kg, é um produto de determinados processos de decaimento radioativo. Os resultados do experimento levaram Rutherford à ideia de que a maior parte da massa de um átomo se localiza em um núcleo muito pequeno, com elétrons orbitando-o. Este é o modelo planetário do átomo, que estudaremos no Capítulo 8 do Volume 4. Suponha que uma partícula alfa, inicialmente muito distante de um núcleo de ouro estacionário, seja disparada a uma velocidade de $2{,}00 \times 10^7$ m/s diretamente em direção ao núcleo (com carga de $+79e$). Qual é a menor distância entre a partícula alfa e o núcleo antes de ela inverter o sentido? Suponha que o núcleo de ouro permaneça estacionário.

Seção 3.4 Obtenção do valor do campo elétrico com base no potencial elétrico

36. A Figura P3.36 mostra um gráfico do potencial elétrico em uma região do espaço em função da posição x, onde o campo elétrico é paralelo ao eixo x. Trace um gráfico da componente x do campo elétrico em função de x nessa região.

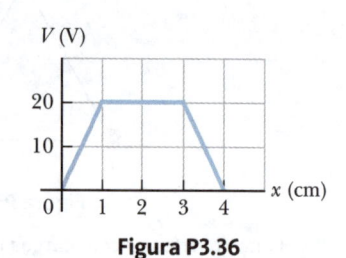

Figura P3.36

37. **W** O potencial em uma região entre $x = 0$ e $x = 6{,}00$ m é $V = a + bx$, onde $a = 10{,}0$ V e $b = -7{,}00$ V/m. Determine (a) o potencial em $x = 0$, 3,00 m e 6,00 m, e (b) o módulo e o sentido do campo elétrico em $x = 0$, 3,00 m e 6,00 m.

38. Um campo elétrico em uma região do espaço é paralelo ao eixo x. O potencial elétrico varia com a posição, como mostra a Figura P3.38. Trace o gráfico da componente x do campo elétrico em função da posição nessa região do espaço.

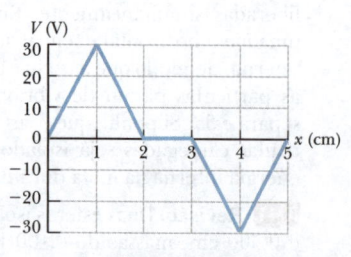

Figura P3.38

39. **W** Em certa região do espaço, o potencial elétrico é $V = 5x - 3x^2y + 2yz^2$. (a) Determine as expressões para as componentes x, y e z do campo elétrico nessa região. (b) Qual é o módulo do campo no ponto P, que tem as coordenadas $(1{,}00,\ 0,\ -2{,}00)$ m?

40. A Figura P3.40 mostra várias linhas equipotenciais, cada uma identificada por seu potencial em volts. A distância entre as linhas da grade quadrada representa 1,00 cm. (a) O módulo do campo é maior em A ou em B? Explique como chegou a essa conclusão. (b) Explique o que podemos determinar sobre $\vec{E}$ em B. (c) Represente o campo elétrico traçando, pelo menos, oito de suas linhas.

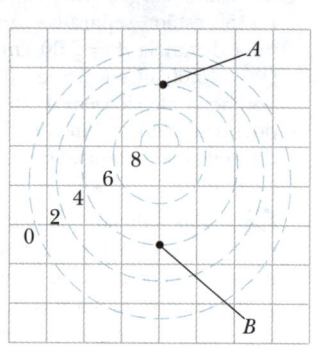

Os valores numéricos são em volts.

Figura P3.40

41. O potencial elétrico dentro de um condutor esférico carregado de raio R é dado por $V = k_e Q/R$, e o potencial externo é dado por $V = k_e Q/r$. Aplicando $E_r = -dV/dr$, derive o campo elétrico (a) dentro e (b) fora dessa distribuição de cargas.

42. No Exemplo 3.7 foi demonstrado que o potencial em um ponto P a uma distância a acima de uma extremidade de uma haste uniformemente carregada de comprimento ℓ posicionada ao longo do eixo x é

$$V = k_e \frac{Q}{\ell} \ln\left(\frac{\ell + \sqrt{a^2 + \ell^2}}{a}\right)$$

Aplique este resultado para derivar uma expressão para a componente y do campo elétrico em P.

Seção 3.5 Potencial elétrico gerado por distribuições de cargas contínuas

43. Considere um anel de raio R com a carga total Q distribuída uniformemente sobre seu perímetro. Qual é a diferença de potencial entre o ponto no centro do anel e um ponto em seu eixo, a uma distância $2R$ do centro?

44. **W** Uma haste isolante uniformemente carregada de comprimento 14,0 cm é curvada na forma de um semicírculo, como mostra a Figura P3.44. A haste tem uma carga total de $-7{,}50$ μC. Determine o potencial elétrico em O, o centro do semicírculo.

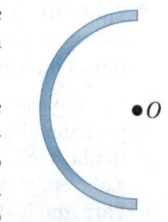

Figura P3.44

45. Uma haste de comprimento L (Fig. P3.45) está localizada ao longo do eixo x com sua extremidade esquerda na origem. A haste tem uma densidade de carga não uniforme $\lambda = \alpha x$, onde α é uma constante positiva. (a) Quais são as unidades de α? (b) Calcule o potencial elétrico em A.

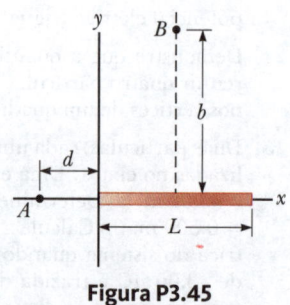

Figura P3.45
Problemas 45 e 46.

46. Para a disposição descrita no Problema 45, calcule o potencial elétrico no ponto B, que está localizado no bissetor perpendicular da haste a uma distância b acima do eixo x.

47. **W** Um fio tem densidade linear de carga uniforme λ e é curvado na forma mostrada na Figura P3.47. Determine o potencial elétrico no ponto O.

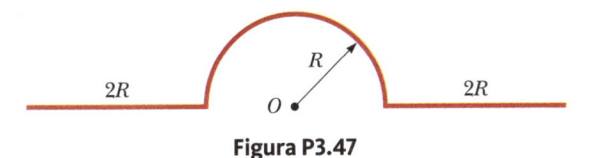

Figura P3.47

Seção 3.6 Potencial elétrico gerado por um condutor carregado

48. O módulo do campo elétrico na superfície de um condutor de forma irregular varia de 56,0 kN/C a 28,0 kN/C. Podemos calcular o potencial elétrico no condutor? Em caso afirmativo, determine seu valor. Se negativo, explique por que não.

49. Quantos elétrons devem ser removidos de um condutor esférico inicialmente sem carga de raio 0,300 m para que um potencial de 7,50 kV seja produzido na superfície?

50. **M** Um condutor esférico tem raio de 14,0 cm e carga de 26,0 μC. Calcule o campo elétrico e o potencial elétrico a (a) $r = 10,0$ cm, (b) $r = 20,0$ cm e (c) $r = 14,0$ cm do centro.

51. Um avião pode acumular carga elétrica durante o voo. Você já deve ter notado as extensões de metal em forma de agulha nas pontas das asas e na cauda de uma aeronave. Seu objetivo é permitir que a carga saia antes que o acúmulo alcance um nível excessivo. O campo elétrico em torno da agulha é muito maior que aquele em torno da fuselagem do avião, e pode se tornar grande o suficiente para produzir a ruptura dielétrica do ar, descarregando a aeronave. Para modelar este processo, suponha que dois condutores esféricos carregados estejam conectados por um fio condutor longo e uma carga de 1,20 μC esteja posicionada no arranjo. Uma esfera representando a fuselagem do avião tem um raio de 6,00 cm. A outra, representando a ponta da agulha, tem um raio de 2,00 cm. (a) Qual é o potencial elétrico de cada esfera? (b) Qual é o campo elétrico na superfície de cada esfera?

Seção 3.8 Aplicações da eletrostática

52. **M** Os relâmpagos podem ser estudados por meio de um gerador de Van de Graaff, que consiste em um domo esférico no qual a carga é continuamente depositada por uma correia móvel. A carga pode ser adicionada até o campo elétrico na superfície do domo e igualar-se à resistência dielétrica do ar. A carga em excesso é descarregada em faíscas, como mostrado na Fig. P3.52. Suponha que o domo tenha um diâmetro de 30,0 cm e esteja cercado por ar seco com um campo elétrico de "ruptura" de $3,00 \times 10^6$ V/m. (a) Qual é o potencial máximo do domo? (b) Qual é a carga máxima no domo?

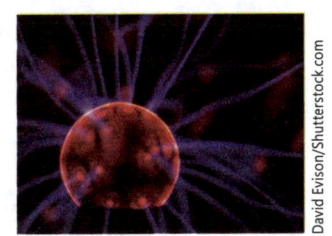

Figura P3.52

Problemas Adicionais

53. *Por que a seguinte situação é impossível?* No modelo de Bohr do átomo de hidrogênio, um elétron move-se em uma órbita circular em torno de um próton. O modelo determina que o elétron pode existir apenas em determinadas órbitas em torno do próton – as que tenham raio r que satisfaça a condição $r = n^2(0,0529$ nm$)$, onde $n = 1, 2, 3,...$. Para um dos possíveis estados permitidos do átomo, a energia potencial elétrica do sistema é –13,6 eV.

54. **Revisão.** No clima ameno, o campo elétrico no ar em um determinado local imediatamente acima da superfície da Terra é 120 N/C e aponta para baixo. (a) Qual é a densidade superficial de carga no solo? Ela é positiva ou negativa? (b) Suponha que a densidade superficial de carga seja uniforme em todo o planeta. Nesta condição, qual é a carga de toda a superfície da Terra? (c) Qual é o potencial elétrico da Terra criado por essa carga? (d) Qual é a diferença de potencial entre a cabeça e os pés de uma pessoa de 1,75 m de altura? Ignore quaisquer cargas na atmosfera. (e) Suponha que a Lua, com 27,3% do raio da Terra, tenha uma carga correspondente a 27,3% da carga da Terra, com o mesmo sinal. Determine a força elétrica que a Terra exerceria sobre a Lua. (f) Compare a resposta da parte (e) com a força gravitacional que a Terra exerce sobre a Lua.

55. **Revisão.** Uma partícula de massa de 2,00 g e carga de 15,0 μC é disparada de uma grande distância a 21,0$\hat{\mathbf{i}}$ m/s diretamente em direção a uma segunda partícula, originalmente estacionária, mas livre para se mover, com massa de 5,00 g e carga de 8,50 μC. Ambas estão limitadas a se deslocar apenas ao longo do eixo x. (a) No instante em que estão mais próximas, as partículas terão a mesma velocidade vetorial. Calcule essa velocidade. (b) Determine a distância no instante em que elas estão mais próximas. Após a interação, as partículas se separarão. Para este instante, calcule a velocidade vetorial (c) da partícula de 2,00 g e (d) da partícula de 5,00 g.

56. **Revisão.** Uma partícula de massa m_1 e carga positiva q_1 é disparada de uma grande distância a uma velocidade v no sentido x positivo diretamente em direção a uma segunda partícula, originalmente estacionária, mas livre para se mover, com massa m_2 e carga positiva q_2. Ambas estão limitadas a se deslocar apenas ao longo do eixo x. (a) No instante em que estão mais próximas, as partículas terão a mesma velocidade vetorial. Calcule essa velocidade. (b) Determine a distância no instante em que elas estão mais próximas. Após a interação, as partículas se separarão. Para este instante, calcule a velocidade vetorial (c) da partícula de massa m_1 e (d) da partícula de massa m_2.

57. **M** O modelo da gota líquida do núcleo atômico sugere que oscilações de alta energia de determinados núcleos podem dividi-lo em dois fragmentos diferentes mais alguns nêutrons. Os produtos da fissão adquirem energia cinética de sua repulsão de Coulomb mútua. Suponha que a carga esteja distribuída uniformemente em todo o volume de cada fragmento esférico e que, imediatamente antes da separação, cada fragmento esteja em repouso, e suas superfícies em contato. Os elétrons em torno do núcleo podem ser ignorados. Calcule a energia potencial elétrica (em elétron-volts) de dois fragmentos esféricos de um núcleo de urânio com os seguintes valores de carga e raio: $38e$ e $5,50 \times 10^{-15}$ m, e $54e$ e $6,20 \times 10^{-15}$ m.

58. Em um dia seco de inverno, você arrasta seus sapatos com sola de couro em um carpete e recebe um choque ao estender a ponta de um dos dedos em direção ao trinco de metal da porta. Em uma sala escura, você vê uma faísca de aproximadamente 5 mm de extensão. Calcule a ordem de grandeza (a) do potencial elétrico em seu corpo e (b) da carga em seu corpo, antes de tocar o trinco. Explique seu raciocínio.

59. O potencial elétrico imediatamente fora de uma esfera condutora carregada é de 200 V e, a 10,0 cm do centro da esfera, o potencial é de 150 V. Determine (a) o raio da esfera e (b) sua carga. O potencial elétrico imediatamente fora de outra esfera condutora carregada é de 210 V e, a 10,0 cm do centro, o módulo do campo elétrico é de 400 V/m. Determine (c) o raio da esfera e (d) sua carga. (e) As respostas das partes (c) e (d) são únicas?

60. (a) Utilize o resultado exato do Exemplo 3.4 para calcular o potencial elétrico criado pelo dipolo descrito no exemplo no ponto $(3a, 0)$. (b) Compare essa resposta com o resultado da expressão aproximada que é válida quando x é muito maior que a.

61. Calcule o trabalho que deve ser realizado sobre as cargas deslocadas do infinito para carregar uma carcaça esférica de raio $R = 0{,}100$ m para que uma carga total $Q = 125\ \mu C$ seja estabelecida.

62. Calcule o trabalho que deve ser realizado sobre as cargas deslocadas do infinito para carregar uma carcaça esférica de raio R para que uma carga total Q seja estabelecida.

63. O potencial elétrico em todos os pontos no plano xy é

$$V = \frac{36}{\sqrt{(x+1)^2 + y^2}} - \frac{45}{\sqrt{x^2 + (y-2)^2}}$$

onde V é expressado em volts, e x e y em metros. Determine a posição e a carga em cada partícula que cria este potencial.

64. *Por que a seguinte situação é impossível?* Você ajusta um aparelho em seu laboratório como descrito a seguir. O eixo x é o de simetria de um anel, uniformemente carregado e estacionário, de raio $R = 0{,}500$ m e carga $Q = 50{,}0\ \mu C$ (Fig. P3.64). Você coloca uma partícula com carga $Q = 50{,}0\ \mu C$ e massa $m = 0{,}100$ kg no centro do anel, que é ajustado para se mover apenas ao longo do eixo x. Quando o aparelho é ligeiramente deslocado, a partícula é repelida pelo anel e acelera ao longo do eixo x. A partícula move-se mais rápido que o esperado e atinge a parede no outro lado do laboratório a 40,0 m/s.

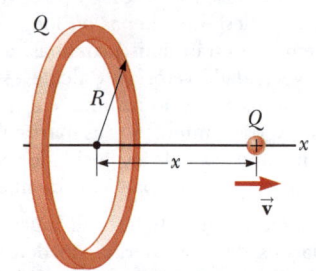

Figura P3.64

65. Segundo a Lei de Gauss, o campo elétrico estabelecido por uma linha de carga uniforme é

$$\vec{E} = \left(\frac{\lambda}{2\pi\varepsilon_0 r}\right)\hat{r}$$

onde $\hat{r}$ é um vetor unitário que aponta radialmente para fora da linha e λ é a densidade linear de carga ao longo da linha. Derive uma expressão para a diferença de potencial entre $r = r_1$ e $r = r_2$.

66. Um filamento uniformemente carregado está posicionado ao longo do eixo x entre $x = a = 1{,}00$ m e $x = a + \ell = 3{,}00$ m, como mostra a Figura P3.66. A carga total no filamento é de 1,60 nC. Calcule aproximações sucessivas para o potencial elétrico na origem, modelando o filamento como (a) uma única partícula carregada em $x = 2{,}00$ m, (b) duas partículas carregadas de 0,800 nC em $x = 1{,}5$ m e $x = 2{,}5$ m, e (c) quatro partículas carregadas de 0,400 nC em $x = 1{,}25$ m, $x = 1{,}75$ m, $x = 2{,}25$ m e $x = 2{,}75$ m. (d) Compare os resultados com o potencial fornecido pela expressão exata

$$V = \frac{k_e Q}{\ell} \ln\left(\frac{\ell + a}{a}\right)$$

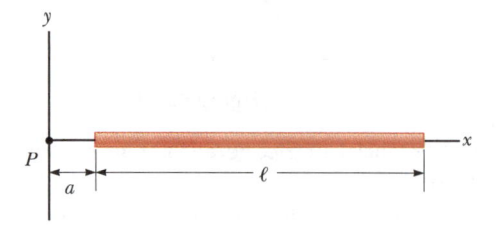

Figura P3.66

67. A haste delgada uniformemente carregada mostrada na Figura P3.67 tem densidade linear de carga λ. Determine uma expressão para o potencial elétrico em P.

68. Um tubo Geiger–Mueller é um detector de radiação que consiste em um cilindro de metal oco e fechado (o catodo) de raio interno r_a e um fio cilíndrico coaxial (o anodo) de raio r_b (Fig. P3.68a). A carga por unidade de comprimento no anodo é λ, e a por unidade de comprimento no catodo, $-\lambda$. O espaço entre os eletrodos é preenchido por um gás. Quando passa através desse espaço no tubo ativado (Fig. P3.68b), uma partícula elementar de alta energia pode ionizar um átomo do gás. O campo elétrico intenso acelera o íon e o elétron resultantes em sentidos opostos. Essas partículas atingem outras moléculas do gás, ionizando-as e produzindo uma avalanche de descargas elétricas. O pulso da corrente elétrica entre o fio e o cilindro é contado por um circuito externo. (a) Demonstre que a intensidade da diferença de potencial elétrico entre o fio e o cilindro é

$$\Delta V = 2k_e\lambda \ln\left(\frac{r_a}{r_b}\right)$$

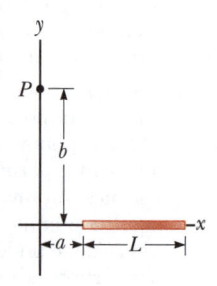

Figura P3.67

(b) Demonstre que o módulo do campo elétrico no espaço entre o catodo e o anodo é

$$E = \frac{\Delta V}{\ln(r_a/r_b)}\left(\frac{1}{r}\right)$$

onde r é a distância do eixo do anodo ao ponto onde o campo deve ser calculado.

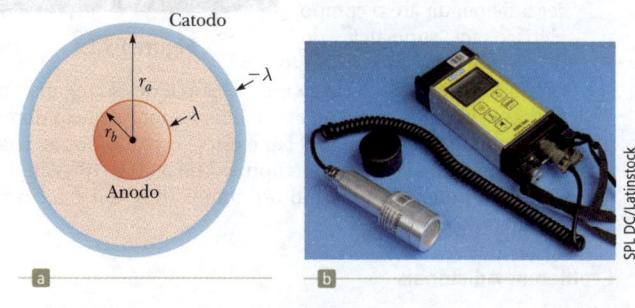

Figura P3.68

69. Duas placas paralelas com cargas de igual intensidade, mas sinais contrários, são separadas por 12,0 cm. Cada placa tem uma densidade de carga superficial de 36,0 nC/m². Um próton é liberado a partir do repouso na placa positiva. Determine (a) a grandeza do campo elétrico entre as placas a partir da densidade de carga, (b) a diferença de potencial entre as placas, (c) a energia cinética do próton quando ele atinge a placa negativa, (d) a velocidade do próton pouco antes de atingir a placa negativa, (e) a aceleração do próton, e (f) a força do próton. (g) A partir da força, determine a grandeza do campo elétrico. (h) Como seu valor do campo elétrico se compara com o que foi encontrado na parte (a)?

70. Quando uma esfera condutora não carregada de raio a é colocada na origem de um sistema de coordenadas xyz localizado em um campo elétrico inicialmente uniforme $\vec{E} = E_0\hat{k}$, o potencial elétrico resultante é $V(x, y, z) = V_0$ para pontos dentro da esfera e

$$V(x, y, z) = V_0 - E_0 z + \frac{E_0 a^2 z}{(x^2 + y^2 + z^2)^{3/2}}$$

para pontos fora da esfera, onde V_0 é o potencial elétrico (constante) no condutor. Utilize essa equação para determinar as componentes x, y e z do campo elétrico resultante (a) dentro da esfera e (b) fora da esfera.

Problemas de Desafio

71. Um dipolo elétrico está localizado ao longo do eixo y, como mostra a Figura P3.71. O módulo de seu momento de dipolo elétrico é definido como $p = 2aq$. (a) Para um ponto P, afastado do dipolo ($r \gg a$), demonstre que o potencial elétrico é

$$V = \frac{k_e p \cos \theta}{r^2}$$

(b) Calcule a componente radial E_r e a componente perpendicular E_θ do campo elétrico associado. Observe que $E_\theta = -(1/r)(\partial V/\partial \theta)$. Estes resultados são consistentes para (c) $\theta = 90°$ e $0°$? (d) E para $r = 0$? (e) Para a disposição de dipolo mostrada na Figura P3.71, expresse V em coordenadas cartesianas, utilizando $r = (x^2 + y^2)^{1/2}$ e

$$\cos \theta = \frac{y}{(x^2 + y^2)^{1/2}}$$

(f) Utilizando estes resultados e considerando novamente $r \gg a$, calcule as componentes de campo E_x e E_y.

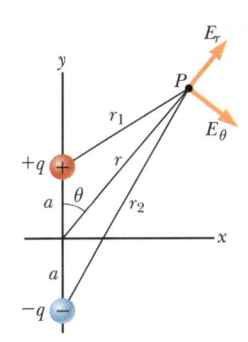

Figura P3.71

72. Uma esfera sólida de raio R tem densidade de carga uniforme ρ e carga total Q. Derive uma expressão para sua energia potencial elétrica total. *Sugestão*: Suponha que a esfera seja composta por camadas sucessivas de carcaças concêntricas de carga $dq = (4\pi r^2\, dr)\rho$ e aplique $dU = V\, dq$.

73. Um disco de raio R (Fig. P3.73) tem densidade superficial de carga não uniforme $\sigma = Cr$, onde C é uma constante e r é medido do centro do disco até um ponto na sua superfície. Determine (por integração direta) o potencial elétrico em P.

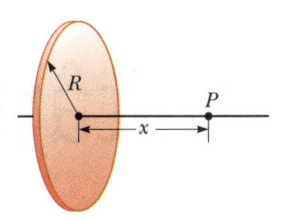

Figura P3.73

74. Quatro bolas, cada uma com massa m, estão ligadas por quatro fios não condutores, formando um quadrado de lado a, como mostra a Figura P3.74. O conjunto é colocado sobre uma superfície horizontal, não condutora e sem atrito. As bolas 1 e 2 têm, cada uma, carga q, e as bolas 3 e 4 não têm carga. Após o fio que liga as bolas 1 e 2 ser cortado, qual é a velocidade máxima das bolas 3 e 4?

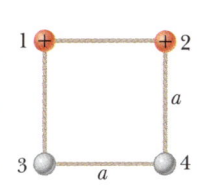

Figura P3.74

75. (a) Uma carcaça cilíndrica uniformemente carregada sem tampa em suas extremidades tem uma carga total Q, raio R e comprimento h. Determine o potencial elétrico em um ponto a uma distância d da extremidade direita do cilindro, como mostra a Figura P3.75. *Sugestão*: Aplique o resultado do Exemplo 3.5, tratando o cilindro como um conjunto de cargas anulares. (b) **E se?** Aplique o resultado do Exemplo 3.6 para resolver o mesmo problema no caso de um cilindro sólido.

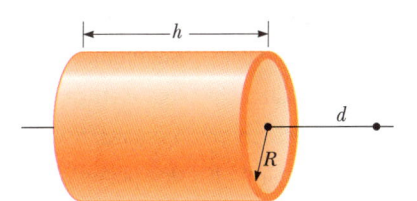

Figura P3.75

76. Como mostra a Figura P3.76, duas placas condutoras verticais, grandes e paralelas, separadas por uma distância d, estão carregadas, de modo que seus potenciais são $+V_0$ e $-V_0$. Uma pequena bola condutora de massa m e raio R (onde $R \ll d$) está suspensa em um ponto intermediário entre as placas. O fio de comprimento L que suspende a bola é um fio condutor conectado ao aterramento, de modo que o potencial da bola é fixo em $V = 0$. A bola permanece em equilíbrio estável na vertical quando V_0 é suficientemente pequeno. Demonstre que o equilíbrio da bola será instável se V_0 exceder o valor crítico $[k_e d^2 mg/(4RL)]^{1/2}$. *Sugestão*: Considere as forças exercidas sobre a bola quando esta é deslocada uma distância $x \ll L$.

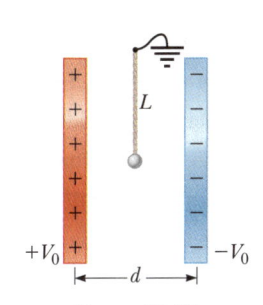

Figura P3.76

77. Uma partícula com carga q está posicionada em $x = -R$, e outra com carga $-2q$ está na origem. Prove que a superfície equipotencial com potencial igual a zero é uma esfera centrada em $(-4R/3, 0, 0)$ com raio $r = 2/3R$.

capítulo **4**

Capacitância e dielétricos

4.1 Definição de capacitância
4.2 Cálculo da capacitância
4.3 Associações de capacitores
4.4 Energia armazenada em um capacitor carregado
4.5 Capacitores com dielétricos
4.6 Dipolo elétrico em um campo elétrico
4.7 Uma descrição atômica dos dielétricos

Neste capítulo, introduziremos o primeiro dos três *elementos de circuito* simples que podem ser conectados a fios para formar um circuito elétrico. Circuitos elétricos são a base da grande maioria dos dispositivos utilizados em nossa sociedade. Discutiremos os *capacitores*, dispositivos que armazenam carga elétrica, para, depois, seguirmos com o estudo dos *resistores*, no Capítulo 5, e dos *indutores*, no Capítulo 10. Nos posteriores, estudaremos elementos de circuito mais sofisticados, como *diodos* e *transistores*.

Capacitores são comumente utilizados em uma variedade de circuitos elétricos. Por exemplo, para ajustar a frequência de rádios, como filtros em fontes de alimentação, para eliminar a formação de centelhas em sistemas de ignição em automóveis e como dispositivos de armazenagem de energia em unidades de flash eletrônico.

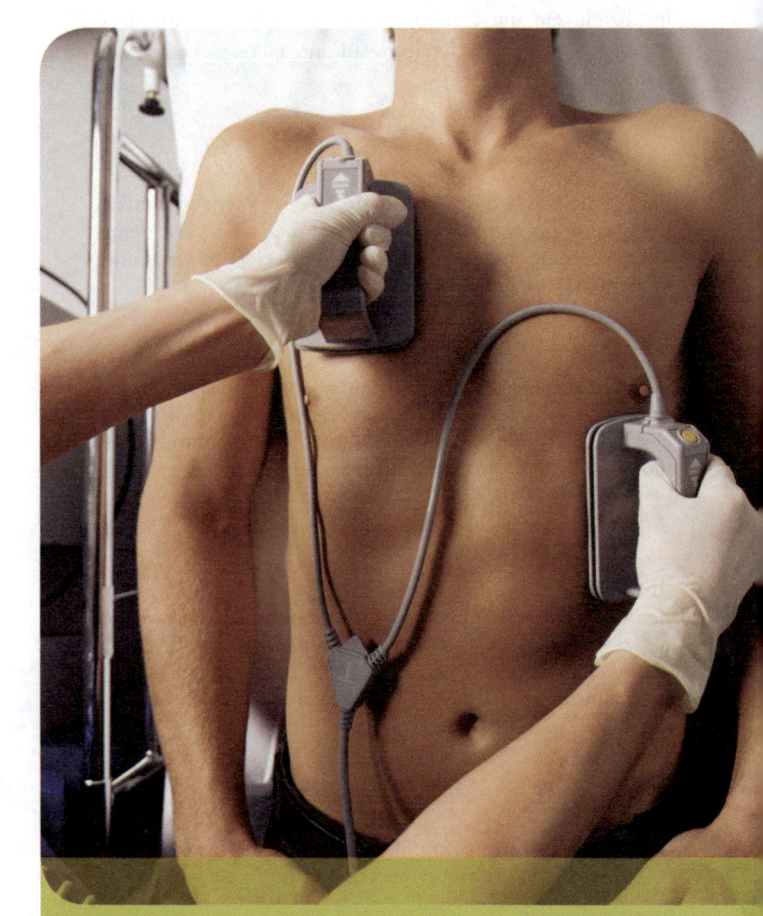

Quando um paciente recebe um choque de um desfibrilador, a energia aplicada é inicialmente armazenada em um *capacitor*. Estudaremos os capacitores e a capacitância neste capítulo. *(Andrew Olney/Getty Images)*

4.1 Definição de capacitância

Considere dois condutores, como mostra a Figura 4.1. A combinação de dois condutores é chamada **capacitor**. Os condutores são chamados *placas* e, se possuírem cargas de mesmo módulo e sinais opostos, uma diferença de potencial ΔV existirá entre eles.

O que determina a quantidade de carga nas placas de um capacitor para uma determinada tensão? Experimentos mostram que a quantidade de carga Q em um capacitor[1] é linear-

---

[1] Apesar de a carga total no capacitor ser igual a zero (porque existe um excesso de carga positiva em um condutor tanto quanto de carga negativa no outro), é prática comum referir-se ao módulo da carga em cada condutor como "a carga no capacitor".

Capacitância e dielétricos

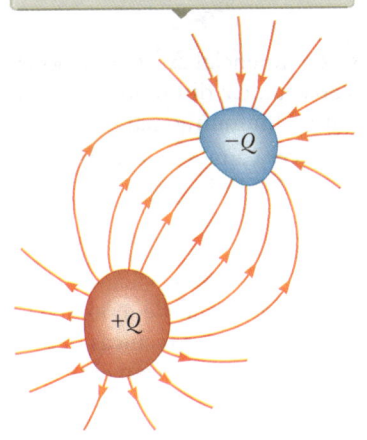

Figura 4.1 Um capacitor consiste em dois condutores.

Quando o capacitor está carregado, os condutores possuem cargas de mesmo módulo e sinais opostos.

Prevenção de Armadilhas 4.1
Capacitância é uma capacidade
Para entender capacitância, pense em noções similares que utilizam uma palavra semelhante. A *capacidade* de uma caixa de leite é o volume deste que ela pode armazenar. A *capacidade térmica* de um objeto é a quantidade de energia que ele pode armazenar por unidade de diferença de temperatura. *Capacitância* de um capacitor é a quantidade de carga que este pode armazenar por unidade de diferença de potencial.

Prevenção de Armadilhas 4.2
A diferença de potencial é ΔV, não V
Utilizamos o símbolo ΔV para a diferença de potencial entre as extremidades de um elemento de circuito ou dispositivo, porque esta notação é consistente com nossa definição de diferença de potencial e o significado do símbolo delta. A utilização do símbolo V sem o delta para o potencial e a diferença de potencial é uma prática comum, mas causa confusão! Lembre-se disso ao consultar outros textos.

mente proporcional à diferença de potencial entre os condutores. Isto é, $Q \propto \Delta V$. A constante de proporcionalidade depende da forma e do espaçamento dos condutores.[2] Essa relação pode ser expressa como $Q = C\,\Delta V$, se definirmos a capacitância como a seguir:

> A **capacitância** C de um capacitor é definida como a razão do módulo da carga em cada condutor pelo módulo da diferença de potencial entre os condutores:
>
> $$C \equiv \frac{Q}{\Delta V} \qquad (4.1)$$

◀ **Definição de capacitância**

Por definição, *a capacitância é sempre uma grandeza positiva*. Além disso, a carga Q e a diferença de potencial ΔV são sempre expressas na Equação 4.1 como grandezas positivas.

De acordo com a Equação 4.1, a capacitância tem unidades do SI de coulombs por volt. Em homenagem a Michael Faraday, a unidade do SI da capacitância é o **farad** (F):

$$1\text{ F} = 1\text{ C/V}$$

Farad é uma unidade de capacitância muito grande. Na prática, dispositivos típicos têm capacitâncias que variam de microfarads (10^{-6} F) a picofarads (10^{-12} F). Utilizaremos o símbolo μF para representar os primeiros. Na prática, para evitar a utilização de letras gregas, os capacitores físicos são, em geral, identificados com "mF", microfarads, e "mmF", micromicrofarads, ou, de modo equivalente, "pF", picofarads.

Consideremos um capacitor composto por um par de placas paralelas, como mostra a Figura 4.2. Cada placa está conectada a um terminal de uma bateria, que atua como uma fonte de diferença de potencial. Se o capacitor estiver inicialmente descarregado, a bateria criará um campo elétrico nos fios de ligação quando as conexões forem estabelecidas. Iremos nos concentrar na placa conectada ao terminal negativo da bateria. O campo elétrico no fio aplica uma força aos elétrons no fio no lado de fora, próximo da placa. Essa força coloca os elétrons em movimento em direção à placa. O movimento prossegue até que a placa, o fio e o terminal alcancem o mesmo potencial elétrico. Uma vez estabelecida esta situação de equilíbrio, a diferença de potencial deixará de existir entre o terminal e a placa. Como resultado, não existirá nenhum campo elétrico no fio, e os elétrons pararão de se mover. Neste caso, a carga da placa

Quando o capacitor está conectado aos terminais de uma bateria, elétrons são transferidos entre as placas e os fios, de modo que as placas se tornam carregadas.

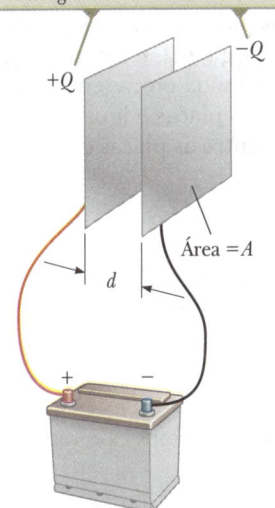

Figura 4.2 Um capacitor de placas paralelas consiste em duas placas condutoras paralelas, cada uma com área A, separadas por uma distância d.

---

[2] A proporcionalidade entre Q e ΔV pode ser demonstrada pela Lei de Coulomb ou por experimentos.

é negativa. Um processo similar ocorre na outra placa do capacitor, na qual os elétrons se deslocam da placa para o fio, deixando-a positivamente carregada. Nesta configuração final, a diferença de potencial entre as placas do capacitor é a mesma entre os terminais da bateria.

> **Teste Rápido 4.1** Um capacitor armazena carga Q com uma diferença de potencial ΔV. O que ocorrerá se a tensão aplicada ao capacitor por uma bateria for dobrada para $2\,\Delta V$? **(a)** A capacitância diminuirá para a metade de seu valor inicial e a carga permanecerá a mesma. **(b)** A capacitância e a carga diminuirão para a metade de seu valor inicial. **(c)** A capacitância e a carga dobrarão. **(d)** A capacitância permanecerá a mesma e a carga dobrará.

4.2 Cálculo da capacitância

Podemos derivar uma expressão para a capacitância de um par de condutores com cargas de módulo Q e sinais opostos da maneira descrita a seguir. Primeiro, calculamos a diferença de potencial, aplicando as técnicas descritas no Capítulo 3. Depois, utilizamos a expressão $C = Q/\Delta V$ para calcular a capacitância. O cálculo será relativamente fácil se a geometria do capacitor for simples.

> **Prevenção de Armadilhas 4.3**
> **Excesso de Cs**
> Não confunda o C em itálico, da capacitância, com o C não itálico, da unidade coulomb.

Não obstante o fato de a situação mais comum envolver dois condutores, um único também tem capacitância. Por exemplo, considere um condutor esférico carregado. As linhas do campo elétrico em torno desse condutor são exatamente as mesmas do caso de uma carcaça condutora esférica de raio infinito, concêntrica com a esfera e possuindo uma carga de mesmo módulo, mas sinal oposto. Portanto, podemos identificar a carcaça imaginária como o segundo condutor de um capacitor de dois condutores. O potencial elétrico da esfera de raio a é simplesmente $k_e Q/a$ (consulte a Seção 3.6 deste volume). Definindo $V = 0$ para a carcaça infinitamente grande, temos

Capacitância de uma esfera ▶ carregada e isolada

$$C = \frac{Q}{\Delta V} = \frac{Q}{k_e Q/a} = \frac{a}{k_e} = 4\pi\varepsilon_0 a \qquad (4.2)$$

Esta expressão mostra que a capacitância de uma esfera carregada e isolada é proporcional ao seu raio, e independente da carga na esfera e do seu potencial como é o caso com todos os capacitores. A Equação 4.1 é a definição geral de capacitância em termos de parâmetros elétricos, mas a capacitância de um determinado capacitor dependerá apenas da geometria das placas.

A capacitância de um par de condutores é ilustrada abaixo em três geometrias familiares – placas paralelas, cilindros e esferas concêntricos. Nos cálculos, supomos que os condutores carregados estão separados por vácuo.

Capacitores de placas paralelas

Duas placas metálicas paralelas de áreas iguais A estão separadas por uma distância d, como mostra a Figura 4.2. Uma tem carga $+Q$, e a outra, $-Q$. A densidade superficial de carga em cada placa é $\sigma = Q/A$. Se elas estiverem muito próximas uma da outra (em comparação com seu comprimento e largura), podemos supor que o campo elétrico é uniforme entre as placas e igual a zero em outros pontos. De acordo com a seção "E se?" do Exemplo 2.5, o valor do campo elétrico entre as placas é

$$E = \frac{\sigma}{\varepsilon_0} = \frac{Q}{\varepsilon_0 A}$$

Visto que o campo entre as placas é uniforme, o módulo da diferença de potencial entre elas é igual a Ed (consulte a Eq. 3.6). Assim,

$$\Delta V = Ed = \frac{Qd}{\varepsilon_0 A}$$

Ao substituirmos esse resultado na Equação 4.1, obtemos a capacitância expressa como

$$C = \frac{Q}{\Delta V} = \frac{Q}{Qd/\varepsilon_0 A}$$

Capacitância de placas paralelas ▶

$$C = \frac{\varepsilon_0 A}{d} \qquad (4.3)$$

Isto é, a capacitância de um capacitor de placas paralelas é proporcional à área de suas placas e inversamente proporcional à separação entre elas.

Consideremos como a geometria desses condutores influencia a capacidade de armazenamento de carga do par de placas. Quando um capacitor é carregado por bateria, os elétrons são transferidos para a placa negativa e retirados da positiva. Se as placas do capacitor forem grandes, as cargas acumuladas serão capazes de se distribuir sobre uma área ampla, e a quantidade de carga que pode ser armazenada em uma placa para uma dada diferença de potencial aumentará à medida que a área da placa for aumentada. Portanto, podemos afirmar que a capacitância é proporcional à área A da placa, como na Equação 4.3.

Agora, tenha em mente a região que separa as placas. Imagine que elas sejam colocadas uma próxima da outra. Considere a situação antes de qualquer carga ter tido a chance de se deslocar em resposta a essa mudança. Já que nenhuma carga se moveu, o campo elétrico entre as placas tem o mesmo valor, mas estende-se por uma distância menor. Desta forma, o módulo da diferença de potencial entre as placas $\Delta V = Ed$ (Eq. 3.6) é menor. A diferença entre a nova tensão do capacitor e a do terminal da bateria aparece como uma diferença de potencial entre as extremidades dos fios que ligam a bateria ao capacitor, resultando em um campo elétrico nos fios, que transfere mais carga para as placas e aumenta a diferença de potencial entre elas. Quando a diferença de potencial entre as placas se iguala novamente à da bateria, o fluxo de cargas é interrompido. Assim, posicionar as placas uma próxima da outra aumenta a carga no capacitor. Se d for aumentada, a carga diminuirá. Isto mostra que a relação inversa entre C e d na Equação 4.3 é correta.

Teste Rápido **4.2** Muitos botões do teclado de computador consistem em capacitores, como mostra a Figura 4.3. Quando uma tecla é pressionada, o isolante macio entre as placas móvel e fixa é comprimido. Ao ser pressionada a tecla, o que ocorre com a capacitância? **(a)** Aumenta. **(b)** Diminui. **(c)** Muda de modo que não pode ser determinada, porque o circuito elétrico conectado ao botão do teclado pode causar uma variação em ΔV.

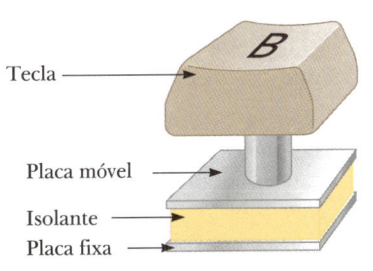

Figura 4.3 (Teste Rápido 4.2) Botão do teclado de computador.

Exemplo 4.1 — Capacitor cilíndrico

Um condutor cilíndrico sólido de raio a e carga Q é coaxial com uma carcaça cilíndrica de espessura desprezível, raio $b > a$ e carga $-Q$ (Fig. 4.4a). Determine a capacitância do capacitor cilíndrico para o caso em que o comprimento é ℓ.

SOLUÇÃO

Conceitualização Lembre-se de que qualquer par de condutores pode ser considerado um capacitor, inclusive o sistema descrito neste exemplo. A Figura 4.4b ajuda a visualizar o campo elétrico entre os condutores. Esperamos que a capacitância dependa somente de fatores geométricos, que, neste caso, são a, b e ℓ.

Categorização Graças à simetria cilíndrica do sistema, podemos aplicar os resultados dos estudos anteriores, dos sistemas cilíndricos, para determinar a capacitância.

Análise Supondo que ℓ seja muito maior que a e b, podemos desprezar os efeitos das extremidades. Neste caso, o campo elétrico é perpendicular ao eixo principal dos cilindros e está confinado à região que os separa (Fig. 4.4b).

Determine uma expressão para a diferença de potencial entre os dois cilindros, aplicando a Equação 3.3:

$$V_b - V_a = -\int_a^b \vec{E} \cdot d\vec{s}$$

Aplique a Equação 2.7 para o campo elétrico fora de uma distribuição de cargas cilindricamente simétrica e considere a Figura 4.4b, que mostra que $\vec{E}$ é paralelo a $d\vec{s}$ ao longo de uma linha radial:

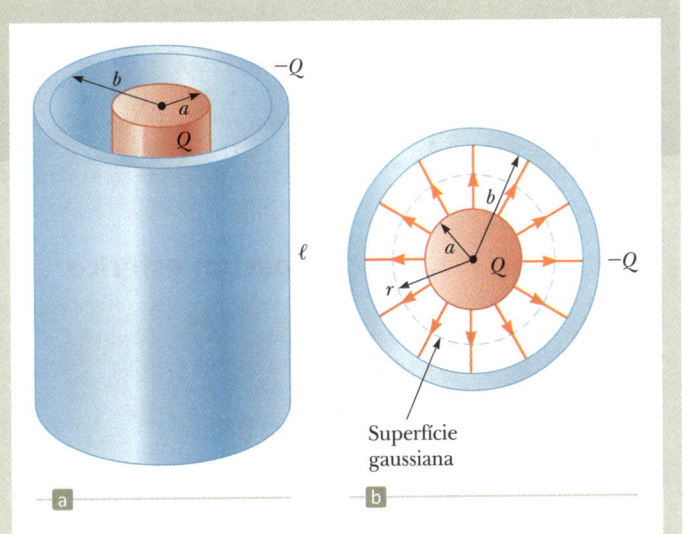

Figura 4.4 (Exemplo 4.1) (a) Um capacitor cilíndrico consiste em um condutor cilíndrico sólido de raio a e comprimento ℓ envolvido por uma carcaça cilíndrica coaxial de raio b. (b) Vista da extremidade. As linhas do campo elétrico são radiais. A linha tracejada representa a extremidade de uma superfície gaussiana cilíndrica de raio r e comprimento ℓ.

$$V_b - V_a = -\int_a^b E_r\, dr = -2k_e\lambda \int_a^b \frac{dr}{r} = -2k_e\lambda \ln\left(\frac{b}{a}\right)$$

continua

4.1 cont.

Aplique o valor absoluto de ΔV à Equação 4.1 e utilize $\lambda = Q/\ell$:

$$C = \frac{Q}{\Delta V} = \frac{Q}{(2k_e Q/\ell)\ln(b/a)} = \boxed{\frac{\ell}{2k_e \ln(b/a)}} \quad (4.4)$$

Finalização A capacitância depende dos raios a e b, e é proporcional ao comprimento dos cilindros. A Equação 4.4 mostra que a capacitância por unidade de comprimento de uma combinação de condutores cilíndricos concêntricos é

$$\frac{C}{\ell} = \frac{1}{2k_e \ln(b/a)} \quad (4.5)$$

Exemplo deste tipo de disposição geométrica é um *cabo coaxial*, que consiste em dois condutores cilíndricos concêntricos separados por um isolante. Provavelmente, um cabo coaxial está conectado ao seu televisor ou gravador de vídeo se você for um assinante de TV a cabo. Este tipo de cabo é especialmente útil como blindagem para proteger sinais elétricos contra quaisquer influências externas.

E SE? Suponha que $b = 2,00a$ para o capacitor cilíndrico. Desejamos aumentar a capacitância, e podemos fazê-lo aumentando ℓ ou a em 10%. Qual opção é a mais eficaz para aumentar a capacitância?

Resposta De acordo com a Equação 4.4, C é proporcional a ℓ, de modo que aumentá-lo em 10% resulta em um aumento de 10% em C. No caso do resultado da variação em a, utilizamos a Equação 4.4 para definir uma razão da capacitância C' para o raio estendido do cilindro a' pela capacitância original:

$$\frac{C'}{C} = \frac{\ell/2k_e \ln(b/a')}{\ell/2k_e \ln(b/a)} = \frac{\ln(b/a)}{\ln(b/a')}$$

Agora, aplicamos $b = 2,00a$ e $a' = 1,10a$, representando um aumento de 10% em a:

$$\frac{C'}{C} = \frac{\ln(2,00a/a)}{\ln(2,00a/1,10a)} = \frac{\ln 2,00}{\ln 1,82} = 1,16$$

que corresponde a um aumento de 16% na capacitância. Portanto, é mais eficaz aumentar a que ℓ.

Observe mais duas extensões deste problema. Primeira, é vantajoso aumentar apenas a para uma faixa de relações entre a e b. Se $b > 2,85a$, aumentar ℓ em 10% é mais eficaz que aumentar a (consulte o Problema 70). Segunda, se b diminuir, a capacitância aumenta. Aumentar a ou diminuir b resulta na diminuição da distância entre as placas, o que aumenta a capacitância.

Exemplo 4.2 — Capacitor esférico

Um capacitor esférico consiste em uma carcaça condutora esférica de raio b e carga $-Q$, concêntrica com uma esfera condutora menor de raio a e carga Q (Fig. 4.5). Determine a capacitância desse dispositivo.

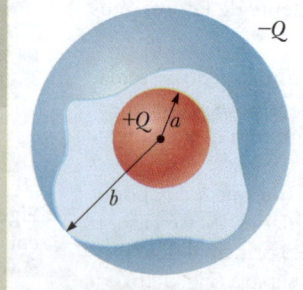

Figura 4.5 (Exemplo 4.2) Um capacitor esférico consiste em uma esfera interna de raio a envolta por uma carcaça esférica concêntrica de raio b. O campo elétrico entre as esferas é direcionado radialmente para fora quando a interna está positivamente carregada.

SOLUÇÃO

Conceitualização Como no caso do Exemplo 4.1, o sistema envolve um par de condutores e pode ser considerado um capacitor. Esperamos que a capacitância dependa dos raios esféricos a e b.

Categorização Graças à simetria esférica do sistema, podemos aplicar os resultados dos estudos anteriores, dos sistemas esféricos, para determinar a capacitância.

Análise Como demonstrado no Capítulo 2, o sentido do campo elétrico fora de uma distribuição de cargas esfericamente simétrica é radial, e seu módulo é dado pela expressão $E = k_e Q/r^2$. Neste caso, este resultado se aplica ao campo *entre* as esferas ($a < r < b$).

Determine uma expressão para a diferença de potencial entre os dois condutores, aplicando a Equação 3.3:

$$V_b - V_a = -\int_a^b \vec{E} \cdot d\vec{s}$$

4.2 cont.

Aplique o resultado do Exemplo 2.3 para o campo elétrico fora de uma distribuição de cargas esfericamente simétrica e observe que $\vec{E}$ é paralelo a $d\vec{s}$ ao longo de uma linha radial:

$$V_b - V_a = -\int_a^b E_r\,dr = -k_e Q \int_a^b \frac{dr}{r^2} = k_e Q \left[\frac{1}{r}\right]_a^b$$

(1) $\quad V_b - V_a = k_e Q \left(\frac{1}{b} - \frac{1}{a}\right) = k_e Q \frac{a-b}{ab}$

Aplique o valor absoluto de ΔV à Equação 4.1:

$$C = \frac{Q}{\Delta V} = \frac{Q}{|V_b - V_a|} = \boxed{\frac{ab}{k_e(b-a)}} \quad (4.6)$$

Finalização A capacitância depende de a e b, conforme o esperado. A diferença de potencial entre as esferas na Equação (1) é negativa, pois Q é positiva e $b > a$. Dessa forma, na Equação 4.6, ao considerarmos o valor absoluto, alteramos $a - b$ para $b - a$. O resultado é um número positivo.

E SE? Se o raio b da esfera externa se aproximar do infinito, qual será o comportamento da capacitância?

Resposta Na Equação 4.6, consideramos $b \to \infty$:

$$C = \lim_{b \to \infty} \frac{ab}{k_e(b-a)} = \frac{ab}{k_e(b)} = \frac{a}{k_e} = 4\pi\varepsilon_0 a$$

Note que esta expressão é a mesma da Equação 4.2, a capacitância de um condutor esférico isolado.

4.3 Associações de capacitores

Em geral, dois ou mais capacitores são associados em circuitos elétricos. Podemos calcular a capacitância equivalente de determinadas associações aplicando métodos aqui descritos. Ao longo desta seção, iremos supor que os capacitores a serem associados estão inicialmente descarregados.

No estudo dos circuitos elétricos, utilizamos uma representação gráfica simplificada chamada **diagrama de circuito**, que utiliza **símbolos de circuito** para representar vários dos seus elementos. Esses símbolos são conectados por linhas retas, que representam os fios entre os elementos do circuito. A Figura 4.6 relaciona os símbolos correspondentes a capacitores, baterias e chaves, bem como os códigos de cores a eles aplicados neste texto. O símbolo de capacitor reflete a geometria do seu modelo mais comum, um par de placas paralelas. O terminal positivo da bateria tem potencial mais alto, representado no diagrama pela linha mais longa.

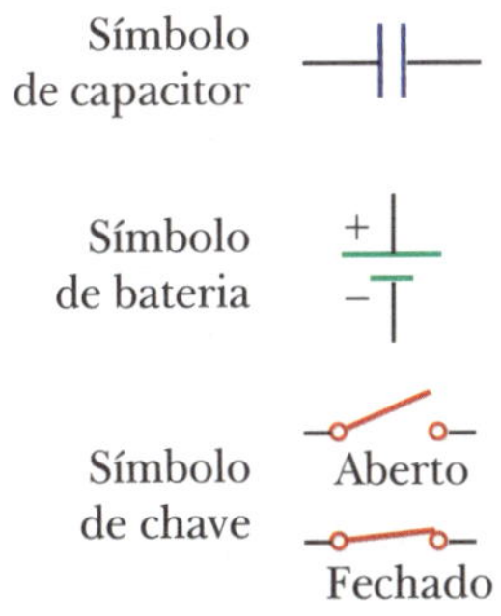

Figura 4.6 Símbolos de circuito para capacitores, baterias e chaves. Note que os capacitores são representados em azul, as baterias, em verde, e as chaves, em vermelho. A chave fechada pode transmitir corrente, enquanto a aberta não.

Associação em paralelo

Dois capacitores conectados, como mostra a Figura 4.7a, são conhecidos como uma **associação em paralelo** de capacitores. A Figura 4.7b mostra um diagrama de circuito para esta associação. As placas esquerdas dos capacitores estão conectadas ao terminal positivo da bateria por meio de um fio condutor e, consequentemente, têm o mesmo potencial elétrico deste terminal. Da mesma forma, as placas direitas estão conectadas ao terminal negativo e, portanto, têm o mesmo potencial deste terminal. Assim, as diferenças de potencial individuais entre os capacitores conectados em paralelo são as mesmas e iguais à diferença de potencial estabelecida na associação. Isto é,

$$\Delta V_1 = \Delta V_2 = \Delta V$$

onde ΔV é a tensão do terminal da bateria.

Após a bateria ser conectada ao circuito, os capacitores rapidamente alcançam sua carga máxima. Chamamos as cargas máximas nos dois capacitores Q_1 e Q_2. A *carga total* Q_{tot} armazenada pelos dois capacitores é a soma daquelas nos individuais:

$$Q_{tot} = Q_1 + Q_2 = C_1 \Delta V_1 + C_2 \Delta V_2 \quad (4.7)$$

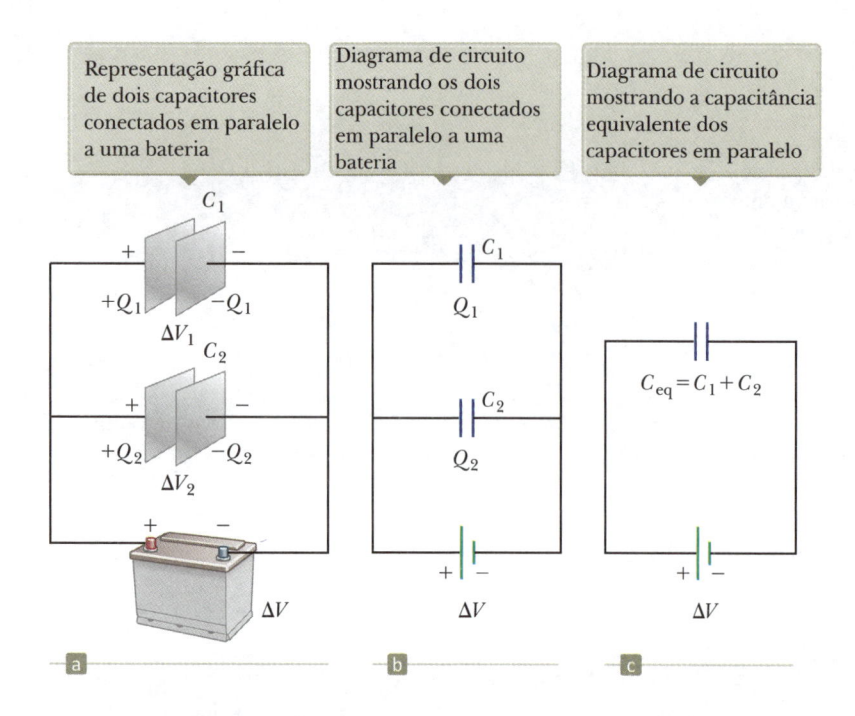

Figura 4.7 Dois capacitores conectados em paralelo. Todos os três diagramas são equivalentes.

- a: Representação gráfica de dois capacitores conectados em paralelo a uma bateria
- b: Diagrama de circuito mostrando os dois capacitores conectados em paralelo a uma bateria
- c: Diagrama de circuito mostrando a capacitância equivalente dos capacitores em paralelo

Suponha que desejemos substituir esses dois capacitores por um *equivalente* com capacitância C_{eq}, como na Figura 4.7c. O efeito que este equivalente tem sobre o circuito deve ser exatamente o mesmo da associação dos dois capacitores individuais. Isto é, o capacitor equivalente deve armazenar a carga Q_{tot} quando estiver conectado à bateria. A Figura 4.7c mostra que a tensão no capacitor equivalente é ΔV, porque ele está conectado diretamente entre os terminais da bateria. Desse modo, para o capacitor equivalente,

$$Q_{tot} = C_{eq}\, \Delta V$$

Aplicando as cargas na Equação 4.7, temos

$$C_{eq}\, \Delta V = C_1\, \Delta V_1 + C_2\, \Delta V_2$$

$$C_{eq} = C_1 + C_2 \quad \text{(associação em paralelo)}$$

onde cancelamos as tensões, pois são iguais. Se este tratamento for estendido para três ou mais capacitores ligados em paralelo, a **capacitância equivalente** será definida como

Capacitância equivalente ▶
para capacitores em paralelo

$$C_{eq} = C_1 + C_2 + C_3 + \cdots \quad \text{(associação em paralelo)} \tag{4.8}$$

Portanto, a capacitância equivalente de uma associação de capacitores em paralelo é (1) a soma algébrica das capacitâncias individuais e (2) maior que qualquer capacitância individual. O enunciado (2) tem sentido, porque essencialmente combinamos as áreas de todas as placas de capacitor quando estas estão conectadas por um fio condutor, e a capacitância das placas paralelas é proporcional à área (Eq. 4.3).

Associação em série

Os dois capacitores conectados, mostrados na Figura 4.8a, e o diagrama de circuito equivalente na Figura 4.8b são conhecidos como **associação em série** de capacitores. A placa esquerda do capacitor 1 e a direita do capacitor 2 estão conectadas aos terminais de uma bateria. As outras duas estão conectadas uma à outra e a nenhum outro elemento. Assim, as placas formam um sistema isolado que está inicialmente descarregado, e devem continuar com uma carga resultante igual a zero. Para analisar essa associação, consideremos primeiramente os capacitores sem carga e, depois, observemos o que ocorre imediatamente após uma bateria ser conectada ao circuito. Quando a bateria estiver conectada, os elétrons serão transferidos da placa esquerda de C_1 para a direita de C_2. Quando essa carga negativa se acumula na placa direita de C_2, uma quantidade equivalente de carga negativa é forçada para fora da esquerda de C_2, que, como consequência, fica com um excesso de carga positiva. A carga negativa que sai da placa esquerda de C_2 causa o acúmulo

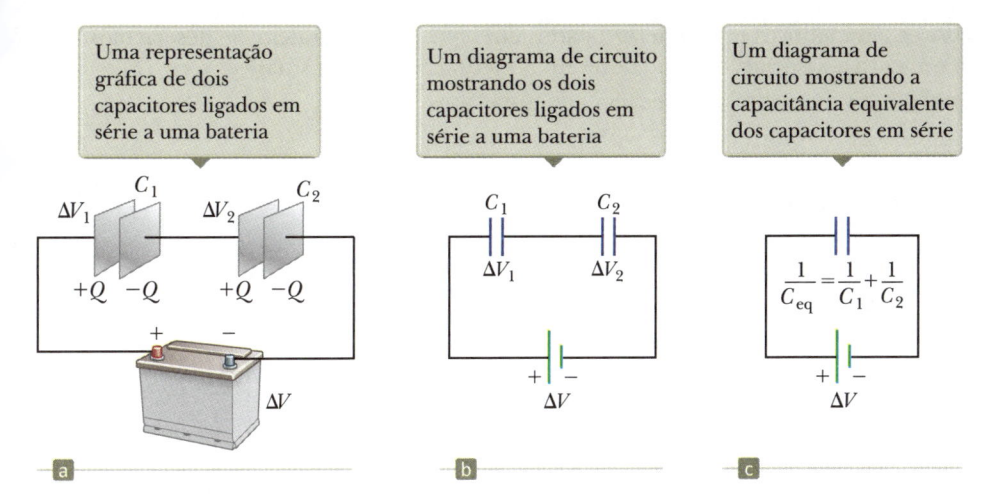

Figura 4.8 Dois capacitores ligados em série. Os três diagramas são equivalentes.

de carga negativa na direita de C_1. Como resultado, as duas placas direitas adquirem uma carga $-Q$ e as duas esquerdas, carga $+Q$. Portanto, as cargas nos capacitores conectados em série são iguais:

$$Q_1 = Q_2 = Q$$

onde Q é a carga que foi transferida entre um fio e a placa externa conectada de um dos capacitores.

A Figura 4.8a mostra as tensões individuais ΔV_1 e ΔV_2 nos capacitores. Estas tensões se somam para resultar na tensão total ΔV_{total} por meio da combinação:

$$\Delta V_{tot} = \Delta V_1 + \Delta V_2 = \frac{Q_1}{C_1} + \frac{Q_2}{C_2} \qquad (4.9)$$

Em geral, a diferença de potencial total em qualquer número de capacitores ligados em série é a soma das diferenças de potencial nos capacitores individuais.

Suponha que o capacitor equivalente simples na Figura 4.8c tenha um efeito sobre o circuito igual ao de uma associação em série conectada à bateria. Após ter sido totalmente carregado, o capacitor equivalente deve ter uma carga $-Q$ em sua placa direita e uma carga $+Q$ na esquerda. Aplicando a definição de capacitância ao circuito da Figura 4.8c, obtemos

$$\Delta V_{tot} = \frac{Q}{C_{eq}}$$

Aplicando as tensões da Equação 4.9, temos

$$\frac{Q}{C_{eq}} = \frac{Q_1}{C_1} + \frac{Q_2}{C_2}$$

Sendo as cargas todas iguais, quando as cancelamos, obtemos

$$\frac{1}{C_{eq}} = \frac{1}{C_1} + \frac{1}{C_2} \quad \text{(associação em série)}$$

Quando essa análise é aplicada a três ou mais capacitores ligados em série, a relação para a **capacitância equivalente** é

$$\frac{1}{C_{eq}} = \frac{1}{C_1} + \frac{1}{C_2} + \frac{1}{C_3} + \cdots \quad \text{(associação em série)} \qquad (4.10)$$

◀ **Capacitância equivalente para capacitores em série**

Essa expressão demonstra que (1) o inverso da capacitância equivalente é a soma algébrica dos inversos das capacitâncias individuais, e (2) a capacitância equivalente de uma associação em série é sempre menor que qualquer capacitância individual na associação.

> **Teste Rápido 4.3** Dois capacitores são idênticos e podem ser ligados em série ou em paralelo. Se desejarmos a *menor* capacitância equivalente para a associação, como deveremos efetuar as conexões? **(a)** em série **(b)** em paralelo **(c)** de qualquer forma, pois as duas combinações têm a mesma capacitância.

Exemplo 4.3 — Capacitância equivalente

Determine a capacitância equivalente entre a e b para a associação de capacitores mostrada na Figura 4.9a. Todas as capacitâncias são expressas em microfarads.

SOLUÇÃO

Conceitualização Analise a Figura 4.9a com atenção até entender como os capacitores estão ligados. Verifique se existem apenas conexões seriais e paralelas entre os capacitores.

Categorização A Figura 4.9a mostra que o circuito contém ligações em série e em paralelo. Portanto, aplicamos as regras das combinações em série e em paralelo discutidas nesta seção.

Análise Utilizando as Equações 4.8 e 4.10, reduzimos a combinação a etapas, como indicado na figura. À medida que acompanhamos a seguir, observemos que em cada etapa substituímos a combinação de dois capacitores no diagrama do circuito com um capacitor único com capacitância equivalente.

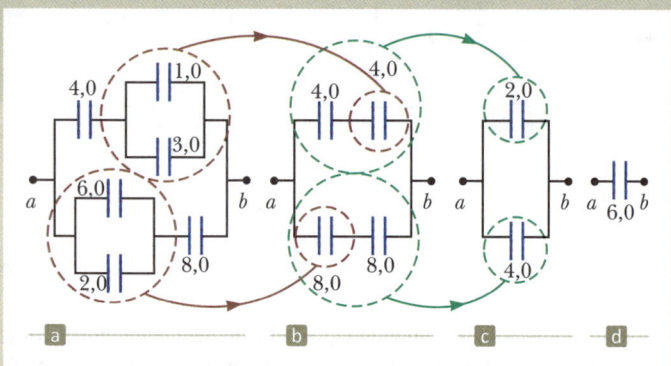

Figura 4.9 (Exemplo 4.3) Para calcular a capacitância equivalente dos capacitores em (a), reduzimos as várias combinações em etapas como indicado em (b), (c) e (d), aplicando as regras de ligação em série e em paralelo descritas no texto. Todas as capacitâncias são expressas em microfarads.

Os capacitores de 1,0 μF e 3,0 μF (círculo superior vermelho-amarronzado na Fig. 4.9a) estão em paralelo. Calcule a capacitância equivalente, aplicando a Equação 4.8:

$$C_{eq} = C_1 + C_2 = 4,0\,\mu F$$

Os capacitores de 2,0 μF e 6,0 μF (círculo inferior vermelho-amarronzado na Fig. 4.9a) também estão em paralelo:

$$C_{eq} = C_1 + C_2 = 8,0\,\mu F$$

Agora, o circuito parece o da Figura 4.9b. Os dois capacitores de 4,0 μF (círculo superior verde na Fig. 4.9b) estão em série. Determine a capacitância equivalente, aplicando a Equação 4.10:

$$\frac{1}{C_{eq}} = \frac{1}{C_1} + \frac{1}{C_2} = \frac{1}{4,0\,\mu F} + \frac{1}{4,0\,\mu F} = \frac{1}{2,0\,\mu F}$$

$$C_{eq} = 2,0\,\mu F$$

Os dois capacitores de 8,0 μF (círculo inferior verde na Fig. 4.9b) também estão em série. Calcule a capacitância equivalente, utilizando a Equação 4.10:

$$\frac{1}{C_{eq}} = \frac{1}{C_1} + \frac{1}{C_2} = \frac{1}{8,0\,\mu F} + \frac{1}{8,0\,\mu F} = \frac{1}{4,0\,\mu F}$$

$$C_{eq} = 4,0\,\mu F$$

Agora, o circuito parece o da Figura 4.9c. Os capacitores de 2,0 μF e 4,0 μF estão em paralelo:

$$C_{eq} = C_1 + C_2 = \boxed{6,0\,\mu F}$$

Finalização Este valor final é o do capacitor equivalente simples mostrado na Figura 4.9d. Para adquirir mais prática no tratamento de circuitos com associações de capacitores, considere uma bateria conectada entre os pontos a e b na Figura 4.9a, de modo que a diferença de potencial ΔV seja estabelecida na associação. Você é capaz de calcular a tensão entre as extremidades e a carga em cada capacitor?

4.4 Energia armazenada em um capacitor carregado

Visto que cargas positivas e negativas são separadas no sistema de dois condutores em um capacitor, a energia potencial elétrica é armazenada no sistema. Muitos dos que trabalham com equipamentos eletrônicos confirmaram, em algum momento, que um capacitor pode armazenar energia. Se as placas de um capacitor carregado forem ligadas por um condutor, como um fio, por exemplo, a carga se deslocará entre cada placa e seu fio de conexão, até que o capacitor esteja descarregado. Muitas vezes, a descarga pode ser observada como uma faísca visível. Se você tocar acidentalmente as placas opostas de um capacitor carregado, seus dedos atuarão como um percurso de descarga, e o resultado será um choque elétrico. A intensidade do choque recebido depende da capacitância e da tensão aplicada ao capacitor. O choque pode ser perigoso em situações que envolvam altas tensões, como no caso da fonte de alimentação de um sistema de *home theater*. Uma vez que as cargas podem estar armazenadas em um capacitor, mesmo quando o sistema estiver desligado, a desconexão do sistema da rede não torna segura a abertura da carcaça para tocar componentes internos.

A Figura 4.10a mostra uma bateria ligada a um capacitor simples de placas paralelas com uma chave no circuito. Identifiquemos o circuito como um sistema. Quando a chave é fechada (Figura 4.10b), a bateria estabelece um campo elétrico nos fios, e cargas fluem entre os fios e o capacitor. Quando isso ocorre, a energia é transformada dentro do sistema. Antes de a chave ser fechada, a energia é armazenada como energia potencial química na bateria. Essa energia é transformada durante a reação química que ocorre na bateria quando esta está em funcionamento em um circuito elétrico. Quando a chave é fechada, uma parte da energia potencial química na bateria é transformada em energia potencial elétrica associada à separação entre as cargas positivas e negativas nas placas.

Para calcular a energia armazenada no capacitor, vamos supor um processo de carga diferente daquele real descrito na Seção 4.1, mas que fornece o mesmo resultado final, e que é justificada, pois a energia na configuração final não depende do processo de transferência de carga real.[3] Suponha que as placas estejam desconectadas da bateria e que as cargas sejam transferidas mecanicamente através do espaço entre as placas como explicado a seguir. Coletamos uma pequena quantidade de carga positiva na placa e aplicamos uma força que desloca essa carga positiva para outra placa. Portanto, realizamos trabalho sobre a carga, quando esta é transferida de uma placa para outra. Primeiro, nenhum trabalho é requerido para transferir uma quantidade pequena de carga dq de uma placa para outra.[4] Porém, uma vez transferida, uma pequena diferença de potencial é estabelecida entre as placas. Desta forma, o trabalho deve ser realizado para deslocar mais carga através dessa diferença de potencial. À medida que mais carga é transferida de uma placa para outra, a diferença de potencial aumenta de proporção, e mais trabalho é requerido. O processo geral é descrito pelo modelo de sistema não isolado para a energia. A Equação 8.2 do Volume 1 é reduzida para $W = \Delta U_E$; o trabalho realizado no sistema pelo agente externo aparece como um aumento na energia potencial elétrica no sistema.

Suponha que q seja a carga no capacitor em algum instante durante o processo de carga. No mesmo instante, a diferença de potencial no capacitor é $\Delta V = q/C$. Essa relação está representada no gráfico da Figura 4.11. Na Seção 3.1 foi

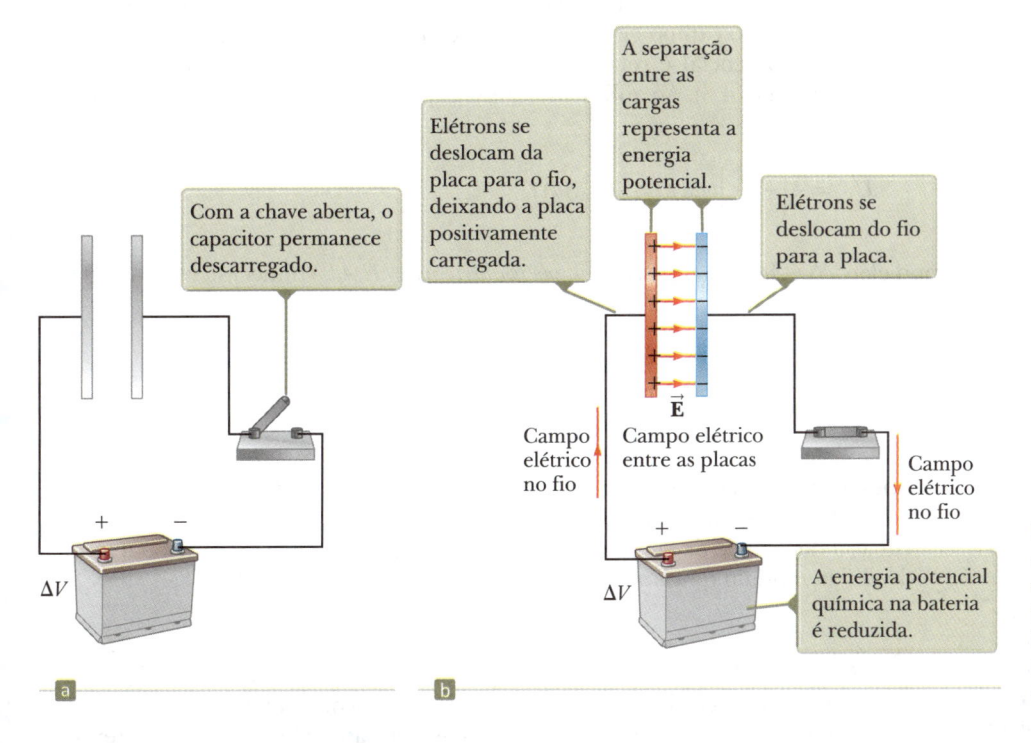

Figura 4.10 (a) Um circuito consistindo de um capacitor, uma bateria e uma chave. (b) Quando a chave é fechada, a bateria estabelece um campo elétrico no fio, e o capacitor é carregado.

---

[3] Esta discussão é similar à das variáveis de estado em Termodinâmica. A mudança em uma variável de estado, tal como a temperatura, é independente do caminho seguido entre os estados inicial e final. A energia potencial de um capacitor (ou qualquer sistema) também é uma variável de estado, de modo que sua variação não depende do processo de carga do capacitor.

[4] Utilizaremos a letra minúscula q para a carga variável no tempo no capacitor durante a carga, para diferenciá-la da maiúscula, Q, que é a carga total no capacitor após este ter sido totalmente carregado.

94 Física para cientistas e engenheiros

O trabalho requerido para deslocar a carga dq através da diferença de potencial ΔV entre as placas do capacitor é representado aproximadamente pela área do retângulo sombreado.

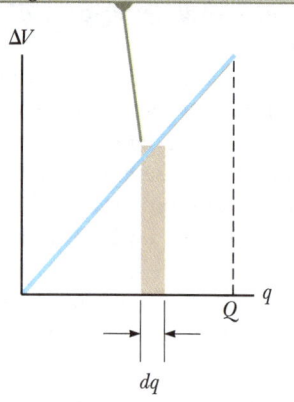

Figura 4.11 Um gráfico da diferença de potencial em função da carga de um capacitor é uma linha reta com inclinação $1/C$.

demonstrado que o trabalho necessário para transferir um incremento de carga dq da placa com carga $-q$ para a placa com carga q (que tem o potencial elétrico mais alto) é

$$dW = \Delta V\, dq = \frac{q}{C}\, dq$$

O trabalho requerido para transferir a carga dq é a área do retângulo sombreado, na Figura 4.11. Como 1 V = 1 J/C, a unidade para a área é o joule. O trabalho total exigido para carregar o capacitor de $q = 0$ para alguma carga final $q = Q$ é

$$W = \int_0^Q \frac{q}{C}\, dq = \frac{1}{C}\int_0^Q q\, dq = \frac{Q^2}{2C}$$

O trabalho realizado na carga do capacitor aparece como a energia potencial elétrica U_E armazenada no capacitor. Utilizando a Equação 4.1, podemos expressar a energia potencial armazenada em um capacitor carregado como

Energia armazenada em ▶ um capacitor carregado

$$U = \frac{Q^2}{2C} = \tfrac{1}{2}Q\Delta V = \tfrac{1}{2}C(\Delta V)^2 \quad (4.11)$$

A curva na Figura 4.11 é uma linha reta. Portanto, a área total sob a curva é a de um triângulo de base Q e altura ΔV.

A Equação 4.11 se aplica a qualquer capacitor, independente de sua geometria. Para uma determinada capacitância, a energia armazenada aumenta quando a carga e a diferença de potencial aumentam. Na prática, existe um limite para a energia (ou carga) máxima que pode ser armazenada, porque, a um valor suficientemente grande de ΔV, a descarga finalmente ocorre entre as placas. Por este motivo, os capacitores são, em geral, identificados com uma tensão de operação máxima.

Podemos considerar que a energia em um capacitor está armazenada no campo elétrico criado entre as placas quando o capacitor é carregado. Esta descrição é correta, pois o campo elétrico é proporcional à carga no capacitor. No caso de um capacitor de placas paralelas, a diferença de potencial é relacionada com o campo elétrico por meio da relação $\Delta V = Ed$. Além disso, sua capacitância é $C = \varepsilon_0 A/d$ (Eq. 4.3). Ao aplicarmos essas expressões à Equação 4.11, obtemos

$$U_E = \tfrac{1}{2}\left(\frac{\varepsilon_0 A}{d}\right)(Ed)^2 = \tfrac{1}{2}(\varepsilon_0 Ad)E^2 \quad (4.12)$$

Visto que o volume ocupado pelo campo elétrico é Ad, a *energia por volume unitário* $u_E = U/Ad$, conhecida como *densidade de energia*, é

Densidade de energia em ▶ um campo elétrico

$$u_E = \tfrac{1}{2}\varepsilon_0 E^2 \quad (4.13)$$

Prevenção de Armadilhas 4.4

Não se trata de um novo tipo de energia
A energia determinada pela Equação 4.12 não é um novo tipo. A equação descreve a energia potencial elétrica familiar associada a um sistema de cargas de origem separadas. A Equação 4.12 fornece uma nova *interpretação*, ou um novo modo de *modelagem* de energia. Além disso, a Equação 4.13 descreve corretamente a densidade de energia associada a *qualquer* campo elétrico, independente da fonte.

Apesar de a Equação 4.13 ter sido derivada para um capacitor de placas paralelas, a expressão é geralmente válida independentemente da fonte do campo elétrico. Isto é, a densidade de energia em qualquer campo elétrico é proporcional ao quadrado do módulo do campo elétrico em um determinado ponto.

Teste Rápido **4.4** Temos três capacitores e uma bateria. Em qual das seguintes associações dos três capacitores encontramos armazenada a máxima energia possível quando a associação está conectada à bateria? **(a)** em série **(b)** em paralelo **(c)** não há diferença, pois as duas combinações armazenam a mesma quantidade de energia.

Exemplo 4.4 — Reconexão de dois capacitores carregados

Dois capacitores C_1 e C_2 (para os quais $C_1 > C_2$) estão carregados com a mesma diferença de potencial inicial ΔV_i. Eles são removidos da bateria, e suas placas conectadas na polaridade oposta, como mostra a Figura 4.12a. Depois, as chaves S_1 e S_2 são fechadas, como na Figura 4.12b.

(A) Determine a diferença de potencial final ΔV_f entre a e b após as chaves serem fechadas.

SOLUÇÃO

Conceitualização A Figura 4.12 nos ajuda a entender as configurações inicial e final do sistema. Quando as chaves são fechadas, a carga no sistema é redistribuída entre os capacitores até ambos terem a mesma diferença de potencial. Uma vez que $C_1 > C_2$, existe mais carga em C_1 que em C_2, de modo que a configuração final terá uma carga positiva nas placas esquerdas, como mostra a Figura 4.12b.

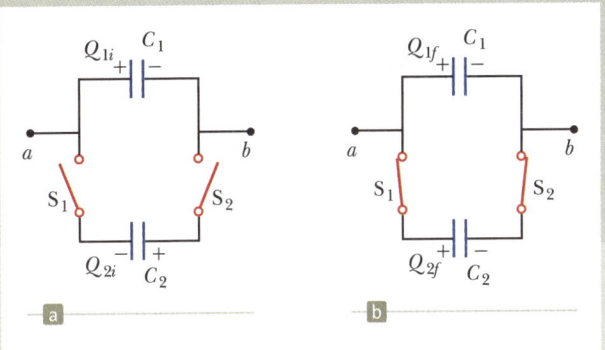

Figura 4.12 (Exemplo 4.4) (a) Dois capacitores estão carregados com a mesma diferença de potencial inicial e conectados às placas de sinais opostos que deverão estar em contato quando as chaves forem fechadas. (b) Quando as chaves são fechadas, as cargas são redistribuídas.

Categorização Na Figura 4.12b, pode parecer que os capacitores estão conectados em paralelo, mas não há bateria nesse circuito para estabelecer uma tensão na associação. Portanto, *não podemos* categorizar este problema como um em que os capacitores estão ligados em paralelo, mas *podemos*, sim, como um que envolve um sistema isolado para carga elétrica. As placas esquerdas dos capacitores formam um sistema isolado, porque não estão conectadas às placas direitas por condutores.

Análise Defina uma expressão para a carga total nas placas esquerdas do sistema antes de as chaves serem fechadas, observando que é necessário utilizar um sinal negativo para Q_{2i}, porque a carga na placa esquerda do capacitor C_2 é negativa:

(1) $\quad Q_i = Q_{1i} + Q_{2i} = C_1 \Delta V_i - C_2 \Delta V_i = (C_1 - C_2)\Delta V_i$

Após as chaves serem fechadas, as cargas em cada capacitor assumem novos valores Q_{1f} e Q_{2f}, de modo que a diferença de potencial é, novamente, a mesma nos dois capacitores, com um valor de ΔV_f. Defina uma expressão para a carga total nas placas esquerdas do sistema após as chaves serem fechadas:

(2) $\quad Q_f = Q_{1f} + Q_{2f} = C_1 \Delta V_f + C_2 \Delta V_f = (C_1 + C_2)\Delta V_f$

O sistema é isolado e, portanto, as cargas inicial e final no sistema devem ser as mesmas. Aplique essa condição e as Equações (1) e (2) para resolver para ΔV_f:

$Q_f = Q_i \rightarrow (C_1 + C_2)\Delta V_f = (C_1 - C_2)\Delta V_i$

(3) $\quad \boxed{\Delta V_f = \left(\dfrac{C_1 - C_2}{C_1 + C_2}\right)\Delta V_i}$

(B) Determine a energia total armazenada nos capacitores antes e depois de as chaves serem fechadas e calcule a razão da energia final pela energia inicial.

SOLUÇÃO

Utilize a Equação 4.11 para determinar uma expressão para a energia total armazenada nos capacitores antes de as chaves serem fechadas:

(4) $\quad U_i = \tfrac{1}{2}C_1(\Delta V_i)^2 + \tfrac{1}{2}C_2(\Delta V_i)^2 = \boxed{\tfrac{1}{2}(C_1 + C_2)(\Delta V_i)^2}$

Defina uma expressão para a energia total armazenada nos capacitores depois de as chaves serem fechadas:

$U_f = \tfrac{1}{2}C_1(\Delta V_f)^2 + \tfrac{1}{2}C_2(\Delta V_f)^2 = \tfrac{1}{2}(C_1 + C_2)(\Delta V_f)^2$

Aplique os resultados da parte (A) para redefinir essa expressão em função de ΔV_i:

(5) $\quad U_f = \tfrac{1}{2}(C_1 + C_2)\left[\left(\dfrac{C_1 - C_2}{C_1 + C_2}\right)\Delta V_i\right]^2 = \boxed{\tfrac{1}{2}\dfrac{(C_1 - C_2)^2 (\Delta V_i)^2}{C_1 + C_2}}$

continua

4.4 cont.

Divida a Equação (5) pela (4) para obter a razão das energias armazenadas no sistema:

$$\frac{U_f}{U_i} = \frac{\frac{1}{2}(C_1 - C_2)^2 (\Delta V_i)^2/(C_1 + C_2)}{\frac{1}{2}(C_1 + C_2)(\Delta V_i)^2}$$

$$(6) \quad \boxed{\frac{U_f}{U_i} = \left(\frac{C_1 - C_2}{C_1 + C_2}\right)^2}$$

Finalização A razão das energias é *inferior* a uma unidade, indicando que a energia final é *inferior* à inicial. Primeiro, podemos presumir que a Lei da Conservação da Energia foi violada, mas isto não ocorre. A energia "perdida" é retirada do sistema pelo mecanismo de ondas eletromagnéticas (T_{RE} na Eq. 8.2 do Volume 1), como constataremos no Capítulo 12. Desta forma, o sistema é isolado para a carga elétrica, mas não para a energia.

E SE? O que ocorreria se os dois capacitores tivessem a mesma capacitância? O que poderíamos esperar quando as chaves fossem fechadas?

Resposta Visto que os dois capacitores têm a mesma diferença de potencial inicial aplicada a eles, as cargas neles têm o mesmo módulo. Quando os capacitores com polaridades opostas estão interconectados, as cargas de mesmo módulo devem se cancelar mutuamente, deixando-os descarregados.

Testemos nossos resultados para confirmá-los matematicamente. Na Equação (1), sendo as capacitâncias iguais, a carga inicial Q_i no sistema de placas esquerdas é igual a zero. A Equação (3) demonstra que $\Delta V_f = 0$, o que é consistente com capacitores descarregados. Finalmente, a Equação (5) demonstra que $U_f = 0$, o que também é consistente com capacitores descarregados.

Um dispositivo no qual os capacitores têm uma função importante é o *desfibrilador* portátil (veja a foto no início do capítulo). Quando a fibrilação cardíaca (contrações aleatórias) ocorre, o coração produz um padrão de batimentos rápidos e irregulares. Uma descarga rápida de energia através do coração pode restaurar no padrão de batimentos normais do órgão. Equipes de primeiros socorros utilizam desfibriladores portáteis equipados com baterias capazes de carregar um capacitor com uma alta tensão (os circuitos realmente permitem que o capacitor seja carregado com uma tensão muito mais alta que a da bateria). O campo elétrico de um grande capacitor pode armazenar até 360 J em um desfibrilador quando o dispositivo é totalmente carregado. A energia armazenada é liberada através do coração por eletrodos condutores, chamados pás, que são posicionados nos dois lados do tórax da vítima. O desfibrilador pode liberar a energia no paciente em cerca de 2 ms (aproximadamente equivalente a 3.000 vezes a potência fornecida para uma lâmpada de 60 W!). Os paramédicos devem aguardar entre as aplicações de energia o intervalo de tempo necessário para que os capacitores sejam totalmente carregados. Nessa aplicação e em outras (p. ex., unidades de flash de câmeras e lasers utilizados em experimentos de fusão), os capacitores servem de reservatório de energia que podem ser carregados gradativamente e, depois, descarregados com rapidez, liberando grandes quantidades de energia em um pulso curto.

4.5 Capacitores com dielétricos

> **Prevenção de Armadilhas 4.5**
> **O capacitor está conectado a uma bateria?**
> No caso de problemas em que um capacitor é modificado (por meio da inserção de um dielétrico, por exemplo), devemos observar se as modificações são feitas enquanto o capacitor está conectado a uma bateria ou após ser desconectado. Se o capacitor permanecer conectado à bateria, a tensão nele deverá necessariamente permanecer a mesma. Se for desconectado da bateria antes que qualquer modificação seja feita, o capacitor se tornará um sistema isolado para carga elétrica e sua carga permanecerá a mesma.

Dielétrico é um material não condutor, tal como a borracha, o vidro ou o papel encerado. Podemos efetuar o seguinte experimento para ilustrar o efeito de um dielétrico sobre um capacitor: considere um capacitor de placas paralelas que, sem um dielétrico, tem carga Q_0 e capacitância C_0. A diferença de potencial no capacitor é $\Delta V_0 = Q_0/C_0$. A Figura 4.13a ilustra esta situação. A diferença de potencial é medida por meio de um instrumento chamado *voltímetro*. Observe que nenhuma bateria é mostrada na figura, e que devemos supor que nenhuma carga pode fluir através de um voltímetro ideal. Assim, não existe nenhum percurso através do qual a carga possa fluir e alterar a carga no capacitor. Se um dielétrico for inserido entre as placas, como na Figura 4.13b, o voltímetro indicará que a tensão entre as placas apresenta uma diminuição para um valor ΔV. As tensões com e sem o dielétrico são relacionadas por um fator κ como definido pela equação a seguir:

$$\Delta V = \frac{\Delta V_0}{\kappa}$$

Visto que $\Delta V < \Delta V_0$, observamos que $\kappa > 1$. O fator sem dimensão κ é chamado **constante dielétrica** do material, que varia de material para material. Nesta seção,

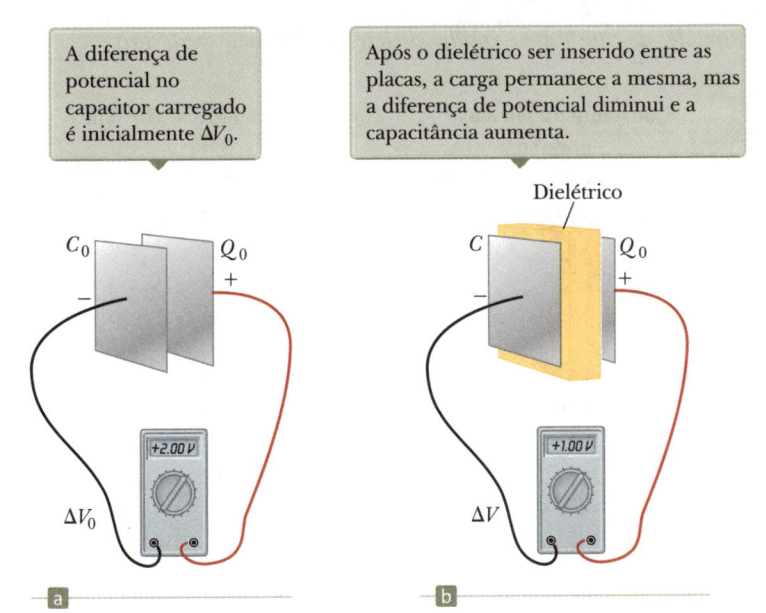

Figura 4.13 Um capacitor carregado (a) antes e (b) depois da inserção de um dielétrico entre as placas.

A diferença de potencial no capacitor carregado é inicialmente ΔV_0.

Após o dielétrico ser inserido entre as placas, a carga permanece a mesma, mas a diferença de potencial diminui e a capacitância aumenta.

analisamos essa variação na capacitância em função de parâmetros elétricos, tais como carga elétrica, campo elétrico e diferença de potencial. A Seção 4.7 descreverá a origem microscópica dessas variações.

A carga Q_0 no capacitor não varia e, portanto, a capacitância deve mudar para o valor

$$C = \frac{Q_0}{\Delta V} = \frac{Q_0}{\Delta V_0/\kappa} = \kappa \frac{Q_0}{\Delta V_0}$$

$$C = \kappa C_0 \quad (4.14)$$

◀ **Capacitância de um capacitor cheio de um material de constante dielétrica κ**

Ou seja, a capacitância *aumenta* por um fator κ, quando o dielétrico enche toda a região entre as placas.[5] Uma vez que $C_0 = \varepsilon_0 A/d$ (Eq. 4.3) para um capacitor de placas paralelas, podemos expressar a capacitância de um capacitor de placas paralelas cheio com um dielétrico como

$$C = \kappa \frac{\varepsilon_0 A}{d} \quad (4.15)$$

De acordo com a Equação 4.15, poderíamos concluir que a capacitância poderia ser muito aumentada por meio da inserção de um dielétrico entre as placas e da diminuição de d. Na prática, o valor mais baixo de d está limitado pela descarga elétrica que poderia ocorrer através do meio dielétrico que separa as placas. Para qualquer separação d, a tensão máxima que pode ser aplicada a um capacitor, sem causar uma descarga, depende da **rigidez dielétrica** (campo elétrico máximo) do dielétrico. Se o módulo do campo elétrico no dielétrico exceder a rigidez dielétrica, as propriedades de isolação serão eliminadas, e o dielétrico começará a conduzir.

Os capacitores físicos têm uma especificação que é chamada de várias formas, incluindo *tensão de trabalho*, *tensão de ruptura* e *tensão nominal*. Esse parâmetro representa a tensão mais alta que pode ser aplicada ao capacitor sem que a rigidez dielétrica do material dielétrico no capacitor seja excedida. Como consequência, quando um capacitor é selecionado para uma determinada aplicação, é necessário considerar sua capacitância, bem como a tensão esperada no capacitor do circuito, garantindo que a tensão esperada seja inferior à tensão nominal do capacitor.

Os materiais isolantes têm valores de κ maiores que a unidade e rigidez dielétrica maior que a do ar, como indicado na Tabela 4.1. Portanto, um dielétrico oferece as seguintes vantagens:

- Aumento da capacitância;
- Aumento da tensão de operação máxima;
- Possibilidade de apoio mecânico entre as placas, permitindo que estas sejam posicionadas uma próxima da outra, sem se tocarem, diminuindo d e aumentando C.

---

[5] Se o dielétrico for inserido enquanto a diferença de potencial é mantida constante por uma bateria, a carga aumentará para um valor $Q = kQ_0$. A carga adicional é transmitida através dos fios conectados ao capacitor e, de novo, a capacitância apresenta um aumento com fator κ.

TABELA 4.1 *Valores aproximados de constante e rigidez dielétricas de vários materiais à temperatura ambiente*

Material	Constante dielétrica κ	Rigidez dielétrica[a] (10^6 V/m)
Ar (seco)	1,00059	3
Baquelite	4,9	24
Quartzo fundido	3,78	8
Mylar®	3,2	7
Borracha de neoprene	6,7	12
Náilon	3,4	14
Papel	3,7	16
Papel impregnado com parafina	3,5	11
Poliestireno	2,56	24
PVC	3,4	40
Porcelana	6	12
Vidro pirex	5,6	14
Óleo de silicone	2,5	15
Titanato de estrôncio	233	8
Teflon	2,1	60
Vácuo	1,00000	–
Água	80	–

[a] A rigidez dielétrica é igual ao campo elétrico máximo que pode existir em um dielétrico sem a ocorrência de uma ruptura elétrica. Esses valores dependem fundamentalmente da presença de contaminação e falhas nos materiais.

Tipos de capacitor

Muitos capacitores são incorporados em chips de circuito integrado, mas alguns dispositivos elétricos ainda utilizam capacitores independentes. Em geral, capacitores comerciais são feitos de lâminas metálicas entrelaçadas com chapas delgadas de papel impregnado com parafina ou Mylar® como material dielétrico. Essas camadas alternadas de lâminas metálicas e dielétrico são enroladas na forma de um pequeno pacote cilíndrico (Fig. 4.14a). Normalmente, os capacitores de alta tensão consistem de várias placas metálicas entrelaçadas e imersas em óleo de silicone (Fig. 4.14b). Em sua maioria, os capacitores pequenos são feitos de materiais cerâmicos.

Normalmente, um *capacitor eletrolítico* é utilizado para armazenar grandes quantidades de carga com tensões relativamente baixas. Esse dispositivo, como mostra a Figura 4.14c, consiste de uma lâmina metálica em contato com um *eletrólito*, solução que conduz eletricidade por meio do movimento de íons contidos na solução. Quando uma tensão é aplicada entre a lâmina e o eletrólito, uma camada de óxido de metal fina (isolante) deposita-se sobre a lâmina, e essa camada funciona como o dielétrico. Valores muito grandes de capacitância podem ser alcançados em um capacitor eletrolítico, porque a camada dielétrica é muito delgada e, portanto, a separação entre as placas é muito pequena.

Os capacitores eletrolíticos não são reversíveis como muitos outros, possuindo uma polaridade, indicada por marcas de sinais positivos ou negativos. Quando estes capacitores são utilizados em circuitos, a polaridade deve estar correta. Se a polaridade da tensão aplicada for oposta à correta, a camada de óxido será removida e o capacitor conduzirá eletricidade, em vez de armazenar carga.

Em geral, capacitores variáveis (tipicamente de 10 a 500 pF) consistem de dois conjuntos entrelaçados de placas metálicas, um fixo e outro móvel, e contêm ar como dielétrico (Fig. 4.15). Esses tipos de capacitores são frequentemente utilizados em circuitos de sintonia de rádio.

Teste Rápido **4.5** Se alguma vez você tentou pendurar um quadro ou um espelho na parede, sabe o quanto pode ser difícil localizar uma estrutura de madeira para inserir um prego ou parafuso. O detector de estrutura de carpinteiro é um capacitor equipado com placas dispostas lado a lado em vez de uma voltada para a outra, como mostra a Figura 4.16. Quando o dispositivo é movido sobre uma estrutura, a capacitância **(a)** aumenta ou **(b)** diminui?

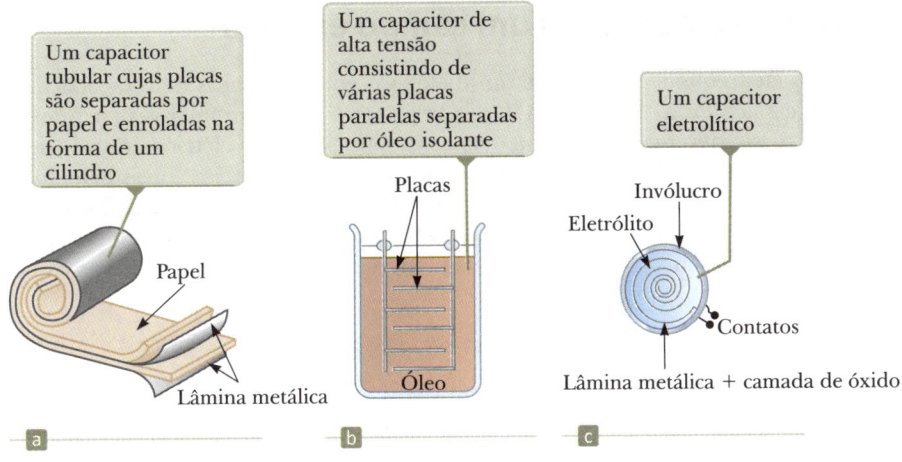

Figura 4.14 Três projetos de capacitor comercial.

- **a** Um capacitor tubular cujas placas são separadas por papel e enroladas na forma de um cilindro. (Papel, Lâmina metálica)
- **b** Um capacitor de alta tensão consistindo de várias placas paralelas separadas por óleo isolante. (Placas, Óleo)
- **c** Um capacitor eletrolítico. (Invólucro, Eletrólito, Contatos, Lâmina metálica + camada de óxido)

Figura 4.15 Um condensador variável. Quando um conjunto de placas metálicas é rodado de modo a situar-se entre um conjunto fixo de placas, a capacitância do dispositivo muda.

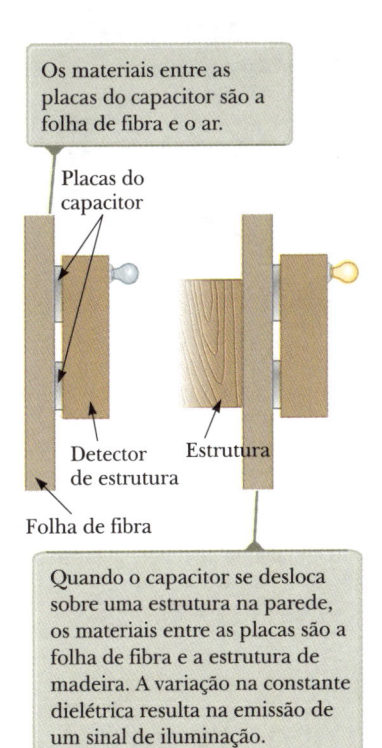

Figura 4.16 (Teste Rápido 4.5) Um detector de estrutura.

- **a** Os materiais entre as placas do capacitor são a folha de fibra e o ar. (Placas do capacitor, Detector de estrutura, Folha de fibra)
- **b** Quando o capacitor se desloca sobre uma estrutura na parede, os materiais entre as placas são a folha de fibra e a estrutura de madeira. A variação na constante dielétrica resulta na emissão de um sinal de iluminação. (Estrutura)

Exemplo 4.5 — Energia armazenada antes e depois **MA**

Um capacitor de placas paralelas é carregado por uma bateria até alcançar carga Q_0. Depois, a bateria é retirada e uma chapa, cujo material tem constante dielétrica κ, é inserida entre as placas. Classifique o sistema como capacitor e dielétrico. Calcule a energia armazenada no sistema antes e depois de o dielétrico ser inserido.

SOLUÇÃO

Conceitualização Pense sobre o que ocorre quando o dielétrico é inserido entre as placas. Visto que a bateria foi retirada, a carga no capacitor deve permanecer a mesma. Entretanto, com base em nossa discussão anterior, sabemos que a capacitância deve variar. Portanto, esperamos uma variação na energia do sistema.

Categorização Porque esperamos que a energia do sistema varie, modelamos este como um sistema não isolado envolvendo um capacitor e um dielétrico.

Análise Aplicando a Equação 4.11, calcule a energia armazenada na ausência do dielétrico:

$$U_0 = \frac{Q_0^2}{2C_0}$$

Calcule a energia armazenada no capacitor após o dielétrico ser inserido entre as placas:

$$U = \frac{Q_0^2}{2C}$$

Aplique a Equação 4.14 para substituir a capacitância C:

$$U = \frac{Q_0^2}{2\kappa C_0} = \frac{U_0}{\kappa}$$

Finalização Visto que $\kappa > 1$, a energia final é menor que a inicial. Podemos explicar esta diminuição realizando um experimento e observando que o dielétrico, ao ser inserido, é colocado no interior do dispositivo. Para impedir a aceleração do dielétrico, um agente externo deve realizar um trabalho negativo no dielétrico. A Equação 8.2 se torna $\Delta U = W$, onde ambos os lados da equação são negativos.

4.6 Dipolo elétrico em um campo elétrico

Discutimos o efeito que a inserção de um dielétrico entre as placas de um capacitor tem sobre a capacitância. Na Seção 4.7, descreveremos a origem microscópica deste efeito. Antes disso, devemos estender a discussão sobre o dipolo elétrico, introduzida na Seção 1.4 (consulte o Exemplo 1.6 deste volume). O dipolo elétrico consiste de duas cargas, de mesmo módulo e sinais opostos, separadas por uma distância $2a$, como mostra a Figura 4.17. O **momento de dipolo elétrico** dessa configuração é definido como o vetor $\vec{p}$ direcionado de $-q$ para $+q$ ao longo da linha que liga as cargas e que possui o módulo

$$p \equiv 2aq \tag{4.16}$$

Suponha que um dipolo elétrico seja colocado em um campo elétrico uniforme $\vec{E}$ e forme um ângulo θ com o campo, como mostra a Figura 4.18. Identificamos $\vec{E}$ como o campo *externo* ao dipolo, estabelecido por outra distribuição de cargas, para diferenciá-lo do campo *criado* pelo dipolo, que discutimos na Seção 1.4.

Cada uma das cargas é modelada como uma partícula em um campo elétrico. As forças elétricas que atuam sobre as duas cargas são iguais em módulo ($F = qE$) e têm sentidos opostos, como indica a Figura 4.18. Portanto, a força resultante no dipolo é igual a zero. Entretanto, as duas forças produzem um torque resultante no dipolo. Assim, dipolo é, portanto, descrito por um corpo rígido sob um modelo de torque resultante. Como resultado, ele gira no sentido que direciona seu vetor momento para um alinhamento mais preciso em relação ao campo. O torque aplicado pela força à carga positiva em torno de um eixo através de O na Figura 4.18 tem um módulo Fa sen θ, onde a sen θ é o braço do momento de F em torno de O. Essa força tende a produzir uma rotação no sentido horário. O torque em torno de O aplicado à carga negativa também tem módulo Fa sen θ. Novamente, a força tende a produzir uma rotação no sentido horário. Portanto, o módulo do torque líquido em torno de O é

$$\tau = 2Fa \text{ sen } \theta$$

Sendo $F = qE$ e $p = 2aq$, podemos expressar τ como

$$\tau = 2aqE \text{ sen } \theta = pE \text{ sen } \theta \tag{4.17}$$

Com base nesta expressão, é conveniente expressar o torque na forma vetorial como o produto vetorial dos vetores $\vec{p}$ e $\vec{E}$:

Torque aplicado a um dipolo elétrico ▶
em um campo elétrico externo

$$\vec{\tau} = \vec{p} \times \vec{E} \tag{4.18}$$

Também podemos modelar o sistema do dipolo e do campo elétrico externo como do tipo isolado para a energia. Determinemos a energia potencial do sistema como uma função da orientação do dipolo em relação ao campo. Para tanto, devemos reconhecer que o trabalho deve ser realizado por um agente externo para girar o dipolo em um ângulo a fim de deslocar seu vetor momento em relação a seu alinhamento com o campo. O trabalho realizado é, então, armazenado como energia elétrica potencial no sistema. Observe que esta energia potencial está associada com uma configuração *rotacional* do sistema. Anteriormente, vimos energias potenciais associadas com configurações *translacionais*: um objeto com massa foi movido em um campo gravitacional, uma carga foi movida em um campo elétrico, ou uma mola foi esticada. O trabalho dW requerido para girar o dipolo em um ângulo $d\theta$ é $dW = \tau \, d\theta$ (consulte a Eq. 10.25 do Volume 1). Visto que $\tau = pE$ sen θ e o trabalho resulta em um aumento da energia potencial resultante U, concluímos que, para uma rotação de θ_i para θ_f, a variação da energia potencial do sistema é

$$U_f - U_i = \int_{\theta_i}^{\theta_f} \tau \, d\theta = \int_{\theta_i}^{\theta_f} pE \text{ sen } \theta \, d\theta = pE \int_{\theta_i}^{\theta_f} \text{sen } \theta \, d\theta$$

$$= pE\left[-\cos\theta\right]_{\theta_i}^{\theta_f} = pE(\cos\theta_i - \cos\theta_f)$$

O termo que contém $\cos \theta_i$ é uma constante que depende da orientação inicial do dipolo. É conveniente escolher um ângulo de referência $\theta_i = 90°$, de modo que $\cos \theta_i = \cos 90° = 0$. Além disso, escolhamos $U_i = 0$ em $\theta_i = 90°$ como nosso valor de referência de energia potencial. Deste modo, podemos expressar um valor geral de $U = U_f$ como

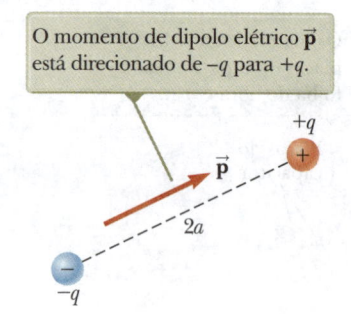

$$U = -pE \cos \theta \tag{4.19}$$

Figura 4.17 Um dipolo elétrico consiste de duas cargas de mesmo módulo e sinais opostos separadas por uma distância $2a$.

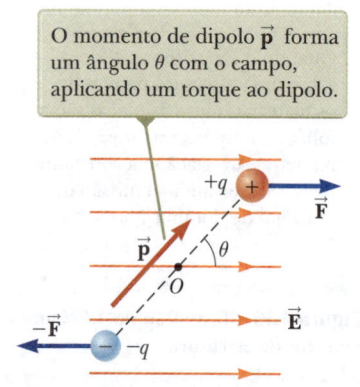

Figura 4.18 Um dipolo elétrico em um campo elétrico externo uniforme.

Podemos definir essa expressão para a energia potencial de um dipolo em um campo elétrico como o produto escalar dos vetores $\vec{p}$ e $\vec{E}$:

$$U = -\vec{p} \cdot \vec{E} \quad (4.20)$$

◀ **Energia potencial do sistema de um dipolo elétrico em um campo elétrico externo**

Para entender conceitualmente a Equação 4.19, compare-a com a expressão da energia potencial do sistema de um corpo no campo gravitacional da Terra, $U = mgy$ (Eq. 7.19, no Capítulo 7 do Volume 1). Primeiro, ambas as expressões contêm um parâmetro da entidade colocada no campo: massa para o corpo, momento dipolo para o dipolo. Segundo, ambas as expressões contêm o campo, g para o corpo, E para o dipolo. Por fim, as duas expressões contêm uma descrição de configuração: a posição translacional y para o corpo, a posição rotacional θ para o dipolo. Em ambos os casos, uma vez que a configuração é modificada, o sistema tende a voltar à configuração original quando o corpo é liberado: o corpo de massa m cai em direção ao solo, e o dipolo começa a girar de volta à configuração na qual fica alinhado com o campo.

Moléculas são consideradas *polarizadas* quando existe uma separação entre as posições médias das cargas negativas e das cargas positivas nelas. Em algumas moléculas, tais como as da água, essa condição está sempre estabelecida, chamadas **moléculas polares**. As que não apresentam uma polarização permanente são chamadas **moléculas apolares**.

Podemos entender a polarização permanente da água estudando a geometria da sua molécula. O átomo de oxigênio na molécula de água está ligado aos átomos de hidrogênio, de modo que um ângulo de 105° é formado entre as duas ligações (Fig. 4.19). O centro da distribuição de cargas negativas está próximo do átomo de oxigênio, e o da de cargas positivas está em um ponto intermediário ao longo da linha que liga os átomos de hidrogênio (o ponto identificado como × na Fig. 4.19). Podemos modelar as moléculas de água e outras polares como dipolos, porque as posições médias das cargas positivas e negativas atuam como cargas pontuais. Como resultado, podemos aplicar nossa discussão sobre dipolos ao comportamento das moléculas polares.

A lavagem com água e sabão é um cenário doméstico no qual a estrutura de dipolo da água pode ser aplicada. A gordura e o óleo são feitos de moléculas apolares, que, em geral, não são atraídas pela água. A água pura não é muito útil para a remoção desse tipo de sujeira. O sabão contém moléculas longas chamadas *surfactantes*. Em uma molécula longa, as características de polaridade de uma das suas extremidades podem ser diferentes das características da outra. Em uma molécula surfactante, uma extremidade atua como uma molécula apolar, e a outra, como uma polar. A extremidade apolar pode se ligar a uma molécula de gordura ou óleo, e a extremidade apolar pode ligar-se a uma molécula de água. Portanto, o sabão serve como uma corrente, ligando moléculas de sujeira às de água. Quando a água é retirada, a gordura e o óleo a acompanham.

Uma molécula simétrica (Fig. 4.20a) não tem polarização permanente, mas pode ser induzida por meio da colocação da molécula em um campo elétrico. Um campo direcionado para a esquerda, como na Figura 4.20b, desloca o centro da distribuição de cargas negativas para a direita em relação às cargas positivas. Essa *polarização induzida* é o efeito predominante na maioria dos materiais utilizados como dielétricos nos capacitores.

O centro da distribuição de carga positiva está no ponto ×.

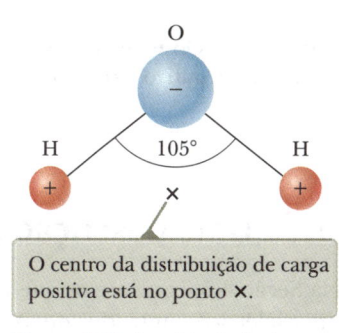

Figura 4.19 A molécula de água, H_2O, tem uma polarização permanente, resultante de sua geometria não linear.

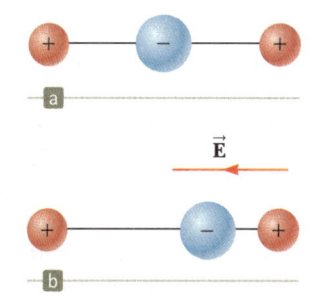

Figura 4.20 (a) Uma molécula simétrica linear não tem polarização permanente. (b) Um campo elétrico externo induz uma polarização na molécula.

Exemplo 4.6   A molécula de H_2O MA

A molécula de água (H_2O) tem um momento de dipolo elétrico de $6,3 \times 10^{-30}$ C × m. Uma amostra contém 10^{21} moléculas de água, com todos os momentos de dipolo orientados no sentido de um campo elétrico de módulo $2,5 \times 10^5$ N/C. Quanto trabalho é requerido para girar os dipolos, deslocando-os dessa orientação ($\theta = 0°$) para uma na qual todos os momentos sejam perpendiculares ao campo ($\theta = 90°$)?

SOLUÇÃO

Conceitualização Quando todos os dipolos estão alinhados com o campo elétrico, o sistema dipolos-campo elétrico tem a energia potencial mínima. Essa energia tem valor negativo determinado pelo produto do lado direito da Equação 4.19, calculado em 0°, pelo número N de dipolos.

continua

4.6 cont.

Categorização A combinação dos dipolos e do campo elétrico é identificada como um sistema. Utilizamos o modelo de *sistema não isolado* porque um agente externo realiza trabalho sobre o sistema para modificar sua energia potencial.

Análise Escreva a redução apropriada da equação da conservação da energia, Equação 8.2 do Volume 1, para esta situação:

(1) $\Delta U = W$

Aplique a Equação 4.19 para determinar as energias potenciais inicial e final do sistema, e a Equação (1) para calcular o trabalho requerido para girar os dipolos:

$$W = U_{90°} - U_{0°} = (-NpE\cos 90°) - (-NpE\cos 0°)$$
$$= NpE = (10^{21})(6,3\times 10^{-30}\,\text{C}\cdot\text{m})(2,5\times 10^{5}\,\text{N/C})$$
$$= \boxed{1,6\times 10^{-3}\,\text{J}}$$

Finalização Observe que o trabalho realizado sobre o sistema é positivo porque a energia potencial do sistema aumentou de um valor negativo para um valor de zero.

4.7 Uma descrição atômica dos dielétricos

Na Seção 4.5, concluímos que a diferença de potencial ΔV_0 entre as placas de um capacitor é reduzida a $\Delta V_0/\kappa$ quando um dielétrico é introduzido. A diferença de potencial é reduzida, porque o módulo do campo elétrico diminui entre as placas. Em particular, se $\vec{E}_0$ for o campo elétrico sem dielétrico, o campo na presença de um dielétrico será

$$\vec{E} = \frac{\vec{E}_0}{\kappa} \tag{4.21}$$

Primeiro, considere um dielétrico composto por moléculas polares colocado no campo elétrico entre as placas de um capacitor. Os dipolos (isto é, as moléculas polares que compõem o dielétrico) estão orientados aleatoriamente na ausência de um campo elétrico, como mostra a Figura 4.21a. Quando um campo externo $\vec{E}_0$ criado pelas cargas nas placas do capacitor é aplicado, um torque é exercido sobre os dipolos, fazendo com que estes se alinhem parcialmente com o campo, como mostra a Figura 4.21b. Agora, o dielétrico está polarizado. O grau de alinhamento das moléculas com o campo elétrico depende da temperatura e do módulo do campo. Em geral, o alinhamento aumenta quando a temperatura diminui e o campo elétrico aumenta.

Se as moléculas do dielétrico não são polares, o campo elétrico criado pelas placas produz uma polarização induzida na molécula. Esses momentos de dipolo induzidos tendem a se alinhar com o campo externo, e o dielétrico é polarizado. Desta forma, um dielétrico pode ser polarizado por um campo externo, independentemente de as moléculas do dielétrico serem polares ou não.

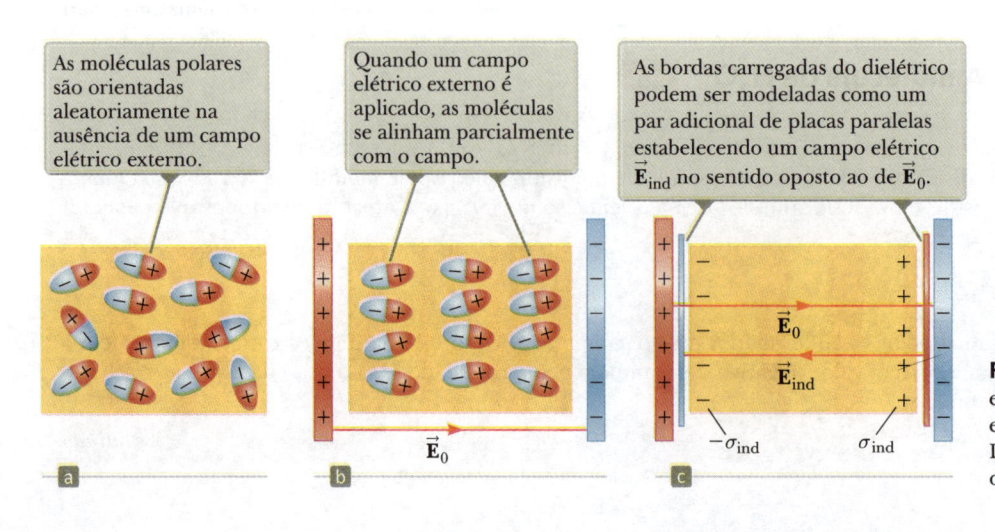

Figura 4.21 (a) Moléculas polares em um dielétrico. (b) Um campo elétrico é aplicado ao dielétrico. (c) Detalhes do campo elétrico dentro do dielétrico.

Com base nessas informações, considere uma chapa de material dielétrico colocada entre as placas de um capacitor, de modo que esteja em um campo elétrico uniforme $\vec{E}_0$, como mostra a Figura 4.21b. O campo elétrico criado pelas placas está direcionado para a direita e polariza o dielétrico. O efeito líquido no dielétrico é a formação de uma densidade de carga superficial positiva *induzida* σ_{ind} na face direita e uma densidade de carga superficial negativa de mesmo módulo $-\sigma_{ind}$ na face esquerda, como mostra a Figura 4.21c. Visto que podemos modelar essas distribuições de cargas superficiais como geradas por placas paralelas carregadas, as cargas superficiais induzidas no dielétrico criam um campo elétrico induzido $\vec{E}_{ind}$ no sentido oposto ao do campo externo $\vec{E}_0$. Portanto, o campo elétrico resultante $\vec{E}$ no dielétrico tem um módulo

$$E = E_0 - E_{ind} \qquad (4.22)$$

No capacitor de placas paralelas mostrado na Figura 4.22, o campo externo E_0 está relacionado com a densidade de carga σ nas placas de acordo com a relação $E_0 = \sigma/\varepsilon_0$. O campo elétrico induzido no dielétrico está relacionado com a densidade de carga induzida σ_{ind} de acordo com a relação $E_{ind} = \sigma_{ind}/\varepsilon_0$. Sendo $E = E_0/\kappa = \sigma/\kappa\varepsilon_0$, a substituição na Equação 4.22 fornece

$$\frac{\sigma}{\kappa\varepsilon_0} = \frac{\sigma}{\varepsilon_0} - \frac{\sigma_{ind}}{\varepsilon_0}$$

$$\sigma_{ind} = \left(\frac{\kappa - 1}{\kappa}\right)\sigma \qquad (4.23)$$

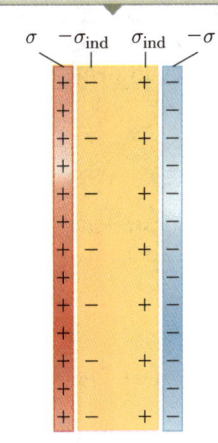

Figura 4.22 Carga induzida em um dielétrico colocado entre as placas de um capacitor carregado.

A densidade de carga induzida σ_{ind} no dielétrico é inferior à de carga σ nas placas.

Visto que $\kappa > 1$, essa expressão demonstra que a densidade de carga σ_{ind} induzida no dielétrico é inferior à de carga σ nas placas. Por exemplo, se $\kappa = 3$, a densidade de carga induzida é igual a dois terços da carga nas placas. Se nenhum dielétrico estiver presente, $\kappa = 1$ e $\sigma_{ind} = 0$, como esperávamos. Porém, se o dielétrico for substituído por um condutor elétrico para o qual $E = 0$, a Equação 4.22 indicará que $E_0 = E_{ind}$, o que corresponde a $\sigma_{ind} = \sigma$. Isto é, a carga superficial induzida no condutor é igual em módulo, mas tem sinal oposto ao das placas, resultando em um campo elétrico resultante igual a zero no condutor (veja a Fig. 2.16).

Exemplo 4.7 — Efeito de uma chapa metálica

Um capacitor de placas paralelas tem espaçamento entre placas d e área de placa A. Uma chapa metálica descarregada de espessura a é inserida no ponto intermediário entre as placas.

(A) Determine a capacitância do dispositivo.

SOLUÇÃO

Conceitualização A Figura 4.23a mostra a chapa metálica entre as placas do capacitor. Qualquer carga estabelecida em uma placa do capacitor deve induzir uma carga de mesmo módulo e sinal oposto no lado mais próximo da chapa, como mostra a Figura 4.23a. Por consequência, a carga líquida na chapa permanece igual a zero, e o campo elétrico no interior da chapa é igual a zero.

Categorização Os planos de carga nas bordas superior e inferior da chapa metálica são idênticos à distribuição de cargas nas placas de um capacitor. O metal entre as bordas da chapa serve apenas para estabelecer uma ligação elétrica entre elas. Portanto, podemos modelar as bordas da chapa como planos condutores e o volume da chapa como um fio. Como resultado, o capacitor na Figura 4.23a é equivalente a dois capacitores em série, cada um com espaçamento entre placas $(d-a)/2$, como mostra a Figura 4.23b.

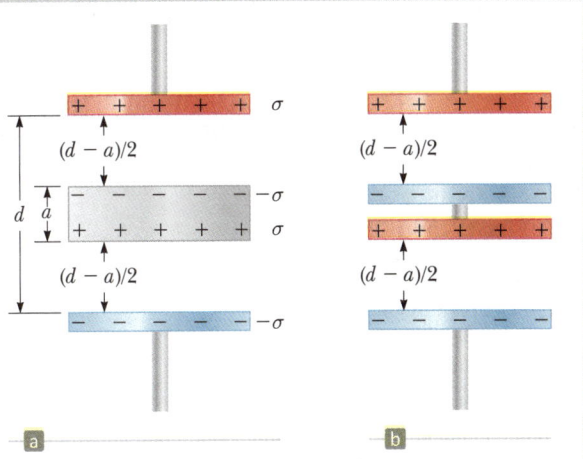

Figura 4.23 (Exemplo 4.7) (a) Um capacitor de placas paralelas com espaçamento entre placas d parcialmente cheio com uma chapa metálica de espessura a. (b) O circuito equivalente do dispositivo em (a) consiste em dois capacitores em série, cada um com espaçamento entre placas $(d-a)/2$.

continua

4.7 cont.

Análise Utilize a Equação 4.3 e a regra de soma de dois capacitores em série (Eq. 4.10) para determinar a capacitância equivalente na Figura 4.23b:

$$\frac{1}{C} = \frac{1}{C_1} + \frac{1}{C_2} = \frac{1}{\dfrac{\varepsilon_0 A}{(d-a)/2}} + \frac{1}{\dfrac{\varepsilon_0 A}{(d-a)/2}}$$

$$C = \frac{\varepsilon_0 A}{d-a}$$

(B) Demonstre que a capacitância do capacitor original não é afetada pela inserção da chapa metálica se esta for infinitesimalmente delgada.

SOLUÇÃO

No resultado da parte (A), considere $a \to 0$:

$$C = \lim_{a \to 0}\left(\frac{\varepsilon_0 A}{d-a}\right) = \frac{\varepsilon_0 A}{d}$$

Finalização O resultado da parte (B) é a capacitância original antes de a chapa ser inserida, o que prova que podemos inserir uma chapa metálica infinitesimalmente delgada entre as placas de um capacitor sem afetar a capacitância. Aplicaremos este fato no próximo exemplo.

E SE? O que ocorreria se a chapa metálica da parte (A) não estivesse no ponto intermediário entre as placas? Como isto afetaria a capacitância?

Resposta Suponhamos que a chapa na Figura 4.23a seja deslocada para cima, de modo que a distância entre a borda superior da chapa e a placa superior seja b. Então, a distância entre a borda inferior da chapa e a placa inferior é $d - b - a$. Como na parte (A), determinamos a capacitância total da associação em série:

$$\frac{1}{C} = \frac{1}{C_1} + \frac{1}{C_2} = \frac{1}{\varepsilon_0 A/b} + \frac{1}{\varepsilon_0 A/(d-b-a)}$$

$$= \frac{b}{\varepsilon_0 A} + \frac{d-b-a}{\varepsilon_0 A} = \frac{d-a}{\varepsilon_0 A} \to C = \frac{\varepsilon_0 A}{d-a}$$

que é o mesmo resultado encontrado na parte (A). A capacitância é independente do valor de b e, portanto, não importa onde a chapa está localizada. Na Figura 4.23b, quando a estrutura central é movida para cima ou para baixo, a diminuição do espaçamento entre as placas de um capacitor é compensada pelo aumento do espaçamento do outro.

Exemplo 4.8 — Capacitor parcialmente cheio

Um capacitor de placas paralelas com espaçamento entre placas d tem capacitância C_0 na ausência de um dielétrico. Qual é a capacitância quando uma placa de material dielétrico de constante dielétrica κ e espessura fd é inserida entre as placas (Fig. 4.24a), onde f é uma fração entre 0 e 1?

SOLUÇÃO

Conceitualização Em nossas discussões anteriores sobre dielétricos entre as placas de um capacitor, o dielétrico preenchia o volume entre as placas. Neste exemplo, apenas parte do volume entre as placas contém o material dielétrico.

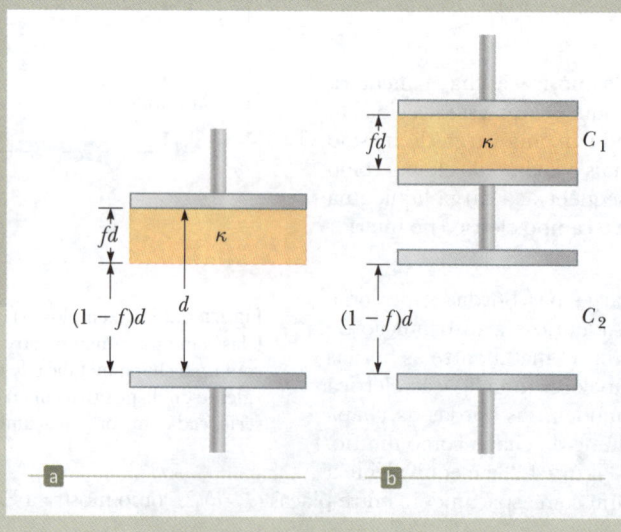

Figura 4.24 (Exemplo 4.8) (a) Capacitor de placas paralelas com espaçamento entre placas d parcialmente cheio com um dielétrico de espessura fd. (b) O circuito equivalente do capacitor consiste em dois capacitores ligados em série.

4.8 cont.

Categorização No Exemplo 4.7, concluímos que uma chapa metálica infinitesimalmente delgada inserida entre as placas de um capacitor não afeta a capacitância. Suponha que uma chapa metálica infinitesimalmente delgada seja inserida ao longo da face inferior do dielétrico mostrado na Figura 4.24a. Podemos modelar este sistema como uma associação em série de dois capacitores, como mostra a Figura 4.24b. Um capacitor tem espaçamento entre placas f_d e está cheio com um dielétrico. O outro tem espaçamento entre placas $(1-f)d$ e ar entre as placas.

Análise Calcule as duas capacitâncias na Figura 4.24b, aplicando a Equação 4.15:

$$C_1 = \frac{\kappa \varepsilon_0 A}{fd} \quad \text{e} \quad C_2 = \frac{\varepsilon_0 A}{(1-f)d}$$

Determine a capacitância equivalente C, aplicando a Equação 4.10 para dois capacitores associados em série:

$$\frac{1}{C} = \frac{1}{C_1} + \frac{1}{C_2} = \frac{fd}{\kappa \varepsilon_0 A} + \frac{(1-f)d}{\varepsilon_0 A}$$

$$\frac{1}{C} = \frac{fd}{\kappa \varepsilon_0 A} + \frac{\kappa(1-f)d}{\kappa \varepsilon_0 A} = \frac{f + \kappa(1-f)}{\kappa} \frac{d}{\varepsilon_0 A}$$

Inverta e aplique a capacitância sem o dielétrico, $C_0 = \varepsilon_0 A/d$:

$$C = \frac{\kappa}{f + \kappa(1-f)} \frac{\varepsilon_0 A}{d} = \boxed{\frac{\kappa}{f + \kappa(1-f)} C_0}$$

Finalização Testemos este resultado para alguns limites conhecidos. Se $f \to 0$, o dielétrico deve desaparecer. Neste limite, $C \to C_0$, o que é consistente com um capacitor com ar entre as placas. Se $f \to 1$, o dielétrico preenche o volume entre as placas. Neste limite, $C \to \kappa C_0$, o que é consistente com a Equação 4.14.

Resumo

Definições

Um **capacitor** consiste de dois condutores com cargas de mesmo módulo e sinais opostos. A **capacitância** C de qualquer capacitor é a razão da carga Q em um dos condutores pela diferença de potencial ΔV entre eles:

$$C \equiv \frac{Q}{\Delta V} \quad (4.1)$$

A capacitância depende apenas da geometria dos condutores, e não de uma fonte externa de carga ou diferença de potencial. A unidade do SI da capacitância é o coulombs por volt, ou **farad** (F): 1 F = 1 C/V.

O **momento de dipolo elétrico** $\vec{p}$ de um dipolo elétrico tem um módulo

$$p \equiv 2aq \quad (4.16)$$

onde $2a$ é a distância entre as cargas q e $-q$. O sentido do vetor momento de dipolo elétrico é da carga negativa para a positiva.

Conceitos e Princípios

Se dois ou mais capacitores estiverem ligados em paralelo, a diferença de potencial será a mesma em todos os capacitores. A capacitância equivalente de uma **associação em paralelo** de capacitores será

$$C_{eq} = C_1 + C_2 + C_3 + \cdots \quad (4.8)$$

Se dois ou mais capacitores estiverem ligados em série, a carga será a mesma em todos os capacitores, e a capacitância equivalente da **associação em série** será dada por

$$\frac{1}{C_{eq}} = \frac{1}{C_1} + \frac{1}{C_2} + \frac{1}{C_3} + \cdots \quad (4.10)$$

Essas duas equações permitem a simplificação de muitos circuitos elétricos por meio da substituição de vários capacitores por uma única capacitância equivalente.

continua

A energia é armazenada em um capacitor carregado, porque o processo de carga é equivalente à transferência de cargas de um condutor com potencial elétrico mais baixo para outro condutor com potencial mais alto. A energia armazenada em um capacitor de capacitância C com carga Q e diferença de potencial ΔV é

$$U = \frac{Q^2}{2C} = \tfrac{1}{2}Q\Delta V = \tfrac{1}{2}C(\Delta V)^2 \tag{4.11}$$

Quando um material dielétrico é inserido entre as placas de um capacitor, a capacitância aumenta de acordo com um fator sem dimensão κ, chamado **constante dielétrica**:

$$C = \kappa C_0 \tag{4.14}$$

onde C_0 é a capacitância na ausência do dielétrico.

O torque que atua sobre um dipolo elétrico em um campo elétrico uniforme $\vec{E}$ é

$$\vec{\tau} = \vec{p} \times \vec{E} \tag{4.18}$$

A energia potencial do sistema de um dipolo elétrico em um campo elétrico externo uniforme $\vec{E}$ é

$$U = -\vec{p} \cdot \vec{E} \tag{4.20}$$

Perguntas Objetivas

1. Um capacitor de placas paralelas totalmente carregado permanece conectado a uma bateria enquanto você insere um dielétrico entre as placas. As grandezas: **(i)** C **(ii)** Q **(iii)** ΔV **(iv)** a energia armazenada no capacitor (a) aumentam, (b) diminuem ou (c) permanecem as mesmas?

2. Por qual fator a capacitância de uma esfera de metal deve ser multiplicada, se seu volume for triplicado? (a) 3 (b) $3^{1/3}$ (c) 1 (d) $3^{-1/3}$ (e) 1/3.

3. Um técnico em eletrônica quer construir um capacitor de placas paralelas, utilizando rutílio ($\kappa = 100$) como dielétrico. A área das placas é de 1,00 cm². Qual será a capacitância se a espessura do rutílio for de 1,00 mm? (a) 88,5 pF (b) 177 pF (c) 8,85 μF (d) 100 μF (e) 35,4 μF.

4. Um capacitor de placas paralelas está conectado a uma bateria. O que ocorre à energia armazenada se o espaçamento entre as placas for dobrado enquanto o capacitor permanecer conectado à bateria? (a) Não é alterada. (b) É dobrada. (c) Diminui por um fator de 2. (d) Diminui por um fator de 4. (e) Aumenta por um fator de 4.

5. Se três capacitores diferentes, inicialmente descarregados, estiverem ligados em série a uma bateria, qual dos seguintes enunciados é verdadeiro? (a) A capacitância equivalente é maior que qualquer das capacitâncias individuais. (b) A maior tensão é estabelecida na menor capacitância. (c) A maior tensão é estabelecida na maior capacitância. (d) O capacitor com a maior capacitância tem a maior carga. (e) O capacitor com a menor capacitância tem a menor carga.

6. Suponha que um dispositivo tenha sido projetado para a obtenção de uma diferença de potencial grande, primeiro por meio da carga de um banco de capacitores ligados em paralelo e, depois, por meio da ativação de um arranjo de chaves que desconecta os capacitores da fonte de carga e um do outro e os reconecta em um arranjo em série. Depois, o grupo de capacitores carregados é descarregado em série. Qual é a diferença de potencial máxima que pode ser obtida desta forma, por meio da utilização de dez capacitores de 500 μF e uma fonte de carga de 800 V? (a) 500 V (b) 8,00 kV (c) 400 kV (d) 800 V (e) 0.

7. **(i)** O que ocorre ao módulo da carga em cada placa de um capacitor se a diferença de potencial entre os condutores for dobrada? (a) Torna-se quatro vezes maior. (b) Torna-se duas vezes maior. (c) Não é alterada. (d) Aumenta pela metade. (e) Aumenta em um quarto. **(ii)** Se a diferença de potencial em um capacitor for dobrada, o que ocorrerá com a energia armazenada? Escolha entre as mesmas alternativas da parte (i).

8. Um capacitor com capacitância muito grande está ligado em série a outro com capacitância muito pequena. Qual é a capacitância equivalente da associação? (a) um pouco maior que a capacitância do capacitor de maior capacitância (b) um pouco menor que a capacitância do capacitor de maior capacitância (c) um pouco maior que a capacitância do capacitor de menor capacitância (d) um pouco menor que a capacitância do capacitor de menor capacitância.

9. Um capacitor de placas paralelas cheio de ar tem carga Q. A bateria é desconectada, e uma chapa de material com constante dielétrica $\kappa = 2$ é inserida entre as placas. Qual dos enunciados a seguir é verdadeiro? (a) A tensão no capacitor diminui por um fator de 2. (b) A tensão no capacitor dobra. (c) A carga nas placas dobra. (d) A carga nas placas diminui por um fator de 2. (e) O campo elétrico dobra.

10. **(i)** Uma bateria está conectada a vários capacitores diferentes ligados em paralelo. Qual dos enunciados a seguir é verdadeiro? (a) Todos têm a mesma carga e a capacitância equivalente é maior que a de qualquer dos capacitores do grupo. (b) O capacitor com a maior capacitância tem a menor carga. (c) A diferença de potencial em cada capacitor é a mesma, e a capacitância equivalente é maior que qualquer dos capacitores do grupo. (d) O capacitor com a menor capacitância tem a maior carga. (e) As diferenças de potencial nos capacitores serão iguais apenas se as capacitâncias

forem iguais. **(ii)** Os capacitores são religados em série, e a associação é conectada novamente à bateria. Entre as mesmas alternativas, escolha a verdadeira.

11. Um capacitor de placas paralelas é carregado e, depois, desconectado da bateria. Por qual fator a energia armazenada varia quando o espaçamento entre as placas é dobrado? (a) Torna-se quatro vezes maior. (b) Torna-se duas vezes maior. (c) Não é alterada. (d) Aumenta pela metade. (e) Aumenta em um quarto.

12. **(i)** Classifique os cinco capacitores a seguir da maior para a menor capacitância, indicando quaisquer casos de igualdade. (a) de 20 μF com diferença de potencial de 4 V entre as placas (b) de 30 μF com cargas de módulo de 90 μC em cada placa (c) com cargas de módulo de 80 μC nas placas, com diferença de 2 V no potencial, (d) de 10 μF armazenando energia de 125 μJ (e) armazenando energia de 250 μJ, com diferença de potencial de 10 V. **(ii)** Classifique os mesmos capacitores da parte (i) da maior para a menor diferença de potencial entre as placas. **(iii)** Agora, classifique-os por ordem de módulo das cargas nas placas. **(iv)** Classifique-os por ordem de energia armazenada.

13. Verdadeiro ou falso? (a) Aplicando a definição de capacitância $C = Q/\Delta V$, temos que um capacitor descarregado tem capacitância igual a zero. (b) Como descrito pela definição de capacitância, a diferença de potencial em um capacitor descarregado é igual a zero.

14. Você carrega um capacitor de placas paralelas, retira-o da bateria e impede que os fios conectados às placas entrem em contato um com o outro. Quando o espaçamento entre as placas é ampliado, as seguintes grandezas: **(i)** C **(ii)** Q **(iii)** E entre as placas **(iv)** ΔV (a) aumentam, (b) diminuem ou (c) permanecem as mesmas?

Perguntas Conceituais

1. (a) Por que é perigoso tocar os terminais de um capacitor de alta tensão, mesmo após a fonte de tensão que carregou o capacitor ter sido desconectada deste? (b) O que pode ser feito para garantir a segurança no manuseio do capacitor após a remoção da fonte de tensão?

2. Suponha que seja necessário aumentar a tensão de operação máxima de um capacitor de placas paralelas. Explique como isto é possível com um espaçamento fixo entre as placas.

3. Se você tivesse que projetar um capacitor de dimensões pequenas e capacitância grande, quais seriam os dois fatores mais importantes em seu projeto?

4. Explique por que um dielétrico aumenta a tensão de operação máxima de um capacitor mesmo que suas dimensões físicas não mudem.

5. Explique por que o trabalho requerido para deslocar uma partícula com carga Q através de uma diferença de potencial ΔV é $W = Q\,\Delta V$, enquanto a energia armazenada em um capacitor carregado é $U = \frac{1}{2} Q\,\Delta V$. Qual é a origem do fator $\frac{1}{2}$?

6. Um capacitor cheio de ar é carregado e, depois, desconectado da fonte de alimentação e, finalmente, conectado a um voltímetro. Explique como e por que a diferença de potencial varia quando um dielétrico é inserido entre as placas do capacitor.

7. A soma das cargas nas duas placas de um capacitor é igual a zero. O que ele armazena?

8. Visto que suas cargas têm sinais opostos, as placas de um capacitor de placas paralelas se atraem. Desta forma, um trabalho positivo seria necessário para aumentar o espaçamento entre elas. Que tipo de energia no sistema muda em função do trabalho externo realizado nesse processo?

Problemas

WebAssign Os problemas que se encontram neste capítulo podem ser resolvidos *on-line* no Enhanced WebAssign (em inglês)

1. denota problema simples;
2. denota problema intermediário;
3. denota problema de desafio;

AMT *Analysis Model Tutorial* disponível no Enhanced WebAssign (em inglês);

M denota tutorial *Master It* disponível no Enhanced WebAssign (em inglês);

PD denota problema dirigido;

W solução em vídeo *Watch It* disponível no Enhanced WebAssign (em inglês).

Seção 4.1 Definição de capacitância

1. (a) Quando uma bateria está conectada às placas de um capacitor de 3,00 μF, este armazena uma carga de 27,0 μC. Qual é a tensão da bateria? (b) Se o mesmo capacitor estiver conectado a outra bateria e uma carga de 36,0 μC estiver armazenada no capacitor, qual será a tensão da bateria?

2. **W** Dois condutores com cargas líquidas de +10,0 μC e −10,0 μC têm uma diferença de potencial de 10,0 V entre eles. (a) Determine a capacitância do sistema. (b) Qual será a diferença de potencial entre os dois condutores se as cargas em cada um forem aumentadas para +100 μC e −100 μC?

3. **W** (a) Qual a quantidade de carga existente em cada placa de um capacitor de 4,00 μF quando este é conectado a uma bateria de 12,0 V? (b) Se o mesmo capacitor for conectado a uma bateria de 1,50 V, qual carga será armazenada?

Seção 4.2 Cálculo da capacitância

4. **M** Um capacitor esférico cheio de ar é construído com carcaças interna e externa com raios de 7,00 cm e 14,0 cm, respectivamente. (a) Calcule a capacitância do dispositivo. (b) Qual diferença de potencial entre as esferas resulta em uma carga de 4,00 μC no capacitor?

5. **M** Um cabo coaxial de 50,0 m de comprimento tem um condutor interno de 2,58 mm de diâmetro e uma carga de 8,10 μC. O condutor que o envolve tem um diâmetro interno de 7,27 mm e uma carga de –8,10 μC. Suponha que a região entre os condutores seja preenchida com ar. (a) Qual é a capacitância do cabo? (b) Qual é a diferença de potencial entre os dois condutores?

6. **W** (a) Considerando a Terra e uma camada de nuvens 800 m acima da superfície "placas" de um capacitor, calcule a capacitância do sistema Terra-camada de nuvens. Suponha que a camada de nuvens tenha uma área de 1,00 km² e o ar entre as nuvens e o solo seja puro e seco. Suponha que a carga se acumule na nuvem e no solo até que um campo elétrico uniforme de $3,00 \times 10^6$ N/C através do espaço entre eles faça com que o ar se rompa e conduza eletricidade na forma de um relâmpago. (b) Qual é a carga máxima que a nuvem pode armazenar?

7. Quando uma diferença de potencial de 150 V é aplicada às placas de um capacitor de placas paralelas, estas estabelecem uma densidade de carga superficial de 30,0 nC/cm². Qual é o espaçamento entre as placas?

8. Um capacitor de placas paralelas cheio de ar tem placas de área de 2,30 cm² separadas por 1,50 mm. (a) Determine o valor da capacitância. O capacitor é conectado a uma bateria de 12,0 V. (b) Qual é a carga no capacitor? (c) Qual é o módulo do campo elétrico uniforme entre as placas?

9. **M** Um capacitor cheio de ar consiste em duas placas paralelas, cada uma com uma área de 7,60 cm², separadas por uma distância de 1,80 mm. Uma diferença de potencial de 20,0 V é aplicada às placas. Calcule (a) o campo elétrico entre as placas, (b) a densidade de carga superficial, (c) a capacitância e (d) a carga em cada placa.

10. Um capacitor de ar variável, utilizado em um circuito de sintonização de rádio, é feito de N placas semicirculares, cada uma com raio R e posicionada a uma distância d das outras, às quais está eletricamente conectado. Como mostra a Figura P4.10, um segundo conjunto idêntico de placas está entrelaçado com o primeiro. Cada placa no segundo conjunto está posicionada em um ponto intermediário entre duas placas do primeiro conjunto. O segundo conjunto pode girar como uma unidade. Determine a capacitância como função do ângulo de rotação θ, onde $\theta = 0$ corresponde à capacitância máxima.

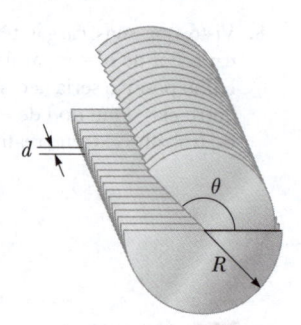

Figura P4.10

11. Uma esfera condutora carregada e isolada de raio de 12,0 cm cria um campo elétrico de $4,90 \times 10^4$ N/C a uma distância de 21,0 cm do seu centro. (a) Qual é a densidade de carga superficial? (b) Qual é a capacitância?

12. **Revisão.** Um pequeno corpo de massa m tem carga q e está suspenso por um fio entre as placas verticais de um capacitor de placas paralelas. O espaçamento entre as placas é d. Se o fio formar um ângulo θ com a vertical, qual será a diferença de potencial entre as placas?

Seção 4.3 Associações de capacitores

13. **W** Dois capacitores, $C_1 = 5,00$ μF e $C_2 = 12,0$ μF, estão ligados em paralelo e a associação resultante está conectada a uma bateria de 9,00 V. Determine (a) a capacitância equivalente da associação, (b) a diferença de potencial em cada capacitor e (c) a carga armazenada em cada capacitor.

14. **W** E se? Agora, os dois capacitores do Problema 13 ($C_1 = 5,00$ μF e $C_2 = 12,0$ μF) são associados em série e ligados a uma bateria de 9,00 V. Determine (a) a capacitância equivalente da associação, (b) a diferença de potencial em cada capacitor e (c) a carga em cada capacitor.

15. Determine a capacitância equivalente de um capacitor de 4,20 μF e outro de 8,50 μF, quando estes estão ligados (a) em série e (b) em paralelo.

16. Dado um capacitor de 2,50 μF, outro de 6,25 μF e uma bateria de 6,00 V, determine a carga em cada capacitor, se estiverem ligados (a) em série à bateria e (b) em paralelo à bateria.

17. De acordo com suas especificações de projeto, o circuito de um temporizador que retarda o fechamento da porta de um elevador deve ter uma capacitância de 32,0 μF entre dois pontos A e B. Quando um circuito é construído, descobre-se que o capacitor barato, mas durável, instalado entre os dois pontos tem uma capacitância de 34,8 μF. Para atender às especificações, um capacitor adicional pode ser colocado entre os dois pontos. (a) O novo capacitor deve estar em série ou em paralelo com o capacitor de 34,8 μF? (b) Qual deve ser sua capacitância? (c) E se? O próximo circuito sai da linha de montagem com uma capacitância de 29,8 μF entre A e B. Para atender às especificações, qual capacitor adicional deve ser instalado em série ou em paralelo nesse circuito?

18. *Por que a seguinte situação é impossível?* Um técnico testa um circuito que tem capacitância C. Ele nota que o projeto do circuito poderia ser melhorado se, em vez de C, uma capacitância de $7/3$ C fosse considerada. O técnico tem três capacitores adicionais, cada um com capacitância C. Combinando os capacitores adicionais em um determinado arranjo, que é ligado em paralelo ao capacitor original, ele estabelece a capacitância desejada.

19. Para o sistema de quatro capacitores mostrado na Figura P4.19, determine (a) a capacitância equivalente do sistema, (b) a carga em cada capacitor e (c) a diferença de potencial em cada capacitor.

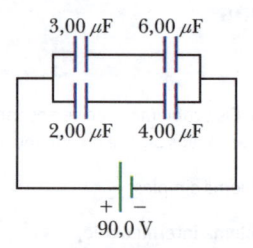

Figura P4.19 Problemas 19 e 56.

20. Três capacitores estão conectados a uma bateria, como mostra a Figura P4.20. Suas capacitâncias são $C_1 = 3C$, $C_2 = C$ e $C_3 = 5C$. (a) Qual é a capacitância equivalente desse conjunto de capacitores? (b) Estabeleça a classificação dos capacitores de acordo com a carga por eles armazenada, da maior para a menor. (c) Classifique os capacitores de acordo com a diferença de potencial entre suas extremidades, da maior para a menor. (d) E se? Suponha que C_3 seja aumentado. Explique o que ocorre à carga armazenada em cada capacitor.

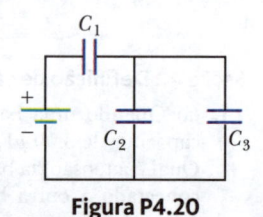

Figura P4.20

21. [M] Um grupo de capacitores idênticos é ligado primeiramente em série e, depois, em paralelo. A capacitância combinada em paralelo é 100 vezes maior que a da ligação em série. Quantos capacitores existem no grupo?

22. [W] (a) Calcule a capacitância equivalente entre os pontos a e b para o grupo de capacitores conectados como mostra a Figura P4.22. Considere $C_1 = 5,00\ \mu F$, $C_2 = 10,0\ \mu F$ e $C_3 = 2,00\ \mu F$. (b) Qual será a carga armazenada em C_3 se a diferença de potencial entre os pontos a e b for de 60,0 V?

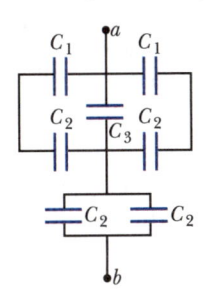

Figura P4.22

23. [M] Quatro capacitores estão conectados como mostra a Figura P4.23. (a) Determine a capacitância equivalente entre os pontos a e b. (b) Calcule a carga em cada capacitor, considerando $\Delta V_{ab} = 15,0$ V.

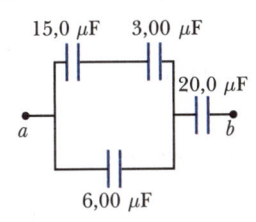

Figura P4.23

24. [M] Considere o circuito mostrado na Figura P4.24, onde $C_1 = 6,00\ \mu F$, $C_2 = 3,00\ \mu F$ e $\Delta V = 20,0$ V. O capacitor C_1 é primeiramente carregado quando a chave S_1 é fechada. Depois, esta chave é aberta, e o capacitor carregado é conectado ao descarregado, quando S_2 é fechada. Calcule (a) a carga inicial adquirida por C_1 e (b) a carga final em cada capacitor.

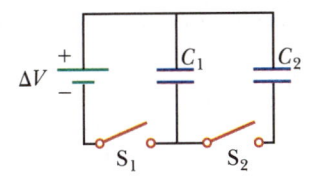

Figura P4.24

25. Determine a capacitância equivalente entre os pontos a e b na associação de capacitores mostrada na Figura P4.25.

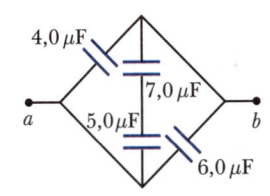

Figura P4.25

26. Calcule (a) a capacitância equivalente dos capacitores na Figura P4.26, (b) a carga em cada capacitor e (c) a diferença de potencial em cada capacitor.

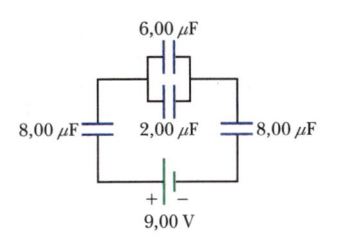

Figura P4.26

27. Dois capacitores fornecem uma capacitância equivalente de 9,00 pF quando ligados em paralelo, e de 2,00 pF quando ligados em série. Qual é a capacitância de cada capacitor?

28. Dois capacitores fornecem uma capacitância equivalente Cp quando ligados em paralelo e Cs quando ligados em série. Qual é a capacitância de cada capacitor?

29. Considere três capacitores C_1, C_2 e C_3 e uma bateria. Se apenas μC_1 estiver conectado à bateria, a carga em C_1 será de 30,8 C. Agora, C_1 é desconectado, descarregado e ligado em série a C_2. Quando a associação em série de C_2 e C_1 é conectada à bateria, a carga em C_1 é de 23,1 μC. O circuito é desconectado e os dois capacitores são descarregados. Depois, C_3, C_1 e a bateria são ligados em série, resultando em uma carga em C_1 de 25,2 μC. Se, após serem desconectados e descarregados, C_1, C_2 e C_3 forem ligados em série um ao outro e à bateria, qual será a carga em C_1?

Seção 4.4 Energia armazenada em um capacitor carregado

30. A causa imediata de muitas mortes é a fibrilação ventricular, a palpitação descoordenada do coração. Um choque elétrico aplicado ao tórax pode causar a paralisia momentânea do músculo cardíaco, após a qual o coração, às vezes, retoma os batimentos normais. Um tipo de *desfibrilador* (foto no início do capítulo) aplica um forte choque elétrico ao tórax durante um intervalo de tempo de alguns milissegundos. O dispositivo contém um capacitor de vários microfarads, carregado com vários milhares de volts. Eletrodos chamados pás são pressionados contra o tórax nos dois lados do coração e o capacitor é descarregado no tórax do paciente. Suponha que uma energia de 300 J tenha de ser aplicada por um capacitor de 30,0 μF. Com qual diferença de potencial este capacitor deve estar carregado?

31. Uma bateria de 12,0 V está conectada a um capacitor, resultando em uma carga de 54,0 μC armazenada no capacitor. Quanta energia está armazenada no capacitor?

32. [W] (a) Um capacitor de 3,00 μF está conectado a uma bateria de 12,0 V. Qual a quantidade de energia que está armazenada no capacitor? (b) Se o capacitor estivesse conectado a uma bateria de 6,00 V, quanta energia seria armazenada?

33. Quando uma pessoa se move em um ambiente seco, a carga elétrica acumula-se em seu corpo. Uma vez que possui alta tensão, positiva ou negativa, o corpo pode descarregar a energia em forma de faíscas e choques. Considere um corpo humano isolado do solo, com a capacitância típica de 150 pF. (a) Qual carga no corpo produziria um potencial de 10,0 kV? (b) Dispositivos eletrônicos sensíveis podem ser danificados pela descarga eletrostática de uma pessoa. Um determinado dispositivo pode ser danificado por uma descarga que libera uma energia de 250 μJ. A que tensão no corpo esta situação corresponde?

34. Dois capacitores, $C_1 = 18,0\ \mu F$ e $C_2 = 36,0\ \mu F$, estão ligados em série e uma bateria de 12,0 V está conectada a eles. Determine (a) a capacitância equivalente e (b) a energia armazenada nela. (c) Calcule a energia armazenada individualmente em cada capacitor. (d) Demonstre que a soma dessas duas energias é igual à energia calculada na parte (b). (e) Essa igualdade é verdadeira em todos os casos ou depende do número de capacitores e de suas capacitâncias? (f) Se os mesmos capacitores fossem ligados em paralelo, que diferença de potencial seria necessária nesses dispositivos de modo que a associação armazenasse a mesma energia calculada na parte (a)? (g) Qual capacitor armazena mais energia nesta situação, C_1 ou C_2?

35. Dois capacitores de placas paralelas idênticos, cada um com capacitância de 10,0 μF, são carregados com uma diferença de potencial de 50,0 V e, depois, desconectados da bateria. Depois, os dispositivos são ligados um ao outro em paralelo com as placas de mesmo sinal conectadas. Finalmente, o espaçamento entre as placas em um dos capacitores é dobrado. (a) Determine a energia total do sistema de dois capacitores *antes* de o espaçamento entre as placas ser dobrado. (b) Calcule a diferença de potencial em cada capacitor *após* este espaçamento ser dobrado. (c) Determine a energia total do sistema *após* este espaçamento ser dobrado. (d) Concilie a diferença nas respostas das partes (a) e (c) com a Lei da Conservação da Energia.

36. Dois capacitores de placas paralelas idênticos, cada um com capacitância C, são carregados com uma diferença de potencial ΔV e, depois, desconectados da bateria. Depois, os dispositivos são ligados um ao outro em paralelo com as placas de mesmo sinal conectadas. Finalmente, o espaçamento entre as placas em um dos capacitores é dobrado. (a) Determine a energia total do sistema de dois capacitores *antes* de o espaçamento entre as placas ser dobrado. (b) Calcule a diferença de potencial em cada capacitor *após* este espaçamento ser dobrado. (c) Determine a energia total do sistema *após* este espaçamento ser dobrado. (d) Concilie a diferença nas respostas das partes (a) e (c) com a Lei da Conservação da Energia.

37. Dois capacitores, $C_1 = 25,0$ μF e $C_2 = 5,00$ μF, estão ligados em paralelo e carregados por uma fonte de alimentação de 100 V. (a) Trace um diagrama de circuito e (b) calcule a energia total armazenada nos dois capacitores. (c) E se? Que diferença de potencial seria requerida nos mesmos dois capacitores ligados em série para que a associação armazenasse a mesma quantidade de energia calculada na parte (b)? (d) Trace um diagrama do circuito descrito na parte (c).

38. Um capacitor de placas paralelas tem carga Q e placas de área A. Qual força atua sobre uma placa para atraí-la em direção à outra? Visto que o campo elétrico entre as placas é $E = Q/A\varepsilon_0$, podemos pensar que a força é $F = QE = Q^2/A\varepsilon_0$. Esta conclusão está errada, pois o campo E inclui contribuições das duas placas, e o campo criado pela placa positiva não pode exercer nenhuma força sobre a placa positiva. Demonstre que a força exercida sobre cada placa é, na verdade, $F = Q^2/2A\varepsilon_0$. *Sugestão*: Considere $C = \varepsilon_0 A/x$ para um espaçamento entre placas arbitrário x e observe que o trabalho realizado na separação das duas placas carregadas é $W = \int F\,dx$.

39. **AMT** **Revisão.** Uma nuvem de tempestade e o solo representam as placas de um capacitor. Durante uma tempestade, o capacitor tem uma diferença de potencial de $1,00 \times 10^8$ V entre suas placas e carga de 50,0 C. Um relâmpago libera 1,00% da energia do capacitor para uma árvore no solo. Quanta seiva da árvore pode ser evaporada? Modele a seiva como água inicialmente a 30,0 °C. A água tem calor específico de 4.186 J/kg × °C, ponto de ebulição de 100 °C e calor latente de vaporização de $2,26 \times 10^6$ J/kg.

40. **PD** Considere duas esferas condutoras de raios R_1 e R_2, separadas por uma distância muito maior que qualquer dos raios. Uma carga total Q é compartilhada entre as esferas. Queremos demonstrar que, quando a energia potencial elétrica do sistema tem um valor mínimo, a diferença de potencial entre as esferas é igual a zero. A carga total Q é igual a $q_1 + q_2$, onde q_1 representa a carga na primeira esfera, e q_2, a carga na segunda. Uma vez que as esferas estão muito afastadas uma da outra, podemos supor que a carga em cada uma delas está distribuída de modo uniforme sobre sua superfície. (a) Demonstre que a energia associada a uma única esfera condutora de raio R e carga q envolta por um vácuo é $U = k_e q^2/2R$. (b) Calcule a energia total do sistema de duas esferas como função de q_1, da carga total Q e dos raios R_1 e R_2. (c) Para minimizar a energia, diferencie o resultado da parte (b) em relação a q_1 e defina a derivada igual a zero. Resolva para q_1 como função de Q e dos raios. (d) Com base no resultado da parte (c), calcule a carga q_2. (e) Determine o potencial de cada esfera. (f) Qual é a diferença de potencial entre as esferas?

41. **AMT** **Revisão.** O circuito na Figura P4.41 consiste em duas placas de metal, paralelas e idênticas, conectadas a molas de metal idênticas, uma chave e uma bateria de 100 V. Com a chave aberta, as placas permanecem descarregadas, separadas por uma distância $d = 8,00$ mm e têm uma capacitância $C = 2,00$ μF. Quando a chave é fechada, a distância entre as placas diminui por um fator de 0,500. (a) Qual a quantidade de carga coletada em cada placa? (b) Qual é a constante elástica de cada mola?

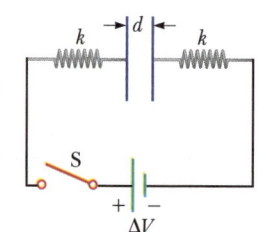

Figura P4.41

Seção 4.5 Capacitores com dielétricos

42. Um supermercado vende rolos de folha de alumínio, embalagens de plástico e papel encerado. (a) Descreva um capacitor feito desses materiais. Calcule a ordem de grandeza para (b) sua capacitância e (c) sua tensão de ruptura.

43. **W** (a) Qual quantidade de carga pode ser armazenada em um capacitor com ar entre as placas antes que o dispositivo seja danificado, se a área de cada placa for de 5,00 cm²? (b) E se? Determine a carga máxima se poliestireno for utilizado entre as placas em vez do ar.

44. A tensão medida em um capacitor de placas paralelas cheio de ar é de 85,0 V. Quando um dielétrico é inserido e preenche totalmente o espaço entre as placas, como mostra a Figura P4.44, a tensão cai para 25,0 V. (a) Qual é a constante dielétrica do material inserido? (b) Você é capaz de identificar o dielétrico? Em caso afirmativo, qual é o material? (c) Se o dielétrico não preenchesse totalmente o espaço entre as placas, o que poderíamos concluir sobre a tensão entre as placas?

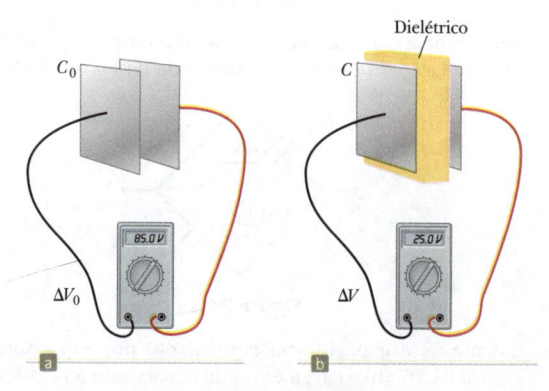

Figura P4.44

45. **W** Determine (a) a capacitância e (b) a diferença de potencial máxima que podem ser aplicadas a um capacitor de placas paralelas cheio de Teflon com área de placa de 1,75 cm² e espaçamento entre placas de 0,0400 mm.

46. Um capacitor comercial deve ser construído como mostra a Figura P4.46. Esse capacitor em particular é feito de duas tiras de folha de alumínio separadas por uma tira de papel impregnado com parafina. Cada tira de folha de alumínio e papel tem 7,00 cm de largura. A folha de alumínio tem espessura de 0,00400 mm, e o papel, de 0,0250 mm e constante dielétrica de 3,70. Qual deve ser o comprimento das tiras se uma capacitância de $9,50 \times 10^{-8}$ F precisar ser estabelecida antes que o capacitor seja enrolado? A adição de uma segunda tira de papel e o enrolamento do capacitor dobrariam a capacitância, permitindo o armazenamento de carga nos dois lados de cada tira de folha de alumínio.

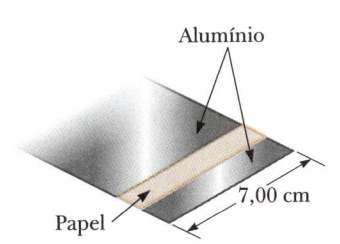

Figura P4.46

47. Um capacitor de placas paralelas em ar tem espaçamento entre placas de 1,50 cm e área de placa de 25,0 cm². As placas estão carregadas com uma diferença de potencial de 250 V e desconectadas da fonte. Depois, o capacitor é imerso em água destilada. Suponha que o líquido seja um isolante. Determine (a) a carga nas placas antes e depois da imersão, (b) a capacitância e a diferença de potencial após a imersão, e (c) a variação na energia do capacitor.

48. Cada capacitor na associação mostrada na Figura P4.48 tem uma tensão de ruptura de 15,0 V. Qual é a tensão de ruptura da associação?

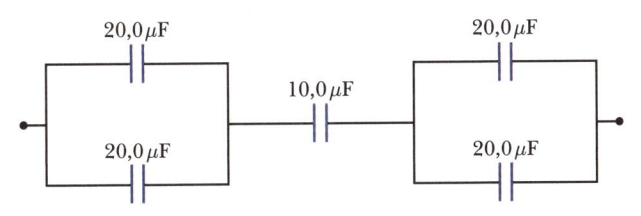

Figura P4.48

49. **AMT** Um capacitor de placas paralelas, de 2,00 nF, é carregado até uma diferença potencial inicial $\Delta V_i = 100$ V e, então, é isolado. O material dielétrico entre as placas é a mica, com um constante dielétrico de 5,00. (a) Quanto trabalho é requerido para retirar a folha de mica? (b) Qual é a diferença de potencial no capacitor depois que a mica é retirada?

Seção 4.6 Dipolo elétrico em um campo elétrico

50. **M** Um pequeno corpo rígido tem cargas positiva e negativa de 3,50 nC e está direcionado de modo que a carga positiva tem coordenadas (–1,20 mm, 1,10 mm) e a carga negativa está no ponto (1,40 mm, –1,30 mm). (a) Determine o momento de dipolo elétrico do corpo. O corpo é colocado em um campo elétrico $\vec{E} = (7,80 \times 10^3 \hat{i} - 4,90 \times 10^3 \hat{j})$ N/C. (b) Determine o torque que atua sobre o corpo. (c) Calcule a energia potencial do sistema corpo-campo quando o corpo estiver assim direcionado. (d) Supondo que o direcionamento do corpo possa variar, determine a diferença entre as energias potenciais máxima e mínima do sistema.

51. **AMT** Uma linha infinita de carga positiva está posicionada ao longo do eixo y, com densidade de carga $\lambda = 2,00$ μC/m. Um dipolo está localizado com seu centro ao longo do eixo x em $x = 25,0$ cm. O dipolo consiste em duas cargas de $\pm 10,0$ μC separadas por 2,00 cm. O eixo do dipolo forma um ângulo de 35,0° com o eixo x e a carga positiva está mais distante da linha de carga que a carga negativa. Determine a força resultante exercida sobre o dipolo.

52. Um corpo pequeno com momento de dipolo elétrico $\vec{p}$ é colocado em um campo elétrico não uniforme $\vec{E} = E(x)\hat{i}$. Isto é, o campo está na direção x, e seu módulo depende apenas da coordenada x. Seja θ o ângulo entre o momento de dipolo e a direção x. Prove que a força resultante aplicada ao dipolo é

$$F = p\left(\frac{dE}{dx}\right)\cos\theta$$

atuando no sentido do campo crescente.

Seção 4.7 Uma descrição atômica dos dielétricos

53. A forma geral da Lei de Gauss descreve como uma carga cria um campo elétrico em um material, bem como no vácuo:

$$\int \vec{E} \cdot d\vec{A} = \frac{q_{in}}{\varepsilon}$$

onde $\varepsilon = \kappa\varepsilon_0$ é a permissividade do material. (a) Uma folha com carga Q distribuída uniformemente sobre sua área A é envolvida por um dielétrico. Demonstre que a folha cria um campo elétrico uniforme em pontos próximos com módulo $E = Q/2A\varepsilon$. (b) Duas folhas grandes de área A, com cargas opostas de mesmo módulo Q, estão separadas por uma distância pequena d. Demonstre que as folhas criam um campo elétrico uniforme no espaço que as separam com módulo $E = Q/A\varepsilon$. (c) Suponha que a placa negativa tenha um potencial igual a zero. Demonstre que a placa positiva está em um potencial $Qd/A\varepsilon$. (d) Demonstre que a capacitância do par de placas é dada por $C = A\varepsilon/d = \kappa A\varepsilon_0/d$.

Problemas Adicionais

54. Calcule a capacitância equivalente do grupo de capacitores mostrado na Figura P4.54.

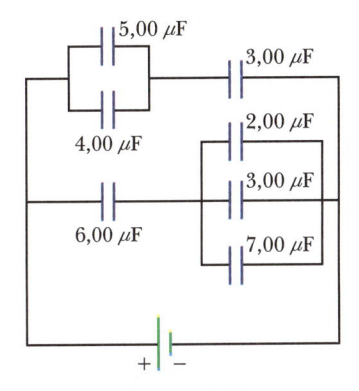

Figura P4.54

55. Quatro placas de metal paralelas P_1, P_2, P_3 e P_4, cada uma com área de 7,50 cm², estão separadas sucessivamente por uma distância $d = 1,19$ mm, como mostra a Figura P4.55. A placa P_1 está conectada ao terminal negativo de uma bate-

ria, e a P_2 ao positivo. A bateria mantém uma diferença de potencial de 12,0 V. (a) Se P_3 estiver conectada ao terminal negativo, qual será a capacitância do sistema de três placas $P_1P_2P_3$? (b) Qual é a carga em P_2? (c) Se P_4 estiver conectada ao terminal positivo, qual será a capacitância do sistema de quatro placas $P_1P_2P_3P_4$? (d) Qual é a carga em P_4?

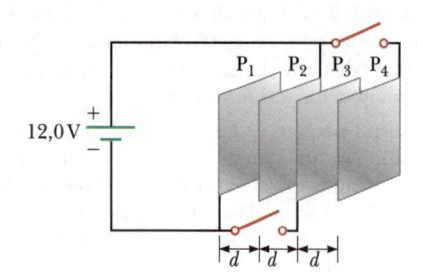

Figura P4.55

56. Para o sistema de quatro capacitores mostrado na Figura P4.19, determine (a) a energia total armazenada no sistema e (b) a energia armazenada em cada capacitor. (c) Compare a soma das respostas na parte (b) com o resultado da parte (a) e explique sua observação.

57. Um campo elétrico uniforme E = 3.000 V/m existe dentro de uma determinada região. Que volume do espaço contém uma energia igual a $1,00 \times 10^{-7}$ J? Expresse a seu resposta em metros cúbicos e em litros.

58. Duas placas de metal, grandes e paralelas, cada uma com área A, estão direcionadas horizontalmente e separadas por uma distância $3d$. Um fio condutor aterrado liga as placas e, inicialmente, cada uma delas não tem carga. Agora, uma terceira placa idêntica com carga Q é inserida entre as duas, paralela a elas e localizada a uma distância d da placa superior, como mostra a Figura P4.58. (a) Qual carga é induzida em cada uma das duas placas originais? (b) Qual é a diferença de potencial entre a placa intermediária e cada uma das outras duas?

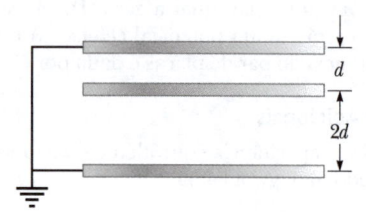

Figura P4.58

59. **M** Um capacitor de placas paralelas é construído com um material dielétrico cuja constante dielétrica é de 3,00 e cuja resistência dielétrica é de $2,00 \times 10^8$ V/m. A capacitância desejada é de 0,250 μF, e o capacitor deve resistir a uma diferença de potencial máxima de 4,00 kV. Determine a área mínima das placas do capacitor.

60. *Por que a seguinte situação é impossível?* Um capacitor de 10,0 μF tem placas com vácuo entre elas. Ele é carregado de modo a armazenar 0,0500 J de energia. Uma partícula com carga $-3,00$ μC é disparada da placa positiva em direção à negativa com energia cinética inicial igual a $1,00 \times 10^{-4}$ J. A partícula alcança a placa negativa com uma energia cinética reduzida.

61. Um modelo de uma célula vermelha do sangue retrata a célula como um capacitor com duas placas esféricas. É uma esfera da área A positivamente carregada que conduz líquido, separada por uma membrana isolante de espessura t a partir das vizinhanças negativamente carregadas do fluido conduzido. Eletrodos minúsculos introduzidos na célula mostram uma diferença potencial de 100 mV através da membrana. Considere uma membrana com espessura de 100 nm e sua constante dielétrica como 5,0. (a) Suponha que uma célula típica vermelha de sangue tem uma massa de $1,0 \times 10^{-12}$ kg e densidade 1.100 kg/m^3. Calcule o seu volume e a área de sua superfície. (b) Encontre a capacitância da célula. (c) Calcule a carga nas superfícies da membrana. Quantas cargas eletrônicas esta carga representa?

62. Um capacitor de placas paralelas com vácuo entre as placas horizontais tem capacitância de 25,0 μF. Um líquido não condutor com constante dielétrica de 6,50 é colocado no espaço entre as placas, preenchendo uma fração f de seu volume. (a) Determine a nova capacitância como uma função de f. (b) Qual seria a capacitância quando $f = 0$? A expressão da parte (a) está de acordo com sua resposta? (c) Qual seria a capacitância quando $f = 1$? A expressão da parte (a) está de acordo com sua resposta?

63. Um capacitor de 10,0 μF, carregado com 15,0 V, é ligado em série com um capacitor de 5,00 μF descarregado. A associação em série é, então, conectada a uma bateria de 50,0 V, como mostrado no diagrama da Figura P4.63. Determine as novas diferenças de potencial nos capacitores de 5,00 μF e 10,0 μF após a chave ser fechada.

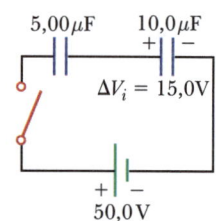

Figura P4.63

64. Suponha que o diâmetro interno do tubo do detector Geiger-Mueller descrito no problema 68 no capítulo 3 deste volume é 2,50 cm e que o fio ao longo do eixo tem um diâmetro de 0,200 mm. A rigidez dielétrica do gás entre o fio central e o cilindro é $1,20 \times 10^6$ V/m. Use o resultado desse problema para calcular a diferença de potencial máxima que pode ser aplicada entre o fio e o cilindro antes de ocorrer avaria no gás.

65. Duas placas quadradas de lados ℓ estão posicionadas em paralelo uma em relação à outra, com um espaçamento d, como sugerido na Figura P4.65. Podemos supor que d é muito menor que ℓ. As placas têm cargas estáticas $+Q_0$ e $-Q_0$ uniformemente distribuídas. Um bloco de metal tem uma largura ℓ, comprimento ℓ e espessura ligeiramente inferior a d. Essa peça é inserida a uma distância x no espaço entre as placas. As cargas nas placas permanecem distribuídas de modo uniforme quando o bloco é inserido. Em uma situação estática, um metal impede a penetração de um campo elétrico. O metal pode ser considerado um dielétrico perfeito, com $\kappa \to \infty$. (a) Calcule a energia armazenada no sistema como uma função de x. (b) Determine o sentido e o módulo da força que atua sobre o bloco metálico. (c) A área da face frontal de avanço do bloco é essencialmente igual a ℓd. Considerando a força aplicada ao bloco atuante sobre esta face, determine a tensão (força por área) estabelecida. (d) Expresse a densidade de energia no campo elétrico entre as placas carregadas em função de Q_0, ℓ, d e ε_0. (e) Compare as respostas das partes (c) e (d).

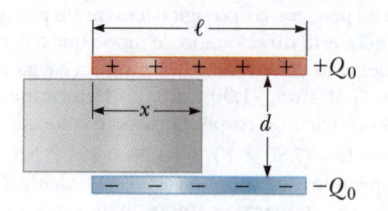

Figura P4.65

66. (a) Duas esferas têm raios a e b e seus centros estão separados por uma distância d. Demonstre que a capacitância deste sistema é

$$C = \frac{4\pi\varepsilon_0}{\dfrac{1}{a} + \dfrac{1}{b} - \dfrac{2}{d}}$$

considerando que d é grande comparada com a e b. *Sugestão*: Visto que as esferas estão distantes uma da outra, suponha que o potencial de cada uma seja igual à soma dos potenciais criados por cada esfera. (b) Demonstre que, à medida que d se aproxima do infinito, o resultado acima se reduz ao de dois capacitores esféricos em série.

67. Um capacitor de capacitância desconhecida foi carregado com uma diferença de potencial de 100 V e, depois, desconectado da bateria. Quando o capacitor carregado é ligado em paralelo a um capacitor de 10,0 μF descarregado, a diferença de potencial na associação é de 30,0 V. Calcule a capacitância desconhecida.

68. Um capacitor de placas paralelas e espaçamento entre placas d é carregado com uma diferença de potencial ΔV_0. Uma chapa dielétrica de espessura d e constante dielétrica κ é inserida entre as placas, enquanto a bateria permanece conectada a elas. (a) Demonstre que a razão entre as energias armazenadas após o dielétrico ser inserido e no capacitor vazio é $U/U_0 = \kappa$. (b) Forneça uma explicação física para este aumento da energia armazenada. (c) O que ocorre com a carga no capacitor? *Observação*: Esta situação não é a mesma do Exemplo 4.5, no qual a bateria foi removida do circuito antes de o dielétrico ser inserido.

69. Os capacitores $C_1 = 6{,}00$ μF e $C_2 = 2{,}00$ μF são carregados como uma associação em paralelo a uma bateria de 250 V. Os capacitores são desconectados da bateria e um do outro. Depois, os dispositivos são conectados nas sequências placa positiva à negativa e placa negativa à positiva. Calcule a carga resultante em cada capacitor.

70. No Exemplo 4.1 estudamos um capacitor cilíndrico de comprimento ℓ com dois condutores de raios a e b. Na Seção "E se?" do exemplo, foi afirmado que o aumento de ℓ em 10% é mais eficaz para aumentar a capacitância que o aumento de a em 10% se $b > 2{,}85a$. Comprove matematicamente esta afirmação.

71. Para reparar uma fonte de alimentação de um amplificador estéreo, um técnico em eletrônica precisa de um capacitor de 100 μF capaz de suportar uma diferença de potencial de 90 V entre as placas. A fonte de alimentação imediatamente disponível é uma caixa com cinco capacitores de 100 μF, cada um com capacidade de tensão máxima de 50 V. (a) Qual associação desses capacitores tem as características elétricas adequadas? O técnico utilizará todos os capacitores na caixa? Explique suas respostas. (b) Na associação de capacitores obtida na parte (a), qual será a tensão máxima em cada capacitor utilizado?

Problemas de Desafio

72. O condutor interno de um cabo coaxial tem um raio de 0,800 mm e o raio interno do condutor externo é de 3,00 mm. O espaço entre os condutores é preenchido com polietileno, que tem constante dielétrica de 2,30 e uma resistência dielétrica de $18{,}0 \times 10^6$ V/m. Qual é a diferença de potencial máxima suportada por esse cabo?

73. Alguns sistemas físicos com capacitância distribuída de modo contínuo no espaço podem ser modelados como um conjunto infinito de elementos de circuito discretos. Exemplos desses sistemas incluem um guia de micro-ondas e o axônio de uma célula nervosa. Para praticar a análise de um conjunto infinito, determine a capacitância equivalente C entre os terminais X e Y do conjunto infinito de capacitores representado na Figura P4.73. Cada capacitor tem capacitância C_0. *Sugestões*: Suponha que a escada seja cortada na linha AB e observe que a capacitância equivalente da seção infinita à direita de AB também é C.

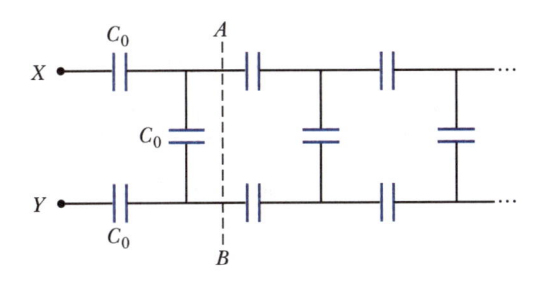

Figura P4.73

74. Considere dois fios longos e paralelos com cargas de sinais opostos e raio r. Seus centros são separados por uma distância D muito maior que r. Supondo que a carga esteja uniformemente distribuída sobre a superfície de cada fio, demonstre que a capacitância por comprimento unitário nesse par de fios é

$$\frac{C}{\ell} = \frac{\pi\varepsilon_0}{\ln(D/r)}$$

75. Determine a capacitância equivalente da associação mostrada na Figura P4.75. *Sugestão*: Considere a simetria envolvida.

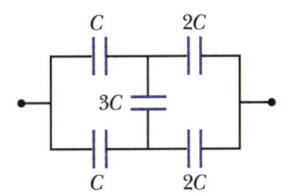

Figura P4.75

76. Um capacitor de placas paralelas de área LW e espaçamento entre placas t tem a região entre as placas preenchida com calços de dois materiais dielétricos, como mostra a Figura P4.76. Suponha que t seja muito menor que L e W. (a) Determine a capacitância do dispositivo. (b) A capacitância deveria ser a mesma se as identificações κ_1 e κ_2 fossem trocadas? Demonstre que sua expressão tem ou não esta propriedade. (c) Demonstre que, se κ_1 e κ_2 se aproximarem igualmente de um valor comum κ, seu resultado se tornará igual à capacitância de um capacitor contendo um único dielétrico: $C = \kappa\varepsilon_0 LW/t$.

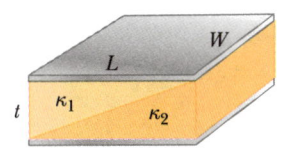

Figura P4.76

77. Calcule a capacitância equivalente entre os pontos a e b na Figura P4.77. Observe que este sistema não é uma associação em série ou em paralelo simples. *Sugestão*: Considere uma diferença de potencial ΔV entre os pontos a e b. Determine expressões para ΔV_{ab} em função das cargas e capacitâncias dos vários percursos possíveis entre a e b, obser-

vando a conservação da carga para as placas de capacitor interconectadas.

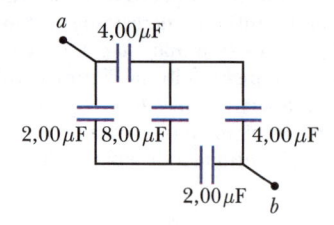

Figura P4.77

78. Um capacitor consiste em duas placas metálicas quadradas de lados ℓ e espaçamento d. As placas têm cargas $+Q$ e $-Q$ e a fonte de alimentação é removida. Um material de constante dielétrica κ é inserido a uma distância x no capacitor, como mostra a Figura P4.78. Suponha que d seja muito menor que x. (a) Determine a capacitância equivalente do dispositivo. (b) Calcule a energia armazenada no capacitor. (c) Determine o sentido e o módulo da força exercida pelas placas sobre o dielétrico. (d) Obtenha um valor numérico para a força quando $x = \ell/2$, supondo que $\ell = 5{,}00$ cm, $d = 2{,}00$ mm, o dielétrico seja o vidro ($\kappa = 4{,}50$) e o capacitor tenha sido carregado com $2{,}00 \times 10^3$ V antes de o dielétrico ser inserido. *Sugestão*: O sistema pode ser considerado como dois capacitores ligados em paralelo.

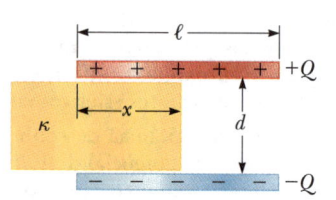

Figura P4.78

capítulo 5

Corrente e resistência

5.1 Corrente elétrica
5.2 Resistência
5.3 Um modelo de condução elétrica
5.4 Resistência e temperatura
5.5 Supercondutores
5.6 Potência elétrica

Nesta parte, consideraremos situações que envolvem cargas elétricas em movimento através de alguma região do espaço. Utilizaremos o termo *corrente elétrica*, ou simplesmente *corrente*, para descrever a proporção de fluxo de carga. As aplicações mais práticas da eletricidade são aquelas relacionadas às correntes elétricas, incluindo uma variedade de dispositivos domésticos. Por exemplo, a voltagem da tomada em uma parede produz uma corrente nas peças internas de uma torradeira, quando esta é ligada. Nessas situações comuns, existe corrente em um condutor, tal como um fio de cobre. As correntes também podem existir fora de um condutor. Por exemplo, um feixe de elétrons em um acelerador de partículas constitui uma corrente.

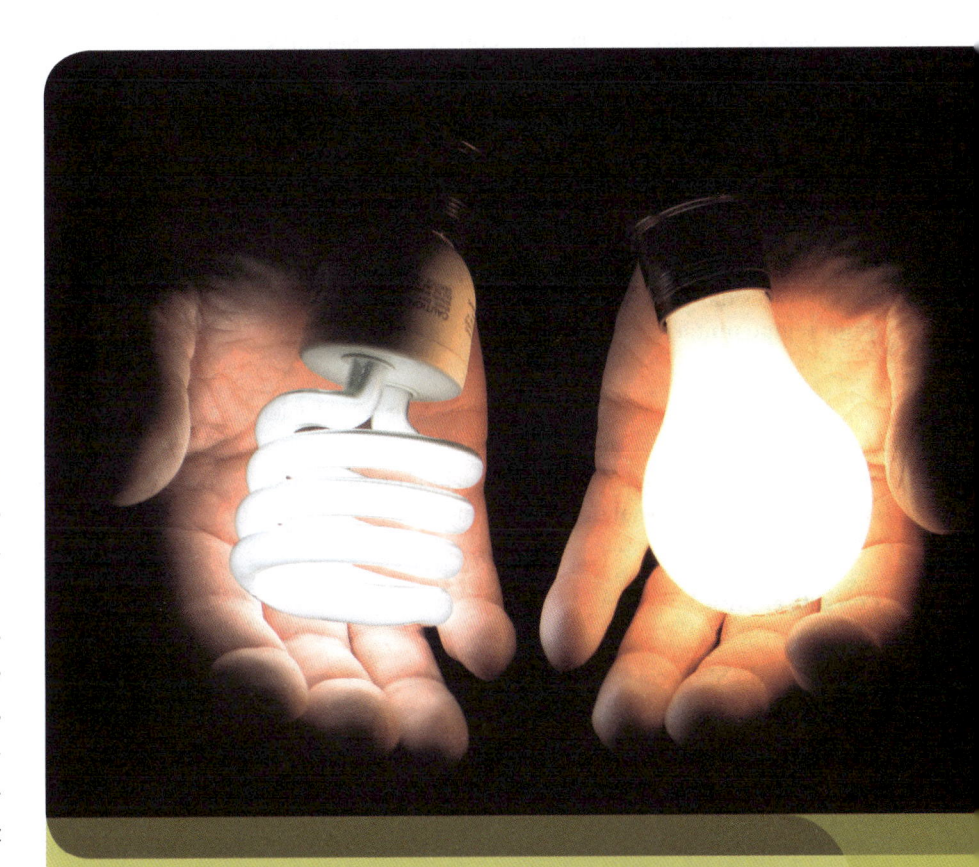

As duas lâmpadas fornecem a mesma potência de saída na forma de luz visível (radiação eletromagnética). No entanto, a fluorescente compacta, à esquerda, produz a mesma quantidade de luz com muito menos potência de entrada por meio da transmissão elétrica que a incandescente, à direita. Portanto, a fluorescente tem custo de funcionamento menor e economiza recursos valiosos necessários à geração de eletricidade. *(Christina Richards/Shutterstock.com)*

Este capítulo começa pela definição de corrente, descrita no nível microscópico, e discute alguns fatores que contribuem para a oposição ao fluxo de carga em condutores. Um modelo clássico é utilizado para descrever a condução elétrica em metais, e algumas das suas limitações são citadas. Também definimos resistência elétrica e apresentamos um novo elemento de circuito, o resistor. Concluímos com uma discussão sobre a proporção na qual a energia é transferida para um dispositivo em um circuito elétrico. O mecanismo de transferência de energia na Equação 8.2 do Volume 1 que corresponde a este processo é a transmissão elétrica T_{TE}.

5.1 Corrente elétrica

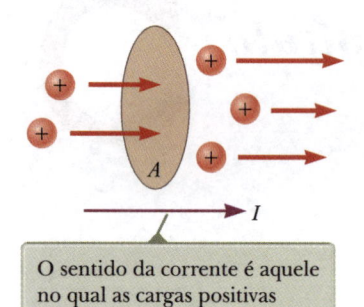

Figura 5.1 Cargas em movimento através de uma área A. A proporção na qual a carga flui através da área é definida como a corrente I.

O sentido da corrente é aquele no qual as cargas positivas fluem quando livres.

Nesta seção, estudaremos o fluxo de cargas elétricas através de um material. A quantidade do fluxo depende do material através do qual as cargas passam e da diferença de potencial entre as extremidades do material. Sempre que houver um fluxo líquido de carga através de alguma região, diz-se que existe uma *corrente* elétrica.

É instrutivo fazer uma analogia entre o escoamento da água e a corrente. O fluxo de água na tubulação de um encanamento pode ser quantificado especificando-se a quantidade de água que sai de uma torneira durante um tempo específico, geralmente, medida em litros por minuto. A corrente de um rio pode ser caracterizada descrevendo-se a taxa com que a água flui por um determinado local. Por exemplo, o escoamento ao longo da borda das cataratas do Niágara é mantido a proporções entre 1.400 m³/s e 2.800 m³/s.

Também existe uma analogia entre a condução térmica e a corrente. Na Seção 6.7 do Volume 2, discutimos o fluxo da energia na forma de calor através de uma amostra de material. A proporção de fluxo de energia é determinada pelo material, bem como pela diferença de temperatura nele, como descrito pela Equação 6.15 do Volume 2.

Para definir a corrente de modo mais preciso, suponha que cargas se desloquem perpendicularmente a uma superfície de área A, como mostra a Figura 5.1. Esta área poderia ser a área de seção transversal de um fio, por exemplo. **Corrente** é definida como a proporção na qual a carga flui através dessa superfície. Se ΔQ for a quantidade de carga que passa através da superfície em um intervalo de tempo Δt, a **corrente média** $I_{méd}$ será igual à carga que passa através de A por tempo unitário:

$$I_{méd} = \frac{\Delta Q}{\Delta t} \quad (5.1)$$

Se a proporção na qual a carga flui varia no tempo, assim acontece com a corrente. Definimos **corrente instantânea** I como o limite diferencial da corrente média quando $\Delta t \to 0$:

Corrente elétrica ▶

$$I \equiv \frac{dQ}{dt} \quad (5.2)$$

A unidade do SI da corrente é o **ampère** (A):

$$1\ A = 1\ C/s \quad (5.3)$$

Isto é, 1 A de corrente equivale a 1 C de carga passando através de uma superfície em 1 s.

As partículas carregadas que passam através da superfície na Figura 5.1 podem ser positivas, negativas ou ambas. Como convenção, atribuímos à corrente o mesmo sentido do fluxo da carga positiva. Em condutores elétricos, como cobre ou alumínio, a corrente resulta do movimento de elétrons negativamente carregados. Portanto, em um condutor comum, o sentido da corrente é oposto ao do fluxo de elétrons. No caso de um feixe de prótons positivamente carregados em um acelerador, no entanto, a corrente tem o sentido do movimento dos prótons. Em alguns casos – como os que envolvem gases e eletrólitos, por exemplo –, a corrente é o resultado do fluxo de cargas positivas e negativas. É comum nos referirmos a uma carga em movimento (positiva ou negativa) como **portadora de carga** móvel.

Se as extremidades de um fio condutor forem conectadas para formar um circuito, todos os pontos deste circuito terão o mesmo potencial elétrico e, assim, o campo elétrico será igual a zero dentro do condutor e em sua superfície. Visto que o campo elétrico é igual a zero, não há transferência líquida de cargas através do fio; portanto, não existe corrente. Se, por outro lado, as extremidades do fio condutor forem conectadas a uma bateria, todos os pontos do circuito não terão o mesmo potencial. A bateria estabelece uma diferença de potencial entre as extremidades do circuito, criando um campo elétrico no interior do fio. O campo elétrico exerce forças sobre os elétrons de condução no fio, deslocando-os no filamento e, consequentemente, criando uma corrente.

Prevenção de Armadilhas 5.1

"Fluxo de corrente" é redundante
Normalmente utiliza-se a frase *fluxo de corrente*, apesar de ser tecnicamente incorreta, pois a corrente *é* um fluxo (de carga). Esta terminologia é similar à *transferência de calor*, também redundante, porque o calor *é* uma transferência (de energia). Evitaremos este problema utilizando o termo *fluxo de carga*.

Prevenção de Armadilhas 5.2

Baterias não fornecem elétrons
Uma bateria não fornece elétrons a um circuito. O dispositivo estabelece um campo elétrico que exerce uma força sobre os elétrons existentes nos fios e elementos do circuito.

Modelo microscópico da corrente

Podemos relacionar a corrente ao movimento de portadores de carga descrevendo um modelo microscópico de condução em um metal. Considere a corrente em um condutor cilíndrico de área de seção transversal A (Fig. 5.2). O volume de um segmento do condutor de comprimento Δx (entre as duas seções transversais circulares mostradas na Fig. 5.2) é $A \Delta x$. Se n representar o número de portadores de carga móveis por volume unitário (em outras palavras, a densidade de portadores de carga), este número no segmento será $nA \Delta x$. Portanto, a carga total ΔQ neste segmento será

$$\Delta Q = (nA \Delta x)q$$

onde q é a carga em cada portador. Se os portadores se moverem a uma velocidade vetorial $\vec{v}_d$ paralela ao eixo do cilindro, o módulo de seu deslocamento no sentido x em um intervalo de tempo Δt será $\Delta x = v_d \Delta t$. Suponha que Δt seja o intervalo de tempo requerido para que os portadores de carga no segmento se movam em um deslocamento cujo módulo seja igual ao comprimento do segmento. Este intervalo de tempo também é o mesmo requerido para que todos os portadores de carga no segmento passem através da área circular em uma extremidade. Esta escolha nos permite expressar ΔQ como

$$\Delta Q = (nAv_d \Delta t)q$$

Dividindo os dois lados desta equação por Δt, concluímos que a corrente média no condutor é

$$I_{\text{méd}} = \frac{\Delta Q}{\Delta t} = nqv_d A \tag{5.4}$$

Na realidade, a velocidade escalar dos portadores de carga v_d é uma velocidade média chamada **velocidade escalar de deriva**. Para entender seu significado, considere um condutor no qual os portadores de carga sejam elétrons livres. Se o condutor estiver isolado – isto é, a diferença de potencial entre suas extremidades for igual a zero –, esses elétrons apresentarão um movimento aleatório análogo ao das moléculas de um gás. Os elétrons colidem repetidamente com os átomos de metal e seu movimento resultante é complexo, apresentando um padrão em ziguezague, igual ao que mostra a Figura 5.3a. Como já discutido, quando uma diferença de potencial é aplicada entre as extremidades de um condutor (por exemplo, por meio de uma bateria), um campo elétrico é estabelecido nele. Esse campo exerce uma força elétrica sobre os elétrons, produzindo uma corrente. Além do movimento em ziguezague causado pelas colisões com os átomos de metal, os elétrons apresentam um movimento lento ao longo do condutor (no sentido oposto ao de $\vec{E}$) com uma **velocidade vetorial de deriva** $\vec{v}_d$, como mostra a Figura 5.3b.

Podemos considerar as colisões átomo-elétron em um condutor um atrito interno efetivo (ou força de arrasto) similar ao das moléculas de um líquido que escoa através de um tubo cheio de palha de aço. A energia transferida dos elétrons para os átomos de metal durante as colisões resulta no aumento da energia vibratória dos átomos e no correspondente aumento na temperatura do condutor.

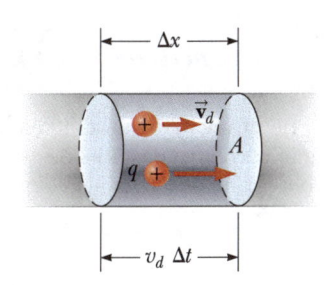

Teste Rápido 5.1 Considere cargas positivas e negativas deslocando-se horizontalmente através das quatro regiões mostradas na Figura 5.4. Classifique a corrente nessas quatro regiões, da mais alta à mais baixa.

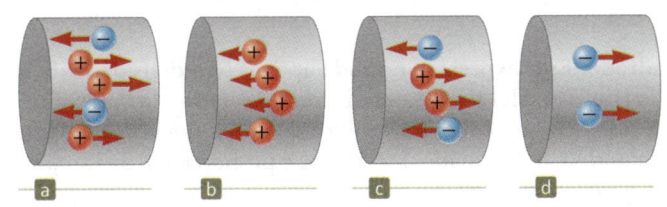

Figura 5.4 (Teste rápido 5.1) Cargas deslocando-se através de quatro regiões.

Figura 5.2 O segmento de um condutor uniforme de área de seção transversal A.

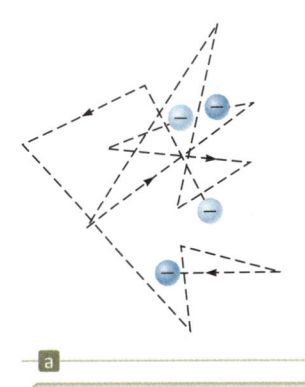

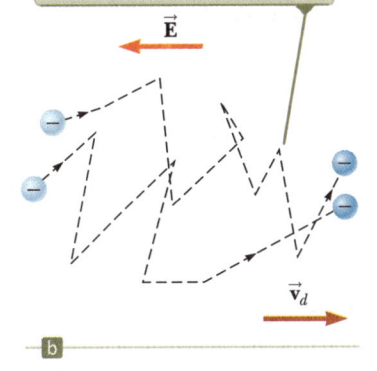

Figura 5.3 (a) Diagrama esquemático do movimento aleatório de dois portadores de carga em um condutor na ausência de campo elétrico. A velocidade vetorial de deriva é igual a zero. (b) O movimento dos portadores de carga em um condutor na presença de campo elétrico. Por causa da aceleração dos portadores de carga causada pela força elétrica, os percursos reais são parabólicos. No entanto, a velocidade escalar de deriva é muito menor que a velocidade escalar média, de modo que a forma parabólica não é visível nesta escala.

O movimento aleatório dos portadores de carga é modificado pelo campo. A velocidade vetorial de deriva dos portadores tem sentido oposto ao do campo elétrico.

Exemplo 5.1 | Velocidade escalar de deriva em um fio de cobre

O fio de cobre de bitola 12 em um edifício residencial típico tem área de seção transversal de $3{,}31 \times 10^{-6}$ m². O fio conduz uma corrente constante de 10,0 A. Qual é a velocidade escalar de deriva dos elétrons no fio? Suponha que cada átomo de cobre contribua com um elétron livre para a corrente. A densidade do cobre é de 8,92 g/cm³.

SOLUÇÃO

Conceitualização Considere elétrons movendo-se em ziguezague, como mostra a Figura 5.3a, com velocidade vetorial de deriva paralela ao fio sobreposta ao movimento, como mostra a Figura 5.3b. Como mencionado, a velocidade escalar de deriva é pequena, e este exemplo nos ajuda a quantificar a velocidade escalar.

Categorização Calculamos a velocidade escalar de deriva aplicando a Equação 5.4. Uma vez que a corrente é constante, a corrente média durante qualquer intervalo de tempo é igual à corrente constante: $I_{méd} = I$.

Análise A tabela periódica dos elementos químicos, no Apêndice C, mostra que a massa molar do cobre é $M = 63{,}5$ g/mol. Lembre-se de que 1 mol de qualquer substância contém o número de átomos de Avogadro ($N_A = 6{,}02 \times 10^{23}$ mol⁻¹).

Utilize a massa molar e a densidade do cobre para determinar o volume de 1 mol de cobre:

$$V = \frac{M}{\rho}$$

Com base na suposição de que cada átomo de cobre contribui com um elétron livre para a corrente, determine a densidade de elétrons no cobre:

$$n = \frac{N_A}{V} = \frac{N_A \rho}{M}$$

Resolva a Equação 5.4 para a velocidade escalar de deriva e aplique a densidade de elétrons:

$$v_d = \frac{I_{méd}}{nqA} = \frac{I}{nqA} = \frac{IM}{qAN_A \rho}$$

Substitua os valores numéricos:

$$v_d = \frac{(10{,}0 \text{ A})(0{,}0635 \text{ kg/mol})}{(1{,}60 \times 10^{-19} \text{ C})(3{,}31 \times 10^{-6} \text{ m}^2)(6{,}02 \times 10^{23} \text{ mol}^{-1})(8{,}920 \text{ kg/m}^3)}$$

$$= \boxed{2{,}23 \times 10^{-4} \text{ m/s}}$$

Finalização Este resultado demonstra que as velocidades escalares de deriva típicas são muito pequenas. Por exemplo, elétrons que se deslocam com a velocidade escalar de $2{,}23 \times 10^{-4}$ m/s levariam cerca de 75 min para percorrer 1 m! Assim, você deve se indagar por que a luz acende quase instantaneamente quando o interruptor é acionado. Em um condutor, variações no campo elétrico que move os elétrons livres se deslocam através do condutor a uma velocidade próxima à da luz. Assim, quando um interruptor é acionado, os elétrons no filamento da lâmpada são deslocados pelas forças elétricas após um intervalo de tempo da ordem de nanossegundos.

5.2 Resistência

Na Seção 2.4, argumentamos que o campo elétrico no interior de um condutor é igual a zero. Porém, tal enunciado é verdadeiro *apenas* se o condutor estiver em equilíbrio estático, como então afirmado. O objetivo desta seção é descrever o que ocorre quando as cargas no condutor não estão em equilíbrio, situação na qual há um campo elétrico diferente de zero no condutor.

Considere um condutor de área de seção transversal A conduzindo uma corrente I. A **densidade de corrente** J no condutor é definida como a corrente por área unitária. Visto que a corrente $I = nqv_d A$, a densidade de corrente é

Densidade de corrente ▶
$$J \equiv \frac{I}{A} = nqv_d \qquad (5.5)$$

onde J tem unidades do SI de ampères por metro quadrado. Esta expressão é válida apenas se a densidade de corrente for uniforme, e somente se a superfície da área de seção transversal A for perpendicular ao sentido da corrente.

Densidade de corrente e campo elétrico são estabelecidos em um condutor sempre que uma diferença de potencial é mantida entre as extremidades do condutor. Em alguns materiais, a densidade de corrente é proporcional ao campo elétrico:

$$J = \sigma E \qquad (5.6)$$

onde a constante de proporcionalidade σ é chamada **condutividade** do condutor.[1] Os materiais cujas características são descritas pela Equação 5.6 comportam-se de acordo com a **Lei de Ohm** (nome em homenagem a Georg Simon Ohm). Mais especificamente, a Lei de Ohm determina:

> No caso de muitos materiais (incluindo a maioria dos metais), a razão entre a densidade de corrente e o campo elétrico é uma constante σ, que é independente do campo elétrico que produz a corrente.

Georg Simon Ohm
Físico alemão (1789–1854)
Ohm, um professor de ensino médio e, posteriormente, da Universidade de Munique, formulou o conceito de resistência e descobriu as proporcionalidades expressas nas Equações 5.6 e 5.7.

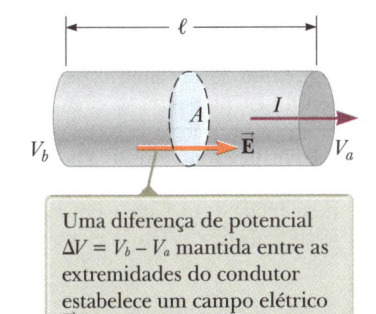

Materiais e dispositivos que se comportam segundo a Lei de Ohm e, portanto, demonstram esta relação simples entre E e J são chamados *ôhmicos*. Experimentalmente, no entanto, sabe-se que nem todos os materiais e dispositivos têm esta propriedade. Materiais e dispositivos cujo comportamento não é determinado pela Lei de Ohm são chamados *não ôhmicos*. A Lei de Ohm não é uma lei fundamental da natureza, mas sim uma relação empírica, válida apenas para determinados materiais.

Podemos obter uma equação útil em aplicações práticas considerando um segmento de fio reto de área de seção transversal uniforme A e comprimento ℓ, como mostra a Figura 5.5. Uma diferença de potencial $\Delta V = V_b - V_a$ é mantida entre as extremidades do fio, criando neste um campo elétrico e uma corrente. Se supusermos que o campo é uniforme, a intensidade da relação entre a diferença de potencial ao longo do fio e o campo será definida pela Equação 3.6,

$$\Delta V = E\ell$$

Portanto, podemos expressar a densidade de corrente (Eq. 5.6) no fio como

$$J = \sigma \frac{\Delta V}{\ell}$$

Visto que $J = I/A$, a diferença de potencial entre as extremidades do fio é

$$\Delta V = \frac{\ell}{\sigma} J = \left(\frac{\ell}{\sigma A}\right) I = RI$$

Uma diferença de potencial $\Delta V = V_b - V_a$ mantida entre as extremidades do condutor estabelece um campo elétrico $\vec{E}$, que produz uma corrente I, proporcional à diferença de potencial.

Figura 5.5 Um condutor uniforme de comprimento ℓ e área de seção transversal A.

A grandeza $R = \ell/\sigma A$ é chamada **resistência** do condutor, definida como a razão entre a diferença de potencial entre as extremidades de um condutor e a corrente neste condutor:

$$R \equiv \frac{\Delta V}{I} \quad (5.7)$$

Prevenção de Armadilhas 5.3
A Equação 5.7 não é a Lei de Ohm
Muitos chamam a Equação 5.7 de Lei de Ohm, mas é incorreto. Ela é simplesmente a definição de resistência, e estabelece uma relação importante entre tensão, corrente e resistência. A Lei de Ohm está relacionada com uma proporcionalidade entre J e E (Eq. 5.6) ou, de modo equivalente, entre I e ΔV, que, de acordo com a Equação 5.7, indica que a resistência é constante, independente da tensão aplicada. Veremos alguns dispositivos para os quais a Equação 5.7 descreve corretamente sua resistência, mas que *não* obedecem à Lei de Ohm.

Utilizaremos esta equação de modo recorrente ao estudar os circuitos elétricos. Este resultado demonstra que a resistência tem unidades do SI de volts por ampère. Um volt por ampère equivale a um **ohm** (Ω):

$$1\ \Omega \equiv 1\ \text{V/A} \quad (5.8)$$

A Equação 5.7 demonstra que, se a diferença de potencial de 1 V em um condutor cria corrente de 1 A, a resistência do condutor é de 1 Ω. Por exemplo, se um aparelho elétrico conectado a uma fonte de diferença de potencial de 120 V conduzir uma corrente de 6 A, sua resistência será de 20 Ω.

A maioria dos circuitos elétricos utiliza elementos de circuito chamados **resistores** para controlar a corrente em várias de suas partes. Como no caso dos capacitores no Capítulo 4, muitos resistores são incorporados a chips de circuito integrado, mas resistores independentes ainda podem ser encontrados e são amplamente utilizados. Dois tipos comuns são o *resistor composto,* que contém carbono, e o *resistor de fio,* que consiste em uma bobina. Os valores dos resistores em ohms são normalmente indicados por códigos de cores, como mostram a Figura 5.6 e a Tabela 5.1. As duas primeiras cores em um resistor correspondem aos dois primeiros dígitos do valor da resistência, com a casa decimal à direita do segundo dígito. A terceira representa a potência de 10 para o multiplicador do valor da resistência. A última cor é a

---
[1] Não confunda condutividade σ com densidade de carga superficial cujo símbolo é o mesmo.

As faixas coloridas no resistor são amarelo, violeta, preto e dourado.

Figura 5.6 Vista ampliada de um resistor em uma placa de circuitos, que mostra seus códigos de cores. A faixa dourada à esquerda nos informa que o resistor é orientado "para trás" neste modo de exibição e precisamos ler as cores da direita para a esquerda.

TABELA 5.1 *Código de cores dos resistores*

Cor	Número	Multiplicador	Tolerância
Preto	0	1	
Marrom	1	10^1	
Vermelho	2	10^2	
Laranja	3	10^3	
Amarelo	4	10^4	
Verde	5	10^5	
Azul	6	10^6	
Violeta	7	10^7	
Cinza	8	10^8	
Branco	9	10^9	
Dourado		10^{-1}	5%
Prata		10^{-2}	10%
Sem cor			20%

tolerância do valor da resistência. Por exemplo, as quatro cores no resistor da Figura 5.6 são amarelo (= 4), violeta (= 7), preto (= 10^0) e dourado (= 5%), de modo que o valor da resistência é de é $47 \times 10^0 = 47 \, \Omega$, com valor de tolerância de 5% = 2 Ω.

O inverso da condutividade é a **resistividade**[2] ρ:

Resistividade é o inverso de condutividade ▶
$$\rho = \frac{1}{\sigma} \quad (5.9)$$

onde ρ tem unidades ohm × metros ($\Omega \times$ m). Visto que $R = \ell/\sigma A$, podemos expressar a resistência de um bloco uniforme de material ao longo do comprimento ℓ como

Resistência de um material uniforme ao longo do comprimento ℓ ▶
$$R = \rho \frac{\ell}{A} \quad (5.10)$$

Cada material ôhmico tem resistividade característica que depende das propriedades do material e da temperatura. Além disso, como se pode ver a partir da Equação 5.10, a resistência de uma amostra do material depende da geometria da amostra, assim como da resistividade do material. A Tabela 5.2 relaciona as resistividades de uma variedade de materiais a 20 °C. Observe a ampla gama, desde valores muito baixos, para bons condutores, como cobre e prata, a muito altos, para bons isolantes, como vidro e borracha. Um condutor ideal teria resistividade zero, e um isolante ideal, resistividade infinita.

A Equação 5.10 demonstra que a resistência de um determinado condutor cilíndrico, como um fio, é diretamente proporcional ao seu comprimento e inversamente à sua área de seção transversal. Se o comprimento de um fio for dobrado, sua resistência também será. Se sua área de seção transversal for dobrada, a resistência será reduzida pela metade. A situação é análoga à do escoamento de um líquido através de um tubo. Quando o comprimento do tubo aumenta, aumenta também a resistência ao escoamento. Quando a área de seção transversal do tubo aumenta, mais líquido atravessa uma determinada seção transversal do tubo por intervalo de tempo unitário. Portanto, mais líquido escoa para o mesmo diferencial de pressão aplicado ao tubo, e a resistência ao escoamento diminui.

Os materiais e dispositivos ôhmicos têm relação corrente-diferença de potencial linear em uma ampla faixa de diferenças de potencial aplicadas (Fig. 5.7a). A inclinação da curva de I em função de ΔV na região linear fornece um valor para $1/R$. Materiais não ôhmicos têm relação corrente-diferença de potencial não linear. Um dispositivo semicondutor comum com características I em função de ΔV não lineares é o *diodo de junção* (Fig. 5.7b). Sua resistência é baixa para correntes em um sentido (ΔV positiva) e alta para correntes no sentido inverso (ΔV negativa). De fato, a maioria dos dispositivos eletrônicos modernos, como os transistores, tem

> **Prevenção de Armadilhas 5.4**
> **Resistência e resistividade**
> Resistividade é a propriedade de uma *substância*, enquanto resistência é a de um *corpo*. Observamos pares de variáveis similares anteriormente. Por exemplo, densidade é propriedade de uma substância, enquanto massa é de um corpo. A Equação 5.10 relaciona a resistência à resistividade, e a 1.1, do Volume 1, massa à densidade.

---
[2] Não confunda resistividade ρ com densidade de massa ou de carga, para as quais o mesmo símbolo é utilizado.

TABELA 5.2 — Resistividades e coeficientes de temperatura da resistividade de vários materiais

Material	Resistividade[a] ($\Omega \times m$)	Coeficiente de temperatura[b] $\alpha\ [(°C)^{-1}]$
Prata	$1,59 \times 10^{-8}$	$3,8 \times 10^{-3}$
Cobre	$1,7 \times 10^{-8}$	$3,9 \times 10^{-3}$
Ouro	$2,44 \times 10^{-8}$	$3,4 \times 10^{-3}$
Alumínio	$2,82 \times 10^{-8}$	$3,9 \times 10^{-3}$
Tungstênio	$5,6 \times 10^{-8}$	$4,5 \times 10^{-3}$
Ferro	10×10^{-8}	$5,0 \times 10^{-3}$
Platina	11×10^{-8}	$3,92 \times 10^{-3}$
Chumbo	22×10^{-8}	$3,9 \times 10^{-3}$
Nicromo[c]	$1,00 \times 10^{-6}$	$0,4 \times 10^{-3}$
Carbono	$3,5 \times 10^{-5}$	$-0,5 \times 10^{-3}$
Germânio	$0,46$	-48×10^{-3}
Silício[d]	$2,3 \times 10^{3}$	-75×10^{-3}
Vidro	10^{10} a 10^{14}	
Ebonite	$\sim 10^{13}$	
Enxofre	10^{15}	
Quartzo (fundido)	75×10^{16}	

[a] Todos os valores foram obtidos a 20 °C. Supõe-se que todos os elementos na tabela estejam livres de impurezas.
[b] Consulte a Seção 5.4.
[c] Liga níquel-cromo comumente utilizada em elementos de aquecimento. A resistividade do nicromo varia de acordo com a composição entre $1,00 \times 10^{-6}$ e $1,50 \times 10^{-6}\ \Omega \cdot m$.
[d] A resistividade do silício é muito sensível à pureza. O valor pode variar em diversas ordens de grandeza quando o material é contaminado com outros átomos.

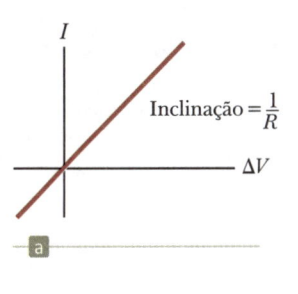

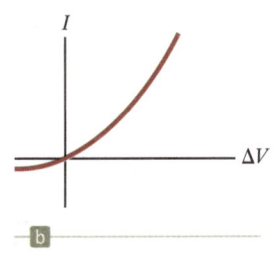

Figura 5.7 (a) A curva corrente-diferença de potencial para um material ôhmico. A curva é linear e a inclinação é igual ao inverso da resistência do condutor. (b) Uma curva não linear corrente-diferença de potencial para um diodo de junção. Este dispositivo não obedece à Lei de Ohm.

relações corrente-diferença de potencial não lineares – seu funcionamento adequado depende da maneira particular pela qual violam a Lei de Ohm.

Teste Rápido 5.2 Um fio cilíndrico tem raio r e comprimento ℓ. Se r e ℓ forem dobrados, a resistência do fio (a) aumenta, (b) diminui ou (c) permanece a mesma?

Teste Rápido 5.3 Na Figura 5.7b, quando a tensão aplicada aumenta, a resistência do diodo (a) aumenta, (b) diminui ou (c) permanece a mesma?

Exemplo 5.2 — Resistência do fio de nicromo

O raio de um fio de nicromo de bitola 22 é de 0,32 mm.

(A) Calcule a resistência por unidade de comprimento deste fio.

SOLUÇÃO

Conceitualização A Tabela 5.2 indica que o nicromo tem resistividade duas ordens de grandeza maior que a dos melhores condutores citados. Portanto, espera-se que este material possibilite aplicações práticas especiais em situações nas quais os melhores condutores não possam ser empregados.

Categorização Modelamos o fio como um cilindro, de modo que uma análise geométrica simples possa ser aplicada para a determinação da resistência.

Análise Utilize a Equação 5.10 e a resistividade do nicromo (Tabela 5.2) para calcular a resistência por unidade de comprimento:

$$\frac{R}{\ell} = \frac{\rho}{A} = \frac{\rho}{\pi r^2} = \frac{1,0 \times 10^{-6}\ \Omega \cdot m}{\pi (0,32 \times 10^{-3}\ m)^2} = 3,1\ \Omega/m$$

continua

5.2 cont.

(B) Se uma diferença de potencial de 10 V for mantida entre as extremidades de um fio de nicromo de 1,0 m de comprimento, qual será a corrente no fio?

SOLUÇÃO

Análise Utilize a Equação 5.7 para calcular a corrente:

$$I = \frac{\Delta V}{R} = \frac{\Delta V}{(R/\ell)\ell} = \frac{10\,\text{V}}{(3,1\,\Omega/\text{m})(1,0\,\text{m})} = \boxed{3,2\,\text{A}}$$

Finalização Graças à alta resistividade e resistência à oxidação, o nicromo é utilizado em muitas aplicações para aquecer elementos em torradeiras, ferros de passar e aquecedores elétricos.

E SE? E se o fio fosse feito de cobre em vez de nicromo? Como os valores da resistência por unidade de comprimento e corrente variariam?

Resposta A Tabela 5.2 mostra que o cobre tem resistividade duas ordens de grandeza menor que a do nicromo. Assim, esperamos que a resposta da parte (A) seja menor, e a da parte (B), maior. Os cálculos demonstram que um fio de cobre de mesmo raio teria resistência por unidade de comprimento de apenas 0,053 Ω/m. Um fio de cobre de 1,0 m de comprimento de mesmo raio conduziria uma corrente de 190 A com diferença de potencial aplicada de 10 V.

Exemplo 5.3 — A resistência radial de um cabo coaxial

Cabos coaxiais – utilizados de modo extensivo em sistemas de TV a cabo e outras aplicações eletrônicas – consistem em dois condutores cilíndricos concêntricos. A região entre os condutores é preenchida totalmente com plástico de polietileno, como mostra a Figura 5.8a. A fuga de corrente através do plástico no sentido *radial* deve ser impedida. O cabo foi projetado para conduzir a corrente ao longo de sua extensão, mas esta *não* é a corrente considerada neste caso. O raio do condutor interno é $a = 0,500$ cm, o raio do condutor externo, $b = 1,75$ cm, e o comprimento, $L = 15,0$ cm. A resistividade do plástico é de $1,0 \times 10^{13}\,\Omega \cdot \text{m}$. Calcule a resistência do plástico entre os dois condutores.

SOLUÇÃO

Conceitualização Considere duas correntes, como sugerido no enunciado do problema: a de projeto percorre o cabo, conduzida entre os condutores; a corrente não desejada corresponde à fuga através do plástico, e seu sentido é radial.

Categorização Já que a resistividade e a geometria do plástico são conhecidas, categorizamos este problema como um em que calculamos a resistência do plástico com base nesses parâmetros. No entanto, a Equação 5.10 representa a resistência de um bloco de material. Nesta situação, temos uma geometria mais complexa. Visto que a área através da qual as cargas passam depende da posição radial, devemos aplicar o cálculo integral para obter a resposta.

Análise Dividimos o plástico em conchas cilíndricas concêntricos de espessura infinitesimal dr (Fig. 5.8b). Qualquer carga passando do condutor interno para o condutor externo deve se mover radialmente através desta concha. Utilize uma forma diferencial da Equação 5.10, substituindo ℓ por dr como a variável de comprimento: $dR = \rho\, dr/A$, onde dR é a resistência de um elemento de plástico de espessura dr e área de superfície A.

Determine uma expressão para a resistência de nosso cilindro de plástico oco, representando a área como a de superfície do elemento diferencial:

$$dR = \frac{\rho\, dr}{A} = \frac{\rho}{2\pi r L} dr$$

Integre esta expressão de $r = a$ a $r = b$:

$$(1)\quad R = \int dR = \frac{\rho}{2\pi L} \int_a^b \frac{dr}{r} = \frac{\rho}{2\pi L} \ln\left(\frac{b}{a}\right)$$

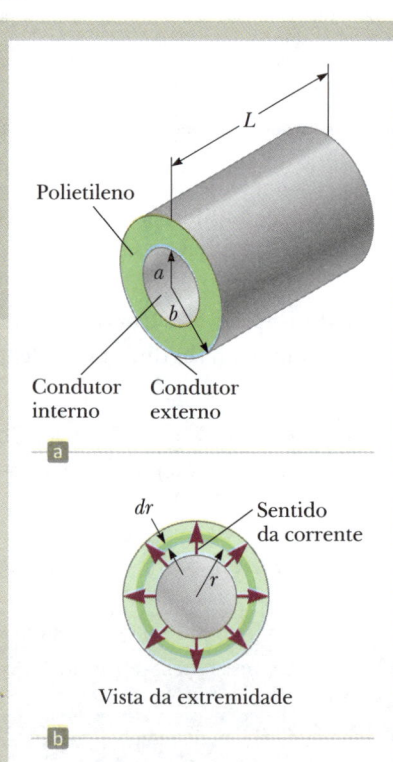

Figura 5.8 (Exemplo 5.3) Cabo coaxial. (a) O polietileno preenche o espaço entre os dois condutores. (b) Vista da extremidade mostrando a fuga de corrente.

Corrente e resistência 123

5.3 cont.

Substitua os valores dados:
$$R = \frac{1,0 \times 10^{13}\,\Omega \cdot m}{2\pi(0,150\,m)} \ln\left(\frac{1,75\,cm}{0,500\,cm}\right) = \boxed{1,33 \times 10^{13}\,\Omega}$$

Finalização Comparemos esta resistência com a do condutor de cobre interno do cabo ao longo da extensão de 15,0 cm.

Utilize a Equação 5.10 para calcular a resistência do cilindro de cobre:
$$R_{Cu} = \rho\frac{\ell}{A} = (1,7 \times 10^{-8}\,\Omega \cdot m)\left[\frac{0,150\,m}{\pi(5,00 \times 10^{-3}\,m)^2}\right]$$
$$= 3,2 \times 10^{-5}\,\Omega$$

Esta resistência é 18 ordens de grandeza menor que a radial. Portanto, quase toda a corrente corresponde à carga que se desloca ao longo da extensão do cabo, com uma fração muito pequena em fuga no sentido radial.

E SE? Suponha que o diâmetro total do cabo coaxial seja dobrado com duas opções possíveis: (1) a proporção b/a seja mantida fixa, ou (2) a diferença b − a seja mantida fixa. Para qual opção a corrente de fuga entre os condutores interno e externo aumenta quando a tensão é aplicada entre eles?

Resposta Para que a corrente aumente, a resistência deve diminuir. Para a opção (1), na qual b/a permanece fixa, a Equação (1) mostra que a resistência não é afetada. Para a opção (2), não temos uma equação que envolva a diferença b − a para ser analisada. Entretanto, ao observarmos a Figura 5.8b, notamos que, ao aumentarmos b e a enquanto mantemos a diferença constante, obtemos o fluxo da carga através da mesma espessura de plástico, mas através de uma área maior, perpendicular ao fluxo. Esta área maior resulta em uma resistência mais baixa e corrente mais alta.

5.3 Um modelo de condução elétrica

Nesta seção, descreveremos um modelo clássico de condução elétrica em metais, inicialmente proposto por Paul Drude (1863-1906) em 1900 (Veja a Seção 7.1 do Volume 2 desta coleção para uma revisão dos modelos estruturais.) Este modelo leva à Lei de Ohm e demonstra que a resistividade pode ser relacionada ao movimento de elétrons em metais. Apesar de ter limitações, o modelo de Drude apresenta conceitos que são aplicados em tratamentos mais elaborados.

Seguindo o esboço dos modelos estruturais da Seção 7.1 do Volume 2, o modelo de Drude para condução elétrica possui as seguintes propriedades:

1. *Componentes físicos*:
   Considere determinado condutor um conjunto regular de átomos mais um grupo de elétrons livres, que são, às vezes, chamados elétrons de *condução*. Identificamos o sistema como a combinação dos átomos e dos elétrons de condução. Os elétrons de condução, mesmo ligados a seus respectivos átomos, quando estes não são parte de um sólido, tornam-se livres quando os átomos se condensam em um sólido.
2. *Comportamento dos componentes*:
   (a) Na ausência de um campo elétrico, esses elétrons se deslocam em sentidos aleatórios através do condutor (Figura 5.3a). A situação é similar à do movimento de moléculas de gás confinadas em um recipiente. De fato, alguns cientistas referem-se aos elétrons de condução em um metal como *gás de elétrons*.
   (b) Quando um campo elétrico é aplicado ao sistema, os elétrons livres se deslocam lentamente no sentido oposto ao do campo elétrico (Figura 5.3b), a uma velocidade escalar de deriva média v_d muito menor (tipicamente 10^{-4} m/s) que sua velocidade escalar média entre colisões (tipicamente 10^6 m/s).
   (c) O movimento do elétron após uma colisão é independente do seu movimento antes da colisão. O excesso de energia adquirido pelos elétrons devido ao trabalho realizado sobre eles no campo elétrico é transferido para os átomos do condutor quando elétrons e átomos colidem.

No que se refere à suposição (2c) acima, a energia transferida para os átomos causa a energia interna do sistema e, portanto, a temperatura do condutor aumenta.

Agora, podemos obter uma expressão para a velocidade vetorial de deriva utilizando vários de nossos modelos de análise. Quando sujeito a um campo elétrico $\vec{E}$, um elétron livre de massa m_e e carga q ($= -e$) é afetado por uma força $\vec{F} = q\vec{E}$. Elétron é uma partícula sob uma força resultante, e sua aceleração pode ser calculada por meio da Segunda Lei de Newton, $\Sigma\vec{F} = m\vec{a}$:

$$\vec{a} = \frac{\sum \vec{F}}{m} = \frac{q\vec{E}}{m_e} \qquad (5.11)$$

Visto que o campo elétrico é uniforme, a aceleração do elétron é constante, de modo que ele pode ser modelado como uma partícula em aceleração constante. Se $\vec{v}_i$ for a velocidade vetorial inicial do elétron no instante posterior a uma colisão (o que ocorre em um instante definido como $t = 0$), a velocidade vetorial do elétron em um instante t após um intervalo de tempo muito curto (imediatamente antes de a próxima colisão ocorrer) é, de acordo com a Equação 4.8 do Volume 1,

$$\vec{v}_f = \vec{v}_i + \vec{a}t = \vec{v}_i + \frac{q\vec{E}}{m_e}t \tag{5.12}$$

Consideremos o valor médio de $\vec{v}_f$ para todos os elétrons no fio em todos os instantes de colisão t possíveis e todos os valores possíveis de $\vec{v}_i$. Supondo que as velocidades vetoriais iniciais estejam distribuídas de modo aleatório em todos os sentidos possíveis (propriedade 2(a)), o valor médio de $\vec{v}_i$ é igual a zero. O valor médio do segundo termo da Equação 5.12 é $(q\vec{E}/m_e)\tau$, onde τ é o *intervalo de tempo médio entre colisões sucessivas*. Sendo o valor médio de $\vec{v}_f$ igual à velocidade vetorial de deriva, temos

Velocidade vetorial de deriva em ▶ função das grandezas microscópicas
$$\vec{v}_{f,\text{méd}} = \vec{v}_d = \frac{q\vec{E}}{m_e}\tau \tag{5.13}$$

O valor de τ depende das dimensões dos átomos de metal e do número de elétrons por volume unitário. Podemos relacionar esta expressão da velocidade vetorial de deriva na Equação 5.13 à corrente no condutor. Substituindo o módulo da velocidade vetorial da Equação 5.13 na Equação 5.5, temos que a densidade de corrente se torna

$$I_{\text{média}} = nq\left(\frac{qE}{m_e}\tau\right)A = \frac{nq^2 E}{m_e}\tau A \tag{5.14}$$

Uma vez que a densidade de corrente J é a corrente dividida pela área A,

Densidade de corrente em função ▶ das grandezas microscópicas
$$J = \frac{nq^2 E}{m_e}\tau$$

onde n é o número de elétrons por unidade de volume. Comparando esta expressão com a Lei de Ohm, $J = \sigma E$, obtemos as seguintes relações de condutividade e resistividade de um condutor:

Condutividade em função ▶ das grandezas microscópicas
$$\sigma = \frac{nq^2\tau}{m_e} \tag{5.15}$$

Resistividade em função ▶ das grandezas microscópicas
$$\rho = \frac{1}{\sigma} = \frac{m_e}{nq^2\tau} \tag{5.16}$$

Segundo este modelo clássico, a condutividade e a resistividade não dependem da intensidade do campo elétrico. Esta é uma característica de um condutor que obedece à Lei de Ohm.

O modelo mostra que a resistividade pode ser calculada a partir do conhecimento da densidade dos elétrons, de sua carga e massa, e também do intervalo médio τ entre colisões. Este intervalo está relacionado à distância média entre colisões $\ell_{\text{média}}$ (o *caminho livre médio*) e à velocidade média $v_{\text{média}}$ através da expressão[3]

$$\tau = \frac{\ell_{\text{média}}}{v_{\text{média}}} \tag{5.17}$$

Embora este modelo estrutural de condução seja consistente com a Lei de Ohm, ele não prevê corretamente os valores da resistividade ou o comportamento da resistividade com a temperatura. Por exemplo, os resultados dos cálculos clássicos para v_{med} utilizando o modelo de gás ideal para os elétrons são aproximadamente um fator de dez menor que os valores reais, o que resulta em previsões de valores incorretas da resistividade a partir da Equação 5.16. Além do mais, de acordo com as Equações 5.16 e 5.17, é previsto que a resistividade varie com a temperatura, como ocorre com v_{med}, o que, de acordo com um modelo de gás ideal (Equação 7.43 do Volume 2), é proporcional a $\sqrt{T}$. Este comportamento está

---
[3] Lembre-se de que a velocidade média de um grupo de partículas depende da temperatura do grupo (Capítulo 7 do Volume 2) e não é igual à velocidade de deriva, v_d.

em desacordo com a dependência linear experimentalmente observada da resistividade com temperatura para metais puros. Veja a Seção 5.4. Por causa das previsões incorretas, devemos modificar nosso modelo estrutural. Denominaremos o modelo que desenvolvemos até agora como modelo *clássico* para a condução elétrica. Para darmos conta das previsões incorretas do modelo clássico, o desenvolveremos ainda mais em um modelo de *Mecânica Quântica*, que descreveremos brevemente.

Discutimos dois importantes modelos de simplificação nos capítulos anteriores, o modelo de partícula e o modelo de onda. Embora tenhamos discutido estes dois modelos de simplificação separadamente, a Física Quântica nos diz que esta separação não é assim tão clara. Assim como discutiremos detalhadamente no Capítulo 6 do Volume 4, as partículas têm propriedades semelhantes às da onda. As previsões de alguns modelos somente podem ser combinadas para resultados experimentais se o modelo incluir o comportamento de partículas semelhante ao das ondas. O modelo estrutural para a condução elétrica em metais é um desses casos.

Vamos imaginar que os elétrons se movendo através do metal têm propriedades semelhantes às da onda. Se a matriz de átomos em um condutor for regularmente espaçada (isto é, periódica), o caráter dos elétrons semelhante à onda torna possível que eles se movam livremente através do condutor e uma colisão com um átomo é improvável. Para um condutor idealizado, não deverão ocorrer colisões, o caminho livre médio seria infinito, e a resistividade seria zero. Os elétrons são dispersos somente se o arranjo atômico for irregular (não periódico), como resultado de desfeitos estruturais ou impurezas, por exemplo. Em baixas temperaturas, a resistividade dos metais é dominada pela dispersão causada pelas colisões entre os elétrons e as impurezas. Em temperaturas elevadas, a resistividade é dominada pela dispersão causada pelas colisões entre os elétrons e os átomos do condutor, que são continuamente deslocados como resultado da agitação térmica, destruindo a periodicidade perfeita. O movimento térmico dos átomos torna a estrutura irregular (em comparação com uma matriz atômica em repouso), reduzindo, assim, o caminho livre médio do elétron.

Embora esteja além do objetivo deste livro mostrar esta modificação detalhadamente, o modelo clássico modificado com o caráter dos elétrons semelhante ao das ondas resulta em previsões de valores de resistividade que estão de acordo com os valores medidos e prevê uma dependência da temperatura linear. As noções quânticas foram introduzidas no Capítulo 7 do Volume 2 para entendermos o comportamento da temperatura de calores de gases específicos molares. Aqui, temos outro caso no qual a Física Quântica é necessária para que o modelo concorde com o experimento. Apesar de a Física Clássica poder explicar uma imensa variedade de fenômenos, continuamos a ver indicações de que a Física Quântica precisa ser incorporada em nossos modelos. Estudaremos a Física Quântica em detalhes nos Capítulos 6 a 12 do Volume 4.

5.4 Resistência e temperatura

Em uma faixa limitada de temperatura, a resistividade de um condutor varia de modo aproximadamente linear com a temperatura, de acordo com a expressão

$$\rho = \rho_0[1 + \alpha(T - T_0)] \quad (5.18)$$ ◀ **Variação de ρ com a temperatura**

onde ρ é a resistividade a uma determinada temperatura T (em graus Celsius); ρ_0 é a resistividade a uma determinada temperatura de referência T_0 (em geral, 20 °C); e α é o **coeficiente de temperatura da resistividade**. Segundo a Equação 5.18, o coeficiente de temperatura da resistividade pode ser expresso como

$$\alpha = \frac{1}{\rho_0}\frac{\Delta\rho}{\Delta T} \quad (5.19)$$ ◀ **Coeficiente de temperatura da resistividade**

onde $\Delta\rho = \rho - \rho_0$ é a variação da resistividade no intervalo de temperatura $\Delta T = T - T_0$.

Os coeficientes de temperatura da resistividade para vários materiais estão relacionados na Tabela 5.2. Observe que a unidade para α é o grau Celsius^{-1} [(°C)$^{-1}$]. Uma vez que a resistência é proporcional à resistividade (Eq. 5.10), a variação da resistência de uma amostra é

$$R = R_0[1 + \alpha(T - T_0)] \quad (5.20)$$

onde R_0 é a resistência para a temperatura T_0. Aplicar esta propriedade possibilita medições de temperatura precisas por meio do monitoramento atencioso da resistência de uma sonda feita de determinado material.

No caso de alguns metais, como o cobre, a resistividade é aproximadamente proporcional à temperatura, como mostra a Figura 5.9. Entretanto, sempre existe uma região não linear a temperaturas muito baixas e, em geral, a resistividade alcança algum valor finito quando a temperatura se aproxima do zero absoluto. Essa resistividade residual próxima do zero absoluto é causada primariamente pela colisão dos elétrons com impurezas e imperfeições no metal. Em contraste, a resistividade à alta temperatura (região linear) é predominantemente caracterizada por colisões entre elétrons e átomos do metal.

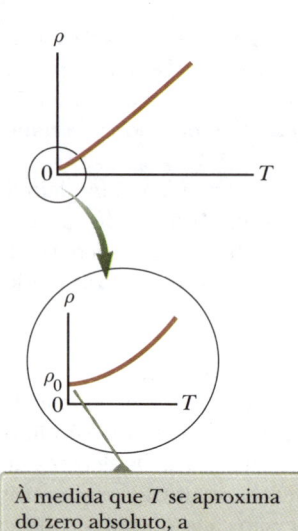

Figura 5.9 Resistividade em função da temperatura para um metal como o cobre. A curva é linear em uma ampla faixa de temperaturas, e ρ aumenta com a temperatura.

À medida que T se aproxima do zero absoluto, a resistividade se aproxima de um valor diferente de zero.

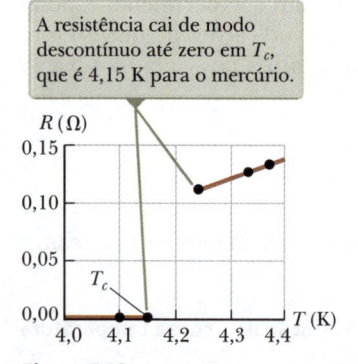

Figura 5.10 A resistência em função da temperatura para uma amostra de mercúrio (Hg). O gráfico é similar ao de um metal normal acima da temperatura crítica T_c.

A resistência cai de modo descontínuo até zero em T_c, que é 4,15 K para o mercúrio.

TABELA 5.3 *Temperaturas críticas para vários supercondutores*

Material	T_c (K)
$HgBa_2Ca_2Cu_3O_8$	134
Tl–Ba–Ca–Cu–O	125
Bi–Sr–Ca–Cu–O	105
$YBa_2Cu_3O_7$	92
Nb_3Ge	23,2
Nb_3Sn	18,05
Nb	9,46
Pb	7,18
Hg	4,15
Sn	3,72
Al	1,19
Zn	0,88

Observe que três dos valores de α na Tabela 5.2 são negativos, indicando que a resistividade desses materiais diminui com o aumento da temperatura. Este comportamento é indicativo de uma classe de materiais chamados *semicondutores*, apresentados na Seção 1.2, causado por um aumento na densidade de portadores de carga a temperaturas mais altas.

Os portadores de carga em um semicondutor são, em geral, associados a átomos de impureza (como discutido mais detalhadamente no Capítulo 9 do Volume 4). Portanto, a resistividade desses materiais é muito sensível ao tipo e à concentração de tais impurezas.

> *Teste Rápido* **5.4** Em que situação uma lâmpada conduz mais corrente? **(a)** imediatamente após ser acesa, enquanto o brilho do filamento de metal se intensifica, ou **(b)** após estar acesa por alguns milissegundos e o brilho ter se estabilizado.

5.5 Supercondutores

Existe uma classe de metais e compostos cuja resistência diminui para zero quando estão abaixo de uma determinada temperatura T_c, conhecida como **temperatura crítica**. Esses materiais são conhecidos como **supercondutores**. O gráfico resistência-temperatura de um supercondutor é semelhante ao de um metal normal a temperaturas acima de T_c (Fig. 5.10). Quando a temperatura alcança um valor igual a T_c ou abaixo deste, a resistividade cai repentinamente para zero. Este fenômeno foi descoberto em 1911 pelo físico holandês Heike Kamerlingh-Onnes (1853-1926) enquanto trabalhava com o mercúrio, que é um supercondutor a temperaturas inferiores a 4,2 K. Medições mostram que as resistividades dos supercondutores abaixo de seu valor de T_c são inferiores a 4×10^{-25} Ω × m, ou cerca de 10^{17} vezes menores que a resistividade do cobre. Na prática, essas resistividades são consideradas iguais a zero.

Atualmente, milhares de supercondutores são conhecidos e, como indicado pela Tabela 5.3, as temperaturas críticas de supercondutores recentemente descobertos são significativamente mais altas do que se pensava ser possível. Dois tipos de supercondutores são reconhecidos. Os últimos identificados são essencialmente cerâmicas com altas temperaturas críticas, enquanto os materiais supercondutores como os observados por Kamerlingh-Onnes são metais. Se fosse descoberto, um supercondutor à temperatura ambiente poderia ter um grande impacto sobre a tecnologia.

O valor de T_c depende da composição química, da pressão e da estrutura molecular. O cobre, a prata e o ouro, excelentes condutores, não apresentam supercondutividade.

Uma característica realmente marcante dos supercondutores é que, uma vez neles estabelecida, a corrente persiste, *sem nenhuma diferença de potencial aplicada* (porque $R = 0$). Correntes constantes e persistentes têm sido observadas em circuitos de supercondutores por muitos anos sem decaimento aparente!

Uma aplicação importante e útil da supercondutividade é encontrada no desenvolvimento de ímãs supercondutores, nos quais as intensidades do campo magnético são cerca de dez vezes maiores que as produzidas pelos melhores eletroímãs normais. Tais ímãs são considerados um meio de armazenagem de energia, e são utilizados em unidades de imagens por ressonância magnética (ou IMR) em exames médicos, que produzem imagens de alta qualidade dos órgãos internos sem necessidade de expor pacientes ao excesso de raios X ou outra radiação perigosa.

5.6 Potência elétrica

Em circuitos elétricos típicos, a energia T_{TE} é transferida por transmissão elétrica de uma fonte, uma bateria, por exemplo, para algum dispositivo, como uma lâmpada ou um rádio. Determinemos uma expressão que nos permita calcular a proporção desta transferência de energia. Primeiro, considere o circuito simples mostrado na Figura 5.11, onde a energia é transmitida a um resistor. Resistores são identificados pelo símbolo de circuito —⩘—. Uma vez que os fios de conexão também têm resistência, uma parte da energia é transmitida aos fios e outra ao resistor. A não ser que observado de outra forma, vamos supor que a resistência dos fios seja pequena comparada com a do elemento de circuito, de modo que a energia transmitida aos fios seja desprezível.

Imagine uma quantidade de carga positiva Q deslocando-se no sentido horário em torno do circuito mostrado na Figura 5.11, de um ponto a através da bateria e do resistor e de volta ao ponto a. Identificamos todo o circuito como nosso sistema. Quando a carga se desloca de a para b através da bateria, a energia potencial elétrica do sistema *aumenta* uma quantidade $Q\,\Delta V$, enquanto a energia potencial química na bateria *diminui* a mesma quantidade. Lembre-se de que a Eq. 3.3 define $\Delta U = q\,\Delta V$. No entanto, quando a carga se move de c para d através do resistor, a energia potencial elétrica do sistema diminui por causa das colisões dos elétrons contra os átomos no resistor. Neste processo, a energia potencial elétrica é transformada em energia interna, correspondente ao aumento do movimento vibratório dos átomos no resistor. Visto que a resistência dos fios de interconexão é desprezível, não ocorre qualquer transformação de energia para os percursos bc e da. Quando a carga retorna ao ponto a, o resultado líquido é que uma parte da energia potencial química na bateria foi transmitida ao resistor e reside no resistor como energia interna E_{int} associada à vibração molecular.

Normalmente, o resistor está em contato com o ar, de modo que o aumento de sua temperatura resulta na transferência de energia na forma de calor Q para o ar. Além disso, o resistor emite radiação térmica T_{RE}, representando outro meio de escape de energia. Após um determinado intervalo de tempo, o resistor alcança uma temperatura constante. Neste instante, a entrada de energia da bateria é compensada pela saída de energia do resistor, na forma de calor e radiação. Alguns dispositivos elétricos incluem *armadilhas de calor*[4] conectadas a partes do circuito para impedir que estas alcancem temperaturas perigosamente altas. Essas armadilhas são peças de metal com muitas aletas. Graças à alta condutividade térmica do metal, uma rápida transferência de energia ocorre na forma de calor do componente quente. O grande número de aletas cria uma área de superfície extensa em contato com o ar. Deste modo, a energia pode ser transferida por radiação para o ar na forma de calor a uma grande taxa.

Investiguemos a proporção na qual a energia potencial elétrica do sistema diminui quando a carga Q passa através do resistor:

$$\frac{dU}{dt} = \frac{d}{dt}(Q\,\Delta V) = \frac{dQ}{dt}\Delta V = I\,\Delta V$$

onde I é a corrente no circuito. O sistema recupera essa energia potencial quando a carga passa através da bateria, em detrimento da energia química nesta. A proporção na qual a energia potencial do sistema diminui quando a carga passa através do resistor é igual àquela em que o sistema ganha energia interna no resistor. Portanto, a potência P, representando a proporção na qual a energia é transmitida ao resistor, é

$$P = I\,\Delta V \qquad (5.21)$$

Derivamos este resultado considerando uma bateria que transmite energia a um resistor. No entanto, a Equação 5.21 pode ser aplicada para o cálculo da potência transmitida por uma fonte de tensão a *qualquer* dispositivo conduzindo uma corrente I e possuindo diferença de potencial ΔV entre seus terminais.

Utilizando a Equação 5.21 e $\Delta V = IR$ para um resistor, podemos expressar a potência transmitida ao resistor nas formas alternativas

$$P = I^2 R = \frac{(\Delta V)^2}{R} \qquad (5.22)$$

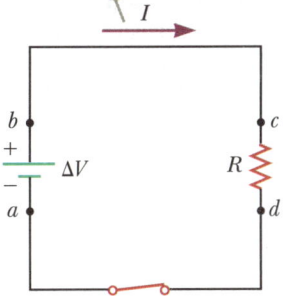

Figura 5.11 Um circuito que consiste de um resistor de resistência R e uma bateria com diferença de potencial ΔV entre seus terminais.

Prevenção de Armadilhas 5.5

As cargas não percorrem todo um circuito em curto tempo
Em termos de compreensão da transferência de energia em um circuito, é útil *imaginar* uma carga percorrendo todo o caminho em torno do circuito, mesmo que leve horas para fazer isso.

Prevenção de Armadilhas 5.6

Conceitos errôneos acerca da corrente
Existem vários conceitos errôneos comuns associados à corrente em um circuito como mostra a Figura 5.11. Por exemplo, um afirma que a corrente sai de um terminal da bateria e, depois, é "consumida" ao passar através do resistor, deixando corrente em apenas uma parte do circuito. Na realidade, a corrente é a mesma *em todos os pontos* do circuito. Outro afirma que a corrente que sai do resistor é menor que a que entra, porque uma parte dela é "consumida". Outra ideia errada é a de que a corrente sai dos dois terminais da bateria, em sentidos opostos, e, depois, "colide" no resistor, assim fornecendo energia. Isto não ocorre; as cargas fluem no mesmo sentido de rotação em *todos* os pontos no circuito.

---

[4] Este é outro uso inadequado da palavra *calor* arraigado em nossa linguagem comum.

Prevenção de Armadilhas 5.7

A energia não é "dissipada"
Em alguns livros, podemos encontrar a Equação 5.22 descrita como a potência "dissipada em" um resistor, sugerindo que a energia desaparece. Em vez disso, dizemos que a energia é "transmitida a" um resistor.

Figura 5.12 Estas linhas de energia transferem energia a partir da empresa de energia elétrica para residências e empresas. A energia é transferida a uma tensão muito alta, possivelmente centenas de milhares de volts em alguns casos. Mesmo que isso torne as linhas de energia muito perigosas, a alta tensão resulta em menos perda de energia devido à resistência nos fios.

Quando I é expressa em ampères, ΔV em volts e R em ohms, a unidade do SI da potência é o watt, como no caso do Capítulo 8 do Volume 1 em nossa discussão sobre potência mecânica. O processo pelo qual a energia é transformada em energia interna em um condutor de resistência R é, muitas vezes, chamado *efeito joule*.[5] Com frequência, esta transformação também é chamada perda I^2R.

Quando a energia é transmitida na forma de eletricidade através de linhas de transmissão (Fig 5.12), não devemos supor que estas tenham resistência igual a zero. As linhas de transmissão reais têm resistência, e a potência é transmitida para a resistência dos fios. As empresas de serviços públicos procuram minimizar a energia transformada em energia interna nas linhas e maximizar a transmitida ao consumidor. Visto que $P = I \Delta V$, a mesma quantidade de energia pode ser transportada a altas correntes e a baixas diferenças de potencial, ou a baixas correntes e altas diferenças de potencial. As empresas optam por transportar energia por este último meio primariamente por razões econômicas. O fio de cobre é muito caro, de modo que é mais barato utilizar um fio de alta resistência (isto é, um com área de seção transversal pequena; consulte a Eq. 5.10). Portanto, na expressão da potência transmitida a um resistor, $P = I^2R$, a resistência do fio é fixa em um valor relativamente alto por motivos econômicos. A perda I^2R pode ser reduzida se a corrente I for mantida no valor mais baixo possível, o que significa transferir a energia a uma alta tensão. Em alguns casos, a potência é transportada a diferenças de potencial de até 765 kV. No destino da energia, a diferença de potencial é, em geral, reduzida para 4 kV por um dispositivo chamado *transformador*. Outro transformador reduz a diferença de potencial para 240 V para utilização em sua casa. Certamente, cada vez que a diferença de potencial diminui, a corrente aumenta com o mesmo fator, e a potência permanece a mesma. Discutiremos os transformadores com mais detalhes no Capítulo 11.

Teste Rápido **5.5** No caso das duas lâmpadas mostradas na Figura 5.13, classifique os valores de corrente nos pontos a a f, do maior ao menor.

Figura 5.13 (Teste Rápido 5.5) Duas lâmpadas conectadas à mesma diferença de potencial.

Exemplo 5.4 — Potência em um aquecedor elétrico

O sistema de um aquecedor elétrico consiste na aplicação de uma diferença de potencial de 120 V entre as extremidades de um fio de nicromo que tem resistência total de 8,00 Ω. Determine a corrente conduzida pelo fio e a classificação de potência do aquecedor.

SOLUÇÃO

Conceitualização Como discutido no Exemplo 5.22, o fio de nicromo tem alta resistividade e, em muitas aplicações, é utilizado em elementos de aquecimento em torradeiras, ferros de passar e aquecedores elétricos. Portanto, esperamos que a potência transmitida ao fio seja relativamente alta.

Categorização Calculamos a potência por meio da Equação 5.22, de modo que categorizamos este exemplo como um problema de substituição.

---

[5] Este processo é assim comumente chamado, mesmo que a transmissão do calor não ocorra quando a energia transmitida a um resistor aparece como energia interna. Trata-se de outro exemplo de utilização incorreta da palavra *calor* que se incorporou em nossa linguagem.

5.4 cont.

Aplique a Equação 5.7 para determinar a corrente no fio:

$$I = \frac{\Delta V}{R} = \frac{120\text{ V}}{8{,}00\text{ }\Omega} = \boxed{15{,}0\text{ A}}$$

Determine a potência utilizando a expressão $P = I^2R$ da Equação 5.22:

$$P = I^2R = (15{,}0\text{ A})^2(8{,}00\text{ }\Omega) = 1{,}80 \times 10^3\text{ W} = \boxed{1{,}80\text{ kW}}$$

E SE? E se o aquecedor fosse acidentalmente conectado a uma fonte de 240 V? Como isto afetaria a corrente conduzida pelo aquecedor e sua potência, supondo que a resistência permaneça constante?

Resposta Se a diferença de potencial aplicada fosse dobrada, a Equação 5.7 demonstraria que a corrente seria dobrada. De acordo com a Equação 5.22, $P = (\Delta V)^2/R$, a potência seria quatro vezes maior.

Exemplo 5.5 — Relação entre eletricidade e termodinâmica

Um aquecedor de imersão deve aumentar a temperatura de 1,50 kg de água de 10,0 °C para 50,0 °C em 10,0 min durante a operação a 110 V.

(A) Qual é a resistência requerida do aquecedor?

SOLUÇÃO

Conceitualização Aquecedor de imersão é um resistor inserido em um recipiente com água. À medida que a energia é transmitida para o aquecedor, aumentando sua temperatura, a energia deixa a superfície do resistor, na forma de calor, passando para a água. Quando aquele alcança uma temperatura constante, a proporção de energia transferida à resistência por transmissão elétrica é igual à proporção de energia transferida em forma de calor para a água.

Categorização Este exemplo nos permite vincular nossa nova interpretação de potência em eletricidade à nossa experiência com o calor específico em termodinâmica (Capítulo 6 do Volume 2). A água é um *sistema não isolado*. Sua energia interna aumenta por causa da energia transferida para a água em forma de calor do resistor de modo que a Equação 8.2, do Capítulo 8 do Volume 1, é reduzida para $\Delta E_{\text{int}} = Q$. Em nosso modelo, supomos que a energia transferida do aquecedor para a água permanece na água.

Análise Para simplificar a análise, ignoremos o período inicial durante o qual a temperatura do resistor aumenta e qualquer variação da resistência com a temperatura. Portanto, supomos uma proporção de transferência de energia constante durante todo o período de 10,0 min.

Considere a proporção de energia transmitida ao resistor igual à de energia Q transferida para a água em forma de calor:

$$P = \frac{(\Delta V)^2}{R} = \frac{Q}{\Delta t}$$

Utilize a Equação 6.4 do Volume 2, $Q = mc\,\Delta T$, para relacionar a entrada de energia por calor à variação de temperatura resultante na água, e resolva para a resistência:

$$\frac{(\Delta V)^2}{R} = \frac{mc\,\Delta T}{\Delta t} \;\rightarrow\; R = \frac{(\Delta V)^2\,\Delta t}{mc\,\Delta T}$$

Substitua os valores dados no enunciado do problema:

$$R = \frac{(110\text{ V})^2(600\text{ s})}{(1{,}50\text{ kg})(4.186\text{ J/kg}\cdot\text{°C})(50{,}0\text{ °C} - 10{,}0\text{ °C})} = \boxed{28{,}9\text{ }\Omega}$$

(B) Calcule o custo do aquecimento da água.

SOLUÇÃO

Multiplique a potência pelo intervalo de tempo para calcular a quantidade de energia transferida:

$$T_{\text{TE}} = P\,\Delta t = \frac{(\Delta V)^2}{R}\Delta t = \frac{(110\text{ V})^2}{28{,}9\text{ }\Omega}(10{,}0\text{ min})\left(\frac{1\text{ h}}{60{,}0\text{ min}}\right)$$

$$= 69{,}8\text{ Wh} = 0{,}0698\text{ kWh}$$

continua

5.5 cont.

Determine o custo, considerando que a energia é comprada por um preço estimado de 11 centavos por quilowatt-hora:

$$\text{Custo} = (0,0698 \text{ kWh})(\$ 0,11/\text{kWh}) = \$ 0,008 = \boxed{0,8 \text{ ¢}}$$

Finalização O custo para aquecer a água é muito baixo, menos de um centavo. Na realidade, ele é mais alto, porque parte da energia é transferida da água para o ambiente que a cerca na forma de calor e radiação eletromagnética enquanto sua temperatura aumenta. Se você tiver dispositivos elétricos em casa com indicações de potência, utilize esta informação e um intervalo de tempo de uso aproximado para calcular o custo para aplicação do dispositivo.

Resumo

Definições

A **corrente elétrica** I em um condutor é definida como

$$I \equiv \frac{dQ}{dt} \quad (5.2)$$

onde dQ é a carga que passa através de uma seção transversal do condutor em um intervalo de tempo dt. A unidade do SI para a corrente é o **ampère** (A), onde 1 A = 1 C/s.

A **densidade de corrente** J em um condutor é a corrente por unidade de área:

$$J \equiv \frac{I}{A} \quad (5.5)$$

A **resistência** R de um condutor é definida como

$$R \equiv \frac{\Delta V}{I} \quad (5.7)$$

onde ΔV é a diferença de potencial entre suas extremidades, e I é a corrente conduzida. A unidade do SI da resistência é o volts por ampère, definida como 1 **ohm** (Ω), isto é, 1 Ω = 1 V/A.

Conceitos e Princípios

A corrente média em um condutor está relacionada com o movimento dos portadores de carga de acordo com a equação a seguir

$$I_{\text{méd}} = nqv_d A \quad (5.4)$$

onde n é a densidade dos portadores de carga, q, a carga em cada portador, v_d, a velocidade escalar de deriva, e A é a área de seção transversal do condutor.

A densidade de corrente em um condutor ôhmico é proporcional ao campo elétrico de acordo com a expressão

$$J = \sigma E \quad (5.6)$$

A constante de proporcionalidade σ é chamada **condutividade** do material do qual o condutor é feito. O inverso de σ é conhecido como **resistividade** ρ (isto é, $\rho = 1/\sigma$). A Equação 5.6 é conhecida como **Lei de Ohm**, e um material obedece a esta lei se a razão de sua densidade de corrente pelo seu campo elétrico aplicado é uma constante independente do campo aplicado.

No caso de um bloco de material uniforme de área de seção transversal A e comprimento ℓ, a resistência ao longo do comprimento ℓ é

$$R = \rho \frac{\ell}{A} \quad (5.10)$$

onde ρ é a resistividade do material.

Em um modelo clássico de condução elétrica em metais, os elétrons são tratados como moléculas de um gás. Na ausência de um campo elétrico, a velocidade vetorial média dos elétrons é igual a zero. Quando um campo elétrico é aplicado, os elétrons se movem (em média) a uma **velocidade vetorial de deriva** $\vec{v}_d$ oposta ao campo elétrico. A velocidade vetorial de deriva é dada pela equação

$$\vec{v}_d = \frac{q\vec{E}}{m_e}\tau \quad (5.13)$$

onde q é a carga do elétron, m_e, a massa do elétron, e τ o intervalo de tempo médio entre as colisões elétron-átomo. De acordo com esse modelo, a resistividade do metal é

$$\rho = \frac{m_e}{nq^2\tau} \quad (5.16)$$

onde n é o número de elétrons livres por unidade de volume.

A resistividade de um condutor varia aproximadamente de modo linear com a temperatura, de acordo com a expressão

$$\rho = \rho_0[1 + \alpha(T - T_0)] \quad (5.18)$$

onde ρ_0 é a resistividade a uma determinada temperatura de referência T_0 e α, o **coeficiente de temperatura da resistividade**.

Se uma diferença de potencial ΔV for mantida em um elemento de circuito, a **potência**, ou a proporção na qual a energia é fornecida ao elemento, será

$$P = I\Delta V \quad (5.21)$$

Visto que a diferença de potencial em um resistor é definida como $\Delta V = IR$, podemos expressar a potência transmitida a um resistor como

$$P = I^2 R = \frac{(\Delta V)^2}{R} \quad (5.22)$$

A energia fornecida a um resistor por transmissão elétrica aparece na forma de energia interna no resistor.

Perguntas Objetivas

1. Com frequência, as baterias automotivas são classificadas em ampères-hora. Esta informação define a quantidade de (a) corrente (b) potência (c) energia (d) carga ou (e) potencial que a bateria pode fornecer?

2. Dois fios A e B com seções transversais circulares são feitos do mesmo metal e têm o mesmo comprimento, mas a resistência do fio A é três vezes superior à do B. (i) Qual é a razão entre as áreas de seção transversal de A e B? (a) 3 (b) $\sqrt{3}$ (c) 1 (d) $1/\sqrt{3}$ (e) $\frac{1}{3}$. (ii) Qual é a razão entre os raios de A e B? Escolha entre as alternativas da parte (i).

3. Um fio de metal cilíndrico à temperatura ambiente conduz corrente elétrica entre suas extremidades. Uma delas tem potencial $V_A = 50$ V, e a outra, $V_B = 0$ V. Classifique as seguintes ações segundo a alteração que cada uma produziria individualmente na corrente, do maior aumento à maior diminuição. Em sua classificação, indique quaisquer casos de igualdade. (a) Definir $V_A = 150$ V com $V_B = 0$ V. (b) Ajustar V_A para o triplo da potência com a qual o fio converte a energia transmitida de modo elétrico em energia interna. (c) Dobrar o raio do fio. (d) Dobrar o comprimento do fio. (e) Dobrar a temperatura do fio em Celsius.

4. Um fio de metal é condutor de corrente ôhmico e tem área de seção transversal que diminui gradualmente de uma extremidade a outra. A corrente tem o mesmo valor em cada seção do fio, de modo que a carga não se acumula em nenhum ponto. (i) Como a velocidade escalar de deriva varia ao longo do fio à medida que a área diminui? (a) aumenta (b) diminui (c) permanece constante. (ii) Como a resistência por unidade de comprimento varia ao longo do fio à medida que a área diminui? Escolha entre as alternativas da parte (i).

5. Uma diferença de potencial de 1,00 V é mantida em um resistor de 10,0 Ω por um período de 20,0 s. Qual é a carga total que passa por um ponto em um dos fios conectados ao resistor neste intervalo de tempo? (a) 200 C (b) 20,0 C (c) 2,00 C (d) 0,00500 C (e) 0,0500 C.

6. Três fios são feitos de cobre e têm seções transversais circulares. O fio 1 tem comprimento L e raio r. O 2 tem comprimento L e raio $2r$. O 3 tem comprimento $2L$ e raio $3r$. Qual deles tem a menor resistência? (a) o fio 1 (b) o fio 2 (c) o fio 3 (d) todos têm a mesma resistência (e) não há informações suficientes para responder à questão.

7. Um fio de metal de resistência R é cortado em três segmentos iguais, que, depois, são colocados lado a lado, formando um novo cabo com comprimento igual a um terço do original. Qual é a resistência do novo cabo? (a) $\frac{1}{9}R$ (b) $\frac{1}{3}R$ (c) R (d) $3R$ (e) $9R$.

8. Um fio de metal tem resistência de 10,0 Ω à temperatura de 20,0 °C. Se o mesmo fio tiver resistência de 10,6 Ω a 90,0 °C, qual será sua resistência quando sua temperatura for de –20,0 °C? (a) 0,700 Ω (b) 9,66 Ω (c) 10,3 Ω (d) 13,8 Ω (e) 6,59 Ω.

9. O comportamento "corrente em função da tensão" de um determinado dispositivo elétrico é mostrado na Figura PO5.9. Quando a diferença de potencial no dispositivo é de 2 V, qual é sua resistência? (a) 1 Ω (b) $\frac{3}{4}$ Ω (c) $\frac{4}{3}$ Ω (d) indefinida (e) nenhuma das alternativas.

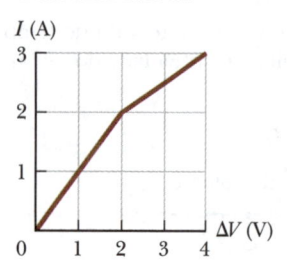

Figura PO5.9

10. Dois condutores feitos do mesmo material estão conectados à mesma diferença de potencial. O condutor A tem o dobro do diâmetro e do comprimento do B. Qual é a razão entre a potência transmitida a A e a transmitida a B? (a) 8 (b) 4 (c) 2 (d) 1 (e) $\frac{1}{2}$.

11. Dois fios condutores A e B de mesmo comprimento e raio estão conectados à mesma diferença de potencial. O condutor A tem o dobro da resistividade do B. Qual é a razão entre a potência transmitida a A e a transmitida a B? (a) 2 (b) $\sqrt{2}$ (c) 1 (d) $1/\sqrt{2}$ (e) $\frac{1}{2}$.

12. Duas lâmpadas funcionam a 120 V. Uma tem potência de 25 W, e a outra, de 100 W. **(i)** Qual das lâmpadas tem a maior resistência? (a) a de brilho tênue de 25 W (b) a de brilho intenso de 100 W (c) as duas são iguais. **(ii)** Qual lâmpada funciona com a maior corrente? Escolha entre as alternativas da parte (i).

13. O fio B tem o dobro do comprimento e o dobro do raio do fio A. Ambos são feitos do mesmo material. Se o fio A tiver resistência R, qual será a do fio B? (a) $4R$ (b) $2R$ (c) R (d) $\frac{1}{2}R$ (e) $\frac{1}{4}R$.

Perguntas Conceituais

1. Se fôssemos projetar um aquecedor elétrico utilizando fios de nicromo como elementos de aquecimento, que parâmetros do fio poderiam ser alterados para atender a um requisito específico de potência de saída como 1.000 W?

2. Quais fatores afetam a resistência de um condutor?

3. Quando a diferença de potencial em um determinado condutor é dobrada, a corrente apresenta um aumento por um fator de três. O que podemos concluir sobre o condutor?

4. Durante o intervalo de tempo após uma diferença de potencial ser aplicada entre as extremidades de um fio, o que aconteceria com a velocidade vetorial de deriva dos elétrons e com a corrente no fio se os elétrons pudessem se deslocar livremente, sem resistência, através do filamento?

5. Como as resistências do cobre e do silício variam com a temperatura? Por que estes dois materiais se comportam de modo diferente?

6. Aplique a teoria atômica da matéria para explicar por que a resistência de um material deve aumentar à medida que sua temperatura aumenta.

7. Se as cargas fluem muito devagar através de um metal, por que a luz não leva várias horas para se acender quando acionamos um interruptor?

8. Artigos de jornais geralmente contêm manchetes como "10.000 volts de eletricidade passaram pelo corpo da vítima". O que está errado com esta declaração?

Problemas

WebAssign Os problemas que se encontram neste capítulo podem ser resolvidos *on-line* no Enhanced WebAssign (em inglês)

1. denota problema simples;
2. denota problema intermediário;
3. denota problema de desafio;

AMT *Analysis Model Tutorial* disponível no Enhanced WebAssign (em inglês);

M denota tutorial *Master It* disponível no Enhanced WebAssign (em inglês);

PD denota problema dirigido;

W solução em vídeo *Watch It* disponível no Enhanced WebAssign (em inglês).

Seção 5.1 Corrente elétrica

1. **AMT M** Uma linha de transmissão de alta voltagem com 200 km de comprimento e 2,00 cm de diâmetro transporta uma corrente constante de 1.000 A. Se o condutor for de cobre, com uma densidade de carga livre, de $8,50 \times 10^{28}$ elétrons por metro cúbico, quantos anos são necessários até que um elétron percorra o comprimento total do cabo?

2. Uma pequena esfera que tem uma carga q é girada em um círculo na extremidade de uma corda isolante. A frequência angular de revolução é ω. Que corrente média representa esta carga rotativa?

3. **W** Um fio de alumínio com área de seção transversal de $4,00 \times 10^{-6}$ m² conduz corrente de 5,00 A. A densidade do alumínio é de 2,70 g/cm³. Suponha que cada átomo de alu-

mínio forneça um elétron de condução por átomo. Determine a velocidade escalar de deriva dos elétrons no fio.

4. **AMT** No modelo de Bohr do átomo de hidrogênio (que será detalhado no Capítulo 8 do Volume 4), um elétron no estado de energia mais baixo desloca-se a uma velocidade de $2,19 \times 10^6$ m/s em um percurso circular de raio de $5,29 \times 10^{-11}$ m. Qual é a corrente efetiva associada a esse elétron em órbita?

5. Um feixe de prótons em um acelerador conduz corrente de 125 μA. Se o feixe incidir sobre um alvo, quantos prótons o atingirão em um período de 23,0 s?

6. Um fio de cobre tem seção transversal circular de raio 1,25 mm. (a) Se o fio conduzir uma corrente de 3,70 A, determine a velocidade escalar de deriva dos elétrons nele. (b) Se todos os outros fatores forem iguais, o que ocorrerá à velocidade escalar de deriva nos fios feitos de um metal com número de elétrons de condução por átomo maior que o do cobre? Explique.

7. Suponha que a corrente em um condutor diminua exponencialmente com o tempo de acordo com a equação $I(t) = I_0 e^{-t/\tau}$, onde I_0 é a corrente inicial (em $t = 0$), e τ uma constante com dimensões temporais. Considere um ponto de observação fixo dentro do condutor. (a) Qual quantidade de carga que passa por este ponto entre $t = 0$ e $t = \tau$? (b) Qual quantidade de carga que passa por este ponto entre $t = 0$ e $t = 10\tau$? (c) **E se?** Qual quantidade de carga que passa por este ponto entre $t = 0$ e $t = \infty$?

8. **W** A Figura P5.8 representa a seção de um condutor de diâmetro não uniforme que conduz corrente $I = 5,00$ A. O raio da seção transversal A_1 é $r_1 = 0,400$ cm. (a) Qual é o módulo da densidade de corrente através de A_1? O raio r_2 em A_2 é maior que o raio r_1 em A_1. (b) A corrente em A_2 é maior, menor ou igual? (c) A densidade de corrente em A_2 é maior, menor ou igual? Suponha que $A_2 = 4A_1$. Especifique (d) o raio (e) a corrente e (f) a densidade de corrente em A_2.

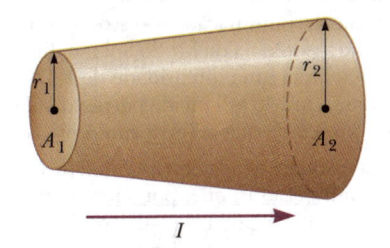

Figura P5.8

9. **W** A quantidade de carga q (em coulombs) que atravessa uma superfície de área 2,00 cm² varia com o tempo, de acordo com a equação $q = 4t^3 + 5t + 6$, onde t é expresso em segundos. (a) Qual é a corrente instantânea através da superfície em $t = 1,00$ s? (b) Qual é o valor da densidade de corrente?

10. Um gerador de Van de Graaff produz um feixe de dêuterons de 2,00 MeV, que são núcleos de hidrogênio pesados que contêm um próton e um nêutron. (a) Se a corrente do feixe for de 10,0 μA, qual será a separação média dos dêuterons? (b) A força elétrica de repulsão entre as partículas é um fator importante para a estabilidade do feixe? Explique.

11. **M** O feixe de elétrons que emerge de um determinado acelerador de elétrons de alta energia tem seção transversal circular de raio 1,00 mm. (a) A corrente do feixe é de 8,00 μA. Determine a densidade de corrente no feixe, supondo que este seja uniforme ao longo de toda sua extensão. (b) A velocidade escalar dos elétrons é tão próxima da velocidade da luz, que a velocidade das partículas pode ser considerada 300 mm/s, com um erro desprezível. Calcule a densidade de elétrons no feixe. (c) Durante qual intervalo de tempo o número de Avogadro de elétrons emerge do acelerador?

12. **W** Uma corrente elétrica em um condutor varia com o tempo de acordo com a expressão $I(t) = 100$ sen $(120\pi t)$, onde I é medida em ampères, e t em segundos. Qual é a carga total que passa por um determinado ponto no condutor de $t = 0$ a $t = \frac{1}{240}$ s?

13. **W** Um bule de área de superfície de 700 cm² deve ser folheado com prata. O utensílio é conectado ao eletrodo negativo de uma célula eletrolítica que contém nitrato de prata ($Ag^+NO_3^-$). A célula é alimentada por uma bateria de 12,0 V e tem resistência de 1,80 Ω. Se a densidade da prata for de $10,5 \times 10^3$ kg/m³, durante qual intervalo de tempo uma camada de 0,133 mm de prata se depositará sobre o bule?

Seção 5.2 Resistência

14. **W** Uma lâmpada tem resistência de 240 Ω quando funciona com uma diferença de potencial de 120 V. Qual é a corrente na lâmpada?

15. **M** Um fio de 50,0 m de comprimento e 2,00 mm de diâmetro é conectado a uma fonte com uma diferença de potencial de 9,11 V, e a corrente é de 36,0 A. Suponha uma temperatura de 20,0 °C e, utilizando a Tabela 5.2, identifique o metal de que o fio é feito.

16. Uma diferença de potencial de 0,900 V é mantida entre as extremidades de um fio de tungstênio de 1,50 m de comprimento e área de seção transversal 0,600 mm². Qual é a corrente no fio?

17. Um aquecedor elétrico funciona com corrente de 13,5 A a uma tensão de 120 V. Qual é a resistência do aquecedor?

18. É determinado que fios de alumínio e cobre de mesmo comprimento têm a mesma resistência. Qual é a razão entre seus raios?

19. **M** Suponha que desejamos fabricar um fio uniforme utilizando 1,00 g de cobre. Se o fio tiver de oferecer uma resistência $R = 0,500$ Ω e todo o cobre precisar ser utilizado, quais deverão ser (a) o comprimento e (b) o diâmetro do fio?

20. Suponha que desejamos fabricar um fio uniforme utilizando uma massa m de um metal com densidade ρ_m e resistividade ρ. Se o fio tiver de oferecer uma resistência R e todo o metal precisar ser utilizado, quais deverão ser (a) o comprimento e (b) o diâmetro do fio?

21. Um segmento de fio de nicromo de raio 2,50 mm será utilizado no enrolamento de uma bobina de aquecimento. Se a bobina tiver de utilizar uma corrente de 9,25 A quando uma tensão de 120 V for aplicada entre suas extremidades, determine (a) a resistência requerida da bobina e (b) o comprimento do fio a ser utilizado para enrolar a bobina.

Seção 5.3 Um modelo de condução elétrica

22. Se a corrente transportada por um condutor for duplicada, o que acontece (a) à densidade do transportador de carga, (b) à densidade da corrente, (c) à velocidade de deriva do elétron, e (d) ao intervalo médio entre colisões?

23. Uma densidade de corrente de $6,00 \times 10^{-13}$ A/m² existe na atmosfera em um local onde o campo elétrico é de 100 V/m. Calcule a condutividade elétrica da atmosfera da Terra nesta região.

24. **PD** Um fio de ferro tem área de seção transversal igual a $5{,}00 \times 10^{-6}$ m². Proceda de acordo com os passos a seguir para determinar a velocidade escalar de deriva dos elétrons de condução no fio se este conduzir uma corrente de 30,0 A. (a) Quantos quilos existem em 1,00 mol de ferro? (b) Com base na densidade do ferro e no resultado da parte (a), calcule a densidade molar do ferro (o número de moles de ferro por metro cúbico). (c) Calcule a densidade numérica dos átomos de ferro utilizando o número de Avogadro. (d) Determine a densidade numérica dos elétrons de condução, visto que existem dois elétrons de condução por átomo de ferro. (e) Calcule a velocidade escalar de deriva dos elétrons de condução no fio.

25. **M** Se o módulo da velocidade vetorial de deriva dos elétrons livres em um fio de cobre for de $7{,}84 \times 10^{-4}$ m/s, qual será o campo elétrico no condutor?

Seção 5.4 Resistência e temperatura

26. Uma lâmpada tem filamento de tungstênio com resistência de 19,0 Ω a 20,0 °C e 140 Ω quando aquecido. Suponha que a resistividade do tungstênio varie linearmente com a temperatura, mesmo nesta ampla faixa de temperatura citada. Determine a temperatura do filamento aquecido.

27. Qual é a mudança parcial na resistência de um filamento de ferro quando sua temperatura varia de 25,0 °C a 50,0 °C?

28. Enquanto está tirando fotografias no Vale da Morte, em um dia em que a temperatura é de 58,0 °C, Bill Hiker descobre que uma determinada voltagem aplicada em um fio de cobre produz uma corrente de 1,00 A. Bill, então, viaja para a Antártica e aplica a mesma voltagem ao mesmo fio. Que corrente ele registra aqui, se a temperatura é de −88,0 °C? Suponha que não ocorre nenhuma mudança no formato e no tamanho do fio.

29. Se um fio de prata tiver resistência de 6,00 Ω a 20,0 °C, qual será sua resistência a 34,0 °C?

30. Pletismógrafos são dispositivos utilizados para medir as variações no volume de órgãos internos ou membros. Em uma das suas formas, um tubo capilar de borracha com diâmetro interno de 1,00 mm é cheio com mercúrio a 20,0 °C. A resistência do mercúrio é medida com o auxílio de eletrodos vedados nas extremidades do tubo. Se um segmento de 100 cm do tubo for enrolado em espiral em torno do braço do paciente, o fluxo sanguíneo durante um batimento fará com que o braço se expanda, estendendo o comprimento do tubo 0,0400 cm. Com base nesta observação e supondo que a simetria seja cilíndrica, podemos determinar a variação do volume do braço, o que fornece uma indicação do fluxo sanguíneo. Considerando a resistividade do mercúrio como $9{,}58 \times 10^{-7}$ Ω × m, calcule (a) a resistência do mercúrio e (b) a variação parcial na resistência durante o batimento. *Sugestão*: A fração pela qual a área de seção transversal da coluna de mercúrio diminui é a fração pela qual o comprimento aumenta, porque o volume de mercúrio é constante.

31. **M** (a) Um fio de cobre de 34,5 m de comprimento a 20,0 °C tem um raio de 0,25 mm. Se uma diferença de potencial de 9,00 V for aplicada ao longo do fio, determine a corrente no fio. (b) Se o fio for aquecido a 30,0° enquanto a diferença de potencial de 9,00 V é mantida, qual é a corrente resultante no fio?

32. Uma engenheira precisa de um resistor com coeficiente de temperatura da resistência total igual a zero a 20,0 °C. Ela projeta um par de cilindros circulares, um de carbono e outro de nicromo, como mostra a Figura P5.32. O dispositivo deve ter uma resistência total $R_1 + R_2 = 10{,}0$ Ω, independente da temperatura, e raio uniforme $r = 1{,}50$ mm. Ignore a expansão térmica dos cilindros e suponha que ambos sempre estejam à mesma temperatura. (a) A engenheira pode alcançar o objetivo do projeto adotando esse método? (b) Em caso afirmativo, cite o que podemos determinar acerca dos comprimentos ℓ_1 e ℓ_2 de cada segmento. Em caso negativo, explique.

Figura P5.32

33. **M** Um fio de alumínio com diâmetro de 0,100 mm tem campo elétrico uniforme de 0,200 V/m aplicado ao longo de sua extensão. A temperatura do fio é de 50,0 °C. Considere um elétron livre por átomo. (a) Utilize as informações da Tabela 5.2 para calcular a resistividade do alumínio a esta temperatura. (b) Qual é a densidade de corrente no fio? (c) Qual é a corrente total no fio? (d) Qual é a velocidade escalar de deriva dos elétrons de condução? (e) Qual diferença de potencial deve ser estabelecida entre as extremidades de um segmento de 2,00 m do fio para produzir o campo elétrico citado?

34. **Revisão.** Uma haste de alumínio tem resistência de 1,23 Ω a 20,0 °C. Calcule a resistência da haste a 120 °C, considerando as variações na resistividade e nas dimensões da haste. O coeficiente da expansão linear do alumínio é de $2{,}40 \times 10^{-6}$ (°C)$^{-1}$.

35. A que temperatura o alumínio terá uma resistividade três vezes superior à do cobre à temperatura ambiente?

Seção 5.6 Potência elétrica

36. Suponha que a iluminação global sobre a Terra constitui uma corrente constante de 1,00 kA entre a Terra e uma camada atmosférica em potencial de 300 kV. (a) descubra a potência da iluminação terrestre. (b) para comparação, determine a potência da luz do Sol incidindo sobre a Terra. A luz do Sol tem uma intensidade de 1.370 W/m², acima da atmosfera. A luz do Sol incide perpendicularmente na área circular projetada que a Terra apresenta ao Sol.

37. Em uma instalação hidrelétrica, uma turbina fornece 1.500 hp para um gerador, que, por sua vez, transfere 80,0% da energia mecânica por transmissão elétrica. Nessas condições, que corrente o gerador fornece a uma diferença de potencial terminal de 2.000 V?

38. Um gerador de Van de Graaff (veja a Fig. 3.23) funciona com uma diferença de potencial entre o eletrodo de alto potencial Ⓑ e as agulhas de carga em Ⓐ de 15,0 kV. Calcule a potência requerida para mover a correia contra as forças elétricas em um instante em que a corrente efetiva transmitida ao eletrodo de alto potencial é de 500 μA.

39. Uma chapa para *waffles* tem potência nominal de 1,00 kW quando conectada a uma fonte de 120 V. (a) Qual é a corrente conduzida pela chapa de *waffles*? (b) Qual é sua resistência?

40. A diferença de potencial em um neurônio em repouso no corpo humano é cerca de 75,0 mV e conduz uma corrente de cerca de 0,200 mA. Quanta potência o neurônio libera?

41. Suponha que seu DVD player portátil utilize uma corrente de 350 mA a 6,00 V. Quanta potência seu aparelho requer?

42. **AMT** **M** **Revisão.** Um aquecedor de água elétrico bem isolado aquece 109 kg de água de 20,0 °C a 49,0 °C em 25,0 min. Determine a resistência de seu elemento de aqueci-

mento, que está conectado a uma diferença de potencial de 240 V.

43. Uma lâmpada de 100 W conectada a uma fonte de 120 V apresenta um aumento súbito da tensão que produz 140 V durante um instante. Qual é a porcentagem do aumento da potência de saída? Suponha que a resistência não varie.

44. O custo da energia transmitida para residências por transmissão elétrica varia de US$ 0,070/kWh a US$ 0,258/kWh em todo o território dos EUA; US$ 0,110/kWh é o valor médio. A esse preço médio, calcule o custo de (a) deixar a luz da varanda de 40,0 W acesa durante duas semanas durante as férias (b) preparar uma torrada durante 3,00 min em uma torradeira de 970 W e (c) secar um fardo de roupas durante 40,0 min em uma secadora de $5{,}20 \times 10^3$ W.

45. **W** Baterias são classificadas em ampères-hora (A × h). Por exemplo, uma bateria capaz de produzir corrente de 2,00 A por 3,00 h é classificada em 6,00 A × h. (a) Qual é a energia total, em quilowatts-hora, armazenada em uma bateria de 12,0 V classificada em 55,0 A × h? (b) A $ 0,110 por quilowatt-hora, qual é o valor da eletricidade produzida por essa bateria?

46. **W** Em geral, as normas de construção de residências requerem a utilização de fios de cobre de bitola 12 (0,205 cm de diâmetro) para a fiação das tomadas. Esses circuitos conduzem correntes de até 20,0 A. Se conduzisse a mesma quantidade de corrente, um fio de diâmetro menor (com número de bitola superior) poderia alcançar uma temperatura alta e causar um incêndio. (a) Calcule a proporção na qual a energia interna é produzida em um segmento de fio de cobre de bitola 12 de 1,00 m conduzindo 20,0 A. (b) **E se?** Repita o cálculo para um fio de alumínio de bitola 12. (c) Um fio de alumínio de bitola 12 seria tão seguro quanto um de cobre? Explique.

47. **M** Supondo que o custo da energia da companhia elétrica seja de $ 0,110/kWh, calcule o custo por dia do funcionamento de uma lâmpada que utiliza corrente de 1,70 A de uma linha de 110 V.

48. Uma lâmpada fluorescente econômica de 11,0 W foi projetada para produzir a mesma iluminação de uma incandescente convencional de 40,0 W. Supondo um custo de $ 0,110/kWh para a energia da companhia elétrica, quanto dinheiro o usuário da lâmpada econômica poupa durante 100 h de uso?

49. Uma bobina de fio de nicromo tem comprimento de 25,0 m. O fio tem diâmetro de 0,400 mm e está a 20,0 °C. Se a corrente conduzida for de 0,500 A, calcule (a) o módulo do campo elétrico no fio e (b) a potência transmitida ao fio. (c) **E se?** Se a temperatura for aumentada para 340 °C e a diferença de potencial no fio permanecer constante, qual será a potência transmitida?

50. **Revisão.** Uma bateria recarregável de massa 15,0 g fornece uma corrente média de 18,0 mA para um DVD player portátil a 1,60 V por 2,40 h antes de precisar ser recarregada. O recarregador mantém uma diferença de potencial de 2,30 V na bateria e fornece uma corrente de carga de 13,5 mA por 4,20 h. (a) Qual é a eficiência da bateria como um dispositivo de armazenagem de energia? (b) Qual quantidade de energia interna é produzida na bateria durante um ciclo de carga e descarga? (c) Se a bateria estiver encerrada por um isolamento térmico ideal e tiver um calor específico efetivo de 975 J/kg × °C, qual será o aumento da sua temperatura durante o ciclo?

51. Uma bobina de aquecimento de 500 W projetada para funcionar a 110 V é feita de fio de nicromo de 0,500 mm de diâmetro. (a) Supondo que a resistividade do nicromo permaneça constante em seu valor a 20,0 °C, determine o comprimento do fio utilizado. (b) **E se?** Considere a variação da resistividade com a temperatura. Qual é a potência transmitida para a bobina da parte (a) quando esta é aquecida até 1.200 °C?

52. *Por que a seguinte situação é impossível?* Um político critica o desperdício de energia e decide se concentrar na energia utilizada no funcionamento de relógios elétricos nos EUA. Ele calcula que existam 270 milhões desses relógios, cerca de um para cada pessoa da população. Os relógios transformam a energia fornecida por transmissão elétrica a uma proporção média de 2,50 W. O político faz um pronunciamento no qual afirma que, nas taxas atuais de consumo de eletricidade, a nação perde US$ 100 milhões a cada ano para manter os relógios em funcionamento.

53. **M** Uma torradeira utiliza fio de nicromo como elemento de aquecimento. Quando inicialmente conectada a uma fonte de 120 V (o fio está a uma temperatura de 20,0 °C), a corrente inicial é de 1,80 A. A corrente diminui à medida que o elemento de aquecimento esquenta. Quando a torradeira alcança sua temperatura de funcionamento final, a corrente é de 1,53 A. (a) Determine a potência transmitida à torradeira quando esta está à temperatura de funcionamento. (b) Qual é a temperatura final do elemento de aquecimento?

54. Calcule a ordem de grandeza do custo da utilização rotineira de um secador de cabelo portátil durante um ano. Caso você não utilize um secador de cabelo, observe ou fale com alguém que o utilize. Indique as grandezas calculadas e seus valores.

55. **M Revisão.** O elemento de aquecimento de uma cafeteira elétrica funciona a 120 V e conduz uma corrente de 2,00 A. Supondo que a água absorva toda a energia fornecida ao resistor, calcule o intervalo de tempo durante o qual a temperatura de 0,500 kg de água aumenta da temperatura ambiente (23,0 °C) ao ponto de ebulição.

56. Um motor de 120 V tem potência mecânica de saída de 2,50 hp. Seu rendimento é de 90,0% ao converter a potência fornecida por transmissão elétrica em potência mecânica. (a) Determine a corrente no motor. (b) Calcule a energia fornecida ao motor por transmissão elétrica em 3,00 h de funcionamento. (c) Se a companhia elétrica cobra $ 0,110/kWh, qual é o custo de manter o motor em funcionamento por 3,00 h?

Problemas Adicionais

57. **M** Um fio particular tem uma resistividade de $3{,}0 \times 10^{-8}$ Ω · m e uma área de seção transversal de $4{,}0 \times 10^{-6}$ m². Um comprimento deste fio deve ser usado como um resistor que receberá 48 W de energia quando conectado através de uma bateria de 20 V. Que comprimento do fio é necessário?

58. Determine a temperatura na qual a resistência de um fio de alumínio terá o dobro de seu valor a 20,0 °C. Suponha que seu coeficiente de resistividade permaneça constante.

59. Um proprietário se esquece de apagar os faróis do carro enquanto está estacionado na garagem. Se a bateria de 12,0 V no carro for classificada em 90,0 A × h e cada farol utilizar 36,0 W de potência, em quanto tempo a bateria se descarregará por completo?

60. A lâmpada A tem indicações "25 W 120 V" e a B, "100 W 120 V". Essas indicações significam que cada lâmpada tem sua respectiva potência fornecida quando conectada a uma fonte de 120 V constante. (a) Determine a resistência de

cada lâmpada. (b) Durante qual intervalo de tempo uma carga de 1,00 C é transmitida para a lâmpada A? (c) Esta carga é diferente quando sai da lâmpada e quando lhe é fornecida? Explique. (d) Durante qual intervalo de tempo uma energia de 1,00 J é transmitida para a lâmpada A? (e) Por meio de quais mecanismos esta energia é transmitida à lâmpada e sai dela? Explique. (f) Calcule o custo da utilização contínua durante 30,0 dias da lâmpada A, supondo que a companhia de eletricidade venda seu produto a $ 0,110 por kWh.

61. **W** Um fio em uma linha de transmissão de alta tensão conduz 1.000 A inicialmente a 700 kV para uma distância de 100 milhas. Se a resistência no fio for de 0,500 Ω/milha, qual será a perda de potência causada pela resistência do fio?

62. Um experimento é realizado para medir a resistividade elétrica do nicromo em forma de fios de diferentes comprimentos e áreas de seção transversal. Para um conjunto de medições, um aluno utiliza um fio de bitola 30, com área de seção transversal $7,30 \times 10^{-8}$ m². Ele mede a diferença de potencial entre as extremidades do fio e a corrente neste utilizando um voltímetro e um amperímetro, respectivamente. (a) Para cada conjunto de medições, feitas em fios de três comprimentos diferentes, relacionadas na tabela, calcule a resistência dos fios e os valores correspondentes de resistividade. (b) Qual é o valor médio da resistividade? (c) Compare este valor com o relacionado na Tabela 5.2.

L (m)	ΔV (V)	I (A)	R (Ω)	ρ (Ω × m)
0,540	5,22	0,72		
1,028	5,82	0,414		
1,543	5,94	0,281		

63. Uma carga Q é colocada em um capacitor de capacitância C. O capacitor é conectado ao circuito como mostra a Figura P5.63, com uma chave aberta, um resistor e um capacitor inicialmente descarregado de capacitância 3C. Depois, a chave é fechada e o circuito estabelece o equilíbrio. Considerando Q e C, determine (a) a diferença de potencial final entre as placas de cada capacitor, (b) a carga em cada capacitor e (c) a energia final armazenada em cada capacitor. (d) Determine a energia interna no resistor.

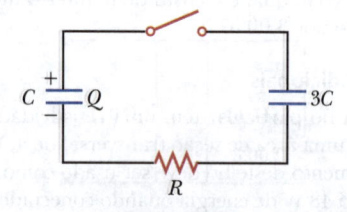

Figura P5.63

64. **Revisão.** Um funcionário de escritório utiliza um aquecedor de imersão para aquecer 250 g de água em um copo leve, coberto e isolado, de 20,0 °C a 100 °C em 4,00 min. O aquecedor é um fio de resistência de nicromo conectado a uma fonte de alimentação de 120 V. Suponha que o fio esteja a 100 °C durante todo o intervalo de tempo de 4,00 min. (a) Especifique uma relação entre o diâmetro e o comprimento que o fio pode ter. (b) O fio pode ser feito com menos de 0,500 cm³ de nicromo?

65. Um tubo de raios X, utilizado para terapia de câncer, opera a 4,00 MV com elétrons constituindo uma corrente de feixes de 25,0 mA atingindo um alvo metálico. Praticamente, toda a potência do feixe é transferida para um fluxo de água que percorre orifícios perfurados no alvo. Qual é a taxa de fluxo, em quilogramas por segundo, necessária se o aumento na temperatura da água não exceder os 50,0 °C?

66. **AMT M** Um carro totalmente elétrico (não híbrido) foi projetado para ser alimentado por um banco de baterias de 12,0 V com armazenagem de energia total de $2,00 \times 10^7$ J. Se o motor elétrico utiliza 8,00 kW quando o carro se desloca a uma velocidade escalar constante de 20,0 m/s, (a) qual será a corrente fornecida ao motor? (b) Qual distância máxima o carro poderia alcançar antes de o combustível se esgotar?

67. Um fio cilíndrico reto ao longo do eixo x tem comprimento de 0,500 m e diâmetro de 0,200 mm. O material do fio comporta-se de acordo com a Lei de Ohm, com resistividade $\rho = 4,00 \times 10^{-8}$ Ω × m. Suponha que um potencial de 4,00 V seja mantido na extremidade esquerda do fio em $x = 0$. Suponha também que $V = 0$ em $x = 0,500$ m. Determine (a) o módulo e o sentido do campo elétrico no fio (b) a resistência do fio (c) o módulo e o sentido da corrente elétrica no fio e (d) a densidade de corrente no fio. (e) Demonstre que $E = \rho J$.

68. Um fio cilíndrico reto ao longo do eixo x tem comprimento L e diâmetro d. O material do fio comporta-se de acordo com a Lei de Ohm, com resistividade ρ. Suponha que um potencial V seja mantido na extremidade esquerda do fio em $x = 0$. Suponha também que o potencial seja igual a zero em $x = L$. Considerando L, d, V, ρ e constantes físicas, derive expressões para (a) o módulo e o sentido do campo elétrico no fio (b) a resistência do fio (c) o módulo e o sentido da corrente elétrica no fio e (d) a densidade de corrente no fio. (e) Demonstre que $E = \rho J$.

69. **W** Uma empresa pública de serviços elétricos fornece energia à casa de um cliente por meio das linhas de alimentação de rede (120 V) com dois fios de cobre, cada um com 50,0 m de comprimento e resistência de 0,108 Ω por 300 m. (a) Determine a diferença de potencial na casa do cliente para uma corrente de carga de 110 A. Para esta corrente de carga, calcule (b) a potência fornecida ao cliente e (c) a proporção da produção de energia interna nos fios de cobre.

70. O esforço em um fio pode ser monitorado e calculado por meio da medição da resistência do fio. L_i representa o comprimento original do fio, A_i sua área de seção transversal original, $R_i = \rho L_i/A_i$, a resistência original entre suas extremidades, e $\delta = \Delta L/L_i = (L - L_i)/L_i$ a deformação resultante da aplicação da tensão. Suponha que a resistividade e o volume do fio não variem quando o fio é esticado. (a) Demonstre que a resistência entre as extremidades do fio esticado é definida por $R = R_i(1 + 2\delta + \delta^2)$. (b) Se as suposições forem verdadeiras e precisas, este resultado será exato ou aproximado? Explique sua resposta.

71. Uma oceanógrafa pesquisa como a concentração de íons na água do mar depende da profundidade. Ela efetua uma medição mergulhando na água um par de cilindros metálicos concêntricos (Fig. P5.71) na extremidade de um cabo, coletando dados para determinar a resistência entre os eletrodos como função da profundidade. A água entre os dois cilindros forma uma carcaça cilíndrica de raios interno r_a e externo r_b e comprimento L muito maior que r_b. A cientista aplica uma diferença de potencial ΔV entre as superfícies interna e externa, produzindo uma

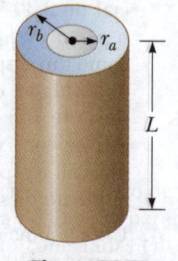

Figura P5.71

corrente radial voltada para fora I. Suponha que ρ represente a resistividade da água. (a) Determine a resistência da água entre os cilindros como função de L, ρ, r_a e r_b. (b) Expresse a resistividade da água como função das grandezas medidas L, r_a, r_b, ΔV e I.

72. *Por que a seguinte situação é impossível?* Um curioso aluno de Física retira uma lâmpada de 100 W do soquete e mede sua resistência com um ohmímetro, obtendo um valor de 10,5 Ω. Ele é capaz de conectar um amperímetro ao soquete para medir corretamente a corrente utilizada pela lâmpada durante o funcionamento. Inserindo a lâmpada de volta no soquete e acendendo-a com uma fonte de 120 V, ele mede uma corrente de 11,4 A.

73. Os coeficientes de temperatura da resistividade α na Tabela 5.2 têm como base uma temperatura de referência T_0 de 20,0 °C. Suponha que os coeficientes fossem representados pelo símbolo α' e tivessem como base uma T_0 de 0 °C. Qual seria o coeficiente α' da prata? *Observação*: O coeficiente α satisfaz a condição $\rho = \rho_0[1 + \alpha(T - T_0)]$, onde ρ_0 é a resistividade do material a $T_0 = 20,0$ °C. O coeficiente α' deve satisfazer à expressão $\rho = \rho'_0[1 + \alpha'T]$, onde ρ'_0 é a resistividade do material a 0 °C.

74. Podemos estabelecer uma analogia entre o fluxo de energia na forma de calor, criado por uma diferença de temperatura (consulte a Seção 6.7 do Volume 2), e o fluxo de carga elétrica, criado por uma diferença de potencial. Em um metal, a energia dQ e a carga elétrica dq são transportadas por elétrons livres. Por consequência, um bom condutor elétrico é, em geral, um bom condutor térmico. Considere uma barra condutora delgada de espessura dx, área A e condutividade elétrica σ, com diferença de potencial dV entre as faces opostas. (a) Demonstre que a corrente $I = dq/dt$ é definida pela equação à esquerda:

Condução de carga   Condução térmica

$$\frac{dq}{dt} = \sigma A \left|\frac{dV}{dx}\right| \qquad \frac{dQ}{dt} = kA \left|\frac{dT}{dx}\right|$$

Na equação de condução térmica análoga à direita (Eq. 6.15 do Volume 2), a razão dQ/dt do fluxo de energia por calor (em unidades do SI de joules por segundo) é estabelecida por um gradiente de temperatura dT/dx em um material de condutividade térmica k. (b) Enuncie regras análogas que relacionem o sentido da corrente elétrica à variação no potencial e o sentido do fluxo de energia à variação na temperatura.

75. **Revisão.** Quando um fio reto é aquecido, sua resistência é dada por $R = R_0[1 + \alpha(T - T_0)]$, de acordo com a Equação 5.20, onde α é o coeficiente de temperatura da resistividade. Esta expressão precisará ser modificada se incluirmos a variação nas dimensões do fio causada pela expansão térmica. No caso de um fio de cobre de raio 0,1000 mm e comprimento 2,000 m, determine sua resistência a 100,0 °C, incluindo os efeitos da expansão térmica e da variação da temperatura da resistividade. Suponha que os coeficientes até quatro dígitos significativos sejam conhecidos.

76. **Revisão.** Quando um fio reto é aquecido, sua resistência é dada por $R = R_0[1 + \alpha(T - T_0)]$, de acordo com a Equação 5.20, onde α é o coeficiente de temperatura da resistividade. Esta expressão precisará ser modificada se incluirmos a variação nas dimensões do fio causada pela expansão térmica. Determine uma expressão mais precisa para a resistência que inclua os efeitos das variações nas dimensões do fio quando este é aquecido. Sua expressão final deve ser função de R_0, T, T_0, do coeficiente de temperatura da resistividade α e do coeficiente da expansão linear α'.

77. **Revisão.** Um capacitor de placas paralelas consiste de placas quadradas com lados de comprimento ℓ separados por uma distância d, onde $d \ll \ell$. Uma diferença de potencial ΔV é mantida entre as placas e um material de constante dielétrica κ preenche metade do espaço entre elas. A barra dielétrica é retirada do capacitor, como mostra a Figura P5.77. (a) Determine a capacitância quando a borda esquerda do dielétrico estiver a uma distância x do centro do capacitor. (b) Qual será a corrente no circuito à medida que o dielétrico for removido a uma velocidade escalar constante v?

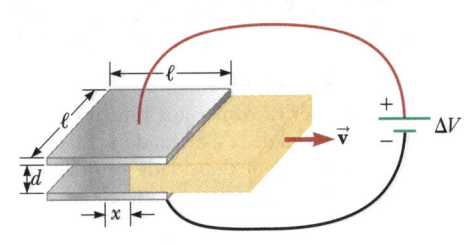

Figura P5.77

78. O material dielétrico entre as placas paralelas de um capacitor sempre tem condutividade σ diferente de zero. Suponha que A represente a área de cada placa, e d a distância entre elas. Suponha que κ represente a constante dielétrica do material. (a) Demonstre que a resistência R e a capacitância C do capacitor estão relacionadas pela equação

$$RC = \frac{\kappa \varepsilon_0}{\sigma}$$

(b) Determine a resistência entre as placas de um capacitor de 14,0 nF com um dielétrico de quartzo fundido.

79. Ouro é o metal mais maleável que existe. Por exemplo, um grama de ouro pode ser estirado na forma de um fio de 2,40 km de comprimento. A densidade deste material é de $19,3 \times 10^3$ kg/m³, e sua resistividade, $2,44 \times 10^{-8}$ $\Omega \times$ m. Qual é a resistência de tal fio a 20,0 °C?

80. A curva característica corrente-tensão de um diodo semicondutor como função da temperatura T é dada por

$$I = I_0(e^{e\Delta V/k_B T} - 1)$$

Nesta equação, o primeiro símbolo e representa o número de Euler, a base dos logaritmos naturais. O segundo e é o módulo da carga do elétron, k_B representa a constante de Boltzmann, e T é a temperatura absoluta. (a) Prepare uma planilha para calcular I e $R = \Delta V/I$ para $\Delta V = 0,400$ V a 0,600 V em incrementos de 0,005 V. Suponha $I_0 = 1,00$ nA. (b) Faça um gráfico de R em função de V para $T = 280$ K, 300 K e 320 K.

81. A diferença de potencial em um filamento de uma lâmpada é mantida a um valor constante enquanto a temperatura de equilíbrio é alcançada. A corrente constante na lâmpada é de apenas um décimo da corrente utilizada por ela ao ser acesa pela primeira vez. Se o coeficiente de temperatura da resistividade da lâmpada a 20,0 °C for de 0,00450 (°C)$^{-1}$ e a resistência aumentar linearmente com o aumento da temperatura, qual será a temperatura de operação final do filamento?

Problemas de Desafio

82. Uma definição mais geral do coeficiente de temperatura da resistividade é

$$\alpha = \frac{1}{\rho}\frac{d\rho}{dT}$$

onde ρ é a resistividade para a temperatura T. (a) Supondo que α seja constante, demonstre que

$$\rho = \rho_0 e^{\alpha(T-T_0)}$$

onde ρ_0 é a resistividade para a temperatura T_0. (b) Aplicando a expansão em série $e^x \approx 1 + x$ para $x \ll 1$, demonstre que o valor aproximado da resistividade é dado pela expressão:

$$\rho = \rho_0[1 + \alpha(T - T_0)] \quad \text{para } \alpha(T - T_0) \ll 1$$

83. Uma carcaça esférica com raios interno r_a e externo r_b é feita de um material de resistividade ρ. Ela conduz corrente na direção radial, com densidade uniforme em todos os sentidos. Demonstre que sua resistência é

$$R = \frac{\rho}{4\pi}\left(\frac{1}{r_a} - \frac{1}{r_b}\right)$$

84. Um material com resistividade uniforme ρ é transformado em um calço, como mostra a Figura P5.84. Demonstre que a resistência entre as faces A e B do calço é

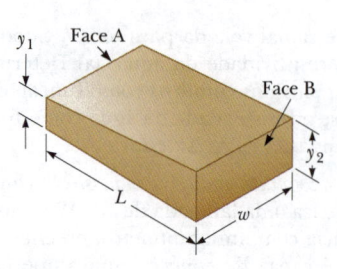

$$R = \rho\frac{L}{w(y_2 - y_1)}\ln\frac{y_2}{y_1}$$

Figura P5.84

85. Um material de resistividade ρ é transformado em um cone truncado de altura h, como mostra a Figura P5.85. A extremidade inferior tem raio b e a superior, raio a. Suponha que a corrente seja distribuída uniformemente sobre qualquer seção transversal circular do cone, de modo que a densidade de corrente não dependa da posição radial. A densidade de corrente varia com a posição ao longo do eixo do cone. Demonstre que a resistência entre as duas extremidades é

$$R = \frac{\rho}{\pi}\left(\frac{h}{ab}\right)$$

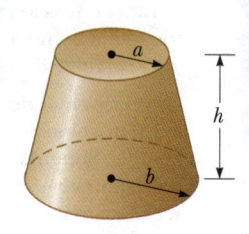

Figura P5.85

capítulo 6
Circuitos de corrente contínua

6.1 Força eletromotriz
6.2 Resistores em série e em paralelo
6.3 Regras de Kirchhoff
6.4 Circuitos *RC*
6.5 Fiação residencial e segurança elétrica

Neste capítulo, analisaremos circuitos elétricos simples que contêm baterias, resistores e capacitores em várias combinações. Alguns circuitos têm resistores que podem ser combinados utilizando regras simples. A análise de circuitos mais complexos é simplificada utilizando-se as *regras de Kirchhoff*, que derivam das leis de conservação de energia e conservação de carga elétrica para sistemas isolados. A maior parte dos circuitos analisados é tida como em *estado estacionário*, o que significa que as correntes no circuito são constantes em módulo e direção. Uma corrente constante na direção é chamada *corrente contínua* (CC). Estudaremos a *corrente alternada* (CA), na qual a corrente muda de direção periodicamente, no Capítulo 11. Por último, discutiremos circuitos elétricos em residências.

Um técnico conserta uma conexão em uma placa de circuito de computador. Hoje em dia, utilizamos vários itens que contêm circuitos elétricos, incluindo vários com placas de circuito menores que a exibida na foto. Estes dispositivos incluem *game players* portáteis, telefones celulares e câmeras digitais. Neste capítulo, estudaremos tipos simples de circuitos e aprenderemos como analisá-los. *(Trombax/Shutterstock)*

6.1 Força eletromotriz

Na Seção 5.6, discutimos um circuito no qual uma bateria produz corrente. Utilizamos baterias como fonte de energia para os circuitos em nossa discussão. Como a diferença potencial nos terminais de bateria é constante em um circuito específico, a corrente no circuito é constante em módulo e direção, chamada **corrente contínua**. Uma bateria é chamada *fonte de*

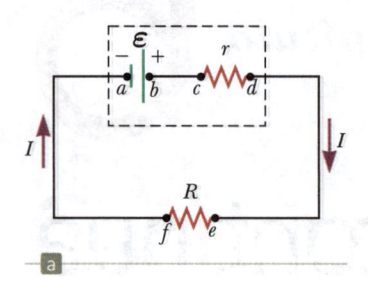

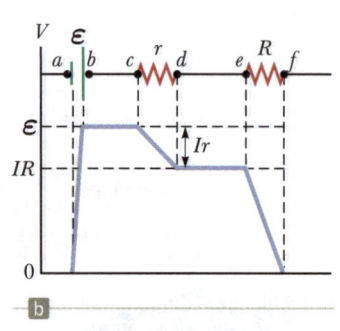

Figura 6.1 (a) Diagrama de circuito de uma fonte de fem $\mathcal{E}$ (neste caso, uma bateria), de resistência interna r, conectada a um resistor externo de resistência R. (b) Representação gráfica mostrando como o potencial elétrico muda conforme o circuito em (a) é percorrido em sentido horário.

força eletromotriz ou, mais comumente, fonte de *fem*. A expressão *força eletromotriz* é um termo histórico infeliz que não descreve uma força, mas uma diferença potencial em volts. A **fem $\mathcal{E}$** de uma bateria é **a tensão máxima possível que a bateria pode fornecer entre seus terminais**. É possível pensar em uma fonte de fem como uma "bomba de carga". Quando existe uma diferença de potencial elétrica entre dois pontos, a fonte se move "morro acima", do potencial menor para o maior.

Em geral, devemos supor que os fios de conexão em circuito não têm resistência. O terminal positivo de uma bateria está num potencial mais alto que o negativo. Como a bateria real é feita de matéria, há resistência ao fluxo de carga nela, que é chamada **resistência interna** r. Para uma bateria idealizada com resistência interna zero, a diferença de potencial nela (chamada *tensão de terminal*) é igual à sua fem. Em uma bateria real, entretanto, a tensão de terminal *não* é igual à sua fem em um circuito no qual há corrente. Para entender por que, considere o diagrama de circuito na Figura 6.1a. Nele, a bateria é representada pelo retângulo pontilhado contendo uma fem $\mathcal{E}$ ideal, sem resistência, associada em série com uma resistência interna r. Um resistor de resistência R é conectado aos terminais da bateria. Imagine agora movê-la de a a d e medir o potencial elétrico em vários pontos. Ao passar do terminal negativo para o positivo, o potencial aumenta em uma quantidade $\mathcal{E}$. Conforme movemos pela resistência r, contudo, o potencial *diminui* por uma quantidade Ir, sendo I a corrente no circuito. Portanto, a tensão do terminal da bateria $\Delta V = V_d - V_a$ é

$$\Delta V = \mathcal{E} - Ir \tag{6.1}$$

A partir desta expressão, note que $\mathcal{E}$ é equivalente à **tensão de circuito aberto**, isto é, a tensão do terminal quando a corrente é zero. A fem é a tensão estabelecida em uma bateria; por exemplo, a fem de uma pilha D é 1,5 V. A diferença de potencial real entre os terminais de uma bateria depende da corrente da bateria, como descrito na Equação 6.1. A Figura 6.1b é uma representação gráfica das alterações no potencial elétrico conforme o circuito é atravessado em sentido horário.

A Figura 6.1a mostra que a tensão do terminal ΔV deve ser igual à diferença de potencial pela resistência externa R, geralmente chamada **resistência de carga**. O resistor de carga deve ser um elemento de circuito resistente simples, como na Figura 6.1a, ou pode ser a resistência de algum dispositivo elétrico (como torradeira, aquecedor elétrico ou lâmpada) conectado à bateria (ou, no caso de dispositivos residenciais, à tomada). O resistor representa uma *carga* na bateria porque esta deve fornecer energia para operar o dispositivo que contém a resistência. A diferença de potencial na resistência local é $\Delta V = IR$. A combinação desta expressão com a Equação 6.1 resulta que

$$\mathcal{E} = IR + Ir \tag{6.2}$$

A Figura 6.1a mostra uma representação gráfica desta equação. A resolução da corrente resulta

$$I = \frac{\mathcal{E}}{R + r} \tag{6.3}$$

Essa equação mostra que a corrente nesse circuito simples depende da resistência R externa à bateria e da resistência interna r. Se R for muito maior que r, como em vários circuitos do mundo real, podemos desconsiderar r.

A multiplicação da Equação 6.2 pela corrente I no circuito resulta

$$I\mathcal{E} = I^2R + I^2r \tag{6.4}$$

Essa equação indica que, como a potência $P = I\Delta V$ (veja a Eq. 5.20), a potência total de saída $I\mathcal{E}$ da bateria é fornecida pela resistência de carga externa na quantidade I^2R e para a resistência interna na quantidade I^2r.

Prevenção de Armadilhas 6.1

O que é constante em uma bateria? É um erro comum pensar que uma bateria seja uma fonte de corrente constante. A Equação 6.3 mostra que isto não é verdade. A corrente no circuito depende da resistência R conectada à bateria. Também não é verdade que uma bateria seja uma fonte de tensão de terminal constante, como mostra a Equação 6.1. **Bateria é uma fonte de fem constante.**

▎ *Teste Rápido* **6.1** Para maximizar o porcentual de potência de fem de uma bateria que é fornecido a um dispositivo, qual deve ser a resistência interna da bateria? **(a)** A menor possível. **(b)** A maior possível. **(c)** A porcentagem não depende da resistência interna.

Circuitos de corrente contínua   141

Exemplo 6.1 — Tensão de terminal de uma bateria

Uma bateria tem fem de 12,0 V e resistência interna de 0,0500 Ω. Seus terminais estão conectados a uma resistência de carga de 3,00 Ω.

(A) Encontre a corrente no circuito e a tensão de terminal da bateria.

SOLUÇÃO

Conceitualização Estude a Figura 6.1a, que mostra um circuito consistente com a formulação do problema. A bateria fornece energia ao resistor de carga.

Categorização Este exemplo envolve cálculos simples desta seção, por isto o categorizamos como um problema de substituição.

Use a Equação 6.3 para encontrar a corrente no circuito:
$$I = \frac{\mathcal{E}}{R + r} = \frac{12{,}0\,\text{V}}{3{,}00\,\Omega + 0{,}0500\,\Omega} = \boxed{3{,}93\,\text{A}}$$

Use a Equação 6.1 para encontrar a tensão de terminal:
$$\Delta V = \mathcal{E} - Ir = 12{,}0\,\text{V} - (3{,}93\,\text{A})(0{,}0500\,\Omega) = \boxed{11{,}8\,\text{V}}$$

Para verificar este resultado, calcule a tensão na resistência R:
$$\Delta V = IR = (3{,}93\,\text{A})(3{,}00\,\Omega) = 11{,}8\,\text{V}$$

(B) Calcule a potência fornecida ao resistor de carga, a potência fornecida à resistência interna da bateria e a potência fornecida pela bateria.

SOLUÇÃO

Use a Equação 5.22 para encontrar a potência fornecida ao resistor de carga:
$$P_R = I^2 R = (3{,}93\,\text{A})^2 (3{,}00\,\Omega) = \boxed{46{,}3\,\text{W}}$$

Encontre a potência fornecida à resistência interna:
$$P_r = I^2 r = (3{,}93\,\text{A})^2 (0{,}0500\,\Omega) = \boxed{0{,}772\,\text{W}}$$

Encontre a potência fornecida pela bateria acrescentando essas quantidades:
$$P = P_R + P_r = 46{,}3\,\text{W} + 0{,}772\,\text{W} = \boxed{47{,}1\,\text{W}}$$

E SE? Com o passar do tempo, a resistência interna da bateria aumenta. Suponha que a resistência interna desta bateria aumente para 2,00 Ω até o fim da sua vida útil. Como isto afeta a capacidade da bateria de fornecer energia?

Resposta Vamos conectar o mesmo resistor de carga 3,00 V à bateria.

Encontre a nova corrente na bateria:
$$I = \frac{\mathcal{E}}{R + r} = \frac{12{,}0\,\text{V}}{3{,}00\,\Omega + 2{,}00\,\Omega} = 2{,}40\,\text{A}$$

Encontre a nova tensão de terminal:
$$\Delta V = \mathcal{E} - Ir = 12{,}0\,\text{V} - (2{,}40\,\text{A})(2{,}00\,\Omega) = 7{,}2\,\text{V}$$

Encontre as novas potências fornecidas ao resistor de carga e resistência interna:
$$P_R = I^2 R = (2{,}40\,\text{A})^2 (3{,}00\,\Omega) = 17{,}3\,\text{W}$$
$$P_r = I^2 r = (2{,}40\,\text{A})^2 (2{,}00\,\Omega) = 11{,}5\,\text{W}$$

A tensão de terminal é somente 60% da fem. Note que 40% da potência da bateria são fornecidos à resistência interna quando r é 2,00 Ω. Quando r for 0,0500 Ω, como na parte (B), essa porcentagem é somente 1,6%. Por consequência, embora a fem permaneça fixa, a resistência interna crescente da bateria reduz significativamente a capacidade de a bateria fornecer energia.

Exemplo 6.2 — Compatibilização da carga

Encontre a resistência da carga R para a qual a potência máxima é fornecida para a resistência de carga na Figura 6.1a.

SOLUÇÃO

Conceitualização Considere variar a resistência de carga na Figura 6.1a e o efeito sobre a potência fornecida à resistência de carga. Quando R for grande, há muito pouca corrente, então a potência $I^2 R$ fornecida ao resistor de carga é pequena.

continua

6.2 *cont.*

Quando R for pequeno, digamos que $R \ll r$, a corrente é grande e a potência fornecida à resistência interna é $I\,2r \gg I^2r$. Portanto, a potência fornecida ao resistor de carga é pequena em comparação àquela fornecida para a resistência interna. Para algum valor intermediário da resistência R, a potência deve maximizar.

Categorização Categorizamos este exemplo como um problema de análise, porque precisamos realizar um procedimento para maximizar a energia. O circuito é o mesmo que no Exemplo 6.1. A resistência de carga R neste caso, entretanto, é uma variável.

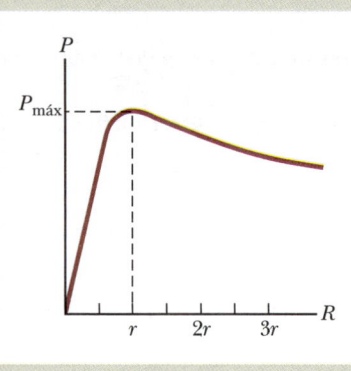

Figura 6.2 (Exemplo 6.2) Gráfico da potência P fornecida por uma bateria a um resistor de carga de resistência R como uma função de R.

Análise Encontre a potência fornecida à resistência de carga utilizando a Equação 5.22, com I dado pela Equação 6.3:

(1) $\quad P = I^2 R = \dfrac{\mathcal{E}^2 R}{(R+r)^2}$

Diferencie a potência em relação à resistência de carga R e estabeleça a derivada igual a zero para maximizar a potência:

$$\frac{dP}{dR} = \frac{d}{dR}\left[\frac{\mathcal{E}^2 R}{(R+r)^2}\right] = \frac{d}{dR}[\mathcal{E}^2 R(R+r)^{-2}] = 0$$

$$[\mathcal{E}^2(R+r)^{-2}] + [\mathcal{E}^2 R(-2)(R+r)^{-3}] = 0$$

$$\frac{\mathcal{E}^2(R+r)}{(R+r)^3} - \frac{2\mathcal{E}^2 R}{(R+r)^3} = \frac{\mathcal{E}^2(r-R)}{(R+r)^3} = 0$$

Solução para R: $\quad R = r$

Finalização Para verificar este resultado, vamos representar P versus R, como na Figura 6.2. O gráfico mostra que P atinge um valor máximo em $R = r$. A Equação (1) mostra que este valor máximo é $P_{máx} = \mathcal{E}^2/4r$.

6.2 Resistores em série e em paralelo

Quando dois ou mais resistores são conectados como as lâmpadas incandescentes na Figura 6.3a, dizemos que estão **associados em série**. A Figura 6.3b é o diagrama de circuito para as lâmpadas, mostrado como resistores e a bateria. O que aconteceria se você quisesse substituir a combinação de resistores em série por um único resistor que obtivesse a mesma corrente da bateria? Qual seria seu valor? Na associação em série, se uma quantidade de carga Q sai do resistor R_1, uma carga Q deve entrar também no segundo resistor R_2. Por outro lado, a carga acumula-se no fio entre os resistores. Portanto, a mesma quantidade de carga passa pelos resistores em um dado intervalo de tempo e as correntes são as mesmas em ambos os resistores:

$$I = I_1 = I_2$$

onde I é a corrente que sai da bateria, I_1 é a no resistor R_1, e I_2 é a no resistor R_2.

A diferença potencial aplicada à associação em série de resistores divide-se entre os resistores. Na Figura 6.3b, como a queda de tensão[1] de a a b é igual a $I_1 R_1$ e a queda de tensão de b a c é igual a $I_2 R_2$, a queda de tensão de a a c é

$$\Delta V = \Delta V_1 + \Delta V_2 = I_1 R_1 + I_2 R_2$$

A diferença de potencial na bateria também é aplicada à **resistência equivalente** R_{eq} na Figura 6.3c:

$$\Delta V = I R_{eq}$$

onde a resistência equivalente tem o mesmo efeito no circuito que a associação em série, porque resulta na mesma corrente I na bateria. A combinação dessas equações para ΔV resulta em

$$I R_{eq} = I_1 R_1 + I_2 R_2 \quad \rightarrow \quad R_{eq} = R_1 + R_2 \tag{6.5}$$

---
[1] O termo *queda de tensão* é sinônimo de queda no potencial elétrico por um resistor, geralmente utilizado por indivíduos que trabalham com circuitos elétricos.

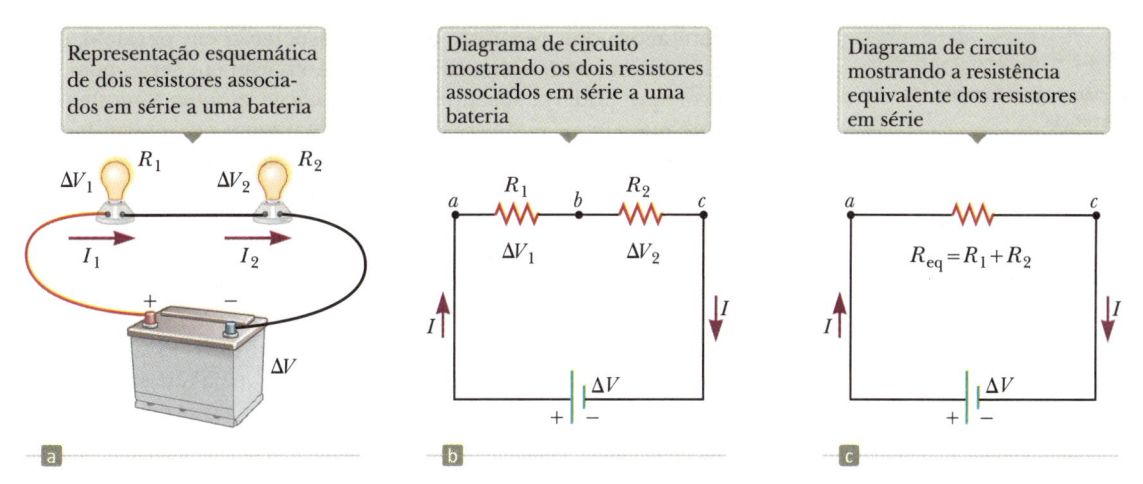

Figura 6.3 Duas lâmpadas com resistências R_1 e R_2 associadas em série. Todos os três diagramas são equivalentes.

onde cancelamos as correntes I, I_1 e I_2 porque são as mesmas. Vemos então que podemos substituir os dois resistores em série com uma única resistência equivalente, cujo valor é a *soma* das resistências individuais.

A resistência equivalente de três ou mais resistores em série é

$$R_{eq} = R_1 + R_2 + R_3 + \cdots \qquad (6.6)$$

◀ **Resistência equivalente de uma associação em série de resistores**

Essa relação indica que a resistência equivalente de uma associação em série de resistores é a soma numérica das resistências individuais, e sempre maior que qualquer resistência individual.

Analisando a Equação 6.3, vemos que o denominador do lado direito é a soma algébrica simples das resistências externas e internas. Isso é consistente com as resistências internas e externas em série na Figura 6.1a.

Se o filamento de uma lâmpada na Figura 6.3 romper, o circuito não será mais completo (resultando uma condição de circuito aberto) e a segunda lâmpada também falhará. Este fato é uma característica geral de um circuito em série: se um dispositivo na série cria um circuito aberto, todos os dispositivos ficarão inoperantes.

> *Teste Rápido* **6.2** Com a chave no circuito da Figura 6.4a fechada, não há corrente em R_2 porque ela tem um caminho alternativo de resistência zero pela chave. Há corrente em R_1, medida com o amperímetro (um dispositivo para medição de corrente) na parte inferior do circuito. Se a chave for aberta (Fig. 6.4b), há corrente em R_2. O que acontece com a leitura no amperímetro quando a chave é aberta? **(a)** A leitura aumenta. **(b)** A leitura diminui. **(c)** A leitura não muda.

Prevenção de Armadilhas 6.2

Lâmpadas não queimam
Descrevemos o fim da vida útil de uma lâmpada dizendo que *o filamento rompe*, em vez de dizer que uma lâmpada "queima". A palavra *queimar* sugere um processo de combustão, o que não acontece aqui. Essa falha resulta da sublimação lenta do tungstênio do filamento muito quente pela vida útil da lâmpada. O filamento eventualmente se torna muito fino devido a este processo. O estresse mecânico pelo aumento brusco de temperatura quando a lâmpada é ligada faz com que o filamento fino se rompa.

Prevenção de Armadilhas 6.3

Mudanças locais e globais
Uma mudança local em uma parte do circuito pode resultar numa mudança global nele todo. Por exemplo, se um único resistor for alterado em um circuito que contém vários resistores e baterias, as correntes em todos os resistores e baterias, as tensões de terminal de todas as baterias e aquelas por todos os resistores podem modificar o resultado.

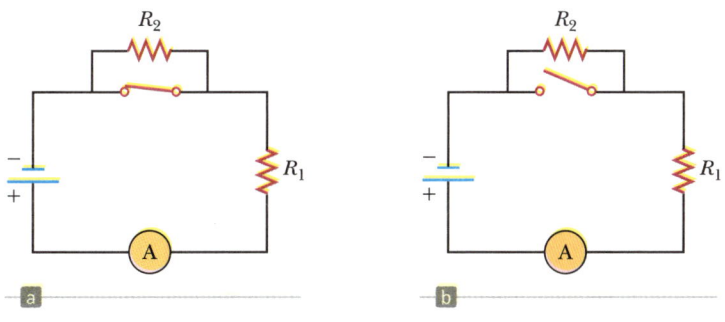

Figura 6.4 (Teste Rápido 6.2) O que acontece se a chave é aberta?

> **Prevenção de Armadilhas 6.4**
>
> **A corrente não pega o caminho da menor resistência**
>
> Você pode ter ouvido a expressão "a corrente pega o caminho de menor resistência" (ou algo semelhante) em referência a uma associação em paralelo de caminhos de corrente de tal modo que haja dois ou mais para ela percorrer. Essa expressão está incorreta. A corrente pega *todos os caminhos*. Os com menor resistência têm correntes maiores, mas mesmo caminhos de resistência muito alta carregam *alguma* corrente. Em teoria, se a corrente tem escolha entre um caminho de resistência zero e outro de resistência finita, toda ela pega aquele com zero resistência; mas um caminho com resistência zero é apenas idealização.

Considere agora dois resistores em uma **associação em paralelo**, como mostra a Figura 6.5. Assim como acontece com a combinação em série, qual é o valor do único resistor que poderia substituir a combinação e obter a mesma corrente da bateria? Note que ambos estão conectados diretamente pelos terminais da bateria. Portanto, as diferenças potenciais pelos resistores são as mesmas:

$$\Delta V = \Delta V_1 = \Delta V_2$$

onde ΔV é a tensão do terminal da bateria.

Quando as cargas atingem o ponto a na Figura 6.5b, dividem-se em duas partes, com algumas indo em direção a R_1 e o restante para R_2. **Junção** (nó) é qualquer ponto em um circuito onde uma corrente pode se dividir. Essa divisão resulta em menos corrente em cada resistor individual do que aquela que sai da bateria. Como a carga elétrica é conservada, a corrente I que entra no ponto a deve ser igual à corrente total que sai daquele ponto:

$$I = I_1 + I_2 = \frac{\Delta V_1}{R_1} + \frac{\Delta V_2}{R_2}$$

onde I_1 é a corrente em R_1 e I_2, R_2.

A corrente na **resistência equivalente** R_{eq} na Figura 6.5c é

$$I = \frac{\Delta V}{R_{eq}}$$

onde a resistência equivalente tem o mesmo efeito no circuito que os dois resistores em paralelo; isto é, a resistência equivalente retira a mesma corrente I da bateria. Ao combinar essas equações para I, vemos que a resistência equivalente de dois resistores em paralelo é dada por

$$\frac{\Delta V}{R_{eq}} = \frac{\Delta V_1}{R_1} + \frac{\Delta V_2}{R_2} \quad \rightarrow \quad \frac{1}{R_{eq}} = \frac{1}{R_1} + \frac{1}{R_2} \tag{6.7}$$

onde cancelamos ΔV, ΔV_1 e ΔV_2 porque são os mesmos.

Uma extensão desta análise para três ou mais resistores em paralelo resulta em

▶ **Resistência equivalente de uma associação em paralelo de resistores**

$$\frac{1}{R_{eq}} = \frac{1}{R_1} + \frac{1}{R_2} + \frac{1}{R_3} + \cdots \tag{6.8}$$

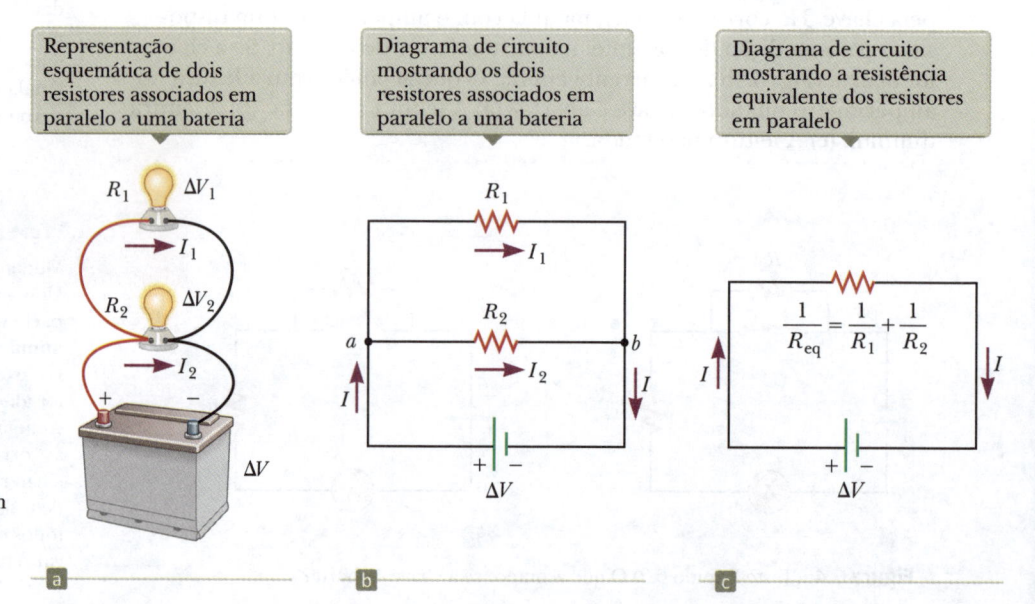

Figura 6.5 Duas lâmpadas com resistências R_1 e R_2 associadas em paralelo. Todos os três diagramas são equivalentes.

Essa expressão mostra que o inverso da resistência equivalente de dois ou mais resistores em uma associação em paralelo é igual à soma dos inversos das resistências individuais. Além do mais, a resistência equivalente é sempre inferior à menor resistência no grupo.

Circuitos residenciais estão sempre conectados de tal forma que os aparelhos estejam ligados em paralelo. Cada dispositivo opera independentemente dos outros, de modo que, se um é desligado, os outros permanecem ligados. Além disso, neste tipo de conexão, todos os dispositivos operam na mesma tensão.

Vamos considerar dois exemplos de aplicações práticas de circuitos em série e em paralelo. A Figura 6.6 ilustra como uma lâmpada de três posições é construída para desenvolver três níveis de intensidade de luz.[2] O soquete da lâmpada, que contém dois filamentos, é equipado com uma chave de três posições para selecionar diferentes intensidades de luz. Quando a lâmpada é conectada a uma fonte de 120 V, um filamento recebe 100 W de potência e o outro, 75 W. As três intensidades de luz são possíveis ao aplicar os 120 V a um ou ao outro filamento sozinho, ou aos dois em paralelo. Quando a chave S_1 está fechada e a S_2 aberta, a corrente existe somente no filamento de 75 W. Quando a chave S_1 está aberta e a S_2 fechada, a corrente existe somente no filamento de 100 W. Quando ambas estão fechadas, a corrente existe em ambos os filamentos e a potência total é 175 W.

Se os filamentos fossem conectados em série e um deles rompesse, nenhuma carga poderia passar pela lâmpada e esta não brilharia, independentemente da posição da chave. Se, entretanto, os filamentos forem conectados em paralelo e um deles (por exemplo, o de 75 W) romper, a lâmpada continua a brilhar em duas das posições da chave porque há corrente no outro filamento (100 W).

Em um segundo exemplo, considere sequências de luzes utilizadas para vários fins ornamentais, como decorar árvores de Natal. Nos últimos anos, associações em série e em paralelo foram usadas para essas sequências. Como lâmpadas associadas em série operam com menos energia por lâmpada e a uma temperatura mais baixa, são mais seguras que as associadas em paralelo para este tipo de decoração em locais fechados. Se, entretanto, o filamento de uma única lâmpada em uma sequência em série romper (ou se a lâmpada for removida do soquete), todas elas se apagam. A popularidade das sequências de luzes associadas em série diminuiu porque encontrar e consertar a lâmpada danificada é uma tarefa que envolve substituição por tentativa e erro de cada uma em cada soquete, pela sequência, até que a defeituosa seja encontrada.

Em uma sequência associada em paralelo, cada lâmpada opera em 120 V. Por projeto, as lâmpadas são mais brilhantes e quentes que as de sequência associada em série e, por consequência, mais perigosas (maior a probabilidade de incêndio, por exemplo). Mas, se uma lâmpada em sequência associada em paralelo romper ou for removida, as outras continuam a brilhar.

Para evitar que a falha de uma lâmpada faça com que toda a sequência se apague, um novo projeto foi desenvolvido para lâmpadas em miniatura em série. Quando o filamento se rompe em uma delas, o comprimento representa a maior resistência na série, muito maior que a dos filamentos intactos. Isto faz com que a maior parte dos 120 V aplicados se evidenciem na lâmpada com o filamento rompido. Dentro dela, um pequeno circuito de jumper é revestido por material isolante nos condutores do filamento. Quando este falhar e os 120 V aparecerem, um arco queima a isolação do jumper e conecta os condutores do filamento. Essa conexão completa o circuito pela lâmpada mesmo com o filamento não ativo (Fig. 6.7).

Quando uma lâmpada falha, a resistência pelos seus terminais é reduzida a quase zero por causa da conexão alternativa de jumper mencionada no parágrafo anterior. Todas as outras lâmpadas não somente

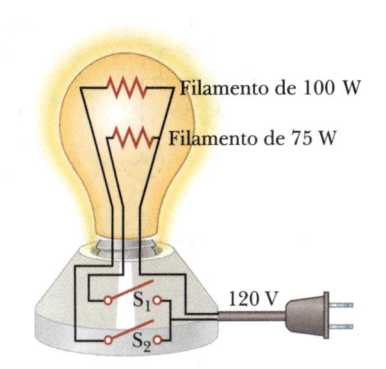

Figura 6.6 Uma lâmpada de três posições.

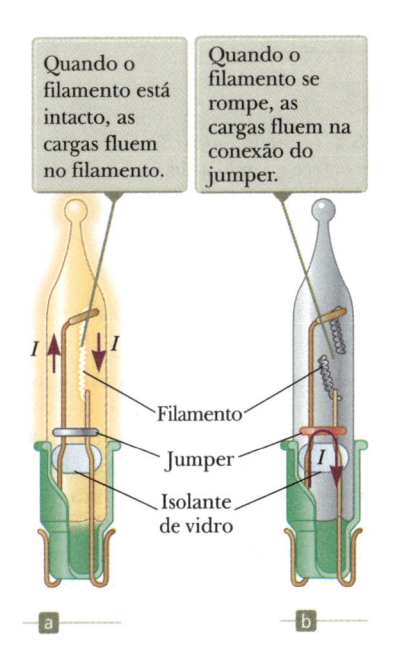

Figura 6.7 (a) Diagrama esquemático de uma lâmpada moderna para decoração de festas em "miniatura", com conexão de jumper que fornece um caminho de corrente se o filamento se quebra. (b) Lâmpada de festas com um filamento quebrado. (c) Lâmpada para decoração de árvores de Natal.

---

[2] A lâmpada de três posições e outros dispositivos residenciais na verdade operam em corrente alternada (CA), que será apresentada no Capítulo 11.

ficam ligadas, mas brilham mais intensamente porque a resistência total da sequência é reduzida e, consequentemente, a corrente em cada uma delas aumenta. Cada lâmpada opera em uma temperatura um pouco superior que antes da falha. Quanto mais lâmpadas falharem, mais a corrente aumenta, o filamento de cada uma opera a uma temperatura mais alta e sua vida útil diminui. Por essa razão, você deve verificar se há lâmpadas quebradas (sem brilho) na sequência associada em série e substituí-las assim que possível, maximizando a vida útil delas.

Teste Rápido 6.3 Na Figura 6.8a, com a chave aberta no circuito não há corrente em R_2. Entretanto, há em R_1, medida pelo amperímetro no lado direito do circuito. Se este for fechado (Fig. 6.8b), há corrente em R_2. O que acontece com a leitura do amperímetro quando a chave é fechada? **(a)** Aumenta. **(b)** Diminui. **(c)** Não muda.

Teste Rápido 6.4 Considere as seguintes opções: (a) aumenta, (b) diminui, (c) permanece o mesmo. A partir delas, escolha a melhor resposta para as situações a seguir. **(i)** Na Figura 6.3, um terceiro resistor é acrescentado em série aos dois primeiros. O que acontece com a corrente na bateria? **(ii)** O que acontece com a tensão do terminal da bateria? **(iii)** Na Figura 6.5, um terceiro resistor é acrescentado em paralelo aos dois primeiros. O que acontece com a corrente na bateria? **(iv)** O que acontece com a tensão do terminal da bateria?

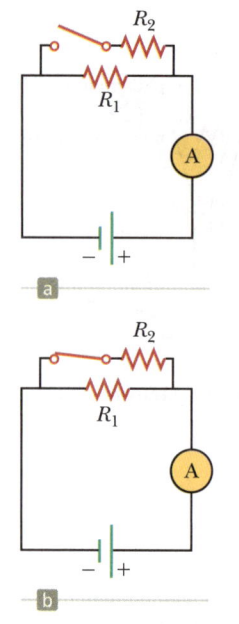

Figura 6.8 (Teste Rápido 6.3) O que acontece quando a chave é fechada?

Exemplo conceitual 6.3 — Iluminação de paisagismo

Uma pessoa deseja instalar iluminação de paisagismo de baixa tensão em seu jardim. Para economizar, ela compra um cabo de bitola 18, que tem a resistência relativamente alta por unidade de comprimento. Este cabo consiste em dois fios lado a lado separados por isolação, como o de um aparelho eletrônico. Ela instala um cabo de 60 metros de comprimento da fonte de alimentação até o ponto mais distante, onde planeja instalar uma luminária. Então, conecta luminárias pelos dois fios no cabo em espaços de 3 metros para que elas fiquem em paralelo. Devido à resistência do cabo, a luminosidade das lâmpadas nas luminárias não fica como planejado. Qual dos problemas a seguir essa pessoa tem? (a) Todas as lâmpadas brilham igualmente com menos intensidade do que o fariam se um cabo de baixa resistência tivesse sido utilizado. (b) A luminosidade das lâmpadas diminui quanto mais longe da fonte de alimentação estão.

SOLUÇÃO

Um diagrama de circuito do sistema aparece na Figura 6.9. Os resistores horizontais com letras (como R_A) representam a resistência dos fios no cabo entre as luminárias, e os resistores verticais com números (como R_1), a das próprias luminárias. Parte da tensão do terminal da fonte de alimentação cai pelos resistores R_A e R_B. Portanto, a tensão pela luminária R_1 é inferior à do terminal. Há outra queda de tensão pelos resistores R_C e R_D. Em consequência, a tensão pela luminária R_2 é inferior àquela pela R_1. Esse padrão continua pela linha de luminárias; portanto, a opção correta é a (b). Cada luminária sucessiva tem tensão menor e brilha menos intensamente que a anterior.

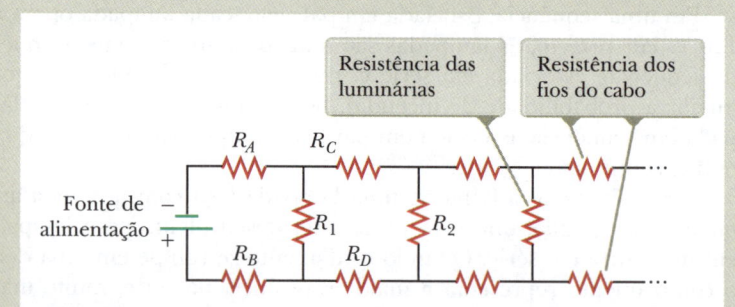

Figura 6.9 (Exemplo conceitual 6.3) Diagrama de circuito para um conjunto de luminárias de paisagismo conectadas em paralelo pelos dois fios de um cabo de dois fios.

Exemplo 6.4 — Encontre a resistência equivalente

Quatro resistores estão conectados como mostra a Figura 6.10a.

(A) Encontre a resistência equivalente entre os pontos a e c.

6.4 cont.

SOLUÇÃO

Conceitualização Imagine cargas fluindo para dentro e através desta combinação a partir da esquerda. Todas as cargas devem passar de a para b através dos dois primeiros resistores, mas as cargas se dividem em b em dois caminhos diferentes quando encontram a associação de resistores de 6,0 Ω e 3,0 Ω.

Categorização Devido à natureza simples da associação de resistores na Figura 6.10, categorizamos este exemplo como do tipo em que podemos utilizar as regras para associações de resistores em série e em paralelo.

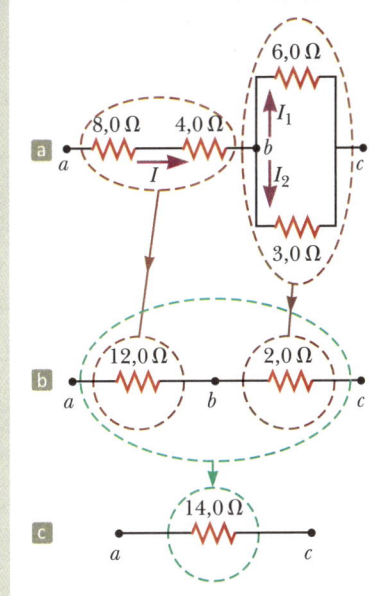

Figura 6.10 (Exemplo 6.4) A rede original de resistores é reduzida a uma única resistência equivalente.

Análise A associação de resistores pode ser reduzida por passos como mostra a Figura 6.10.

Encontre a resistência equivalente entre a e b dos resistores de 8,0 Ω e 4,0 Ω, que estão em série (círculos marrom-avermelhados à esquerda):

$$R_{eq} = 8,0\ \Omega + 4,0\ \Omega = 12,0\ \Omega$$

Encontre a resistência equivalente entre b e c dos resistores de 6,0 Ω e 3,0 Ω, que estão em paralelo (círculos marrom-avermelhados à direita):

$$\frac{1}{R_{eq}} = \frac{1}{6,0\ \Omega} + \frac{1}{3,0\ \Omega} = \frac{3}{6,0\ \Omega}$$

$$R_{eq} = \frac{6,0\ \Omega}{3} = 2,0\ \Omega$$

O circuito das resistências equivalentes agora se parece com o da Figura 6.10b. Os resistores de 12,0 Ω e 2,0 Ω estão em série (círculos verdes). Encontre a resistência equivalente de a a c:

$$R_{eq} = 12,0\ \Omega + 2,0\ \Omega = \boxed{14,0\ \Omega}$$

Essa resistência é aquela do resistor único equivalente da Figura 6.10c.

(B) Qual é a corrente em cada resistor se uma diferença potencial de 42 V é mantida entre a e c?

SOLUÇÃO

As correntes nos resistores de 8,0 Ω e 4,0 Ω são as mesmas porque estão em série. Além disso, transportam a mesma corrente que a do resistor equivalente de 14,0 Ω sujeita à diferença potencial de 42 V.

Use a Equação 5.7 ($R = \Delta V/I$) e o resultado da parte (A) para encontrar a corrente nos resistores de 8,0 Ω e 4,0 Ω:

$$I = \frac{\Delta V_{ac}}{R_{eq}} = \frac{42\ \text{V}}{14,0\ \Omega} = \boxed{3,0\ \text{A}}$$

Tome as tensões iguais nos resistores em paralelo da Figura 6.10a para encontrar a relação entre as correntes:

$$\Delta V_1 = \Delta V_2 \rightarrow (6,0\ \Omega)\ I_1 = (3,0\ \Omega)\ I_2 \rightarrow I_2 = 2I_1$$

Use $I_1 + I_2 = 3,0\ \text{A}$ para encontrar I_1:

$$I_1 + I_2 = 3,0\ \text{A} \rightarrow I_1 + 2I_1 = 3,0\ \text{A} \rightarrow I_1 = \boxed{1,0\ \text{A}}$$

Encontre I_2:

$$I_2 = 2I_1 = 2(1,0\ \text{A}) = \boxed{2,0\ \text{A}}$$

Finalização Para uma verificação final de nossos resultados, note que $\Delta V_{bc} = (6,0\ \Omega)\ I_1 = (3,0\ \Omega)\ I_2 = 6,0$ V e $\Delta V_{ab} = (12,0\ \Omega)\ I = 36$ V; portanto, $\Delta V_{ac} = \Delta V_{ab} + \Delta V_{bc} = 42$ V, como deve ser o caso.

Exemplo 6.5 — Três resistores em paralelo

Três resistores são conectados em paralelo, como mostra a Figura 6.11a. Uma diferença potencial de 18,0 V é mantida entre os pontos a e b.

(A) Calcule a resistência equivalente do circuito.

SOLUÇÃO

Conceitualização A Figura 6.11a mostra que estamos lidando com uma associação em paralelo simples de três resistores. Note que a corrente I se divide em três, I_1, I_2 e I_3, nos três resistores.

Categorização Este problema pode ser resolvido com regras desenvolvidas nesta seção, por isso, o categorizamos como um problema de substituição. Como os três resistores estão conectados em paralelo, podemos utilizar a Equação 6.8 para obter a resistência equivalente.

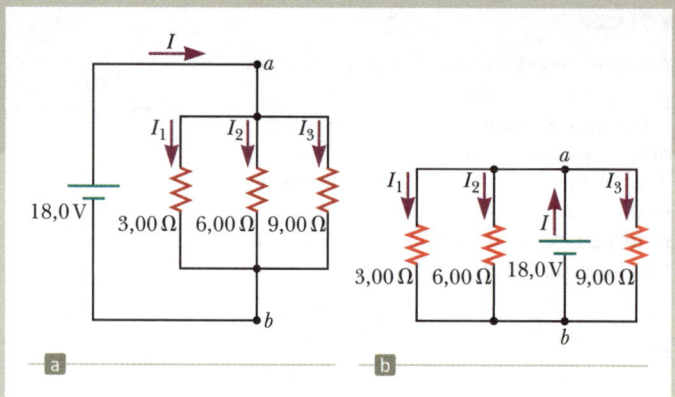

Figura 6.11 (Exemplo 6.5) (a) Três resistores associados em paralelo. A tensão de cada resistor é 18,0 V. (b) Outro circuito com três resistores e uma bateria. Ele é equivalente ao circuito em (a)?

Análise Use a Equação 6.8 para encontrar R_{eq}:

$$\frac{1}{R_{eq}} = \frac{1}{3,00\,\Omega} + \frac{1}{6,00\,\Omega} + \frac{1}{9,00\,\Omega} = \frac{11,0}{18,0\,\Omega}$$

$$R_{eq} = \frac{18,0\,\Omega}{11,0} = \boxed{1,64\,\Omega}$$

(B) Encontre a corrente em cada resistor.

SOLUÇÃO

A diferença potencial em cada resistor é 18,0 V. Aplique a relação $\Delta V = IR$ para encontrar as correntes:

$$I_1 = \frac{\Delta V}{R_1} = \frac{18,0\,\Omega}{3,00\,\Omega} = \boxed{6,00\,A}$$

$$I_2 = \frac{\Delta V}{R_2} = \frac{18,0\,\Omega}{6,00\,\Omega} = \boxed{3,00\,A}$$

$$I_3 = \frac{\Delta V}{R_3} = \frac{18,0\,\Omega}{9,00\,\Omega} = \boxed{2,00\,A}$$

(C) Calcule a potência fornecida a cada resistor e a total fornecida à associação de resistores.

SOLUÇÃO

Aplique a relação $P = I^2 R$ para cada resistor utilizando as correntes calculadas na parte (B):

3,00 Ω: $P_1 = I_1^2 R_1 = (6,00\,A)^2 (3,00\,\Omega) = \boxed{108\,W}$

6,00 Ω: $P_2 = I_2^2 R_2 = (3,00\,A)^2 (6,00\,\Omega) = \boxed{54\,W}$

9,00 Ω: $P_3 = I_3^2 R_3 = (2,00\,A)^2 (9,00\,\Omega) = \boxed{36\,W}$

Finalização A parte (C) mostra que o menor resistor recebe a maior potência. A soma das três quantidades resulta em uma potência total de $\boxed{198\,W}$. Poderíamos ter calculado este resultado final da parte (A) ao considerar a resistência equivalente, como segue: $P = (\Delta V)^2 / R_{eq} = (18,0\,V)^2 / 1,64\,\Omega = 198\,W$.

E SE? E se o circuito fosse como mostra a Figura 6.11b, em vez da 6.11a? Como isto afetaria o cálculo?

Resposta Não haveria efeito algum. A posição física da bateria não é importante, somente a disposição elétrica. Na Figura 6.11b, a bateria ainda mantém uma diferença potencial de 18,0 V entre os pontos a e b para que os dois circuitos na figura sejam eletricamente idênticos.

6.3 Regras de Kirchhoff

Como vimos na seção anterior, as associações de resistores podem ser simplificadas e analisadas utilizando a expressão $\Delta V = IR$ e as regras para associações em série e em paralelo de resistores. Com frequência, entretanto, não é possível reduzir um circuito a um único utilizando essas regras. O procedimento para analisar circuitos mais complexos é possível usando-se os dois princípios a seguir, chamados **regras de Kirchhoff**.

> 1. **Regra de junção (nó)**. Em qualquer junção (nó), a soma das correntes deve ser igual a zero:
>
> $$\sum_{\text{junção (nó)}} I = 0 \qquad (6.9)$$
>
> 2. **Regra das malhas**. A soma das diferenças potenciais por todos os elementos em torno de qualquer circuito fechado (malha) deve ser zero:
>
> $$\sum_{\text{malha}} \Delta V = 0 \qquad (6.10)$$

A primeira regra de Kirchhoff é uma formulação de carga elétrica. Todas as cargas que entram em determinado ponto em um circuito devem sair dele porque a carga não pode se acumular em um ponto. As correntes direcionadas na junção são colocadas na regra de junção como $+I$, enquanto as direcionadas para fora são como $-I$. A aplicação desta regra para a junção na Figura 6.12a resulta

$$I_1 - I_2 - I_3 = 0$$

A Figura 6.12b representa um análogo mecânico desta situação, na qual a água flui por um cano ramificado sem vazamento. Como a água não se acumula em nenhum ponto no cano, a taxa de fluxo nele à esquerda é igual àquela total para fora das duas ramificações à direita.

A segunda regra de Kirchhoff vem da Lei de Conservação de Energia para um sistema isolado. Vamos imaginar o movimento de uma carga em torno de uma malha (circuito fechado). Quando a carga retornar ao ponto inicial, o sistema carga-circuito deve ter a mesma energia total que tinha antes de a carga ser movimentada. A soma dos aumentos em energia conforme a carga passa por alguns elementos de circuito deve ser igual à dos decréscimos em energia conforme ela passa por outros elementos. A energia potencial do sistema decai quando a carga se move por uma queda de potencial $-IR$ por um resistor, ou quando ele se move na direção inversa por uma fonte de fem. A energia potencial aumenta quando a carga passa por uma bateria do terminal negativo até o positivo.

Ao aplicar a segunda regra de Kirchhoff, imagine *viajar* em torno do circuito e considere mudanças no *potencial elétrico*, em vez das mudanças na *energia potencial* descritas no parágrafo anterior. Imagine viajar pelos elementos do circuito na Figura 6.13 à direita. As seguintes convenções de sinais se aplicam ao utilizar a segunda regra:

- As cargas se movem da extremidade de potencial alto de um resistor para a extremidade de baixo potencial; então, se um resistor é atravessado na direção da corrente, a diferença potencial ΔV pelo resistor é $-IR$ (Fig. 6.13a).
- Se um resistor é atravessado na direção *oposta* à corrente, a diferença potencial ΔV pelo resistor é $+IR$ (Fig. 6.13b).
- Se uma fonte de fem (assumida como tendo resistência interna zero) for atravessada na direção da fem (de negativa a positiva), a diferença potencial ΔV é $+\mathcal{E}$ (Fig. 6.13c).
- Se uma fonte de fem (assumida como tendo resistência interna zero) for atravessada na direção oposta à fem (de positiva a negativa), a diferença potencial ΔV é $-\mathcal{E}$ (Fig. 6.13d).

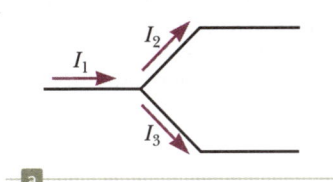

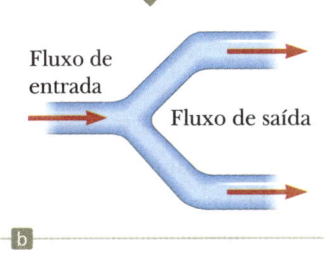

Figura 6.12 (a) Regra da junção de Kirchhoff. (b) Um análogo mecânico da regra de junção.

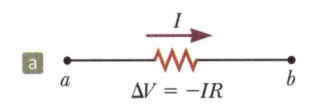

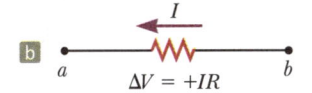

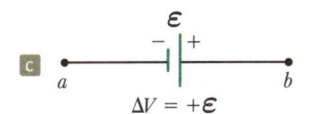

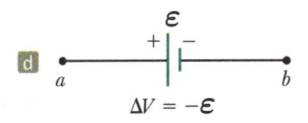

Figura 6.13 Regras para determinação das diferenças de potenciais pelo resistor e uma bateria (a bateria é assumida como não tendo resistência interna).

Gustav Kirchhoff
Físico alemão (1824-1887)
Kirchhoff, professor em Heidelberg, e Robert Bunsen inventaram o espectroscópio e fundaram a ciência da espectroscopia, que vamos estudar no Capítulo 8 do Volume 4. Eles descobriram os elementos césio e rubídio e inventaram a espectroscopia astronômica.

Há limites no número de vezes que se pode aplicar com sucesso as regras de Kirchhoff ao analisar um circuito. Você pode utilizar a regra de junção com sucesso enquanto precisar, contanto que a inclua em uma corrente que não foi utilizada em uma equação anterior de regra de junção. Em geral, o número de vezes que se pode utilizar a regra de junção é uma a menos que o número de pontos de junção no circuito. Você pode aplicar a regra das malhas o quanto quiser, contanto que um novo elemento de circuito (resistor ou bateria) ou uma nova corrente apareça em cada nova equação. Em geral, para resolver um problema específico de circuito, o número de equações independentes de que você precisa para obter as duas regras é igual ao de correntes desconhecidas.

Redes complexas que contêm várias malhas e junções geram grande número de equações lineares independentes, e um número igualmente alto de variáveis desconhecidas. Essas situações podem ser administradas formalmente pelo uso de álgebra de matriz. Programas de computador podem ser utilizados para resolver as variáveis desconhecidas.

Os exemplos a seguir ilustram como utilizar as regras de Kirchhoff. Em todos os casos, supõe-se que circuitos tenham atingido condições de estado estacionário; em outras palavras, as correntes nas várias ramificações são constantes. Qualquer capacitor age como uma ramificação aberta em um circuito; isto é, a corrente na ramificação que contém o capacitor é zero sob condições de estado estacionário.

Estratégia para resolução de problemas

REGRAS DE KIRCHHOFF

O procedimento a seguir é recomendado para resolver problemas que envolvam circuitos que não podem ser reduzidos pelas regras para combinar resistores em série ou em paralelo.

1. Conceitualização. Estude o diagrama de circuito e certifique-se de reconhecer todos os seus elementos. Identifique a polaridade de cada bateria e tente imaginar as direções nas quais há corrente nas baterias.

2. Categorização. Determine se o circuito pode ser reduzido por meio da combinação de resistores em série e em paralelo. Se for o caso, utilize as técnicas da Seção 6.2. Se não, aplique as regras de Kirchhoff de acordo com o passo "Análise" abaixo.

3. Análise. Atribua designações para todas as quantidades e símbolos conhecidos para todas as quantidades desconhecidas. Você deve atribuir *direções* às correntes em cada parte do circuito. Embora essa atribuição seja arbitrária, você deve seguir *rigorosamente* as direções que atribui quando aplica as regras de Kirchhoff.

Aplique a regra de junção (primeira regra de Kirchhoff) para todas as junções (nós) no circuito, a não ser em uma. Agora, aplique a regra das malhas (segunda regra de Kirchhoff) para tantas malhas (circuitos fechados) no circuito quanto forem necessárias para obter, em combinação com as equações da regra de junção, tantas equações quanto sejam as correntes desconhecidas. Para aplicar essa regra, você deve escolher uma direção pela qual percorrer na malha (em sentido horário ou anti-horário) e identificar corretamente a alteração no potencial conforme cruza cada elemento. Cuidado com os sinais!

Resolva as equações simultaneamente para as quantidades desconhecidas.

4. Finalização. Verifique suas respostas numéricas quanto à consistência. Não se preocupe se algumas das correntes resultantes tiverem valor negativo. Isto significa somente que você errou a direção da corrente, mas *seu módulo está correto*.

Exemplo 6.6 Circuito de malha única

Este tipo de circuito contém dois resistores e duas baterias, como mostra a Figura 6.14 (desconsidere as resistências internas das baterias). Encontre a corrente no circuito.

SOLUÇÃO

Conceitualização A Figura 6.14 mostra as polaridades das baterias e uma suposição quanto à direção da corrente. A bateria de 12 V é a mais forte das duas, por isso a corrente deve fluir no sentido anti-horário. Desse modo, nosso palpite quanto à direção deve estar errado, mas continuaremos e veremos como este palpite incorreto é representado por nossa resposta final.

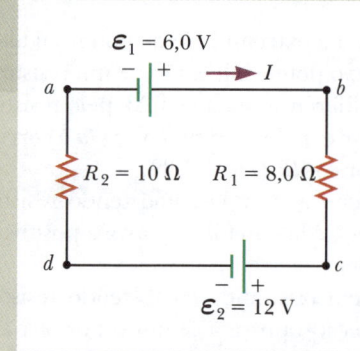

Figura 6.14
(Exemplo 6.6) Um circuito em série que contém duas baterias e dois resistores, no qual as polaridades das baterias estão opostas.

$\varepsilon_1 = 6{,}0$ V
$R_2 = 10\ \Omega$
$R_1 = 8{,}0\ \Omega$
$\varepsilon_2 = 12$ V

6.6 cont.

Categorização Não precisamos das regras de Kirchhoff para analisar este circuito simples, mas vamos utilizá-las mesmo assim, simplesmente para ver como são aplicadas. Não há junções neste circuito de malha única, portanto, a corrente é a mesma em todos os elementos.

Análise Suponhamos que a corrente esteja em sentido horário, como mostra a Figura 6.14. Ao percorrer o circuito neste sentido, começando por ver que $a \to b$ representa uma diferença potencial de $+\mathcal{E}_1$, $b \to c$ representa uma diferença potencial de $-IR_1$, $c \to d$ representa uma diferença potencial de $-\mathcal{E}_2$ e $d \to a$ representa uma diferença potencial de $-IR_2$.

Aplique a regra das malhas de Kirchhoff para a malha única do circuito:

$$\Sigma \Delta V = 0 \to \mathcal{E}_1 - IR_1 - \mathcal{E}_2 - IR_2 = 0$$

Resolva para I e utilize os valores dados na Figura 6.14:

$$(1) \quad I = \frac{\mathcal{E}_1 - \mathcal{E}_2}{R_1 + R_2} = \frac{6{,}0\,\text{V} - 12\,\text{V}}{8{,}0\,\Omega + 10\,\Omega} = \boxed{-0{,}33\,\text{A}}$$

Finalização O sinal negativo para I indica que a direção da corrente é oposta à assumida. As fems no numerador se subtraem porque as baterias na Figura 6.14 têm polaridades opostas. As resistências no denominador somam-se porque os dois resistores estão em série.

E SE? E se a polaridade da bateria de 12,0 V for invertida? Como isto afetaria o circuito?

Resposta Embora possamos repetir o cálculo das regras de Kirchhoff, em vez disso examinaremos a Equação (1) e a modificaremos adequadamente. Como as polaridades das duas baterias estão agora na mesma direção, os sinais de $\mathcal{E}_1$ e $\mathcal{E}_2$ são os mesmos, e a Equação (1) se torna

$$I = \frac{\mathcal{E}_1 + \mathcal{E}_2}{R_1 + R_2} = \frac{6{,}0\,\text{V} + 12\,\text{V}}{8{,}0\,\Omega + 10\,\Omega} = 1{,}0\,\text{A}$$

Exemplo 6.7 Circuito multimalhas

Encontre as correntes I_1, I_2 e I_3 no circuito mostrado na Figura 6.15.

SOLUÇÃO

Conceitualização Imagine reposicionar fisicamente o circuito e mantê-lo eletricamente igual. Você pode reposicioná-lo de modo que consista em associações simples em série ou em paralelo de resistores? Você deve descobrir que não pode. Se a bateria de 10,0 V fosse removida e substituída por um fio de b para o resistor de 6,0 Ω, o circuito consistiria somente de combinações seriais e paralelas.

Categorização Não podemos simplificar o circuito pelas regras relacionadas à associação de resistências em série e em paralelo. Entretanto, este problema é um no qual devemos utilizar as regras de Kirchhoff.

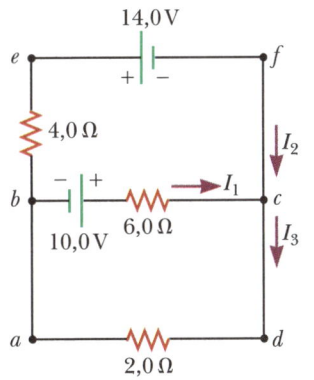

Figura 6.15 (Exemplo 6.7) Um circuito com diferentes ramificações.

Análise Escolheremos arbitrariamente as direções das correntes como definido na Figura 6.15.

Aplique a regra de junção de Kirchhoff para a junção c:

$$(1) \quad I_1 + I_2 - I_3 = 0$$

Agora temos uma equação com três correntes desconhecidas: I_1, I_2 e I_3. Há três malhas no circuito: *abcda*, *befcb* e *aefda*. Precisamos somente de duas equações de malha para determinar as correntes desconhecidas (a terceira equação de malha não oferece qualquer informação nova). Escolheremos percorrer essas malhas no sentido horário. Aplique a regra de malha de Kirchhoff para as *abcda* e *befcb*:

abcda: $(2) \quad 10{,}0\,\text{V} - (6{,}0\,\Omega)\,I_1 - (2{,}0\,\Omega)\,I_3 = 0$

befcb: $-(4{,}0\,\Omega)\,I_2 - 14{,}0\,\text{V} + (6{,}0\,\Omega)\,I_1 - 10{,}0\,\text{V} = 0$

$(3) \quad -24{,}0\,\text{V} + (6{,}0\,\Omega)\,I_1 - (4{,}0\,\Omega)\,I_2 = 0$

continua

> **6.7 cont.**
>
> Resolva a Equação (1) para I_3 e substitua na Equação (2):
>
> $\qquad 10{,}0\,\text{V} - (6{,}0\,\Omega)\,I_1 - (2{,}0\,\Omega)\,(I_1 + I_2) = 0$
> (4) $\quad 10{,}0\,\text{V} - (8{,}0\,\Omega)\,I_1 - (2{,}0\,\Omega)\,I_2 = 0$
>
> Multiplique cada termo na Equação (3) por 4 e cada um na Equação (4) por 3:
>
> (5) $\quad -96{,}0\,\text{V} + (24{,}0\,\Omega)\,I_1 - (16{,}0\,\Omega)\,I_2 = 0$
> (6) $\quad 30{,}0\,\text{V} - (24{,}0\,\Omega)\,I_1 - (6{,}0\,\Omega)\,I_2 = 0$
>
> Adicione a Equação (6) na (5) para eliminar I_1 e encontrar I_2:
>
> $\qquad -66{,}0\,\text{V} - (22{,}0\,\Omega)\,I_2 = 0$
> $\qquad I_2 = \boxed{-3{,}0\,\text{A}}$
>
> Use este valor de I_2 na Equação (3) para encontrar I_1:
>
> $\qquad -24{,}0\,\text{V} + (6{,}0\,\Omega)\,I_1 - (4{,}0\,\Omega)\,(-3{,}0\,\text{A}) = 0$
> $\qquad -24{,}0\,\text{V} + (6{,}0\,\Omega)\,I_1 + 12{,}0\,\text{V} = 0$
> $\qquad I_1 = \boxed{2{,}0\,\text{A}}$
>
> Use a Equação (1) para encontrar I_3:
>
> $\qquad I_3 = I_1 + I_2 = 2{,}0\,\text{A} - 3{,}0\,\text{A} = \boxed{-1{,}0\,\text{A}}$
>
> **Finalização** Como nossos valores para I_2 e I_3 são negativos, as direções dessas correntes são opostas às indicadas na Figura 6.15. Os valores numéricos para as correntes são corretos. Apesar da direção incorreta, *devemos* continuar a utilizar esses valores negativos em cálculos subsequentes porque nossas equações foram estabelecidas como escolha original de direção. O que aconteceria se deixássemos as direções de corrente como estabelecidas na Figura 6.15, mas percorrêssemos as malhas na direção oposta?

6.4 Circuitos RC

Até agora, analisamos os circuitos de corrente contínua na qual a corrente é constante. Em circuitos CC com capacitores, a corrente é sempre na mesma direção, mas pode variar com o tempo. Um circuito que contém associação em série de um resistor e um capacitor é chamado **circuito RC**.

Carga de capacitor

A Figura 6.16 mostra um circuito *RC* simples em série. Vamos supor que o capacitor neste circuito esteja inicialmente descarregado. Não há corrente enquanto a chave estiver aberta (Fig. 6.16a). Se a chave for colocada na posição *a* em $t = 0$ (Fig. 6.16b), a carga começa a fluir, estabelecendo uma corrente no circuito, e o capacitor começa a carregar.[3] Note que, durante a carga, as cargas não pulam pelas placas do capacitor porque a lacuna entre elas representa um circuito aberto. Em vez disso, a carga é transferida entre cada placa e seus fios de conexão, por causa do campo elétrico estabelecido nos fios pela bateria, até que o capacitor esteja totalmente carregado. Conforme as placas são carregadas, a diferença potencial através do capacitor aumenta. O valor da carga máxima nas placas depende da tensão da bateria. Uma vez que a carga máxima é atingida, a corrente no circuito é zero, porque a diferença de potencial no capacitor é compatível com o fornecido pela bateria. Para analisar este circuito quantitativamente, aplicaremos a regra das malhas de Kirchhoff ao circuito após a chave ser colocada na posição *a*. O percurso da malha na Figura 6.16b no sentido horário resulta

$$\varepsilon - \frac{q}{C} - IR = 0 \qquad (6.11)$$

onde q/C é a diferença potencial no capacitor, e IR é a diferença potencial no resistor. Utilizamos as convenções de sinais discutidas antes para os sinais em ε e IR. O capacitor é percorrido na direção da placa positiva para a negativa, que representa um decréscimo no potencial. Portanto, utilizamos um sinal negativo para essa diferença potencial na Equação 6.11. Note que q e I são valores *instantâneos* que dependem do tempo (em oposição aos valores de estado estacionário) conforme o capacitor estiver sendo carregado.

---

[3] Em discussões físicas anteriores sobre capacitores, supusemos uma situação de estado estacionário, no qual nenhuma corrente estava presente em nenhuma ramificação do circuito com capacitor. Agora consideramos o caso *antes* de a condição de estado estacionário ser atingida; nesta situação, as cargas estão se movendo e há corrente nos fios conectados ao capacitor.

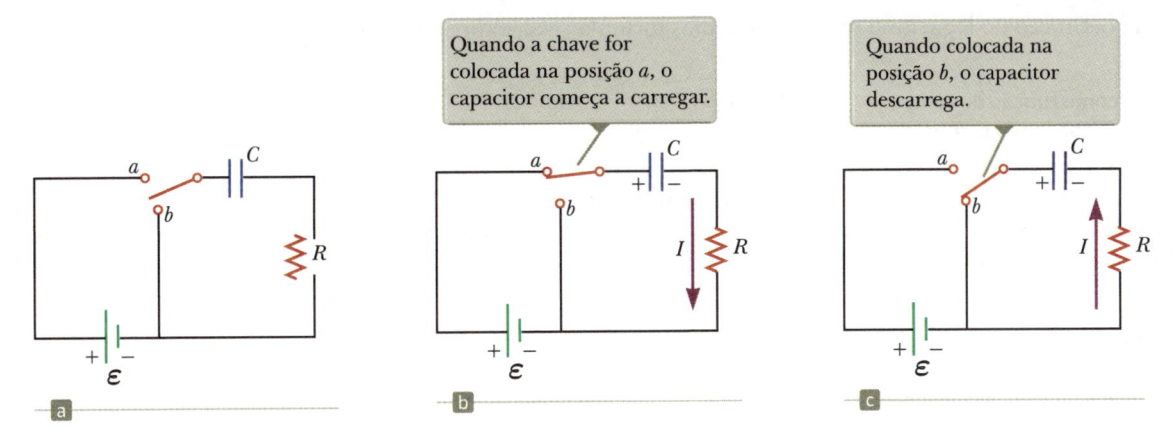

Figura 6.16 Capacitor em série com um resistor, chave e bateria.

Quando a chave for colocada na posição *a*, o capacitor começa a carregar.

Quando colocada na posição *b*, o capacitor descarrega.

Podemos utilizar a Equação 6.11 para encontrar a corrente inicial I_i no circuito e na carga máxima $Q_{máx}$ no capacitor. No momento em que a chave é colocada na posição *a* ($t = 0$), a carga no capacitor é zero. A Equação 6.11 mostra que a corrente inicial I_i no circuito é máxima, dada por

$$I_i = \frac{\mathcal{E}}{R} \quad \text{(corrente em } t = 0\text{)} \tag{6.12}$$

Nessa hora, a diferença potencial dos terminais da bateria aparece completamente pelo resistor. Mais tarde, o capacitor é carregado no seu valor máximo Q, a carga deixa de fluir, a corrente no circuito é zero e a diferença potencial dos terminais da bateria aparece completamente pelo capacitor. A substituição de $I = 0$ na Equação 6.11 dá a carga máxima no capacitor:

$$Q_{máx} = C\mathcal{E} \quad \text{(carga máxima)} \tag{6.13}$$

Para determinar expressões analíticas para a dependência do tempo da carga e corrente, devemos resolver a Equação 6.11, uma única equação com duas variáveis q e I. A corrente em todas as partes do circuito em série deve ser a mesma. Portanto, a corrente na resistência R deve ser a mesma que aquela entre cada placa de capacitor e o fio conectado a ele. Essa corrente é igual à taxa de variação no tempo da carga nas placas do capacitor. Assim, substituímos $I = dq/dt$ na Equação 6.11 e a reposicionamos:

$$\frac{dq}{dt} = \frac{\mathcal{E}}{R} - \frac{q}{RC}$$

Para encontrar uma expressão para q, resolvemos essa equação diferencial separável como segue. Primeiro, combine os termos do lado direito:

$$\frac{dq}{dt} = \frac{C\mathcal{E}}{RC} - \frac{q}{RC} = -\frac{q - C\mathcal{E}}{RC}$$

Multiplique essa equação por dt e divida por $q - C\mathcal{E}$:

$$\frac{dq}{q - C\mathcal{E}} = -\frac{1}{RC}dt$$

Integre essa expressão, utilizando $q = 0$ em $t = 0$:

$$\int_0^q \frac{dq}{q - C\mathcal{E}} = -\frac{1}{RC}\int_0^t dt$$

$$\ln\left(\frac{q - C\mathcal{E}}{-C\mathcal{E}}\right) = -\frac{t}{RC}$$

A partir da definição do logaritmo natural, podemos formular essa expressão como

Carga como função do tempo para um capacitor sendo carregado ▶
$$q(t) = C\mathcal{E}(1 - e^{-t/RC}) = Q(1 - e^{-t/RC}) \qquad (6.14)$$

onde e é a base do logaritmo natural, e fizemos a substituição da Equação 6.13.

Podemos encontrar uma expressão para a corrente de carga ao diferenciar a Equação 6.14 com relação ao tempo. Ao utilizar $I = dq/dt$, temos que

Corrente como função do tempo para um capacitor sendo carregado ▶
$$I(t) = \frac{\mathcal{E}}{R} e^{-t/RC} \qquad (6.15)$$

Representações da carga de capacitor e corrente de circuito por tempo são mostradas na Figura 6.17. Note que a carga é zero em $t = 0$ e atinge o valor máximo $C\mathcal{E}$ com $t \to \infty$. A corrente tem seu valor máximo $I_i = \mathcal{E}/R$ em $t = 0$, e decai exponencialmente a zero com $t \to \infty$. A quantidade RC, que aparece nos expoentes das Equações 6.14 e 6.15, é chamada **constante de tempo** τ do circuito:

$$\tau = RC \qquad (6.16)$$

A constante de tempo representa o intervalo de tempo durante o qual a corrente diminui para $1/e$ de seu valor inicial; isto é, após o intervalo de tempo τ, a corrente diminui para $I = e^{-1} I_i = 0{,}368 I_i$. Após o intervalo de tempo 2τ, a corrente diminui para $I = e^{-2} I_i = 0{,}135 I_i$, e assim por diante. Do mesmo modo, em um intervalo de tempo τ, a carga aumenta de zero para $C\mathcal{E}[1 - e^{-1}] = 0{,}632 C\mathcal{E}$.

A análise dimensional a seguir mostra que τ tem unidades de tempo:

$$[\tau] = [RC] = \left[\left(\frac{\Delta V}{I}\right)\left(\frac{Q}{\Delta V}\right)\right] = \left[\frac{Q}{Q/\Delta t}\right] = [\Delta t] = \mathrm{T}$$

Como $\tau = RC$ tem unidades de tempo, a relação t/RC é sem dimensão, já que deve ser o expoente de e nas Equações 6.14 e 6.15.

A energia fornecida pela bateria durante o intervalo de tempo necessário para carregar totalmente o capacitor é $Q_{\text{máx}} \mathcal{E} = C\mathcal{E}^2$. Após o capacitor estar totalmente carregado, a energia nele armazenada é $\frac{1}{2} Q_{\text{máx}} \mathcal{E} = \frac{1}{2} C\mathcal{E}^2$, que é somente metade da saída de energia da bateria. É colocado como um problema (Problema 68) mostrar que a metade restante da energia fornecida aparece como energia interna no resistor.

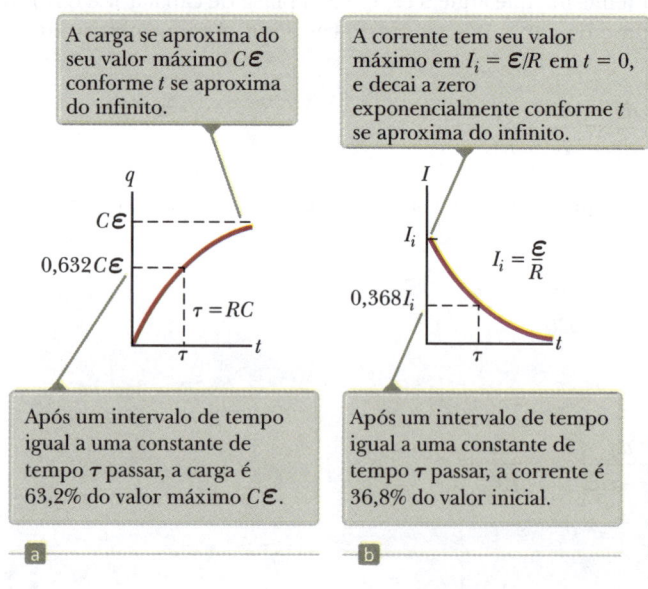

Figura 6.17 (a) Representação de carga de capacitor como função do tempo para o circuito mostrado na Figura 6.16b. (b) Representação de corrente como função do tempo para o circuito mostrado na Figura 6.16b.

Descarregar um capacitor

Imagine que o capacitor na Figura 6.16b esteja completamente carregado. Há uma diferença potencial Q_i/C nele, e diferença potencial zero no resistor porque $I = 0$. Se a chave for colocada agora na posição b em $t = 0$ (Fig. 6.16c), o capacitor começa a descarregar pelo resistor. Em algum tempo t durante a descarga, a corrente no circuito é I e a carga no capacitor é q. O circuito na Figura 6.16c é o mesmo daquele na Figura 6.16b, exceto pela ausência de bateria. Portanto, eliminamos a fem ε da Equação 6.11 para obter a equação de malha apropriada para o circuito na Figura 6.16c:

$$-\frac{q}{C} - IR = 0 \qquad (6.17)$$

Quando substituímos dq/dt nesta expressão, ela se torna

$$-R\frac{dq}{dt} = \frac{q}{C}$$

$$\frac{dq}{q} = -\frac{1}{RC}dt$$

A integração desta expressão utilizando $q = Q_i$ em $t = 0$ resulta

$$\int_{Q_i}^{q} \frac{dq}{q} = -\frac{1}{RC}\int_0^t dt$$

$$\ln\left(\frac{q}{Q_i}\right) = -\frac{t}{RC}$$

$$q(t) = Q_i e^{-t/RC} \qquad (6.18)$$

◀ Carga como função do tempo para um capacitor descarregando

A diferenciação da Equação 6.18 com relação ao tempo resulta na corrente instantânea como função do tempo:

$$i(t) = -\frac{Q_i}{RC}e^{-t/RC} \qquad (6.19)$$

◀ Corrente como função do tempo para um capacitor descarregando

onde $Q_i/RC = I_i$ é a corrente inicial. O sinal negativo indica que, conforme o capacitor descarrega, a direção da corrente é oposta à sua direção quando estava sendo carregado (compare as direções de corrente nas Figuras 6.16b e 6.16c). Tanto a carga no capacitor quanto a corrente decaem exponencialmente a uma taxa caracterizada pela constante de tempo $\tau = RC$.

> **Teste Rápido 6.5** Considere o circuito na Figura 6.18 e suponha que a bateria não tenha resistência interna. **(i)** Após a chave ser fechada, qual é a corrente na bateria? (a) 0 (b) $\varepsilon/2R$ (c) $2\varepsilon/R$ (d) ε/R (e) impossível determinar. **(ii)** Após um longo período, qual é a corrente na bateria? Escolha a partir das mesmas alternativas.

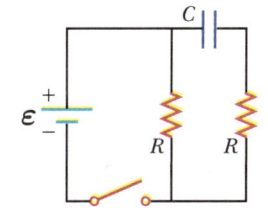

Figura 6.18
(Teste Rápido 6.5) Como a corrente varia após a chave ser fechada?

Exemplo conceitual 6.8 — Limpadores de para-brisa intermitentes

Vários automóveis são equipados com limpadores de para-brisa que podem operar de modo intermitente durante uma chuva leve. Como a operação desses limpadores depende de carregar e descarregar um capacitor?

SOLUÇÃO

Os limpadores são parte de um circuito RC cuja constante de tempo pode ser variada ao selecionar valores diferentes de R por meio de uma chave de multiposições. Conforme a tensão no capacitor aumenta, ele atinge um ponto no qual descarrega e aciona os limpadores. O circuito então começa outro ciclo de carregamento. O intervalo de tempo entre os movimentos individuais dos limpadores é determinado pelo valor da constante de tempo.

Exemplo 6.9 — Carga de um capacitor em circuito RC

Um capacitor e um resistor descarregados são conectados em série a uma bateria como mostra a Figura 6.16, onde $\mathcal{E} = 12{,}0$ V, $C = 5{,}00\ \mu$F e $R = 8{,}00 \times 10^5\ \Omega$. A chave é colocada na posição a. Encontre a constante de tempo do circuito, a carga máxima do capacitor, a corrente máxima no circuito e a carga e a corrente como funções do tempo.

SOLUÇÃO

Conceitualização Estude a Figura 6.16 e imagine colocar a chave na posição a, como mostra a Figura 6.16b. Após fazê-lo, o capacitor começa a carregar.

Categorização Avaliamos nossos resultados utilizando equações desenvolvidas nesta seção, então categorizamos este exemplo como um problema de substituição.

Obtenha a constante de tempo do circuito a partir da Equação 6.16:

$$\tau = RC = (8{,}00 \times 10^5\ \Omega)(5{,}00 \times 10^{-6}\ \text{F}) = \boxed{4{,}00\ \text{s}}$$

Obtenha a carga máxima no capacitor a partir da Equação 6.13:

$$Q_{\text{máx}} = C\mathcal{E} = (5{,}00\ \mu F)(12{,}0\ \text{V}) = \boxed{60{,}0\ \mu\text{C}}$$

Obtenha a corrente máxima no circuito a partir da Equação 6.12:

$$I_i = \frac{\mathcal{E}}{R} = \frac{12{,}0\ \text{V}}{8{,}00 \times 10^5\ \Omega} = \boxed{15{,}0\ \mu\text{A}}$$

Use estes valores nas Equações 6.14 e 6.15 para encontrar a carga e a corrente como funções do tempo:

(1) $\quad q(t) = \boxed{60{,}0(1 - e^{-t/4{,}00})}$

(2) $\quad I(t) = \boxed{15{,}0\, e^{-t/4{,}00}}$

Nas Equações (1) e (2), q está em microcoulombs, I em microampères e t em segundos.

Exemplo 6.10 — O descarregar de um capacitor em circuito RC

Considere um capacitor de capacitância C que está sendo descarregado por meio de um resistor de resistência R, como mostra a Figura 6.16c.

(A) Após quantas constantes de tempo a carga no capacitor é um quarto de seu valor inicial?

SOLUÇÃO

Conceitualização Estude a Figura 6.16 e imagine colocar a chave na posição b, como mostra a Figura 6.16c. Após fazê-lo, o capacitor começa a descarregar.

Categorização Categorizamos o exemplo como um dos que envolvem um capacitor descarregando e utilizamos as equações apropriadas.

Análise Substitua $q(t) = Q_i/4$ na Equação 6.18:

$$\frac{Q_i}{4} = Q_i e^{-t/RC}$$

$$\frac{1}{4} = e^{-t/RC}$$

Pegue o logaritmo de ambos os lados da equação e resolva para t:

$$-\ln 4 = -\frac{t}{RC}$$

$$t = RC \ln 4 = 1{,}39\, RC = \boxed{1{,}39\,\tau}$$

(B) A energia armazenada no capacitor diminui com o tempo conforme ele descarrega. Após quantas constantes de tempo essa energia armazenada é um quarto de seu valor inicial?

SOLUÇÃO

Use as Equações 4.11 e 6.18 para expressar a energia armazenada no capacitor em qualquer tempo t:

(1) $\quad U(t) = \dfrac{q^2}{2C} = \dfrac{Q_i^{\,2}}{2C} e^{-2t/RC}$

6.10 cont.

Substitua $U(t) = \frac{1}{4}(Q_i^2/2C)$ na Equação (1):

$$\frac{1}{4}\frac{Q_i^2}{2C} = \frac{Q_i^2}{2C}e^{-2t/RC}$$

$$\frac{1}{4} = e^{-2t/RC}$$

Pegue o logaritmo de ambos os lados da equação e resolva para t:

$$-\ln 4 = -\frac{2t}{RC}$$

$$t = \tfrac{1}{2}RC\ln 4 = 0{,}693RC = \boxed{0{,}693\tau}$$

Finalização Note que, como a energia depende do quadrado da carga, a energia no capacitor cai mais rapidamente que a carga nele.

E SE? E se você quiser descrever o circuito em termos do intervalo de tempo necessário para a carga cair à metade de seu valor original, em vez de pela constante de tempo τ? Isto daria um parâmetro para o circuito, chamado *meia-vida* $t_{1/2}$. Como ela é relacionada à constante de tempo?

Resposta Em uma meia-vida, a carga cai de Q_i para $Q_i/2$. Portanto, a partir da Equação 6.18,

$$\frac{Q_i}{2} = Q_i e^{-t_{1/2}/RC} \rightarrow \tfrac{1}{2} = e^{-t_{1/2}/RC}$$

o que leva a

$$t_{1/2} = 0{,}693\tau$$

O conceito de meia-vida nos será importante quando estudarmos decaimento nuclear, no Capítulo 10 do Volume 4. O decaimento radioativo de uma amostra instável comporta-se matematicamente de modo similar ao capacitor descarregando em um circuito RC.

Exemplo 6.11 — Energia fornecida a um resistor MA

Um capacitor de 5,00 μF é carregado com uma diferença potencial de 800 V, e então descarregado por meio de um resistor. Qual quantidade de energia é fornecida ao resistor no intervalo de tempo necessário para descarregar completamente o capacitor?

SOLUÇÃO

Conceitualização No Exemplo 6.10, consideramos o decréscimo de energia em um capacitor descarregando ao valor de um quarto da energia inicial. Neste, o capacitor se descarrega totalmente.

Categorização Resolveremos este exemplo utilizando duas abordagens. A primeira, modelar o circuito como um sistema isolado. Como a energia em um sistema isolado é conservada, a energia potencial elétrica inicial U_E armazenada no capacitor é transformada na energia interna $E_{int} = E_R$ no resistor. A segunda é modelar o resistor como um *sistema não isolado* para *energia*. A energia entra no resistor por transmissão elétrica do capacitor, causando um aumento de sua energia interna.

Análise Começaremos com a abordagem do sistema isolado.

Formule a redução apropriada da conservação da equação de energia, Equação 8.2 do Volume 1:

$$\Delta U + \Delta E_{int} = 0$$

Substitua os valores iniciais e finais das energias:

$$(0 - U_C) + (E_{int} - 0) = 0 \rightarrow E_R = U_E$$

Use a Equação 4.11 para a energia potencial elétrica no capacitor:

$$E_R = \tfrac{1}{2}C\varepsilon^2$$

Substitua os valores numéricos:

$$E_R = \tfrac{1}{2}(5{,}00 \times 10^{-6}\,\text{F})(800\,\text{V})^2 = \boxed{1{,}60\,\text{J}}$$

continua

6.11 cont.

A segunda abordagem, que é mais difícil, mas talvez mais instrutiva, é notar que, conforme o capacitor descarrega por meio do resistor, a taxa na qual a energia é fornecida ao resistor por transmissão elétrica é i^2R, onde i é a corrente instantânea dada pela Equação 6.19.

Obtenha a energia fornecida ao resistor integrando a potência por todo o tempo, já que leva um intervalo de tempo infinito para o capacitor descarregar completamente:

$$P = \frac{dE}{dt} \rightarrow E_R = \int_0^\infty P\, dt$$

Substitua a potência fornecida ao resistor:

$$E_R = \int_0^\infty i^2 R\, dt$$

Substitua a corrente da Equação 6.19:

$$E_R = \int_0^\infty \left(-\frac{Q_i}{RC}e^{-t/RC}\right)^2 R\, dt = \frac{Q_i^2}{RC^2}\int_0^\infty e^{-2t/RC}\, dt = \frac{\mathcal{E}^2}{R}\int_0^\infty e^{-2t/RC}\, dt$$

Substitua o valor da integral, que é $RC/2$ (consulte o Problema 44):

$$E_R = \frac{\mathcal{E}^2}{R}\left(\frac{RC}{2}\right) = \tfrac{1}{2}C\mathcal{E}^2$$

Finalização Este resultado concorda com aquele obtido usando a abordagem de sistema isolado, como deve ser. Podemos utilizar essa segunda abordagem para encontrar a energia total fornecida ao resistor a *qualquer* tempo após a chave ser fechada simplesmente substituindo o limite superior no integrador por aquele valor específico de t.

6.5 Fiação residencial e segurança elétrica

Várias considerações são importantes no projeto de um sistema elétrico residencial que fornecerá serviço elétrico adequado para seus ocupantes, ao mesmo tempo que maximiza a segurança. Discutiremos alguns dos seus aspectos nesta seção.

Fiação residencial

Os circuitos residenciais representam uma aplicação prática de algumas ideias apresentadas neste capítulo. Em um mundo de aparelhos elétricos, é útil compreender os requisitos e limitações de potência dos sistemas elétricos convencionais e as medidas de segurança que impedem acidentes.

Em uma instalação convencional, uma distribuidora fornece energia elétrica para residências por meio de um par de fios, com cada residência conectada em paralelo a esses fios, um deles chamado *fio condutor*,[4] como ilustrado na Figura 6.19, e o outro *fio neutro*. Este último é aterrado, isto é, seu potencial elétrico é tido como zero. A diferença de potencial entre os fios condutor e neutro é normalmente de aproximadamente 120 V (em algumas cidades pode ser de aproximadamente 220v). Essa tensão alterna-se no tempo, e o potencial do fio condutor oscila em relação à terra. Muito do que aprendemos até agora sobre a situação da fem constante (corrente contínua) também pode ser aplicado à corrente alternada que as companhias elétricas oferecem a empresas e residências (tensão e corrente alternadas serão discutidas no Capítulo 11).

Para registrar o consumo de energia residencial, um medidor é conectado em série com o fio condutor que entra na casa. Após o medidor, o fio se divide para que haja vários circuitos separados em paralelo distribuídos pela residência. Cada circuito contém um disjuntor (ou, em instalações mais antigas, um fusível). Disjuntor é uma chave especial que abre se a corrente excede o valor dimensionado para ele. Fio e disjuntor são cuidadosamente selecionados para atender aos requisitos de corrente para determinado circuito. Se um circuito for transportar correntes altas como 30 A, um fio robusto e um disjuntor apropriado devem ser selecionados para suportar essa corrente. Um circuito utilizado para abastecer somente lâmpadas e aparelhos pequenos geralmente necessita só de 20 A. Cada circuito tem seu próprio disjuntor para oferecer proteção àquela parte de todo o sistema elétrico da residência.

Como exemplo, considere um circuito no qual torradeira, micro-ondas e cafeteira estejam conectados (correspondendo a R_1, R_2 e R_3 na Fig. 6.19). Podemos calcular a corrente em cada aparelho ao utilizar a expressão $P = I\Delta V$. A torradeira, com potência de 1.000 W, extrai uma corrente de 1.000 W/120 V = 8,33 A. O micro-ondas, com potência de 1.300 W, 10,8 A, e a cafeteira, com potência de 800 W, 6,67 A. Quando os três aparelhos são operados simultaneamente,

---

[4] *Fio condutor* é a expressão comum para um condutor cujo potencial elétrico está acima ou abaixo do potencial de terra.

extraem uma corrente total de 25,8 A. Portanto, o circuito deve ser configurado para suportar, pelo menos, essa corrente. Se a taxa do disjuntor que protege o circuito for muito pequena – digamos, 20 A – o disjuntor será desativado quando o terceiro aparelho for ligado, impedindo que todos os três funcionem. Para evitar essa situação, a torradeira e a cafeteira podem ser operadas em um circuito de 20 A, e o micro-ondas, em um de 20 A separado.

Vários aparelhos de serviço pesado, como fogões elétricos e secadores de roupa, necessitam de 240 V para a operação. A companhia elétrica fornece essa tensão ao disponibilizar um terceiro fio que é 120 V abaixo do potencial de terra (Fig. 6.20). A diferença potencial entre este fio condutor e o outro (que está 120 V acima do potencial da terra) é de 240 V. Um aparelho que opera em uma linha de 240 V necessita de metade desta corrente comparado com a operação em 120 V; portanto, fios mais finos podem ser utilizados no circuito de alta tensão sem sobreaquecimento.

Segurança elétrica

Quando o fio condutor da tomada elétrica é conectado diretamente ao terra, o circuito é completado e há *condição de curto-circuito*, que ocorre quando há resistência quase zero entre dois pontos em potenciais diferentes e o resultado é uma corrente bastante grande. Quando isto acontece acidentalmente, um disjuntor operando adequadamente abre o circuito e evita danos. Uma pessoa em contato com o terra, entretanto, pode ser eletrocutada ao tocar o fio condutor de um fio desencapado ou condutor exposto. Um contato excepcionalmente efetivo (e perigoso) de terra é feito quando a pessoa toca um cano de água (geralmente com potencial terra) ou está com os pés molhados no chão. Esta última situação representa contato com o terra porque a água normal, não destilada, é condutora por causa do grande número de íons associados com impurezas. Essa situação deve ser evitada a todo custo.

O choque elétrico pode resultar em queimaduras fatais ou fazer com que músculos de órgãos vitais, como o coração, falhem. O nível de dano ao corpo depende da intensidade da corrente, por quanto tempo ela age, a parte do corpo tocada pelo fio condutor e na qual há corrente. Correntes de 5 mA ou menos causam sensação de choque, mas, em geral, com pouco ou nenhum dano. Se a corrente for superior a 10 mA, os músculos se contraem e a pessoa pode ser incapaz de soltar o fio condutor. Se o corpo transportar uma corrente de 100 mA somente por alguns segundos, o resultado pode ser fatal. Uma corrente grande assim paralisa os músculos respiratórios e impede a respiração. Em alguns casos, correntes de aproximadamente 1 A podem produzir sérias queimaduras (até mesmo fatais). Na prática, nenhum contato com fios condutores é seguro quando a tensão for maior que 24 V.

Várias tomadas de 120 V são projetadas para aceitar um cabo de alimentação de três pinos (essa característica é exigida em todas as novas instalações elétricas). Um dos pinos é o fio condutor com potencial nominal de 120 V. O segundo é o neutro, nominalmente de 0 V, que transporta corrente para o terra. A Figura 6.21a mostra uma conexão a uma furadeira elétrica com esses dois fios somente. Se o fio condutor acidentalmente fizer contato com a caixa da furadeira (o que pode acontecer se a isolação do fio se desgastar), a corrente pode ser levada para a terra por meio da pessoa, resultando em choque elétrico. O terceiro fio em um cabo de alimentação de três pinos, o pino redondo, é um terra de segurança que normalmente não carrega corrente. Ele é aterrado e conectado diretamente à caixa do aparelho. Nesta situação, se o fio condutor entrar em curto acidentalmente na caixa, a maior parte da corrente toma o caminho da resistência baixa pelo aparelho, como mostra a Figura 6.21b.

Tomadas especiais de alimentação, chamadas *interruptores de circuito de falha de terra*, ou GFCIs, são utilizados em cozinhas, banheiros, porões, tomadas externas e outras áreas de risco em residências. Esses dispositivos são projetados para proteger pessoas de choques elétricos ao detectar correntes pequenas (< 5 mA) que vazam para a terra (seu princípio de operação será descrito no Capítulo 9). Quando um vazamento excessivo de corrente é detectado, a corrente é desligada em menos de 1 ms.

Figura 6.19 Diagrama de fiação para um circuito residencial. As resistências representam aparelhos ou outros dispositivos elétricos que operam com uma tensão aplicada de 120 V.

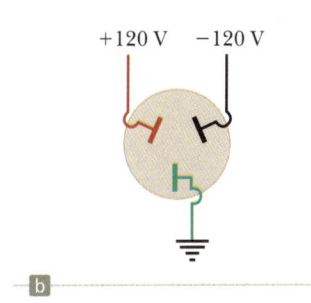

Figura 6.20 (a) Tomada para conexão para uma fonte de 240 V. (b) Conexões para cada uma das aberturas em uma tomada de 240 V.

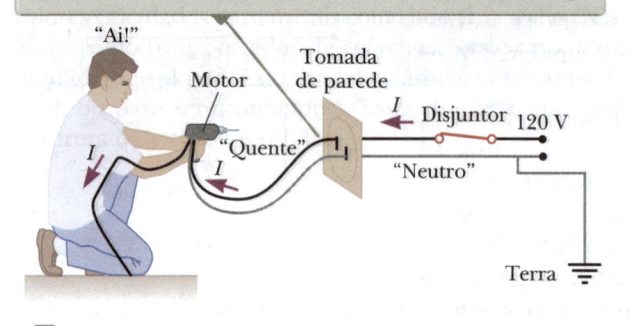

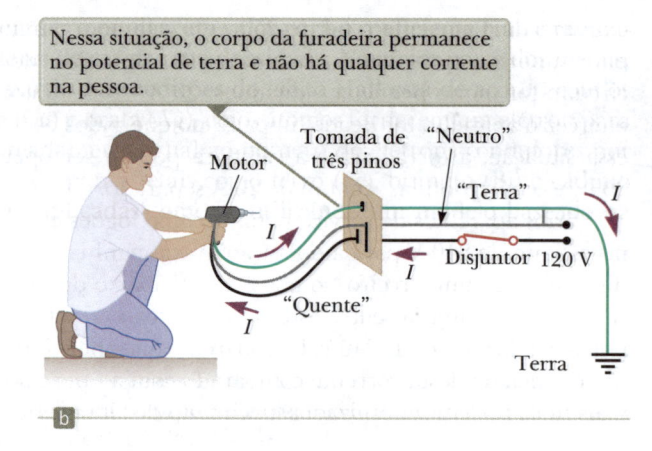

Figura 6.21 (a) Diagrama de circuito de uma furadeira elétrica com somente dois fios de conexão. O caminho normal de corrente é do fio condutor pelas conexões do motor e de volta ao terra por meio do fio neutro. (b) Esse choque pode ser evitado conectando a caixa da furadeira à terra por meio de um terceiro fio terra. As cores dos fios representam padrões elétricos dos Estados Unidos: o "quente" é preto, o fio terra é verde, e o neutro, branco (mostrado em cinza na figura).[5]

---

[5] No Brasil, as cores-padrão definidas pela Associação Brasileira de Normas Técnicas (ABNT) são verde para o fio terra, azul-claro para o neutro e preto para o "quente".

Resumo

Definições

A **fem** de uma bateria é igual à tensão entre seus terminais quando a corrente é zero. Isto é, a fem é equivalente à **tensão de circuito aberto** da bateria.

Conceitos e Princípios

A **resistência equivalente** de um conjunto de resistores conectados em uma **associação em série** é

$$R_{eq} = R_1 + R_2 + R_3 + \cdots \quad (6.6)$$

A **resistência equivalente** de um conjunto de resistores conectados em uma **associação em paralelo** é encontrada da relação

$$\frac{1}{R_{eq}} = \frac{1}{R_1} + \frac{1}{R_2} + \frac{1}{R_3} + \cdots \quad (6.8)$$

Os circuitos que envolvem mais de uma malha são convenientemente analisados pelo uso das **regras de Kirchhoff**:

1. **Regra de junção (nó).** Em qualquer junção, a soma das correntes deve ser igual a zero:

$$\sum_{\text{junção (nó)}} I = 0 \quad (6.9)$$

2. **Regra das malhas.** A soma das diferenças potenciais por todos os elementos em torno de qualquer malha (circuito fechado) deve ser zero:

$$\sum_{\text{malha}} \Delta V = 0 \quad (6.10)$$

Quando um resistor é percorrido na direção da corrente, a diferença potencial ΔV nele é $-IR$. Quando um resistor é percorrido na direção oposta à corrente, $\Delta V = +IR$. Quando uma fonte de fem é percorrida na direção da fem (terminal negativo para o positivo), a diferença potencial é $+\mathcal{E}$. Quando uma fonte de fem é percorrida no sentido oposto à fem (positiva para negativa), a diferença potencial é $-\mathcal{E}$.

Se um capacitor é carregado com uma bateria por meio de um resistor de resistência R, a carga no capacitor e a corrente no circuito variam no tempo de acordo com as expressões

$$q(t) = Q_{máx}(1 - e^{-t/RC}) \quad (6.14)$$

$$i(t) = \frac{\mathcal{E}}{R} e^{-t/RC} \quad (6.15)$$

onde $Q_{máx} = C\mathcal{E}$ é a carga máxima no capacitor. O produto RC é chamado **constante de tempo τ** do circuito.

Se um capacitor carregado de capacitância é descarregado por meio de um resistor de resistência R, a carga e a corrente caem exponencialmente no tempo de acordo com as expressões

$$q(t) = Q_i e^{-t/RC} \quad (6.18)$$

$$i(t) = -\frac{Q_i}{RC} e^{-t/RC} \quad (6.19)$$

onde Q_i é a carga inicial no capacitor, e Q_i/RC a corrente inicial no circuito.

Perguntas Objetivas

1. Um disjuntor está conectado (a) em série com o dispositivo que ele está protegendo, (b) em paralelo, (c) nem em série nem em paralelo, ou (d) é impossível dizer?

2. Uma bateria tem alguma resistência interna. **(i)** A diferença de potencial nos seus terminais pode ser igual a sua fem? (a) não, (b) sim, se a bateria estiver absorvendo energia por transmissão elétrica, (c) sim, se mais de um fio estiver conectado a cada terminal, (d) sim, se a corrente na bateria for zero, (e) sim, sem nenhuma condição especial necessária. **(ii)** A tensão do terminal pode exceder a fem? Escolha a resposta a partir das mesmas alternativas da parte (i).

3. Os terminais de uma bateria estão conectados por dois resistores em série, cujas resistências não são as mesmas. Quais afirmações estão corretas? Selecione todas as respostas corretas. (a) O resistor com a menor resistência transporta mais corrente que o outro. (b) O resistor com a maior resistência transporta menos corrente que o outro. (c) A corrente em cada resistor é a mesma. (d) A diferença de potencial em cada resistor é a mesma. (e) A diferença de potencial é maior no resistor mais próximo do terminal positivo.

4. Ao operar em um circuito de 120 V, um aquecedor elétrico recebe $1{,}30 \times 10^3$ W de alimentação; uma torradeira, $1{,}00 \times 10^3$ W; e um forno elétrico, $1{,}54 \times 10^3$ W. Se todos os três aparelhos estiverem conectados em paralelo em um circuito de 120 V e ligados, qual é a corrente total fornecida por uma fonte externa? (a) 24,0 A, (b) 32,0 A, (c) 40,0 A, (d) 48,0 A, (e) nenhuma das alternativas.

5. Se os terminais de uma bateria com resistência interna zero estiverem conectados por dois resistores idênticos em série, a potência total fornecida pela bateria é 8,00 W. Se a mesma bateria estiver conectada pelos mesmos resistores em paralelo, qual é a potência total fornecida pela bateria? (a) 16,0 W, (b) 32,0 W, (c) 2,00 W, (d) 4,00 W, (e) nenhuma das alternativas.

6. Vários resistores estão associados em série. Quais afirmações estão corretas? Selecione todas as respostas corretas. (a) A resistência equivalente é maior que qualquer uma delas no grupo. (b) A resistência equivalente é menor que qualquer uma delas no grupo. (c) A resistência equivalente depende da tensão aplicada pelo grupo. (d) A resistência equivalente é igual à soma das resistências no grupo. (e) Nenhuma das afirmações está correta.

7. Qual é a constante de tempo do circuito mostrado na Figura PO6.7? Cada um dos cinco resistores tem resistência R, e cada um dos cinco capacitores tem capacitância C. A resistência interna da bateria é irrelevante. (a) RC, (b) $5RC$, (c) $10RC$, (d) $25RC$, (e) nenhuma das alternativas.

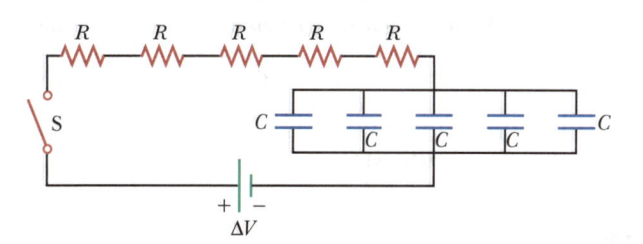

Figura PO6.7

8. Quando resistores com resistências diferentes estão associados em série, o que deve ser igual para cada um deles? Selecione todas as respostas corretas. (a) Diferença de potencial, (b) corrente, (c) potência fornecida, (d) carga que entra em cada resistor em um intervalo de tempo específico, (e) nenhuma das alternativas.

9. Quando resistores com resistências diferentes são conectados em paralelo, o que deve ser igual para cada um deles? Selecione todas as respostas corretas. (a) Diferença de potencial, (b) corrente, (c) potência fornecida, (d) carga que entra em cada resistor em um determinado intervalo de tempo, (e) nenhuma das alternativas.

10. Os terminais de uma bateria estão conectados por dois resistores em paralelo, cujas resistências não são as mesmas. Quais afirmações a seguir estão corretas? Selecione todas as respostas corretas. (a) O resistor com a maior resistência transporta mais corrente que o outro. (b) O resistor com a maior resistência transporta menos corrente que o outro. (c) A diferença de potencial em cada resistor é a mesma. (d) A diferença de potencial no resistor maior é superior àquela no resistor menor. (e) A diferença de potencial é maior no resistor mais próximo da bateria.

11. Os dois faróis de um carro estão conectados (a) em série um em relação ao outro, (b) em paralelo, (c) nem em série nem em paralelo, ou (d) é impossível dizer?

12. No circuito mostrado na Figura PO6.12, cada bateria está fornecendo energia ao circuito por transmissão elétrica.

Todos os resistores têm a mesma resistência. **(i)** Ordene os potenciais elétricos nos pontos *a*, *b*, *c*, *d* e *e* do maior para o menor, anotando casos de igualdade no *ranking*. **(ii)** Ordene os módulos das correntes dos mesmos pontos, do maior para o menor, anotando casos de igualdade.

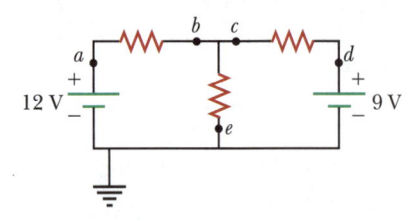

Figura PO6.12

13. Vários resistores estão conectados em paralelo. Quais afirmações a seguir estão corretas? Selecione todas as respostas corretas. (a) A resistência equivalente é maior que qualquer uma delas no grupo. (b) A resistência equivalente é menor que qualquer uma delas no grupo. (c) A resistência equivalente depende da tensão aplicada pelo grupo. (d) A resistência equivalente é igual à soma das resistências no grupo. (e) Nenhuma das afirmações está correta.

14. Um circuito consiste em três lâmpadas idênticas conectadas a uma bateria, como na Figura PO6.14. A bateria tem alguma resistência interna. A chave S, originalmente aberta, está fechada. **(i)** O que acontece com o brilho da lâmpada B? (a) Aumenta. (b) Diminui um pouco. (c) Não se altera. (d) Cai até zero. Para as partes (ii) a (vi), selecione as mesmas alternativas (a) a (d). **(ii)** O que acontece com o brilho da lâmpada C? **(iii)** O que acontece com a corrente na bateria? **(iv)** O que acontece com a diferença de potencial na lâmpada A? **(v)** O que acontece com a diferença de potencial na lâmpada C? **(vi)** O que acontece com a potência total fornecida às lâmpadas pela bateria?

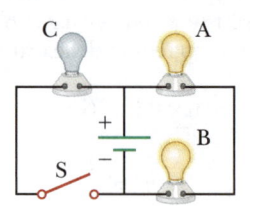

Figura PO6.14

15. Um circuito em série consiste em três lâmpadas idênticas conectadas a uma bateria, como mostra a Figura PO6.15. A chave S, originalmente aberta, é fechada. **(i)** O que acontece com o brilho da lâmpada B? (a) Aumenta. (b) Diminui um pouco. (c) Não se altera. (d) Cai até zero. Para as partes (ii) a (vi), selecione as alternativas (a) a (d). **(ii)** O que acontece com o brilho da lâmpada C? **(iii)** O que acontece com a corrente na bateria? **(iv)** O que acontece com a diferença de potencial na lâmpada A? **(v)** O que acontece com a diferença de potencial na lâmpada C? **(vi)** O que acontece com a potência total fornecida às lâmpadas pela bateria?

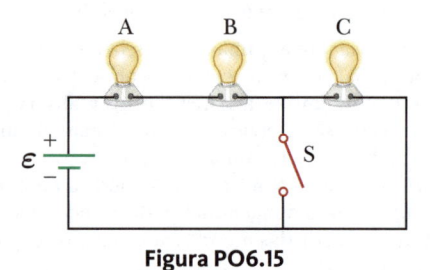

Figura PO6.15

Perguntas Conceituais

1. Suponha que uma paraquedista pouse em um fio de alta tensão e segure nele enquanto aguarda ser resgatada. (a) Ela será eletrocutada? (b) Se o fio se romper, ela deve continuar a segurar no fio até cair no chão? Explique.

2. Um estudante afirma que a segunda lâmpada em série é menos brilhante que a primeira, porque esta consome uma parte da corrente. Como você responderia a essa afirmação?

3. Por que é possível para um passarinho pousar em um fio de alta tensão sem ser eletrocutado?

4. A partir de três lâmpadas e uma bateria, esboce quantos circuitos elétricos diferentes puder.

5. Um resort de esqui possui algumas telecadeiras e várias pistas de *downhill* na montanha, com um chalé na parte inferior. As telecadeiras são análogas às baterias, e as pistas, aos resistores. Descreva como duas pistas podem estar em série. Descreva como três pistas podem estar em paralelo. Esboce uma junção entre uma telecadeira e duas pistas. Formule a regra de junção de Kirchhoff para resorts de esqui. Uma das esquiadoras está com um altímetro de paraquedista. Ela nunca pega o mesmo conjunto de telecadeiras e de pistas, mas sempre passa por você no local fixo onde você está trabalhando. Formule a regra de malha de Kirchhoff para resorts de esqui.

6. Com base na Figura PC6.6, descreva o que acontece com a lâmpada após a chave ser fechada. Suponha que o capacitor tenha uma capacitância ampla e esteja inicialmente descarregado. Suponha também que a luz ilumine quando conectada diretamente pelos terminais da bateria.

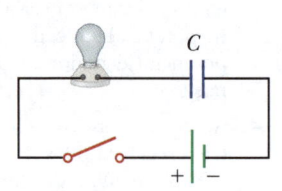

7. Para que sua avó possa escutar música, você leva seu rádio de cabeceira para o hospital onde ela está internada. Mas, antes, o leva para ser testado quanto à segurança elétrica.

Figura PC6.6

O técnico de manutenção descobre que ele produz 120 V em um de seus botões, e não deixa que você o leve para o quarto de sua avó. Sua avó reclama que tem o rádio há muitos anos e ninguém nunca levou choque por causa dele. Você acaba tendo que comprar um rádio novo de plástico. (a) Por que o rádio velho da sua avó é perigoso em um quarto de hospital? (b) O rádio antigo é seguro no quarto da casa dela?

8. (a) Qual a vantagem da operação em 120 V em relação à de 240 V? (b) Quais as desvantagens?

9. A direção da corrente em uma bateria vai sempre do terminal negativo para o positivo? Explique.

10. Compare resistores em série e em paralelo a hastes em série e em paralelo na Figura 6.13 do Volume 2. Qual é a semelhança?

Problemas

> **WebAssign** Os problemas que se encontram neste capítulo podem ser resolvidos *on-line* no Enhanced WebAssign (em inglês)
>
> 1. denota problema simples;
> 2. denota problema intermediário;
> 3. denota problema de desafio;
>
> **AMT** *Analysis Model Tutorial* disponível no Enhanced WebAssign (em inglês);
>
> **M** denota tutorial *Master It* disponível no Enhanced WebAssign (em inglês);
>
> **PD** denota problema dirigido;
>
> **W** solução em vídeo *Watch It* disponível no Enhanced WebAssign (em inglês).

Seção 6.1 Força eletromotriz

1. **M** Uma bateria tem fem de 15,0 V. A tensão nos seus terminais é 11,6 V quando fornece 20,0 W de potência a um resistor de carga externo R. (a) Qual é o valor de R? (b) Qual é a resistência interna da bateria?

2. **AMT** Duas baterias de 1,50 V – com seus terminais positivos na mesma direção – são inseridas em série em uma lanterna. Uma bateria tem resistência interna de 0,255 Ω, e a outra, de 0,153 Ω. Quando a chave é fechada, a lâmpada transporta uma corrente de 600 mA. (a) Qual é a resistência da lâmpada? (b) Qual fração de energia química transformada aparece como energia interna nas baterias?

3. **W** Uma bateria de automóvel tem fem de 12,6 V e resistência interna de 0,0800 Ω. Os faróis, juntos, têm resistência equivalente de 5,00 Ω (tida como constante). Qual é a diferença de potencial nas lâmpadas dos faróis (a) quando forem a única carga na bateria, e (b) quando o motor de partida for acionado, exigindo 35,0 A a mais da bateria?

4. Como no Exemplo 6.2, considere uma fonte de alimentação com fem fixa ε e resistência interna r causando corrente em uma resistência de carga R. Neste problema, R é fixa e r variável. A eficiência é definida como a energia fornecida à carga dividida pela energia fornecida pela fem. (a) Quando a resistência interna for ajustada para a transferência máxima de potência, qual é a eficiência? (b) Qual deve ser a resistência interna para a máxima eficiência possível? (c) Quando a companhia elétrica vende energia para o consumidor, ela tem como objetivo a alta eficiência ou transferência máxima de potência? Explique. (d) Quando um estudante conecta um alto-falante a um amplificador, ele deseja alta eficiência ou alta transferência de potência? Explique.

Seção 6.2 Resistores em série e em paralelo

5. **W** Três resistores de 100 Ω são conectados como mostra a Figura P6.5. A potência máxima que pode ser fornecida com segurança a qualquer um dos resistores é 25,0 W. (a) Qual é a diferença de potencial máxima que pode ser aplicada aos terminais a e b? (b) Para a tensão determinada na parte (a), qual é a potência fornecida para cada resistor? (c) Qual é a potência total fornecida para a associação de resistores?

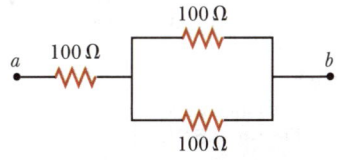

Figura P6.5

6. Uma lâmpada com a inscrição "75 W a 120 V" é rosqueada em um soquete na extremidade de um cabo de longa extensão no qual cada um dos dois condutores tem resistência de 0,800 Ω. A outra extremidade do cabo é conectada a uma tomada de 120 V. (a) Explique por que a potência real fornecida à lâmpada não pode ser de 75 W nesta situação. (b) Desenhe um diagrama de circuito. (c) Encontre a potência real fornecida à lâmpada neste circuito.

7. Qual é a resistência equivalente da associação de resistores idênticos entre os pontos a e b na Figura P6.7?

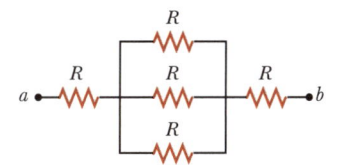

Figura P6.7

8. Considere os dois circuitos mostrados na Figura P6.8, na qual as baterias são idênticas. A resistência de cada lâmpada é R. Desconsidere as resistências internas das baterias. (a) Encontre expressões para as correntes em cada lâmpada. (b) Como o brilho de B se compara com o de C? Explique. (c) Como o brilho de A se compara com o de B e C? Explique.

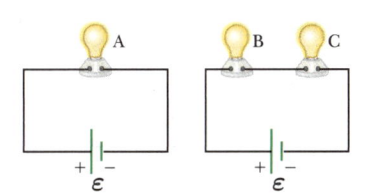

Figura P6.8

9. **M** Considere o circuito mostrado na Figura P6.9. Encontre (a) a corrente no resistor de 20,0 Ω e (b) a diferença potencial entre os pontos a e b.

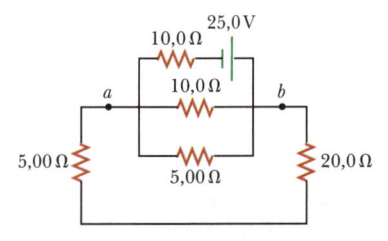

Figura P6.9

10. (a) Você precisa de um resistor de 45 Ω, mas o estoque tem somente de 20 Ω e 50 Ω. Como a resistência desejada pode ser atingida nessas circunstâncias? (b) O que você pode fazer se precisar de um resistor de 35 Ω?

11. Uma bateria com $\mathcal{E} = 6{,}00$ V e nenhuma resistência interna fornece corrente ao circuito como mostra a Figura P6.11. Quando a chave de duas direções S estiver aberta, como mostra a figura, a corrente na bateria é 1,00 mA. Quando estiver fechada na posição a, é 1,20 mA. Quando a chave estiver fechada na posição b, a corrente na bateria é 2,00 mA. Encontre as resistências (a) R_1, (b) R_2 e (c) R_3.

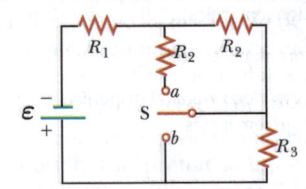

Figura P6.11 Problemas 11 e 12.

12. Uma bateria com fem $\mathcal{E}$ e nenhuma resistência interna fornece corrente ao circuito mostrado na Figura P6.11. Quando a chave das duas direções S estiver aberta, como mostra a figura, a corrente na bateria é I_0. Quando estiver fechada na posição a, é I_a. Quando a chave estiver fechada na posição b, a corrente na bateria é I_b. Encontre as resistências (a) R_1, (b) R_2 e (c) R_3.

13. **M** (a) Determine a resistência equivalente entre os pontos a e b na Figura P6.13. (b) Calcule a corrente em cada resistor se uma diferença potencial de 34,0 V for aplicada entre os pontos a e b.

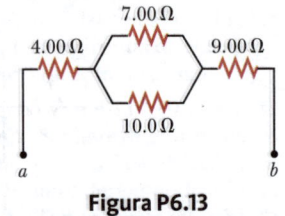

Figura P6.13

14. (a) Quando a chave S no circuito da Figura P6.14 estiver fechada, a resistência equivalente entre os pontos a e b aumenta ou diminui? Apresente sua explicação. (b) Suponha que a resistência equivalente caia 50,0% quando a chave estiver fechada. Determine o valor de R.

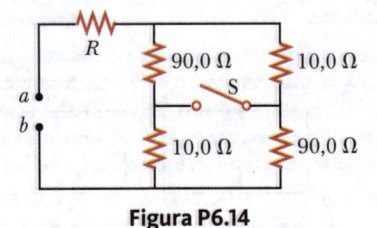

Figura P6.14

15. Dois resistores associados em série têm resistência equivalente de 690 Ω. Quando estão associados em paralelo, sua resistência equivalente é 150 Ω. Encontre a resistência de cada um deles.

16. Quatro resistores estão conectados a uma bateria, como mostra a Figura P6.16. (a) Determine a diferença de potencial em cada resistor em termos de $\mathcal{E}$. (b) Determine a corrente em cada resistor em termos de I. (c) **E se?** Se R_3 aumentar, explique o que acontece à corrente em cada um dos resistores. (d) No limite em que $R_3 \to \infty$, quais são os novos valores da corrente em cada resistor em termos de I, a corrente original na bateria?

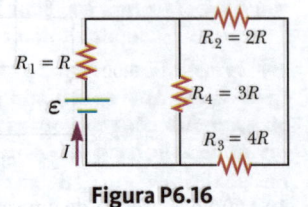

Figura P6.16

17. Considere a associação de resistores mostrada na Figura P6.17. (a) Encontre a resistência equivalente entre os pontos a e b. (b) Se uma tensão de 35,0 V for aplicada entre os pontos a e b, encontre a corrente em cada resistor.

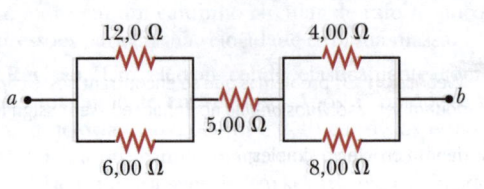

Figura P6.17

18. Para fins de medida de resistência elétrica de calçados por meio do corpo do usuário em pé em uma placa de metal na terra, o American National Standards Institute (Ansi) especifica o circuito mostrado na Figura P6.18. A diferença de potencial ΔV sobre o resistor de 1,00 MΩ é medida com um voltímetro ideal. (a) Mostre que a resistência do calçado é

$$R_{\text{calçados}} = \frac{50{,}0 \text{ V} - \Delta V}{\Delta V}$$

(b) Em um teste médico, uma corrente que passa pelo corpo humano não deve exceder 150 μA. A corrente fornecida pelo circuito especificado pelo Ansi pode exceder 150 μA? Para decidir, considere uma pessoa em pé, descalça, na placa de terra.

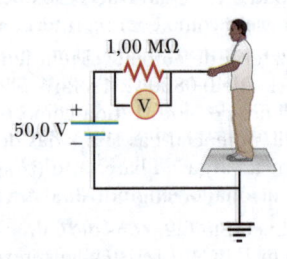

Figura P6.18

19. **W** Calcule a potência fornecida para cada resistor no circuito mostrado na Figura P6.19.

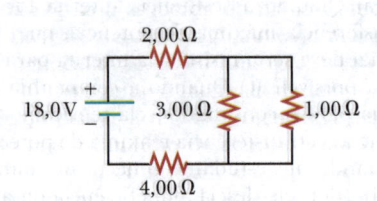

Figura P6.19

20. *Por que a seguinte situação é impossível?* Um técnico está testando um circuito que contém uma resistência R. Ele percebe que um projeto melhor para o circuito incluiria a resistência $\frac{7}{3}R$ em vez de R. Ele tem três resistores adicionais, cada um com resistência R. Ao combinar esses resistores adicionais em determinada associação, que é então colocada em série com o resistor original, ele atinge a resistência desejada.

21. Considere o circuito mostrado na Figura P6.21. (a) Encontre a tensão no resistor de 3,00 Ω. (b) Encontre a corrente no mesmo resistor.

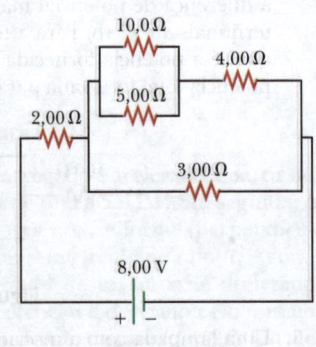

Figura P6.21

Seção 6.3 Regras de Kirchhoff

22. Na Figura P6.22, mostre como adicionar amperímetros suficientes para medir todas as correntes diferentes. Mostre como adicionar voltímetros suficientes para medir a diferença potencial em cada resistor e em cada bateria.

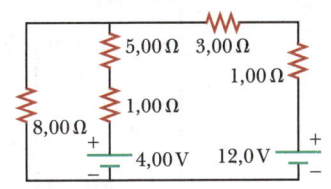

Figura P6.22 Problemas 22 e 23.

23. **M** O circuito mostrado na Figura P6.22 é conectado por 2,00 min. (a) Determine a corrente em cada ramificação do circuito. (b) Encontre a energia fornecida para cada bateria. (c) Encontre a energia fornecida para cada resistor. (d) Identifique o tipo de transformação de armazenamento de energia que acontece na operação do circuito. (e) Encontre a quantidade total de energia transformada em energia interna nos resistores.

24. Para o circuito mostrado na Figura P6.24, calcule (a) a corrente no resistor de 2,00 Ω e (b) a diferença de potencial entre os pontos a e b.

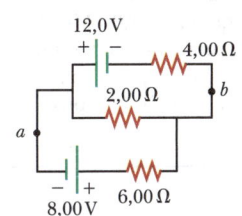

Figura P6.24

25. **M** Quais são as leituras esperadas do (a) amperímetro ideal e do (b) voltímetro ideal na Figura P6.25?

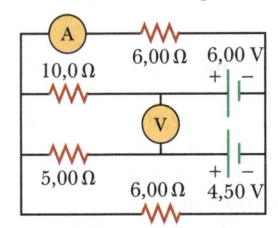

Figura P6.25

26. As seguintes equações descrevem um circuito elétrico:

$$-I_1(220\ \Omega) + 5,80\ \text{V} - I_2(370\ \Omega) = 0$$
$$+I_2(370\ \Omega) + I_3(150\ \Omega) - 3,10\ \text{V} = 0$$
$$I_1 + I_3 - I_2 = 0$$

(a) Desenhe um diagrama do circuito. (b) Calcule as correntes desconhecidas e identifique o significado físico de cada corrente desconhecida.

27. Assumindo $R = 1,00$ kΩ e $\mathcal{E} = 250$ V na Figura P6.27, determine a direção e o módulo da corrente no fio horizontal entre a e e.

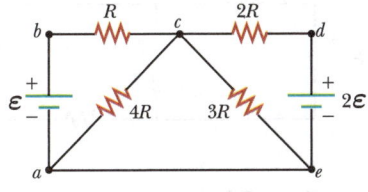

Figura P6.27

28. Cabos de *jumper* são conectados à bateria nova em um carro para carregar a bateria descarregada de outro. A Figura P6.28 mostra o diagrama do circuito para essa situação. Enquanto os cabos são conectados, a chave de ignição do carro com a bateria descarregada é fechada e o motor de partida é ativado para ligar o carro. Determine a corrente no (a) motor de partida e (b) na bateria descarregada. (c) A bateria descarregada está sendo carregada enquanto o motor de partida está operando?

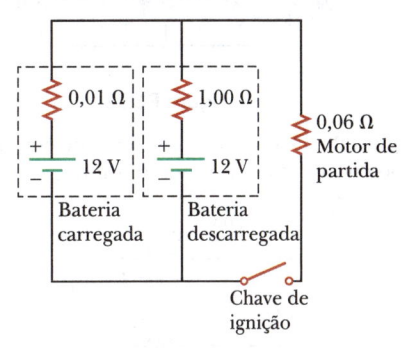

Figura P6.28

29. **W** O amperímetro desenhado na Figura P6.29 mostra 2,00 A. Encontre (a) I_1, (b) I_2 e (c) $\mathcal{E}$.

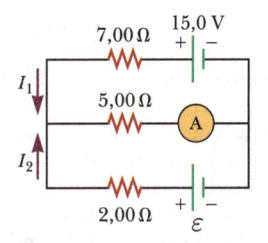

Figura P6.29

30. **W** No circuito da Figura P6.30, determine (a) a corrente em cada resistor e (b) a diferença de potencial no resistor de 200 Ω.

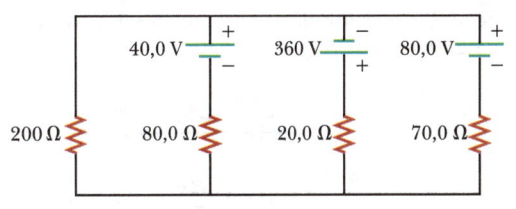

Figura P6.30

31. **M** Usando as regras de Kirchhoff, (a) encontre a corrente em cada resistor mostrado na Figura P6.31 e (b) encontre a diferença potencial entre os pontos c e f?

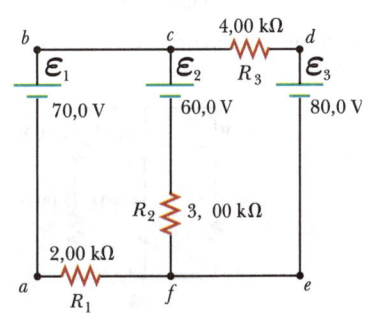

Figura P6.31

32. No circuito da Figura P6.32, a corrente $I_1 = 3{,}00$ A, e os valores de ε para a bateria ideal e R são desconhecidos. Quais são as correntes (a) I_2 e (b) I_3? (c) Você pode encontrar os valores de ε e R? Se sim, encontre-os. Se não, explique.

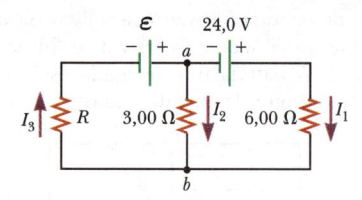

Figura P6.32

33. Na Figura P6.33, encontre (a) a corrente em cada resistor e (b) a potência fornecida a cada resistor.

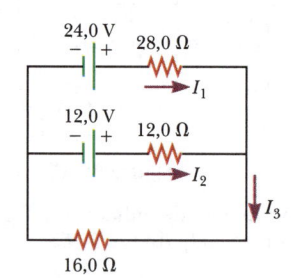

Figura P6.33

34. **PD** Para o circuito mostrado na Figura P6.34, desejamos encontrar as correntes I_1, I_2 e I_3. Use as regras de Kirchhoff para obter equações para (a) a malha superior, (b) a malha inferior e (c) a junção no lado esquerdo. Em cada caso, suprima as unidades para fins de clareza e simplifique, combinando os termos. (d) Resolva a equação de junção para I_3. (e) Utilizando a equação encontrada na parte (d), elimine I_3 da equação encontrada na parte (b). (f) Resolva as equações encontradas nas partes (a) e (e) simultaneamente para as duas correntes desconhecidas, I_1 e I_2. (g) Substitua as respostas encontradas na parte (f) na equação de junção encontrada na parte (d), resolvendo I_3. (h) Qual é o significado da resposta negativa para I_2?

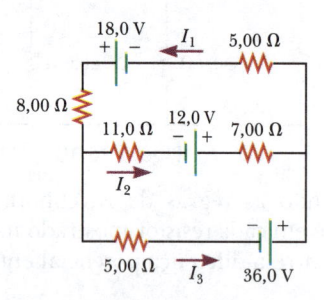

Figura P6.34

35. **M** Determine a diferença potencial em cada resistor na Figura P6.35.

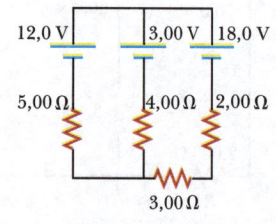

Figura P6.35

36. (a) O circuito mostrado na Figura P6.36 pode ser reduzido a um único resistor conectado à bateria? Explique. Calcule as correntes (b) I_1, (c) I_2 e (d) I_3.

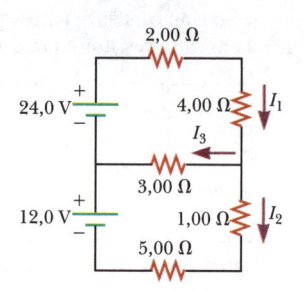

Figura P6.36

Seção 6.4 Circuitos RC

37. Um capacitor descarregado e um resistor estão conectados em série a uma fonte de fem. Se $\varepsilon = 9{,}00$ V, $C = 20{,}0$ μF e $R = 100$ Ω, encontre (a) a constante de tempo do circuito, (b) a carga máxima no capacitor e (c) a carga no capacitor em um tempo igual à constante de tempo após a bateria ser conectada.

38. **W** Considere um circuito RC em série, como na Figura P6.38, para o qual $R = 1{,}00$ MΩ, $C = 5{,}00$ μF e $\varepsilon = 30{,}0$ V. Encontre (a) a constante de tempo do circuito e (b) a carga máxima no capacitor após a chave ser fechada. (c) Encontre a corrente no resistor 10,0 s após a chave ser fechada.

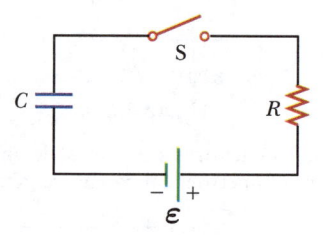

Figura P6.38 Problemas 38, 67 e 68.

39. **W** Um capacitor de 2,00 nF com carga inicial de 5,10 μC é descarregado em um resistor de 1,30 kΩ. (a) Calcule a corrente no resistor 9,00 μs após ser conectado nos terminais do capacitor. (b) Qual é a carga que permanece no capacitor após 8,00 μs? (c) Qual é a corrente máxima no resistor?

40. Um capacitor de 10,0 μF é carregado por uma bateria de 10,0 V por meio de um resistor de resistência R. O capacitor atinge uma diferença de potencial de 4,00 V em um intervalo de tempo de 3,00 s após a carga começar. Encontre R.

41. **W** No circuito da Figura P6.41, a chave S está aberta há muito tempo, e é fechada de repente. Assuma $\varepsilon = 10{,}0$ V, $R_1 = 50{,}0$ kΩ, $R_2 = 100$ kΩ e $C = 10{,}0$ μF. Determine a constante de tempo (a) antes de a chave ser fechada e (b) após ser fechada. (c) Feche a chave em $t = 0$. Determine a corrente na chave como uma função do tempo.

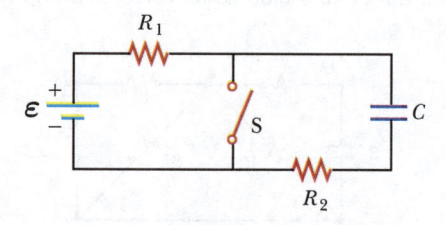

Figura P6.41 Problemas 41 e 42.

42. No circuito da Figura P6.41, a chave S está aberta há muito tempo, e é fechada de repente. Determine a constante de tempo (a) antes de a chave ser fechada e (b) após ser fechada. (c) Feche a chave em $t = 0$. Determine a corrente na chave como uma função do tempo.

43. **M** O circuito na Figura P6.43 está conectado há muito tempo. (a) Qual é a diferença de potencial no capacitor? (b) Se a bateria for desconectada do circuito, por qual intervalo de tempo o capacitor descarrega a um décimo de sua tensão inicial?

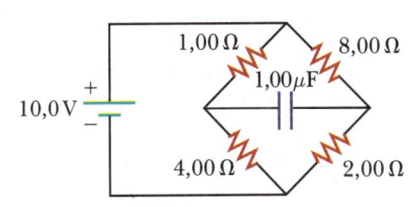

Figura P6.43

44. Mostre que a integral $\int_0^\infty e^{-2t/RC} dt$ no Exemplo 6.11 tem valor de $\frac{1}{2}RC$.

45. Um capacitor carregado é conectado a um resistor e a uma chave, como mostra a Figura P6.45. O circuito tem constante de tempo de 1,50 s.

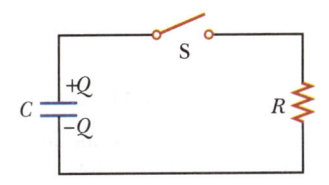

Figura P6.45

Logo após a chave ser fechada, a carga no capacitor é 75,0% de sua carga inicial. (a) Encontre o intervalo de tempo necessário para que o capacitor atinja sua carga. (b) Se $R = 250$ kΩ, qual é o valor de C?

Seção 6.5 Fiação residencial e segurança elétrica

46. **M** Um aquecedor elétrico é nominado com $1,50 \times 10^3$ W, uma torradeira, com 750 W, e um grill elétrico com $1,00 \times 10^3$ W. Os três aparelhos estão conectados a um circuito residencial comum de 120 V. (a) Qual quantidade de corrente cada um utiliza? (b) Se o circuito estiver protegido com um disjuntor de 25,0 A, ele será ativado nesta situação? Explique sua resposta.

47. **M** Um elemento aquecedor em um forno é projetado para receber 3.000 W quando conectado a 240 V. (a) Supondo que a resistência é constante, calcule a corrente no elemento aquecedor se ele estiver conectado a 120 V. (b) Calcule a potência que ele recebe nessa voltagem.

48. Ligue a luminária de mesa. Pegue o cabo com o dedão e o indicador cobrindo a espessura do cabo. (a) Faça uma estimativa da ordem de grandeza da corrente em sua mão. Suponha que o condutor dentro do cabo da lâmpada próximo de seu dedão esteja em um potencial de $\sim 10^2$ V em um instante típico, e o condutor próximo a seu indicador, em potencial de terra (0 V). A resistência de sua mão depende muito da espessura e do conteúdo da mistura das camadas externas de sua pele. Suponha que a resistência da sua mão entre a ponta do dedinho até a do dedão seja de $\sim 10^4 \Omega$. Você pode modelar o cabo como tendo isolação de borracha. Formule as outras quantidades que você possa medir ou estimar e apresente seus valores. Explique seu raciocínio. (b) Suponha que seu corpo esteja isolado de qualquer outra carga ou corrente. Em termos de ordem de grandeza, estime a diferença de potencial entre seu dedão, onde ele entra em contato com o cabo, e seu dedo, onde ele toca o cabo.

Problemas Adicionais

49. Suponha que você tenha uma bateria de fem ε e três lâmpadas idênticas, cada uma com resistência constante R. Qual é a potência total fornecida pela bateria se as lâmpadas estão conectadas (a) em série e (b) em paralelo? (c) Em qual conexão as lâmpadas brilharão mais?

50. Encontre a resistência equivalente entre os pontos a e b na Figura P6.50.

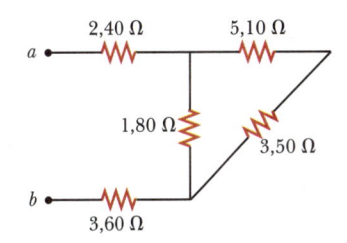

Figura P6.50

51. Quatro pilhas de 1,50 V AA em série são usadas para alimentar um pequeno rádio. Se elas podem transportar uma carga de 240 C, quanto tempo durarão se o rádio tiver uma resistência de 200 Ω?

52. Quatro resistores estão conectados em paralelo a uma bateria de 9,20 V. Eles transportam correntes de 150 mA, 45,0 mA, 14,0 mA e 4,00 mA. Se o resistor com a maior resistência for substituído por um que tenha duas vezes a resistência, (a) qual é a proporção da nova corrente na bateria em relação à corrente original? (b) **E se?** Se, em vez disso, o resistor com a menor resistência for substituído por outro com duas vezes a resistência, qual é a proporção da nova corrente total em relação à corrente original? (c) Em uma noite de inverno, a energia sai de uma casa por vários vazamentos de energia, como $1,50 \times 10^3$ W por condução pelo teto, 450 W por infiltração (fluxo de ar) pelas janelas, 140 W por condução pela parede do porão acima do dormente, e 40,0 W por condução pela porta compensada até o sótão. Para obter a maior economia nos gastos com aquecimento, qual dessas transferências de energia deve ser reduzida primeiro? Explique como você se decidiu. Clifford Swartz sugeriu a ideia para este problema.

53. O circuito na Figura P6.53 está conectado há vários segundos. Encontre a corrente (a) na bateria de 4,00 V, (b) no resistor de 3,00 Ω, (c) na bateria de 8,00 V e (d) na bateria de 3,00 V. (e) Encontre a carga no capacitor.

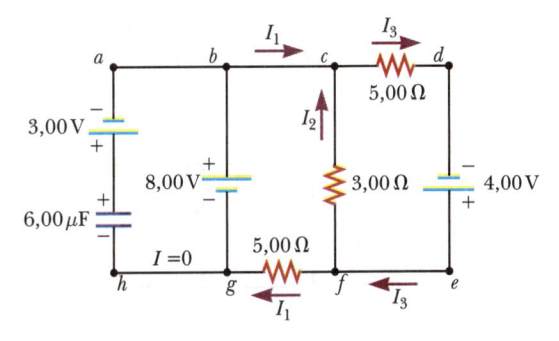

Figura P6.53

54. O circuito na Figura P6.54a consiste em três resistores e uma bateria sem resistência interna. (a) Encontre a corrente no resistor de 5,00 Ω. (b) Encontre a potência fornecida ao resistor de 5,00 Ω. (c) Em cada um dos circuitos nas Figuras P6.54b, P6.54c e P6.54d, uma bateria adicional de 15,0 V foi colocada no circuito. Qual diagrama ou diagramas representam um circuito que necessita do uso das regras de Kirchhoff para encontrar as correntes? Explique por quê. (d) Em qual desses três novos circuitos a menor quantidade de potência é fornecida ao resistor de 10,0 Ω? Não é necessário calcular a potência em cada circuito se você explicar sua resposta.

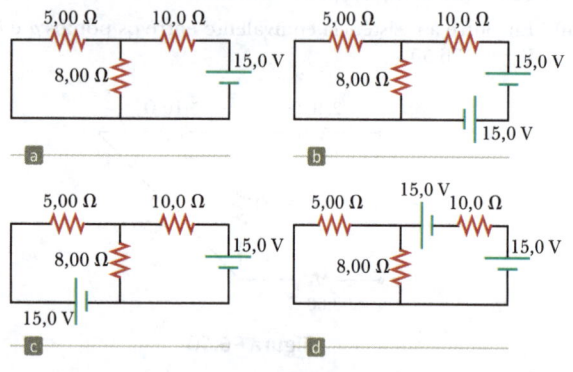

Figura P6.54

55. Para o circuito mostrado na Figura P6.55, o voltímetro ideal mostra 6,00 V, e o amperímetro ideal, 3,00 mA. Encontre (a) o valor de R, (b) a fem da bateria e (c) a tensão no resistor de 3,00 kΩ.

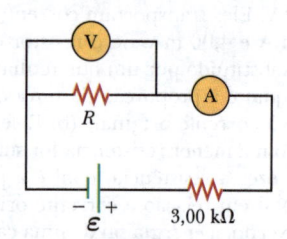

Figura P6.55

56. A resistência entre os terminais a e b na Figura P6.56 é 75,0 Ω. Se os resistores designados como R têm o mesmo valor, determine R.

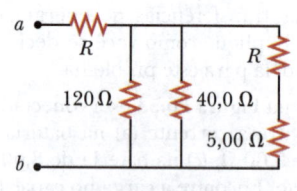

Figura P6.56

57. (a) Calcule a diferença de potencial entre os pontos a e b na Figura P6.57 e (b) identifique qual ponto está no potencial mais alto.

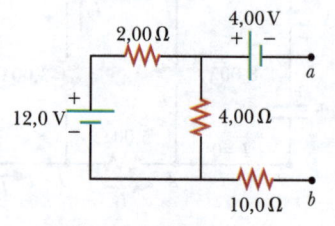

Figura P6.57

58. *Por que a seguinte situação é impossível?* Uma bateria tem fem de $\mathcal{E} = 9{,}20$ V e resistência interna de $r = 1{,}20$ Ω. Uma resistência R é conectada na bateria e extrai dela uma potência de $P = 21{,}2$ W.

59. **M** Uma bateria recarregável tem fem de 13,2 V e resistência interna de 0,850 Ω. Ela é carregada por uma fonte de alimentação de 14,7 V no intervalo de tempo de 1,80 h. Após a carga, a bateria retorna a seu estado original conforme fornece uma corrente constante para um resistor de carga por 7h30. Encontre a eficiência da bateria como um dispositivo de armazenamento de energia (a eficiência aqui é definida como a energia fornecida para a carga durante a descarga dividida pela energia fornecida pela fonte de alimentação de 14,7 V durante o processo de carga).

60. Encontre (a) a resistência equivalente do circuito na Figura P6.60, (b) a diferença potencial em cada resistor, (c) cada corrente indicada na Figura P6.60 e (d) a potência fornecida a cada resistor.

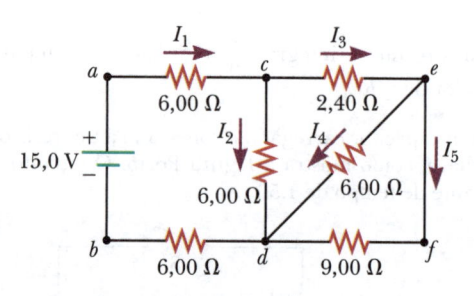

Figura P6.60

61. Quando dois resistores desconhecidos estão conectados em série com uma bateria, esta fornece 225 W e transporta uma corrente total de 5,00 A. Para a mesma corrente total, 50,0 W são fornecidos quando os resistores estão conectados em paralelo. Obtenha o valor para cada resistor.

62. Quando dois resistores desconhecidos estão conectados em série com uma bateria, esta fornece potência total P_S e transporta uma corrente total I. Para a mesma corrente total, uma potência total P_P é fornecida quando os resistores estão conectados em paralelo. Obtenha o valor de cada resistor.

63. O par de capacitores na Figura P6.63 está totalmente carregado por uma bateria de 12,0 V. A bateria é desconectada e a chave fechada. Após 1,00 ms, (a) qual quantidade de carga permanece no capacitor de 3,00 μF? (b) Qual quantidade de carga permanece no capacitor de 2,00 μF? (c) Qual é a corrente no resistor nesse tempo?

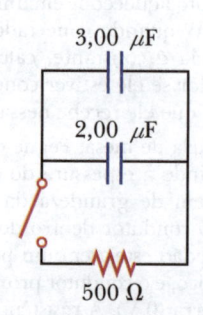

Figura P6.63

64. Uma fonte de alimentação tem tensão de circuito aberto de 40,0 V e resistência interna de 2,00 Ω. Ela é utilizada para carregar duas baterias de armazenamento conectadas em série, cada uma com fem de 6,00 V e resistência interna de

0,300 Ω. Se a corrente de carga deve ser de 4,00 A, (a) que resistência adicional deve ser adicionada em série? A qual taxa a energia interna aumenta (b) no fornecimento, (c) nas baterias e (d) na resistência em série adicionada? (e) A qual taxa a energia química aumenta nas baterias?

65. O circuito na Figura P6.65 contém dois resistores, $R_1 = 2,00$ kΩ e $R_2 = 3,00$ kΩ, além de dois capacitores, $C_1 = 2,00$ μF e $C_2 = 3,00$ μF, conectados a uma bateria com fem $\mathcal{E} = 120$ V. Se não houver cargas nos capacitores antes de a chave S ser fechada, determine as cargas nos capacitores (a) C_1 e (b) C_2 como função do tempo, após a chave ser fechada.

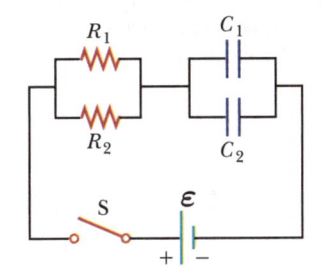

Figura P6.65

66. Dois resistores R_1 e R_2 estão em paralelo um em relação ao outro. Juntos, transportam corrente total I. (a) Determine a corrente em cada resistor. (b) Prove que essa divisão da corrente total I entre os dois resistores resulta em menos potência fornecida à associação que em qualquer outra divisão. É um princípio geral que a *corrente em um circuito de corrente contínua se distribui de modo que a potência total fornecida ao circuito é mínima*.

67. AMT M Os valores dos componentes em um circuito RC simples em série contendo uma chave (Fig. P6.38) são $C = 1,00$ μF, $R = 2,00 \times 10^6$ Ω e $\mathcal{E} = 10,0$ V. No instante 10,0 s após a chave estar fechada, calcule (a) a carga no capacitor, (b) a corrente no resistor, (c) a taxa na qual a energia está sendo armazenada no capacitor e (d) a taxa na qual a energia está sendo fornecida pela bateria.

68. Uma bateria é utilizada para carregar um capacitor por meio de um resistor como mostra a Figura P6.38. Mostre que metade da energia fornecida pela bateria aparece como energia interna no resistor e metade é armazenada no capacitor.

69. Um jovem possui um aspirador de pó especificado "535 W a 120 V" e um Volkswagen Beetle, que deseja limpar. Ele coloca o carro no estacionamento do seu prédio e usa uma extensão simples de 15,0 metros para conectar o aspirador. Você pode supor que o aspirador tenha resistência constante. (a) Se a resistência de cada um dos dois condutores na extensão for 0,900 Ω, qual é a potência real fornecida para o aspirador? (b) Se, em vez disso, a potência for pelo menos 525 W, qual deve ser o diâmetro de cada um dos dois condutores de cobre idênticos no cabo que ele comprou? (c) Repita a parte (b) supondo que a potência deve ser pelo menos 532 W.

70. (a) Determine a carga de equilíbrio no capacitor no circuito da Figura P6.70 como função de R. (b) Calcule a carga quando $R = 10,0$ Ω. (c) A carga no capacitor pode ser zero? Se sim, para qual valor de R? (d) Qual o módulo máximo possível de carga no capacitor? Para qual valor de R ela é atingida? (e) É experimentalmente significativo pegar $R = \infty$? Explique sua resposta. Se sim, que módulo de carga ela implica?

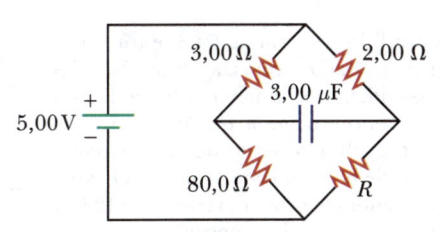

Figura P6.70

71. A chave S mostrada na Figura P6.71 está fechada há muito tempo e o circuito elétrico transporta uma corrente constante. Assuma $C_1 = 3,00$ μF e $C_2 = 6,00$ μF, $R_1 = 4,00$ kΩ e $R_2 = 7,00$ kΩ. A potência fornecida a R_2 é 2,40 W. (a) Encontre a carga em C_1. (b) Agora a chave está aberta. Após vários milissegundos, quanto a carga em C_2 mudou?

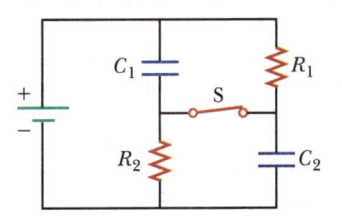

Figura P6.71

72. M Três lâmpadas idênticas de 60,0 W e 120 V estão conectadas em uma fonte de alimentação de 120 V, como mostra a Figura P6.72. Supondo que a resistência de cada lâmpada seja constante (embora, na verdade, a resistência possa aumentar significativamente com a corrente), encontre (a) a potência total fornecida pela fonte de alimentação e (b) a diferença potencial em cada lâmpada.

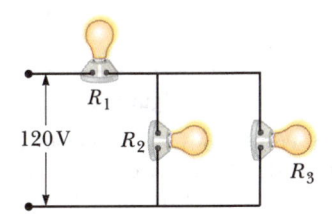

Figura P6.72

73. Um tetraedro regular é uma pirâmide com base e lados triangulares, como mostra a Figura P6.73. Imagine que as seis linhas retas mostradas na Figura P6.73 são, cada uma, resistores de 10,0 Ω, com junções nos quatro vértices. Uma bateria de 12,0 V é conectada a qualquer dois vértices. Encontre (a) a resistência equivalente do tetraedro entre esses vértices e (b) a corrente na bateria.

Figura P6.73

74. Um voltímetro ideal conectado a uma bateria nova de 9 V mostra 9,30 V, e um amperímetro ideal conectado brevemente na mesma bateria mostra 3,70 A. Dizemos que a bateria tem tensão de circuito aberto de 9,30 V e corrente de curto-circuito de 3,70 A. Modele a bateria como uma fonte de fem $\mathcal{E}$ em série com resistência interna r, como na

Figura 6.1a. Determine (a) $\mathcal{E}$ e (b) r. Um experimentador conecta duas baterias dessas idênticas, como mostra a Figura P6.74. Encontre (c) a tensão de circuito aberto e (d) a corrente de curto-circuito do par de baterias conectadas. (e) O experimentador conecta um resistor de 12,0 Ω entre os terminais expostos das baterias conectadas. Encontre a corrente no resistor. (f) Encontre a potência fornecida ao resistor. (g) O experimentador conecta um segundo resistor idêntico em paralelo com o primeiro. Encontre a potência fornecida a cada resistor. (h) Como o mesmo par de baterias está conectado em ambos os resistores como estava no resistor único, por que a potência na parte (g) não é a mesma que na parte (f)?

Figura P6.74

75. Na Figura P6.75, suponha que a chave tenha sido fechada por um intervalo de tempo suficientemente longo para que o capacitor fique totalmente carregado. Encontre (a) a corrente de estado estacionário em cada resistor e (b) a carga Q no capacitor. (c) A chave agora está aberta em $t = 0$. Obtenha uma equação para a corrente em R_2 como função do tempo e (d) encontre o intervalo de tempo necessário para que a carga no capacitor caia para um quinto de seu valor inicial.

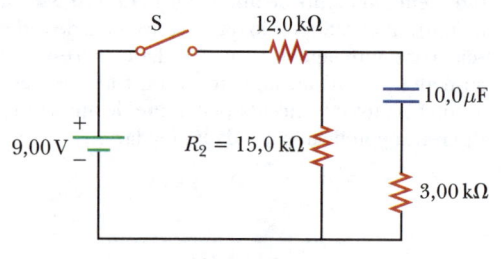

Figura P6.75

76. A Figura P6.76 mostra um modelo de circuito para a transmissão de sinal elétrico semelhante a TV a cabo para grande número de assinantes. Cada um deles conecta uma resistência de carga R_L entre a linha de transmissão e o terra. Este é tido como tendo potencial zero e capaz de transportar qualquer corrente entre quaisquer conexões de terra com resistência irrelevante. A resistência da linha de transmissão entre os pontos de conexão de assinantes diferentes é modelada como a resistência constante R_T. Mostre que a resistência equivalente na fonte de sinal é

$$R_{eq} = \tfrac{1}{2}[(4R_T R_L + R_T^2)^{1/2} + R_T]$$

Figura P6.76

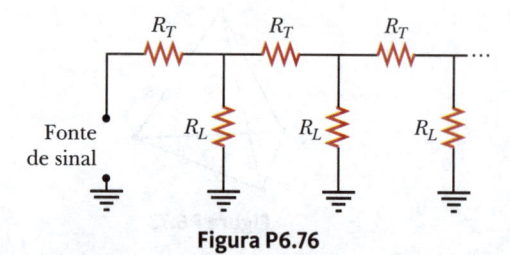

Sugestão: Devido ao grande número de assinantes, a resistência equivalente não muda perceptivelmente se o primeiro assinante cancelar o serviço. Por consequência, a resistência equivalente da seção do circuito à direita do primeiro resistor de carga é praticamente igual à R_{eq}.

77. Um estudante de engenharia de uma estação de rádio do campus deseja verificar a eficiência do para-raios no topo da antena (Fig. P6.77). A resistência desconhecida R_x está entre os pontos C e E. E é um terra real, mas inacessível à medição direta porque esta camada está a vários metros abaixo da superfície da Terra. Dois para-raios idênticos são colocados no terra em A e B, apresentando uma resistência desconhecida R_y. O procedimento é como segue. Meça a resistência R_1 entre os pontos A e B, depois conecte A e B com um fio condutor pesado e meça a resistência R_2 entre os pontos A e C. (a) Derive uma equação para R_x em termos de resistências observáveis, R_1 e R_2. (b) Uma resistência satisfatória de terra seria $R_x < 2,00$ Ω. O aterramento da estação é adequado se as medições resultam em $R_1 = 13,0$ Ω e $R_2 = 6,00$ Ω? Explique.

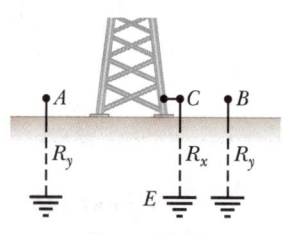

Figura P6.77

78. O circuito mostrado na Figura P6.78 foi configurado em um laboratório para medir uma capacitância desconhecida C em série com resistência $R = 10,0$ MΩ alimentada por uma bateria cuja fem é 6,19 V. Os dados apresentados na tabela são as tensões medidas no capacitor como função do tempo, onde $t = 0$ representa o instante no qual a chave é colocada na posição b. (a) Faça um gráfico de ln ($\mathcal{E}/\Delta V$) como função de t e execute um ajuste linear de mínimos quadrados aos dados. (b) A partir da inclinação de seu gráfico, obtenha um valor para a constante de tempo do circuito e um valor para a capacitância.

ΔV (V)	t (s)	ln ($\mathcal{E}/\Delta V$)
6,19	0	
5,55	4,87	
4,93	11,1	
4,34	19,4	
3,72	30,8	
3,09	46,6	
2,47	67,3	
1,83	102,2	

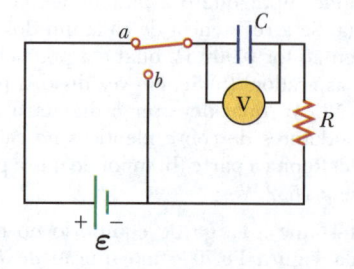

Figura P6.78

79. Uma chaleira elétrica tem uma chave multiposição e duas serpentinas de aquecimento. Quando somente uma delas está ligada, a chaleira bem isolada ferve um pote cheio de água no intervalo de tempo Δt. Quando somente a outra é

ligada, demora um intervalo de tempo 2 Δt para ferver a mesma quantidade de água. Encontre o intervalo de tempo necessário para ferver a mesma quantidade de água se ambas as serpentinas estiverem ligadas (a) em uma conexão em paralelo e (b) em uma conexão em série.

80. Uma tensão ΔV é aplicada a uma associação em série de n resistores, cada um de resistência R. Os componentes do circuito são reconectados em uma associação em paralelo e a tensão ΔV é novamente aplicada. Mostre que a potência fornecida à associação em série é $1/n^2$ vezes a potência entregue à associação em paralelo.

81. Em locais como salas de cirurgia hospitalares ou fábricas de placas de circuito eletrônico, faíscas elétricas devem ser evitadas. Uma pessoa em pé num piso aterrado e que não esteja tocando em mais nada pode normalmente ter uma capacitância no corpo de 150 pF, em paralelo com uma capacitância no pé de 80,0 pF produzida pelas solas dielétricas de seus sapatos. A pessoa adquire carga elétrica estática das interações com o ambiente. A carga estática flui para a terra por meio da resistência equivalente das duas solas do sapato em paralelo uma com a outra. Um par de calçados de rua de solado de borracha pode apresentar uma resistência equivalente de $5,00 \times 10^3$ MΩ. Um par de sapatos com solas especiais dissipadoras de cargas estáticas podem ter resistência equivalente de 1,00 MΩ. Considere que o corpo da pessoa e os sapatos formam um circuito RC com a terra. (a) Quanto tempo demora para os sapatos com solado de borracha reduzirem o potencial de uma pessoa de $3,00 \times 10^3$ V para 100 V? (b) Quanto demora para que os sapatos com dissipador de cargas estáticas façam a mesma coisa?

Problemas de Desafio

82. A chave na Figura P6.82a fecha quando $\Delta V_c > \frac{2}{3}\Delta V_c$ e abre quando $\Delta V_c < \frac{1}{3}\Delta V$. O voltímetro ideal mostra uma diferença de potencial como esquematizado na Figura P6.82b. Qual é o período T da forma de onda em termos de R_1, R_2 e C?

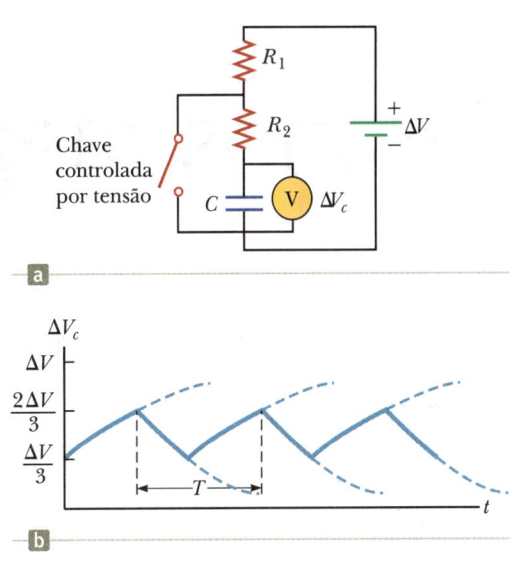

Figura P6.82

83. O resistor R na Figura P6.83 recebe 20,0 W de potência. Determine o valor de R.

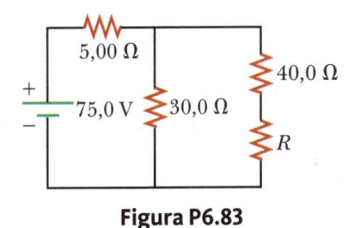

Figura P6.83

capítulo

7

Campos magnéticos

7.1 Modelo de análise: partícula em um campo (magnético)
7.2 Movimento de uma partícula carregada em um campo magnético uniforme
7.3 Aplicações envolvendo partículas carregadas movendo-se em um campo magnético
7.4 Força magnética agindo em um condutor transportando corrente
7.5 Torque em uma espira de corrente em um campo magnético uniforme
7.6 O efeito Hall

Vários historiadores da ciência acreditam que a bússola, que tem como mecanismo de funcionamento uma agulha magnética, foi utilizada na China já no século XIII a.C., e sua invenção tenha origem árabe ou indiana. Os gregos antigos conheciam o magnetismo já em 800 a.C. Eles descobriram que a pedra magnetita (Fe_3O_4) atraía pedaços de ferro. A lenda conta que o nome *magnetita* vem do pastor Magnes, cujos pregos dos sapatos e a ponta do cajado prendiam-se rapidamente a pedaços de magnetita enquanto cuidava de seu rebanho.

Em 1269, Pierre de Maricourt da França descobriu que as direções de uma agulha próxima a um ímã natural esférico formavam linhas que circundavam a esfera e passava por dois pontos diametralmente opostos um em relação ao outro, que ele chamava de *polos* do ímã. Experimentos posteriores mostraram que cada ímã, independente de seu formato, tem dois polos, chamados *norte* (N) e *sul* (S), que exercem forças em outros polos magnéticos semelhantes ao modo como as cargas elétricas exercem forças uma na outra. Isto é, os polos (N–N ou S–S) se repelem e os opostos (N–S) se atraem.

Os polos recebem seus nomes devido à maneira como um ímã, como aquele em uma bússola, se comporta na presença no campo magnético da Terra. Se um ímã em

Uma engenheira executa teste da eletrônica associada com um dos ímãs supercondutores no Grande Acelerador de Hádrons, no Laboratório Europeu de Física de Partículas, operado pela Organização de Pesquisas Nucleares (CERN). Os ímãs são utilizados para controlar o movimento das partículas carregadas no acelerador. Estudaremos os efeitos dos campos magnéticos nas partículas carregadas móveis neste capítulo. *(CERN)*

Hans Christian Oersted
Físico e químico dinamarquês (1777-1851)
Oersted é mais conhecido por observar que uma agulha de bússola se desvia quando colocada próxima a um fio que transporta uma corrente. Essa descoberta importante foi a primeira evidência da conexão entre fenômenos elétricos e magnéticos. Oersted também foi o primeiro a preparar alumínio puro.

barra é suspenso a partir de seu ponto médio e pode se mover livremente em um plano horizontal, girará até que seu polo norte aponte para o polo norte geográfico da Terra e seu polo sul aponte para o polo sul geográfico da Terra.[1]

Em 1600, William Gilbert (1540-1603) expandiu os experimentos de Maricourt para vários materiais. Ele sabia que a agulha de uma bússola se orienta em direções preferenciais, então sugeriu que a Terra mesma seria um grande ímã permanente. Em 1750, experimentadores utilizam uma balança de torção para mostrar que os polos magnéticos exercem forças atrativas ou repulsivas um no outro, e que essas forças variam com o inverso do quadrado da distância entre polos interativos. Embora a força entre dois polos magnéticos seja semelhante àquela entre duas cargas elétricas, estas podem ser isoladas (veja o elétron e o próton), enquanto um único polo magnético nunca foi isolado. Isto é, polos magnéticos são sempre encontrados em pares. Todas as tentativas até agora para detectar um polo magnético isolado não foram bem-sucedidas. Não importa quantas vezes um ímã permanente seja cortado em dois, cada pedaço sempre tem um polo norte e um polo sul.[2]

A relação entre magnetismo e eletricidade foi descoberta em 1819 quando, durante uma demonstração em uma palestra, Hans Christian Oersted descobriu que a corrente elétrica em um fio desviava uma agulha de bússola próxima.[3] Na década de 1820, mais conexões entre eletricidade e magnetismo foram demonstradas, de forma independente, por Faraday e Joseph Henry (1797-1878). Ambos mostraram que uma corrente elétrica pode ser produzida em um circuito movendo um ímã próximo dele ou mudando a corrente em um circuito próximo. Essas observações demonstram que um campo magnético em mutação cria um campo elétrico. Anos depois, o trabalho teórico de Maxwell mostrou que o inverso também é verdadeiro: um campo elétrico em mutação cria um campo magnético.

Este capítulo examina as forças que agem nas cargas móveis nos fios que transportam corrente na presença de um campo magnético. A fonte do campo magnético será descrita no Capítulo 8.

7.1 Modelo de análise: partícula em um campo (magnético)

Em nosso estudo de eletricidade, descrevemos as interações nos objetos carregados em termos de campos elétricos. Lembre-se de que um campo elétrico circula qualquer carga elétrica. Além de conter um campo elétrico, a região do espaço que circula qualquer carga elétrica *móvel* também contém um **campo magnético**. Um campo magnético também circula uma substância magnética, formando um ímã permanente.

Historicamente, o símbolo $\vec{B}$ é utilizado para representar um campo magnético; utilizaremos essa representação neste livro. A direção do campo magnético $\vec{B}$ em qualquer local é aquela na qual uma agulha de bússola aponta naquele local. Como no campo elétrico, podemos representar o campo magnético por meio de desenhos com *linhas de campo magnético*.

A Figura 7.1 mostra como as linhas dos campos magnéticos de um ímã em barra podem ser traçadas com a ajuda de uma bússola. Note que as linhas de campo magnético fora do ponto do ímã apontam para longe do polo norte em direção ao polo sul. É possível exibir padrões de campo magnético de um ímã de barra utilizando pequenas limalhas, como mostra a Figura 7.2.

Quando falamos de uma bússola com polos norte e sul, é mais apropriado dizer que ela tem um polo que "procura o norte", e outro que "procura o sul". Essa definição significa que os pontos buscando o polo norte apontam para o polo norte geo-

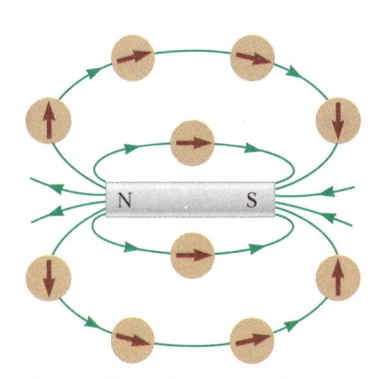

Figura 7.1 Agulhas de uma bússola podem ser utilizadas para traçar as linhas de campo magnético na região fora de um ímã de barra.

---
[1] O polo norte geográfico da Terra é magneticamente um polo sul, e vice-versa. Como polos magnéticos *opostos* se atraem, o polo em um ímã que é atraído para o polo norte geográfico da Terra é o polo *norte* do ímã, e o atraído para o sul geográfico da Terra é o polo *sul* do ímã.
[2] Há alguma base teórica para especular que os *monopolos* magnéticos – polos norte ou sul isolados – podem existir na natureza, e tentativas de detectá-los são um campo de investigação experimental ativo.
[3] A mesma descoberta foi reportada em 1802 por um jurista italiano, Gian Domenico Romagnosi, mas ignorada, provavelmente por ter sido publicada em um jornal duvidoso.

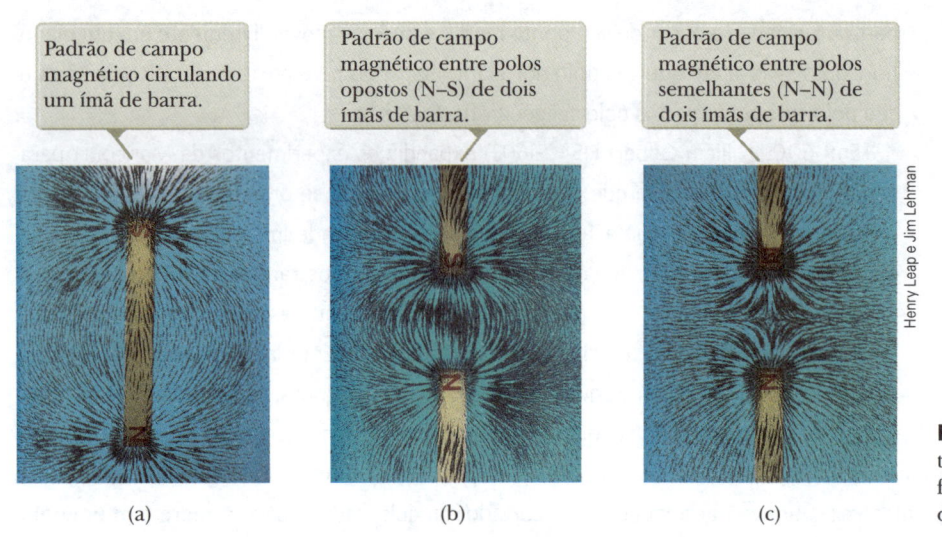

Figura 7.2 Padrões de campo magnético podem ser exibidos com limalhas de ferro colocadas em um papel próximo dos ímãs.

(a) Padrão de campo magnético circulando um ímã de barra.
(b) Padrão de campo magnético entre polos opostos (N–S) de dois ímãs de barra.
(c) Padrão de campo magnético entre polos semelhantes (N–N) de dois ímãs de barra.

gráfico da Terra, enquanto aqueles buscando o polo sul apontam para o sul geográfico. Como o polo norte de um ímã é atraído para o polo norte geográfico da Terra, o polo sul magnético da Terra está localizado próximo do polo norte geográfico e o polo norte magnético, próximo do polo sul geográfico. Na verdade, a configuração do campo magnético da Terra, mostrada na Figura 7.3, é bastante parecida com aquela que estabelecemos ao enterrar um ímã de barra gigante no interior da Terra. Se a agulha da bússola é suportada por mancais que permitem que gire no plano vertical assim como no horizontal, a agulha é horizontal em relação à superfície da Terra somente próxima ao equador. Conforme a bússola se move em direção ao norte, a agulha gira de forma que ela aponta cada vez mais em direção à superfície da Terra. Finalmente, em um ponto próximo à Baía Hudson, no Canadá, o polo norte das pontas da agulha aponta diretamente para baixo. Este local, pela primeira vez encontrado em 1832, é considerado o local do polo sul magnético da Terra. Está a aproximadamente 2.100 km do polo norte geográfico da Terra, e sua posição exata varia lentamente com o tempo. Do mesmo modo, o polo norte magnético da Terra está a aproximadamente 1.900 km do polo sul geográfico da Terra.

Embora o padrão de campo magnético da Terra seja semelhante àquele que configuraríamos com um ímã de barra nas profundidades da Terra, é fácil entender por que a fonte de seu campo magnético não pode ser grandes massas de material permanentemente magnetizado. A Terra tem grandes depósitos de minério de ferro profundamente abaixo de sua superfície, mas as altas temperaturas no seu núcleo impedem que o ferro retenha qualquer magnetização permanente. Os cientistas consideram mais provável que a fonte do campo magnético da Terra sejam correntes de convecção no seu núcleo. Íons ou elétrons carregados que circulam no interior do líquido podem produzir um campo magnético como uma espira (*loop*) de corrente, como veremos no Capítulo 8. Existem também evidências sólidas de que a intensidade do campo magnético de um planeta está relacionada à sua taxa de rotação. Por exemplo, Júpiter gira mais rápido que a Terra, e sondas espaciais indicam que o campo magnético daquele planeta é mais forte que o da Terra. Vênus, por

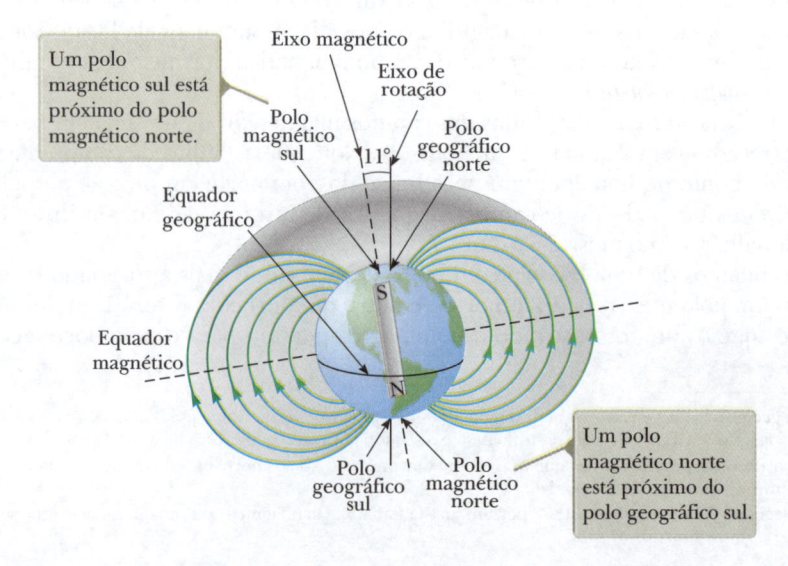

Figura 7.3 Linhas do campo magnético da Terra.

outro lado, gira mais lentamente que a Terra e seu campo magnético é mais fraco. A investigação sobre a causa do magnetismo da Terra ainda está em curso.

A direção do campo magnético da Terra foi invertida várias vezes nos últimos milhões de anos. A evidência para essa inversão é fornecida pelo basalto, um tipo de rocha que contém ferro. Ela se forma de material expelido por atividade vulcânica no piso oceânico; conforme a lava esfria, solidifica-se e retém um quadro da direção do campo magnético da Terra. As rochas são datadas por outros meios para oferecer uma linha do tempo para essas inversões periódicas do campo magnético.

Podemos definir um campo magnético $\vec{B}$ utilizando nosso modelo de uma partícula em um campo, como o modelo discutido para gravidade no Capítulo 13 do Volume 1 e para eletricidade, no Capítulo 1 deste volume. A existência de um campo magnético em algum ponto no espaço pode ser determinada medindo-se a **força magnética** $\vec{F}_B$ exercida sobre uma partícula de teste apropriada colocada nesse ponto. Este processo é igual àquele realizado na definição de campo elétrico, no Capítulo 1 deste volume. Se efetuarmos um experimento colocando uma partícula com carga q no campo magnético, encontraremos os seguintes resultados, que são similares àqueles dos experimentos sobre forças elétricas:

- A força magnética é proporcional à carga q da partícula.
- A força magnética sobre uma carga negativa tem direção oposta à força em uma carga positiva que se move na mesma direção.
- A força magnética é proporcional à grandeza do vetor campo magnético $\vec{B}$.

Também encontramos os seguintes resultados, que são *totalmente diferentes* daqueles obtidos para experimentos sobre forças elétricas:

- A força magnética é proporcional à velocidade da v da partícula.
- Se o vetor velocidade faz um ângulo θ com o campo magnético, a grandeza da força magnética é proporcional ao seno de θ.
- Quando uma partícula carregada se move *paralelamente* ao vetor campo magnético, a força magnética na carga é zero.
- Quando uma partícula carregada se move em uma direção *não* paralela ao vetor campo magnético, a força magnética atua em uma direção perpendicular a $\vec{v}$ e $\vec{B}$; isto é, a força magnética é perpendicular ao plano formado por $\vec{v}$ e $\vec{B}$.

Estes resultados mostram que a força magnética sobre uma partícula é mais complicada do que a força elétrica. A força magnética é distintiva porque depende da velocidade da partícula e porque sua direção é perpendicular a $\vec{v}$ e $\vec{B}$. A Figura 7.4 mostra os detalhes da direção da força magnética sobre uma partícula carregada. Apesar deste comportamento complicado, estas observações podem ser resumidas de modo compacto escrevendo-se a força magnética na forma

$$\vec{F}_B = q\vec{v} \times \vec{B} \quad (7.1)$$

◀ **Expressão vetorial para a força magnética em uma partícula carregada movendo-se em um campo magnético**

que, por definição do produto vetorial (consulte a Seção 11.1 do Volume 1), é perpendicular tanto a $\vec{v}$ quanto a $\vec{B}$. Podemos considerar essa equação uma definição operacional do campo magnético em algum ponto no espaço. Isto é, o campo magnético é definido em termos da força que age em uma partícula carregada que se move. A Equação 7.1 é a representação matemática da versão magnética do modelo de análise de uma **partícula em um campo**.

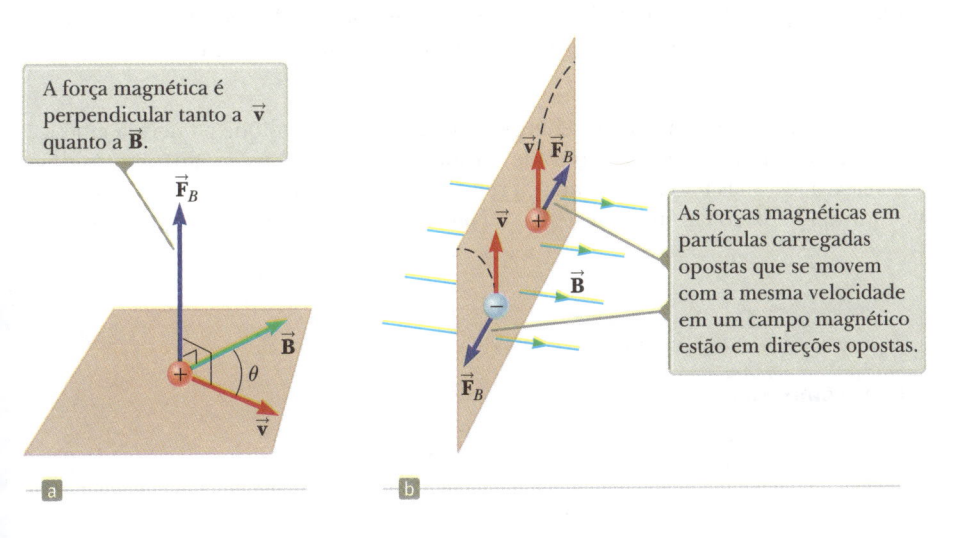

Figura 7.4 (a) Direção da força magnética $\vec{F}_B$ que age em uma partícula carregada que se move com velocidade $\vec{v}$ na presença de um campo magnético $\vec{B}$. (b) Forças magnéticas em cargas positivas e negativas. As linhas pontilhadas mostram os caminhos das partículas, que serão investigados na Seção 7.2.

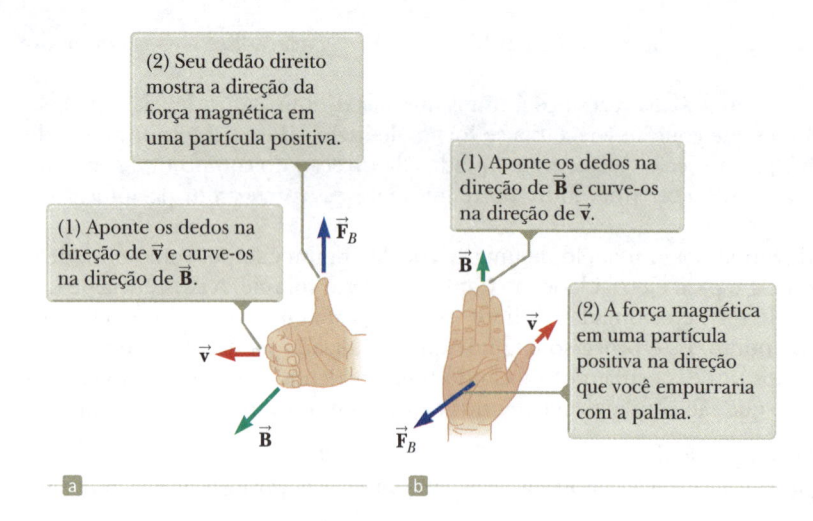

Figura 7.5 Duas regras da mão direita para determinar a direção da força magnética $\vec{F}_B = q\vec{v} \times \vec{B}$ que age em uma partícula com carga q movendo-se com velocidade $\vec{v}$ em um campo magnético $\vec{B}$. (a) Nesta regra, a força magnética está na direção para a qual seu dedão aponta. (b) Nesta regra, a força magnética está na direção da palma da sua mão, como se você estivesse empurrando a partícula com a mão.

A Figura 7.5 mostra duas regras da mão direita para determinar a direção do produto vetorial $\vec{v} \times \vec{B}$ e a direção de $\vec{F}_B$. A regra na Figura 7.5a depende da nossa regra da mão direita para o produto vetorial na Figura 11.2 do Volume 1. Aponte quatro dedos da sua mão direita na direção de $\vec{v}$ com a palma de frente para $\vec{B}$ e curve-os em direção a $\vec{B}$. Seu dedão estendido, que está em ângulo reto em relação aos outros dedos, aponta na direção de $\vec{v} \times \vec{B}$. Como $\vec{F}_B = q\vec{v} \times \vec{B}$, $\vec{F}_B$ está na direção de seu dedão se q for positivo, e na direção oposta se q for negativo (se precisar de mais ajuda na compreensão do produto vetorial, revise a Seção 11.1, incluindo a Fig. 11.2 do Volume 1).

Uma regra alternativa é mostrada na Figura 7.5b. Aqui, o dedão aponta na direção de $\vec{v}$, e os dedos estendidos na direção de $\vec{B}$. Agora, a força $\vec{F}_B$ em uma carga positiva estende-se na direção externa da palma. A vantagem dessa regra é que a força na carga está na direção na qual você empurraria algo com a mão, ou seja, na direção externa. A força em uma carga negativa está na direção oposta. Você pode utilizar qualquer dessas duas regras da mão direita.

O módulo da força magnética em uma partícula carregada é

Módulo da força magnética ▶
em uma partícula carregada
móvel em um campo magnético
$$F_B = |q|vB\,\text{sen}\,\theta \qquad (7.2)$$

onde θ é o menor ângulo entre $\vec{v}$ e $\vec{B}$. A partir dessa expressão, vemos que F_B é zero quando $\vec{v}$ é paralelo ou antiparalelo em relação a $\vec{B}$ ($\theta = 0$ ou $180°$), e máximo quando $\vec{v}$ é perpendicular a $\vec{B}$ ($\theta = 90°$).

Vamos comparar as diferenças importantes entre as versões elétrica e magnética do modelo de partícula em um campo:

- O vetor força elétrica está na direção do campo elétrico; o vetor força magnética é perpendicular ao campo magnético.
- A força elétrica age em uma partícula carregada independentemente de a partícula estar se movendo; a força magnética age em uma partícula carregada somente quando esta está em movimento.
- A força elétrica funciona deslocando uma partícula carregada; a força magnética associada com um campo magnético estável não funciona quando uma partícula é deslocada porque a força é perpendicular ao deslocamento de seu ponto de aplicação.

A partir do último enunciado e com base no teorema do trabalho-energia cinética, concluímos que a energia cinética de uma partícula carregada que se move por um campo cinético não pode ser alterada pelo campo magnético sozinho. O campo pode alterar a direção do vetor velocidade, mas não pode mudar a velocidade ou a energia cinética da partícula.

A partir da Equação 7.2, vemos que a unidade SI do campo magnético é Newton por Coulomb-metro por segundo, chamada **tesla** (T):

Tesla ▶
$$1\,\text{T} = 1\,\frac{\text{N}}{\text{C}\cdot\text{m/s}}$$

Como um Coulomb por segundo é definido como um ampère,

$$1\,\text{T} = 1\,\frac{\text{N}}{\text{A}\cdot\text{m}}$$

TABELA 7.1 *Algumas intensidades aproximadas de campo magnético*

Fonte do campo	Intensidade do campo (T)
Ímã potente supercondutor de laboratório	30
Ímã potente convencional de laboratório	2
Ressonância magnética	1,5
Ímã de barra	10^{-2}
Superfície do Sol	10^{-2}
Superfície da Terra	$0,5 \times 10^{-4}$
Interior do cérebro humano (devido aos impulsos nervosos)	10^{-13}

Uma unidade não SI de campo magnético de uso comum, chamada *Gauss* (G), é relacionada à tesla pela conversão $1\text{ T} = 10^4\text{ G}$. A Tabela 7.1 mostra alguns valores típicos de campos magnéticos.

Teste Rápido **7.1** Um elétron move-se no plano deste papel em direção ao topo da página. Um campo magnético também está no plano da página e é direcionado para a direita. Qual é a direção da força magnética no elétron? **(a)** ao topo da página, **(b)** à parte inferior da página, **(c)** ao canto esquerdo da página, **(d)** ao canto direito da página, **(e)** à parte externa superior da página, **(f)** à parte externa inferior da página.

Modelo de Análise   Partícula em um campo (magnético)

Imagine que alguma fonte (que investigaremos posteriormente) estabelece um **campo magnético** $\vec{B}$ por todo o espaço. Agora imagine que uma partícula com carga q é colocada nesse campo. A partícula interage com o campo magnético de modo que a partícula experimente uma força magnética dada por

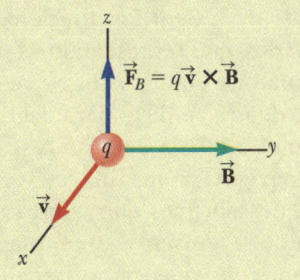

$$\vec{F}_B = q\vec{v} \times \vec{B} \qquad (7.1)$$

Exemplos:

- um íon se move em um caminho circular no campo magnético de um espectrômetro de massa (Seção 7.3)
- uma mola em um motor gira em resposta ao campo magnético no motor (Capítulo 9)
- um campo magnético é utilizado para separar partículas emitidas por fontes radioativas (Capítulo 10 do Volume 4)
- em uma câmera de bolhas, partículas criadas em colisões seguem caminhos curvos em um campo magnético, permitindo que as partículas sejam identificadas (Capítulo 12 do Volume 4)

Exemplo 7.1   Um elétron movendo-se em um campo magnético   MA

Um elétron em um tubo de imagem de televisor antigo move-se em direção à frente do tubo à velocidade de $8,0 \times 10^6$ m/s ao longo do eixo x (Fig. 7.6). Há bobinas de fio ao redor do pescoço do tubo que criam um campo magnético de módulo 0,025 T, direcionado em um ângulo de 60° com o eixo x e pertencente ao plano xy. Calcule a força magnética no elétron.

SOLUÇÃO

Conceitualização Lembre-se de que a força magnética em uma partícula carregada é perpendicular ao plano formado pelos vetores velocidade e campo magnético. Use as regras da mão direita na Figura 7.5 para se certificar de que a direção da força no elétron é para baixo na Figura 7.6.

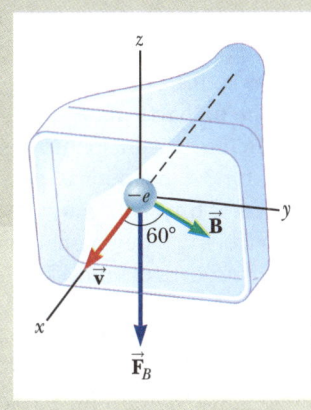

Figura 7.6 (Exemplo 7.1) A força magnética $\vec{F}_B$ que age no elétron é na direção negativa de z quando $\vec{v}$ e $\vec{B}$ estão no plano xy.

continua

7.1 cont.

Categorização Obtemos a força magnética utilizando a versão *magnética* do modelo de *partícula em um campo*.

Análise Utilize a Equação 7.2 para encontrar o módulo da força magnética:

$$F_B = |q|vB\,\text{sen}\,\theta$$
$$= (1,6 \times 10^{-19}\,\text{C})(8,0 \times 10^6\,\text{m/s})(0,025\,\text{T})(\text{sen}\,60°)$$
$$= \boxed{2,8 \times 10^{-14}\,\text{N}}$$

Finalização Para uso prático do produto vetorial, avalie essa força na representação de vetor utilizando a Equação 7.1. A grandeza da força magnética pode parecer pequena para você, mas lembre-se de que ela está atuando sobre uma partícula muito pequena, o elétron. Para se convencer de que esta é uma força substancial para um elétron, calcule a aceleração inicial do elétron devida a esta força.

7.2 Movimento de uma partícula carregada em um campo magnético uniforme

Antes de continuarmos nossa discussão, faremos uma explicação sobre a representação utilizada neste livro. Para indicar a direção de $\vec{B}$ nas ilustrações, às vezes apresentamos visualizações em perspectiva, como as da Figura 7.6. Se $\vec{B}$ estiver no plano da página ou presente em um desenho em perspectiva, utilizamos vetores verdes ou linhas de campo verdes com setas sobrescritas. Em ilustrações sem perspectiva, descrevemos um campo magnético perpendicular à página e direcionado para fora dela com uma série de pontos verdes, que representam as pontas de setas vindas em sua direção (consulte a Fig. 7.7a). Neste caso, o campo é representado $\vec{B}_{\text{fora}}$. Se $\vec{B}$ for direcionado perpendicularmente à página, utilizamos cruzes verdes, que representam as pontas posteriores das setas lançadas a partir de você, como na Figura 7.7b. Neste caso, o campo é representado $\vec{B}_{\text{dentro}}$, onde o subscrito "dentro" indica "para dentro da página". A mesma representação com cruzes e pontos também é utilizada para outras quantidades que podem ser perpendiculares à página, como direções de força e corrente.

Na Seção 7.1, descobrimos que a força magnética que age em uma partícula carregada movendo-se em um campo magnético é perpendicular à velocidade da partícula e, por consequência, o trabalho realizado pela força magnética na partícula é zero. Agora, consideremos o caso especial de uma partícula que se move carregada positivamente em um campo magnético uniforme com o vetor de velocidade inicial da partícula perpendicular ao campo. Suponhamos que a direção do campo magnético esteja na página, como na Figura 7.8. O modelo da partícula em um campo nos diz que a força magnética sobre a partícula é perpendicular às linhas do campo magnético e à velocidade da partícula. O fato de que existe uma força sobre a partícula nos diz para aplicar a partícula a um modelo de força líquida. Conforme a partícula muda a direção de sua velocidade em resposta à força magnética, esta permanece perpendicular à velocidade. Como vimos na Seção 6.1 do Volume 1, se a força for sempre perpendicular à velocidade, o caminho da partícula é um círculo! A Figura 7.8 mostra a partícula movendo-se em um círculo em um plano perpendicular ao campo magnético. Embora magnetismo e forças magnéticas possam ser novos e desconhecidos para você no momento, vemos um efeito magnético que resulta em algo com que estamos familiarizados: a partícula em movimento circular uniforme!

A partícula move-se em círculo porque a força magnética $\vec{F}_B$ é perpendicular a $\vec{v}$ e $\vec{B}$, e tem módulo constante qvB. Como a Figura 7.8 ilustra, a rotação acontece no sentido anti-horário para uma carga positiva em um campo magnético direcionado à página. Se q for negativo, a rotação ocorre em sentido horário. Utilizamos a partícula em um modelo de força resultante para formular a Segunda Lei de Newton para a partícula:

$$\sum F = F_B = ma$$

Linhas de campo magnético saindo do papel são indicadas por pontos, representando as pontas das setas que saem.

$\vec{B}_{\text{fora}}$

a

Linhas de campo magnético que entram no papel são indicadas por cruzes, representando a parte posterior de setas que entram.

$\vec{B}_{\text{dentro}}$

b

Figura 7.7 Representações de linhas de campo magnético perpendiculares à página.

Como a partícula move-se em um círculo, também a modelamos como em movimento circular uniforme e substituímos a aceleração pela aceleração centrípeta:

$$F_B = qvB = \frac{mv^2}{r}$$

Essa expressão leva à seguinte equação para o raio do caminho circular:

$$r = \frac{mv}{qB} \quad (7.3)$$

Isto é, o raio do caminho é proporcional à quantidade de movimento linear mv da partícula e inversamente proporcional aos módulos da carga na partícula e do campo magnético. A velocidade angular da partícula (da Eq. 10.10 do Volume 1) é

$$\omega = \frac{v}{r} = \frac{qB}{m} \quad (7.4)$$

O período de movimento (intervalo de tempo necessário para que a partícula complete uma revolução) é igual ao perímetro do círculo dividido pela velocidade da partícula:

$$T = \frac{2\pi r}{v} = \frac{2\pi}{\omega} = \frac{2\pi m}{qB} \quad (7.5)$$

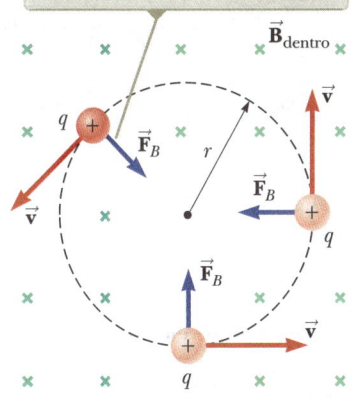

Figura 7.8 Quando a velocidade de uma partícula carregada for perpendicular a um campo magnético uniforme, ela se move em um caminho circular em um plano perpendicular a $\vec{B}$.

Estes resultados mostram que a velocidade angular da partícula e o período de movimento circular não dependem da velocidade da partícula ou do raio da órbita. A velocidade angular ω é geralmente chamada **frequência de cíclotron**, porque partículas carregadas circulam nessa frequência angular no tipo de acelerador chamado *cíclotron*, que será abordado na Seção 7.3.

Se uma partícula carregada se move em um campo magnético uniforme com sua velocidade em algum ângulo arbitrário com relação a $\vec{B}$, seu caminho é uma hélice. Por exemplo, se o campo é direcionado na direção x, como mostra a Figura 7.9, não há componente da força na direção x. Como resultado, $a_x = 0$, e a componente x da velocidade permanece constante. A força magnética $q\vec{v} \times \vec{B}$ faz com que as componentes v_y e v_z mudem no tempo, e o movimento resultante é uma hélice cujo eixo é paralelo ao campo magnético. A projeção do caminho no plano yz (visualizado pelo eixo x) é um círculo (as projeções do caminho nos planos xy e xz são senoidais). As Equações 7.3 a 7.5 ainda se aplicam, desde que v seja substituído por $v_\perp = \sqrt{v_y^2 + v_z^2}$.

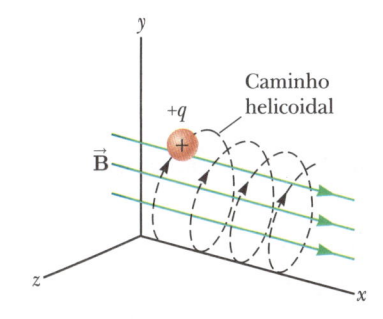

Figura 7.9 Partícula carregada com um vetor velocidade que tem uma componente paralela a um campo magnético uniforme move-se em um caminho helicoidal.

Teste Rápido 7.2 Uma partícula carregada está movendo-se perpendicularmente em um campo magnético num círculo com raio r. **(i)** Uma partícula idêntica entra no campo, com $\vec{v}$ perpendicular a $\vec{B}$, mas com velocidade superior à primeira partícula. Comparado com o raio do círculo para a primeira partícula, o do caminho circular para a segunda partícula é (a) menor, (b) maior ou (c) igual em tamanho? **(ii)** O módulo do campo magnético é aumentado. A partir das mesmas alternativas, compare o raio do novo caminho circular da primeira partícula com o de seu caminho inicial.

Exemplo 7.2 — Um próton movendo-se perpendicularmente em um campo magnético uniforme [MA]

Um próton está se movendo em uma órbita circular de 14 cm de raio em um campo magnético uniforme de 0,35 T perpendicular à velocidade do próton. Encontre a velocidade do próton.

SOLUÇÃO

Conceitualização Em nossa discussão nesta seção, aprendemos que o próton segue um caminho circular ao se mover perpendicularmente em um campo magnético uniforme. No Capítulo 5 do Volume 4, aprenderemos que a maior velocidade possível para uma partícula é a velocidade da luz, $3,00 \times 10^8$ m/s, de modo que a velocidade da partícula neste problema deverá ser menor do que esse valor.

continua

180   Física para cientistas e engenheiros

7.1 cont.

Categorização O próton é descrito tanto pelo modelo da *partícula em um campo* como pelo modelo da *partícula em movimento circular uniforme*. Estes modelos levam à Equação 7.3.

Análise Resolva a Equação 7.3 quanto à velocidade da partícula:

$$v = \frac{qBr}{m_p}$$

Substitua os valores numéricos:

$$v = \frac{(1{,}60 \times 10^{-19}\text{ C})(0{,}35\text{ T})(0{,}14\text{ m})}{1{,}67 \times 10^{-27}\text{ kg}}$$

$$= 4{,}7 \times 10^6 \text{ m/s}$$

Finalização A velocidade, na verdade, é menor que a velocidade da luz, conforme foi exigido.

E SE? E se um elétron, em vez de um próton, se mover em direção perpendicular ao mesmo campo magnético com a mesma velocidade? O raio de sua órbita será diferente?

Resposta Um elétron tem massa muito menor que um próton, então a força magnética deve ser capaz de mudar sua velocidade muito mais facilmente que no caso do próton. Portanto, esperamos que o raio seja menor. A Equação 7.3 mostra que r é proporcional a m com q, B e v sendo os mesmos para elétron e próton. Em consequência, o raio será menor pelo mesmo fator que a proporção de massas m_e/m_p.

Exemplo 7.3 | Curvatura de um feixe de elétrons   **MA**

Em um experimento projetado para medir o módulo de um campo magnético uniforme, elétrons são acelerados a partir do repouso por uma diferença de potencial de 350 V, e em seguida entram em um campo magnético uniforme que é perpendicular ao vetor velocidade dos elétrons. Estes percorrem um caminho curvo devido à força magnética exercida neles, e o raio do caminho é medido em 7,5 cm (esse feixe curvo de elétrons é mostrado na Fig. 7.10).

(A) Qual é o módulo do campo magnético?

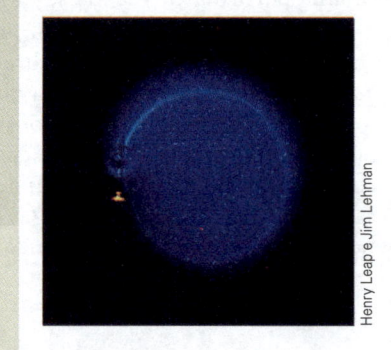

Figura 7.10 (Exemplo 7.3) Curvatura de um feixe de elétrons em um campo magnético.

SOLUÇÃO

Conceitualização Este exemplo envolve elétrons que aceleram a partir do repouso devido a uma força elétrica, e então se movem em um caminho circular devido a uma força magnética. Com a ajuda das Figuras 7.8 e 7.10, visualize o movimento circular dos elétrons.

Categorização A Equação 7.3 mostra que precisamos da velocidade v do elétron para encontrar o módulo do campo magnético, e v não é dada. Portanto, devemos encontrar a velocidade do elétron com base na diferença de potencial pela qual ela é acelerada. Para fazê-lo, categorizamos a primeira parte do problema ao modelar um elétron e o campo elétrico como um sistema isolado em termos de *energia*. Uma vez que o elétron entra no campo magnético, categorizamos a segunda parte do problema como aquele envolvendo uma *partícula em um campo* e uma *partícula em movimento circular uniforme*, como fizemos nesta seção.

Análise Formule a redução apropriada da equação de conservação da energia, a 8.2 do Volume 1, para o sistema elétron-campo elétrico:

$$\Delta K + \Delta U = 0$$

Substitua as energias inicial e final apropriadas:

$$(\tfrac{1}{2}m_e v^2 - 0) + (q\Delta V) = 0$$

Resolva para a velocidade do elétron:

$$v = \sqrt{\frac{-2q\Delta V}{m_e}}$$

Substitua os valores numéricos:

$$v = \sqrt{\frac{-2(-1{,}60 \times 10^{-19}\text{ C})(350\text{ V})}{9{,}11 \times 10^{-31}\text{ kg}}} = 1{,}11 \times 10^7 \text{ m/s}$$

7.3 cont.

Imagine agora o elétron entrando no campo magnético a essa velocidade. Resolva a Equação 7.3 para o módulo do campo magnético:

$$B = \frac{m_e v}{er}$$

Substitua os valores numéricos:

$$B = \frac{(9{,}11 \times 10^{-31} \text{ kg})(1{,}11 \times 10^7 \text{ m/s})}{(1{,}60 \times 10^{-19} \text{ C})(0{,}075 \text{ m})} = 8{,}4 \times 10^{-4} \text{ T}$$

(B) Qual é a velocidade angular dos elétrons?

SOLUÇÃO

Utilize a Equação 10.10 do Volume 1:

$$\omega = \frac{v}{r} = \frac{1{,}11 \times 10^7 \text{ m/s}}{0{,}075 \text{ m}} = 1{,}5 \times 10^8 \text{ rad/s}$$

Finalização A velocidade angular pode ser representada como $\omega = (1{,}5 \times 10^8 \text{ rad/s})(1 \text{ rev}/2\pi \text{ rad}) = 2{,}4 \times 10^7 \text{ rev/s}$. Os elétrons percorrem o círculo 24 milhões de vezes por segundo! Essa resposta é consistente com a velocidade muito alta encontrada na parte (A).

E SE? E se um pico súbito de tensão fizer com que a tensão de aceleração aumente para 400 V? Como isto afetaria a velocidade angular dos elétrons, supondo que o campo magnético se mantenha constante?

Resposta O aumento na tensão em aceleração ΔV faz com que os elétrons entrem no campo magnético com velocidade v mais alta. A velocidade mais alta faz com que percorram em círculo com raio r maior. A velocidade angular é a proporção de v em relação a r. Tanto v quanto r aumentam pelo mesmo fator, então os efeitos se cancelam e a velocidade angular permanece a mesma. A Equação 7.4 é uma expressão para a frequência cíclotron, que é a mesma que a velocidade angular do elétrons. A frequência cíclotron depende somente da carga q, do campo magnético B e da massa m_e, sendo que nenhuma delas mudou. Portanto, o pico de tensão não tem efeito na velocidade angular (na verdade, entretanto, o pico de tensão também pode aumentar o campo magnético se este é alimentado pela mesma fonte que a tensão em aceleração. Neste caso, a velocidade angular aumenta de acordo com a Eq. 7.4).

Quando partículas carregadas se movem em um campo magnético não uniforme, o movimento é complexo. Por exemplo, em um campo magnético que é forte nas extremidades e fraco no meio, como mostra a Figura 7.11, as partículas podem oscilar entre duas posições. Uma partícula carregada que começa em uma extremidade faz uma espiral nas linhas de campo até atingir a outra extremidade, onde reverte seu caminho e faz uma espiral de volta. Essa configuração é conhecida como *garrafa magnética*, porque partículas carregadas podem ficar presas nela. A garrafa magnética tem sido utilizada para confinar *plasma*, gás que consiste em íons e elétrons. Este esquema de confinamento de plasma pode ter papel crucial no controle da fusão nuclear, processo que poderia nos alimentar no futuro com uma fonte quase sem-fim de energia. Infelizmente, a garrafa magnética tem seus problemas. Se um número grande de partículas for preso, colisões entre elas podem fazer que as partículas eventualmente vazem do sistema.

Os cinturões de radiação de Van Allen consistem em partículas carregadas (na maior parte elétrons e prótons) que circulam a Terra em regiões em forma de O (Fig. 7.12). As partículas, presas pelo campo magnético não uniforme da Terra, fazem uma espiral em torno das linhas de campo de polo a polo, percorrendo a distância em poucos segundos. Essas partículas se originam principalmente do Sol, mas algumas vêm das estrelas e outras de corpos celestiais. Por essa razão, são chamadas *raios cósmicos*. A maior parte dos raios cósmicos é desviada pelo campo magnético da Terra e nunca atinge a atmosfera. Algumas das partículas são presas, e são as que formam os cinturões de Van Allen. Quando elas estão localizadas nos polos, por vezes, colidem com átomos na atmosfera, fazendo que estes emitam luz visível. Essas colisões são a origem da bela aurora boreal, ou luz do norte, no hemisfério norte, e da aurora austral no hemisfério sul. Auroras, em geral, são confinadas nas regiões polares porque os cinturões de Van Allen estão mais próximos da superfície terrestre. Ocasionalmente, entretanto, a atividade solar faz com que grandes números de partículas

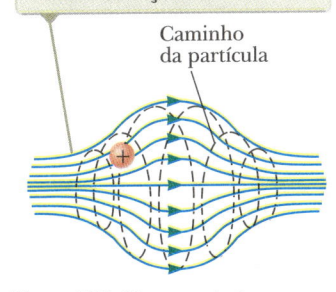

Figura 7.11 Uma partícula carregada que se move em um campo magnético não uniforme (garrafa magnética) faz uma espiral pelo campo e oscila entre os pontos extremos.

Figura 7.12 Os cinturões de Van Allen são feitos de partículas carregadas presas pelo campo magnético não uniforme da Terra. As linhas do campo magnético estão em verde, e os caminhos da partícula são linhas pretas pontilhadas.

carregadas entrem nos cinturões e distorçam significativamente as linhas de campo magnético normais associadas à Terra. Nestas situações, uma aurora pode, às vezes, ser vista em latitudes mais baixas.

7.3 Aplicações envolvendo partículas carregadas movendo-se em um campo magnético

Uma carga que se move a uma velocidade $\vec{v}$ na presença de um campo elétrico $\vec{E}$ e um campo magnético $\vec{B}$ são descritos pelos dois modelos de partícula em um campo. Isso experimenta a força elétrica $q\vec{E}$ e força magnética $q\vec{v} \times \vec{B}$. A força total (chamada força de Lorentz) que age na carga é

$$\vec{F} = q\vec{E} + q\vec{v} \times \vec{B} \tag{7.6}$$

Seletor de velocidade

Em vários experimentos envolvendo partículas carregadas em movimento, é importante que todas se movam essencialmente com a mesma velocidade, que pode ser atingida ao aplicar a combinação de um campo elétrico e um campo magnético orientados como mostra a Figura 7.13. Um campo elétrico uniforme é direcionado para a direita (no plano da página na mesma figura), e um campo magnético uniforme é aplicado na direção perpendicular ao campo elétrico (para dentro da página na mesma figura). Se q é positivo e a velocidade $\vec{v}$ é para cima, a força magnética $q\vec{v} \times \vec{B}$ está à esquerda e a elétrica $q\vec{E}$, à direita. Quando os módulos de dois campos são escolhidos de modo que $qE = qvB$, a partícula carregada é modelada como em equilíbrio e se move em linha vertical reta pela região dos campos. A partir da expressão $qE = qvB$, descobrimos que

$$v = \frac{E}{B} \tag{7.7}$$

Somente as partículas com essa velocidade passam sem ser desviadas pelos campos elétrico e magnético, mutuamente perpendiculares. A força magnética exercida nas partículas que se movem a velocidades superiores a este valor é mais forte que a força elétrica, e elas são desviadas para a esquerda. As que se movem a velocidades inferiores são desviadas para a direita.

O espectrômetro de massa

O **espectrômetro de massa** separa íons de acordo com sua proporção carga-massa. Em uma versão deste dispositivo, conhecida como *espectrômetro de massa Bainbridge*, um feixe de íons passa primeiro por um seletor de velocidade e então entra em um segundo campo magnético uniforme $\vec{B}_0$ que tem a mesma direção que o campo magnético no seletor (Fig. 7.14). Ao entrar nele, os íons se movem em um semicírculo de raio r antes de atingir uma matriz detectora em P. Se os íons estão carregados positivamente, o feixe desvia para a esquerda, como mostra a Figura 7.14. Se os íons estão carregados negativamente, o feixe desvia para a direita. Da Equação 7.3, podemos expressar a proporção m/q como

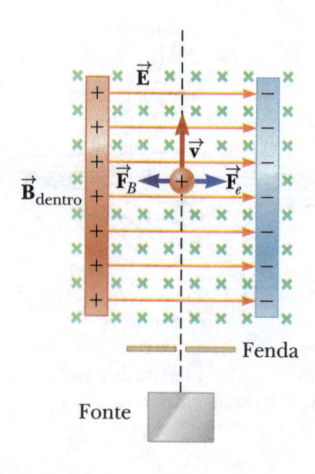

Figura 7.13 Seletor de velocidade. Quando uma partícula carregada positivamente está se movendo com velocidade $\vec{v}$ na presença de um campo magnético direcionado para dentro da página e um campo elétrico direcionado para a direita, ela experimenta uma força elétrica $q\vec{E}$ para a direita e uma força magnética $q\vec{v} \times \vec{B}$ para a esquerda.

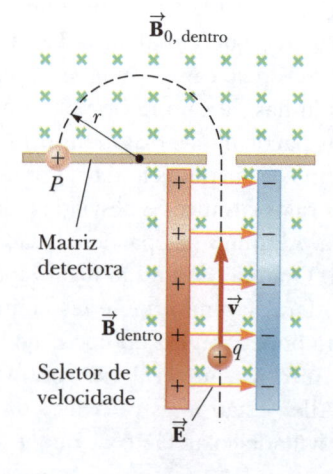

Figura 7.14 Espectrômetro de massa. Partículas carregadas positivamente são enviadas primeiro por um seletor de velocidade e, após, até uma região onde o campo magnético $\vec{B}_0$ faz com que as partículas se movam num caminho semicircular e atinjam uma matriz detectora em P.

Os elétrons são acelerados a partir do catodo, passam por duas fendas e são desviados por um campo elétrico (formado pelas placas de desvio carregadas) e um campo magnético (direcionado perpendicularmente ao campo elétrico). O feixe de elétrons então atinge uma tela fluorescente.

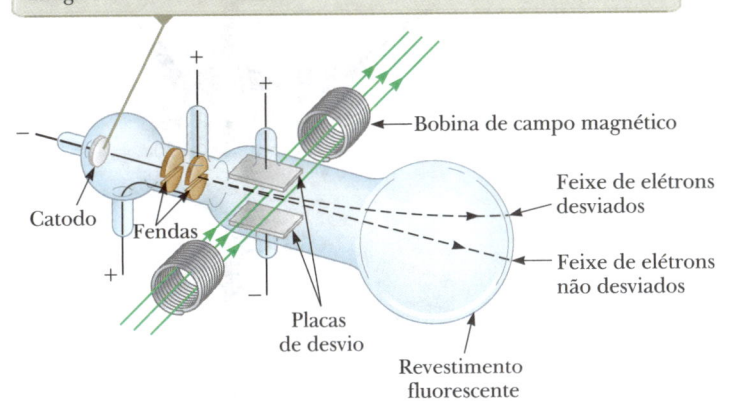

Prevenção de Armadilhas 7.1
O cíclotron não é tecnologia de última geração
Ele é importante historicamente porque foi o primeiro acelerador de partículas a produzir partículas com velocidades muito altas. Os cíclotrons ainda estão em uso em aplicações médicas, mas a maior parte dos aceleradores para uso em pesquisas atualmente não é cíclotron. Os aceleradores de pesquisa trabalham com um princípio diferente e são geralmente chamados *síncrotons*.

Figura 7.15 Aparato de Thomson para medir e/m_e.

$$\frac{m}{q} = \frac{rB_0}{v}$$

Utilizando a Equação 7.7, temos

$$\frac{m}{q} = \frac{rB_0 B}{E} \qquad (7.8)$$

Portanto, podemos determinar m/q ao medir o raio da curvatura e conhecendo os módulos dos campos B, B_0 e E. Na prática, geralmente medimos as massas de vários isótopos de um dado íon com todos os íons carregando a mesma carga q. Deste modo, as proporções de massa podem ser determinadas mesmo se q for desconhecido.

Uma variação dessa técnica foi utilizada por J. J. Thomson (1856-1940), em 1897, para medir a proporção e/m_e para elétrons. A Figura 7.15 mostra o aparato básico que ele utilizou. Os elétrons são acelerados do catodo e passam por duas fendas. Então, são levados a uma região de campos elétricos e magnéticos. Os módulos dos dois campos são ajustados primeiro para produzir um feixe não desviado. Quando o campo magnético é desligado, o campo elétrico produz um desvio do feixe que é registrado na tela fluorescente. A partir do tamanho do desvio e dos valores medidos de E e B, a razão carga-massa pode ser determinada. Os resultados deste experimento crucial representam a descoberta do elétron como uma partícula fundamental da natureza.

O cíclotron

Cíclotron é um dispositivo que pode acelerar partículas carregadas a velocidades muito altas. As partículas energéticas geradas são utilizadas para bombardear núcleos atômicos e assim produzir reações nucleares de interesse de pesquisadores. Vários hospitais utilizam instalações de cíclotron para produzir substâncias radioativas para diagnóstico e tratamento.

Forças elétricas e magnéticas possuem papéis importantes na operação de um cíclotron cujo desenho esquemático é mostrado na Figura 7.16a. As cargas se movem em dois contêineres semicirculares D_1 e D_2, chamados *des* devido a sua forma semelhante à letra D. Uma diferença de potencial alternada de alta frequência é aplicada aos *des*, e um campo magnético uniforme é direcionado perpendicularmente a eles. Um íon positivo lançado em P próximo ao centro do ímã em um *de* move-se em um caminho semicircular (indicado pela linha preta pontilhada no desenho) e chega à lacuna no intervalo de tempo $T/2$, onde T é o intervalo de tempo necessário para completar um percurso total entre dois *des*, dado pela Equação 7.5. A frequência da diferença de potencial aplicada é ajustada de forma que a polaridade dos *des* seja invertida no mesmo intervalo de tempo durante o qual o íon viaja em torno de um *de*. Se a diferença de potencial aplicada for ajustada de modo que D_1 esteja em um potencial elétrico inferior a D_2 por uma quantidade ΔV, o íon acelera pela lacuna até D_1 e sua energia cinética aumenta por uma quantidade $q\,\Delta V$. Ele então se move em torno de D_1 num caminho semicircular de raio maior (porque sua velocidade aumenta). Após um intervalo de tempo $T/2$, chega novamente à lacuna entre os *des*. Nessa hora, a polaridade dos *des* foi revertida novamente e o íon recebe outro "chute" pela lacuna. O movimento continua de forma que, para cada viagem de meio círculo em torno de um *de*, o íon ganha energia cinética adicional igual a $q\Delta V$. Quando o raio de seu caminho for aproximadamente o dos *des*, o íon energético deixa o

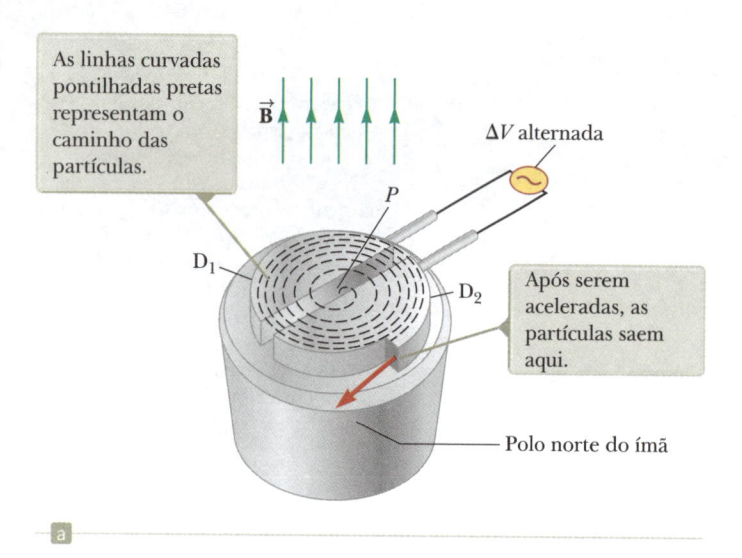

Figura 7.16 (a) Um cíclotron consiste em uma fonte de íon em P, dois *des* D_1 e D_2 pelos quais uma diferença potencial alternada é aplicada, e um campo magnético uniforme (o polo sul do ímã não é mostrado). (b) O primeiro cíclotron, inventado por E. O. Lawrence e M. S. Livingston em 1934.

sistema pela fenda de saída. A operação do cíclotron depende de T ser independente da velocidade do íon e do raio do caminho circular (Eq. 7.5).

Podemos obter uma formulação para a energia cinética do íon quando ela sai do cíclotron em termos do raio R dos *des*. A partir da Equação 7.3, sabemos que $v = qBR/m$. Assim, a energia cinética é

$$K = \tfrac{1}{2}mv^2 = \frac{q^2 B^2 R^2}{2m} \tag{7.9}$$

Quando a energia dos íons em um cíclotron excede 20 MeV, efeitos relativísticos surgem (tais efeitos serão discutidos no Capítulo 5 do Volume 4). Observações mostram que T aumenta e os íons em movimento não permanecem em fase com a diferença de potencial aplicada. Alguns aceleradores superam este problema ao modificar o período da diferença de potencial aplicada de modo que ela permaneça em fase com os íons em movimento.

7.4 Força magnética agindo em um condutor transportando corrente

Se uma força magnética for exercida em uma única partícula carregada quando ela estiver se movendo por um campo magnético, não deve ser surpresa que um fio que transporta corrente também experimente uma força quando colocado em um campo magnético. A corrente é um agrupamento de várias partículas carregadas em movimento; assim, a força resultante exercida pelo campo no fio é a soma vetorial de forças individuais exercidas em todas as partículas carregadas que formam a corrente. A força exercida na partícula é transmitida para o fio quando as partículas colidem com os átomos que o formam.

É possível demonstrar a força magnética agindo em um condutor que transporta corrente ao pendurar um fio entre os polos de um ímã, como mostra a Figura 7.17a. Para fácil visualização, parte de um ímã de ferradura na parte (a) é removida a fim de mostrar a face da extremidade do polo sul nas partes (b) a (d) da Figura 7.17. O campo magnético é direcionado para dentro da página e abrange a região interna dos quadrados sombreados. Quando a corrente no fio for zero, este permanece vertical, como na Figura 7.17b. Quando o fio carrega uma corrente direcionada para cima, como na Figura 7.17c, entretanto, ele se desvia para a esquerda. Se a corrente for revertida, como na Figura 7.17d, ele desvia para a direita.

Vamos quantificar essa discussão considerando um segmento reto de fio de comprimento L e área de seção transversal A, que transporta uma corrente I em um campo magnético uniforme $\vec{B}$, como na Figura 7.18. De acordo com a versão magnética do modelo da partícula em um campo, a força magnética exercida em uma carga q movendo-se com velocidade de deriva $\vec{v}_d$ é $q\vec{v}_d \times \vec{B}$. Para encontrar a força total agindo no fio, multiplicamos a força $q\vec{v}_d \times \vec{B}$ exercida em

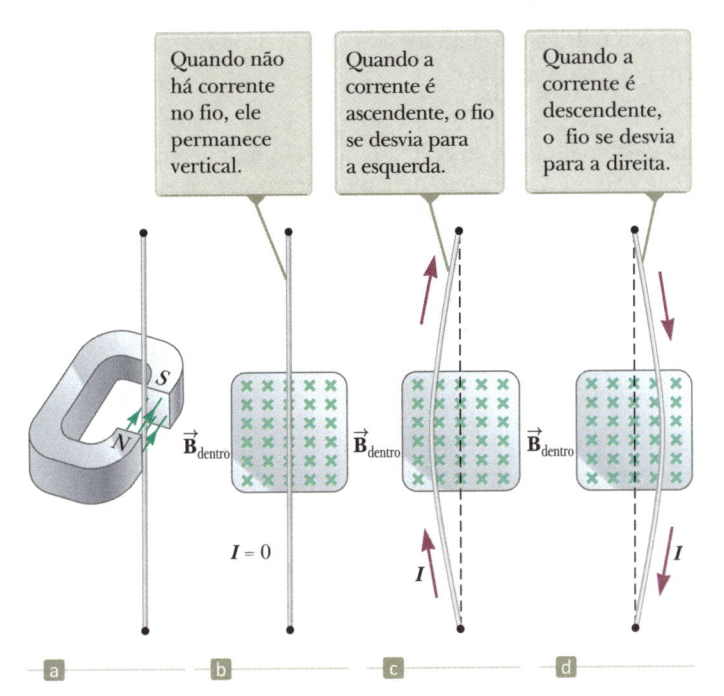

Figura 7.17 (a) Fio suspenso verticalmente entre os polos de um ímã. (b) – (d) A configuração mostrada em (a) como vista olhando do polo sul do ímã, de modo que o campo magnético (cruzes verdes) seja direcionado para dentro da página.

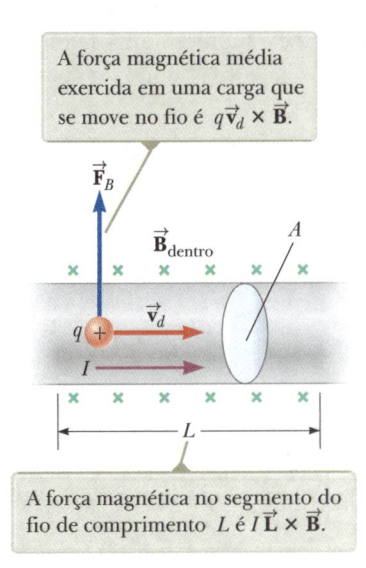

Figura 7.18 Um segmento de fio transportando corrente em um campo magnético $\vec{B}$.

uma carga pelo número de cargas no segmento. Como o volume do segmento é AL, o número de cargas nos segmentos é nAL, onde n é o número de cargas móveis transportadas por unidade de volume. Assim, a força magnética total no segmento de fio de comprimento L é

$$\vec{F}_B = (q\vec{v}_d \times \vec{B})nAL$$

Podemos formular essa expressão de forma mais conveniente notando que, a partir da Equação 5.4, a corrente no fio é $I = nqv_dA$. Portanto,

$$\boxed{\vec{F}_B = I\vec{L} \times \vec{B}} \quad (7.10)$$

◀ **Força em um segmento de fio transportando corrente em um campo magnético uniforme**

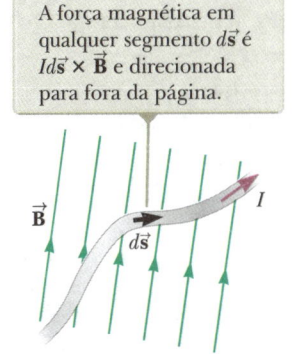

Figura 7.19 Um segmento de fio de forma arbitrária transportando uma corrente I em um campo magnético $\vec{B}$ experimenta uma força magnética.

onde $\vec{L}$ é um vetor que aponta na direção da corrente I e tem módulo igual ao comprimento L do segmento. Essa expressão aplica-se somente a um segmento reto de fio em um campo magnético uniforme.

Agora considere um segmento de fio de forma arbitrária, de seção transversal uniforme, em um campo magnético como mostra a Figura 7.19. A partir da Equação 7.10, a força magnética exercida em um pequeno segmento de comprimento $d\vec{s}$ na presença de um campo $\vec{B}$ é

$$d\vec{F}_B = I\,d\vec{s} \times \vec{B} \quad (7.11)$$

onde $d\vec{F}_B$ é direcionado para fora da página para as direções de $\vec{B}$ e $d\vec{s}$ na Figura 7.19. A Equação 7.11 pode ser considerada uma definição alternativa de $\vec{B}$. Isto é, podemos definir o campo magnético $\vec{B}$ em termos de uma força mensurável exercida em um elemento de corrente, onde a força é máxima quando $\vec{B}$ é perpendicular ao elemento, e zero quando paralelo a ele.

Para calcular a força total $\vec{F}_B$ agindo no fio como mostrado na Figura 7.19, integramos a Equação 7.11 pelo comprimento do fio:

$$\vec{F}_B = I\int_a^b d\vec{s} \times \vec{B} \quad (7.12)$$

onde *a* e *b* representam os pontos extremos do fio. Quando essa integração é efetuada, o módulo do campo magnético e a direção que o campo faz com o vetor $d\vec{s}$ podem divergir em pontos diferentes.

> **Teste Rápido 7.3** Um fio transporta corrente no plano deste papel em direção ao topo da página, e experimenta uma força magnética em direção ao canto direito. A direção do campo magnético está causando essa força **(a)** no plano da página e em direção ao canto esquerdo, **(b)** no plano da página e em direção ao canto inferior, **(c)** para cima e para fora da página, ou **(d)** para baixo da página?

Exemplo 7.4 — Força em um condutor semicircular

Um fio curvado em um semicírculo de raio R forma um circuito fechado e transporta corrente I. O fio fica no plano xy e um campo magnético uniforme é direcionado ao longo do eixo positivo y, como mostrado na Figura 7.20. Encontre o módulo e a direção da força magnética que agem nas porções reta e curvada do fio.

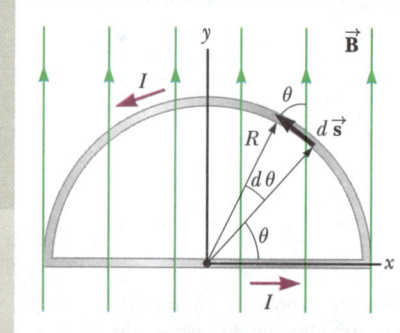

Figura 7.20 (Exemplo 7.4) A força magnética da parte reta do anel é direcionada para fora da página, e a força magnética na parte curvada é para dentro.

SOLUÇÃO

Conceitualização Utilizando a regra da mão direita para produtos vetoriais, vemos que a força $\vec{F}_1$ na porção reta do fio está para fora da página e a $\vec{F}_2$, na porção curvada para dentro. $\vec{F}_2$ é maior em módulo que $\vec{F}_1$ porque o comprimento da porção curvada é mais longo que o da reta?

Categorização Como estamos lidando com um fio que transporta corrente em um campo magnético, em vez de uma única partícula carregada, devemos utilizar a Equação 7.12 para encontrar a força total em cada parte do fio.

Análise Note que $d\vec{s}$ é perpendicular a $\vec{B}$ em todo lugar na porção reta do fio. Utilize a Equação 7.12 para encontrar a força nesta parte:

$$\vec{F}_1 = I\int_a^b d\vec{s}\times\vec{B} = I\int_{-R}^{R} B\,dx\,\hat{k} = \boxed{2IRB\,\hat{k}}$$

Para encontrar a força magnética na parte curvada, primeiro obtenha a expressão da força magnética $d\vec{F}_2$ no elemento $d\vec{s}$ na Figura 7.20:

(1) $\quad d\vec{F}_2 = I d\vec{s}\times\vec{B} = -IB\,\text{sen}\,\theta\,ds\,\hat{k}$

Da geometria na Figura 7.20, obtenha a expressão para ds:

(1) $\quad ds = R\,d\theta$

Substitua a Equação (1) pela (2) e integre pelo ângulo θ de 0 para π:

$$\vec{F}_2 = -\int_0^\pi IRB\,\text{sen}\,\theta\,d\theta\,\hat{k} = -IRB\int_0^\pi \text{sen}\,\theta\,d\theta\,\hat{k} = -IRB[-\cos\theta]_0^\pi\,\hat{k}$$

$$= IRB(\cos\pi - \cos 0)\hat{k} = IRB(-1-1)\hat{k} = \boxed{-2IRB\,\hat{k}}$$

Finalização Dois enunciados gerais muito importantes vêm a partir deste exemplo. Primeiro, a força na parte curva é a mesma em módulo que aquela no fio reto entre os mesmos dois pontos. Em geral, a força magnética em um fio curvado que transporta corrente num campo magnético é igual àquela em um fio reto que conecta dois pontos extremos e transporta a mesma corrente. Além do mais, $\vec{F}_1 + \vec{F}_2 = 0$ também é um resultado geral: a força magnética resultante que age em qualquer anel de corrente fechado em um campo magnético uniforme é zero.

7.5 Torque em uma espira de corrente em um campo magnético uniforme

Na Seção 7.4, mostramos como a força magnética é exercida em um condutor que transporta corrente posicionado em um campo magnético. Tendo isto como ponto de partida, mostraremos agora que um torque é exercido em uma espira de corrente posicionada em um campo magnético.

Considere uma espira retangular que transporta corrente I na presença de um campo magnético uniforme direcionado em paralelo ao plano da espira, como mostra a Figura 7.21a. Nenhuma força magnética age nos lados ① e ③

Campos magnéticos **187**

porque esses fios estão paralelos ao campo; assim, $\vec{L} \times \vec{B} = 0$ para esses lados. As forças magnéticas, entretanto, agem nos lados ② e ④ porque estão perpendiculares ao campo. O módulo dessas forças é, a partir da Equação 7.10,

$$F_2 = F_4 = IaB$$

A direção de $\vec{F}_2$, a força magnética exercida no fio ②, está para fora da página na visualização mostrada na Figura 7.20a, e a direção de $\vec{F}_4$, a força magnética exercida no fio ④, está para dentro da página na mesma visualização. Se visualizarmos a espira a partir do lado ③ e ao longo dos lados ② e ④, temos a perspectiva mostrada na Figura 7.21b, e as duas forças magnéticas $\vec{F}_2$ e $\vec{F}_4$ são direcionadas como mostrado. Note que as duas forças apontam para direções opostas, mas *não* são direcionadas pela mesma linha de ação. Se a espira for pivotada de modo que possa girar sobre o ponto O, essas duas forças produzem em O um torque que gira a espira no sentido horário. O módulo deste torque $\tau_{máx}$ é:

$$\tau_{máx} = F_2 \frac{b}{2} + F_4 \frac{b}{2} = (IaB)\frac{b}{2} + (IaB)\frac{b}{2} = IabB$$

onde o braço do momento em O é $b/2$ para cada força. Como a área circundada pela espira é $A = ab$, podemos expressar o torque máximo como:

$$\tau_{máx} = IAB \tag{7.13}$$

Este resultado de torque máximo é válido somente quando o campo magnético está paralelo ao plano da espira. O sentido da rotação é horário quando visto do lado ③, como indicado na Figura 7.21b. Se a direção atual for invertida, as da força também se invertem e a tendência rotacional ficará anti-horária.

Suponha agora que o campo magnético uniforme forme um ângulo $\theta < 90°$ com uma linha perpendicular ao plano da espira, como na Figura 7.22. Por conveniência, vamos admitir que $\vec{B}$ é perpendicular aos lados ② e ④. Neste caso, as forças magnéticas $\vec{F}_1$ e $\vec{F}_3$ exercidas nos lados ① e ③ se cancelam mutuamente e não produzem torque, porque passam por uma origem comum. As forças magnéticas $\vec{F}_2$ e $\vec{F}_4$ que agem nos lados ② e ④, entretanto, produzem um torque em *qualquer ponto*. Remetendo à visualização de corte mostrada na Figura 7.22, vemos que o braço do momento de $\vec{F}_2$ no ponto O é igual a $(b/2)$ sen θ. Da mesma forma, o braço de momento em O também é igual a $(b/2)$ sen θ. Como $F_2 = F_4 = IaB$, o módulo do torque líquido em O é

$$\tau = F_2 \frac{b}{2} \operatorname{sen}\theta + F_4 \frac{b}{2} \operatorname{sen}\theta$$

$$= IaB\left(\frac{b}{2}\operatorname{sen}\theta\right) + IaB\left(\frac{b}{2}\operatorname{sen}\theta\right) = IabB \operatorname{sen}\theta$$

$$= IAB \operatorname{sen}\theta$$

onde $A = ab$ é a área da espira. Este resultado mostra que o torque tem seu valor máximo IAB quando o campo é perpendicular à normal da espira ($\theta = 90°$), como discutido em relação à Figura 7.21, e é zero quando o campo é paralelo à normal do plano da espira ($\theta = 0$).

Uma expressão vetorial conveniente para o torque exercido em uma espira localizada em um campo magnético uniforme $\vec{B}$ é

$$\vec{\tau} = I\vec{A} \times \vec{B} \tag{7.14}$$

◀ **Torque em uma espira de corrente num campo magnético**

Não existem forças magnéticas atuando nos lados ① e ③ porque esses lados estão paralelos a $\vec{B}$.

Os lados ② e ④ são perpendiculares ao campo magnético e às forças magnéticas.

a

As forças magnéticas $\vec{F}_2$ e $\vec{F}_4$ exercidas nos lados ② e ④ criam um torque que tende a girar a espira no sentido horário.

b

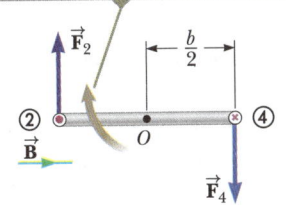

Figura 7.21 (a) Visão aérea de uma espira de corrente retangular em um campo magnético uniforme. (b) Visão dos lados ② e ④ da perspectiva da espira na sua vista em corte. O ponto roxo no círculo à esquerda representa a corrente no fio ② movendo-se em sua direção; a cruz roxa no círculo direito representa a corrente no fio ④, movendo-se na direção oposta a você.

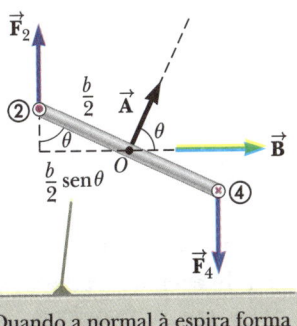

Quando a normal à espira forma um ângulo θ com o campo magnético, o braço do momento para o torque é $(b/2)$ sen θ.

Figura 7.22 Visualização de corte da espira na Figura 7.21 com a normal à espira em um ângulo θ em relação ao campo magnético.

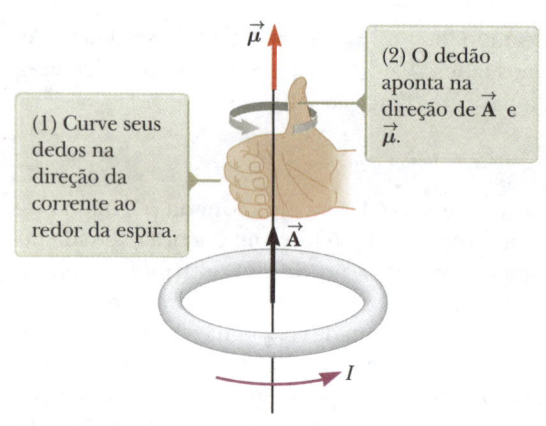

Figura 7.23 Regra da mão direita para determinação da direção do vetor $\vec{A}$ para uma espira de corrente. A direção do momento magnético $\vec{\mu}$ é a mesma de $\vec{A}$.

(1) Curve seus dedos na direção da corrente ao redor da espira.

(2) O dedão aponta na direção de $\vec{A}$ e $\vec{\mu}$.

onde $\vec{A}$, o vetor mostrado na Figura 7.22, é perpendicular ao plano da espira e tem módulo igual à área da espira. Para determinar a direção de $\vec{A}$, utilize a regra da mão direita descrita na Figura 7.23. Quando você curva os dedos da mão direita na direção da corrente da espira, o dedão aponta na direção de $\vec{A}$. A Figura 7.22 mostra que a espira tende a girar na direção dos valores decrescentes de θ (isto é, de tal modo que o vetor de área $\vec{A}$ gira em direção ao campo magnético).

O produto $I\vec{A}$ é definido como **momento magnético dipolar** $\vec{\mu}$ (na maior parte das vezes, simplesmente "momento magnético") da espira:

▶ **Momento magnético dipolar de uma espira de corrente**
$$\vec{\mu} \equiv I\vec{A} \tag{7.15}$$

A unidade SI do momento magnético dipolar é o ampère-metro² (A × m²). Se uma bobina de fios contém N espiras de mesma área, o momento magnético da bobina é

$$\vec{\mu}_{\text{bobina}} = NI\vec{A} \tag{7.16}$$

Utilizando a Equação 7.15, podemos expressar o torque exercido em uma espira que transporta corrente em um campo magnético $\vec{B}$ como:

▶ **Torque em um momento magnético na presença de um campo magnético**
$$\vec{\tau} = \vec{\mu} \times \vec{B} \tag{7.17}$$

Este resultado é análogo à Equação 4.18, $\vec{\tau} = \vec{p} \times \vec{E}$, para o torque exercido em um dipolo elétrico na presença de um campo elétrico $\vec{E}$, onde $\vec{p}$ é o momento de dipolo elétrico.

Embora tenhamos obtido o torque de uma orientação específica de $\vec{B}$ com relação à espira, a equação $\vec{\tau} = \vec{\mu} \times \vec{B}$ é válida para qualquer orientação. Além do mais, embora tenhamos derivado a expressão do torque para uma espira retangular, o resultado é válido para qualquer formato. O torque em uma bobina de N voltas é dado pela Equação 7.17 ao utilizar a Equação 7.16 para o momento magnético.

Na Seção 4.6, vimos que a energia potencial de um sistema de um dipolo elétrico em um campo elétrico é dada por $U_E = -\vec{p} \cdot \vec{E}$. Essa energia depende da orientação do dipolo no campo elétrico. Da mesma forma, a energia potencial de um sistema de um dipolo magnético depende da orientação deste no campo magnético, dada por

▶ **Energia potencial de um sistema de momento magnético na presença de um campo magnético**
$$U = -\vec{\mu} \cdot \vec{B} \tag{7.18}$$

Essa expressão mostra que o sistema tem sua energia mais baixa $U_{\text{mín}} = -\mu B$ quando $\vec{\mu}$ aponta na mesma direção que $\vec{B}$, e tem sua energia mais alta $U_{\text{máx}} = +\mu B$ quando $\vec{\mu}$ aponta na direção oposta a $\vec{B}$.

Imagine que a espira na Figura 7.22 tem um pivô no ponto O nos lados ① e ③, de modo que ela está livre para girar. Se a espira transporta uma corrente e o campo magnético é ativado, a espira modelada como um corpo rígido sob torque resultante, com o torque dado pela Equação 7.17. O torque em uma espira de corrente faz que ela gire; este efeito é explorado praticamente em um **motor**. A energia entra nele por transmissão elétrica, e a bobina giratória pode realizar trabalho em algum dispositivo externo a ele. Por exemplo, o motor no sistema de vidros elétricos de um carro realiza trabalho nos vidros, aplicando-lhes uma força e os movendo para cima ou para baixo por meio de deslocamento. Discutiremos motores detalhadamente na Seção 9.5.

> **Teste Rápido 7.4** **(i)** Ordene os módulos dos torques agindo nas espiras retangulares (a), (b) e (c) mostradas pelo corte na Figura 7.24 do maior para o menor. Todas as espiras são idênticas e transportam a mesma corrente. **(ii)** Ordene os módulos das forças resultantes que agem nas espiras retangulares mostradas na Figura 7.24 da maior para a menor.

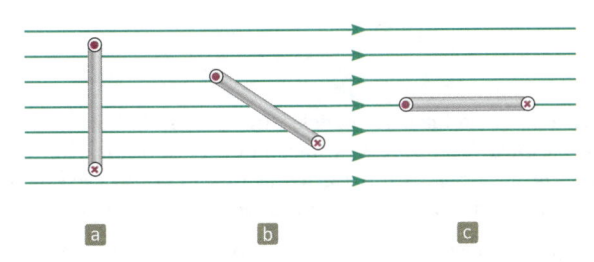

Figura 7.24 (Teste Rápido 7.4) Qual espira de corrente (visto em corte) experimenta o maior torque, (a), (b) ou (c)? Qual experimenta a maior força líquida?

Exemplo 7.5 — Momento magnético dipolar de uma bobina

Uma bobina retangular de dimensões 5,40 cm × 8,50 cm consiste em 25 voltas de fio e transporta corrente de 15,0 mA. Um campo magnético 0,350 T é aplicado em paralelo ao plano da bobina.

(A) Calcule o módulo do momento magnético dipolar da bobina.

SOLUÇÃO

Conceitualização O momento magnético da bobina é independente de qualquer campo magnético no qual a espira resida, e, por isso, depende somente da geometria da espira e da corrente que ele transporta.

Categorização Calculamos as quantidades baseadas nas equações desenvolvidas nesta seção e, portanto, categorizamos este exemplo como um problema de substituição.

Utilize a Equação 7.16 para calcular o momento magnético associado a uma mola que consiste de N espiras:

$$\mu_{bobina} = NIA = (25)(15,0 \times 10^{-3}\,A)(0,0540\,m)(0,0850\,m)$$

$$= \boxed{1,72 \times 10^{-3}\,A \cdot m^2}$$

(B) Qual é o módulo do torque que age na espira?

SOLUÇÃO

Utilize a Equação 7.17, tendo em vista que $\vec{B}$ é perpendicular a $\vec{\mu}_{bobina}$:

$$\tau = \mu_{bobina}B = (1,72 \times 10^{-3}\,A \cdot m^2)(0,350\,T)$$

$$= \boxed{6,02 \times 10^{-4}\,N \cdot m}$$

Exemplo 7.6 — Girando uma bobina MA

Considere a espira de fio na Figura 7.25a. Imagine que ele é pivotado ao longo do lado ④, paralelo ao eixo z e fixado de modo que o lado ④ permaneça fixo e o resto da espira fique pendurada verticalmente no campo gravitacional da Terra, mas possa girar ao redor do lado ④ (Fig. 7.25b). A massa da espira é 50,0 g, e os lados são de comprimentos $a = 0,200$ m e $b = 0,100$ m. A espira transporta corrente de 3,50 A e é medida em um campo magnético vertical uniforme de módulo 0,0100 T na direção positiva y (Fig. 7.25c). Qual ângulo o plano da espira forma com a vertical?

A espira está pendurada verticalmente e é pivotada de tal modo que possa girar em torno do lado ④.

O torque magnético faz com que a espira gire em sentido horário em torno do lado ④, enquanto o torque gravitacional estiver na direção oposta.

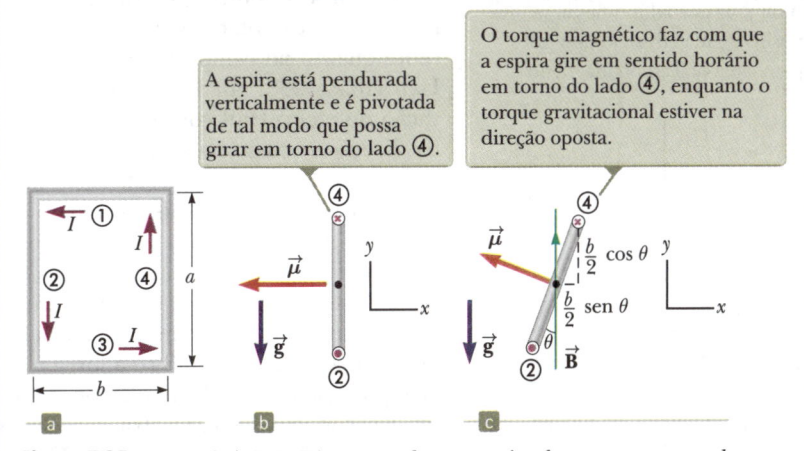

Figura 7.25 (Exemplo 7.6) (a) Dimensões de uma espira de corrente retangular. (b) Visualização em corte dos lados inferiores ② e ④ da perspectiva da espira. (c) Visualização em corte da espira em (b) rotacionado por um ângulo em relação à horizontal quando estiver posicionado em um campo magnético.

SOLUÇÃO

Conceitualização Na visualização de corte da Figura 7.25b, note que o momento magnético da espira está à esquerda. Portanto,

continua

7.6 cont.

quando ele estiver no campo magnético, o torque magnético nela faz com que ela gire no sentido horário em torno do lado ④ que escolhemos como o eixo de rotação. Imagine a espira fazendo essa rotação em sentido horário, de modo que seu plano esteja em algum ângulo θ na vertical, como na Figura 7.25c. A força gravitacional na espira exerce um torque que resultaria em uma rotação no sentido anti-horário se o campo magnético fosse desligado.

Categorização Em algum ângulo da espira, os dois torques descritos no passo Conceitualização são iguais em módulo, e ela está em repouso. Portanto, modelamos a espira como um *corpo rígido em equilíbrio*.

Análise Calcule o torque magnético na espira em torno do lado ④ a partir da Equação 7.17:

$$\vec{\tau}_B = \vec{\mu} \times \vec{B} = -\mu B \operatorname{sen}(90° - \theta)\hat{\mathbf{k}} = -IAB\cos\theta\,\hat{\mathbf{k}} = -IabB\cos\theta\,\hat{\mathbf{k}}$$

Calcule o torque gravitacional na espira, tendo em vista que a força gravitacional pode ser modelada para agir no seu centro:

$$\vec{\tau}_g = \vec{r} \times m\vec{g} = mg\frac{b}{2}\operatorname{sen}\theta\,\hat{\mathbf{k}}$$

A partir do corpo rígido no modelo de equilíbrio, adicione os torques e configure o torque resultante como igual a zero:

$$\sum \vec{\tau} = -IabB\cos\theta\,\hat{\mathbf{k}} + mg\frac{b}{2}\operatorname{sen}\theta\,\hat{\mathbf{k}} = 0$$

Resolva para θ:

$$IabB\cos\theta = mg\frac{b}{2}\operatorname{sen}\theta \rightarrow \operatorname{tg}\theta = \frac{2IaB}{mg}$$

$$\theta = \operatorname{tg}^{-1}\left(\frac{2IaB}{mg}\right)$$

Substitua os valores numéricos:

$$\theta = \operatorname{tg}^{-1}\left[\frac{2(3{,}50\text{ A})(0{,}200\text{ m})(0{,}0100\text{ T})}{(0{,}0500\text{ kg})(9{,}80\text{ m/s}^2)}\right] = \boxed{1{,}64°}$$

Finalização O ângulo é relativamente pequeno, portanto, a espira ainda está pendurada quase verticalmente. Entretanto, se a corrente I ou o campo magnético B aumentar, o ângulo aumenta conforme o torque magnético se torna mais forte.

7.6 O efeito Hall

Quando um condutor que transporta corrente estiver posicionado num campo magnético, uma diferença de potencial é gerada em direção perpendicular tanto à corrente quanto ao campo magnético. Este fenômeno, observado primeiro por Edwin Hall (1855-1938) em 1879, é conhecido como *efeito Hall*. A montagem para observação do efeito Hall consiste em um condutor plano transportando uma corrente I na direção x, como mostra a Figura 7.26. Um campo magnético uniforme $\vec{B}$ é aplicado na direção y. Se os portadores de carga forem elétrons movendo-se na direção negativa x com velocidade de deriva $\vec{v}_d$, eles experimentam uma força magnética crescente $\vec{F}_B = q\vec{v}_d \times \vec{B}$, são desviados para cima e se acumulam na parte superior do condutor plano, deixando um excesso de carga positiva na parte inferior (Fig. 7.27a). Este acúmulo de carga nas faces superior e inferior estabelece um campo elétrico no condutor e aumenta até que a força elétrica nos portadores remanescentes na massa do condutor equilibre a força magnética atuante neles. Quando essa condição de equilíbrio é atingida, os elétrons não são mais desviados para cima. Um voltímetro sensível conectado na amostra, como mostra a Figura 7.27, pode medir a diferença de potencial, conhecida como **tensão Hall** ΔV_H, gerada no condutor.

Se os portadores de carga são positivos e, assim, movem-se na direção positiva de x (para a corrente à direita), como mostram as Figuras 7.26 e 7.27b, também sofrem uma força magnética crescente $q\vec{v}_d \times \vec{B}$, que produz acúmulo de carga positiva na face superior e deixa um excesso de carga negativa na inferior. Assim, o sinal da tensão Hall gerada na amostra é oposto ao da tensão Hall resultante do desvio de

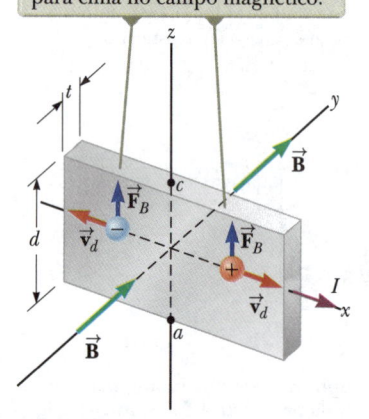

Figura 7.26 Para observar o efeito Hall, um campo magnético é aplicado a um condutor transportando corrente. A tensão Hall é medida entre os pontos a e c.

Quando I estiver na direção x e $\vec{B}$ na y, os portadores de carga positiva e negativa são desviados para cima no campo magnético.

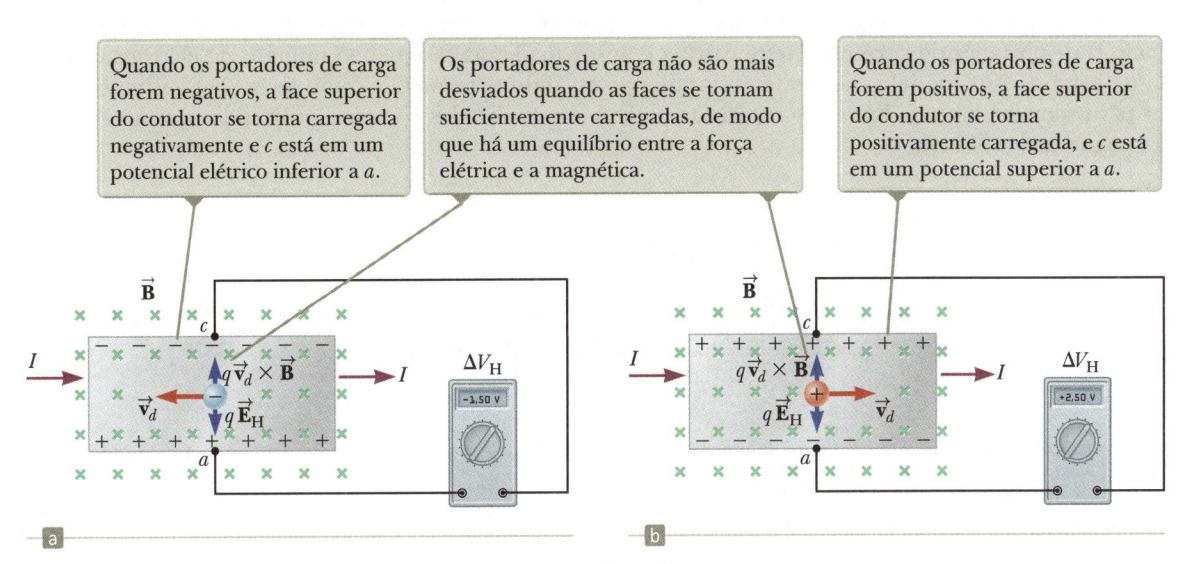

Figura 7.27 O sinal da tensão Hall depende do sinal dos portadores de carga.

elétrons. O sinal dos portadores de carga pode, portanto, ser determinado a partir da medição da polaridade da tensão Hall. Ao derivar uma expressão para essa tensão, note primeiro que a força magnética exercida nos portadores tem módulo qv_dB. Em equilíbrio, essa força é balanceada pela força elétrica qE_H, onde E_H é o módulo do campo elétrico devido à separação de carga (às vezes chamado *campo Hall*). Portanto,

$$qv_dB = qE_H$$

$$E_H = v_dB$$

Se d for a largura do condutor, a tensão Hall é

$$\Delta V_H = E_H d = v_d B d \tag{7.19}$$

Portanto, a tensão Hall medida fornece um valor para a velocidade de deriva dos portadores de carga se d e B forem conhecidos.

Podemos obter a densidade de portadores de carga n ao medir a corrente na amostra. A partir da Equação 5.4, podemos expressar a velocidade de deriva como

$$v_d = \frac{I}{nqA} \tag{7.20}$$

onde A é área de seção transversal do condutor. Ao substituir a Equação 7.20 pela 7.19 obtemos

$$\Delta V_H = \frac{IBd}{nqA} \tag{7.21}$$

Como $A = td$, onde t é a espessura do condutor, também podemos expressar a Equação 7.21 como:

$$\Delta V_H = \frac{IB}{nqt} = \frac{R_H IB}{t} \tag{7.22}$$ ◀ **Tensão Hall**

onde $R_H = 1/nq$ é chamado **coeficiente Hall**. Essa relação mostra que um condutor calibrado apropriadamente pode ser utilizado para medir o módulo de um campo magnético desconhecido.

Como todas as quantidades na Equação 7.22 menos nq podem ser medidas, um valor para o coeficiente Hall é rapidamente obtido. O sinal e o módulo de R_H dão o sinal dos portadores de carga e sua densidade. Na maior parte dos metais, estes portadores são elétrons, e sua densidade determinada a partir das medições do efeito Hall está de acordo com os valores calculados para metais como lítio (Li), sódio (Na), cobre (Cu) e prata (Ag), cujos átomos fornecem um elétron para atuar como transportador de corrente. Neste caso, n é aproximadamente igual ao número de elétrons condutores por unidade de volume. Este modelo clássico, entretanto, não é válido para metais como ferro (Fe), bismuto (Bi) e cádmio (Cd), ou para semicondutores. Essas discrepâncias podem ser explicadas somente utilizando um modelo baseado na natureza quântica dos sólidos.

Exemplo 7.7 — O efeito Hall para o cobre

Uma tira retangular de cobre de 1,5 cm de largura e 0,10 cm de espessura transporta corrente de 5,0 A. Encontre a tensão Hall para um campo magnético de 1,2 T aplicado em direção perpendicular à tira.

SOLUÇÃO

Conceitualização Estude as Figuras 7.26 e 7.27 atentamente e certifique-se de que compreende que a tensão Hall é desenvolvida entre as faces superiores e inferiores da tira.

Categorização Obtemos a tensão Hall utilizando uma equação desenvolvida nesta seção, então categorizamos este exemplo como um problema de substituição.

Supondo que um elétron por átomo esteja disponível para condução, encontre a densidade do portador de carga em termos da massa molar M e a densidade ρ do cobre:

$$n = \frac{N_A}{V} = \frac{N_A \rho}{M}$$

Substitua este resultado na Equação 7.22:

$$\Delta V_H = \frac{IB}{nqt} = \frac{MIB}{N_A \rho q t}$$

Substitua os valores numéricos:

$$\Delta V_H = \frac{(0,0635 \text{ kg/mol})(5,0 \text{ A})(1,2 \text{ T})}{(6,02 \times 10^{23} \text{ mol}^{-1})(8.920 \text{ kg/m}^3)(1,60 \times 10^{-19} \text{ C})(0,0010 \text{ m})}$$

$$= \boxed{0,44 \,\mu\text{V}}$$

Essa tensão Hall extremamente pequena é esperada em bons condutores (note que a espessura do condutor não é necessária neste cálculo).

E SE? E se a tira tiver as mesmas dimensões, mas for feita de um semicondutor? A tensão Hall será menor ou maior?

Resposta Em semicondutores, n é muito menor que em metais que contribuem com um elétron por átomo para a corrente; assim, a tensão Hall é geralmente maior porque varia como o inverso de n. Correntes na ordem de 0,1 mA são geralmente utilizadas para tais materiais. Considere um pedaço de silício que tenha as mesmas dimensões que a tira de cobre neste exemplo e cujo valor para n seja $1,0 \times 10^{20}$ elétrons/m^3. Tomando $B = 1,2$ T e $I = 0,10$ mA, temos que $\Delta V_H = 7,5$ mV. Uma diferença de potencial dessa intensidade é imediatamente medida.

Resumo

Definições

Momento magnético dipolar $\vec{\mu}$ de uma espira que transporta a corrente I é

$$\vec{\mu} \equiv I\vec{A} \tag{7.15}$$

onde o vetor de área $\vec{A}$ é perpendicular ao plano da espira, e $|\vec{A}|$ é igual à área da espira. A unidade SI de $\vec{\mu}$ é A × m².

Conceitos e Princípios

Se uma partícula se move em um campo magnético uniforme de forma que sua velocidade inicial seja perpendicular ao campo, ela se move em um círculo contido no plano perpendicular ao campo magnético. O raio do caminho circular é:

$$r = \frac{mv}{qB} \tag{7.3}$$

onde m é a massa da partícula e q sua carga. A velocidade angular da partícula carregada é

$$\omega = \frac{qB}{m} \tag{7.4}$$

Se um condutor reto de comprimento L transporta uma corrente I, a força exercida nele quando é colocado em um campo magnético $\vec{B}$ é

$$\vec{F}_B = I\vec{L} \times \vec{B} \tag{7.10}$$

onde a direção de $\vec{L}$ está na da corrente e $|\vec{L}| = L$.

Se um fio de forma arbitrária que transporta uma corrente I for posicionado em um campo magnético, a força magnética exercida em um segmento bastante pequeno $d\vec{s}$ é

$$d\vec{F}_B = I\,d\vec{s} \times \vec{B} \tag{7.11}$$

Para determinar a força magnética total no fio, deve-se integrar a Equação 7.11 pelo fio, tendo em mente que tanto $\vec{B}$ quanto $d\vec{s}$ podem variar em cada ponto.

O torque $\vec{\tau}$ em uma espira de corrente posicionada em um campo magnético uniforme $\vec{B}$ é

$$\vec{\tau} \equiv \vec{\mu} \times \vec{B} \tag{7.17}$$

A energia potencial do sistema de um dipolo magnético em um campo magnético é

$$U = -\vec{\mu} \cdot \vec{B} \tag{7.18}$$

Modelo de Análise para Resolução de Problemas

Partícula em um campo (magnético) Uma fonte (que será discutida no Capítulo 8) estabelece um **campo magnético** $\vec{B}$ por todo o espaço. Quando uma partícula com carga q e se movendo com velocidade $\vec{v}$ é colocada nesse campo, ela experimenta uma força magnética dada por

$$\vec{F}_B = q\vec{v} \times \vec{B} \tag{7.1}$$

A direção desta força magnética é perpendicular à velocidade da partícula e ao campo magnético. A grandeza desta força é

$$F_B = |q|vB\,\mathrm{sen}\,\theta \tag{7.2}$$

onde θ é o menor ângulo entre $\vec{v}$ e $\vec{B}$. A unidade SI de $\vec{B}$ é **tesla** (T), onde $1\,\mathrm{T} = 1\,\mathrm{N/A} \times \mathrm{m}$.

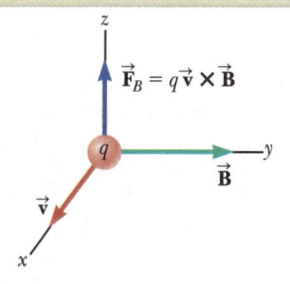

Perguntas Objetivas

As Perguntas Objetivas 3, 4 e 6 no Capítulo 11 do Volume 1 podem ser resolvidas aqui como revisão para o produto vetorial.

1. Um campo magnético espacialmente uniforme não pode exercer força magnética em uma partícula em quais das seguintes circunstâncias? Pode haver mais de uma afirmação correta. (a) Ela é carregada. (b) Ela se move perpendicularmente ao campo magnético. (c) Ela se move paralelamente ao campo magnético. (d) O módulo do campo magnético muda com o tempo. (e) Ela está em repouso.

2. Ordene os módulos das forças exercidas nas partículas a seguir do maior para o menor. No seu *ranking*, mostre casos de igualdade. (a) um elétron que se move a 1 Mm/s perpendicularmente ao campo magnético de 1 mT, (b) um elétron que se move a 1 Mm/s paralelamente ao campo magnético de 1 mT, (c) um elétron que se move a 2 Mm/s perpendicularmente ao campo magnético de 1 mT, (d) um próton que se move a 1 Mm/s perpendicularmente ao campo magnético de 1 mT, (e) um próton que se move a 1 Mm/s em um ângulo de 45° em relação a um campo magnético de 1 mT.

3. Uma partícula com carga elétrica é emitida em uma região de espaço onde o campo elétrico é zero e move-se em uma linha reta. Você pode concluir que o campo magnético nessa região é zero? (a) Sim. (b) Não, o campo deve estar perpendicular à velocidade da partícula. (c) Não, o campo deve estar paralelo à velocidade da partícula. (d) Não, a partícula pode precisar de carga de sinal oposto para ter nela uma força exercida. (e) Não, uma observação de um corpo com carga *elétrica* não oferece informações sobre um campo *magnético*.

4. Um próton que se move horizontalmente entra em uma região onde um campo magnético uniforme é direcionado perpendicularmente à velocidade do próton, como mostra a Figura PO7.4. Após o próton entrar no campo, ele (a) se desvia de modo descendente, com a velocidade permanecendo constante, (b) se desvia de modo ascendente, movendo-se em um caminho semicircular com velocidade constante e sai do campo movendo-se para a esquerda, (c) continua a se mover na direção horizontal com velocidade constante, (d) se move em uma órbita circular e fica preso no campo, ou (e) se desvia para fora do plano do papel?

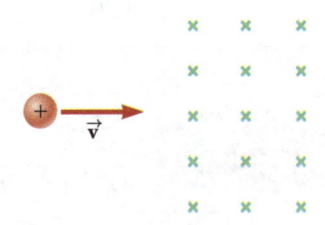

Figura PO7.4

5. Em dado instante, um próton se move na direção positiva de x em um campo magnético na direção negativa de z. Qual é a direção da força magnética exercida no próton? (a) Direção positiva de z, (b) direção negativa de z, (c) direção positiva de y, (d) direção negativa de y, (e) a força é zero.

6. Um bastão fino de cobre de 1,00 m de comprimento tem massa de 50,0 g. Qual é a corrente mínima no bastão que permitiria que ele levitasse acima do solo em um campo magnético de módulo 0,100 T? (a) 1,20 A, (b) 2,40 A, (c) 4,90 A, (d) 9,80 A, (e) nenhuma das alternativas.

7. O elétron A é lançado horizontalmente com velocidade de 1,00 Mm/s em uma região onde existe um campo magnético. O elétron B é lançado ao longo do mesmo caminho com velocidade de 2,00 Mm/s. (i) Qual deles tem força magnética maior exercida em si? (a) A. (b) B. (c) As forças têm o mesmo módulo diferente de zero. (d) As forças são, ambas, zero. (ii) Qual deles tem um caminho que se curva mais acentuadamente? (a) A. (b) B. (c) As partículas seguem o mesmo caminho curvado. (d) As partículas continuam a ir reto.

8. Classifique cada uma das afirmações a seguir como característica (a) de forças elétricas somente, (b) de forças magnéticas somente, (c) de forças elétricas e magnéticas, ou (d) nem da força elétrica nem da magnética. (i) A força é proporcional ao módulo do campo que exerce. (ii) A força é proporcional ao módulo da carga do corpo no qual a força é exercida. (iii) A força exercida em um corpo carregado negativamente é oposta à direção daquela em uma carga positiva. (iv) A força exercida em um corpo estacionário carregado é diferente de zero. (v) A força exercida em um corpo móvel carregado é zero. (vi) A força exercida em um corpo carregado é proporcional à sua velocidade. (vii) A força exercida em um corpo carregado não pode alterar a velocidade deste. (viii) O módulo da força depende da direção do movimento do corpo carregado.

9. Um elétron move-se horizontalmente pelo equador da Terra à velocidade de $2,50 \times 10^6$ m/s e na direção de 35,0° nordeste. Nesse ponto, o campo magnético da Terra tem direção norte, está paralelo à superfície e possui valor de $3,00 \times 10^{-5}$ T. Qual é a força que age no elétron devido a sua interação com o campo magnético da Terra? (a) $6,88 \times 10^{-18}$ N oeste, (b) $6,88 \times 10^{-18}$ N em direção à superfície da Terra, (c) $9,83 \times 10^{-18}$ N em direção à superfície da Terra, (d) $9,83 \times 10^{-18}$ N em direção oposta à superfície da Terra, (e) $4,00 \times 10^{-18}$ N em direção oposta à superfície da Terra.

10. Uma partícula carregada está se movendo em um campo magnético uniforme. Quais das afirmações a seguir são verdadeiras para o campo magnético? Pode haver mais de uma afirmação correta. (a) Exerce uma força na partícula paralela ao campo. (b) Exerce uma força na partícula ao longo da direção de seu movimento. (c) Aumenta a energia cinética da partícula. (d) Exerce uma força que é perpendicular à direção do movimento. (e) Não modifica o módulo da quantidade de movimento da partícula.

11. No seletor de velocidade mostrado na Figura 7.13, os elétrons com velocidade $v = E/B$ seguem um caminho reto. Aqueles que se movem significativamente mais rápidos pelo mesmo seletor mover-se-ão ao longo de que tipo de caminho? (a) Um círculo, (b) uma parábola, (c) uma linha reta, (d) uma trajetória mais complexa.

12. Responda cada questão com sim ou não. Suponha que os movimentos e as correntes mencionados estejam ao longo do eixo x e os campos na direção y. (a) Um campo elétrico exerce uma força em um corpo carregado estacionário? (b) Um campo magnético faz isto? (c) Um campo elétrico exerce uma força em um corpo carregado móvel? (d) Um campo magnético faz isto? (e) Um campo elétrico exerce uma força em um fio reto que transporta corrente? (f) Um campo magnético faz isto? (g) Um campo elétrico exerce uma força em um feixe de elétrons móveis? (h) Um campo magnético faz isto?

13. Um campo magnético exerce um torque em cada uma das espiras de fio único que transportam corrente, mostradas na Figura PO7.13. As espiras estão no plano xy, cada uma transportando corrente de mesmo módulo, e o campo magnético uniforme aponta na direção positiva de x. Ordene as espiras pelo módulo do torque exercido neles pelo campo do maior para o menor.

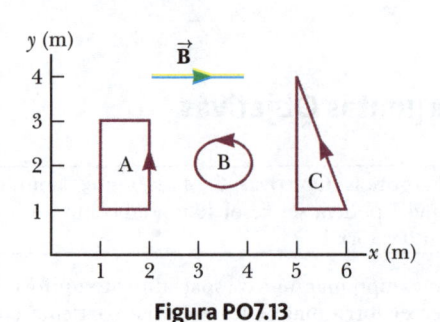

Figura PO7.13

Perguntas Conceituais

1. Um campo magnético constante pode colocar em movimento um elétron inicialmente em repouso? Explique sua resposta.
2. Explique por que não é possível determinar a carga e a massa de uma partícula carregada separadamente ao medir acelerações produzidas por forças elétricas e magnéticas nela.
3. É possível orientar uma espira de corrente em um campo magnético uniforme de tal modo que ela não tenda a girar? Explique.
4. Como o movimento de uma partícula carregada pode ser utilizado para distinguir entre um campo magnético e um elétrico? Apresente um exemplo específico para justificar seu argumento.
5. Como uma espira de corrente pode ser utilizada para determinar a presença de um campo magnético em uma região específica do espaço?
6. Partículas carregadas no espaço sideral, chamadas raios cósmicos, atingem a Terra com mais frequência próximo dos polos que do equador. Por quê?
7. Duas partículas carregadas são projetadas na mesma direção em um campo magnético perpendicular às suas velocidades. Se as partículas forem desviadas em direções opostas, o que é possível dizer sobre elas?

Problemas

WebAssign — Os problemas que se encontram neste capítulo podem ser resolvidos on-line no Enhanced WebAssign (em inglês)

1. denota problema simples;
2. denota problema intermediário;
3. denota problema de desafio;

AMT — Analysis Model Tutorial disponível no Enhanced WebAssign (em inglês);

M — denota tutorial Master It disponível no Enhanced WebAssign (em inglês);

PD — denota problema dirigido;

W — solução em vídeo Watch It disponível no Enhanced WebAssign (em inglês).

Seção 7.1 Modelo de análise: partícula em um campo (magnético)

Os problemas de 1 a 4, 6, 7 e 10 no Capítulo 11 do Volume 1 podem ser resolvidos nesta seção como revisão para o produto vetorial.

1. No equador, perto da superfície da Terra, o campo magnético é aproximadamente 50,0 μT para o norte, e o campo elétrico é cerca de 100 N/C para baixo, em condições normais. Encontre as forças gravitacionais, elétricas e magnéticas em um elétron neste ambiente, assumindo que o elétron tenha uma velocidade instantânea de $6,00 \times 10^6$ m/s direcionada para o leste.

2. W Determine a direção inicial do desvio das partículas carregadas conforme entram nos campos magnéticos mostrados na Figura P7.2.

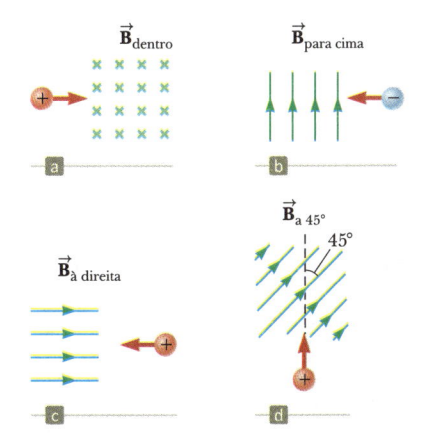

Figura P7.2

3. Encontre a direção do campo magnético que atua em uma partícula positivamente carregada movendo-se em várias situações mostradas na Figura P7.3 se a direção da força magnética que atua nela for como indicada.

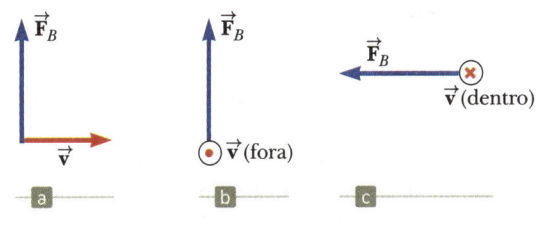

Figura P7.3

4. Considere um elétron próximo do equador da Terra. Para qual direção ele tende a desviar se sua velocidade for (a) direcionada de modo descendente? (b) Direcionada para o norte? (c) Direcionada para o oeste? (d) Direcionada para o sudeste?

5. Um próton é projetado em um campo magnético direcionado ao longo do eixo x positivo. Encontre a direção da força magnética exercida nele para cada uma das direções; a seguir, da sua velocidade: (a) positiva de y, (b) negativa de y, (c) positiva de x.

6. M Um próton que se move a $4,00 \times 10^6$ m/s em um campo magnético de módulo 1,70 T experimenta uma força magnética de módulo $8,20 \times 10^{-13}$ N. Qual é o ângulo entre a velocidade do próton e o campo?

7. W Um elétron é acelerado por $2,40 \times 10^3$ V a partir do repouso e depois entra em um campo magnético uniforme

de 1,70 T. Quais são os valores (a) máximo e (b) mínimo da força magnética que essa partícula experimenta?

8. **W** Um próton move-se à velocidade $\vec{v} = (2\hat{i} - 4\hat{j} + \hat{k})$ m/s em uma região na qual o campo magnético é $\vec{B} = (\hat{i} + 2\hat{j} - \hat{k})$ T. Qual é o módulo da força magnética que essa partícula experimenta?

9. **AMT** Um próton move-se com velocidade de $5{,}02 \times 10^6$ m/s em uma direção que forma ângulo de 60,0° em relação à direção de um campo magnético de módulo 0,180 T na direção positiva x. Quais são os módulos (a) da força magnética no próton e (b) a aceleração do próton?

10. Um ímã de laboratório produz um campo magnético de módulo 1,50 T. Um próton se move por este campo à velocidade de $6{,}00 \times 10^6$ m/s. (a) Encontre o módulo da força magnética máxima que pode ser exercida no próton. (b) Qual é o módulo da aceleração máxima do próton? (c) O campo exerceria a mesma força magnética de um elétron que se move por um campo com a mesma velocidade? (d) O elétron experimentaria a mesma aceleração? Explique.

11. **M** Um próton move-se perpendicularmente a um campo magnético uniforme $\vec{B}$ com velocidade de $1{,}00 \times 10^7$ m/s e experimenta aceleração de $2{,}00 \times 10^{13}$ m/s² na direção positiva de x quando sua velocidade estiver na direção positiva de z. Determine o módulo e a direção do campo.

12. **Revisão.** Uma partícula carregada de massa 1,50 g move-se à velocidade de $1{,}50 \times 10^4$ m/s. Subitamente, um campo magnético uniforme de módulo 0,150 mT em direção perpendicular a essa velocidade é ligado e depois desligado em um intervalo de tempo de 1,00 s. Durante este intervalo, o módulo e a direção da velocidade da partícula sofrem uma mudança insignificante, mas ela se move por uma distância de 0,150 m em direção perpendicular à velocidade. Encontre a carga na partícula.

Seção 7.2 Movimento de uma partícula carregada em um campo magnético uniforme

13. Um elétron se move em um caminho circular perpendicular a um campo magnético uniforme com módulo de 2,00 mT. Se a velocidade do elétron for $1{,}50 \times 10^7$ m/s, determine (a) o raio do caminho circular e (b) o intervalo de tempo necessário para completar uma revolução.

14. Uma tensão de aceleração de $2{,}50 \times 10^3$ V é aplicada a um canhão de elétrons, produzindo um feixe de elétrons que originalmente move-se na horizontal ao norte no vácuo em direção ao centro da tela de visualização de 35,0 cm para fora. Quais são (a) o módulo e (b) a direção do desvio na tela causada pelo campo gravitacional da Terra? Quais são (c) o módulo e (d) a direção do desvio na tela causada pelo componente vertical do campo magnético da Terra, tomado como 20,0 μT para baixo? (e) Um elétron neste campo magnético vertical move-se como um projétil, com aceleração vetorial constante a um componente de velocidade constante em direção norte? (f) É uma boa aproximação supor que ele tem movimento de projétil? Explique.

15. Um próton (carga $+e$, massa m_p), um deutério (carga $+e$, massa $2m_p$) e uma partícula alfa (carga $+2e$, massa $4m_p$) são acelerados a partir do repouso por uma diferença de potencial comum ΔV. Cada uma das partículas entra em um campo magnético uniforme $\vec{B}$, com velocidade em direção perpendicular a $\vec{B}$. O próton move-se em um caminho circular de raio r_p. Em termos de r_p, determine (a) o raio r_d da órbita circular para o deutério e (b) o raio r_α para a partícula alfa.

16. Uma partícula com carga q e energia cinética K move-se em um campo magnético uniforme de módulo B. Se a partícula se move em um caminho circular de raio R, encontre as expressões para (a) sua velocidade e (b) sua massa.

17. **AMT** **Revisão.** Um elétron colide elasticamente com um segundo inicialmente em repouso. Após a colisão, os raios de suas trajetórias são 1,00 cm e 2,40 cm. Estas estão perpendiculares a um campo magnético uniforme de módulo 0,0440 T. Determine a energia (em keV) do elétron incidente.

18. **Revisão.** Um elétron colide elasticamente com um segundo inicialmente em repouso. Após a colisão, os raios de suas trajetórias são r_1 e r_2. Estas estão perpendiculares a um campo magnético uniforme de módulo B. Determine a energia do elétron incidente.

19. **Revisão.** Um elétron move-se em um caminho circular perpendicular a um campo magnético constante de módulo 1,00 mT. A quantidade de movimento angular do elétron no centro do círculo é $4{,}00 \times 10^{-25}$ kg $\times$ m²/s. Determine (a) o raio do caminho circular e (b) a velocidade do elétron.

20. **Revisão.** Uma bola de metal de 30,0 g com carga líquida de $Q = 5{,}00$ μC é jogada de uma janela horizontalmente ao norte à velocidade de $v = 20{,}0$ m/s. A janela está à altura de $h = 20{,}0$ m acima do solo. Um campo magnético horizontal uniforme de módulo $B = 0{,}0100$ T está perpendicular ao plano da trajetória da bola e direcionado para o oeste. (a) Supondo que a bola siga a mesma trajetória que teria na ausência do campo magnético, encontre a força magnética que atua na bola antes que ela atinja o solo. (b) Baseado no resultado da parte (a), justifica-se, com precisão de três dígitos significativos, supor que a trajetória não é afetada pelo campo magnético? Explique.

21. **M** Um próton de raios cósmicos em espaço interestelar tem energia de 10,0 MeV e executa uma órbita circular com raio igual ao da órbita de Mercúrio em torno do Sol ($5{,}80 \times 10^{10}$ m). Qual é o campo magnético nessa região do espaço?

22. Suponha que a região à direita de certo plano contenha um campo magnético uniforme de módulo 1,00 mT e o campo seja zero na região à esquerda do plano, como mostra a Figura P7.22. Um elétron, originalmente movendo-se de forma perpendicular ao plano limítrofe, passa na região do campo. (a) Determine o intervalo de tempo necessário para o elétron deixar a região "preenchida pelo campo", percebendo que o caminho do elétron é um semicírculo. (b) Supondo que a profundidade da penetração no campo seja 2,00 cm, encontre a energia cinética do elétron.

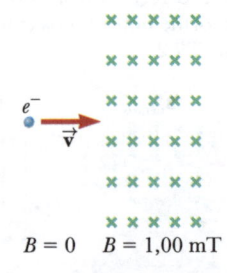

Figura P7.22

23. Um único íon de massa m carregado é acelerado a partir do repouso por uma diferença de potencial ΔV. Em seguida, é desviado por um campo magnético uniforme (perpendicular à velocidade do íon) num semicírculo de raio R. Agora, um íon duplamente carregado de massa m' é acelerado pela mesma diferença de potencial e desviado pelo mesmo campo magnético num semicírculo de raio $R' = 2R$. Qual é a relação das massas dos íons?

Seção 7.3 Aplicações envolvendo partículas carregadas movendo-se em um campo magnético

24. **M** Um cíclotron projetado para acelerar prótons tem campo magnético de módulo 0,450 T por uma região de raio 1,20 m. Quais são (a) a frequência do cíclotron e (b) a velocidade máxima adquirida pelos prótons?

25. **W** Considere o espectrômetro de massa mostrado esquematicamente na Figura 7.14. O módulo do campo elétrico entre as placas do seletor de velocidade é $2,50 \times 10^3$ V/m, e o campo magnético no seletor de velocidade e na câmara de deflexão tem módulo de 0,0350 T. Calcule o raio do caminho para um único íon carregado com massa $m = 2,18 \times 10^{-26}$ kg.

26. Íons únicos de urânio 238 carregados são acelerados por uma diferença de potencial de 2,00 kV e entram em um campo magnético uniforme de módulo 1,20 T direcionados perpendicularmente a suas velocidades. (a) Determine o raio de seu caminho circular. (b) Repita este cálculo para íons de urânio 235. (c) **E se?** Como a proporção desses raios do caminho depende da tensão de aceleração? (d) E do módulo do campo magnético?

27. Um cíclotron (Fig. 7.16) projetado para acelerar prótons tem raio externo de 0,350 m. Os prótons são emitidos proximamente em repouso de uma fonte no centro e acelerados por 600 V cada vez que cruzam a lacuna entre os des. Estes estão entre os polos de um eletroímã onde o campo é 0,800 T. (a) Encontre a frequência do cíclotron para os prótons nele. Encontre (b) a velocidade na qual os prótons saem do cíclotron e (c) sua energia cinética máxima. (d) Quantas revoluções um próton faz no cíclotron? (e) Por qual intervalo de tempo o próton acelera?

28. Uma partícula no cíclotron mostrada na Figura 7.16a ganha energia $q\,\Delta V$ da fonte de alimentação alternada cada vez que passa de um *de* para outro. O intervalo de tempo para cada órbita completa é

$$T = \frac{2\pi}{\omega} = \frac{2\pi m}{qB}$$

de modo que a taxa média de aumento da energia das partículas é

$$\frac{2q\,\Delta V}{T} = \frac{q^2 B\,\Delta V}{\pi m}$$

Note que essa entrada de potência é constante no tempo. Por outro lado, a taxa de aumento no raio r de seu caminho *não* é constante. (a) Mostre que a taxa de aumento no raio r do caminho da partícula é dada por

$$\frac{dr}{dt} = \frac{1}{r}\frac{\Delta V}{\pi B}$$

(b) Descreva como o caminho das partículas na Figura 7.16a é consistente com o resultado da parte (a). (c) Em qual taxa a posição radial dos prótons em um cíclotron aumenta imediatamente antes de os prótons o deixarem? Suponha que o cíclotron tem raio externo de 0,350 m, tensão de aceleração de $\Delta V = 600$ V e campo magnético de módulo 0,800 T. (d) Qual o aumento do raio do caminho dos prótons durante sua última revolução completa?

29. **W** Um seletor de velocidade consiste em campos elétrico e magnético descritos pelas expressões $\vec{E} = E\hat{k}$ e $\vec{B} = B\hat{j}$, com $B = 15,0$ mT. Encontre o valor de E de modo que um elétron de 750 eV que se move na direção negativa de x não seja desviado.

30. Em seus experimentos com "raios catódicos" durante os quais descobriu o elétron, J. J. Thomson mostrou que as mesmas deflexões de feixe eram obtidas com tubos com catodos feitos de materiais *diferentes* e contendo *vários* gases antes da evacuação. (a) Essas observações são importantes? Explique sua resposta. (b) Quando ele aplicou várias diferenças de potencial às placas de deflexão e ligou as bobinas magnéticas, sozinhas ou em combinação com as placas de deflexão, Thomson observou que a tela fluorescente continuava mostrando uma *única e pequena* mancha. Argumente se essa observação é importante. (c) Os cálculos para mostrar que a razão carga-massa que Thomson obteve foram amplamente comparados com os de qualquer corpo macroscópico ou de qualquer átomo ou molécula ionizada. Como é possível essa comparação fazer sentido? (d) Thomson poderia observar qualquer deflexão do feixe devido à gravitação? Faça um cálculo para justificar sua resposta. *Dica*: Para obter uma mancha visivelmente brilhante na tela fluorescente, a diferença de potencial entre as fendas e o catodo deve ser de 100 V ou mais.

31. O tubo de imagens em uma antiga televisão preto e branco utiliza bobinas de deflexão magnética em vez de placas elétricas de deflexão. Suponha que um feixe de elétrons seja acelerado por uma diferença de potencial de 50,0 kV e em seguida por uma região de campo magnético uniforme de largura de 1,00 cm. A tela está localizada a 10,0 cm do centro das bobinas e tem largura de 50,0 cm. Quando o campo é desligado, o feixe de elétrons atinge o centro da tela. Ignorando correções relativistas, qual o módulo do campo necessário para desviar o feixe para o lado da tela?

Seção 7.4 Força magnética agindo em um condutor transportando corrente

32. Um fio reto que transporta uma corrente de 3,00 A é posicionado em um campo magnético uniforme de módulo 0,280 T direcionado perpendicularmente ao fio. (a) Encontre o módulo da força magnética em uma seção do fio com comprimento de 14,0 cm. (b) Explique por que não é possível determinar a direção da força magnética com as informações dadas no problema.

33. Um condutor que transporta uma corrente $I = 15,0$ A é direcionado ao longo do eixo x positivo e perpendicular a um campo magnético uniforme. Uma força magnética por unidade de comprimento de 0,120 N/m atua no condutor na direção negativa de y. Determine (a) o módulo e (b) a direção do campo magnético na região pela qual a corrente passa.

34. **W** Um fio de comprimento 2,80 m transporta uma corrente de 5,00 A em uma região onde um campo magnético uniforme tem módulo de 0,390 T. Calcule o módulo da força magnética no fio supondo que o ângulo entre o campo magnético e a corrente seja (a) 60,0°, (b) 90,0° e (c) 120°.

35. **W** Um fio transporta uma corrente estável de 2,40 A. Uma seção reta do fio tem 0,750 m e fica ao longo do eixo x em um campo magnético uniforme $\vec{B} = 1,60\hat{k}$ T. Se a corrente estiver na direção positiva de x, qual é a força magnética na seção do fio?

36. *Por que a seguinte situação é impossível?* Imagine um fio de cobre com raio de 1,00 mm circundando a Terra no seu equador magnético, onde a direção do campo é horizontal. Uma fonte de alimentação fornece 100 MW ao fio para nele manter uma corrente, em direção na qual a força magnética do campo magnético da Terra seja ascendente. Devido a essa força, o fio é levitado imediatamente acima do solo.

37. **Revisão.** Um bastão de massa 0,720 kg e raio de 6,00 cm está em repouso em dois trilhos paralelos (Fig. P7.37), que estão à distância $d = 12,0$ cm um do outro e têm comprimento $L = 45,0$ cm. O bastão transporta uma corrente de $I = 48,0$ A na direção mostrada e rola ao longo dos trilhos sem derrapar. Um campo magnético uniforme de módulo 0,240 T é direcionado perpendicularmente ao bastão e aos trilhos. Se ele inicia a partir do repouso, qual é sua velocidade conforme sai dos trilhos?

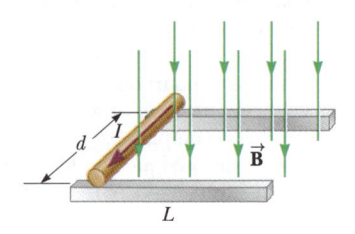

Figura P7.37 Problemas 37 e 38

38. **Revisão.** Um bastão de massa m e raio R está em repouso em dois trilhos paralelos (Fig. P7.37), que estão à distância d um do outro e têm comprimento L. O bastão transporta uma corrente I na direção mostrada e rola ao longo dos trilhos sem derrapar. Um campo magnético uniforme B é direcionado perpendicularmente ao bastão e aos trilhos. Se ele inicia a partir do repouso, qual é sua velocidade conforme sai dos trilhos?

39. Um fio cuja massa por unidade de comprimento é 0,500 g/cm transporta uma corrente 2,00 A horizontalmente ao sul. Quais são (a) a direção e (b) o módulo do campo magnético mínimo necessário para levantar este fio verticalmente para cima?

40. Considere o sistema descrito na Figura P7.40. Um fio horizontal de 15,0 cm de massa 15,0 g é posicionado entre dois condutores finos, verticais, e um campo magnético uniforme atua perpendicularmente à página. O fio pode se mover verticalmente sem atrito nos dois condutores verticais. Quando uma corrente de 5,00 A é direcionada como mostra a figura, o fio horizontal move-se de modo ascendente em velocidade constante na presença da gravidade. (a) Quais forças atuam no fio horizontal e (b) em quais condições ele é capaz de se mover de modo ascendente em velocidade constante? (c) Encontre o módulo e a direção do campo magnético mínimo necessário para mover o fio em velocidade constante. (d) O que acontece se o campo magnético exceder este valor mínimo?

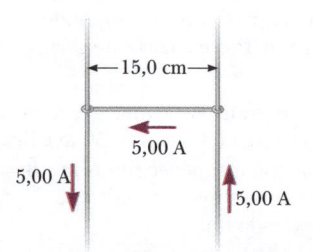

Figura P7.40

41. Uma linha de transmissão horizontal de comprimento 58,0 m transporta uma corrente de 2,20 kA a norte, como mostra a Figura P7.41. O campo magnético da Terra nesse local tem módulo de $5,00 \times 10^{-5}$ T. O campo neste local é direcionado a norte em um ângulo de 65,0° abaixo da linha de transmissão. Encontre (a) o módulo e (b) a direção da força magnética na linha de transmissão.

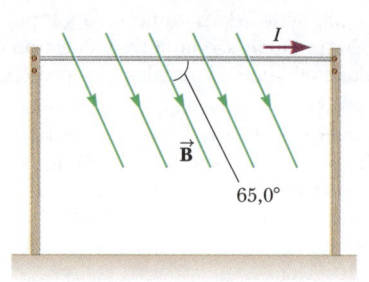

Figura P7.41

42. Um forte ímã é posicionado sob uma espira condutora horizontal de raio r que transporta corrente I, como mostra a Figura P7.42. Se o campo magnético $\vec{B}$ forma um ângulo θ com a vertical no local da espira, quais são (a) o módulo e (b) a direção da força magnética resultante na espira?

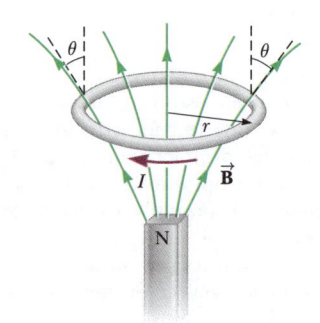

Figura P7.42

43. Suponha que o campo magnético da Terra seja 52,0 µT norte a 60,0° abaixo da horizontal em Atlanta, Geórgia. Um tubo em um sinal de néon estica-se entre dois cantos diagonalmente opostos a uma vitrine – que fica em um plano vertical norte–sul – e transporta corrente de 35,0 mA. Esta entra no tubo no canto inferior sul da vitrine e sai do canto oposto, que está 1,40 m mais a norte e 0,850 m mais para cima. Entre esses dois pontos, o tubo brilhante mostra a palavra DONUTS. Determine a força magnética vetorial total no tubo. *Dica:* Você pode utilizar o primeiro "enunciado geral importante" apresentado na Seção Finalização do Exemplo 7.4.

44. Na Figura P7.44, o cubo tem 40,0 cm em cada lado. Quatro segmentos de fio – ab, bc, cd e da – formam uma espira fechada que transporta uma corrente $I = 5,00$ A na direção mostrada. Um campo magnético uniforme de módulo $B = 0,0200$ T está na direção positiva de y. Determine o vetor força magnética em (a) ab, (b) bc, (c) cd e (d) da. (e) Explique como é possível encontrar a força exercida no quarto segmento a partir das forças nos outros três sem cálculos adicionais que envolvam o campo magnético.

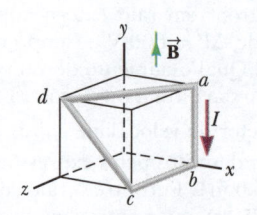

Figura P7.44

Seção 7.5 Torque em uma espira de corrente em um campo magnético uniforme

45. O módulo típico do campo magnético externo em um procedimento de ablação por cateter cardíaco utilizando navegação magnética remota é $B = 0,080$ T. Suponha que o magneto permanente no cateter empregado no procedimento está dentro do átrio esquerdo do coração e sujeito a este campo magnético externo. O magneto permanente tem um momento magnético de $0,10$ A · m². A orientação do magneto permanente é de 30° a partir da direção das linhas externas do campo magnético. (a) Qual é a intensidade do torque na ponta do cateter contendo o magneto permanente? (b) Qual é a energia potencial do sistema que consiste do magneto permanente no cateter e do campo magnético fornecido pelos magnetos externos?

46. Uma bobina circular de 50,0 voltas de raio 5,00 cm pode ser orientada em qualquer direção em um campo magnético uniforme que tenha módulo de 0,500 T. Se a bobina transporta uma corrente de 25,0 mA, encontre o módulo do torque máximo possível exercido nela.

47. Uma agulha de costura magnetizada tem momento magnético de 9,70 mA × m². Neste local, o campo magnético da Terra é 55,0 μT a norte a 48,0° abaixo da horizontal. Identifique as orientações da agulha que representam (a) a energia potencial mínima e (b) a energia potencial máxima do sistema agulha-campo. (c) Quanto trabalho deve ser feito no sistema para mover a agulha da orientação mínima de energia potencial para a máxima?

48. **W** Uma corrente de 17,0 mA é mantida em uma única espira de 2,00 m de circunferência. Um campo magnético de 0,800 T é direcionado paralelamente ao plano da espira. (a) Calcule o momento magnético da espira. (b) Qual é o módulo do torque exercido pelo campo magnético na espira?

49. **M** Uma mola com oito espiras inclui uma área elíptica que tem um eixo principal de 40,0 cm e um eixo secundário de 30,0 cm (Figura P7.49). A mola está no plano da página e tem uma corrente de 6,00 A fluindo no sentido horário em torno dela. Se a mola estiver em um campo magnético uniforme de $2,00 \times 10^{24}$ T dirigido para a esquerda da página, qual é a intensidade do torque sobre a mola? *Dica:* a área de uma elipse é $A = \pi ab$, onde a e b são, respectivamente, os eixos semimaior e semimenor da elipse.

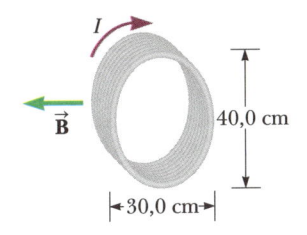

Figura P7.49

50. O rotor em certo motor elétrico é uma bobina plana, retangular, com 80 voltas de fio e dimensões de 2,50 cm por 4,00 cm. Ele gira em um campo magnético uniforme de 0,800 T. Quando seu plano for perpendicular à direção do campo magnético, o rotor transporta uma corrente de 10,0 mA. Nessa orientação, seu momento magnético é direcionado oposto ao campo magnético. O rotor então gira por uma revolução e meia. Este processo é repetido para fazer com que o rotor gire estavelmente à velocidade angular de $3,60 \times 10^3$ rev/min. (a) Encontre o torque máximo que atua no rotor. (b) Encontre a potência de pico de saída do motor. (c) Determine a quantidade de trabalho executada pelo campo magnético no rotor em cada revolução completa. (d) Qual é a potência média do motor?

51. **M** Uma bobina retangular consiste em $N = 100$ voltas bem apertadas e dimensões de $a = 0,400$ m e $b = 0,300$ m. Ela está presa no eixo y e seu plano forma um ângulo $\theta = 30,0°$ com o eixo x (Fig. P7.51). (a) Qual é o módulo do torque exercido na bobina por um campo magnético uniforme $B = 0,800$ T direcionado na direção x quando a corrente for $I = 1,20$ A na direção mostrada? (b) Qual é a direção esperada da rotação da bobina?

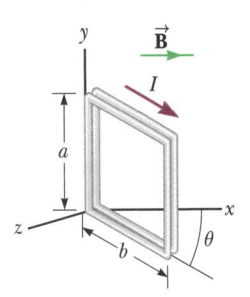

Figura P7.51

52. **PD** Uma espira retangular de fio tem dimensões de 0,500 m por 0,300 m. A espira é pivotado no eixo x e fica no plano xy, como mostra a Figura P7.52. Um campo magnético uniforme de módulo 1,50 T é direcionado em um ângulo de 40,0° em relação ao eixo y com as linhas de campo paralelas ao plano yz. A espira transporta uma corrente de 0,900 A na direção mostrada (ignore a gravitação). Desejamos avaliar o torque na espira de corrente. (a) Qual é a direção da força magnética exercida no segmento de fio ab? (b) Qual é a direção do torque associada a essa força em um eixo que passa pela origem? (c) Qual é a direção da força magnética exercida no segmento cd? (d) Qual é a direção do torque associado a essa força em um eixo que passa por essa origem? (e) As forças examinadas nas partes (a) e (c) podem se combinar para fazer que a espira gire em torno do eixo x? (f) Elas podem afetar o movimento da espira de qualquer modo? Explique. (g) Qual é a direção da força magnética exercida no segmento bc? (h) Qual é a direção do torque associado a essa força em um eixo que passa por essa origem? (i) Qual é o torque no segmento ad no eixo que passa pela origem? (j) A partir da visualização da Figura P7.52, uma vez que a espira é liberada do repouso na posição mostrada, ele girará no sentido horário ou anti-horário em torno do eixo x? (k) Obtenha o módulo do momento magnético da espira. (l) Qual é o ângulo entre o vetor do momento magnético e o campo magnético? (m) Obtenha o torque na espira utilizando os resultados das partes (k) e (l).

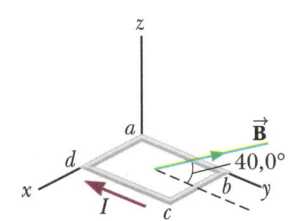

Figura P7.52

53. **W** Um fio é moldado em um círculo com diâmetro de 10,0 cm e posicionado em um campo magnético uniforme de 3,00 mT. O fio transporta uma corrente de 5,00 A. Encontre (a) o torque máximo no fio e (b) a faixa de energias potenciais do sistema fio-campo para orientações diferentes do círculo.

Seção 7.6 O efeito Hall

54. Uma sonda de efeito Hall opera com corrente de 120 mA. Quando a sonda é posicionada em um campo magnético uniforme de módulo 0,0800 T, ela produz uma tensão Hall de 0,700 μV. (a) Quando é utilizada para medir um campo magnético desconhecido, a tensão Hall é 0,330 μV. Qual é o módulo do campo desconhecido? (b) A espessura da sonda na direção de $\vec{B}$ é 2,00 mm. Encontre a densidade dos portadores de carga, cada um com carga de módulo e.

55. [M] Em experimento projetado para medir o campo magnético da Terra utilizando o efeito Hall, uma barra de cobre de espessura de 0,500 cm é posicionada ao longo da direção leste-oeste. Suponha que $n = 8,46 \times 10^{28}$ elétrons/m³ e o plano da barra sendo girado para ficar perpendicular à direção de $\vec{B}$. Se uma corrente de 8,00 A no condutor resultar em uma tensão Hall de $5,10 \times 10^{-12}$ V, qual é o módulo do campo magnético da Terra neste local?

Problemas Adicionais

56. Íons de carbono 14 e carbono 12 (cada um com carga de módulo e) são acelerados em um cíclotron. Se o cíclotron tiver um campo magnético de módulo 2,40 T, qual é a diferença nas suas frequências para os dois íons?

57. No modelo de Niels Bohr de 1913 do átomo de hidrogênio, o único elétron está em uma órbita circular de raio $5,29 \times 10^{-11}$ m e sua velocidade é $2,19 \times 10^6$ m/s. (a) Qual é o módulo do momento magnético devido ao movimento do elétron? (b) Se o elétron se move em um círculo horizontal, em sentido anti-horário visto de cima, qual é a direção deste vetor de momento magnético?

58. Máquinas de coração-pulmão e de rim artificiais utilizam bombas de sangue eletromagnéticas. O sangue está confinado a um tubo isolado eletricamente, cilíndrico, na prática, mas representado aqui, por razões de simplicidade, como um retângulo de largura interior w e altura h. A Figura P7.58 mostra uma seção retangular de sangue no tubo. Dois eletrodos encaixam-se na parte superior e inferior do tubo. A diferença de potencial entre eles estabelece uma corrente elétrica pelo sangue, com densidade J, pela seção de comprimento L mostrada na Figura P7.56. Um campo magnético perpendicular existe na mesma região. (a) Explique por que essa disposição produz no líquido uma força que é direcionada ao longo do comprimento do cano. (b) Mostre que a seção de líquido no campo magnético experimenta um aumento de pressão JLB. (c) Após o sangue sair da bomba, ele é carregado? (d) Ele carrega corrente? (e) É magnetizado (a mesma bomba eletromagnética pode ser utilizada para qualquer fluido que conduz eletricidade, como sódio líquido em um reator nuclear)?

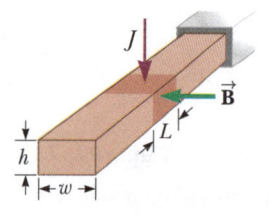

Figura P7.58

59. [M] Uma partícula com carga positiva $q = 3,20 \times 10^{-19}$ C move-se à velocidade $\vec{v} = (2\hat{i} + 3\hat{j} - \hat{k})$ m/s por uma região onde existe um campo magnético uniforme e um campo elétrico uniforme. (a) Calcule a força total na partícula em movimento (na notação vetor-unitário), tomando $\vec{B} = (2\hat{i} + 4\hat{j} + \hat{k})$ T e $\vec{E} = (4\hat{i} - \hat{j} - 2\hat{k})$ V/m. (b) Qual ângulo o vetor força forma com o eixo x positivo?

60. A Figura 7.11 mostra uma partícula carregada movendo-se em um campo magnético não uniforme formando uma garrafa magnética. (a) Explique por que a partícula carregada positivamente na figura deve se mover no sentido horário quando visualizada à direita da figura. A partícula move-se ao longo da hélice cujo raio e declinação diminuem conforme a partícula se move em um campo magnético mais forte. Se a partícula se mover à direita ao longo do eixo x, sua velocidade nesta direção será reduzida a zero e refletida a partir do lado direito da garrafa, atuando como "espelho magnético". A partícula termina rebatendo para a frente e para trás entre as extremidades da garrafa. (b) Explique qualitativamente por que a velocidade axial é reduzida a zero conforme a partícula se move na região magnética forte na extremidade da garrafa. (c) Explique por que a velocidade tangencial aumenta conforme a partícula se aproxima da extremidade da garrafa. (d) Explique por que a partícula em órbita tem um momento magnético dipolar.

61. [AMT] Revisão. A parte superior do circuito na Figura P7.61 é fixa. O fio horizontal na parte inferior tem massa de 10,0 g e comprimento de 5,00 cm. Este fio está pendurado no campo gravitacional da Terra a partir de molas leves idênticas conectadas à parte superior do circuito. As molas esticam-se 0,500 cm sob o peso do fio e o circuito tem resistência total de 12,0 Ω. Quando um campo magnético é ligado, direcionado para fora da página, as molas esticam-se mais 0,300 cm. Somente o fio horizontal na parte inferior do circuito está no campo magnético. Qual é o módulo do campo magnético?

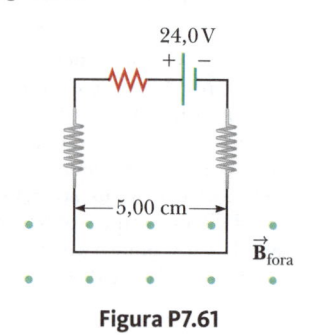

Figura P7.61

62. Em uma região cilíndrica do espaço de raio 100 Mm, um campo magnético é uniforme com módulo 25,0 μT e orientado em paralelo ao eixo do cilindro. O campo magnético é zero fora deste cilindro. Um próton de raios cósmicos que viaja a um décimo da velocidade da luz está indo diretamente em direção ao centro do cilindro, movendo-se perpendicularmente ao eixo deste. (a) Encontre o raio da curvatura do caminho que o próton segue quando entra na região do campo. (b) Explique se o próton chegará ao centro do cilindro.

63. Revisão. Um próton está em repouso no limite do plano de uma região que contém um campo magnético uniforme B (Fig. P7.63). Uma partícula alfa que se move horizontalmente faz uma colisão elástica frontal com o próton. Imediatamente após a colisão, ambas as partículas entram no campo magnético, movendo-se perpendicularmente à direção do campo. O raio da trajetória do próton é R. A massa da partícula alfa é quatro vezes maior que a do próton e sua carga é duas vezes maior. Encontre o raio da trajetória da partícula alfa.

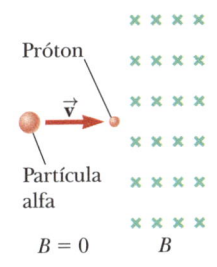

Figura P7.63

64. (a) Um próton que se move com velocidade $\vec{v} = v_i\hat{i}$ experimenta uma força magnética $\vec{F} = F_i\hat{j}$. Explique o que é possível ou não inferir sobre $\vec{B}$ a partir destas informações. (b) **E se?** Em termos de F_i, qual seria a força em um próton no mesmo campo que se move com velocidade $\vec{v} = -v_i\hat{i}$? (c) Qual seria a força de um elétron no mesmo campo que se move com a velocidade $\vec{v} = -v_i\hat{i}$?

65. **AMT Revisão**. Um bastão de metal de 0,200 kg que transporta uma corrente de 10,0 A desliza em dois trilhos horizontais separados por 0,500 m. Se o coeficiente de atrito cinético entre o bastão e os trilhos é 0,100, qual campo magnético vertical é necessário para mantê-lo em movimento com velocidade constante?

66. **Revisão**. Um bastão de metal de massa m que transporta uma corrente I desliza em dois trilhos horizontais separados por uma distância d. Se o coeficiente de atrito cinético entre o bastão e os trilhos é μ, qual campo magnético vertical é necessário para mantê-lo em movimento com velocidade constante?

67. Um próton que tem velocidade inicial de $20{,}0\,\hat{i}$ Mm/s entra em um campo magnético uniforme de módulo 0,300 T com direção perpendicular à velocidade do próton. Ele deixa a região preenchida pelo campo com velocidade $-20{,}0\,\hat{j}$ Mm/s. Determine (a) a direção do campo magnético, (b) o raio de curvatura do caminho do próton enquanto estiver no campo, (c) a distância que o próton se moveu no campo e (d) o intervalo de tempo durante o qual o próton está no campo.

68. Modele o motor elétrico de um liquidificador elétrico de mão como bobina única plana, compacta, circular, transportando corrente elétrica em uma região onde um campo magnético é produzido por um ímã externo permanente. Você precisa considerar somente um instante na operação do motor (consideraremos motores novamente no Capítulo 9). Faça estimativas da ordem de grandeza (a) do campo magnético, (b) do torque na bobina, (c) da corrente na bobina, (d) da área da bobina e (e) do número das voltas na bobina. A alimentação de entrada do motor é elétrica, dada por $P = I\,\Delta V$, e a alimentação de saída útil é mecânica, $P = \tau\omega$.

69. **AMT** Uma esfera não condutora tem massa de 80,0 g e raio de 20,0 cm. Uma bobina de fio plana, compacta, com cinco voltas, é bem enrolada em torno dela, com cada volta concêntrica com a esfera. A esfera é posicionada em um plano inclinado que desce à esquerda (Fig. P7.69), formando um ângulo θ com a horizontal de modo que a bobina esteja paralela com o plano inclinado. Há um campo magnético uniforme de 0,350 T verticalmente na região da esfera. (a) Qual corrente na bobina fará que a esfera fique em repouso em equilíbrio no plano inclinado? (b) Mostre que o resultado não depende do valor de θ.

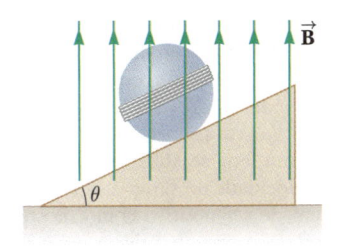

Figura P7.69

70. *Por que a seguinte situação é impossível?* A Figura P7.70 mostra uma técnica experimental para alterar a direção do percurso para uma partícula carregada. Uma partícula de carga $q = 1{,}00$ μC e massa $m = 2{,}00 \times 10^{-13}$ kg entra na parte inferior da região do campo magnético uniforme com velocidade $v = 2{,}00 \times 10^5$ m/s e vetor velocidade perpendicular às linhas do campo. A força magnética na partícula faz que sua direção mude de percurso, de modo que saia no topo da região do campo magnético que se move com um ângulo em relação à sua direção original. O campo magnético tem módulo $B = 0{,}400$ T e é direcionado para fora da página. O comprimento h da região do campo magnético é 0,110 m. Um pesquisador executa o experimento e mede o ângulo θ no qual as partículas saem do topo do campo. E descobre que os ângulos de desvio são exatamente como previstos.

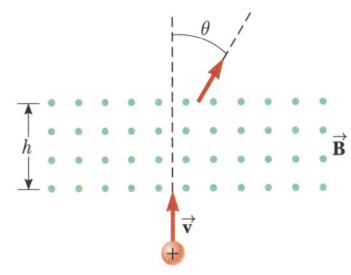

Figura P7.70

71. A Figura P7.71 mostra uma representação esquemática de um aparato que pode ser utilizado para medir campos magnéticos. Uma bobina retangular de fio contém N voltas e largura w. Ela é conectada ao braço de uma balança e suspensa entre os polos de um ímã. O campo magnético é uniforme e perpendicular ao plano da bobina. Primeiro, o sistema é equilibrado quando a corrente na bobina for zero. Quando a chave for fechada e a bobina transportar uma corrente I, uma massa m deve ser acrescentada ao lado direito para equilibrá-lo. (a) Encontre uma expressão para o módulo do campo magnético. (b) Por que o resultado é independente das dimensões verticais da bobina? (c) Suponha que a bobina tenha 50 voltas e largura de 5,00 cm. Quando a chave for fechada, ela transporta uma corrente de 0,300 A, e massa de 20,0 g deve ser acrescentada ao lado direito para equilibrar o sistema. Qual é o módulo do campo magnético?

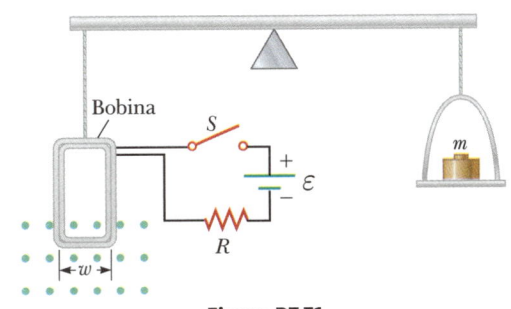

Figura P7.71

72. Um cirurgião cardíaco monitora a faixa de fluxo do sangue por uma artéria utilizando um medidor de fluxo eletromagnético (Fig. P7.72). Os eletrodos A e B fazem contato com a superfície externa do vaso sanguíneo, que tem diâmetro de 3,00 mm. (a) Para um módulo de campo magnético de 0,0400 T, uma fem de 160 μV aparece entre os eletrodos. Calcule a velocidade do sangue. (b) Explique por que o eletrodo A tem de ser positivo como mostrado. (c) O sinal da fem depende se os íons móveis no sangue são predominantemente positiva ou negativamente carregados? Explique.

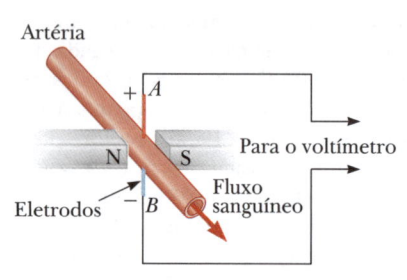

Figura P7.72

73. Um campo magnético de módulo 0,150 T é direcionado ao longo do eixo x positivo. Um pósitron que se move à velocidade de 5,00 x 10^6 m/s entra no campo ao longo de uma direção que forma um ângulo $\theta = 85,0°$ com o eixo x (Fig. P7.73). Espera-se que o movimento da partícula seja uma hélice, como descrito na Seção 7.2. Calcule (a) a inclinação p e (b) o raio da trajetória como definido na Figura P7.73.

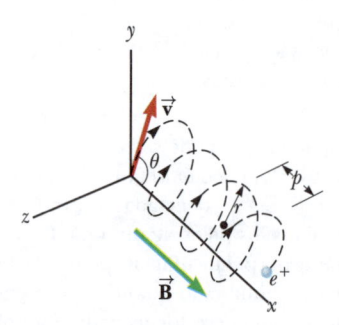

Figura P7.73

74. **Revisão.** (a) Mostre que um dipolo magnético em um campo magnético uniforme, deslocado de sua orientação de equilíbrio e liberado, pode oscilar como um pêndulo de torção (Seção 15.5 do Volume 1) em movimento harmônico simples. (b) Essa afirmação é verdadeira para todos os deslocamentos angulares, para todos os deslocamentos inferiores a 180°, ou somente para deslocamentos angulares pequenos? Explique. (c) Suponha que o dipolo seja uma agulha de bússola – um ímã de barra leve – com momento magnético de módulo μ. Ele tem momento de inércia I no seu centro, onde é montado em um eixo sem atrito, vertical, e posicionado em um campo magnético horizontal de módulo B. Determine sua frequência de oscilação. (d) Explique como a agulha da bússola pode ser convenientemente utilizada como indicador de módulo do campo magnético externo. (e) Se sua frequência é 0,680 Hz no campo local da Terra, com um componente horizontal de 39,2 μT, qual é o módulo de um campo paralelo à agulha na qual sua frequência de oscilação é 4,90 Hz?

75. A tabela a seguir mostra as medições da tensão Hall e o campo magnético correspondente para uma sonda utilizada para medir campos magnéticos. (a) Faça um gráfico com estes dados e deduza uma relação entre estas duas variáveis. (b) Se as medições fossem tomadas com uma corrente de 0,200 A e a amostra feita com um material com densidade de portadores de carga de 1,00 x 10^{26} portadores/m³, qual é a espessura da amostra?

ΔV_H (μV)	B (T)
0	0,00
11	0,10
19	0,20
28	0,30
42	0,40
50	0,50
61	0,60
68	0,70
79	0,80
90	0,90
102	1,00

76. Uma barra de metal com massa por unidade de comprimento λ transporta uma corrente I. O bastão está pendurado em dois fios num campo magnético uniforme vertical, como mostra a Figura P7.76. Os fios formam um ângulo θ com a vertical quando em equilíbrio. Determine o módulo do campo magnético.

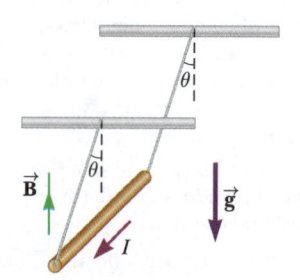

Figura P7.76

Problemas de Desafio

77. Considere um elétron orbitando um próton mantido num caminho circular fixo de raio $R = 5,29 \times 10^{-11}$ m pela força de Coulomb. Trate a partícula orbitante como uma espira de corrente. Calcule o torque resultante quando o sistema elétron-próton é posicionado em um campo magnético de 0,400 T direcionado perpendicularmente ao momento magnético da espira.

78. Prótons com energia cinética de 5,00 MeV (1 eV = 1,60 × 10^{-19} J) movem-se na direção positiva de x e entram em um campo magnético $\vec{B} = 0,0500\hat{k}$ T direcionados para fora do plano da página e estendendo-se de x = 0 a x = 1,00 m, como mostra a Figura P7.78. (a) Ignorando efeitos relativistas, encontre o ângulo α entre o vetor velocidade inicial do feixe de prótons e o vetor velocidade após o feixe emergir do campo. (b) Calcule a componente y das quantidades de movimentos conforme eles saem do campo magnético.

Figura P7.78

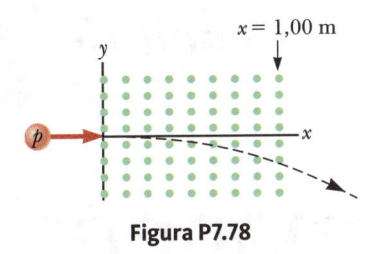

79. **Revisão.** Um fio com densidade linear de massa de 1,00 g/cm é posicionado em uma superfície horizontal que tem coeficiente de atrito cinético de 0,200. O fio transporta uma corrente de 1,50 A em direção a leste e desliza horizontalmente ao norte em velocidade constante. Quais são (a) o módulo e (b) a direção do menor campo magnético que faz que o fio se mova deste modo?

80. Um próton que se move no plano da página tem energia cinética de 6,00 MeV. Um campo magnético de módulo $B = 1,00$ T é direcionado para dentro da página. O próton entra no campo magnético com seu vetor velocidade em um ângulo $\theta = 45,0°$ para o contorno linear do campo, como mostra a Figura P7.80. (a) Encontre x, a distância do ponto de entrada por onde o próton deixará o campo. (b) Determine θ, o ângulo entre o contorno e o vetor velocidade do próton conforme ele deixa o campo.

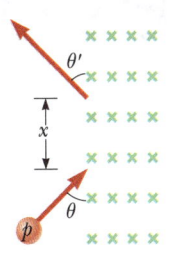

Figura P7.80

capítulo 8
Fontes de campo magnético

8.1 Lei de Biot-Savart
8.2 Força magnética entre dois condutores paralelos
8.3 Lei de Ampère
8.4 Campo magnético de um solenoide
8.5 Lei de Gauss no magnetismo
8.6 Magnetismo na matéria

No Capítulo 7, discutimos a força magnética exercida em uma partícula carregada movendo-se em um campo magnético. Para completar a descrição da interação magnética, este capítulo explora a origem do campo magnético, as cargas em movimento. Iniciamos mostrando como utilizar a Lei de Biot-Savart para calcular o campo magnético produzido em algum ponto do espaço por um pequeno elemento de corrente. Este formalismo é então usado para calcular o campo magnético total devido às várias distribuições de correntes. Em seguida, mostramos como determinar a força entre dois condutores que transportam corrente, chegando à definição de Ampère. Também apresentamos a Lei de Ampère, útil nos cálculos de campo magnético de configuração altamente simétrica que transporta uma corrente estável.

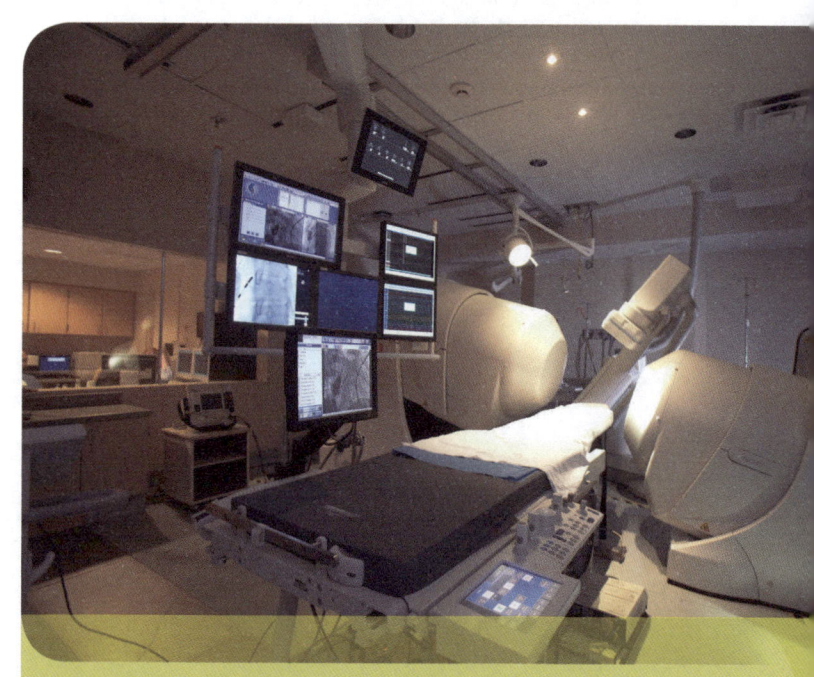

Laboratório de cateterização cardíaca pronto para receber um paciente que sofre de fibrilação atrial. Os grandes objetos brancos em ambos os lados da mesa de operação são ímãs potentes que posicionam o paciente em um campo magnético. O eletrofisiologista que executa o procedimento de ablação por cateter opera um computador na sala à esquerda. Com a orientação do campo magnético, ele utiliza um *joystick* e outros controles para mover a ponta magneticamente sensível de um cateter cardíaco pelos vasos sanguíneos até as cavidades do coração. (© *Cortesia de Stereotaxis, Inc.*)

Este capítulo também aborda os processos complexos que ocorrem nos materiais magnéticos. Todos os efeitos magnéticos na matéria podem ser explicados com base em momentos magnéticos atômicos, que surgem do movimento orbital dos elétrons e de uma propriedade intrínseca dos elétrons conhecida como spin.

8.1 Lei de Biot-Savart

Logo após a descoberta de Oersted, em 1819, de que a agulha da bússola é desviada por um condutor que transporta corrente, Jean-Baptiste Biot (1774-1862) e Félix Savart (1791-1841) realizaram experimentos quantitativos sobre a força exercida por uma corrente elétrica em um ímã próximo. A partir de seus resultados experimentais, Biot e Savart chegaram a uma expressão matemática que fornece o campo magnético em algum ponto do espaço em relação à corrente que ele produz. Essa expressão é baseada nas observações matemáticas a seguir para o campo magnético $d\vec{B}$ em um ponto P associado a um elemento de comprimento $d\vec{s}$ de um fio transportando uma corrente estável I (Fig. 8.1):

- O vetor $d\vec{B}$ está perpendicular a $d\vec{s}$ (que aponta na direção da corrente) e ao vetor unitário $\hat{r}$ direcionado de $d\vec{s}$ em direção a P.
- O módulo de $d\vec{B}$ é inversamente proporcional a r^2, onde r é a distância de $d\vec{s}$ para P.
- O módulo de $d\vec{B}$ é proporcional à corrente e ao módulo ds do elemento de comprimento $d\vec{s}$.
- O módulo de $d\vec{B}$ é proporcional a sen θ, onde θ é o ângulo entre os vetores $d\vec{s}$ e $\hat{r}$.

> **Prevenção de Armadilhas 8.1**
>
> **A Lei de Biot-Savart**
> O campo magnético descrito pela Lei de Biot-Savart é aquele *devido* a um condutor específico transportando corrente. Não o confunda com qualquer outro campo *externo* que possa ser aplicado ao condutor da mesma fonte.

Essas observações são resumidas na expressão matemática conhecida hoje como a **Lei de Biot-Savart**:

$$d\vec{B} = \frac{\mu_0}{4\pi} \frac{I\, d\vec{s} \times \hat{r}}{r^2} \qquad (8.1) \quad \blacktriangleleft \text{Lei de Biot-Savart}$$

onde μ_0 é uma constante chamada **permeabilidade do espaço livre (vácuo)**:

$$\mu_0 = 4\pi \times 10^{-7} \text{ T} \cdot \text{m/A} \qquad (8.2) \quad \blacktriangleleft \text{Permeabilidade do espaço livre}$$

Note que o campo $d\vec{B}$ na Equação 8.1 é aquele criado em um ponto pela corrente em somente um pequeno elemento de comprimento $d\vec{s}$ do condutor. Para encontrar o campo magnético *total* $\vec{B}$ criado em algum ponto por uma corrente de tamanho finito, devemos somar contribuições de todos os elementos da corrente $I\, d\vec{s}$ que formam a corrente. Isto é, devemos avaliar $\vec{B}$ ao integrar a Equação 8.1:

$$\vec{B} = \frac{\mu_0 I}{4\pi} \int \frac{d\vec{s} \times \hat{r}}{r^2} \qquad (8.3)$$

onde a integral é tomada por toda a distribuição de corrente. Essa expressão deve ser lidada com cuidado especial porque a integral é um produto vetorial e, portanto, uma quantidade vetorial. Veremos um caso desta integração no Exemplo 8.1.

Embora a Lei de Biot-Savart tenha sido discutida para um fio que transporta corrente, também é válida para uma corrente que consiste em cargas que fluem pelo espaço como o feixe de partículas em um acelerador. Neste caso, $d\vec{s}$ representa o comprimento de um pequeno segmento do espaço no qual as cargas fluem.

Existem semelhanças e diferenças interessantes entre a Equação 8.1 para o campo magnético, em razão do elemento de corrente, e a Equação 1.9 para o campo elétrico, em razão de uma carga pontual. O módulo do campo magnético varia de acordo com o inverso do quadrado da distância da fonte, assim como o campo elétrico varia em razão de uma carga pontual. Entretanto, as direções dos dois campos são bem diferentes. O campo elétrico criado por uma carga pontual é radial, mas aquele criado por um elemento de corrente é perpendicular ao elemento de comprimento $d\vec{s}$ e ao vetor unitário $\hat{r}$ descritos pelo produto vetorial na Equação 8.1. Assim, se o condutor ficar no plano da página, como mostrado na Figura 8.1, $d\vec{B}$ aponta para fora da página em P e para dentro dela em P'.

Outra diferença entre campos elétricos e magnéticos está relacionada à fonte do campo. Um campo elétrico é estabelecido por uma carga elétrica isolada. A Lei de Biot-Savart fornece o campo magnético de um elemento de corrente isolado em algum ponto, mas este elemento não pode existir do modo como uma carga elétrica isolada. Um elemento de corrente *deve* ser parte de uma distribuição estendida de corrente, porque é necessário um circuito completo para que as cargas fluam. Portanto, a Lei de Biot-Savart (Eq. 8.1) é somente o primeiro passo no cálculo de um campo magnético; deve ser seguido por uma integração pela distribuição de corrente como na Equação 8.3.

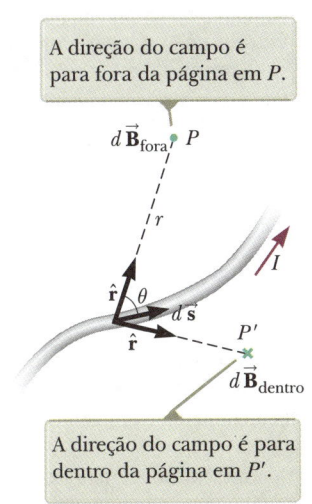

Figura 8.1 O campo magnético $d\vec{B}$ em um ponto devido à corrente I que passa pelo elemento de comprimento $d\vec{s}$ é dado pela Lei de Biot-Savart.

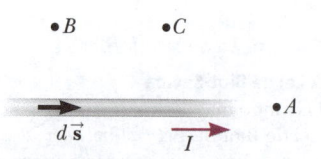

Teste Rápido 8.1 Considere o campo magnético devido à corrente no fio mostrado na Figura 8.2. Ordene, do maior para o menor, os pontos A, B e C em em relação ao módulo do campo magnético que é devido à corrente somente no elemento de comprimento $d\vec{s}$ mostrado.

Figura 8.2 (Teste Rápido 8.1) Onde está o campo magnético devido ao elemento de corrente a partir do maior?

Exemplo 8.1 — Campo magnético em torno de um condutor fino e reto

Considere um fio fino e reto, de comprimento finito que transporta uma corrente constante I e está posicionado ao longo do eixo x, como mostra a Figura 8.3. Determine o módulo e a direção do campo magnético no ponto P devido a esta corrente.

SOLUÇÃO

Conceitualização A partir da Lei de Biot-Savart, esperamos que o módulo do campo seja proporcional à corrente no fio e que diminua conforme a distância a do fio até o ponto P aumenta. Também esperamos que o campo dependa dos ângulos θ_1 e θ_2 na Figura 8.3b. Definimos a origem em O e assumimos que ponto P está ao longo do eixo positivo y, com $\hat{\mathbf{k}}$ sendo um vetor unitário apontando para fora da página.

Categorização Temos que encontrar o campo magnético devido a uma distribuição simples de corrente. Portanto, este exemplo é um problema típico para o qual a Lei de Biot-Savart é apropriada. Devemos encontrar a contribuição do campo de um pequeno elemento de corrente e depois pela distribuição de corrente.

Análise Vamos começar considerando um elemento de comprimento $d\vec{s}$ localizado a uma distância r de P. A direção do campo magnético no ponto P devido à corrente neste elemento está para fora da página, porque $d\vec{s} \times \hat{\mathbf{r}}$ também está. Na verdade, como *todos* os elementos de corrente $I\,d\vec{s}$ estão no plano da página, todos produzem um campo magnético direcionado para fora da página no ponto P. Portanto, a direção do campo magnético no ponto P é para fora da página, e precisamos encontrar somente o módulo do campo.

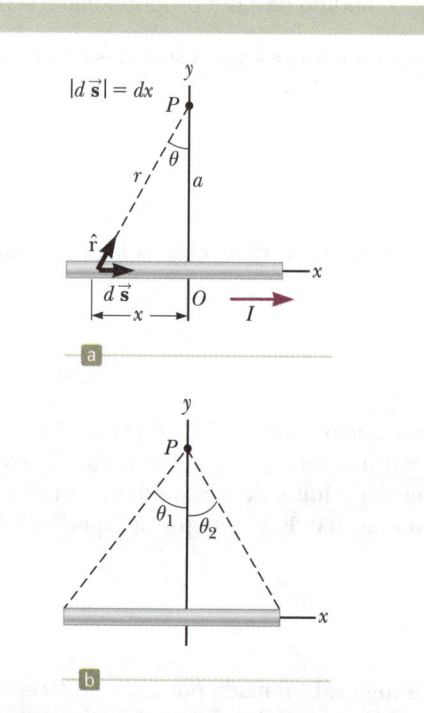

Figura 8.3 (Exemplo 8.1) (a) Um fio fino e reto transportando uma corrente I. (b) Os ângulos θ_1 e θ_2 utilizados para determinação do campo resultante.

Avalie o produto vetorial na Lei de Biot-Savart:

$$d\vec{s} \times \hat{\mathbf{r}} = |d\vec{s} \times \hat{\mathbf{r}}|\hat{\mathbf{k}} = \left[dx\,\text{sen}\left(\frac{\pi}{2}-\theta\right)\right]\hat{\mathbf{k}} = (dx\cos\theta)\hat{\mathbf{k}}$$

Substitua na Equação 8.1:

$$(1)\quad d\vec{\mathbf{B}} = (dB)\hat{\mathbf{k}} = \frac{\mu_0 I}{4\pi}\frac{dx\cos\theta}{r^2}\hat{\mathbf{k}}$$

A partir da geometria na Figura 8.3a, expresse r em termos de θ:

$$(2)\quad r = \frac{a}{\cos\theta}$$

Observe que $\text{tg}\,\theta = -x/a$ do triângulo retângulo na Figura 8.3a (o sinal negativo é necessário porque $d\vec{s}$ está localizado em um valor negativo de x) e resolva para x:

$$x = -a\,\text{tg}\,\theta$$

Encontre a diferencial dx:

$$(3)\quad dx = -a\sec^2\theta\,d\theta = -\frac{a\,d\theta}{\cos^2\theta}$$

Substitua as Equações (2) e (3) no módulo do campo a partir da Equação (1):

$$(4)\quad dB = -\frac{\mu_0 I}{4\pi}\left(\frac{a\,d\theta}{\cos^2\theta}\right)\left(\frac{\cos^2\theta}{a^2}\right)\cos\theta = -\frac{\mu_0 I}{4\pi a}\cos\theta\,d\theta$$

8.1 cont.

Integre a Equação (4) por todos os elementos de comprimento do fio, onde os ângulos opostos variam de θ_1 a θ_2, como definido na Figura 8.3b:

$$B = -\frac{\mu_0 I}{4\pi a}\int_{\theta_1}^{\theta_2}\cos\theta\, d\theta = \boxed{\frac{\mu_0 I}{4\pi a}(\text{sen}\,\theta_1 - \text{sen}\,\theta_2)} \quad (8.4)$$

Finalização É possível utilizar este resultado para encontrar o campo magnético de *qualquer* fio reto que transporta corrente se conhecermos a geometria e, assim, os ângulos θ_1 e θ_2. Considere o caso especial de um fio reto de comprimento infinito. Se o fio na Figura 8.3b se torna infinitamente longo, vemos que $\theta_1 = \pi/2$ e $\theta_2 = -\pi/2$ para segmentos de comprimento que variam entre as posições $x = -\infty$ e $x = +\infty$. Como (sen θ_1 − sen θ_2) = [sen $\pi/2$ − sen $(-\pi/2)$] = 2, a Equação 8.4 se torna

$$B = \frac{\mu_0 I}{2\pi a} \quad (8.5)$$

As Equações 8.4 e 8.5 mostram que o módulo do campo magnético é proporcional à corrente e diminui com a distância maior do fio, como esperado. A Equação 8.5 tem a mesma forma matemática que a expressão para o módulo do campo elétrico devido ao fio carregado longo (consulte a Eq. 2.7).

Exemplo 8.2 | Campo magnético devido a um segmento de fio curvado

Calcule o campo magnético no ponto O para o segmento de fio que transporta corrente mostrado na Figura 8.4. O fio consiste em duas partes retas e um arco circular de raio a, que se opõe a um ângulo θ.

SOLUÇÃO

Conceitualização O campo magnético em O devido à corrente nos segmentos retos AA' e CC' é zero devido a $d\vec{s}$ estar paralela a $\hat{r}$ ao longo desses caminhos, o que, para estes, significa que $d\vec{s} \times \hat{r} = 0$. Portanto, esperamos que o campo magnético em O seja devido somente à corrente na parte curva do cabo.

Categorização Como é possível ignorar os segmentos AA' e CC', este exemplo é categorizado como uma aplicação da Lei de Biot-Savart para o segmento de fio curvado AC.

Figura 8.4 (Exemplo 8.2) O comprimento do segmento curvado AC é s.

Análise Cada elemento de comprimento $d\vec{s}$ ao longo do caminho AC está na mesma distância a de O, e a corrente em cada um contribui com um elemento de campo $d\vec{B}$ direcionado para dentro da página em O. Além do mais, em cada ponto em AC, $d\vec{s}$ é perpendicular a $\hat{r}$; assim, $|d\vec{s} \times \hat{r}| = ds$.

A partir da Equação 8.1, encontre o módulo do campo em O devido à corrente no elemento de comprimento ds:

$$dB = \frac{\mu_0}{4\pi}\frac{I\,ds}{a^2}$$

Integre esta expressão pelo caminho curvado AC, tendo em mente que I e a são constantes:

$$B = \frac{\mu_0 I}{4\pi a^2}\int ds = \frac{\mu_0 I}{4\pi a^2}s$$

A partir da geometria, observe que $s = a\theta$ e substitua:

$$B = \frac{\mu_0 I}{4\pi a^2}(a\theta) = \boxed{\frac{\mu_0 I}{4\pi a}\theta} \quad (8.6)$$

Finalização A Equação 8.6 fornece o módulo do campo magnético em O. A direção de $\vec{B}$ está para dentro da página em O porque $d\vec{s} \times \hat{r}$ está na direção da página para cada elemento de comprimento.

E SE? E se for pedido que encontre o campo magnético no centro de um anel de fio circular de raio R que transporta uma corrente I? Esta questão pode ser respondida neste ponto, de acordo com nosso conhecimento da fonte dos campos magnéticos?

continua

8.2 cont.

SOLUÇÃO

Resposta Sim, pode. Os fios retos na Figura 8.4 não contribuem para o campo magnético. A única contribuição é do segmento curvado. Conforme o ângulo θ aumenta, o segmento curvado se torna um círculo completo quando $\theta = 2\pi$. Portanto, é possível encontrar o campo magnético no centro de um anel de fio com $\theta = 2\pi$ na Equação 8.6:

$$B = \frac{\mu_0 I}{4\pi a} 2\pi = \frac{\mu_0 I}{2a}$$

Este resultado é um caso limite de outro mais geral discutido no Exemplo 8.3.

Exemplo 8.3 — Campo magnético no eixo de um anel de corrente circular

Considere um anel de fio circular de raio a localizado no plano yz que transporta uma corrente estável I, como na Figura 8.5. Calcule o campo magnético em um ponto axial P a uma distância x do centro do anel.

SOLUÇÃO

Conceitualização Compare este problema ao Exemplo 1.8 para o campo elétrico devido a um anel de carga. A Figura 8.5 mostra a contribuição do campo magnético $d\vec{B}$ em P devido a um elemento único de corrente no topo do anel. O vetor campo pode ser decomposto em componentes dB_x paralelas ao eixo do anel e $dB_\perp$ perpendicular ao eixo. Pense sobre as contribuições do campo magnético de um elemento de corrente na parte inferior do anel. Devido à simetria da situação, as componentes perpendiculares do campo devido aos elementos nas partes superior e inferior do anel se cancelam. Este cancelamento ocorre para todos os pares de segmentos ao redor do anel, por isso podemos ignorar a componente perpendicular do campo e focar somente as componentes paralelas que simplesmente se somam.

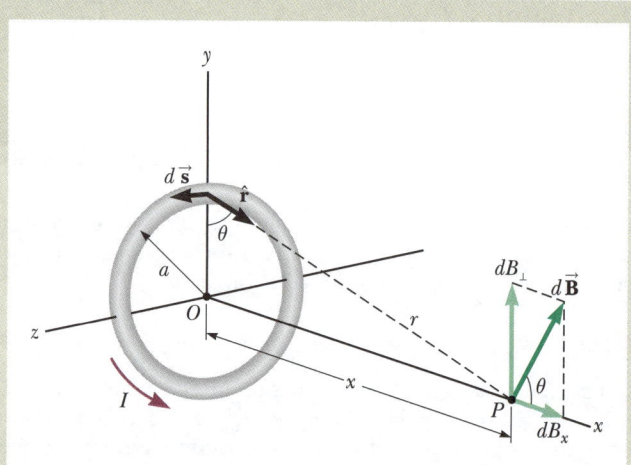

Figura 8.5 (Exemplo 8.3) Geometria para calcular o campo magnético em um ponto P que está no eixo de um anel de corrente. Por simetria, o campo total $\vec{B}$ está ao longo deste eixo.

Categorização Somos solicitados a encontrar o campo magnético devido a uma simples distribuição de corrente. Portanto, este exemplo é um problema típico para o qual a Lei de Biot-Savart é apropriada.

Análise Nesta situação, cada elemento de comprimento $d\vec{s}$ está perpendicular ao vetor $\hat{r}$ no local do elemento. Portanto, para qualquer elemento, $|d\vec{s} \times \hat{r}| = (ds)(1)\operatorname{sen} 90° = ds$. Além do mais, todos os elementos de comprimento ao redor do anel estão na mesma distância r de P, onde $r^2 = a^2 + x^2$.

Utilize a Equação 8.1 para encontrar o módulo de $d\vec{B}$ devido à corrente em qualquer elemento de comprimento $d\vec{s}$:

$$dB = \frac{\mu_0 I}{4\pi} \frac{|d\vec{s} \times \hat{r}|}{r^2} = \frac{\mu_0 I}{4\pi} \frac{ds}{(a^2 + x^2)}$$

Encontre a componente x do elemento de campo:

$$dB_x = \frac{\mu_0 I}{4\pi} \frac{ds}{(a^2 + x^2)} \cos\theta$$

Integre por todo o anel:

$$B_x = \oint dB_x = \frac{\mu_0 I}{4\pi} \oint \frac{ds \cos\theta}{(a^2 + x^2)}$$

A partir da geometria, avalie $\cos\theta$:

$$\cos\theta = \frac{a}{(a^2 + x^2)^{1/2}}$$

Substitua esta expressão para $\cos\theta$ na integral e note que x e a são ambos constantes:

$$B_x = \frac{\mu_0 I}{4\pi} \oint \frac{ds}{a^2 + x^2} \left[\frac{a}{(a^2+x^2)^{1/2}}\right] = \frac{\mu_0 I}{4\pi} \frac{a}{(a^2+x^2)^{3/2}} \oint ds$$

> **8.3** cont.

Integre pelo anel:
$$B_x = \frac{\mu_0 I}{4\pi} \frac{a}{(a^2 + x^2)^{3/2}} (2\pi a) = \frac{\mu_0 I a^2}{2(a^2 + x^2)^{3/2}} \quad (8.7)$$

Finalização Para encontrar o campo magnético no centro do anel, configure $x = 0$ na Equação 8.7. Neste ponto especial,

$$B = \frac{\mu_0 I}{2a} \quad (\text{a } x = 0) \quad (8.8)$$

que é consistente com o resultado de **E se?** do Exemplo 8.2.

O padrão das linhas do campo magnético para um anel de corrente circular é mostrado na Figura 8.6a. Para maior clareza, as linhas são desenhadas somente para o plano que contém o eixo do anel. O padrão campo-linha é axialmente simétrico e se parece com o padrão ao redor de um ímã de barra, mostrado na Figura 8.6b.

E SE? E se considerarmos pontos no eixo x muito distantes do anel? Como um campo magnético se comporta nesses pontos distantes?

Resposta Neste caso, no qual $x \gg a$, podemos desconsiderar o termo a^2 no denominador da Equação 8.7 e obter

$$B \approx \frac{\mu_0 I a^2}{2x^3} \quad (\text{para } x \gg a) \quad (8.9)$$

O módulo do momento magnético do anel é definido como o produto da corrente e da área do anel (consulte a Eq. 7.15): $\mu = I(\pi a^2)$ para nosso anel circular. É possível expressar a Equação 8.9 como

$$B \approx \frac{\mu_0}{2\pi} \frac{\mu}{x^3} \quad (8.10)$$

Figura 8.6 (Exemplo 8.3) (a) Linhas de campo magnético em volta de um anel de corrente. (b) Linhas de campo magnético em volta de um ímã de barra. Note a semelhança entre este padrão de linhas e aquele do anel de corrente.

Este resultado é similar na forma à expressão para o campo elétrico devido a um dipolo elétrico, $E = k_e(p/y^3)$ (consulte o Exemplo 1.5), onde $p = 2aq$ é o momento elétrico dipolar como definido na Equação 4.16.

8.2 Força magnética entre dois condutores paralelos

No Capítulo 7, descrevemos a força magnética que atua em um condutor que transporta corrente posicionado em um campo magnético externo. Como uma corrente em um condutor configura seu próprio campo magnético, é fácil compreender que dois condutores que transportam corrente exercem forças magnéticas um no outro. Um cabo estabelece o campo magnético e outro cabo é modelado como um conjunto de partículas em um campo magnético. Essas forças podem ser utilizadas como a base para a definição do ampère e do coulomb.

Considere dois fios longos, retos e paralelos separados por uma distância a transportando correntes I_1 e I_2 na mesma direção, como na Figura 8.7. Vamos determinar a força exercida em um fio devida ao campo magnético configurado pelo outro fio. O fio 2, que transporta uma corrente I_2, identificado arbitrariamente como o fio fonte, cria um campo magnético $\vec{B}_2$ no local do fio 1, o fio de teste. A direção de $\vec{B}_2$ é perpendicular ao fio 1, como mostra a Figura 8.7. De acordo com a Equação 7.10, a força magnética em um comprimento ℓ do fio 1 é $\vec{F}_1 = I_1 \vec{\ell} \times \vec{B}_2$. Como $\vec{\ell}$ é perpendicular a $\vec{B}_2$ nesta situação, o módulo de $\vec{F}_1$ é $F_1 = I_1 \ell B_2$. Como o módulo de $\vec{B}_2$ é dado pela Equação 8.5,

$$F_1 = I_1 \ell B_2 = I_1 \ell \left(\frac{\mu_0 I_2}{2\pi a}\right) = \frac{\mu_0 I_1 I_2}{2\pi a} \ell \quad (8.11)$$

O campo $\vec{B}_2$ devido à corrente no fio 2 exerce uma força magnética $F_1 = I_1 \ell B_2$ no fio 1.

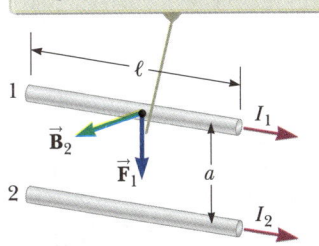

Figura 8.7 Dois fios paralelos que transportam correntes estáveis exercem uma força magnética um no outro. A força é atrativa se as correntes forem paralelas (como mostrado), e repulsiva se forem antiparalelas.

A direção de $\vec{F}_1$ está para o fio 2 porque $\vec{\ell} \times \vec{B}_2$ está naquela direção. Quando o campo configurado no fio 2 pelo fio 1 é calculado, a força $\vec{F}_2$ que atua no fio 2 é igual em módulo e oposta em direção a $\vec{F}_1$, que é o que esperávamos, porque a Terceira

Lei de Newton deve ser obedecida. Quando as correntes estão em direções opostas (isto é, quando uma das correntes for revertida na Fig. 8.7), as forças são invertidas e os fios se repelem. Assim, condutores paralelos transportando correntes na *mesma* direção *atraem* um ao outro, e condutores paralelos transportando correntes em direções *opostas se repelem*.

Como os módulos das forças são as mesmas em ambos os fios, classificamos o módulo da força magnética entre os fios como simplesmente F_B. Podemos reescrever este módulo em termos da força por unidade de comprimento:

$$\boxed{\frac{F_B}{\ell} = \frac{\mu_0 I_1 I_2}{2\pi a}} \tag{8.12}$$

A força entre dois fios paralelos é utilizada para definir o **ampère** como segue:

> **Definição do ampère** ▶ Quando o módulo da força por unidade de comprimento entre dois fios longos e paralelos que transportam correntes idênticas e separadas por 1 m é 2×10^{-7} N/m, a corrente em cada fio é definida como 1 A.

O valor 2×10^{-7} N/m é obtido a partir da Equação 8.12, com $I_1 = I_2 = 1$ A e $a = 1$ m. Como esta definição é baseada em uma força, uma medição mecânica pode ser utilizada para padronizar o ampère. Por exemplo, o National Institute of Standards and Technology dos Estados Unidos utiliza um instrumento chamado *balança de corrente* para medições primárias de corrente. Os resultados são então utilizados para padronizar outros instrumentos mais convencionais como amperímetros.

A unidade SI de carga, o **coulomb**, é definida em relação ao ampère: quando um condutor transporta uma corrente estável de 1 A, a quantidade de carga que flui por uma seção transversal do condutor em 1 s é 1 C.

Ao derivar as Equações 8.11 e 8.12, supusemos que ambos os fios são longos comparados com sua distância de separação. Na verdade, somente um fio precisa ser longo. As equações descrevem com precisão as forças exercidas uma na outra por um longo fio e um fio reto e paralelo de comprimento limitado ℓ.

▎*Teste Rápido* **8.2** Uma mola espiral solta que não transporta corrente é pendurada no teto. Quando uma chave é ligada, de modo que haja uma corrente na mola, as espiras **(a)** ficam mais próximas, **(b)** ficam mais distantes ou **(c)** não se movem?

Exemplo **8.4** Suspendendo um fio MA

Dois fios paralelos de comprimento infinito estão no solo separados por uma distância de $a = 1,00$ cm, como mostra a Figura 8.8a. Um terceiro fio, de comprimento $L = 10,0$ m e massa de 400 g, transporta uma corrente de $I_1 = 100$ A e é levitado acima dos dois primeiros em uma posição horizontal no ponto intermediário entre eles. Os fios de comprimento infinito transportam correntes I_2 na mesma direção, mas na direção oposta à no fio levitado. Que corrente o fio de comprimento infinito deve transportar para que os três fios formem um triângulo equilátero?

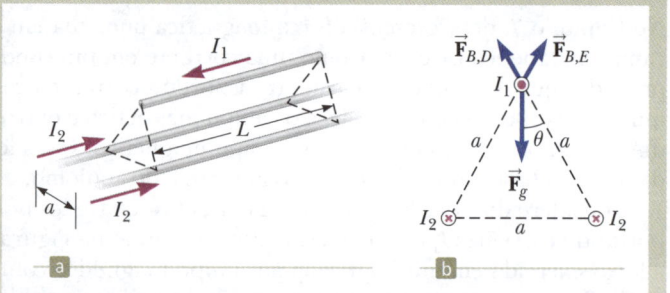

Figura 8.8 (Exemplo 8.4) (a) Dois fios que transportam corrente estão no solo e suspendem um terceiro no ar por forças magnéticas. (b) Visualização da extremidade. Na situação descrita no exemplo, os três fios formam um triângulo equilátero. As duas forças magnéticas no fio levitado são $\vec{F}_{B,E}$, a força devida ao fio esquerdo no solo, e $\vec{F}_{B,D}$, a força devida ao fio direito. A força gravitacional $\vec{F}_g$ no fio levitado também é mostrada.

SOLUÇÃO

Conceitualização Como a corrente no fio curto é oposta àquelas nos longos, o fio curto é repelido por ambos os outros. Imagine que as correntes nos fios longos na Figura 8.8a aumentem. A força repulsiva se torna mais forte e o fio levitado ergue-se ao ponto no qual o fio seja mais uma vez levitado em equilíbrio em uma posição mais alta. A Figura 8.8b mostra a situação desejada com os três fios formando um triângulo equilátero.

Categorização Como o fio levitado está sujeito a forças, mas não acelera, ele é modelado como uma *partícula em equilíbrio*.

8.4 cont.

Análise As componentes horizontais das forças magnéticas no fio levitado se cancelam. As componentes verticais são ambas positivas e se somam. Faça que o eixo z seja ascendente pelo fio superior na Figura 8.8b e no plano da página.

Encontre a força magnética total na direção ascendente no fio levitado:
$$\vec{F}_B = 2\left(\frac{\mu_0 I_1 I_2}{2\pi a}\ell\right)\cos\theta\,\hat{k} = \frac{\mu_0 I_1 I_2}{\pi a}\ell\cos\theta\,\hat{k}$$

Encontre a força gravitacional no fio levitado:
$$\vec{F}_g = -mg\hat{k}$$

Aplique o modelo da partícula em equilíbrio acrescentando as forças e configurando a força líquida igual a zero:
$$\sum\vec{F} = \vec{F}_B + \vec{F}_g = \frac{\mu_0 I_1 I_2}{\pi a}\ell\cos\theta\,\hat{k} - mg\hat{k} = 0$$

Resolva para a corrente nos fios no solo:
$$I_2 = \frac{mg\pi a}{\mu_0 I_1 \ell \cos\theta}$$

Substitua os valores numéricos:
$$I_2 = \frac{(0{,}400\text{ kg})(9{,}80\text{ m/s}^2)\pi(0{,}0100\text{ m})}{(4\pi\times 10^{-7}\text{ T}\cdot\text{m/A})(100\text{ A})(10{,}0\text{ m})\cos 30{,}0°}$$
$$= \boxed{113\text{ A}}$$

Finalização As correntes em todos os fios estão na ordem de 10^2 A. Essas grandes correntes necessitariam de equipamentos especializados. Portanto, esta situação seria difícil de estabelecer na prática. O equilíbrio do cabo é estável ou instável?

8.3 Lei de Ampère

Voltando, vemos que o resultado do Exemplo 8.1 é importante porque uma corrente em um fio longo e reto ocorre com frequência. A Figura 8.9 é uma visualização em perspectiva do campo magnético que circunda um fio longo e reto que transporta corrente. Por causa da simetria do fio, as linhas do campo magnético são círculos concêntricos com o fio e ficam nos planos perpendicularmente a ele. O módulo de $\vec{B}$ é constante em qualquer círculo de raio a e dado pela Equação 8.5. Uma regra conveniente para determinar a direção de $\vec{B}$ é pegar o fio com a mão direita, posicionando o dedão ao longo da direção da corrente. Os quatro dedos seguram na direção do campo magnético.

A Figura 8.9 também mostra que a linha do campo magnético não tem início nem fim. Em vez disso, forma um anel fechado. Esta é uma grande diferença entre as linhas de campo magnético e linhas de campo elétrico, que começam como cargas positivas e terminam como negativas. Exploraremos esta função das linhas de campo magnético mais tarde, na Seção 8.5.

A descoberta de 1819 de Oersted sobre agulhas de bússola desviadas demonstra que um condutor que transporta corrente produz um campo magnético. A Figura 8.10a mostra como este efeito pode ser demonstrado na sala de aula. Várias agulhas de bússola são posicionadas em um plano horizontal próximas a um fio longo e vertical. Quando nenhuma corrente estiver presente no fio, todas as agulhas apontam na mesma direção (aquela da componente horizontal do campo magnético da Terra, como esperado). Quando o fio transporta uma corrente forte e estável, todas as agulhas se desviam em uma direção tangente ao círculo, como na Figura 8.10b. Essas observações demonstram que a direção do campo magnético produzido pela corrente no fio é consistente com a regra da mão direita descrita na Figura 8.9. Quando a corrente é invertida, as agulhas na Figura 8.10b também se invertem.

Agora, vamos avaliar o produto $\vec{B}\cdot d\vec{s}$ por meio de um pequeno elemento de comprimento $d\vec{s}$ no caminho circular definido pelas agulhas da bússola e somar os produtos para todos os elementos do caminho circular fechado.[1] Ao longo deste caminho, os vetores $d\vec{s}$ e $\vec{B}$ estão paralelos em cada ponto (consulte a Fig. 8.10b), então $\vec{B}\cdot d\vec{s} = B\,ds$.

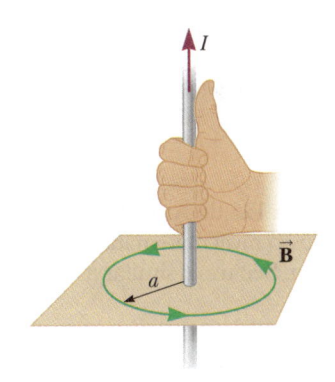

Figura 8.9 A regra da mão direita para determinar a direção do campo magnético ao redor de um fio longo e reto transportando uma corrente. Note que as linhas de campo magnético formam círculos em volta do fio.

---

[1] Você pode se perguntar por que escolhemos calcular este produto escalar. A origem da Lei de Ampère está na ciência do século XIX, na qual uma "carga magnética" (o suposto análogo a uma carga elétrica isolada) foi imaginada como sendo movida em torno de uma linha de campo circular. O trabalho feito na carga foi relacionado a $\vec{B}\cdot d\vec{s}$, analogamente ao trabalho feito ao mover uma carga elétrica em um campo elétrico, relacionado a $\vec{E}\cdot d\vec{s}$. Portanto, a Lei de Ampère, um princípio válido e útil, surgiu de um cálculo de trabalho errôneo e abandonado!

Andre-Marie Ampère
Físico francês (1775-1836)
Ampère é considerado o descobridor do eletromagnetismo, que é a relação entre correntes elétricas e campos magnéticos. A genialidade de Ampère, particularmente na matemática, tornou-se evidente quando ele tinha 12 anos de idade; sua vida pessoal, entretanto, foi carregada de tragédias. Seu pai, uma autoridade municipal rica, foi guilhotinado durante a Revolução Francesa e sua esposa morreu jovem, em 1803. Ampère morreu aos 61 anos de pneumonia.

Figura 8.10 (a) e (b) Bússolas mostram os efeitos da corrente em um fio próximo.

Prevenção de Armadilhas 8.2
Evitando problemas com sinais
Ao utilizar a Lei de Ampère, aplique a regra da mão direita a seguir. Aponte seu dedão na direção da corrente pelo anel amperiano. Seus dedos curvados apontam na direção que você deve integrar ao percorrer o anel para evitar ter que definir a corrente como negativa.

Além do mais, o módulo de $\vec{B}$ é constante neste círculo e é dado pela Equação 8.5. Portanto, a soma dos produtos $B\,ds$ no caminho fechado, que é equivalente ao integral da linha de $\vec{B} \cdot d\vec{s}$, é

$$\oint \vec{B} \cdot d\vec{s} = B \oint ds = \frac{\mu_0 I}{2\pi r}(2\pi r) = \mu_0 I$$

onde $\oint ds = 2\pi r$ é a circunferência do caminho circular de raio r. Embora este resultado tenha sido calculado para o caso especial de um caminho circular em volta de um fio, ele se mantém para um caminho fechado de *qualquer* formato (um anel *amperiano*) circundando uma corrente que existe em um circuito não aberto. O caso geral, conhecido como **Lei de Ampère**, pode ser formulado como se segue:

Lei de Ampère ▶

> A integral de linha de $\vec{B} \cdot d\vec{s}$ em volta de qualquer caminho fechado é igual a $\mu_0 I$, onde I é a corrente estável total que passa por qualquer superfície limitada pelo caminho fechado:
>
> $$\oint \vec{B} \cdot d\vec{s} = \mu_0 I \qquad (8.13)$$

A Lei de Ampère descreve a criação dos campos magnéticos por todas as configurações de corrente contínua, mas em nosso nível matemático é útil somente para calcular o campo magnético de configurações de correntes com alto grau de simetria. Seu uso é similar ao da Lei de Gauss ao calcular campos elétricos para distribuições de carga altamente simétricas.

Teste Rápido 8.3 Ordene, do maior para o menor, os módulos de $\oint \vec{B} \cdot d\vec{s}$ para os caminhos fechados a a d na Figura 8.11.

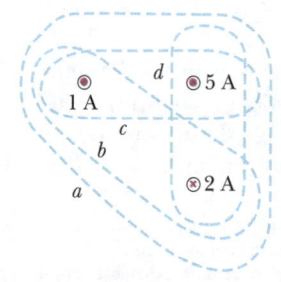

Figura 8.11 (Teste Rápido 8.3) Quatro caminhos fechados ao redor de três fios que transportam corrente.

Teste Rápido 8.4 Ordene, do maior para o menor, os módulos de $\oint \vec{B} \cdot d\vec{s}$ para os caminhos fechados a a d na Figura 8.12.

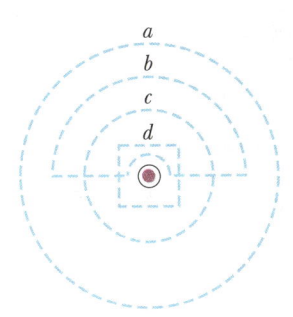

Figura 8.12 (Teste Rápido 8.4) Vários caminhos fechados próximos de um fio único que transporta corrente.

Exemplo 8.5 — Força magnética criada por um fio longo que transporta corrente

Um fio longo e reto de raio R transporta uma corrente estável I que está uniformemente distribuída pela seção transversal do fio (Fig. 8.13). Calcule o campo magnético a uma distância r do centro do fio nas regiões $r \geq R$ e $r < R$.

SOLUÇÃO

Conceitualização Estude a Figura 8.13 para compreender a estrutura do fio e a corrente nele. A corrente cria campos magnéticos em todo lugar, dos lados interno e externo do fio. Com base em nossas discussões sobre cabos longos e retos, esperamos que as linhas do campo magnético sejam círculos centrados no eixo central do cabo.

Categorização Como o fio tem alto grau de simetria, categorizamos este exemplo como um problema da Lei de Ampère. Para o caso de $r \geq R$, devemos chegar ao mesmo resultado obtido no Exemplo 8.1, no qual aplicamos a Lei de Biot-Savart na mesma situação.

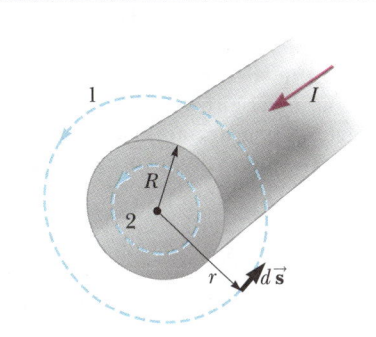

Figura 8.13 (Exemplo 8.5) Um fio longo e reto de raio R que transporta uma corrente estável I uniformemente distribuída pela seção transversal do fio. O campo magnético em qualquer ponto pode ser calculado a partir da Lei de Ampère utilizando um caminho circular de raio r, concêntrico em relação ao fio.

Análise Para o campo magnético externo ao fio, vamos escolher para nosso caminho de integração o círculo 1 na Figura 8.13. A partir da simetria, $\vec{B}$ deve ser constante em módulo e paralelo a $d\vec{s}$ em cada ponto nesse círculo.

Note que a corrente total que passa pelo plano do círculo é I e aplique a Lei de Ampère:

$$\oint \vec{B} \cdot d\vec{s} = B \oint ds = B(2\pi r) = \mu_0 I$$

Resolva para B:

$$B = \frac{\mu_0 I}{2\pi r} \quad \text{(para } r \geq R\text{)} \tag{8.14}$$

Considere agora o interior do fio, onde $r < R$. Aqui a corrente I' que passa pelo plano do círculo 2 é inferior à corrente total I.

Considere a razão da corrente I' no interior do círculo 2 em relação à corrente I igual à proporção da área πr^2 interna ao círculo 2 em relação à área de seção transversal πR^2 do fio:

$$\frac{I'}{I} = \frac{\pi r^2}{\pi R^2}$$

Resolva para I':

$$I' = \frac{r^2}{R^2} I$$

Aplique a Lei de Ampère ao círculo 2:

$$\oint \vec{B} \cdot d\vec{s} = B(2\pi r) = \mu_0 I' = \mu_0 \left(\frac{r^2}{R^2} I\right)$$

Resolva para B:

$$B = \left(\frac{\mu_0 I}{2\pi R^2}\right) r \quad \text{(para } r < R\text{)} \tag{8.15}$$

continua

8.5 *cont.*

Finalização O campo magnético exterior ao fio é idêntico na forma à Equação 8.5. Como é comum em situações altamente simétricas, é muito mais fácil utilizar a Lei de Ampère que a de Biot-Savart (Exemplo 8.1). O campo magnético no interior do fio é semelhante na forma à expressão para o campo elétrico dentro de uma esfera uniformemente carregada (consulte o Exemplo 2.3). O módulo do campo magnético em relação a r para esta configuração é representado na Figura 8.14. Dentro do fio, $B \to 0$ conforme $r \to 0$. Além do mais, as Equações 8.14 e 8.15 chegam ao mesmo valor do campo magnético em $r = R$, demonstrando que o campo magnético é contínuo na superfície do fio.

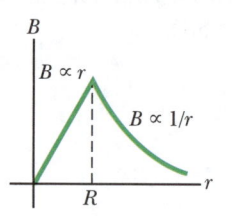

Figura 8.14 (Exemplo 8.5) Módulo do campo magnético em relação a r para o fio mostrado na Figura 8.13. O campo é proporcional a r dentro do fio e varia com $1/r$ fora do fio.

Exemplo 8.6 — Campo magnético criado por um toroide

Um dispositivo chamado *toroide* (Fig. 8.15) geralmente é utilizado para criar um campo magnético uniforme em alguma área confinada. O dispositivo consiste em um fio condutor envolto ao redor de um anel (um *toro*) feito de material não condutor. Para um toroide com N voltas de fio com pouco espaçamento, calcule o campo magnético na região ocupada pelo toro, a uma distância r do centro.

SOLUÇÃO

Conceitualização Estude a Figura 8.15 cuidadosamente para compreender como o toro é envolto pelo fio. Este pode ser um material sólido ou ar, com um fio rígido enrolado na forma mostrada na Figura 8.15 para formar um toroide vazio. Imagine que cada espira do cabo é um *loop* circular, como no Exemplo 8.3. O campo magnético no centro do *loop* é perpendicular ao plano do *loop*. Portanto, as linhas do campo magnético do conjunto de *loops* formará círculos dentro do toroide, conforme sugerido pelo círculo 1 na Figura 8.15.

Categorização Como o toroide tem alto grau de simetria, categorizamos este exemplo como um problema da Lei de Ampère.

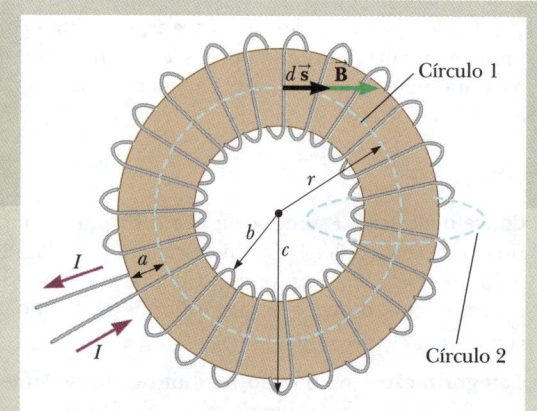

Figura 8.15 (Exemplo 8.6) Um toroide, que consiste em várias voltas de fio. Se as voltas são espaçadas proximamente, o campo magnético no interior dele é tangente ao círculo pontilhado (círculo 1) e varia como $1/r$. A dimensão a é o raio da seção transversal do toro. O campo fora do toroide é muito pequeno e pode ser descrito utilizando o anel amperiano (círculo 2) do lado direito, perpendicular à página.

Análise Considere o anel amperiano circular (círculo 1) de raio r no plano da Figura 8.15. Por simetria, o módulo do campo é constante neste círculo e tangente a ele, então $\vec{B} \cdot d\vec{s} = B\,ds$. Além do mais, o fio passa pelo anel N vezes, então a corrente total pelo anel é NI.

Aplique a Lei de Ampère ao círculo 1:
$$\oint \vec{B} \cdot d\vec{s} = B \oint ds = B(2\pi r) = \mu_0 N I$$

Resolva para B:
$$B = \frac{\mu_0 N I}{2\pi r} \qquad (8.16)$$

Finalização Este resultado mostra que B varia com $1/r$ e, assim, é *não uniforme* na região ocupada pelo toro. Se, entretanto, r for muito grande comparado com o raio de seção transversal a do toro, o campo é aproximadamente uniforme dentro dele.

Para um toroide ideal, no qual as voltas são pouco espaçadas, o campo magnético externo é próximo de zero, mas não exatamente zero. Na Figura 8.15, imagine o raio r do anel amperiano como menor que b ou maior que c. Em ambos os casos, o anel envolve corrente líquida zero, então $\oint \vec{B} \cdot d\vec{s} = 0$. Você pode pensar que este resultado prova que $\vec{B} = 0$, mas não é o caso. Considere o anel amperiano (círculo 2) do lado direito do toroide na Figura 8.15. O plano deste anel está perpendicular à página, e o toroide passa pelo anel. Conforme as cargas entram nele, como indicado pelas direções de corrente na Figura 8.15, elas se movem em sentido anti-horário ao redor dele. Portanto, uma corrente passa pelo anel amperiano perpendicular! Esta corrente é pequena, mas não zero. Como resultado, o toroide atua como um anel de corrente e produz um campo externo fraco da forma mostrada na Figura 8.6. A razão $\oint \vec{B} \cdot d\vec{s} = 0$ para os anéis amperianos de raio $r < b$ e $r > c$ no plano da página é que as linhas de campo estão perpendiculares a $d\vec{s}$, *não* por causa de $\vec{B} = 0$.

8.4 Campo magnético de um solenoide

Solenoide é um fio longo enrolado na forma de uma hélice. Com esta configuração, um campo magnético razoavelmente uniforme pode ser produzido no espaço interno às voltas (espiras) do fio – que podemos chamar de *interior* do solenoide – quando o solenoide transporta uma corrente. Quando as voltas são pouco espaçadas, cada uma pode ser aproximada como um anel circular; o campo magnético resultante é a soma vetorial dos campos resultantes de todas as espiras.

A Figura 8.16 mostra as linhas de campo magnético em um solenoide enrolado com espaçamento largo. Estas linhas no interior são quase paralelas umas às outras, uniformemente distribuídas e bastante juntas, indicando que o campo neste espaço é forte e quase uniforme.

Se as espiras forem pouco espaçadas e o solenoide de comprimento for finito, as linhas de campo magnético externas são como as mostradas na Figura 8.17a. Esta distribuição de linhas de campo é semelhante à que cerca um ímã de barra (Fig. 8.17b). Assim, uma extremidade do solenoide comporta-se como o polo norte, e a oposta como o polo sul. Conforme o comprimento do solenoide aumenta, o campo interior se torna mais uniforme e o exterior mais fraco. Um *solenoide ideal* é aquele em que quando as espiras têm pouco espaçamento e o comprimento é muito maior que o raio das espiras. A Figura 8.18 mostra um corte de uma seção transversal ao longo do comprimento, como parte desse solenoide que transporta corrente I. Neste caso, o campo externo é próximo a zero, e o interior é uniforme por um grande volume.

Considere o anel amperiano (círculo 1) perpendicular à página na Figura 8.18, envolto pelo solenoide ideal. Este anel envolve uma corrente pequena conforme as cargas no fio se movem de espira a espira ao longo do comprimento do solenoide. Portanto, há um campo magnético diferente de zero fora do solenoide. É um campo fraco, com linhas de campo circulares, como aquelas devidas a uma linha de corrente como na Figura 8.9. Para um solenoide ideal, este campo fraco é o único campo externo ao solenoide.

Podemos utilizar a Lei de Ampère para obter uma expressão quantitativa para o campo magnético no interior de um solenoide ideal. Como ele é ideal, $\vec{B}$ no espaço interior é uniforme e paralelo ao eixo, e as linhas do campo magnético no

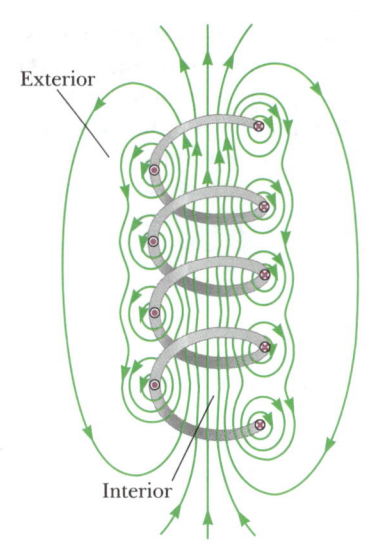

Figura 8.16 Linhas do campo magnético para um solenoide enrolado com espaçamento largo.

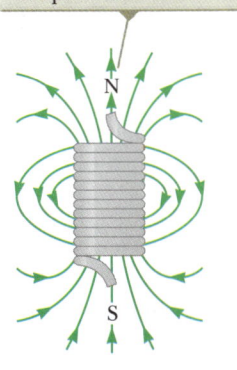

Figura 8.17 (a) Linhas do campo magnético para um solenoide bem enrolado de comprimento finito transportando uma corrente estável. O campo no espaço interior é forte e praticamente uniforme. (b) O padrão do campo magnético de um ímã de barra exibido com limalhas de ferro em uma folha de papel.

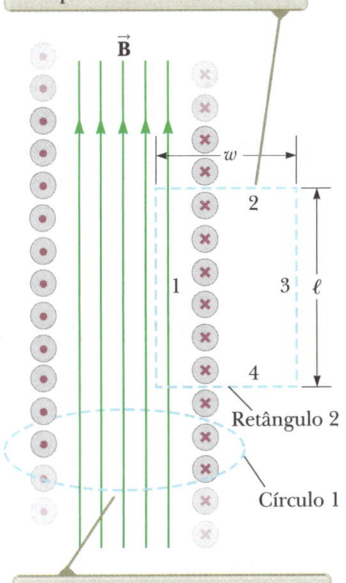

Figura 8.18 Visualização da seção transversal de um solenoide ideal, onde o campo magnético interior é uniforme e o exterior é próximo a zero.

espaço externo formam círculos em volta do solenoide. Os planos desses círculos estão perpendiculares à página. Considere o caminho retangular (retângulo 2) de comprimento ℓ e largura w mostrado na Figura 8.18. Vamos aplicar a Lei de Ampère a este caminho ao avaliar a integral de $\vec{B} \cdot d\vec{s}$ em cada lado do retângulo. A contribuição ao longo do lado 3 é zero porque as linhas do campo magnético estão perpendiculares ao caminho nessa região. As contribuições dos lados 2 e 4 são ambas zero, mais uma vez porque $\vec{B}$ está perpendicular a $d\vec{s}$ ao longo desses caminhos, tanto do lado interno quanto do externo do solenoide. O lado 1 oferece uma contribuição para a integral porque ao longo desse caminho $\vec{B}$ é uniforme e paralelo a $d\vec{s}$. A integral no caminho retangular fechado é, portanto,

$$\oint \vec{B} \cdot d\vec{s} = \int_{\text{caminho 1}} \vec{B} \cdot d\vec{s} = B \int_{\text{caminho 1}} ds = B\ell$$

O lado direito da Lei de Ampère envolve a corrente total I pela área limitada pelo caminho da integração. Neste caso, a corrente total pelo caminho retangular iguala a corrente para cada volta multiplicada pelo número de voltas. Se N é o número de voltas no comprimento ℓ, a corrente total pelo retângulo é NI. Portanto, a Lei de Ampère aplicada a este caminho resulta em

$$\oint \vec{B} \cdot d\vec{s} = B\ell = \mu_0 NI$$

Campo magnético ▶ dentro de um solenoide

$$B = \mu_0 \frac{N}{\ell} I = \mu_0 nI \qquad (8.17)$$

onde $n = N/\ell$ é o número de voltas por unidade de comprimento.

Também podemos obter este resultado ao reconsiderar o campo magnético de um toroide (consulte o Exemplo 8.6). Se o raio r do toro na Figura 8.15 contendo N voltas for muito superior ao do raio a da seção transversal do toroide, uma seção curta do toroide se aproxima de um solenoide para o qual $n = N/2\pi r$. Neste limite, a Equação 8.16 concorda com a 8.17.

A Equação 8.17 é válida somente para pontos próximos ao centro (isto é, distante das extremidades) de um solenoide muito longo. Como é de se esperar, o campo próximo de cada extremidade é menor que o valor dado pela Equação 8.17. Na extremidade de um solenoide longo, o módulo do campo é metade daquele no centro (consulte o Problema 69).

Teste Rápido **8.5** Considere um solenoide que é muito longo comparado com seu raio. Das seguintes opções, qual é o modo mais efetivo de aumentar o campo magnético no interior do solenoide? **(a)** dobrar seu comprimento, mantendo o número de voltas por unidade de comprimento constante, **(b)** reduzir seu raio pela metade, mantendo o número de voltas por unidade de comprimento constante, **(c)** revestir todo o solenoide com uma camada adicional de fio que transporta corrente.

8.5 Lei de Gauss no magnetismo

O fluxo associado com um campo magnético é definido de modo semelhante ao utilizado para definir o fluxo elétrico (consulte a Eq. 2.3). Considere um elemento de área dA em uma superfície arbitrariamente formada, como mostrado na Figura 8.19. Se o campo magnético neste elemento é $\vec{B}$, o fluxo magnético por ele é $\vec{B} \cdot d\vec{A}$, onde $d\vec{A}$ é um vetor que está perpendicular à superfície e tem módulo igual à área dA. Portanto, o fluxo magnético total Φ_B pela superfície é

Definição de ▶ fluxo magnético

$$\Phi_B \equiv \int \vec{B} \cdot d\vec{A} \qquad (8.18)$$

Considere o caso especial de um plano de área A em um campo uniforme $\vec{B}$ que forma um ângulo θ com $d\vec{A}$. O fluxo magnético pelo plano neste caso é

$$\Phi_B = BA \cos \theta \qquad (8.19)$$

Se o campo magnético estiver paralelo ao plano como na Figura 8.20a, então $\theta = 90°$ e o fluxo pelo plano é zero. Mas, se estiver perpendicular ao plano como na Figura 8.20b, então $\theta = 0$ e o fluxo pelo plano é BA (o valor máximo).

A unidade de fluxo magnético é T × m², definida como um *weber* (Wb); 1 Wb = 1 T × m².

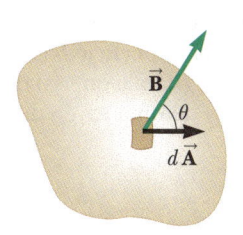

Figura 8.19 O fluxo magnético por um elemento de área dA é $\vec{B} \cdot d\vec{A} = B\,dA\cos\theta$, onde $d\vec{A}$ é um vetor perpendicular à superfície.

O fluxo pelo plano é zero quando o campo magnético está paralelo à superfície do plano.

O fluxo pelo plano é o máximo quando o campo magnético está perpendicular ao plano.

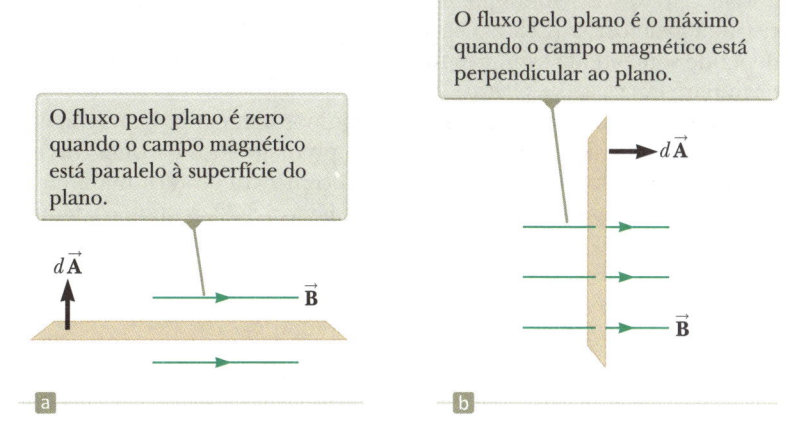

Figura 8.20 Fluxo magnético por um plano em um campo magnético.

Exemplo 8.7 — Fluxo magnético por uma espira retangular

Uma espira retangular de largura a e comprimento b está localizado próximo a um fio longo que transporta uma corrente I (Fig. 8.21). A distância entre o fio e o lado mais próximo da espira é c. O fio está paralelo ao lado longo da espira. Encontre o fluxo magnético total pela espira devido à corrente no fio.

SOLUÇÃO

Conceitualização Como vimos na Seção 8.3, as linhas do campo magnético devido ao fio serão círculos, sendo que várias delas passarão pela espira retangular. Sabemos que o campo magnético é uma função da distância r de um fio longo. Portanto, o campo magnético varia pela área da espira retangular.

Categorização Como o campo magnético varia pela área da espira, devemos integrar por esta área para encontrar o fluxo total. Este aspecto identifica este problema como sendo um problema de análise.

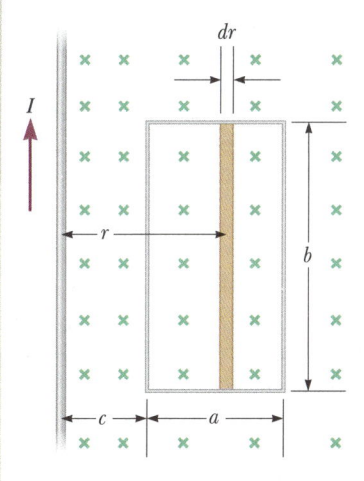

Figura 8.21 (Exemplo 8.7) O campo magnético devido ao fio que transporta a corrente I não é uniforme pela espira retangular.

Análise Tendo em mente que $\vec{B}$ está paralelo a $d\vec{A}$ em qualquer ponto na espira, encontre o fluxo magnético pela área retangular utilizando a Equação 8.18 e incorpore a 8.14 para o campo magnético:

$$\Phi_B = \int \vec{B} \cdot d\vec{A} = \int B\,dA = \int \frac{\mu_0 I}{2\pi r} dA$$

Expresse o elemento de área (a faixa da tangente da Figura 8.21) como $dA = b\,dr$ e substitua:

$$\Phi_B = \int \frac{\mu_0 I}{2\pi r} b\,dr = \frac{\mu_0 Ib}{2\pi} \int \frac{dr}{r}$$

Integre de $r = c$ para $r = a + c$:

$$\Phi_B = \frac{\mu_0 Ib}{2\pi} \int_c^{a+c} \frac{dr}{r} = \frac{\mu_0 Ib}{2\pi} \ln r \Big|_c^{a+c}$$

$$= \frac{\mu_0 Ib}{2\pi} \ln\left(\frac{a+c}{c}\right) = \boxed{\frac{\mu_0 Ib}{2\pi} \ln\left(1 + \frac{a}{c}\right)}$$

Finalização Note como o fluxo depende do tamanho da espira. Aumentar a ou b aumenta o fluxo como esperado. Se c torna-se grande de modo que a espira fique muito distante do fio, o fluxo se aproxima de zero, como também era esperado. Se c chegar a zero, o fluxo se torna infinito. Em princípio, esse valor infinito ocorre porque o campo se torna infinito em $r = 0$ (supondo um fio infinitesimalmente fino). Isto não acontecerá, na verdade, porque a espessura do fio impede que o canto esquerdo do anel atinja $r = 0$.

No Capítulo 2, vimos que o fluxo elétrico por uma superfície fechada ao redor de uma carga resultante é proporcional àquela carga (Lei de Gauss). Em outras palavras, o número das linhas do campo elétrico que saem da superfície depende somente da carga resultante nele. Este comportamento existe porque as linhas de campo elétrico se originam e terminam em cargas elétricas.

A situação é bem diferente para os campos magnéticos, que são contínuos e formam anéis fechados. Em outras palavras, como ilustrado pelas linhas do campo magnético de uma corrente na Figura 8.9 e de um ímã de barra na Figura 8.22, as linhas do campo magnético não começam ou terminam em nenhum ponto. Para qualquer superfície fechada, como a descrita pela linha pontilhada na Figura 8.22, o número de linhas que entram na superfície iguala o que sai dela; portanto, o fluxo magnético resultante é zero. Em contraste, para uma superfície fechada em torno de uma carga de um dipolo elétrico (Fig. 8.23), o fluxo elétrico resultante não é zero.

A **Lei de Gauss no magnetismo** afirma que

Lei de Gauss no magnetismo ▶

> o fluxo magnético resultante por qualquer superfície fechada é sempre zero:
> $$\oint \vec{B} \cdot d\vec{A} = 0 \qquad (8.20)$$

Este enunciado representa que polos magnéticos isolados (monopolos) nunca foram detectados, e talvez nem existam. Por outro lado, os cientistas continuam a busca, porque certas teorias que são bem-sucedidas na explicação de comportamento físico fundamental sugerem a possível existência dos monopolos magnéticos.

8.6 Magnetismo na matéria

O campo magnético produzido por uma corrente em uma bobina de fio oferece uma dica sobre o que faz que certos materiais tenham propriedades magnéticas fortes. Antes, descobrimos que uma bobina como a mostrada na Figura 8.17a tem um polo norte e um polo sul. Em geral, *qualquer* espira de corrente tem um campo magnético e, portanto, tem um momento de dipolo magnético, incluindo as espiras de correntes no nível atômico descritos em alguns modelos do átomo.

Momentos magnéticos dos átomos

Vamos começar nossa discussão com um modelo clássico do átomo no qual os elétrons se movem em órbitas circulares em volta de núcleos muito mais maciços. Neste modelo, um elétron em órbita constitui uma espira de corrente minúscula (porque é uma carga móvel), e o momento magnético do elétron está associado ao seu movimento orbital. Embora este modelo tenha muitas deficiências, algumas de suas previsões estão de acordo com a teoria correta, que é expressa em termos da Física Quântica.

Em nosso modelo clássico, supomos que um elétron seja uma partícula em movimento circular uniforme: ele se move em velocidade constante v em uma órbita circular de raio r no núcleo, como na Figura 8.24. A corrente I associada com esse elétron é sua carga e dividida pelo período T. Utilizando a Equação 4.15 para um modelo de partícula em movimento circular uniforme $T = 2\pi/v$, temos

$$I = \frac{e}{T} = \frac{ev}{2\pi r}$$

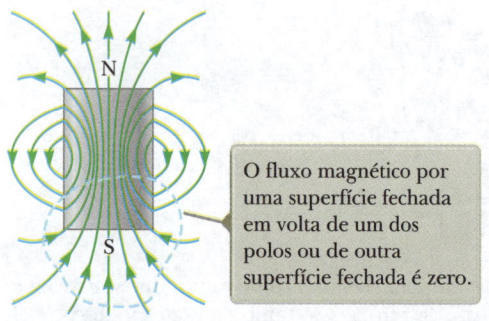

Figura 8.22 As linhas do campo magnético de um ímã de barra formam anéis fechados (a linha pontilhada representa a intersecção de uma superfície fechada com a página). O fluxo magnético por uma superfície fechada em volta de um dos polos ou de outra superfície fechada é zero.

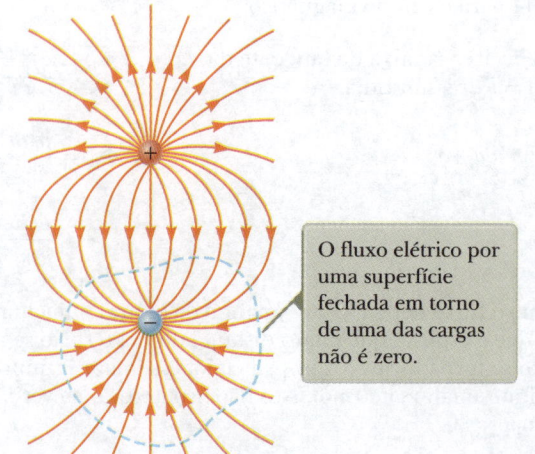

Figura 8.23 As linhas do campo elétrico em torno de um dipolo elétrico começam na carga positiva e terminam na carga negativa. O fluxo elétrico por uma superfície fechada em torno de uma das cargas não é zero.

O módulo do momento magnético associado com esta espira de corrente é dado por $\mu = IA$, onde $A = \pi r^2$ é a área interna à órbita. Portanto,

$$\mu = IA = \left(\frac{ev}{2\pi r}\right)\pi r^2 = \tfrac{1}{2}evr \qquad (8.21)$$

Como o módulo da quantidade de movimento angular orbital do elétron é dado por $L = m_e vr$ (Eq. 11.12 do Volume 1 com $\phi = 90°$), o momento magnético pode ser escrito como

$$\mu = \left(\frac{e}{2m_e}\right)L \qquad (8.22) \qquad \blacktriangleleft \text{ Momento magnético orbital}$$

Este resultado demonstra que o momento magnético do elétron é proporcional a sua quantidade de movimento angular orbital. Como o elétron é carregado negativamente, os vetores $\vec{\mu}$ e $\vec{L}$ apontam em direções *opostas*. Ambos os vetores estão perpendiculares ao plano da órbita, como indicado na Figura 8.24.

Um resultado fundamental da Física Quântica é que a quantidade de movimento angular é determinada e é igual a múltiplos de $\hbar = h/2\pi = 1{,}05 \times 10^{-34}$ J × s, onde h é a constante de Planck (consulte o Capítulo 6 do Volume 4). O menor valor diferente de zero do momento magnético do elétron que resulta de seu movimento orbital é

$$\mu = \sqrt{2}\,\frac{e}{2m_e}\hbar \qquad (8.23)$$

Veremos no Capítulo 8 do Volume 4 como expressões como a Equação 8.23 surgem.

Como todas as substâncias contêm elétrons, você pode se perguntar por que a maior parte delas não é magnética. A razão principal é que, na maior parte das substâncias, o momento magnético de um elétron em um átomo é cancelado por aquele de outro elétron orbitando na direção oposta. O resultado líquido é que, para a maior parte dos materiais, o efeito magnético produzido pelo movimento orbital dos elétrons é zero ou muito pequeno.

Além de seu momento magnético orbital, um elétron (assim como prótons, nêutrons e outras partículas) tem uma propriedade intrínseca chamada **spin** que também contribui para seu momento magnético. Classicamente, o elétron pode ser visualizado como que girando em torno de seu próprio eixo, como mostrada na Figura 8.25, mas você deve ser muito cuidadoso com a interpretação clássica. O módulo da quantidade de movimento angular $\vec{S}$ associada com o spin está na mesma ordem de grandeza que o módulo da quantidade de movimento angular $\vec{L}$ devido ao movimento orbital. O módulo da quantidade de movimento angular do spin de um elétron previsto pela teoria quântica é

$$S = \frac{\sqrt{3}}{2}\hbar$$

O momento magnético caracteristicamente associado com o spin de um elétron tem valor

$$\mu_{\text{spin}} = \frac{e\hbar}{2m_e} \qquad (8.24)$$

Essa combinação de constantes é chamada **magneton de Bohr** μ_B:

$$\mu_B = \frac{e\hbar}{2m_e} = 9{,}27 \times 10^{-24} \text{ J/T} \qquad (8.25)$$

Portanto, momentos magnéticos atômicos podem ser expressos como múltiplos do magneton de Bohr. (Observe que 1 J/T = 1 A × m².)

Em átomos com vários elétrons, estes geralmente se combinam com seus spins opostos; portanto, os momentos magnéticos de spin se cancelam. Átomos com

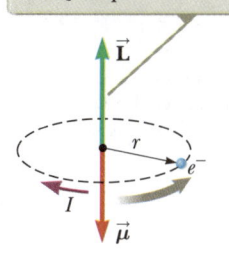

Figura 8.24 Um elétron que se move na direção da seta cinza em uma órbita circular de raio r. Como o elétron transporta uma carga negativa, a direção da corrente devida ao movimento no núcleo é oposta à direção desse movimento.

O elétron tem momento angular $\vec{L}$ em uma direção e momento magnético $\vec{\mu}$ na direção oposta.

Prevenção de Armadilhas 8.3
O elétron não entra em spin
O elétron *não* está fisicamente girando em torno do próprio eixo. Ele tem uma quantidade de movimento angular intrínseca *como se estivesse girando em torno do próprio eixo*, mas a noção de rotação para um ponto material não faz sentido. A rotação aplica-se somente a um *corpo rígido*, com uma extensão no espaço, como no Capítulo 10 do Volume 1. A quantidade de movimento angular de spin é, na verdade, um efeito relativista.

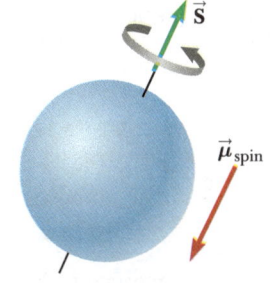

Figura 8.25 Modelo clássico de um elétron girando em torno do próprio eixo. Podemos adotar este modelo para nos lembrar de que os elétrons têm uma quantidade de movimento angular intrínseco. O modelo não deve ser descartado, entretanto; ele apresenta um módulo incorreto para o momento magnético, números quânticos incorretos e graus de liberdade em excesso.

número ímpar de elétrons, entretanto, devem ter pelo menos um elétron não emparelhado e, portanto, algum momento magnético de spin. O momento magnético total de um átomo é a soma vetorial dos momentos magnéticos orbital e de spin; alguns exemplos são dados na Tabela 8.1. Note que o hélio e o neônio têm momentos zero porque seu spin individual e os momentos orbitais se cancelam.

O núcleo de um átomo também tem um momento magnético associado a seus prótons e nêutrons constituintes. O momento magnético de um próton ou nêutron, entretanto, é muito menor que o de um elétron, e pode, em geral, ser desconsiderado. Podemos compreender este valor menor ao inspecionar a Equação 8.25, substituindo a massa do elétron pela do próton ou do nêutron. Como as massas do próton e do nêutron são muito maiores que a do elétron, seus momentos magnéticos estão na ordem de 10^3 vezes menores que os do elétron.

TABELA 8.1 *Momentos magnéticos de alguns átomos e íons*

Átomo ou Íon	Momento magnético (10^{-24} J/T)
H	9,27
He	0
Ne	0
Ce^{3+}	19,8
Yb^{3+}	37,1

Ferromagnetismo

Um pequeno número de materiais cristalinos exibe efeitos magnéticos fortes chamados **ferromagnetismo**. Alguns exemplos de substâncias ferromagnéticas são ferro, cobalto, níquel, gadolínio e disprósio. Essas substâncias contêm momentos magnéticos permanentes que tendem a se alinhar paralelamente um ao outro mesmo em um campo magnético externo fraco. Uma vez que os momentos estão alinhados, a substância permanece magnetizada após o campo externo ser removido. Este alinhamento permanente é devido a um acoplamento forte entre momentos vizinhos, que pode ser compreendido somente em termos da Mecânica Quântica.

Todos os materiais ferromagnéticos são formados por regiões microscópicas chamadas **domínios**, nas quais todos os momentos magnéticos estão alinhados. Esses domínios têm volumes de 10^{-12} a 10^{-8} m³ e contêm 10^{17} a 10^{21} átomos. Os limites entre os vários domínios com orientações diferentes são chamados **paredes de domínios**. Em uma amostra não magnetizada, os momentos magnéticos nos domínios são orientados aleatoriamente para que o momento magnético resultante seja zero, como na Figura 8.26a. Quando a amostra é colocada em um campo magnético externo $\vec{B}$, o tamanho desses domínios com momentos magnéticos alinhados com o campo cresce, o que resulta em uma amostra magnetizada como na Figura 8.26b. Conforme o campo externo se torna muito forte, como na Figura 8.26c, os domínios nos quais os momentos magnéticos não estão alinhados com o campo se tornam muito pequenos. Quando o campo externo é removido, a amostra pode reter uma magnetização líquida na direção do campo original. Em temperaturas normais, a agitação térmica não é suficiente para interromper essa orientação preferencial dos momentos magnéticos.

Quando a temperatura da substância ferromagnética atinge ou passa da temperatura crítica, chamada **Temperatura de Curie**, a substância perde sua magnetização residual. Abaixo da temperatura de Curie, os momentos magnéticos estão alinhados e a substância é ferromagnética. Acima desta temperatura, a agitação térmica é grande o suficiente para causar uma orientação aleatória dos momentos, e a substância se torna paramagnética. As Temperaturas de Curie para várias substâncias ferromagnéticas são dadas na Tabela 8.2.

Paramagnetismo

Substâncias paramagnéticas têm magnetismo fraco que resulta da presença de átomos (ou íons) que têm momentos magnéticos. Esses momentos interagem somente de modo fraco um com o outro e são orientados aleatoriamente na ausência de um campo magnético externo. Quando uma substância paramagnética for posicionada em um campo magnético externo, seus momentos atômicos tendem a se alinhar

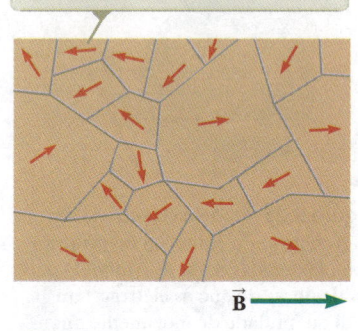

Figura 8.26 Orientação de dipolos magnéticos antes e depois de um campo magnético ser aplicado a uma substância ferromagnética.

Em uma substância não magnetizada, os dipolos magnéticos atômicos são orientados aleatoriamente.

Quando um campo externo $\vec{B}$ é aplicado, os domínios com componentes de momento magnético na mesma direção de $\vec{B}$ aumentam, oferecendo à amostra uma magnetização líquida.

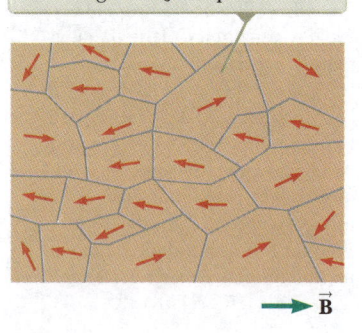

Conforme o campo fica mais forte, os domínios com vetores de momento magnéticos não alinhados com o campo externo se tornam muito pequenos.

com ele. Este processo de alinhamento, entretanto, deve competir com o movimento térmico, que tende a deixar aleatórias as orientações dos momentos magnéticos.

Diamagnetismo

Quando um campo magnético externo é aplicado a uma substância diamagnética, um momento magnético fraco é induzido na direção oposta ao campo aplicado, fazendo que substâncias diamagnéticas sejam fracamente repelidas por um ímã. Embora o diamagnetismo esteja presente em toda a matéria, seus efeitos são muito menores que aqueles do paramagnetismo ou do ferromagnetismo, e são evidentes somente quando aqueles outros efeitos não existem.

TABELA 8.2 *Temperaturas de Curie para várias substâncias ferromagnéticas*

Substância	T_{Curie} (K)
Ferro	1.043
Cobalto	1.394
Níquel	631
Gadolínio	317
Fe_2O_3	893

Podemos adquirir algum entendimento sobre o diamagnetismo ao considerar um modelo clássico de dois elétrons atômicos orbitando no núcleo em direções opostas, mas com a mesma velocidade. Os elétrons permanecem em suas órbitas circulares por causa da força eletrostática atrativa exercida pelo núcleo carregado positivamente. Devido aos momentos magnéticos dos dois elétrons serem iguais em módulo e opostos em direção, eles se cancelam e o momento magnético do átomo é zero. Quando um campo magnético externo é aplicado, os elétrons experimentam uma força magnética adicional $q\vec{v} \times \vec{B}$. Esta força adicionada combina-se com a eletrostática para aumentar a velocidade orbital do elétron cujo momento magnético está antiparalelo ao campo e diminui a velocidade do elétron cujo momento magnético é paralelo ao campo. Como resultado, os dois momentos magnéticos dos elétrons não se cancelam mais e a substância adquire um momento magnético líquido que é oposto ao campo aplicado.

Como você se lembra do Capítulo 5, supercondutor é uma substância na qual a resistência elétrica é zero abaixo de uma temperatura crítica. Certos tipos de supercondutores também exibem diamagnetismo perfeito no estado supercondutor. Como resultado, um campo magnético aplicado é expelido pelo supercondutor, de modo que o campo é zero em seu interior. Este fenômeno é conhecido como **Efeito Meissner**. Se um ímã permanente for trazido próximo de um supercondutor, os dois objetos se repelem. Essa repulsão é ilustrada na Figura 8.27, que mostra um pequeno ímã permanente levitado acima de um supercondutor mantido a 77 K.

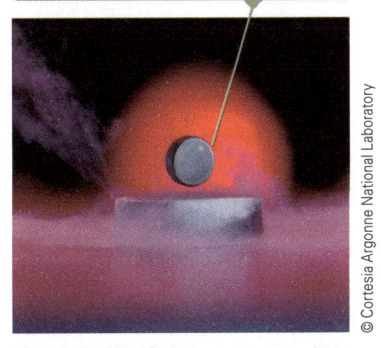

No efeito Meissner, o pequeno ímã na parte superior induz correntes no disco supercondutor abaixo, que é resfriado para 321 °F (77 K). As correntes criam uma força magnética repulsiva no ímã que faz que ele levite acima do disco supercondutor.

Oxigênio líquido, um material paramagnético, é atraído para os polos de um ímã.

A força de levitação é exercida nas moléculas de água diamagnéticas no corpo de um sapo.

Figura 8.27 Uma ilustração do efeito Meissner, mostrada pelo ímã suspenso acima de um disco supercondutor cerâmico resfriado, que se tornou nossa imagem mais visual da supercondutividade de alta temperatura. Supercondutividade é a perda de toda resistência à corrente elétrica e uma chave para uso mais eficiente de energia.

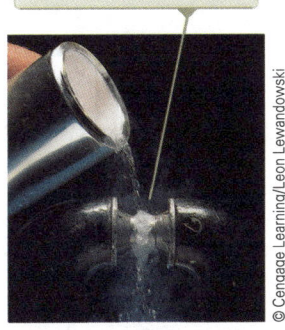

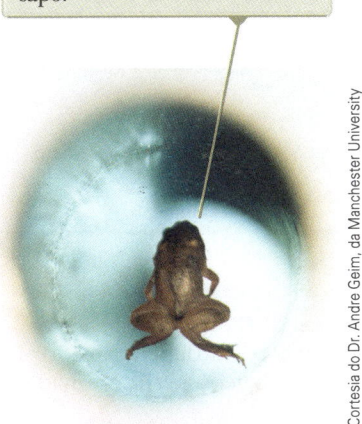

(*Esquerda*) Paramagnetismo. (*Direita*) Diamagnetismo: um sapo é levitado em um campo magnético de 16 T, no Nijmegen High Field Magnet Laboratory, na Holanda.

Resumo

Definições

O **fluxo magnético** Φ_B por uma superfície é definido pela integral de superfície

$$\Phi_B \equiv \int \vec{B} \cdot d\vec{A} \tag{8.18}$$

Conceitos e Princípios

A **Lei de Biot-Savart** diz que o campo magnético $d\vec{B}$ em um ponto P devido ao elemento de comprimento $d\vec{s}$ que transporta uma corrente estável I é

$$d\vec{B} = \frac{\mu_0}{4\pi} \frac{I\, d\vec{s} \times \hat{r}}{r^2} \tag{8.1}$$

onde μ_0 é a **permeabilidade do espaço livre**, r a distância do elemento até o ponto P e $\hat{r}$ um vetor unitário apontando de $d\vec{s}$ até o ponto P. Encontramos o campo total em P ao integrar esta expressão por toda a distribuição de corrente.

A força magnética por unidade de comprimento entre dois fios paralelos separados por uma distância a e transportando correntes I_1 e I_2 tem módulo

$$\frac{F_B}{\ell} = \frac{\mu_0 I_1 I_2}{2\pi a} \tag{8.12}$$

A força é atrativa se as correntes estão na mesma direção, e repulsiva se estiverem em direções opostas.

A **Lei de Ampère** diz que a integral de linha de $\vec{B} \times d\vec{s}$ em qualquer caminho fechado é igual a $\mu_0 I$, onde I é a corrente estável total por qualquer superfície limitada pelo caminho fechado:

$$\oint \vec{B} \cdot d\vec{s} = \mu_0 I \tag{8.13}$$

O módulo do campo magnético em uma distância r de um fio longo e reto que transporta uma corrente elétrica I é

$$B = \frac{\mu_0 I}{2\pi r} \tag{8.14}$$

As linhas de campo são círculos concêntricos com o fio.

Os módulos dos campos dentro de um toroide e solenoide são

$$B = \frac{\mu_0 N I}{2\pi r} \quad \text{(toroide)} \tag{8.16}$$

$$B = \mu_0 \frac{N}{\ell} I = \mu_0 n I \quad \text{(solenoide)} \tag{8.17}$$

onde N é número total de espiras.

A **Lei de Gauss do magnetismo** afirma que o fluxo magnético líquido por qualquer superfície fechada é zero:

$$\oint \vec{B} \cdot d\vec{A} = 0 \tag{8.20}$$

As substâncias podem ser classificadas em três categorias que descrevem seu comportamento magnético. **Diamagnéticas** são aquelas nas quais o momento magnético é fraco e oposto ao campo magnético aplicado. **Paramagnéticas** são aquelas nas quais o momento magnético é fraco e na mesma direção que o campo magnético aplicado. Nas **ferromagnéticas**, as interações entre os átomos fazem que momentos magnéticos se alinhem e criem uma magnetização forte que permanece após o campo externo ser removido.

Perguntas Objetivas

1. **(i)** O que acontece com o módulo do campo magnético dentro de um solenoide longo se a corrente é dobrada? (a) Torna-se quatro vezes maior. (b) Torna-se duas vezes maior. (c) Não se altera. (d) Fica com metade do tamanho. (e) Fica com um quarto do tamanho. **(ii)** O que acontece com o campo se, em vez disso, metade do comprimento do solenoide é dobrado, com o mesmo número de voltas? Escolha a partir das mesmas alternativas da parte (i). **(iii)** O que acontece ao campo se o número de voltas é dobrado, com o mesmo comprimento? Escolha a partir das mesmas alternativas da parte (i). **(iv)** O que acontece com o campo se o raio é dobrado? Escolha a partir das mesmas alternativas da parte (i).

2. Na Figura 8.7, suponha que $I_1 = 2,00$ A e $I_2 = 6,00$ A. Qual é a relação entre o módulo F_1 da força exercida no fio 1 e o módulo F_2 da força exercida no fio 2? (a) $F_1 = 6F_2$, (b) $F_1 = 3F_2$, (c) $F_1 = F_2$, (d) $F_1 = \frac{1}{3}F_2$, (e) $F_1 = \frac{1}{6}F_2$.

3. Responda cada questão com sim ou não. (a) É possível para cada uma das três partículas carregadas estacionárias exercer uma força de atração nas outras duas? (b) É possível para cada uma das três partículas carregadas estacionárias repelir as outras? (c) É possível para cada um dos três fios de metal que transportam corrente atrair os outros dois? (d) É possível para cada um dos três fios de metal que transportam corrente repelir os outros dois? Os experimentos de André-Marie Ampère em eletromagnetismo são modelos de precisão lógica e incluíam a observação dos fenômenos mencionados nesta questão.

4. Dois fios longos e paralelos transportam a mesma corrente I na mesma direção (Fig. PO8.4). O campo magnético total no ponto P, o ponto médio entre os fios, está (a) em zero, (b) direcionado para a página, (c) direcionado para fora da página, (d) direcionado para a esquerda ou (e) direcionado para a direita?

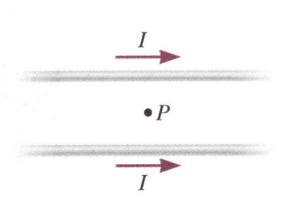

Figura PO8.4

5. Dois fios longos e retos se cruzam em um ângulo à direita e cada um transporta a mesma corrente I (Fig. PO8.5). Quais das afirmações a seguir é verdadeira em relação ao campo magnético total devido aos dois fios nos vários pontos na figura? Mais de uma afirmação pode estar correta. (a) O campo é mais forte nos pontos B e D. (b) O campo é mais forte nos pontos A e C. (c) O campo está para fora da página no ponto B e para dentro no ponto D. (d) O campo está para fora da página no ponto C e para fora no ponto D. (e) O campo tem o mesmo módulo em todos os quatro pontos.

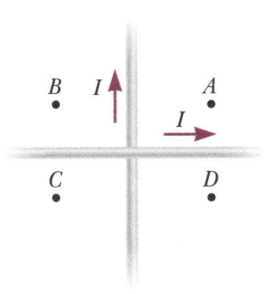

Figura PO8.5

6. Um fio longo, vertical e metálico transporta corrente elétrica. **(i)** Qual é a direção do campo magnético que ele cria em um ponto 2 cm horizontalmente a leste do centro do fio? (a) norte, (b) sul, (c) leste, (d) oeste, (e) para cima. **(ii)** Qual seria a direção do campo se a corrente consistisse de cargas positivas movendo-se para baixo em vez de elétrons movendo-se para cima? Escolha a partir das mesmas alternativas da parte (i).

7. Suponha que você esteja em frente a um espelho de maquiagem em uma parede vertical. Tubos fluorescentes em volta do espelho transportam uma corrente elétrica no sentido horário. **(i)** Qual é a direção do campo magnético criado por aquela corrente no centro do espelho? (a) esquerda, (b) direita, (c) horizontalmente em sua direção, (d) horizontalmente em direção oposta a você, (e) nenhuma direção, porque o campo tem módulo zero. **(ii)** Qual é a direção do campo que a corrente cria em um ponto na parede do lado externo da moldura à direita? Escolha a partir das mesmas alternativas da parte (i).

8. Um fio longo e reto transporta uma corrente I (Fig. PO8.8). Quais das seguintes afirmações são verdadeiras em relação ao campo magnético devido ao fio? Mais de uma afirmação pode estar correta. (a) O módulo é proporcional a I/r e a direção está para fora da página em P. (b) O módulo é proporcional a I/r^2 e a direção está para fora da página em P. (c) O módulo é proporcional a I/r e a direção está para dentro da página em P. (d) O módulo é proporcional a I/r^2 e a direção está para dentro da página em P. (e) O módulo é proporcional a I, mas não depende de r.

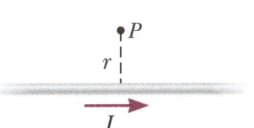

Figura PO8.8

9. Dois fios longos e paralelos transportam correntes de 20,0 A e 10,0 A em direções opostas (Fig. PO8.9). Quais das afirmações a seguir são verdadeiras? Mais de uma afirmação pode estar correta. (a) Na região I, o campo magnético está para dentro da página e nunca é zero. (b) Na região II, o campo está para dentro da página e pode ser zero. (c) Na região III, é possível o campo ser zero. (d) Na região I, o campo magnético está para fora da página e nunca é zero. (e) Não há pontos onde o campo seja zero.

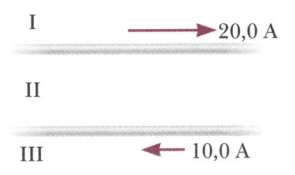

Figura PO8.9 Perguntas Objetivas 9 e 10.

10. Considere dois fios paralelos que transportam correntes em direções opostas na Figura PO8.9. Devido à interação magnética entre os fios, o inferior experimenta uma força magnética que é (a) para cima, (b) para baixo, (c) para a esquerda, (d) para a direita ou (e) para o papel?

11. O que cria um campo magnético? Mais de uma resposta pode estar correta. (a) Um corpo estacionário com carga elétrica, (b) um corpo móvel com carga elétrica, (c) um con-

dutor estacionário transportando corrente elétrica, (d) uma diferença no potencial elétrico, (e) um capacitor carregado desconectado de uma bateria e em repouso. *Observação*: No Capítulo 12 veremos que um campo elétrico variando também cria um campo magnético.

12. Um solenoide longo com espiras com pouco espaçamento transporta corrente elétrica. Cada espira de fio exerce (a) uma força atrativa à próxima espira adjacente, (b) uma força repulsiva à próxima espira adjacente, (c) força zero à próxima espira adjacente ou (d) uma força atrativa ou repulsiva à próxima espira, dependendo da direção da corrente no solenoide?

13. Um campo magnético uniforme é direcionado ao longo do eixo x. Para qual orientação de uma bobina plana e retangular o fluxo pelo retângulo é máximo? (a) No plano xy. (b) No plano xz. (c) No plano yz. (d) O fluxo tem o mesmo valor diferente de zero para todas essas orientações. (e) O fluxo é zero em todos os casos.

14. Ordene os módulos dos campos magnéticos a seguir do maior para o menor, assinalando qualquer caso de igualdade. (a) O campo a 2 cm de distância de um fio longo e reto que transporta uma corrente de 3 A, (b) o campo no centro de uma bobina plana, compacta e circular de 2 cm de raio, com 10 voltas, transportando uma corrente de 0,3 A, (c) o campo no centro de um solenoide com 2 cm de raio e 200 cm de comprimento, com 1.000 voltas, transportando uma corrente de 0,3 A, (d) o campo no centro de uma barra de metal longa e reta, de 2 cm de raio, transportando uma corrente de 300 A, (e) um campo de 1 mT.

15. O solenoide A tem comprimento L e N espiras, o solenoide B tem comprimento $2L$ e N espiras, e o solenoide C tem comprimento $L/2$ e $2N$ espiras. Se cada um deles transportar a mesma corrente, ordene os módulos dos campos magnéticos nos centros dos solenoides do maior para o menor.

Perguntas Conceituais

1. O campo magnético é criado por um anel de corrente uniforme? Explique.
2. Um polo de um ímã atrai um prego. O outro atrairá o prego? Explique. Explique também como um ímã se prende a uma porta de geladeira.
3. Compare a Lei de Ampère com a de Biot-Savart. Em geral, qual é a mais útil para o cálculo de $\vec{B}$ para um condutor que transporta corrente?
4. Um tubo oco de cobre transporta corrente ao longo de seu comprimento. Por que $B = 0$ dentro do tubo? B é diferente de zero fora do tubo?
5. Imagine que você tenha uma bússola cuja agulha pode girar tanto vertical quanto horizontalmente. Para qual caminho a agulha da bússola apontaria se você estivesse no polo magnético norte da Terra?
6. A Lei de Ampère é válida para todos os caminhos fechados em volta de um condutor? Por que não é útil para o cálculo de $\vec{B}$ para todos esses caminhos?
7. Um ímã atrai um pedaço de ferro. O ferro pode então atrair outro pedaço de ferro. Com base no alinhamento de domínio, explique o que acontece com cada pedaço de ferro.
8. Por que bater em um ímã com um martelo faz que o magnetismo seja reduzido?
9. A quantidade $\int \vec{B} \cdot d\vec{s}$ na Lei de Ampère é chamada *circulação magnética*. As Figuras 8.10 e 8.13 mostram caminhos pelos quais a circulação magnética é avaliada. Cada um desses caminhos corresponde a uma área. Qual é o fluxo magnético para cada área? Explique sua resposta.

10. A Figura PC8.10 mostra quatro ímãs permanentes, cada um com um orifício em seu centro. Note que os ímãs azul e amarelo estão levitados acima dos vermelhos. (a) Como essa levitação acontece? (b) Qual é a finalidade das hastes? (c) O que você pode dizer sobre os polos dos ímãs a partir desta observação? (d) Se o ímã azul fosse invertido, o que você acha que aconteceria?

Figura PC8.10

11. Explique por que dois fios paralelos que transportam correntes em direções opostas repelem um ao outro.
12. Considere um campo magnético que é uniforme na direção em determinado volume. (a) O campo pode ser uniforme em módulo? (b) Ele deve ser uniforme em módulo? Apresente evidência para suas respostas.

Problemas

WebAssign Os problemas que se encontram neste capítulo podem ser resolvidos *on-line* no Enhanced WebAssign (em inglês)

1. denota problema simples;
2. denota problema intermediário;
3. denota problema de desafio;

AMT *Analysis Model Tutorial* disponível no Enhanced WebAssign (em inglês);

M denota tutorial *Master It* disponível no Enhanced WebAssign (em inglês);

PD denota problema dirigido;

W solução em vídeo *Watch It* disponível no Enhanced WebAssign (em inglês).

Seção 8.1 Lei de Biot-Savart

1. **Revisão.** Em estudos sobre a possibilidade de pássaros migrarem utilizando o campo magnético da Terra para navegação, pássaros foram equipados com bobinas utilizadas como "bonés" e "colares", como mostra a Figura P8.1. (a) Se bobinas idênticas têm raio de 1,20 cm e estão distantes 2,20 cm entre si, com 50 espirais de fio para cada uma, que corrente as duas devem carregar para produzir um campo magnético de $4{,}50 \times 10^{25}$ T no meio do caminho entre eles? (b) Se a resistência de cada bobina for de 210 Ω, qual voltagem deverá ter a bateria que alimenta cada bobina? (c) Que potência é fornecida para cada bobina?

Figura P8.1

2. Em cada uma das partes (a) a (c) da Figura P8.2, encontre a direção da corrente no fio que produziria um campo magnético direcionado como mostrado.

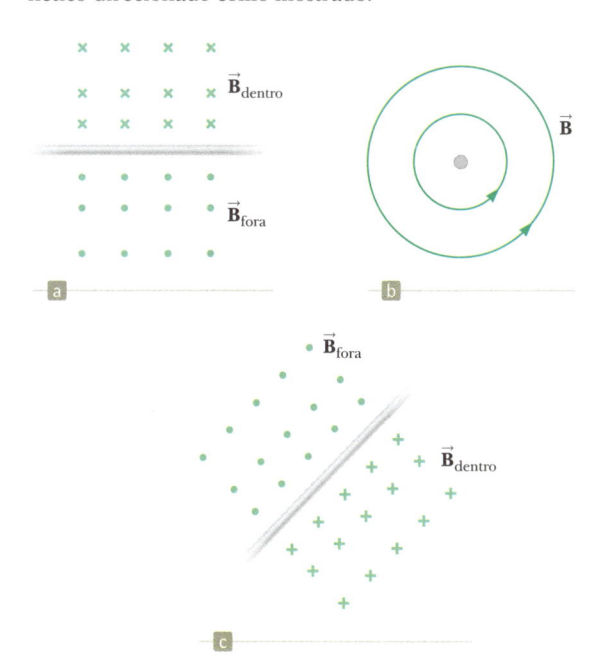

Figura P8.2

3. **W** Calcule o módulo do campo magnético em um ponto a 25,0 cm de um condutor longo e fino que transporta uma corrente de 2,00 A.

4. Em 1962, medições do campo magnético de um grande tornado foram feitas pelo Geophysical Observatory em Tulsa, Oklahoma, EUA. Se o módulo do campo do tornado era $B = 1{,}50 \times 10^{-8}$ T apontando para o norte quando ele estava a 9,00 km a leste do observatório, qual corrente foi transportada para cima ou para baixo do cone do tornado? Modele o vórtice como um fio longo e reto que transporta uma corrente.

5. **M** (a) Uma espira condutora no formato de quadrado de lado $\ell = 0{,}400$ m transporta uma corrente $I = 10{,}0$ A, como mostrado na Figura P8.5. Calcule o módulo e a direção do campo magnético no centro do quadrado. (b) **E se?** Se este condutor for reformatado para formar uma espira circular e transportar a mesma corrente, qual é o valor do campo magnético no centro?

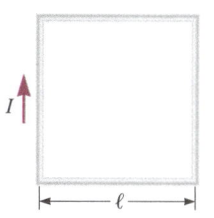

Figura P8.5

6. **W** No modelo de 1913 de Niels Bohr do átomo de hidrogênio, um elétron circula o próton a uma distância de $5{,}29 \times 10^{-11}$ m à velocidade de $2{,}19 \times 10^6$ m/s. Calcule o módulo do campo magnético que este movimento produz no local do próton.

7. Um condutor consiste em um anel circular de raio $R = 15{,}0$ cm e duas seções longas e retas, como mostra a Figura P8.7. O fio está no plano do papel e transporta uma corrente $I = 1{,}00$ A. Encontre o campo magnético no centro do anel.

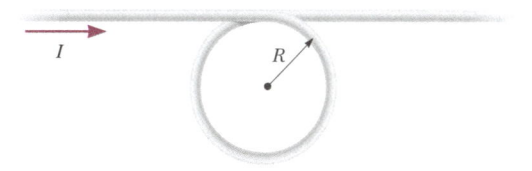

Figura P8.7 Problemas 7 e 8.

8. Um condutor consiste em um anel circular de raio R e duas seções longas e retas, como mostrado na Figura P8.7. O fio está no plano do papel e transporta uma corrente I. (a) Qual é a direção do campo magnético no centro do anel? (b) Encontre uma expressão para o módulo do campo magnético no centro do anel.

9. Dois fios longos, retos e paralelos transportam correntes que estão direcionadas perpendicularmente à página, como mostra a Figura P8.9. O fio 1 transporta uma corrente I_1 para dentro da página (na direção negativa z) e passa pelo eixo x em $x = +a$. O fio 2 passa pelo eixo x em $x = -2a$ e transporta uma corrente desconhecida I_2. O campo magnético total na origem devido aos fios que transportam corrente tem módulo $2\mu_0 I_1/(2\pi a)$. A corrente I_2 pode ter um de dois valores possíveis. (a) Encontre o valor de I_2 com o menor módulo, expressando em termos de I_1 e dando sua direção. (b) Encontre o outro valor possível de I_2.

Figura P8.9

10. Um fio infinitamente longo que transporta uma corrente I é curvado em um ângulo reto, como mostrado na Figura P8.10. Determine o campo magnético no ponto P, localizado a uma distância x do canto do fio.

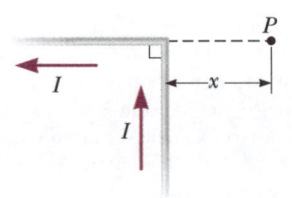

Figura P8.10

11. Um fio longo e reto transporta uma corrente I. Uma curvatura em ângulo reto é feita no meio do fio. A curvatura forma um arco de um círculo de raio r, como mostrado na Figura P8.11. Determine o campo magnético no ponto P, o centro do arco.

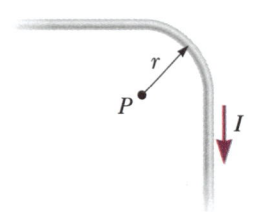

Figura P8.11

12. Considere uma espira de corrente plana e circular de raio R que transporta uma corrente I. Coloque o eixo x ao longo do eixo da espira, com a origem no centro desta. Construa um gráfico com a proporção do módulo do campo magnético na coordenada x em relação àquela da origem de $x = 0$ para $x = 5R$. Pode ser útil empregar uma calculadora programável ou um computador para resolver este problema.

13. Um caminho de corrente da forma, mostrada na Figura P8.13, produz um campo magnético em P, o centro do arco. Se o arco está oposto a um ângulo de $\theta = 30,0°$ e o raio do arco é 0,600 m, quais são o módulo e a direção do campo produzidos em P se a corrente for 3,00 A?

Figura P8.13

14. AMT M Um fio longo transporta uma corrente de 30,0 A para a esquerda ao longo do eixo x. Um segundo fio longo transporta corrente de 50,0 A para a direita ao longo da linha ($y = 0,280$ m, $z = 0$). (a) Onde no plano dos dois fios o campo magnético total é igual a zero? (b) Uma partícula com carga de $-2,00$ μC move-se em uma velocidade de $150\hat{\mathbf{i}}$ Mm/s ao longo da linha ($y = 0,100$ m, $z = 0$). Calcule a força magnética vetorial que atua na partícula. (c) **E se?** Um campo elétrico uniforme é aplicado para permitir que esta partícula passe por essa região sem ser desviada. Calcule o campo elétrico vetorial necessário.

15. Três condutores longos e paralelos transportam, cada um, uma corrente $I = 2,00$ A. A Figura P8.15 é uma visualização da extremidade dos condutores, com cada corrente indo para fora da página. Com $a = 1,00$ cm, determine o módulo e a direção do campo magnético no (a) ponto A, (b) ponto B e (c) ponto C.

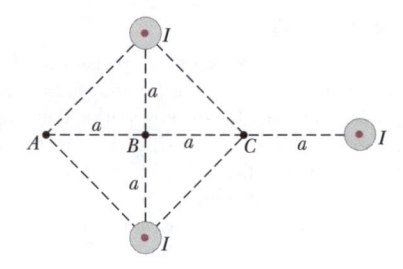

Figura P8.15

16. Em uma descarga atmosférica longa, reta e vertical, elétrons movem-se de modo descendente e íons positivos de modo ascendente e formam uma corrente de módulo 20,0 kA. Em um local a 50,0 m a leste do meio da descarga, um elétron livre deriva pelo ar em direção a oeste à velocidade de 300 m/s. (a) Faça um esboço mostrando os vários vetores envolvidos. Ignore o efeito do campo magnético da Terra. (b) Encontre a força vetorial que a descarga atmosférica exerce no elétron. (c) Encontre o raio do caminho do elétron. (d) É uma boa aproximação modelar o elétron como movendo-se em um campo uniforme? Explique sua resposta. (e) Se não colidir com nenhum obstáculo, quantas revoluções o elétron completará nos 60,0 μs da descarga atmosférica?

17. Determine o campo magnético (em termos de I, a e d) na origem devido à espira de corrente na Figura P8.17. A espira estende-se ao infinito acima da figura.

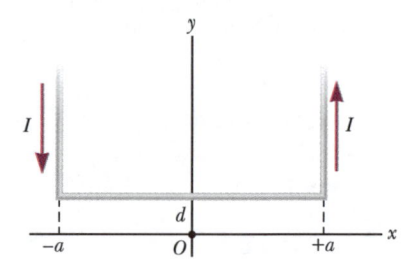

Figura P8.17

18. Um fio transportando uma corrente I é curvado na forma de um triângulo equilátero de lado L. (a) Encontre o módulo do campo magnético no centro do triângulo. (b) Em um ponto na metade do caminho entre o centro e qualquer um dos vértices, o campo é mais forte ou mais fraco que no centro? Apresente um argumento qualitativo para sua resposta.

19. Os dois fios mostrados na Figura P8.19 estão separados por $d = 10,0$ cm e transportam correntes de $I = 5,00$ A em direções opostas. Encontre o módulo e a direção do campo magnético líquido (a) no ponto médio da distância entre os fios; (b) no ponto P_1, 10,0 cm à direita do fio à direita; e (c) no ponto P_2, $2d = 20,0$ cm à esquerda do fio à esquerda.

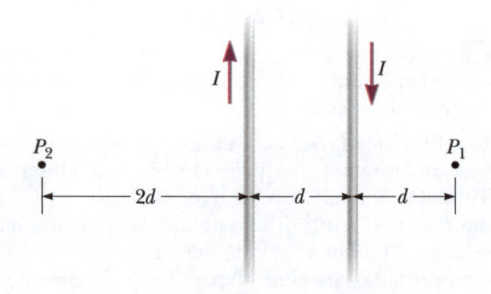

Figura P8.19

20. Dois fios longos e paralelos transportam correntes de $I_1 = 3{,}00$ A e $I_2 = 5{,}00$ A nas direções indicadas na Figura P8.20. (a) Encontre o módulo e a direção do campo magnético em um ponto na metade da distância entre os fios. (b) Encontre o módulo e a direção do campo magnético no ponto P, localizado a $d = 20{,}0$ cm acima do fio, que transporta uma corrente de 5,00 A.

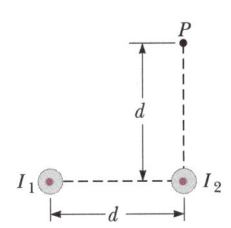

Figura P8.20

Seção 8.2 Força magnética entre dois condutores paralelos

21. W Dois condutores longos e paralelos, separados por 10,0 cm, transportam correntes na mesma direção. O primeiro fio transporta uma corrente $I_1 = 5{,}00$ A, e o segundo, $I_2 = 8{,}00$ A. (a) Qual é o módulo do campo magnético criado por I_1 no local de I_2? (b) Qual é a força por unidade de comprimento exercida por I_1 em I_2? (c) Qual é o módulo do campo magnético criado por I_2 no local de I_1? (d) Qual é a força por unidade de comprimento exercida por I_2 em I_1?

22. Dois fios paralelos separados por 4,00 cm repelem-se com uma força por unidade de comprimento de $2{,}00 \times 10^{-4}$ N/m. A corrente em um fio é 5,00 A. (a) Encontre a corrente no outro fio. (b) As correntes estão na mesma direção ou em direções opostas? (c) O que aconteceria se a direção de uma corrente fosse invertida e dobrada?

23. Dois fios paralelos são separados por 6,00 cm, cada um transportando 3,00 A de corrente na mesma direção. (a) Qual é o módulo da força por unidade de comprimento entre os fios? (b) A força é atrativa ou repulsiva?

24. Dois longos fios estão pendurados verticalmente. O fio 1 transporta uma corrente ascendente de 1,50 A. O fio 2, 20,0 cm à direita do 1, transporta uma corrente descendente de 4,00 A. Um terceiro fio, 3, deve ser pendurado verticalmente e posicionado de modo que, quando transportar uma certa corrente, cada fio não experimente nenhuma força resultante. (a) Esta situação é possível? É possível de mais de uma maneira? Descreva (b) a posição do fio 3, e (c) o módulo e direção da corrente no fio 3.

25. M Na Figura P8.25, a corrente no fio longo e reto é $I_1 = 5{,}00$ A, e o fio fica no plano de uma espira retangular que transporta uma corrente $I_2 = 10{,}0$ A. As dimensões na figura são $c = 0{,}100$ m, $a = 0{,}150$ m e $\ell = 0{,}450$ m. Encontre o módulo e a direção da força resultante exercida na espira pelo campo magnético criado pelo fio.

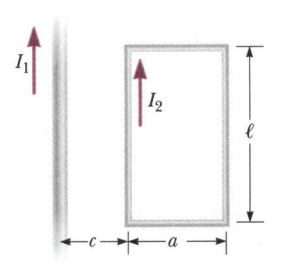

Figura P8.25 Problemas 25 e 26

26. Na Figura P8.25, a corrente no fio longo e reto é I_1, e o fio fica no plano de uma espira retangular que transporta uma corrente I_2. A espira é de comprimento ℓ e largura a. Sua extremidade esquerda está a uma distância c do fio. Encontre o módulo e a direção da força líquida exercida na espira pelo campo magnético criado pelo fio.

27. Dois fios longos e paralelos são atraídos um pelo outro por uma força por unidade de comprimento de 320 μN/m. Um fio transporta uma corrente de 20,0 A para a direita e está localizado ao longo da linha $y = 0{,}500$ m. O segundo fio fica ao longo do eixo x. Determine o valor de y para a linha no plano dos dois fios ao longo dos quais o campo magnético total é zero.

28. *Por que a seguinte situação é impossível?* Dois condutores de cobre paralelos têm, cada um, comprimento $\ell = 0{,}500$ m e raio $r = 250$ μm. Eles transportam correntes $I = 10{,}0$ A em direções opostas e se repelem com uma força magnética $F_B = 1{,}00$ N.

29. AMT Wilhelm Weber empresta seu nome à unidade de fluxo magnético. Johann Karl Friedrich Gauss tem seu nome associado a uma unidade de tamanho prático de campo magnético. Além de seus feitos individuais, Weber e Gauss construíram um telégrafo em 1833 que consistia em uma bateria e uma chave em uma das pontas da linha de transmissão de 3 km de extensão operando um eletroímã na outra ponta. Suponha que a linha de transmissão deles fosse como a mostrada na Figura P8.29. Dois fios longos e paralelos, cada um com massa por unidade de comprimento de 40,0 g/m, são suportados em um plano horizontal por cordas de extensão $\ell = 6{,}00$ cm. Quando ambos os fios transportam a mesma corrente I, repelem-se de modo que o ângulo entre as cordas de suporte é $\theta = 16{,}0°$. (a) As correntes estão na mesma direção ou em direções opostas? (b) Encontre o módulo da corrente. (c) Se esta linha de transmissão fosse levada para Marte, a corrente necessária para separar os fios pelo mesmo ângulo seria maior ou menor do que a necessária na Terra? Por quê?

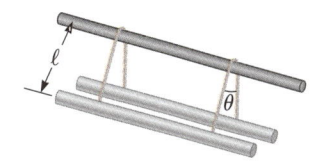

Figura P8.29

Seção 8.3 Lei de Ampère

30. O metal nióbio torna-se um supercondutor quando resfriado abaixo de 9 K. Sua supercondutividade é destruída quando o campo magnético de superfície excede 0,100 T. Na ausência de qualquer campo magnético externo, determine a corrente máxima que um fio de nióbio de 2,00 mm de diâmetro pode transportar e permanecer supercondutor.

31. W A Figura P8.31 é uma visualização da seção transversal de um cabo coaxial. O condutor central é cercado por uma camada de borracha, um condutor externo e outra camada de borracha. Em uma aplicação específica, a corrente no condutor interno é $I_1 = 1{,}00$ A para fora da página, e a corrente no condutor externo é $I_2 = 3{,}00$ A para dentro da página. Supondo a distância $d = 1{,}00$ mm, determine o módulo e a direção do campo magnético no (a) ponto a e (b) ponto b.

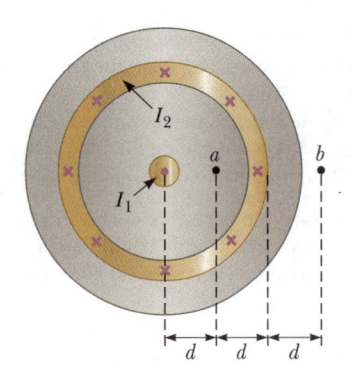

Figura P8.31

32. **W** As bobinas magnéticas de um reator de fusão tokamak estão no formato de um toroide com raios internos de 0,700 m e externo de 1,30 m. O toroide tem 900 espiras de fio de grande diâmetro, cada um transportando uma corrente de 14,0 kA. Encontre o módulo do campo magnético dentro do toroide ao longo do (a) raio interno e (b) do raio externo.

33. Um fio longo e reto está em uma mesa horizontal e transporta corrente de 1,20 μA. No vácuo, um próton move-se paralelamente ao fio (oposto à corrente) com velocidade constante de $2,30 \times 10^4$ m/s a uma distância d acima do fio. Ignorando o campo magnético devido à Terra, determine o valor de d.

34. Uma folha infinita no plano yz transporta uma corrente de superfície de densidade linear J_s. A corrente está na direção positiva z e J_s representa a corrente por unidade de comprimento medida ao longo do eixo y. A Figura P8.34 é uma visualização de corte da folha. Prove que o campo magnético próximo da folha está paralelo à folha e perpendicular à direção da corrente, com módulo $\mu_0 J_s/2$.

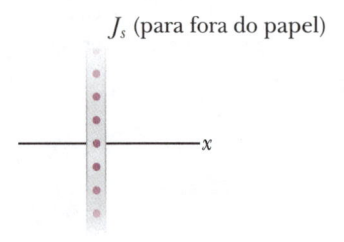

Figura P8.34

35. **W** O campo magnético a 40,0 cm de distância de um fio longo e reto que transporta corrente de 2,00 A é 1,00 μT. (a) Em qual distância ele é 0,100 μT? (b) **E se?** Em um instante, os dois condutores em uma longa extensão doméstica tem correntes iguais a 2,00 A em direções opostas. Os dois fios estão a 3,00 mm de distância. Encontre o campo magnético a 40,0 cm de distância do meio do cabo reto no plano dos dois fios. (c) Em qual distância ele tem um décimo do tamanho? (d) O fio central em um cabo coaxial transporta corrente de 2,00 A em uma direção e o revestimento em volta dele transporta corrente de 2,00 A na direção oposta. Qual campo magnético o cabo cria nos pontos externos a ele?

36. Um pacote de 100 fios longos, retos e isolados, forma um cilindro de raio $R = 0,500$ cm. Se cada fio transportar 2,00 A, quais são (a) o módulo e (b) a direção da força magnética por unidade de comprimento que atua em um fio localizado a 0,200 cm do centro do pacote? (c) **E se?** Um fio na face externa do pacote experimentaria uma força superior ou inferior ao valor calculado nas partes (a) e (b)? Apresente um argumento qualitativo para sua resposta.

37. O campo magnético criado por uma grande corrente que passa pelo plasma (gás ionizado) pode forçar partículas que transportam corrente a se unirem. Este *efeito de estricção* tem sido utilizado no projeto de reatores de fusão e pode ser demonstrado ao fazer que uma lata de alumínio vazia transporte uma grande corrente paralela a seu eixo. Digamos que R representa o raio da lata e I a corrente, uniformemente distribuída pela parede curvada da lata. Determine o campo magnético (a) dentro e (b) fora da parede. (c) Determine a pressão na parede.

38. Um condutor longo e cilíndrico de raio R transporta uma corrente I, como mostra a Figura P8.38. A densidade da corrente J, entretanto, não é uniforme na seção transversal do condutor; em vez disso, é uma função do raio de acordo com $J = br$, onde b é uma constante. Encontre uma expressão para o módulo do campo magnético B (a) a uma distância $r_1 < R$ e (b) a uma distância $r_2 > R$, medida a partir do centro do condutor.

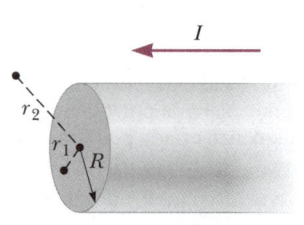

Figura P8.38

39. **M** Quatro condutores longos e paralelos podem transportar correntes iguais de $I = 5,00$ A. A Figura P8.39 é uma visualização da extremidade dos condutores. A direção da corrente está para dentro da página nos pontos A e B e para fora nos pontos C e D. Calcule (a) o módulo e (b) a direção do campo magnético no ponto P, localizado no centro do quadrado do comprimento da extremidade $\ell = 0,200$ m.

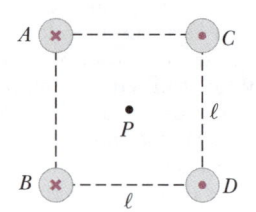

Figura P8.39

Seção 8.4 Campo magnético de um solenoide

40. Certo ímã supercondutor na forma de um solenoide de comprimento 0,500 m pode gerar um campo magnético de 9,00 T em seu núcleo quando suas espiras transportam uma corrente de 75,0 A. Encontre o número de espiras no solenoide.

41. **M** Um solenoide longo que tem 1.000 espiras uniformemente distribuídas por um comprimento de 0,400 m produz um campo magnético de módulo $1,00 \times 10^{-4}$ T no seu centro. Qual a corrente necessária nos enrolamentos para que isto ocorra?

42. Você recebe certo volume de cobre a partir do qual pode fazer fio de cobre. Para isolar o fio, você pode usar quanto esmalte quiser. Você utilizará o fio para formar um solenoide bem enrolado de 20 cm de comprimento com o maior campo magnético possível no centro, utilizando uma fonte de alimentação que pode fornecer uma corrente de 5 A.

O solenoide pode ser enrolado com o fio em uma ou mais camadas. (a) Você deve tornar o fio longo e fino ou maior e espesso? Explique. (b) Você deve tornar o raio do solenoide pequeno ou grande? Explique.

43. **W** Uma espira de fio quadrada de volta única, com 2,00 cm em cada lado, transporta uma corrente no sentido horário de 0,200 A. A espira está dentro de um solenoide, com o plano da espira perpendicular ao campo magnético do solenoide. O solenoide tem 30,0 voltas/cm e transporta uma corrente em sentido horário de 15,0 A. Encontre (a) a força em cada lado da espira e (b) o torque que atua na espira.

44. Um solenoide de 10,0 cm de diâmetro e comprimento de 75,0 cm é feito de fio de cobre de diâmetro de 0,100 cm, com isolação bem fina. O fio é enrolado em um tubo de papelão em uma única camada, com voltas adjacentes tocando uma na outra. Qual potência deve ser fornecida ao solenoide se ele deve produzir um campo de 8,00 mT no seu centro?

45. Deseja-se construir um solenoide que terá resistência de 5,00 Ω (a 20,0 °C) e produzirá um campo magnético de $4,00 \times 10^{-2}$ T no seu centro quando transporta uma corrente de 4,00 A. O solenoide deve ser construído de fio de cobre com diâmetro de 0,500 mm. Se o raio do solenoide for de 1,00 cm, determine (a) o número necessário de voltas do fio e (b) o comprimento necessário do solenoide.

Seção 8.5 Lei de Gauss no magnetismo

46. Considere a superfície hemisférica fechada na Figura P8.46. O hemisfério está em um campo magnético uniforme que forma um ângulo θ com a vertical. Calcule o fluxo magnético pela (a) superfície plana S_1 e (b) pela superfície hemisférica S_2.

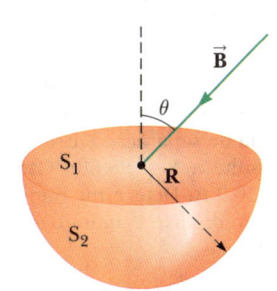

Figura P8.46

47. **M** Um cubo de lado $\ell = 2{,}50$ cm é posicionado como mostrado na Figura P8.47. Há um campo magnético uniforme dado por $\vec{B} = (5\hat{i} + 4\hat{j} + 3\hat{k})$ T na região. (a) Calcule o fluxo magnético pela face sombreada. (b) Qual é o fluxo total pelas seis faces?

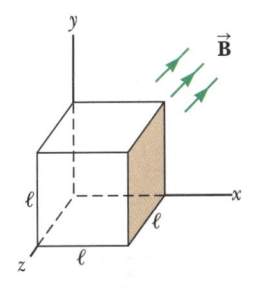

Figura P8.47

48. **W** Um solenoide de raio $r = 1{,}25$ cm e comprimento $\ell = 30{,}0$ cm tem 300 espiras e transporta 12,0 A. (a) Calcule o fluxo pela superfície de uma área em formato de disco de raio $R = 5{,}00$ cm que está posicionada perpendicularmente e centrada no eixo do solenoide, como mostrado na Figura P8.48a. (b) A Figura P8.48b mostra uma visualização da extremidade aumentada do mesmo solenoide. Calcule o fluxo pela área da face, que é um anel com raios interno de $a = 0{,}400$ cm e externo de $b = 0{,}800$ cm.

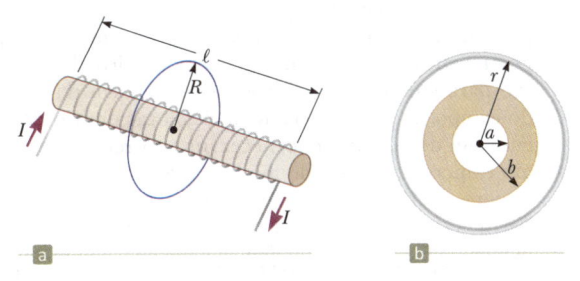

Figura P8.48

Seção 8.6 Magnetismo na matéria

49. **M** O momento magnético da Terra é aproximadamente $8{,}00 \times 10^{22}$ A × m². Imagine que o campo magnético planetário foi causado pela magnetização completa de um grande depósito de ferro com densidade de 7.900 kg/m³ e aproximadamente $8{,}50 \times 10^{28}$ átomos de ferro/m³. (a) Quantos elétrons sem par, cada um com momento magnético de $9{,}27 \times 10^{-24}$ A × m², participariam? (b) Em dois elétrons sem par por átomo de ferro, quantos quilos de ferro deveriam estar presentes no depósito?

50. Na *saturação*, quando praticamente todos os átomos têm seus momentos magnéticos alinhados, o campo magnético é igual à constante de permeabilidade μ_0 multiplicada pelo momento magnético por unidade de volume. Em uma amostra de ferro, onde a densidade de átomos é aproximadamente $8{,}50 \times 10^{28}$ átomos/m³, o campo magnético pode atingir 2,00 T. Se cada elétron contribui com um momento magnético de $9{,}27 \times 10^{-24}$ A × m² (1 magneton de Bohr), quantos elétrons por átomo contribuem com o campo saturado de ferro?

Problemas Adicionais

51. Um solenoide de 30,0 espiras de comprimento de 6,00 cm produz um campo magnético de módulo 2,00 mT em seu centro. Encontre a corrente no solenoide.

52. **M** Um cabo transporta uma corrente de 7,00 A ao longo do eixo x, e outro cabo transporta uma corrente de 6,00 A ao longo do eixo y, como mostra a Figura P8.52. Qual é o campo magnético no ponto P, localizado em $x = 4{,}00$ m, $y = 3{,}00$ m?

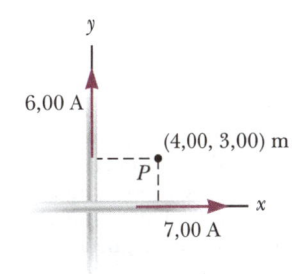

Figura P8.52

53. Suponha que você instale uma bússola no centro do painel de um carro. (a) Supondo que o painel é feito, na maior

parte, de plástico, compute uma estimativa de ordem de grandeza para o campo magnético neste local produzido pela corrente quando você liga os faróis do carro. (b) Como esta estimativa se compara com o campo magnético da Terra?

54. *Por que a seguinte situação é impossível?* O módulo do campo magnético da Terra em qualquer polo é aproximadamente $7,00 \times 10^{-5}$ T. Suponha que o campo caia até zero antes da próxima inversão. Vários cientistas propõem planos para gerar artificialmente um campo magnético de substituição para auxiliar dispositivos que dependem da presença do campo. O plano selecionado é colocar um fio de cobre em volta do equador e fornecer uma corrente que geraria um campo magnético de módulo $7,00 \times 10^{-5}$ T nos polos (ignore a magnetização de qualquer material dentro da Terra). O plano é implementado e altamente bem-sucedido.

55. **M** Um anel não condutor de raio de 10,0 cm é carregado uniformemente com carga positiva total de 10,0 µC. Ele gira em velocidade angular constante de 20,0 rad/s em um eixo que passa pelo seu centro, perpendicular ao plano do anel. Qual é o módulo do campo magnético no eixo do anel a 5,00 cm de seu centro?

56. Um anel não condutor de raio R é carregado uniformemente com carga positiva total q. O anel gira em velocidade angular constante ω em um eixo que passa pelo seu centro, perpendicular ao plano do anel. Qual é o módulo do campo magnético no eixo do anel a uma distância $\frac{1}{2}R$ de seu centro?

57. Uma faixa fina de metal muito longa de largura w transporta uma corrente I pelo seu comprimento, como mostra a Figura P8.57. A corrente é distribuída uniformemente pela largura da faixa. Encontre o campo magnético no ponto P do diagrama. O ponto P está no plano da faixa na distância b para fora de sua extremidade.

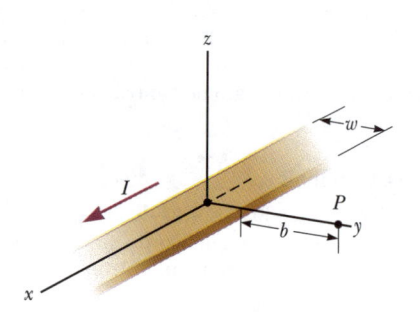

Figura P8.57

58. Uma bobina circular de cinco espiras e diâmetro de 30,0 cm é orientada em um plano vertical com seu eixo perpendicular à componente horizontal do campo magnético da Terra. Uma bússola horizontal posicionada no centro da bobina é feita para desviar 45,0° do norte magnético por uma corrente de 0,600 A na bobina. (a) Qual é a componente horizontal do campo magnético da Terra? (b) A corrente na bobina é desligada. Uma "bússola de inclinação" é do tipo magnética montada de forma que possa girar em um plano vertical norte-sul. Neste local, uma bússola de inclinação forma um ângulo de 13,0° a partir da vertical. Qual é o módulo total do campo magnético da Terra neste local?

59. Um capacitor de placas paralelas muito grande tem carga uniforme por unidade de área $+\sigma$ na placa superior, e $-\sigma$ na inferior. As placas são horizontais e ambas se movem horizontalmente com velocidade v à direita. (a) Qual é o campo magnético entre elas? (b) Qual é o campo magnético logo acima ou logo abaixo delas? (c) Quais são o módulo e a direção da força magnética por unidade de área na placa superior? (d) Em qual velocidade extrapolada v a força magnética em uma placa equilibrará a força elétrica na placa? *Sugestão*: Utilize a Lei de Ampère e escolha um caminho que se feche entre as placas do capacitor.

60. Duas bobinas circulares de raio R, cada uma com N espiras, estão perpendiculares a um eixo comum. Os centros da bobina estão separados por uma distância R. Cada bobina transporta uma corrente estável I na mesma direção que a mostrada na Figura P8.60. (a) Mostre que o campo magnético no eixo a uma distância x do centro de uma bobina é

$$B = \frac{N\mu_0 I R^2}{2}\left[\frac{1}{(R^2+x^2)^{3/2}} + \frac{1}{(2R^2+x^2-2Rx)^{3/2}}\right]$$

(b) Mostre que dB/dx e d^2B/dx^2 são ambos zero no ponto intermediário entre as bobinas. Podemos então concluir que o campo magnético na região intermediária entre as bobinas é uniforme. As bobinas nesta configuração são chamadas *bobinas de Helmholtz*.

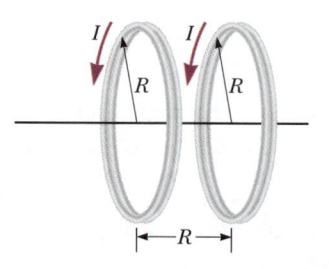

Figura P8.60 Problemas 60 e 61.

61. Duas bobinas idênticas, planas e circulares de fio têm, cada, 100 espiras e raio $R = 0,500$ m. Elas estão dispostas como um conjunto de bobinas de Helmholtz, de modo que a distância de separação entre elas é igual ao raio das bobinas (consulte a Fig. P8.60). Cada bobina transporta corrente $I = 10,0$ A. Determine o módulo do campo magnético no ponto do eixo comum das bobinas e no meio do caminho entre elas.

62. **AMT** Dois anéis circulares são paralelos, coaxiais e quase em contato com seus centros separados por 1,00 mm (Fig. P8.62). Cada anel tem 10,0 cm de raio. O superior transporta uma corrente no sentido horário de $I = 140$ A. O inferior, uma corrente em sentido anti-horário de $I = 140$ A. (a) Calcule a força magnética exercida pelo anel inferior no superior. (b) Suponha que um estudante ache que o primeiro passo para resolver a parte (a) é utilizar a Equação 8.7 para encontrar o campo magnético criado por um dos anéis. Como você argumentaria a favor ou contra esta ideia? (c) O anel superior tem massa de 0,0210 kg. Calcule sua aceleração, supondo que somente as forças que agem nele são aquela da parte (a) e a gravitacional.

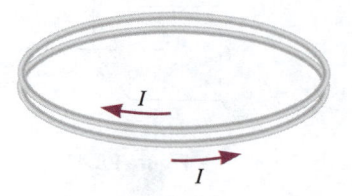

Figura P8.62

63. Dois cabos longos, em linha reta, se cruzam perpendicularmente, como mostra a Figura P8.63. Os cabos são bem finos, de modo que estejam efetivamente no mesmo plano, mas não se toquem. Determine o campo magnético em um ponto 30,0 cm acima do ponto de intersecção dos cabos ao longo do eixo z; isto é, 30,0 cm fora da página, em direção a você.

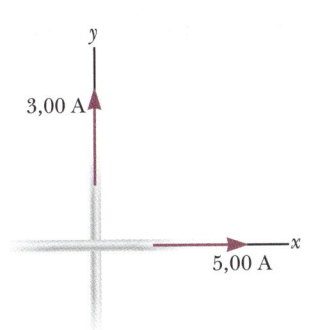

Figura P8.63

64. Dois anéis circulares coplanares e concêntricos de fio transportam correntes $I_1 = 5,00$ A e $I_2 = 3,00$ A em direções opostas, como na Figura P8.64. Se $r_1 = 12,0$ cm e $r_2 = 9,00$ cm, quais são (a) o módulo e (b) a direção do campo magnético líquido no centro dos dois anéis? (c) Faça que r_1 permaneça fixo a 12,0 cm e que r_2 seja uma variável. Determine o valor de r_2 de modo que o campo resultante no centro dos anéis seja zero.

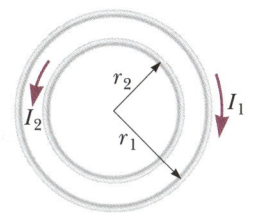

Figura P8.64

65. Como visto nos capítulos anteriores, qualquer objeto com carga elétrica, estacionária ou móvel, além do objeto carregado que criou o campo experimenta uma força em um campo elétrico. Além disso, qualquer corpo com carga elétrica, estacionária ou móvel, pode criar um campo elétrico. Do mesmo modo, uma corrente elétrica ou uma carga elétrica em movimento, além da corrente ou carga que criou o campo, experimenta uma força em um campo magnético (Capítulo 7) e uma corrente elétrica cria um campo magnético (Seção 8.1). (a) Para compreender como uma carga em movimento também pode criar um campo magnético, considere uma partícula com carga q movendo-se com velocidade $\vec{v}$. Defina o vetor de posição $\vec{r} = r\hat{r}$ indo da partícula para algum local. Mostre que o campo magnético naquele local é

$$\vec{B} = \frac{\mu_0}{4\pi} \frac{q\vec{v} \times \hat{r}}{r^2}$$

(b) Encontre o módulo do campo magnético a 1,00 mm para o lado de um próton movendo-se a $2,00 \times 10^7$ m/s. (c) Encontre a força magnética no segundo próton, neste ponto, movendo-se na mesma velocidade na direção oposta. (d) Encontre a força elétrica no segundo próton.

66. **AMT** **PD** Revisão. Canhões eletromagnéticos foram sugeridos para lançar projéteis no espaço sem foguetes químicos. Um canhão eletromagnético de modelo de mesa (Fig. P8.66) consiste em dois trilhos longos, paralelos e horizontais, separados por uma distância $\ell = 3,50$ cm, ligados por uma barra de massa $m = 3,00$ g que está livre para deslizar sem atrito. Os trilhos e a barra têm baixa resistência elétrica, e a corrente está limitada a um valor $I = 24,0$ A por uma fonte de alimentação que está longe da esquerda da figura, então não há efeito magnético na barra. A Figura P8.66 mostra a barra em repouso no ponto médio dos trilhos no momento em que a corrente é estabelecida. Desejamos encontrar a velocidade na qual a barra sai dos trilhos após ser liberada do ponto médio deles. (a) Encontre o módulo do campo magnético a uma distância de 1,75 cm de um fio longo simples que transporta uma corrente de 2,40 A. (b) Para fins de avaliação do campo magnético, modele os trilhos como infinitamente longos. Utilizando o resultado da parte (a), encontre o módulo e a direção do campo magnético no ponto médio da barra. (c) Argumente que este valor do campo será o mesmo em todas as posições da barra à direita do ponto médio dos trilhos. Em outros pontos ao longo da barra, o campo está na mesma direção que o ponto médio, mas é maior em módulo. Suponha que o campo magnético médio efetivo ao longo da barra seja cinco vezes maior que o campo no ponto médio. A partir desta suposição, encontre (d) o módulo e (e) a direção da força na barra. (f) A barra está adequadamente modelada como uma partícula sob aceleração constante? (g) Encontre a velocidade da barra após ter percorrido uma distância $d = 130$ cm até a extremidade dos trilhos.

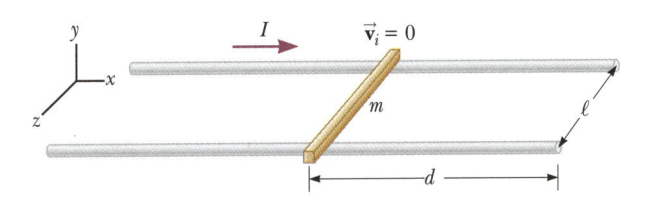

Figura P8.66

67. Cinquenta voltas de fio isolado de 0,100 cm de diâmetro estão bem enroladas para formar uma espiral plana. A espiral preenche um disco em volta de um círculo de raio de 5,00 cm, estendendo a um raio de 10,00 cm na extremidade externa. Suponha que o fio transporte uma corrente I no centro de sua seção transversal. Aproximadamente cada volta de fio forma um círculo. Há então um anel de corrente de raio 5,05 cm, outro a 5,15 cm, e assim por diante. Calcule numericamente o campo magnético no centro da bobina.

68. Um fio infinitamente longo e reto que transporta uma corrente I_1 é cercado parcialmente por uma espira, como mostra a Figura P8.68. A espira tem comprimento L e raio R, e transporta uma corrente I_2. O eixo da espira coincide com o fio. Calcule a força magnética exercida na espira.

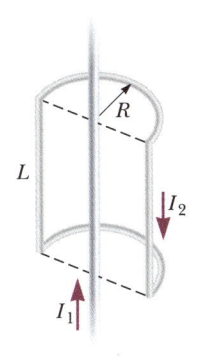

Figura P8.68

Problemas de Desafio

69. Considere um solenoide de comprimento ℓ e raio a com N espiras com pouco espaçamento e transportando uma corrente estável I. (a) Nos termos destes parâmetros, encontre o campo magnético em um ponto ao longo do eixo como uma função da posição x da extremidade do solenoide. (b) Mostre que conforme ℓ se torna muito longo, B se aproxima de $\mu_0 NI/2\ell$ em cada extremidade do solenoide.

70. Vimos que um solenoide longo produz um campo magnético uniforme direcionado ao longo do eixo de uma região cilíndrica. Para produzir um campo magnético uniforme direcionado paralelamente a um *diâmetro* de uma região cilíndrica, entretanto, é possível utilizar as *bobinas de assento* ilustradas na Figura P8.70. As espiras são enroladas em um tubo longo e um pouco achatado. A Figura P8.70a mostra uma espira de fio em volta do tubo. Esse enrolamento continua desta maneira até o lado visível ter várias seções longas de fio transportando corrente à esquerda na Figura P8.70a e o lado posterior ter vários comprimentos transportando corrente para a direita. A visualização da extremidade do tubo na Figura P8.70b mostra esses fios e as correntes que eles transportam. Ao enrolar os fios cuidadosamente, a distribuição dos fios pode assumir o formato sugerido na visualização da extremidade, de tal modo que a distribuição total da corrente seja aproximadamente a superposição de dois cilindros circulares que se sobrepõem, de raio R (mostrados pelas linhas pontilhadas), com correntes uniformemente distribuídas, uma em direção a você e outra oposta a você. A densidade de corrente J é a mesma para cada cilindro. O centro de um cilindro é descrito por um vetor posição $\vec{d}$ relativo ao centro do outro cilindro. Prove que o campo magnético dentro do tubo oco é $\mu_0 Jd/2$ de modo descendente. *Sugestão*: O uso dos métodos vetoriais simplifica o cálculo.

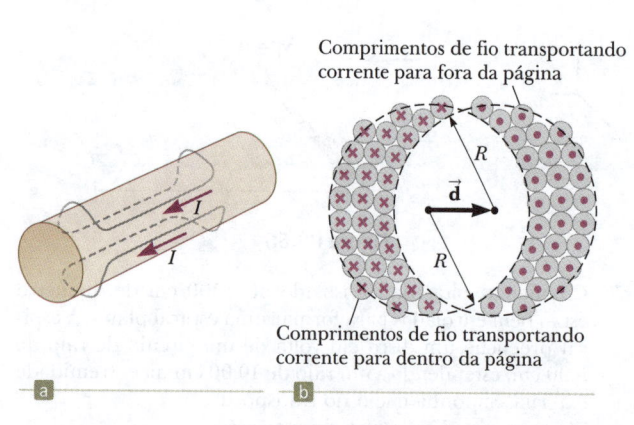

Figura P8.70

71. Uma barra fina de cobre de comprimento $\ell = 10{,}0$ cm é suportada horizontalmente pelos dois contatos (não magnéticos) em suas extremidades. A barra transporta uma corrente de $I_1 = 100$ A na direção negativa de x, como mostrado na Figura P8.71. A uma distância $h = 0{,}500$ cm abaixo de uma extremidade da barra, um fio longo e reto transporta uma corrente de $I_2 = 200$ A na direção positiva de z. Determine a força magnética exercida na barra.

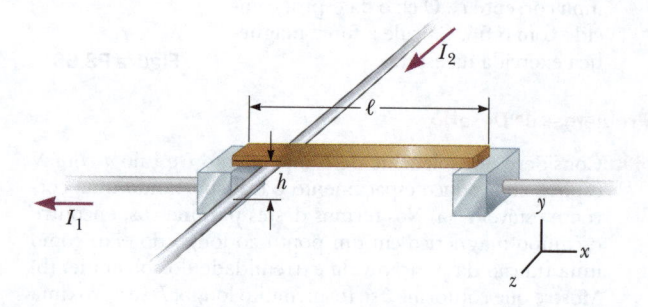

Figura P8.71

72. Na Figura P8.72, ambas as correntes nos fios infinitamente longos são 8,00 A na direção negativa de x. Os fios são separados por uma distância $2a = 6{,}00$ cm. (a) Faça um esboço do padrão do campo magnético no plano yz. (b) Qual é o valor do campo magnético na origem? (c) Em ($y = 0$, $z \to \infty$)? (d) Encontre o campo magnético nos pontos ao longo do eixo z como uma função de z. (e) Em qual distância d ao longo do eixo positivo z o campo magnético será máximo? (f) Qual é seu valor máximo?

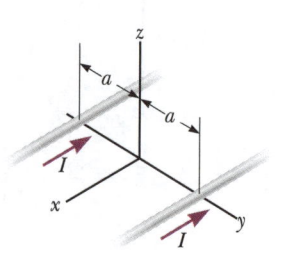

Figura P8.72

73. Um fio transportando corrente I é curvado no formato de uma espiral exponencial, $r = e^\theta$, de $\theta = 0$ para $\theta = 2\pi$, como sugerido na Figura P8.73. Para completar uma espira, as extremidades da espiral são conectadas por um fio reto ao longo do eixo x. (a) O ângulo β entre uma linha radial e sua linha de tangente em qualquer ponto em uma curva $r = f(\theta)$ está relacionado a uma função por

$$\operatorname{tg} \beta = \frac{r}{dr/d\theta}$$

Utilize este fato para mostrar que $\beta = \pi/4$. (b) Encontre o campo magnético na origem.

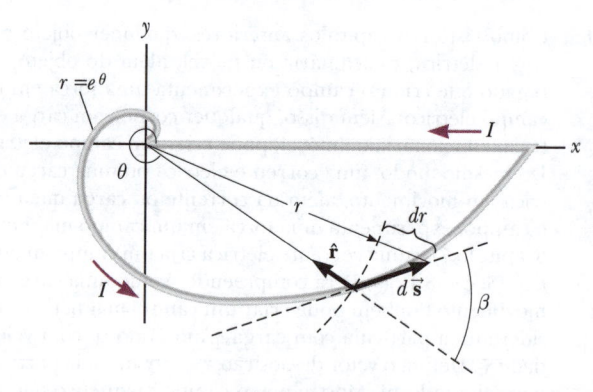

Figura P8.73

74. Uma esfera de raio R tem densidade volumétrica de carga uniforme ρ. Quando ela gira como um corpo rígido com velocidade angular ω em um eixo que passa pelo seu centro (Fig. P8.74), determine (a) o campo magnético no centro da esfera e (b) o momento magnético da esfera.

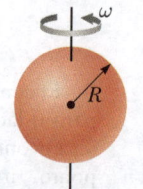

Figura P8.74

75. Um condutor longo e cilíndrico de raio a tem duas cavidades cilíndricas, cada uma com diâmetro a por todo seu comprimento, como mostrado na visualização de corte da Figura P8.75. Uma corrente I é direcionada para fora da página, e é uniforme por uma seção transversal do material condutor. Encontre o módulo e a direção do campo magnético em termos de μ_0, I, r e a no (a) ponto P_1 e (b) no ponto P_2.

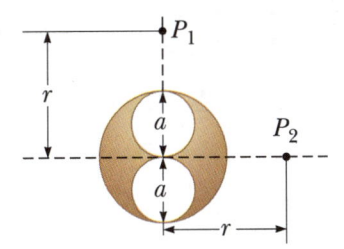

Figura P8.75

76. Um fio é moldado no formato de um quadrado do comprimento de lado L (Fig. P8.76). Mostre que quando a corrente na espira é I, o campo magnético no ponto P a uma distância x do centro do quadrado ao longo de seu eixo é

$$B = \frac{\mu_0 I L^2}{2\pi(x^2 + L^2/4)\sqrt{x^2 + L^2/2}}$$

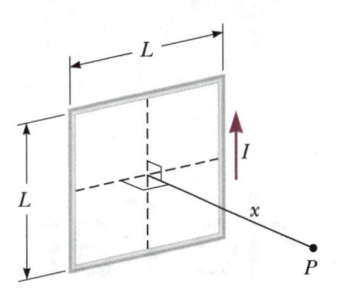

Figura P8.76

77. O módulo da força em um dipolo magnético $\vec{\mu}$ alinhado com um campo magnético não uniforme na direção positiva de x é $F_x = |\vec{\mu}|\, dB/dx$. Suponha que duas espiras planas de fio tenham, cada uma, raio R e transportem uma corrente I. (a) Elas estão paralelas uma a outra e compartilham o mesmo eixo, e são separadas por uma distância variável $x \gg R$. Mostre que a força magnética entre elas varia com $1/x^4$. (b) Encontre o módulo dessa força, tomando $I = 10{,}0$ A, $R = 0{,}500$ cm e $x = 5{,}00$ cm.

capítulo 9

Lei de Faraday

9.1 Lei da Indução de Faraday
9.2 Fem em movimento
9.3 Lei de Lenz
9.4 Fem induzida e campos elétricos
9.5 Geradores e motores
9.6 Correntes de Foucault

Até agora, nossos estudos em eletricidade e magnetismo destacaram os campos elétricos, produzidos por cargas estacionárias, e os magnéticos, pelas cargas em movimento. Este capítulo explora os efeitos produzidos pelos campos magnéticos que variam no tempo.

Experimentos feitos por Michael Faraday na Inglaterra, em 1831, e, no mesmo ano, mas de forma independente, por Joseph Henry nos Estados Unidos, mostraram que uma fem pode ser induzida em um circuito por um campo magnético variável. Os resultados desses experimentos levaram a uma lei bastante básica e importante do eletromagnetismo, conhecida como *Lei da Indução de Faraday*. Uma fem (e, portanto, uma corrente também) pode ser induzida em vários processos que envolvem uma mudança em um fluxo magnético.

Representação artística do Skerries SeaGen Array, um gerador de energia de ondas em desenvolvimento próximo à ilha de Anglesey, no norte do País de Gales. Quando entrar em operação, ele oferecerá 10,5 MW de potência de geradores alimentados por fluxos de ondas. A imagem mostra as lâminas subaquáticas que são movidas pelas correntes de ondas. O segundo sistema de lâminas está acima da água para serviço. Estudaremos geradores neste capítulo. *(Alex Mit/Shutterstock.)*

9.1 Lei da Indução de Faraday

Para ver como uma fem pode ser induzida por um campo magnético variante, considere os resultados experimentais obtidos quando uma espira de fio é conectado a um amperímetro sensível, como ilustrado na Figura 9.1. Quando um ímã é movido em direção à espira, a leitura no amperímetro muda de zero para um valor diferente de zero, arbitrariamente mostrado como negativo na Figura 9.1a. Quando o ímã é colocado em repouso e fica parado em relação à espira (Fig. 9.1b), a leitura zero é observada. Quando movido para fora da espira, a leitura do amperímetro muda na direção oposta, como mostra a Figura 9.1c. Finalmente,

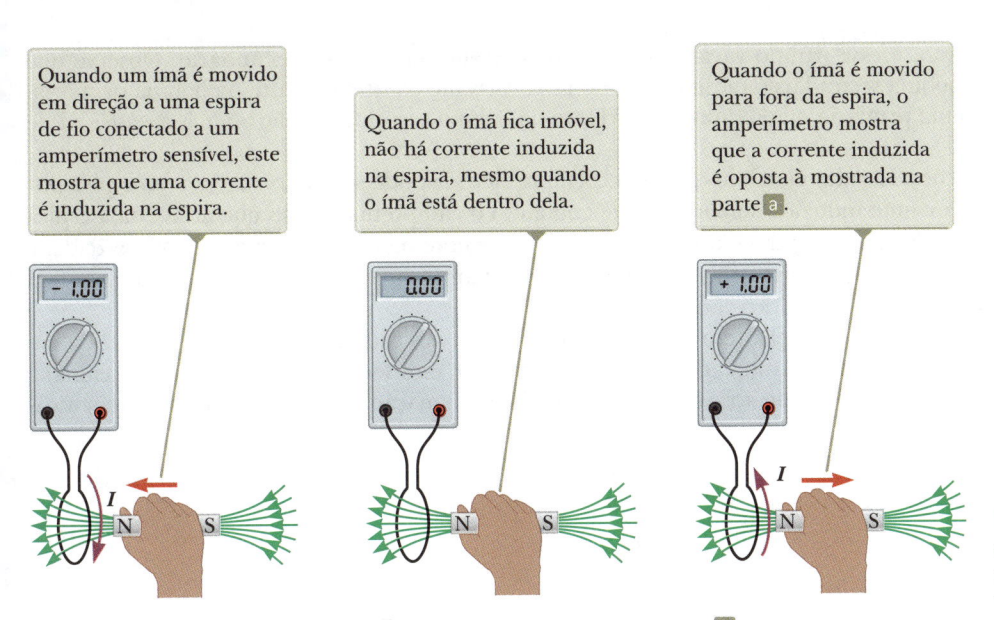

Figura 9.1 Experimento simples mostrando que uma corrente é induzida em uma espira quando um ímã é movido em direção para fora dela.

Quando um ímã é movido em direção a uma espira de fio conectado a um amperímetro sensível, este mostra que uma corrente é induzida na espira.

Quando o ímã fica imóvel, não há corrente induzida na espira, mesmo quando o ímã está dentro dela.

Quando o ímã é movido para fora da espira, o amperímetro mostra que a corrente induzida é oposta à mostrada na parte a.

quando ele fica parado e a espira é movida em direção ou para longe dele, a leitura deixa de ser zero. A partir dessas observações, concluímos que a espira detecta que o ímã está se movendo em relação a ela, e relacionamos esta detecção a uma alteração no campo magnético. Portanto, parece que existe uma relação entre a corrente e o campo magnético variável.

Esses resultados são notáveis porque uma corrente é gerada mesmo se não houver baterias no circuito! Nós a chamamos de *corrente induzida*, e dizemos que é produzida por uma *fem induzida*.

Vamos descrever agora um experimento feito por Faraday e ilustrado na Figura 9.2. Uma bobina primária é enrolada ao redor de um anel de ferro e conectada a uma chave e uma bateria. Uma corrente na bobina produz um campo magnético quando a chave está fechada. Uma bobina secundária também é enrolada ao redor do anel e conectada a um amperímetro sensível. Nenhuma bateria está presente no circuito secundário, e a bobina secundária não está conectada eletricamente à primária. Qualquer corrente detectada no circuito secundário deve ser induzida por algum agente externo.

Inicialmente, você deve perceber que nenhuma corrente é detectada no circuito secundário. Algo surpreendente, entretanto, acontece quando a chave no circuito primário é aberta ou fechada. No instante em que ela é fechada, a leitura do amperímetro muda de zero para certo valor em uma direção, e depois retorna para zero. No instante em que é aberta, o amperímetro marca determinado valor na direção oposta e retorna de novo para zero. Finalmente, o amperímetro mostra zero quando há uma corrente estável ou nenhuma corrente no circuito primário. Para compreender o que acontece neste experimento, note que, quando a chave é fechada, a corrente no circuito primário produz um campo magnético que penetra no secundário e, mais, o campo magnético produzido pela corrente no circuito primário muda de zero para

Uma fem induzida no circuito secundário é causada pelo campo magnético variável na segunda bobina.

Quando a chave no circuito primário é fechada, a leitura do amperímetro no circuito secundário muda momentaneamente.

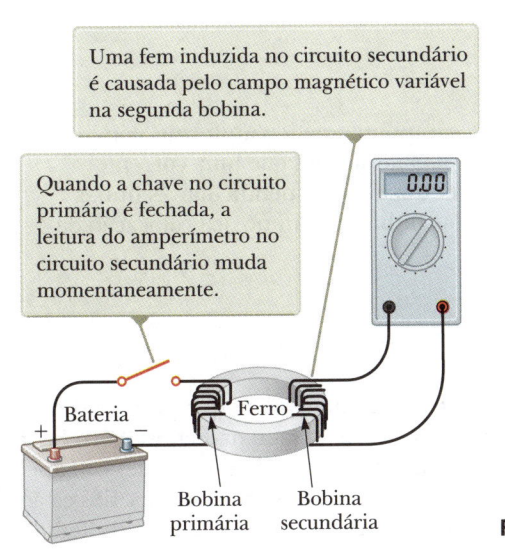

Figura 9.2 Experimento de Faraday.

Michael Faraday
Físico e químico britânico (1791-1867)

Faraday é geralmente visto como o maior cientista experimental do século XIX. Suas maiores contribuições ao estudo da eletricidade incluem a invenção do motor elétrico, gerador elétrico e transformador, assim como da indução eletromagnética e as leis da eletrólise. Amplamente influenciado pela religião, ele se recusou a trabalhar no desenvolvimento de gás venenoso para os militares britânicos.

algum valor por algum tempo finito, e esse campo variável induz uma corrente no circuito secundário. Observe que nenhuma corrente é induzida na bobina secundária, mesmo quando uma corrente constante existe na bobina primária. É uma *variação* na corrente na bobina primária que induz uma corrente na bobina secundária, não apenas a *existência* de uma corrente.

Como resultado dessas observações, Faraday concluiu que uma corrente elétrica pode ser induzida em uma espira por um campo magnético variável. A corrente induzida somente existe enquanto o campo magnético que atravessa a espira está variando. Uma vez que o campo magnético atinge um valor estável, a corrente na espira desaparece. Na verdade, a espira se comporta como se a fonte de fem estivesse conectada a ele por um tempo curto. É comum dizer que uma fem induzida é produzida na espira pelo campo magnético variável.

Os experimentos mostrados nas Figuras 9.1 e 9.2 têm uma coisa em comum: em cada caso, uma fem é induzida em uma espira quando o fluxo magnético pela espira muda com o tempo. Em geral, essa fem é diretamente proporcional à taxa de variação no tempo do fluxo magnético que atravessa o circuito. Esta afirmação pode ser expressa matematicamente pela **Lei da Indução de Faraday**:

Lei da Indução de Faraday ▶

$$\mathcal{E} = -\frac{d\Phi_B}{dt} \tag{9.1}$$

onde $\Phi_B = \oint \vec{B} \cdot d\vec{A}$ é o fluxo magnético que atravessa a espira (consulte a Seção 8.5).

Se uma bobina tem N espiras com a mesma área e Φ_B é o fluxo magnético em uma espira, uma fem é induzida em cada espira. As espiras estão em série, então, suas fems somam; portanto, a fem induzida total na bobina é dada por

$$\mathcal{E} = -N\frac{d\Phi_B}{dt} \tag{9.2}$$

O sinal negativo nas Equações 9.1 e 9.2 tem significado físico importante, e será discutido na Seção 9.3.

Suponha que uma espira possua uma área A e esteja em um campo magnético uniforme $\vec{B}$, como na Figura 9.3. O fluxo magnético pela espira é igual a $BA \cos\theta$; onde θ é o ângulo entre o campo magnético e o campo normal para a espira; assim, a fem induzida pode ser expressa como

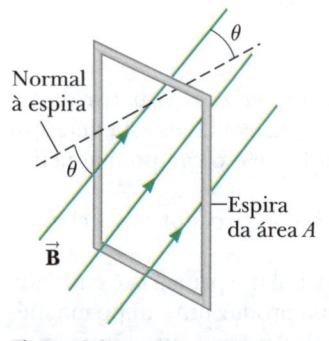

Figura 9.3 Espira condutora que envolve uma área A na presença de um campo magnético uniforme $\vec{B}$. O ângulo entre $\vec{B}$ e a normal à espira é θ.

$$\mathcal{E} = -\frac{d}{dt}(BA \cos\theta) \tag{9.3}$$

A partir desta expressão, vemos que uma fem pode ser induzida em uma espira de diversas maneiras:

- O módulo de $\vec{B}$ pode mudar com o tempo.
- A área da espira pode mudar com o tempo.
- O ângulo θ entre $\vec{B}$ e a normal à espira podem mudar com o tempo.
- Qualquer combinação entre o que foi afirmado acima pode ocorrer.

Teste Rápido **9.1** Uma espira circular de fio metálico é colocada em um campo magnético uniforme, com o plano da espira perpendicular às linhas do campo. Quais ações a seguir *não* farão com que uma corrente seja induzida na espira? **(a)** Esmagamento da espira, **(b)** giro da espira em um eixo perpendicular às linhas do campo, **(c)** manutenção da orientação fixa da espira e movendo-a pelas linhas do campo, **(d)** colocação da espira para fora do campo.

Algumas aplicações da Lei de Faraday

Corta-circuito em caso de falha no aterramento (GFCI) é um dispositivo de segurança interessante que protege contra choques usuários de aparelhos elétricos. Sua operação utiliza a Lei de Faraday. No GFCI mostrado na Figura 9.4, o fio 1 vai da tomada de parede até o aparelho a ser protegido, e o 2, do aparelho de volta para a tomada de parede. Um anel de ferro circula os dois fios e uma bobina sensível é enrolada ao redor da parte do anel. Como as correntes nos fios estão em direções opostas e são de módulo igual, não há zero corrente resultante através do anel e o fluxo magnético líquido através da bobina sensorial é zero. Agora, suponha que a corrente de retorno no cabo 2 se modifica, de modo que as duas correntes não são iguais em módulo. (Isto pode acontecer se, por exemplo, o aparelho for molhado, possibilitando que a corrente vaze para a terra.) Em seguida, a corrente resultante através do anel não é zero, e o fluxo magnético que passa pela bobina sensível não é mais zero. Como a corrente doméstica é alternada (o que significa que sua direção fica se invertendo), o fluxo magnético na bobina sensível muda com o tempo, induzindo uma fem na bobina. Esta fem induzida é utilizada para ativar um disjuntor, que corta a corrente antes de atingir um nível perigoso.

Outra aplicação interessante da Lei de Faraday é a produção do som em uma guitarra elétrica. A bobina, neste caso, chamada *bobina de captação*, é posicionada próxima da corda vibrante da guitarra, feita de metal que pode ser magnetizado. Um ímã permanente dentro da bobina magnetiza a parte da corda mais perto da bobina (Fig. 9.5a). Quando a corda vibra em alguma frequência, seu segmento magnetizado produz um fluxo magnético variável na bobina, que, por sua vez, induz uma fem na bobina que é alimentada por um amplificador. A saída para o amplificador é enviada para os alto-falantes, que produzem as ondas sonoras que ouvimos.

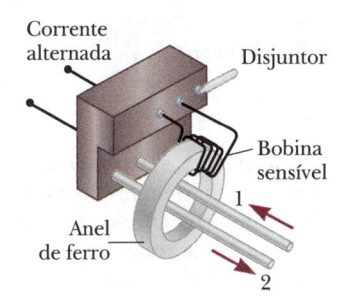

Figura 9.4 Componentes essenciais de um corta-circuito em caso de falha na terra.

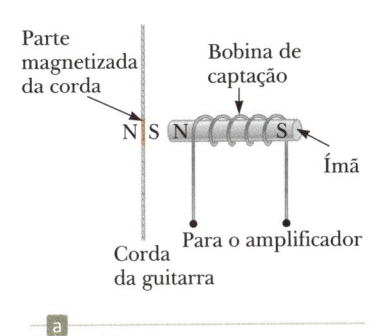

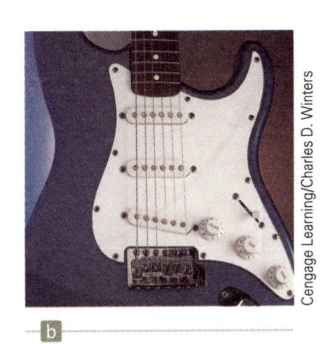

Figura 9.5 (a) Em uma guitarra elétrica, uma corda vibrante magnetizada induz uma fem em uma bobina de captação. (b) Os captadores (os círculos abaixo das cordas metálicas) dessa guitarra elétrica detectam as vibrações das cordas e enviam essas informações para um amplificador e para os alto-falantes (uma chave na guitarra permite que o músico selecione qual conjunto de seis captadores é utilizado).

Exemplo 9.1 — Indução de uma fem em uma bobina

Uma bobina consiste em 200 espiras (voltas) de fio. Cada espira é um quadrado de lado $d = 18$ cm, e um campo magnético uniforme direcionado perpendicularmente ao plano da bobina é ligado. Se o campo muda linearmente de 0 para 0,50 T em 0,80 s, qual é o módulo da fem induzida na bobina enquanto o campo estiver variando?

SOLUÇÃO

Conceitualização A partir da descrição do problema, imagine linhas de campo magnético passando pela bobina. Como o campo magnético está mudando em módulo, uma fem é induzida na bobina.

Categorização Avaliaremos a fem utilizando a Lei de Faraday desta seção; portanto, categorizamos este exemplo como um problema de substituição.

Avalie a Equação 9.2 para a situação descrita, observando que o campo magnético muda linearmente com o tempo:

$$|\varepsilon| = N\frac{\Delta \Phi_B}{\Delta t} = N\frac{\Delta(BA)}{\Delta t} = NA\frac{\Delta B}{\Delta t} = Nd^2\frac{B_f - B_i}{\Delta t}$$

Substitua os valores numéricos:

$$|\varepsilon| = (200)(0{,}18 \text{ m})^2 \frac{(0{,}50 \text{ T} - 0)}{0{,}80 \text{ s}} = \boxed{4{,}0 \text{ V}}$$

E SE? E se você tivesse que encontrar o módulo da corrente induzida na bobina enquanto o campo está variando? Você pode responder a esta questão?

continua

9.1 cont.

SOLUÇÃO

Resposta Se as extremidades da bobina não estiverem conectadas a um circuito, a resposta é simples: a corrente é zero (as cargas se movem no fio da bobina, mas não podem fazê-lo para dentro ou para fora das extremidades da bobina)! Para que haja uma corrente estável, as extremidades da bobina devem estar conectadas a um circuito externo. Vamos supor que a bobina esteja conectada a um circuito e a resistência total da bobina e do circuito seja 2,0 Ω. Assim, o módulo da corrente induzida na bobina é

$$I = \frac{|\mathcal{E}|}{R} = \frac{4,0 \text{ V}}{2,0 \text{ Ω}} = 2,0 \text{ A}$$

Exemplo 9.2 — Campo magnético decaindo exponencialmente

Um circuito de fio em volta de uma área A é posicionado em uma região onde o campo magnético está perpendicular ao plano do circuito. O módulo de $\vec{B}$ varia no tempo de acordo com a expressão $B = B_{\text{máx}} e^{-at}$, onde a é alguma constante. Isto é, em $t = 0$, o campo é $B_{\text{máx}}$, e para $t > 0$, o campo diminui exponencialmente no tempo (Fig. 9.6). Encontre a fem induzida no circuito como uma função do tempo.

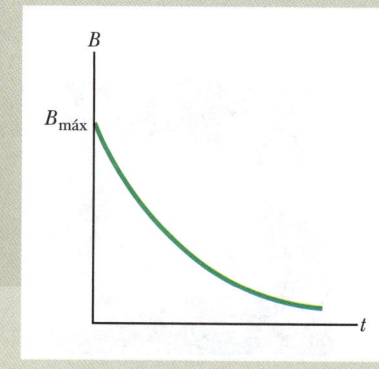

Figura 9.6 (Exemplo 9.2) Decaimento exponencial no módulo do campo magnético com o tempo. A fem e a corrente induzidas variam com o tempo de alguma forma.

SOLUÇÃO

Conceitualização A partir da descrição do problema, imagine linhas de campo magnético passando pela bobina. Como o campo magnético está variando em módulo, uma fem é induzida na bobina.

Categorização Avaliaremos a fem utilizando a Lei de Faraday desta seção; portanto, categorizamos este exemplo como um problema de substituição.

Avalie a Equação 9.1 para a situação descrita:

$$\mathcal{E} = -\frac{d\Phi_B}{dt} = -\frac{d}{dt}(AB_{\text{máx}} e^{-at}) = -AB_{\text{máx}} \frac{d}{dt} e^{-at} = \boxed{aAB_{\text{máx}} e^{-at}}$$

Esta expressão indica que a fem induzida decai exponencialmente no tempo. A fem máxima ocorre em $t = 0$, onde $\mathcal{E}_{\text{máx}} = aAB_{\text{máx}}$. A representação gráfica de $\mathcal{E}$ por t é semelhante à curva de B por t mostrada na Figura 9.6.

9.2 Fem em movimento

Nos Exemplos 9.1 e 9.2 consideramos casos nos quais uma fem é induzida em um circuito imóvel posicionado em um campo magnético que muda com o tempo. Nesta seção, descreveremos a **fem em movimento**, aquela induzida em um condutor em movimento por um campo magnético constante.

O condutor reto de comprimento ℓ mostrado na Figura 9.7 está se movendo por um campo magnético uniforme direcionado para dentro da página. Por razões de simplicidade, vamos supor que o condutor está se movendo em uma direção perpendicular ao campo com velocidade constante sob a influência de algum agente externo. Os elétrons no condutor experimentam uma força $\vec{F}_B = q\vec{v} \times \vec{B}$ (Eq. 7.1) que é direcionada ao longo do comprimento ℓ, perpendicular tanto a $\vec{v}$ quanto a $\vec{B}$. Sob a influência desta força, os elétrons se movem para a extremidade inferior do condutor e ali se acumulam, deixando uma carga positiva líquida na extremidade superior. Como resultado desta separação de carga, um campo elétrico $\vec{E}$ é produzido dentro do condutor. Portanto, os elétrons também são descritos pela versão elétrica do modelo de partícula em um campo. As cargas acumulam-se em ambas as extremidades até a força magnética descrescente qvB nas cargas remanescentes no condutor ser balanceada pela força elétrica crescente qE. Os elétrons são então descritos pelo modelo de partículas em equilíbrio. A condição para o equilíbrio requer que as forças nos elétrons se equilibrem:

$$qE = qvB \text{ ou } E = vB$$

A intensidade do campo elétrico produzido no condutor está relacionado à diferença potencial nas extremidades do condutor de acordo com a relação $\Delta V = E\ell$ (Eq. 3.6). Portanto, para a condição de equilíbrio,

$$\Delta V = E\ell = B\ell v \tag{9.4}$$

onde a extremidade superior do condutor na Figura 9.7 está em um potencial elétrico superior à extremidade inferior. Portanto, a diferença potencial é mantida entre as extremidades do condutor enquanto este continuar movendo-se pelo campo magnético uniforme. Se a direção do movimento for invertida, a polaridade da diferença potencial também será.

Uma situação mais interessante ocorre quando o condutor móvel é parte de um caminho condutor fechado; e é particularmente útil para ilustrar como um fluxo magnético variável resulta em uma corrente induzida em um circuito fechado. Considere um circuito que consiste em uma barra condutora de comprimento ℓ deslizando por dois trilhos condutores fixos e paralelos, como mostra a Figura 9.8a. Por razões de simplicidade, vamos supor que a barra tenha resistência zero e a parte imóvel do circuito, uma resistência R. Um campo magnético uniforme e constante $\vec{B}$ é aplicado perpendicularmente ao plano do circuito. Conforme a barra é empurrada para a direita com velocidade $\vec{v}$ sob a influência de uma força aplicada $\vec{F}_{apl}$, as cargas livres na barra movimentam partículas em um campo magnético que experimenta uma força magnética direcionada ao longo do comprimento da barra. Esta força configura uma corrente induzida porque as cargas estão livres para se mover no caminho condutor fechado. Neste caso, a taxa de variação no tempo do fluxo magnético pelo circuito e a fem induzida em movimento correspondente na barra móvel são proporcionais à variação na área do circuito.

Como a área circulada pelo circuito em qualquer instante é ℓx, onde x é a posição da barra, o fluxo magnético naquela área é

$$\Phi_B = B\ell x$$

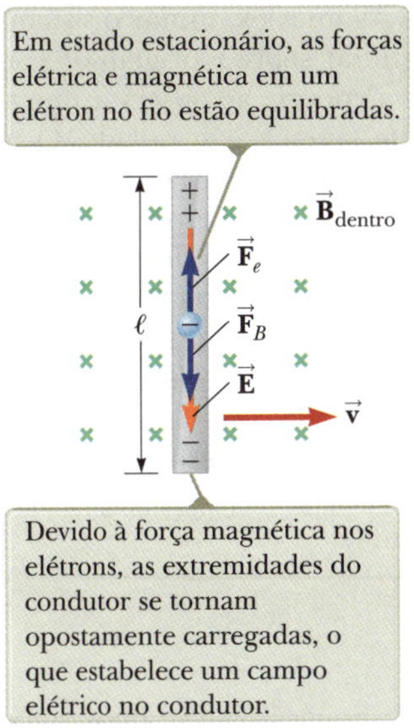

Utilizando a Lei de Faraday e percebendo que x muda com o tempo a uma taxa $dx/dt = v$, temos que a fem em movimento é

$$\varepsilon = -\frac{d\Phi_B}{dt} = -\frac{d}{dt}(B\ell x) = -B\ell\frac{dx}{dt}$$

$$\varepsilon = -B\ell v \tag{9.5}$$ ◀ **Fem em movimento**

Como a resistência do circuito é R, o módulo da corrente induzida é

$$I = \frac{|\varepsilon|}{R} = \frac{B\ell v}{R} \tag{9.6}$$

O diagrama de circuito equivalente para este exemplo é mostrado na Figura 9.8b.

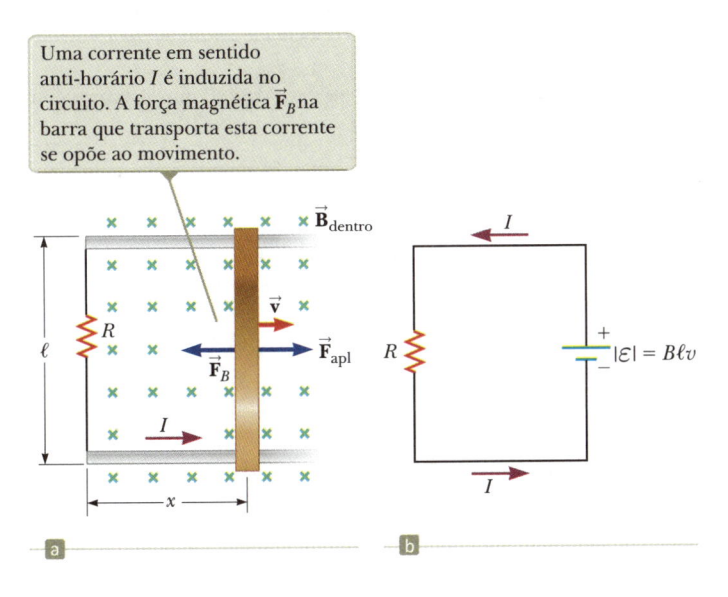

Figura 9.7 Condutor elétrico reto de comprimento ℓ movendo-se com velocidade $\vec{v}$ por um campo magnético uniforme $\vec{B}$ direcionado perpendicularmente a $\vec{v}$.

Figura 9.8 (a) Uma barra condutora deslizando com velocidade $\vec{v}$ ao longo de dois trilhos condutores sob a ação de uma força aplicada $\vec{F}_{apl}$. (b) Diagrama de circuito equivalente para a configuração mostrada em (a).

Vamos examinar o sistema utilizando considerações de energia. Como não há bateria no circuito, você pode se perguntar sobre a origem da corrente induzida e a energia fornecida ao resistor. Podemos entender a fonte desta corrente e a energia ao observar que a força aplicada realiza trabalho na barra condutora. Portanto, modelamos o circuito como um sistema não isolado. O movimento da barra pelo campo faz que as cargas se movam ao longo dela com alguma velocidade vetorial de deriva média; assim, uma corrente é estabelecida. A mudança na energia no sistema durante um intervalo de tempo deve ser igual à transferência de energia no sistema por trabalho, consistente com o princípio geral de conservação de energia descrito pela Equação 8.2 do Volume 1. A redução apropriada da Equação 8.2 é $W = \Delta E_{int}$, porque a energia fornecida aparece como energia interna no resistor.

Vamos verificar essa igualdade matematicamente. Conforme a barra se move pelo campo magnético uniforme $\vec{B}$, ela sofre uma força magnética $\vec{F}_B$ de módulo $I\ell B$ (consulte a Seção 7.4). Como a barra se move com velocidade constante, é modelada como uma partícula em equilíbrio, e a força magnética deve ser igual em módulo e em direção oposta à força aplicada, ou à esquerda na Figura 9.8a (se $\vec{F}_B$ atuasse na direção do movimento, faria que a barra acelerasse, violando o princípio da conservação de energia). Utilizando a Equação 9.6 e $F_{apl} = F_B = I\ell B$, a potência fornecida pela força aplicada é

$$P = F_{apl} v = (I\ell B)v = \frac{B^2 \ell^2 v^2}{R} = \frac{\varepsilon^2}{R} \tag{9.7}$$

Na Equação 5.22, vimos que esta entrada de potência é igual à taxa na qual a energia é fornecida para o resistor.

Teste Rápido **9.2** Na Figura 9.8a, uma dada força aplicada de módulo F_{apl} resulta em uma velocidade constante v e uma entrada de potência P. Imagine que a força é aumentada de forma que a velocidade constante da barra seja dobrada para $2v$. Sob essas condições, quais são as novas força e entrada de potência? **(a)** $2F$ e $2P$, **(b)** $4F$ e $2P$, **(c)** $2F$ e $4P$, **(d)** $4F$ e $4P$.

Exemplo 9.3 | Força magnética que atua em uma barra deslizante

A barra condutora ilustrada na Figura 9.9 move-se em dois trilhos sem atrito e paralelos na presença de um campo magnético uniforme direcionado para a página. A barra tem massa m e seu comprimento é ℓ. Ela recebe uma velocidade inicial $\vec{v}_i$ para a direita e é liberada em $t = 0$.

(A) Utilizando as Leis de Newton, encontre a velocidade da barra como uma função do tempo.

SOLUÇÃO

Conceitualização Conforme a barra desliza para a direita na Figura 9.9, uma corrente em sentido anti-horário é estabelecida no circuito que consiste da barra, dos trilhos e do resistor. A corrente crescente na barra resulta em uma força magnética para a esquerda na barra, como mostra a figura. Portanto, a barra deve diminuir a velocidade; então, nossa solução matemática deve demonstrar isto.

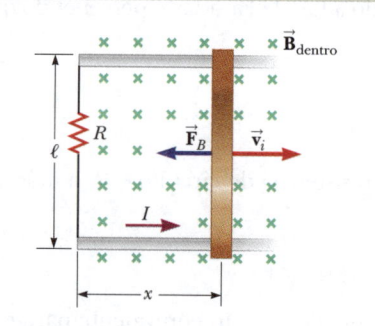

Figura 9.9 (Exemplo 9.3) Uma barra condutora de comprimento ℓ em dois trilhos condutores fixos recebe uma velocidade inicial $\vec{v}_i$ para a direita.

Categorização O texto já categoriza este problema como um que utiliza as leis de Newton. Modelamos a barra como uma partícula sob uma força resultante.

Análise Na Equação 7.10, a força magnética é $F_B = -I\ell B$, onde o sinal negativo indica que a força está para a esquerda. Esta é a *única* força horizontal atuante na barra.

Utilizando o modelo de partícula sob uma força líquida, aplique a Segunda Lei de Newton à barra na direção horizontal:

$$F_x = ma \rightarrow -I\ell B = m\frac{dv}{dt}$$

Substitua $I = B\ell v/R$ na Equação 9.6:

$$m\frac{dv}{dt} = -\frac{B^2 \ell^2}{R}v$$

Redisponha a equação de modo que todas as ocorrências da variável v estejam à esquerda e as de t à direita:

$$\frac{dv}{v} = -\left(\frac{B^2 \ell^2}{mR}\right)dt$$

9.3 cont.

Integre esta equação utilizando a condição inicial de que $v = v_i$ em $t = 0$ e observando que $(B^2\ell^2/mR)$ é uma constante:

$$\int_{v_i}^{v} \frac{dv}{v} = -\frac{B^2\ell^2}{mR} \int_0^t dt$$

$$\ln\left(\frac{v}{v_i}\right) = -\left(\frac{B^2\ell^2}{mR}\right)t$$

Defina a constante $\tau = mR/B^2\ell^2$ e resolva para a velocidade:

(1) $\quad v = \boxed{v_i e^{-t/\tau}}$

Finalização Esta expressão para v indica que a velocidade da barra diminui com o tempo sob a ação da força magnética, como esperado a partir de nossa conceitualização do problema.

(B) Mostre que o mesmo resultado é encontrado utilizando uma abordagem de energia.

SOLUÇÃO

Categorização O texto desta parte do problema nos diz para utilizar uma abordagem de energia para a mesma situação. Modelamos todo o circuito na Figura 9.9 como um *sistema isolado*.

Análise Considere a barra deslizante uma componente de sistema com energia cinética, que diminui porque a energia está se transferindo para *fora* da barra por transmissão elétrica pelos trilhos. O resistor é outra componente de sistema com energia interna, que aumenta porque a energia está se transferindo para *dentro* do resistor. Como a energia não está deixando o sistema, a taxa de transferência de energia para fora da barra iguala-se à de transferência para dentro do resistor.

Equalize a potência que entra no resistor em relação àquela saindo da barra:

$$P_{\text{resistor}} = -P_{\text{barra}}$$

Substitua a potência elétrica fornecida para o resistor e a taxa de variação no tempo da energia cinética para a barra:

$$I^2 R = -\frac{d}{dt}\left(\tfrac{1}{2}mv^2\right)$$

Utilize a Equação 9.6 para a corrente e transporte a derivada:

$$\frac{B^2\ell^2 v^2}{R} = -mv\frac{dv}{dt}$$

Redisponha os termos:

$$\frac{dv}{v} = -\left(\frac{B^2\ell^2}{mR}\right)dt$$

Finalização Este resultado é a mesma expressão a ser integrada que encontramos na parte (A).

E SE? Suponha que você deseje aumentar a distância pela qual a barra se move entre o tempo em que ela inicia o movimento e aquele no qual essencialmente chega ao repouso. Você pode fazê-lo mudando uma das três variáveis – v_i, R ou B – por um fator de 2 ou $\tfrac{1}{2}$. Que variável você deve mudar para maximizar a distância? Você a dobraria ou cortaria pela metade?

Resposta O aumento de v_i faria que a barra se movesse mais para a frente. O de R diminuiria a corrente, assim como a força magnética, fazendo que a barra se movesse mais para a frente. A diminuição de B diminuiria a força magnética e faria que a barra se movesse mais para a frente. Mas qual é o método mais efetivo?

Utilize a Equação (1) para encontrar a distância que a barra se move pela integração:

$$v = \frac{dx}{dt} = v_i e^{-t/\tau}$$

$$x = \int_0^\infty v_i e^{-t/\tau}\, dt = -v_i \tau e^{-t/\tau}\Big|_0^\infty$$

$$= -v_i \tau (0 - 1) = v_i \tau = v_i\left(\frac{mR}{B^2\ell^2}\right)$$

Esta expressão mostra que dobrar v_i ou R dobra a distância. Modificar B por um fator de $\tfrac{1}{2}$, entretanto, faz que a distância seja quatro vezes maior!

Exemplo 9.4 — Fem em movimento induzida em uma barra em rotação

Uma barra condutora de comprimento ℓ gira a uma velocidade angular constante ω em um pivô em uma extremidade. Um campo magnético uniforme $\vec{B}$ é direcionado perpendicularmente ao plano da rotação, como mostra a Figura 9.10. Encontre a fem em movimento induzida entre as extremidades da barra.

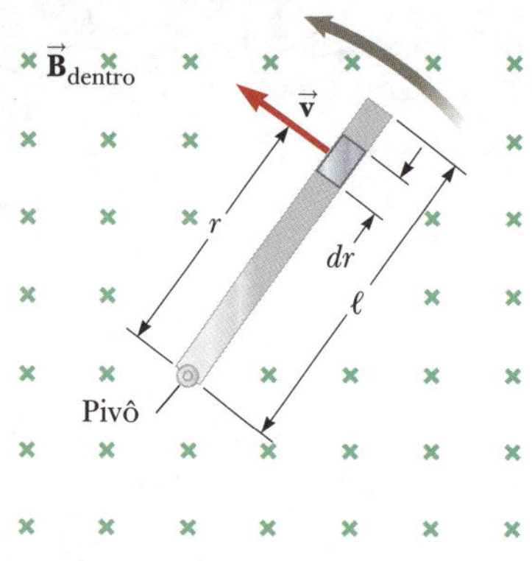

Figura 9.10 (Exemplo 9.4) Barra condutora girando em um pivô em uma extremidade em um campo magnético uniforme que está perpendicular ao plano da rotação. Uma fem em movimento é induzida entre as extremidades da barra.

SOLUÇÃO

Conceitualização A barra giratória é diferente por natureza daquela deslizante na Figura 9.8. Contudo, considere um pequeno segmento da barra. É um comprimento curto de condutor movendo-se em um campo magnético que tem uma fem gerada em si como a barra deslizante. Ao pensar em cada pequeno segmento como uma fonte de fem, vemos que todos os segmentos estão em série, e as fems se adicionam.

Categorização Com base na conceitualização do problema, abordaremos este exemplo como fizemos na Equação 9.5, com a característica adicional de que os pequenos segmentos da barra estão se movendo em caminhos circulares.

Análise Avalie o módulo da fem induzida em um segmento da barra de comprimento dr com a velocidade $\vec{v}$ da Equação 9.5:

$$d\mathcal{E} = Bv\,dr$$

Encontre a fem total entre as extremidades da barra adicionando as fems induzidas por todos os segmentos:

$$\mathcal{E} = \int Bv\,dr$$

A velocidade tangencial v de um elemento associa-se à velocidade angular ω pela relação $v = r\omega$ (Eq. 10.10 do Volume 1); use este fato e integre:

$$\mathcal{E} = B\int v\,dr = B\omega\int_0^\ell r\,dr = \boxed{\tfrac{1}{2}B\omega\ell^2}$$

Finalização Na Equação 9.5, em uma barra deslizante, podemos aumentar $\mathcal{E}$ ao aumentar B, ℓ ou v. O aumento de qualquer uma dessas variáveis por um dado fator aumenta $\mathcal{E}$ pelo mesmo fator. Portanto, você escolhe qual dessas três variáveis é mais conveniente para ser aumentada. Na barra giratória, por outro lado, há uma vantagem em aumentar o seu comprimento para aumentar a fem, porque ela é elevada ao quadrado. Dobrar o comprimento resulta em quatro vezes a fem, enquanto dobrar a velocidade angular somente dobra a fem.

E SE? Suponha, após dar uma olhada neste exemplo, que você tenha uma ideia brilhante. Uma roda-gigante tem raios metálicos entre o eixo da roda e a borda circular. Esses raios movem-se no campo magnético da Terra; então, cada raio atua como a barra na Figura 9.10. Você planeja utilizar a fem gerada pela rotação da roda-gigante para alimentar suas lâmpadas. Essa ideia funcionará?

Resposta Vamos estimar a fem que é gerada nesta situação. Sabemos qual é o módulo do campo magnético da Terra pela Tabela 7.1: $B = 0{,}5 \times 10^{-4}$ T. Um raio típico em uma roda-gigante pode ter um comprimento na ordem de 10 m. Suponha que o período de rotação é da ordem de 10 s.

Determine a velocidade angular do raio:

$$\omega = \frac{2\pi}{T} = \frac{2\pi}{10\text{ s}} = 0{,}63\text{ s}^{-1} \sim 1\text{ s}^{-1}$$

Suponha que as linhas do campo magnético da Terra sejam horizontais no local da roda-gigante e perpendiculares aos raios. Encontre a fem gerada:

$$\mathcal{E} = \tfrac{1}{2}B\omega\ell^2 = \tfrac{1}{2}(0{,}5 \times 10^{-4}\text{ T})(1\text{ s}^{-1})(10\text{ m})^2$$
$$= 2{,}5 \times 10^{-3}\text{ V} \sim 1\text{ mV}$$

Este valor é uma fem minúscula, muito menor que a necessária para operar as lâmpadas.

9.4 cont.

Outra dificuldade está relacionada à energia. Mesmo supondo que você possa encontrar lâmpadas que operam utilizando uma diferença potencial na ordem de milivolts, um raio deve ser parte de um circuito para fornecer uma tensão às lâmpadas. Por consequência, o raio deve transportar uma corrente. Como esse raio que transportará corrente está em um campo magnético, a força magnética exercida no raio na direção é oposta à sua direção de movimento. Como resultado, o motor da roda-gigante deve fornecer mais energia para executar o trabalho nessa força magnética de arrasto. O motor deve fornecer a energia que opera as lâmpadas, e você não obtem nada de graça!

9.3 Lei de Lenz

A Lei de Faraday (Eq. 9.1) indica que a fem induzida e a mudança no fluxo têm sinais algébricos opostos. Esta característica tem uma interpretação física bastante real, que veio a ser conhecida como a **Lei de Lenz**:[1]

> A corrente induzida no circuito está na direção que cria um campo magnético que se opõe à mudança no fluxo magnético pela área circulada pelo circuito.

◄ **Lei de Lenz**

Isto é, a corrente induzida tende a impedir que o fluxo magnético original mude. Veremos que esta lei é uma consequência da Lei de Conservação de Energia.

Para entender a Lei de Lenz, vamos voltar ao exemplo de uma barra que se move para a direita em dois trilhos paralelos na presença de um campo magnético uniforme (o campo magnético *externo*; Fig. 9.11a). Conforme a barra se move para a direita, o fluxo magnético através da área circundada pelo circuito aumenta com o tempo porque a área aumenta. A Lei de Lenz afirma que a corrente induzida deve ser direcionada de forma que o campo magnético que ela produz se oponha à mudança no fluxo magnético externo. Como o fluxo magnético devido a um campo externo direcionado para dentro da página está aumentando, a corrente induzida – se se opuser a essa mudança – deve produzir um campo direcionado para fora da página. Assim, a corrente induzida deve ser direcionada em sentido anti-horário quando a barra se mover para a direita (utilize a regra da mão direita para verificar esta direção). Se a barra estiver se movendo para a esquerda, como na Figura 9.11b, o fluxo magnético externo através da área interna ao circuito diminui com o tempo. Como o campo é direcionado para dentro da página, a direção da corrente induzida deve ser no sentido horário se for produzir um campo que também é direcionado para dentro da página. Em qualquer caso, a corrente induzida tenta manter o fluxo original pela área interna ao circuito da corrente.

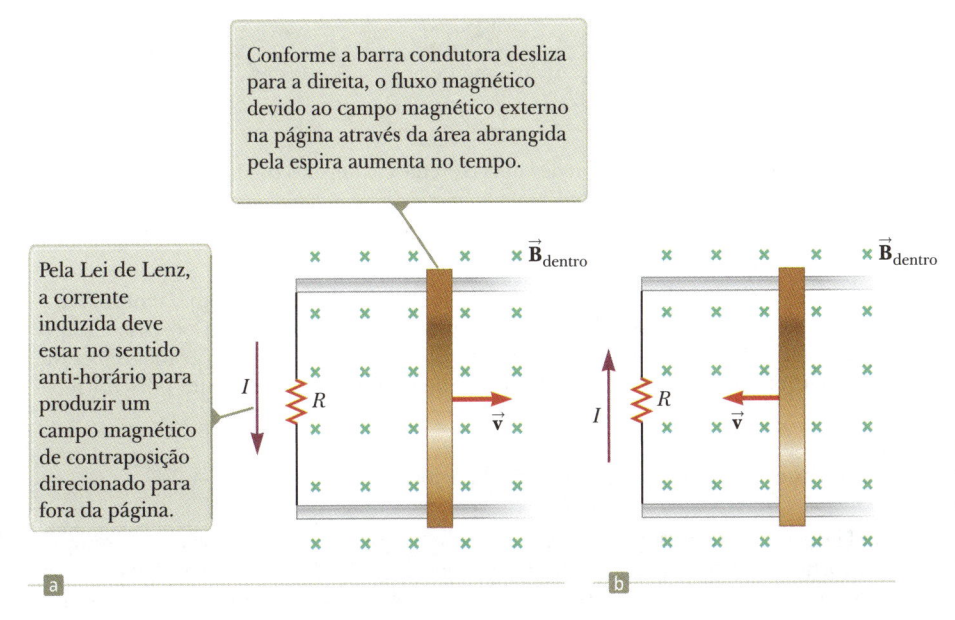

Figura 9.11 (a) A Lei de Lenz pode ser utilizada para determinar a direção da corrente induzida. (b) Quando a barra se move para a esquerda, a corrente induzida deve estar em sentido horário. Por quê?

---

[1] Desenvolvida pelo físico alemão Heinrich Lenz (1804-1865).

Vamos examinar esta situação utilizando considerações sobre energia. Suponha que a barra receba um leve empurrão para a direita. Na análise anterior, descobrimos que esse movimento configura uma corrente em sentido anti-horário no circuito. O que acontece se supusermos que a corrente está em sentido horário de modo que a direção da força magnética exercida na barra está para a direita? Essa força aceleraria a barra e aumentaria sua velocidade, o que, por sua vez, faria que a área abrangida pelo circuito aumentasse mais rapidamente. O resultado seria um aumento na corrente induzida, o que causaria um aumento na força, que, por sua vez, produziria um aumento na corrente, e assim por diante. Na verdade, o sistema adquiriria energia sem entrada de energia. Este comportamento é claramente inconsistente com toda experiência, e viola a Lei de Conservação de Energia. Portanto, a corrente deve estar no sentido anti-horário.

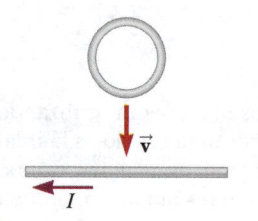

Figura 9.12 (Teste Rápido 9.3)

Teste Rápido **9.3** A Figura 9.12 mostra um anel circular de fio caindo em direção a um fio transportando uma corrente para a esquerda. Qual é a direção da corrente induzida no anel de fio? **(a)** Sentido horário, **(b)** sentido anti-horário, **(c)** zero, **(d)** impossível determinar.

Exemplo conceitual **9.5**   Aplicação da Lei de Lenz

Um ímã é posicionado próximo de um anel circular de metal, como mostra a Figura 9.13a.

(A) Encontre a direção da corrente induzida no anel quando o ímã for empurrado em direção a ele.

Quando o ímã é movido em direção ao anel condutor imóvel, uma corrente é induzida na direção mostrada. As linhas do campo magnético se devem ao ímã de barra.

Essa corrente induzida produz seu próprio campo magnético direcionado para a esquerda, que se contrapõe ao fluxo externo crescente.

Quando o ímã se move para fora do anel imóvel condutor, uma corrente é induzida na direção mostrada.

Essa corrente induzida produz um campo magnético direcionado para a direita e, assim, se contrapõe ao fluxo externo decrescente.

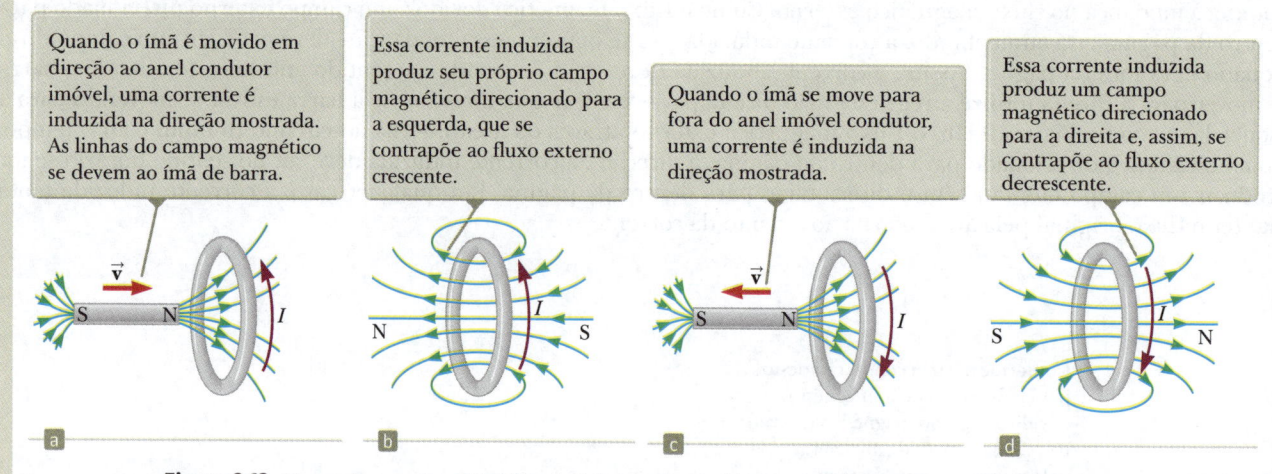

Figura 9.13 (Exemplo conceitual 9.5) Um ímã de barra móvel induz uma corrente em um anel condutor.

SOLUÇÃO

Conforme o ímã se move para a direita em direção ao anel, o fluxo magnético externo pelo anel aumenta com o tempo. Para contrapor esse aumento no fluxo devido a um campo em direção à direita, a corrente induzida produz seu próprio campo magnético para a esquerda, como ilustrado na Figura 9.13b; assim, a corrente induzida está na direção mostrada. Sabendo que, como os polos magnéticos se repelem, concluímos que a face esquerda do anel de corrente atua como um polo norte, e a face direita como um polo sul.

(B) Encontre a direção da corrente induzida no anel quando o ímã for puxado para fora do anel.

Se o ímã se move para a esquerda como na Figura 9.13c, seu fluxo através da área abrangida pelo anel diminui no tempo. Agora a corrente induzida no anel está na direção mostrada na Figura 9.13d, porque essa direção de corrente produz um campo magnético na mesma direção que o campo externo. Neste casso, a face esquerda do anel é um polo sul, e a face direita, um polo norte.

Exemplo conceitual 9.6 — Uma espira movendo-se por um campo magnético

Uma espira retangular metálica de dimensões ℓ e ω e resistência R move-se com velocidade constante v para a direita, como na Figura 9.14a. A espira passa por um campo magnético uniforme $\vec{B}$ direcionado para dentro da página e se estende a uma distância 3ω ao longo do eixo x. Defina x como a posição do lado direito da espira ao longo do eixo x.

(A) Represente graficamente o fluxo magnético através da área abrangida pela espira como uma função de x.

SOLUÇÃO

A Figura 9.14b mostra o fluxo através da área abrangida pela espira como uma função de x. Antes de a espira entrar no campo, o fluxo através dela é zero. Conforme a espira entra no campo, o fluxo aumenta linearmente com a posição até sua face esquerda estar dentro do campo. Finalmente, o fluxo através da espira diminui linearmente para zero conforme a espira sai do campo.

(B) Represente graficamente a fem induzida em movimento na espira como uma função de x.

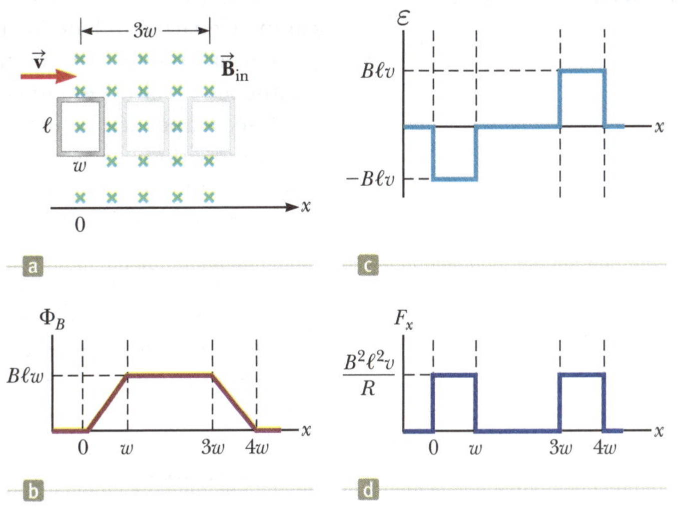

Figura 9.14 (Exemplo conceitual 9.6) (a) Um anel retangular condutor de largura ω e comprimento ℓ, que se move a uma velocidade $\vec{v}$ por um campo magnético que se estende a uma distância 3ω. (b) Fluxo magnético através da área abrangida pelo anel como uma função da sua posição. (c) Fem induzida como uma função da posição do anel. (d) Força necessária aplicada para velocidade constante como uma função da posição do anel.

Antes de a espira entrar no campo, nenhuma fem em movimento é induzida nela porque não há campo presente (Fig. 9.14c). Conforme o lado direito da espira entra no campo, o fluxo magnético direcionado para a página aumenta. Assim, de acordo com a Lei de Lenz, a corrente induzida está em sentido anti-horário porque ela deve produzir seu próprio campo magnético direcionado para fora da página. A fem em movimento $-B\ell v$ (da Eq. 9.5) resulta da força magnética sofrida pelas cargas no lado direito da espira.

Quando a espira está completamente no campo, a mudança no fluxo magnético por ele é zero; assim, a fem em movimento desaparece. Isto acontece porque, uma vez que o lado esquerdo da espira entra no campo, a fem em movimento induzida nela cancela a fem em movimento presente no seu lado direito. Conforme o lado direito da espira sai do campo, o fluxo através da espira começa a cair, uma corrente em sentido horário é induzida e a fem induzida é $B\ell v$. Assim que o lado esquerdo sai do campo, a fem diminui para zero.

(C) Represente graficamente a força externa necessária aplicada para contrapor a força magnética e manter v constante como uma função de x.

SOLUÇÃO

A força externa que deve ser aplicada à espira para manter seu movimento é representada graficamente na Figura 9.14d. Antes de a espira entrar no campo, nenhuma força magnética atua nela; assim, a força aplicada deve ser zero se v é constante. Quando o lado direito da espira entra no campo, a força necessária aplicada para manter a velocidade constante deve ser igual em módulo e oposta na direção à força magnética exercida naquele lado. Quando a espira está completamente no campo, o fluxo através dela não muda com o tempo. Assim, a fem induzida líquida na espira é zero, assim como a corrente. Portanto, nenhuma força externa é necessária para manter o movimento. Finalmente, conforme o lado direito sai do campo, a força aplicada deve ser igual em módulo e oposta em direção à força magnética atuante no lado esquerdo da espira.

A partir desta análise, concluímos que a potência é fornecida somente quando a espira estiver entrando ou saindo do campo. Além do mais, este exemplo mostra que a fem em movimento induzida na espira pode ser zero mesmo quando há movimento pelo campo! Uma fem em movimento é induzida *somente* quando o fluxo magnético pela espira *muda com o tempo*.

9.4 Fem induzida e campos elétricos

Vimos que um fluxo magnético variante induz uma fem e uma corrente em uma espira condutora. Em nosso estudo de eletricidade, relacionamos uma corrente a um campo elétrico que aplica forças elétricas em partículas carregadas. Do

Se $\vec{B}$ varia com o tempo, um campo elétrico é induzido na direção tangente à circunferência da espira.

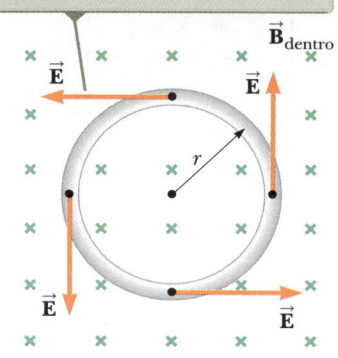

Figura 9.15 Uma espira condutora de raio r em um campo magnético uniforme perpendicular ao plano da espira.

mesmo modo, podemos relacionar uma corrente induzida em uma espira condutora a um campo elétrico ao alegar que este é criado no condutor como resultado do fluxo magnético variável.

Também observamos em nosso estudo de eletricidade que a existência de um campo elétrico é independente da presença de quaisquer cargas de teste. Esta independência sugere que, mesmo na ausência de uma espira condutora, um campo magnético variável gera um campo elétrico no espaço vazio.

Esse campo elétrico induzido é *não conservativo*, ao contrário do campo eletrostático produzido por cargas imóveis. Para ilustrar este ponto, considere uma espira de raio r situado em um campo magnético uniforme que está perpendicular ao plano da espira, como na Figura 9.15. Se o campo magnético varia com o tempo, uma fem $\mathcal{E} = -d\Phi_B/dt$ de acordo com a Lei de Faraday (Eq. 9.1), é induzida na espira. A indução de uma corrente na espira implica a presença de um campo elétrico induzido $\vec{E}$, que deve estar tangente à espira porque esta é a direção à qual as cargas no fio se movem em resposta à força elétrica. O trabalho feito pelo campo elétrico ao mover uma vez uma carga de teste q ao redor da espira é igual a $q\mathcal{E}$. Como a força elétrica atuante na carga é $q\vec{E}$, o trabalho feito pelo campo elétrico ao mover uma vez a carga ao redor da espira é $qE(2\pi r)$, onde $2\pi r$ é o comprimento (perímetro) da espira. Essas duas expressões para o trabalho realizado devem ser iguais; portanto,

$$q\mathcal{E} = qE(2\pi r)$$

$$E = \frac{\mathcal{E}}{2\pi r}$$

Utilizando este resultado juntamente com a Equação 9.1 e sabendo que $\Phi_B = BA = B\pi r^2$ para uma espira circular, o campo elétrico induzido pode ser expresso como

$$E = -\frac{1}{2\pi r}\frac{d\Phi_B}{dt} = -\frac{r}{2}\frac{dB}{dt} \quad (9.8)$$

Prevenção de Armadilhas 9.1
Campos elétricos induzidos
O campo magnético variável *não* precisa existir no local do campo elétrico induzido. Na Figura 9.15, mesmo uma espira fora da região do campo magnético sofre a ação de um campo elétrico induzido.

Se a variação com o tempo do campo magnético for especificada, o campo elétrico induzido pode ser calculado pela Equação 9.8.

A fem em qualquer caminho fechado pode ser expressa como a integral de linha de $\vec{E} \cdot d\vec{s}$ por esse caminho: $\mathcal{E} = \oint \vec{E} \cdot d\vec{s}$. Em casos mais gerais, E pode não ser constante e o caminho não ser um círculo. Assim, a Lei da Indução de Faraday, $\mathcal{E} = -d\Phi_B/dt$, pode ser expressa na forma geral:

Lei de Faraday na forma geral ▶

$$\oint \vec{E} \cdot d\vec{s} = -\frac{d\Phi_B}{dt} \quad (9.9)$$

O campo elétrico induzido $\vec{E}$ na Equação 9.9 é um campo não conservativo que é gerado por um campo magnético variável. O campo $\vec{E}$ que satisfaz a Equação 9.9 não pode, possivelmente, ser eletrostático – e, por isso conservativo –, porque, se fosse, a integral da linha de $\vec{E} \cdot d\vec{s}$ por uma espira fechada seria zero (Seção 3.1), o que seria contraditório à Equação 9.9.

Exemplo 9.7 | **Campo elétrico induzido por um campo magnético variável em um solenoide**

Um solenoide longo de raio R tem n espiras de fio por unidade de comprimento e transporta uma corrente que varia com o tempo e se altera senoidalmente como $I = I_{máx} \cos \omega t$, onde $I_{máx}$ é a corrente máxima e ω é a frequência angular da fonte de corrente alternada (Fig. 9.16).

(A) Determine o módulo do campo elétrico induzido fora do solenoide a uma distância $r > R$ do seu eixo central longo.

SOLUÇÃO

Conceitualização A Figura 9.16 mostra a situação física. Conforme a corrente na bobina se modifica, imagine um campo magnético variável em todos os pontos do espaço, assim como um campo elétrico induzido.

Lei de Faraday 247

9.7 cont.

Categorização Neste problema de análise, como a corrente varia com o tempo, o campo magnético muda, levando a um campo elétrico induzido oposto aos campos elétricos eletrostáticos devido a cargas elétricas estacionárias.

Análise Primeiro, considere um ponto externo e o caminho para a integral de linha um círculo de raio r centralizado no solenoide, como ilustrado na Figura 9.16.

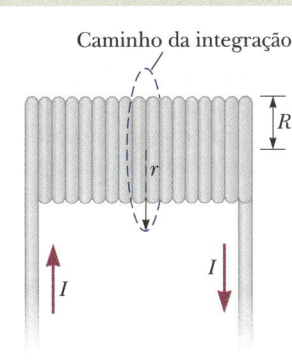

Figura 9.16 (Exemplo 9.7) Solenoide longo transportando uma corrente que varia com o tempo dada por $I = I_{máx} \cos \omega t$. Um campo elétrico é induzido tanto dentro quanto fora do solenoide.

Calcule o lado direito da Equação 9.9, tendo em mente que o campo magnético $\vec{B}$ dentro do solenoide está perpendicular ao círculo limitado pelo caminho de integração:

(1) $\quad -\dfrac{d\Phi_B}{dt} = -\dfrac{d}{dt}(B\pi R^2) = -\pi R^2 \dfrac{dB}{dt}$

Obtenha o campo magnético no solenoide da Equação 8.17:

(2) $\quad B = \mu_0 n I = \mu_0 n I_{máx} \cos \omega t$

Substitua a Equação (1) pela (2):

(3) $\quad -\dfrac{d\Phi_B}{dt} = -\pi R^2 \mu_0 n I_{máx} \dfrac{d}{dt}(\cos \omega t) = \pi R^2 \mu_0 n I_{máx} \omega \operatorname{sen} \omega t$

Calcule o lado esquerdo da Equação 9.9, tendo em mente que o módulo de $\vec{E}$ é constante no caminho da integração e $\vec{E}$ é tangente a ele:

(4) $\quad \oint \vec{E} \cdot d\vec{s} = E(2\pi r)$

Substitua a Equação 9.9 pelas (3) e (4):

$E(2\pi r) = \pi R^2 \mu_0 n I_{máx} \omega \operatorname{sen} \omega t$

Resolva para o módulo do campo elétrico:

$E = \dfrac{\mu_0 n I_{máx} \omega R^2}{2r} \operatorname{sen} \omega t \quad \text{(para } r > R\text{)}$

Finalização Este resultado mostra que a amplitude do campo elétrico fora do solenoide cai com $1/r$ e varia senoidalmente com o tempo. Ela é proporcional à corrente I, assim como à frequência ω, de modo consistente com o fato de que um valor maior de ω significa maior variação no fluxo magnético por unidade de tempo. Como veremos no Capítulo 12, o campo elétrico que varia com o tempo cria uma contribuição adicional ao campo magnético, que pode ser um pouco mais forte do que afirmamos inicialmente, tanto dentro quanto fora do solenoide. A correção do campo magnético é pequena se a frequência angular ω também for. Em altas frequências, entretanto, um novo fenômeno pode dominar: os campos elétrico e magnético, cada um recriando o outro, constituem uma onda eletromagnética irradiada pelo solenoide, como veremos no Capítulo 12.

(B) Qual é o módulo do campo elétrico induzido dentro do solenoide a uma distância r do seu eixo?

SOLUÇÃO

Análise Para um ponto interior ($r < R$), o fluxo magnético em um anel de integração é dado por $\Phi_B = B\pi r^2$.

Avalie o lado direito da Equação 9.9:

(5) $\quad -\dfrac{d\Phi_B}{dt} = -\dfrac{d}{dt}(B\pi r^2) = -\pi r^2 \dfrac{dB}{dt}$

Substitua a Equação (2) pela (5):

(6) $\quad -\dfrac{d\Phi_B}{dt} = -\pi r^2 \mu_0 n I_{máx} \dfrac{d}{dt}(\cos \omega t) = \pi r^2 \mu_0 n I_{máx} \omega \operatorname{sen} \omega t$

Substitua as Equações (4) e (6) pela Equação 9.9:

$E(2\pi r) = \pi r^2 \mu_0 n I_{máx} \omega \operatorname{sen} \omega t$

Resolva para o módulo do campo elétrico:

$E = \dfrac{\mu_0 n I_{máx} \omega}{2} r \operatorname{sen} \omega t \quad \text{(para } r < R\text{)}$

Finalização Este resultado mostra que a amplitude do campo elétrico induzido dentro do solenoide pelo fluxo magnético variável através dele aumenta linearmente com r e varia senoidalmente com o tempo. Assim como ocorre com o campo fora do solenoide, o campo interno é proporcional à corrente I e à frequência ω.

9.5 Geradores e motores

Geradores elétricos recebem energia por trabalho e a transferem por transmissão elétrica. Para entender como funcionam, vamos considerar um **gerador de corrente alternada (CA)**. Em sua forma mais simples, ele consiste em uma espira de fio girada por um meio externo em um campo magnético (Fig. 9.17a).

Em usinas de eletricidade comerciais, a energia necessária para girar a espira pode ser derivada de várias fontes. Por exemplo, em uma usina hidrelétrica, a água que cai direcionada para as pás de uma turbina produz o movimento de rotação; já em uma de carvão, a energia liberada pela queima do carvão é utilizada para converter água em vapor, e esse vapor é direcionado para as pás da turbina.

Conforme a espira gira em um campo magnético, o fluxo magnético pela área abrangida pela espira varia com o tempo, e essa variação induz uma fem e uma corrente na espira de acordo com a Lei de Faraday. As extremidades da espira são conectadas a anéis deslizantes que giram com ela. As conexões desses anéis deslizantes, que atuam como terminais de saída do gerador para o circuito externo, são feitas por escovas metálicas imóveis em contato com os anéis deslizantes.

Em vez de uma única espira, suponha que uma bobina com N espiras (uma situação mais prática), com a mesma área A, gire em um campo magnético com velocidade angular constante ω. Se θ é o ângulo entre o campo magnético e o normal ao plano da bobina como na Figura 9.18, o fluxo magnético pela bobina em qualquer tempo t é

$$\Phi_B = BA \cos \theta = BA \cos \omega t$$

onde utilizamos a relação $\theta = \omega t$ entre a posição e a velocidade angulares (consulte a Eq. 10.3 do Volume 1). (Configuramos o relógio de modo que $t = 0$ quando $\theta = 0$.) Assim, a fem induzida na bobina é

$$\varepsilon = -N \frac{d\Phi_B}{dt} = -NAB \frac{d}{dt}(\cos \omega t) = NAB\omega \operatorname{sen} \omega t \qquad (9.10)$$

Este resultado mostra que a fem varia senoidalmente com o tempo, como representado na Figura 9.17b. A Equação 9.10 mostra que a fem máxima tem o valor

$$\varepsilon_{máx} = NAB\omega \qquad (9.11)$$

que ocorre quando $\omega t = 90°$ ou $270°$. Em outras palavras, $\varepsilon = \varepsilon_{máx}$ quando o campo magnético estiver no plano da bobina e a taxa de variação no tempo do fluxo estiver no máximo. Além do mais, a fem é zero quando $\omega t = 0$ ou $180°$, isto é, quando $\vec{B}$ estiver perpendicular ao plano da bobina e a taxa de variação no tempo do fluxo for zero.

A frequência para geradores comerciais nos Estados Unidos, Canadá e Brasil é de 60 Hz, enquanto em alguns países europeus é de 50 Hz (lembre-se de que $\omega = 2\pi f$, onde f é a frequência em hertz).

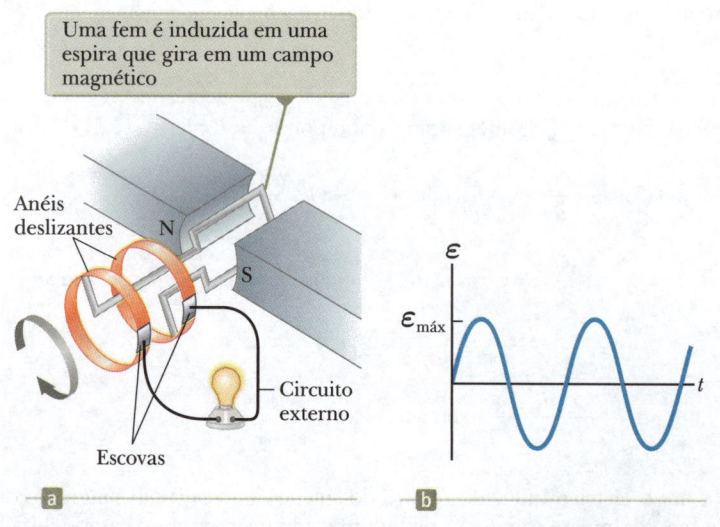

Figura 9.17 (a) Diagrama esquemático de um gerador CA. (b) A fem alternada induzida na espira representada como uma função do tempo.

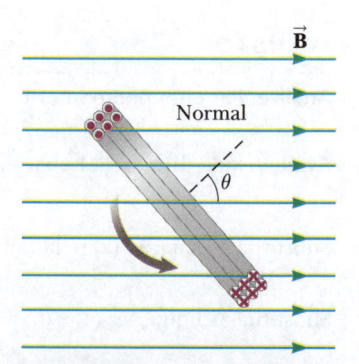

Figure 9.18 Visualização da seção transversal de uma bobina ao redor de uma área A contendo N espiras, girando com velocidade angular constante ω em um campo magnético. A fem induzida na bobina varia senoidalmente no tempo.

Lei de Faraday 249

Teste Rápido **9.4** Em um gerador CA, uma bobina com N espiras de fio realiza rotações em um campo magnético. Entre as opções a seguir, qual *não* causa um aumento na fem gerada na bobina? **(a)** A substituição do fio da bobina por um de menor resistência, **(b)** o aumento da velocidade de rotação da bobina, **(c)** o aumento do campo magnético, **(d)** o aumento do número de espiras de fio na bobina.

Exemplo 9.8 — Fem induzida em um gerador

A bobina em um gerador CA consiste em 8 espiras de fio, cada uma de área $A = 0{,}0900$ m²; a resistência total do fio é 12,0 Ω. A bobina gira em um campo magnético de 0,500 T em uma frequência constante de 60,0 Hz.

(A) Encontre a fem máxima induzida na bobina.

SOLUÇÃO

Conceitualização Estude a Figura 9.17 para se certificar de entender a operação de um gerador CA.

Categorização Avaliamos os parâmetros utilizando as equações desenvolvidas nesta seção e, portanto, categorizamos este exemplo como um problema de substituição.

Utilize a Equação 9.11 para encontrar a fem induzida máxima:

$$\varepsilon_{máx} = NAB\omega = NAB(2\pi f)$$

Substitua os valores numéricos:

$$\varepsilon_{máx} = 8(0{,}500\,\text{T})(0{,}0900\,\text{m}^2)(2\pi)(60{,}0\,\text{Hz}) = \boxed{136\,\text{V}}$$

(B) Qual é a corrente máxima induzida na bobina quando os terminais de saída estão conectados a um condutor de baixa resistência?

SOLUÇÃO

Utilize a Equação 5.7 e o resultado para a parte (A):

$$I_{máx} = \frac{\varepsilon_{máx}}{R} = \frac{136\,\text{V}}{12{,}0\,\Omega} = \boxed{11{,}3\,\text{A}}$$

Um **gerador de corrente contínua (CC)** é ilustrado na Figura 9.19a. Esses geradores são utilizados, por exemplo, em carros antigos para carregar as baterias. Os componentes são essencialmente os mesmos que os do gerador CA, a não ser pelo fato de que os contatos da bobina giratória são feitos usando um anel partido, chamado *comutador*.

Nesta configuração, a tensão de saída sempre tem a mesma polaridade e pulsa com o tempo, como mostra a Figura 9.19b. Podemos entender por que ao perceber que os contatos do anel partido invertem suas funções a cada meio ciclo. Ao mesmo tempo, a polaridade da fem induzida inverte-se; assim, a polaridade do anel partido (que é a mesma que a da tensão de saída) permanece a mesma.

Uma corrente CC pulsante não é apropriada para a maior parte das aplicações. Para obter uma mais estável, geradores CC comerciais utilizam várias bobinas e comutadores distribuídos de forma que os pulsos senoidais das várias bobinas estejam fora de fase. Quando esses pulsos são sobrepostos, a saída CC fica praticamente livre de flutuações.

Motor é um dispositivo no qual a energia é transferida por transmissão elétrica enquanto a energia é transferida para fora por trabalho. É essencialmente um gerador operando inversamente. Em vez de gerar uma corrente ao girar uma bobina, uma corrente é oferecida à bobina por uma bateria, e o torque atuante na bobina que transporta corrente (Seção 7.5) faz que ela gire.

Um trabalho mecânico útil pode ser realizado ao conectar a bobina giratória a um dispositivo externo. Conforme a bobina gira em um campo magnético, entretanto, o fluxo magnético variável induz uma fem na bobina, consistente com a lei de Lenz, que sempre atua para reduzir a corrente na bobina. Se este não

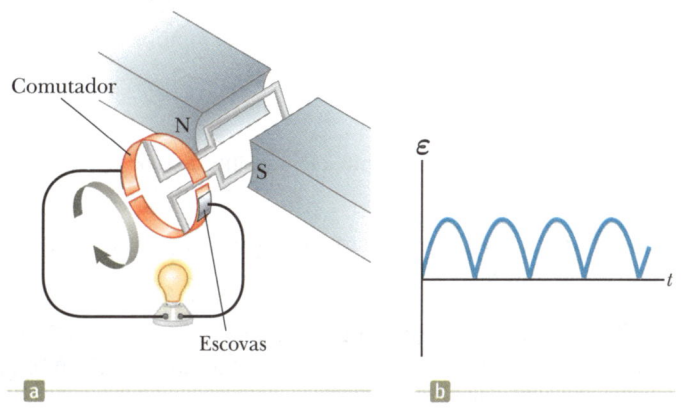

Figura 9.19 (a) Diagrama esquemático de um gerador CC. (b) O módulo da fem varia com o tempo, mas a polaridade nunca muda.

fosse o caso, a Lei de Lenz seria violada. A fem redutora aumenta em módulo conforme a velocidade de giro na bobina aumenta. (A expressão *fem redutora* é utilizada para indicar uma fem que tende a reduzir a corrente fornecida.) Como a tensão disponível para alimentar a corrente iguala-se à diferença entre a tensão de alimentação e a fem redutora, a corrente na bobina giratória é limitada pela fem redutora.

Quando um motor é ligado, não há, inicialmente, fem redutora, e a corrente é muito ampla, porque é limitada somente pela resistência da bobina. Conforme a bobina começa a girar, a fem redutora induzida opõe-se à tensão aplicada e a corrente na bobina diminui. Se a carga mecânica aumenta, o motor diminui a velocidade, o que leva a fem redutora a diminuir. Essa redução na fem redutora aumenta a corrente na bobina e, portanto, também aumenta a potência necessária da fonte de tensão externa. Por esta razão, os requisitos de potência para operação de um motor são maiores para cargas pesadas do que para leves. Se o motor não puder operar sob carga mecânica, a fem redutora reduz a corrente a um valor grande o suficiente para sobrepor as perdas de energia devidas à energia interna e atrito. Se uma carga muito pesada sobrecarregar o motor de forma que ele não possa girar, a falta de fem redutora pode levar a uma corrente perigosamente alta no fio do motor. Este tipo de situação é explorado na seção **E se?** do Exemplo 9.9.

Uma aplicação moderna de motores em automóveis é vista no desenvolvimento de *sistemas híbridos de direção*. Nesses automóveis, um motor a gasolina e um elétrico se combinam para aumentar a economia de combustível do veículo e reduzir suas emissões. Nestes sistemas, a potência para as rodas pode vir do motor a gasolina ou do elétrico. Na direção normal, o motor elétrico acelera o veículo a partir do repouso até ele estar se movendo a uma velocidade de aproximadamente 24 km/h (15 mi/h). Durante esse período de aceleração, o motor a gasolina não está operando, então a gasolina não é utilizada nem há emissão. Em velocidades mais altas, os motores elétricos e a gasolina trabalham juntos, de modo que o a gasolina sempre opera na sua velocidade mais eficiente, ou próximo dela. O resultado é uma quilometragem a gasolina significativamente mais alta que a obtida por um automóvel tradicional movido a gasolina. Quando um veículo híbrido freia, o motor elétrico atua como um gerador e devolve parte da energia cinética do veículo para a bateria como energia armazenada. Em um veículo normal, essa energia cinética não é recuperada, porque é transformada em energia interna nos freios e na estrada.

Exemplo 9.9 — Corrente induzida em um motor

Um motor contém uma bobina com resistência total de 10 Ω e é alimentado por uma tensão de 120 V. Quando o motor está operando na sua velocidade máxima, a fem redutora é 70 V.

(A) Encontre a corrente na bobina no instante em que o motor é ligado.

SOLUÇÃO

Conceitualização Pense no motor logo após ter sido ligado. Não foi movido ainda, então não há fem redutora gerada. Como resultado, a corrente nele é alta. Após o motor começar a girar, a fem redutora é gerada e a corrente diminui.

Categorização Precisamos combinar nosso novo conhecimento sobre motores com a relação entre corrente, tensão e resistência.

Avalie a corrente na bobina da Equação 5.7 sem fem redutora gerada:

$$I = \frac{\varepsilon}{R} = \frac{120\ \text{V}}{10\ \Omega} = \boxed{12\ \text{A}}$$

(B) Encontre a corrente na bobina quando o motor tiver atingido a velocidade máxima.

SOLUÇÃO

Avalie a corrente na bobina com a fem redutora máxima gerada:

$$I = \frac{\varepsilon - \varepsilon_{\text{redutora}}}{R} = \frac{120\ \text{V} - 70\ \text{V}}{10\ \Omega} = \frac{50\ \text{V}}{10\ \Omega} = \boxed{5{,}0\ \text{A}}$$

A corrente tomada pelo motor quando operando em velocidade máxima é significativamente inferior à tomada antes de ele começar a funcionar.

E SE? Suponha que esse motor seja uma serra circular. Quando você a estiver operando, a lâmina é bloqueada por um pedaço de madeira e o motor não consegue funcionar. Em qual porcentagem a potência de entrada do motor aumenta quando ele é bloqueado?

9.9 cont.

Resposta Você pode enfrentar experiências cotidianas com motores que se aquecem quando são impedidos de funcionar. Isto acontece devido à potência aumentada da entrada de alimentação do motor. A taxa mais alta de transferência de energia resulta em um aumento na energia interna da bobina, um efeito indesejável.

Configure a relação de potência de entrada do motor quando ele é bloqueado utilizando a corrente calculada na parte (A), em comparação com quando ele não está bloqueado, parte (B):

$$\frac{P_{\text{bloqueado}}}{P_{\text{não bloqueado}}} = \frac{I_A^2 R}{I_B^2 R} = \frac{I_A^2}{I_B^2}$$

Substitua os valores numéricos:

$$\frac{P_{\text{bloqueado}}}{P_{\text{não bloqueado}}} = \frac{(12\text{ A})^2}{(5{,}0\text{ A})^2} = 5{,}76$$

Isto representa um aumento de 476% na potência de entrada! Uma potência tão alta pode fazer que a bobina se torne tão quente a ponto de danificá-la.

9.6 Correntes de Foucault

Como vimos anteriormente, uma fem e uma corrente são induzidas em um circuito por um fluxo magnético variável. Do mesmo modo, correntes em circulação, chamadas **correntes de Foucault**, são induzidas em pedaços sólidos de metal movendo-se em um campo magnético. Este fenômeno pode ser demonstrado ao permitir que uma placa chata de cobre ou alumínio conectada à extremidade de uma barra se mova para a frente e para trás em um campo magnético (Fig. 9.20).

Quando a placa entra no campo, o fluxo magnético variável induz uma fem nela, que, por sua vez, faz que os elétrons livres na placa se movam, produzindo as correntes de Foucault em forma de redemoinho. De acordo com a Lei de Lenz, a direção das correntes de Foucault cria campos magnéticos que se opõem à mudança que causa as correntes. Por esta razão, as correntes de Foucault devem produzir polos magnéticos efetivos na placa, que são repelidos pelos polos do ímã; esta situação resulta em uma força repulsiva que se opõe ao movimento da placa (se o contrário fosse verdadeiro, a placa aceleraria e sua energia aumentaria após cada movimento, violando a Lei da Conservação de Energia).

Como indicado na Figura 9.21a, com $\vec{B}$ direcionado para dentro da página, a corrente de Foucault induzida está em sentido anti-horário quando a placa, balançando, entra no campo na posição 1, porque o fluxo devido ao campo mag-

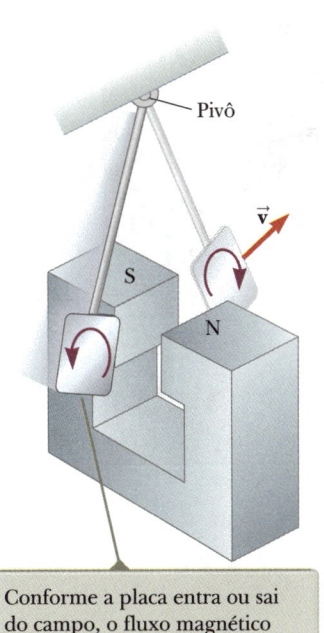

Figura 9.20 Formação de correntes de Foucault em uma placa condutora movendo-se em um campo magnético.

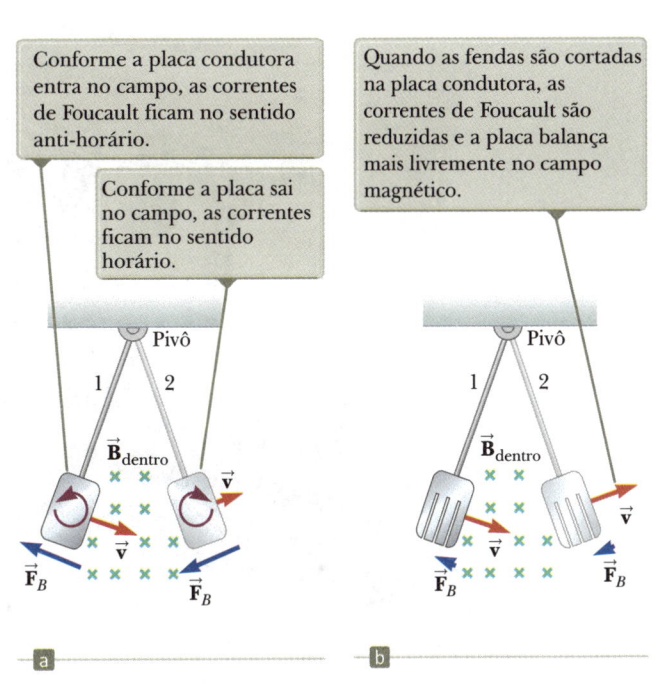

Figura 9.21 Quando uma placa condutora balança em um campo magnético, a força magnética $\vec{F}_B$ se opõe a sua velocidade e acaba por ficar em repouso.

nético externo na direção da página na placa está aumentando. Assim, de acordo com a Lei de Lenz, a corrente induzida deve fornecer seu próprio campo magnético para fora da página. O contrário é verdadeiro conforme a placa deixa o campo na posição 2, onde a corrente está no sentido horário. Como a corrente de Foucault induzida sempre produz uma força magnética retardante $\vec{F}_B$ quando a placa entra ou sai do campo, a placa balançando acaba ficando em repouso.

Se fendas forem cortadas na placa, como mostra a Figura 9.21b, as correntes de Foucault e a força retardante correspondente são bastante reduzidas. Podemos compreender esta redução da força ao perceber que os cortes na placa impedem a formação de qualquer anel de corrente amplo.

Os sistemas de frenagem em vários metrôs e transportes de massa de alta velocidade utilizam a indução eletromagnética e as correntes de Foucault. Um eletroímã conectado ao trem é posicionado próximo dos trilhos de aço (eletroímã é essencialmente um solenoide com um núcleo de ferro). A ação de frenagem ocorre quando uma grande corrente passa pelo eletroímã. O movimento relativo do ímã e dos trilhos induz correntes de Foucault nos trilhos, e a direção dessas correntes produz uma força de arrasto no trem em movimento. Como as correntes de Foucault diminuem progressivamente em módulo conforme o trem diminui a velocidade, o efeito de frenagem é bem suave. Como medida de segurança, algumas ferramentas de potência utilizam correntes de Foucault para parar rapidamente lâminas em rotação quando o dispositivo é desligado.

Correntes de Foucault são geralmente indesejáveis por representar uma transformação da energia mecânica em energia interna. Para reduzir esta perda de energia, as partes condutoras são geralmente laminadas; isto é, são construídas em camadas finas separadas por um material não condutor, como verniz ou óxido metálico. Essa estrutura em camadas impede grandes anéis de corrente e efetivamente confina as correntes a pequenos anéis em camadas individuais. Essa estrutura laminada é utilizada em núcleos de transformadores (consulte a Seção 11.8) e motores para minimizar correntes de Foucault e, assim, aumentar a eficiência desses dispositivos.

Teste Rápido **9.5** Em uma balança de dois pratos do começo do século XX (Fig. 9.22), uma folha de alumínio está suspensa a partir de um dos braços e passa entre os polos de um ímã, fazendo que as oscilações da balança decaiam rapidamente. Na ausência dessa frenagem magnética, a oscilação pode continuar por um longo tempo, e quem a estivesse utilizando teria que esperar muito tempo para realizar uma leitura. Por que as oscilações decaem? **(a)** Porque a folha de alumínio é atraída para o ímã, **(b)** porque as correntes na folha de alumínio configuram um campo magnético que se opõe às oscilações, **(c)** porque o alumínio é paramagnético.

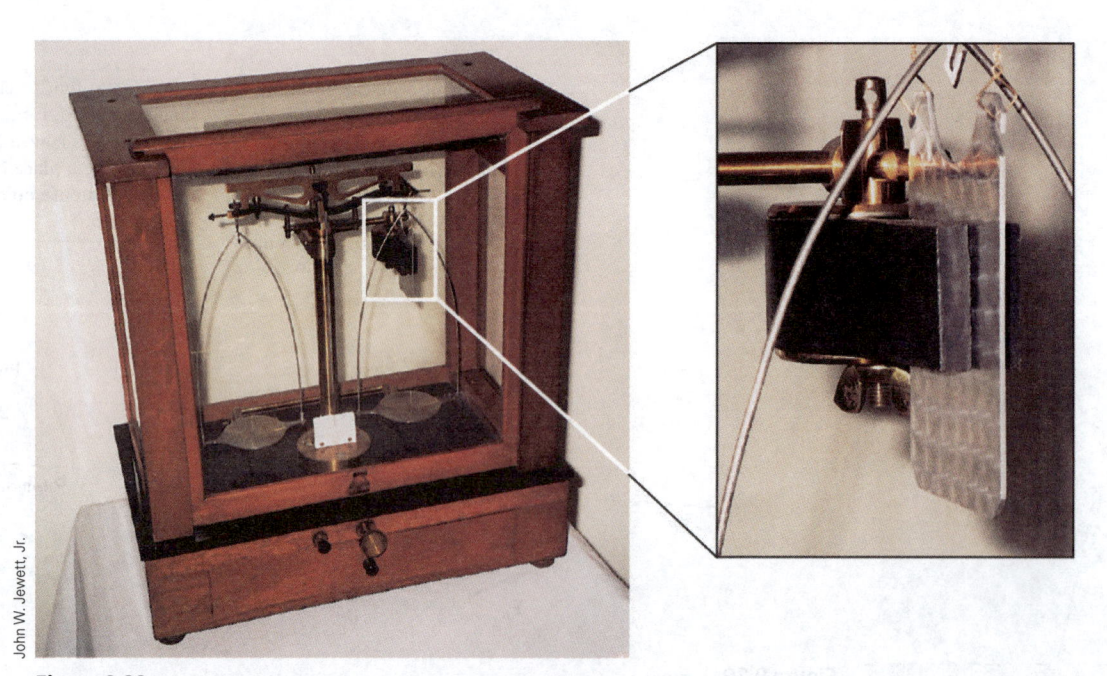

Figura 9.22 (Teste Rápido 9.5) Em uma balança antiga de dois pratos, uma folha de alumínio é suspensa entre os polos de um ímã.

Lei de Faraday 253

Resumo

Conceitos e Princípios

A **Lei da Indução de Faraday** afirma que a fem induzida em uma espira é diretamente proporcional à taxa de variação no tempo do fluxo magnético na espira, ou

$$\varepsilon = -\frac{d\Phi_B}{dt} \quad (9.1)$$

onde $\Phi_B = \oint \vec{B} \cdot d\vec{A}$ é o fluxo magnético do circuito.

Quando uma barra condutora de comprimento ℓ se move a uma velocidade $\vec{v}$ em um campo magnético $\vec{B}$, onde $\vec{B}$ está perpendicular à barra e a $\vec{v}$, a **fem em movimento** induzida na barra é

$$\varepsilon = -B\ell v \quad (9.5)$$

A **Lei de Lenz** afirma que a corrente e a fem induzidas em um condutor estão em uma direção que configuram um campo magnético que se opõe à mudança que as produziu.

Uma forma geral da **Lei da Indução de Faraday** é

$$\oint \vec{E} \cdot d\vec{s} = -\frac{d\Phi_B}{dt} \quad (9.9)$$

onde $\vec{E}$ é o campo elétrico não conservativo que é produzido pelo fluxo magnético variável.

Perguntas Objetivas

1. A Figura PO9.1 é um gráfico do fluxo magnético em uma bobina de fio como função do tempo durante um intervalo em que o raio da bobina aumenta e a bobina é girada 1,5 revoluções e a fonte externa do campo magnético é desligada, nesta ordem. Classifique a fem induzida na bobina nos instantes A a E, do valor positivo mais alto até o maior valor negativo de intensidade. Em seu ranking, marque os casos de igualdade e também os instantes quando a fem for zero.

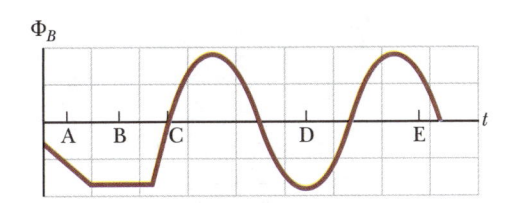

Figura PO9.1

2. Uma bobina chata de fio é posicionada em um campo magnético uniforme que está na direção y. **(i)** O fluxo magnético na bobina está no máximo se o plano dela estiver onde? Mais de uma resposta pode estar correta. (a) No plano xy, (b) no plano yz, (c) no plano xz, (d) em qualquer orientação, porque é uma constante. **(ii)** Em qual orientação o fluxo é zero? Escolha a partir das mesmas alternativas da parte (i).

3. Uma espira condutora retangular é posicionada próxima a um fio longo transportando uma corrente I, como mostra a Figura PO9.3. Se I diminui com o tempo, o que pode ser dito da corrente induzida na espira? (a) A direção da corrente depende do tamanho da espira. (b) A corrente está no sentido horário. (c) A corrente está no sentido anti-horário. (d) A corrente é zero. (e) Nada pode ser dito sobre a corrente na espira sem mais informações.

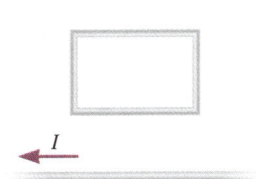

Figura PO9.3

4. Uma espira circular de fio com raio de 4,0 cm está em um campo magnético uniforme de módulo 0,060 T. O plano da espira está perpendicular à direção do campo magnético. Em um intervalo de tempo de 0,50s, o campo magnético muda para a direção oposta com um módulo de 0,040 T. Qual é o módulo da fem média induzida na espira?
(a) 0,20 V, (b) 0,025 V, (c) 5,0 mV, (d) 1,0 mV, (e) 0,20 mV.

5. Uma espira quadrada e chata de fio é movida a uma velocidade constante em uma região de campo magnético uniforme perpendicular ao plano da espira, como mostra a Figura PO9.5. Quais das afirmações a seguir estão corretas? Mais de uma informação pode estar correta. (a) A corrente é induzida na espira no sentido horário. (b) A corrente é induzida na espira no sentido anti-horário. (c) Nenhuma corrente é induzida na espira. (d) A separação de carga ocorre na espira, com o lado superior positivo. (e) A separação de carga ocorre na espira, com o lado superior negativo.

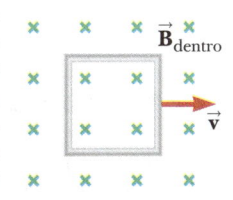

Figura PO9.5

6. A barra na Figura PO9.6 se move sobre trilhos para a direita com velocidade $\vec{v}$ num campo magnético uniforme e cons-

tante direcionado para fora da página. Quais das afirmações a seguir estão corretas? Mais de uma afirmação pode estar correta. (a) A corrente induzida no circuito é zero. (b) A corrente induzida no circuito está no sentido horário. (c) A corrente induzida no circuito está no sentido anti-horário. (d) Uma força externa é necessária para manter a barra se movendo com velocidade constante. (e) Nenhuma força é necessária para manter a barra se movendo em velocidade constante.

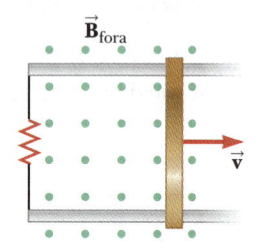

Figura PO9.6

7. Um ímã de barra é suspenso com orientação vertical acima de um anel de fio que está em um plano horizontal, como mostra a Figura PO9.7. A extremidade sul do ímã está em direção ao anel. Após o ímã ser solto, o que é verdadeiro em relação à corrente induzida no anel visualizado de cima? (a) Ele fica no sentido horário quando o ímã cai em direção ao anel. (b) Ele fica no sentido anti-horário quando o ímã cai em direção ao anel. (c) Ele fica no sentido horário após o ímã se mover pelo anel e para longe dele. (d) Ele fica sempre no sentido horário. (e) Ele fica primeiramente no sentido anti-horário quando o ímã se aproxima do anel, e no horário após passar pelo anel.

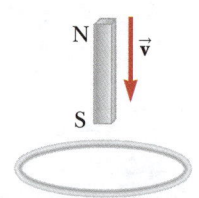

Figura PO9.7

8. O que acontece com a amplitude da fem induzida quando a taxa de rotação da bobina de um gerador é dobrada? (a) Aumenta quatro vezes. (b) Aumenta duas vezes. (c) Não se altera. (d) Diminui para metade do tamanho. (e) Diminui para um quarto do tamanho.

9. Duas bobinas são posicionadas cada uma como mostra a Figura PO9.9. A bobina à esquerda é conectada a uma bateria e a uma chave, e a da direita, a um resistor. Qual é a direção da corrente no resistor (i) em um instante imediatamente após a chave ser fechada, (ii) após a chave ser fechada por vários segundos, e (iii) em um instante após a chave ter sido aberta? Escolha cada resposta a partir das alternativas (a) esquerda, (b) direita ou (c) a corrente é zero.

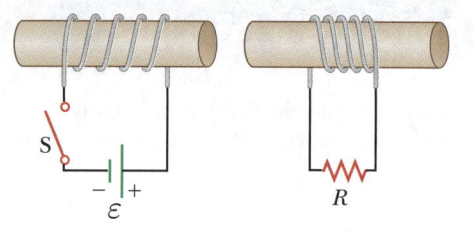

Figura PO9.9

10. Um circuito consiste em uma barra móvel condutora e uma lâmpada conectada a dois trilhos condutores, como mostra a Figura PO9.10. Um campo magnético externo é direcionado perpendicularmente ao plano do circuito. Quais das ações a seguir farão a lâmpada acender? Mais de uma afirmação pode estar correta. (a) A barra é movida para a esquerda. (b) A barra é movida para a direita. (c) O módulo do campo magnético aumenta. (d) O módulo do campo magnético diminui. (e) A barra é levantada dos trilhos.

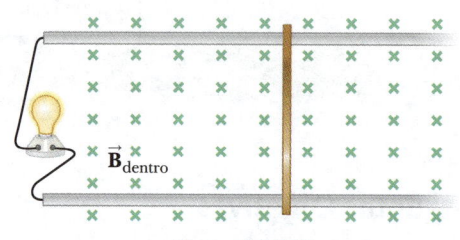

Figura PO9.10

11. Duas espiras de fio retangulares estão no mesmo plano mostrado na Figura PO9.11. Se a corrente I na espira externa estiver no sentido anti-horário e aumenta com o tempo, o que é verdadeiro sobre a corrente induzida na espira interna? Mais de uma afirmação pode estar correta. (a) Ela é zero. (b) Ela está no sentido horário. (c) Ela está no sentido anti-horário. (d) Seu módulo depende das dimensões das espiras. (e) Sua direção depende das dimensões das espiras.

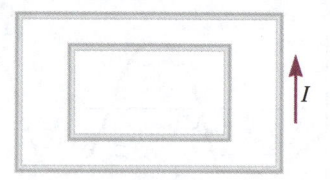

Figura PO9.11

Perguntas Conceituais

1. Na Seção 7.7 do Volume 1, definimos forças conservativas e não conservativas. No Capítulo 1, afirmamos que uma carga elétrica cria um campo elétrico que produz uma força conservativa. Justifique agora que a indução cria um campo elétrico que produz uma força não conservativa.

2. Uma espaçonave orbitando a Terra tem dentro dela uma bobina de fio. Um astronauta mede uma pequena corrente na bobina, embora não haja nenhuma bateria conectada a ela nem ímãs na espaçonave. O que está causando a corrente?

3. Em uma usina hidrelétrica, como é produzida a energia transferida posteriormente por transmissão elétrica? Isto é, como a energia do movimento da água é convertida em energia transmitida por eletricidade CA?

4. Um ímã de barra é solto em direção a um anel condutor que está no solo. Quando o ímã cai em direção ao anel, ele se move como um objeto em queda livre? Explique.

5 Uma espira circular de fio está localizada em um campo magnético uniforme e constante. Descreva como uma fem pode ser induzida na espira nesta situação.

6. Um pedaço de alumínio é solto verticalmente de modo descendente entre os polos de um eletroímã. O campo magnético afeta a velocidade do alumínio?

7. Qual é a diferença entre fluxo e campo magnéticos?
8. Quando a chave na Figura PC9.8a é fechada, uma corrente é configurada na bobina e o anel de metal se move de modo ascendente (Fig. PC9.8b). Explique este comportamento.

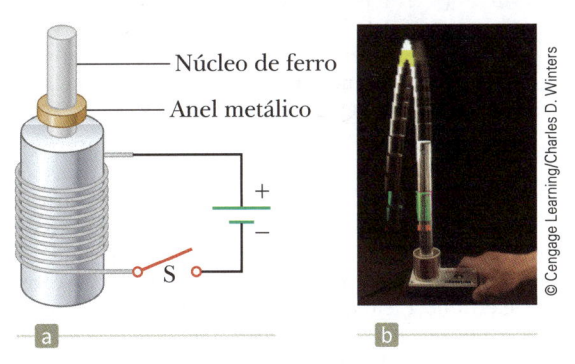

Figura PC9.8

9. Suponha que a bateria na Figura PC9.8a seja substituída por uma fonte CA e a chave mantida fechada. Se mantido para baixo, o anel metálico no topo do solenoide fica quente. Por quê?
10. Uma espira de fio está se movendo próxima a um fio longo e reto transportando corrente constante I, como mostra a Figura PC9.10. (a) Determine a direção da corrente induzida na espira quando ela se move para longe do fio. (b) Qual seria a direção da corrente induzida na espira se ela se movesse em direção ao fio?

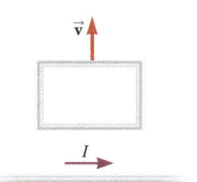

Figura PC9.10

Problemas

WebAssign Os problemas que se encontram neste capítulo podem ser resolvidos *on-line* no Enhanced WebAssign (em inglês)

1. denota problema simples;
2. denota problema intermediário;
3. denota problema de desafio;

AMT *Analysis Model Tutorial* disponível no Enhanced WebAssign (em inglês);

M denota tutorial *Master It* disponível no Enhanced WebAssign (em inglês);

PD denota problema dirigido;

W solução em vídeo *Watch It* disponível no Enhanced WebAssign (em inglês).

Seção 9.1 Lei da Indução de Faraday

1. Uma espira plana de fio que consiste em uma única volta de área de seção transversal 8,0 cm² é perpendicular a um campo magnético que aumenta uniformemente em módulo de 0,500 T a 2,50 T em 1,0 s. Qual é a corrente induzida resultante se a espira tem uma resistência de 2,0 Ω?

2. Um instrumento baseado em uma fem induzida tem sido usado para medir velocidades de projéteis até 6 km/s. Um pequeno ímã é embutido no projétil como mostrado na Figura P9.2. O projétil passa por duas bobinas separadas por uma distância d. Quando o projétil passa através de cada bobina, um pulso de fem é induzido na bobina. O intervalo de tempo entre os pulsos pode ser medido com precisão com um osciloscópio, e assim a velocidade pode ser determinada. (a) Esboce um gráfico de ΔV versus t para o arranjo mostrado. Considere uma corrente que flui no sentido anti-horário como visto a partir do ponto de partida do projétil como positivo. Em seu gráfico, indique qual pulso é da bobina 1 e qual é da bobina 2. (b) se a separação dos pulsos for 2,40 ms e $d = 1,50$ m, qual é a velocidade do projétil?

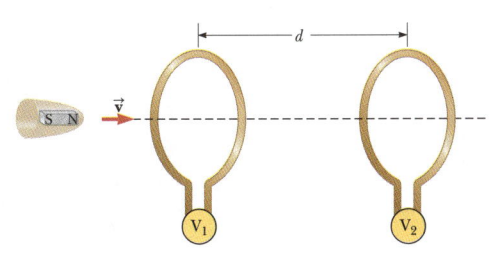

Figura P9.2

3. A estimulação magnética transcraniana (TMS) é uma técnica não invasiva utilizada para estimular regiões do cérebro humano. Na TMS, uma pequena bobina é posicionada no couro cabeludo e uma pequena rajada de corrente na bobina produz rapidamente um campo magnético variante no cérebro. A fem induzida pode estimular a atividade neural. (a) Esse dispositivo gera um campo magnético no cérebro que vai de zero a 1,50 T em 120 ms. Determine a fem induzida ao redor de um círculo horizontal de tecido de raio 1,60 mm. (b) **E se?** O próximo campo muda para 0,500 T de modo decrescente em 80,0 ms. Como a fem induzida neste processo pode ser comparada com aquela da parte (a)?

4. **W** Uma bobina circular de fio de 25 espiras tem diâmetro de 1,00 m. Ela é posicionada com seu eixo ao longo da direção do campo magnético da Terra de 50,0 μT, e depois, em 0,200s, é girada 180°. Uma fem média de qual módulo é gerada na bobina?

5. O anel flexível na Figura P9.5 tem raio de 12,0 cm e está em um campo magnético de módulo 0,150 T. O anel é segurado nos pontos A e B e esticado até sua área ser praticamente zero. Se demorar 0,200 s para fechar o anel, qual é o módulo da fem média induzida nele durante este intervalo de tempo?

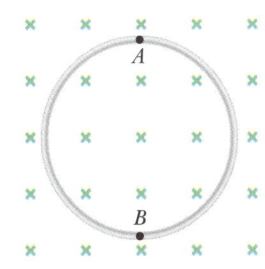

Figura P9.5
Problemas 5 e 6.

6. Um anel circular de fio de raio 12,0 cm é posicionado em um campo magnético direcionado perpendicularmente ao plano do anel, como na Figura P9.3. Se o campo diminui à taxa de 0,0500 T/s em um intervalo de tempo, encontre o módulo da fem induzida no anel durante esse intervalo.

7. Para monitorar a respiração de um paciente em um hospital, um cinturão fino é colocado ao redor do peito dele. O cinturão é uma bobina de 200 espiras. Quando o paciente inala, a área circulada pela bobina aumenta em 39,0 cm². O módulo do campo magnético da Terra é 50,0 μT e forma um ângulo de 28,0° com o plano da bobina. Supondo que um paciente demore 1,80 s para inalar, encontre a fem média induzida na bobina durante este intervalo de tempo.

8. **W** Um eletroímã produz um campo magnético uniforme de 1,60 T em uma área de seção transversal de 0,200 m². Uma bobina com 200 espiras e resistência total de 20,0 Ω é posicionada ao redor do eletroímã. A corrente nele é, a seguir, reduzida suavemente até atingir zero em 20,0 ms. Qual é a corrente induzida na bobina?

9. **W** Uma bobina circular de 30 espiras de raio de 4,00 cm e resistência de 1,00 Ω é posicionada em um campo magnético direcionado perpendicularmente ao plano da bobina. O módulo do campo magnético varia no tempo de acordo com a expressão $B = 0,0100t + 0,0400t^2$, onde B está em teslas e t em segundos. Calcule a fem induzida na bobina em $t = 5,00s$.

10. Trabalhos científicos estão sendo realizados para determinar se os campos magnéticos de oscilação fraca podem afetar a saúde humana. Por exemplo, um estudo descobriu que os condutores de trens têm incidência mais alta de câncer sanguíneo que outros trabalhadores ferroviários, possivelmente devido à longa exposição a dispositivos mecânicos na cabine do trem. Considere um campo magnético de módulo $1,00 \times 10^{-3}$ T oscilando senoidalmente a 60,0 Hz. Se o diâmetro de um glóbulo vermelho é 8,00 μm, determine a fem máxima que pode ser gerada ao redor do perímetro de um glóbulo nesse campo.

11. **M** Um anel de alumínio de raio $r_1 = 5,00$ cm e resistência $3,00 \times 10^{-4}$ Ω é posicionado ao redor de uma extremidade de um solenoide de núcleo longo no ar com 1.000 espiras por metro e raio $r_2 = 3,00$ cm, como mostra a Figura P9.11. Suponha que a componente axial do campo produzido pelo solenoide tenha metade da força na área de sua extremidade em comparação com seu centro. Suponha também que o solenoide produza um campo irrelevante fora de sua área de seção transversal. A corrente no solenoide aumenta a uma taxa de 270 A/s. (a) Qual é a corrente induzida no solenoide? No centro do solenoide, quais são (b) o módulo e (c) a direção do campo magnético produzidos pela corrente induzida nele?

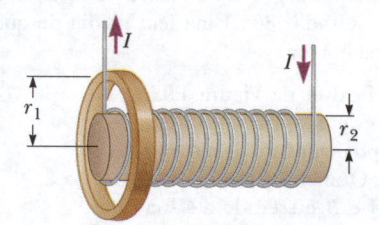

Figura P9.11
Problemas 11 e 12.

12. Um anel de alumínio de raio r_1 e resistência R é posicionado ao redor de uma extremidade de um solenoide de núcleo longo no ar com n espiras por metro e raio menor r_2, como mostra a Figura P9.11. Suponha que a componente axial do campo produzido pelo solenoide na área de sua extremidade tenha metade da força em comparação com seu centro. Suponha também que o solenoide produza um campo irrelevante fora de sua área da seção transversal. A corrente no solenoide aumenta a uma taxa $\Delta I/\Delta t$. (a) Qual é a corrente induzida no solenoide? (b) No centro do solenoide, qual é o campo magnético produzido pela corrente induzida nele? (c) Qual é a direção desse campo?

13. **W** Uma espira de fio na forma de um retângulo de largura w e comprimento L e um fio longo e reto transportando uma corrente I está sobre uma mesa, como mostra a Figura P9.13. (a) Determine o fluxo magnético na espira devido à corrente I. (b) Suponha que a corrente esteja mudando com o tempo de acordo com $I = a + bt$, onde a e b são constantes. Determine a fem que é induzida na espira se $b = 10,0$ A/s, $h = 1,00$ cm, $w = 10,0$ cm e $L = 1,00$ m. (c) Qual é a direção da corrente induzida no retângulo?

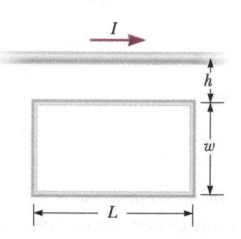

Figura P9.13

14. **W** Uma bobina de 15 espiras e raio 10,0 cm circula um solenoide longo de raio 2,00 cm e $1,00 \times 10^3$ espiras/metro (Fig. P9.14). A corrente no solenoide muda com $I = 5,00$ sen $120t$, onde I está em ampères e t em segundos. Encontre a fem induzida na bobina de 15 espiras como uma função do tempo.

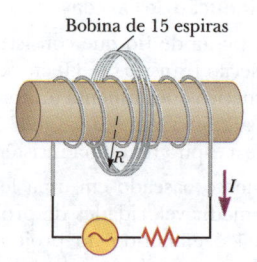

Figura P9.14

15. Uma bobina de fio quadrada de uma espira de lado $\ell = 1,00$ cm é posicionada dentro de um solenoide que tem seção transversal circular de raio $r = 3,00$ cm, como mostrado em corte na Figura P9.15. O solenoide tem 20,0 cm de comprimento e é enrolado com 100 espiras de fio. (a) Se a corrente no solenoide é 3,00 A, qual é o fluxo magnético na espira quadrada? (b) Se a corrente no solenoide for reduzida para zero em 3,00s, qual é o módulo da fem média induzida na espira quadrada?

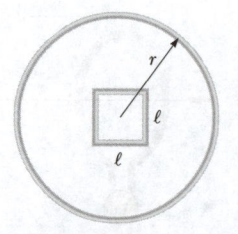

Figura P9.15

Lei de Faraday 257

16. M Um solenoide longo tem n = 400 espiras por metro e transporta uma corrente dada por $I = 30,0(1 - e^{-1,60t})$, onde I está em ampères e t em segundos. Dentro do solenoide, e coaxial a ele, encontra-se uma bobina que tem raio R = 6,00 cm e consiste em um total de N = 250 espiras de fio fino (Fig. P9.16). Qual fem é induzida na bobina pela corrente variante?

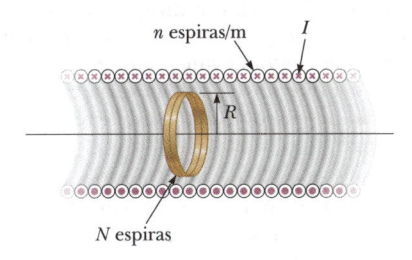

Figura P9.16

17. Uma bobina formada pelo enrolamento de 50 espiras de fio na forma de um quadrado está posicionada em um campo magnético de forma que a normal ao plano da bobina forma um ângulo de 30,0° com a direção do campo. Quando o campo magnético aumenta uniformemente de 200 μT para 600 μT em 0,400 s, uma fem de módulo 80,0 mV é induzida na bobina. Qual é o comprimento total do fio na bobina?

18. Quando um fio transporta uma corrente CA com frequência conhecida, você pode utilizar uma *bobina de Rogowski* para determinar a amplitude $I_{máx}$ da corrente sem desconectar o fio para desviar a corrente para um medidor. A bobina de Rogowski, mostrada na Figura P9.18, simplesmente prende-se ao redor do fio. Ela consiste em um condutor toroidal enrolado em um cabo circular de retorno. Temos n representando o número de espiras no toroide por unidade de distância ao longo dele. A representa a área de seção transversal do toroide e $I(t) = I_{máx}$ sen ωt, a corrente a ser medida. (a) Mostre que a amplitude da fem induzida na bobina de Rogowski é $\mathcal{E}_{máx} = \mu_0 n A \omega I_{máx}$. (b) Explique por que o fio transportando a corrente desconhecida não precisa estar no centro da bobina de Rogowski e por que a bobina não responde a correntes próximas que ela não envolve.

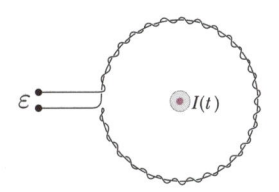

Figura P9.18

19. Um toroide com seção transversal retangular (a = 2,00 cm por b = 3,00 cm) e raio interno R = 4,00 cm consiste em N = 500 voltas de fio que transporta corrente senoidal $I = I_{máx}$ sen ωt, com $I_{máx}$ = 50,0 A e frequência $f = \omega/2\pi$ = 60,0 Hz. Uma bobina que consiste em N' = 20 voltas de fio é enrolada em torno de uma seção do toroide, como mostra a Figura P9.19. Determine a fem induzida na bobina como uma função de tempo.

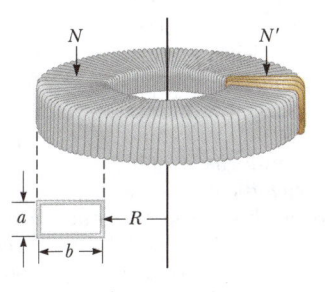

Figura P9.19

20. Um pedaço de fio isolado é estruturado em forma de oito, como mostra a Figura P9.20. Por razões de simplicidade, modele as duas metades da figura oito como círculos. O raio do círculo superior é 5,00 cm e o do inferior é 9,00 cm. O fio tem resistência uniforme por unidade de comprimento de 3,00 Ω/m. Um campo magnético uniforme é aplicado perpendicularmente ao plano dos dois círculos na direção mostrada. O campo magnético aumenta a uma taxa constante de 2,00 T/s. Encontre (a) o módulo e (b) a direção da corrente induzida no fio.

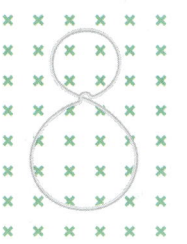

Figura P9.20

Seção 9.2 Fem em movimento

Seção 9.3 Lei de Lenz

O Problema 72 do Capítulo 7 pode ser resolvido nesta seção.

21. Um helicóptero (Figura P9.21) tem hélices com 3,00 m de comprimento, que se estendem de um eixo central e giram a 2,00 rev/s. Se a componente vertical do campo magnético da Terra tiver 50,0 μT, qual é o campo eletromagnético induzido entre a ponta da hélice e o eixo central?

Figura P9.21

22. W Utilize a Lei de Lenz para responder às seguintes questões relacionadas à direção das correntes induzidas. Formule suas respostas em termos das letras a e b em cada parte da Figura P9.22. (a) Qual é a direção da corrente induzida no resistor R na Figura P9.22a quando o ímã de barra é movido para a esquerda? (b) Qual é a direção da corrente induzida no resistor R imediatamente após a chave S na Figura P9.22b ser fechada? (c) Qual é a direção da corrente induzida no resistor R quando a corrente I na Figura P9.22c diminui rapidamente até zero?

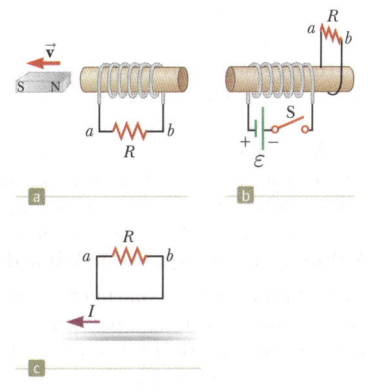

Figura P9.22

23. Um caminhão está transportando um vergalhão de aço de 15,0 m de comprimento em uma rodovia. Um acidente faz que o vergalhão seja jogado do caminhão e deslize horizontalmente ao longo do chão a uma velocidade de 25,0 m/s. A velocidade do centro da massa do vergalhão está no sentido norte, enquanto seu comprimento mantém uma orientação leste-oeste. A componente vertical do campo magnético da Terra nesse local tem módulo de 35,0 μT. Qual é o módulo da fem induzida entre as extremidades do vergalhão?

24. Um avião pequeno, com uma envergadura de 14,0 m, está voando rumo ao norte a uma velocidade de 70,0 m/s sobre uma região onde a componente vertical do campo magnético da Terra é de 1,20 μT, dirigido para baixo. (a) Qual diferença de potencial é desenvolvida entre as pontas das asas do avião? (b) Qual ponta de asa está no potencial mais elevado? (c) **E se?** Como as respostas das partes (a) e (b) se modificam se o avião voar para leste? (d) Este campo eletromagnético pode ser utilizado para alimentar uma lâmpada no compartimento de passageiros? Explique sua resposta.

25. Um fio de comprimento 2,00 m está na direção leste-oeste e move-se horizontalmente para o norte com velocidade de 0,500 m/s. O campo magnético da Terra nessa região é de módulo 50,0 μT e está direcionado para o norte e a 53,0° abaixo da horizontal. (a) Calcule o módulo da fem induzida entre as extremidades do fio e (b) determine qual extremidade é positiva.

26. Considere o arranjo mostrado na Figura P9.26. Suponha que $R = 6,00\ \Omega$, $l = 1,20$ m, e que um campo magnético uniforme de 2,50 T é dirigido para dentro da página. A que velocidade a barra deve ser movida para produzir uma corrente de 0,500 A no resistor?

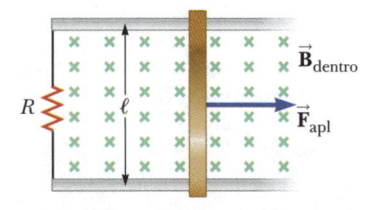

Figura P9.26 Problemas 26 a 29.

27. **M** A Figura P9.26 mostra uma vista em corte de uma barra que pode deslizar em dois trilhos sem atrito. O resistor é $R = 6,00\ \Omega$ e um campo magnético de 2,50 T é direcionado perpendicularmente de modo descendente para o papel. Temos $l = 1,20$m. (a) Calcule a força aplicada necessária para mover a barra para a direita com velocidade constante de 2,00 m/s. (b) Em qual taxa a energia é fornecida para o resistor?

28. Uma haste de metal de massa m desliza sem atrito ao longo de dois trilhos horizontais paralelos, separados por uma distância l e conectados por um resistor R, como mostra a Figura P9.26. Um campo magnético vertical uniforme de grandeza B é aplicado perpendicularmente ao plano do papel. A força aplicada mostrada na figura atua somente por um momento a fim de dar à haste uma velocidade v. Em termos de m, l, R, B e v, determine a que distância a haste deslizará à medida que se aproxima de uma parada.

29. Uma haste condutora de comprimento l se move em dois trilhos horizontais, sem atrito, como mostra a Figura P9.26. Se uma força constante de 1,00 N move a barra a 2,00 m/s através de um campo magnético $\vec{B}$ que é dirigido para dentro da página, (a) qual é a corrente através do resistor R de 8,00 Ω? (b) Qual é a taxa à qual a energia é fornecida para o resistor? (c) Qual é a potência mecânica fornecida pela força $\vec{F}_{apl}$?

30. *Por que a seguinte situação é impossível?* Um automóvel tem uma antena de rádio vertical de comprimento $l = 1,20$ m. O automóvel percorre uma estrada horizontal cheia de curvas, onde o campo magnético da Terra tem uma grandeza de $B = 50,0\ \mu$T e é dirigido ao norte e para baixo em um ângulo $\theta = 65,0°$ abaixo da horizontal. O campo eletromagnético do movimento desenvolvido entre a parte superior e a inferior da antena varia com a velocidade e a direção do percurso do automóvel e tem um valor máximo de 4,50 mV.

31. **AMT** Revisão. A Figura P9.31 mostra uma barra de massa $m = 0,200$ kg que pode deslizar sem atrito sobre um par de trilhos separados por uma distância $l = 1,20$ m e localizada em um plano inclinado que forma um ângulo $\theta = 25,0°$ em relação ao solo. A resistência do resistor é $R = 1,00\ \Omega$ e um campo magnético uniforme de módulo $B = 0,500$ T é direcionado para baixo, perpendicular ao solo, por toda a região pela qual a barra se move. Com qual velocidade constante v a barra desliza pelos trilhos?

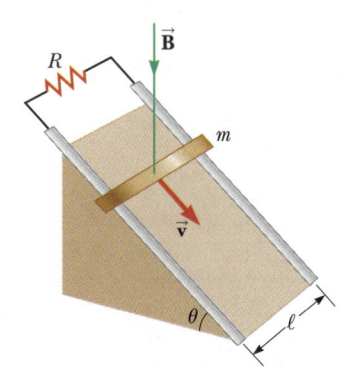

Figura P9.31 Problemas 31 e 32.

32. **Revisão.** A Figura P9.31 mostra uma barra de massa m que pode deslizar sem atrito sobre um par de trilhos separados por uma distância l e localizada em um plano inclinado que forma um ângulo θ em relação ao solo. A resistência do resistor é R e um campo magnético uniforme de módulo B é direcionado para baixo, perpendicular ao solo, por toda a região pela qual a barra se move. Com qual velocidade constante v a barra desliza pelos trilhos?

33. **M** O *gerador homopolar*, também chamado *disco de Faraday*, é um gerador elétrico de baixa tensão e corrente alta. Consiste em um disco condutor giratório com uma escova imóvel (um contato elétrico deslizante) no seu eixo e outro em um ponto na sua circunferência, como mostra a Figura P9.33. Um campo magnético uniforme é aplicado perpendicularmente ao plano do disco. Suponha que o campo seja 0,900 T, a velocidade angular seja $3,20 \times 10^3$ rev/min e o raio do disco seja 0,400 m. Encontre a fem gerada entre as escovas. Quando as bobinas supercondutoras são utilizadas para

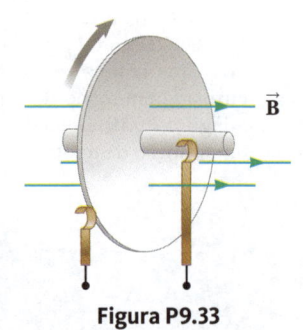

Figura P9.33

produzir um campo magnético grande, um gerador homopolar pode ter uma saída de potência de vários megawatts. Esse gerador é útil, por exemplo, na purificação de metais por eletrólise. Se uma tensão for aplicada aos terminais de saída do gerador, ele opera inversamente como um *motor homopolar* capaz de fornecer um grande torque, útil na propulsão de um barco.

34. Uma barra condutora de comprimento ℓ move-se para a direita sobre dois trilhos sem atrito, como mostra a Figura P9.34. Um campo magnético uniforme direcionado para dentro da página tem módulo de 0,300 T. Suponha que $R = 9,00\ \Omega$ e $\ell = 0,350$ m. (a) Com qual velocidade constante a barra deve se mover para produzir uma corrente de 8,50 mA no resistor? (b) Qual é a direção da corrente induzida? (c) Em qual taxa a energia é fornecida para o resistor? (d) Explique a origem da energia sendo fornecida ao resistor.

Figura P9.34

35. **AMT** **Revisão.** Após a remoção de uma corda enquanto a troca em seu violão, um estudante se distrai com um videogame. Seu colega de quarto repara na distração e conecta uma extremidade da corda, de densidade linear $\mu = 3,00 \times 10^{-3}$ kg/m, a um suporte rígido. A outra extremidade passa por uma polia, a uma distância $\ell = 64,0$ cm da fixa, e um objeto de massa $m = 27,2$ kg é conectado à extremidade suspensa da corda. O colega de quarto coloca um ímã na corda, como mostra a Figura P9.35. O ímã não toca a corda, mas produz um campo uniforme de 4,50 mT por um comprimento de 2,00 cm da corda e desprezível pelo restante da corda. Dedilhar a corda faz que ela vibre verticalmente na sua frequência fundamental (mais baixa). A seção da corda no campo magnético move-se perpendicularmente ao campo com uma amplitude uniforme de 1,50 cm. Encontre (a) a frequência e (b) a amplitude da fem induzida entre as extremidades da corda.

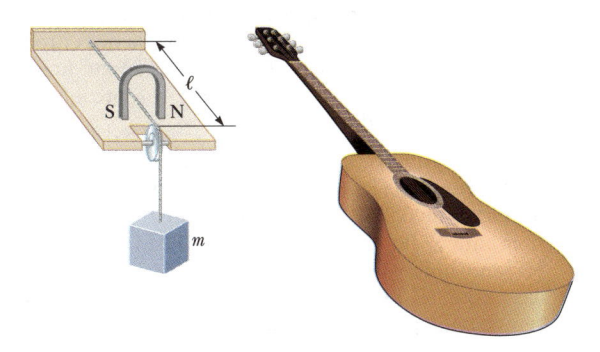

Figura P9.35

36. Uma bobina retangular com resistência R tem N espiras, cada uma de comprimento ℓ e largura w, como mostra a Figura P9.36. A bobina move-se em um campo magnético uniforme $\vec{B}$ com velocidade constante $\vec{v}$. Quais são o módulo e a direção da força magnética total na bobina (a) quando ela entra no campo magnético, (b) quando se move no campo e (c) quando sai do campo?

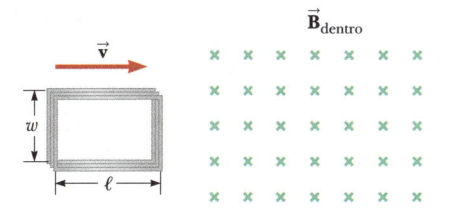

Figura P9.36

37. Dois trilhos paralelos com resistência desprezível estão separados por 10,0 cm e conectados por um resistor de resistência $R_3 = 5,00\ \Omega$. O circuito também contém duas hastes de metal com resistências $R_1 = 10,0\ \Omega$ e $R_2 = 15,0\ \Omega$ deslizando pelos trilhos (Fig. P9.37). As hastes são empurradas para longe do resistor com velocidades constantes $v_1 = 4,00$ m/s e $v_2 = 2,00$ m/s, respectivamente. Um campo magnético uniforme de módulo $B = 0,0100$ T é aplicado perpendicularmente ao plano dos trilhos. Determine a corrente em R_3.

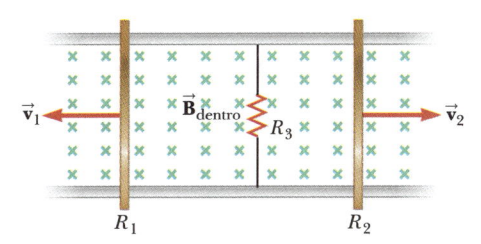

Figura P9.37

38. Uma astronauta está conectada a sua espaçonave por um cabo de ligação de 25,0 m de comprimento enquanto ela e a espaçonave orbitam na Terra em um caminho circular com velocidade de $7,80 \times 10^3$ m/s. Em um instante, a fem entre as extremidades de um fio integrado no cabo é medida como 1,17 V. Suponha que a longa dimensão do cabo esteja perpendicular ao campo magnético da Terra nesse instante. Suponha também que o centro de massa da ligação se mova com uma velocidade perpendicular ao campo magnético da Terra. (a) Qual é o módulo do campo da Terra nesse local? (b) A fem muda conforme o sistema se move de um local para outro? Explique. (c) Forneça duas condições nas quais a fem seria zero mesmo se o campo magnético não for zero.

Seção 9.4 Fem induzida e campos elétricos

39. No círculo pontilhado verde mostrado na Figura P9.39, o campo magnético muda com o tempo de acordo com a expressão $B = 2,00t^3 - 4,00t^2 + 0,800$, onde B está em teslas, t em segundos e $R = 2,50$ cm. Quando $t = 2,00$ s, calcule (a) o módulo e (b) a direção da força exercida em um elétron localizado no ponto P_1, que está à distância $r_1 = 5,00$ cm do centro da região do campo circular. (c) Em qual instante essa força é igual a zero?

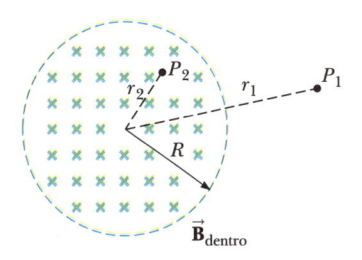

Figura P9.39 Problemas 39 e 40.

40. Um campo magnético direcionado para dentro da página muda com o tempo de acordo com $B = 0{,}0300t^2 + 1{,}40$, onde B está em teslas e t em segundos. O campo tem uma seção transversal circular de raio $R = 2{,}50$ cm (consulte a Fig. P9.39). Quando $t = 3{,}00$s e $r_2 = 0{,}0200$ m, quais são (a) o módulo e (b) a direção do campo elétrico no ponto P_2?

41. Um solenoide longo com $1{,}00 \times 10^3$ voltas por metro e raio 2,00 cm transporta uma corrente oscilante $I = 5{,}00$ sen $100\pi t$, onde I está em ampères e t em segundos. (a) Qual é o campo elétrico induzido em um raio $r = 1{,}00$ cm do eixo do solenoide? (b) Qual é a direção desse campo elétrico quando a corrente aumenta no sentido anti-horário no solenoide?

Seção 9.5 Geradores e motores

> Os Problemas 50 e 68 do Capítulo 7 podem ser resolvidos nesta seção.

42. Uma bobina quadrada de 100 voltas de lado de 20,0 cm gira em um eixo vertical em $1{,}50 \times 10^3$ rev/min, como indica a Figura P9.42. A componente horizontal do campo magnético da Terra no local da bobina é igual a $2{,}00 \times 10^{-5}$ T. (a) Calcule a fem máxima induzida na bobina por esse campo. (b) Qual é a orientação da bobina com relação ao campo magnético quando a fem máxima ocorre?

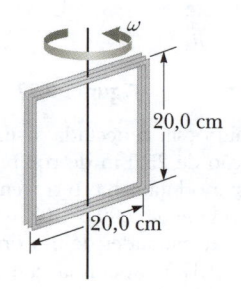

Figura P9.42

43. Um gerador produz 24,0 V ao ser ligado a 900 rev/min. Qual fem ele produz quando ligado a 500 rev/min?

44. A Figura P9.44 é um gráfico da fem induzida pelo tempo para uma bobina de N espiras girando com velocidade angular ω em um campo magnético uniforme direcionado perpendicularmente ao eixo de rotação da bobina. **E se?** Copie este esboço (em uma escala maior) e, no mesmo conjunto de eixos, mostre o gráfico da fem em função de t (a) se o número de voltas na bobina é dobrado, (b) se, pelo contrário, a velocidade angular for dobrada, e (c) se a velocidade angular for dobrada enquanto o número de voltas na bobina cair pela metade.

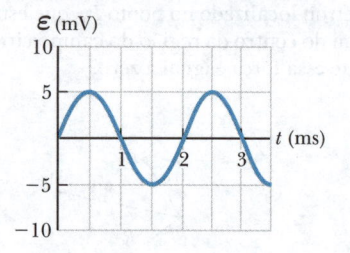

Figura P9.44

45. W Em um alternador de automóvel de 250 voltas, o fluxo do ímã em cada volta é $\Phi_B = 2{,}50 \times 10^{-4} \cos \omega t$, onde Φ_B está em webers, ω é a velocidade angular do alternador e t está em segundos. O alternador é acionado para girar três vezes para cada revolução do motor. Quando o motor estiver operando com velocidade angular de $1{,}00 \times 10^3$ rev/min, determine (a) a fem induzida no alternador como uma função do tempo e (b) a fem máxima no alternador.

46. Na Figura P9.46, um condutor semicircular de raio $R = 0{,}250$ m é girado pelo eixo AC a uma taxa constante de 120 rev/min. Um campo magnético uniforme de módulo 1,30 T preenche toda a região abaixo do eixo e é direcionado para fora da página. (a) Calcule o valor máximo da fem induzida entre as extremidades do condutor. (b) Qual é o valor da fem média induzida para cada rotação completa? (c) **E se?** Como as respostas para as partes (a) e (b) mudariam se o campo magnético pudesse se estender por uma distância R acima do eixo de rotação? Represente a fem no tempo (d) quando o campo for como desenhado na Figura P9.46, e (e) quando o campo é estendido como descrito na parte (c).

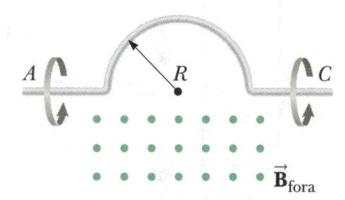

Figura P9.46

47. Um solenoide longo, com seu eixo ao longo do eixo x, consiste em 200 voltas por metro de fio que transporta uma corrente estável de 15,0 A. Uma bobina é formada pelo enrolamento de 30 voltas de fio ao redor da armação circular com raio de 8,00 cm. A bobina é posicionada dentro do solenoide e montada no eixo que é um diâmetro da bobina e coincide com o eixo y. A bobina é então girada com velocidade angular de $4{,}00\pi$ rad/s. O plano da bobina está no plano yz em $t = 0$. Determine a fem gerada na bobina como uma função do tempo.

48. Um motor em operação normal transporta uma corrente contínua de 0,850 A quando conectado a uma fonte de alimentação de 120 V. A resistência dos enrolamentos do motor é 11,8 Ω. Em operação normal, (a) qual é a fem redutora gerada pelo motor? (b) Em qual taxa a energia interna é produzida nos enrolamentos? (c) **E se?** Suponha que um mau funcionamento impeça o eixo do motor de girar. Em qual taxa a energia interna será produzida nos enrolamentos neste caso (a maior parte dos motores tem uma chave térmica que o desliga para impedir o sobreaquecimento quando essa parada ocorre)?

49. A espira giratória no gerador CA é um quadrado de 10,0 cm em cada lado. Ela é girada a 60,0 Hz em um campo uniforme de 0,800 T. Calcule (a) o fluxo pela espira como uma função do tempo, (b) a fem induzida na espira, (c) a corrente induzida na espira para uma resistência de 1,00 Ω, (d) a potência fornecida pela espira e (e) o torque que deve ser exercido para girar a espira.

Seção 9.6 Correntes de Foucault

50. A Figura P9.50 representa um freio eletromagnético que utiliza correntes de Foucault. Um eletroímã está suspenso de um carro ferroviário próximo de um trilho. Para parar o carro, uma grande corrente é enviada pelas bobinas do eletroímã. O eletroímã induz correntes de Foucault nos trilhos, cujos campos se opõem à variação no campo do eletroímã. Os campos magnéticos das correntes de Foucault exercem força na corrente do eletroímã, diminuindo assim a velocidade do carro. As direções do movimento do carro e da corrente no eletroímã são mostradas corretamente na figura. Determine qual das correntes de Foucault mostradas nos trilhos está correta. Explique sua resposta.

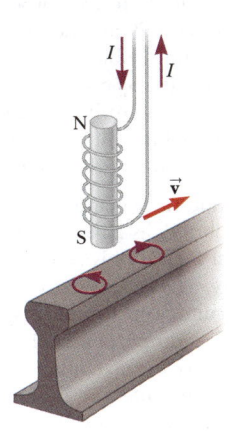

Figura P9.50

Problemas Adicionais

51. Considere um dispositivo de estimulação magnética transcraniana (EMT) contendo uma bobina com várias espirais de fio, cada uma delas com raio de 6,00 cm. Em uma área circular do cérebro, de raio 6,00 cm, diretamente abaixo e coaxial com a bobina, o campo magnético varia à taxa de $1,00 \times 10^4$ T/s. Suponha que esta taxa de variação é a mesma em todos os pontos da área circular. (a) Qual é o campo eletromagnético induzido em torno da circunferência desta área circular no cérebro? (b) Qual campo elétrico é induzido na circunferência desta área circular?

52. Suponha que você enrole fio no núcleo de um rolo de fita adesiva para fazer uma bobina. Descreva como você pode usar um ímã de barra para produzir uma tensão induzida na bobina. Qual é a ordem de grandeza da fem que você gera? Indique as quantidades que você usou como dados e seus valores.

53. **M** Uma bobina circular abrangendo uma área de 100 cm² é feita de 200 espirais de fio de cobre (Figura P9.53). O fio que compõe a bobina não tem resistência; as extremidades do fio são conectadas a um resistor de 5,00 Ω para formar um circuito fechado. Inicialmente, um campo magnético uniforme de 1,10 T aponta perpendicularmente para cima através do plano da bobina. A direção do campo, então, se inverte, de modo que o campo magnético final tem módulo de 1,10 T e aponta para baixo através da bobina. Se o intervalo requerido para campo inverter as direções for de 0,100 s, qual é a corrente média na bobina durante este intervalo?

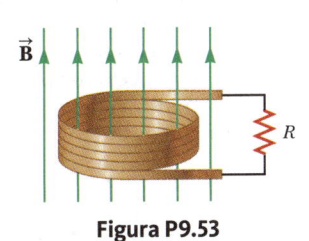

Figura P9.53

54. Uma espira circular de fio de resistência $R = 0,500$ Ω e raio $r = 8,00$ cm está em um campo magnético uniforme direcionado para fora da página, como na Figura P9.54. Se uma corrente em sentido horário de $I = 2,50$ mA for induzida na espira, (a) o campo magnético aumenta ou diminui com o tempo? (b) Encontre a taxa na qual o campo muda com o tempo.

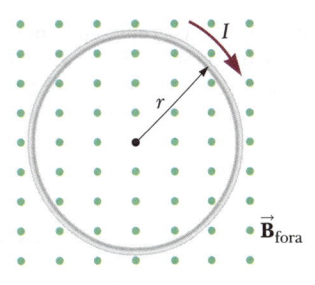

Figura P9.54

55. Uma espira retangular de área $A = 0,160$ m² é posicionada em uma região onde o campo magnético está perpendicular ao plano da espira. O módulo do campo pode variar com o tempo de acordo com $B = 0,350\, e^{-t/2,00}$, onde B está em teslas e t em segundos. O campo tem valor constante 0,350 T para $t < 0$. Qual é o valor para $\mathcal{E}$ em $t = 4,00$ s?

56. Uma espira retangular de área A é posicionada em uma região onde o campo magnético está perpendicular ao plano da espira. O módulo do campo pode variar com o tempo de acordo com $B = B_{máx}e^{-1/\tau}$, onde $B_{máx}$ e τ são constantes. O campo tem valor constante $B_{máx}$ para $t < 0$. Encontre a fem induzida na espira como uma função do tempo.

57. Campos magnéticos fortes são utilizados em procedimentos médicos como a ressonância magnética, ou RM. Um técnico utilizando um bracelete de latão abrange a área 0,00500 m² e coloca sua mão em um solenoide cujo campo magnético é 5,00 T, direcionado perpendicularmente ao plano do bracelete. A resistência elétrica na circunferência do bracelete é 0,0200 Ω. Uma queda inesperada de energia faz que o campo caia para 1,50 T em um intervalo de tempo de 20,0 ms. Encontre (a) a corrente induzida no bracelete e (b) a potência fornecida para o bracelete. *Observação*: como mostra o problema, não se deve usar nenhum objeto de metal ao trabalhar nas regiões dos campos magnéticos fortes.

58. **PD** Considere o aparato mostrado na Figura P9.58, no qual uma barra condutora pode ser movida por dois trilhos conectados a uma lâmpada. Todo o sistema é imerso em um campo magnético de módulo $B = 0,400$ T perpendicular e em direção à página. A distância entre os trilhos horizontais é $\ell = 0,800$ m. A resistência da lâmpada é $R = 48,0$ Ω, supostamente constante. A barra e os trilhos têm resistência desprezível. A barra é movida para a direita por uma força constante de módulo $F = 0,600$ N. Desejamos encontrar a potência máxima fornecida para a lâmpada. (a) Encontre uma expressão para a corrente na lâmpada como uma função de B, ℓ, R e v, a velocidade da barra. (b) Quando a potência máxima é fornecida para uma lâmpada, que modelo de análise descreve apropriadamente a barra móvel? (c) Utilize o modelo de análise na parte (b) para encontrar um valor numérico para a velocidade v da barra quando a potência máxima estiver sendo fornecida para a lâmpada. (d) Encontre a corrente na lâmpada quando a potência máxima estiver sendo fornecida. (e) Utilizando $P = I^2R$, qual é a potência máxima fornecida à lâmpada? (f) Qual é a potência mecânica de entrada máxima fornecida para a barra pela força F? (g) Supomos que a resistência da lâmpada seja constante. Na realidade, conforme a potência fornecida para a lâmpada aumenta, a temperatura do filamento e a resistência aumentam. A velocidade encontrada na parte (c) muda se a resistência aumenta e todas as outras quantidades são mantidas constantes? (h) Se for o caso, a velocidade encontrada na parte (c) aumenta ou diminui? Se não for, explique. (i) Supondo que a resistência da lâmpada

aumente conforme a corrente aumenta, a potência encontrada na parte (f) muda? (j) Se for o caso, a potência encontrada na parte (f) é maior ou menor? Se não for, explique.

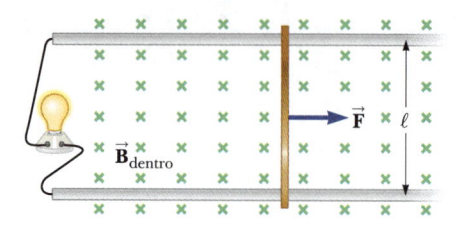

Figura P9.58

59. Uma corda de aço de uma guitarra vibra (consulte a Fig. 9.5). A componente do campo magnético perpendicular à área de uma bobina de captação próxima é dada por

$$B = 50{,}0 + 3{,}20 \text{ sen } 1.046\pi t$$

onde B está em militeslas e t em segundos. A bobina de captação circular tem 30 voltas e raio 2,70 mm. Encontre a fem induzida na bobina como uma função do tempo.

60. **AMT** *Por que a seguinte situação é impossível?* Uma espira condutora retangular de massa $M = 0{,}100$ kg, resistência $R = 1{,}00$ Ω e dimensões $w = 50{,}0$ cm por $\ell = 90{,}0$ cm é segurada pelo seu lado inferior logo acima da região com um campo magnético uniforme de módulo $B = 1{,}00$ T, como mostra a Figura P9.60. A espira é liberada a partir do repouso. Assim que o lado superior da espira atingir a região contendo o campo, ela se move com velocidade de 4,00 m/s.

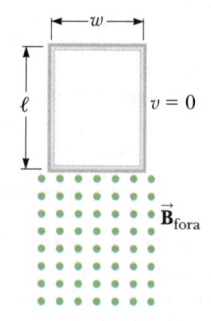

Figura P9.60

61. **W** O circuito na Figura P9.61 está localizado em um campo magnético cujo módulo varia com o tempo de acordo com a expressão $B = 1{,}00 \times 10^{-3}\, t$, onde B está em teslas e t em segundos. Suponha que a resistência por unidade de comprimento de fio seja 0,100 Ω/m. Encontre a corrente na seção PQ de comprimento $a = 65{,}0$ cm.

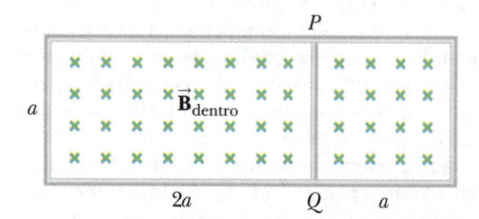

Figura P9.61

62. Os valores do campo magnético são, com frequência, determinados utilizando-se um dispositivo conhecido como *bobina de busca*. Esta técnica depende da medição da carga total que passa por uma bobina em um intervalo de tempo durante o qual o fluxo magnético que liga os enrolamentos muda por causa do movimento da bobina ou por causa da mudança no valor de B. (a) Mostre que, quando o fluxo na bobina muda de Φ_1 para Φ_2, a carga transferida pela bobina é dada por $Q = N(\Phi_2 - \Phi_1)R$ onde R é a resistência da bobina e N o número de espiras. (b) Como um exemplo específico, calcule B quando uma carga total de $5{,}00 \times 10^{-4}$ C passa por uma bobina de 100 espiras de resistência 200 Ω e uma área de seção transversal 40,0 cm² conforme é girada em um campo uniforme a partir de uma posição onde o plano da bobina está perpendicular ao campo em uma posição onde está paralelo ao campo.

63. Uma barra condutora de comprimento $\ell = 35{,}0$ cm está livre para deslizar sobre duas barras condutoras paralelas, como mostra a Figura P9.63. Dois resistores $R_1 = 2{,}00$ Ω e $R_2 = 5{,}00$ Ω estão conectados nas extremidades das barras para formar um circuito. Um campo magnético constante $B = 2{,}50$ T é direcionado perpendicularmente para dentro da página. Um agente externo empurra a haste para a esquerda com velocidade constante $v = 8{,}00$ m/s. Encontre (a) as correntes em ambos os resistores, (b) a potência total fornecida à resistência do circuito e (c) o módulo da força necessária aplicada para mover a haste com essa velocidade constante.

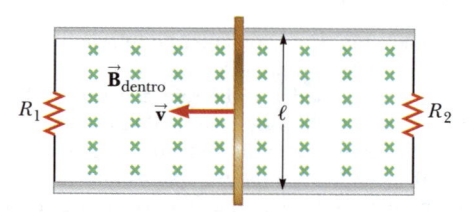

Figura P9.63

64. **Revisão.** Uma partícula com massa de $2{,}00 \times 10^{-16}$ kg e carga de 30,0 nC inicia seu movimento a partir do repouso, é acelerada em uma diferença potencial ΔV e acionada a partir de uma pequena fonte em uma região contendo campo magnético uniforme e constante de módulo 0,600 T. A velocidade da partícula está perpendicular às linhas do campo magnético. A órbita circular da partícula conforme ela retorna até o local da fonte abrange um fluxo magnético de 15,0 μWb. (a) Calcule a velocidade da partícula. (b) Calcule a diferença de potencial pela qual a partícula foi acelerada dentro da fonte.

65. **M** O plano de uma espira quadrada de fio com lado $a = 0{,}200$ m está orientado verticalmente e ao longo de um eixo leste-oeste. O campo magnético da Terra neste ponto é de módulo $B = 35{,}0$ μT e está direcionado para o norte a 35,0° abaixo da horizontal. A resistência total da espira e dos fios que a conectam a um amperímetro sensível é 0,500 Ω. Se a espira entra em colapso subitamente por forças horizontais, como mostra a Figura P9.65, que carga total entra em um terminal do amperímetro?

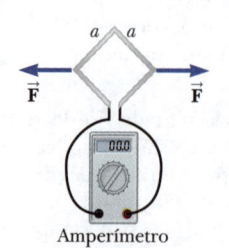

Figura P9.65

66. Na Figura P9.66, o eixo rodante, de 1,50 m de comprimento, é empurrado por trilhos horizontais com velocidade constante $v = 3{,}00$ m/s. Um resistor $R = 0{,}400$ Ω é conectado aos trilhos nos pontos a e b, diretamente opostos um ao outro. As rodas fazem um bom contato elétrico com os trilhos, então eixo, trilhos e R formam um circuito fechado. A única resistência significativa no circuito é R. Um campo magnético uniforme $B = 0{,}0800$ T está verticalmente para baixo. (a) Encontre a corrente induzida I no resistor. (b) Que força horizontal F é necessária para manter o eixo rodando em velocidade constante? (c) Qual extremidade do resistor, a ou b, está no potencial elétrico mais alto? (d) **E se?** Após o eixo passar pelo resistor, a corrente em R inverte a direção? Explique sua resposta.

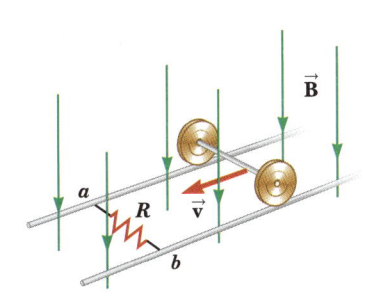

Figura P9.66

67. A figura P9.67 mostra um condutor estacionário cuja forma é semelhante à letra e. O raio da sua porção circular é de $a = 50{,}0$ cm. É colocado em um campo magnético constante de 0,500 T direcionado para fora da página. Uma haste condutora reta, de 50,0 cm de comprimento, é articulada sobre o ponto O e gira com uma velocidade angular constante de 2,00 rad/s. (a) Determine a fem induzida na espira POQ. Observe que a área da espira é $\theta a^2/2$. (b) Se todo o material condutor tiver uma resistência por comprimento de 5,00 V/m, qual é a corrente induzida na espira POQ no instante 0,250 s depois que o ponto P passa o ponto Q?

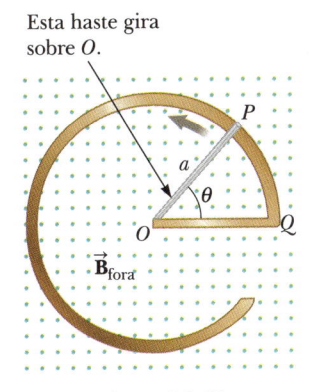

Figura P9.67

68. Uma barra condutora move-se com velocidade constante em uma direção perpendicular a um fio longo e reto que transporta uma corrente I, como mostra a Figura P9.68. Mostre que o módulo da fem gerada entre as extremidades da haste é

$$|\varepsilon| = \frac{\mu_0 v I \ell}{2\pi r}$$

Neste caso, observe que a fem diminui com r aumentando, como era esperado.

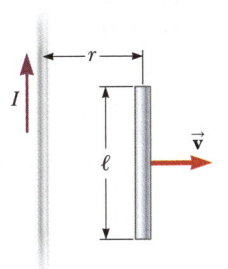

Figura P9.68

69. **AMT** Uma arruela pequena e circular de raio $a = 0{,}500$ cm é segurada diretamente abaixo de um fio longo e estreito transportando uma corrente $I = 10{,}0$ A. A arruela está localizada em $h = 0{,}500$ m acima do topo de uma mesa (Fig. P9.69). Suponha que o campo magnético esteja praticamente constante na área da arruela e igual ao campo magnético no seu centro. (a) Se a arruela for solta a partir do repouso, qual é o módulo da fem média nela induzida no intervalo de tempo entre sua liberação e o momento em que atinge o topo da mesa? (b) Qual é a direção da fem induzida na arruela?

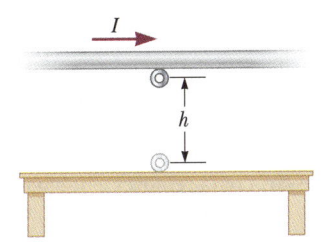

Figura P9.69

70. A Figura P9.70 mostra uma bobina compacta e circular com 220 espiras e raio de 12,0 cm imersa em um campo magnético uniforme paralelo ao seu eixo. A taxa de variação do campo com o tempo tem módulo constante de 20,0 mT/s. (a) Que informações adicionais são necessárias para determinar se a bobina está transportando corrente em sentido horário ou anti-horário? (b) A bobina é sobreaquecida se mais de 160 W de potência for fornecida. Que resistência a bobina teria no seu ponto crítico? (c) Para ficar mais fria, ela deveria ter uma resistência maior ou menor?

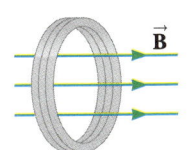

Figura P9.70

71. Uma bobina retangular de 60 voltas, com dimensões 0,100 m por 0,200 m, e resistência total 10,0 V gira com velocidade angular de 30,0 rad/s sobre o eixo y em uma região onde um campo magnético de 1,00 T é dirigido ao longo do eixo x. O tempo $t = 0$ é escolhido para estar em um instante quando o plano da bobina é perpendicular à direção de $\vec{B}$. Calcular (a) o valor máximo da fem induzido na bobina, (b) a taxa máxima de variação do fluxo magnético através da bobina, (c) a fem induzida em $t = 0{,}0500$ s, e (d) o torque exercido pelo campo magnético na bobina no instante em que a fem é máxima.

72. Revisão. Na Figura P9.72, um campo magnético uniforme diminui a uma taxa constante $dB/dt = -K$, onde K é uma constante positiva. Uma espira de fio circular de raio a contendo uma resistência R e capacitância C é posicionada com seu plano normal ao campo. (a) Encontre a carga Q no capacitor quando estiver completamente carregado. (b) Qual placa, superior ou inferior, está no potencial mais alto? (c) Discuta a força que causa a separação das cargas.

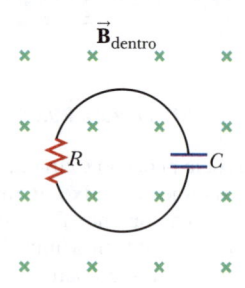

Figura P9.72

73. Uma bobina quadrada de N espiras com lado ℓ e resistência R é empurrada para a direita com velocidade constante v na presença de um campo magnético uniforme B atuando perpendicularmente à bobina, como mostra a Figura P9.73. Em $t = 0$, o lado direito da bobina acabou de sair do lado direito do campo. No tempo t, o lado esquerdo da bobina entra na região onde $B = 0$. Em termos das quantidades N, B, ℓ, v e R, encontre as expressões simbólicas para (a) o módulo da fem induzida na bobina durante o intervalo de tempo de $t = 0$ para t, (b) o módulo da corrente induzida na bobina, (c) a potência fornecida para a bobina, e (d) a força necessária para remover a bobina do campo. (e) Qual é a direção da corrente induzida numa espira? (f) Qual é a direção da força magnética na espira enquanto está sendo puxada para fora do campo?

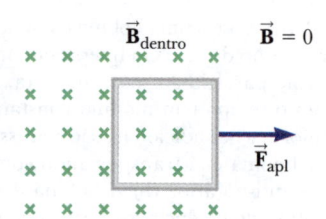

Figura P9.73

74. Uma barra condutora de comprimento ℓ move-se com velocidade $\vec{v}$ paralela a um fio longo transportando uma corrente estável I. O eixo da barra é mantido perpendicular ao fio com a extremidade próxima a uma distância r (Fig. P9.74). Mostre que o módulo da fem induzida na barra é

$$|\varepsilon| = \frac{\mu_0 v I \ell}{2\pi r} \ln\left(1 + \frac{\ell}{r}\right)$$

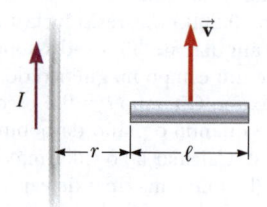

Figura P9.74

75. **M** O fluxo magnético em um anel metálico varia com o tempo t de acordo com $\Phi_B = at^3 - bt^2$, onde Φ_B está em webers, $a = 6{,}00$ s^{-3}, $b = 18{,}0$ s^{-2} e t está em segundos. A resistência do anel é $3{,}00\ \Omega$. Para o intervalo de $t = 0$ para $t = 2{,}00$s, determine a corrente máxima induzida no anel.

76. Uma espira retangular de dimensões ℓ e ω move-se com velocidade constante $\vec{v}$ para longe de um fio longo que transporta uma corrente I no plano da espira (Fig. P9.76). A resistência total da espira é R. Obtenha uma expressão que resulte em uma corrente na espira no instante em que o lado próximo está a uma distância r do fio.

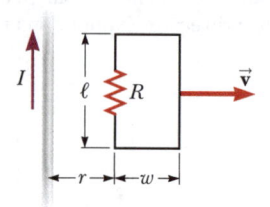

Figura P9.76

77. **M** Um fio longo e reto transporta uma corrente dada por $I = I_{máx} \operatorname{sen}(\omega t + \phi)$. O fio fica no plano de uma bobina retangular de N espiras de fio, como mostra a Figura P9.77. As quantidades $I_{máx}$ e ω são todas constantes. Suponha que $I_{máx} = 50{,}0$ A, $\omega = 200\pi$ s^{-1}, $N = 100$, $h = \omega = 5{,}00$ cm e $L = 20{,}0$ cm. Determine a fem induzida na bobina pelo campo magnético criado pela corrente no fio reto.

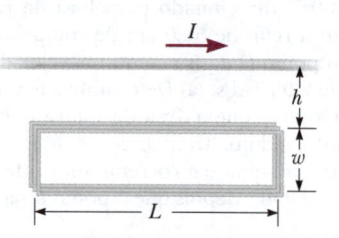

Figura P9.77

78. Um fio fino de comprimento $\ell = 30{,}0$ cm é mantido paralelo e a uma distância $d = 80{,}0$ cm acima de um fio longo e fino transportando uma corrente $I = 200$ A e fixo numa determinada posição (Fig. P9.78). O fio de 30,0 cm é liberado no instante $t = 0$ e cai, permanecendo paralelo ao fio que transporta corrente conforme ele cai. Suponha que o fio que cai acelera a 9,80 m/s^2. (a) Obtenha uma equação para a fem induzida nele como uma função do tempo. (b) Qual é o valor mínimo da fem? (c) Qual é o valor máximo? (d) Qual é a fem induzida 0,300s após o fio ser liberado?

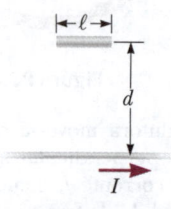

Figura P9.78

Problemas de Desafio

79. Dois solenoides infinitamente longos (vistos em seção transversal) passam através de um circuito como mostra a Figura P9.79. O módulo de $\vec{B}$ dentro de cada um é o mesmo e aumenta na taxa de 100 T/s. Qual é a corrente em cada resistor?

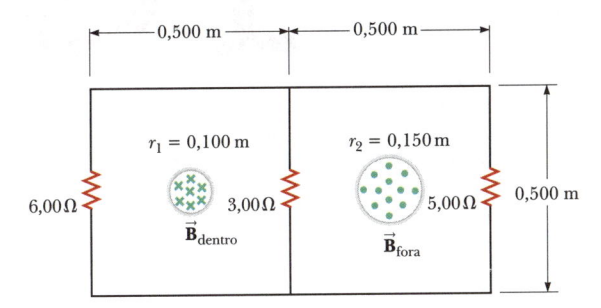

Figura P9.79

80. Um *forno de indução* utiliza indução eletromagnética para produzir correntes de Foucault em um condutor, aumentando assim sua temperatura. Unidades comerciais operam em frequências entre 60 Hz e 1 MHz e fornecem potências de poucos watts a vários megawatts. O aquecimento por indução pode ser utilizado para aquecer uma panela metálica em um fogão de cozinha, ou para evitar a oxidação e a contaminação do metal ao soldar em uma vedação a vácuo. Para explorar o aquecimento por indução, considere um disco condutor chato de raio R, espessura b e resistividade ρ. Um campo magnético senoidal $B_{máx} \cos \omega t$ é aplicado perpendicularmente ao disco. Suponha que as correntes de Foucault ocorram em círculos concêntricos ao disco. (a) Calcule a potência média fornecida ao disco. (b) **E se?** Por qual fator a potência muda quando a amplitude do campo dobra? (c) Quando a frequência dobra? (d) Quando o raio do disco dobra?

81. Uma barra de massa m e resistência R desliza sem atrito em um plano horizontal, movendo-se sobre trilhos paralelos, como mostra a Figura P9.81. Os trilhos são separados por uma distância d. Uma bateria que mantém uma fem constante $\mathcal{E}$ está conectada entre os trilhos, e um campo magnético constante $\vec{B}$ é direcionado perpendicularmente para fora da página. Supondo que a barra inicie seu movimento do repouso no tempo $t = 0$, mostre que, no tempo t, ela se move com uma velocidade

$$v = \frac{\mathcal{E}}{Bd}\left(1 - e^{-B^2 d^2 t / mR}\right)$$

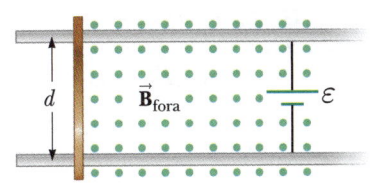

Figura P9.81

82. *Betatron* é um dispositivo que acelera elétrons para energias na faixa de MeV por meio de indução eletromagnética. Os elétrons em uma câmara a vácuo são mantidos em uma órbita circular por um campo magnético perpendicular ao plano orbital. O campo magnético aumenta gradualmente para induzir um campo elétrico ao redor da órbita. (a) Mostre que o campo elétrico está na direção correta para fazer que os elétrons acelerem. (b) Suponha que o raio da órbita permaneça constante. Mostre que o campo magnético médio na área circulada pela órbita deve ter o dobro do tamanho daquele na circunferência do círculo.

83. **Revisão.** A barra de massa m na Figura P9.83 é puxada horizontalmente por trilhos paralelos e sem atrito por uma corda sem massa que passa sobre uma polia leve e sem atrito, e está conectada a um objeto suspenso de massa M. O campo magnético uniforme para cima tem módulo B e a distância entre os trilhos é ℓ. A única resistência elétrica significativa é o resistor de carga R mostrado conectando os trilhos em uma extremidade. Supondo que o objeto suspenso seja liberado com a barra em repouso em $t = 0$, obtenha uma expressão que resulte na velocidade horizontal da barra como uma função do tempo.

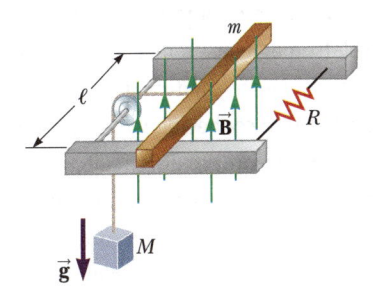

Figura P9.83

capítulo 10

Indutância

- **10.1** Autoindução e indutância
- **10.2** Circuitos *RL*
- **10.3** Energia em um campo magnético
- **10.4** Indutância mútua
- **10.5** Oscilações em um circuito *LC*
- **10.6** O circuito *RLC*

No Capítulo 9, vimos que uma fem e uma corrente são induzidas em uma espira de fio quando o fluxo magnético na área abrangida pela espira muda com o tempo. Este fenômeno de indução eletromagnética tem algumas consequências práticas. Neste capítulo, primeiro descreveremos um efeito conhecido como *autoindução*, no qual uma corrente em um circuito produz uma fem induzida oposta à fem que inicialmente configura a corrente que varia com o tempo. A autoindução é a base do *indutor*, um elemento de circuito elétrico. Discutiremos a energia armazenada no campo magnético de um indutor e a densidade de energia associada com o campo magnético.

A seguir, estudaremos como uma fem é induzida em uma bobina como resultado de um fluxo magnético variável produzido por uma segunda bobina, que é o princípio básico da *indução mútua*. Finalmente, examinaremos as características dos circuitos que contêm indutores, resistores e capacitores em várias combinações.

Um caçador de tesouros utiliza um detector de metais para encontrar objetos enterrados em uma praia. A extremidade do detector de metais contém uma bobina de fio que é parte de um circuito. Quando a bobina se aproxima de um objeto metálico, sua indutância é afetada e a corrente no circuito muda. Esta mudança aciona um pequeno sinal nos fones de ouvido usados pelo caçador de tesouros. Investigaremos a indutância neste capítulo. *(Andy Ryan/Stone/Getty Images)*

10.1 Autoindução e indutância

Neste capítulo, precisamos distinguir cuidadosamente entre fems e correntes que são causadas por fontes físicas, como baterias, e as que são induzidas pelos campos magnéticos variáveis. Quando utilizamos um termo (como *fem* ou *corrente*) sem um adjetivo, estamos descrevendo os parâmetros associados a uma fonte física. Utilizamos o adjetivo *induzido* para descrever as fems e correntes causadas por um campo magnético variante.

Considere um circuito consistindo em uma chave, um resistor e uma fonte de fem, como mostra a Figura 10.1. O diagrama do circuito é representado em perspectiva para mostrar as orientações de algumas linhas do campo magnético devido à corrente no circuito. Quando a chave for colocada na posição fechada, a corrente não vai imediatamente de zero para seu valor máximo $\mathcal{E}/R$. A lei da indução eletromagnética de Faraday (Eq. 9.1) pode ser utilizada para descrever este efeito: conforme a corrente aumenta com o tempo, o fluxo magnético na malha do circuito devido a esta corrente também aumenta com o tempo. Esse fluxo crescente cria uma fem induzida no circuito. A direção da fem induzida é tal que causaria uma corrente induzida na malha (se a malha já não estiver transportando uma corrente), que, por sua vez, estabeleceria um campo magnético que se opõe à mudança no campo magnético original. Portanto, a direção da fem induzida é oposta à da fem da bateria, que resulta em um aumento gradual e não instantâneo na corrente para seu valor final de equilíbrio. Por causa da direção da fem induzida, ela também é chamada *fem redutora*, do mesmo modo que em um motor, como discutido no Capítulo 9. Este efeito é chamado **autoindução** porque o fluxo variável no circuito e a fem induzida resultante surgem do próprio circuito. A fem $\mathcal{E}_L$ configurada neste caso é chamada **fem autoinduzida**.

Para obter uma descrição quantitativa da autoindução, lembre-se, da Lei de Faraday, de que a fem induzida é igual ao negativo da taxa de variação com o tempo do fluxo magnético. O fluxo magnético é proporcional ao campo magnético, o que, por sua vez, é proporcional à corrente no circuito. Portanto, a fem autoinduzida é sempre proporcional à taxa e variação com o tempo da corrente. Para qualquer espira de fio, podemos formular esta proporcionalidade como

$$\mathcal{E}_L = -L \frac{dI}{dt} \quad (10.1)$$

onde L é uma constante de proporcionalidade – chamada **indutância** da espira –, que depende da geometria da espira e outras características físicas. Se considerarmos uma bobina com pouco espaçamento de N espiras (um toroide ou um solenoide ideal) transportando uma corrente I, a Lei de Faraday nos diz que $\mathcal{E}_L = -N d\Phi_B/dt$. Ao combinar esta expressão com a Equação 10.1, temos

$$L = \frac{N\Phi_B}{I} \quad (10.2)$$

◀ **Indutância de uma bobina de N espiras**

onde é suposto que o mesmo fluxo magnético passa por cada espira e L é a indutância de toda a bobina.

Da Equação 10.1, também podemos formular a indutância como a relação

$$L = -\frac{\mathcal{E}_L}{dI/dt} \quad (10.3)$$

Lembre-se de que a resistência é uma medida de oposição à corrente dada pela Equação 5.7, ($R = \Delta V/I$); em comparação, a Equação 10.3 nos mostra que a indutância é uma medida da oposição a uma *mudança* na corrente.

A unidade SI da indutância é o **henry** (H), que podemos ver, da Equação 10.3, é 1 volt-segundo por ampère: $1 \text{ H} = 1 \text{ V} \times \text{s/A}$.

Como mostra o Exemplo 10.1, a indutância de uma bobina depende de sua geometria. Essa dependência é análoga à capacitância de um capacitor dependendo da geometria de suas placas, como vimos na Equação 4.3 e a resistência de um resistor dependendo do comprimento e da área do material condutor na Equação 5.10. Os cálculos da indutância podem ser bem difíceis de execução para geometrias complexas, mas os exemplos abaixo envolvem situações simples para as quais as indutâncias são facilmente avaliadas.

> **Teste Rápido 10.1** Uma bobina com resistência zero tem extremidades a e b. O potencial em a é mais alto que em b. Qual das afirmações a seguir pode ser consistente com esta situação? **(a)** A corrente é constante e direcionada de a para b. **(b)** A corrente é constante e está direcionada de b para a. **(c)** A corrente é crescente e direcionada de a para b. **(d)** A corrente é decrescente e direcionada de a para b. **(e)** A corrente é crescente e direcionada de b para a. **(f)** A corrente é decrescente e direcionada de b para a.

Joseph Henry
Físico norte-americano (1797-1878)
Henry se tornou o primeiro diretor do Smithsonian Institution e o primeiro presidente da Academia de Ciências Naturais. Ele melhorou o projeto do eletroímã e construiu um dos primeiros motores; também descobriu o fenômeno da autoindução, mas não publicou suas descobertas. A unidade da indutância, henry, possui este nome em sua homenagem.

Após a chave ser fechada, a corrente produz um fluxo magnético pela área abrangida pela espira. Conforme a corrente aumenta em direção ao seu valor de equilíbrio, esse fluxo magnético muda com o tempo e induz uma fem na espira.

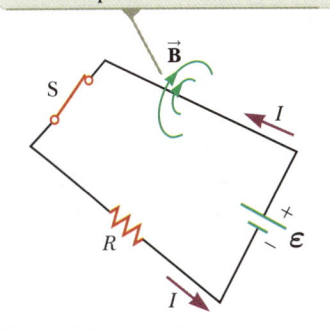

Figura 10.1 Autoindução em um circuito simples.

Exemplo 10.1 — Indutância de um solenoide

Considere um solenoide uniformemente enrolado com N espiras e comprimento ℓ. Suponha que ℓ seja muito mais longo que o raio dos enrolamentos e o núcleo do solenoide seja o ar.

(A) Encontre a indutância do solenoide.

SOLUÇÃO

Conceitualização As linhas do campo magnético de cada espira do solenoide passam por todas as espiras; então, uma fem induzida em cada bobina se opõe a mudanças na corrente.

Categorização Categorizamos este exemplo como um problema de substituição. Como o solenoide é longo, podemos utilizar os resultados para um solenoide ideal obtidos no Capítulo 8.

Encontre o fluxo magnético em cada espira da área A no solenoide utilizando a expressão para o campo magnético da Equação 8.17:

$$\Phi_B = BA = \mu_0 n i A = \mu_0 \frac{N}{\ell} i A$$

Substitua esta expressão na Equação 10.2:

$$L = \frac{N\Phi_B}{i} = \boxed{\mu_0 \frac{N^2}{\ell} A} \qquad (10.4)$$

(B) Calcule a indutância do solenoide se ele contiver 300 espiras, seu comprimento for 25,0 cm e sua área de seção transversal, 4,00 cm².

SOLUÇÃO

Substituta os valores numéricos na Equação 10.4:

$$L = (4\pi \times 10^{-7}\ \text{T}\cdot\text{m/A}) \frac{300^2}{25,0 \times 10^{-2}\ \text{m}} (4,00 \times 10^{-4}\ \text{m}^2)$$

$$= 1,81 \times 10^{-4}\ \text{T}\cdot\text{m}^2/\text{A} = \boxed{0{,}181\ \text{mH}}$$

(C) Calcule a fem autoinduzida no solenoide se a corrente que ele transporta diminui a uma taxa de 50,0 A/s.

SOLUÇÃO

Substitua $di/dt = -50,0$ A/s e a resposta para a parte (B) na Equação 10.1:

$$\varepsilon_L = -L \frac{di}{dt} = -(1{,}81 \times 10^{-4}\ \text{H})(-50{,}0\ \text{A/s})$$

$$= \boxed{9{,}05\ \text{mV}}$$

O resultado para a parte (A) mostra que L depende da geometria e é proporcional ao quadrado do número de espiras. Como $N = n\ell$, também podemos expressar o resultado na forma

$$L = \mu_0 \frac{(n\ell)^2}{\ell} A = \mu_0 n^2 A \ell = \mu_0 n^2 V \qquad (10.5)$$

onde $V = A\ell$ é o volume interior do solenoide.

10.2 Circuitos RL

Se um circuito contém uma bobina como um solenoide, a indutância da bobina impede que a corrente no circuito aumente ou diminua instantaneamente. Um elemento de circuito que tem uma grande indutância é chamado **indutor** e tem o símbolo de circuito —⌇⌇⌇—. Sempre suponha que a indutância do restante do circuito é desprezível comparada com a do indutor. Tenha em mente, entretanto, que mesmo um circuito sem uma bobina tem uma indutância que pode afetar o comportamento do circuito.

Como a indutância de um indutor resulta em uma fem redutora, um indutor em um circuito se opõe a mudanças na corrente neste circuito. O indutor tenta manter a corrente igual antes de a mudança ocorrer. Se a tensão da bateria no circuito aumenta de modo que a corrente aumenta, o indutor se opõe a esta mudança e o aumento não é instantâneo. Se a tensão da bateria diminui, o indutor causa uma pequena queda na corrente, em vez de uma queda imediata. Portanto, o indutor faz com que o circuito fique "preguiçoso" quando reage a mudanças na tensão.

Considere o circuito mostrado na Figura 10.2, que contém uma bateria de resistência interna desprezível. Este é um **circuito RL** porque os elementos conectados à bateria são um resistor e um indutor. As linhas curvas na chave S_2 sugerem que esta chave nunca pode ser aberta; está sempre configurada como a ou b (se a chave não estiver conectada a a ou b, qualquer corrente no circuito para subitamente). Suponha que S_2 seja configurada para a e a chave S_1 seja aberta para $t < 0$ e então fechada em $t = 0$. A corrente no circuito começa a aumentar, e uma fem redutora (Eq. 10.1) que se opõe à corrente crescente é induzida no indutor.

Com este ponto em mente, aplicaremos a regra das malhas de Kirchhoff para este circuito, percorrendo o circuito no sentido horário:

$$\mathcal{E} - iR - L\frac{di}{dt} = 0 \quad (10.6)$$

onde iR é a queda de tensão no resistor (as regras de Kirchhoff foram desenvolvidas para circuitos com correntes estáveis, mas também podem ser aplicadas a um circuito no qual a corrente muda se imaginarmos que ela representa o circuito em um *instante* de tempo). Vamos encontrar agora a solução para esta equação diferencial, que é semelhante à do circuito RC (consulte a Seção 6.4).

Uma solução matemática da Equação 10.6 representa a corrente no circuito como uma função do tempo. Para encontrá-la, mudamos variáveis por conveniência, com $x = (\mathcal{E}/R) - i$, então, $dx = -di$. Com essas substituições, a Equação 10.6 se torna

$$x + \frac{L}{R}\frac{dx}{dt} = 0$$

Rearranjando e integrando esta última expressão, resulta em

$$\int_{x_0}^{x}\frac{dx}{x} = -\frac{R}{L}\int_{0}^{t}dt$$

$$\ln\frac{x}{x_0} = -\frac{R}{L}t$$

onde x_0 é o valor de x no tempo $t = 0$. Tomando o antilogaritmo deste resultado, temos

$$x = x_0 e^{-Rt/L}$$

Como $i = 0$ em $t = 0$, note da definição de x que $x_0 = \mathcal{E}/R$. Assim, esta última expressão é equivalente a

$$\frac{\mathcal{E}}{R} - i = \frac{\mathcal{E}}{R}e^{-Rt/L}$$

$$i = \frac{\mathcal{E}}{R}(1 - e^{-Rt/L})$$

Esta expressão mostra como o indutor afeta a corrente. A corrente não aumenta instantaneamente até seu valor final de equilíbrio quando a chave é fechada, mas, em vez disso, aumenta de acordo com uma função exponencial. Se a indutância é removida do circuito, o que corresponde a deixar que L se aproxime de zero, o termo exponencial se torna zero e não há dependência do tempo da corrente neste caso; a corrente aumenta instantaneamente para seu valor final de equilíbrio na ausência da indutância.

Também podemos formular esta expressão como

$$i = \frac{\mathcal{E}}{R}(1 - e^{-t/\tau}) \quad (10.7)$$

onde τ é a **constante de tempo** do circuito RL:

$$\tau = \frac{L}{R} \quad (10.8)$$

Figura 10.2 Um circuito RL. Quando a chave S_2 estiver na posição a, a bateria está no circuito.

Quando a chave S_1 for fechada, a corrente aumenta e uma fem que se opõe à corrente crescente é induzida no indutor.

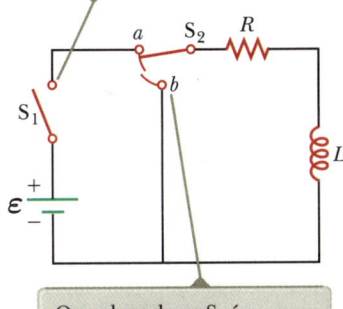

Quando a chave S_2 é colocada na posição b, a bateria não faz mais parte do circuito e a corrente diminui.

270 Física para cientistas e engenheiros

Após a chave S_1 ser fechada em $t = 0$, a corrente aumenta em direção a seu valor máximo $\mathcal{E}/R$.

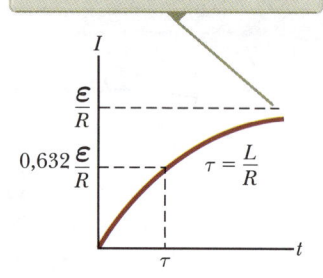

Figura 10.3 Representação da corrente pelo tempo para o circuito RL mostrado na Figura 10.2. A constante de tempo τ é o intervalo de tempo necessário para i atingir 63,2% de seu valor máximo.

Fisicamente, τ é o intervalo de tempo necessário para que a corrente no circuito atinja $(1 - e^{-1}) = 0{,}632 = 63{,}2\%$ de seu valor final $\mathcal{E}/R$. A constante de tempo é um parâmetro útil para comparação das respostas de tempo de vários circuitos.

A Figura 10.3 mostra um gráfico da corrente pelo tempo no circuito RL. Note que o valor de equilíbrio da corrente, que ocorre quando t se aproxima do infinito, é $\mathcal{E}/R$. Isso pode ser visto configurando-se di/dt igual a zero na Equação 10.6 e resolvendo para a corrente i (no equilíbrio, a mudança na corrente é zero). Portanto, a corrente inicialmente aumenta com rapidez, e gradualmente se aproxima do valor de equilíbrio $\mathcal{E}/R$ conforme t se aproxima do infinito.

Vamos investigar também a taxa de variação com o tempo da corrente. Tomando a primeira derivada em relação ao tempo da Equação 10.7, temos:

$$\frac{di}{dt} = \frac{\mathcal{E}}{L} e^{-t/\tau} \qquad (10.9)$$

Este resultado mostra que a taxa de variação com o tempo da corrente está no máximo (igual a $\mathcal{E}/L$) em $t = 0$ e cai exponencialmente para zero conforme t se aproxima do infinito (Fig. 10.4).

Considere agora o circuito RL na Figura 10.2 novamente. Suponha que a chave S_2 foi configurada para uma posição a o tempo suficiente (e a S_1 permanece fechada) para permitir que a corrente atinja seu valor de equilíbrio $\mathcal{E}/R$. Nesta situação, o circuito é descrito pela malha externa na Figura 10.2. Se S_2 for colocada de a para b, o circuito é agora descrito somente pela malha direita nesta mesma figura. Portanto, a bateria foi eliminada do circuito. A configuração $\mathcal{E} = 0$ na Equação 10.6 resulta

$$iR + L \frac{di}{dt} = 0$$

É deixado como problema (Problema 22) para mostrar que a solução de sua equação diferencial é

$$i = \frac{\mathcal{E}}{R} e^{-t/\tau} = I_i e^{-t/\tau} \qquad (10.10)$$

onde $\mathcal{E}$ é a fem da bateria e $I_i = \mathcal{E}/R$ é a corrente inicial no instante em que a chave é colocada em b.

Se o circuito não contivesse um indutor, a corrente diminuiria imediatamente para zero quando a bateria fosse removida. Quando o indutor está presente, ele se opõe à queda na corrente e faz com que a corrente caia exponencialmente. Um gráfico da corrente no circuito pelo tempo (Fig. 10.5) mostra que a corrente está diminuindo continuamente com o tempo.

> **Teste Rápido 10.2** Considere o circuito na Figura 10.2 com S_1 aberta e S_2 na posição a. A chave S_1 está fechada agora. **(i)** No instante em que é fechada, em qual elemento de circuito a tensão é igual à fem da bateria? **(a)** O resistor, **(b)** o indutor, **(c)** o indutor e o resistor. **(ii)** Após muito tempo, em qual elemento de circuito a tensão é igual à fem da bateria? Escolha a partir das mesmas alternativas.

A taxa de variação com o tempo da corrente está no máximo em $t = 0$, que é o instante no qual a chave S_1 é fechada.

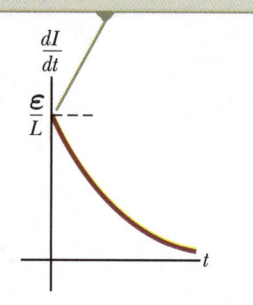

Figura 10.4 Representação de di/dt pelo tempo para o circuito RL mostrado na Figura 10.2. A taxa diminui exponencialmente com o tempo conforme i diminui em direção ao seu valor máximo.

Em $t = 0$, a chave é colocada na posição b e a corrente tem seu valor máximo $\mathcal{E}/R$.

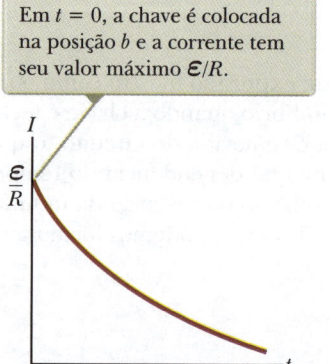

Figura 10.5 A corrente pelo tempo para a malha direita do circuito mostrado na Figura 10.2. Para $t < 0$, a chave S_2 está na posição a.

Exemplo 10.2 — Constante de tempo de um circuito *RL*

Considere o circuito na Figura 10.2 novamente. Suponha que os elementos do circuito tenham os seguintes valores: $\varepsilon = 12{,}0$ V, $R = 6{,}00\ \Omega$ e $L = 30{,}0$ mH.

(A) Encontre a constante de tempo do circuito.

SOLUÇÃO

Conceitualização Você deve compreender a operação e o comportamento deste circuito na Figura 10.2 a partir da discussão nesta seção.

Categorização Avaliamos os resultados utilizando as equações desenvolvidas nesta seção; então, este exemplo é um problema de substituição.

Avalie a constante de tempo por meio da Equação 10.8:
$$\tau = \frac{L}{R} = \frac{30{,}0 \times 10^{-3}\ \text{H}}{6{,}00\ \Omega} = \boxed{5{,}00\ \text{ms}}$$

(B) A chave S_2 está na posição a, e a S_1 é fechada em $t = 0$. Calcule a corrente no circuito em $t = 2{,}00$ ms.

SOLUÇÃO

Avalie a corrente em $t = 2{,}00$ ms utilizando a Equação 10.7:
$$i = \frac{\varepsilon}{R}(1 - e^{-t/\tau}) = \frac{12{,}0\ \text{V}}{6{,}00\ \Omega}(1 - e^{-2{,}00\,\text{ms}/5{,}00\,\text{ms}}) = 2{,}00\ \text{A}(1 - e^{-0{,}400})$$
$$= \boxed{0{,}659\ \text{A}}$$

(C) Compare a diferença de potencial no resistor com aquela no indutor.

SOLUÇÃO

No instante em que a chave é fechada não há corrente e, portanto, não há diferença de potencial no resistor. Neste instante, a tensão da bateria aparece inteiramente no indutor na forma de uma fem redutora de 12,0 V conforme o indutor tenta manter a condição de corrente zero (a extremidade superior do indutor na Fig. 10.2 está em um potencial elétrico mais alto que na extremidade inferior). Com o passar do tempo, a fem no indutor diminui e a corrente no resistor (e assim a tensão nele) aumenta, como mostrado na Figura 10.6. A soma das duas tensões em todos os tempos é 12,0 V.

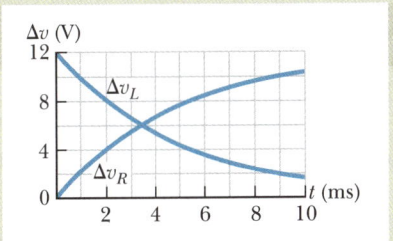

Figura 10.6 (Exemplo 10.2) Comportamento no tempo das tensões no resistor e no indutor na Figura 10.2 com os valores fornecidos neste exemplo.

E SE? Na Figura 10.6, as tensões no resistor e no indutor são iguais em 3,4 ms. E se você quisesse atrasar a condição na qual as tensões são iguais para um instante mais tardio, como $t = 10{,}0$ ms? Qual parâmetro, *L* ou *R*, precisaria de menor ajuste em termos de mudança percentual?

Resposta A Figura 10.6 mostra que as tensões são iguais quando a tensão no indutor cair para metade do seu valor original. Portanto, o intervalo de tempo necessário para que as tensões se tornem iguais é a *meia-vida* $t_{1/2}$ do decaimento. Apresentamos a meia-vida na seção "E se?" do Exemplo 6.10 para descrever o decaimento exponencial nos circuitos *RC*, onde $t_{1/2} = 0{,}693\tau$.

A partir da meia-vida ideal de 10,0 ms, utilize o resultado do Exemplo 6.10 para encontrar a constante de tempo do circuito:
$$\tau = \frac{t_{1/2}}{0{,}693} = \frac{10{,}0\ \text{ms}}{0{,}693} = 14{,}4\ \text{ms}$$

Mantenha *L* fixo e encontre o valor de *R* que produz esta constante de tempo:
$$\tau = \frac{L}{R}\ \rightarrow\ R = \frac{L}{\tau} = \frac{30{,}0 \times 10^{-3}\ \text{H}}{14{,}4\ \text{ms}} = 2{,}08\ \Omega$$

Agora, mantenha *R* fixo e encontre o valor apropriado de *L*:
$$\tau = \frac{L}{R}\ \rightarrow\ L = \tau R = (14{,}4\ \text{ms})(6{,}00\ \Omega) = 86{,}4 \times 10^{-3}\ \text{H}$$

A mudança em *R* corresponde a uma diminuição de 65% em comparação com a resistência inicial. A mudança em *L* representa um aumento de 188% na indutância! Portanto, um ajuste percentual muito menor em *R* pode atingir o efeito desejado em relação a um ajuste em *L*.

> **Prevenção de Armadilhas 10.1**
> **Capacitores, resistores e indutores armazenam energia de forma diferente**
> Mecanismos diferentes de armazenamento de energia estão em funcionamento nos capacitores, indutores e resistores. Um capacitor carregado armazena energia como energia potencial elétrica. Um indutor armazena energia, como o que chamaríamos de energia potencial magnética quando ele transporta corrente. A energia fornecida para um resistor é transformada em energia interna.

10.3 Energia em um campo magnético

Uma bateria em um circuito contendo um indutor deve fornecer mais energia que em um circuito sem este. Considere a Figura 10.2 com o interruptor S_2 na posição a. Quando o interruptor S_1 é fechado, parte da energia fornecida pela bateria aparece como energia interna na resistência no circuito, e a energia restante é armazenada no campo magnético do indutor. Ao multiplicar cada termo na Equação 10.6 por i e ao fazer um rearranjo da expressão, temos

$$i\mathcal{E} = i^2 R + Li\frac{di}{dt} \qquad (10.11)$$

Ao reconhecer $i\mathcal{E}$ como a taxa na qual a energia é fornecida pela bateria e i^2R para o resistor, vemos que $Li(di/dt)$ deve representar a taxa na qual a energia está sendo armazenada no indutor. Se U_B é a energia armazenada no indutor em qualquer tempo, podemos expressar a taxa dU_B/dt na qual a energia é armazenada como

$$\frac{dU_B}{dt} = Li\frac{di}{dt}$$

Para encontrar a energia total armazenada no indutor em qualquer instante, vamos reformular esta expressão como $dU_B = Li\, di$ e integrar:

$$U_B = \int dU_B = \int_0^I Li\, di = L\int_0^i i\, di$$

▶ **Energia armazenada em um indutor**

$$U_B = \tfrac{1}{2}Li^2 \qquad (10.12)$$

onde L é constante e foi removida da integral. A Equação 10.12 representa a energia armazenada no campo magnético do indutor quando a corrente for i. É semelhante na forma à Equação 4.11 para a energia armazenada no campo elétrico de um capacitor, $U_E = \tfrac{1}{2}C(\Delta V)^2$. Em qualquer caso, a energia é necessária para estabelecer um campo.

Também podemos determinar a densidade da energia de um campo magnético. Por razões de simplicidade, considere um solenoide cuja indutância é dada pela Equação 10.5:

$$L = \mu_0 n^2 V$$

O campo magnético de um solenoide é dado pela Equação 8.17:

$$B = \mu_0 n i$$

A substituição da expressão por L e $i = B/\mu_0 n$ na Equação 10.12 resulta

$$U_B = \tfrac{1}{2}Li^2 = \tfrac{1}{2}\mu_0 n^2 V\left(\frac{B}{\mu_0 n}\right)^2 = \frac{B^2}{2\mu_0}V \qquad (10.13)$$

A densidade da energia magnética, ou a energia armazenada por unidade de volume do campo magnético do indutor, é $u_B = U_B/V$, ou

▶ **Densidade da energia magnética**

$$u_B = \frac{B^2}{2\mu_0} \qquad (10.14)$$

Embora esta expressão tenha sido derivada para o caso especial de um solenoide, é válida para qualquer região do espaço na qual exista um campo magnético. A Equação 10.14 é semelhante na forma à 4.13 para energia por unidade de volume armazenada em um campo elétrico, $u_E = \tfrac{1}{2}\varepsilon_0 E^2$. Em ambos os casos, a densidade da energia é proporcional ao quadrado do módulo do campo.

Teste Rápido 10.3 Você está executando um experimento que requer a maior densidade de energia magnética possível no interior de um solenoide muito longo que transporta corrente. Quais dos ajustes a seguir aumentam a densidade da energia (mais de uma opção pode estar correta)? **(a)** Aumento do número de espiras por unidade de comprimento no solenoide, **(b)** aumento da área de seção transversal do solenoide, **(c)** aumento somente do comprimento do solenoide, mantendo o número de espiras por unidade de comprimento fixo, **(d)** aumento da corrente no solenoide.

Exemplo 10.3 — O que acontece com a energia no indutor? MA

Considere mais uma vez o circuito RL mostrado na Figura 10.2, com a chave S_2 na posição a e a corrente tendo atingido seu valor de estado estacionário. Quando a chave S_2 estiver na posição b, a corrente na malha direita decai exponencialmente com o tempo, de acordo com a expressão $i = I_i e^{-t/\tau}$, onde $I_i = \mathcal{E}/R$ é a corrente inicial no circuito e $\tau = L/R$, a constante de tempo. Mostre que toda a energia inicialmente armazenada no campo magnético do indutor aparece como energia interna no resistor conforme a corrente decai para zero.

SOLUÇÃO

Conceitualização Antes de S_2 ser colocada em b, a energia está sendo fornecida a uma taxa constante ao resistor pela bateria, e está armazenada no campo magnético do indutor. Após $t = 0$, quando S_2 estiver em b, a bateria não pode mais fornecer energia, e esta é fornecida ao resistor somente pelo indutor.

Categorização Modelamos a malha direita do circuito como um sistema isolado, então a energia é transferida entre os componentes do sistema, mas não sai do sistema.

Análise Começamos a avaliar a energia fornecida para o resistor, que aparece como energia interna no resistor.

Comece com a Equação 5.22 do Volume 1 e reconheça que a taxa de variação de energia interna no resistor é a potência fornecida ao resistor:

$$\frac{dE_{int}}{dt} = P = i^2 R$$

Substitua a corrente dada pela Equação 10.10 pela equação:

$$\frac{dE_{int}}{dt} = i^2 R = (I_i e^{-Rt/L})^2 R = I_i^2 R e^{-2Rt/L}$$

Resolva para dE_{int} e integre esta expressão nos limites $t = 0$ até $t \to \infty$:

$$E_{int} = \int_0^\infty I_i^2 R e^{-2Rt/L}\, dt = I_i^2 R \int_0^\infty e^{-2Rt/L}\, dt$$

O valor da integral definida pode ser mostrado como $L/2R$ (consulte o Problema 36). Use este resultado para obter E_{int}:

$$E_{int} = I_i^2 R \left(\frac{L}{2R}\right) = \boxed{\tfrac{1}{2} L I_i^2}$$

Finalização Esse resultado é igual à energia inicial armazenada no campo magnético do indutor, dado pela Equação 10.12, como comprovamos.

Exemplo 10.4 — Cabo coaxial

Cabos coaxiais são frequentemente utilizados para conectar dispositivos elétricos, como nosso sistema de vídeo, e para recepção de sinais em sistemas de televisão a cabo. Modele um cabo coaxial como um longo revestimento condutor fino e cilíndrico de raio b concêntrico a um cilindro sólido de raio a como na Figura 10.7. Os condutores transportam a mesma corrente I em direções opostas. Calcule a indutância L de um comprimento ℓ desse cabo.

SOLUÇÃO

Conceitualização Considere a Figura 10.7. Embora não tenhamos uma bobina visível nessa geometria, imagine uma secção fina e radial do cabo coaxial como o retângulo dourado-claro na mesma figura. Se os condutores interno e externo estiverem conectados nas extremidades do cabo (acima e abaixo da figura), essa secção representa uma grande espira condutora. A corrente na espira configura um campo magnético entre os condutores interno e externo que passam pela espira. Se a corrente muda, o campo magnético muda e a fem induzida se opõe à mudança original na corrente nos condutores.

Categorização Categorizamos esta situação como uma em que devemos retornar à definição fundamental de indutância, na Equação 10.2.

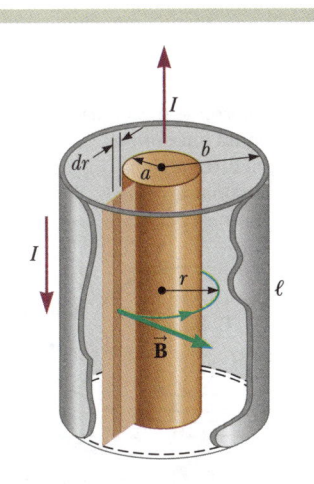

Figura 10.7 (Exemplo 10.4) Secção de um cabo coaxial longo. Os condutores interno e externo transportam correntes iguais em direções opostas.

Análise Devemos encontrar o fluxo magnético no retângulo dourado-claro na Figura 10.7. A Lei de Ampère (consulte a Seção 8.3) nos diz que o campo magnético na região entre os condutores se deve somente ao condutor interno, e que sua amplitude é $B = \mu_0 I / 2\pi r$,

continua

> **10.4** cont.
>
> onde r é medido a partir do centro comum dos cilindros. Uma amostra de linha de campo circular é mostrada na Figura 10.7 com um vetor de campo tangente à linha de campo. O campo magnético é zero fora do revestimento externo porque a corrente líquida que passa pela área abrangida pelo caminho circular ao redor do cabo é zero; assim, pela Lei de Ampère, $\oint \vec{B} \cdot d\vec{s} = 0$.
>
> O campo magnético está perpendicular ao retângulo dourado-claro de comprimento ℓ e largura $b - a$, a seção transversal relevante. Como o campo magnético varia com a posição radial nesse retângulo, devemos utilizar o cálculo para encontrar o fluxo magnético total.
>
> Divida o retângulo dourado-claro em faixas de largura dr como a mais escura na Figura 10.7. Obtenha o fluxo magnético por esta faixa:
>
> $$\Phi_B = \int B\, dA = \int B\ell\, dr$$
>
> Substitua no campo magnético e integre em todo o retângulo dourado-claro:
>
> $$\Phi_B = \int_a^b \frac{\mu_0 i}{2\pi r} \ell\, dr = \frac{\mu_0 i \ell}{2\pi} \int_a^b \frac{dr}{r} = \frac{\mu_0 i \ell}{2\pi} \ln\left(\frac{b}{a}\right)$$
>
> Utilize a Equação 10.2 para encontrar a indutância do cabo:
>
> $$L = \frac{\Phi_B}{i} = \boxed{\frac{\mu_0 \ell}{2\pi} \ln\left(\frac{b}{a}\right)}$$
>
> **Finalização** A indutância depende somente de fatores geométricos relacionados ao cabo. Aumenta se ℓ aumentar, se b aumentar ou se a diminuir. Este resultado é consistente com nossa conceitualização: qualquer uma dessas mudanças diminui o tamanho da espira representada por nossa secção radial e pela qual o campo magnético passa, aumentando a indutância.

10.4 Indutância mútua

Com muita frequência, o fluxo magnético na área abrangida por um circuito varia com o tempo por causa das correntes que também variam em circuitos próximos. Esta condição induz uma fem num processo conhecido como *indução mútua*, chamada assim por depender da interação entre dois circuitos.

Considere duas bobinas de fio bem enroladas mostradas em corte na Figura 10.8. A corrente i_1 na bobina 1, que tem N_1 espiras, cria um campo magnético. Algumas das linhas do campo magnético passam pela bobina 2, que tem N_2 espiras. O fluxo magnético causado pela corrente na bobina 1 e que passa pela bobina 2 é representado por Φ_{12}. Em analogia à Equação 10.2, podemos identificar a **indutância mútua** M_{12} da bobina 2 em relação à bobina 1:

$$M_{12} = \frac{N_2 \Phi_{12}}{i_1} \tag{10.15}$$

A indutância mútua depende da geometria de ambos os circuitos e de sua orientação um em relação ao outro. Conforme a distância de separação do circuito aumenta, a indutância mútua diminui, pois o fluxo que liga os circuitos diminui.

Se a corrente i_1 varia com o tempo, temos que, pela Lei de Faraday e pela Equação 10.15, a fem induzida pela bobina 1 na bobina 2 é

$$\varepsilon_2 = -N_2 \frac{d\Phi_{12}}{dt} = -N_2 \frac{d}{dt}\left(\frac{M_{12} i_1}{N_2}\right) = -M_{12} \frac{di_1}{dt} \tag{10.16}$$

Na discussão anterior, supusemos que a corrente está na bobina 1. Vamos imaginar também uma corrente i_2 na bobina 2. A discussão anterior pode ser repetida para mostrar que há uma indutância mútua M_{21}. Se a corrente i_2 varia com o tempo, a fem induzida pela bobina 2 na bobina 1 é

$$\varepsilon_1 = -M_{21} \frac{di_2}{dt} \tag{10.17}$$

Na indução mútua, a fem induzida em uma bobina é sempre proporcional à taxa na qual a corrente na outra bobina muda. Embora as constantes de proporcionali-

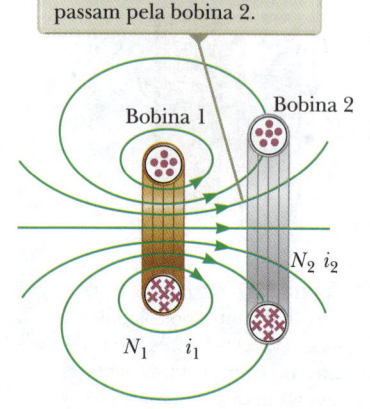

Figura 10.8 Visualização de seção transversal (corte) de duas bobinas adjacentes.

dade M_{12} e M_{21} tenham sido tratadas separadamente, podemos demonstrar que são iguais. Portanto, com $M_{12} = M_{21} = M$, as Equações 10.16 e 10.17 se tornam:

$$\mathcal{E}_2 = -M\frac{di_1}{dt} \quad \text{e} \quad \mathcal{E}_1 = -M\frac{di_2}{dt}$$

Essas duas equações são semelhantes na forma à 10.1 para a fem autoinduzida $\mathcal{E} = -L\,(di/dt)$. A unidade de indutância mútua é o henry.

> **Teste Rápido 10.4** Na Figura 10.8, a bobina 1 é movida mais proximamente da 2, com a orientação de ambas permanecendo fixa. Devido a este movimento, a indução mútua das duas bobinas **(a)** aumenta, **(b)** diminui ou **(c)** não é afetada.

Exemplo 10.5 — Carregador de bateria "sem fio"

Uma escova de dente elétrica tem uma base projetada para suportar seu cabo quando ela não estiver sendo usada. Como mostra a Figura 10.9a, o cabo tem um orifício cilíndrico que se encaixa com folga em um cilindro apropriado na base. Quando o cabo é posicionado nela, uma corrente variável em um solenoide dentro do cilindro da base induz uma corrente em uma bobina dentro do cabo. Essa corrente induzida carrega a bateria.

Podemos modelar a base como um solenoide de comprimento ℓ com N_B espiras (Fig. 10.9b) transportando uma corrente i e área de seção transversal A. A bobina do cabo contém N_H espiras e circula completamente a da base. Encontre a indutância mútua do sistema.

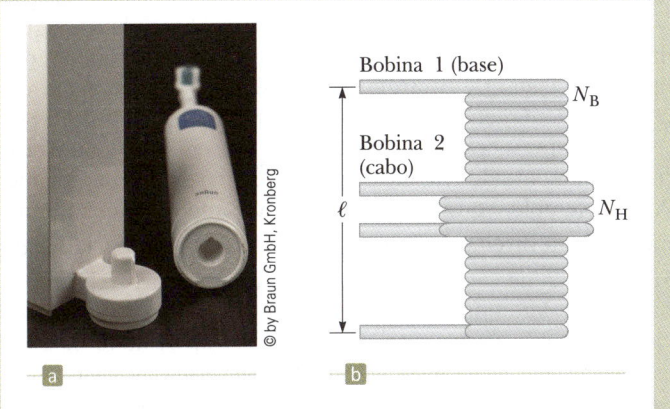

Figura 10.9 (Exemplo 10.5) (a) Essa escova de dente elétrica utiliza a indução mútua de solenoides como parte de seu sistema de carregamento de baterias. (b) Uma bobina de N_H espiras enrolada ao redor do centro de um solenoide de N_B espiras.

SOLUÇÃO

Conceitualização Certifique-se de identificar as duas bobinas na situação e compreender que uma corrente variável em uma bobina induz uma corrente na segunda.

Categorização Determinaremos o resultado utilizando os conceitos discutidos nesta seção e, portanto, categorizamos este exemplo como um problema de substituição.

Utilize a Equação 8.17 para expressar o campo magnético no interior do solenoide da base:

$$B = \mu_0 \frac{N_B}{\ell} i$$

Encontre a indutância mútua, tendo em mente que o fluxo magnético Φ_{BH} na bobina do cabo causado pelo campo magnético da bobina da base é BA:

$$M = \frac{N_H \Phi_{BH}}{i} = \frac{N_H BA}{i} = \boxed{\mu_0 \frac{N_B N_H}{\ell} A}$$

A carga sem fio é utilizada em vários dispositivos "sem cabo". Um exemplo significativo é a carga indutiva utilizada por algumas montadoras de carros elétricos que evitam o contato direto metal-metal entre o carro e o aparato de carga.

10.5 Oscilações em um circuito LC

Quando um capacitor é conectado a um indutor como ilustrado na Figura 10.10, a combinação é um **circuito LC**. Se o capacitor está inicialmente carregado e a chave fechada, tanto a corrente no circuito quanto a carga no capacitor oscilam entre valores positivos e negativos máximos. Se a resistência do circuito for zero, nenhuma energia é transformada em interna. Na análise a seguir, a resistência no circuito é desprezível. Também supomos uma situação idealizada na qual a energia não é irradiada para fora do circuito. Esse mecanismo de irradiação será discutido no Capítulo 12.

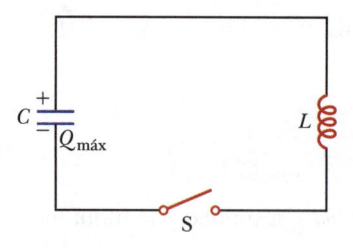

Figura 10.10 Circuito LC simples. O capacitor tem uma carga inicial $Q_{máx}$ e a chave é aberta em $t < 0$ e fechada em $t = 0$.

Suponha que o capacitor tenha uma carga inicial $Q_{máx}$ (a carga máxima) e que a chave esteja aberta em $t < 0$ e fechada em $t = 0$. Vamos investigar o que acontece do ponto de vista da energia.

Quando o capacitor estiver totalmente carregado, a energia U no circuito é armazenada no campo elétrico do capacitor e igual a $Q^2_{máx}/2C$ (Eq. 4.11). Nesse tempo, a corrente no circuito é zero; portanto, nenhuma energia é armazenada no indutor. Após a chave ser fechada, a taxa na qual as cargas saem ou entram das placas do capacitor (que também é aquela na qual a carga no capacitor varia) é igual à corrente no circuito. Após a chave ser fechada e o capacitor começar a descarregar, a energia armazenada em seu campo elétrico diminui. A descarga do capacitor representa uma corrente no circuito, e alguma energia é armazenada agora no campo magnético do indutor. Portanto, a energia é transferida do campo elétrico do capacitor para o campo magnético do indutor. Quando o capacitor estiver completamente carregado, não armazena mais energia. Nesse momento, a corrente atinge seu valor máximo e toda a energia é armazenada no indutor. A corrente continua na mesma direção, diminuindo em módulo, com o capacitor eventualmente carregando-se totalmente mais uma vez, mas com a polaridade de suas placas agora oposta à inicial. Esse processo é seguido por outra descarga até o circuito retornar ao seu estado original de carga máxima $Q_{máx}$ e a polaridade da placa mostrada na Figura 10.10. A energia continua a oscilar entre o indutor e o capacitor.

As oscilações do circuito LC são um análogo eletromagnético às oscilações mecânicas do sistema massa-mola estudado no Capítulo 1 do Volume 2. Grande parte do que foi discutido lá é aplicável às oscilações LC. Por exemplo, investigamos o efeito de controlar um oscilador mecânico com uma força externa, o que leva ao fenômeno da *ressonância*. O mesmo fenômeno é observado no circuito LC (consulte a Seção 11.7).

Uma representação da transferência de energia em um circuito LC é mostrada na Figura 10.11. Como mencionado, o comportamento do circuito é análogo da partícula em movimento harmônico simples estudado no Capítulo 1 do Volume 2. Por exemplo, considere o sistema massa-mola, mostrado na Figura 1.10 do Volume 2. As oscilações deste sistema são mostradas à direita da Figura 10.11. A energia potencial $\frac{1}{2}kx^2$ armazenada em uma mola esticada é análoga à $Q^2_{máx}/2C$ armazenada no capacitor. A energia cinética $\frac{1}{2}mv^2$ do bloco em movimento é análoga à energia magnética $\frac{1}{2}Li^2$ armazenada no indutor, que requer a presença de cargas móveis. Na Figura 10.11a, toda energia é armazenada como potencial elétrico no capacitor em $t = 0$ (porque $i = 0$), como num sistema massa-mola, em que é inicialmente armazenada como energia potencial na mola se ela é esticada e liberada em $t = 0$. Na Figura 10.11b, toda energia é armazenada como magnética $\frac{1}{2}Li^2_{máx}$ no indutor, onde $I_{máx}$ é a corrente máxima. As figuras 10.11c e 10.11d mostram situações subsequentes de um quarto de ciclo nas quais a energia é toda elétrica ou toda magnética. Em pontos intermediários, parte da energia é elétrica e parte é magnética.

Considere um tempo arbitrário t após a chave ser fechada, de modo que o capacitor tenha uma carga $q < Q_{máx}$ e a corrente seja $I < I_{máx}$. Nesse tempo, ambos os elementos do circuito armazenam energia, como mostrado na Figura 10.11e, mas a soma das duas energias deve ser igual à energia total inicial U, armazenada no capacitor totalmente carregado em $t = 0$:

Energia total armazenada em um circuito LC ▶
$$U = U_E + U_B = \frac{q^2}{2C} + \tfrac{1}{2}Li^2 = \frac{Q^2_{máx}}{2C} \quad (10.18)$$

Como supomos que a resistência do circuito é zero e ignoramos a radiação eletromagnética, nenhuma energia é transformada em interna e nenhuma é transferida para fora do sistema do circuito. Portanto, com estas suposições, o sistema do circuito é isolado: *a energia total do sistema deve permanecer constante no tempo*. Descrevemos a energia constante do sistema matematicamente ao configurar $dU/dt = 0$. Portanto, ao diferenciar a Equação 10.18 em relação ao tempo tendo em mente que q e i variam com o tempo, temos:

$$\frac{dU}{dt} = \frac{d}{dt}\left(\frac{q^2}{2C} + \tfrac{1}{2}Li^2\right) = \frac{q}{C}\frac{dq}{dt} + Li\frac{di}{dt} = 0 \quad (10.19)$$

Podemos reduzir este resultado a uma equação diferencial em uma variável ao lembrar que a corrente no circuito é igual à taxa na qual a carga no capacitor muda: $i = dq/dt$. Segue-se, então, que $di/dt = d^2q/dt^2$. A substituição dessas relações na Equação 10.19 resulta

$$\frac{q}{C} + L\frac{d^2q}{dt^2} = 0$$

$$\frac{d^2q}{dt^2} = -\frac{1}{LC}q \quad (10.20)$$

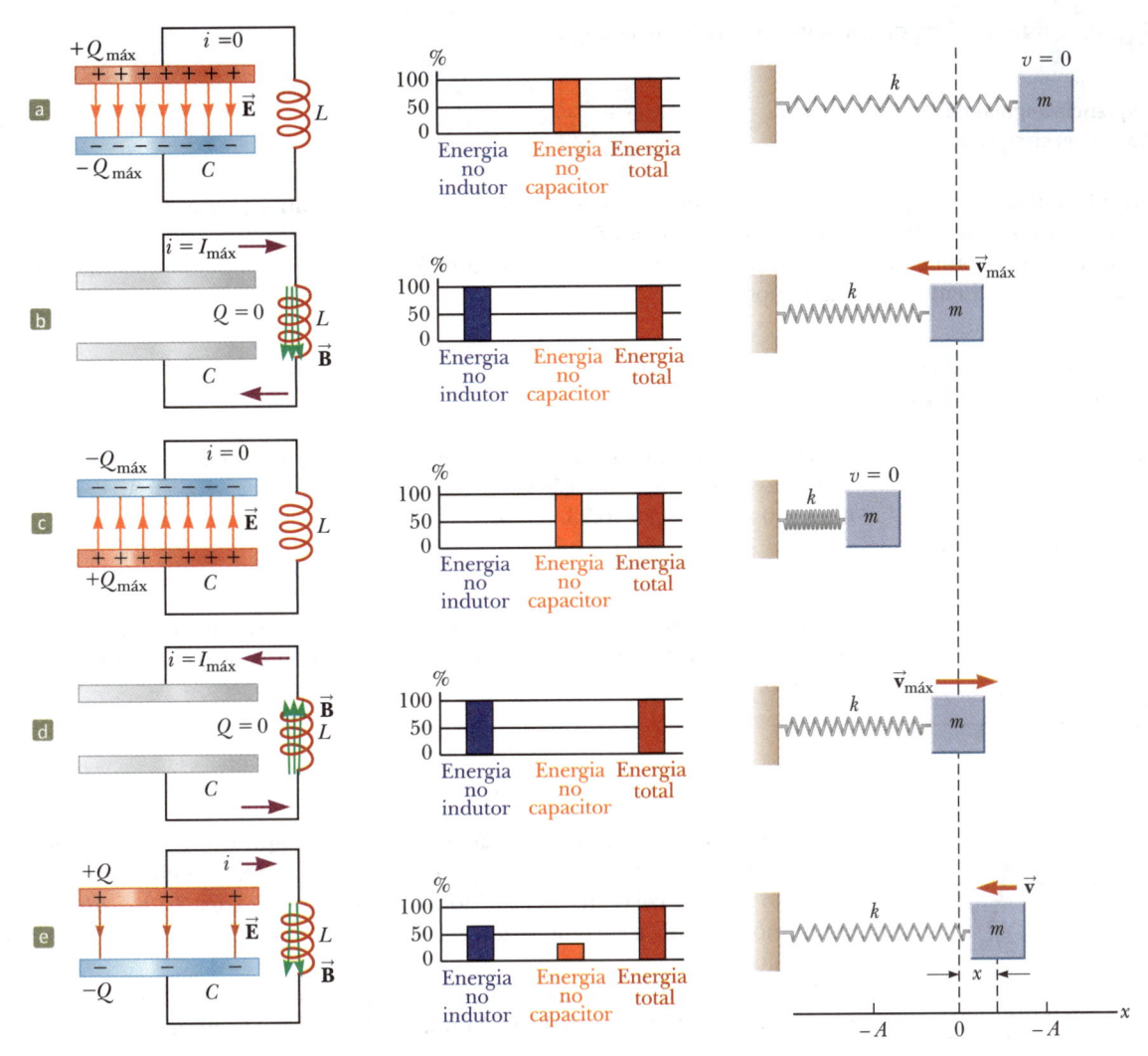

Figura 10.11 Transferência de energia em um circuito LC sem resistência e sem radiação. O capacitor tem carga $Q_{máx}$ em $t = 0$, instante no qual a chave na Figura 10.10 é fechada. O análogo mecânico deste sistema é um sistema massa-mola à direita da figura. (a) – (d) Nesses instantes especiais, toda a energia no circuito reside em um dos elementos do circuito. (e) Em um instante arbitrário, a energia é repartida entre o capacitor e o indutor.

Vamos resolver para q, tendo em mente que esta expressão é da mesma forma que suas análogas 1.3 e 1.5, do Volume 2, para um sistema massa-mola:

$$\frac{d^2x}{dt^2} = -\frac{k}{m}x = -\omega^2 x$$

onde k é a constante da mola, m é a massa do bloco e $\omega = \sqrt{k/m}$. A solução desta equação mecânica tem a forma geral (Eq. 1.6 do Volume 2):

$$x = A\cos(\omega t + \phi)$$

onde A é a amplitude do movimento harmônico simples (o valor máximo de x), ω é a frequência angular desse movimento e Φ é a constante de fase; os valores de A e Φ dependem das condições iniciais. Como a Equação 10.20 é da mesma forma matemática que a equação diferencial do oscilador harmônico simples, ela tem a solução

$$q = Q_{máx}\cos(\omega t + \phi) \quad (10.21)$$

◀ Carga como função do tempo para um circuito LC ideal

onde $Q_{máx}$ é a carga máxima do capacitor e a frequência angular ω é

Frequência angular da oscilação em um circuito LC ▶

$$\omega = \frac{1}{\sqrt{LC}} \tag{10.22}$$

Note que a frequência angular das oscilações depende somente da indutância e da capacitância do circuito. A Equação 10.22 oferece a *frequência natural* da oscilação do circuito LC.

Como q varia senoidalmente com o tempo, a corrente no circuito também assim varia. Podemos mostrar isso diferenciando a Equação 10.21 em relação ao tempo:

Corrente como função do tempo para um circuito LC ideal ▶

$$i = \frac{dq}{dt} = -\omega Q_{máx} \operatorname{sen}(\omega t + \phi) \tag{10.23}$$

Para determinar o valor do ângulo de fase ϕ, vamos examinar as condições iniciais, nas quais nossa situação exige que em $t = 0$, $i = 0$ e $q = Q_{máx}$. Ao configurar $i = 0$ em $t = 0$ na Equação 10.23, temos:

$$0 = -\omega Q_{máx} \operatorname{sen} \phi$$

que mostra que $\phi = 0$. Este valor para ϕ também é consistente com a Equação 10.21 e com a condição em que $q = Q_{máx}$ em $t = 0$. Portanto, no nosso caso, as expressões para Q e i são

$$q = Q_{máx} \cos \omega t \tag{10.24}$$

$$i = -\omega Q_{máx} \operatorname{sen} \omega t = -I_{máx} \operatorname{sen} \omega t \tag{10.25}$$

Os gráficos de q por t e i por t são mostrados na Figura 10.12. A carga no capacitor oscila entre os valores extremos $Q_{máx}$ e $-Q_{máx}$, e a corrente oscila entre $I_{máx}$ e $-I_{máx}$. Além do mais, a corrente está 90° fora da fase com a carga. Isto é, quando a carga estiver no máximo, a corrente é zero, e quando a carga for zero, a corrente está em seu valor máximo.

Vamos retornar à discussão sobre a energia do circuito LC. Ao substituir as equações 10.24 e 10.25 pela Equação 10.18, descobrimos que a energia total é

$$U = U_E + U_B = \frac{Q_{máx}^2}{2C} \cos^2 \omega t + \tfrac{1}{2} L i_{máx}^2 \operatorname{sen}^2 \omega t \tag{10.26}$$

A carga Q e a corrente I estão 90° fora de fase uma em relação à outra.

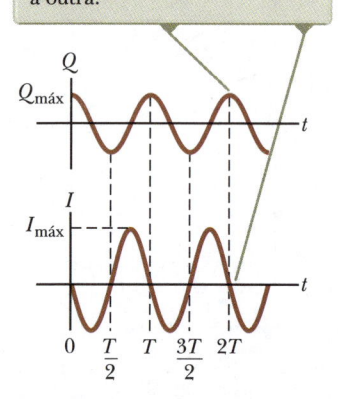

Figura 10.12 Gráficos de carga e corrente pelo tempo para um circuito LC sem resistência e sem radiação.

Esta expressão contém todas as características descritas qualitativamente no início desta seção. Ela mostra que a energia do circuito LC oscila continuamente entre a energia armazenada no campo elétrico do capacitor e aquela armazenada no campo magnético do indutor. Quando a energia armazenada no capacitor atinge seu valor máximo $Q_{máx}^2/2C$, a armazenada no indutor é zero. Quando a energia armazenada no indutor atinge seu valor máximo $\tfrac{1}{2} L I_{máx}^2$, a armazenada no capacitor é zero.

Representação das variações no tempo de U_E e U_B são mostradas na Figura 10.13. A soma $U_E + U_B$ é uma constante e igual à energia total $Q_{máx}^2/2C$, ou $\tfrac{1}{2} L I_{máx}^2$. A verificação analítica é direta. As amplitudes dos dois gráficos na Figura 10.13 devem ser iguais porque a energia máxima armazenada no capacitor (quando $I = 0$) deve ser igual à energia máxima armazenada no indutor (quando $q = 0$). Esta igualdade é expressa matematicamente como

$$\frac{Q_{máx}^2}{2C} = \frac{L I_{máx}^2}{2}$$

A soma das duas curvas é constante e igual à energia total armazenada no circuito.

A utilização desta expressão na Equação 10.26 para a energia total resulta

$$U = \frac{Q_{máx}^2}{2C}(\cos^2 \omega t + \operatorname{sen}^2 \omega t) = \frac{Q_{máx}^2}{2C} \tag{10.27}$$

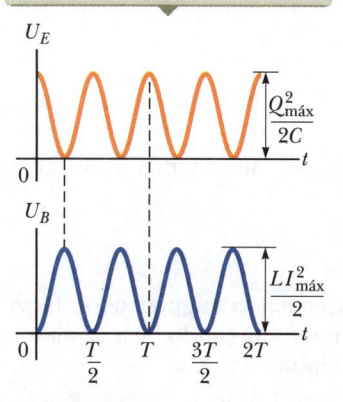

Figura 10.13 Representações de U_E por t e U_B por t para um circuito LC sem resistência e sem radiação.

porque $\cos^2 \omega t + \operatorname{sen}^2 \omega t = 1$.

Em nossa situação idealizada, as oscilações no circuito persistem indefinidamente; a energia total U do circuito, entretanto, permanece constante somente se as transferências e transformações de energia forem desprezadas. Em circuitos reais, há sempre alguma resistência e alguma energia, por consequência transformada em energia interna. Mencionamos, no início desta seção, que também estamos ignorando a radiação do circuito. Na verdade, a radiação é inevitável neste tipo de circuito, e a energia total no circuito diminui continuamente como resultado deste processo.

Teste Rápido **10.5** **(i)** Em um instante de tempo durante as oscilações de um circuito LC, a corrente está no seu valor máximo. Nesse instante, o que acontece com a tensão no capacitor? (a) É diferente daquela no indutor. (b) É zero. (c) Atinge seu valor máximo. (d) É impossível de ser determinada. **(ii)** Em um instante de tempo durante as oscilações de um circuito LC, a corrente é momentaneamente zero. A partir das mesmas alternativas, descreva a tensão no capacitor nesse instante.

Exemplo 10.6 — Oscilações em um circuito LC

Na Figura 10.14, a bateria tem uma fem de 12,0 V, a indutância é 2,81 mH e a capacitância 9,00 pF. A chave foi colocada para a posição a por um longo tempo, de modo que o capacitor está carregado. A chave é então colocada na posição b, removendo a bateria do circuito e conectando o capacitor diretamente no indutor.

(A) Encontre a frequência de oscilação do circuito.

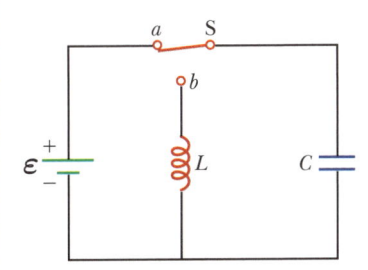

Figura 10.14 (Exemplo 10.6) Primeiro, o capacitor está completamente carregado com a chave colocada na posição a. Em seguida, a chave é colocada na posição b, e a bateria não está mais no circuito.

SOLUÇÃO

Conceitualização Quando a chave for colocada na posição b, a parte ativa do circuito está na malha direita, que é um circuito LC.

Categorização Utilizamos as equações desenvolvidas nesta seção e, por isso, categorizamos este exemplo como um problema de substituição.

Utilize a Equação 10.22 para encontrar a frequência:

$$f = \frac{\omega}{2\pi} = \frac{1}{2\pi\sqrt{LC}}$$

Substitua os valores numéricos:

$$f = \frac{1}{2\pi[(2{,}81 \times 10^{-3}\,\text{H})(9{,}00 \times 10^{-12}\,\text{F})]^{1/2}} = \boxed{1{,}00 \times 10^6\,\text{Hz}}$$

(B) Quais são os valores máximos da carga no capacitor e da corrente no circuito?

SOLUÇÃO

Encontre a carga inicial no capacitor, que é igual à carga máxima:

$$Q_{\text{máx}} = C\Delta V = (9{,}00 \times 10^{-12}\,\text{F})(12{,}0\,\text{V}) = \boxed{1{,}08 \times 10^{-10}\,\text{C}}$$

Utilize a Equação 10.25 para encontrar a corrente máxima da carga máxima:

$$I_{\text{máx}} = \omega Q_{\text{máx}} = 2\pi f Q_{\text{máx}} = (2\pi \times 10^6\,\text{s}^{-1})(1{,}08 \times 10^{-10}\,\text{C})$$
$$= \boxed{6{,}79 \times 10^{-4}\,\text{A}}$$

10.6 O circuito RLC

Vamos voltar a atenção para um circuito mais realista consistindo em um resistor, um indutor e um capacitor conectados em série, como mostra a Figura 10.15. Assumimos que a resistência do resistor representa toda a resistência no circuito. Suponha que a chave esteja na posição a, de modo que o capacitor tenha uma carga inicial $Q_{\text{máx}}$. A chave é então colocada na posição b. Nesse instante, a energia total armazenada no capacitor e no indutor $Q_{\text{máx}}^2/2C$. Essa energia total, entretanto, não é mais constante como era no circuito LC porque o resistor causa transformação na energia interna (con-

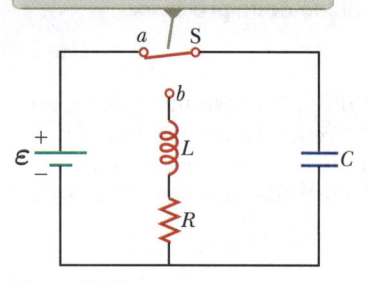

Figura 10.15 Um circuito RLC em série.

A chave é colocada primeiro na posição a e o capacitor é carregado. E, depois, é colocada na posição b.

tinuamos a ignorar a radiação eletromagnética do circuito nesta discussão). Como a taxa de transformação de energia em energia interna em um resistor é i^2R,

$$\frac{dU}{dt} = -i^2R$$

onde o sinal negativo significa que a energia U do circuito é decrescente no tempo. Ao substituir $U = U_E + U_B$, temos:

$$\frac{q}{C}\frac{dq}{dt} + Li\frac{di}{dt} = -i^2R \qquad (10.28)$$

Para converter esta equação em uma forma que permita comparar as oscilações elétricas com seu análogo mecânico, primeiramente utilizamos $i = dq/dt$ e movemos todos os termos para o lado esquerdo para obter

$$Li\frac{d^2q}{dt^2} + i^2R + \frac{q}{C}i = 0$$

Agora divida por i:

$$L\frac{d^2q}{dt^2} + iR + \frac{q}{C} = 0$$

$$L\frac{d^2q}{dt^2} + R\frac{dq}{dt} + \frac{q}{C} = 0 \qquad (10.29)$$

O circuito RLC é análogo ao oscilador harmônico amortecido discutido na Seção 1.6 do Volume 2, ilustrado na Figura 1.20 do mesmo volume. A equação de movimento para um sistema massa-mola amortecido é, a partir da Equação 1.31 do Volume 2,

$$m\frac{d^2x}{dt^2} + b\frac{dx}{dt} + kx = 0 \qquad (10.30)$$

Ao comparar as Equações 10.29 e 10.30, vemos que q corresponde à posição x do bloco em qualquer instante, L à massa m do bloco, R ao coeficiente de amortecimento b e C a $1/k$, onde k é a constante de força da mola. Essas e outras relações estão listadas na Tabela 10.1.

Como a solução analítica da Equação 10.29 é muito grande e complexa, apresentamos somente uma descrição qualitativa do comportamento do circuito. No caso mais simples, quando $R = 0$, a Equação 10.29 reduz-se para aquela de um circuito LC simples, como esperado, e a carga e a corrente oscilam senoidalmente no tempo. Esta situação é equivalente a remover todo o amortecimento no oscilador mecânico.

Quando R é pequeno, uma situação análoga ao amortecimento leve no oscilador mecânico, a solução da Equação 10.29 é

$$q = Q_{\text{máx}} e^{-Rt/2L} \cos \omega_d t \qquad (10.31)$$

onde ω_d, a frequência angular na qual o circuito oscila, é dada por

$$\omega_d = \left[\frac{1}{LC} - \left(\frac{R}{2L}\right)^2\right]^{1/2} \qquad (10.32)$$

Isto é, o valor da carga no capacitor sofre uma oscilação harmônica amortecida em analogia a um sistema massa-mola movendo-se em um meio viscoso. A Equação 10.32 mostra que, quando $R \ll \sqrt{4L/C}$ (de modo que o segundo termo nas chaves seja muito menor que o primeiro), a frequência ω_d do oscilador amortecido está próxima daquela do oscilador não amortecido, $1/\sqrt{LC}$. Como $i = dq/dt$, temos que a corrente também sofre oscilação harmônica amortecida. Uma representação da variação no tempo para o oscilador amortecido é mostrada na Figura 10.16a, e um traço de osciloscópio para um circuito real *RLC* é mostrado na Figura 10.16b. O valor máximo de Q diminui após cada oscilação, assim como a amplitude de um sistema massa-mola amortecido diminui no tempo.

Para valores maiores de R, as oscilações são amortecidas mais rapidamente; na verdade, existe um valor de resistência crítica $R_c = \sqrt{4L/C}$ acima do qual não ocorrem oscilações. Um sistema com $R = R_c$ é considerado *criticamente amortecido*. Quando R excede R_c, o sistema é considerado *sobreamortecido*.

TABELA 10.1 *Analogias entre os sistemas elétricos e os mecânicos*

Circuito elétrico		Sistema mecânico unidimensional
Carga	$q \leftrightarrow x$	Posição
Corrente	$i \leftrightarrow v_x$	Velocidade
Diferença de potencial	$\Delta V \leftrightarrow F_x$	Força
Resistência	$R \leftrightarrow b$	Coeficiente de amortecimento viscoso
Capacitância	$C \leftrightarrow 1/k$	(k = constante da mola)
Indutância	$L \leftrightarrow m$	Massa
Corrente = derivada do tempo de carga	$i = \dfrac{dq}{dt} \leftrightarrow v_x = \dfrac{dx}{dt}$	Velocidade = derivada do tempo de posição
Taxa de variação da corrente = segunda derivada no tempo de carga	$\dfrac{di}{dt} = \dfrac{d^2Q}{dt^2} \leftrightarrow a_x = \dfrac{dv_x}{dt} = \dfrac{d^2x}{dt^2}$	Aceleração = segunda derivada no tempo de posição
Energia no indutor	$U_L = \tfrac{1}{2}Li^2 \leftrightarrow K = \tfrac{1}{2}mv^2$	Energia cinética de objeto móvel
Energia no capacitor	$U_C = \tfrac{1}{2}\dfrac{q^2}{C} \leftrightarrow U = \tfrac{1}{2}kx^2$	Energia potencial armazenada em uma mola
Taxa de perda de energia devido à resistência	$i^2 R \leftrightarrow bv^2$	Taxa de perda de energia devido ao atrito
Circuito *RLC*	$L\dfrac{d^2q}{dt^2} + R\dfrac{dq}{dt} + \dfrac{q}{C} = 0 \leftrightarrow m\dfrac{d^2x}{dt^2} + b\dfrac{dx}{dt} + kx = 0$	Objeto amortecido em uma mola

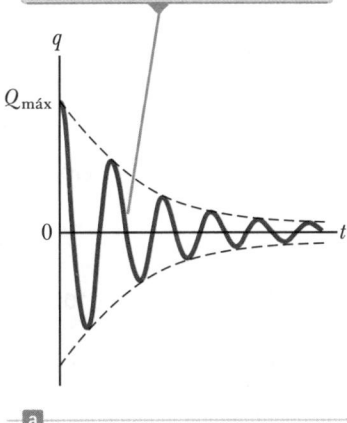

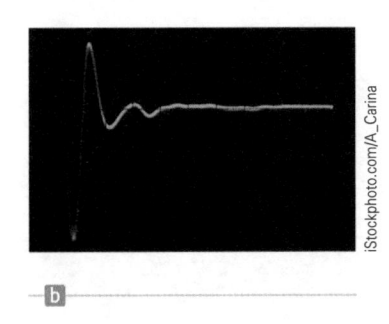

A curva q por t representa um gráfico da Equação 10.31.

Figura 10.16 Carga pelo tempo para um circuito *RLC* amortecido. A carga decai desse modo quando $R < \sqrt{4L/C}$. (b) Padrão num osciloscópio mostrando o decaimento nas oscilações de um circuito *RLC*.

Resumo

Conceitos e Princípios

Quando a corrente em uma espira de fio muda com o tempo, uma fem é induzida na espira de acordo com a Lei de Faraday. A **fem autoinduzida** é

$$\varepsilon_L = -L \frac{di}{dt} \quad (10.1)$$

onde L é a **indutância** da espira. Indutância é uma medida de quanta oposição uma espira oferece a uma mudança na corrente na espira. A indutância tem a unidade SI em **henry** (H), onde 1 H = 1 V × s/A.

A indutância de qualquer bobina é

$$L = \frac{N\Phi_B}{i} \quad (10.2)$$

onde N é o número total de espiras e Φ_B é o fluxo magnético na bobina. A indutância de um dispositivo depende da sua geometria. Por exemplo, a indutância de um solenoide de núcleo com ar é

$$L = \mu_0 \frac{N^2}{\ell} A \quad (10.4)$$

onde ℓ é o comprimento do solenoide e A, a área de seção transversal.

Se um resistor e um indutor estiverem conectados em série a uma bateria de fem ε no tempo $t = 0$, a corrente no circuito varia no tempo de acordo com a expressão:

$$i = \frac{\varepsilon}{R}(1 - e^{-t/\tau}) \quad (10.7)$$

onde $\tau = L/R$ é a **constante de tempo** do circuito RL. Se substituirmos a bateria por um fio sem resistência, a corrente decai exponencialmente com o tempo de acordo com a expressão:

$$i = \frac{\varepsilon}{R} e^{-t/\tau} \quad (10.10)$$

onde ε/R é a corrente inicial no circuito.

A energia armazenada no campo magnético de um indutor transportando uma corrente i é

$$U = \tfrac{1}{2} L i^2 \quad (10.12)$$

Essa energia é o equivalente magnético daquela armazenada no campo elétrico de um capacitor carregado.

A densidade da energia em um ponto onde o campo magnético é B é

$$u_B = \frac{B^2}{2\mu_0} \quad (10.14)$$

A **indutância mútua** de um sistema de duas bobinas é

$$M_{12} = \frac{N_2 \Phi_{12}}{i_1} = M_{21} = \frac{N_1 \Phi_{21}}{i_2} = M \quad (10.15)$$

Essa indutância mútua permite que relacionemos a fem induzida em uma bobina à corrente da fonte variante em uma bobina próxima utilizando as relações

$$\varepsilon_2 = -M_{12} \frac{di_1}{dt} \quad \text{e} \quad \varepsilon_1 = -M_{21} \frac{di_2}{dt} \quad (10.16, 10.17)$$

Em um circuito LC que tenha resistência zero e não irradie eletromagneticamente (uma idealização), os valores da carga no capacitor e da corrente no circuito variam senoidalmente no tempo em uma frequência angular dada por

$$\omega = \frac{1}{\sqrt{LC}} \quad (10.22)$$

A energia em um circuito LC transfere-se continuamente entre a energia armazenada no capacitor e a armazena no indutor.

Em um circuito RLC com pequena resistência, a carga no capacitor varia de acordo com

$$q = Q_{\text{máx}} e^{-Rt/2L} \cos \omega_d t \quad (10.31)$$

onde

$$\omega_d = \left[\frac{1}{LC} - \left(\frac{R}{2L} \right)^2 \right]^{1/2} \quad (10.32)$$

Perguntas Objetivas

1. Os centros de duas espiras circulares estão separados por uma distância fixa. **(i)** Em qual orientação relativa das espiras sua indutância mútua está no máximo? (a) Em planos coaxiais e em paralelo, (b) no mesmo plano, (c) em planos perpendiculares, com o centro de um no eixo do outro, (d) a orientação não faz diferença. **(ii)** Em qual orientação relativa sua indutância mútua está no mínimo? Escolha a partir das mesmas alternativas da parte (i).

2. Um fio longo e fino está enrolado em uma bobina com indutância 5 mH. A bobina está conectada aos terminais de uma bateria e a corrente é medida poucos segundos após a conexão ser feita. O fio é desenrolado e enrolado novamente em uma bobina diferente com $L = 10$ mH. Esta segunda bobina é conectada à mesma bateria, e a corrente é medida do mesmo modo. Comparada com a corrente na primeira bobina, a corrente na segunda é (a) quatro vezes maior, (b) duas vezes maior, (c) não muda, (d) tem metade do tamanho, ou (e) um quarto do tamanho?

3. Um indutor solenoidal de uma placa de circuito impresso está sendo reprojetado. Para diminuir o peso, o número de espiras é reduzido pela metade, com as mesmas dimensões geométricas. Quanto a corrente deve mudar se a energia armazenada no indutor deve permanecer a mesma? (a) Deve ser quatro vezes maior. (b) Deve ser duas vezes maior. (c) Deve permanecer a mesma. (d) Deve ter metade do tamanho. (e) Nenhuma mudança na corrente pode compensar a redução no número de espiras.

4. Na Figura PO10.4, a chave é colocada na posição *a* por um longo intervalo de tempo e depois é rapidamente colocada na posição *b*.

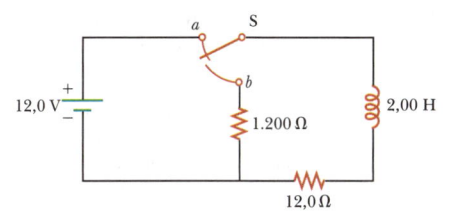

Figura PO10.4

Ordene os módulos, do maior para o menor, das tensões nos quatro elementos do circuito em um tempo curto.

5. Dois solenoides, A e B, estão enrolados utilizando comprimentos do mesmo tipo de fio. O comprimento do eixo de cada solenoide é grande comparado com seu diâmetro. O comprimento axial de A é duas vezes maior que o de B e A tem duas vezes mais espiras que B. Qual é a relação da indutância do solenoide A para o do B? (a) 4, (b) 2, (c) 1, (d) $\frac{1}{2}$, (e) $\frac{1}{4}$.

6. Se a corrente em um indutor é dobrada, por qual fator a energia armazenada é multiplicada? (a) 4, (b) 2, (c) 1, (d) $\frac{1}{2}$, (e) $\frac{1}{4}$.

7. Inicialmente, um indutor sem resistência transporta corrente constante. Mais tarde, ela é aumentada para um novo valor constante do dobro do tamanho. *Após* esta mudança, quando a corrente é constante em seu valor mais alto, o que aconteceu com a fem no indutor? (a) É maior que antes da mudança por um fator de 4. (b) É maior por um fator de 2. (c) Tem o mesmo valor diferente de zero. (d) Continua a ser zero. (e) Diminui.

Perguntas Conceituais

1. Considere esta tese: "Joseph Henry, o primeiro físico profissional dos EUA, causou uma mudança básica na visão humana do Universo quando descobriu a autoindução durante as férias escolares, na Academia Albany, por volta de 1830. Antes disso, podíamos pensar no Universo como composto somente por uma coisa: matéria. A energia que temporariamente mantém a corrente após uma bateria ser removida de uma bobina, por outro lado, não é energia que pertence a nenhum pedaço de matéria. É energia no campo magnético sem massa ao redor da bobina. A partir da descoberta de Henry, a Natureza nos forçou a admitir que o Universo consiste de campos, assim como de matéria". (a) Argumente a favor ou contra esta afirmação. (b) Na sua visão, o que forma o Universo?

2. (a) Quais parâmetros afetam a indutância de uma bobina? (b) A indutância de uma bobina depende da corrente nela?

3. Uma chave controla a corrente em um circuito que tem grande indutância. O arco elétrico (Fig. PC10.3) pode derreter e oxidar as superfícies do contato, resultando em alta resistividade dos contatos e eventual destruição da chave. É mais provável que uma faísca seja produzida na chave quando ela está sendo fechada, aberta ou não importa?

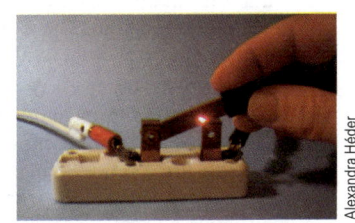

Figura PC10.3

4. Considere os quatro circuitos mostrados na Figura PC10.4, cada um consistindo em uma bateria, uma chave, uma lâmpada, um resistor e um capacitor ou um indutor. Suponha que o capacitor tenha uma capacitância grande e o indutor uma indutância grande, mas nenhuma resistência. A lâmpada tem alta eficiência, brilhando quando transporta corrente elétrica. **(i)** Descreva o que a lâmpada faz em cada um dos circuitos de (a) a (d) após a chave ter sido fechada. **(ii)** Descreva o que a lâmpada faz em cada um dos circuitos de (a) a (d) quando, após estar fechada por um longo tempo, a chave é aberta.

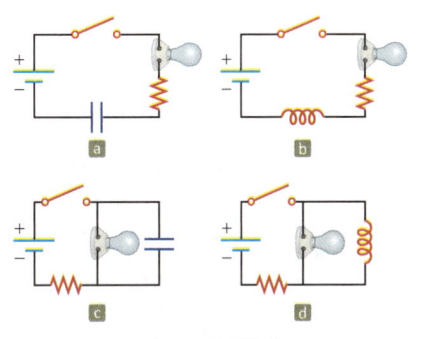

Figura PC10.4

284 Física para cientistas e engenheiros

5. A corrente em um circuito contendo uma bobina, um resistor e uma bateria atingiu um valor constante. (a) A bobina tem uma indutância? (b) A bobina afeta o valor da corrente?

6. (a) Um objeto pode exercer uma força nele mesmo? (b) Quando uma bobina induz uma fem nela mesma, ela exerce uma força nela mesma?

7. A chave aberta na Figura PC10.7 é fechada em $t = 0$. Antes de ser fechada, o capacitor é descarregado e todas as correntes são zero. Determine as correntes em L, C e R, a fem em L e as diferenças de potenciais em C e R (a) no instante após a chave ser fechada e (b) muito depois de ser fechada.

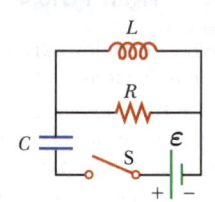

Figura PC10.7

8. Após a chave ser fechada no circuito LC mostrado na Figura PC10.8, a carga no capacitor é, às vezes, zero,

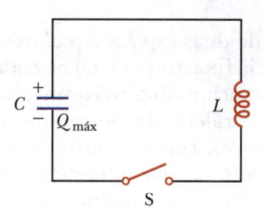

Figura PC10.8
Pergunta conceitual 8 e Problemas 52, 54 e 55.

mas nesses instantes a corrente no circuito não é zero. Como este comportamento é possível?

9. Como você sabe se um circuito RLC está sobre ou subamortecido?

10. Discuta as semelhanças entre a energia armazenada no campo elétrico de um capacitor carregado e a armazenada no campo magnético de uma bobina que transporta corrente.

Problemas

WebAssign Os problemas que se encontram neste capítulo podem ser resolvidos *on-line* no Enhanced WebAssign (em inglês)

1. denota problema simples;
2. denota problema intermediário;
3. denota problema de desafio;

AMT *Analysis Model Tutorial* disponível no Enhanced WebAssign (em inglês);

M denota tutorial *Master It* disponível no Enhanced WebAssign (em inglês);

PD denota problema dirigido;

W solução em vídeo *Watch It* disponível no Enhanced WebAssign (em inglês).

Seção 10.1 Autoindução e indutância

1. Uma mola tem uma indutância de 3,00 mH, e a corrente nela existente muda de 0,200 A para 1,50 A em um intervalo de 0,200 s. Determine a grandeza do campo eletromagnético médio induzido na mola durante este intervalo.

2. Um fio de telefone enrolado forma uma espiral com 70,0 voltas, um diâmetro de 1,30 cm, e um comprimento (do fio não esticado) de 60,0 cm. Determine a indutância do condutor no fio não esticado.

3. Um indutor de 2,00 H transporta corrente estável de 0,500 A. Quando a chave no circuito é aberta, a corrente é efetivamente zero após 10,0 ms. Qual é a fem média induzida no indutor durante este intervalo de tempo?

4. **M** Um solenoide de raio 2,50 cm tem 400 espiras e comprimento de 20,0 cm. Encontre (a) sua indutância e (b) a taxa na qual a corrente deve mudar nele para produzir uma fem de 75,0 mV.

5. Uma fem de 24,0 mV é induzida em uma bobina de 500 espiras quando a corrente estiver mudando à taxa de 10,0 A/s. Qual é o fluxo magnético em cada volta da bobina em um instante quando a corrente for 4,00 A?

6. Uma corrente de 40,0 mA é transportada por um solenoide de núcleo com ar uniformemente enrolado com 450 espiras, diâmetro de 15,0 mm e comprimento de 12,0 cm. Compute (a) o campo magnético dentro do solenoide, (b) o fluxo magnético em cada volta e (c) a indutância do solenoide. (d) **E se?** Se a corrente fosse diferente, qual dessas quantidades mudaria?

7. A corrente em uma bobina muda de 3,50 A para 2,00 A na mesma direção em 0,500 s. Se a fem média induzida na bobina for 12,0 mV, qual é a indutância da bobina?

8. Um técnico enrola um fio ao redor de um tubo de comprimento 36,0 cm com diâmetro de 8,00 cm. Quando os enrolamentos são espalhados linearmente por todo o comprimento do tubo, o resultado é um solenoide com 580 espiras de fio. (a) Encontre a indutância desse solenoide. (b) Se a corrente nele aumenta à taxa de 4,00 A/s, encontre a fem autoinduzida no solenoide.

9. **W** A corrente em um indutor de 90,0 mH varia com o tempo com $i = 1,00t^2 - 6,00t$, onde i está em ampères e t em segundos. Encontre o módulo da fem induzida em (a) $t = 1,00$ s e (b) $t = 4,00$ s. (c) Em qual tempo a fem é zero?

10. **M** Um indutor na forma de um solenoide contém 420 espiras e 16,0 cm de comprimento. Uma taxa uniforme de queda de corrente no indutor de 0,421 A/s induz uma fem de 175 μV. Qual é o raio do solenoide?

11. Uma fem autoinduzida em um solenoide de indutância L varia no tempo com $\mathcal{E} = \mathcal{E}_0 e^{-kt}$. Supondo que a carga seja finita, encontre a carga total que passa por um ponto no fio do solenoide.

12. Um toroide tem raios maior R e menor r e está bem enrolado com N espiras de fio em um torno de papelão oco. A Figura P10.12 mostra metade deste toroide, permitindo que vejamos sua secção transversal. Se $R \gg r$, o campo magnético na região abrangida pelo fio é essencialmente o mesmo que de um solenoide que foi curvado em um grande

Indutância 285

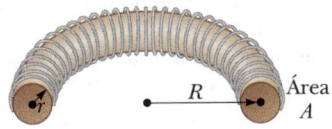

círculo de raio R. A modelagem do campo como o campo uniforme de um solenoide longo mostra que a indutância deste toroide é, aproximadamente

$$L \approx \tfrac{1}{2}\mu_0 N^2 \frac{r^2}{R}$$

Figura P10.12

13. **M** Um indutor de 10,0 mH transporta uma corrente $I = I_{\text{máx}}$ sen ωt, com $I_{\text{máx}} = 5{,}00$ A e $f = \omega/2\pi = 60{,}0$ Hz. Qual é a fem autoinduzida como uma função do tempo?

14. A corrente em um indutor de 4,00 mH varia no tempo como mostrado na Figura P10.14. Faça um gráfico da fem autoinduzida no indutor no intervalo de tempo $t = 0$ até $t = 12{,}0$ ms.

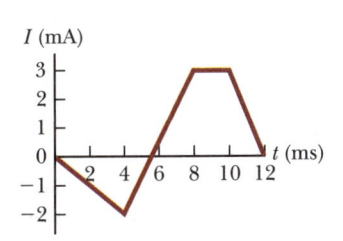

Figura P10.14

Seção 10.2 Circuitos RL

15. Um solenoide de 510 espiras tem raio de 8,00 mm e comprimento total de 14,0 cm. (a) Qual é sua indutância? (b) Se o solenoide está conectado em série com um resistor de 2,50 Ω e uma bateria, qual é a constante de tempo do circuito?

16. **M** Uma bateria de 12,0 V está conectada a um circuito em série contendo um resistor de 10,0 Ω e um indutor de 2,00 H. Em qual intervalo de tempo a corrente atingirá (a) 50,0% e (b) 90,0% de seu valor final?

17. Um circuito RL em série com $L = 3{,}00$ H e outro RC em série com $C = 3{,}00$ μF têm constantes de tempo iguais. Se os dois circuitos contêm a mesma resistência R, (a) qual é o valor de R? (b) Qual é a constante de tempo?

18. No circuito mostrado na Figura P10.18, tome $\mathcal{E} = 12{,}0$ V e $R = 24{,}0$ Ω. Suponha que a chave é aberta em $t < 0$ e fechada em $t = 0$. Em um conjunto único de eixos, esboce gráficos da corrente no circuito como uma função do tempo para $t \geq 0$, supondo que a indutância (a) no circuito é essencialmente zero, (b) tem um valor intermediário, e (c) tem um valor muito grande. Nomeie os valores inicial e final da corrente.

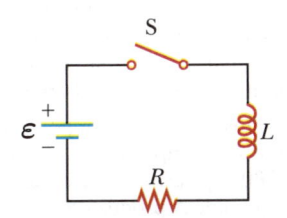

Figura P10.18 Problemas 18, 20, 23, 24 e 27

19. Considere o circuito mostrado na Figura P10.19. (a) Quando a chave estiver na posição a, em que valor de R o circuito terá uma constante de tempo de 15,0 μs? (b) Qual é a corrente no indutor no instante em que a chave for colocada na posição b?

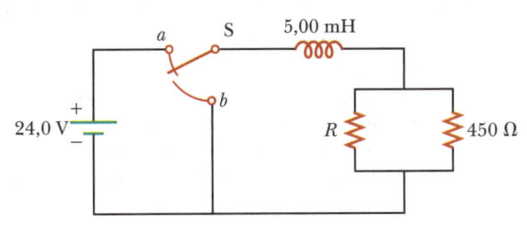

Figura P10.19

20. Quando o interruptor na Figura P10.18 é fechado, a corrente leva 3,0 ms para atingir 98,0% de seu valor final. Se $R = 10{,}0$ V, qual é a indutância?

21. Um circuito consiste em uma bobina, um interruptor e uma bateria, tudo em série. A resistência interna da bateria é insignificante em comparação com a da bobina. O interruptor está originalmente aberto. Ele é fechado e depois de um intervalo de tempo Δt, a corrente no circuito atinge 80,0% do seu valor final. O interruptor permanece fechado por um intervalo de tempo muito mais longo do que Δt. Os fios conectados para os terminais da bateria são então curto-circuitados com outro fio e removidos da bateria, para que a corrente seja ininterruptada. (a) Num instante que é um intervalo de tempo Δt após o curto-circuito, a corrente é qual percentual de seu valor máximo? (b) No momento $2\Delta t$ após a bobina ser curto-circuitada, a corrente na bobina é que porcentagem de seu valor máximo?

22. Mostre que $i = I_i e^{-t/\tau}$ é uma solução da equação diferencial

$$iR + L\frac{di}{dt} = 0$$

onde I_i é a corrente em $t = 0$ e $\tau = L/R$.

23. **W** No circuito mostrado na Figura P10.18, temos $L = 7{,}00$ H, $R = 9{,}00$ Ω e $\mathcal{E} = 120$ V. Qual é a fem autoinduzida 0,200 s após a chave ser fechada?

24. Considere o circuito na Figura P10.18, com $\mathcal{E} = 6{,}00$ V, $L = 8{,}00$ mH e $R = 4{,}00$ Ω. (a) Qual é a constante de tempo indutiva do circuito? (b) Calcule a corrente no circuito 250 μs após a chave ser fechada. (c) Qual é o valor da corrente final de estado estacionário? (d) Após qual intervalo de tempo a corrente atinge 80,0% de seu valor máximo?

25. A chave na Figura P10.25 é aberta em $t < 0$ e fechada no tempo $t = 0$. Suponha que $R = 4{,}00$ Ω, $L = 1{,}00$ H e $\mathcal{E} = 10{,}0$ V. Encontre (a) a corrente no indutor e (b) a corrente na chave como funções do tempo depois.

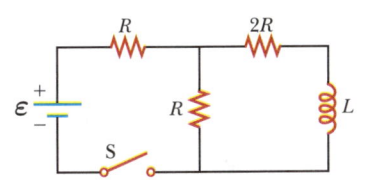

Figura P10.25 Problemas 25, 26 e 64

26. A chave na Figura P10.25 é aberta em $t < 0$ e fechada no tempo $t = 0$. Encontre (a) a corrente no indutor e (b) a corrente na chave como funções do tempo após a chave ter sido fechada.

27. Para o circuito RL mostrado na Figura P10.18, admitimos que a indutância é de 3,00 H, a resistência é de 8,00 Ω, e

que o campo eletromagnético da bateria é de 36,0 ΩV. (a) Calcule $\Delta V_R/\mathcal{E}_L$, isto é, a proporção da diferença de potencial no resistor até o campo eletromagnético no indutor quando a corrente é 2,00 A. (b) Calcule o campo eletromagnético no indutor quando a corrente é de 4,50 A.

28. Considere o pulso de corrente $i(t)$ mostrado na Figura P10.28a. A corrente começa em zero, torna-se 10,0 A entre $t = 0$ e $t = 200$ μs e depois é zero mais uma vez. Esse pulso é aplicado à entrada do circuito parcial mostrado na Figura P10.28b. Determine a corrente no indutor como uma função do tempo.

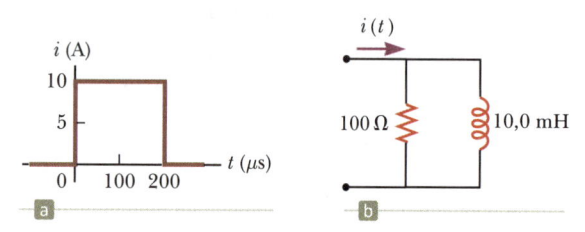

Figura P10.28

29. Um indutor de indutância 15,0 H e resistência de 30,0 Ω está conectado a uma bateria de 100 V. Qual é a taxa de aumento da corrente (a) em $t = 0$ e (b) em $t = 1,50$s?

30. Dois condutores ideais, L_1 e L_2, têm resistência interna *zero* e estão distantes um do outro, então seus campos magnéticos não influenciam um ao outro. (a) Supondo que esses indutores estejam conectados em série, mostre que eles são equivalentes a um único indutor ideal com $L_{eq} = L_1 + L_2$. (b) Supondo que esses mesmos dois indutores estejam conectados em paralelo, mostre que eles são equivalentes a um único indutor ideal com $1/L_{eq} = 1/L_1 + 1/L_2$. (c) **E se?** Considere agora dois indutores L_1 e L_2, que têm resistências internas *diferentes de zero* R_1 e R_2, respectivamente. Suponha que eles ainda estejam distantes, então sua indutância mútua é zero, e assuma que eles estão conectados em série. Mostre que eles são equivalentes a um único indutor com $L_{eq} = L_1 + L_2$ e $R_{eq} = R_1 + R_2$. (d) Se esses mesmos indutores estão agora conectados em paralelo, é necessariamente verdadeiro que são equivalentes a um único indutor ideal com $1/L_{eq} = 1/L_1 + 1/L_2$ e $1/R_{eq} = 1/R_1 + 1/R_2$? Explique sua resposta.

31. **M** Um indutor de 140 mH e um resistor de 4,90 Ω estão conectados a uma chave e a uma bateria de 6,00 V, como mostra a Figura P10.31. (a) Após a chave ser colocada primeiro em *a* (que conecta a bateria), qual intervalo de tempo se passa antes de a corrente atingir 220 mA? (b) Qual é a corrente no indutor 10,0 s após a chave ser fechada? (c) Agora, a chave é rapidamente colocada de *a* para *b*. Qual intervalo de tempo se passa antes de a corrente no indutor cair para 160 mA?

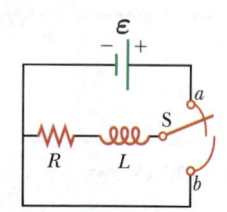

Figura P10.31

Seção 10.3 Energia em um campo magnético

32. Calcule a energia associada ao campo magnético de um solenoide de 200 voltas no qual uma corrente de 1,75 A produz um fluxo magnético de $3,70 \times 10^{-4}$ T × m² em cada volta.

33. **M** Um solenoide com núcleo de ar com 68 espiras tem 8,00 cm de comprimento e diâmetro de 1,20 cm. Quando o solenoide transporta uma corrente de 0,770 A, qual quantidade de energia é armazenada em seu campo magnético?

34. **W** Uma bateria de 10,0 V, um resistor de 5,00 Ω e um indutor de 10,0 H estão conectados em série. Após a corrente no circuito ter atingido seu valor máximo, calcule (a) a potência fornecida pela bateria, (b) a potência fornecida para o resistor, (c) a potência fornecida para o indutor e (d) a energia armazenada no campo magnético do indutor.

35. Em um dia claro em determinado lugar, há um campo elétrico vertical de 100 V/m próximo da superfície da Terra. Neste mesmo lugar, o campo magnético da Terra tem módulo de $0,500 \times 10^{-4}$ T. Compute as densidades da energia (a) do campo elétrico e (b) do campo magnético.

36. Complete o cálculo no Exemplo 10.3 provando que

$$\int_0^\infty e^{-2Rt/L} dt = \frac{L}{2R}$$

37. **M** Uma bateria de 24,0 V é conectada em série com um resistor e um indutor, com R = 8,0 V e L = 4, 0 H, respectivamente. Encontre a energia armazenada no indutor (a) quando a corrente atinge o seu valor máximo e (b) num instante que é um intervalo de tempo de uma constante de tempo após a chave ser fechada.

38. Uma bobina chata de fio tem indutância de 40,0 mH e resistência de 5,00 Ω. Ela está conectada a uma bateria de 22,0 V no instante $t = 0$. Considere o momento quando a corrente é 3,00 A. (a) Em qual taxa a energia está sendo fornecida pela bateria? (b) Qual é a potência fornecida à resistência da bobina? (c) Em qual taxa a energia está sendo armazenada no campo magnético da bobina? (d) Qual é a relação entre esses três valores de potência? (e) A relação descrita na parte (d) é verdadeira em outros instantes também? (f) Explique a relação no momento imediatamente após $t = 0$ e em um momento vários segundos mais tarde.

39. O campo magnético dentro de um solenoide supercondutor é 4,50 T. O solenoide tem diâmetro interno de 6,20 cm e comprimento de 26,0 cm. Determine (a) a densidade da energia magnética no campo e (b) a energia armazenada no campo magnético no solenoide.

Seção 10.4 Indutância mútua

40. Uma fem de 96,0 mV é induzida nos enrolamentos de uma bobina quando a corrente em uma bobina próxima aumenta à taxa de 1,20 A/s. Qual é a indutância mútua das duas bobinas?

41. Duas bobinas, mantidas em posições fixas, têm indutância mútua de 100 μH. Qual é a fem de pico em uma bobina quando a corrente na outra bobina for $i(t) = 10,0$ sen $(1,00 \times 10^3 t)$, onde i está em ampères e t em segundos?

42. Duas bobinas estão próximas uma da outra. A primeira bobina transporta uma corrente dada por $i(t) = 5,00\, e^{-0,0250 t}$ sen $120\pi t$, onde i está em ampères e t em segundos. Em $t = 0,800$s, a fem medida na segunda bobina é –3,20 V. Qual é a indutância mútua das bobinas?

43. **M** Dois solenoides, A e B, com pouco espaçamento um em relação ao outro e compartilhando o mesmo eixo cilíndrico, têm 400 e 700 espiras, respectivamente. Uma corrente de 3,50 A no solenoide A produz um fluxo médio de 300 μWb em cada espira de A e um fluxo de 90,0 μWb em cada espira de B. (a) Calcule a indutância mútua dos dois solenoides. (b) Qual é a indutância de A? (c) Que fem é induzida em B quando a corrente em A muda à taxa de 0,500 A/s?

44. O solenoide S_1 tem N_1 espiras, raio R_1 e comprimento ℓ. Ele é tão longo que seu campo magnético é uniforme praticamente em todos os lugares dentro dele e praticamente zero fora. O solenoide S_2 tem N_2 espiras, raio $R_2 < R_1$ e o mesmo comprimento que S_1. Ele está dentro de S_1, com seus eixos paralelos. (a) Suponha que S_1 transporte uma corrente variável i. Calcule a indutância mútua, caracterizando a fem induzida em S_2. (b) Suponha agora que S_2 transporte uma corrente i. Calcule a indutância mútua para a qual a fem em S_1 é proporcional. (c) Afirme como os resultados das partes (a) e (b) se comparam um com o outro.

45. Em uma placa de circuito impresso, um condutor relativamente longo e reto e uma espira retangular condutora ficam no mesmo plano, como mostra a Figura P10.45. Com $h = 0,400$ mm, $w = 1,30$ mm e $\ell = 2,70$ mm, encontre sua indutância mútua.

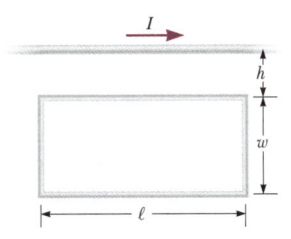

Figura P10.45

46. Duas espiras circulares de uma volta de fio têm raios R e r, com $R \gg r$. Elas estão no mesmo plano e são concêntricas. (a) Mostre que a indutância mútua do par é aproximadamente $M = \mu_0 \pi r^2/2R$. (b) Avalie M para $r = 2,00$ cm e $R = 20,0$ cm.

Seção 10.5 Oscilações em um circuito LC

47. No circuito da Figura P10.47, a fem da bateria é 50,0 V, a resistência 250 Ω e a capacitância 0,500 μF. A chave S fica fechada por um longo intervalo de tempo e uma diferença de potencial zero é medida no capacitor. Após a chave ser aberta, a diferença de potencial no capacitor atinge um valor máximo de 150 V. Qual é o valor da indutância?

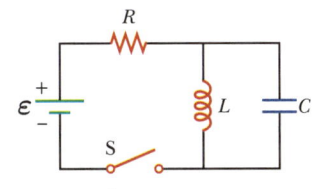

Figura P10.47

48. Um condutor de 1,05 μH está conectado em série com um capacitor variável na seção de ajuste de um aparelho de rádio de ondas curtas. Qual capacitância ajusta o circuito para o sinal de um transmissor que opera a 6,30 MHz?

49. Um capacitor de 1,00 μF é carregado por uma fonte de alimentação de 40,0 V. O capacitor completamente carregado é descarregado depois em um indutor de 10,0 mH. Encontre a corrente máxima nas oscilações resultantes.

50. Calcule a indutância de um circuito LC que oscila a 120 Hz quando a capacitância é 8,00 μF.

51. Um circuito LC consiste em um indutor de 20,0 mH e um capacitor de 0,500 μF. Se a corrente instantânea for 0,100 A, qual é a maior diferença de potencial no capacitor?

52. *Por que a seguinte situação é impossível?* O circuito LC mostrado na Figura PC10.8 tem $L = 30,0$ mH e $C = 50,0$ μF. O capacitor tem carga inicial de 200 μC. A chave está fechada e o circuito sofre oscilações LC não amortecidas. Em instantes periódicos, as energias armazenadas pelo capacitor e pelo indutor são iguais, com cada um dos dois componentes armazenando 250 μJ.

53. **AMT** A chave na Figura P10.53 está conectada na posição a por um longo intervalo de tempo. Em $t = 0$, a chave é colocada na posição b. Após esse tempo, quais são (a) a frequência de oscilação do circuito LC, (b) a carga máxima que aparece no capacitor, (c) a corrente máxima no indutor e (d) a energia total que o circuito possui em $t = 3,00$ s?

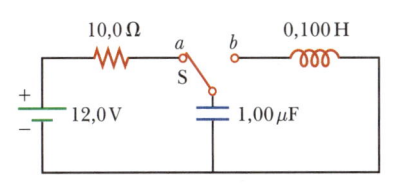

Figura P10.53

54. **M** Um circuito LC como o da Figura PC10.8 consiste em um indutor de 3,30 H e um capacitor de 840 pF que inicialmente transporta uma carga de 105 μC. A chave é aberta em $t < 0$ e fechada em $t = 0$. Compute as seguintes quantidades em $t = 2,00$ ms: (a) a energia armazenada no capacitor, (b) a energia armazenada no indutor e (c) a energia total no circuito.

55. **AMT** Um circuito LC como o da Figura PC10.8 contém um indutor de 82,0 mH e um capacitor de 17,0 μF que inicialmente transporta uma carga de 180 μC. A chave é aberta em $t < 0$ e fechada em $t = 0$. (a) Encontre a frequência (em hertz) das oscilações resultantes. Em $t = 1,00$ ms, encontre (b) a carga no capacitor e (c) a corrente no circuito.

Seção 10.6 O circuito RLC

56. Mostre que a Equação 10.28 no texto é a regra das malhas de Kirchhoff como aplicada para o circuito na Figura P10.56 com a chave na posição b.

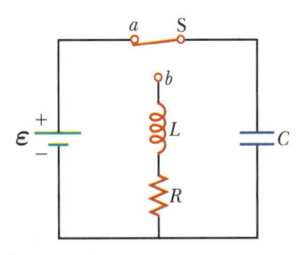

Figura P10.56 Problemas 56 e 57

57. Na Figura P10.56, temos $R = 7,60$ Ω, $L = 2,20$ mH e $C = 1,80$ μF. (a) Calcule a frequência da oscilação amortecida do circuito quando a chave estiver na posição b. (b) Qual é a resistência crítica para oscilações amortecidas?

58. **M** Considere um circuito LC no qual $L = 500$ mH e $C = 0,100$ μF. (a) Qual é a frequência da ressonância ω_0? (b) Se uma resistência de 1,00 kΩ é apresentada nesse circuito, qual é a frequência das oscilações amortecidas? (c) Por qual porcentagem a frequência das oscilações amortecidas diferem da de ressonância?

59. Oscilações elétricas iniciam-se em um circuito em série com capacitância C, indutância L e resistência R. (a) Se $R \ll \sqrt{4L/C}$ (amortecimento fraco), qual intervalo de tempo se passa antes que a amplitude da oscilação de corrente caia para 50,0% de seu valor inicial? (b) Em qual intervalo de tempo a energia diminui para 50,0% de seu valor inicial?

Problemas Adicionais

60. **Revisão.** Este problema estende a argumentação da Seção 4.4, Problema 38, do Capítulo 4, Problema 34 no Capítulo 8 e Seção 10.3. (a) Considere um capacitor com vácuo entre suas grandes placas paralelas, com pouco espaçamento e opostamente carregadas. Mostre que a força em uma placa pode corresponder a pensar no campo elétrico entre as placas como exercendo uma "pressão negativa" igual à densidade da energia do campo elétrico. (b) Considere duas folhas planas infinitas transportando correntes elétricas em direções opostas com densidades de corrente lineares iguais J_s. Calcule a força por unidade de área atuante em uma folha devido ao campo magnético, de módulo $\mu_0 J_s/2$, criada pela outra folha. (c) Calcule o campo magnético resultante entre as folhas e o campo fora do volume entre elas. (d) Calcule a densidade da energia no campo magnético entre as folhas. (e) Mostre que a força em uma folha pode ser equivalente a pensar no campo magnético entre as folhas exercendo uma pressão positiva igual à sua densidade de energia. Este resultado para a pressão magnética aplica-se a todas as configurações de corrente, não somente para folhas de corrente.

61. Um indutor de 1,00 mH e um capacitor de 1,00 μF estão conectados em série. A corrente no circuito aumenta linearmente no tempo com $i = 20,0t$, onde i está em ampères e t em segundos. O capacitor está inicialmente descarregado. Determine (a) a tensão no indutor como uma função do tempo, (b) a tensão no capacitor como uma função do tempo e (c) o tempo em que a energia armazenada no capacitor exceder primeiro a do indutor.

62. Um indutor com indutância L e um capacitor com capacitância C estão conectados em série. A corrente no circuito aumenta linearmente no tempo como descrito por $i = Kt$, onde K é uma constante. O capacitor está inicialmente descarregado. Determine (a) a tensão no indutor como uma função do tempo, (b) a tensão no capacitor como uma função do tempo, e (c) o tempo em que a energia armazenada no capacitor exceder primeiro a do indutor.

63. Um capacitor em um circuito LC em série tem carga inicial Q e está sendo descarregado. Quando a carga no capacitor for $Q/2$, encontre o fluxo em cada uma das N espiras na bobina do indutor em termos de Q, N, L e C.

64. **AMT** No circuito mostrado na Figura P10.25, suponha que a chave esteja fechada há um longo intervalo de tempo e é aberta em $t = 0$. Suponha também que $R = 4,00\ \Omega$, $L = 1,00$ H e $\mathcal{E} = 10,0$ V. (a) Antes de a chave ser aberta, o indutor se comporta como um circuito aberto, um curto-circuito, um resistor de resistência específica ou nenhuma das alternativas? (b) Qual corrente o indutor transporta? (c) Quanta energia é transportada no indutor para $t < 0$? (d) Após a chave ser aberta, o que acontece com a energia previamente armazenada no indutor? (e) Esboce um gráfico da corrente no indutor para $t \geq 0$. Nomeie os valores inicial e final e a constante de tempo.

65. Quando a corrente na parte do circuito mostrada na Figura P10.65 for 2,00 A e aumentar a uma taxa de 0,500 A/s, a tensão medida é $\Delta V_{ab} = 9,00$ V. Quando a corrente for 2,00 A e diminuir a uma taxa de 0,500 A/s, a tensão medida é $\Delta V_{ab} = 5,00$ V. Calcule os valores de (a) L e (b) R.

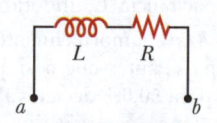

Figura P10.65

66. No momento $t = 0$, uma bateria de 24,0 V é conectada a uma bobina de 5,00 mH e a um resistor de 6,00 Ω. (a) Imediatamente depois, como a diferença de potencial no resistor se compara com a fem na bobina? (b) Responda à mesma questão, sobre o circuito, vários segundos mais tarde. (c) Há um instante no qual essas duas tensões são iguais em módulo? Se sim, quando? Há mais de um instante deste? (d) Após uma corrente de 4,00 A ser estabelecida no resistor e na bobina, a bateria é subitamente substituída por um curto-circuito. Responda às partes (a), (b) e (c) novamente com relação a este novo circuito.

67. (a) Uma bobina chata e circular não produz realmente um campo magnético uniforme na área que ela abrange. Não obstante, estime a indutância de uma bobina chata, compacta e circular com raio R e N espiras, supondo que o campo no seu centro seja uniforme por sua área. (b) Um circuito em uma mesa de laboratório consiste em uma bateria de 1,50 volts, um resistor de 270 Ω, uma chave e três cabos de ligação de 30,0 cm de comprimento conectando-os. Suponha que o circuito esteja disposto como circular. Pense nele como uma bobina chata com uma espira. Compute a ordem de grandeza de sua indutância e (c) da constante de tempo descrevendo a velocidade do aumento da corrente quando você fecha a chave.

68. *Por que a seguinte situação é impossível?* Você está trabalhando em um experimento envolvendo um circuito em série consistindo em um capacitor carregado de 500 μF, um indutor de 32,0 mH e um resistor R. Você descarrega o capacitor no indutor e no resistor e observa as oscilações em decaimento da corrente no circuito. Quando a resistência R é 8,00 Ω, o decaimento nas oscilações é muito lento para seu projeto experimental. Para tornar o decaimento mais rápido, você dobra a resistência. Como resultado, você gera oscilações em decaimento da corrente que são perfeitas para suas necessidades.

69. Uma corrente i que varia com o tempo é enviada por um indutor de 50,0 mH de uma fonte como mostrado na Figura P10.69a. A corrente é constante em $i = -1,00$ mA até $t = 0$, e depois varia com o tempo mais tarde, como mostrado na Figura P10.69b. Construa um gráfico da fem no indutor como uma função do tempo.

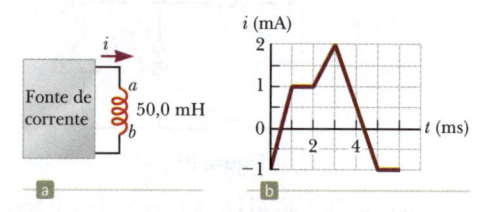

Figura P10.69

70. **PD** Em $t = 0$, a chave aberta na Figura P10.70 é fechada. Desejamos encontrar uma expressão simbólica para a corrente no indutor para o tempo $t > 0$. Chamaremos esta corrente de i e faremos com que seja decrescente no indutor na Figura P10.70. Identifique i_1 como a corrente à direita em R_1, e i_2 como a corrente decrescente em R_2. (a) Utilize a regra da junção de Kirchhoff para encontrar a relação entre as três correntes. (b) Utilize a regra das malhas de Kirchhoff ao redor da malha esquerda para encontrar outra relação. (c) Utilize a regra de Kirchhoff ao redor da malha externa para encontrar uma terceira relação. (d) Elimine i_1 e i_2 entre as três equações para encontrar uma equação envolvendo somente a corrente i. (e) Compare a equação na parte (d) com a 10.6 no texto. Utilize esta comparação para reformular a Equação 10.7 no texto para a situação neste problema e mostre que

$$i(t) = \frac{\varepsilon}{R_1}[1 - e^{-(R'/L)t}]$$

onde $R' = R_1 R_2/(R_1 + R_2)$.

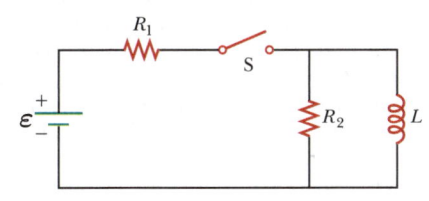

Figura P10.70

71. O toroide na Figura P10.71 consiste em N espiras e tem uma seção transversal retangular. Seus raios interno e externo são a e b, respectivamente. A figura mostra metade do toroide para que possamos ver sua seção transversal. Obtenha a indutância de um toroide de 500 espiras para o qual $a = 10,0$ cm, $b = 12,0$ cm e $h = 1,00$ cm.

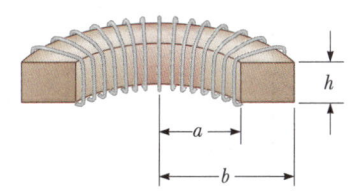

Figura P10.71 Problemas 71 e 72

72. O toroide na Figura P10.71 consiste em N espiras e tem uma seção transversal retangular. Seus raios interno e externo são a e b, respectivamente. Encontre a indutância do toroide.

Os Problemas 73 a 76 aplicam ideias deste capítulo e também de anteriores para algumas propriedades de supercondutores, que foram apresentadas na Seção 5.5.

73. **Revisão.** Um método novo de armazenamento de energia foi proposto. Um supercondutor subterrâneo enorme, com 1,00 km de diâmetro, seria fabricado. Ele transportaria uma corrente máxima de 50,0 kA em cada enrolamento de um solenoide de Nb_3Sn de 150 espiras. (a) Se a indutância dessa bobina enorme fosse 50,0 H, qual seria a energia total armazenada? (b) Qual seria a força compressora por unidade de comprimento atuando entre dois enrolamentos adjacentes separados por 0,250 m?

74. **Revisão.** Em um experimento conduzido por S. C. Collins entre 1955 e 1958, uma corrente foi mantida em um anel de chumbo supercondutor por 2,50 anos sem perda observada, embora não houvesse entrada de energia. Se a indutância do anel fosse $3,14 \times 10^{-8}$ H e a sensibilidade do experimento de 1 parte em 10^9, qual seria a resistência máxima do anel? *Sugestão*: Trate o anel como um circuito RL transportando corrente em decaimento, e lembre-se de que a aproximação $e^{-x} \approx 1 - x$ é válida para x pequeno.

75. **Revisão.** O uso dos supercondutores foi proposto para linhas de transmissão de energia. Um cabo coaxial simples (Fig. P10.75) poderia transportar uma potência de $1,00 \times 10^3$ MW (a saída de uma grande usina de energia) a 200 kV, CC, por uma distância de $1,00 \times 10^3$ km sem perda. Um fio interno de raio $a = 2,00$ cm, feito do supercondutor Nb_3Sn, transporta a corrente I em uma direção. Um cilindro supercondutor circundante de raio $b = 5,00$ cm transportaria a corrente de retorno I. Neste sistema, qual é o campo magnético (a) na superfície do condutor interno e (b) na superfície interna do condutor externo? (c) Quanta energia seria armazenada no campo magnético no espaço entre os condutores em uma linha supercondutora de $1,00 \times 10^3$ km? (d) Qual é a pressão exercida no condutor externo devida à corrente no condutor interno?

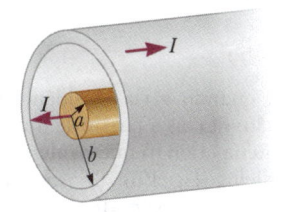

Figura P10.75

76. **Revisão.** Uma propriedade fundamental de um material supercondutor de tipo I é o *diamagnetismo perfeito*, ou a demonstração do *efeito Meissner*, ilustrado na Figura 8.27 na Seção 8.6 e descrita como segue. Se um protótipo de material supercondutor é colocado em um campo magnético produzido externamente, ou resfriado para se tornar supercondutor enquanto estiver em um campo magnético, correntes elétricas aparecem na superfície do protótipo. As correntes têm precisamente a força e a orientação necessárias para fazer com que o campo magnético total seja zero no interior do protótipo. Este problema o ajudará a compreender a força magnética que pode atuar no protótipo. Compare-o com o Problema 65 do Capítulo 4 pertencente à força atraindo um dielétrico perfeito para um campo magnético forte.

Um solenoide vertical com comprimento de 120 cm e diâmetro de 2,50 cm consiste em 1.400 espiras de fio de cobre transportando uma corrente em sentido anti-horário (quando visualizada de cima) de 2,00 A, como mostrado na Figura P10.76a. (a) Encontre o campo magnético no vácuo dentro do solenoide. (b) Encontre a densidade da energia do campo magnético. Agora, uma barra supercondutora de 2,20 cm de diâmetro é inserida parcialmente no solenoide. Sua extremidade superior está bastante externa ao solenoide, onde o campo magnético é desprezível. A extremidade inferior da barra está profundamente dentro do solenoide. (c) Explique como você identifica a direção necessária para a corrente na superfície curvada da barra de modo que o campo magnético total seja zero na barra. O campo criado pelas supercorrentes é esboçado na Figura P10.76b, e o campo total, na Figura P10.76c. (d) O campo do solenoide exerce uma força na corrente do supercondutor. Explique como você determina a direção da força na barra. (e) Tendo em mente que as unidades J/m^3 da densidade de energia são as mesmas que as unidades N/m^2 da pressão, calcule o módulo da força multiplicando a densidade da energia do solenoide pela área da extremidade inferior da barra supercondutora.

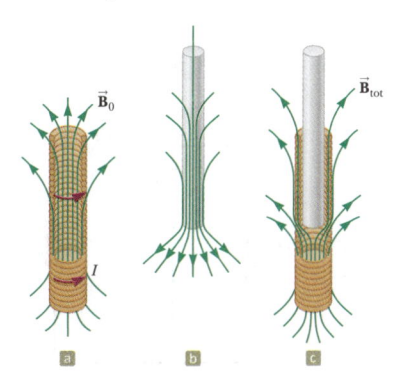

Figura P10.76

290 Física para cientistas e engenheiros

77. Um fio de material não magnético, com raio R, transporta corrente uniformemente distribuída por sua seção transversal. A corrente total transportada pelo fio é I. Mostre que a energia magnética por unidade de comprimento dentro do fio é $\mu_0 I^2/16\pi$.

Problemas de Desafio

78. Antigamente, quando várias residências recebiam sinais de televisão não digitais a partir de uma antena, os fios de entrada da antena eram frequentemente feitos na forma de dois fios paralelos (Fig. P10.78). Ambos transportam correntes de mesmo módulo em direções opostas. A separação de centro a centro dos fios é w e a é seu raio. Suponha que w seja grande o suficiente comparado com a, de forma que os fios transportam a corrente uniformemente distribuída por suas superfícies e há um campo magnético desprezível dentro deles. (a) Por que esta configuração de condutores tem uma indutância? (b) O que constitui a espira do fluxo para esta configuração? (c) Mostre que a indutância de um comprimento x desse tipo de entrada é

$$L = \frac{\mu_0 x}{\pi} \ln\left(\frac{w-a}{a}\right)$$

Figura P10.78

79. Suponha que o módulo do campo magnético do lado de fora de uma esfera de raio R seja $B = B_0(R/r)^2$, onde B_0 é uma constante. (a) Determine a energia total armazenada no campo magnético do lado de fora da esfera. (b) Avalie seu resultado a partir da parte (a) para $B_0 = 5,00 \times 10^{-5}$ T e $R = 6,00 \times 10^6$ m, valores apropriados para o campo magnético da Terra.

80. Na Figura P10.80, a bateria tem fem $\mathcal{E} = 18,0$ V e os outros elementos do circuito têm valores $L = 0,400$ H, $R_1 = 2,00$ kΩ e $R_2 = 6,00$ kΩ. A chave fechada em $t < 0$ e as condições de estado estacionário são estabelecidas. A chave é aberta em $t = 0$. (a) Encontre a fem em L imediatamente após $t = 0$. (b) Qual extremidade da bobina, a ou b, está em seu potencial mais alto? (c) Faça gráficos das correntes em R_1 e R_2 como uma função do tempo, tratando as direções de estado estacionário como positivas. Mostre os valores antes e depois de $t = 0$. (d) Em que momento após $t = 0$ a corrente em R_2 tem o valor de 2,00 mA?

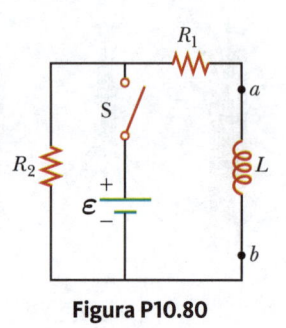

81. Para prevenir danos do arco em um motor elétrico, um resistor de descarga é, por vezes, colocado em paralelo com a armadura. Se o motor for desligado subitamente enquanto estiver funcionando, esse resistor limita a tensão que aparece nas bobinas da armadura. Considere um motor de 12,0 V CC com uma armadura que tenha resistência de 7,50 Ω e indutância de 450 mH. Suponha que o módulo da fem autoinduzida nas bobinas da armadura seja 10,0 V quando o motor estiver operando em velocidade normal (o circuito equivalente da armadura é mostrado na Fig. P10.81). Calcule a resistência máxima R que limita a tensão na armadura a 80,0 V quando o motor estiver desligado.

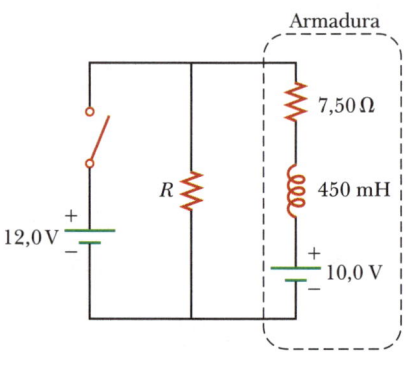

Figura P10.81

82. Uma aplicação de um circuito RL é a geração de uma alta voltagem que varia com o tempo a partir de uma fonte de baixa voltagem, como mostra a Figura P10.82. (a) Qual é a corrente no circuito depois que o interruptor está por um longo período na posição a? (b) Agora o interruptor é rapidamente movido de a para b. Calcule a voltagem inicial em cada resistor e no indutor. (c) Quanto tempo decorre antes que a voltagem no indutor caia para 12,0 V?

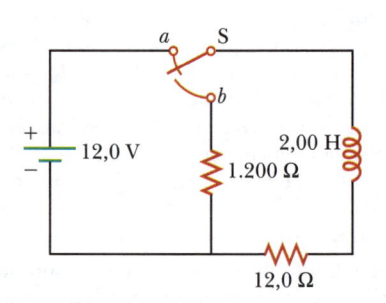

Figura P10.82

83. Dois indutores com indutâncias L_1 e L_2 estão conectados em paralelo, como mostrado na Figura P10.83a. A indutância mútua entre os dois é M. Determine a indutância equivalente L_{eq} para o sistema (Fig. P10.83b).

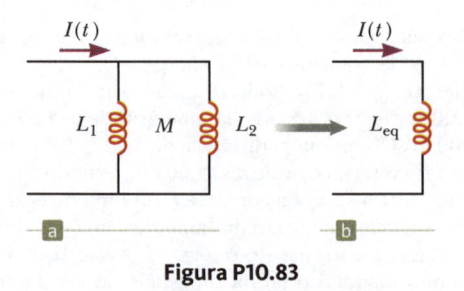

Figura P10.80

Figura P10.83

capítulo

11

Circuitos de corrente alternada

11.1 Fontes CA
11.2 Resistores em um circuito CA
11.3 Indutores em um circuito CA
11.4 Capacitores em um circuito CA
11.5 O circuito *RLC* em série
11.6 Potência em um circuito CA
11.7 Ressonância em um circuito *RLC* em série
11.8 O transformador e a transmissão de energia
11.9 Retificadores e filtros

Neste capítulo, descreveremos os circuitos de corrente alternada (CA). Toda vez que você liga um aparelho de televisão, um computador ou vários outros aparelhos elétricos em sua casa, está acionando correntes alternadas para alimentá-los. Começaremos nosso estudo investigando as características de circuitos em série simples que contêm resistores, indutores e capacitores que são operados por uma tensão senoidal. O objetivo principal deste capítulo pode ser assim resumido: se uma fonte CA fornece uma tensão alternada a um circuito em série que contém resistores, indutores e capacitores, desejamos conhecer as características de amplitude e tempo da corrente alternada. Concluímos este capítulo com duas seções relacionadas aos transformadores, transmissão de energia e filtros elétricos.

Esses grandes transformadores são utilizados para aumentar a tensão em uma usina elétrica para distribuição de energia por transmissão elétrica para a rede elétrica. As tensões podem ser mudadas de forma relativamente fácil porque a energia é distribuída pela corrente alternada, em vez da corrente contínua.
(*Lester Lefkowitz/Getty Images*)

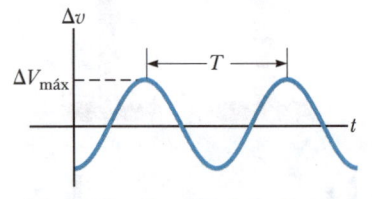

Figura 11.1 A tensão fornecida por uma fonte CA é senoidal em um período T.

11.1 Fontes CA

Um circuito CA consiste em elementos de circuito e em uma fonte de alimentação que fornece uma tensão alternada Δv. Esta tensão, que varia com o tempo a partir da fonte, é descrita por

$$\Delta v = \Delta V_{\text{máx}} \operatorname{sen} \omega t$$

onde $\Delta V_{\text{máx}}$ é a tensão máxima de saída da fonte, ou **amplitude de tensão**. Há várias possibilidades para fontes CA, incluindo geradores abordados na Seção 9.5 e osciladores elétricos. Em uma residência, cada tomada elétrica funciona como uma fonte CA. Como a tensão de saída de uma fonte CA varia senoidalmente com o tempo, a tensão é positiva durante meio ciclo e negativa durante a outra metade, como na Figura 11.1. Do mesmo modo, a corrente em qualquer circuito guiada por uma fonte CA é alternada, isso também varia senoidalmente com o tempo.

A partir da Equação 1.12 do Volume 2, a frequência angular da tensão CA é

$$\omega = 2\pi f = \frac{2\pi}{T}$$

onde f é a frequência da fonte e T o período. A fonte determina a frequência da corrente em qualquer circuito conectado a ela. As usinas de energia elétrica comerciais nos Estados Unidos e no Brasil utilizam uma frequência de 60,0 Hz, o que corresponde a uma frequência angular de 377 rad/s.

11.2 Resistores em um circuito CA

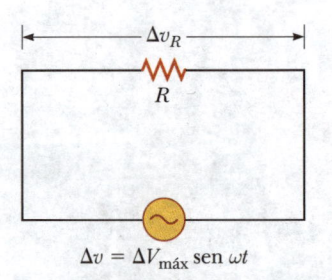

Figura 11.2 Circuito consistindo em um resistor de resistência R conectado a uma fonte CA, designada pelo símbolo.

Considere um circuito CA simples consistindo em um resistor e uma fonte CA, como mostra a Figura 11.2. Em qualquer instante, a soma algébrica das tensões de uma malha em um circuito deve ser zero (regra das malhas de Kirchhoff). Portanto, $\Delta v + \Delta v_R = 0$, ou, utilizando a Equação 5.7 para a tensão no resistor,

$$\Delta v - i_R R = 0$$

Se rearranjarmos esta expressão e substituirmos $\Delta V_{\text{máx}} \operatorname{sen} \omega t$ por Δv, a corrente instantânea no resistor é

$$i_R = \frac{\Delta v}{R} = \frac{\Delta V_{\text{máx}}}{R} \operatorname{sen} \omega t = I_{\text{máx}} \operatorname{sen} \omega t \quad (11.1)$$

onde $I_{\text{máx}}$ é a corrente máxima:

Corrente máxima em um resistor ▶

$$I_{\text{máx}} = \frac{\Delta V_{\text{máx}}}{R} \quad (11.2)$$

A Equação 11.1 mostra que a tensão instantânea no resistor é

Tensão em um resistor ▶ $\quad \Delta v_R = i_R R = I_{\text{máx}} R \operatorname{sen} \omega t \quad (11.3)$

Uma representação gráfica da tensão e da corrente no tempo para este circuito é mostrada na Figura 11.3a. No ponto a, a corrente tem valor máximo em uma direção, arbitrariamente chamada direção positiva. Entre os pontos a e b, a corrente diminui em módulo, mas ainda está na direção positiva. No ponto b, a corrente é momentaneamente zero e, então, começa a aumentar na direção negativa entre os pontos b e c. No ponto c, a corrente atinge seu valor máximo na direção negativa.

A corrente e a tensão estão sincronizadas uma em relação à outra porque ambas variam identicamente com o tempo. Como i_R e Δv_R variam com sen ωt e atingem seus valores máximos no mesmo tempo que o mostrado na Figura 11.3a, eles são considerados **em fase**, do mesmo modo que duas ondas podem estar em fase, como

---

Prevenção de Armadilhas 11.1

Valores que variam com o tempo
Utilizamos símbolos em letras minúsculas Δv e i para indicar os valores instantâneos de tensões e correntes que variam com o tempo. Adicionaremos um subscrito para indicar o elemento apropriado do circuito. Letras maiúsculas representam valores fixos de tensão e corrente como $\Delta V_{\text{máx}}$ e $I_{\text{máx}}$.

Circuitos de corrente alternada | **293**

> A corrente e a tensão estão em fase: elas atingem simultaneamente seus valores máximos, mínimos e iguais a zero.

> Os fasores corrente e tensão estão na mesma direção porque a corrente está em fase com a tensão.

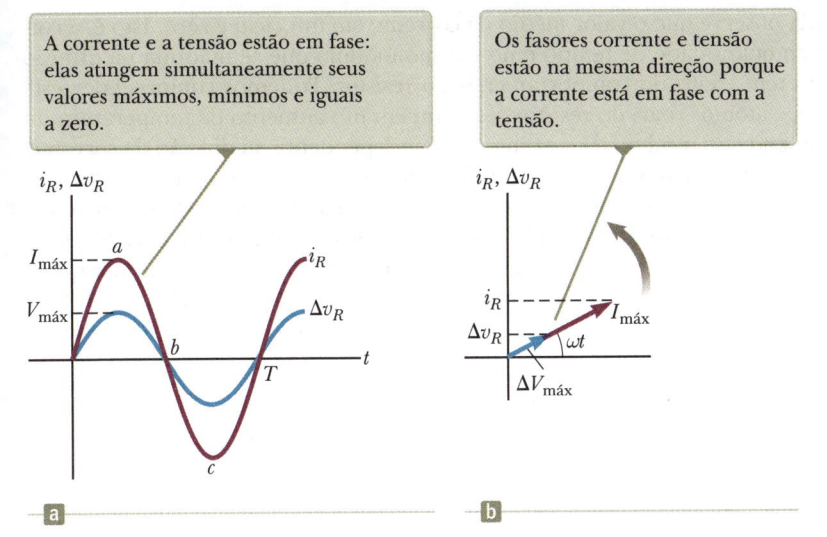

Figura 11.3 (a) Representações gráficas da corrente instantânea i_R e da tensão instantânea Δv_R em um resistor como funções do tempo. No tempo $t = T$, um ciclo da tensão e da corrente que variam com o tempo foi completado. (b) O diagrama de fasor para o circuito resistivo mostrando que a corrente está em fase com a tensão.

> **Prevenção de Armadilhas 11.2**
> **Fasor é como um gráfico**
> Uma tensão alternada pode ser apresentada por meio de representações diferentes. Uma representação gráfica é mostrada na Figura 11.1, na qual a tensão é obtida em coordenadas retangulares, com a tensão no eixo vertical e o tempo no horizontal. A Figura 11.3b mostra outra desta representação. O espaço de fase no qual o fasor é obtido é similar ao gráfico de coordenadas polares. A coordenada radial representa a amplitude da tensão, a angular é o ângulo de fase, a do eixo vertical da ponta do fasor representa o valor instantâneo da tensão, a horizontal não representa nada. Como mostra a Figura 11.3b, as correntes alternadas também podem ser representadas por fasores.
> Para ajudar nessa discussão sobre fasores, revise a Seção 1.4 do Volume 2, onde representamos o movimento harmônico simples de um corpo real pela projeção do movimento circular uniforme de um corpo imaginário em um eixo de coordenada. Fasor é um análogo direto desta representação.

discutimos em nosso estudo de movimento de ondas no Capítulo 4 do Volume 2. Portanto, para uma tensão senoidal aplicada, a corrente em um resistor está sempre em fase com a tensão no resistor. Para resistores em circuitos CA, não há novos conceitos para aprender. Resistores comportam-se essencialmente do mesmo modo em circuitos CC e CA. Este, contudo, não é o caso de capacitores e indutores.

Para simplificar nossa análise de circuitos com dois ou mais elementos, utilizamos uma representação gráfica chamada *diagrama fasorial*. **Fasor** é um vetor cujo comprimento é proporcional ao valor máximo da variável que ele representa (nesta discussão, $\Delta V_{máx}$ para tensão e $I_{máx}$ para corrente). O fasor gira em sentido anti-horário em velocidade angular igual à frequência angular associada com a variável. A projeção do fasor no eixo vertical representa o valor instantâneo da quantidade que ele representa.

A Figura 11.3b mostra fasores tensão e corrente para o circuito da Figura 11.2 em um instante de tempo. As projeções das setas do fasor no eixo vertical são determinadas por uma função senoidal do ângulo do fasor em relação ao eixo horizontal. Por exemplo, a projeção do fasor corrente na Figura 11.3b é $I_{máx} \operatorname{sen} \omega t$. Note que esta expressão é a mesma na Equação 11.1. Portanto, as projeções dos fasores representam valores de corrente que variam senoidalmente no tempo. Podemos fazer o mesmo com tensões que variam com o tempo. A vantagem desta abordagem é que as relações de fases entre correntes e tensões podem ser representadas como adições de fasores utilizando as técnicas de adição de vetor discutidas no Capítulo 3 do Volume 1.

No caso do circuito resistivo de malha simples da Figura 11.2, os fasores corrente e tensão estão na mesma direção da Figura 11.3b porque i_R e Δv_R estão em fase. A corrente e a tensão nos circuitos que contêm capacitores e indutores têm diferentes relações de fase.

Teste Rápido 11.1 Considere o fasor tensão na Figura 11.4, mostrado em três instantes de tempo. **(i)** Escolha a parte da figura – (a), (b) ou (c) – que representa o instante de tempo no qual o valor instantâneo da tensão tem o maior módulo. **(ii)** Escolha a parte da figura que representa o instante de tempo no qual o valor instantâneo da tensão tem o menor módulo.

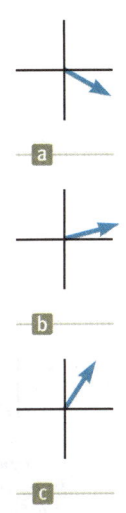

Figura 11.4 (Teste Rápido 11.1) Um fasor tensão é mostrado em três instantes de tempo: (a), (b) e (c).

Para o circuito resistivo simples na Figura 11.2, observe que o valor médio da corrente em um ciclo é zero. Isto é, a corrente é mantida na direção positiva para a mesma quantidade de tempo e no mesmo módulo que se mantida na direção negativa. A direção da corrente, entretanto, não tem efeito no comportamento do resistor. Podemos compreender este conceito ao notar que as colisões entre os elétrons e átomos fixos do resistor resultam em um aumento da temperatura do resistor. Embora este aumento de temperatura dependa do módulo da corrente, ele é independente da direção da corrente.

Podemos tornar esta discussão quantitativa ao lembrar que a taxa na qual a energia é fornecida a um resistor é a potência $P = i^2 R$, onde i é a corrente instantânea no resistor. Como esta taxa é proporcional ao quadrado da corrente, não faz diferença se esta é contínua ou alternada, isto é, se o sinal associado à corrente é positivo ou negativo. O aumento de temperatura produzido por uma corrente alternada com um valor máximo $I_{\text{máx}}$, entretanto, não é o mesmo que o produzido por uma corrente contínua igual a $I_{\text{máx}}$, porque a corrente alternada tem seu valor máximo para um instante somente durante cada ciclo (Fig. 11.5a). O que é importante em um circuito CA é um valor médio da corrente, chamado **corrente rms**. Como aprendemos na Seção 7.1 do Volume 2, a notação *rms* significa *root-mean-square (raiz média quadrática)* que, neste caso, significa que a raiz quadrada do valor mediano (média) do quadrado da corrente: $I_{\text{rms}} = \sqrt{(i^2)_{\text{méd}}}$. Como i^2 varia com $\text{sen}^2\,\omega t$ e porque o valor médio de i^2 é $\frac{1}{2}I_{\text{máx}}^2$ (consulte a Fig. 11.5b), a corrente rms é

Corrente rms ▶
$$I_{\text{rms}} = \frac{I_{\text{máx}}}{\sqrt{2}} = 0{,}707 I_{\text{máx}} \qquad (11.4)$$

Esta equação afirma que uma corrente alternada cujo valor máximo é 2,00 A fornece a um resistor a mesma potência que uma corrente contínua que tenha um valor de (0,707) (2,00 A) = 1,41 A. A potência média fornecida a um resistor que transporta uma corrente alternada é

Potência média fornecida ▶
a um resistor
$$P_{\text{méd}} = I_{\text{rms}}^2 R$$

A tensão alternada também é mais bem discutida em termos de tensão rms, e a relação é idêntica à da corrente:

Tensão rms ▶
$$\Delta V_{\text{rms}} = \frac{\Delta V_{\text{máx}}}{\sqrt{2}} = 0{,}707 \Delta V_{\text{máx}} \qquad (11.5)$$

Quando falamos da medida de uma tensão alternada de 120 V a partir de uma tomada elétrica, estamos nos referindo a uma tensão rms de 120 V. Um cálculo utilizando a Equação 11.5 mostra que essa tensão alternada tem valor máximo de 170 V. Uma razão pela qual valores rms são utilizados com frequência ao discutirmos correntes e tensões alternadas é que os amperímetros e voltímetros CA são projetados para ler valores rms. Além do mais, com valores rms, várias equações que utilizamos têm a mesma forma que suas equivalentes em corrente contínua.

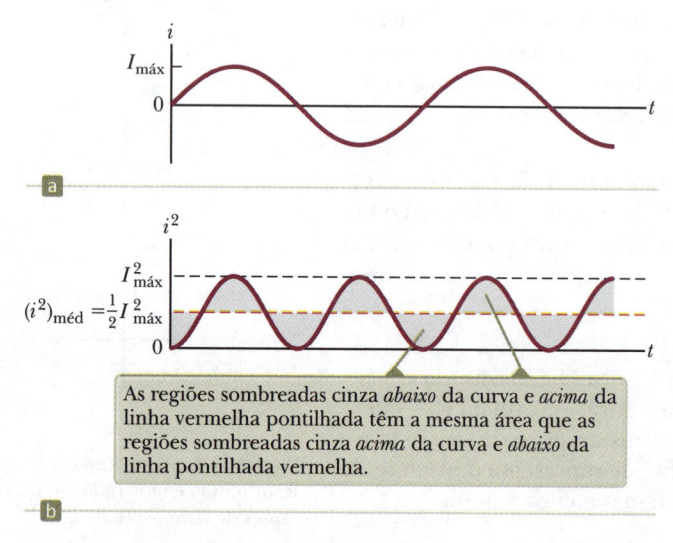

Figura 11.5 (a) Gráfico da corrente em um resistor como uma função do tempo. (b) Gráfico do quadrado da corrente em um resistor como uma função do tempo, mostrando que a linha pontilhada vermelha é a média de $I_{\text{máx}}^2 \text{sen}^2\,\omega t$. Em geral, o valor médio de $\text{sen}^2\,\omega t$ ou $\cos^2\,\omega t$ em um ciclo é $\frac{1}{2}$.

As regiões sombreadas cinza *abaixo* da curva e *acima* da linha vermelha pontilhada têm a mesma área que as regiões sombreadas cinza *acima* da curva e *abaixo* da linha pontilhada vermelha.

Exemplo 11.1 — Qual é a corrente rms?

A saída de tensão de uma fonte CA é dada pela expressão $\Delta v = 200\,\text{sen}\,\omega t$, onde Δv está em volts. Encontre a corrente rms no circuito quando esta fonte estiver conectada a um resistor de 100 Ω.

SOLUÇÃO

Conceitualização A Figura 11.2 mostra a situação física deste problema.

Categorização Calculamos a corrente com uma equação desenvolvida nesta seção; portanto, categorizamos este exemplo como um problema de substituição.

Combine as Equações 11.2 e 11.4 para encontrar a corrente rms:

$$I_{rms} = \frac{I_{max}}{\sqrt{2}} = \frac{\Delta V_{max}}{\sqrt{2}\,R}$$

A comparação desta expressão quanto à saída tensão com a forma geral $\Delta v = \Delta V_{max}\,\text{sen}\,\omega t$ mostra que $\Delta V_{max} = 200$ V. Substitua o valor numérico:

$$I_{rms} = \frac{200\,\text{V}}{\sqrt{2}\,(100\,\Omega)} = 1{,}41\,\text{A}$$

11.3 Indutores em um circuito CA

Considere agora um circuito CA consistindo somente de um indutor conectado aos terminais de uma fonte CA, como mostra a Figura 11.6. Como $\Delta v_L = -L(di_L/dt)$ é a tensão instantânea autoinduzida no indutor (consulte a Eq. 10.1), a regra das malhas de Kirchhoff aplicada a este circuito resulta em $\Delta v + \Delta v_L = 0$, ou

$$\Delta v - L\frac{di_L}{dt} = 0$$

Ao substituir $\Delta V_{max}\,\text{sen}\,\omega t$ por Δv e fazendo um rearranjo, temos:

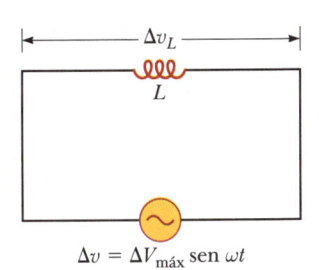

$$\Delta v = L\frac{di_L}{dt} = \Delta V_{max}\,\text{sen}\,\omega t \qquad (11.6)$$

Figura 11.6 Um circuito consistindo em um indutor de indutância L conectado a uma fonte CA.

A solução desta equação para di_L resulta

$$di_L = \frac{\Delta V_{max}}{L}\,\text{sen}\,\omega t\,dt$$

A integração desta expressão[1] resulta na corrente instantânea i_L no indutor como uma função do tempo:

$$i_L = \frac{\Delta V_{max}}{L}\int \text{sen}\,\omega t\,dt = -\frac{\Delta V_{max}}{\omega L}\cos\omega t \qquad (11.7)$$

Utilizando a identidade trigonométrica $\cos\omega t = -\text{sen}(\omega t - \pi/2)$, podemos expressar a Equação 11.7 como

$$i_L = \frac{\Delta V_{max}}{\omega L}\,\text{sen}\left(\omega t - \frac{\pi}{2}\right) \qquad (11.8)$$

◀ **Corrente em um indutor**

A comparação deste resultado com a Equação 11.6 mostra que a corrente instantânea i_L no indutor e a tensão instantânea Δv_L no indutor estão *fora* de fase por $\pi/2$ rad = 90°.

Uma representação gráfica da corrente pelo tempo é mostrada na Figura 11.7a. Quando a corrente i_L no indutor estiver no máximo (ponto *b* na Fig. 11.7a), ele momentaneamente não muda, então a tensão no indutor é zero (ponto *d*). Em pontos como *a* e *e*, a corrente é zero e a taxa de mudança da corrente está no máximo. Portanto, a tensão no indutor também está no máximo (pontos *c* e *f*). Note que a tensão atinge seu valor máximo em um quarto de um período antes

---

[1] Negligenciamos a constante de integração aqui porque ela depende das condições iniciais, que não são importantes para esta situação.

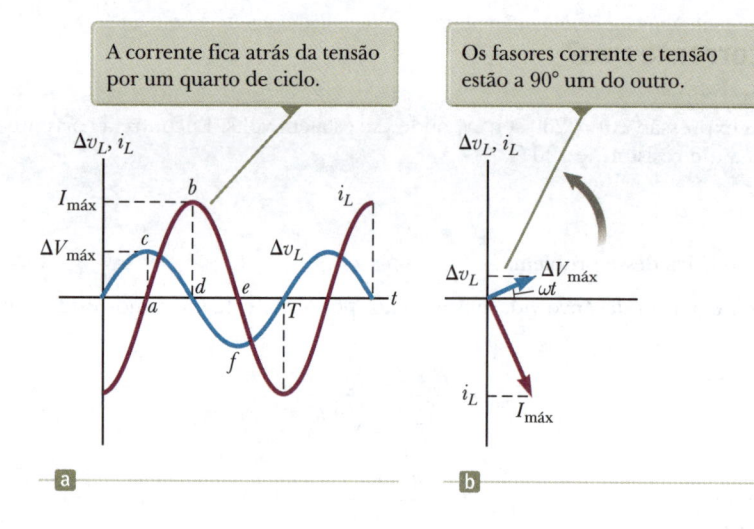

Figura 11.7 (a) Representações gráficas da corrente instantânea i_L e tensão instantânea Δv_L no indutor como funções do tempo. (b) Diagrama de fasor para um circuito indutivo.

de a corrente atingir seu valor máximo. Assim, para uma tensão senoidal aplicada, a corrente em um indutor sempre fica *atrás* da tensão no indutor em 90° (ciclo de um quarto no tempo).

Como na relação entre corrente e tensão para um resistor, podemos também representá-la para um indutor com um diagrama de fasor, como na Figura 11.7b. Os fasores estão 90° um em relação ao outro, representando a diferença de fase de 90° entre corrente e tensão.

A Equação 11.7 mostra que a corrente em um circuito indutivo atinge seu valor máximo quando $\cos \omega t = \pm 1$:

Corrente máxima em ▶
um indutor
$$I_{máx} = \frac{\Delta V_{máx}}{\omega L} \tag{11.9}$$

Esta expressão é semelhante à relação entre corrente, tensão e resistência em um circuito CC, $I = \Delta V/R$ (Eq. 5.7). Como $I_{máx}$ tem unidades de ampères e $\Delta V_{máx}$ em volts, ωL deve ter unidades de ohms. Portanto, ωL tem a mesma unidade da resistência e está relacionada à corrente e tensão do mesmo modo que a resistência. Ela deve se comportar de modo semelhante à resistência no sentido que representa oposição ao fluxo da carga. Como ωL depende da frequência aplicada ω, o indutor *reage* diferente em termos de oferecer oposição à corrente para frequências diferentes. Por esta razão, definimos ωL como a **reatância indutiva** X_L:

Reatância indutiva ▶
$$X_L \equiv \omega L \tag{11.10}$$

Portanto, podemos formular a Equação 11.9 como

$$I_{máx} = \frac{\Delta V_{máx}}{X_L} \tag{11.11}$$

A expressão para a corrente rms em um indutor é semelhante à Equação 11.11, com $I_{máx}$ substituído por I_{rms} e $\Delta V_{máx}$ substituído por ΔV_{rms}.

A Equação 11.10 indica que, para uma dada tensão aplicada, a reatância indutiva aumenta conforme a frequência aumenta. Esta conclusão é consistente com a Lei de Faraday: quanto maior a taxa de variação da corrente no indutor, maior a fem redutora, que, por sua vez, significa um aumento na reatância e uma diminuição na corrente.

Ao utilizar as Equações 11.6 e 11.11, temos que a tensão instantânea no indutor é

Tensão ▶
em um indutor
$$\Delta v_L = -L \frac{di_L}{dt} = -\Delta V_{máx} \operatorname{sen} \omega t = -I_{máx} X_L \operatorname{sen} \omega t \tag{11.12}$$

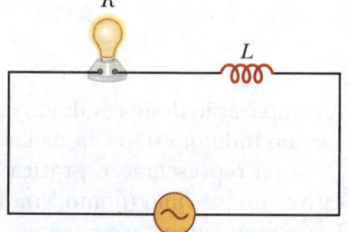

Teste Rápido **11.2** Considere o circuito CA na Figura 11.8. A frequência da fonte CA é ajustada enquanto sua amplitude de tensão é mantida constante. Quando a lâmpada brilha mais? **(a)** Em frequências altas. **(b)** Em frequências baixas. **(c)** O brilho é o mesmo em todas as frequências.

Figura 11.8 (Teste Rápido 11.2) Em quais frequências a lâmpada brilha mais?

Exemplo 11.2 | Circuito CA puramente indutivo

Em um circuito CA puramente indutivo, $L = 25{,}0$ mH e a tensão rms é 150 V. Calcule a reatância indutiva e a corrente rms no circuito se a frequência for 60,0 Hz.

SOLUÇÃO

Conceitualização A Figura 11.6 mostra a situação física para este problema. Lembre-se de que a reatância indutiva aumenta com o aumento da frequência da tensão aplicada.

Categorização Determinamos a reatância e a corrente das equações desenvolvidas nesta seção; então, categorizamos este exemplo como um problema de substituição.

Utilize a Equação 11.10 para encontrar a reatância indutiva:

$$X_L = \omega L = 2\pi f L = 2\pi(60{,}0 \text{ Hz})(25{,}0 \times 10^{-3} \text{ H})$$
$$= \boxed{9{,}42 \; \Omega}$$

Utilize uma versão da Equação 11.11 para encontrar a corrente rms:

$$I_{\text{rms}} = \frac{\Delta V_{\text{rms}}}{X_L} = \frac{150 \text{ V}}{9{,}42 \; \Omega} = \boxed{15{,}9 \text{ A}}$$

E SE? E se a frequência aumentar para 6,00 kHz, o que acontece à corrente rms no circuito?

Resposta Se a frequência aumenta, a reatância indutiva também aumenta porque a corrente está aumentando a uma taxa mais alta. O aumento na reatância indutiva resulta em uma corrente mais baixa.

Vamos calcular a nova reatância indutiva e a nova corrente rms:

$$X_L = 2\pi(6{,}00 \times 10^3 \text{ Hz})(25{,}0 \times 10^{-3} \text{ H}) = 942 \; \Omega$$

$$I_{\text{rms}} = \frac{150 \text{ V}}{942 \; \Omega} = 0{,}159 \text{ A}$$

11.4 Capacitores em um circuito CA

A Figura 11.9 mostra um circuito CA formado por um capacitor conectado nos terminais de uma fonte CA. A regra das malhas de Kirchhoff aplicada a este circuito resulta em $\Delta v + \Delta v_C = 0$, ou

$$\Delta v - \frac{q}{C} = 0 \qquad (11.13)$$

Ao substituir $\Delta V_{\text{máx}} \operatorname{sen} \omega t$ por Δv e refazendo a disposição, temos

$$q = C \Delta V_{\text{máx}} \operatorname{sen} \omega t \qquad (11.14)$$

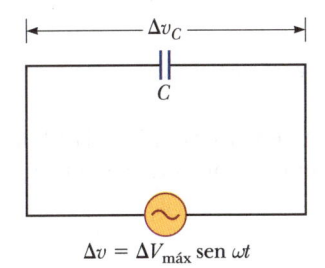

Figura 11.9 Circuito formado por um capacitor com capacitância C, conectado a uma fonte CA.

onde q é a carga instantânea no capacitor. A diferenciação na Equação 11.14 com relação ao tempo resulta na corrente instantânea no circuito:

$$i_C = \frac{dq}{dt} = \omega C \Delta V_{\text{máx}} \cos \omega t \qquad (11.15)$$

Ao utilizar a identidade trigonométrica

$$\cos \omega t = \operatorname{sen}\left(\omega t + \frac{\pi}{2}\right)$$

podemos expressar a Equação 11.15 na forma alternativa

Corrente em um capacitor ▶
$$i_C = \omega C \Delta V_{\text{máx}} \,\text{sen}\left(\omega t + \frac{\pi}{2}\right)$$
(11.16)

Ao comparar esta expressão com $\Delta v = \Delta V_{\text{máx}} \,\text{sen}\, \omega t$, temos que a corrente é $\pi/2$ rad $= 90°$ fora de fase com a tensão no capacitor. Uma representação gráfica da corrente e da tensão pelo tempo (Fig. 11.10a) mostra que a corrente atinge seu valor máximo um quarto de ciclo antes de a tensão atingir seu valor máximo.

Considere um ponto b, na Figura 11.10a, onde a corrente é zero neste instante. Isto ocorre quando o capacitor atinge sua carga máxima de modo que a tensão no capacitor esteja no máximo (ponto d). Em pontos como a e e, a corrente está no máximo, o que ocorre nos instantes quando a carga no capacitor atinge zero e o capacitor começa a recarregar com a polaridade oposta. Quando a carga é zero, a tensão no capacitor é zero (pontos c e f).

Do mesmo modo que com os indutores, podemos representar a corrente e a tensão em um capacitor em um diagrama fasorial como o da Figura 11.10b, que mostra que, para uma tensão aplicada senoidalmente, a corrente sempre *defasa* a tensão em um capacitor em 90°.

A Equação 11.15 mostra que a corrente no circuito atinge seu valor máximo quando $\cos \omega t = \pm 1$:

$$I_{\text{máx}} = \omega C \Delta V_{\text{máx}} = \frac{\Delta V_{\text{máx}}}{1/\omega C}$$
(11.17)

Como no caso dos indutores, a aparência é como a da Equação 5.7, então o denominador assume a função da resistência, com unidades em ohms. Damos para a combinação $1/\omega C$ o símbolo X_C, e como esta função varia com a frequência, a definimos como a **reatância capacitiva**:

Reatância capacitiva ▶
$$X_C \equiv \frac{1}{\omega C}$$
(11.18)

Podemos, agora, formular a Equação 11.17 como

Corrente máxima em ▶
um capacitor
$$I_{\text{máx}} = \frac{\Delta V_{\text{máx}}}{X_C}$$
(11.19)

A corrente rms é dada por uma expressão semelhante à Equação 11.19, com $I_{\text{máx}}$ substituído por I_{rms} e $\Delta V_{\text{máx}}$ substituído por ΔV_{rms}.

Ao utilizar a Equação 11.19, podemos expressar a tensão instantânea no capacitor como

Tensão em um capacitor ▶
$$\Delta v_C = \Delta V_{\text{máx}} \,\text{sen}\, \omega t = I_{\text{máx}} X_C \,\text{sen}\, \omega t$$
(11.20)

As Equações 11.18 e 11.19 indicam que, conforme a frequência da fonte de tensão aumenta, a reatância capacitiva diminui e a corrente máxima, por consequência, aumenta. A frequência da corrente é determinada pela frequência da fonte

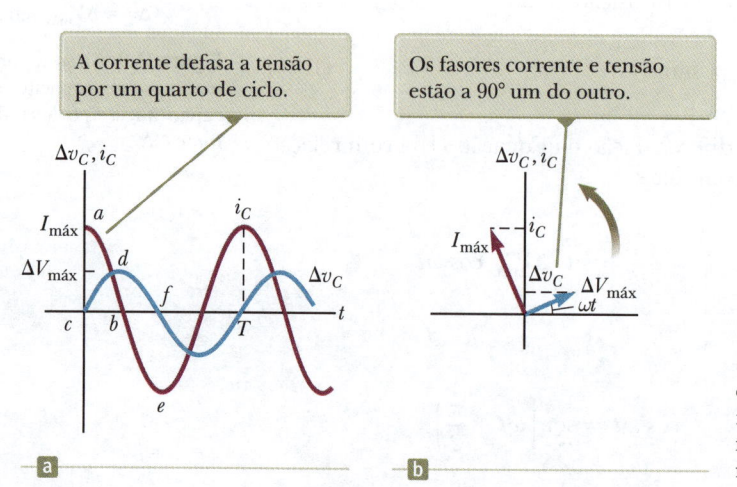

Figura 11.10 (a) Representações gráficas da corrente instantânea i_C e tensão instantânea Δv_C em um capacitor como funções do tempo. (b) Diagrama fasorial para o circuito capacitivo.

de tensão que alimenta o circuito. Conforme a frequência se aproxima de zero, a reatância capacitiva se aproxima do infinito e a corrente, consequentemente, de zero. Esta conclusão faz sentido porque o circuito se aproxima das condições de corrente contínua conforme ω se aproxima de zero e o capacitor representa um circuito aberto.

Teste Rápido 11.3 Considere o circuito CA na Figura 11.11. A frequência da fonte CA é ajustada enquanto sua amplitude de tensão é mantida constante. Quando a lâmpada brilha mais? **(a)** Em frequências altas. **(b)** Em frequências baixas. **(c)** O brilho é o mesmo em todas as frequências.

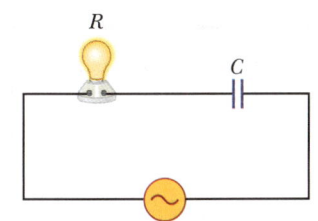

Figura 11.11 (Teste Rápido 11.3)

Teste Rápido 11.4 Considere o circuito CA na Figura 11.12. A frequência da fonte CA é ajustada enquanto sua amplitude de tensão é mantida constante. Quando a lâmpada brilha mais? **(a)** Em frequências altas. **(b)** Em frequências baixas. **(c)** O brilho é o mesmo em todas as frequências.

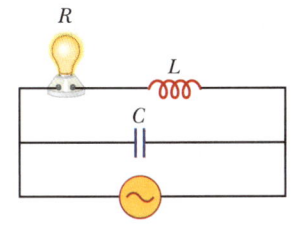

Figura 11.12 (Teste Rápido 11.4)

Exemplo 11.3 — Circuito CA puramente capacitivo

Um capacitor de 8,00 μF é conectado aos terminais de uma fonte CA de 60,0 Hz cuja tensão rms é 150 V. Encontre a reatância capacitiva e a corrente rms no circuito.

SOLUÇÃO

Conceitualização A Figura 11.9 mostra a situação física para este problema. Lembre-se de que a reatância capacitiva diminui com a diminuição da frequência da tensão aplicada.

Categorização Determinamos a reatância e a corrente a partir das equações desenvolvidas nesta seção. Portanto, categorizamos este exemplo como um problema de substituição.

Utilize a Equação 11.18 para encontrar a reatância capacitiva:

$$X_C = \frac{1}{\omega C} = \frac{1}{2\pi f C} = \frac{1}{2\pi (60,0 \text{ Hz})(8,00 \times 10^{-6} \text{ F})} = 332 \ \Omega$$

Utilize uma versão rms da Equação 11.19 para encontrar a corrente rms:

$$I_{rms} = \frac{\Delta V_{rms}}{X_C} = \frac{150 \text{ V}}{332 \ \Omega} = 0,452 \text{ A}$$

E SE? E se a frequência for dobrada? O que acontece com a corrente rms no circuito?

Resposta Se a frequência aumentar, a reatância capacitiva diminui, o que é justamente o oposto do caso de um indutor. A diminuição na reatância capacitiva resulta em um aumento na corrente.
Vamos calcular a nova reatância capacitiva e a nova corrente rms:

$$X_C = \frac{1}{\omega C} = \frac{1}{2\pi (120 \text{ Hz})(8,00 \times 10^{-6} \text{ F})} = 166 \ \Omega$$

$$I_{rms} = \frac{150 \text{ V}}{166 \ \Omega} = 0,904 \text{ A}$$

11.5 O circuito *RLC* em série

Nas seções anteriores, consideramos elementos individuais de circuito conectados a uma fonte CA. A Figura 11.13a mostra um circuito que contém uma combinação de elementos: um resistor, um indutor e um capacitor conectados em série a uma fonte de tensão alternada. Se a tensão aplicada variar senoidalmente com o tempo, a tensão instantânea aplicada é

$$\Delta v = \Delta V_{máx} \text{ sen } \omega t$$

A Figura 11.13b mostra voltagem *versus* tempo em cada elemento no circuito e suas relações de fase para a corrente se estes elementos forem conectados individualmente à fonte de CA, conforme discutido nas Seções 11.2-11.4. Quando os elementos do circuito estão todos conectados, juntos, à fonte de CA, como na Figura 11.13a, a corrente no circuito é dada por

$$i = I_{máx}\,\text{sen}\,(\omega t - \phi)$$

onde ϕ é um **ângulo de fase** entre a corrente e a tensão aplicada. Com base em nossas discussões sobre fase nas Seções 11.3 e 11.4, esperamos que a corrente geralmente não esteja em fase com a tensão em um circuito RLC.

Como os elementos do circuito na Figura 11.13a estão em série, a corrente deve ser a mesma em todos os locais do circuito e em qualquer instante. Isto é, a corrente em todos os pontos em um circuito CA em série tem a mesma amplitude e fase. Com base nas seções anteriores, sabemos que a tensão em cada elemento tem amplitude e fase diferentes. Em particular, a tensão no resistor está em fase com a corrente, a tensão no indutor adianta-se em relação à corrente em 90°, e a tensão no capacitor se atrasa em relação à corrente em 90°. Utilizando essas relações de fase, podemos expressar as tensões instantâneas nos três elementos do circuito como:

$$\Delta v_R = I_{máx} R\,\text{sen}\,\omega t = \Delta V_R\,\text{sen}\,\omega t \qquad (11.21)$$

$$\Delta v_L = I_{máx} X_L\,\text{sen}\!\left(\omega t + \frac{\pi}{2}\right) = \Delta V_L\,\cos\omega t \qquad (11.22)$$

$$\Delta v_C = I_{máx} X_C\,\text{sen}\!\left(\omega t - \frac{\pi}{2}\right) = -\Delta V_C\,\cos\omega t \qquad (11.23)$$

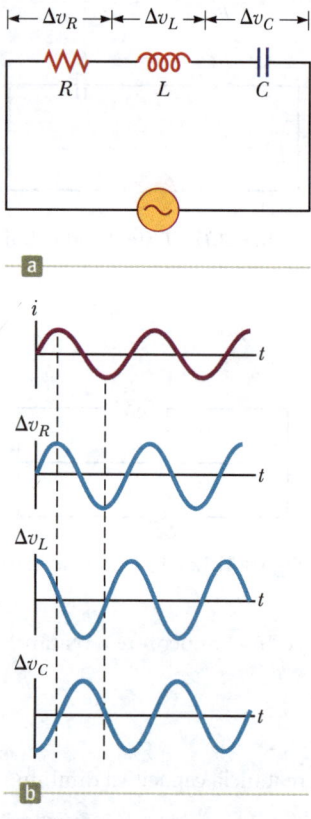

Figura 11.13 (a) Circuito em série consistindo em um resistor, um indutor e um capacitor conectados a uma fonte CA. (b) Relações de fase entre a corrente e as tensões nos elementos individuais do circuito, se eles estiverem conectados sozinhos à fonte de CA.

A soma dessas três tensões deve ser igual à da fonte CA, mas é importante reconhecer que, como as três tensões têm relações de fase diferentes com a corrente, não podem ser adicionadas diretamente. A Figura 11.14 representa os fasores em um instante no qual a corrente em todos os três elementos é momentaneamente zero. A corrente zero é representada pelo fasor corrente ao longo do eixo horizontal em cada parte da figura. Em seguida, o fasor tensão é colocado no ângulo de fase adequado para a corrente de cada elemento.

Como os fasores são vetores em rotação, os fasores tensão na Figura 11.14 podem ser combinados utilizando a adição de vetores, como na Figura 11.15. Na Figura 11.15a, os fasores tensão da Figura 11.14 são combinados nos mesmos eixos de coordenadas. A Figura 11.15b mostra a adição vetorial dos fasores tensão. Os fasores tensão ΔV_L e ΔV_C estão em direções *opostas* ao longo da mesma linha, então podemos conceber o fasor diferença $\Delta V_L - \Delta V_C$, que está perpendicular ao ΔV_R. Este diagrama mostra que a soma vetorial das amplitudes de tensão ΔV_R, ΔV_L e ΔV_C é igual a um fasor cujo comprimento é a tensão máxima aplicada $\Delta V_{máx}$ e que forma um ângulo ϕ com o fasor corrente $I_{máx}$. A partir do triângulo retângulo na Figura 11.15b, temos que

$$\Delta V_{máx} = \sqrt{\Delta V_R^2 + (\Delta V_L - \Delta V_C)^2} = \sqrt{(I_{máx} R)^2 + (I_{máx} X_L - I_{máx} X_C)^2}$$

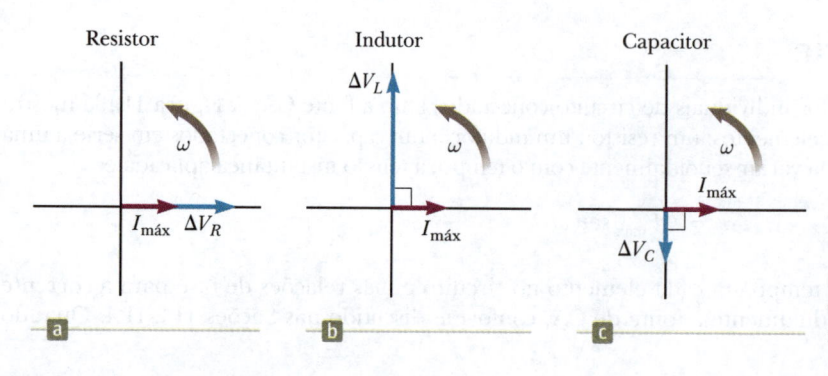

$$\Delta V_{máx} = I_{máx}\sqrt{R^2 + (X_L - X_C)^2}$$

Figura 11.14 Relações de fase entre os fasores tensão e corrente para (a) um resistor, (b) um indutor e (c) um capacitor conectados em série.

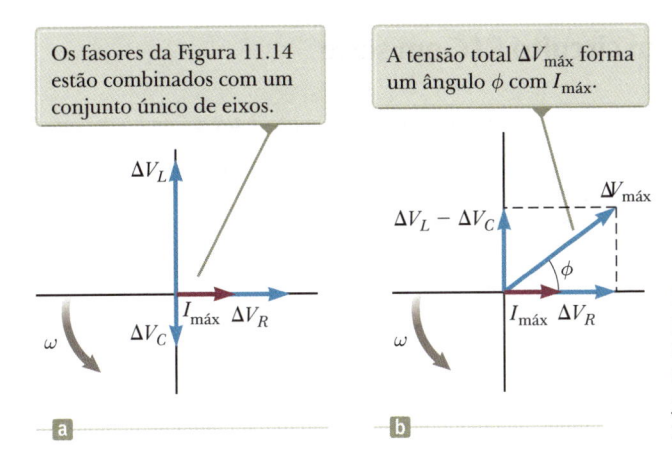

Figura 11.15 (a) Diagrama fasorial para o circuito RLC em série mostrado na Figura 11.13a. (b) Os fasores indutância e capacitância são adicionados juntos e depois, senoidalmente, ao fasor resistência.

Portanto, podemos expressar a corrente máxima como

$$I_{\text{máx}} = \frac{\Delta V_{\text{máx}}}{\sqrt{R^2 + (X_L - X_C)^2}} \qquad (11.24)$$

◀ **Corrente máxima em um circuito RLC**

Mais uma vez, esta expressão tem a mesma forma matemática que a Equação 5.7. O denominador da fração assume a função da resistência, chamado **impedância** Z do circuito:

$$Z \equiv \sqrt{R^2 + (X_L - X_C)^2} \qquad (11.25)$$

◀ **Impedância**

onde a impedância também tem unidades em ohms. Portanto, a Equação 11.24 pode ser formulada na forma

$$I_{\text{máx}} = \frac{\Delta V_{\text{máx}}}{Z} \qquad (11.26)$$

Esta equação é o equivalente CA da 5.7 do Volume 3. Note que a impedância e, portanto, a corrente em um circuito CA dependem da resistência, indutância, capacitância e frequência (porque as reatâncias dependem da frequência).

A partir do triângulo retângulo no diagrama fasorial da Figura 11.15b, o ângulo de fase ϕ entre a corrente e a tensão é assim encontrado:

$$\phi = \text{tg}^{-1}\left(\frac{\Delta V_L - \Delta V_C}{\Delta V_R}\right) = \text{tg}^{-1}\left(\frac{I_{\text{máx}}X_L - I_{\text{máx}}X_C}{I_{\text{máx}}R}\right)$$

$$\phi = \text{tg}^{-1}\left(\frac{X_L - X_C}{R}\right) \qquad (11.27)$$

◀ **Ângulo da fase**

Quando $X_L > X_C$ (que ocorre em frequências altas), o ângulo da fase é positivo, o que significa que a corrente se atrasa em relação à tensão aplicada, como na Figura 11.15b. Descrevemos esta situação dizendo que o circuito é *mais indutivo que capacitivo*. Quando $X_L < X_C$, o ângulo de fase é negativo, o que significa que a corrente se adianta em relação à tensão aplicada, e o circuito é *mais capacitivo que indutivo*. Quando $X_L = X_C$, o ângulo da fase é zero e o circuito é *puramente resistivo*.

Teste Rápido 11.5 Nomeie cada parte da Figura 11.16 – (a), (b) e (c) – representando $X_L > X_C$, $X_L = X_C$ ou $X_L < X_C$.

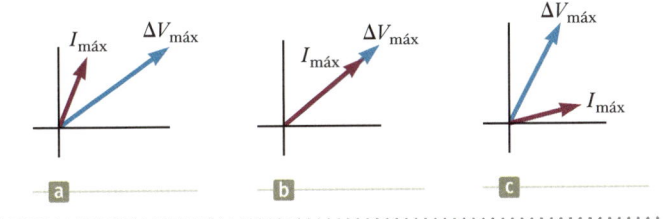

Figura 11.16 (Teste Rápido 11.5) Faça a correspondência dos diagramas fasoriais com as relações entre as reatâncias.

Exemplo 11.4 — Análise de um circuito *RLC* em série

Um circuito *RLC* em série tem $R = 425\ \Omega$, $L = 1{,}25$ H e $C = 3{,}50\ \mu$F. Ele está conectado a uma fonte CA com $f = 60{,}0$ Hz e $\Delta V_{máx} = 150$ V.

(A) Determine a reatância indutiva, a reatância capacitiva e a impedância do circuito.

SOLUÇÃO

Conceitualização O circuito de interesse neste exemplo é mostrado na Figura 11.13a. A corrente na combinação do resistor, indutor e capacitor oscila em um ângulo de fase específico com relação à tensão aplicada.

Categorização Este é um circuito simples *RLC* em série, então, podemos utilizar a abordagem discutida nesta seção.

Análise Encontre a frequência angular:
$$\omega = 2\pi f = 2\pi(60{,}0\ \text{Hz}) = 377\ \text{s}^{-1}$$

Utilize a Equação 11.10 para encontrar a reatância indutiva:
$$X_L = \omega L = (377\ \text{s}^{-1})(1{,}25\ \text{H}) = \boxed{471\ \Omega}$$

Utilize a Equação 11.18 para encontrar a reatância capacitiva:
$$X_C = \frac{1}{\omega C} = \frac{1}{(377\ \text{s}^{-1})(3{,}50 \times 10^{-6}\ \text{F})} = \boxed{758\ \Omega}$$

Utilize a Equação 11.25 para encontrar a impedância:
$$Z = \sqrt{R^2 + (X_L - X_C)^2}$$
$$= \sqrt{(425\ \Omega)^2 + (471\ \Omega - 758\ \Omega)^2} = \boxed{513\ \Omega}$$

(B) Encontre a corrente máxima no circuito.

SOLUÇÃO

Utilize a Equação 11.26 para encontrar a corrente máxima:
$$I_{máx} = \frac{\Delta V_{máx}}{Z} = \frac{150\ \text{V}}{513\ \Omega} = \boxed{0{,}293\ \text{A}}$$

(C) Encontre o ângulo de fase entre a corrente e a tensão.

SOLUÇÃO

Utilize a Equação 11.27 para calcular o ângulo de fase:
$$\phi = \text{tg}^{-1}\left(\frac{X_L - X_C}{R}\right) = \text{tg}^{-1}\left(\frac{471\ \Omega - 758\ \Omega}{425\ \Omega}\right) = \boxed{-34{,}0°}$$

(D) Encontre a tensão máxima em cada elemento.

SOLUÇÃO

Utilize as Equações 11.2, 11.11 e 11.19 para calcular as tensões máximas:
$$\Delta V_R = I_{máx} R = (0{,}293\ \text{A})(425\ \Omega) = \boxed{124\ \text{V}}$$
$$\Delta V_L = I_{máx} X_L = (0{,}293\ \text{A})(471\ \Omega) = \boxed{138\ \text{V}}$$
$$\Delta V_C = I_{máx} X_C = (0{,}293\ \text{A})(758\ \Omega) = \boxed{222\ \text{V}}$$

(E) Qual valor de substituição de *L* deve ser escolhido por um engenheiro que está analisando o circuito, de modo que a corrente fique adiantada em relação à tensão aplicada por 30,0°, em vez de 34,0°? Todos os outros valores no circuito permanecem os mesmos.

SOLUÇÃO

Resolva a Equação 11.27 para a reatância indutiva:
$$X_L = X_C + R\,\text{tg}\,\phi$$

Substitua as Equações 11.10 e 11.18 nesta expressão:
$$\omega L = \frac{1}{\omega C} + R\,\text{tg}\,\phi$$

11.4 cont.

Resolva para L:

$$L = \frac{1}{\omega}\left[\frac{1}{\omega C} + R\,\text{tg}\,\phi\right]$$

Substitua os valores dados:

$$L = \frac{1}{(377\,\text{s}^{-1})}\left[\frac{1}{(377\,\text{s}^{-1})(3,50\times 10^{-6}\,\text{F})} + (425\,\Omega)\,\text{tg}\,(-30,0°)\right]$$

$$L = \boxed{1,36\,\text{H}}$$

Finalização Como a reatância capacitiva é maior que a indutiva, o circuito é mais capacitivo que indutivo. Neste caso, o ângulo de fase ϕ é negativo, então a corrente está adiantada em relação à tensão aplicada.

Ao utilizar as Equações 11.21, 11.22 e 11.23, as tensões instantâneas nos três elementos são

$$\Delta v_R = (124\,\text{V})\,\text{sen}\,377t$$

$$\Delta v_L = (138\,\text{V})\,\cos 377t$$

$$\Delta v_C = (-222\,\text{V})\,\cos 377t$$

E SE? E se você acrescentasse as tensões máximas nos três elementos do circuito? Isto é uma quantidade fisicamente relevante?

Resposta A soma das tensões máximas nos elementos é $\Delta V_R + \Delta V_L + \Delta V_C = 484$ V. Esta soma é muito maior que a tensão máxima da fonte, 150 V. A soma das tensões máximas é uma quantidade irrelevante porque, quando quantidades variando senoidalmente são acrescentadas, *ambas as suas amplitudes e fases* devem ser levadas em conta. As tensões máximas nos vários elementos ocorrem em tempos diferentes. Portanto, as tensões devem ser acrescentadas de modo a levar em consideração as diferentes fases, como mostra a Figura 11.15.

11.6 Potência em um circuito CA

Vamos, agora, utilizar uma abordagem energética na análise de circuitos CA e considerar a transferência de energia da fonte CA para o circuito. A potência fornecida por uma bateria para um circuito CC externo é igual ao produto da corrente e a tensão nos terminais da bateria. Do mesmo modo, a potência instantânea fornecida pela fonte CA a um circuito é o produto da corrente e da tensão aplicada. Para o circuito RLC mostrado na Figura 11.13a, podemos expressar a potência instantânea P como

$$P = i\,\Delta v = I_{\text{máx}}\,\text{sen}\,(\omega t - \phi)\,\Delta V_{\text{máx}}\,\text{sen}\,\omega t$$

$$P = I_{\text{máx}}\,\Delta V_{\text{máx}}\,\text{sen}\,\omega t\,\text{sen}\,(\omega t - \phi) \tag{11.28}$$

Este resultado é uma função complexa do tempo e, portanto, não é muito útil de um ponto de vista prático. O que é geralmente interessante é a potência média em um ou mais ciclos. Essa média pode ser computada utilizando primeiro a identidade trigonométrica $\text{sen}\,(\omega t - \phi) = \text{sen}\,\omega t\,\cos\phi - \cos\omega t\,\text{sen}\,\phi$. Ao substituir esta identidade na Equação 11.28, temos

$$P = I_{\text{máx}}\,\Delta V_{\text{máx}}\,\text{sen}^2\,\omega t\,\cos\phi - I_{\text{máx}}\,\Delta V_{\text{máx}}\,\text{sen}\,\omega t\,\cos\omega t\,\text{sen}\,\phi \tag{11.29}$$

Vamos tomar, agora, a média no tempo de P em um ou mais ciclos, tendo em mente que $I_{\text{máx}}$, $\Delta V_{\text{máx}}$, ϕ e ω são todos constantes. A média no tempo do primeiro termo à direita do sinal de igual na Equação 11.29 envolve o valor médio de $\text{sen}^2\,\omega t$, que é $\frac{1}{2}$. A média no tempo do segundo termo à direita do sinal de igual é identicamente zero porque $\text{sen}\,\omega t\,\cos\omega t = \frac{1}{2}\,\text{sen}\,2\omega t$ e o valor médio de $\text{sen}\,2\omega t$ é zero. Portanto, podemos expressar a **potência média** $P_{\text{méd}}$ como

$$P_{\text{méd}} = \tfrac{1}{2} I_{\text{máx}}\,\Delta V_{\text{máx}}\,\cos\phi \tag{11.30}$$

É conveniente expressar a potência média em termos da corrente e tensão rms definidas pelas Equações 11.4 e 11.5:

$$P_{\text{méd}} = I_{\text{rms}}\,\Delta V_{\text{rms}}\,\cos\phi \tag{11.31}$$

◀ **Potência média fornecida a um circuito RLC**

onde a quantidade cos ϕ é chamada **fator de potência**. A Figura 11.15b mostra que a tensão máxima no resistor é dada por $\Delta V_R = \Delta V_{máx} \cos \phi = I_{máx} R$. Portanto, $\cos \phi = I_{máx} R / \Delta V_{máx} = R/Z$, e podemos expressar $P_{méd}$ como

$$P_{méd} = I_{rms} \Delta V_{rms} \cos \phi = I_{rms} \Delta V_{rms} \left(\frac{R}{Z}\right) = I_{rms} \left(\frac{\Delta V_{rms}}{Z}\right) R$$

Reconhecendo que $\Delta V_{rms}/Z = I_{rms}$ resulta em

$$P_{méd} = I_{rms}^2 R \qquad (11.32)$$

A potência média fornecida pela fonte é convertida em energia interna no resistor, como no caso de um circuito CC. Quando a carga é puramente resistiva, $\phi = 0$, $\cos \phi = 1$ e, a partir da Equação 11.31, vemos que

$$P_{méd} = I_{rms} \Delta V_{rms}$$

Note que nenhuma perda de potência está associada aos capacitores e indutores puros em um circuito CA. Para ver por que isto é verdade, vamos analisar primeiro a potência em um circuito CA contendo somente uma fonte e um capacitor. Quando a corrente começa a aumentar em uma direção em um circuito CA, a carga começa a se acumular no capacitor e uma tensão aparece nele. Quando esta tensão atinge seu valor máximo, a energia armazenada no capacitor como energia potencial elétrica é $\frac{1}{2}C(\Delta V_{máx})^2$. Este armazenamento de energia, entretanto, é somente momentâneo. O capacitor é carregado e descarregado duas vezes a cada ciclo: a carga é fornecida ao capacitor durante dois quartos do ciclo e devolvida à fonte da tensão durante os dois quartos restantes. Portanto, a potência média fornecida pela fonte é zero. Em outras palavras, não há perda de potência em um capacitor em um circuito CA.

Considere agora o caso do indutor. Quando a corrente em um indutor atinge seu valor máximo, a energia armazenada no indutor está no máximo e é dada por $\frac{1}{2}LI_{máx}^2$. Quando a corrente começa a cair no circuito, essa energia armazenada no indutor retorna à fonte conforme o indutor tenta manter a corrente no circuito.

A Equação 11.31 mostra que a potência fornecida por uma fonte CA para qualquer circuito depende da fase, um resultado que tem várias aplicações interessantes. Por exemplo, uma fábrica que utiliza grandes motores em máquinas, geradores ou transformadores tem uma carga indutiva grande (por causa dos enrolamentos). Para fornecer potência maior para esses dispositivos na fábrica sem utilizar tensões excessivamente altas, os técnicos introduzem a capacitância nos circuitos para mudar a fase.

Teste Rápido **11.6** Uma fonte CA alimenta um circuito RLC com amplitude de tensão fixa. Se a frequência de alimentação é ω_1, o circuito é mais capacitivo que indutivo, e o ângulo de fase é –10°. Se a frequência de alimentação é ω_2, o circuito é mais indutivo que capacitivo, e o ângulo de fase é +10°. Em qual frequência a maior quantidade de potência é fornecida ao circuito? **(a)** É maior em ω_1. **(b)** É maior em ω_2. **(c)** A mesma quantidade de potência é fornecida em ambas as frequências.

Exemplo 11.5 Potência média em um circuito *RLC* em série

Calcule a potência média fornecida ao circuito *RLC* em série descrito no Exemplo 11.4.

SOLUÇÃO

Conceitualização Considere o circuito na Figura 11.13a e imagine a energia sendo fornecida para o circuito pela fonte CA. Revise o Exemplo 11.4 para mais detalhes sobre este circuito.

Categorização Encontramos o resultado utilizando equações desenvolvidas nesta seção; então, categorizamos este exemplo como um problema de substituição.

Utilize a Equação 11.5 e a tensão máxima do Exemplo 11.4 para encontrar a tensão rms da fonte:

$$\Delta V_{rms} = \frac{\Delta V_{máx}}{\sqrt{2}} = \frac{150 \text{ V}}{\sqrt{2}} = 106 \text{ V}$$

Do mesmo modo, encontre a corrente rms no circuito:

$$I_{rms} = \frac{I_{máx}}{\sqrt{2}} = \frac{0,293 \text{ A}}{\sqrt{2}} = 0,207 \text{ A}$$

Utilize a Equação 11.31 para encontrar a potência fornecida pela fonte:

$$P_{méd} = I_{rms} V_{rms} \cos \phi = (0,207 \text{ A})(106 \text{ V}) \cos(-34,0°)$$
$$= \boxed{18,2 \text{ W}}$$

11.7 Ressonância em um circuito *RLC* em série

Investigamos a ressonância em sistemas mecânicos de oscilações no Capítulo 1 do Volume 2. Como mostra o Capítulo 10 deste volume, um circuito *RLC* em série é um sistema oscilante elétrico, considerado **em ressonância** quando a frequência motriz é tal que a corrente rms atinge seu valor máximo. Em geral, a corrente rms pode ser escrita como

$$I_{rms} = \frac{\Delta V_{rms}}{Z} \quad (11.33)$$

onde Z é a impedância. Ao substituir a expressão por Z da Equação 11.25 na 11.33, temos

$$I_{rms} = \frac{\Delta V_{rms}}{\sqrt{R^2 + (X_L - X_C)^2}} \quad (11.34)$$

Como a impedância depende da frequência da fonte, a corrente no circuito *RLC* também depende da frequência. A frequência angular ω_0 na qual $X_L - X_C = 0$ é chamada **frequência de ressonância** do circuito. Para encontrar ω_0, estabelecemos $X_L = X_C$, o que resulta em $\omega_0 L = 1/\omega_0 C$, ou

$$\omega_0 = \frac{1}{\sqrt{LC}} \quad (11.35) \quad \blacktriangleleft \text{ Frequência de ressonância}$$

Esta frequência também corresponde à frequência natural da oscilação de um circuito *LC* (consulte a Seção 10.5). Portanto, a corrente rms em um circuito *RLC* em série atinge seu valor máximo quando a frequência da tensão aplicada corresponde à natural do oscilador, que depende somente de L e C. Além do mais, na frequência da ressonância, a corrente está em fase com a tensão aplicada.

Teste Rápido **11.7** Qual é a impedância de um circuito *RLC* em série na ressonância? **(a)** Maior que R, **(b)** menor que R, **(c)** igual a R, **(d)** impossível de determinar.

Uma representação gráfica de corrente rms pela frequência angular para um circuito *RLC* em série é mostrada na Figura 11.17a. Os dados pressupõem $\Delta V_{rms} = 5{,}0$ mV, $L = 5{,}0$ μH e $C = 2{,}0$ nF constantes. As três curvas correspondem aos três valores de R. Em cada caso, a corrente rms atinge seu valor máximo na frequência de ressonância ω_0. Além do mais, as curvas se tornam mais estreitas conforme a resistência aumenta.

A Equação 11.34 mostra que, quando $R = 0$, a corrente se torna infinita na ressonância. Circuitos reais, entretanto, sempre têm alguma resistência, o que limita o valor da corrente para algum valor finito.

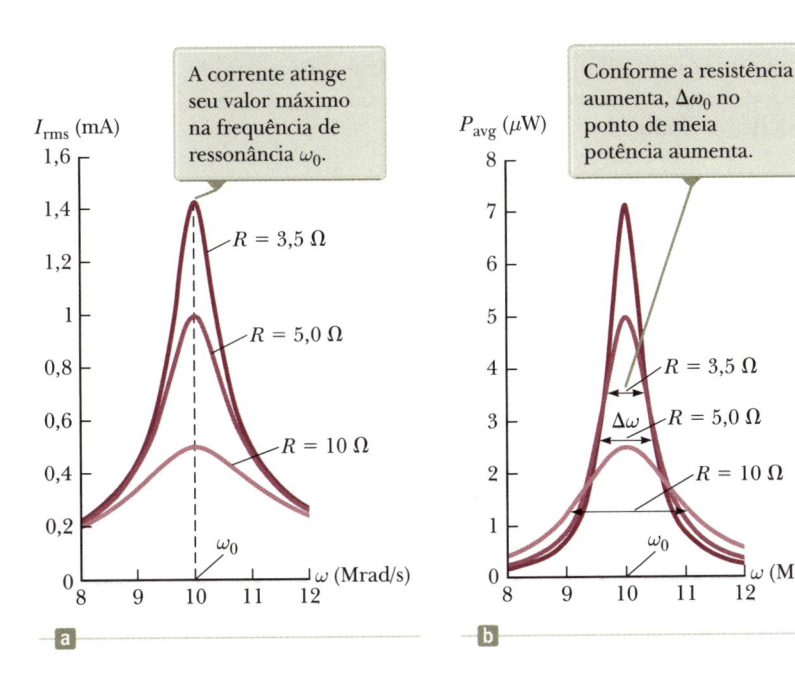

Figura 11.17 (a) Corrente rms pela frequência de um circuito *RLC* em série para três valores de *R*. (b) Potência média fornecida ao circuito pela frequência de um circuito *RLC* em série para três valores de *R*.

Também calculamos a potência média como uma função de frequência para um circuito *RLC* em série. Ao utilizar as Equações 11.32, 11.33 e 11.25, temos

$$P_{\text{méd}} = I_{\text{rms}}^2 R = \frac{(\Delta V_{\text{rms}})^2}{Z^2} R = \frac{(\Delta V_{\text{rms}})^2 R}{R^2 + (X_L - X_C)^2} \qquad (11.36)$$

Como $X_L = \omega L$, $X_C = 1/\omega C$ e $\omega_0^2 = 1/LC$, o termo $(X_L - X_C)^2$ pode ser expresso como

$$(X_L - X_C)^2 = \left(\omega L - \frac{1}{\omega C}\right)^2 = \frac{L^2}{\omega^2}(\omega^2 - \omega_0^2)^2$$

Ao utilizar o resultado na Equação 11.36, temos

Potência média como função da ▶ $\qquad P_{\text{méd}} = \dfrac{(\Delta V_{\text{rms}})^2 R \omega^2}{R^2 \omega^2 + L^2(\omega^2 - \omega_0^2)^2} \qquad (11.37)$
frequência em um circuito *RLC*

A Equação 11.37 mostra que, na ressonância, quando $\omega = \omega_0$, a potência média atinge o máximo e tem o valor $(\Delta V_{\text{rms}})^2/R$. A Figura 11.17b é uma representação gráfica da potência pela frequência para três valores de *R* em um circuito *RLC* em série. Conforme a resistência diminui, a curva se torna mais acentuada nas proximidades da frequência de ressonância. Esta agudeza da curva é geralmente descrita por um parâmetro adimensional conhecido como **fator de qualidade**,[2] representado por *Q*:

Fator de qualidade ▶ $\qquad Q = \dfrac{\omega_0}{\Delta \omega}$

onde $\Delta \omega$ é a largura da curva medida entre os dois valores de ω para os quais $P_{\text{méd}}$ atinge metade de seu valor máximo, chamados *pontos de meia potência* (consulte a Fig. 11.17b). Ele é colocado como um problema (Problema 76) para mostrar que a largura dos pontos de meia potência têm o valor $\Delta \omega = R/L$, de modo que

$$Q = \frac{\omega_0 L}{R} \qquad (11.38)$$

Um circuito receptor de rádio é uma aplicação importante do circuito ressonante. O rádio é sintonizado a uma estação específica (que transmite uma onda eletromagnética ou sinal de uma frequência específica) ao variar um capacitor, que muda a frequência de ressonância do circuito receptor. Quando o circuito é movido pelas oscilações eletromagnéticas que um sinal de rádio produz em uma antena, o circuito sintonizador responde com uma grande amplitude de oscilação elétrica somente para a frequência da estação que é compatível com a frequência de ressonância. Portanto, somente o sinal de uma estação de rádio é passado para o amplificador e alto-falantes, embora os sinais de todas as estações estejam movendo o circuito ao mesmo tempo. Como vários sinais estão frequentemente presentes em uma cadeia de frequências, é importante projetar um circuito com alto *Q* para eliminar sinais indesejáveis. Deste modo, as estações cujas frequências estão próximas, mas não são iguais à de ressonância, emitem sinais para o receptor que são muito pequenos em relação ao sinal compatível com a frequência de ressonância.

Exemplo 11.6 | Circuito *RLC* em série ressonante

Considere um circuito *RLC* em série para o qual $R = 150\ \Omega$, $L = 20{,}0$ mH, $\Delta V_{\text{rms}} = 20{,}0$ V e $\omega = 5.000\ \text{s}^{-1}$. Determine o valor da capacitância para o qual a corrente atinge o máximo.

SOLUÇÃO

Conceitualização Considere o circuito na Figura 11.13a e imagine variar a frequência da fonte CA. A corrente no circuito atinge seu valor máximo na frequência de ressonância ω_0.

Categorização Encontramos o resultado ao utilizar equações desenvolvidas nesta seção; portanto, categorizamos este exemplo como um problema de substituição.

---

[2] Fator de qualidade também é definido como a relação $2\pi E/\Delta E$, onde *E* é a energia armazenada no sistema oscilante e ΔE é a queda de energia por ciclo de oscilação devida à resistência.

11.6 cont.

Utilize a Equação 11.35 para resolver a capacitância necessária em termos de frequência de ressonância:

$$\omega_0 = \frac{1}{\sqrt{LC}} \rightarrow C = \frac{1}{\omega_0^2 L}$$

Substitua os valores numéricos:

$$C = \frac{1}{(5,00 \times 10^3 \text{ s}^{-1})^2 (20,0 \times 10^{-3} \text{ H})} = 2,00\,\mu\text{F}$$

11.8 O transformador e a transmissão de energia

Como discutido na Seção 5.6, é econômico utilizar uma tensão alta e uma corrente baixa para minimizar a perda I^2R nas linhas de transmissão quando a energia elétrica é transmitida por longas distâncias. Em consequência, linhas de 350 kV são comuns e, em muitas áreas, linhas de tensão ainda maiores (765 kV) são utilizadas. Na extremidade receptora dessas linhas, o consumidor requer energia a uma tensão baixa (por segurança e eficiência de projeto). Na prática, a tensão cai para aproximadamente 20.000 V em uma estação distribuidora, depois para 4.000 V para fornecimento para áreas residenciais, e finalmente para 120 V e 240 V na instalação do consumidor. Portanto, um dispositivo é necessário para mudar a tensão e a corrente alternadas sem causar grandes variações na energia fornecida. O transformador CA é este dispositivo.

Em sua forma mais simples, o **transformador CA** consiste de duas bobinas de fio enroladas em um núcleo de ferro, como ilustrado na Figura 11.18 (compare esta disposição com o experimento de Faraday na Figura 9.2). A bobina à esquerda, que está conectada à fonte de tensão alternada de entrada e tem N_1 espiras (voltas), é chamada *enrolamento primário* (ou *primário*). A bobina à direita, consistindo de N_2 espiras e conectada ao resistor de carga R_L, é chamada *enrolamento secundário* (ou *secundário*). As finalidades do núcleo de ferro são aumentar o fluxo magnético na bobina e oferecer um meio no qual praticamente todas as linhas do campo magnético em uma bobina passem pela outra. As perdas da corrente de Foucault são reduzidas ao utilizar um núcleo laminado. A transformação de energia em energia interna na resistência finita dos fios da bobina é geralmente bastante pequena. Transformadores típicos têm eficiências de potência de 90% a 99%. Na discussão a seguir, vamos supor que estamos trabalhando com um *transformador ideal*, no qual as perdas de energia nos enrolamentos e núcleo são zero.

A Lei de Faraday afirma que a tensão Δv_1 no primário é

$$\Delta v_1 = -N_1 \frac{d\Phi_B}{dt} \quad (11.39)$$

onde Φ_B é o fluxo magnético em cada espira. Se supusermos que todas as linhas do campo magnético permanecem no núcleo de ferro, o fluxo em cada espira do primário é igual ao em cada espira do secundário. Assim, a tensão no secundário é

$$\Delta v_2 = -N_2 \frac{d\Phi_B}{dt} \quad (11.40)$$

A resolução da Equação 11.39 para $d\Phi_B/dt$ e a substituição do resultado na 11.40 resulta

$$\Delta v_2 = \frac{N_2}{N_1} \Delta v_1 \quad (11.41)$$

Quando $N_2 > N_1$, a tensão de saída Δv_2 excede a tensão de entrada Δv_1. Esta configuração é chamada *transformador elevador*. Quando $N_2 < N_1$, a tensão de saída é inferior à tensão de entrada, e temos um *transformador redutor*. O diagrama de circuito para um transformador conectado a uma resistência de carga é mostrado na Figura 11.19.

Quando há uma corrente I_1 no circuito primário, a corrente I_2 é induzida no secundário (nesta discussão, I maiúsculo e ΔV referem-se a valores rms). Se a carga no circuito secundário for uma resistência pura, a corrente induzida está em fase com a tensão induzida. A potência fornecida para o circuito secundário deve ser fornecida pela fonte CA conectada ao circuito primário. Em um transformador ideal no qual não há perda, a potência $I_1 \Delta V_1$ fornecida pela fonte é igual à potência $I_2 \Delta V_2$ no circuito secundário. Isto é,

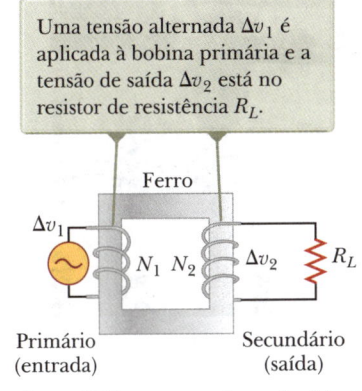

Figura 11.18 Um transformador ideal consiste em duas bobinas enroladas no mesmo núcleo de ferro.

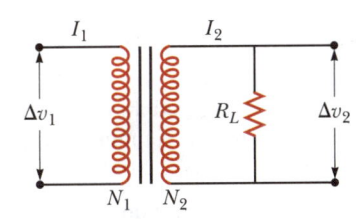

Figura 11.19 Diagrama de circuito para um transformador.

Nikola Tesla
Físico norte-americano (1856-1943)
Tesla nasceu na Croácia, mas passou a maior parte de sua carreira profissional como um inventor nos Estados Unidos. Ele foi uma figura-chave no desenvolvimento de eletricidade de corrente alternada, transformadores de alta tensão e no transporte de energia elétrica utilizando linhas de transmissão CA. O ponto de vista de Tesla contrastava com as ideias de Thomas Edison, que se dedicou ao uso da corrente contínua para a transmissão de energia. A abordagem de Tesla prevaleceu.

$$I_1 \Delta V_1 = I_2 \Delta V_2 \quad (11.42)$$

O valor da resistência de carga R_L determina o valor da corrente secundária porque $I_2 = \Delta V_2/R_L$. Além do mais, a corrente no primário é $I_1 = \Delta V_1/R_{eq}$, onde

$$R_{eq} = \left(\frac{N_1}{N_2}\right)^2 R_L \quad (11.43)$$

é a resistência equivalente da resistência de carga quando vista do lado primário. Vemos desta análise que um transformador pode ser utilizado para compatibilizar resistências entre o circuito primário e a carga. Desta maneira, a transferência máxima de potência pode ser atingida entre dada fonte de potência e a resistência de carga. Por exemplo, um transformador conectado entre a saída de 1 kΩ de um amplificador de áudio e um alto-falante de 8 Ω assegura que grande parte do sinal de áudio é transferida para o alto-falante. Na terminologia estéreo, este processo é chamado *compatibilização de impedância*.

Para operar adequadamente, vários dispositivos domésticos comuns necessitam de tensões baixas. Um transformador pequeno que é plugado diretamente na parede, como ilustra a Figura 11.20, pode fornecer a tensão adequada. A fotografia mostra os dois enrolamentos envoltos em um núcleo de ferro comum que é encontrado dentro de todas essas pequenas "caixas-pretas". Este transformador específico converte os 120 V CA na tomada de parede para 12,5 V CA (você pode determinar a relação do número de espiras nas duas bobinas?). Algumas caixas-pretas utilizam diodos para converter a corrente alternada em corrente contínua (consulte a Seção 11.9).

Este transformador é menor que o da fotografia na abertura deste capítulo. Além disso, é do tipo redutor. Ele derruba a tensão de 4.000 V para 240 V para fornecer energia a um grupo de residências.

O enrolamento primário neste transformador está conectado aos pinos do plugue, enquanto o secundário está conectado ao cabo de força à direita.

Figura 11.20 Dispositivos eletrônicos são frequentemente alimentados por adaptadores CA com transformadores como este. Esses adaptadores alteram a tensão CA. Em muitas aplicações, também convertem corrente alternada em contínua.

Exemplo 11.7 — Economia da alimentação CA

Uma estação geradora de eletricidade precisa fornecer energia a uma taxa de 20 MW para uma cidade a 1,0 km de distância. Uma tensão comum para geradores comerciais de energia é 22 kV, mas um transformador elevador é utilizado para aumentar a tensão para 230 kV antes da transmissão.

(A) Se a resistência dos fios for 2,0 Ω e os custos de energia forem por volta de $ 0,11/kWh, estime o custo da energia convertida para energia interna nos fios durante um dia.

11.7 cont.

SOLUÇÃO

Conceitualização A resistência dos fios está em série com a resistência que representa a carga (residências e empresas). Portanto, há uma queda de tensão nos fios, o que significa que uma parte da energia transmitida é convertida para energia interna nos fios e nunca atinge a carga.

Categorização Este problema envolve encontrar a resistência fornecida para uma carga resistiva em um circuito CA. Vamos ignorar qualquer característica capacitiva ou indutiva da carga e estabelecer o fator de potência igual a 1.

Análise Calcule I_{rms} nos fios da Equação 11.31:

$$I_{rms} = \frac{P_{méd}}{\Delta V_{rms}} = \frac{20 \times 10^6 \text{ W}}{230 \times 10^3 \text{ V}} = 87 \text{ A}$$

Determine a taxa na qual a energia é fornecida à resistência nos fios da Equação 11.32:

$$P_{fios} = I_{rms}^2 R = (87 \text{ A})^2 (2,0 \text{ }\Omega) = 15 \text{ kW}$$

Calcule a energia T_{TE} fornecida aos fios durante um dia:

$$T_{TE} = P_{fios} \Delta t = (15 \text{ kW})(24 \text{ h}) = \boxed{363 \text{ kWh}}$$

Encontre o custo dessa energia a uma taxa de $ 0,11/kWh:

$$\text{Custo} = (363 \text{ kWh})(\$ 0,11/\text{kWh}) = \boxed{\$ 40}$$

(B) Repita o cálculo para a situação na qual a estação geradora fornece a energia na sua tensão original de 22 kV.

SOLUÇÃO

Calcule I_{rms} nos fios da Equação 11.31:

$$I_{rms} = \frac{P_{méd}}{\Delta V_{rms}} = \frac{20 \times 10^6 \text{ W}}{22 \times 10^3 \text{ V}} = 909 \text{ A}$$

A partir da Equação 11.32, determine a taxa na qual a energia é fornecida para a resistência nos fios:

$$P_{fios} = I_{rms}^2 R = (909 \text{ A})^2 (2,0 \text{ }\Omega) = 1,7 \times 10^3 \text{ kW}$$

Calcule a energia fornecida para os fios em um dia:

$$T_{TE} = P_{fios} \Delta t = (1,7 \times 10^3 \text{ kW})(24 \text{ h}) = 4,0 \times 10^4 \text{ kWh}$$

Encontre o custo dessa energia a uma taxa de $ 0,11/kWh:

$$\text{Custo} = (4,0 \times 10^4 \text{ kWh})(\$ 0,11/\text{kWh}) = \boxed{\$ 4,4 \times 10^3}$$

Finalização Observe que uma grande economia é possível com o uso de transformadores e linhas de transmissão de alta tensão. Essa economia, em combinação com a eficiência da utilização de corrente alternada para operar motores, levou à adoção da corrente alternada, em vez da contínua, para redes elétricas comerciais.

11.9 Retificadores e filtros

Dispositivos eletrônicos portáteis como rádios e notebooks em geral são alimentados por corrente contínua fornecida por baterias. Vários dispositivos vêm com conversores CA-CC, como mostra a Figura 11.20. Esse conversor contém um transformador que diminui gradualmente a tensão de 120 V para, geralmente, 6 ou 9 V, e um circuito que converte corrente alternada em contínua. O processo de conversão CA-CC é chamado **retificação**, e o dispositivo conversor, **retificador**.

O elemento mais importante em um circuito retificador é o **diodo**, um elemento de circuito que conduz corrente em uma direção, mas não na outra. A maior parte dos diodos utilizados em eletrônica moderna são dispositivos semicondutores. Seu símbolo é ▶︎|—, onde a seta indica a direção da corrente nele. Um diodo tem baixa resistência à corrente em uma direção (a da seta) e alta resistência à corrente na direção oposta. Para entender como este dispositivo retifica uma corrente, considere a Figura 11.21a, que mostra um diodo e um resistor conectados ao secundário de um transformador. O transformador reduz a tensão de 120 V CA para a tensão inferior necessária ao dispositivo com uma resistência R (a resistência da carga). Como o diodo conduz corrente somente em uma direção, a corrente alternada no resistor de carga é reduzida à forma mostrada pela curva sólida na Figura 11.21b. O diodo conduz corrente somente quando o lado do símbolo contendo a ponta da seta tem um potencial positivo em relação ao outro lado. Nesta situação, o diodo atua como um *retificador de meia onda* porque a corrente está presente no circuito somente durante metade de cada ciclo.

Quando um capacitor é acrescentado ao circuito, como mostrado pelas linhas pontilhadas e pelo símbolo do capacitor na Figura 11.21a, o circuito é uma fonte de alimentação CC simples. A variação no tempo da corrente no resistor de

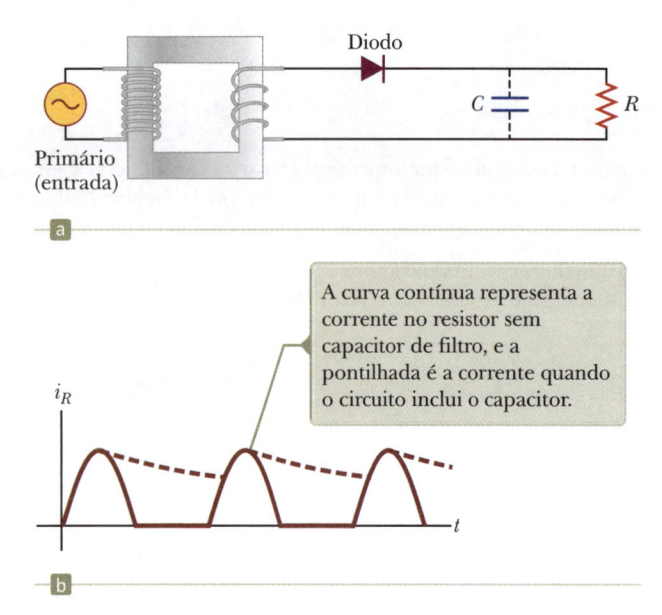

Figura 11.21 (a) Um retificador de meia onda com capacitor de filtro opcional. (b) Corrente pelo tempo no resistor.

carga (a curva pontilhada na Fig. 11.21b) está perto de zero, como determinado pela constante de tempo RC do circuito. Conforme a corrente no circuito começa a subir em $t = 0$ na Figura 11.21b, o capacitor é carregado. Quando a corrente começa a cair, entretanto, o capacitor se descarrega no resistor, então a corrente no resistor não cai tão rapidamente quanto aquela do transformador.

O circuito RC na Figura 11.21a é um exemplo de **circuito de filtro**, utilizado para suavizar ou eliminar um sinal que varia com o tempo. Por exemplo, rádios são, em geral, alimentados por uma tensão alternada de 60 Hz. Após a retificação, a tensão ainda contém um pequeno componente CA de 60 Hz (às vezes chamado *ondulação*), que deve ser filtrado. Por "filtrado" queremos dizer que a ondulação de 60 Hz deve ser reduzida a um valor muito inferior ao do sinal de áudio a ser amplificado, porque, sem filtragem, o sinal de áudio resultante inclui um zumbido irritante a 60 Hz.

Também podemos projetar filtros que respondem de modo diferente a frequências diferentes. Considere o circuito em série simples RC mostrado na Figura 11.22a. A tensão de entrada está na combinação em série dos dois elementos. A saída é a tensão no resistor. Uma representação gráfica da relação das tensões de saída e de entrada como uma função do logaritmo da frequência angular (consulte a Fig. 11.22b) mostra que, em frequências baixas, $\Delta V_{saída}$ é muito menor que ΔV_{ent}, enquanto, em frequências altas, ambas são iguais. Como o circuito preferencialmente passa sinais de frequência mais alta enquanto bloqueia sinais de baixa frequência, o circuito é chamado **filtro RC passa alta** (consulte o Problema 54 para uma análise deste filtro).

Fisicamente, o filtro passa alta funciona porque um capacitor "bloqueia" corrente contínua e corrente CA em frequências baixas. Nestas, a reatância capacitiva é grande e boa parte da tensão aplicada aparece no capacitor em vez do resistor de saída. Conforme a frequência aumenta, a reatância capacitiva cai e mais tensão aplicada aparece no resistor.

Considere agora o circuito mostrado na Figura 11.23a, onde trocamos o resistor e o capacitor e a tensão de saída é tomada no capacitor. Em frequências baixas, a reatância do capacitor e da tensão neste é alta. Conforme a frequência aumenta, a tensão no capacitor cai. Portanto, este é um **filtro RC passa baixa**. A relação da tensão de saída para a tensão de entrada (consulte o Problema 56), representada graficamente como uma função do logaritmo de ω na Figura 11.23b, mostra este comportamento.

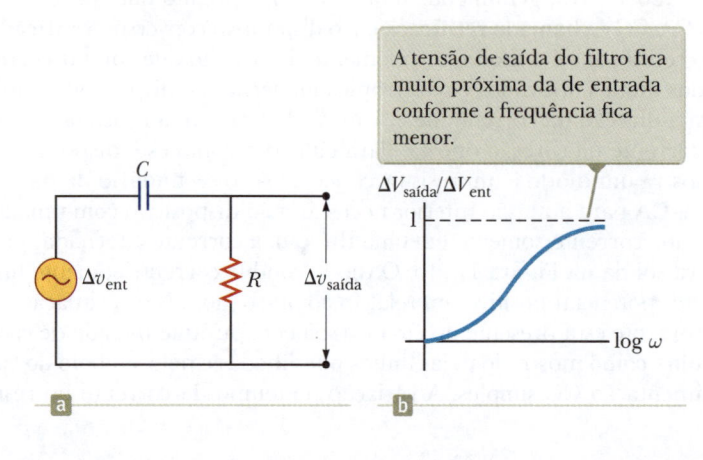

Figura 11.22 (a) Filtro RC passa alta. (b) Relação de tensão de saída para a de entrada para um filtro RC passa alta como uma função da frequência angular da fonte CA.

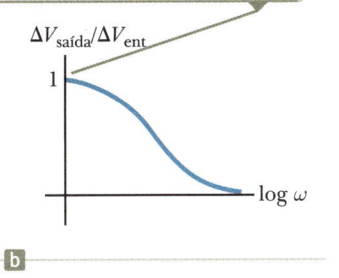

Figura 11.23 (a) Filtro RC simples passa baixa. (b) Relação da tensão de saída para a de entrada para um filtro RC passa baixa como uma função da frequência angular da fonte CA.

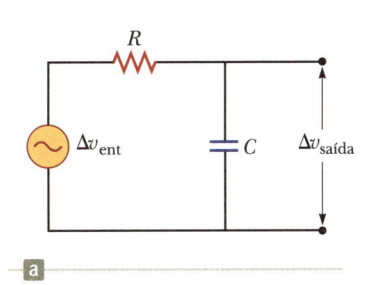

Você pode estar familiarizado com filtros separadores, que são parte importante de sistemas de alto-faltante em sistema de áudio de alta qualidade. Essas redes utilizam filtro passa baixa para direcionar frequências baixas a um tipo especial de alto-falante, o "woofer", projetado para reproduzir as notas baixas com precisão. As frequências altas são enviadas para o alto-falante "tweeter".

Resumo

Definições

Nos circuitos CA que contêm indutores e capacitores, é útil definir a **reatância indutiva** X_L e a **reatância capacitiva** X_C como

$$X_L \equiv \omega L \quad (11.10)$$

$$X_C \equiv \frac{1}{\omega C} \quad (11.18)$$

onde ω é a frequência angular da fonte CA. A unidade SI da reatância é o ohm.

A **impedância** Z de um circuito RLC em série CA é

$$Z \equiv \sqrt{R^2 + (X_L - X_C)^2} \quad (11.25)$$

Esta expressão ilustra que não podemos simplesmente acrescentar a resistência e as reatâncias em um circuito. Devemos levar em conta que a tensão aplicada e a corrente estão fora de fase, com o **ângulo de fase** ϕ entre a corrente e a tensão sendo

$$\phi = \text{tg}^{-1}\left(\frac{X_L - X_C}{R}\right) \quad (11.27)$$

O sinal ϕ pode ser positivo ou negativo, dependendo se X_L é maior ou menor que X_C. O ângulo de fase é zero quando $X_L = X_C$.

Conceitos e Princípios

A **corrente rms** e a **tensão rms** em um circuito CA no qual a tensão e a corrente variam senoidalmente são dadas por

$$I_{rms} = \frac{I_{máx}}{\sqrt{2}} = 0,707 I_{máx} \quad (11.4)$$

$$\Delta V_{rms} = \frac{\Delta V_{máx}}{\sqrt{2}} = 0,707 \Delta V_{máx} \quad (11.5)$$

onde $I_{máx}$ e $\Delta V_{máx}$ são os valores máximos.

Se um circuito CA consistir de uma fonte e de um resistor, a corrente está em fase com a tensão. Isto é, a corrente e a tensão atingem seus valores máximos ao mesmo tempo.

Se um circuito CA consistir de uma fonte e de um indutor, a corrente fica atrasada em relação à tensão em 90°. Isto é, a tensão atinge seu valor máximo a um quarto de período antes de a corrente atingir seu valor máximo.

Se um circuito CA consistir de uma fonte e de um capacitor, a corrente fica adiantada em relação à tensão em 90°. Isto é, a corrente atinge seu valor máximo a um quarto de período antes de a tensão atingir seu valor máximo.

A **potência média** fornecida pela fonte em um circuito RLC é

$$P_{\text{méd}} = I_{\text{rms}} \Delta V_{\text{rms}} \cos \phi \qquad (11.31)$$

Uma expressão equivalente para a potência média é

$$P_{\text{méd}} = I_{\text{rms}}^2 R \qquad (11.32)$$

A potência média fornecida pela fonte resulta em uma energia interna crescente no resistor. Não ocorre perda de potência em um indutor ou capacitor ideais.

A corrente rms em um circuito RLC em série é

$$I_{\text{rms}} = \frac{\Delta V_{\text{rms}}}{\sqrt{R^2 + (X_L - X_C)^2}} \qquad (11.34)$$

Um circuito RLC em série está em ressonância quando a reatância indutiva é igual à capacitiva. Quando esta condição é atendida, a corrente rms dada pela Equação 11.34 atinge seu valor máximo. A **frequência de ressonância** ω_0 do circuito é

$$\omega_0 = \frac{1}{\sqrt{LC}} \qquad (11.35)$$

A frequência rms em um circuito RLC em série atinge seu valor máximo quando a frequência da fonte é igual a ω_0, isto é, quando a frequência "motora" se compatibiliza com a de ressonância.

Transformadores CA permitem mudanças fáceis em uma tensão alternada de acordo com

$$\Delta v_2 = \frac{N_2}{N_1} \Delta v_1 \qquad (11.41)$$

onde N_1 e N_2 são os números de enrolamentos nas bobinas primária e secundária, respectivamente, e Δv_1 e Δv_2 são as tensões nessas bobinas.

Perguntas Objetivas

1. Um indutor e um resistor estão conectados em série em uma fonte CA, como na Figura PO11.1. Imediatamente após a chave ser fechada, quais das afirmações a seguir são verdadeiras? (a) A corrente no circuito é $\Delta V/R$. (b) A tensão no indutor é zero. (c) A corrente no circuito é zero. (d) A tensão no resistor é ΔV. (e) A tensão no indutor é metade de seu valor máximo.

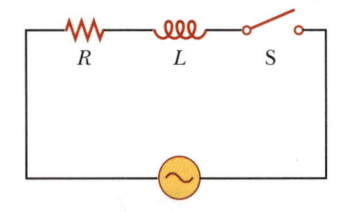

Figura PO11.1

2. (i) Quando um indutor específico estiver conectado a uma fem senoidalmente variável com amplitude constante e uma frequência de 60,0 Hz, a corrente rms é 3,00 A. Qual é a corrente rms se a frequência da fonte for dobrada? (a) 12,0 A, (b) 6,00 A, (c) 4,24 A, (d) 3,00 A, (e) 1,50 A. (ii) Repita a parte (i) supondo que a carga seja um capacitor em vez de um indutor. (iii) Repita a parte (i) supondo que a carga seja um resistor em vez de um indutor.

3. Um capacitor e um resistor estão conectados em série em uma fonte CA como mostra a Figura PO11.3. Após a chave ser fechada, quais das seguintes afirmações são verdadeiras? (a) A tensão no capacitor está atrasada em relação à corrente em 90°. (b) A tensão no resistor está fora de fase com a corrente. (c) A tensão no capacitor está adiantada em relação à corrente em 90°. (d) A corrente diminui conforme a frequência da fonte aumenta, mas sua tensão de pico permanece a mesma. (e) Nenhuma das afirmações está correta.

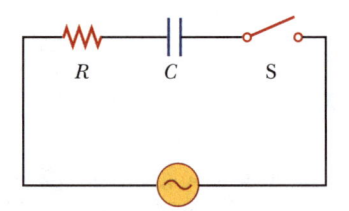

Figura PO11.3

4. (i) Qual é a média no tempo do potencial de uma "onda quadrada" mostrada na Figura PO11.4? (a) $\sqrt{2}\,\Delta V_{\text{máx}}$, (b) $\Delta V_{\text{máx}}$, (c) $\Delta V_{\text{máx}}/\sqrt{2}$, (d) $\Delta V_{\text{máx}}/2$, (e) $\Delta V_{\text{máx}}/4$. (ii) Qual é a tensão rms? Escolha a partir das mesmas alternativas da parte (i).

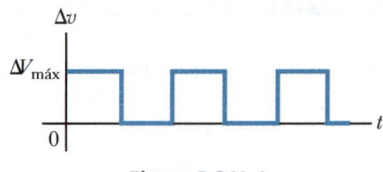

Figura PO11.4

5. Se a tensão em um elemento de circuito atinge seu valor máximo quando a corrente no circuito é zero, quais das afirmações a seguir *têm* que ser verdadeiras? (a) O elemento do circuito é um resistor. (b) O elemento do circuito é um capacitor. (c) O elemento do circuito é um indutor. (d) A corrente e a tensão estão 90° fora de fase. (e) A corrente e a tensão estão 180° fora de fase.

6. Uma diferença de potencial senoidalmente variável tem amplitude de 170 V. **(i)** Qual é o valor instantâneo mínimo? (a) 170 V, (b) 120 V, (c) 0, (d) −120 V, (e) −170 V. **(ii)** Qual é o valor médio? **(iii)** Qual é seu valor rms? Escolha a partir das mesmas alternativas da parte (i) para cada caso.

7. Um circuito RLC em série contém um resistor de 20,0 Ω, um capacitor de 0,750 μF e um indutor de 120 mH. **(i)** Se uma tensão rms senoidalmente variável de 120 V em $f = 500$ Hz for aplicada a esta combinação de elementos, qual é a corrente rms no circuito? (a) 2,33 A, (b) 6,00 A, (c) 10,0 A, (d) 17,0 A, (e) nenhuma das respostas. **(ii) E se?** Qual é a corrente rms no circuito quando opera em sua frequência de ressonância? Escolha a partir das mesmas alternativas que na parte (i).

8. Um resistor, um capacitor e um indutor estão conectados em série em uma fonte CA. Qual das afirmações a seguir é *falsa*? (a) A tensão instantânea no capacitor está atrasada em relação à corrente em 90°. (b) A tensão instantânea no indutor está adiantada em relação à corrente em 90°. (c) A tensão instantânea no resistor está em fase com a corrente. (d) As tensões no resistor, capacitor e indutor não estão em fase. (e) A tensão rms na combinação dos três elementos é igual à soma algébrica das tensões rms em cada elemento separadamente.

9. Em quais condições a impedância de um circuito RLC em série é igual à resistência nele? (a) A frequência motora é inferior à de ressonância. (b) A frequência motora é igual à de ressonância. (c) A frequência motora é maior que a de ressonância. (d) sempre, (e) nunca.

10. Qual é o ângulo de fase em um circuito RLC em série na ressonância? (a) 180°, (b) 90°, (c) 0, (d) −90°, (e) nenhuma dessas resposta está necessariamente correta.

11. Um circuito contendo uma fonte CA, um capacitor, um indutor e um resistor tem ressonância com alto Q a 1.000 Hz. Da maior para a menor, ordene as seguintes contribuições à impedância do circuito naquela frequência e nas frequências inferior e superior. Aponte qualquer caso de igualdade em seu ranking. (a) X_C a 500 Hz, (b) X_C a 1.500 Hz, (c) X_L a 500 Hz, (d) X_L a 1.500 Hz, (e) R a 1.000 Hz.

12. Uma bateria de 6,00 V está conectada a uma bobina primária de um transformador com 50 espiras. Se a bobina secundária do transformador tiver 100 espiras, qual tensão aparece nela? (a) 24,0 V, (b) 12,0 V, (c) 6,00 V, (d) 3,00 V, (e) nenhuma dessas respostas.

13. Amperímetros e voltímetros CA mostram valores (a) de pico a pico, (b) máximos, (c) rms ou (d) médios?

Perguntas Conceituais

1. (a) Explique como o fator de qualidade está relacionado às características de resposta de um receptor de rádio. (b) Qual variável influencia mais fortemente este fator?

2. (a) Explique como o padrão mnemônico "*ELI the ICE man*" pode ser utilizado para lembrar se a corrente está adiantada em relação à tensão ou se a tensão está adiantada em relação à corrente em circuitos RLC. Note que E representa fem $\mathcal{E}$. (b) Explique como "CIVIL" funciona como outro dispositivo mnemônico, onde V representa a tensão.

3. Por que a soma das tensões máximas em cada elemento em um circuito RLC em série geralmente é maior que a tensão máxima aplicada? Essa desigualdade não viola a lei das malhas de Kirchhoff?

4. (a) O ângulo de fase em um circuito RLC em série depende da frequência? (b) Qual é o ângulo de fase para o circuito quando a reatância indutiva é igual à capacitiva?

5. Pesquise para responder a essas questões: Quem inventou o detector de metais? Por quê? Quais são suas limitações?

6. Como mostra a Figura PC11.6, uma pessoa empurra um aspirador de pó a uma velocidade v em um piso horizontal, exercendo sobre ele uma força de módulo F direcionada para cima em um ângulo θ com a horizontal. (a) Em qual taxa a pessoa está realizando trabalho no aspirador?

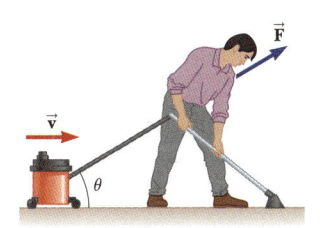

Figura PC11.6

(b) Formule o mais completamente possível a analogia entre potência nesta situação e em um circuito elétrico.

7. Uma fonte de alimentação específica pode ser modelada como uma fonte de fem em série com uma resistência de 10 Ω e uma reatância indutiva de 5 Ω. Para obter a potência máxima fornecida para a carga, descobre-se que esta deve ter uma resistência de $R_L = 10$ Ω, uma reatância indutiva zero e reatância capacitiva de 5 Ω. (a) Com esta carga, o circuito está em ressonância? (b) Com esta carga, que fração da potência média produzida pela fonte de fem é fornecida? (c) Para aumentar a fração da potência fornecida à carga, como esta pode ser modificada? Você pode revisar o Exemplo 6.2 e o Problema 4 no Capítulo 6 sobre transferência máxima de potência em circuitos CC.

8. Um transformador funcionará se uma bateria for utilizada para tensão de entrada no primário? Explique.

9. (a) Por que um capacitor atua como um curto-circuito em frequências altas? (b) Por que um capacitor atua como um circuito aberto em frequências baixas?

10. Uma tempestade de gelo danifica uma linha de transmissão e interrompe a energia elétrica em uma cidade. Uma pessoa liga um gerador de 120 V movido a gasolina e conecta seus terminais de saída aos "quente" e "terra" do painel elétrico de sua casa. Em um poste de energia elétrica próximo há um transformador projetado para reduzir gradualmente a tensão para uso doméstico. Ele tem uma relação de espiras N_1/N_2 de 100 para 1. Um técnico de manutenção sobe no poste. Que tensão ele vai encontrar no lado de entrada do transformador? Como esta questão implica, precauções de segurança devem ser tomadas no uso de geradores domésticos e durante quedas de energia em geral.

Problemas

> **WebAssign** Os problemas que se encontram neste capítulo podem ser resolvidos *on-line* no Enhanced WebAssign (em inglês)
>
> 1. denota problema simples;
> 2. denota problema intermediário;
> 3. denota problema de desafio;
>
> **AMT** *Analysis Model Tutorial* disponível no Enhanced WebAssign (em inglês);
>
> **M** denota tutorial *Master It* disponível no Enhanced WebAssign (em inglês);
>
> **PD** denota problema dirigido;
>
> **W** solução em vídeo *Watch It* disponível no Enhanced WebAssign (em inglês).

Seção 11.1 Fontes CA

Seção 11.2 Resistores em um circuito CA

1. Quando uma fonte CA é conectada a um resistor de 12,0 Ω, a corrente rms neste é de 8,00 A. Encontre (a) a tensão rms no resistor, (b) a tensão de pico da fonte, (c) a corrente máxima no resistor e (d) a potência média fornecida para o resistor.

2. (a) Qual é a resistência de uma lâmpada que utiliza potência média de 75,0 W quando conectada a uma fonte de alimentação de 60,0 Hz com tensão máxima de 170 V? (b) **E se?** Qual é a resistência de uma lâmpada de 100 W?

3. Uma fonte de alimentação produz tensão máxima $\Delta V_{máx}$ = 100 V. Esta fonte de alimentação está conectada a um resistor $R = 24,0$ Ω e a corrente e a tensão do resistor são medidas com um amperímetro e um voltímetro CA ideais, como mostra a Figura P11.3. Um amperímetro ideal tem resistência zero, um voltímetro ideal, resistência infinita. Qual é a leitura no (a) amperímetro e no (b) voltímetro?

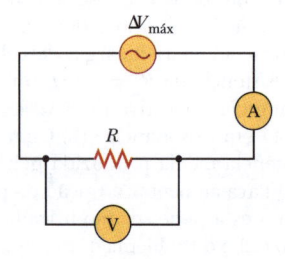

Figura P11.3

4. Uma lâmpada específica é classificada como 60,0 W quando opera a uma tensão rms de 120 V. (a) Qual é a tensão de pico aplicada na lâmpada? (b) Qual é a resistência da lâmpada? (c) Uma lâmpada de 100 W tem resistência maior ou menor que uma de 60,0 W? Explique.

5. A corrente no circuito mostrada na Figura P11.5 é igual a 60,0% da corrente de pico em $t = 7,00$ ms. Qual é a menor frequência da fonte que resulta nesta corrente?

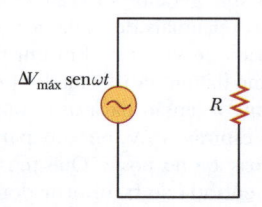

Figura P11.5 Problemas 5 e 6.

6. No circuito CA mostrado na Figura P11.5, $R = 70,0$ Ω e a saída de tensão da fonte CA é $\Delta V_{máx}$ sen ωt. (a) Se $\Delta V_R = 0,250\ \Delta V_{máx}$ para a primeira vez em $t = 0,0100$ s, qual é a frequência angular da fonte? (b) Qual é o próximo valor de t para o qual $\Delta V_R = 0,250\ \Delta V_{máx}$?

7. Um amplificador de áudio, representado pela fonte CA e o resistor na Figura P11.7, fornece ao alto-falante tensão alternada em frequências de áudio. Se a tensão da fonte tiver amplitude de 15,0 V, $R = 8,20$ Ω e o alto-falante for equivalente a uma resistência de 10,4 Ω, qual é a média no tempo da potência transferida para ele?

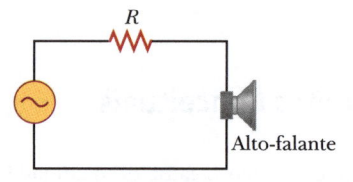

Figura P11.7

8. A Figura P11.8 mostra três lâmpadas conectadas a uma tensão de alimentação doméstica CA (rms) de 120 V. As lâmpadas 1 e 2 têm classificação de potência de 150 W, e a 3 de 100 W. Encontre (a) a corrente rms em cada lâmpada e (b) a resistência de cada lâmpada. (c) Qual é a resistência total da combinação das três lâmpadas?

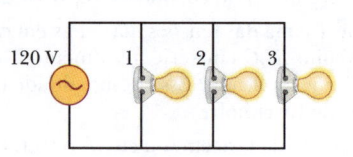

Figura P11.8

Seção 11.3 Indutores em um circuito CA

9. Um indutor tem reatância de 54,0 Ω quando conectado a uma fonte de 60,0 Hz. O indutor é removido e depois conectado a uma fonte de 50,0 Hz, que produz uma tensão rms de 100 V. Qual é a corrente máxima no indutor?

10. **M** Em um circuito CA puramente indutivo, como mostra a Figura P11.10, $\Delta V_{máx} = 100$ V. (a) A corrente máxima é 7,50 A a 50,0 Hz. Calcule a indutância L. (b) **E se?** Em qual frequência angular ω a corrente máxima é 2,50 A?

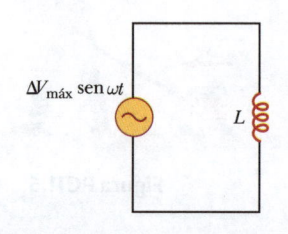

Figura P11.10 Problemas 10 e 11.

11. ☒ Para o circuito mostrado na Figura P11.10, $\Delta V_{\text{máx}} = 80{,}0$ V, $\omega = 65{,}0\,\pi$ rad/s e $L = 70{,}0$ mH. Calcule a corrente no indutor em $t = 15{,}5$ ms.

12. Um indutor está conectado a uma fonte de alimentação CA com tensão máxima de saída de 4,00 V a uma frequência de 300 Hz. Qual indutância é necessária para manter a corrente rms inferior a 2,00 mA?

13. Uma fonte CA tem tensão rms de saída de 78,0 V a uma frequência de 80,0 Hz. Se a fonte for conectada a um indutor de 25,0 mH, quais são (a) a reatância indutiva do circuito, (b) a corrente rms no circuito e (c) a corrente máxima no circuito?

14. ☒ Um indutor de 20,0 mH está conectado a uma tomada elétrica padrão norte-americano ($\Delta V_{\text{rms}} = 120$ V, $f = 60{,}0$ Hz). Supondo que a energia armazenada no indutor seja zero em $t = 0$, determine a energia armazenada em $t = \frac{1}{180}$ s.

15. *Revisão.* Determine o fluxo magnético máximo em um indutor conectado a uma tomada elétrica de padrão norte-americano ($\Delta V_{\text{rms}} = 120$ V, $f = 60{,}0$ Hz).

16. A tensão de saída de uma fonte CA é dada por $\Delta v = 120 \operatorname{sen} 30{,}0\,\pi t$, onde Δv está em volts e t em segundos. A fonte está conectada a um indutor de 0,500 H. Encontre (a) a frequência da fonte, (b) a tensão rms no indutor, (c) a reatância indutiva do circuito, (d) a corrente rms no indutor e (e) a corrente máxima no indutor.

Seção 11.4 Capacitores em um circuito CA

17. Um capacitor de 1,00 mF é conectado a uma tomada elétrica de padrão norte-americano ($\Delta V_{\text{rms}} = 120$ V, $f = 60{,}0$ Hz). Supondo que a energia armazenada no capacitor seja zero em $t = 0$, determine o módulo da corrente nos fios em $t = \frac{1}{180}$ s.

18. Uma fonte CA com tensão rms de saída de 36,0 V em uma frequência de 60,0 Hz está conectada a um capacitor de 12,0 μF. Encontre (a) a reatância capacitiva, (b) a corrente rms e (c) a corrente máxima no circuito. (d) O capacitor tem sua carga máxima quando a corrente atinge seu valor máximo? Explique.

19. (a) Para quais frequências um capacitor de 22,0 μF tem uma reatância inferior a 175 Ω? (b) **E se?** Qual é a reatância de um capacitor de 44,0 μF na mesma faixa de frequência?

20. Uma fonte fornece uma tensão CA na forma $\Delta v = 98{,}0 \operatorname{sen} 80\pi t$, onde Δv está em volts e t em segundos, para um capacitor. A corrente máxima no circuito é 0,500 A. Encontre (a) a tensão rms da fonte, (b) a frequência da fonte e (c) o valor da capacitância.

21. ☒ Qual é a corrente máxima fornecida por uma fonte CA com $\Delta V_{\text{máx}} = 48{,}0$ V e $f = 90{,}0$ Hz quando conectada em um capacitor de 3,70 μF?

22. Um capacitor C está conectado a uma fonte de alimentação que opera em uma frequência f e produz tensão rms ΔV. Qual é a carga máxima que aparece na placa do capacitor?

23. ☒ Qual é a corrente máxima em um capacitor de 2,20 μF quando estiver conectado a (a) uma tomada elétrica de padrão norte-americano com $\Delta V_{\text{rms}} = 120$ V e $f = 60{,}0$ Hz, e (b) uma tomada elétrica de padrão europeu com $\Delta V_{\text{rms}} = 240$ V e $f = 50{,}0$ Hz?

Seção 11.5 O circuito *RLC* em série

24. ☒ Uma fonte CA com $\Delta V_{\text{máx}} = 150$ V e $f = 50{,}0$ Hz está conectada entre os pontos a e d na Figura P11.24. Calcule as tensões máximas entre os pontos (a) a e b, (b) b e c, (c) c e d, e (d) b e d.

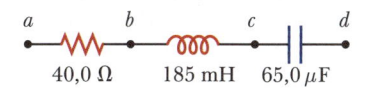

Figura P11.24
Problemas 24 e 81.

25. Além do diagrama fasorial que mostra tensões, como na Figura 11.15, é possível esboçar diagramas fasoriais com resistência e reatâncias. A resultante do acréscimo de fasores é a impedância. Faça a escala de um diagrama fasorial mostrando Z, X_L, X_C e ϕ para um circuito CA em série para o qual $R = 300\,\Omega$, $C = 11{,}0\,\mu$F, $L = 0{,}200$ H e $f = 500/\pi$ Hz.

26. ☒ Uma tensão senoidal $\Delta v = 40{,}0 \operatorname{sen} 100t$, onde Δv está em volts e t em segundos, é aplicada a um circuito *RLC* em série com $L = 160$ mH, $C = 99{,}0\,\mu$F e $R = 68{,}0\,\Omega$. (a) Qual é a impedância do circuito? (b) Qual é a corrente máxima? Determine os valores numéricos para (c) ω e (d) ϕ na Equação $i = I_{\text{máx}} \operatorname{sen}(\omega t - \phi)$.

27. ☒ Um circuito CA em série contém um resistor, um indutor de 150 mH, um capacitor de 5,00 μF e uma fonte com $\Delta V_{\text{máx}} = 240$ V operando a 50,0 Hz. A corrente máxima no circuito é 100 mA. Calcule (a) a reatância indutiva, (b) a reatância capacitiva, (c) a impedância, (d) a resistência no circuito e (e) o ângulo de fase entre a corrente e a tensão da fonte.

28. Em qual frequência a reatância indutiva de um indutor de 57,0 μH é igual à reatância capacitiva de um capacitor de 57,0 μF?

29. Um circuito *RLC* é formado por um resistor de 150 Ω, um capacitor de 21,0 μF e um indutor de 460 mH conectados em série a uma fonte de alimentação de 120 V e 60,0 Hz. (a) Qual é o ângulo de fase entre a corrente e a tensão aplicada? (b) O que atinge seu máximo primeiro, a corrente ou a tensão?

30. Desenhe fasores em escala para as seguintes tensões em unidades SI: (a) 25,0 sen ωt em $\omega t = 90{,}0\,°$, (b) 30,0 sen ωt em $\omega t = 60{,}0°$, e (c) 18,0 sen ωt em $\omega t = 300°$.

31. ☒ Um indutor ($L = 400$ mH), um capacitor ($C = 4{,}43\,\mu$F) e um resistor ($R = 500\,\Omega$) estão conectados em série. Uma fonte CA de 50,0 Hz produz uma corrente de pico de 250 mA no circuito. (a) Calcule a tensão de pico necessária $\Delta V_{\text{máx}}$. (b) Determine o ângulo de fase no qual a corrente está adiantada ou atrasada em relação à tensão aplicada.

32. Um resistor de 60,0 Ω está conectado em série com um capacitor de 30,0 μF e a uma fonte cuja tensão máxima é 120 V, operando a 60,0 Hz. Encontre (a) a reatância capacitiva do circuito, (b) a impedância do circuito e (c) a corrente máxima no circuito. (d) A tensão está adiantada ou atrasada em relação à corrente? (e) Como a adição de um indutor em série com um resistor e um capacitor existentes afetará a corrente? Explique.

33. *Revisão.* Em um circuito *RLC* em série que inclui uma fonte de corrente alternada operando em frequência e tensão fixas, a resistência R é igual à reatância indutiva. Se a separação de placas do capacitor de placas paralelas for reduzida para metade de seu valor original, a corrente no circuito dobra. Encontre a reatância capacitiva inicial em termos de R.

Seção 11.6 Potência em um circuito CA

34. *Por que a seguinte situação é impossível?* Um circuito em série consiste de uma fonte CA ideal (sem indutância ou capacitância na própria fonte) com uma tensão rms de ΔV a uma frequência f e uma buzina magnética com resistência R e indutância L. Ao ajustar cuidadosamente a indutância L do circuito, um fator de potência de exatamente 1,00 é obtido.

35. **W** Um circuito RLC em série tem resistência de 45,0 Ω e impedância de 75,0 Ω. Que potência média é fornecida ao circuito quando $\Delta V_{rms} = 210$ V ?

36. **W** Uma tensão CA da forma $\Delta v = 100$ sen $1.000t$, onde Δv está em volts e t em segundos, é aplicada a um circuito RLC em série. Suponha que a resistência seja 400 Ω, a capacitância, 5,00 μF e a indutância, 0,500 H. Encontre a potência média fornecida para o circuito.

37. Um circuito RLC em série tem resistência de 22,0 Ω e impedância de 80,0 Ω. Se a tensão rms aplicada ao circuito for de 160 V, qual é a potência média fornecida para o circuito?

38. Uma tensão CA da forma $\Delta v = 90{,}0$ sen $350t$, onde Δv está em volts e t em segundos, é aplicada a um circuito RLC em série. Se $R = 50{,}0$ Ω, $C = 25{,}0$ μF e $L = 0{,}200$ H, encontre (a) a impedância do circuito, (b) a corrente rms no circuito e (c) a potência média fornecida ao circuito.

39. **W** Em um circuito RLC em série específico, $I_{rms} = 9{,}00$ A, $\Delta V_{rms} = 180$ V e a corrente está adiantada em relação à tensão em 37,0°. (a) Qual é a resistência total do circuito? (b) Calcule a reatância do circuito $(X_L - X_C)$.

40. **W** Suponha que você administre uma fábrica que utiliza vários motores elétricos, que criam uma carga indutiva grande na linha de energia elétrica, assim como uma carga resistiva. A companhia elétrica desenvolve uma linha de distribuição ultrapesada para alimentação da fábrica com dois componentes de corrente: um que está a 90° fora de fase com a tensão e outro que está em fase com a tensão. A companhia elétrica cobra uma tarifa extra por "volts-ампères reativos" além da quantia que já é paga pela energia utilizada. Você pode evitar a tarifa extra, instalando um capacitor entre a linha de alimentação e sua fábrica. O problema a seguir modela esta solução.

    Em um circuito RL, uma fonte de 120 V (rms) e 60,0 Hz está em série com um indutor de 25,0 mH e um resistor de 20,0 Ω. Quais são (a) a corrente rms e (b) o fator de potência? (c) Qual capacitor deve ser acrescentado em série para tornar o fator de potência igual a 1? (d) Em qual valor a tensão de alimentação pode ser reduzida se a potência fornecida for a mesma que antes de o capacitor ter sido instalado?

41. Diodo é um dispositivo que permite que a corrente seja transportada em uma única direção (a direção indicada pela ponta da seta em seu símbolo de circuito). Encontre a potência média fornecida ao circuito do diodo da Figura P11.41 em termos de ΔV_{rms} e R.

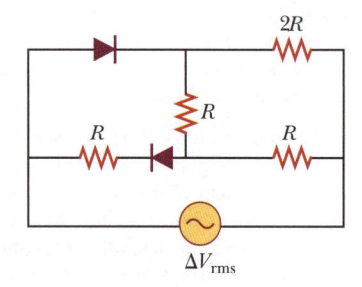

Figura P11.41

Seção 11.7 Ressonância em um circuito RLC em série

42. **W** Um circuito RLC em série tem componentes com os valores a seguir: $L = 20{,}0$ mH, $C = 100$ nF, $R = 20{,}0$ Ω e $\Delta V_{máx} = 100$ V, com $\Delta v = \Delta V_{máx}$ sen ωt. Encontre (a) a frequência de ressonância do circuito, (b) a amplitude da corrente na frequência de ressonância, (c) o fator Q do circuito e (d) a amplitude da tensão no indutor na ressonância.

43. **AMT M** Um circuito RLC é utilizado em um rádio para sintonizar uma estação de FM transmitindo a $f = 99{,}7$ MHz. A resistência no circuito é $R = 12{,}0$ Ω e a indutância, $L = 1{,}40$ μH. Qual capacitância deve ser utilizada?

44. O circuito LC de um transmissor de radar oscila a 9,00 GHz. (a) Qual indutância é necessária para que o circuito ressoe nessa frequência se sua capacitância for 2,00 pF? (b) Qual é a reatância indutiva do circuito nessa frequência?

45. Um resistor de 10,0 Ω, um indutor de 10,0 mH e um capacitor de 100 μF estão conectados em série a uma fonte de 50,0 V (rms) com frequência variável. Se a frequência operacional for duas vezes a de ressonância, encontre a energia fornecida ao circuito por um período.

46. Um resistor R, um indutor L e um capacitor C estão conectados em série a uma fonte CA de tensão rms ΔV e frequência variável. Se a frequência operacional for duas vezes a de ressonância, encontre a energia fornecida para o circuito durante um período.

47. **Revisão.** Um transmissor de radar contém um circuito LC oscilando a $1{,}00 \times 10^{10}$ Hz. (a) Para um indutor de uma espira com indutância de 400 pH ressoar nesta frequência, qual capacitância é necessária em série com o indutor? (b) O capacitor tem placas quadradas e paralelas separadas por 1,00 mm no ar. Qual deve ser o tamanho do lado das placas? (c) Qual é a reatância comum do indutor e do capacitor na ressonância?

Seção 11.8 O transformador e a transmissão de energia

48. **W** Um transformador redutor é utilizado para recarregar as baterias de dispositivos eletrônicos portáteis. A relação de espiras N_2/N_1 para um transformador específico utilizado em um reprodutor de DVD é 1:13. Quando utilizado com serviço residencial de 120 V (rms), o transformador utiliza uma corrente rms de 20,0 mA da tomada da casa. Encontre (a) a tensão de saída rms do transformador e (b) a alimentação fornecida ao reprodutor de DVD.

49. **M** A bobina primária de um transformador tem $N_1 = 350$ espiras, e a secundária, $N_2 = 2.000$ espiras. Se a tensão de entrada na bobina primária é $\Delta v = 170 \cos \omega t$, onde Δv está em volts e t em segundos, qual tensão rms é desenvolvida na bobina secundária?

50. **AMT** Uma linha de transmissão, que tem resistência de $4{,}50 \times 10^{-4}$ Ω por unidade de comprimento, vai ser utilizada para transmitir 5,00 MW em 400 mi ($6{,}44 \times 10^5$ m). A tensão de saída da fonte é 4,50 kV. (a) Qual é a perda da linha se um transformador for utilizado para aumentar a tensão para 500 kV? (b) Qual fração da potência de entrada é perdida na linha nessas circunstâncias? (c) **E se?** Quais seriam as dificuldades encontradas para tentar transmitir os 5,00 MW na tensão da fonte de 4,50 kV?

51. No transmissor mostrado na Figura P11.51, a resistência de carga R_L é 50,0 Ω. A relação de espiras N_1/N_2 é 2,50 e a tensão rms da fonte é $\Delta V_s = 80{,}0$ V. Se um voltímetro na resistência de carga medir uma tensão rms de 25,0 V, qual é a resistência da fonte R_s?

Figura P11.51

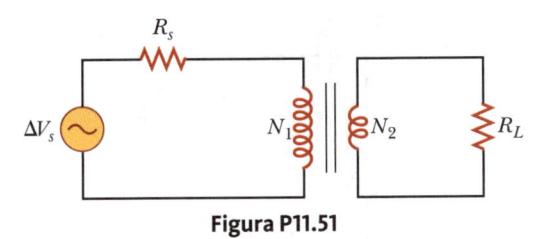

52. Uma pessoa está trabalhando próxima do secundário de um transformador, como mostra a Figura P11.52. A tensão no primário é 120 V a 60,0 Hz. A tensão no secundário é 5.000 V. A capacitância C_s, que é a de dispersão entre a mão e o enrolamento secundário, é 20,0 pF. Supondo que a pessoa tenha uma resistência corporal em relação à terra de $R_b = 50,0$ kΩ, determine a tensão rms no corpo. *Sugestão*: Modele o secundário do transformador como uma fonte CA.

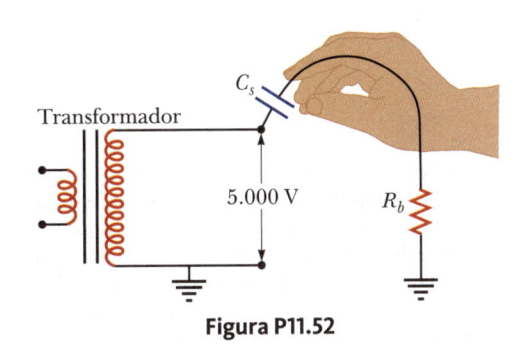

Figura P11.52

Seção 11.9 Retificadores e filtros

53. O filtro passa alta RC mostrado na Figura P11.53 tem resistência $R = 0,500$ Ω e capacitância $C = 613$ μF. Qual é a relação da amplitude da tensão de saída com a de entrada para este filtro para uma frequência de fonte de 600 Hz?

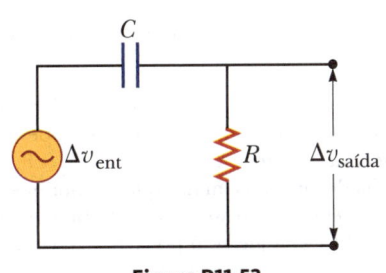

Figura P11.53
Problemas 53 e 54

54. Considere o filtro passa alta RC mostrado na Figura P11.53. (a) Encontre uma expressão para a relação da amplitude da tensão de saída com a de entrada em termos de R, C e da frequência da fonte CA w. (b) Qual o valor que essa relação atinge à medida que a frequência diminui para zero? (c) Qual o valor que essa relação atinge quando a frequência aumenta para valores muito altos?

55. A fonte de alimentação de encaixe para um rádio tem a mesma aparência que a mostrada na Figura 11.20 e está marcada com as seguintes informações: entrada de 120 V CA 8 W, saída de 9 V CC 300 mA. Suponha que esses valores sejam precisos em dois dígitos. (a) Encontre a eficiência energética do dispositivo quando o rádio está operando. (b) Em qual taxa a energia é desperdiçada no dispositivo quando o rádio está operando? (c) Suponha que a potência de entrada para o transformador seja 8,00 W quando o rádio é desligado, e a energia custe $ 0,110/kWh na compa-

nhia de energia. Encontre o custo de ter esses seis transformadores pela casa, cada um conectado por 31 dias.

56. Considere o circuito de filtro mostrado na Figura P11.56. (a) Mostre que a relação da amplitude da tensão de saída com a de entrada é

$$\frac{\Delta V_\text{saída}}{\Delta V_\text{ent}} = \frac{1/\omega C}{\sqrt{R^2 + \left(\frac{1}{\omega C}\right)^2}}$$

(b) De qual valor essa relação se aproxima conforme a frequência diminui em direção a zero? (c) De qual valor essa relação se aproxima conforme a frequência aumenta sem limite? (d) Em qual frequência a relação é igual à metade?

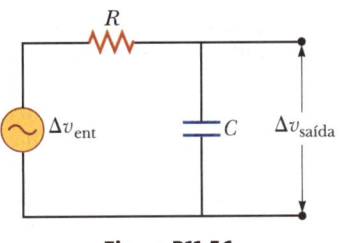

Figura P11.56

Problemas Adicionais

57. Um transformador elevador é projetado para ter uma tensão de saída de 2.200 V (rms) quando o primário está conectado em uma fonte de 110 V (rms). (a) Se o enrolamento primário tem exatamente 80 espiras, quantas são necessárias no secundário? (b) Se um resistor de carga no secundário utiliza uma corrente de 1,50 A, qual é a corrente no primário, supondo condições ideais? (c) **E se?** Se o transformador, na realidade, tiver uma eficiência de 95,0%, qual é a corrente no primário quando a corrente secundária for 1,20 A?

58. *Por que a seguinte situação é impossível?* Um circuito RLC é utilizado em um rádio para sintonizar uma estação comercial. Os valores dos componentes do circuito são $R = 15,0$ Ω, $L = 2,80$ μF e $C = 0,910$ pF.

59. **Revisão.** O diagrama fasorial de tensão para um circuito RLC em série específico é mostrado na Figura P11.59. A resistência do circuito é 75,0 Ω e a frequência, 60,0 Hz. Encontre (a) a tensão máxima $\Delta V_\text{máx}$, (b) o ângulo de fase ϕ, (c) a corrente máxima, (d) a impedância, (e) a capacitância, (f) a indutância do circuito e (g) a potência média fornecida para o circuito.

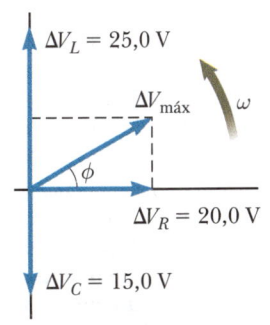

Figura P11.59

60. Considere um circuito RLC em série com os parâmetros $R = 200$ Ω, $L = 663$ mH e $C = 26,5$ μF. A tensão aplicada tem amplitude de 50,0 V e frequência de 60,0 Hz.

Encontre (a) a corrente $I_{máx}$ e sua fase em relação à tensão aplicada Δv, (b) a tensão máxima ΔV_R no resistor e sua fase em relação à corrente, (c) a tensão máxima ΔV_C no capacitor e sua fase em relação à corrente, e (d) a tensão máxima ΔV_L no indutor e sua fase em relação à corrente.

61. A energia deve ser transmitida em um par de fios de cobre em uma linha de transmissão na taxa de 20,0 kW com perda de somente 1,00% numa distância de 18,0 km na diferença de potencial $\Delta V_{rms} = 1,50 \times 10^3$ V entre os fios. Supondo que a densidade da corrente seja uniforme nos condutores, qual é o diâmetro necessário para cada um dos dois fios?

62. A energia deve ser transmitida por um par de fios de cobre em uma linha de transmissão a uma taxa P com perda de somente uma fração f numa distância ℓ na diferença de potencial ΔV_{rms} entre os fios. Supondo que a densidade da corrente seja uniforme nos condutores, qual é o diâmetro necessário para cada um dos dois fios?

63. Um resistor de 400 Ω, um indutor e um capacitor estão em série com uma fonte CA. A reatância do indutor é 700 Ω e a impedância do circuito, 760 Ω. (a) Quais são os valores possíveis da reatância do capacitor? (b) Se descobrir que a potência fornecida ao circuito diminui conforme você aumenta a frequência, qual é a reatância capacitiva no circuito original? (c) Repita a parte (a) supondo que a resistência seja 200 Ω, em vez de 400 Ω, e que a impedância do circuito continue a ser 760 Ω.

64. Mostre que o valor rms para tensão de dente da serra mostrado na Figura P11.64 é $\Delta V_{máx} \sqrt{3}$.

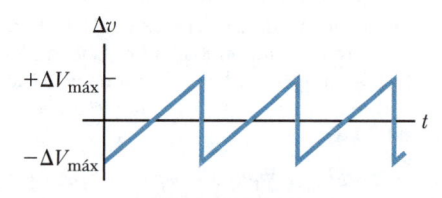

Figura P11.64

65. Um transformador pode ser utilizado para fornecer transferência de potência entre dois circuitos CA que têm impedâncias diferentes Z_1 e Z_2. Este processo é chamado *compatibilização de impedância*. (a) Mostre que a relação das espiras N_1/N_2 para este transformador é

$$\frac{N_1}{N_2} = \sqrt{\frac{Z_1}{Z_2}}$$

(b) Suponha que você deseje utilizar um transformador como dispositivo de compatibilização de impedância entre um amplificador de áudio que tem impedância de saída de 8,00 kΩ e um alto-falante que tem impedância de entrada de 8,00 Ω. Qual deve ser a relação N_1/N_2?

66. Um capacitor, uma bobina e dois resistores de resistência igual são dispostos em um circuito CA como mostra a Figura P11.66. Uma fonte CA disponibiliza uma fem de $\Delta V_{rms} = 20,0$ V numa frequência de 60,0 Hz. Quando a chave S de duas direções for aberta como mostrado nesta figura, a corrente rms é 183 mA. Quando for fechada na posição a, a corrente rms é 298 mA. Quando fechada na posição b, a corrente rms é 137 mA. Determine os valores de (a) R, (b) C e (c) L. (d) Mais de um conjunto de valores é possível? Explique.

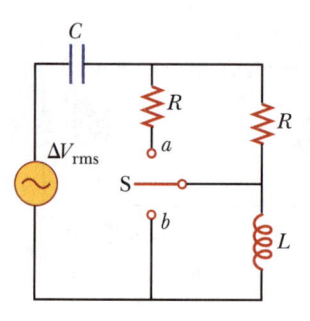

Figura P11.66

67. **W** Marie Cornu, uma física do Instituto Politécnico de Paris, inventou fasores por volta de 1880. Este problema o ajuda ver sua utilidade geral ao representar as oscilações. Duas vibrações mecânicas estão representadas pelas expressões

$$y_1 = 12,0 \text{ sen } 4,50t$$

e

$$y_2 = 12,0 \text{ sen } (4,50t + 70,0°)$$

onde y_1 e y_2 estão dados em centímetros e t em segundos. Encontre a amplitude e a constante de fase da soma dessas funções (a) ao utilizar a identidade trigonométrica (como no Apêndice B), e (b) ao representar as oscilações como fasores. (c) Formule o resultado da comparação dessas respostas com as partes (a) e (b). (d) Fasores fazem com que seja igualmente fácil adicionar ondas progressivas. Encontre a amplitude e a constante de fase da soma das três ondas representadas por

$$y_1 = 12,0 \text{ sen } (15,0x - 4,50t + 70,0°)$$
$$y_2 = 15,5 \text{ sen } (15,0x - 4,50t - 80,0°)$$
$$y_3 = 17,0 \text{ sen } (15,0x - 4,50t + 160°)$$

onde x, y_1, y_2 e y_3 estão dados em centímetros e t em segundos.

68. Um circuito RLC em série tem frequência angular de ressonância $2,00 \times 10^3$ rad/s. Quando está operando em uma frequência de entrada, $X_L = 12,0$ Ω e $X_C = 8,00$ Ω. (a) Essa frequência de entrada é maior que, menor que, ou a mesma que a frequência de ressonância? Explique como é possível saber. (b) Explique se é possível determinar os valores de L e C. (c) Se for possível, encontre L e C. Se não, apresente uma formulação compacta para a condição que L e C devem atender.

69. **AMT** Revisão. Um condutor isolado de um cabo de extensão residencial tem massa por unidade de comprimento de 19,0 g/m. Uma seção deste condutor é mantida sob tensão entre dois grampos. Uma subseção está localizada em um campo magnético de módulo 15,3 mT direcionado perpendicularmente ao comprimento do cabo. Quando o cabo transporta uma corrente CA de 9,00 A em uma frequência de 60,0 Hz, ele vibra em ressonância em seu modo de vibração de onda estacionária mais simples. (a) Determine a relação que deve ser atendida entre a separação d dos grampos e a tensão T no cabo. (b) Determine uma possível combinação de valores para essas variáveis.

70. (a) Esboce um gráfico do ângulo de fase para um circuito RLC em série como uma função da frequência angular a partir de zero até uma frequência muito maior que a de ressonância. (b) Identifique o valor de ϕ na frequência

Circuitos de corrente alternada   319

angular da ressonância ω_0. (c) Prove que a inclinação de ϕ por ω no ponto de ressonância é $2Q/\omega_0$.

71. Na Figura P11.71, encontre a corrente rms fornecida pela fonte de alimentação de 45,0 V (rms) quando a frequência for (a) muito grande e (b) muito pequena.

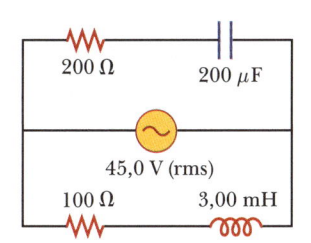

Figura P11.71

72. **Revisão.** No circuito mostrado na Figura P11.72, suponha que todos os parâmetros, com exceção de C, sejam dados. Encontre (a) a corrente no circuito como uma função do tempo e (b) a potência oferecida ao circuito. (c) Encontre a corrente como uma função do tempo *somente* após a chave 1 ser aberta. (d) Após a chave 2 *também* ser aberta, a corrente e a tensão estão em fase. Encontre a capacitância C. Encontre (e) a impedância do circuito quando ambas as chaves estiverem abertas, (f) a energia máxima armazenada no capacitor durante as oscilações, e (g) a energia máxima armazenada no indutor durante as oscilações. (h) Agora, a frequência da fonte de tensão é dobrada. Encontre a diferença de fase entre a corrente e a tensão. (i) Encontre a frequência que faz com que a reatância indutiva se torne metade da capacitiva.

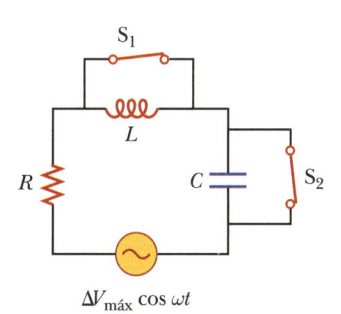

Figura P11.72

73. [PD] Um circuito RLC em série contém os seguintes componentes: $R = 150\ \Omega$, $L = 0{,}250$ H, $C = 2{,}00\ \mu$F e uma fonte com $\Delta V_{\text{máx}} = 210$ V operando a 50,0 Hz. Nosso objetivo é encontrar o ângulo de fase, o fator de potência e a potência de entrada para este circuito. (a) Encontre a reatância indutiva. (b) Encontre a reatância capacitiva. (c) Encontre a impedância. (d) Calcule a corrente máxima. (e) Determine o ângulo de fase entre a corrente e a tensão da fonte. (f) Encontre o fator de potência. (g) Encontre a potência de entrada.

74. Um circuito RLC em série opera a $2{,}00 \times 10^3$ Hz. Nessa frequência, $X_L = X_C = 1{,}884\ \Omega$. A resistência do circuito é $40{,}0\ \Omega$. (a) Prepare uma tabela mostrando os valores de X_L, X_C e Z para $f = 300$, 600, 800, $1{,}00 \times 10^3$, $1{,}50 \times 10^3$, $2{,}00 \times 10^3$, $3{,}00 \times 10^3$, $4{,}00 \times 10^3$, $6{,}00 \times 10^3$ e $1{,}00 \times 10^4$ Hz. (b) Faça uma representação gráfica de X_L, X_C e Z como uma função de ln f, no mesmo conjunto de eixos.

75. [M] Um circuito RLC em série consiste de um resistor de $8{,}00\ \Omega$, um capacitor de $5{,}00\ \mu$F e um indutor de 50,0 mH. Uma fonte de frequência variável aplica uma fem de 400 V (rms) na combinação. Supondo que a frequência seja igual à metade da de ressonância, determine a potência fornecida ao circuito.

76. Um circuito RLC em série, no qual $R = 1{,}00\ \Omega$, $L = 1{,}00$ mH e $C = 1{,}00$ nF, está conectado a uma fonte CA que fornece 1,00 V (rms). (a) Faça um gráfico preciso da potência fornecida ao circuito como uma função da frequência e (b) verifique se a largura total do pico de ressonância na metade do máximo é $R/2\pi L$.

Problemas de Desafio

77. O resistor na Figura P11.77 representa o alto-falante intermediário em um sistema de três alto-falantes. Suponha que sua resistência seja constante a $8{,}00\ \Omega$. A fonte representa um amplificador de áudio que produz sinais de amplitude uniforme $\Delta V_{\text{máx}} = 10{,}0$ V em todas as frequências de áudio. O indutor e o capacitor devem funcionar como um filtro passa banda com $\Delta V_{\text{saída}}/\Delta V_{\text{ent}} = \frac{1}{2}$ a 200 Hz e a $4{,}00 \times 10^3$ Hz. Determine os valores necessários de (a) L e (b) C. Encontre (c) o valor máximo da relação $\Delta V_{\text{saída}}/\Delta V_{\text{ent}}$; (d) a frequência f_0 na qual a relação atinge seu valor máximo; (e) a variação de fases entre $\Delta v_{\text{saída}}$ e Δv_{ent} a 200 Hz, a f_0, e a $4{,}00 \times 10^3$ Hz; e (f) a potência média transferida para o alto-falante a 200 Hz, a f_0, e a $4{,}00 \times 10^3$ Hz. (g) Tratando o filtro como um circuito ressonante, encontre seu fator de qualidade.

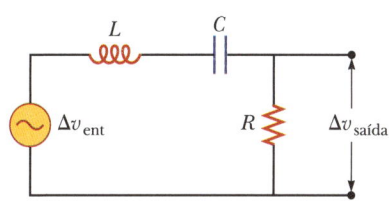

Figura P11.77

78. Um resistor de $80{,}0\ \Omega$ e um indutor de 200 mH estão conectados em *paralelo* em uma fonte de 100 V (rms) e 60,0 Hz. (a) Qual é a corrente rms no resistor? (b) Em qual ângulo a corrente total fica à frente ou atrás da tensão?

79. Uma tensão $\Delta v = 100$ sen ωt, onde Δv é dado em volts e t em segundos, é aplicada a uma combinação em série de um indutor de 2,00 H, um capacitor de 10,0 μF e um resistor de $10{,}0\ \Omega$. (a) Determine a frequência angular ω_0 na qual a potência fornecida ao resistor atinge o máximo. (b) Calcule a potência média fornecida nessa frequência. (c) Determine as duas frequências angulares ω_1 e ω_2 nas quais a potência atinge a metade do valor máximo. *Observação*: O Q do circuito é $\omega_0/(\omega_2 - \omega_1)$.

80. A Figura P11.80a mostra um circuito paralelo RLC. As tensões instantâneas (e as tensões rms) em cada um dos três elementos do circuito são as mesmas e cada um está em fase com a corrente no resistor. As correntes em C e L estão atrasadas em relação à corrente no resistor, como mostrado no diagrama fasorial de corrente, Figura P11.80b. (a) Mostre que a corrente rms fornecida pela fonte é

$$I_{\text{rms}} = \Delta V_{\text{rms}} \left[\frac{1}{R^2} + \left(\omega C - \frac{1}{\omega L} \right)^2 \right]^{1/2}$$

(b) Mostre que o ângulo de fase ϕ entre ΔV_{rms} e I_{rms} é dado por

$$\text{tg}\ \phi = R \left(\frac{1}{X_C} - \frac{1}{X_L} \right)$$

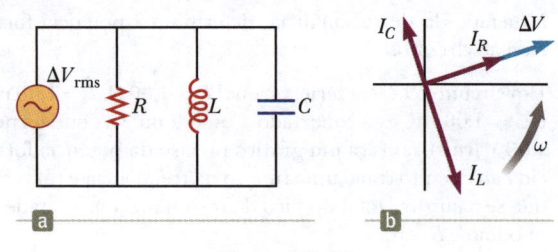

Figura P11.80

81. Uma fonte CA com ΔV_{rms} = 120 V está conectada entre os pontos a e d na Figura P11.24. Em qual frequência ela fornecerá uma potência de 250 W? Explique sua resposta.

capítulo 12

Ondas eletromagnéticas

12.1 Corrente de deslocamento e forma geral da Lei de Ampère
12.2 As equações de Maxwell e as descobertas de Hertz
12.3 Ondas eletromagnéticas no plano
12.4 Energia transportada por ondas eletromagnéticas
12.5 Quantidade de movimento e pressão de radiação
12.6 Produção de ondas eletromagnéticas por uma antena
12.7 Espectro das ondas eletromagnéticas

As ondas descritas nos capítulos 2, 3 e 4 do Volume 2 são mecânicas. Por definição, a propagação de distúrbios mecânicos – como ondas sonoras, aquáticas e ondas em uma corda – necessita da presença de um meio. Este capítulo aborda as propriedades das ondas eletromagnéticas, que (ao contrário das ondas mecânicas) podem se propagar pelo espaço vazio.

Começamos considerando as contribuições de Maxwell na modificação da Lei de Ampère, que estudamos no Capítulo 8. Depois, discutiremos as equações de Maxwell, que formam a base teórica de todos os fenômenos eletromagnéticos. Essas equações preveem a existência de ondas eletromagnéticas que se propagam pelo espaço na velocidade da luz conforme o modelo de onda itinerante. Heinrich Hertz confirmou a previsão de Maxwell quando gerou e detectou ondas eletromagnéticas em 1887. Esta descoberta levou a vários sistemas práticos de comunicações, como rádio, televisão, sistemas de telefonia celular, conexão à internet sem fio e a optoeletrônica.

Esta imagem da Nebulosa Crab tirada com luz visível mostra uma variedade de cores, cada uma representando um comprimento de onda diferente de luz visível. *(NASA, ESA, J. Hester, A. Loll (ASU))*

Em seguida, aprenderemos como ondas eletromagnéticas são geradas ao oscilar cargas elétricas. As ondas radiadas a partir das cargas oscilantes podem ser detectadas a grandes distâncias. Além disso, como as ondas eletromagnéticas transportam energia (T_{RE} na Equação 8.2) e quantidade de movimento, podem exercer pressão em uma superfície. Conclui-se o capítulo com uma visualização de várias frequências abrangidas pelas ondas eletromagnéticas.

James Clerk Maxwell
Físico teórico escocês (1831-1879)
Maxwell desenvolveu as teorias eletromagnética da luz e cinética dos gases, e explicou a natureza dos anéis de Saturno e da visão das cores. A interpretação bem-sucedida de Maxwell do campo eletromagnético resultou nas equações de campo que levam seu nome. Uma habilidade matemática formidável combinada com uma grande percepção fez com que liderasse os estudos sobre eletromagnetismo e teoria cinética. Maxwell morreu de câncer antes de completar 50 anos de idade.

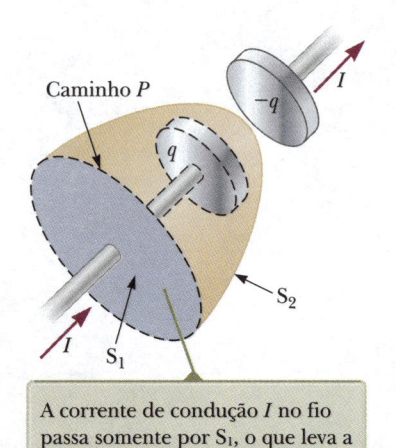

12.1 Corrente de deslocamento e forma geral da Lei de Ampère

No Capítulo 8, utilizamos a Lei de Ampère (Eq. 8.13 do Volume 3) para analisar os campos magnéticos criados por correntes:

$$\oint \vec{B} \cdot d\vec{s} = \mu_0 I$$

Nesta equação, a integral da linha está sobre qualquer caminho fechado pelo qual a corrente de condução passa, em que a corrente de condução é definida pela expressão $I = dq/dt$ (nesta seção, utilizaremos o termo *corrente de condução* para nos referirmos à corrente transportada pelos portadores de carga no fio, a fim de distingui-la de um novo tipo de corrente que apresentaremos em breve). Mostraremos agora que a Lei de Ampère nesta forma é válida somente se os campos elétricos presentes forem constantes no tempo. James Clerk Maxwell reconheceu esta limitação e modificou essa lei para incluir campos elétricos que variam com o tempo.

Considere um capacitor sendo carregado como ilustrado na Figura 12.1. Quando uma corrente de condução estiver presente, a carga na placa positiva muda, mas nenhuma corrente de condução existe no intervalo entre as placas porque não há portadores de corrente no intervalo. Considere agora as duas superfícies S_1 e S_2 na Figura 12.1, limitadas pelo mesmo caminho P. A Lei de Ampère afirma que $\oint \vec{B} \cdot d\vec{s}$ ao redor desse caminho deve ser igual a $\mu_0 I$, onde I é a corrente total por *qualquer* superfície limitada pelo caminho P.

Quando o caminho P for considerado o limite de S_1, $\oint \vec{B} \cdot d\vec{s} = \mu_0 I$, porque a corrente de condução I passa por S_1. Quando o caminho for considerado o limite de S_2, entretanto, $\oint \vec{B} \cdot d\vec{s} = 0$, porque nenhuma corrente de condução passa por S_2. Portanto, temos uma situação contraditória que surge a partir da descontinuidade da corrente! Maxwell resolveu este problema ao postular um termo adicional ao lado direito da Lei de Ampère, que inclui um fator chamado **corrente de deslocamento** I_d, definida como[1]

Corrente de deslocamento ▶
$$I_d \equiv \varepsilon_0 \frac{d\Phi_E}{dt} \qquad (12.1)$$

onde ε_0 é a permissividade do espaço livre (consulte a Seção 1.3) e $\Phi_E \equiv \int \vec{E} \cdot d\vec{A}$ é o fluxo elétrico (consulte a Eq. 2.3) na superfície limitada pelo caminho de integração.

Conforme o capacitor é carregado (ou descarregado), o campo elétrico variável entre as placas pode ser considerado equivalente a uma corrente que atua como uma continuação da corrente de condução no fio. Quando a expressão para a corrente de deslocamento dada pela Equação 12.1 for acrescentada à corrente de condução no lado direito da Lei de Ampère, a dificuldade representada na Figura 12.1 é resolvida. Não importa qual superfície limitada pelo caminho P seja escolhida, uma corrente de condução ou uma de deslocamento passa por ela. Com este novo termo I_d, podemos expressar a forma geral da Lei de Ampère (chamada às vezes **Lei de Ampère-Maxwell**) como

Lei de Ampère-Maxwell ▶
$$\oint \vec{B} \cdot d\vec{s} = \mu_0(I + I_d) = \mu_0 I + \mu_0 \varepsilon_0 \frac{d\Phi_E}{dt} \qquad (12.2)$$

Figura 12.1 Duas superfícies S_1 e S_2 próximas à placa de um capacitor estão limitadas pelo mesmo caminho P.

A corrente de condução I no fio passa somente por S_1, o que leva a uma contradição na Lei de Ampère, que é resolvida somente se postularmos uma corrente de deslocamento por S_2.

Podemos compreender o significado desta expressão remetendo-nos à Figura 12.2. O fluxo elétrico na superfície S é $\Phi_E = \int \vec{E} \cdot d\vec{A} = EA$, onde A é a área das placas do capacitor e E o módulo do campo elétrico uniforme entre as placas. Se q é a carga nas placas em qualquer instante, então $E = q/(\varepsilon_0 A)$ (consulte a Seção 4.2). Portanto, o fluxo elétrico em S é

$$\Phi_E = EA = \frac{q}{\varepsilon_0}$$

---
[1] *Deslocamento* neste contexto não tem o mesmo significado do Capítulo 2 do Volume 1. Apesar das implicações imprecisas, a palavra pertence historicamente à linguagem da Física, e por isto continuamos a utilizá-la.

Assim, a corrente de deslocamento em S é

$$I_d = \varepsilon_0 \frac{d\Phi_E}{dt} = \frac{dq}{dt} \quad (12.3)$$

Isto é, a corrente de deslocamento I_d em S é precisamente igual à de condução I nos fios conectados ao capacitor!

Ao considerar a superfície S, podemos identificar a corrente de deslocamento como a fonte do campo magnético no limite da superfície. Esta corrente tem sua origem física no campo elétrico que varia com o tempo. O ponto central deste formalismo é que os campos magnéticos são produzidos *tanto* pelas correntes de condução *quanto* pelos campos elétricos que variam com o tempo. Este resultado foi um exemplo notável do trabalho teórico de Maxwell, e contribuiu para grandes avanços na compreensão do eletromagnetismo.

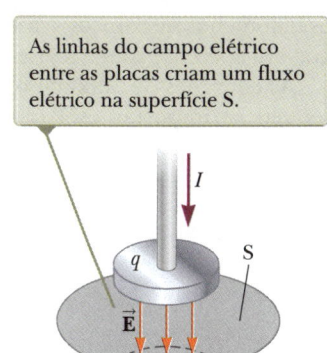

Figura 12.2 Quando há uma corrente de condução entre os fios, existe um campo elétrico variável $\vec{E}$ entre as placas do capacitor.

As linhas do campo elétrico entre as placas criam um fluxo elétrico na superfície S.

> **Teste Rápido 12.1** Em um circuito RC, o capacitor começa a descarregar.
> **(i)** Durante a descarga, na região entre as placas do capacitor, há (a) corrente de condução, mas não de deslocamento, (b) corrente de deslocamento, mas não de condução, (c) correntes de condução e de deslocamento, ou (d) nenhuma corrente de nenhum tipo? **(ii)** Na mesma região de espaço, há (a) um campo elétrico, mas nenhum campo magnético, (b) um campo magnético, mas nenhum campo elétrico, (c) campos elétricos e magnéticos, ou (d) nenhum campo de nenhum tipo?

Exemplo 12.1 — Corrente de deslocamento em um capacitor

Uma tensão senoidalmente variável é aplicada em um capacitor como mostrado na Figura 12.3. A capacitância é $C = 8,00\ \mu\text{F}$, a frequência da tensão aplicada $f = 3,00\ \text{kHz}$ e a amplitude da tensão, $\Delta V_{\text{máx}} = 30,0\ \text{V}$. Encontre a corrente de deslocamento no capacitor.

SOLUÇÃO

Conceitualização A Figura 12.3 representa o diagrama de circuito para esta situação. A Figura 12.2 mostra em detalhe o capacitor e o campo elétrico entre as placas.

Categorização Determinamos os resultados utilizando as equações discutidas nesta seção e, portanto, categorizamos este exemplo como um problema de substituição.

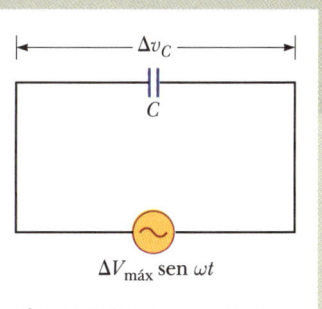

Figura 12.3 (Exemplo 12.1)

Calcule a frequência angular da fonte a partir da Equação 1.12 do Volume 2:

$$\omega = 2\pi f = 2\pi(3,00 \times 10^3\ \text{Hz}) = 1,88 \times 10^4\ \text{s}^{-1}$$

Utilize a Equação 11.20 para expressar a diferença potencial em volts no capacitor como uma função do tempo em segundos:

$$\Delta v_C = \Delta V_{\text{máx}} \operatorname{sen} \omega t = 30,0\ \operatorname{sen}(1,88 \times 10^4\ t)$$

Utilize a Equação 12.3 para encontrar a corrente de deslocamento em ampères como uma função do tempo. Observe que a carga no capacitor é $q = C\,\Delta v_C$:

$$i_d = \frac{dq}{dt} = \frac{d}{dt}(C\,\Delta v_C) = C\frac{d}{dt}(\Delta V_{\text{máx}} \operatorname{sen} \omega t)$$

$$= \omega C \Delta V_{\text{máx}} \cos \omega t$$

Substitua os valores numéricos:

$$i_d = (1,88 \times 10^4\ \text{s}^{-1})(8,00 \times 10^{-6}\ \text{C})(30,0\ \text{V}) \cos(1,88 \times 10^4\ t)$$

$$= \boxed{4,51 \cos(1,88 \times 10^4\ t)}$$

12.2 As equações de Maxwell e as descobertas de Hertz

Apresentaremos agora as quatro equações consideradas a base de todos os fenômenos elétricos e magnéticos. Elas foram desenvolvidas por Maxwell, e são tão fundamentais para os fenômenos eletromagnéticos quanto as leis de Newton para os fenômenos mecânicos. Na verdade, a teoria que Maxwell desenvolveu é mais abrangente do que ele imaginou, uma vez que era coerente com a teoria especial da relatividade, como Einstein demonstrou em 1905.

As equações de Maxwell representam as leis da eletricidade e do magnetismo que já discutimos, mas têm outras consequências importantes. Por razões de simplicidade, apresentaremos as **equações de Maxwell** como aplicadas ao espaço livre, isto é, na ausência de qualquer material dielétrico ou magnético. As quatro equações são

Lei de Gauss ▶
$$\oint \vec{E} \cdot d\vec{A} = \frac{q}{\varepsilon_0}$$
(12.4)

Lei de Gauss no magnetismo ▶
$$\oint \vec{B} \cdot d\vec{A} = 0$$
(12.5)

Lei de Faraday ▶
$$\oint \vec{E} \cdot d\vec{s} = -\frac{d\Phi_B}{dt}$$
(12.6)

Lei de Ampère-Maxwell ▶
$$\oint \vec{B} \cdot d\vec{s} = \mu_0 I + \varepsilon_0 \mu_0 \frac{d\Phi_E}{dt}$$
(12.7)

A Equação 12.4 é a Lei de Gauss: o fluxo elétrico total em qualquer superfície fechada é igual à carga líquida dentro da superfície dividida por ε_0. Esta lei relaciona um campo elétrico à distribuição de carga que o cria.

A Equação 12.5 é a Lei de Gauss no magnetismo, formulando que o fluxo magnético líquido em uma superfície fechada é zero. Isto é, o número de linhas do campo magnético que entram em um volume fechado deve ser igual ao que saem do volume, o que implica que as linhas do campo magnético não podem começar ou terminar em qualquer ponto. Se o fizessem, significaria que existem monopolos magnéticos isolados naqueles pontos. O fato de que monopolos magnéticos isolados não foram observados na natureza pode ser considerado uma confirmação desta equação.

A Equação 12.6 é a Lei da Indução de Faraday, que descreve a criação de um campo elétrico por um fluxo magnético variável e afirma que a fem, a integral de linha do campo elétrico ao redor de qualquer caminho fechado, é igual à taxa de variação do fluxo magnético em qualquer superfície limitada por esse caminho. Uma consequência da Lei de Faraday é a corrente induzida em uma espira condutora posicionada em um campo magnético que varia com o tempo.

A Equação 12.7 é a Lei de Ampère-Maxwell, que descreve a criação de um campo magnético por um campo elétrico variável e pela corrente elétrica: a integral da linha do campo magnético ao redor de qualquer caminho fechado é a soma de μ_0 multiplicada pela corrente líquida naquele caminho e $\varepsilon_0 \mu_0$ multiplicado pela taxa de variação do fluxo elétrico em qualquer superfície limitada por aquele caminho.

Uma vez que os campos magnético e elétrico forem conhecidos em um ponto no espaço, a força agindo em uma partícula de carga q pode ser calculada a partir da expressão das versões elétrica e magnética do modelo de partícula em um campo:

Lei da Força de Lorentz ▶
$$\vec{F} = q\vec{E} + q\vec{v} \times \vec{B}$$
(12.8)

Esta relação é chamada **Lei de Força de Lorentz** (vimos esta relação anteriormente como a Eq. 7.6). As equações de Maxwell, juntamente com esta lei de força, descrevem completamente todas as interações eletromagnéticas clássicas no vácuo.

Note a simetria das equações de Maxwell. As Equações 12.4 e 12.5 são simétricas, independente da ausência do termo para os monopolos magnéticos na Equação 12.5. Além disso, as 12.6 e 12.7 são simétricas de modo que as integrais de linha de $\vec{E}$ e $\vec{B}$ ao redor de um caminho fechado estão relacionadas à taxa de variação dos fluxos magnético e elétrico, respectivamente. As equações de Maxwell são de importância fundamental não somente para o eletromagnetismo, mas para toda a ciência. Hertz escreveu uma vez: "não é possível escapar do sentimento de que essas fórmulas matemáticas têm uma existência independente e inteligências próprias, que são mais inteligentes que nós, e mais ainda que seus descobridores, uma vez que extraímos mais coisas delas do que incluímos". Na próxima seção, mostraremos que as Equações 12.6 e 12.7 podem ser combinadas para obter uma equação de ondas tanto para o campo elétrico quando para o magnético. No espaço vazio, onde $q = 0$ e $I = 0$, a solução para essas duas equações mostra que a velocidade na qual as ondas eletromagnéticas viajam é igual à medida para a luz. Este resultado levou Maxwell a prever que as ondas luminosas são uma forma de radiação eletromagnética.

Hertz executou experimentos que testaram a previsão de Maxwell. O aparato experimental que Hertz utilizou para gerar e detectar ondas eletromagnéticas está mostrado esquematicamente na Figura 12.4. Uma bobina de indução é conectada a um transmissor formado por dois eletrodos esféricos separados por um intervalo estreito. A bobina disponibiliza surtos de tensão curta aos eletrodos, tornando um positivo e o outro negativo. Uma faísca é gerada entre as esferas quando o campo elétrico próximo a qualquer dos eletrodos ultrapassa a rigidez dielétrica no ar (3×10^6 V/m; consulte a Tabela 4.1). Elétrons livres em um campo elétrico forte são acelerados e ganham energia suficiente para ionizar quaisquer moléculas que atingem. Esta ionização produz mais elétrons, que podem acelerar e causar mais ionizações. Conforme o ar no intervalo é ionizado, torna-se um condutor muito melhor, e a descarga entre os eletrodos mostra um comportamento oscilante a uma frequência muito alta. A partir do ponto de vista do circuito elétrico, este aparato experimental é equivalente a um circuito LC no qual a indutância é a da bobina e a capacitância se deve aos eletrodos esféricos.

Como L e C são pequenas no aparato de Hertz, a frequência da oscilação é alta, da ordem de 100 MHz (lembre-se, da Eq. 10.22, que $\omega = 1/\sqrt{LC}$ para um circuito LC). As ondas eletromagnéticas são irradiadas nessa frequência como resultado da oscilação (e, assim, da aceleração) das cargas livres no circuito transmissor. Hertz conseguiu detectá-las utilizando uma única espira de fio com seu próprio intervalo de faíscas (o receptor). Essa espira do receptor, posicionada a vários metros do transmissor, tem sua própria indutância efetiva, capacitância e frequência natural de oscilação. No experimento de Hertz, as faíscas foram induzidas no intervalo dos eletrodos receptores quando a frequência do receptor foi ajustada para se compatibilizar com a do transmissor. Deste modo, Hertz demonstrou que a corrente oscilante induzida no receptor foi produzida por ondas eletromagnéticas irradiadas pelo transmissor. Seu experimento é análogo ao fenômeno mecânico no qual um diapasão responde a vibrações acústicas de um outro idêntico que está oscilando nos arredores.

Ademais, Hertz mostrou, em uma série de experimentos, que a radiação gerada por este dispositivo de intervalo de faíscas exibia as propriedades de ondas da interferência, difração, reflexão, refração e polarização, que são, todas, propriedades exibidas por luz. Portanto, ficou evidente que as ondas de radiofrequência que Hertz estava gerando tinham propriedades similares àquelas das ondas de luz, e que divergiam somente na frequência e no comprimento de onda. Talvez seu experimento mais convincente tenha sido a medição da luz desta radiação. Ondas de frequência conhecida eram refletidas de uma folha de metal e criavam um padrão de interferência de onda estável cujos pontos nodais poderiam ser detectados. A distância medida entre os pontos nodais permitiam a determinação do comprimento de onda λ. Utilizando a relação $v = \lambda f$ (Eq. 2.12 do Volume 2), a partir do modelo de onda progressiva, Hertz descobriu que v estava próxima de 3×10^8 m/s, a velocidade conhecida c da luz visível.

12.3 Ondas eletromagnéticas no plano

As propriedades das ondas eletromagnéticas podem ser deduzidas das equações de Maxwell. Uma abordagem para derivação destas propriedades é resolver a equação diferencial de segundo grau obtida a partir da terceira e quarta equações de Maxwell. Um tratamento matemático rigoroso deste tipo está além do escopo deste texto. Para evitar este problema, vamos supor que os vetores campo elétrico e magnético em uma onda eletromagnética têm um comportamento espaço-tempo específico que é simples, mas consistente com as equações de Maxwell.

Para compreender a previsão das ondas eletromagnéticas mais profundamente, vamos voltar nossa atenção para uma onda eletromagnética que se propaga na direção x (*direção da propagação*). Para esta onda, o campo elétrico $\vec{E}$ está na direção y e o campo magnético $\vec{B}$ na z, como mostrado na Figura 12.5. Essas ondas, nas quais os campos elétrico e magnético estão restritos a um par de eixos perpendiculares, são consideradas **ondas linearmente polarizadas**. Além disso, vamos supor que os módulos dos campos E e B dependem de x e t somente, não da coordenada y ou z.

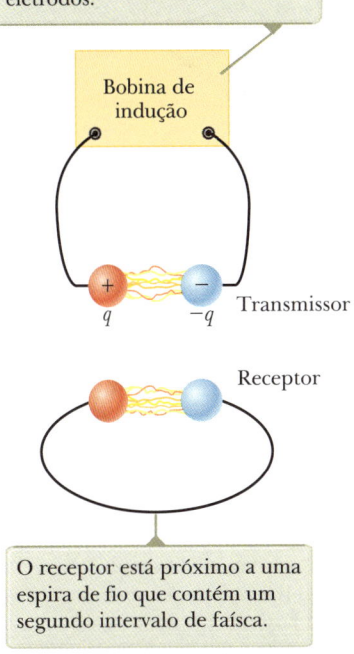

Figura 12.4 Diagrama esquemático do aparato de Hertz para geração e detecção de ondas eletromagnéticas.

Heinrich Rudolf Hertz
Físico alemão (1857-1894)

Hertz fez sua descoberta mais importante sobre as ondas eletromagnéticas em 1887. Após descobrir que a velocidade de uma onda eletromagnética era a mesma que a da luz, Hertz mostrou que ondas eletromagnéticas, como ondas de luz, podiam ser refletidas, refratadas e difratadas. O hertz, igual a uma vibração ou ciclo completo por segundo, foi batizado assim em sua homenagem.

Prevenção de Armadilhas 12.1
O que é "uma" onda?
O que queremos dizer com onda *única*? A palavra *onda* representa tanto a emissão *pontual* ("onda radiada de *qualquer* posição no plano *yz*" no texto) quanto o agrupamento de ondas de *todos os pontos* na fonte ("**onda no plano**" no texto). Você deve ser capaz de utilizar este termo de ambas as maneiras e compreender seu significado de acordo com o contexto.

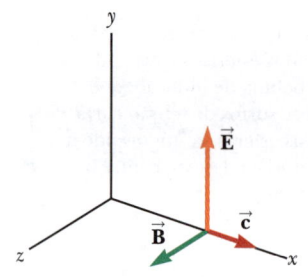

Figura 12.5 Campos elétrico e magnético de uma onda eletromagnética propagando-se a uma velocidade $\vec{c}$ na direção positiva x. Os vetores dos campos são mostrados num instante de tempo e numa posição no espaço. Esses campos dependem de x e t.

Vamos imaginar também que a fonte das ondas eletromagnéticas seja tal que uma onda radiada de *qualquer* posição no plano yz (não somente da origem, como a Fig. 12.5 pode sugerir) se propague na direção x e todas essas ondas sejam emitidas em fase. Se definirmos um **raio** como a linha ao longo da qual a onda se propaga, todos os raios para essas ondas são paralelos. Esta coleção inteira de ondas em geral é chamada **onda no plano**. Uma superfície que conecta pontos de fase igual em todas as ondas é um plano geométrico chamado **frente de onda**, apresentado no Capítulo 3 do Volume 2. Em comparação, uma fonte pontual de radiação envia onda radialmente em todas as direções. Uma superfície que conecta pontos de fase igual para esta situação é uma esfera e, por isso, esta onda é chamada **onda esférica**.

Para gerar a previsão de ondas eletromagnéticas, começamos com a Lei de Faraday, Equação 12.6:

$$\oint \vec{E} \cdot d\vec{s} = -\frac{d\Phi_B}{dt}$$

Para aplicar esta equação à onda, na Figura 12.5, considere um retângulo de largura dx e altura ℓ, no plano xy como mostrado na Figura 12.6. Vamos primeiramente avaliar a integral da linha de $\vec{E} \cdot d\vec{s}$ em torno deste retângulo no sentido anti-horário no instante em que a onda passa através do retângulo. As contribuições das partes superior e inferior do retângulo são zero porque $\vec{E}$ é perpendicular a $d\vec{s}$ para esses caminhos. Podemos expressar o campo elétrico do lado direito do retângulo como

$$E(x + dx) \approx E(x) + \frac{dE}{dx}\bigg|_{t \text{ constante}} dx = E(x) + \frac{\partial E}{\partial x} dx$$

onde $E(x)$ é o campo do lado esquerdo do retângulo nesse instante.[2] Portanto, a integral da linha por este retângulo é aproximadamente

$$\oint \vec{E} \cdot d\vec{s} = [E(x + dx)]\ell - [E(x)]\ell \approx \ell \left(\frac{\partial E}{\partial x}\right) dx \tag{12.9}$$

Como o campo magnético está na direção z, o fluxo magnético no retângulo de área $\ell\,dx$ é aproximadamente $\Phi_B = B\ell\,dx$ (assumindo que dx é muito pequeno comparado com o comprimento de onda). Tomando a derivada no tempo do fluxo magnético, temos

$$\frac{d\Phi_B}{dt} = \ell\,dx\frac{dB}{dt}\bigg|_{x \text{ constante}} = \ell\,dx\frac{\partial B}{\partial t} \tag{12.10}$$

De acordo com a Equação 12.11, esta variação espacial em $\vec{E}$ resulta em um campo magnético que varia com o tempo ao longo da direção z.

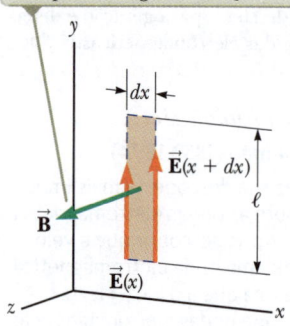

Figura 12.6 Em um instante quando uma onda no plano que se move na direção positiva x passa por um caminho retangular de largura dx no plano xy, o campo elétrico na direção y varia de $\vec{E}(x)$ para $\vec{E}(x + dx)$.

A substituição das Equações 12.9 e 12.10 na 12.6 resulta em

$$\ell\left(\frac{\partial E}{\partial x}\right)dx = -\ell\,dx\frac{\partial B}{\partial t}$$

$$\frac{\partial E}{\partial x} = -\frac{\partial B}{\partial t} \tag{12.11}$$

De modo semelhante, podemos derivar uma segunda equação ao iniciar com a quarta equação de Maxwell no espaço vazio (Eq. 12.7). Nesse caso, a integral de linha de $\vec{B} \cdot d\vec{s}$ é avaliada ao redor de um retângulo no plano xz, com largura dx e comprimento ℓ, como na Figura 12.7. Tendo em mente que o módulo do campo magnético muda de $B(x)$ para $B(x + dx)$ na largura dx, e que a direção para tomar a integral de linha está no sentido anti-horário quando visto de cima na Figura 12.7, a integral neste retângulo deve ser aproximadamente

$$\oint \vec{B} \cdot d\vec{s} = [B(x)]\ell - [B(x + dx)]\ell \approx -\ell\left(\frac{\partial B}{\partial x}\right)dx \tag{12.12}$$

---

[2] Como dE/dx nessa equação é expressado como a variação em E com x em um instante t, dE/dx é equivalente à derivada parcial $\partial E/\partial x$. Do mesmo modo, dB/dt significa a variação em B com o tempo em uma posição particular x; portanto, na Equação 12.10, podemos substituir dB/dt por $\partial B/\partial t$.

O fluxo elétrico no retângulo é $\Phi_E = E\ell\, dx$, que, quando diferenciado em relação ao tempo, resulta em

$$\frac{\partial \Phi_E}{\partial t} = \ell\, dx \frac{\partial E}{\partial t} \quad (12.13)$$

Ao substituir as Equações 12.12 e 12.13 na 12.7, temos

$$-\ell\left(\frac{\partial B}{\partial x}\right) dx = \mu_0 \varepsilon_0 \ell\, dx \left(\frac{\partial E}{\partial t}\right)$$

$$\frac{\partial B}{\partial x} = -\mu_0 \varepsilon_0 \frac{\partial E}{\partial t} \quad (12.14)$$

Ao tomar a derivada da Equação 12.11 com relação a x e combinar o resultado com a Equação 12.14, temos:

$$\frac{\partial^2 E}{\partial x^2} = -\frac{\partial}{\partial x}\left(\frac{\partial B}{\partial t}\right) = -\frac{\partial}{\partial t}\left(\frac{\partial B}{\partial x}\right) = -\frac{\partial}{\partial t}\left(-\mu_0 \varepsilon_0 \frac{\partial E}{\partial t}\right)$$

$$\boxed{\frac{\partial^2 E}{\partial x^2} = \mu_0 \varepsilon_0 \frac{\partial^2 E}{\partial t^2}} \quad (12.15)$$

> De acordo com a Equação 12.14, esta variação espacial em $\vec{B}$ resulta em um campo elétrico que varia com o tempo ao longo da direção y.

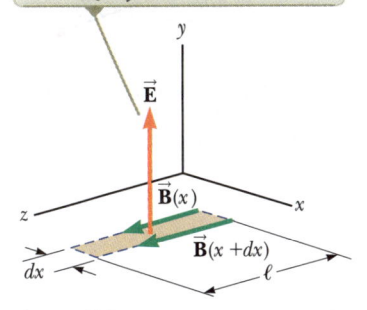

Figura 12.7 Em um instante quando uma onda no plano passa por um caminho retangular de largura dx no plano xz, o campo magnético na direção z varia de $\vec{B}(x)$ para $\vec{B}(x+dx)$.

Do mesmo modo, tomando a derivada da Equação 12.14 com relação a x e combinando-a com a Equação 12.11, resulta em

$$\boxed{\frac{\partial^2 B}{\partial x^2} = \mu_0 \varepsilon_0 \frac{\partial^2 B}{\partial t^2}} \quad (12.16)$$

As Equações 12.15 e 12.16 têm, ambas, a forma da equação geral de ondas,[3] com a velocidade de onda v substituída por c, onde

$$\boxed{c = \frac{1}{\sqrt{\mu_0 \varepsilon_0}}} \quad (12.17) \quad \blacktriangleleft \text{ Velocidade das ondas eletromagnéticas}$$

Vamos avaliar esta velocidade numericamente:

$$c = \frac{1}{\sqrt{(4\pi \times 10^{-7}\, \text{T}\cdot\text{m/A})(8{,}85419 \times 10^{-12}\, \text{C}^2/\text{N}\cdot\text{m}^2)}}$$

$$= 2{,}99792 \times 10^8\, \text{m/s}$$

Como esta velocidade é precisamente a mesma que a da luz no espaço vazio, somos levados a acreditar (corretamente) que a luz é uma onda eletromagnética.

A solução mais simples para as Equações 12.15 e 12.16 é uma onda senoidal para a qual os módulos dos campos E e B variam com x e t, de acordo com as expressões

$$E = E_{\text{máx}} \cos(kx - \omega t) \quad (12.18) \quad \blacktriangleleft \text{ Campos elétrico e magnético senoidais}$$

$$\oint \vec{E}\cdot d\vec{s} = [E(x+dx)]\ell \quad (12.19)$$

onde $E_{\text{máx}}$ e $B_{\text{máx}}$ são os valores máximos dos campos. O número angular de onda é $k = 2\pi/\lambda$, onde λ é o comprimento de onda. A frequência angular é $\omega = 2\pi f$, onde f é a frequência de onda. A relação ω/k iguala a velocidade de uma onda eletromagnética, c:

$$\frac{\omega}{k} = \frac{2\pi f}{2\pi/\lambda} = \lambda f = c$$

---

[3] A equação geral de onda é da forma $(\partial^2 y/\partial x^2) = (1/v^2)(\partial^2 y/\partial t^2)$, onde v é a velocidade da onda e y, a função da onda. A equação geral de onda foi apresentada como a Equação 2.27 do Volume 2, e sugerimos que você revise a Seção 2.6 do Volume 2.

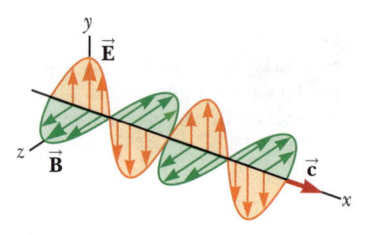

Figura 12.8 Uma onda eletromagnética senoidal propaga-se na direção positiva x com velocidade c.

na qual utilizamos a Equação 2.12 do Volume 2, $v = c = \lambda f$, que relaciona velocidade, frequência e comprimento de onda de qualquer onda contínua. Portanto, para ondas eletromagnéticas, o comprimento de onda e a frequência são relacionadas por

$$\lambda = \frac{c}{f} = \frac{3{,}00 \times 10^8 \text{ m/s}}{f} \qquad (12.20)$$

A Figura 12.8 é uma representação gráfica, em um instante, de uma onda eletromagnética senoidal, linearmente polarizada propagando-se na direção positiva x.

Podemos gerar outras representações matemáticas do modelo de onda viajante para ondas eletromagnéticas. Tomar as derivadas parciais das Equações 12.18 (em relação a x) e 12.19 (em relação a t) resulta em

$$\frac{\partial E}{\partial x} = -kE_{\text{máx}} \operatorname{sen}(kx - \omega t)$$

$$\frac{\partial B}{\partial t} = \omega B_{\text{máx}} \operatorname{sen}(kx - \omega t)$$

A substituição destes resultados na Equação 12.11 mostra que, em qualquer instante,

$$kE_{\text{máx}} = \omega B_{\text{máx}}$$

$$\frac{E_{\text{máx}}}{B_{\text{máx}}} = \frac{\omega}{k} = c$$

A utilização destes resultados, junto com as Equações 12.18 e 12.19, resulta em

$$\boxed{\frac{E_{\text{máx}}}{B_{\text{máx}}} = \frac{E}{B} = c} \qquad (12.21)$$

Prevenção de Armadilhas 12.2
$\vec{E}$ é mais forte que $\vec{B}$?
Como o valor de c é muito grande, alguns estudantes interpretam incorretamente a Equação 12.21 como se significasse que o campo elétrico é muito mais forte que o magnético. Os campos elétrico e magnético são medidos em unidades diferentes, e por isso não podem ser comparados diretamente. Na Seção 12.4 veremos que os campos elétrico e magnético contribuem igualmente com a energia da onda.

Isto é, em cada instante, a relação do módulo do campo elétrico com o do magnético em uma onda eletromagnética é igual à velocidade da luz.

Finalmente, observe que as ondas eletromagnéticas obedecem ao princípio da superposição conforme descrito no modelo de análise de ondas em interferência (que discutimos na Seção 4.1 do Volume 2 com relação a ondas mecânicas) porque as equações diferenciais envolvendo E e B são lineares. Por exemplo, podemos acrescentar duas ondas com a mesma frequência e polarização simplesmente acrescentando os módulos dos dois campos elétricos algebricamente.

Teste Rápido 12.2 Qual é a diferença de fase entre as oscilações senoidais dos campos elétrico e magnético na Figura 12.8? **(a)** 180°, **(b)** 90°, **(c)** 0, **(d)** impossível determinar.

Teste Rápido 12.3 Uma onda eletromagnética se propaga na direção negativa. O campo elétrico em um ponto no espaço é momentaneamente orientado na direção positiva x. Em qual direção o campo magnético está neste ponto momentaneamente orientado? **(a)** a direção negativa x **(b)** a direção positiva y **(c)** a direção positiva z **(d)** a direção negativa z.

Exemplo 12.2 | Uma onda eletromagnética   MA

Uma onda eletromagnética senoidal de frequência 40,0 MHz propaga-se no espaço livre na direção x como na Figura 12.9.

(A) Determine o comprimento e o período da onda.

12.2 cont.

SOLUÇÃO

Conceitualização Imagine a onda na Figura 12.9 propagando-se à direita ao longo do eixo x, com os campos elétrico e magnético oscilando em fase.

Categorização Utilizamos a representação matemática do modelo de *onda propagante* para ondas eletromagnéticas.

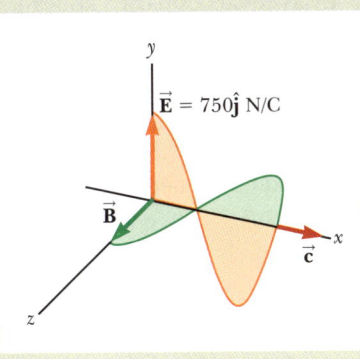

Figura 12.9 (Exemplo 12.2) Em um instante, uma onda eletromagnética no plano propagando-se na direção x tem um campo elétrico máximo de 750 N/C na direção positiva y.

Utilize a Equação 12.20 para encontrar o comprimento de onda:

$$\lambda = \frac{c}{f} = \frac{3{,}00 \times 10^8 \text{ m/s}}{40{,}0 \times 10^6 \text{ Hz}} = \boxed{7{,}50 \text{ m}}$$

Encontre o período T da onda como o inverso da frequência:

$$T = \frac{1}{f} = \frac{1}{40{,}0 \times 10^6 \text{ Hz}} = \boxed{2{,}50 \times 10^{-8} \text{ s}}$$

(B) Em um ponto e em um instante, o campo elétrico atinge seu valor máximo de 750 N/C e é direcionado ao longo do eixo y. Calcule o módulo e a direção do campo magnético nesta posição e tempo.

SOLUÇÃO

Utilize a Equação 12.21 para encontrar o módulo do campo magnético:

$$B_{\text{máx}} = \frac{E_{\text{máx}}}{c} = \frac{750 \text{ N/C}}{3{,}00 \times 10^8 \text{ m/s}} = \boxed{2{,}50 \times 10^{-6} \text{ T}}$$

Como $\vec{E}$ e $\vec{B}$ devem estar perpendiculares um em relação ao outro e também à direção da propagação de ondas (x, neste caso), concluímos que $\vec{B}$ está na direção z.

Finalização Observe que o comprimento de onda é de vários metros. Esta é relativamente longa para uma onda eletromagnética. Como veremos na Seção 12.7, esta onda pertence à gama de frequências de rádio.

12.4 Energia transportada por ondas eletromagnéticas

Em nossa discussão do modelo de sistema não isolado na Seção 8.1 do Volume 1, identificamos a radiação eletromagnética como um método de transferência de energia no contorno de um sistema. A quantidade de energia transferida pelas ondas eletromagnéticas é simbolizada como T_{RE} na Equação 8.2 do Volume 1. A taxa de transferência de energia por uma onda eletromagnética é descrita por um vetor $\vec{S}$, chamado **vetor de Poynting**, definido pela expressão

$$\vec{S} \equiv \frac{1}{\mu_0} \vec{E} \times \vec{B} \quad (12.22)$$

◀ **Vetor de Poynting**

O módulo do vetor de Poynting representa a taxa na qual a energia passa por uma unidade de área da superfície perpendicular à direção de propagação da onda. Portanto, o módulo de $\vec{S}$ representa a *potência por unidade de área*. A direção do vetor está ao longo da propagação da onda (Fig. 12.10). As unidades no SI de $\vec{S}$ são J/s × m² = W/m².

Como exemplo, vamos avaliar o módulo de $\vec{S}$ para uma onda eletromagnética no plano onde $|\vec{E} \times \vec{B}| = EB$. Neste caso,

$$S = \frac{EB}{\mu_0} \quad (12.23)$$

Como $B = E/c$, também podemos expressar este resultado como

$$S = \frac{E^2}{\mu_0 c} = \frac{cB^2}{\mu_0}$$

Prevenção de Armadilhas 12.3

Um valor instantâneo
O vetor de Poynting dado pela Equação 12.22 depende do tempo. Seu módulo varia com o tempo, atingindo o valor máximo no mesmo instante que os módulos de $\vec{E}$ e $\vec{B}$. A taxa *média* de transferência de energia é dada pela Equação 12.24.

Prevenção de Armadilhas 12.4

Irradiação

Nesta discussão, a intensidade é definida do mesmo modo que no Capítulo 3 do Volume 2 (como potência por unidade de área). Na indústria óptica, entretanto, a potência por unidade de área é chamada *irradiação*. A intensidade radiante é definida como a potência em watts por ângulo sólido (medido em esterorradianos).

Essas equações para S aplicam-se a um instante de tempo e representam a taxa *instantânea* na qual a energia está passando por uma unidade de área em termos dos valores instantâneos de E e B.

O que é mais interessante para uma onda eletromagnética senoidal no plano é a média no tempo de S em um ou mais ciclos, o que é chamado *intensidade da onda I* (discutimos a intensidade das ondas sonoras no Capítulo 3 do Volume 2). Quando esta média é obtida, temos uma expressão envolvendo a média no tempo de $\cos^2(kx - \omega t)$, que é igual a $\frac{1}{2}$. Assim, o valor médio de S (em outras palavras, a intensidade da onda) é

Intensidade da onda ▶
$$I = S_{méd} = \frac{E_{máx}B_{máx}}{2\mu_0} = \frac{E_{máx}^2}{2\mu_0 c} = \frac{cB_{máx}^2}{2\mu_0} \quad (12.24)$$

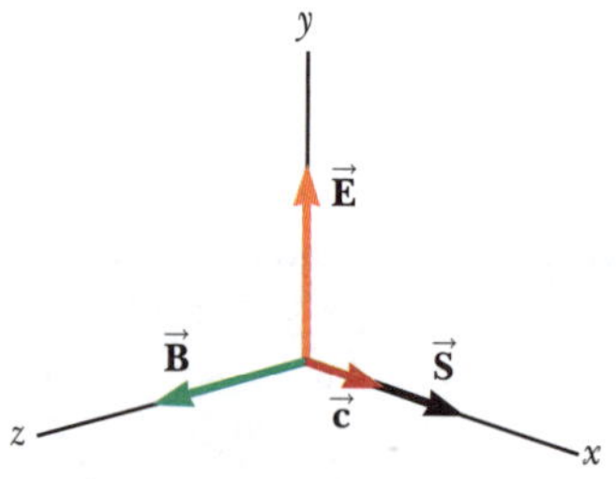

Lembre-se de que a energia por unidade de volume, que é a densidade da energia instantânea u_E associada a um campo elétrico, é dada pela Equação 4.13:

$$u_E = \tfrac{1}{2}\varepsilon_0 E^2$$

Lembre-se também de que a densidade de energia instantânea u_B associada a um campo magnético é dada pela Equação 10.14:

$$u_B = \frac{B^2}{2\mu_0}$$

Figura 12.10 O vetor de Poynting $\vec{S}$ para uma onda eletromagnética no plano está ao longo da direção da propagação da onda.

Como E e B variam com o tempo em uma onda eletromagnética, as densidades de energia assim também variam. Ao utilizar as relações $B = E/c$ e $c = 1/\sqrt{\varepsilon_0\mu_0}$, a expressão para u_B se torna

$$u_B = \frac{(E/c)^2}{2\mu_0} = \frac{\mu_0\varepsilon_0}{2\mu_0}E^2 = \tfrac{1}{2}\varepsilon_0 E^2$$

Ao comparar este resultado com a expressão para u_E, temos que

$$u_B = u_E = \tfrac{1}{2}\varepsilon_0 E^2 = \frac{B^2}{2\mu_0}$$

Isto é, a densidade de energia instantânea associada ao campo magnético de uma onda eletromagnética é igual à de energia instantânea associada ao campo elétrico. Assim, em um dado volume, a energia é igualmente compartilhada pelos dois campos.

A **densidade total da energia instantânea** u é igual à soma das densidades de energia associadas aos campos elétrico e magnético:

Densidade total de energia instantânea de uma onda eletromagnética ▶
$$u = u_E + u_B = \varepsilon_0 E^2 = \frac{B^2}{\mu_0}$$

Quando esta densidade total da energia instantânea tiver sua média obtida em um ou mais ciclos de uma onda eletromagnética, podemos obter novamente um fator de ½. Assim, para qualquer onda eletromagnética, a energia média total por unidade de volume é

Densidade média de energia de uma onda eletromagnética ▶
$$u_{méd} = \varepsilon_0 (E^2)_{méd} = \tfrac{1}{2}\varepsilon_0 E_{máx}^2 = \frac{B_{máx}^2}{2\mu_0} \quad (12.25)$$

Ao comparar este resultado com a Equação 12.24 para o valor médio de S, temos que

$$I = S_{méd} = c u_{méd} \quad (12.26)$$

Em outras palavras, a intensidade de uma onda eletromagnética é igual à densidade média de energia multiplicada pela velocidade da luz.

O Sol fornece por volta de 10^3 W/m² de energia para a superfície da Terra via radiação eletromagnética. Vamos calcular a potência total incidente no teto de uma residência, cujas dimensões são 8,00 m × 20,0 m. Assumimos que o módulo médio do vetor de Poynting para radiação solar na superfície da Terra seja $S_{méd} = 1.000$ W/m². Este valor médio representa a potência por unidade de área, ou a intensidade de luz. Supondo que a radiação seja incidente normalmente no teto, obtemos

$$P_{méd} = S_{méd}A = (1.000 \text{ W/m}^2)(8,00 \text{ m} \times 20,0 \text{ m}) = 1,60 \times 10^5 \text{ W}$$

Essa potência é grande comparada aos requisitos de potência de uma residência típica. Se ela pudesse ser absorvida e disponibilizada para dispositivos elétricos, disponibilizaria energia mais que suficiente para uma residência média. Mas a energia solar não é captada facilmente, e a possibilidade de conversão em larga escala não é tão grande quanto este cálculo pode implicar. Por exemplo, a eficiência da conversão da energia solar é tipicamente de 12%–18% para células fotovoltaicas, reduzindo a potência disponível em uma ordem de grandeza. Outras considerações reduzem a potência ainda mais. Dependendo da localização, a radiação é provavelmente não incidente normalmente no teto e, mesmo que fosse (em locais próximos do equador), esta situação existe somente por um tempo curto próximo da metade do dia. Nenhuma energia está disponível por volta de metade de cada dia durante horas noturnas, e dias nublados reduzem a energia disponível. Por último, enquanto a energia estiver chegando a uma grande taxa durante a metade do dia, uma parte deve ser armazenada para uso posterior, necessitando de baterias ou outros dispositivos de armazenamento. No final das contas, a operação solar completa de residências não possui uma boa relação custo-benefício para a maior parte das residências.

Exemplo 12.3 — Campos na página

Estime os módulos máximos dos campos elétrico e magnético da luz que incide nesta página por causa da luz visível vinda do seu abajur. Trate a lâmpada como uma fonte pontual da radiação eletromagnética, que é 5% eficiente na transformação da energia que sai da luz visível.

SOLUÇÃO

Conceitualização O filamento da sua lâmpada emite radiação eletromagnética. Quanto mais brilhante ela for, maiores os módulos dos campos elétrico e magnético.

Categorização Como a lâmpada deve ser tratada como uma fonte pontual, ela emite igualmente em todas as direções; então, a radiação eletromagnética de saída pode ser modelada como uma onda esférica.

Análise Lembre-se de que, a partir da Equação 3.13 do Volume 2, a intensidade da onda I a uma distância r da fonte pontual é $I = P_{méd}/4\pi r^2$, onde $P_{méd}$ é a saída média de potência da fonte, e $4\pi r^2$ é a área de uma esfera de raio r centralizada na fonte.

Configure esta expressão para I igual à intensidade de uma onda eletromagnética dada pela Equação 12.24:

$$I = \frac{P_{méd}}{4\pi r^2} = \frac{E_{máx}^2}{2\mu_0 c}$$

Resolva para o módulo do campo elétrico:

$$E_{máx} = \sqrt{\frac{\mu_0 c P_{méd}}{2\pi r^2}}$$

Vamos fazer algumas suposições sobre números para entrar nesta equação. A saída de luz visível de uma lâmpada de 60 W operando com 5% de eficiência é de aproximadamente 3,0 W por luz visível (a energia remanescente transfere-se para fora da lâmpada por condução e radiação invisível). Uma distância razoável da lâmpada à página pode ser 0,30 m.

Substitua esses valores:

$$E_{máx} = \sqrt{\frac{(4\pi \times 10^{-7} \text{ T}\cdot\text{m/A})(3,00 \times 10^8 \text{ m/s})(3,0 \text{ W})}{2\pi (0,30 \text{ m})^2}}$$

$$= \boxed{45 \text{ V/m}}$$

Utilize a Equação 12.21 para encontrar o módulo do campo magnético:

$$B_{máx} = \frac{E_{máx}}{c} = \frac{45 \text{ V/m}}{3,00 \times 10^8 \text{ m/s}} = \boxed{1,5 \times 10^{-7} \text{ T}}$$

Finalização Este valor do módulo do campo magnético é duas ordens de grandeza menor que o campo magnético da Terra.

12.5 Quantidade de movimento e pressão de radiação

Ondas eletromagnéticas transportam quantidade linear de movimento, assim como energia. Conforme essa quantidade de movimento é absorvida por alguma superfície, uma pressão é exercida nela. Portanto, a superfície é um sistema não isolado para o *momentum*. Nesta discussão, vamos supor que a onda eletromagnética atinja a superfície em incidência normal e transporte uma energia total T_{RE} para ela em um intervalo de tempo Δt. Maxwell mostrou que, se a superfície absorve toda a energia incidente T_{RE} nesse intervalo de tempo (como faz um corpo negro, apresentado na Seção 6.7 do Volume 2), a quantidade total de movimento $\vec{p}$ transportada para a superfície tem módulo

▶ **Momento transportado para uma superfície perfeitamente absorvível**
$$p = \frac{T_{RE}}{c} \quad \text{(absorção completa)} \tag{12.27}$$

A pressão P exercida na superfície é definida como força por unidade de área F/A, que, quando combinada com a Segunda Lei de Newton, resulta:

$$P = \frac{F}{A} = \frac{1}{A}\frac{dp}{dt}$$

A substituição da Equação 12.27 nesta expressão para a pressão P resulta

$$P = \frac{1}{A}\frac{dp}{dt} = \frac{1}{A}\frac{d}{dt}\left(\frac{T_{RE}}{c}\right) = \frac{1}{c}\frac{(dT_{RE}/dt)}{A}$$

Reconhecemos $(dT_{RE}/dt)/A$ como a taxa na qual a energia chega à superfície por unidade de área, que é o módulo do vetor de Poynting. Portanto, a pressão de radiação P exercida na superfície perfeitamente absorvível é

▶ **Pressão de radiação exercida em uma superfície perfeitamente absorvível**
$$P = \frac{S}{c} \quad \text{(absorção completa)} \tag{12.28}$$

Se a superfície for um refletor perfeito (como um espelho) e a incidência for normal, o momento para ela transportada em um intervalo de tempo Δt é duas vezes o dado pela Equação 12.27. Isto é, o momento transferido para a superfície pela luz de entrada é $p = T_{RE}/c$, e a transferida pela luz refletida também é $p = T_{RE}/c$. Portanto,

$$p = \frac{2T_{RE}}{c} \quad \text{(reflexão completa)} \tag{12.29}$$

A pressão da radiação exercida em uma superfície perfeitamente reflexiva para incidência normal da onda é

▶ **Pressão de radiação exercida em uma superfície perfeitamente reflexiva**
$$P = \frac{2S}{c} \quad \text{(reflexão completa)} \tag{12.30}$$

A pressão em uma superfície com refletividade em algum ponto entre esses dois extremos tem valor entre S/c e $2S/c$, dependendo das propriedades da superfície.

Embora as pressões da radiação sejam muito pequenas (por volta de 5×10^{-6} N/m² para luz do Sol direta), a *navegação solar* é um meio de baixo custo de envio de espaçonaves aos planetas. Folhas grandes sofrem pressão de radiação da luz solar e são utilizadas de modo semelhante a folhas em branco em barcos velejadores terrestres. Em 2010, a Agência de Exploração Aeroespacial do Japão (Japan Aerospace Exploration Agency, ou JAXA) lançou a primeira espaçonave a utilizar a navegação solar como seu principal sistema de propulsão, denominada *IKAROS* (Interplanetary Kite-craft Accelerated by Radiation of the Sun, ou "Pipa" Interplanetária Acelerada pela Radiação Solar). Testes bem-sucedidos deste veículo levariam a maiores esforços para enviar uma nave espacial a Júpiter utilizando a pressão da radiação, com previsão para o final desta década.

> **Prevenção de Armadilhas 12.5**
> **Muitos P's**
> Temos p para quantidade de movimento (momento) e P para pressão, e ambos estão relacionados ao P para a potência! Certifique-se de manter todos esses símbolos no local correto.

Teste Rápido 12.4 Para maximizar a pressão de radiação nas velas de uma espaçonave utilizando navegação solar, as folhas devem ser **(a)** muito pretas para absorver o máximo possível de luz, ou **(b)** muito brilhantes para refletir o máximo possível de luz solar?

Exemplo conceitual 12.4 — Varrendo o sistema solar

Há uma grande quantidade de poeira no espaço interplanetário. Embora, em teoria, essas partículas de poeira possam variar de tamanho molecular para outros muito maiores, muito pouco da poeira em nosso sistema solar é inferior a aproximadamente 0,2 μm. Por quê?

SOLUÇÃO

As partículas de poeira estão sujeitas a duas forças significativas: a gravitacional, que as move em direção ao Sol, e a de pressão de radiação, que as move para longe do Sol. A primeira é proporcional ao cubo do raio de uma partícula de poeira porque é proporcional à massa e, portanto, ao volume $4\pi r^3/3$ da partícula. A segunda é proporcional ao quadrado do raio porque depende da seção transversal planar da partícula. Para partículas grandes, a força gravitacional é superior à da pressão da radiação. Para partículas com raios inferiores a aproximadamente 0,2 μm, a força da pressão da radiação é superior à gravitacional. Como resultado, essas partículas são varridas de nosso sistema solar pela luz solar.

Exemplo 12.5 — Pressão de um ponteiro laser

Ao fazer apresentações, várias pessoas utilizam um ponteiro laser para direcionar a atenção da plateia para informações em uma tela. Se um ponteiro de 3,0 mW cria um ponto na tela que tem 2,0 mm de diâmetro, determine a pressão de radiação na tela que reflete 70% da luz que a atinge. A potência de 3,0 mW é um valor médio no tempo.

SOLUÇÃO

Conceitualização Imagine as ondas atingindo a tela e exercendo nela uma pressão de radiação. A pressão não deve ser muito grande.

Categorização Este problema envolve um cálculo da pressão de radiação utilizando uma abordagem como a da Equação 12.28 ou da 12.30, mas que se torna mais complexa devido à reflexão de 70%.

Análise Começamos por determinar o módulo do vetor de Poynting do feixe.

Divida a potência com média de tempo fornecida pela onda eletromagnética pela área de seção transversal do feixe:

$$S_{méd} = \frac{(Potência)_{méd}}{A} = \frac{(Potência)_{méd}}{\pi r^2} = \frac{3{,}0 \times 10^{-3} \text{ W}}{\pi \left(\dfrac{2{,}0 \times 10^{-3} \text{ m}}{2}\right)^2} = 955 \text{ W/m}^2$$

Vamos determinar agora a pressão de radiação do feixe de laser. A Equação 12.30 indica que um feixe completamente refletido aplicaria uma pressão média de $P_{méd} = 2S_{méd}/c$. Podemos assim modelar a reflexão real: imagine que a superfície absorve o feixe, resultando na pressão $P_{méd} = S_{méd}/c$. A seguir, a superfície emite o feixe, resultando em pressão adicional $P_{méd} = S_{méd}/c$. Se a superfície emite somente uma fração f do feixe (de modo que f seja a quantidade do feixe incidente refletido), a pressão devida ao feixe emitido é $P_{méd} = fS_{méd}/c$.

Utilize este modelo para encontrar a pressão total na superfície devida à absorção e reemissão (reflexão):

$$P_{méd} = \frac{S_{méd}}{c} + f\frac{S_{méd}}{c} = (1 + f)\frac{S_{méd}}{c}$$

Avalie esta pressão para um feixe que está 70% refletido:

$$P_{méd} = (1 + 0{,}70)\frac{955 \text{ W/m}^2}{3{,}0 \times 10^8 \text{ m/s}} = \boxed{5{,}4 \times 10^{-6} \text{ N/m}^2}$$

Finalização A pressão tem um valor extremamente pequeno, como esperado (lembre-se, da Seção 14.2 do Volume 1, de que a pressão atmosférica é aproximadamente 10^5 N/m^2). Considere o módulo do vetor de Poynting, $S_{méd} = 955$ W/m^2. É aproximadamente a mesma que a intensidade da luz solar na superfície da Terra. Por esta razão, não é seguro apontar o feixe do ponteiro laser nos olhos de uma pessoa, pois pode ser mais perigoso que olhar diretamente para o Sol.

continua

12.5 cont.

E SE? E se o ponteiro laser for movido duas vezes para longe da tela? Isto afeta a pressão da radiação na tela?

Resposta Como um feixe laser é popularmente representado como um feixe de luz com seção transversal constante, você pode pensar que a intensidade da radiação e, portanto, a pressão de radiação é independente da distância da tela. Mas este tipo de feixe não tem uma seção transversal constante em todas as distâncias da fonte; há uma divergência pequena, mas mensurável, do feixe. Se o laser for movido para longe da tela, a área de iluminação na tela aumenta, diminuindo a intensidade. Por sua vez, a pressão de radiação é reduzida.

Além disso, a distância dobrada da tela resulta em mais perda de energia do feixe devida à dispersão das moléculas de ar e das partículas de poeira conforme a luz viaja do laser para a tela. Esta perda de energia reduz ainda mais a pressão de radiação na tela.

12.6 Produção de ondas eletromagnéticas por uma antena

As linhas do campo elétrico lembram aquelas de um dipolo elétrico (mostrado na Fig. 1.20).

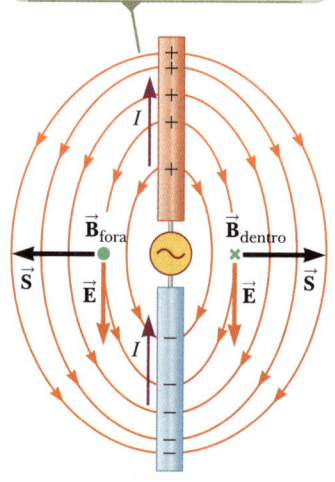

Figura 12.11 Uma antena de meia-onda consiste em duas hastes de metais conectadas a uma fonte de tensão alternada. O diagrama mostra $\vec{E}$ e $\vec{B}$ em um instante arbitrário quando a corrente está para cima.

A distância da origem até um ponto tangencial é proporcional ao módulo do vetor de Poynting e à intensidade da radiação naquela direção.

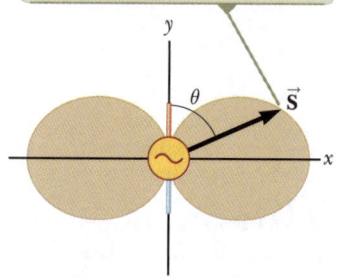

Figura 12.12 Dependência angular da intensidade da radiação produzida por um dipolo elétrico oscilante.

Cargas estacionárias e correntes estáveis não podem produzir ondas eletromagnéticas. Se a corrente em um fio varia com o tempo, entretanto, o fio emite onda eletromagnética. O mecanismo fundamental responsável por esta radiação é a aceleração de uma partícula carregada. **Quando uma partícula carregada acelera, a energia é transferida da partícula pela radiação eletromagnética**.

Vamos considerar a produção de ondas eletromagnéticas por uma *antena de meia-onda*. Nesta disposição, duas hastes condutoras são conectadas a uma fonte de tensão alternada (como um oscilador *LC*), como mostrado na Figura 12.11. O comprimento de cada haste é igual a um quarto do comprimento de onda da radiação emitida quando o oscilador opera na frequência f. O oscilador força cargas para acelerar para a frente e para trás entre as duas hastes. A Figura 12.11 mostra a configuração dos campos elétrico e magnético em um instante quando a corrente é para cima. A separação de cargas nas partes superior e inferior da antena faz com que as linhas do campo elétrico lembrem as de um dipolo elétrico (como resultado, este tipo de antena é, às vezes, chamada *antena dipolar*). Como essas cargas são continuamente oscilantes entre duas hastes, a antena pode ser aproximada por um dipolo elétrico oscilante. A corrente que representa o movimento das cargas entre as extremidades da antena produz linhas do campo magnético que formam círculos concêntricos ao redor da antena e estão perpendiculares às linhas do campo elétrico em todos os pontos. O campo magnético é zero em todos os pontos ao longo do eixo da antena. Além do mais, $\vec{E}$ e $\vec{B}$ estão 90° fora de fase no tempo; por exemplo, a corrente é zero quando as cargas nas extremidades externas das hastes atingem o máximo.

Nos dois pontos onde o campo magnético é mostrado na Figura 12.11, o vetor de Poynting $\vec{S}$ é direcionado radialmente para fora, indicando que a energia está fluindo para fora da antena neste instante. Em tempos posteriores, os campos e o vetor de Poynting invertem de direção conforme a corrente se alterna. Como $\vec{E}$ e $\vec{B}$ estão 90° fora de fase nos pontos próximos ao dipolo, o fluxo líquido de energia é zero. A partir deste fato, você pode concluir (incorretamente) que nenhuma energia é irradiada pelo dipolo.

Mas a energia é, sim, irradiada. Como os campos dipolares caem com $1/r^3$ (como mostrado no Exemplo 1.5 para o campo elétrico de um dipolo estático), eles são irrelevantes em grandes distâncias da antena. Nessas grandes distâncias, outra coisa causa um tipo de radiação diferente daquela próxima da antena, cuja fonte é a indução contínua de um campo elétrico pelo campo magnético que varia com o tempo e a indução de um campo magnético pelo campo elétrico que varia com o tempo, previstos pelas Equações 12.6 e 12.7. Os campos elétrico e magnético assim produzidos estão em fase um em relação ao outro e variam com $1/r$. O resultado é um fluxo externo de energia em todos os tempos.

A dependência angular da intensidade da radiação produzida por uma antena dipolar é mostrada na Figura 12.12. Note que a intensidade e a potência irradiadas atingem um máximo em um plano que está perpendicular à antena e passando por um ponto intermediário. Além disso, a potência irradiada é zero ao longo do eixo da antena. Uma solução matemática para as equações de Maxwell para a antena dipolar mostra que a intensidade da radiação varia com $(\text{sen}^2\,\theta)/r^2$, onde θ é medido a partir do eixo da antena.

As ondas eletromagnéticas também induzem correntes em uma antena receptora. A resposta de uma antena dipolar receptora em determinada posição atinge o máximo quando seu eixo estiver paralelo ao campo elétrico naquele ponto, e zero quando estiver perpendicular ao campo elétrico.

Teste Rápido **12.5** Se a antena na Figura 12.11 representar a fonte de uma estação de rádio distante, qual seria a melhor orientação para sua antena de rádio portátil localizada à direita da figura? **(a)** Para cima e para baixo ao longo da página, **(b)** para a esquerda e para a direita ao longo da página, **(c)** perpendicular à página.

12.7 Espectro das ondas eletromagnéticas

Os vários tipos de ondas eletromagnéticas são listados na Figura 12.13, que mostra o **espectro eletromagnético**. Note as amplas faixas de frequências e comprimentos de onda. Não existe ponto divisor agudo entre um tipo de onda e o próximo. Lembre-se de que todas as formas dos vários tipos da radiação são produzidas pelo mesmo fenômeno: aceleração das cargas elétricas. Os nomes dados para os tipos de ondas são simplesmente um modo conveniente de descrever a região do espectro onde elas se encontram.

Ondas de rádio, cujos comprimentos de onda variam de mais de 10^4 m a aproximadamente 0,1 m, são o resultado das cargas acelerando por fios condutores. Elas são geradas por dispositivos eletrônicos como osciladores *LC* e utilizadas em sistemas de comunicação de rádio e televisão.

Micro-ondas têm comprimentos de onda que variam de aproximadamente 0,3 m até 10^{-4} m, e também são geradas por dispositivos eletrônicos. Devido a seus comprimentos curtos de onda, são adequadas para sistemas de radar e estudos das propriedades atômicas e moléculas da matéria. Fornos de micro-ondas são uma aplicação doméstica interessante dessas ondas. Foi sugerido que a energia solar poderia ser apreendida ao irradiar micro-ondas na Terra por meio de um coletor solar no espaço.

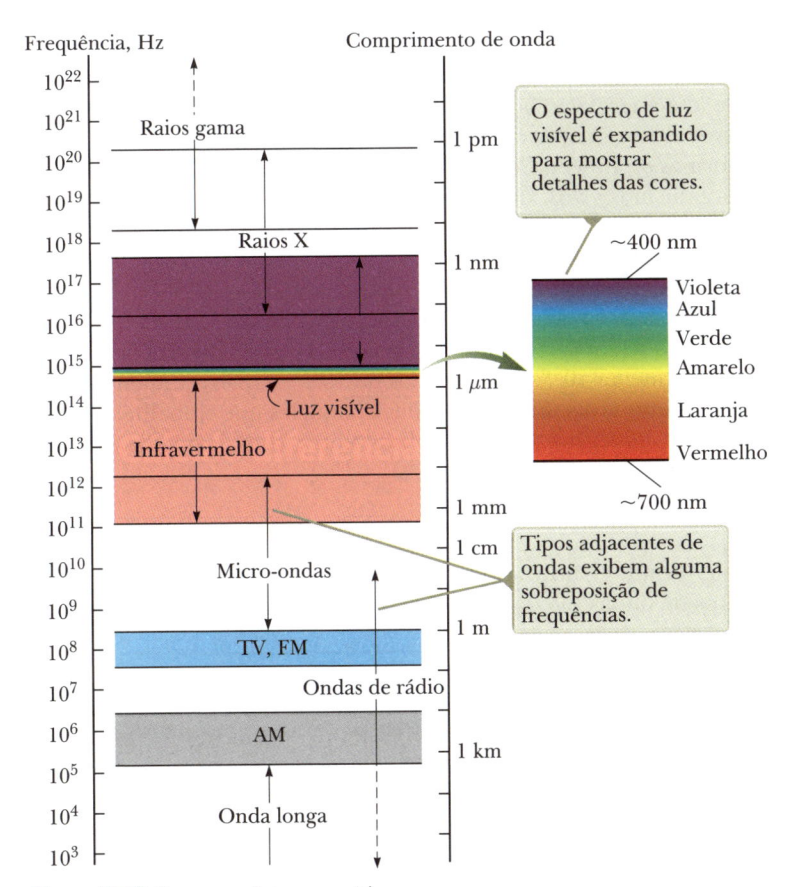

Figura 12.13 Espectro eletromagnético.

> **Prevenção de Armadilhas 12.6**
> **"Raios de calor"**
> Raios infravermelhos são geralmente chamados "raios de calor," mas esta terminologia é um termo não apropriado. Embora a radiação infravermelha seja utilizada para aumentar ou manter a temperatura, como no caso de manter a comida aquecida com "lâmpadas de aquecimento" em um restaurante *fast-food*, todos os comprimentos de ondas de radiação eletromagnética transportam energia que pode fazer com que a temperatura de um sistema aumente. Como exemplo, considere uma batata assando no forno micro-ondas.

Ondas infravermelhas têm comprimentos de onda que variam de aproximadamente 10^{-3} m até o mais longo da luz visível, 7×10^{-7} m. Estas, produzidas por moléculas e corpos em temperatura ambiente, são prontamente absorvidas pela maior parte dos materiais. A energia infravermelha (IV) absorvida por uma substância aparece como energia porque esta agita os átomos do corpo, aumentando seu movimento vibracional ou translacional, que resulta em um aumento de temperatura. A radiação infravermelha tem aplicações práticas e científicas em várias áreas, incluindo fisioterapia, fotografia IV e espectroscopia vibracional.

Luz visível, a forma mais familiar de ondas eletromagnéticas, é a parte do espectro eletromagnético que o olho humano pode detectar. A luz é produzida pela redisposição dos elétrons em átomos e moléculas. Os vários comprimentos de onda de luz visível, que correspondem a cores diferentes, variam de vermelho ($\lambda \approx 7 \times 10^{-7}$ m) a violeta ($\lambda \approx 4 \times 10^{-7}$ m). A sensibilidade do olho humano é uma função do comprimento de onda, atingindo o máximo em um comprimento de onda de aproximadamente $5{,}5 \times 10^{-7}$ m. Com isto em mente, por que você supõe que as bolas de tênis geralmente têm cor amarelo-esverdeada? A Tabela 12.1 fornece correspondências aproximadas entre o comprimento de luz e a cor atribuída a ela pelos humanos. A luz é a base da Óptica e dos instrumentos ópticos, a serem discutidos nos capítulos 1 a 4 do Volume 4.

Ondas ultravioletas cobrem comprimentos de onda que vão desde aproximadamente 4×10^{-7} m até 6×10^{-10} m. O Sol é uma fonte importante de luz ultravioleta (UV), que é a principal causa da queimadura solar. Protetores solares são transparentes à luz visível, mas absorvem a maior parte da luz UV. Quanto mais alto o fator de proteção solar, ou FPS, do protetor, maior a porcentagem da luz UV absorvida. Raios ultravioletas também têm implicação na formação de cataratas, o turvamento das lentes dentro do olho.

A maior parte da luz UV do Sol é absorvida pelas moléculas de ozônio (O_3) na superfície superior da Terra, em uma camada chamada estratosfera. Esse escudo de ozônio converte radiação UV de energia altamente letal para radiação V, o que, por sua vez, aquece a estratosfera.

Raios X têm comprimento de onda na faixa de aproximadamente 10^{-8} m até 10^{-12} m. A fonte mais comum de raios X é a parada de elétrons de alta energia ao bombardear um alvo metálico. Raios X são utilizados como ferramenta de diagnóstico na medicina e tratamento para certas formas de câncer. Como raios X podem danificar ou destruir tecidos e organismos vivos, devemos tomar cuidado para evitar exposição ou superexposição desnecessárias. Raios X também são utilizados no estudo de estrutura de cristais porque comprimentos de onda de raios X são comparáveis a distâncias de separação atômica em sólidos (por volta de 0,1 nm).

Raios gama são ondas eletromagnéticas emitidas por núcleos radioativos e durante certas reações nucleares. Raios gama de alta energia são um componente de raios cósmicos que entram na atmosfera terrestre provenientes do espaço. Eles têm comprimentos de onda que variam de aproximadamente 10^{-10} m até menos de 10^{-14} m. São altamente penetrantes e produzem sérios danos quando absorvidos por tecidos vivos. Em consequência, aqueles que trabalham próximos a essas perigosas radiações devem estar protegidos com materiais altamente absorventes, como camadas espessas de chumbo.

TABELA 12.1 *Correspondência aproximada entre comprimentos de onda de luz visível e cor*

Faixa de comprimento de onda (nm)	Descrição de cores
400–430	Violeta
430–485	Azul
485–560	Verde
560–590	Amarelo
590–625	Laranja
625–700	Vermelho

Observação: As faixas de comprimento de onda aqui são aproximadas. Pessoas diferentes descreverão cores diferentemente.

Teste Rápido **12.6** Em várias cozinhas, o forno micro-ondas é utilizado para cozinhar. A frequência das micro-ondas é da ordem de 10^{10} Hz. Esses comprimentos de ondas são da ordem de **(a)** quilômetros, **(b)** metros, **(c)** centímetros ou **(d)** micrômetros?

Teste Rápido **12.7** Uma onda de rádio de frequência na ordem de 10^5 Hz é utilizada para transportar uma onda sonora com frequência na ordem de 10^3 Hz. O comprimento dessa onda é da ordem de **(a)** quilômetros, **(b)** metros, **(c)** centímetros ou **(d)** micrômetros?

Resumo

Definições

Em uma região do espaço no qual há um campo elétrico variável, há uma **corrente de deslocamento** definida como

$$I_d \equiv \varepsilon_0 \frac{d\Phi_E}{dt} \quad (12.1)$$

onde ε_0 é a permissividade de espaço livre (consulte a Seção 1.3) e $\Phi_E = \int \vec{E} \cdot d\vec{A}$ é o fluxo elétrico.

A taxa na qual a energia passa por uma unidade de área por radiação eletromagnética é descrita pelo **vetor de Poynting** $\vec{S}$, onde

$$\vec{S} \equiv \frac{1}{\mu_0} \vec{E} \times \vec{B} \quad (12.22)$$

Conceitos e Princípios

Quando utilizadas com a **Lei da Força de Lorentz**, $\vec{F} = q\vec{E} + q\vec{v} \times \vec{B}$, as **equações de Maxwell** descrevem todos os fenômenos eletromagnéticos:

$$\oint \vec{E} \cdot d\vec{A} = \frac{q}{\varepsilon_0} \quad (12.4)$$

$$\oint \vec{B} \cdot d\vec{A} = 0 \quad (12.5)$$

$$\oint \vec{E} \cdot d\vec{s} = -\frac{d\Phi_B}{dt} \quad (12.6)$$

$$\oint \vec{B} \cdot d\vec{s} = \mu_0 I + \varepsilon_0 \mu_0 \frac{d\Phi_E}{dt} \quad (12.7)$$

Ondas eletromagnéticas, previstas pelas equações de Maxwell, têm as seguintes propriedades e são descritas pelas seguintes representações matemáticas do modelo de onda propagante para ondas eletromagnéticas:

- Os campos elétrico e magnético satisfazem, cada um, uma equação de onda. Essas duas equações de onda, que podem ser obtidas a partir da terceira e quarta equações de Maxwell, são

$$\frac{\partial^2 E}{\partial x^2} = \mu_0 \varepsilon_0 \frac{\partial^2 E}{\partial t^2} \quad (12.15)$$

$$\frac{\partial^2 B}{\partial x^2} = \mu_0 \varepsilon_0 \frac{\partial^2 B}{\partial t^2} \quad (12.16)$$

- As ondas viajam pelo vácuo com a velocidade da luz c, onde

$$c = \frac{1}{\sqrt{\mu_0 \varepsilon_0}} \quad (12.17)$$

- Numericamente, a velocidade das ondas eletromagnéticas no vácuo é $3,00 \times 10^8$ m/s.
- O comprimento de onda e a frequência das ondas eletromagnéticas são relacionados por

$$\lambda = \frac{c}{f} = \frac{3,00 \times 10^8 \text{ m/s}}{f} \quad (12.20)$$

- Os campos elétrico e magnético estão perpendiculares um em relação ao outro e perpendiculares à direção da propagação de ondas.
- Os módulos instantâneos de $\vec{E}$ e $\vec{B}$ em uma onda eletromagnética estão relacionados pela expressão

$$\frac{E}{B} = c \quad (12.21)$$

- Ondas eletromagnéticas transportam energia.
- Ondas eletromagnéticas transportam momento.

Como as ondas eletromagnéticas transportam momento, exercem pressão nas superfícies. Se uma onda eletromagnética cujo vetor de Poynting for $\bar{S}$ estiver completamente absorvida por uma superfície sobre a qual ela é normalmente incidente, a pressão da radiação naquela superfície é

$$P = \frac{S}{c} \quad \text{(absorção completa)} \quad \text{(12.28)}$$

Se a superfície refletir totalmente uma onda normalmente incidente, a pressão é dobrada.

Os campos elétrico e magnético de uma onda eletromagnética no plano propagando-se na direção positiva de x pode ser formulada como

$$E = E_{\text{máx}} \cos(kx - \omega t) \quad \text{(12.18)}$$

$$B = B_{\text{máx}} \cos(kx - \omega t) \quad \text{(12.19)}$$

onde k é o número angular de onda e ω, a frequência angular da onda. Essas equações representam soluções especiais para as equações de onda para E e B.

O valor médio do vetor de Poynting para uma onda eletromagnética no plano tem módulo

$$S_{\text{méd}} = \frac{E_{\text{máx}} B_{\text{máx}}}{2\mu_0} = \frac{E_{\text{máx}}^2}{2\mu_0 c} = \frac{cB_{\text{máx}}^2}{2\mu_0} \quad \text{(12.24)}$$

A intensidade de uma onda eletromagnética senoidal no plano é igual ao valor médio do vetor de Poynting tomado por um ou mais ciclos.

O espectro eletromagnético inclui ondas que abrangem uma faixa ampla de comprimentos de onda, de ondas longas de rádio a mais de 10^4 m até raios gama a menos de 10^{-14} m.

Perguntas Objetivas

1. Um grão de poeira interplanetário esférico de 0,2 μm de raio está a uma distância r_1 do Sol. A força gravitacional exercida pelo Sol nele equilibra a força devido à pressão da radiação da luz do Sol. **(i)** Suponha que o grão se mova a uma distância $2r_1$ do Sol e seja liberado. Nesse local, qual é a força líquida exercida nele? (a) Em direção ao Sol, (b) em direção oposta ao Sol, (c) zero, (d) impossível de determinar sem saber a massa do grão. **(ii)** Suponha, agora, que o grão se mova de volta para sua localização original em r_1, comprimido, de forma que se cristaliza em uma esfera com densidade significativamente mais alta, e depois é liberado. Nesta situação, qual é a força exercida no grão? Escolha a partir das mesmas alternativas da parte (i).

2. Uma fonte pequena irradia uma onda eletromagnética com frequência simples no vácuo igualmente em todas as direções. **(i)** Conforme a onda se move, sua frequência (a) aumenta, (b) diminui ou (c) permanece constante? A partir das mesmas alternativas, responda à mesma questão sobre **(ii)** seu comprimento de onda, **(iii)** sua velocidade, **(iv)** sua intensidade e **(v)** a amplitude de seu campo elétrico.

3. Um típico forno de micro-ondas opera a uma frequência de 2,45 GHz. Qual é o comprimento de onda associado com as ondas eletromagnéticas no forno? (a) 8,20 m, (b) 12,2 cm, (c) $1,20 \times 10^8$ m, (d) $8,20 \times 10^{-9}$ m, (e) nenhuma das respostas.

4. Um estudante trabalhando com um aparelho transmissor como o de Heinrich Hertz deseja ajustar os eletrodos para gerar ondas eletromagnéticas com uma frequência da metade do tamanho em relação a antes. **(i)** Qual deve ser o tamanho da capacitância efetiva do par de eletrodos? (a) Quatro vezes maior que antes, (b) duas vezes maior que antes, (c) metade do tamanho de antes, (d) um quarto do tamanho de antes, (e) nenhuma dessas respostas. **(ii)** Após fazer o ajuste necessário, qual será o comprimento de onda da onda transmitida? Escolha a partir das mesmas alternativas da parte (i).

5. Suponha que você carregue um pente quando o passa no seu cabelo e depois o segure próximo a um ímã de barra. Os campos elétrico e magnético produzidos constituem uma onda eletromagnética? (a) Sim, necessariamente. (b) Sim, porque partículas carregadas estão se movendo dentro do ímã de barra. (c) Pode ser, mas somente se os campos elétrico do pente e magnético do ímã estiverem perpendiculares. (d) Pode ser, mas somente se tanto o pente quanto o ímã estiverem em movimento. (e) Pode ser, se o pente ou o ímã, ou ambos, estiverem acelerando.

6. Quais das afirmações a seguir são verdadeiras com relação a ondas eletromagnéticas propagando-se pelo vácuo? Mais de uma afirmação pode estar correta. (a) Todas as ondas têm o mesmo comprimento de onda. (b) Todas as ondas têm a mesma frequência. (c) Todas as ondas propagam-se a $3,00 \times 10^8$ m/s. (d) Os campos elétrico e magnético associados com as ondas estão perpendiculares um em relação ao outro e em relação à direção da propagação de onda. (e) A velocidade das ondas depende de sua frequência.

7. Uma onda eletromagnética no plano com frequência simples move-se no vácuo na direção positiva x. Sua amplitude é uniforme no plano yz. **(i)** Conforme a onda se move, sua frequência (a) aumenta, (b) diminui, ou (c) permanece constante? A partir das mesmas alternativas, responda à mesma questão sobre **(ii)** seu comprimento de onda, **(iii)** sua velocidade, **(iv)** sua intensidade e **(v)** a amplitude de seu campo magnético.

8. Suponha que a amplitude do campo elétrico em uma onda eletromagnética no plano seja E_1 e a amplitude do campo magnético, B_1. A fonte da onda é, a seguir, ajustada de modo que a amplitude do campo elétrico dobra até se

tornar $2E_1$. **(i)** O que acontece com a amplitude do campo magnético neste processo? (a) Torna-se quatro vezes maior. (b) Torna-se duas vezes maior. (c) Pode ficar constante. (d) Fica da metade do tamanho. (e) Fica a um quarto do tamanho. **(ii)** O que acontece com a intensidade da onda? Escolha a partir das mesmas alternativas da parte (i).

9. Uma onda eletromagnética com módulo de campo magnético de pico de $1,50 \times 10^{-7}$ T tem campo elétrico de pico associado de qual módulo? (a) $0,500 \times 10^{-15}$ N/C, (b) $2,00 \times 10^{-5}$ N/C, (c) $2,20 \times 10^{4}$ N/C, (d) 45,0 N/C, (e) 22,0 N/C.

10. **(i)** Ordene, do maior para o menor, os tipos de onda a seguir de acordo com suas faixas de comprimento de onda a partir daquelas com o comprimento típico ou médio, marcando qualquer caso de igualdade: (a) raios gama, (b) micro-ondas, (c) ondas de rádio, (d) luz visível, (e) raios X. **(ii)** Ordene, do maior para o maior, os tipos de onda de acordo com suas frequências. **(iii)** Ordene, do mais rápido para o mais lento, os tipos de onda de acordo com suas velocidades. Utilize as mesmas alternativas da parte (i).

11. Considere uma onda eletromagnética propagando-se na direção positiva de y. O campo magnético associado com a onda no mesmo local em um instante aponta na direção negativa de x, como mostra a Figura PO12.11. Qual é a direção do campo elétrico nesta posição e neste instante? (a) direção positiva de x, (b) direção positiva de y, (c) direção positiva de z, (d) direção negativa de z, (e) direção negativa de y.

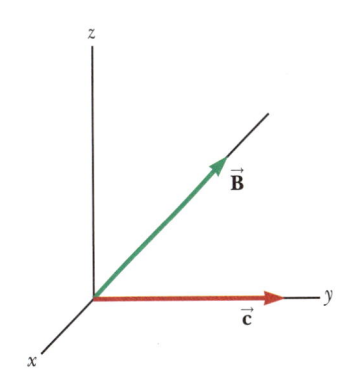

Figura PO12.11

Perguntas Conceituais

1. Suponha que uma criatura de outro planeta tenha olhos que são sensíveis à radiação infravermelha. Descreva o que o alienígena veria se olhasse para sua biblioteca. Especificamente, o que brilharia e o que ficaria indistinto?

2. Para uma energia incidente específica de uma onda eletromagnética, por que a pressão de radiação em uma superfície perfeitamente reflexiva é duas vezes maior que aquela em uma superfície perfeitamente absorvível?

3. Estações de rádio geralmente anunciam "notícias instantâneas". Se isto quer dizer que você pode escutar as notícias no instante em que o narrador fala, esta afirmação é verdadeira? Qual intervalo de tempo aproximado é necessário para que uma mensagem viaje de Maine até a Califórnia por ondas de rádio (suponha que as ondas possam ser detectadas nessa faixa)?

4. Liste pelo menos três diferenças entre ondas sonoras e ondas de luz.

5. Se há uma corrente de alta frequência em um solenoide contendo um núcleo metálico, este se torna aquecido devido à indução. Explique por que a temperatura do material sobe nesta situação.

6. Quando a luz (ou outra radiação eletromagnética) propaga-se por uma região específica, (a) o que oscila? (b) o que é transportado?

7. Por que uma fotografia infravermelha de uma pessoa tem aparência diferente em relação a outra tirada sob luz visível?

8. As equações de Maxwell permitem a existência de monopolos magnéticos? Explique.

9. Apesar do advento da televisão digital, algumas pessoas ainda utilizam antenas portáteis na parte de cima de seus aparelhos (Fig. PC12.9), em vez de adquirir televisão a cabo ou antena parabólica. Algumas direções da antena receptora oferecem uma recepção melhor que outras. Além disso, a melhor direção varia de canal para canal. Explique.

Figura PC12.9
Pergunta Conceitual 9 e Problema 78.

10. O que uma onda de rádio faz com as cargas na antena receptora para fornecer um sinal para o rádio do seu carro?

11. Descreva a relevância física do vetor de Poynting.

12. Um prato vazio, de plástico ou vidro, removido de um forno micro-ondas pode estar frio ao ser tocado, mesmo que a comida em outro prato estiver quente. Como este fenômeno é possível?

13. Qual conceito novo a forma generalizada de Maxwell da Lei de Ampère incluía?

Problemas

> **WebAssign** Os problemas que se encontram neste capítulo podem ser resolvidos *on-line* no Enhanced WebAssign (em inglês)
>
> 1. denota problema simples;
> 2. denota problema intermediário;
> 3. denota problema de desafio;
>
> **AMT** *Analysis Model Tutorial* disponível no Enhanced WebAssign (em inglês);
>
> **M** denota tutorial *Master It* disponível no Enhanced WebAssign (em inglês);
>
> **PD** denota problema dirigido;
>
> **W** solução em vídeo *Watch It* disponível no Enhanced WebAssign (em inglês).

Seção 12.1 Corrente de deslocamento e forma geral da Lei de Ampère

1. Considere a situação mostrada na Figura P12.1. Um campo elétrico de 300 V/m está restrito a uma área circular com $d = 10{,}0$ cm de diâmetro e direcionado para fora e perpendicular ao plano da figura. Se o campo estiver aumentando a uma taxa de 20,0 V/m × s, quais são (a) a direção e (b) o módulo do campo magnético no ponto P, $r = 15{,}0$ cm do centro do círculo?

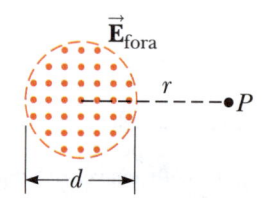

Figura P12.1

2. **W** Uma corrente de 0,200 A está carregando um capacitor que tem placas circulares de raio de 10,0 cm. Se a separação das placas for de 4,00 mm, (a) qual é a taxa de aumento no tempo do campo elétrico entre as placas? (b) Qual é o campo magnético entre as placas a 5,00 cm do centro?

3. **M** Uma corrente de 0,100 A está carregando um capacitor que tem placas quadradas de 5,00 cm em cada lado. A separação das placas é de 4,00 mm. Encontre (a) a taxa de variação no tempo do fluxo elétrico entre as placas e (b) a corrente de deslocamento entre as placas.

Seção 12.2 As equações de Maxwell e as descobertas de Hertz

4. **AMT** **W** Um elétron move-se por um campo elétrico uniforme $\vec{E} = (2{,}50\hat{i} + 5{,}00\hat{j})$ V/m e um campo magnético uniforme $\vec{B} = 0{,}400\hat{k}$ T. Determine a aceleração do elétron quando ele tem velocidade $\vec{v} = 10{,}0\hat{i}$ m/s.

5. **M** Um próton move-se por uma região contendo um campo elétrico uniforme dado por $\vec{E} = 50{,}0\hat{j}$ V/m e um campo magnético uniforme $\vec{B} = (0{,}200\hat{i} + 0{,}300\hat{j} + 0{,}400\hat{k})$ T. Determine a aceleração do próton quando ele tem velocidade $\vec{v} = 200\hat{i}$ m/s.

6. Uma barra muito longa e fina transporta carga elétrica com densidade linear 35,0 nC/m. Ela está ao longo do eixo x e se move na direção x a uma velocidade de $1{,}50 \times 10^7$ m/s. (a) Encontre o campo elétrico que a haste cria no ponto ($x = 0$, $y = 20{,}0$ cm, $z = 0$). (b) Encontre o campo magnético que ela cria no mesmo ponto. (c) Encontre a força exercida em um elétron neste ponto movendo-se à velocidade de $(2{,}40 \times 10^8)\hat{i}$ m/s.

Seção 12.3 Ondas eletromagnéticas no plano

> *Observação:* Suponha que o meio seja o vácuo, a não ser que esteja especificado de outro modo.

7. Suponha que você está localizado a 180 m de um transmissor de rádio. (a) Quantos comprimentos de onda você está distante do transmissor se a estação se chamar 1.150 AM? (As frequências de AM estão em quilohertz). (b) E se a estação for 98,1 FM? As frequências de FM estão em megahertz.

8. Uma máquina de diatermia, utilizada em fisioterapia, gera radiação eletromagnética que proporciona o efeito de "calor profundo" quando absorvida por um tecido. Uma frequência atribuída à diatermia é 27,33 MHz. Qual é o comprimento de onda desta radiação?

9. A distância da Estrela do Norte, Polaris, é aproximadamente $6{,}44 \times 10^{18}$ m. (a) Se Polaris fosse se extinguir hoje, depois de quantos anos você perceberia que ela desapareceu? (b) Qual é o intervalo de tempo necessário para a luz solar atingir a Terra? (c) Qual é o intervalo de tempo necessário para um sinal de micro-ondas viajar da Terra para a Lua e da Lua para a Terra?

10. A luz vermelha emitida por um laser de hélio-neônio tem comprimento de onda de 632,8 nm. Qual é a frequência das ondas de luz?

11. **Revisão.** Um padrão de onda estacionária é obtido por ondas de rádio entre duas folhas de metal a 2,00 m de distância, que é a menor distância entre as placas que produz um padrão de onda estacionária. Qual é a frequência das ondas de rádio?

12. **W** Uma onda eletromagnética no vácuo tem amplitude de campo elétrico de 220 V/m. Calcule a amplitude do campo magnético correspondente.

13. A velocidade de uma onda eletromagnética propagando-se em uma substância não magnética transparente é $v = 1/\sqrt{\kappa\mu_0\varepsilon_0}$, onde κ é a constante dielétrica da substância. Determine a velocidade da luz na água, que tem constante dielétrica de 1,78 em frequências ópticas.

14. Um pulso de radar retorna ao transmissor-receptor depois de um tempo total de percurso de $4{,}00 \times 10^{-4}$ s. A que distância está o objeto que refletiu a onda?

15. **M** A Figura P12.15 mostra uma onda senoidal eletromagnética no plano propagando-se na direção x. Suponha que o comprimento de onda seja 50,0 m e que o campo elétrico vibre no plano xy com amplitude de 22,0 V/m. Calcule (a) a frequência da onda e (b) o campo magnético $\vec{B}$ quando o campo elétrico atingir seu valor máximo na direção negativa y. (c) Obtenha uma expressão para $\vec{B}$ com a unidade

vetorial correta, valores numéricos para $B_{máx}$, k e ω, cujo módulo possui a forma

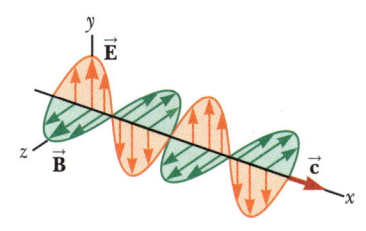

$$B = B_{máx} \cos(kx - \omega t)$$

Figura P12.15
Problemas 15 e 70

16. Verifique, por substituição, que as equações a seguir são soluções para as eqs. 12.15 e 12.16, respectivamente:

$$E = E_{máx} \cos(kx - \omega t)$$

$$B = B_{máx} \cos(kx - \omega t)$$

17. **AMT Revisão.** Um forno de micro-ondas é alimentado por um magnetron, dispositivo eletrônico que gera ondas eletromagnéticas de 2,45 GHz de frequência. As micro-ondas entram no forno e são refletidas pelas paredes. O padrão de onda estacionário produzido no forno pode cozinhar os alimentos de forma irregular, com pontos quentes nos alimentos nos ventres e pontos frios nos nós, por isso um prato giratório é utilizado para girar a comida e distribuir a energia. Se um forno micro-ondas projetado para uso com prato giratório, em vez disso, for utilizado com um prato numa posição fixa, os ventres podem aparecer como queimaduras em alimentos como cenoura ou queijo. A distância de separação entre as queimaduras é medida como 6 cm ± 5%. A partir desses dados, calcule a velocidade das micro-ondas.

18. *Por que a seguinte situação é impossível?* Uma onda eletromagnética propaga-se pelo espaço vazio com os campos elétrico e magnético descritos por

$$E = 9,00 \times 10^3 \cos[(9,00 \times 10^6)x - (3,00 \times 10^{15})t]$$
$$B = 3,00 \times 10^{-5} \cos[(9,00 \times 10^6)x - (3,00 \times 10^{15})t]$$

onde todos os valores numéricos e variáveis estão em unidades SI.

19. **M** Em unidades SI, o campo elétrico em uma onda eletromagnética é descrito por

$$E_y = 100 \,\text{sen}\,(1,00 \times 10^7 x - \omega t)$$

Encontre (a) a amplitude das oscilações do campo magnético correspondente, (b) o comprimento de onda λ e (c) a frequência f.

Seção 12.4 Energia transportada por ondas eletromagnéticas

20. A qual distância do Sol a intensidade da luz solar é três vezes o valor na Terra (a separação média da Terra e do Sol é $1,496 \times 10^{11}$ m)?

21. **W** Se a intensidade da luz solar na superfície terrestre sob céu claro é 1.000 W/m², qual quantidade de energia eletromagnética por metro cúbico está contida na luz solar?

22. A potência da luz solar que atinge cada metro quadrado da superfície terrestre em um dia claro nos trópicos é próxima a 1.000 W. Em um dia de inverno em Manitoba, Canadá, a concentração de potência da luz solar pode ser de 100 W/m². Várias atividades humanas são descritas por uma potência por unidade de área na ordem de 10^2 W/m² ou menos. (a) Considere, por exemplo, uma família de quatro pessoas que paga $ 66 para a companhia de energia a cada 30 dias por 600 kWh de energia fornecida por transmissão elétrica para sua residência, que tem dimensões térreas de 13,0 m por 9,50 m. Calcule a potência por unidade de área utilizada pela família. (b) Considere um carro de 2,10 m de largura e 4,90 m de comprimento rodando a 88 km/h utilizando gasolina com "calor de combustão" de 44,0 MJ/kg e consumo de combustível de 40,0 km/gal. Um galão de gasolina tem massa de 2,54 kg. Encontre a potência por unidade de área utilizada pelo carro. (c) Explique por que o uso direto da energia solar não é prático para alimentar um automóvel convencional. (d) Cite alguns dos usos da energia solar mais práticos.

23. **M** Certa comunidade planeja construir uma instalação para converter radiação solar em energia elétrica, necessitando de 1,00 MW de energia; o sistema a ser instalado tem eficiência de 30,0% (isto é, 30,0% da energia solar incidente na superfície são convertidos em energia útil que pode alimentar a comunidade). Supondo que a luz solar tenha intensidade constante de 1.000 W/m², qual deve ser a área efetiva de uma superfície perfeitamente absorvível utilizada nesta instalação?

24. Em uma região de espaço livre, o campo elétrico em um instante de tempo é $\vec{E} = (80,0\hat{i} + 32,0\hat{j} - 64,0\hat{k})$ N/C e o campo magnético é $\vec{B} = (0,200\hat{i} + 0,0800\hat{j} + 0,290\hat{k})$ μT. (a) Mostre que os dois campos estão perpendiculares um em relação ao outro. (b) Determine o vetor de Poynting para esses campos.

25. Quando um laser de alta potência é utilizado na atmosfera terrestre, o campo elétrico associado com o feixe do laser pode ionizar o ar, transformando-o em um plasma condutor que reflete a luz do laser. No ar seco a 0 °C e 1 atm, a decomposição ocorre para campos com amplitudes acima de aproximadamente 3,00 MV/m. (a) Qual a intensidade do feixe de laser que produzirá este campo? (b) Nesta intensidade máxima, que potência pode ser fornecida por um feixe cilíndrico de 5,00 mm de diâmetro?

26. **Revisão.** Modele a onda eletromagnética em um forno micro-ondas como uma que move-se no plano propagando-se para a esquerda, com intensidade de 25,0 kW/m². Um forno contém dois contêineres cúbicos de massa pequena, cheios de água. Um tem lado de 6,00 cm, e o outro, 12,0 cm. A energia incide perpendicularmente em uma face de cada contêiner. A água no contêiner menor absorve 70,0% da energia que incide nele. A água no contêiner maior absorve 91,0%. Isto é, a fração 0,300 da energia de micro-ondas de entrada passa por uma espessura de 6,00 cm de água, e a fração (0,300)(0,300) = 0,090 passa por uma espessura de 12,0 cm. Suponha que uma quantidade irrelevante de energia saia de cada contêiner por calor. Encontre a variação de temperatura da água em cada contêiner em um intervalo de tempo de 480 s.

27. **W** Lasers de alta potência são utilizados em fábricas para cortar tecidos e metais (Fig. P12.27). Um laser desses tem diâmetro de feixe de 1,00 mm e gera um campo elétrico com amplitude de 0,700 MV/m no alvo. Encontre (a) a amplitude do campo magnético produzido, (b) a intensidade do laser e (c) a potência fornecida pelo laser.

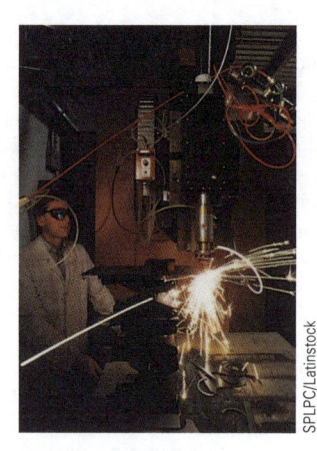

Figura P12.27

28. Considere uma estrela brilhante no céu escuro. Suponha que sua distância da Terra seja 20,0 anos-luz (ly) e que a potência de saída seja $4,00 \times 10^{28}$ W, por volta de 100 vezes a do Sol. (a) Encontre a intensidade da luz da estrela na Terra. (b) Encontre a potência da luz da estrela que a Terra intercepta. Um ano-luz é a distância percorrida pela luz no vácuo em um ano.

29. **M** Qual é o módulo médio do vetor de Poynting a 8 km de um transmissor de rádio transmitindo isotropicamente (igualmente em todas as direções) com uma potência média de 250 kW?

30. Supondo que a antena de uma estação de rádio de 10,0 kW irradie ondas eletromagnéticas esféricas, (a) calcule o valor máximo do campo magnético a 5,00 km da antena, e (b) mostre como este valor se compara ao campo magnético na superfície da Terra.

31. **W** Revisão. Uma estação de rádio AM transmite isotropicamente (igualmente em todas as direções) com potência média de 4,00 kW. Uma antena receptora de 65,0 cm de comprimento está em um local a 4 milhas do transmissor. Calcule a amplitude da fem que é induzida por este sinal entre as extremidades da antena receptora.

32. A que distância de uma fonte pontual de onda eletromagnética $E_{máx} = 15,0$ V/m?

33. O filamento de uma lâmpada incandescente tem uma resistência de 150 Ω e carrega uma corrente contínua de 1,00 A. O filamento tem 8,00 cm de comprimento e 0,900 mm de raio. (a) Calcule o vetor de Poynting na superfície do filamento, associado com campo elétrico estático produzindo a corrente, e o campo magnético estático da corrente. (b) Determine a intensidade dos campos elétrico e magnético estáticos na superfície do filamento.

34. Em um local na Terra, o valor rms do campo magnético causado pela radiação solar é 1,80 μT. A partir desse valor, calcule (a) o campo elétrico rms devido à radiação solar, (b) a densidade média da energia da componente solar da radiação eletromagnética nesse local e (c) o módulo médio do vetor de Poynting para a radiação do Sol.

Seção 12.5 Quantidade de movimento e pressão de radiação

35. Um feixe de laser de 25,0 mW de 2,00 mm de diâmetro é refletido na incidência normal por um espelho perfeitamente reflexivo. Calcule a pressão de radiação no espelho.

36. Uma onda de rádio transmite a 25,0 W/m² de potência por unidade de área. Uma superfície plana de área A está perpendicular à direção da propagação da onda. Supondo que a superfície seja um absorvedor perfeito, calcule a pressão de radiação nela.

37. **M** Um laser de hélio-neônio de 15,0 mW emite um feixe de seção transversal circular com diâmetro de 2,00 mm. (a) Encontre o campo elétrico máximo no feixe. (b) Qual energia total está contida em um comprimento de 1,00 m de feixe? (c) Encontre o momento transportado por um comprimento de 1,00 m do feixe.

38. Um laser de hélio-neônio de potência P emite um feixe de seção transversal circular com um raio r. (a) Encontre o campo elétrico máximo no feixe. (b) Qual energia total está contida em um comprimento ℓ de feixe? (c) Encontre o momento transportado por um comprimento ℓ do feixe.

39. **AMT** Um disco circular uniforme de massa $m = 24,0$ g e raio $r = 40,0$ cm está pendurado verticalmente em uma dobradiça fixa, sem atrito e horizontal em um ponto em sua circunferência, como mostrado na Figura P12.39a. Um feixe de radiação eletromagnética com intensidade 10,0 MW/m² é incidente no disco em uma direção perpendicular à sua superfície. O disco é perfeitamente absorvível, e a pressão de radiação resultante faz o disco girar. Supondo

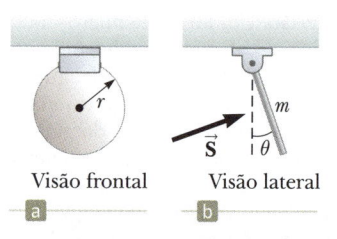

Figura P12.39

que a radiação seja *sempre* perpendicular à superfície do disco, encontre o ângulo θ pelo qual o disco gira na vertical conforme atinge sua nova posição de equilíbrio, mostrada na Figura 12.39b.

40. A intensidade da luz solar na distância da Terra ao Sol é 1.370 W/m². Suponha que a Terra absorva toda a luz solar incidente nela. (a) Encontre a força total que o Sol exerce na Terra devido à pressão da radiação. (b) Explique como esta força se compara com a atração gravitacional solar.

41. Uma onda eletromagnética no plano de intensidade 6,00 W/m², movendo-se na direção x, atinge um pequeno espelho de bolso perfeitamente reflexivo, de área 40,0 cm², colocado no plano yz. (a) Que momento a onda transfere para o espelho a cada segundo? (b) Encontre a força que a onda exerce no espelho. (c) Explique a relação entre as respostas às partes (a) e (b).

42. Assuma que a intensidade da radiação solar incidente na atmosfera superior da Terra é 1.370 W/m² e utilize dados da Tabela 13.2 do Volume 1 conforme for necessário. Determine (a) a intensidade da radiação solar incidente em Marte, (b) a potência total incidente em Marte e (c) a força da radiação que atua naquele planeta se ele absorver praticamente toda a luz. (d) Mostre como esta força se compara com a atração gravitacional exercida pelo Sol em Marte. (e) Compare a relação da força gravitacional com a força da pressão da luz exercida na Terra e a relação dessas forças exercidas em Marte, encontradas na parte (d).

43. **AMT W** Uma maneira possível de voo espacial é colocar uma folha de alumínio perfeitamente reflexiva em órbita ao redor da Terra e então utilizar a luz do Sol para empurrar essa "vela solar". Suponha que uma vela de área $A = 6,00 \times 10^5$ m² e massa $m = 6,00 \times 10^3$ kg seja colocada em órbita de frente para o Sol. Ignore todos os efeitos gravi-

tacionais e suponha uma intensidade solar de 1.370 W/m². (a) Qual força é exercida na vela? (b) Qual é a aceleração da vela? (c) Supondo que a aceleração calculada na parte (b) permaneça constante, encontre o intervalo de tempo necessário para que a vela atinja a Lua, a $3,84 \times 10^8$ m de distância, iniciando do repouso na Terra.

Seção 12.6 Produção de ondas eletromagnéticas por uma antena

44. Ondas de frequência extremamente baixa (FEB) que podem penetrar os oceanos são o único meio prático de comunicação com submarinos distantes. (a) Calcule o comprimento da antena de quarto de onda para um transmissor gerando ondas FEB de frequência 75,0 Hz no ar. (b) Qual a praticidade deste meio de comunicação?

45. A antena Marconi, utilizada pela maior parte das rádios AM, consiste da metade superior de uma antena Hertz (também conhecida como antena de meia-onda porque seu comprimento é $\lambda/2$). A extremidade inferior da antena Marconi (quarto de onda) é conectada à terra, e esta serve como a metade inferior que falta. Quais são as alturas das antenas Marconi para estações de rádio transmitindo a (a) 560 kHz e (b) 1.600 kHz?

46. Uma folha grande e plana transporta uma corrente elétrica uniformemente distribuída com corrente por unidade de largura J_s. Esta corrente cria um campo magnético em ambos os lados da folha, paralelo à folha e perpendicular à corrente, com módulo $B = \frac{1}{2}\mu_0 J_s$. Se a corrente estiver na direção y e oscila no tempo de acordo com

$$J_{\text{máx}}(\cos \omega t)\hat{\mathbf{j}} = J_{\text{máx}}[\cos (-\omega t)]\hat{\mathbf{j}}$$

a folha irradia uma onda eletromagnética. A Figura P12.46 mostra essa onda emitida de um ponto na folha escolhido como origem. Essas ondas eletromagnéticas são emitidas de todos os pontos na folha. O campo magnético da onda à direita da folha é descrito pela função de onda

$$\vec{\mathbf{B}} = \tfrac{1}{2}\mu_0 J_{\text{máx}}[\cos (kx - \omega t)]\hat{\mathbf{k}}$$

(a) Encontre a função de onda para o campo elétrico da onda à direita da folha. (b) Encontre o vetor de Poynting como uma função de x e t. (c) Encontre a intensidade da onda. (d) **E se?** Se a folha emitir radiação em cada direção (normal ao plano da folha) com intensidade 570 W/m², qual o valor máximo necessário da densidade senoidal da corrente?

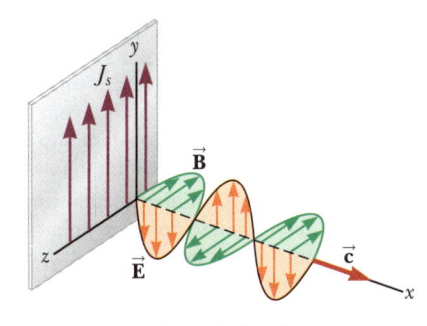

Figura P12.46

47. **Revisão.** Cargas de aceleração irradiam ondas eletromagnéticas. Calcule o comprimento de onda da radiação produzida por um próton em um cíclotron com um campo magnético de 0,350 T.

48. **Revisão.** Cargas aceleradas irradiam ondas eletromagnéticas. Calcule o comprimento de onda da radiação produzida por um próton de massa m_p movendo-se por um caminho circular perpendicular em um campo magnético de intensidade B.

49. Duas antenas verticais de radiotransmissão são separadas por metade do comprimento de onda da transmissão e colocadas em fase uma com a outra. Em quais direções horizontais os sinais (a) mais fortes e (b) mais fracos são irradiados?

Seção 12.7 Espectro das ondas eletromagnéticas

50. **W** Obtenha uma estimativa da ordem de grandeza para a frequência de uma onda eletromagnética com comprimento de onda igual a (a) sua altura e (b) a espessura de uma folha de papel. Como cada onda é classificada no espectro eletromagnético?

51. Quais são os comprimentos de ondas eletromagnéticas no espaço livre que têm frequências de (a) $5,00 \times 10^{19}$ Hz e (b) $4,00 \times 10^9$ Hz?

52. Uma notícia importante é transmitida por ondas de rádio para pessoas sentadas próximas a seus rádios a 100 km da estação, e por ondas sonoras para pessoas sentadas na redação a 3,00 m do narrador. Tomando a velocidade do som no ar como 343 m/s, quem recebe a notícia primeiro? Explique.

53. Além das transmissões a cabo e por satélite, os canais de televisão ainda utilizam bandas VHF e UHF para transmitir digitalmente seus sinais. Doze canais de televisão VHF (de 2 a 13) estão na faixa de frequências entre 54,0 MHz e 216 MHz. É atribuída a cada canal uma largura de 6,00 MHz, com as duas faixas de 72,0-76,0 MHz e 88,0-174 MHz reservadas para fins que não TV (o canal 2, por exemplo, fica entre 54,0 e 60,0 MHz.). Calcule a faixa de comprimento de onda de transmissão para (a) o canal 4, (b) o canal 6 e (c) o canal 8.

Problemas Adicionais

54. Classificar ondas com frequências de 2 Hz, 2 kHz, 2 MHz, 2 GHz, 2 THZ, 2 PHz, 2 EHz, 2 ZHz, e YHz no espectro eletromagnético. Classifique as ondas com comprimentos de onda de 2 km, 2 m, 2 mm, 2 (micro)m, 2 nm, 2 pm, 2 fm, e 2 am.

55. Suponha que a intensidade da radiação solar incidente nas nuvens da Terra seja 1.370 W/m². (a) Considerando a separação média da Terra e do Sol $1,496 \times 10^{11}$ m, calcule a potência total irradiada pelo Sol. Determine os valores máximos (b) do campo elétrico e (c) do campo magnético na luz solar na localização da Terra.

56. Em 1965, Arno Penzias e Robert Wilson descobriram a radiação cósmica de micro-ondas deixada pela expansão do Universo após o "big bang". Suponha que a densidade de energia dessa radiação de fundo seja $4,00 \times 10^{-14}$ J/m³. Determine a amplitude do campo elétrico correspondente.

57. O olho é mais sensível à luz com uma frequência de $5,45 \times 10^{14}$ Hz, que está na região verde-amarela do espectro eletromagnético visível. Qual é o comprimento de onda dessa luz?

58. Formule expressões para os campos elétrico e magnético de uma onda eletromagnética senoidal no plano com amplitude de campo elétrico de 300 V/m e frequência de 3,00 GHz propagando-se na direção positiva x.

59. Um dos objetivos do programa espacial russo é iluminar cidades escuras na região norte utilizando a luz do Sol

refletida para a Terra a partir de uma superfície espelhada de 200 m de diâmetro, que está em órbita. Vários protótipos menores já foram construídos e colocados em órbita. (a) Suponha que a luz do Sol, com intensidade de 1.370 W/m² incide no espelho quase perpendicularmente e que a atmosfera da Terra permite que 74,6% da energia da luz do Sol passe através dele quando o tempo está claro. Qual é a energia recebida por uma cidade quando o espelho no espaço está refletindo luz para ele? (b) O plano é refletir a luz do Sol para cobrir um círculo de diâmetro de 8,00 km. Qual é a intensidade da luz (a grandeza média do vetor de Poynting) recebida pela cidade? (c) Esta intensidade representa qual porcentagem do componente vertical da luz do Sol em St. Petersburg, em janeiro, quando o Sol atinge um ângulo de 7,00° acima do horizonte ao meio-dia?

60. Uma fonte de micro-ondas produz pulsos com radiação de 20,0 GHz, sendo que cada pulso tem a duração de 1,00 ns. Um refletor parabólico com uma área facial de raio igual a 6,00 cm é utilizada para focar as micro-ondas em um feixe paralelo de radiação, como mostra a Figura P12.60. A potência média durante cada pulso é de 25,0 kW. (a) Qual é o comprimento de onda dessas micro-ondas? (b) Qual é a energia total contida em cada pulso? (c) Calcule a densidade média de energia dentro de cada pulso. (d) Determine a amplitude dos campos elétrico e magnético nessas micro-ondas. (e) Supondo que este feixe pulsado atinja uma superfície absorvente, calcule a força exercida na superfície durante a duração de 1,00 ns, de cada pulso.

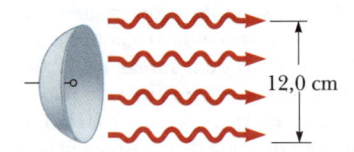

Figura P12.60

61. A intensidade da radiação solar no topo da atmosfera terrestre é 1.370 W/m². Supondo que 60% da energia solar de entrada atinja a superfície terrestre e que você absorva 50% da energia incidente, faça uma estimativa da ordem de grandeza da quantidade de energia solar que você absorve se tomar banho de sol por 60 minutos.

62. Dois transreceptores de rádio portáteis com antenas dipolares estão separados por uma distância grande e fixa. Se a antena transmissora for vertical, qual fração da potência máxima recebida aparecerá na receptora quando estiver inclinada na vertical por (a) 15,0°? (b) 45,0°? (c) 90,0°?

63. **AMT** Considere uma partícula pequena e esférica de raio r localizada no espaço a uma distância $R = 3{,}75 \times 10^{11}$ m do Sol. Suponha que a partícula tenha superfície perfeitamente absorvível e densidade de massa $\rho = 1{,}50$ g/cm³. Utilize $S = 214$ W/m² como valor da intensidade solar no local da partícula. Calcule o valor de r para o qual a partícula está em equilíbrio entre a força gravitacional e aquela exercida pela radiação solar.

64. Considere uma partícula pequena e esférica de raio r localizada no espaço a uma distância R do Sol, de massa M_S. Suponha que a partícula tenha uma superfície perfeitamente absorvível e densidade de massa ρ. O valor da intensidade solar no local da partícula é S. Calcule o valor de r para o qual a partícula está em equilíbrio entre a força gravitacional e aquela exercida pela radiação solar. Sua resposta deve ser em termos de S, R, ρ e outras constantes.

65. **M** Uma antena parabólica com diâmetro de 20,0 m recebe (na incidência normal) um sinal de rádio de uma fonte distante, como mostra a Figura P12.65. O sinal de rádio é uma onda senoidal contínua com amplitude $E_{máx} = 0{,}200$ µV/m. Suponha que a antena absorva toda a radiação que cai na parabólica. (a) Qual é a amplitude do campo magnético nessa onda? (b) Qual é a intensidade da radiação recebida por essa antena? (c) Qual é a potência recebida pela antena? (d) Que força é exercida pelas ondas de rádio na antena?

Figura P12.65

66. A Terra reflete aproximadamente 38,0% da luz solar incidente de suas nuvens e superfície. (a) Dado que a intensidade da radiação solar no topo da atmosfera é 1.370 W/m², encontre a pressão de radiação na Terra, em pascals, no local onde o Sol está logo acima em linha reta. (b) Mostre como esta quantidade se compara com a pressão atmosférica normal na superfície terrestre, que é 101 kPa.

67. **Revisão.** Um espelho circular de 1,00 m de diâmetro focaliza os raios do Sol em uma placa circular absorvível de 2,00 cm de raio, que segura uma lata contendo 1,00 L de água a 20,0 °C. (a) Se a intensidade solar for 1,00 kW/m², qual é a na placa absorvível? Na placa, quais são os módulos máximos dos campos (b) $\vec{E}$ e (c) $\vec{B}$? (d) Se 40,0% da energia forem absorvidos, qual intervalo de tempo é necessário para colocar a água em seu ponto de ebulição?

68. (a) Uma partícula carregada estacionária na origem cria um fluxo elétrico de 487 N × m²/C por qualquer superfície fechada ao redor da carga. Encontre o campo elétrico que ela cria no espaço vazio ao seu redor como uma função da distância radial r em direção contrária à partícula. (b) Uma pequena fonte na origem emite uma onda eletromagnética com frequência simples no vácuo igualmente em todas as direções, com potência 25,0 W. Encontre a amplitude do campo elétrico como uma função da distância radial em direção contrária à fonte. (c) A qual distância a amplitude do campo elétrico na onda é igual a 3,00 MV/m, representando a resistência dielétrica do ar? (d) Conforme a distância da fonte dobra, o que acontece com a amplitude do campo? (e) Mostre como o comportamento evidenciado na parte (d) se compara com o do campo na parte (a).

69. **Revisão.** (a) Um usuário doméstico tem um aquecedor de água solar instalado no teto de sua residência (Fig. P12.69). O aquecedor é uma caixa plana e fechada com isolação térmica excelente. Seu interior é pintado de preto e sua face frontal é feita de vidro isolante. Sua emissividade para luz visível é 0,900, e sua emissividade para luz infravermelha é 0,700. A luz do Sol ao meio-dia incide perpendicularmente ao vidro com intensidade de 1.000 W/m², e nenhuma água entra ou sai da caixa. Encontre a temperatura de estado estacionário no interior da caixa. (b) **E se?** O usuário doméstico constrói uma caixa idêntica sem tubos de água, que fica no chão em frente à casa. Ele a utiliza como uma

estrutura fria, onde planta sementes no começo da primavera. Supondo que o mesmo Sol do meio-dia esteja em um ângulo de elevação de 50,0°, encontre a temperatura de estado estacionário do interior da caixa quando suas fendas de ventilação estiverem bem fechadas.

Figura P12.69

70. **PD** Você pode querer revisar as Seções 2.5 e 3.3 do Volume 2 sobre o transporte de energia por ondas em cordas e sonoras. A Figura P12.15 é uma representação gráfica de uma onda eletromagnética movendo-se na direção x. Desejamos encontrar uma expressão para a intensidade dessa onda por meio de um processo diferente daquele pelo qual a Equação 12.24 foi gerada. (a) Esboce um gráfico do campo elétrico nessa onda no instante $t = 0$, fazendo com que seu papel plano represente o plano xy. (b) Calcule a densidade de energia u_E no campo elétrico como uma função de x no instante $t = 0$. (c) Calcule a densidade de energia no campo magnético u_B como uma função de x neste instante. (d) Encontre a densidade total de energia u como uma função de x, expressa somente em termos da amplitude do campo elétrico. (e) A energia em uma "caixa de sapato" de comprimento λ e área frontal A é $E_\lambda = \int_0^\lambda uA\,dx$ (o símbolo E_λ para energia em um comprimento de onda imita a notação da Seção 2.5 do Volume 2). Execute a integração para computar a quantidade dessa energia em termos de A, λ, $E_{máx}$ e constantes universais. (f) Podemos pensar no transporte de energia por toda a onda como uma série dessas caixas de sapato passando como se fosse transportada em uma esteira. Cada caixa passa por um ponto em um intervalo de tempo definido como o período $T = 1/f$ da onda. Encontre a potência que a onda transporta pela área A. (g) A intensidade da onda é a potência por unidade de área pela qual a onda passa. Calcule esta intensidade em termos de $E_{máx}$ e constantes universais. (h) Explique como seu resultado se compara ao dado na Equação 12.24.

71. Lasers têm sido utilizados para suspender contas esféricas de vidro no campo gravitacional terrestre. (a) Uma conta preta tem raio r e densidade ρ. Determine a intensidade da radiação necessária para suportá-la. (b) Qual é a potência mínima necessária para esse laser?

72. Lasers têm sido utilizados para suspender contas esféricas de vidro no campo gravitacional terrestre. (a) Uma conta preta tem raio r e densidade de ρ. Determine a intensidade da radiação necessária para suportá-la. (b) Qual é a potência mínima necessária para esse laser?

73. **Revisão.** Uma gata preta de 5,50 kg e seus quatro filhotinhos pretos, cada um com massa de 0,800 kg, dormem abraçados em um tapete numa noite fria, com seus corpos formando um hemisfério. Suponha que este tenha temperatura de superfície de 31,0 °C, emissividade de 0,970 e densidade uniforme de 990 kg/m³. Encontre (a) o raio do hemisfério, (b) a área de sua superfície curvada, (c) a potência irradiada emitida pelos gatos na sua superfície curvada e (d) a intensidade da radiação nessa superfície. Você pode pensar na onda eletromagnética emitida como tendo uma frequência simples predominante. Encontre (e) a amplitude do campo elétrico na onda eletromagnética fora da superfície da pilha confortável e (f) a amplitude do campo magnético. (g) **E se?** Na próxima noite, os filhotes dormem sozinhos, curvando-se em hemisférios separados de sua mãe. Encontre a potência total irradiada da família (por razões de simplicidade, ignore a absorção da radiação dos gatos no ambiente).

74. A potência eletromagnética irradiada por uma partícula não relativística com carga q movendo-se com aceleração a é

$$P = \frac{q^2 a^2}{6\pi\varepsilon_0 c^3}$$

onde ε_0 é a permissividade de espaço livre (também chamada permissividade do vácuo) e c é a velocidade da luz no vácuo. (a) Mostre que o lado direito desta equação tem unidades de watts. Um elétron é colocado em um campo elétrico constante de módulo 100 N/C. Determine (b) a aceleração do elétron e (c) a potência eletromagnética irradiada por ele. (d) **E se?** Se um próton for posicionado em um cíclotron com raio de 0,500 m e campo magnético de módulo 0,350 T, qual potência eletromagnética esse próton irradia logo antes de sair do cíclotron?

75. **Revisão.** Gliese 581c é o primeiro planeta terrestre extrassolar descoberto semelhante à Terra. Sua estrela mãe, Gliese 581, é uma anã vermelha que irradia ondas eletromagnéticas com potência $5{,}00 \times 10^{24}$ W, que é somente 1,30% da potência do Sol. Suponha que a emissividade do planeta seja igual para luz infravermelha e visível, e o planeta tenha temperatura de superfície uniforme. Identifique (a) a área projetada na qual o planeta absorve a luz de Gliese 581 e (b) a área radiante do planeta. (c) Se uma temperatura média de 287 K for necessária para existência de vida em Gliese 581c, qual deveria ser o raio da órbita do planeta?

Problemas de Desafio

76. Uma onda eletromagnética no plano varia senoidalmente a 90,0 MHz conforme se propaga no vácuo ao longo da direção positiva x. O valor de pico do campo elétrico é 2,00 mV/m e está direcionado ao longo da direção positiva y. Encontre (a) o comprimento de onda, (b) o período e (c) o valor máximo do campo magnético. (d) Obtenha expressões em unidades SI para as variações no espaço e no tempo dos campos elétrico e magnético. Inclua valores numéricos e unidades vetoriais para indicar direções. (e) Encontre a potência média por unidade de área que esta onda transporta pelo espaço. (f) Encontre a densidade média de energia na radiação (em joules por metro cúbico). (g) Qual pressão de radiação esta onda exerceria em uma superfície perfeitamente reflexiva na incidência normal?

77. Uma micro-onda linearmente polarizada de comprimento de onda 1,50 cm está direcionada ao longo do eixo positivo x. O vetor campo elétrico atinge o valor máximo de 175 V/m e vibra no plano xy. Supondo que a componente do campo magnético da onda possa ser formulada como $B = B_{máx}$ sen $(kx - \omega t)$, dê valores para (a) $B_{máx}$, (b) k e (c) ω. (d) Determine em qual plano o vetor campo magnético vibra. (e) Calcule o valor médio do vetor de Poynting para esta onda. (f) Se ela fosse direcionada para a incidência normal em uma folha

perfeitamente reflexiva, qual pressão de radiação exerceria? (g) Qual aceleração seria imposta a uma folha de 500 g (perfeitamente reflexiva e na incidência normal) com dimensões de 1,00 m × 0,750 m?

78. **Revisão.** Na ausência da entrada de cabo ou de antena parabólica, um aparelho de televisão pode utilizar uma antena receptora dipolar para canais VHF e outra em forma de espira para canais UHF. Na Figura PC12.9, as "orelhas" formam a antena VHF e a espira de fio menor é a antena UHF. Esta produz uma fem do fluxo magnético variável pela espira. O canal de televisão transmite um sinal com frequência f, e o sinal tem amplitude de campo elétrico $E_{máx}$ e de campo magnético $B_{máx}$ no local da antena receptora. (a) Utilizando a Lei de Faraday, obtenha uma expressão para a amplitude da fem que aparece em uma antena de espira simples, circular, com raio r que é pequena comparada com o comprimento de onda. (b) Se o campo elétrico no sinal aponta verticalmente, qual orientação da espira apresenta a melhor recepção?

79. AMT **Revisão.** Um astronauta, pendurado no espaço a 10,0 m de sua espaçonave e em repouso em relação a ela, tem massa (incluindo equipamentos) de 110 kg. Como tem uma lanterna de 100 W que forma um feixe direcionado, ele considera utilizá-lo como um foguete de fóton para impulsionar a si mesmo continuamente em direção à espaçonave. (a) Calcule o intervalo de tempo necessário para atingir a espaçonave com este método. (b) **E se?** Suponha que, em vez disto, ele jogue a lanterna de 3,00 kg na direção contrária à espaçonave. Após ser jogada, a lanterna se move, recuando, a 12,0 m/s em relação ao astronauta. Após qual intervalo de tempo o astronauta atingirá a espaçonave?

apêndice A
Tabelas

TABELA A.1 Fatores de conversão

	m	cm	km	pol	pé	mi
1 metro	1	10^2	10^{-3}	39,37	3,281	$6,214 \times 10^{-4}$
1 centímetro	10^{-2}	1	10^{-5}	0,3937	$3,281 \times 10^{-2}$	$6,214 \times 10^{-6}$
1 quilômetro	10^3	10^5	1	$3,937 \times 10^4$	$3,281 \times 10^3$	0,6214
1 polegada	$2,540 \times 10^{-2}$	2,540	$2,540 \times 10^{-5}$	1	$8,333 \times 10^{-2}$	$1,578 \times 10^{-5}$
1 pé	0,3048	30,48	$3,048 \times 10^{-4}$	12	1	$1,894 \times 10^{-4}$
1 milha	1.609	$1,609 \times 10^5$	1,609	$6,336 \times 10^4$	5.280	1

Massa

	kg	g	slug	u
1 quilograma	1	10^3	$6,852 \times 10^{-2}$	$6,024 \times 10^{26}$
1 grama	10^{-3}	1	$6,852 \times 10^{-5}$	$6,024 \times 10^{23}$
1 slug	14,59	$1,459 \times 10^4$	1	$8,789 \times 10^{27}$
1 unidade de massa atômica	$1,660 \times 10^{-27}$	$1,660 \times 10^{-24}$	$1,137 \times 10^{-28}$	1

Nota: 1 ton métrica = 1.000 kg.

Tempo

	s	min	h	dia	ano
1 segundo	1	$1,667 \times 10^{-2}$	$2,778 \times 10^{-4}$	$1,157 \times 10^{-5}$	$3,169 \times 10^{-8}$
1 minuto	60	1	$1,667 \times 10^{-2}$	$6,994 \times 10^{-4}$	$1,901 \times 10^{-6}$
1 hora	3.600	60	1	$4,167 \times 10^{-2}$	$1,141 \times 10^{-4}$
1 dia	$8,640 \times 10^4$	1.440	24	1	$2,738 \times 10^{-5}$
1 ano	$3,156 \times 10^7$	$5,259 \times 10^5$	$8,766 \times 10^3$	365,2	1

Velocidade

	m/s	cm/s	pé/s	mi/h
1 metro por segundo	1	10^2	3,281	2,237
1 centímetro por segundo	10^{-2}	1	$3,281 \times 10^{-2}$	$2,237 \times 10^{-2}$
1 pé por segundo	0,3048	30,48	1	0,6818
1 milha por hora	0,4470	44,70	1,467	1

Nota: 1 mi/min = 60 mi/h = 88 pé/s.

Força

	N	lb
1 newton	1	0,2248
1 libra	4,448	1

(Continua)

TABELA A.1 — Fatores de conversão (continuação)

Energia, transferência de energia

	J	pé · lb	eV
1 joule	1	0,7376	$6,242 \times 10^{18}$
1 pé-libra	1,356	1	$8,464 \times 10^{18}$
1 elétron-volt	$1,602 \times 10^{-19}$	$1,182 \times 10^{-19}$	1
1 caloria	4,186	3,087	$2,613 \times 10^{19}$
1 unidade térmica inglesa	$1,055 \times 10^{3}$	$7,779 \times 10^{2}$	$6,585 \times 10^{21}$
1 quilowatt-hora	$3,600 \times 10^{6}$	$2,655 \times 10^{6}$	$2,247 \times 10^{25}$

	cal	Btu	kWh
1 joule	0,2389	$9,481 \times 10^{-4}$	$2,778 \times 10^{-7}$
1 pé-libra	0,3239	$1,285 \times 10^{-3}$	$3,766 \times 10^{-7}$
1 elétron-volt	$3,827 \times 10^{-20}$	$1,519 \times 10^{-22}$	$4,450 \times 10^{-26}$
1 caloria	1	$3,968 \times 10^{-3}$	$1,163 \times 10^{-6}$
1 unidade térmica inglesa	$2,520 \times 10^{2}$	1	$2,930 \times 10^{-4}$
1 quilowatt-hora	$8,601 \times 10^{5}$	$3,413 \times 10^{2}$	1

Pressão

	Pa	atm
1 pascal	1	$9,869 \times 10^{-6}$
1 atmosfera	$1,013 \times 10^{5}$	1
1 centímetro de mercúrio[a]	$1,333 \times 10^{3}$	$1,316 \times 10^{-2}$
1 libra por polegada quadrada	$6,895 \times 10^{3}$	$6,805 \times 10^{-2}$
1 libra por pé quadrado	47,88	$4,725 \times 10^{-4}$

	cm Hg	lb/pol²	lb/pé²
1 pascal	$7,501 \times 10^{-4}$	$1,450 \times 10^{-4}$	$2,089 \times 10^{-2}$
1 atmosfera	76	14,70	$2,116 \times 10^{3}$
1 centímetro de mercúrio[a]	1	0,1943	27,85
1 libra por polegada quadrada	5,171	1	144
1 libra por pé quadrado	$3,591 \times 10^{-2}$	$6,944 \times 10^{-3}$	1

[a] A 0 °C e em um local onde a aceleração da gravidade tem seu valor "padrão", 9,80665 m/s².

TABELA A.2 — Símbolos, dimensões e unidades de quantidades físicas

Quantidade	Símbolo comum	Unidade[a]	Dimensões[b]	Unidade em termos de unidades base SI
Aceleração	$\vec{a}$	m/s²	L/T²	m/s²
Quantidade de substância	n	MOL		mol
Ângulo	θ, ϕ	radiano (rad)	1	
Aceleração angular	$\vec{\alpha}$	rad/s²	T^{-2}	s^{-2}
Frequência angular	ω	rad/s	T^{-1}	s^{-1}
Momento angular	$\vec{L}$	kg · m²/s	ML²/T	kg · m²/s
Velocidade angular	$\vec{\omega}$	rad/s	T^{-1}	s^{-1}
Área	A	m²	L²	m²
Número atômico	Z			
Capacitância	C	farad (F)	$Q^2 T^2/ML^2$	$A^2 \cdot s^4/kg \cdot m^2$
Carga	q, Q, e	coulomb (C)	Q	A · s

(continua)

TABELA A.2 *Símbolos, dimensões e unidades de quantidades físicas (continuação)*

Quantidade	Símbolo comum	Unidade[a]	Dimensões[b]	Unidade em termos de unidades base SI
Densidade de carga				
Linha	λ	C/m	Q/L	A · s/m
Superfície	σ	C/m^2	Q/L^2	A · s/m^2
Volume	ρ	C/m^3	Q/L^3	A · s/m^3
Condutividade	σ	1/Ω · m	Q^{2}T/ML^3	A^2 · s^3/kg · m^3
Corrente	I	AMPÈRE	Q/T	A
Densidade de corrente	J	A/m^2	Q/TL^2	A/m^2
Densidade	ρ	kg/m^3	M/L^3	kg/m^3
Constante dielétrica	κ			
Momento de dipolo elétrico	$\vec{p}$	C · m	QL	A · s · m
Campo elétrico	$\vec{E}$	V/m	ML/QT^2	kg · m/A · s^3
Fluxo elétrico	Φ_E	V · m	ML^3/QT^2	kg · m^3/A · s^3
Força eletromotriz	$\mathcal{E}$	volt (V)	ML^2/QT^2	kg · m^2/A · s^3
Energia	E, U, K	joule (J)	ML^2/T^2	kg · m^2/s^2
Entropia	S	J/K	ML^2/T^{2}K	kg · m^2/s^2 · K
Força	$\vec{F}$	newton (N)	ML/T^2	kg · m/s^2
Frequência	f	hertz (Hz)	T^{-1}	s^{-1}
Calor	Q	joule (J)	ML^2/T^2	kg · m^2/s^2
Indutância	L	henry (H)	ML^2/Q^2	kg · m^2/A^2 · s^2
Comprimento	ℓ, L	METRO	L	m
Deslocamento	$\Delta x, \Delta \vec{r}$			
Distância	d, h			
Posição	$x, y, z, \vec{r}$			
Momento de dipolo magnético	$\vec{\mu}$	N · m/T	QL^2/T	A · m^2
Campo magnético	$\vec{B}$	tesla (T) (= Wb/m^2)	M/QT	kg/A · s^2
Fluxo magnético	Φ_B	weber (Wb)	ML^2/QT	kg · m^2/A · s^2
Massa	m, M	QUILOGRAMA	M	kg
Calor específico molar	C	J/mol · K		kg · m^2/s^2 · mol · K
Momento de inércia	I	kg · m^2	ML^2	kg · m^2
Quantidade de movimento	$\vec{p}$	kg · m/s	ML/T	kg · m/s
Período	T	s	T	s
Permeabilidade do espaço livre	μ_0	N/A^2 (= H/m)	ML/Q^2	kg · m/A^2 · s^2
Permissividade do espaço livre	ϵ_0	C^2/N · m^2 (= F/m)	Q^{2}T^2/ML^3	A^2 · s^4/kg · m^3
Potencial	V	volt (V)(= J/C)	ML^2/QT^2	kg · m^2/A · s^3
Potência	P	watt (W)(= J/s)	ML^2/T^3	kg · m^2/s^3
Pressão	P	pascal (Pa)(= N/m^2)	M/LT^2	kg/m · s^2
Resistência	R	ohm (Ω)(= V/A)	ML^2/Q^{2}T	kg · m^2/A^2 · s^3
Calor específico	c	J/kg · K	L^2/T^{2}K	m^2/s^2 · K
Velocidade	v	m/s	L/T	m/s
Temperatura	T	KELVIN	K	K
Tempo	t	SEGUNDO	T	s
Torque	$\vec{\tau}$	N · m	ML^2/T^2	kg · m^2/s^2
Velocidade	$\vec{v}$	m/s	L/T	m/s
Volume	V	m^3	L^3	m^3
Comprimento de onda	λ	m	L	m
Trabalho	W	joule (J)(= N · m)	ML^2/T^2	kg · m^2/s^2

[a] As unidades bases SI são mostradas em letras maiúsculas.

[b] Os símbolos M, L, T, K e Q denotam massa, comprimento, tempo, temperatura e carga, respectivamente.

apêndice B
Revisão matemática

Este apêndice serve como uma breve revisão de operações e métodos. Desde o começo deste curso, você deve estar completamente familiarizado com técnicas algébricas básicas, geometria analítica e trigonometria. As seções de cálculo diferencial e integral são mais detalhadas e voltadas para alunos que têm dificuldade com a aplicação dos conceitos de cálculo para situações físicas.

B.1 Notação científica

Várias quantidades utilizadas pelos cientistas geralmente têm valores muito grandes ou muito pequenos. A velocidade da luz, por exemplo, é por volta de 300.000.000 m/s, e a tinta necessária para fazer o pingo no *i* neste livro-texto tem uma massa de aproximadamente 0,000000001 kg. Obviamente, é bastante complicado ler, escrever e acompanhar esses números. Evitamos este problema utilizando um método que incorpora potências do número 10:

$$10^0 = 1$$
$$10^1 = 10$$
$$10^2 = 10 \times 10 = 100$$
$$10^3 = 10 \times 10 \times 10 = 1.000$$
$$10^4 = 10 \times 10 \times 10 \times 10 = 10.000$$
$$10^5 = 10 \times 10 \times 10 \times 10 \times 10 = 100.000$$

e assim por diante. O número de zeros corresponde à potência à qual dez é colocado, chamado **expoente** de dez. Por exemplo, a velocidade da luz, 300.000.000 m/s, pode ser expressa como $3{,}00 \times 10^8$ m/s.

Neste método, alguns números representativos inferiores à unidade são os seguintes:

$$10^{-1} = \frac{1}{10} = 0{,}1$$
$$10^{-2} = \frac{1}{10 \times 10} = 0{,}01$$
$$10^{-3} = \frac{1}{10 \times 10 \times 10} = 0{,}001$$
$$10^{-4} = \frac{1}{10 \times 10 \times 10 \times 10} = 0{,}0001$$
$$10^{-5} = \frac{1}{10 \times 10 \times 10 \times 10 \times 10} = 0{,}00001$$

Nestes casos, o número de casas que o ponto decimal está à esquerda do dígito 1 é igual ao valor do expoente (negativo). Os números expressos como uma potência de dez multiplicados por outro número entre um e dez são considerados em **notação científica**. Por exemplo, a notação científica para 5.943.000.000 é $5{,}943 \times 10^9$, e para 0,0000832 é $8{,}32 \times 10^{-5}$.

Quando os números expressos em notação científica estão sendo multiplicados, a regra geral a seguir é muito útil:

$$10^n \times 10^m = 10^{n+m} \quad \text{(B.1)}$$

onde n e m podem ser *quaisquer* números (não necessariamente inteiros). Por exemplo, $10^2 \times 10^5 = 10^7$. A regra também se aplica se um dos expoentes for negativo: $10^3 \times 10^{-8} = 10^{-5}$.

Ao dividir os números formulados em notação científica, note que

$$\frac{10^n}{10^m} = 10^n \times 10^{-m} = 10^{n-m} \tag{B.2}$$

Exercícios

Com a ajuda das regras anteriores, verifique as respostas nas equações a seguir:

1. $86.400 = 8{,}64 \times 10^4$
2. $9.816.762{,}5 = 9{,}8167625 \times 10^6$
3. $0{,}0000000398 = 3{,}98 \times 10^{-8}$
4. $(4{,}0 \times 10^8)(9{,}0 \times 10^9) = 3{,}6 \times 10^{18}$
5. $(3{,}0 \times 10^7)(6{,}0 \times 10^{-12}) = 1{,}8 \times 10^{-4}$
6. $\dfrac{75 \times 10^{-11}}{5{,}0 \times 10^{-3}} = 1{,}5 \times 10^{-7}$
7. $\dfrac{(3 \times 10^6)(8 \times 10^{-2})}{(2 \times 10^{17})(6 \times 10^5)} = 2 \times 10^{-18}$

B.2 Álgebra

Algumas regras básicas

Quando operações algébricas são executadas, aplicam-se as leis da aritmética. Símbolos como x, y e z em geral são utilizados para representar quantidades não especificadas, chamadas **desconhecidas**.

Primeiro, considere a equação

$$8x = 32$$

Se desejarmos resolver x, podemos dividir (ou multiplicar) cada lado da equação pelo mesmo fator sem destruir a igualdade. Neste caso, se dividirmos ambos os lados por 8, temos

$$\frac{8x}{8} = \frac{32}{8}$$
$$x = 4$$

Em seguida, consideramos a equação

$$x + 2 = 8$$

Neste tipo de expressão, podemos adicionar ou subtrair a mesma quantidade de cada lado. Se subtrairmos 2 de cada lado, temos

$$x + 2 - 2 = 8 - 2$$
$$x = 6$$

Em geral, se $x + a = b$, então $x = b - a$.

Considere agora a equação

$$\frac{x}{5} = 9$$

Se multiplicarmos cada lado por 5, temos x à esquerda por ele mesmo e 45 à direita:

$$\left(\frac{x}{5}\right)(5) = 9 \times 5$$
$$x = 45$$

Em todos os casos, *qualquer operação que for feita no lado esquerdo da igualdade também deve sê-lo no lado direito.*

As regras a seguir para multiplicação, divisão, adição e subtração de frações devem ser lembradas, onde a, b, c e d são quatro números:

	Regra	Exemplo
Multiplicação	$\left(\dfrac{a}{b}\right)\left(\dfrac{c}{d}\right) = \dfrac{ac}{bd}$	$\left(\dfrac{2}{3}\right)\left(\dfrac{4}{5}\right) = \dfrac{8}{15}$
Divisão	$\dfrac{(a/b)}{(c/d)} = \dfrac{ad}{bc}$	$\dfrac{2/3}{4/5} = \dfrac{(2)(5)}{(4)(3)} = \dfrac{10}{12}$
Adição	$\dfrac{a}{b} \pm \dfrac{c}{d} = \dfrac{ad \pm bc}{bd}$	$\dfrac{2}{3} - \dfrac{4}{5} = \dfrac{(2)(5) - (4)(3)}{(3)(5)} = -\dfrac{2}{15}$

Exercícios

Nos exercícios a seguir, resolva para x.

Respostas

1. $a = \dfrac{1}{1+x}$ $x = \dfrac{1-a}{a}$
2. $3x - 5 = 13$ $x = 6$
3. $ax - 5 = bx + 2$ $x = \dfrac{7}{a-b}$
4. $\dfrac{5}{2x+6} = \dfrac{3}{4x+8}$ $x = -\dfrac{11}{7}$

Potências

Quando potências de determinada quantidade x são multiplicadas, a regra a seguir se aplica:

$$x^n \, x^m = x^{n+m} \tag{B.3}$$

Por exemplo, $x^2 x^4 = x^{2+4} = x^6$.

Ao dividir as potências de determinada quantidade, a regra é

$$\dfrac{x^n}{x^m} = x^{n-m} \tag{B.4}$$

Por exemplo, $x^8/x^2 = x^{8-2} = x^6$.

Uma potência que é uma fração, como $\tfrac{1}{3}$, corresponde a uma raiz como segue:

$$x^{1/n} = \sqrt[n]{x} \tag{B.5}$$

Por exemplo, $4^{1/3} = \sqrt[3]{4} = 1{,}5874$. (Uma calculadora científica é útil nesses cálculos.)

Finalmente, qualquer quantidade x^n elevada à m-ésima potência é

$$(x^n)^m = x^{nm} \tag{B.6}$$

A Tabela B.1 resume as regras dos expoentes.

TABELA B.1

Regras dos expoentes

- $x^0 = 1$
- $x^1 = x$
- $x^n \, x^m = x^{n+m}$
- $x^n/x^m = x^{n-m}$
- $x^{1/n} = \sqrt[n]{x}$
- $(x^n)^m = x^{nm}$

Exercícios

Verifique as equações a seguir:

1. $3^2 \times 3^3 = 243$
2. $x^5 x^{-8} = x^{-3}$
3. $x^{10}/x^{-5} = x^{15}$

4. $5^{1/3} = 1.709.976$ (use a calculadora)
5. $60^{1/4} = 2.783.158$ (use a calculadora)
6. $(x^4)^3 = x^{12}$

Fatoração

Algumas fórmulas úteis para fatorar uma equação são as seguintes:

$ax + ay + az = a(x + y + z)$ fator comum

$a^2 + 2ab + b^2 = (a + b)^2$ quadrado perfeito

$a^2 - b^2 = (a + b)(a - b)$ diferença de quadrados

Equações quadráticas

A forma geral de uma equação quadrática é

$$ax^2 + bx + c = 0 \tag{B.7}$$

onde x é a quantidade desconhecida; a, b e c são fatores numéricos chamados **coeficientes** da equação. Esta equação tem duas raízes, dadas por

$$x = \frac{-b \pm \sqrt{b^2 - 4ac}}{2a} \tag{B.8}$$

Se $b^2 \geq 4ac$, as raízes são reais.

Exemplo B.1

A equação $x^2 + 5x + 4 = 0$ tem as seguintes raízes que correspondem aos dois sinais do termo de raiz quadrada:

$$x = \frac{-5 \pm \sqrt{5^2 - (4)(1)(4)}}{2(1)} = \frac{-5 \pm \sqrt{9}}{2} = \frac{-5 \pm 3}{2}$$

$$x_+ = \frac{-5 + 3}{2} = \boxed{-1} \quad x_- = \frac{-5 - 3}{2} = \boxed{-4}$$

onde x_+ refere-se à raiz que corresponde ao sinal positivo, e x_- à raiz que corresponde ao sinal negativo.

Exercícios

Resolva as seguintes equações quadráticas:

Respostas

1. $x^2 + 2x - 3 = 0$ $x_+ = 1$ $x_- = -3$
2. $2x^2 - 5x + 2 = 0$ $x_+ = 2$ $x_- = \frac{1}{2}$
3. $2x^2 - 4x - 9 = 0$ $x_+ = 1 + \sqrt{22}/2$ $x_- = 1 - \sqrt{22}/2$

Equações Lineares

Uma equação linear tem a forma geral

$$y = mx + b \tag{B.9}$$

onde m e b são constantes. Esta equação é chamada linear porque o gráfico de y por x é uma linha reta, como mostra a Figura B.1. A constante b, chamada **coeficiente linear**, representa o valor de y no qual a linha reta se intersecciona com o eixo y. A constante m é igual ao **coeficiente angular (inclinação)** da linha reta. Se dois pontos quaisquer na linha reta forem especificados pelas coordenadas (x_1, y_1) e (x_2, y_2), como na Figura B.1, a inclinação da linha reta pode ser expressa como

$$\text{Inclinação} = \frac{y_2 - y_1}{x_2 - x_1} = \frac{\Delta y}{\Delta x} \quad \text{(B.10)}$$

Note que m e b podem ter valores positivos ou negativos. Se $m > 0$, a linha reta tem uma inclinação *positiva*, como na Figura B.1. Se $m < 0$, a linha reta tem uma inclinação *negativa*. Na Figura B.1, m e b são positivos. Três outras situações possíveis são mostradas na Figura B.2.

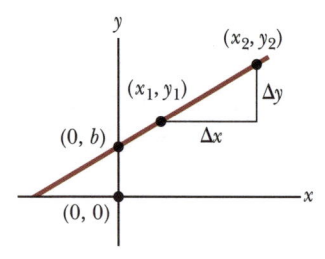

Figura B.1 Linha reta representada graficamente em um sistema de coordenadas xy. A inclinação da linha é a razão entre Δy e Δx.

Exercícios

1. Desenhe os gráficos das linhas retas a seguir:
   (a) $y = 5x + 3$ (b) $y = -2x + 4$ (c) $y = -3x - 6$
2. Encontre as inclinações das linhas retas descritas no Exercício 1.

Respostas (a) 5, (b) -2, (c) -3

3. Encontre as inclinações das linhas retas que passam pelos seguintes conjuntos de pontos: (a) $(0, -4)$ e $(4, 2)$, (b) $(0, 0)$ e $(2, -5)$, (c) $(-5, 2)$ e $(4, -2)$

Respostas (a) $\frac{3}{2}$ (b) $-\frac{5}{2}$ (c) $-\frac{4}{9}$

Resolução de equações lineares simultâneas

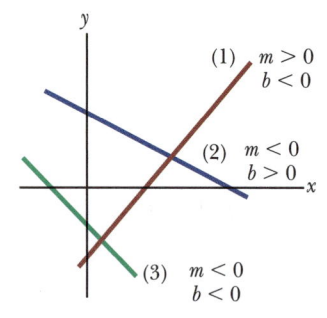

Figura B.2 A linha (1) tem uma inclinação positiva e um ponto de intersecção com y negativo. A linha (2) tem uma inclinação negativa e um ponto de intersecção com y positivo. A linha (3) tem uma inclinação negativa e um ponto de intersecção com y negativo.

Considere a equação $3x + 5y = 15$, que tem duas incógnitas, x e y. Ela não tem uma solução única. Por exemplo, $(x = 0, y = 3)$, $(x = 5, y = 0)$ e $(x = 2, y = \frac{9}{5})$ são todas soluções para esta equação.

Se um problema tem duas incógnitas, uma solução única é possível somente se tivermos *duas* informações. Na maioria dos casos, elas são equações. Em geral, se um problema tem n incógnitas, sua solução necessita de n equações. Para resolver essas duas equações simultâneas que envolvem duas incógnitas, x e y, resolvemos uma delas para x em termos de y e substituímos esta expressão na outra equação.

Em alguns casos, as duas informações podem ser (1) uma equação e (2) uma condição nas soluções. Por exemplo, suponha que tenhamos a equação $m = 3n$ e a condição que m e n devem ser os menores inteiros diferentes de zero possíveis. Então, a equação simples não permite uma solução única, mas a adição da condição resulta que $n = 1$ e $m = 3$.

Exemplo B.2

Resolva as duas equações simultâneas

$$(1) \quad 5x + y = -8$$
$$(2) \quad 2x - 2y = 4$$

Solução Da Equação (2), $x = y + 2$. A substituição desta na Equação (1) resulta

$$5(y + 2) + y = -8$$
$$6y = -18$$
$$y = \boxed{-3}$$
$$x = y + 2 = \boxed{-1}$$

Solução alternativa Multiplique cada termo na Equação (1) pelo fator 2 e adicione o resultado à Equação (2):

$$10x + 2y = -16$$
$$\underline{2x - 2y = 4}$$
$$12x \quad\quad = -12$$
$$x = \boxed{-1}$$
$$y = x - 2 = \boxed{-3}$$

Duas equações lineares com duas incógnitas também podem ser resolvidas por um método gráfico. Se as linhas retas que correspondem às duas equações forem representadas graficamente em um sistema convencional de coordenadas, a intersecção das duas linhas representa a resolução. Por exemplo, considere as duas equações

$$x - y = 2$$
$$x - 2y = -1$$

Estas estão representadas graficamente na Figura B.3. A intersecção das duas linhas tem as coordenadas $x = 5$ e $y = 3$, o que representa a resolução para as equações. Você deve conferir essa resolução pela técnica analítica discutida anteriormente.

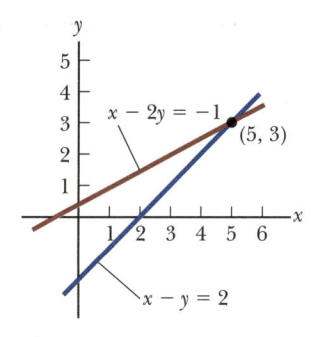

Figura B.3 Solução gráfica para duas equações lineares.

Exercícios

Resolva os pares a seguir de equações simultâneas que envolvem duas incógnitas:

Respostas

1. $x + y = 8$ $x = 5, y = 3$
   $x - y = 2$
2. $98 - T = 10a$ $T = 65, a = 3{,}27$
   $T - 49 = 5a$
3. $6x + 2y = 6$ $x = 2, y = -3$
   $8x - 4y = 28$

Logaritmos

Suponha que uma quantidade x seja expressa como uma potência de uma quantidade a:

$$x = a^y \tag{B.11}$$

O número a é chamado número **base**. O **logaritmo** de x em relação à base a é igual ao expoente para o qual a base deve ser elevada para atender à expressão $x = a^y$:

$$y = \log_a x \tag{B.12}$$

Do mesmo modo, o **antilogaritmo** de y é o número x:

$$x = \text{antilog}_a y \tag{B.13}$$

Na prática, as duas mais utilizadas são a base 10, chamada base de logaritmo *comum*, e a base $e = 2{,}718282$, chamada constante de Euler, ou base de logaritmo *natural*. Quando logaritmos comuns são utilizados,

$$y = \log_{10} x \quad (\text{ou } x = 10^y) \tag{B.14}$$

Quando logaritmos naturais são utilizados,

$$y = \ln x \quad (\text{ou } x = e^y) \tag{B.15}$$

Por exemplo, $\log_{10} 52 = 1{,}716$, então $\text{antilog}_{10} 1{,}716 = 10^{1{,}716} = 52$. Do mesmo modo, $\ln 52 = 3{,}951$, então $3{,}951 = e^{3{,}951} = 52$. Em geral, note que você pode converter entre a base 10 e a base e com a expressão

$$\ln x = (2{,}302\,585) \log_{10} x \tag{B.16}$$

Finalmente, algumas propriedades úteis de logaritmos são as seguintes:

$$\left.\begin{array}{l} \log(ab) = \log a + \log b \\ \log(a/b) = \log a - \log b \\ \log(a^n) = n \log a \end{array}\right\} \text{qualquer base}$$

$$\ln e = 1$$

$$\ln e^a = a$$

$$\ln\left(\frac{1}{a}\right) = -\ln a$$

B.3 Geometria

A **distância** d entre dois pontos com coordenadas (x_1, y_1) e (x_2, y_2) é

$$d = \sqrt{(x_2 - x_1)^2 + (y_2 - y_1)^2} \tag{B.17}$$

Dois ângulos são iguais se seus lados estiverem perpendiculares, lado direito com lado direito e esquerdo com esquerdo. Por exemplo, os dois ângulos marcados θ na Figura B.4 são os mesmos devido à perpendicularidade dos lados dos ângulos. Para distinguir os lados esquerdo e direito de um ângulo, imagine-se em pé e de frente para o vértice do ângulo.

Medida do radiano: O comprimento do arco s de um arco circular (Fig. B.5) é proporcional ao raio r para um valor fixo de θ (em radianos):

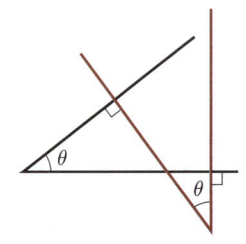

$$s = r\theta$$
$$\theta = \frac{s}{r} \tag{B.18}$$

Figura B.4 Os ângulos são iguais em razão de seus lados estarem perpendiculares.

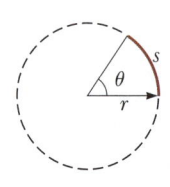

Figura B.5 O ângulo θ em radianos é a relação do comprimento do arco s com o raio r do círculo.

A Tabela B.2 mostra as **áreas** e os **volumes** de várias formas geométricas utilizadas neste texto.

TABELA B.2 *Informações úteis para geometria*

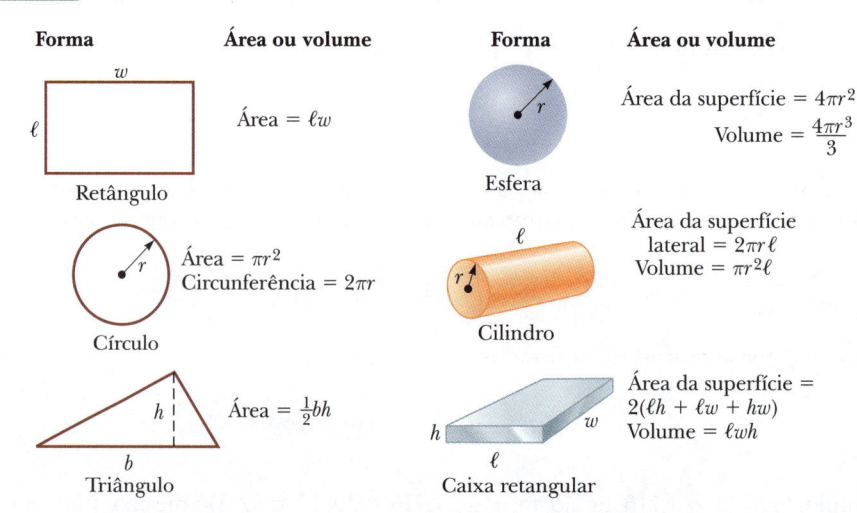

Forma	Área ou volume	Forma	Área ou volume
Retângulo	Área = ℓw	Esfera	Área da superfície = $4\pi r^2$ Volume = $\frac{4\pi r^3}{3}$
Círculo	Área = πr^2 Circunferência = $2\pi r$	Cilindro	Área da superfície lateral = $2\pi r \ell$ Volume = $\pi r^2 \ell$
Triângulo	Área = $\frac{1}{2}bh$	Caixa retangular	Área da superfície = $2(\ell h + \ell w + hw)$ Volume = $\ell w h$

A equação de uma **linha reta** (Fig. B.6) é

$$y = mx + b \tag{B.19}$$

onde b é o ponto de intersecção em y, e m é a inclinação da linha.

A equação de um **círculo** de raio R centralizado na origem é

$$x^2 + y^2 = R^2 \qquad (B.20)$$

A equação de uma **elipse** com a origem no seu centro (Fig. B.7) é

$$\frac{x^2}{a^2} + \frac{y^2}{b^2} = 1 \qquad (B.21)$$

onde a é o comprimento do semieixo principal (mais longo), e b o comprimento do semieixo secundário (mais curto).

A equação de uma **parábola**, cujo vértice está em $y = b$ (Fig. B.8), é

$$y = ax^2 + b \qquad (B.22)$$

A equação de uma **hipérbole retangular** (Fig. B.9) é

$$xy = \text{constante} \qquad (B.23)$$

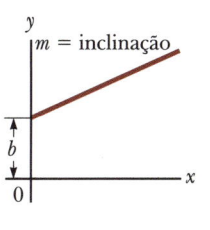

Figura B.6 Linha reta com uma inclinação de m e um ponto de intersecção em y de b.

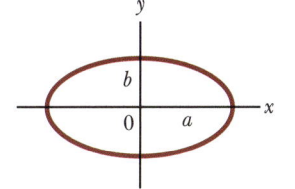

Figura B.7 Elipse com semieixos principal a e secundário b.

B.4 Trigonometria

Chama-se trigonometria a área da matemática baseada nas propriedades especiais do triângulo retângulo. Este, por definição, é um triângulo com um ângulo de 90°. Considere o triângulo retângulo mostrado na Figura B.10, onde o cateto (lado) a está oposto ao ângulo θ, o cateto b está adjacente ao ângulo θ, e o lado c é a hipotenusa do triângulo. As três funções básicas definidas por esse triângulo são o seno (sen), cosseno (cos) e tangente (tg). Em termos do ângulo θ, essas funções são assim definidas:

$$\text{sen } \theta = \frac{\text{cateto oposto a } \theta}{\text{hipotenusa}} = \frac{a}{c} \qquad (B.24)$$

$$\cos \theta = \frac{\text{cateto adjacente a } \theta}{\text{hipotenusa}} = \frac{b}{c} \qquad (B.25)$$

$$\text{tg } \theta = \frac{\text{cateto oposto a } \theta}{\text{cateto adjacente a } \theta} = \frac{a}{b} \qquad (B.26)$$

O teorema de Pitágoras oferece a seguinte relação entre os lados do triângulo retângulo:

$$c^2 = a^2 + b^2 \qquad (B.27)$$

A partir das definições anteriores e do teorema de Pitágoras, temos que

$$\text{sen}^2 \theta + \cos^2 \theta = 1$$

$$\text{tg } \theta = \frac{\text{sen } \theta}{\cos \theta}$$

As funções cossecante, secante e cotangente são definidas por

$$\text{cossec } \theta = \frac{1}{\text{sen } \theta} \quad \sec \theta = \frac{1}{\cos \theta} \quad \text{cotg} \theta = \frac{1}{\text{tg } \theta}$$

As relações a seguir são derivadas diretamente do ângulo reto mostrado na Figura B.10:

$$\text{sen } \theta = \cos(90° - \theta)$$

$$\cos \theta = \text{sen}(90° - \theta)$$

$$\text{cotg } \theta = \text{tg}(90° - \theta)$$

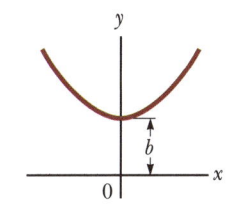

Figura B.8 Parábola com seu vértice em $y = b$.

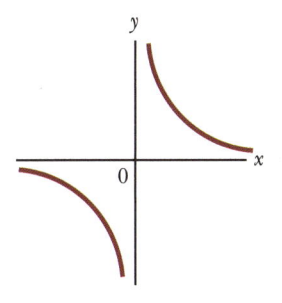

Figura B.9 Hipérbole.

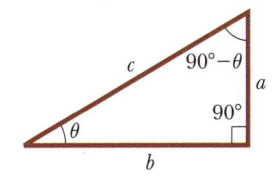

a = cateto oposto a θ
b = cateto adjacente a θ
c = hipotenusa

Figura B.10 Triângulo retângulo, utilizado para definir as funções básicas da trigonometria.

Algumas propriedades das funções trigonométricas são as seguintes:

$$\text{sen}(-\theta) = -\text{sen}\,\theta$$
$$\cos(-\theta) = \cos\theta$$
$$\text{tg}(-\theta) = -\text{tg}\,\theta$$

As relações a seguir aplicam-se a *qualquer* triângulo, como mostrado na Figura B.11:

$$\alpha + \beta + \gamma = 180°$$

Lei dos cossenos $\begin{cases} a^2 = b^2 + c^2 - 2bc\cos\alpha \\ b^2 = a^2 + c^2 - 2ac\cos\beta \\ c^2 = a^2 + b^2 - 2ab\cos\gamma \end{cases}$

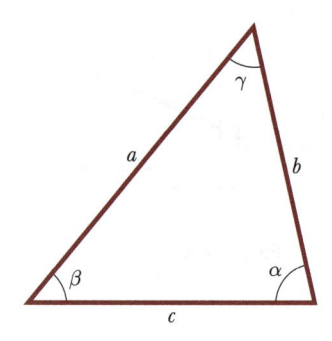

Lei dos senos $\quad \dfrac{a}{\text{sen}\,\alpha} = \dfrac{b}{\text{sen}\,\beta} = \dfrac{c}{\text{sen}\,\gamma}$

Figura B.11 Um triângulo arbitrário, não retângulo.

A Tabela B.3 relaciona várias identidades trigonométricas úteis.

Exemplo B.3

Considere o triângulo retângulo na Figura B.12, no qual $a = 2{,}00$, $b = 5{,}00$ e c é incógnita. A partir do teorema de Pitágoras, temos que

$$c^2 = a^2 + b^2 = 2{,}00^2 + 5{,}00^2 = 4{,}00 + 25{,}0 = 29{,}0$$
$$c = \sqrt{29{,}0} = \boxed{5{,}39}$$

Para encontrar o ângulo θ, note que

$$\text{tg}\,\theta = \frac{a}{b} = \frac{2{,}00}{5{,}00} = 0{,}400$$

Utilizando uma calculadora, temos

$$\theta = \text{tg}^{-1}(0{,}400) = \boxed{21{,}8°}$$

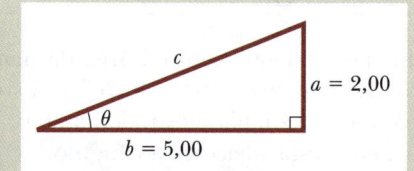

Figura B.12 (Exemplo B.3)

onde $\text{tg}^{-1}(0{,}400)$ é a representação de "ângulo cuja tangente é 0,400", expresso às vezes como arctg (0,400).

TABELA B.3   *Algumas identidades trigonométricas*

$\text{sen}^2\theta + \cos^2\theta = 1$	$\text{cossec}^2\theta = 1 + \text{cotg}^2\theta$
$\sec^2\theta = 1 + \text{tg}^2\theta$	$\text{sen}^2\dfrac{\theta}{2} = \tfrac{1}{2}(1 - \cos\theta)$
$\text{sen}\,2\theta = 2\,\text{sen}\,\theta\cos\theta$	$\cos^2\dfrac{\theta}{2} = \tfrac{1}{2}(1 + \cos\theta)$
$\cos 2\theta = \cos^2\theta - \text{sen}^2\theta$	$1 - \cos\theta = 2\,\text{sen}^2\dfrac{\theta}{2}$
$\text{tg}\,2\theta = \dfrac{2\,\text{tg}\,\theta}{1 - \text{tg}^2\theta}$	$\text{tg}\dfrac{\theta}{2} = \sqrt{\dfrac{1 - \cos\theta}{1 + \cos\theta}}$
$\text{sen}(A \pm B) = \text{sen}\,A\cos B \pm \cos A\,\text{sen}\,B$	
$\cos(A \pm B) = \cos A\cos B \mp \text{sen}\,A\,\text{sen}\,B$	
$\text{sen}\,A \pm \text{sen}\,B = 2\,\text{sen}[\tfrac{1}{2}(A \pm B)]\cos[\tfrac{1}{2}(A \mp B)]$	
$\cos A + \cos B = 2\cos[\tfrac{1}{2}(A + B)]\cos[\tfrac{1}{2}(A - B)]$	
$\cos A - \cos B = 2\,\text{sen}[\tfrac{1}{2}(A + B)]\,\text{sen}[\tfrac{1}{2}(B - A)]$	

Exercícios

1. Na Figura B.13, identifique (a) o cateto oposto a θ, (b) o cateto adjacente a ϕ e, depois, encontre (c) cos θ, (d) sen ϕ e (e) tg ϕ.

Respostas (a) 3   (b) 3   (c) $\frac{4}{5}$ (d) $\frac{4}{5}$ (e) $\frac{4}{3}$

2. Em determinado triângulo retângulo, os dois catetos que estão perpendiculares um ao outro têm 5,00 m e 7,00 m de comprimento. Qual é o comprimento da hipotenusa?

Resposta 8,60 m

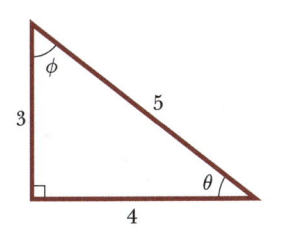

Figura B.13 (Exercício 1)

3. Um triângulo retângulo tem uma hipotenusa de 3,0 m de comprimento, e um de seus ângulos é 30°. (a) Qual é o comprimento do cateto oposto ao ângulo de 30°? (b) Qual é o cateto adjacente ao ângulo de 30°?

Respostas (a) 1,5 m (b) 2,6 m

B.5 Expansões de séries

$$(a + b)^n = a^n + \frac{n}{1!} a^{n-1} b + \frac{n(n-1)}{2!} a^{n-2} b^2 + \cdots$$

$$(1 + x)^n = 1 + nx + \frac{n(n-1)}{2!} x^2 + \cdots$$

$$e^x = 1 + x + \frac{x^2}{2!} + \frac{x^3}{3!} + \cdots$$

$$\ln(1 \pm x) = \pm x - \tfrac{1}{2} x^2 \pm \tfrac{1}{3} x^3 - \cdots$$

$$\left.\begin{array}{l} \operatorname{sen} x = x - \dfrac{x^3}{3!} + \dfrac{x^5}{5!} - \cdots \\[6pt] \cos x = 1 - \dfrac{x^2}{2!} + \dfrac{x^4}{4!} - \cdots \\[6pt] \operatorname{tg} x = x + \dfrac{x^3}{3} + \dfrac{2x^5}{15} + \cdots \quad |x| < \dfrac{\pi}{2} \end{array}\right\} x \text{ em radianos}$$

Para $x \ll 1$, as aproximações a seguir podem ser utilizadas:[1]

$$(1 + x)^n \approx 1 + nx \qquad \operatorname{sen} x \approx x$$
$$e^x \approx 1 + x \qquad \cos x \approx 1$$
$$\ln(1 \pm x) \approx \pm x \qquad \operatorname{tg} x \approx x$$

B.6 Cálculo diferencial

Em várias ramificações da ciência é necessário, às vezes, utilizar as ferramentas básicas do cálculo, inventado por Newton, para descrever fenômenos físicos. O uso do cálculo é fundamental no tratamento de vários problemas da mecânica newtoniana, eletricidade e magnetismo. Nesta seção, simplesmente expomos algumas propriedades básicas e regras fundamentais que devem ser uma revisão útil para os alunos.

Primeiro, uma **função** que relaciona uma variável a outra deve ser especificada (por exemplo, uma coordenada como função do tempo). Suponha que uma das variáveis seja chamada de y (a variável dependente) e a outra de x (a variável independente). Podemos ter uma relação de funções como

$$y(x) = ax^3 + bx^2 + cx + d$$

Se a, b, c e d são constantes específicas, y pode ser calculado para qualquer valor de x. Geralmente, lidamos com funções contínuas, isto é, aquelas para as quais y varia "suavemente" com x.

---

[1] A aproximação para as funções sen x, cos x e tg x são para $x \leq 0,1$ rad.

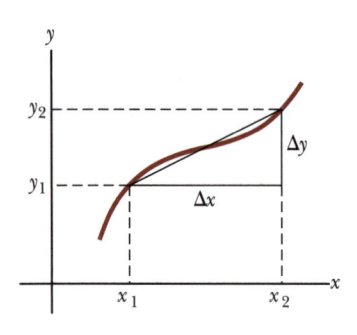

Figura B.14 Os comprimentos Δx e Δy são utilizados para definir a derivada desta função em um ponto.

TABELA B.4 *Derivada para várias funções*

$$\frac{d}{dx}(a) = 0$$

$$\frac{d}{dx}(ax^n) = nax^{n-1}$$

$$\frac{d}{dx}(e^{ax}) = ae^{ax}$$

$$\frac{d}{dx}(\operatorname{sen} ax) = a\cos ax$$

$$\frac{d}{dx}(\cos ax) = -a\operatorname{sen} ax$$

$$\frac{d}{dx}(\operatorname{tg} ax) = a\sec^2 ax$$

$$\frac{d}{dx}(\operatorname{cotg} ax) = -a\operatorname{cossec}^2 ax$$

$$\frac{d}{dx}(\sec x) = \operatorname{tg} x \sec x$$

$$\frac{d}{dx}(\operatorname{cossec} x) = -\operatorname{cotg} x \operatorname{cossec} x$$

$$\frac{d}{dx}(\ln ax) = \frac{1}{x}$$

$$\frac{d}{dx}(\operatorname{sen}^{-1} ax) = \frac{a}{\sqrt{1 - a^2 x^2}}$$

$$\frac{d}{dx}(\cos^{-1} ax) = \frac{-a}{\sqrt{1 - a^2 x^2}}$$

$$\frac{d}{dx}(\operatorname{tg}^{-1} ax) = \frac{a}{1 + a^2 x^2}$$

Nota: Os símbolos *a* e *n* representam constantes.

A **derivada** de *y* com relação a *x* é definida como o limite conforme Δx se aproxima de zero na curva de *y* por *x*. Matematicamente, expressamos esta definição como

$$\frac{dy}{dx} = \lim_{\Delta x \to 0} \frac{\Delta y}{\Delta x} = \lim_{\Delta x \to 0} \frac{y(x + \Delta x) - y(x)}{\Delta x} \quad \text{(B.28)}$$

onde Δy e Δx são definidos como $\Delta x = x_2 - x_1$ e $\Delta y = y_2 - y_1$ (Fig. B.14). Note que *dy/dx* não significa *dy* dividido por *dx*, mas é simplesmente uma notação do processo limitador da derivada, como definido pela Equação B.28.

Uma expressão útil para lembrar quando $y(x) = ax^n$, onde *a* é uma *constante* e *n* é *qualquer* número positivo ou negativo (inteiro ou fração), é

$$\frac{dy}{dx} = nax^{n-1} \quad \text{(B.29)}$$

Se *y(x)* for uma função polinomial ou algébrica de *x*, aplicamos a Equação B.29 para *cada* termo no polinômio e supomos *d [constante]/dx* = 0. Nos Exemplos B.4 a B.7, avaliamos as derivadas de várias funções.

Propriedades especiais da derivada

A. Derivada do produto de duas funções Se uma função *f(x)* é dada pelo produto de duas funções – digamos, *g(x)* e *h(x)* –, a derivada de *f(x)* é definida como

$$\frac{d}{dx}f(x) = \frac{d}{dx}[g(x)h(x)] = g\frac{dh}{dx} + h\frac{dg}{dx} \quad \text{(B.30)}$$

B. Derivada da soma de duas funções Se uma função *f(x)* for igual à soma de duas funções, a derivada da soma é igual à soma das derivadas:

$$\frac{d}{dx}f(x) = \frac{d}{dx}[g(x) + h(x)] = \frac{dg}{dx} + \frac{dh}{dx} \quad \text{(B.31)}$$

C. Regra da cadeia do cálculo diferencial Se $y = f(x)$ e $x = g(z)$, então *dy/dz* pode ser formulado como o produto de duas derivadas:

$$\frac{dy}{dz} = \frac{dy}{dx}\frac{dx}{dz} \quad \text{(B.32)}$$

D. Segunda derivada A segunda derivada de *y* em relação a *x* é definida como a derivada da função *dy/dx* (derivada da derivada). Ela é, em geral, formulada como

$$\frac{d^2 y}{dx^2} = \frac{d}{dx}\left(\frac{dy}{dx}\right) \quad \text{(B.33)}$$

Algumas das derivadas de funções utilizadas mais comumente estão listadas na Tabela B.4.

Exemplo B.4

Suponha que *y(x)* (isto é, *y* como uma função de *x*) seja dado por

$$y(x) = ax^3 + bx + c$$

onde *a* e *b* são constantes. Daí, temos que

$$y(x + \Delta x) = a(x + \Delta x)^3 + b(x + \Delta x) + c$$
$$= a(x^3 + 3x^2 \Delta x + 3x \Delta x^2 + \Delta x^3) + b(x + \Delta x) + c$$

B.4 cont.

Então,
$$\Delta y = y(x + \Delta x) - y(x) = a(3x^2 \Delta x + 3x\Delta x^2 + \Delta x^3) + b\Delta x$$

A substituição disto na Equação B.28 resulta em
$$\frac{dy}{dx} = \lim_{\Delta x \to 0} \frac{\Delta y}{\Delta x} = \lim_{\Delta x \to 0} [3ax^2 + 3ax\Delta x + a\Delta x^2] + b$$

$$\boxed{\frac{dy}{dx} = 3ax^2 + b}$$

Exemplo B.5

Encontre a derivada de
$$y(x) = 8x^5 + 4x^3 + 2x + 7$$

Solução Ao aplicar a Equação B.29 a cada termo independentemente e lembrar que d/dx (constante) = 0, temos
$$\frac{dy}{dx} = 8(5)x^4 + 4(3)x^2 + 2(1)x^0 + 0$$

$$\boxed{\frac{dy}{dx} = 40x^4 + 12x^2 + 2}$$

Exemplo B.6

Encontre a derivada de $y(x) = x^3/(x + 1)^2$ com relação a x.

Solução Podemos reformular essa função como $y(x) = x^3(x + 1)^{-2}$ e aplicar a Equação B.30.

$$\frac{dy}{dx} = (x + 1)^{-2}\frac{d}{dx}(x^3) + x^3 \frac{d}{dx}(x + 1)^{-2}$$

$$= (x + 1)^{-2}\, 3x^2 + x^3(-2)(x + 1)^{-3}$$

$$\frac{dy}{dx} = \frac{3x^2}{(x+1)^2} - \frac{2x^3}{(x+1)^3} = \boxed{\frac{x^2(x+3)}{(x+1)^3}}$$

Exemplo B.7

Uma fórmula útil que vem da Equação B.30 é a derivada do quociente das duas funções. Mostre que

$$\frac{d}{dx}\left[\frac{g(x)}{h(x)}\right] = \frac{h\dfrac{dg}{dx} - g\dfrac{dh}{dx}}{h^2}$$

Solução Podemos formular o quociente como gh^{-1} e depois aplicar as Equações B.29 e B.30:

$$\frac{d}{dx}\left(\frac{g}{h}\right) = \frac{d}{dx}(gh^{-1}) = g\frac{d}{dx}(h^{-1}) + h^{-1}\frac{d}{dx}(g)$$

$$= -gh^{-2}\frac{dh}{dx} + h^{-1}\frac{dg}{dx}$$

$$= \frac{h\dfrac{dg}{dx} - g\dfrac{dh}{dx}}{h^2}$$

B.7 Cálculo integral

Pensamos na integração como o inverso da diferenciação. Por exemplo, considere a expressão

$$f(x) = \frac{dy}{dx} = 3ax^2 + b \qquad \text{(B.34)}$$

que foi o resultado da diferenciação da função

$$y(x) = ax^3 + bx + c$$

no Exemplo B.4. Podemos expressar a Equação B.34 como $dy = f(x)dx = (3ax^2 + b)dx$ e obter $y(x)$ ao "somar" todos os valores de x. Matematicamente, expressamos esta operação inversa como

$$y(x) = \int f(x)\, dx$$

Para a função $f(x)$ dada pela Equação B.34, temos

$$y(x) = \int (3ax^2 + b)\, dx = ax^3 + bx + c$$

onde c é uma constante da integração. Este tipo de integral é chamada *integral indefinida*, porque seu valor depende da escolha de c.

Uma **integral indefinida** geral $I(x)$ é definida como

$$I(x) = \int f(x)\, dx \qquad \text{(B.35)}$$

onde $f(x)$ é chamado *integrando* e $f(x) = dI(x)/dx$.

Para uma função *contínua geral* $f(x)$, a integral pode ser interpretada geometricamente como a área abaixo da curva limitada por $f(x)$ e pelo eixo x, entre dois valores específicos de x, digamos, x_1 e x_2, como na Figura B.15.

A área do elemento azul na Figura B.15 é aproximadamente $f(x_i)\Delta x_i$. Se somarmos todos esses elementos de área entre x_1 e x_2 e supormos o limite desta soma como $\Delta x_i \to 0$, obtemos a área *verdadeira* abaixo da curva limitada por $f(x)$ e pelo eixo x, entre os limites x_1 e x_2:

$$\text{Área} = \lim_{\Delta x_i \to 0} \sum_i f(x_i)\Delta x_i = \int_{x_1}^{x_2} f(x)\, dx \qquad \text{(B.36)}$$

As integrais do tipo definido pela Equação B.36 são chamadas **integrais definidas**.

Uma integral comum que surge de situações práticas tem a forma

$$\int x^n\, dx = \frac{x^{n+1}}{n+1} + c \quad (n \neq -1) \qquad \text{(B.37)}$$

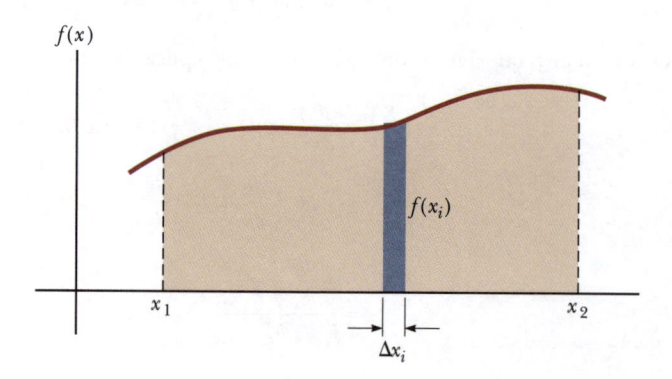

Figura B.15 A integral definida de uma função é a área abaixo da curva da função entre os limites x_1 e x_2.

Este resultado é óbvio e a diferenciação do lado direito em relação a x resulta em $f(x) = x^n$ diretamente. Se os limites da integração forem conhecidos, essa integral se torna uma *integral definida* e é assim formulada

$$\int_{x_1}^{x_2} x^n \, dx = \frac{x^{n+1}}{n+1} \Big|_{x_1}^{x_2} = \frac{x_2^{n+1} - x_1^{n+1}}{n+1} \quad (n \neq -1) \tag{B.38}$$

Exemplos

1. $\int_0^a x^2 \, dx = \dfrac{x^3}{3} \Big]_0^a = \dfrac{a^3}{3}$

2. $\int_0^b x^{3/2} \, dx = \dfrac{x^{5/2}}{5/2} \Big]_0^b = \dfrac{2}{5} b^{5/2}$

3. $\int_3^5 x \, dx = \dfrac{x^2}{2} \Big]_3^5 = \dfrac{5^2 - 3^2}{2} = 8$

Integração parcial

Às vezes, é útil aplicar o método da *integração parcial* (também chamado "integração por partes") para avaliar algumas integrais. Este método utiliza a propriedade

$$\int u \, dv = uv - \int v \, du \tag{B.39}$$

onde u e v são *cuidadosamente* escolhidos para reduzir uma integral complexa para uma mais simples. Em muitos casos, várias reduções têm que ser feitas. Considere a função

$$I(x) = \int x^2 e^x \, dx$$

que pode ser avaliada ao integrar por partes duas vezes. Primeiro, se escolhemos $u = x^2$, $v = e^x$, obtemos

$$\int x^2 e^x \, dx = \int x^2 \, d(e^x) = x^2 e^x - 2\int e^x x \, dx + c_1$$

Agora, no segundo termo, escolhemos $u = x$, $v = e^x$, que resulta

$$\int x^2 e^x \, dx = x^2 e^x - 2x e^x + 2\int e^x \, dx + c_1$$

ou

$$\int x^2 e^x \, dx = x^2 e^x - 2xe^x + 2e^x + c_2$$

A diferencial perfeita

Outro método útil para lembrar é o da *diferencial perfeita*, no qual procuramos por uma alteração da variável de tal modo que a diferencial da função seja a diferencial da variável independente que aparece na integral. Por exemplo, considere a integral

$$I(x) = \int \cos^2 x \, \text{sen} \, x \, dx$$

Essa integral se torna fácil de avaliar se reformularmos a diferencial como $d(\cos x) = -\text{sen} \, x \, dx$. A integral então se torna

$$\int \cos^2 x \, \text{sen} \, x \, dx = -\int \cos^2 x \, d(\cos x)$$

Se agora mudarmos as variáveis, com $y = \cos x$, obtemos

$$\int \cos^2 x \, \text{sen} \, x \, dx = -\int y^2 \, dy = -\frac{y^3}{3} + c = -\frac{\cos^3 x}{3} + c$$

A Tabela B.5 relaciona algumas integrais indefinidas úteis; e a Tabela B.6 apresenta a integral de probabilidade de Gauss e outras integrais definidas. Uma lista mais completa pode ser encontrada em vários manuais, como *The Handbook of Chemistry and Physics* (Boca Raton, FL: CRC Press, publicada anualmente).

TABELA B.5 *Algumas integrais indefinidas (uma constante arbitrária deve ser adicionada a cada uma dessas integrais)*

$$\int x^n \, dx = \frac{x^{n+1}}{n+1} \text{ (desde que } n \neq 1\text{)}$$

$$\int \ln ax \, dx = (x \ln ax) - x$$

$$\int \frac{dx}{x} = \int x^{-1} \, dx = \ln x$$

$$\int xe^{ax} \, dx = \frac{e^{ax}}{a^2}(ax - 1)$$

$$\int \frac{dx}{a + bx} = \frac{1}{b} \ln(a + bx)$$

$$\int \frac{dx}{a + be^{cx}} = \frac{x}{a} - \frac{1}{ac} \ln(a + be^{cx})$$

$$\int \frac{x \, dx}{a + bx} = \frac{x}{b} - \frac{a}{b^2} \ln(a + bx)$$

$$\int \operatorname{sen} ax \, dx = -\frac{1}{a} \cos ax$$

$$\int \frac{dx}{x(x+a)} = -\frac{1}{a} \ln \frac{x+a}{x}$$

$$\int \cos ax \, dx = \frac{1}{a} \operatorname{sen} ax$$

$$\int \frac{dx}{(a + bx)^2} = -\frac{1}{b(a + bx)}$$

$$\int \operatorname{tg} ax \, dx = -\frac{1}{a} \ln(\cos ax) = \frac{1}{a} \ln(\sec ax)$$

$$\int \frac{dx}{a^2 + x^2} = \frac{1}{a} \operatorname{tg}^{-1} \frac{x}{a}$$

$$\int \operatorname{cotg} ax \, dx = \frac{1}{a} \ln(\operatorname{sen} ax)$$

$$\int \frac{dx}{a^2 - x^2} = \frac{1}{2a} \ln \frac{a+x}{a-x} \, (a^2 - x^2 > 0)$$

$$\int \sec ax \, dx = \frac{1}{a} \ln(\sec ax + \operatorname{tg} ax) = \frac{1}{a} \ln\left[\operatorname{tg}\left(\frac{ax}{2} + \frac{\pi}{4}\right)\right]$$

$$\int \frac{dx}{x^2 - a^2} = \frac{1}{2a} \ln \frac{x-a}{x+a} \, (x^2 - a^2 > 0)$$

$$\int \operatorname{cossec} ax \, dx = \frac{1}{a} \ln(\operatorname{cossec} ax - \operatorname{cotg} ax) = \frac{1}{a} \ln\left(\operatorname{tg} \frac{ax}{2}\right)$$

$$\int \frac{x \, dx}{a^2 \pm x^2} = \pm \frac{1}{2} \ln(a^2 \pm x^2)$$

$$\int \operatorname{sen}^2 ax \, dx = \frac{x}{2} - \frac{\operatorname{sen} 2ax}{4a}$$

$$\int \frac{dx}{\sqrt{a^2 - x^2}} = \operatorname{sen}^{-1} \frac{x}{a} = -\cos^{-1} \frac{x}{a} \, (a^2 - x^2 > 0)$$

$$\int \cos^2 ax \, dx = \frac{x}{2} + \frac{\operatorname{sen} 2ax}{4a}$$

$$\int \frac{dx}{\sqrt{x^2 \pm a^2}} = \ln(x + \sqrt{x^2 \pm a^2})$$

$$\int \frac{dx}{\operatorname{sen}^2 ax} = -\frac{1}{a} \operatorname{cotg} ax$$

$$\int \frac{x \, dx}{\sqrt{a^2 - x^2}} = -\sqrt{a^2 - x^2}$$

$$\int \frac{dx}{\cos^2 ax} = \frac{1}{a} \operatorname{tg} ax$$

$$\int \frac{x \, dx}{\sqrt{x^2 \pm a^2}} = \sqrt{x^2 \pm a^2}$$

$$\int \operatorname{tg}^2 ax \, dx = \frac{1}{a}(\operatorname{tg} ax) - x$$

$$\int \sqrt{a^2 - x^2} \, dx = \frac{1}{2}\left(x\sqrt{a^2 - x^2} + a^2 \operatorname{sen}^{-1} \frac{x}{|a|}\right)$$

$$\int \operatorname{cotg}^2 ax \, dx = -\frac{1}{a}(\operatorname{cotg} ax) - x$$

$$\int x\sqrt{a^2 - x^2} \, dx = -\frac{1}{3}(a^2 - x^2)^{3/2}$$

$$\int \operatorname{sen}^{-1} ax \, dx = x(\operatorname{sen}^{-1} ax) + \frac{\sqrt{1 - a^2 x^2}}{a}$$

$$\int \sqrt{x^2 \pm a^2} \, dx = \frac{1}{2}\left[x\sqrt{x^2 \pm a^2} \pm a^2 \ln(x + \sqrt{x^2 \pm a^2})\right]$$

$$\int \cos^{-1} ax \, dx = x(\cos^{-1} ax) - \frac{\sqrt{1 - a^2 x^2}}{a}$$

$$\int x(\sqrt{x^2 \pm a^2}) \, dx = \frac{1}{3}(x^2 \pm a^2)^{3/2}$$

$$\int \frac{dx}{(x^2 + a^2)^{3/2}} = \frac{x}{a^2 \sqrt{x^2 + a^2}}$$

$$\int e^{ax} \, dx = \frac{1}{a} e^{ax}$$

$$\int \frac{x \, dx}{(x^2 + a^2)^{3/2}} = -\frac{1}{\sqrt{x^2 + a^2}}$$

TABELA B.6 *Integral de probabilidade de Gauss e outras integrais definidas*

$$\int_0^\infty x^n e^{-ax} \, dx = \frac{n!}{a^{n+1}}$$

$$I_0 = \int_0^\infty e^{-ax^2} \, dx = \frac{1}{2}\sqrt{\frac{\pi}{a}} \quad \text{(Integral de probabilidade de Gauss)}$$

$$I_1 = \int_0^\infty xe^{-ax^2} \, dx = \frac{1}{2a}$$

$$I_2 = \int_0^\infty x^2 e^{-ax^2} \, dx = -\frac{dI_0}{da} = \frac{1}{4}\sqrt{\frac{\pi}{a^3}}$$

$$I_3 = \int_0^\infty x^3 e^{-ax^2} \, dx = -\frac{dI_1}{da} = \frac{1}{2a^2}$$

$$I_4 = \int_0^\infty x^4 e^{-ax^2} \, dx = \frac{d^2 I_0}{da^2} = \frac{3}{8}\sqrt{\frac{\pi}{a^5}}$$

$$I_5 = \int_0^\infty x^5 e^{-ax^2} \, dx = \frac{d^2 I_1}{da^2} = \frac{1}{a^3}$$

$$\vdots$$

$$I_{2n} = (-1)^n \frac{d^n}{da^n} I_0$$

$$I_{2n+1} = (-1)^n \frac{d^n}{da^n} I_1$$

B.8 Propagação da incerteza

Em experimentos de laboratório, uma atividade comum é utilizar medições que atuam como dados brutos. Essas medições são de vários tipos – comprimento, intervalo de tempo, temperatura, tensão e assim por diante –, feitas por vários instrumentos. Independente da medição e da qualidade da instrumentação, **há sempre incerteza associada com uma medição física**. Esta incerteza é uma combinação daquela associada ao instrumento e a relacionada com o sistema que está sendo medido.

Um exemplo da primeira incerteza é a incapacidade de determinar a posição de uma medição entre as linhas em uma régua. Um exemplo da incerteza relacionada com o sistema sendo medido é a variação de temperatura em uma amostra de água, de modo que uma única temperatura para a amostra seja difícil de determinar.

As incertezas podem ser expressas de dois modos. A **absoluta** refere-se a uma incerteza expressa nas mesmas unidades que a medição. Portanto, o comprimento de uma etiqueta pode ser expressa como (5,5 ± 0,1) cm. Entretanto, a incerteza de ± 0,1 cm por si mesma não é descritiva o suficiente para alguns objetivos. Essa incerteza é grande se a medição for de 1,0 cm, mas pequena se for de 100 m. Para uma representação mais descritiva da incerteza, a **fracionária** ou **percentual** é utilizada. Neste tipo de descrição, a incerteza é dividida pela medição real. Portanto, o comprimento da etiqueta do disquete poderia ser expressa como

$$\ell = 5{,}5 \text{ cm} \pm \frac{0{,}1 \text{ cm}}{5{,}5 \text{ cm}} = 5{,}5 \text{ cm} \pm 0{,}018 \quad \text{(incerteza fracionária)}$$

ou como

$$\ell = 5{,}5 \text{ cm} \pm 1{,}8\% \quad \text{(incerteza percentual)}$$

Ao combinar as medições em um cálculo, a incerteza percentual no resultado final é geralmente maior que aquela nas medições individuais. Isto é chamado **propagação da incerteza**, e é um dos desafios da Física Experimental.

Algumas regras simples podem oferecer uma estimativa razoável da incerteza em um resultado calculado:

Multiplicação e divisão: Quando medições com incertezas são multiplicadas ou divididas, acrescente as *percentuais* para obter a incerteza percentual no resultado.

Exemplo: a área de um prato retangular

$$A = \ell w = (5{,}5 \text{ cm} \pm 1{,}8\%) \times (6{,}4 \text{ cm} \pm 1{,}6\%) = 35 \text{ cm}^2 \pm 3{,}4\%$$
$$= (35 \pm 1) \text{ cm}^2$$

Adição e subtração: Quando medições com incertezas forem acrescentadas ou subtraídas, adicione as *absolutas* para obter a incerteza absoluta no resultado.

Exemplo: uma mudança na temperatura

$$\Delta T = T_2 - T_1 = (99{,}2 \pm 1{,}5) \,°\text{C} - (27{,}6 \pm 1{,}5) \,°\text{C} = 72{,}6 \pm 3{,}0 \,°\text{C}$$
$$= 71{,}6 \,°\text{C} \pm 4{,}4\%$$

Potências: Se uma medição for uma potência, a incerteza percentual é multiplicada por aquela potência para obter a incerteza percentual no resultado.

Exemplo: o volume de uma esfera

$$V = \tfrac{4}{3}\pi r^3 = \tfrac{4}{3}\pi (6{,}20 \text{ cm} \pm 2{,}0\%)^3 = 998 \text{ cm}^3 \pm 6{,}0\%$$
$$= (998 \pm 60) \text{ cm}^3$$

Para cálculos complexos, várias incertezas são adicionadas, o que pode fazer com que a incerteza no resultado final seja indesejavelmente grande. Devem ser desenvolvidos experimentos para que os cálculos sejam os mais simples possíveis.

Note que as incertezas em um cálculo sempre adicionam. Como resultado, um experimento que envolve uma subtração deve ser evitado, se possível, especialmente se as medições subtraídas estiverem próximas. O resultado deste cálculo é uma pequena diferença nas medições e incertezas que se adicionam. É possível que a incerteza no resultado possa ser maior que o próprio resultado!

apêndice C
Unidades do SI

TABELA C.1 *Unidades do SI*

Quantidade base	Unidade base SI	
	Nome	Símbolo
Comprimento	metro	m
Massa	quilograma	kg
Tempo	segundo	s
Corrente elétrica	ampère	A
Temperatura	kelvin	K
Quantidade de substância	mol	mol
Intensidade luminosa	candela	cd

TABELA C.2 *Algumas unidades do SI derivadas*

Quantidade	Nome	Símbolo	Expressão em termos de unidades base	Expressão em termos de outras unidades do SI
Ângulo plano	radiano	rad	m/m	
Frequência	hertz	Hz	s^{-1}	
Força	newton	N	$kg \cdot m/s^2$	J/m
Pressão	pascal	Pa	$kg/m \cdot s^2$	N/m^2
Energia	joule	J	$kg \cdot m^2/s^2$	$N \cdot m$
Potência	watt	W	$kg \cdot m^2/s^3$	J/s
Carga elétrica	coulomb	C	$A \cdot s$	
Potencial elétrico	volt	V	$kg \cdot m^2/A \cdot s^3$	W/A
Capacitância	farad	F	$A^2 \cdot s^4/kg \cdot m^2$	C/V
Resistência elétrica	ohm	Ω	$kg \cdot m^2/A^2 \cdot s^3$	V/A
Fluxo magnético	weber	Wb	$kg \cdot m^2/A \cdot s^2$	$V \cdot s$
Campo magnético	tesla	T	$kg/A \cdot s^2$	
Indutância	henry	H	$kg \cdot m^2/A^2 \cdot s^2$	$T \cdot m^2/A$

apêndice D
Tabela periódica dos elementos

Grupo I	Grupo II				Elementos de transição				
H 1 1,007 9 $1s$									
Li 3 6,941 $2s^1$	**Be** 4 9,0122 $2s^2$								
Na 11 22,990 $3s^1$	**Mg** 12 24,305 $3s^2$								
K 19 39,098 $4s^1$	**Ca** 20 40,078 $4s^2$	**Sc** 21 44,956 $3d^14s^2$	**Ti** 22 47,867 $3d^24s^2$	**V** 23 50,942 $3d^34s^2$	**Cr** 24 51,996 $3d^54s^1$	**Mn** 25 54,938 $3d^54s^2$	**Fe** 26 55,845 $3d^64s^2$	**Co** 27 58,933 $3d^74s^2$	
Rb 37 85,468 $5s^1$	**Sr** 38 87,62 $5s^2$	**Y** 39 88,906 $4d^15s^2$	**Zr** 40 91,224 $4d^25s^2$	**Nb** 41 92,906 $4d^45s^1$	**Mo** 42 95,94 $4d^55s^1$	**Tc** 43 (98) $4d^55s^2$	**Ru** 44 101,07 $4d^75s^1$	**Rh** 45 102,91 $4d^85s^1$	
Cs 55 132,91 $6s^1$	**Ba** 56 137,33 $6s^2$	57–71*	**Hf** 72 178,49 $5d^26s^2$	**Ta** 73 180,95 $5d^36s^2$	**W** 74 183,84 $5d^46s^2$	**Re** 75 186,21 $5d^56s^2$	**Os** 76 190,23 $5d^66s^2$	**Ir** 77 192,2 $5d^76s^2$	
Fr 87 (223) $7s^1$	**Ra** 88 (226) $7s^2$	89–103**	**Rf** 104 (261) $6d^27s^2$	**Db** 105 (262) $6d^37s^2$	**Sg** 106 (266)	**Bh** 107 (264)	**Hs** 108 (277)	**Mt** 109 (268)	

Símbolo — **Ca** 20 — Número atômico
Massa atômica† — 40,078
$4s^2$ — Configuração eletrônica

*Série dos lantanídeos

La 57 138,91 $5d^16s^2$	**Ce** 58 140,12 $5d^14f^16s^2$	**Pr** 59 140,91 $4f^36s^2$	**Nd** 60 144,24 $4f^46s^2$	**Pm** 61 (145) $4f^56s^2$	**Sm** 62 150,36 $4f^66s^2$

**Série dos actinídeos

Ac 89 (227) $6d^17s^2$	**Th** 90 232,04 $6d^27s^2$	**Pa** 91 231,04 $5f^26d^17s^2$	**U** 92 238,03 $5f^36d^17s^2$	**Np** 93 (237) $5f^46d^17s^2$	**Pu** 94 (244) $5f^67s^2$

Nota: Os valores de massa atômica são obtidos pela média dos isótopos nas porcentagens nas quais eles existem na natureza.
† Para um elemento instável, o número de massa do isótopo conhecido mais estável é mostrado entre parênteses.
†† Os elementos 113, 115, 117 e 118 não foram oficialmente nomeados ainda. Apenas pequenos números atômicos desses elementos foram observados.

Apêndice D | Tabela periódica dos elementos

		Grupo III	Grupo IV	Grupo V	Grupo VI	Grupo VII	Grupo 0
						H 1 1,007 9 $1s^1$	**He** 2 4,002 6 $1s^2$
		B 5 10,811 $2p^1$	**C** 6 12,011 $2p^2$	**N** 7 14,007 $2p^3$	**O** 8 15,999 $2p^4$	**F** 9 18,998 $2p^5$	**Ne** 10 20,180 $2p^6$
		Al 13 26,982 $3p^1$	**Si** 14 28,086 $3p^2$	**P** 15 30,974 $3p^3$	**S** 16 32,066 $3p^4$	**Cl** 17 35,453 $3p^5$	**Ar** 18 39,948 $3p^6$
Ni 28 58,693 $3d^84s^2$	**Cu** 29 63,546 $3d^{10}4s^1$	**Zn** 30 65,41 $3d^{10}4s^2$	**Ga** 31 69,723 $4p^1$	**Ge** 32 72,64 $4p^2$	**As** 33 74,922 $4p^3$	**Se** 34 78,96 $4p^4$	**Br** 35 79,904 $4p^5$	**Kr** 36 83,80 $4p^6$
Pd 46 106,42 $4d^{10}$	**Ag** 47 107,87 $4d^{10}5s^1$	**Cd** 48 112,41 $4d^{10}5s^2$	**In** 49 114,82 $5p^1$	**Sn** 50 118,71 $5p^2$	**Sb** 51 121,76 $5p^3$	**Te** 52 127,60 $5p^4$	**I** 53 126,90 $5p^5$	**Xe** 54 131,29 $5p^6$
Pt 78 195,08 $5d^96s^1$	**Au** 79 196,97 $5d^{10}6s^1$	**Hg** 80 200,59 $5d^{10}6s^2$	**Tl** 81 204,38 $6p^1$	**Pb** 82 207,2 $6p^2$	**Bi** 83 208,98 $6p^3$	**Po** 84 (209) $6p^4$	**At** 85 (210) $6p^5$	**Rn** 86 (222) $6p^6$
Ds 110 (271)	**Rg** 111 (272)	**Cn** 112 (285)	113†† (284)	**Fe** 114 (289)	115†† (288)	**Lv** 116 (293)	117†† (294)	118†† (294)

Eu 63 151,96 $4f^76s^2$	**Gd** 64 157,25 $4f^75d^16s^2$	**Tb** 65 158,93 $4f^85d^16s^2$	**Dy** 66 162,50 $4f^{10}6s^2$	**Ho** 67 164,93 $4f^{11}6s^2$	**Er** 68 167,26 $4f^{12}6s^2$	**Tm** 69 168,93 $4f^{13}6s^2$	**Yb** 70 173,04 $4f^{14}6s^2$	**Lu** 71 174,97 $4f^{14}5d^16s^2$
Am 95 (243) $5f^77s^2$	**Cm** 96 (247) $5f^76d^17s^2$	**Bk** 97 (247) $5f^86d^17s^2$	**Cf** 98 (251) $5f^{10}7s^2$	**Es** 99 (252) $5f^{11}7s^2$	**Fm** 100 (257) $5f^{12}7s^2$	**Md** 101 (258) $5f^{13}7s^2$	**No** 102 (259) $5f^{14}7s^2$	**Lr** 103 (262) $5f^{14}6d^17s^2$

Respostas aos testes rápidos e problemas ímpares

Capítulo 1
Respostas aos testes rápidos
1. (a) (c) (e)
2. (e)
3. (b)
4. (a)
5. A, B, C

Respostas aos problemas ímpares
1. (a) $+1{,}60 \times 10^{-19}$ C, $1{,}67 \times 10^{-27}$ kg
   (b) $+1{,}60 \times 10^{-19}$ C, $3{,}82 \times 10^{-26}$ kg
   (c) $-1{,}60 \times 10^{-19}$ C, $5{,}89 \times 10^{-26}$ kg
   (d) $+3{,}20 \times 10^{-19}$ C, $6{,}65 \times 10^{-26}$ kg
   (e) $-4{,}80 \times 10^{-19}$ C, $2{,}33 \times 10^{-26}$ kg
   (f) $+6{,}40 \times 10^{-19}$ C, $2{,}33 \times 10^{-26}$ kg
   (g) $+1{,}12 \times 10^{-18}$ C, $2{,}33 \times 10^{-26}$ kg
   (h) $-1{,}60 \times 10^{-19}$ C, $2{,}99 \times 10^{-26}$ kg
3. 57,5 N
5. $3{,}60 \times 10^6$ para baixo
7. $2{,}25 \times 10^{-9}$ N/m
9. (a) $8{,}74 \times 10^{-8}$ N (b) repulsiva
11. (a) $1{,}38 \times 10^{-5}$ N (b) 77,5° abaixo do eixo x negativo
13. (a) 0,951 m (b) sim, se a terceira esfera tiver carga positiva
15. 0,872 N a 330°
17. (a) $8{,}24 \times 10^{-8}$ N (b) $2{,}19 \times 10^6$ m/s
19. $k_e \dfrac{Q^2}{d^2} \left[\dfrac{1}{2\sqrt{2}} \hat{\mathbf{i}} + \left(2 - \dfrac{1}{2\sqrt{2}}\right) \hat{\mathbf{j}} \right]$
21. (a) $2{,}16 \times 10^{-5}$ N em direção ao outro (b) $8{,}99 \times 10^{-7}$ N distante do outro
23. (a) $-(5{,}58 \times 10^{-11}$ N/C$)\hat{\mathbf{j}}$ (b) $(1{,}02 \times 10^{-7}$ N/C$)\hat{\mathbf{j}}$
25. (a) $\dfrac{k_e q}{a^2}(3{,}06\hat{\mathbf{i}} + 5{,}06\hat{\mathbf{j}})$, (b) $\dfrac{k_e q^2}{a^2}(3{,}06\hat{\mathbf{i}} + 5{,}06\hat{\mathbf{j}})$
27. (a) $k_e \dfrac{Q}{d^2}[(1-\sqrt{2})\hat{\mathbf{i}} + \sqrt{2}\,\hat{\mathbf{j}}]$
    (b) $-k_e \dfrac{Q}{4d^2}[(1+4\sqrt{2})\hat{\mathbf{i}} + 4\sqrt{2}\,\hat{\mathbf{j}}]$
29. 1,82 m à esquerda da carga de $-2{,}50\ \mu$C
31. (a) $1{,}80 \times 10^4$ N/C à direita (b) $8{,}98 \times 10^{-5}$ N à esquerda
33. $5{,}25\ \mu$C
35. a) $(-0{,}599\hat{\mathbf{i}} - 2{,}70\hat{\mathbf{j}})$ kN/C (b) $(-3{,}00\hat{\mathbf{i}} - 13{,}5\hat{\mathbf{j}})\ \mu$N
37. (a) $1{,}59 \times 10^6$ N/C (b) em direção à haste
39. (a) $6{,}64 \times 10^6$ N/C distante do centro do anel
    (b) $2{,}41 \times 10^7$ N/C distante do centro do anel
    (c) $6{,}39 \times 10^6$ N/C distante do centro do anel
    (d) $6{,}64 \times 10^5$ N/C distante do centro do anel
41. (a) $9{,}35 \times 10^7$ N/C (b) $1{,}04 \times 10^8$ N/C (sobre 11% mais alto)
    (c) $5{,}15 \times 10^5$ N/C (d) $5{,}19 \times 10^5$ N/C (sobre 0,7% mais alto)
43. (a) $k_e \dfrac{\lambda_0}{x_0}$ (b) à esquerda
45. (a) $2{,}16 \times 10^7$ N/C (b) à esquerda
47.
49. (a) $-\tfrac{1}{3}$ (b) q_1 é negativo e q_2 positivo.
51. (a) $6{,}13 \times 10^{10}$ m/s² (b) $1{,}96 \times 10^{-5}$ s (c) 11,7 m (d) $1{,}20 \times 10^{-15}$ J
53. $4{,}38 \times 10^6$ m/s para o elétron; $2{,}39 \times 10^3$ m/s para o próton
55. (a) $\dfrac{K}{ed}$ (b) na direção da velocidade do elétron
57. (a) 111 ns (b) 5,68 mm (c) $(450\hat{\mathbf{i}} + 102\hat{\mathbf{j}})$ km/s
59. $-\dfrac{\pi^2 k_e q}{6a^2}\hat{\mathbf{i}}$
61. (a) $\dfrac{mg}{|Q|}$ sen θ, (b) $3{,}19 \times 10^3$ N/C para baixo da inclinação
63. $-\dfrac{k_e \lambda_0}{2x_0}\hat{\mathbf{i}}$
65. (a) $2{,}18 \times 10^{-5}$ m (b) 2,43 cm
67. (a) $1{,}09 \times 10^{-8}$ C (b) $5{,}44 \times 10^{-3}$ N
69. (a) $24{,}2\hat{\mathbf{i}}$ N/C (b) $(-4{,}21\hat{\mathbf{i}} + 8{,}42\hat{\mathbf{j}})$ N/C
71. $-0{,}706\hat{\mathbf{i}}$ N
73. 25,9 cm
75. $1{,}67 \times 10^{-5}$ C
77. $1{,}98\ \mu$C
79. $1{,}14 \times 10^{-7}$ C em uma esfera, e $5{,}69 \times 10^{-8}$ C na outra
81. (a) $\theta_1 = \theta_2$
83. (a) 0,307 s (b) Sim; a força gravitacional para baixo não pode ser negligenciada nesta situação, pois a tensão na corda depende tanto da força gravitacional quanto da força elétrica.
85. (a) $F_x = F_y = F_z = 1{,}90 k_e \dfrac{q^2}{s^2}$ (b) $3{,}29 k_e \dfrac{q^2}{s^2}$ (c) em direção contrária à origem
89. $(-1{,}36\hat{\mathbf{i}} + 1{,}96\hat{\mathbf{j}})$ kN/C
91. (a) $\vec{\mathbf{E}} = \dfrac{935x}{(0{,}0625 + x^2)^{3/2}}\,\mathbf{i}$, onde $\vec{\mathbf{E}}$ está em newtons por coulomb e x está em metros. (b) $4{,}00\hat{\mathbf{i}}$ kN/C (c) $x = 0{,}0168$ m e $x = 0{,}916$ m (d). Em nenhum lugar o campo é tão grande quanto 16.000 N/C.

Capítulo 2
Respostas aos testes rápidos
1. (e)
2. (b) e (d)
3. (a)

Respostas aos problemas ímpares
1. (a) $1{,}98 \times 10^6$ N × m²/C (b) 0
3. 4,14 MN/C
5. (a) 858 N × m²/C (b) 0 (c) 657 N × m²/C
7. 28,2 N × m²/C
9. (a) $-6{,}89$ MN × m²/C (b) menor que

11. $-Q/\varepsilon_0$ para S_1; 0 para S_2; $-2Q/\varepsilon_0$ para S_3; 0 para S_4
13. $1{,}77 \times 10^{-12}$ C/m^3; positivo
15. (a) 339 N × m²/C (b) Não. O campo elétrico não é uniforme nesta superfície. A lei de Gauss é prática para usar apenas quando todas as porções da superfície satisfazem uma ou mais das condições listadas na seção 2.3.
17. (a) 0 (b) $\dfrac{2\lambda}{\varepsilon_0}\sqrt{R^2 - d^2}$
19. $-18{,}8$ kN × m²/C
21. (a) $\dfrac{Q}{2\varepsilon_0}$ (b) $-\dfrac{Q}{2\varepsilon_0}$
23. 3,50 kN
25. $-2{,}48$ μC/m²
27. 508 kN/C para cima
29. (a) 0 (b) 7,19 MN/C em direção contrária ao centro
31. (a) 51,4 kN/C para fora (b) 645 N × m²/C
33. $\vec{E} = \rho r/2\varepsilon_0 = 2\pi k_e \rho r$ em direção contrária ao eixo
35. (a) 0 (b) $3{,}65 \times 10^5$ N/C (c) $1{,}46 \times 10^6$ N/C (d) $6{,}49 \times 10^5$ N/C
37. (a) 0 (b) $5{,}39 \times 10^3$ N/C para fora (c) 539 N/C para fora
39. $\dfrac{\sigma}{\varepsilon_0}$
41. $E_{\text{vidro}} = E_{\text{Al}}$
43. 2,00 N
45. (a) $-\lambda$ (b) $+3\lambda$ (c) $6k_e\dfrac{\lambda}{r}$ radialmente para fora
47. (a) 0 (b) $7{,}99 \times 10^7$ N/C (para fora) (c) 0 (d) $7{,}34 \times 10^6$ N/C (para fora)
49. 0,438 N × m²/C
51. $8{,}27 \times 10^5$ N × m²/C
53. (a) $\dfrac{\sigma}{2\varepsilon_0}\hat{\mathbf{k}}$ (b) $\dfrac{3\sigma}{2\varepsilon_0}\hat{\mathbf{k}}$ (c) $-\dfrac{\sigma}{2\varepsilon_0}\hat{\mathbf{k}}$
55. *E* (MN/C)

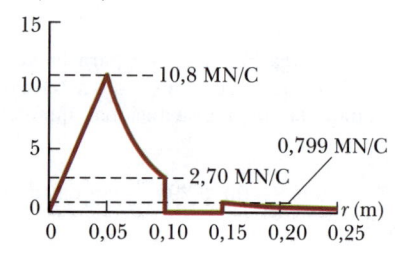

57. (a) $-4{,}01$ nC (b) $+9{,}57$ nC (c) $+4{,}01$ nC (d) $+5{,}56$ nC
59. $\dfrac{\sigma}{2\varepsilon_0}$ radialmente para fora
61. (a) $E = \dfrac{Cd^3}{24\varepsilon_0}$ para a direita para $x > d/2$, e para a esquerda para $x < -d/2$ (b) $\vec{E} = \dfrac{Cx^3}{3\varepsilon_0}\hat{\mathbf{i}}$
63. (a) 0,269 N × m²/C (b) $2{,}38 \times 10^{-12}$ C
65. $\dfrac{a}{2\varepsilon_0}$ radialmente para fora
67. (a) $\dfrac{\rho_0 r}{2\varepsilon_0}\left(a - \dfrac{2r}{3b}\right)$ (b) $\dfrac{\rho_0 R^2}{2\varepsilon_0 r}\left(a - \dfrac{2R}{3b}\right)$

Capítulo 3
Respostas aos testes rápidos
1. (i) (b) (ii) (a)
2. Ⓑ para Ⓒ, Ⓒ para Ⓓ, Ⓐ para Ⓑ, Ⓓ para Ⓔ
3. (i) (c) (ii) (a)
4. (i) (a) (ii) (a)

Respostas aos problemas ímpares
1. (a) $1{,}13 \times 10^5$ N/C (b) $1{,}80 \times 10^{-14}$ N (c) $4{,}37 \times 10^{-17}$ J
3. (a) $1{,}52 \times 10^5$ m/s (b) $6{,}49 \times 10^6$ m/s
5. $+260$ V
7. (a) $-38{,}9$ V (b) a origem
9. 0,300 m/s
11. (a) 0,400 m/s (b) Igual. Cada parte da barra sofre uma força da mesma intensidade que antes.
13. (a) $2{,}12 \times 10^6$ V (b) $1{,}21 \times 10^6$ V
15. $6{,}93 k_e \dfrac{Q}{d}$
17. (a) $-45{,}0$ μV (b) 34,6 km/s
19. (a) 0 (b) 0 (c) 44,9 kV
21. (a) $4\sqrt{2}\,k_e\dfrac{Q}{a}$ (b) $4\sqrt{2}\,k_e\dfrac{qQ}{a}$
23. (a) $-4{,}83$ m (b) 0,667 m e $-2{,}00$ m
25. (a) 32,2 kV (b) $-0{,}0965$ J
27. 8,94 J
29. $-5k_e\dfrac{q}{R}$
31. (a) 10,8 m/s e 1,55 m/s. (b) Seriam maiores. As esferas condutoras polarizarão uma à outra, com a maior parte da carga positiva de uma delas e da negativa da outra nas suas faces interiores. Imediatamente antes de as esferas colidirem, seus centros de carga estarão mais próximos que seus centros geométricos, então terão menos energia potencial elétrica e mais energia cinética.
33. $22{,}8 k_e \dfrac{q^2}{s}$
35. $2{,}74 \times 10^{-14}$ m = 27,4 fm
37. (a) 10,0 V, $-11{,}0$ V, $-32{,}0$ V (b) 7,00 N/C na direção positiva de x
39. (a) $\vec{E} = (-5 + 6xy)\hat{\mathbf{i}} + (3x^2 - 2z^2)\hat{\mathbf{j}} - 4yz\hat{\mathbf{k}}$ (b) 7,07 N/C
41. (a) 0 (b) $k_e \dfrac{Q}{r^2}$
43. $-0{,}553 k_e \dfrac{Q}{R}$
45. (a) $\dfrac{C}{\text{m}^2}$ (b) $k_e\alpha\left[L - d\ln\left(1 + \dfrac{L}{d}\right)\right]$
47. $k_e\lambda(\pi + 2\ln 3)$
49. $1{,}56 \times 10^{12}$
51. (a) $1{,}35 \times 10^5$ V (b) esfera maior: $2{,}25 \times 10^6$ V/m (em direção contrária ao centro); esfera menor: $6{,}74 \times 10^6$ V/m (em direção contrária ao centro)
53. Como n não é um número inteiro, isto não é possível. Portanto, a energia dada não pode ser possível para um estado permitido do átomo.
55. (a) $6{,}00\hat{\mathbf{i}}$ m/s (b) 3,64 m (c) $-9{,}00\hat{\mathbf{i}}$ m/s (d) $12{,}0\hat{\mathbf{i}}$ m/s
57. 253 MeV
59. (a) 30,0 cm (b) 6,67 nC (c) 29,1 cm ou 3,44 cm (d) 6,79 nC ou 804 pC (e) Não; há duas respostas para cada parte.
61. 702 J
63. 4,00 nC em $(-1{,}00$ m, 0$)$ e 5,01 nC em $(0, 2{,}00$ m$)$
65. $-\dfrac{\lambda}{2\pi\varepsilon_0}\ln\left(\dfrac{r_2}{r_1}\right)$

67. $k_e \lambda \ln\left[\dfrac{a + L + \sqrt{(a+L)^2 + b^2}}{a + \sqrt{a^2 + b^2}}\right]$

69. (a) 4,07 kV/m (b) 488 V (c) $7,82 \times 10^{-17}$ J (d) 306 km/s (e) $3,89 \times 10^{11}$ m/s² em direção à placa negativa (f) $6,51 \times 10^{-16}$ N em direção à placa negativa (g) 4,07 kV/m (h) são iguais.

71. (b) $E_r = \dfrac{2k_e p \cos\theta}{r^3}$, $E_\theta = \dfrac{k_e p \operatorname{sen}\theta}{r^3}$ (c) sim

(d) não (e) $V = \dfrac{k_e py}{(x^2 + y^2)^{3/2}}$,

(f) $E_x = \dfrac{3k_e pxy}{(x^2 + y^2)^{5/2}}$, $E_y = \dfrac{k_e p(2y^2 - x^2)}{(x^2 + y^2)^{5/2}}$

73. $\pi k_e C \left[R\sqrt{R^2 + x^2} + x^2 \ln\left(\dfrac{x}{R + \sqrt{R^2 + x^2}}\right)\right]$

75. (a) $\dfrac{k_e Q}{h} \ln\left[\dfrac{d + h + \sqrt{(d+h)^2 + R^2}}{d + \sqrt{d^2 + R^2}}\right]$

(b) $\dfrac{k_e Q}{R^2 h}\left[(d+h)\sqrt{(d+h)^2 + R^2} - d\sqrt{d^2 + R^2}\right.$

$\left. -2dh - h^2 + R^2 \ln\left(\dfrac{d + h + \sqrt{(d+h)^2}}{d + \sqrt{d^2 + R^2}}\right)\right]$

Capítulo 4
Respostas aos testes rápidos
1. (d)
2. (a)
3. (a)
4. (b)
5. (a)

Respostas aos problemas ímpares
1. (a) 9,00 V (b) 12,0 V
3. (a) 48,0 μC (b) 6,00 μC
5. (a) 2,69 nF (b) 3,02 kV
7. 4,43 μm
9. (a) 11,1 kV/m em direção à placa negativa (b) 98,4 nC/m² (c) 3,74 pF (d) 74,8 pC
11. (a) 1,33 μC/m² (b) 13,4 pF
13. (a) 17,0 μF (b) 9,00 V (c) 45,0 μC em 5 μF, 108 μC em 12 μF
15. (a) 2,81 μF (b) 12,7 μF
17. (a) em série (b) 398 μF (c) em paralelo; 2,20 μF
19. (a) 3,33 μF (b) 180 μC em 3,00 μF e capacitores de 6,00 μF; 120 μC nos capacitores de 2,00 μF e de 4,00 μF (c) 60,0 V nos capacitores de 3,00 μF e de 2,00 μF; 30,0 V nos capacitores de 6,00 μF e de 4,00 μF
21. dez
23. (a) 5,96 μF (b) 89,5 μC em 20 μF, 63,2 μC em 6 μF, e 26,3 μC em 15 μF e 3 μF
25. 12,9 μF
27. 6,00 pF e 3,00 pF
29. 19,8 μC
31. $3,24 \times 10^{-4}$ J
33. (a) 1,50 μC (b) 1,83 kV
35. (a) $2,50 \times 10^{-2}$ J. (b) 66,7 V (c) $3,33 \times 10^{-2}$ J. (d) É realizado trabalho positivo pelo agente que separa as placas.

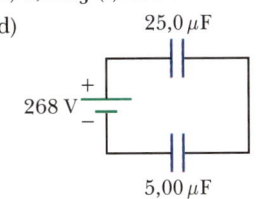

37. (a) [circuito: bateria 100 V, capacitores 25,0 μF e 5,00 μF]
(b) 0,150 J (c) 268 V
(d) [circuito: bateria 268 V, capacitores 25,0 μF e 5,00 μF]

39. 9,79 kg
41. (a) 400 μC (b) 2,5 kN/m
43. (a) 13,3 nC (b) 272 nC
45. (a) 81,3 pF (b) 2,40 kV
47. (a) 369 pC (b) $1,2 \times 10^{-10}$ F, 3,1 V (c) –45,5 nJ
49. (a) 40,0 μJ (b) 500 V
51. $-9,43 \times 10^{-2}\,\hat{\mathbf{i}}$ N
55. (a) 11,2 pF (b) 134 pC (c) 16,7 pF (d) 67,0 pC
57. $2,51 \times 10^{-3}$ m³ = 2,51 L
59. 0,188 m²
61. (a) volume $9,09 \times 10^{-16}$ m³, área $4,54 \times 10^{-10}$ m²
(b) $2,01 \times 10^{-13}$ F
(c) $2,01 \times 10^{-14}$ C; $1,26 \times 10^5$ cargas eletrônicas
63. 23,3 V no capacitor de 5,00 μF, 26,7 V no capacitor de 10,0 μF
65. (a) $\dfrac{Q_0^2 d(\ell - x)}{2\varepsilon_0 \ell^3}$ (b) $\dfrac{Q_0^2 d}{2\varepsilon_0 \ell^3}$ à direita (c) $\dfrac{Q_0^2}{2\varepsilon_0 \ell^4}$ (d) $\dfrac{Q_0^2}{2\varepsilon_0 \ell^4}$
(e) São precisamente iguais.
67. 4,29 μF
69. 750 μC em C_1, 250 μC em C_2
71. (a) Um capacitor não pode ser utilizado sozinho – ele queimaria. O técnico pode utilizar dois capacitores em série, conectados paralelamente a outros dois capacitores em série. Outra possibilidade é utilizar dois capacitores em paralelo, conectados em série a outros dois capacitores em paralelo. Em qualquer um dos casos, um capacitor será deixado de lado: em cima e em baixo (b) Cada um dos quatro capacitores será exposto a uma voltagem máxima de 45 V.
73. $\dfrac{C_0}{2}(\sqrt{3} - 1)$
75. $\tfrac{4}{3} C$
77. 3,00 μF

Capítulo 5
Respostas aos testes rápidos
1. (a) > (b) = (c) > (d)
2. (b)
3. (b)
4. (a)
5. $I_a = I_b > I_c = I_d > I_e = I_f$

Respostas aos problemas ímpares
1. 27,0 anos
3. 0,129 mm/s
5. $1,79 \times 10^{16}$ prótons
7. (a) $0{,}632 I_0 \tau$ (b) $0{,}99995 I_0\,\tau$ (c) $I_0\,\tau$

9. (a) 17,0 A (b) 85,0 kA/m²
11. (a) 2,55 A/m² (b) 5,30 × 10^{10} m⁻³ (c) 1,21 × 10^{10} s
13. 3,64 h
15. prata ($\rho = 1,59 \times 10^{-8}$ Ω × m)
17. 8,89 Ω
19. (a) 1,82 m (b) 280 μm
21. (a) 13,0 Ω (b) 255 m
23. 6,00 × 10^{-15} (Ω · m)⁻¹
25. 0,18 V/m
27. 0,12
29. 6,32 Ω
31. (a) 3,0 A (b) 2,9 A
33. 31,5 nΩ × m (b) 6,35 MA/m² (c) 49,9 mA (d) 658 μm/s (e) 0,400 V
35. 227 °C
37. 448 A
39. (a) 8,33 A (b) 14,4 Ω
41. 2,1 W
43. 36,1%
45. (a) 0,660 kWh (b) $ 0,0726
47. $ 0,494/dia
49. (a) 3,98 V/m (b) 49,7 W (c) 44,1 W
51. (a) 4,75 m (b) 340 W
53. (a) 184 W (b) 461 °C
55. 672 s
57. 1,1 km
59. 15,0 h
61. 50,0 MW
63. (a) $\dfrac{Q}{4C}$ (b) $\dfrac{Q}{4}$ em C, $\dfrac{3Q}{4}$ em 3C, (c) $\dfrac{Q^2}{32C}$ em C, $\dfrac{3Q^2}{32C}$ em 3C (d) $\dfrac{3Q^2}{8C}$
65. 0,4478 kg/s
67. (a) 8,00 V/m na direção positiva de x (b) 0,637 Ω (c) 6,28 A na direção positiva de x (d) 200 MA/m²
69. (a) 116 V (b) 12,8 kW (c) 436 W
71. (a) $\dfrac{\rho}{2\pi L} \ln\left(\dfrac{r_b}{r_a}\right)$ (b) $\dfrac{L}{I \ln(r_b/r_a)} \dfrac{V}{}$
73. 4,1 × 10^{-3} (°C)⁻¹
75. 1,418 Ω
77. (a) $\dfrac{\varepsilon_0 \ell}{2d}(\ell + 2x + \kappa\ell - 2\kappa x)$,

(b) $\dfrac{\varepsilon_0 \ell v \Delta V(\kappa - 1)}{d}$ em sentido horário
79. 2,71 MΩ
81. (2,02 × 10^3) °C

Capítulo 6
Respostas aos testes rápidos
1. (a)
2. (b)
3. (a)
4. (i) (b) (ii) (a) (iii) (a) (iv) (b)
5. (i) (c) (ii) (d)

Respostas aos problemas ímpares
1. (a) 6,73 Ω (b) 1,97 Ω
3. (a) 12,4 V (b) 9,65 V
5. (a) 75,0 V (b) 25,0 W, 6,25 W e 6,25 W (c) 37,5 W
7. $\dfrac{7}{3}R$
9. (a) 227 mA (b) 5,68 V
11. (a) 1,00 kΩ (b) 2,00 kΩ (c) 3,00 kΩ
13. (a) 17,1 Ω (b) 1,99 A para 4,00 Ω e 9,00 Ω, 1,17 para 7,00 Ω, 0,818 A para 10,0 Ω
15. 470 Ω e 220 Ω
17. (a) 11,7 Ω (b) 1,00 A para 12,0 Ω e 8,00 Ω nos resistores; 2,00 A nos resistores de 6,00 Ω e 4,00 Ω; 3,00 A no resistor de 5,00 Ω.
19. 14,2 W para 2,00 Ω, 28,4 W para 4,00 Ω, 1,33 W para 3,00 Ω, 4,00 W para 1,00 Ω
21. (a) 4,12 V (b) 1,38 A
23. (a) 0,846 A para baixo no resistor de 8,00 Ω, 0,462 A para baixo na ramificação do meio, 1,31 A para cima na ramificação da direita. (b) −222 J pela bateria de 4,00 V, 1,88 kJ pela bateria de 12,0 V. (c) 687 J para 8,00 Ω, 128 J para 5,00 Ω, 25,6 J para o resistor de 1,00 Ω na ramificação central, 616 J para 3,00 Ω, 205 J para o resistor de 1,00 Ω na ramificação da direita. (d) A energia química na bateria de 12,0 V é transformada em energia interna nos resistores. A bateria de 4,00 V está sendo carregada, então sua energia potencial química aumenta devido a uma parte da energia potencial química na bateria de 12,0 V. (e) 1,66 kJ.
25. (a) 0,395 A (b) 1,50 V
27. 50,0 mA de a a e
29. (a) 0,714 A (b) 1,29 A (c) 12,6 V
31. (a) 0,3854 mA, 3,08 mA, 2,69 mA (b) 69,2 V, com c no maior potencial.
33. (a) $I_1 = 0,492$ A; $I_2 = 0,148$ A; $I_3 = 0,639$ A (b) $P_{28,0\,\Omega} = 6,77$ W, $P_{12,0\,\Omega} = 0,261$ W, $P_{16,0\,\Omega} = 6,54$ W
35. $\Delta V_2 = 3,05$ V, $\Delta V_3 = 4,57$ V, $\Delta V_4 = 7,38$ V, $\Delta V_5 = 1,62$ V
37. (a) 2,00 ms (b) 1,80 × 10^{-4} C (c) 1,14 × 10^{-4} C
39. (a) −61,6 mA (b) 0,235 μC (c) 1,96 A
41. (a) 1,50 s (b) 1,00 s (c) $i = 200 + 100e^{-1}$, onde i está em microampères e t, em segundos.
43. (a) 6,00 V (b) 8,29 μs
45. (a) 0,432 s (b) 6,00 μF
47. (a) 6,25 A (b) 750 W
49. (a) $\dfrac{\mathcal{E}^2}{3R}$ (b) $\dfrac{3\mathcal{E}^2}{R}$ (c) paralelo
51. 2,22 h
53. (a) 1,02 A para baixo (b) 0,364 A para baixo (c) 1,38 A para cima (d) 0 (e) 66,0 μC
55. (a) 2,00 kΩ (b) 15,0 V (c) 9,00 V
57. (a) 4,00 V (b) O ponto a está no potencial mais alto.
59. 87,3%
61. 6,00 Ω, 3,00 Ω
63. (a) 24,1 μC (b) 16,1 μC (c) 16,1 mA
65. (a) $q = 240(1 - e^{-t/6})$ (b) $q = 360(1 - e^{-t/6})$, onde, em ambas as respostas, q está em microcoulombs e t em milissegundos.
67. (a) 9,93 μC (b) 33,7 nA (c) 335 nW (d) 337 nW
69. (a) 470 W (b) 1,60 mm ou mais (c) 2,93 mm ou mais
71. (a) 222 μC (b) 444 μC
73. (a) 5,00 Ω (b) 2,40 A
75. (a) 0 em 3 kΩ, 333 μA em 12 kΩ e 15 kΩ (b) 50,0 μC (c) $I(t) = 278\, e^{-t/0,180}$, onde i está em microampères e t em segundos (d) 290 ms
77. (a) $R_x = R_2 - \tfrac{1}{4}R_1$. (b) Não; $R_x = 2,75$ Ω, então a estação está aterrada inadequadamente.
79. (a) $\tfrac{2}{3}\Delta t$ (b) $3\,\Delta t$

81. (a) 3,91 s (b) 782 μs
83. 20,0 Ω ou 98,1 Ω

Capítulo 7
Respostas aos testes rápidos
1. (e)
2. (i) (b) (ii) (a)
3. (c)
4. (i) (c) (b) (a) (ii) (a) = (b) = (c)

Respostas aos problemas ímpares
1. Força gravitacional: $8,93 \times 10^{-30}$ N para baixo, força elétrica: $1,60 \times 10^{-17}$ N para cima, e força magnética: $4,80 \times 10^{-17}$ N para baixo.
3. (a) para dentro da página (b) em direção à direita (c) em direção à parte inferior da página
5. (a) direção negativa de z (b) direção positiva de z (c) a força magnética é zero neste caso.
7. (a) $7,91 \times 10^{-12}$ N (b) zero
9. (a) $1,25 \times 10^{-13}$ N (b) $7,50 \times 10^{13}$ m/s^2
11. $-20,9\hat{\mathbf{j}}$ mT
13. (a) 4,27 cm (b) $1,79 \times 10^{-8}$ s
15. (a) $\sqrt{2}\,r_p$ (b) $\sqrt{2}\,r_p$
17. 115 keV
19. (a) 5,00 cm (b) $8,79 \times 10^6$ m/s
21. $7,88 \times 10^{-12}$ T
23. 8,00
25. 0,278 m
27. (a) $7,66 \times 10^7$ s^{-1} (b) $2,68 \times 10^7$ m/s (c) 3,75 MeV (d) $3,13 \times 10^3$ revoluções (e) $2,57 \times 10^{-4}$ s
29. 244 kV/m
31. 70,0 mT
33. (a) $8,00 \times 10^{-3}$ T (b) na direção positiva de z
35. $-2,88\hat{\mathbf{j}}$ N
37. 1,07 m/s
39. (a) leste (b) 0,245 T
41. (a) 5,78 N (b) para o oeste (para dentro da página)
43. 2,98 μN oeste
45. (a) $4,0 \times 10^{-3}$ N × m (b) $-6,9 \times 10^{-3}$ J
47. (a) norte a 48,0° abaixo da horizontal (b) sul a 48,0° acima da horizontal (c) 1,07 μJ
49. $9,05 \times 10^{-4}$ N × m, tendendo a fazer o lado esquerdo da bobina mover para você e o lado direito para longe.
51. (a) 9,98 N × m. (b) em sentido horário, como visualizado olhando para baixo de uma posição no eixo y positivo.
53. (a) 118 μN × m (b) -118 μJ $\leq U \leq +118$ μJ
55. 43,2 μT
57. (a) $9,27 \times 10^{-24}$ A × m^2 (b) em direção contrária ao observador
59. (a) $(3,52\hat{\mathbf{i}} - 1,60\hat{\mathbf{j}}) \times 10^{-18}$ N (b) 24,4°
61. 0,588 T
63. $3R/4$
65. 39,2 mT
67. (a) direção positiva de z (b) 0,696 m (c) 1,09 m (d) 54,7 ns.
69. (a) 0,713 A em sentido anti-horário como visualizado de cima.
71. (a) mg/NIw. (b) O campo magnético exerce forças de módulo igual e direções opostas nos dois lados das bobinas, então as forças se cancelam uma à outra e não afetam o equilíbrio do sistema. Assim, a dimensão vertical da bobina não é necessária. (c) 0,261 T.
73. (a) $1,04 \times 10^{-4}$ m (b) $1,89 \times 10^{-4}$ m
75. (a) $\Delta V_H = (1,00 \times 10^{-4})\,B$, onde ΔV_H está em volts e B em teslas

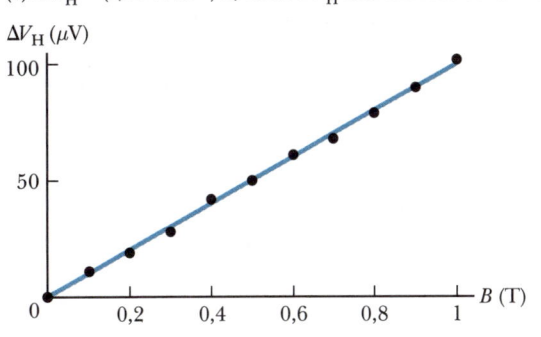

(b) 0,125 mm
77. $3,71 \times 10^{-24}$ N · m
79. (a) 0,128 T (b) 78,7° abaixo da horizontal

Capítulo 8
Respostas aos testes rápidos
1. $B > C > A$
2. (a)
3. $c > a > d > b$
4. $a = c = d > b = 0$
5. (c)

Respostas aos problemas ímpares
1. (a) 21,5 mA (b) 4,51 V (c) 96,7 mW
3. $1,60 \times 10^{-6}$ T
5. (a) 28,3 μT para dentro da página (b) 24,7 μT para dentro da página
7. 5,52 μT para dentro da página
9. (a) $2I_1$ para fora da página (b) $6I_1$ para dentro da página
11. $\dfrac{\mu_0 I}{2r}\left(\dfrac{1}{\pi} + \dfrac{1}{4}\right)$
13. 262 nT para dentro da página
15. (a) 53,3 μT em direção à parte inferior da página (b) 20,0 μT em direção à parte inferior da página (c) zero
17. $\dfrac{\mu_0 I}{2\pi ad}\left(\sqrt{d^2 + a^2} - d\right)$ para dentro da página
19. (a) 40,0 μT para dentro da página (b) 5,00 μT para fora da página (c) 1,67 μT para fora da página
21. (a) 10 μT (b) 80 μN em direção ao outro fio (c) 16 μT (d) 80 μN em direção ao outro fio
23. (a) $3,00 \times 10^{-5}$ N/m (b) atrativo
25. $-27,0\hat{\mathbf{i}}$ μN
27. 0,333 m
29. (a) Direções opostas. (b) 67,8 A. (c) Seria menor. Uma força gravitacional menor estaria empurrando os fios para baixo, necessitando de menos força magnética para suspendê-los no mesmo ângulo e, portanto, menos corrente.
31. (a) 200 μT em direção à parte superior da página. (b) 133 μT em direção à parte inferior da página.
33. 5,40 cm
35. (a) 4,00 m (b) 7,50 nT (c) 1,26 m (d) zero
37. (a) zero (b) $\dfrac{\mu_0 I}{2\pi R}$ tangente à parede (c) $\dfrac{\mu_0 I^2}{(2\pi R)^2}$ para dentro
39. 20,0 μT em direção à parte inferior da página
41. 31,8 mA
43. (a) 226 μN em direção contrária ao centro da espira (b) zero
45. (a) 920 voltas (b) 12 cm

47. (a) 3,13 mWb (b) 0
49. (a) $8,63 \times 10^{45}$ elétrons (b) $4,01 \times 10^{20}$ kg
51. 3,18 A
53. (a) $\sim 10^{-5}$ T (b) É $\sim 10^{-1}$ tão grande quanto o campo magnético da Terra.
55. 143 pT
57. $\dfrac{\mu_0 I}{2\pi w} \ln\left(1 + \dfrac{w}{b}\right)\hat{k}$
59. (a) $\mu_0 \sigma v$ para dentro da página. (b) Zero. (c) $\tfrac{1}{2}\mu_0 \sigma^2 v^2$ para cima em direção à parte superior da página. (d) $\dfrac{1}{\sqrt{\mu_0 \varepsilon_0}}$; descobriremos no Capítulo 12 que esta velocidade é a da luz. E, no Capítulo 5 do Volume 4, que ela não é possível para as placas do capacitor.
61. 1,80 mT
63. 3,89 μT em paralelo ao plano xy e a 59,0° em sentido horário da direção positiva x
65. (b) $3,20 \times 10^{-13}$ T (c) $1,03 \times 10^{-24}$ N (d) $2,31 \times 10^{-22}$ N
67. $B = 4,36 \times 10^{-4} I$, onde B está em teslas e I em ampères
69. $\dfrac{\mu_0 IN}{2\ell}\left[\dfrac{\ell - x}{\sqrt{(\ell - x)^2 + a^2}} + \dfrac{x}{\sqrt{x^2 + a^2}}\right]$
71. $-0,0120\hat{k}$ N
73. $\dfrac{\mu_0 I}{4\pi}(1 - e^{-2\pi})$ para fora da página
75. (a) $\dfrac{\mu_0 I (2r^2 - a^2)}{\pi r (4r^2 - a^2)}$ à esquerda (b) $\dfrac{\mu_0 I (2r^2 + a^2)}{\pi r (4r^2 + a^2)}$ em direção à parte superior da página
77. (b) $5,92 \times 10^{-8}$ N

Capítulo 9
Respostas aos testes rápidos
1. (c)
2. (c)
3. (b)
4. (a)
5. (b)

Respostas aos problemas ímpares
1. 0,800 mA
3. (a) 101 μV tendem a produzir corrente em sentido horário, como visualizado de cima. (b) É duas vezes o módulo e está no sentido contrário.
5. 33,9 mV
7. 10,2 μV
9. 61,8 mV
11. (a) 1,60 A em sentido anti-horário (b) 20,1 μT (c) esquerda
13. (a) $\dfrac{\mu_0 IL}{2\pi}\ln\left(1 + \dfrac{w}{h}\right)$ (b) 4,80 μV (c) sentido anti-horário
15. (a) $1,88 \times 10^{-7}$ T $\times$ m^2 (b) $6,28 \times 10^{-8}$ V
17. 272 m
19. $\mathcal{E} = 0,422 \cos 120\pi t$, onde $\mathcal{E}$ está em volts e t em segundos
21. 2,83 mV
23. 13,1 mV
25. (a) 39,9 μV (b) A extremidade oeste é positiva.
27. (a) 3,00 N à direita (b) 6,00 W
29. (a) 0,500 A (b) 2,00 W (c) 2,00 W
31. 2,80 m/s
33. 24,1 V com o contato externo positivo
35. (a) 233 Hz (b) 1,98 mV
37. 145 μA na direção para cima na figura
39. (a) $8,01 \times 10^{-21}$ N (b) sentido horário (c) $t = 0$ ou $t = 1,33$s
41. (a) $E = 9,87 \cos 100\pi t$, onde E está em milivolts por metro e t em segundos (b) sentido horário
43. 13,3 V
45. (a) $\mathcal{E} = 19,6 \text{ sen } 100\pi t$, onde $\mathcal{E}$ está em milivolts e t em segundos (b) 19,6 V
47. $\mathcal{E} = 28,6 \text{ sen } 4,00\pi t$, onde $\mathcal{E}$ está em milivolts e t em segundos
49. (a) $\Phi_B = 8,00 \times 10^{-3} \cos 120\pi t$, onde Φ_B está em T $\times$ m^2 e t, em segundos. (b) $\mathcal{E} = 3,02 \text{ sen } 120\pi t$, onde $\mathcal{E}$ está em volts e t, em segundos. (c) $I = 3,02 \text{ sen } 120\pi t$, onde I está em ampères e t, em segundos. (d) $P = 9,10 \text{ sen}^2 120\pi t$, onde P está em watts e t, em segundos. (e) $\tau = 0,00241 \text{ sen}^2 120\pi t$, onde τ está em newton metros e t, em segundos.
51. (a) 113 V (b) 300 V/m
53. 8,80 A
55. 3,79 mV
57. (a) 43,8 A (b) 38,3 W
59. $\mathcal{E} = -7,22 \cos 1.046\pi t$, onde $\mathcal{E}$ está em milivolts e t, em segundos
61. 283 μA para cima
63. (a) 3,50 A para cima em 2,00 Ω, e 1,40 A para cima em 5,00 Ω (b) 34,3 W (c) 4,29 N
65. 2,29 μC
67. (a) 0,125 V no sentido horário (b) 0,0200 A no sentido horário
69. (a) 97,4 nV (b) sentido horário
71. (a) 36,0 V (b) 0,600 Wb/s (c) 35,9 V (d) 4,32 N $\times$ m
73. (a) $NB\ell v$ (b) $\dfrac{NB\ell v}{R}$ (c) $\dfrac{N^2 B^2 \ell^2 v^2}{R}$ (d) $\dfrac{N^2 B^2 \ell^2 v}{R}$ (e) no sentido horário (f) dirigido à esquerda
75. 6,00 A
77. $\mathcal{E} = -87,1 \cos(200\pi t + \phi)$, onde $\mathcal{E}$ está em milivolts e t, em segundos
79. 0,0623 A em 6,00 Ω, 0,860 A em 5,00 Ω e 0,923 A em 3,00 Ω
81. $v = \dfrac{\mathcal{E}}{Bd}(1 - e^{-B^2 d^2 t/mR})$
83. $\dfrac{MgR}{B^2 \ell^2}[1 - e^{-B^2 \ell^2 t/R(M+n)}]$

Capítulo 10
Respostas aos testes rápidos
1. (c) (f)
2. (i) (b) (ii) (a)
3. (a) (d)
4. (a)
5. (i) (b) (ii) (c)

Respostas aos problemas ímpares
1. 19,5 mV
3. 100 V
5. 19,2 μT $\times$ m^2
7. 4,00 mH
9. (a) 360 mV (b) 180 mV (c) 3,00 s

11. $\dfrac{\varepsilon_0}{L k^2}$
13. $\mathcal{E} = -18,8 \cos 120\pi t$, onde $\mathcal{E}$ está em volts e t, em segundos
15. (a) 0,469 mH (b) 0,188 ms
17. (a) 1,00 kΩ (b) 3,00 ms
19. (a) 1,29 kΩ (b) 72,0 mA
21. (a) 20,0% (b) 4,00%
23. 92,8 V
25. (a) $i_L = 0,500(1 - e^{-10,0t})$, onde i_L está em ampères e t, em segundos (b) $i_S = 1,50 - 0,250\, e^{-10,0t}$, onde i_S está em ampères e t, em segundos
27. (a) 0,800 (b) 0
29. (a) 6,67 A/s (b) 0,332 A/s
31. (a) 5,66 ms (b) 1,22 A (c) 58,1 ms
33. 2,44 μJ
35. (a) 44,3 nJ/m³ (b) 995 μJ/m³
37. (a) 18,0 J (b) 7,20 J
39. (a) 8,06 MJ/m³ (b) 6,32 kJ
41. 1,00 V
43. (a) 18,0 mH (b) 34,3 mH (c) −9,00 mV
45. 781 pH
47. 281 mH
49. 400 mA
51. 20,0 V
53. (a) 503 Hz (b) 12,0 μC (c) 37,9 mA (d) 72,0 μJ
55. (a) 135 Hz (b) 119 μC (c) −114 mA
57. (a) 2,51 kHz (b) 69,9 Ω
59. (a) $0,693\left(\dfrac{2L}{R}\right)$ (b) $0,347\left(\dfrac{2L}{R}\right)$
61. (a) −20,0 mV (b) $\Delta v_C = -10,0 t^2$, onde Δv_C está em megavolts e t em segundos (c) 63,2 μs
63. $\dfrac{Q}{2N}\sqrt{\dfrac{3L}{C}}$
65. (a) 4,00 H (b) 3,50 Ω
67. (a) $\tfrac{1}{2}\mu_0 \pi N^2 R$ (b) 10^{-7} H (c) 10^{-9} s
69. [gráfico de Δv_{ab} (mV) vs t (ms), com valores entre −100 e 100]
71. 91,2 μH
73. (a) $6,25 \times 10^{10}$ J (b) $2,00 \times 10^3$ N/m
75. (a) 50,0 mT (b) 20,0 mT (c) 2,29 MJ (d) 318 Pa
79. (a) $\dfrac{2\pi B_0^2 R^3}{\mu_0}$, (b) $2,70 \times 10^{18}$ J
81. 300 Ω
83. $\dfrac{L_1 L_2 - M^2}{L_1 + L_2 - 2M}$

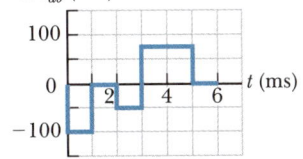

Capítulo 11

Respostas aos testes rápidos

1. (i) (c) (ii) (b)
2. (b)
3. (a)
4. (b)
5. (a) $X_L < X_C$ (b) $X_L = X_C$ (c) $X_L > X_C$
6. (c)
7. (c)

Respostas aos problemas ímpares

1. (a) 96,0 V (b) 136 V (c) 11,3 A (d) 768 W
3. (a) 2,95 A (b) 70,7 V
5. 14,6 Hz
7. 3,38 W
9. 3,14 A
11. 5,60 A
13. (a) 12,6 Ω (b) 6,21 A (c) 8,78 A
15. 0,450 Wb
17. 32,0 A
19. (a) $f > 41,3$ Hz (b) $X_C < 87,5$ Ω
21. 100 mA
23. (a) 141 mA (b) 235 mA
25. [diagrama de fasores: $X_L = 200\,\Omega$, $X_C = 90,9\,\Omega$, $X_L - X_C = 109\,\Omega$, $Z = 319\,\Omega$, $R = 300\,\Omega$, $\phi = 20,0°$]
27. (a) 47,1 Ω (b) 637 Ω (c) 2,40 kΩ, d) 2,33 kΩ (e) −14,2°
29. (a) 17,4° (b) a tensão
31. (a) 194 V. (b) A corrente está adiantada por 49,9°.
33. $3R$
35. 353 W
37. 88,0 W
39. (a) 16,0 Ω (b) −12,0 Ω
41. $\dfrac{11(\Delta V_{\text{rms}})^2}{14 R}$
43. 1,82 pF
45. 242 mJ
47. (a) 0,633 pF (b) 8,46 mm (c) 25,1 Ω
49. 687 V
51. 87,5 Ω
53. 0,756
55. (a) 34% (b) 5,3 W (c) $ 3,90
57. (a) $1,60 \times 10^3$ voltas (b) 30,0 A (c) 25,3 A
59. (a) 22,4 V (b) 26,6° (c) 0,267 A (d) 83,9 Ω (e) 47,2 μF (f) 0,249 H (g) 2,67 W
61. 2,6 cm
63. (a) X_C poderia ser 53,8 Ω ou 1,35 kΩ (b) a reatância capacitiva é de 53,8 Ω (c) X_C deve ser 1,43 kΩ
65. (b) 31,6
67. (a) 19,7 cm a 35,0°. (b) 19,7 cm a 35,0°. (c) As respostas são idênticas. (d) 9,36 cm a 169°.
69. (a) A tensão T e a separação d devem estar relacionadas por $T = 274 d^2$, onde T está em newtons e d em metros. (b) Uma possibilidade é $T = 10,9$ N e $d = 0,200$ m.
71. (a) 0,225 A (b) 0,450 A
73. (a) 78,5 Ω (b) 1,59 kΩ (c) 1,52 kΩ (d) 138 mA (e) −84,3° (f) 0,0987 (g) 1,43 W
75. 56,7 W

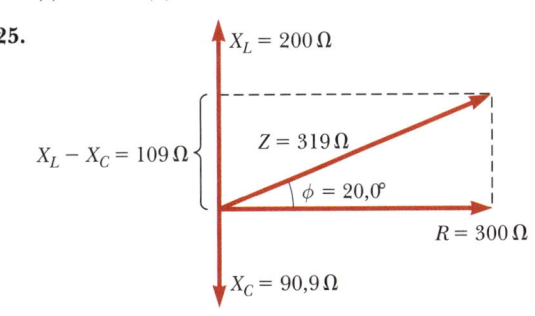

77. (a) 580 μH (b) 54,6 μF (c) 1,00 (d) 894 Hz (e) A 200 Hz, $\phi = -60,0°$ ($\Delta v_{saída}$ está adiantado em relação a Δv_{ent}); em f_0, $\phi = 0$ ($\Delta v_{saída}$ está em fase com Δv_{ent}); e em $4,00 \times 10^3$ Hz, $\phi = +60,0°$ ($\Delta v_{saída}$ está atrasado em relação à Δv_{ent}). (f) A 200 Hz e a $4,00 \times 10^3$ Hz, $P = 1,56$W; e em f_0, $P = 6,25$W. (g) 0,408

79. (a) 224 s^{-1} (b) 500 W (c) 221 s^{-1} e 226 s^{-1}

81. 58,7 Hz ou 35,9 Hz. O circuito pode estar acima ou abaixo da ressonância.

Capítulo 12

Respostas aos testes rápidos

1. **(i)** (b) **(ii)** (c)
2. (c)
3. (c)
4. (b)
5. (a)
6. (c)
7. (a)

Respostas aos problemas ímpares

1. (a) para fora da página (b) $1,85 \times 10^{-18}$ T
3. (a) $11,3$ GV × m/s (b) 0,100 A
5. $(-2,87\hat{\mathbf{j}} + 5,75\hat{\mathbf{k}}) \times 10^9$ m/s^2
7. (a) 0,690 comprimentos de onda (b) 58,9 comprimentos de onda
9. (a) 681 anos (b) 8,32 min (c) 2,56 s
11. 74,9 MHz
13. $2,25 \times 10^8$ m/s
15. (a) 6,00 MHz (b) $-73,4\hat{\mathbf{k}}$ nT (c) $\vec{\mathbf{B}} = -73,4\hat{\mathbf{k}} \cos(0,126x - 3,77 \times 10^7 t)$ onde B está em nT, n está em metros e t está em segundos
17. $2,9 \times 10^8$ m/s ±5%
19. (a) 0,333 μT (b) 0,628 μm (c) $4,77 \times 10^{14}$ Hz
21. 3,34 μJ/m^3
23. $3,33 \times 10^3$ m^2
25. (a) $1,19 \times 10^{10}$ W/m^2 (b) $2,35 \times 10^5$ W
27. (a) 2,33 mT (b) 650 MW/m^2 (c) 511 W
29. 307 μW/m^2
31. 49,5 mV
33. (a) 332 kW/m^2 radialmente para dentro (b) 1,88 kV/m e 222 μT
35. $5,31 \times 10^{-5}$ N/m^2
37. (a) 1,90 kN/C (b) 50,0 pJ (c) $1,67 \times 10^{-19}$ kg × m/s
39. 4,09°
41. (a) $1,60 \times 10^{-1}$ $\hat{\mathbf{i}}$ kg × m/s a cada segundo. (b) $1,60 \times 10^{-10}$ $\hat{\mathbf{i}}$ N. (c) As respostas são as mesmas. A força é a taxa de transferência no tempo da quantidade de movimento.
43. (a) 5,48 N (b) 913 μm/s^2 distante do Sol (c) 10,6 dias
45. (a) 134 m (b) 46,8 m
47. 56,2 m
49. (a) Em direção contrária ao longo do bissetor perpendicular do segmento da reta que junta as antenas. (b) Ao longo das extensões do segmento de reta que junta as antenas.
51. (a) 6,00 pm (b) 7,49 cm
53. (a) 4,16 m a 4,54 m (b) 3,41 m a 3,66 m (c) 1,61 m a 1,67 m
55. (a) $3,85 \times 10^{26}$ W (b) 1,02 kV/m e 3,39 μT
57. $5,50 \times 10^{-7}$ m
59. (a) $3,21 \times 10^7$ W (b) 0,639 W/m^2 (c) 0,513% da distância do Sol ao meio-dia em janeiro
61. ~10^6 J
63. 378 nm
65. (a) $6,67 \times 10^{-16}$ T (b) $5,31 \times 10^{-17}$ W/m^2 (c) $1,67 \times 10^{-14}$ W (d) $5,56 \times 10^{-23}$ N
67. (a) 625 kW/m^2 (b) 21,7 kV/m (c) 72,4 μT (d) 17,8 min
69. (a) 388 K (b) 363 K
71. (a) $3,92 \times 10^8$ W/m^2 (b) 308 W
73. (a) 0,161 m (b) 0,163 m^2 (c) 76,8 W (d) 470 W/m^2 (e) 595 V/m (f) 1,98 μT (g) 119 W
75. (a) A área projetada é πr^2, onde r é o raio do planeta. (b) A área de radiação é $4\pi r^2$. (c) $1,61 \times 10^{10}$ m
77. (a) 584 nT (b) 419 m^{-1} (c) $1,26 \times 10^{11}$ s^{-1} (d) $\vec{\mathbf{B}}$ vibra no plano xz (e) $40,6\hat{\mathbf{i}}$ W/m^2 (f) 271 nPa (g) $407\hat{\mathbf{i}}$ nm/s^2
79. (a) 22,6 h (b) 30,6 s

Índice Remissivo

A

Aceleradores de partículas, 183-184
Agência Japonesa de Exploração Aeroespacial (JAXA), 332
Água
    constante dielétrica e rigidez dielétrica da, 98
Álgebra matricial, 150
Alto-falantes, redes de crossover em, 311
Alumínio (Al)
    resistividade, 121
Ampère (A), 116, 209
Ampère, André-Marie, 212
Amplitude de tensão, de fonte CA, 292
Análise dos modelos
    partículas em um campo
        campo elétrico, 11, 11-14, 11, 13
        campo magnético, 173, 175-177, 176, 179
Analogias aos sistemas elétricos, 275-278, 277, 280
Anéis de deslizamento, 248
Ângulo de fase, 278, 293, 300-303, 303
Antena
    dipolo, 334
    meia onda, 334-335
    produção de onda eletromagnética por, 334-336
Antena dipolo, 334-335
Aquecedores, elétricos, 128-129
Aquecimento Joule, 128
Ar
    constante dielétrica e rigidez dielétrica de, 98
Arranjo Skerries SeaGen, 234
Associação em paralelo
    de capacitores, 89-90, 89, 92-93
    de resistores, 144, 144-145, 145, 147-148
Associação em série
    de capacitores, 90, 90-93
    de resistores, 142-144, 143, 145
Aterramento, 4
    cabos elétricos de três pontas, 159
    fio neutro, na fiação doméstica, 158
    símbolo para, 4
Átomo(s) de hidrogênio
    força elétrica e gravitacional em, 7
Átomos (s)
    modelos
        clássico, 218-219
        quântico, 218
    momento dipolar magnético de, 218, 218-220
Aurora austral, 181
Aurora boreal, 181
Autoindução, 266-267, 267
Automóveis
    elétrico, sistemas de carga para, 275
    motores híbridos, 249

B

Balança de torção, 5
Barra deslizante, forças magnéticas que atuam, 238-244
Barra rotativa, FEM em movimento, 242-243
Bateria
    FEM de, 140-141
    função de, 116
    resistência interna, 140-141
    símbolo de circuito para, 89
    sistemas de carregamento de corrente induzida para, 275
    tensão terminal, 140-141
Biot, Jean-Baptiste, 204
Bobina
    indutância de, 267-268
    Lei de Faraday para, 236-238
    momento dipolo magnético de, 188
Bobina do coletor, 236
Borracha
    constante dielétrica e rigidez dielétrica da, 98
    resistividade, 121
Bússola
    Campo magnético da Terra e, 174
    história da, 172
    rastreando linhas de campo magnético com, 173-174

C

Cabo coaxial
    capacitância, 88
    indutância, 273
    resistência radial, 122-123
Cabos de alimentação, três pontas, 159
Cabos elétricos de três pontas, 159
Camada de ozônio, da Terra, 335
Caminho livre médio, de elétron, 124
Campo conservador, 61
Campo de Hall, 190
Campo elétrico ($\vec{E}$), 11
    como campo conservador, 61
    como taxa de mudança de potencial elétrico, 57
    da onda eletromagnética senoidal, 325-329, 331-334
    de condutor
        e descarga de corona, 72, 74
        em cavidades, 72
    de dipolo elétrico, 14-15, 64
    de distribuição de carga contínua, 15-20
    de grupo finito de cargas pontuais, 13
    densidade de energia de, 94, 330-331
    determinação, utilizando a lei de Gauss, 40-44
    dipolo elétrico em, 100-102
    direção de, 12-13
    e densidade de corrente, 119
    em capacitor, 59, 102-103
    em razão das cobranças pontuais, 61-64
    estratégia de resolução de problemas para, 16
    Força de Lorentz e, 182
    induzido por mudança de fluxo magnético, 245-247
    movimento de partículas carregadas em (campo uniforme), 22-24
    partícula em um modelo de campo, 11, 11-14, 11, 13
    princípio de superposição para, 14-15
    trabalho realizado por, 56-57, 59, 61-63
    unidades de, 56
    valor de, de potencial elétrico, 63-64
    vs. campo magnético, 205-206
    vs. campos gravitacionais, 58
Campo eletromagnético, força sobre as partículas, 324
Campo gravitacional
    vs. campo elétrico, 58
Campo(s) magnético(s) ($\vec{B}$)
    condutor, transporte de corrente, em, 184-187
    Efeito Hall, 190-192

I-1

da onda eletromagnética senoidal, 325-329, 331-334
da Terra, 174, 174-175, 177
definição operacional do, 175
de indutor, energia armazenada em, 272-273
densidade de energia de, 272-272, 330-331
de solenoide, 215-216
de toroide, 214-215
direção de, 173, 173, 177-178, 178
do condutor, transporte de corrente, 204-210
    Lei de Ampère, 211-215, 212
        forma geral de (lei de Ampère-Maxwell), 322-324, 324, 326-327
fontes de, 323
Força de Lorentz e, 182
intensidade do, 174-178, 179-181
Lei de Ampère, 211-215, 212
    forma geral de (Lei de Ampère-Maxwell), 322-324, 324, 326-327
Lei de Gauss para, 216-218
loop de corrente em
    FEM em movimento em, 238-245
    força magnética em, 187
    torque em, 187-190
movimento de carga em
    aplicações, 182-183
    campo não uniforme, 180-182
    campo uniforme, 178-181
    força magnética em, 175-178
no eixo de loop de corrente, 208-210
notação para, 177-178
partícula em um modelo de campo magnético, 173, 175-177, 176, 179
regra da mão direita para, 211-212
unidades de, 177
vs. campo elétrico, 205-206
Capacitância, 84-85
análogo mecânico da, 277, 280
cálculo de, 86-89, 104-105
de capacitor cilíndrico, 87-88
de capacitor com dielétrico, 96-98
de capacitor de placas paralelas, 86-87
de capacitores esféricos, 88-89
de esfera carregada, 86
equivalente, 89-92
unidades de, 85
Capacitor eletrolítico, 98
Capacitor(es), 84, 85
aplicações de, 84, 87, 96, 304, 308
associação em paralelo de, 89-90, 92-93
associação em série de, 90, 90-94
capacitor de carga, 154, 154
capacitor de descarga, 154
carga de, 85-86, 152-154, 156
carga em, 84-85, 89-90
carga máxima em, 153-154, 156
cilíndrico, capacitância de, 87-88
com dielétricos, 96-105

corrente como função de tempo
    capacitor de carga, 154
    capacitor de descarga, 154
corrente de deslocamento em, 322-323
descarga de, 154, 156-157
diferença de potencial entre as placas de, 84-85
eletrolítico, 98
em circuitos de CA, 297-299, 303
energia armazenada em, 93-96, 272
equivalente, 89-92
esférico, capacitância de, 88-89
na análise de circuitos, 150
placas paralelas, 59, 85-86
    capacitância de, 86-87
rótulos em, 93-94
símbolo de circuito para, 89
tensão de ruptura de, 98
tensão de trabalho de, 98
tensão nominal de, 98
tensão operacional máxima, 94, 98
tipos de, 98
variável, 98
Capacitores cilíndricos, capacitância de, 87-88
Capacitores de placas paralelas, 59, 85-86
capacitância de, 86-87
Capacitores esféricos, capacitância de, 88-89
Capacitores variáveis, 98, 98
Carbono (C)
resistividade de, 121
Carga, 140
correspondência de, 141-142
Carga de teste, 11
Carga elétrica negativa, 3
Carga elétrica positiva, 3
Carga (q)
analogia mecânica a, 280
conservação de, 3, 148
em circuito LC, 278
em movimento, campo magnético criado por, 173
fonte, 11
fundamental (e), 3, 7, 72-74
no capacitor, 84-85, 89-90
positiva e negativa, 3
propriedades de, 2-4
quantização de, 3, 72-74
teste, 11
unidades de, 6
Carga(s) pontual (is), 6
campo elétrico de, 20, 61, 64
fluxo em razão de, 38-40
força entre, 6-11
movimento em campo elétrico uniforme, 22-24
partícula em um modelo de campo magnético, 173, 175-177 179
partícula no modelo de campo elétrico, 11-14
potencial elétrico em razão de, 61-63
Carregado eletricamente, 3
Cataratas, luz UV e, 335

CERN (Organização Europeia para Pesquisa Nuclear), 172
Chaves, símbolos para, 89
Choque, elétrico, 159-160
Choque elétrico, 159-160
Chumbo (Pb)
resistividade, 121
Cíclotron, 183-184
Ciência dos Materiais
materiais não ôhmicos, 119
    curva de diferença de potencial – corrente, 120-121
    curva de diferença de potencial – corrente, 120-121
materiais ôhmicos, 119
resistividade, 120
Cinto de radiação Van Allen, 181
Circuito amperiano, 212
Circuito de corrente
campo magnético no eixo de, 208-210
em campo magnético
    FEM em movimento, 238-245
    força magnética em, 187
    torque em, 187-190
indutância de, 267-268
momento de dipolo magnético de, 188-189, 218
Circuito LC
aplicações, 324
energia armazenada em, 275-278
oscilações em, 275, 275-279, 278, 305, 325
Circuitos de corrente alternada (CA)
aplicações, 290
capacitores em, 297-299, 304
circuitos RC, como filtros, 310
circuitos RLC, série, 299-303
fiação doméstica, 158-159
    segurança elétrica, 158-160
indutores em, 295-298, 304
potência média em, 303-304
potência média em, 303-305
resistores em, 292-295, 304
ressonância em, 305-307
Circuitos de corrente contínua (DC)
Circuitos RC, 152-158
circuitos RL, 268-271
Circuitos RLC, 279-281, 280, 281
FEM em, 140-141
Regras de Kirchhoff, 148-152
    estratégia de resolução de problemas para, 150
resistores em paralelo, 144-148
resistores em série, 142-145
resposta ao tempo de, 270
Circuitos de filtro, 309-311, 309-311
Circuitos RC
corrente alternada, 310
corrente contínua, 152-158
circuitos RL, corrente contínua, 268-271, 269-271
Circuitos RLC, série
corrente alternada, 299-303
    potência média em, 303-305, 305
    ressonância em, 305-307

corrente contínua, oscilação em, 279-281
Cobalto (Co)
　como substância ferromagnética, 220
Cobre (Cu)
　Efeito Hall em, 192
　elétrons livres em, 5
　resistividade, 126
Coeficiente de Hall, 191
Coeficiente de temperatura de resistividade (α), 121, 125
Comprimento de onda (λ)
　da luz
　　e cor, 336
　de ondas eletromagnéticas, 327-329
Comutador, 249
Condição de curto-circuito, 159
Condução elétrica
　modelo de
　　clássico, 123-125
　　quântico, 125
　objetos carregados por, 5
　supercondutores, 126, 172
　　efeito Meissner em, 221
Condutividade, 119, 124
Condutor(es), 4
　carga de, 4-5
　carregado, potencial elétrico em razão de, 69-72
　carregamento da corrente em campo magnético, 184-187
Conservação de carga, 3, 147
Constante de Coulomb (k_e), 6
Constante de tempo (τ)
　do circuito RC, 154, 156
　do circuito RL, 270-271
Constante dielétrica (k), 96-98
Cor, comprimento de onda da luz e, 336
Corrente Alternada (CA)
　conversores CA-CC, 309
　tensão de, 294
　vantagens de, 308
Corrente contínua (CC), 139
　Conversores CA-CC, 309
　desvantagens de, 308
Corrente de condução, 322
Corrente de deslocamento, 322, 323
Corrente (I), 115-118
　analogia mecânica a, 280
　analogias de, em fluxo de água e calor, 116
　condução, 322
　deslocamento, 322-323
　direção de, 116
　e caminho de menor resistência, 144
　e choque elétrico, 140
　em capacitor em circuito de CA, 297-299
　em circuito da série RLC, 299-302, 304-307
　em circuito de CC simples, 140-141, 151-152
　em circuito de RL, 269-271
　em circuito LC, 278

em eletrodomésticos, 158
em indutor no circuito de CA, 295-297
em resistor no circuito de CA, 292-295
equívocos sobre, 128
induzida, 234-237
instantânea, 116
média ($I_{méd}$), 116
modelo microscópico de, 117
unidades de, 116, A-24
Corrente instantânea (I), 116
Corrente média ($I_{méd}$), 116
corrente rms, 294-295, 296-297
Correntes de Foucault, induzidas, 251-253
Coulomb (C), 5-7, 210
Coulomb, Charles, 5

D

Densidade da carga volumétrica (ρ), 16
Densidade de carga
　linear, 16
　superfície, 16
　volume, 16
Densidade de carga superficial (σ), 16
　de condutor de forma arbitrária, 69-70, 72
　de condutor esférico, 70
Densidade de corrente (J), 118-119, 124
Densidade de energia instantânea total, de ondas eletromagnéticas, 330
Densidade de energia magnética, 272
Densidade dos portadores de carga, 191
Densidade energética
　da onda eletromagnética, 330-331
　do campo elétrico, 330-331
　do campo magnético, 272, 330-331
Densidade linear de carga (λ), 16
Densidade média de energia, de ondas eletromagnéticas, 330
Descarga de corona, 72, 74
Dês, de cíclotron, 183-184
Desfibrilador, 84, 96
Designação da impedância, 308
Detectores de metais, 266
Diagrama de Fasor, 293, 296, 298, 300
Diamagnetismo, 221
Dielétricos, 96
　capacitores com, 96-100, 102-105
　descrição atômica de, 102-104
　polarização de, 101-104
Diferença potencial (ΔV), 56-57
　analogia mecânica a, 280
　aplicações de, 74
　de dipolo magnético em campo magnético, 188
　em campo elétrico uniforme, 57-63
　entre placas dos capacitores, 84-85
　unidades de, 56
　valor do campo elétrico de, 63-64
Diodo (s), 308

aplicações, 308
junção, 121
símbolo de circuito para, 309
Diodos de junção, 121
Dipolo elétrico, 13
　campo elétrico de, 14-15, 64
　em campo elétrico, 100-102
　linhas de campo elétrico de, 21
　potencial elétrico ao redor de, 66
　superfícies equipotenciais para, 64
Dipolo magnético em campo magnético, energia potencial de, 187-188
Direção de propagação, 325
Dispositivos eletrônicos
　circuito de recepção de rádio, 305
　Conversores de CA-CC, 309
　desfibriladores, 84, 96
　detectores de metal, 266
　escovas de dentes, 275
　ferramenta elétrica frenagem eletromagnética, 252
　guitarras elétricas, 237
　localizadores, 98
　ponteiros laser, 333-334
Dispositivos mecânicos
　limpadores de pára-brisas, intermitentes, 156
　teclas do teclado do computador, 87
Dissipadores de calor, 127
Domínios, em material ferromagnético, 220
Drude, Paul, 123

E

e (carga fundamental), 3, 5, 72-74
Efeito Hall, 190-192
　campo elétrico de
　　e descarga de corona, 72, 74
　　em cavidades, 72
　　campo magnético criado por, 204-210
　em equilíbrio eletrostático
　　potencial elétrico superficial de, 69-70
　　propriedades de, 45-46
　　força mgnética em, 184-187
　　paralelos, força magnética entre, 210-211
Efeito Meissner, 221
Einstein, Albert
　e teoria da relatividade especial, 324
Eletricidade, etimologia de, 1
Eletrificado, definição de, 3
Eletrólito, 98
Eletromagnetismo
　como força fundamental, 2
　definição do, 1
　história do, estudo do, 1, 173
Eletron (s)
　carga do, 3, 5, 6
　como partícula fundamental, descoberta do, 183
　condução, 123
　em transferência de carga, 3

giro do, 219
momento dipolar magnético do, 218-220
relação e/m$_e$ para, 183
Elétrons de condução, 123
elétron-volt (eV), 57
Eletrostática, aplicações de, 73-74
Energia cinética (K)
analogias elétricas, mecânicas a, 275-278, 280
em capacitor, 93-96, 272
em circuito LC, 271-274, 278-279
em indutor, 271-273
e resistor
armazenado, 272
fornecida, 126-128, 157-158, 294
transportada por ondas eletromagnéticas, 329-332
Energia potencial elétrica (U)
de dipolo elétrico em campo elétrico, 100
de dipolo elétrico em campo elétrico externo, 100
de diversos pontos de carga, 62-63
de partícula em campo elétrico, 58-63
em campos elétricos, 56
em capacitores, 93-96
em razão da carga pontual, 62-63
vs. potencial elétrico, 56-57
Enrolamento primário, 307
Enrolamento secundário, 307
Enxofre (S)
resistividade de, 121
Equação de onda, linear, 327
Equação de onda linear, 327
Equação(es)
Equações de Maxwell, 323-325
Equações de Maxwell, 323-325, 326
Equilíbrio, amortecimento da corrente parasita em, 252-253
Equilíbrio de corrente, 210
Equilíbrio eletrostático, condutores
nas propriedades de, 45-46
potencial elétrico superficial de, 69-70
Escova de dentes, elétrica, indutância mútua, 275
Espectro de luz visível, 335-337
Espectrometria de massa, 182-183
Espectrômetro de massa de Bainbridge, 182
Espetro
eletromagnético, 335-337
espectro de luz visível, 335-337
Esquema do circuito, 89
Estratégias de resolução de problemas.
para as regras de Kirchhoff, 150-151
para cálculo de campo elétrico, 16
para os Problemas da Lei de Gauss, 41
para potencial elétrico, 63
Experimento da gota de óleo Millikan, 72-73

F

Faraday, Michael, 1, 11, 20, 85, 173, 234-236
Farad (F), 85
Fasor, 293-293
adição de, 300
Fator de potência (cos φ), 303
Fator de qualidade (Q), 304
Feixe de elétrons, curva de, 180
FEM (ε), 140-141
autoinduzida, 267-268
de movimento, 238-243, 245
induzida, 234-237, 266
reversa, 249-251, 267, 269
FEM auto-induzida (ε_L), 266-267, 268
FEM de retorno, 249-251, 267, 269
FEM em mocimento, 237-243, 238, 242-245
Ferro (Fe)
como substância ferromagnética, 220
resistividade, 121
Ferromagnetismo, 220-221
Ferrovias, sistemas de frenagem eletromagnética, 252
Fiação doméstica, 145, 158-159
segurança elétrica, 158-160
Filtro passa-alta RC, 310
Filtro passa-baixa RC, 310-311
Fio neutro, 158
Fio vivo, 158
Fluxo
elétrico, 35-38
fluxo zero, 40
pela superfície fechada, 36-38
resultante, 37
unidades de, 36
magnético, 216
campo elétrico induzido pela mudança no, 245-247
Lei de Gauss para, 216-218
Fluxo elétrico (Φ_E), 35-38
fluxo zero, 40
pela superfície fechada, 36-38
resultante, 37
unidades de, 36
Fluxo magnético (Φ_B), 216
campo elétrico induzido pela mudança no, 245-247
Lei de Gauss para, 216-218
Fonte de alimentação de corrente contínua (CC), 309-310
Fonte de carga, 11
Fontes de corrente alternada (CA), 291-292
Força de Lorentz, 182
Força elétrica (força de Coulomb), 5
lei de Coulomb para, 5-11
vs. força magnética, 175, 177
Força magnética ($\vec{F}_B$)
direção do, 176
em movimento de carga, 175-178
regras da mão direita para, 176
entre condutores paralelos, 210-211
no condutor de transporte de corrente, 184-187
no loop de corrente, 187
vs. força elétrica, 175, 177
Força (s) ($\vec{F}$)
campo, 11
em partículas carregadas, 6-11
em partículas em campo eletromagnético, 324
no objeto carregado, 11
Forças fundamentais
eletromagnetismo como, 2
Franklin, Benjamin, 3
Frentes de onda, 325
Frequência angular (ω)
de circuito RLC, 302
de ondas eletromagnéticas, 327
de oscilação no circuito LC, 278
de tensão de CA, 292
Frequência de ressonância (ω_0), das séries de circuito RLC, 305-307
Frequência do cíclotron, 179, 181
Frequência (f)
angular (ω)
de ondas eletromagnéticas, 327
de oscilação no circuito LC, 278
de tensão de CA, 292
de ondas eletromagnéticas, 327-328
natural (ω_0), de circuito LC, 278, 305
ressonância (ω_0), das séries de circuito RLC, 305-307
Frequência natural (ω_0), de circuito LC, 278, 305
Fusão nuclear, 179

G

Garrafa magnética, 181
Gás de elétrons, 123
Gauss (G), 177
Gauss, Karl Friedrich, 39
Gerador de energia das marés, 234
Geradores de corrente alternada (CA), 247-249
Geradores de corrente contínua (CC), 249
Geradores, elétricos
CA, 248-249
CC, 249
Geradores Van de Graaff, 73
Germânio (Ge)
como semicondutor, 3
resistividade, 121
Gilbert, William, 173
Globos de plasma, 35
Grande Colisor de Hádrons (LHC), 172
Guitarra, elétrica, 237
Guitarra elétrica, 237

H

Hahn, Otto
de circuito RC, 156
de circuto RL, 271
Hall, Edwin, 190
Henry (H), 267, 275
Henry, Joseph, 1, 173, 234, 267

Hertz, Heinrich, 325

I

IKAROS (Nave Interplanetária Acelerada pela Radiação do Sol), 332
Iluminação, 11, 55
Imagem de ressonância magnética
Ímã(s)
  polaridade de, 172-174
  supercondutor, 126, 172, 177
Impedância (Z), 302
Indução, 234-237
  autoindução, 266-267
  campo elétrico criado por, 245-247
  corpos carregados por, 4-5
  correntes de Foucault, 251-253
  em geradores e motores, 248-251
  FEM em movimento, 238-245
  Lei de Faraday, 234-236, 324, 326
    aplicações, 236-237
    forma geral, 246
  Lei de Lenz, 243-245
  mútua, 274-275, 274, 274
Indutância (L), 267-268
  analogia mecânica a, 277, 280
  mútua, 274-275
  unidades de, 267
Indutância mútua, 274-275
Indutor(es), 269
  em circuitos de CA, 295-297, 303
  energia armazenada em, 272-273
  símbolo de circuito para, 269
Instituto Nacional de Padrões e Tecnologia (NIST), 209
Instrumentação
  balança de torção, 5
  bússolas, 172
  cíclotrons, 183-184
  espectrômetro de massa, 182-183
  garrafas magnéticas, 181
  geradores Van de Graaff, 73
  precipitadores eletrostáticos, 73-74
  seletor de velocidade, 182
  síncrotrons, 183
Instrumentos musicais, cordas, 237
Integrais de linha, 56
Integral de caminho, 56
integral de superfície, 36
Intensidade de onda (I), de ondas eletromagnéticas, 330-331
Intensidade (I)
  de ondas eletromagnéticas, 330-331
Interruptor de circuito por falha de aterramento (GFCI), 159-160, 236
IRM (imagem de ressonância magnética), 126, 177
Isolantes
  carga de superfície em, 5
  elétrico, 4
    carga de, 5

J

Junção, 144

K

Kamerlingh-Onnes, Heike, 126
Kirchhoff, Gustav, 150

L

Laboratório de cateterismo cardíaco, 204
Laboratório Europeu de Física de Partículas (CERN), 172
Lâmpadas de três vias, 145
Lâmpadas fluorescentes compactas, 115
Lâmpadas incandescentes
  em pisca-pisca, 145-146
  falha de, 143
  fluorescente compacta, 115
  três vias, 145
Lawrence, E. O., 184
Lei da força de Lorentz, 324
Lei da indução de Faraday, 234-236, 324-326
  aplicações, 236-237
  forma geral, 246
Lei de Ampère, 211-215
Lei de Ampère-Maxwell, 322-324, 326
Lei de Biot-Savart, 204-210
Lei de Coulomb, 5-11
  forma vetorial da, 7-12
Lei de Gauss, 38-40, 324
  aplicações da, 41-45
  em magnetismo, 216-218, 324
  estratégia de resolução de problemas para, 41
Lei de Lenz, 243-245
Lei de Ohm, 119
  e modelo estrutural de condução, 123-124
Limpadores de pára-brisas, intermitentes, 156
Linhas de campo elétrico, 20-21
  de dipolo elétrico, 21
  e fluxo elétrico, 35-38
  potencial elétrico e, 58
  regras para desenho, 20-21
  vs. linhas de campo magnético, 211, 217
Linhas de campo magnético, 173-174, 178
  vs. linhas de campo elétrico, 211, 217
Linhas de energia, transmissão de energia por, 307-309
  descarga corona em, 72, 74
  e perda I^2R, 128
Livingston, M. S., 184
Localizadores, 98
Luz
  modelo de onda da, 324-325, 327
Luz solar
  energia entregue à Terra por, 331

M

Magnetismo
  consciência histórica do, 1, 172-173
  em questão, 218-223
  etimologia do, 1
Magnetita, 1, 172
Maricourt, Pierre de, 172
Materiais não-ôhmicos, 119
  curva de diferença de potencial - corrente, 120-121
Materiais ôhmicos, 119
  curva de diferença de potencial - corrente, 120-121
  resistividade, 120
Maxwell, James Clerk, 1, 173, 322-324, 332
Mecânica Quântica
  modelo de condução elétrica, 125
  momento angular orbital em, 219
  momento de giro angular em, 219
Medicina e Biofísica
  cataratas, luz UV e, 335
  cérebro, humano, campos magnéticos em, 177
  IRM (imagem de ressonância magnética), 126
  laboratório de cateterismo cardíaco, 204
Medidor, elétrico, 158
Mercúrio (Hg)
  supercondução em, 125
Mésons
  coeficientes de temperatura de resistividade, 125
  Efeito Hall em, 192
  Metal(is)
    condução elétrica em
      modelo clássico, 123-125
      modelo quântico, 125
    supercondutores, 126
Microondas, 335
Millikan, Robert, 3, 72
Modelo de Drude para condução elétrica, 123-125
Modelos
  de condução elétrica
    clássico, 123-125
    quântico, 125
  de luz
    modelo de onda, 324-325, 327
Modelos estruturais, de condução elétrica, 123-125
Molécula de ácido clorídrico, 13
Molécula de água
  polarização da, 101
Molécula(s)
  apolar, 100
  polar, 101
    polarização induzida, 101-103
  simétrica, polarização induzida de, 101
Moléculas apolares, 101
Moléculas polares, 101-102
  polarização induzida, 101-103
Moléculas simétricas, polarização induzidas de, 101
Momento angular ($\vec{L}$)
  orbital
    e momento magnético, 219

quantização de, 218-220
Momento angular orbital
  e momento magnético, 219
  quantização de, 218-220
Momento de dipolo magnético (μ)
  de átomos, 218-220
  de bobina, 188
  de loop de corrente, 188-189, 218
Momento dipolo elétrico ($\vec{p}$), 100-101
Momento linear ($\vec{p}$)
  de ondas eletromagnéticas, 332-334
Momento magnético orbital (μ), 218-220
Motores
  elétrico, 248, 249
    correntes de Foucault em, 252
    geração de torque em, 188
Motores híbridos, 249

N

Navegação solar, 332-333
Nave Interplanetária Acelerada pela Radiação do Sol (IKAROS), 332
Nebulosa do caranguejo, 321
Nêutron (s)
  carga do, 4
  massa do, 6
  momento dipolo magnético do, 220
Nicromo, 121-122, 128
Níquel (Ni)
  como substância ferromagnética, 220
Notação
  para aterramento elétrico, 5
Núcleo, atômico
  momento dipolo magnético do, 220
Número de onda (k), de ondas eletromagnéticas, 327

O

Óculos de Sol
  proteção UV e, 335
Oersted, Hans Christian, 1, 173, 211
Ohm (Ω), 119
Ohm, Georg Simon, 119
Onda (s)
  esférica, 325
  polarizada linearmente, 325
Ondas de luz
  como radiação eletromagnética, 324-325, 327
  comprimento de onda da e cor, 336
  espectro de luz visível, 335-337
Ondas de rádio, 335
Ondas do plano eletromagnético, 325-329
  intensidade de onda de, 330-331
  vetor de Poynting de, 329-330
Ondas eletromagnéticas
  aplicações de, 204, 321
  densidade de energia de, 329, 331
  energia transportada por, 329-332
  espectro eletromagnético, 335-337
  fontes de, 335
  intensidade de onda de, 330-331
  luz como, 324-325, 327
  momento transferido por, 332-334
  planas, 325-329
    intensidade de onda de, 330-331
    Vetor de Poynting de, 329-330
  pressão de radiação de, 332-334
  produção por antena, 334-335
  propagação em meio livre de, 321
  propriedades de, 325, 327-328
  senoidal, 327-328
  velocidade de, 325, 327
Ondas eletromagnéticas senoidais, 327-328
Ondas Esféricas, 325
Ondas infravermelhas, 335
Ondas linearmente polarizadas, 325
Ondas planas, eletromagnéticas, 325-329
  intensidade de onda de, 330-331
  Vetor de Poynting de, 329-330
Ondas ultravioleta, 335
Ondulação, 310
Organização Europeia de Pesquisa Nuclear (CERN), 172
Oscilação
  amortecida, em circuito RLC, 279-280
  amortecimento de corrente de Foucault e, 251-253
  em circuito LC, 275-279, 305
  em circuito RLC em série, 279-280
  superestimada, em circuito RLC, 280
Oscilação amortecida, em circuito RLC, 279-280
Oscilação criticamente amortecida, no circuito RLC, 280
Oscilação superestimada, em circuito RLC, 280
Ouro (Au)
  resistividade, 121

P

Paramagnetismo, 220-221
Paredes de domínio, 220
Partícula em um modelo de campo
  campo elétrico, 11-14
  campo magnético, 173, 175-177, 176, 179
  perda I^2R, 128
Período (T)
  da onda eletromagnética, 328-329
  de carga rotativa em campo magnético, 179
Permeabilidade de vácuo (μ_0), 205
ε_0 (permissividade do vácuo), 6
Permissividade do vácuo (ε_0), 6
Pisca-pisca, 145-146
Pisca-pisca da árvore de Natal, 145
Placas, de capacitor, 84
Placas de circuitos, 139
Plasma, 181

Platina (Pt)
  resistividade, 121
Polarização
  da molécula de água, 101
  de dielétricos, 101-104
  induzida, 101-103
Polarização induzida, 101-103
Polo norte
  da Terra, 174
  de ímã, 172-174
Pólos magnéticos, 172-173
Polo Sul
  da Terra, 174
  de ímã, 172-174
Ponteira laser, 333-334
Pontos de meia-potência, 305
  Antena de meia onda, produção de ondas eletromagnéticas por, 334-335
Portador de carga, 116
  velocidade de arrasto/velocidade de, 117-118, 123-124, 191
Potência elétrica (P), 127-129
  e custo de funcionamento de um dispositivo, 130
  entregue por ondas eletromagnéticas, 329-330
  média ($P_{méd}$)
    em circuitos de CA, 303-304
    no circuito RLC em série, 303-305
  para resistor, 127-129, 140-142, 147-148, 158, 294, 304
  transmissão de, 307-309
    descarga de corona em, 72, 74
  e perda I^2R, 128
Potencial elétrico (V), 55-57
  aplicações de, 73-74
  em campo elétrico uniforme, 57-63
  em circuito de CC, 140
  em razão da distribuição contínua de carga, 64-69
  em razão das cargas pontuais, 61
  em razão do condutor carregado, 69-72
  em razão do dipolo elétrico, 66
  estratégia de resolução de problemas para, 63
  unidades de, 56
  valor do campo elétrico de, 63-64
Potência média, elétrica ($P_{méd}$)
  em circuitos de CA, 303-304
  no circuito RLC em série, 303-305
Prata (Ag)
  resistividade, 121
Precipitadores eletrostáticos, 73-74
preenchimento de
  momento angular de spin em, 219
Prêmio Nobel em Física, 73
Pressão de radiação, de ondas eletromagnéticas, 332-334
Princípio da superposição, para campos elétricos, 13-15
Propagação
  de ondas eletromagnéticas, 325
Próton(s)
  carga, 3, 4, 6
  massa, 6

momento dipolo magnético de, 220

Q

Quantização
　da carga elétrica, 3, 72-74
　do momento angular orbital atômico, 219
Quartzo, resistividade de, 121
Queimadura solar, 335

R

Rádio
　circuito receptor em, 305
　circuitos de filtro em, 310
Raio(s), 326
Raios cósmicos, 181
Raios de calor, 336
Raios gama, 335
Raios X, 335
　velocidade do elétron, 57
Reatância capacitiva, 298-299, 302-303
Reatância indutiva, 296, 297, 302-303
Recarga
　de capacitores, 152-154, 156
　de condutores, 4-5
　de isolantes, 5
　por condução, 5
　por indução, 4-5
Redes cruzadas, 311
Reflexão
　e pressão de radiação, 332
Regra da mão direita
　para direção do campo magnético, 211-212
　para força sobre carga em campo magnético, 176-177
　para Lei de Ampère, 212
　para torque no circuito de corrente em campo magnético, 187
Regra das malhas, 148-152
Regra de junção, 148-151
Regras de Kirchhoff, 148-152
　estratégia de resolução de problemas para, 150
Relatividade, especial
　Equações de Maxwell e, 324
Resistência à carga, 140-142
Resistência de composição, 119
Resistência equivalente (R_{eq}), 142-144, 145-147
Resistência interna, 140-141
Resistência (R), 118-123
　analogia mecânica a, 280
　equivalente (R_{eq}), 142-144, 145, 147
　e transmissão de energia elétrica, 128
　interna, 140-141
　temperatura e, 123-126
Resistências à ferrugem, 119
Resistividade (ρ), 120, 121, 123-125
Resistor(es), 119-120
　bobinado, 119

codificação em cores de, 119
composição, 119
em associação em série, 142-144, 145
em associação paralela, 144, 145, 147-148
energia armazenada em, 272
energia entregue a, 126-128, 156-158, 294
energia entregue a, 127-130, 140-142, 147-148, 157, 294, 303
no circuito de CA, 292-295, 303
símbolo de circuito para, 127
Ressonância
　em circuitos LC, 275-277
　em circuitos RLC em série, 305-307
Retificação, 309-310
Retificador de meia onda, 309-310
Retificador(es), 309-310
Rigidez dielétrica, 98

S

Sabão
　sulfactantes em, 101
Savart, Felix, 204
Segurança elétrica, na fiação doméstica, 158-160
Segurança, eletricidade, fiação doméstica e, 158-162
Seletor de velocidade, 182
Semicondutores, 4, 126
　e efeito Hall, 192
Silício (Si)
　como semicondutor, 3
　resistividade, 121
Símbolos. Ver Notação
Símbolos de circuito, 89
　bateria, 89
　capacitor, 89
　diodo, 309
　Fonte de CA, 292
　indutor, 269
　interruptor, 89
　resistor, 127
Síncrotrons, 183
Sistemas de áudio
　equivalência de impedância em, 308
　redes de equalizadores de auto-falantes, 311
Sistemas de frenagem eletromagnética, em trens, 252
Sistemas elétricos, analogias com sistemas mecânicos, 275-278, 280
Sistema Solar, partículas de pó, 332
Sol
　campo magnético do, 177
Solenoide
　campo elétrico induzido, 246-247
　campo magnético de, 215-216
　ideal, 215
　indutância de, 267-268
Spin, de partículas atômicas, 219
Supercondutores, 126, 172, 177
　efeito Meissner em, 221
Supercondutores cerâmicos, 126
Superfície gaussiana

como uma superfície imaginária, 41
definição de, 38
Superfícies equipotenciais, 59, 64, 70
Surfactantes em, 101

T

Teclas do teclado do computador, 87
Televisão
　frequências de transmissão, 335
　tubos de imagem, campo magnético, 177
Temperatura crítica (T_c), 126
Temperatura Curie, 220
Temperatura (T)
　crítica, 126
　e resistência, 123-126
　e resistividade, 120, 121
Tempo de resposta, de circuitos, 270
Tensão de circuito aberto, 140
Tensão de ruptura do capacitor, 98
Tensão de trabalho do capacitor, 98
Tensão Hall (ΔV_H), 191
Tensão nominal do capacitor, 98
tensão rms, 294
Tensão terminal, 140-141
Teoria dos elétrons livres em metais clássica, 123-125
Terra
　camada de ozônio, 336
　campo magnético da, 174-175, 177
Tesla, Nikola, 308
Tesla (T), 177
Tokamak JT-60U (Japão)
　Conexão jumper, para lâmpadas comemorativas, 145
Toróide, campo magnético de, 214-215
Torque ($\vec{\tau}$)
　no dipolo elétrico em campo elétrico, 100, 103
　no loop decorrente em campo magnético, 187-189
　no momento magnético em campo magnético, 187
Trabalho (W)
　de campo magnético sobre partículas deslocadas, 177
　no campo elétrico, 56-57, 59, 61-63
　para carregar capacitor, 94
Transformador (es), 128, 291
　AC, 307-309
　correntes de Foucault, 252
Transformadores de corrente alternada (CA), 307-309
Transformadores elevadores, 307
Transformadores redutores, 307
Transmissão, de energia elétrica, 128, 307-309
　descarga corona em, 72, 74
　e perda I^2R, 128
Transmissão elétrica, 307-309
　descarga de corona em, 72, 74
　perda I^2R em, 128
Trens Maglev, 1

Tungstênio
    em filamentos de lâmpadas, 143
    resistividade, 121

U

Unidades SI (Systeme International)
    da diferença de potencial, 56
    de campo elétrico, 56
    de campo magnético, 177
    de capacitância, 85
    de carga, 210
    de carga elétrica, 5
    de corrente, 116
    de densidade de corrente, 118-119
    de fluxo elétrico, 36
    de fluxo magnético, 216
    de indutância, 267
    de momento de dipolo magnético, 188
    de potência, 127
    de potencial elétrico, 56
    de resistência, 119
    de resistividade, 120
    de vetor campo elétrico, 11
    do vetor de Poynting, 329
Usinas, comerciais, 248, 291, 292

V

Vácuo, constante dielétrica e resistência dielétrica do, 98
Van de Graaff, Robert J., 73
Veículos espaciais
    IKAROS (nave interplanetária acelerada pela radiação do sol), 332
Velocidade angular (ω), de carga no campo magnético, 179, 181
Velocidade de deriva (V_d), 117, 124
Velocidade de deriva (v_d), 117-118, 123, 191
Velocidade (v)
    velocidade angular (ω), de carga no campo magnético, 179, 181
Vetor de campo elétrico, 11-12, 20
Vetor de Poynting ($\bar{S}$), 329-330, 331-333
Vidro
    constante dielétrica e rigidez dielétrica do, 98t
    resistividade, 121
Voltagem (ΔV), 56
    através do indutor no circuito de CA, 295-297
    circuito aberto, 140
    de corrente alternada, 294
    em capacitor no circuito de CA, 298
    no circuito da série RLC, 299-303
    resistência em circuito de CA, 292-293
    terminal, 140-141
Volt (V), 57

W

Watt (W), 128
Weber (Wb), 216

Conversões

Comprimento
1 pol. = 2,54 cm (exatamente)
1 m = 39,37 pol. = 3,281 pé
1 pé = 0,3048 m
12 pol = 1 pé
3 pé = 1 yd
1 yd = 0,914.4 m
1 km = 0,621 mi
1 mi = 1,609 km
1 mi = 5.280 pé
1 μm = 10^{-6} m = 10^{3} nm
1 ano-luz = 9,461 · 10^{15} m

Área
1 m^2 = 10^4 cm^2 = 10,76 $pé^2$
1 $pé^2$ = 0,0929 m^2 = 144 pol^2
1 $pol.^2$ = 6,452 cm^2

Volume
1 m^3 = 10^6 cm^3 = 6,102 · 10^4 pol^3
1 $pé^3$ = 1.728 pol^3 = 2,83 · 10^{-2} m^3
1 L = 1.000 cm^3 = 1,057.6 qt = 0,0353 $pé^3$
1 $pé^3$ = 7,481 gal = 28,32 L = 2,832 · 10^{-2} m^3
1 gal = 3,786 L = 231 pol^3

Massa
1.000 kg = 1 t (tonelada métrica)
1 slug = 14,59 kg
1 u = 1,66 · 10^{-27} kg = 931,5 MeV/c^2

Força
1 N = 0,2248 lb
1 lb = 4,448 N

Velocidade
1 mi/h = 1,47 pé/s = 0,447 m/s = 1,61 km/h
1 m/s = 100 cm/s = 3,281 pé/s
1 mi/min = 60 mi/h = 88 pé/s

Aceleração
1 m/s^2 = 3,28 $pé/s^2$ = 100 cm/s^2
1 $pé/s^2$ = 0,3048 m/s^2 = 30,48 cm/s^2

Pressão
1 bar = 10^5 N/m^2 = 14,50 lb/pol^2
1 atm = 760 mm Hg = 76,0 cm Hg
1 atm = 14,7 lb/pol^2 = 1,013 · 10^5 N/m^2
1 Pa = 1 N/m^2 = 1,45 · 10^{-4} lb/pol^2

Tempo
1 ano = 365 dias = 3,16 · 10^7 s
1 dia = 24 h = 1,44 · 10^3 min = 8,64 · 10^4 s

Energia
1 J = 0,738 pé · lb
1 cal = 4,186 J
1 Btu = 252 cal = 1,054 · 10^3 J
1 eV = 1,602 · 10^{-19} J
1 kWh = 3,60 · 10^6 J

Potência
1 hp = 550 pé · lb/s = 0,746 kW
1 W = 1 J/s = 0,738 pé · lb/s
1 Btu/h = 0,293 W

Algumas aproximações úteis para problemas de estimação

1 m ≈ 1 yd
1 kg ≈ 2 lb
1 N ≈ $\frac{1}{4}$ lb
1 L ≈ $\frac{1}{4}$ gal

1 m/s ≈ 2 mi/h
1 ano ≈ $\pi \chi\, 10^7$ s
60 mi/h ≈ 100 pé/s
1 km ≈ $\frac{1}{2}$ mi

Obs.: Veja a Tabela A.1 do Apêndice A para uma lista mais completa.

O alfabeto grego

Alfa	A	α	Iota	I	ι	Rô	P	ρ
Beta	B	β	Capa	K	κ	Sigma	Σ	σ
Gama	Γ	γ	Lambda	Λ	λ	Tau	T	τ
Delta	Δ	δ	Mu	M	μ	Upsilon	Y	υ
Épsilon	E	ε	Nu	N	ν	Fi	Φ	φ
Zeta	Z	ζ	Csi	Ξ	ξ	Chi	X	χ
Eta	H	η	Omicron	O	o	Psi	Ψ	ψ
Teta	Θ	θ	Pi	Π	π	Ômega	Ω	ω

Impressão e acabamento

brasilform
gráfica | editora

Rua Rosalina de Moraes Silva, 71
Cotia-SP - Tel: 4615 1111 - Fax: 4615 1117
www.brasilform.com.br
email: brasilform@brasilform.com.br